代数幾何

代数幾何

上野健爾

岩波書店

まえがき

　代数幾何学は難しい数学であるという話をよく聞く．確かに，代数幾何学が難しい幾何学であった時代があった．特に，19世紀後半から20世紀前半のイタリア学派による代数曲面論を中心とした代数幾何学は難しかった．十分な証明がなく，幾何学的な直観によって議論が進められていた．イタリア学派の中心的な代数幾何学者であったEnriquesは「定理を見つけるのは貴族の仕事，証明をするのは奴隷の仕事，数学者は貴族である」と言ったという伝説が伝えられているが，そう言わざるを得ないほど彼らの直観は冴えわたり，一般の数学者には彼らの議論を追うことは至難の業であった．

　こうした直観に頼る代数幾何学を数学的に厳密に基礎付けしようとする試みは，1930年代に当時華々しく進展していた抽象代数学を用いて van der Waerden, Zariski, Weil, Chevalley らによってなされた．特に，Zariski, Weil によって代数幾何学の基礎付けはひとまず完了し，Weil による有限体上の代数曲線のゼータ関数に関する Riemann 予想の証明やそれと密接に関係した正標数の体上の Abel 多様体の理論，Zariski による任意標数の体上の双有理幾何学の建設はその重要な成果の一部である．

　Grothendieck の重要な観点は圏論的観点を代数幾何学に持ち込み，代数幾何学をその根底から記述し直したことである．この観点は Bourbaki のいわゆる「構造」の観点を徹底的に押し進めたものであり，最初はなかなか受け入れられなかった．しかしながら，問題を徹底的に一般化し，その問題の持つ本質的な部分を取り出し代数幾何学の問題を解決していく議論に次第に多くの賛同者を得るようになっていった．今日の観点からは Grothendieck のスキーム理論は代数幾何学の理論として最も自然であり，多くの柔軟性を持った理論であるということができる．特に，代数幾何学の対象は絶対的なものだけでなく相対的なものを考えるべきであるという彼の主張は，表現可能

関手の理論の有効性と相俟って，今日ではきわめて自然なものであるということができる．

相対的に考えるということは，一番簡単な例でいえば，整数係数の多項式
$$(1) \qquad f(x_1, x_2, \cdots, x_n) = 0$$
の共通零点を考えるのに，単に有理数の解や，実数の解，あるいは複素数の解のみを考えるのではなく，この方程式を素数 p で還元して，すなわち係数を素数 p を法として考え有限体の元を係数に持つ多項式と考えて解を考察する，あるいは整数環から可換環 R への準同型写像を考え多項式の係数を可換環 R へ写して考えることを意味する．こうすることによって，方程式(1)で定義される図形の性質が明らかになる．こうした観点はすでに，個々の問題で考察されたことはあったが，Grothendieck は合同ゼータ関数に関する Weil 予想を解くために，こうした観点を統一的に代数幾何学に導入し多大の成果を挙げたのであった．彼の理論は "Éléments de Géométrie Algébrique" (EGA として引用されることが多い) と題して発表されたが未完に終わった．しかし理論の多くはセミナーノートとして発表され，Grothendieck の理論を知るのに困難はない．

本書は，Grothendieck のスキーム理論を使って代数幾何学を論じるものである．スキームのコホモロジー理論を展開し代数曲線，代数曲面の理論に応用することを目標とする．Grothendieck は EGA の序文に古典的な代数幾何学の知識を持つことはスキーム理論を勉強する上で邪魔になるとさえいっている．これは彼の革新的な理論を理解してもらうために当時はあるいは必要な言葉であったかもしれないが，今日では事情は逆であろう．古典的な代数幾何学の知識を持つことはスキーム理論を理解し応用する上では不可欠である．そのためもあって，本書ではスキーム理論からいきなり始めずに，古典的な，とはいってもきちんと定義されたのは今世紀中頃になるが，代数多様体の理論を簡単に述べることにした．

本書の前半部分第 3 章までは紙数の大半をスキームを定義するために費やした．特に，層の理論をできるだけ予備知識を仮定せず可能な限り初歩から述べたためにこうした形をとった．第 4 章以降で，スキームの観点に立つと，

代数幾何学のみならず複素解析空間の理論に対しても統一的な視点を持つことができることを述べた．そのような高みに登るために多大の紙数が必要とされるのは致し方ないことであり，少し時間はかかるかもしれないが，本書をていねいに読んでいただければスキーム理論を理解するのにそれほどの困難はないと思われる．

　本書の初稿に目を通し，間違いの指摘や貴重な助言を寄せてくださった清水勇二氏に感謝する．なお，本書は岩波講座『現代数学の基礎』の「代数幾何 1, 2, 3」を合本し単行本としたものである．岩波講座を読んでミスプリントや間違いを指摘して下さった読者の方々に感謝する．

2005 年 9 月

上 野 健 爾

理論の概要と目標

代数幾何学は式で定義された図形の幾何学であり，座標幾何学と共に誕生した．その後，射影幾何学の進展と共に次第に発展していった．射影幾何学は，単純化していえば，字義通り，1 点からの射影によって変わらない図形の性質を調べる幾何学である．

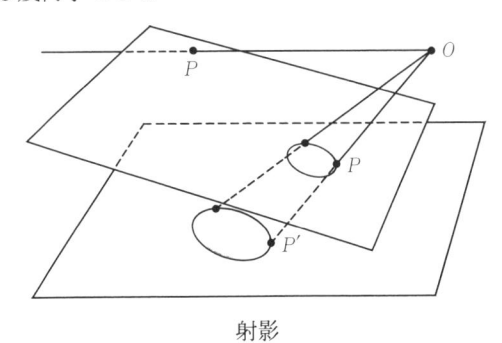

射影

上図のように射影を行なう点 O と平面上の点 P とを結ぶ直線が下の平面と平行になると点 P は下の平面に射影することができない．こうした不便を取り除くために射影幾何学では無限遠点を導入した．たとえば，2 次元の射影幾何学では無限遠点の全体として無限遠直線を付け加える必要がある．この，一見人為的にみえる処置のおかげで，幾何学的には Euclid 幾何学とは違った調和が生じる．たとえば，放物線は無限遠直線と唯 1 点で交わり（実は接している），双曲線は無限遠直線と相異なる 2 点で交わり，楕円，放物線，双曲線は射影平面では本質的に同じ幾何学的対象，すなわち既約 2 次曲線，と見ることができることが分かる．

ところで，座標幾何学でも射影幾何学でも相異なる曲線の交点を考察することは重要である．たとえば，通常の平面で単位円と直線の交わりを考えてみよう．これは連立方程式

楕円　　　　　　l_∞　　　双曲線　l_∞　　　放物線　　　l_∞

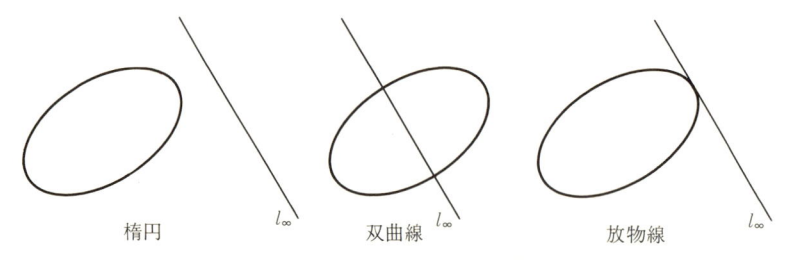

無限遠直線 l_∞ の位置によって楕円，双曲線，放物線になる

$$x^2 + y^2 = 1$$
$$ax + by + c = 0$$

を解くことによって交点を求めることができる．よく知られているように，円と直線は交わったり交わらなかったりする．交わらないのは，上の連立方程式が虚の解を持つ場合に対応するが，方程式を解くという立場からすれば，実数の解と虚数の解を区別することに意味があるわけではない．こうした立場では，むしろ複素数まで幾何学的対象を拡げたほうが自然である．

　射影幾何学的立場と複素数を含める立場をあわせると，複素射影幾何学が誕生する．複素射影幾何学の立場からは楕円，放物線，双曲線などの既約2次曲線と直線とは必ず交わり，しかも必ず2点で交わることが証明でき大変簡明な結論を得る．(接する場合は2点が一致したと考える．)

　ところで，通常の平面座標幾何学に戻ると，単位円は

$$\left(\frac{1-t^2}{1+t^2}, \frac{2t}{1+t^2} \right)$$

とパラメータ表示できることが知られている．このパラメータ表示は単位円上の点 $(-1, 0)$ を表示することはできないが，射影幾何学的な立場に立てば，除外された点は1次元射影空間(射影直線)の無限遠点に対応していると考えることができ，しかもこの対応は複素数の上で考えることができる．

　こうしたことから，既約2次曲線は1次元射影直線と同じものと考えることができる．このように，代数的に式で1対1に対応がつく図形を同一視して考える立場は射影幾何学的を越えて，代数幾何学的な立場に立つことになる．こうした立場に立つと図形を考える自由度が増してくる．それだけ複雑

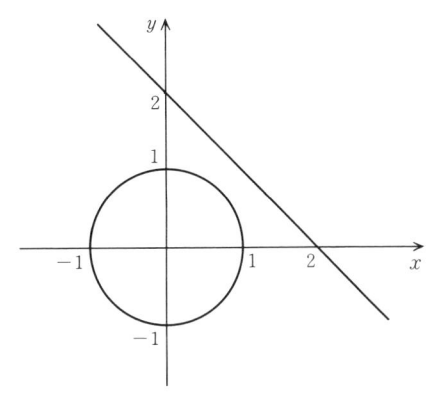

単位円 $x^2+y^2=1$ と直線 $x+y=2$ とは虚の点
$\left(1+\dfrac{i}{\sqrt{2}},\ 1-\dfrac{i}{\sqrt{2}}\right)$, $\left(1-\dfrac{i}{\sqrt{2}},\ 1+\dfrac{i}{\sqrt{2}}\right)$
で交わる

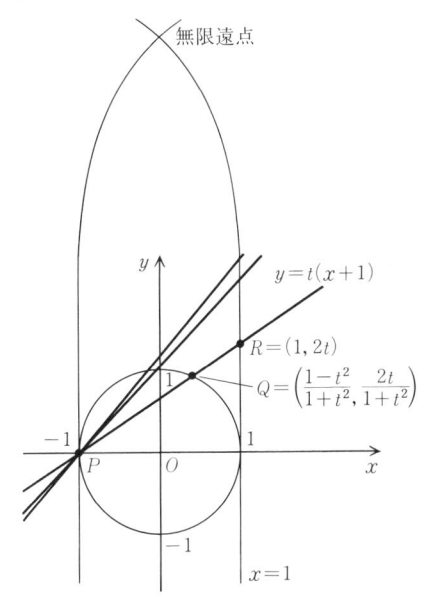

単位円と直線との対応．点 $(-1,0)$ の接線は
直線 $x=1$ と無限遠点で交わる

な立場に移ったように見えるが，実はかえって事態が簡明になることが多い．円は複素代数幾何学の立場からは，射影直線を射影平面に表現したものであり，その表現の仕方は射影変換の分だけ自由度があり，楕円としても放物線としても双曲線としても表示できる．さらに，次元の高い射影空間に表示することもできる．こうした立場を突き詰めていくと，Grothendieckによるスキーム理論に到達する．その立場では，たとえばn次元複素アフィン空間$\mathbb{C}^n$内に方程式

$$(1) \qquad f_\alpha(z_1, \cdots, z_n) = 0, \quad \alpha \in A$$

で定義される図形は，もとになるべき図形の1つの表現であると考える．重要なのは式の形やこの式から生成される多項式環$\mathbb{C}[z_1, \cdots, z_n]$のイデアル$J = (f_\alpha, \alpha \in A)$ではなく，可換環$R = \mathbb{C}[z_1, \cdots, z_n]/J$（の同型類）である．この可換環としての構造が幾何学を規定している．(1)で定義される図形はこの可換環Rを多項式環$\mathbb{C}[z_1, \cdots, z_n]$の剰余環として表現することから定まる図形であると考えることができる．多項式環の剰余環としての表現はたくさんあるから，様々な図形が同一の幾何学的対象の異なる表現になっていることが分かる．このような観点に立てば，可換環から出発して幾何学を構成していくことはそれほど不自然でもないであろう．

　本書はスキーム理論への入門書である．スキーム理論は可換環，層，ホモロジー代数の知識を存分に活用するが，本書ではできる限りこうした理論も初歩から述べることとした．したがって，新しい概念が次々と導入され，かえって本質が隠れてしまった感がしないでもない．本書第2, 3章では層の理論を中心として局所環つき空間としてスキームを導入する．このような立場に立つと，多様体の理論を統一的に見ることができる．特に，複素解析空間の理論との類似は顕著である．この点は第9章で論じる．

　ところで，本書を理解するために，まず一番肝要なことは層の概念をきちんと自分のものにすること，次に可換環の素スペクトル上に可換環の層を導入できアフィンスキームを定義することができることを理解することである．この両者が理解できればひとまずスキームが理解できたことになる．

　しかし，代数幾何学の目的はスキームの概念を導入することではなく，こ

の概念を縦横に使って幾何学の研究を行なうことにあり，そのためにはスキームの持つ種々の性質を詳しく調べていく必要がある．そうしたことは第5〜7章で論じるが，第3, 4章はそのための準備でもある．そのため第3章では圏と関手の言葉を使ってスキームの持つ基本的な性質の一部を述べた．

スキームを定義するのにこれだけのスペースが必要なわけではないが，高山に登るのにいきなりリフトで登って高山病にかかる危険を避けるために，時間はかかるが少しずつ体を慣らしながら登る道をとってみた．それでも道は険しいかもしれない．新しい概念に出会ったら，本書の記述を参考にして様々な例を自ら作って考えていただきたい．問いや章末の演習問題にも，いくつかの考えるヒントになるべきものを入れておいた．焦らず，しかし少しずつでもよいから着実に読んで行かれることを希望する．

以下，本書で特に断りなく使ういくつかの約束を記しておく．

(ⅰ) 可換環 R は，特に断らない限り単位元を持つもののみ考え，単位元は 1 または 1_R と記す．

(ⅱ) 可換環の準同型写像 $f: R \to S$ は $f(1_R) = 1_S$ を満足するもののみを考える．

(ⅲ) 可換環 R に対して，R 加群 M では任意の元 $m \in M$ に対して $1_R m = m$ がつねに成り立つと仮定する．

(ⅳ) 可換環 R に対して，R 加群 M の有限個の元 $m_1, \cdots, m_n$ の R 上の1次結合として M の任意の元が表わされるとき，言い換えれば可換環 R の有限個の直和 $R^{\oplus n}$ から M への R 加群の全射準同型写像があるとき，M は**有限 R 加群**であるという．

(ⅴ) 可換環 R に対して R 加群 S が可換環の構造を持ち，かつ任意の $r \in R, a, b \in S$ に対して $r(ab) = (ra)b = a(rb)$ が成り立つとき，S を **R 代数**という．

(ⅵ) 可換環 R に対して R 代数 S が R 上有限生成の環であるとき，すなわち R の有限生成の多項式環 $R[x_1, \cdots, x_n]$ から S への R 代数としての全射準同型写像があるとき，S を**有限 R 代数**という．

なお，巻末の「現代数学への展望——文献案内を兼ねて」に番号をつけて挙げられた文献は，巻末文献として番号だけで引用する．

目　次

まえがき ･････････････････････････ v
理論の概要と目標 ･････････････････････ ix

第1章　代数多様体 ･･･････････････････ 1

§1.1　代数的集合 ･････････････････････ 2
§1.2　Hilbert の零点定理 ･････････････････ 7
§1.3　アフィン代数多様体 ･･･････････････ 14
§1.4　重複度と局所交点数 ･･･････････････ 30
§1.5　射影多様体 ･････････････････････ 34
　（a）　射影空間 ･････････････････････ 34
　（b）　射影的集合と射影多様体 ･･･････････ 36
　（c）　平面曲線 ･････････････････････ 39
§1.6　何が不十分か ･･･････････････････ 43
要　約 ････････････････････････････ 46
演習問題 ･･････････････････････････ 47

第2章　スキーム ･････････････････････ 49

§2.1　素スペクトル ･･･････････････････ 50
§2.2　アフィンスキーム ･･･････････････ 59
　（a）　Zariski 位相 ･･･････････････････ 59
　（b）　局所化 ･･･････････････････････ 62
　（c）　帰納的極限 ･･･････････････････ 66
　（d）　素スペクトルの構造層 I ･･･････････ 75
　（e）　素スペクトルの構造層 II ･･･････････ 79
§2.3　環つき空間とスキーム ･････････････ 89

（a）層　……………………………… *89*
　　　（b）環つき空間　………………………… *95*
　　　（c）射影空間と射影スキーム　………… *99*
　§2.4　スキームとその射　………………… *105*
　　　（a）スキームの初等的性質　………… *105*
　　　（b）スキームの射　…………………… *112*
　　　（c）部分スキーム　…………………… *113*
　要　約　……………………………………… *115*
　演習問題　…………………………………… *115*

第3章　圏とスキーム　……………… *119*

　§3.1　圏と関手　…………………………… *119*
　　　（a）圏　………………………………… *119*
　　　（b）関　手　…………………………… *122*
　　　（c）スキームに値をとる点　………… *128*
　　　（d）圏 $\mathcal{C}/Z$　……………………… *132*
　§3.2　表現可能関手とファイバー積　…… *136*
　　　（a）表現可能関手　…………………… *136*
　　　（b）ファイバー積　…………………… *141*
　§3.3　分　離　射　………………………… *153*
　要　約　……………………………………… *159*
　演習問題　…………………………………… *159*

第4章　連　接　層　………………… *161*

　§4.1　層の完全列　………………………… *162*
　　　（a）前層の層化　……………………… *162*
　　　（b）準同型写像の核と余核　………… *166*
　　　（c）完　全　列　……………………… *173*
　§4.2　準連接層と連接層　………………… *179*
　　　（a）$\mathcal{O}_X$ 加群　……………………… *179*

	（b）	準連接層 ・・・・・・・・・・・・・・・・・・・	*187*
	（c）	連 接 層 ・・・・・・・・・・・・・・・・・・・	*195*

§4.3　順像と逆像 ・・・・・・・・・・・・・・・・・・・・ *201*
　（a）　連続写像による層の順像と逆像 ・・・・・・・・・ *201*
　（b）　スキームの射による順像と逆像 ・・・・・・・・・ *204*

§4.4　スキームと準連接層 ・・・・・・・・・・・・・・・・ *209*
　（a）　閉部分スキームとイデアル層 ・・・・・・・・・・ *209*
　（b）　アフィン射と準連接的 $\mathcal{O}_Y$ 可換代数 ・・・・・・・ *212*

要　　約 ・・・・・・・・・・・・・・・・・・・・・・・・ *215*

演習問題 ・・・・・・・・・・・・・・・・・・・・・・・・ *216*

第5章　固有射と射影射 ・・・・・・・・・・・・・・ *219*

§5.1　固　有　射 ・・・・・・・・・・・・・・・・・・・・ *220*
　（a）　閉　　射 ・・・・・・・・・・・・・・・・・・・ *220*
　（b）　固　有　射 ・・・・・・・・・・・・・・・・・・ *223*
　（c）　付値判定法 ・・・・・・・・・・・・・・・・・・ *226*

§5.2　射影スキーム上の準連接層 ・・・・・・・・・・・・ *235*
　（a）　射影スキーム ・・・・・・・・・・・・・・・・・ *236*
　（b）　準連接層 ・・・・・・・・・・・・・・・・・・・ *240*
　（c）　Proj $\mathcal{S}$ ・・・・・・・・・・・・・・・・・・・・ *256*

§5.3　射　影　射 ・・・・・・・・・・・・・・・・・・・・ *261*
　（a）　$\mathbb{P}(\mathcal{E})$ の圏論的特徴づけ ・・・・・・・・・・・・ *261*
　（b）　Segre 射 ・・・・・・・・・・・・・・・・・・・ *268*
　（c）　豊富な可逆層 ・・・・・・・・・・・・・・・・・ *270*

要　　約 ・・・・・・・・・・・・・・・・・・・・・・・・ *278*

演習問題 ・・・・・・・・・・・・・・・・・・・・・・・・ *280*

第6章　連接層のコホモロジー ・・・・・・・・・・ *283*

§6.1　層のコホモロジー ・・・・・・・・・・・・・・・・ *283*
　（a）　脆　弱　層 ・・・・・・・・・・・・・・・・・・ *283*

（b）コホモロジー群 ・・・・・・・・・・・・・・・・・・・・・ *291*
　　　（c）アフィンスキームのコホモロジー ・・・・・・・・・・ *302*
　　　（d）Čech のコホモロジー群 ・・・・・・・・・・・・・・・ *308*
　§6.2　射影スキームのコホモロジー ・・・・・・・・・・・・・ *314*
　　　（a）射影空間のコホモロジー ・・・・・・・・・・・・・・ *314*
　　　（b）射影スキームのコホモロジー群の有限性 ・・・・・ *319*
　　　（c）Bézout の定理 ・・・・・・・・・・・・・・・・・・・・ *326*
　　　（d）豊富性判定法 ・・・・・・・・・・・・・・・・・・・・ *329*
　§6.3　高次順像 ・・・・・・・・・・・・・・・・・・・・・・・・ *330*
　　　（a）高次順像 ・・・・・・・・・・・・・・・・・・・・・・ *330*
　　　（b）射　影　射 ・・・・・・・・・・・・・・・・・・・・・ *334*
　要　　約 ・・・・・・・・・・・・・・・・・・・・・・・・・・・・ *335*
　演習問題 ・・・・・・・・・・・・・・・・・・・・・・・・・・・・ *336*

第7章　スキームの基本的性質 ・・・・・・・・・・・・・・・ *337*

　§7.1　代数的スキームと代数多様体 ・・・・・・・・・・・・・ *338*
　　　（a）極大スペクトル ・・・・・・・・・・・・・・・・・・ *339*
　　　（b）代数多様体 ・・・・・・・・・・・・・・・・・・・・ *344*
　　　（c）代数的スキーム ・・・・・・・・・・・・・・・・・・ *346*
　§7.2　次　　　元 ・・・・・・・・・・・・・・・・・・・・・・ *352*
　　　（a）Krull 次元 ・・・・・・・・・・・・・・・・・・・・・ *353*
　　　（b）スキームの次元 ・・・・・・・・・・・・・・・・・・ *362*
　　　（c）代数多様体の関数体と次元 ・・・・・・・・・・・・ *365*
　　　（d）正規スキームと正則スキーム ・・・・・・・・・・・ *366*
　　　（e）正規化射 ・・・・・・・・・・・・・・・・・・・・・ *378*
　　　（f）Weil 因子と Cartier 因子 ・・・・・・・・・・・・・ *380*
　§7.3　平坦射と固有射 ・・・・・・・・・・・・・・・・・・・・ *396*
　　　（a）平　坦　射 ・・・・・・・・・・・・・・・・・・・・ *396*
　　　（b）平　坦　族 ・・・・・・・・・・・・・・・・・・・・ *404*
　　　（c）Chow の補題と固有射のコホモロジー ・・・・・・ *420*
　§7.4　正則スキームと滑らかな射 ・・・・・・・・・・・・・・ *427*

（a）Kähler 微分 ･････････････････ *428*
　（b）相対微分形式の層 ･･･････････････ *435*
　（c）正則スキームと非特異代数多様体 ･･････ *444*
　（d）滑らかな射 ･････････････････ *456*

§7.5　完備化と Zariski の主定理 ･･･････････ *463*
　（a）完 備 化 ･･････････････････ *463*
　（b）形式的スキームと Zariski の主定理 ･････ *469*

要　　約 ･･･････････････････････ *472*
演習問題 ･･･････････････････････ *473*

第8章　代数曲線と Jacobi 多様体 ･･････････ *477*

§8.1　代数曲線 ･･･････････････････ *477*
　（a）Riemann–Roch の定理 ･･････････ *478*
　（b）代数曲線と代数関数体 ･･･････････ *484*
　（c）Frobenius 射とエタール射 ･･･････････ *496*

§8.2　Jacobi 多様体 ･････････････････ *508*
　（a）楕円曲線 ･･･････････････････ *509*
　（b）群スキーム ･････････････････ *526*
　（c）Jacobi 多様体 ････････････････ *533*

要　　約 ･･･････････････････････ *541*
演習問題 ･･･････････････････････ *541*

第9章　代数幾何学と解析幾何学 ･･･････････ *545*

§9.1　解析幾何学 ･････････････････ *546*
§9.2　小平の消滅定理 ･･･････････････ *551*

要　　約 ･･･････････････････････ *555*
演習問題 ･･･････････････････････ *556*

現代数学への展望——文献案内を兼ねて ･･････ *557*
問 解 答 ･･････････････････････ *567*

演習問題解答 ･････････････････････ *592*
索　　引 ･･････････････････････ *613*

代数多様体

　この章ではスキーム理論への準備として代数的閉体上の代数幾何学について古典的な取り扱いを述べる．古典的とはいっても，数学的に厳密な形で理論が展開されたのは比較的新しく今世紀30年代以降である．この章は次章以降のスキーム理論への準備であるので，詳しく理論を展開しなかった．特に，代数的閉体上の代数多様体を局所環つき空間として捉える Serre の理論はスキーム理論への近道であるが，層の理論を使う必要があり，その準備は次章で行なうことにしたのでこの章では述べない．本来は層の理論を最初に述べて理論を展開するほうが理論としては綺麗であり，論理的にも首尾一貫しているが，入門書としての本書の性格を考えると，古典的な代数幾何学の初歩をできる限り予備知識なしで述べることのほうが重要と考えた．古典的には射影多様体を最初から考える方が自然であるが，ここではスキーム理論との関連を重視してアフィン代数多様体を主として考えることにした．古典的な幾何学との関連から射影多様体に関しても若干ふれることにした．

　次章でスキームを局所環つき空間として定義するが，読者はスキームの定義を学んだ後で，再度この章に戻り，代数多様体を局所環つき空間として定義することを自ら試みてほしい．

§1.1 代数的集合

代数幾何学は代数方程式で定められる図形の幾何学である．一番素朴な形では，体 k の元を係数とする連立方程式

(1.1) $$f_\alpha(x_1, x_2, \cdots, x_n) = 0, \quad \alpha = 1, 2, \cdots, l$$

の解の全体を幾何学的に考察することに他ならない．しかしながら，連立方程式(1.1)が解を有するか否かも定かでないので，(1.1)の解の全体の幾何学といってもいささかあいまいである．事実，k が実数体 $\mathbb{R}$ のとき，方程式

(1.2) $$x_1^2 + x_2^2 + \cdots + x_n^2 + 1 = 0$$

は実数の解は持たない．しかし，複素数まで解の範囲を許せば，(1.2)はたくさんの解を持つことが分かる．もっと一般に，代数的閉体で考えても(1.2)はたくさん解を持つことが分かる．体 k の元を係数とする定数以外の任意の1変数多項式が根を k 内に必ず持つことが代数的閉体の定義だからである．

実は，連立方程式(1.1)の解の全体は代数的閉体で考えると幾何学的に捉えることができることが分かる(Hilbertの零点定理)．このことは後に述べることとして，少し言葉の準備をする．また，以下，しばらく，体 k は代数的閉体と仮定して話を進めることとする．体 k の元の n 個の組 $(a_1, a_2, \cdots, a_n)$ の全体を k^n と記し，体 k 上の n 次元アフィン空間(affine space)と呼ぶ．k^n は体 k 上の n 次元ベクトル空間の構造を持つが，後に k^n にアフィン代数多様体の構造を入れて考える．そのときは k^n のかわりに $\mathbb{A}^n$ または $\mathbb{A}^n_k$ と記す．

さて，連立方程式(1.1)の体 k での解の全体を $V(f_1, f_2, \cdots, f_l)$ と記し，連立方程式(1.1)が定める**代数的集合**(algebraic set)または**アフィン代数的集合**(affine algebraic set)と呼ぶ．すなわち

$$V(f_1, f_2, \cdots, f_l) = \{(a_1, a_2, \cdots, a_n) \in k^n \mid f_\alpha(a_1, \cdots, a_n) = 0, \alpha = 1, 2, \cdots, l\}$$

一方，$f_1, \cdots, f_l$ より生成される n 変数多項式環 $k[x_1, x_2, \cdots, x_l]$ のイデアル $I = (f_1, \cdots, f_l)$ の任意の元 $f(x_1, \cdots, x_l)$ に対して，$(a_1, a_2, \cdots, a_n) \in V(f_1, f_2, \cdots, f_l)$ であれば

$$f(a_1, a_2, \cdots, a_n) = 0$$

が成り立つ．なぜなら

$$f(x_1, x_2, \cdots, x_n) = \sum_{\alpha=1}^{l} g_\alpha(x_1, x_2, \cdots, x_n) f_\alpha(x_1, x_2, \cdots, x_n)$$

と書けるからである．

多項式環 $k[x_1, \cdots, x_n]$ のイデアル J に対して
$$V(J) = \{(b_1, b_2, \cdots, b_n) \in k^n \mid J \text{ の任意の元 } g \text{ に対して } g(b_1, b_2, \cdots, b_n) = 0\}$$
と定義し，$V(J)$ をイデアル J が定める代数的集合またはアフィン代数的集合と呼ぶ．すると，次の補題が成り立つ．

補題 1.1 $I = (f_1, f_2, \cdots, f_l)$ のとき
$$V(I) = V(f_1, f_2, \cdots, f_l)$$

[証明] $V(f_1, f_2, \cdots, f_l) \subset V(I)$ は上で示した．逆に $(b_1, b_2, \cdots, b_n) \in V(I)$ であれば，$f_\alpha \in I$ より
$$f_\alpha(b_1, b_2, \cdots, b_n) = 0, \quad \alpha = 1, 2, \cdots, l$$
が成り立ち，$V(I) \subset V(f_1, f_2, \cdots, f_l)$ であることが分かる． ∎

この補題から，連立方程式 (1.1) から定まる代数的集合 $V(f_1, f_2, \cdots, f_l)$ を考えることと，$f_1, f_2, \cdots, f_l$ が生成する多項式環 $k[x_1, x_2, \cdots, x_n]$ のイデアル $I = (f_1, f_2, \cdots, f_l)$ が定める代数的集合 $V(I)$ を考えることとは同じであることが分かる．したがって，今後は連立方程式 (1.1) のかわりにイデアル I から定まる代数的集合 $V(I)$ を主として考えることとする．

ところで，零イデアル (0) に対しては $V((0)) = k^n$ であるので k^n もアフィン代数的集合と考えることができる．そこで，以下体 k 上の n 次元アフィン空間を $\mathbb{A}_k^n$ と記すことにする．また，体 k 上で考えていることが明らかなときは $\mathbb{A}^n$ と記すことが多い．

さて，このようにイデアルが定めるアフィン代数的集合を考えても，実際は連立方程式を考えることと本質的に同じであることは，**Hilbert の基底定理** (Hilbert's basis theorem) が保証する．

定理 1.2 (Hilbert の基底定理) 多項式環 $k[x_1, x_2, \cdots, x_n]$ のイデアルは有限生成である．すなわち，イデアル J は
$$J = (g_1, g_2, \cdots, g_n)$$
と表わすことができる． ∎

この定理は Noether 環 R を係数とする多項式環 $R[x_1, x_2, \cdots, x_n]$ は Noether 環であると一般化することができる．（たとえば上野健爾著「代数入門」(岩波書店)定理 7.63 を参照のこと．）

例 1.3 $\mathbb{A}_k^2$ 内の代数的集合
$$V(x^2+y^2+1)$$
を考える．体 k の標数 $\operatorname{char} k$ が 2 でなければ，$i^2 = -1$ となる k の元 i が存在する．$X = ix, Y = iy$ と変数変換をすると，方程式 $x^2+y^2+1=0$ は $X^2+Y^2-1=0$ に写る．したがって $\mathbb{A}_k^2$ から $\mathbb{A}_k^2$ への写像 φ を

$$\begin{aligned} \varphi : \quad \mathbb{A}_k^2 &\longrightarrow \mathbb{A}_k^2 \\ (a_1, a_2) &\longmapsto (ia_1, ia_2) \end{aligned}$$

と定義すると，φ によって $V(x^2+y^2+1)$ は $V(x^2+y^2-1)$ に写される．

一方，$\operatorname{char} k = 2$ であれば
$$x^2+y^2+1 = (x+y+1)^2$$
であり，
$$V(x^2+y^2+1) = V(x+y+1)$$
であることが分かる． □

問 1 1 次元アフィン空間 $\mathbb{A}_k^1$ 内の代数的集合は $\mathbb{A}_k^1$ 以外は有限個の点からなることを示せ．

ところで，連立方程式 (1.1) から定まるイデアル $I = (f_1, f_2, \cdots, f_l)$ が単位元 1 を含む，すなわち $I = k[x_1, x_2, \cdots, x_n]$ であれば $V(I) = \varnothing$ であり，連立方程式 (1.1) は解を持たない．一方，$I \ne k[x_1, x_2, \cdots, x_n]$ であれば $V(I) \ne \varnothing$，すなわち連立方程式 (1.1) は解を持つことを示すことができる．これは弱い形の Hilbert の零点定理に他ならない．Hilbert の零点定理については次節で詳しく論じることにして，ここではイデアルと代数的集合の対応について基本的な事実を述べておこう．

命題 1.4 体 k 上の多項式環 $k[x_1, x_2, \cdots, x_n]$ のイデアル $I, J, I_\lambda, \lambda \in \Lambda$ (Λ

は無限集合でもよい)に関して以下の関係式が成り立つ.

(ⅰ) $V(I) \cup V(J) = V(I \cap J)$
(ⅱ) $\bigcap_{\lambda \in \Lambda} V(I_\lambda) = V\left(\sum_{\lambda \in \Lambda} I_\lambda\right)$
(ⅲ) $\sqrt{I} \subset \sqrt{J}$ であれば $V(I) \supset V(J)$

ただし, $\sum_{\lambda \in \Lambda} I_\lambda$ は $\{I_\lambda\}_{\lambda \in \Lambda}$ で生成される $k[x_1, x_2, \cdots, x_n]$ のイデアルであり, また

$$\sqrt{I} = \{f \in k[x_1, x_2, \cdots, x_n] \mid 正整数 m を適当にとると f^m \in I\}$$

であり, $\sqrt{I}$ はイデアル I の**根基**(radical)と呼ばれる.

[証明] (ⅰ) $I \subset J$ であれば $V(I) \supset V(J)$ であることに注意する. なぜならば, $(a_1, a_2, \cdots, a_n) \in V(J)$ であれば $(a_1, a_2, \cdots, a_n)$ は J に属するすべての多項式の零点であり, したがって I に属するすべての多項式の零点となるからである. このことから

$$V(I \cap J) \supset V(I), \quad V(I \cap J) \supset V(J)$$

が分かる. したがって

$$V(I) \cup V(J) \subset V(I \cap J)$$

が成り立つ. 逆に $(a_1, a_2, \cdots, a_n) \in V(I \cap J)$ を考える. もし $(a_1, a_2, \cdots, a_n) \notin V(I)$ であれば

$$f(a_1, a_2, \cdots, a_n) \neq 0$$

を満足する多項式 $f \in I$ が存在する. このとき, 任意の元 $g(x_1, x_2, \cdots, x_n) \in J$ に対して $h = fg \in I \cap J$ であるので,

$$h(a_1, a_2, \cdots, a_n) = f(a_1, a_2, \cdots, a_n)g(a_1, a_2, \cdots, a_n) = 0$$

であり,

$$g(a_1, a_2, \cdots, a_n) = 0$$

が成り立つ. よって $(a_1, a_2, \cdots, a_n) \in V(J)$ である. したがって

$$V(I \cap J) \subset V(I) \cup V(J)$$

が成り立ち(ⅰ)が成立することが分かる.

(ⅱ) $I_\mu \subset \sum_{\lambda \in \Lambda} I_\lambda$ であるので

が成り立ち，したがって

$$\bigcap_{\mu \in \Lambda} V(I_\mu) \supset V\left(\sum_{\lambda \in \Lambda} I_\lambda\right)$$

が成り立つことが分かる．各 λ に対して

$$I_\lambda = (h_{\lambda 1}, h_{\lambda 2}, \cdots, h_{\lambda m_\lambda})$$

と生成元を使ってイデアル I_λ を表わしておく．$(a_1, a_2, \cdots, a_n) \in \bigcap_{\lambda \in \Lambda} V(I_\lambda)$ であれば

$$h_{\lambda j}(a_1, a_2, \cdots, a_n) = 0, \quad j = 1, 2, \cdots, m_\lambda$$

が成り立つ．一方 $\{h_{\lambda j}\}_{\lambda \in \Lambda, 1 \leq j \leq m_\lambda}$ はイデアル $\sum_{\lambda \in \Lambda} I_\lambda$ を生成するので，$(a_1, a_2, \cdots, a_n) \in V\left(\sum_{\lambda \in \Lambda} I_\lambda\right)$ が成り立つ．

(iii) $V(\sqrt{I}) = V(I)$ を示せばよい．$\sqrt{I} \supset I$ であるので

$$V(\sqrt{I}) \subset V(I)$$

が成り立つ．一方 $f \in \sqrt{I}$ であれば $f^m \in I$ となる正整数 m が存在する．$(a_1, a_2, \cdots, a_n) \in V(I)$ であれば

$$f(a_1, a_2, \cdots, a_n)^m = 0$$

となり，したがって

$$f(a_1, a_2, \cdots, a_n) = 0$$

が成り立つ．これは $(a_1, a_2, \cdots, a_n) \in V(\sqrt{I})$ を意味する．よって

$$V(\sqrt{I}) \supset V(I)$$

が成り立ち，(iii)が成立することが示された． ∎

系 1.5 $k[x_1, x_2, \cdots, x_n]$ の有限個のイデアル $I_1, I_2, \cdots, I_s$ に関して

$$\bigcup_{j=1}^{s} V(I_j) = V\left(\bigcap_{j=1}^{s} I_j\right)$$

が成り立つ．

［証明］s に関する帰納法による． ∎

上の系は，命題 1.4(ii) の場合と違って有限個のイデアルに関してのみ一

般には正しいことが分かる．無限個のイデアルに関しては，上の系は必ずしも成立しないことは次の例から明らかであろう．

例 1.6 体 k から可算無限個の相異なる元 $c_1, c_2, c_3, \cdots, c_n, \cdots$ を取り出し，$k[x]$ のイデアル
$$I_j = (x - c_j), \quad j = 1, 2, 3, \cdots$$
を考える．
$$I_{j_1} \cap I_{j_2} \cap \cdots \cap I_{j_s} = \left(\prod_{i=1}^{s}(x - c_{j_i})\right)$$
が成り立つことは容易に分かる．したがって
$$\bigcap_{j=1}^{\infty} I_j = (0)$$
でなければならない．一方
$$\bigcup_{j=1}^{\infty} V(I_j) = \{c_1, c_2, c_3, \cdots\}$$
であり $V((0)) = \mathbb{A}_k^1$ である．$\mathbb{A}_k^1 \supsetneq \{c_1, c_2, \cdots\}$ であるように $c_1, c_2, c_3, \cdots$ を取り出すことができるので，この場合
$$\bigcup_{j=1}^{\infty} V(I_j) \subsetneq V\left(\bigcap_{j=1}^{\infty} I_j\right)$$
が成り立つ． □

§1.2 Hilbert の零点定理

n 次元アフィン空間 $\mathbb{A}_k^n$ 内の代数的集合 $V(I)$ が幾何学的に意味があるためには $V(I) \neq \emptyset$ である必要がある．次の定理はそれを保証する．この定理は弱い形の **Hilbert の零点定理**(weak Hilbert's Nullstellensatz)と呼ばれる．

定理 1.7 代数的閉体 k 上の多項式環 $k[x_1, x_2, \cdots, x_n]$ のイデアル I が単位元を含まない，すなわち $I \neq k[x_1, x_2, \cdots, x_n]$ であれば
$$V(I) \neq \emptyset$$
である．

[証明] $I \neq k[x_1, x_2, \cdots, x_n]$ であればイデアル I は必ずある極大イデアル $\mathfrak{m}$ に含まれる.$I \subset \mathfrak{m}$ より $V(I) \supset V(\mathfrak{m})$ である.したがって $V(\mathfrak{m}) \neq \emptyset$ であることを示せば十分であるので I は極大イデアル $\mathfrak{m}$ であると仮定してよい.極大イデアル $\mathfrak{m}$ に対して剰余環 $k[x_1, x_2, \cdots, x_n]/\mathfrak{m}$ は k を含む体である.体 k は代数的閉体であるので,下の補題 1.9 より $k[x_1, x_2, \cdots, x_n]/\mathfrak{m} = k$ でなければならない.よって x_j の $\mathfrak{m}$ に関する剰余類 $x_j \pmod{\mathfrak{m}}$ は k の元 a_j を定める.すなわち $x_j - a_j \equiv 0 \pmod{\mathfrak{m}}$ であるので,$x_j - a_j \in \mathfrak{m}$ である.これは $(x_1 - a_1, x_2 - a_2, \cdots, x_n - a_n) \subset \mathfrak{m}$ を意味するが,$(x_1 - a_1, x_2 - a_2, \cdots, x_n - a_n)$ は極大イデアルであるので

$$\mathfrak{m} = (x_1 - a_1, x_2 - a_2, \cdots, x_n - a_n)$$

となり,

$$V(\mathfrak{m}) = \{(a_1, a_2, \cdots, a_n)\}$$

であることが分かる. ■

上の証明で用いた補題を述べる前に,証明中に得られた極大イデアルに関する結果を系として述べておく.

系 1.8 代数的閉体 k 上の多項式環 $k[x_1, x_2, \cdots, x_n]$ の極大イデアルは
$$(x_1 - a_1, x_2 - a_2, \cdots, x_n - a_n), \quad a_j \in k, \quad j = 1, 2, \cdots, n$$
の形をしている. □

系 1.8 を弱い形の Hilbert の零点定理と呼ぶことも多い.定理 1.7 も系 1.8 も体 k が代数的閉体であることが本質的である.すでに述べたように実数体 $\mathbb{R}$ 上では定理 1.7 は成り立たない.

問 2 実数体 $\mathbb{R}$ 上の 1 変数多項式環 $\mathbb{R}[x]$ の極大イデアルは $(x-a)$,$a \in \mathbb{R}$ または $(x^2 + ax + b)$,$a, b \in \mathbb{R}$,$a^2 - 4b < 0$ の形であることを示せ.

さて,定理 1.7 の証明に必要であったのは次の補題である.

補題 1.9 体 K(代数的閉体である必要はない)上有限生成の整域 R が体であれば,R の各元は K 上代数的である.

[証明] 仮定より

(1.3) $$R = K[z_1, z_2, \cdots, z_m]$$

となる $z_1, z_2, \cdots, z_m \in R$ が存在する．$z_1, z_2, \cdots, z_m$ が K 上代数的であることを示せばよい．このことを生成元の個数 m に関する帰納法で示す．$m=1$ のときは，もし z_1 が K 上代数的でなければ K 上超越的であり，$K[z_1]$ は K 上の多項式環と同型であり体ではない．これは $R = K[z_1]$ が体であるという仮定に反する．よって z_1 は K 上代数的である．

次に $m \geqq 2$ と仮定する．$z_1 \in R$ に対して K の拡大体 $K(z_1)$ は R の部分体である．よって
$$R = K(z_1)[z_2, z_3, \cdots, z_m]$$
と書くことができ，R は体 $K(z_1)$ 上 $m-1$ 個の元 $z_2, z_3, \cdots, z_m$ で生成される．帰納法の仮定により，$z_2, z_3, \cdots, z_m$ は $K(z_1)$ 上代数的である．したがって z_j を根に持つ $K(z_1)$ の元を係数とする多項式 $f_j(x) \in K(z_1)[x]$ が存在する．必要であれば $K[z_1]$ の元を掛けることによって $f_j(x)$ は

(1.4)
$$f_j(x) = A_j(z_1)x^{n_j} + B_j^{(1)}(z_1)x^{n_j-1} + B_j^{(2)}(z_1)x^{n_j-2} + \cdots + B_j^{(n_j)}(z_1)$$
$$A_j(z_1), B_j^{(l)}(z_1) \in K[z_1], \quad j = 2, 3, \cdots, m, \quad l = 1, 2, \cdots, n_j$$

であると仮定してよい．そこで
$$A(z_1) = \prod_{j=2}^{m} A_j(z_1) \in K[z_1]$$

とおき，R の部分環 S を
$$S = K\left[z_1, \frac{1}{A(z_1)}\right]$$

と定義する．（R は体であるので $1/A(z_1) \in R$ であり，S は K 上 z_1 と $1/A(z_1)$ で生成される R の部分環である．）このとき(1.3)より

(1.5) $$R = S[z_2, z_3, \cdots, z_m]$$

である．式(1.4)に $A(z_1)/A_j(z_1)$ を掛け，その後 $A(z_1)$ で割ることによって z_j は S の元を係数とするモニック多項式

$$g_j(x) = x^{n_j} + b_j^{(1)} x^{n_j - 1} b_j^{(2)} x^{n_j - 2} + \cdots + b_j^{(n_j)} b_j^{(l)} \in S,$$
$$j = 2, 3, \cdots, m, \quad l = 1, 2, \cdots, n_j$$

の根であることが分かる.（このことを可換環論では z_j は S 上整(integral)であるという. R の任意の元は S の元を係数とするモニック多項式の根である.）このとき, R が体であるので S も体であることを示そう. a を S の 0 でない元とすると $a^{-1} \in R$ であり a^{-1} は S の元を係数とするモニック多項式の根であり, したがって

$$a^{-l} + b_1 a^{-l+1} + b_2 a^{-l+2} + \cdots + b_l = 0, \quad b_j \in S, \quad j = 1, 2, \cdots, l$$

が成り立つ. すなわち

$$1 + b_1 a + b_2 a^2 + \cdots + b_l a^l = 0$$

が成り立ち,

$$a^{-1} = -(b_1 + b_2 a + \cdots + b_l a^{l-1}) \in S$$

であることが分かる. よって, 環 S の任意の零でない元 a は逆元 a^{-1} を S 内に持ち, S は体である.

ところで, もし z_1 が K 上超越的であれば $K[z_1]$ は K 上の多項式環と考えることができ, $K\left[z_1, \dfrac{1}{A(z_1)}\right]$ の任意の元 a は

$$a = \frac{F(z_1)}{A(z_1)^m}, \quad F(z_1) \in K[z_1]$$

と書くことができる. もし $F(z_1)$ と $A(z_1)$ とが互いに素であれば $a^{-1} = \dfrac{A(z_1)^m}{F(z_1)}$ は

$$\frac{G(z_1)}{A(z_1)^s}, \quad G(z_1) \in K[z_1]$$

の形で表わすことはできない. したがって $S = K\left[z_1, \dfrac{1}{A(z_1)}\right]$ は体ではあり得ない. 一方 S は体であったので, z_1 は K 上代数的でなければならないことが示された. ∎

問3 補題 1.9 の証明中に用いた次の事実を証明せよ. 整域 S 上整である元 $w_1, \cdots, w_l$ で生成された整域 $R = S[w_1, \cdots, w_l]$ の任意の元は S 上整である.

さて，新しい記号を導入しよう．代数的閉体 k 上の n 次元アフィン空間 $\mathbb{A}_k^n$ 内の部分集合 V に対して，V の定めるイデアル $I(V)$ を

(1.6) $\quad I(V) = \{f \in k[x_1, x_2, \cdots, x_n] \mid V$ の任意の点 $(a_1, a_2, \cdots, a_n)$
$\qquad\qquad\qquad$ に対して $f(a_1, a_2, \cdots, a_n) = 0\}$

と定義する．特に V がイデアル J から定まる代数的集合 $V(J)$ のときは

(1.7) $\qquad\qquad\qquad J \subset I(V(J))$

であることは定義 (1.6) より明らかである．しかしながら，$f \in k[x_1, x_2, \cdots, x_n]$ に対して $V(f^2) = V(f)$ が成り立つことからも明らかなように，$I(V(J)) = J$ が成り立つとは限らない．J と $I(V(J))$ との関係は次の **Hilbert の零点定理** (Hilbert's Nullstellensatz) が明らかにしてくれる．

定理 1.10（Hilbert の零点定理） 代数的閉体 k 上の多項式環 $k[x_1, x_2, \cdots, x_n]$ のイデアル J に対して

$$I(V(J)) = \sqrt{J}$$

が成り立つ．

［証明］ $\sqrt{J} \subset I(V(J))$ は定義 (1.6) より明らかなので，$f \in I(V(J))$ であれば $f \in \sqrt{J}$，すなわち，適当に正整数 m をとると $f^m \in J$ をいえばよい．そのために，新しい変数 x_0 を導入し，$n+1$ 変数多項式環 $k[x_0, x_1, x_2, \cdots, x_n]$ で $1 - x_0 f(x_1, x_2, \cdots, x_n)$ と J から生成されるイデアル $\widetilde{J}$ を考える．$V(\widetilde{J}) \neq \emptyset$ と仮定して，点 $(a_0, a_1, a_2, \cdots, a_n) \in V(\widetilde{J}) \subset k^{n+1}$ を考えると $J \subset \widetilde{J}$ であるので $(a_1, a_2, \cdots, a_n) \in V(J)$ である．したがって $f(a_1, a_2, \cdots, a_n) = 0$ が成り立つが，一方 $1 - x_0 f \in \widetilde{J}$ であるので

$$0 = 1 - a_0 f(a_1, a_2, \cdots, a_n) = 1$$

となり矛盾する．よって $V(\widetilde{J}) = \emptyset$ でなければならない．したがって定理 1.7 より $\widetilde{J} = k[x_0, x_1, \cdots, x_n]$ であり，$\widetilde{J}$ は単位元 1 を含む．よって

$$1 = h(x_0, x_1, \cdots, x_n)(1 - x_0 f(x_1, x_2, \cdots, x_n))$$
$$+ \sum_{j=1}^{l} g_j(x_0, x_1, \cdots, x_n) f_j(x_1, \cdots, x_n)$$
$$h, g_j \in k[x_0, x_1, \cdots, x_n], \quad f_j \in J$$

と書くことができる．この式の x_0 に $1/f$ を代入し，f の適当なべきを両辺に掛けると
$$f^\rho = \sum_{j=1}^{l} \widetilde{g}_j(x_1,\cdots,x_n) f_j(x_1,\cdots,x_n), \quad \widetilde{g}_j \in k[x_1, x_2,\cdots,x_n]$$
と書くことができ $f^\rho \in J$ であることが分かる． ∎

この定理から代数的集合 $V(J)$ を考えるには $J = \sqrt{J}$ であるイデアル，**被約イデアル**(reduced ideal)を考えれば十分であることが分かる．

例題 1.11 n 次元アフィン空間 $\mathbb{A}_k^n$ の部分集合 V, W が $V \supset W$ であれば
$$I(V) \subset I(W)$$
であることを示せ．また $V = V(J_1) \supsetneq W = V(J_2)$ であれば
$$\sqrt{J_1} \subsetneq \sqrt{J_2}$$
であることを示せ．

[解] $I(V)$ の定義 (1.6) より $f \in I(W)$ であれば $f \in I(V)$ であることは明らかである．したがって $V = V(J_1) \supset W = V(J_2)$ であれば定理 1.10 より
$$\sqrt{J_1} = I(V(J_1)) \subset I(V(J_2)) = \sqrt{J_2}$$
が成り立つ．もし $\sqrt{J_1} = \sqrt{J_2}$ であれば $V = W$ となるので，$V \supsetneq W$ のときは $\sqrt{J_1} \subsetneq \sqrt{J_2}$ でなければならない． ∎

例題 1.12 n 次元アフィン空間 $\mathbb{A}_k^n$ 内の代数的集合 $V(I)$ が $V(I) \neq \varnothing, \mathbb{A}_k^n$ であれば補集合
$$V(I)^c = \mathbb{A}_k^n \setminus V(I)$$
$$= \{(a_1, a_2, \cdots, a_n) \in \mathbb{A}_k^n \mid \text{ある } f \in I \text{ に対して } f(a_1, a_2, \cdots, a_n) \neq 0\}$$
は代数的集合でないことを示せ．

[解] $V(I)^c = V(J)$ を満足する $k[x_1, x_2, \cdots, x_n]$ のイデアル J が存在したと仮定する．
$$V(I) \cup V(J) = \mathbb{A}_k^n$$
であるので，命題 1.4(i) より
$$V(I \cap J) = V(I) \cup V(J) = \mathbb{A}_k^n$$
が成り立ち，Hilbert の零点定理より $\sqrt{I \cap J} = (0)$ であることが分かる．根基の定義より $I \cap J = (0)$ を得る．もし $I \neq (0)$, $J = (0)$ であれば $f \in I$, $g \in$

J, $f \neq 0$, $g \neq 0$ となる多項式 f, g が存在する. このとき $fg \neq 0$ かつ $fg \in I \cap J$ であるがこれは $I \cap J = (0)$ に矛盾する. よって $I = (0)$ または $J = (0)$ でなければならないが, これは $V(I) = \mathbb{A}_k^n$ または $V(I) = \varnothing$ を意味し, 仮定に反する. よって $V(I)^c = V(J)$ を満足するイデアルは存在しない. ∎

例題 1.13 n 次元アフィン空間 $\mathbb{A}_k^n$ 内の代数的集合の補集合の全体
$$\mathcal{O} = \{V(I)^c \mid I \text{ は } k[x_1, x_2, \cdots, x_n] \text{ のイデアル}\}$$
は次の性質を持つことを示せ.

(1) $\varnothing \in \mathcal{O}$, $\mathbb{A}_k^n \in \mathcal{O}$

(2) $O_1, O_2 \in \mathcal{O}$ であれば $O_1 \cap O_2 \in \mathcal{O}$

(3) $O_\lambda \in \mathcal{O}$, $\lambda \in \Lambda$ であれば $\bigcup_{\lambda \in \Lambda} O_\lambda \in \mathcal{O}$

[解] (1) $V(0) = \mathbb{A}_k^n$, $V(k[x_1, x_2, \cdots, x_n]) = \varnothing$ であるので $\varnothing = V(0)^c \in \mathcal{O}$, $\mathbb{A}_k^n = V(k[x_1, x_2, \cdots, x_n])^c \in \mathcal{O}$ である.

(2) $O_1 = V(J_1)^c$, $O_2 = V(J_2)^c$ であれば
$$O_1 \cap O_2 = (V(J_1) \cup V(J_2))^c = (V(J_1 \cap J_2))^c \in \mathcal{O}$$

(3) $O_\lambda = V(J_\lambda)^c$ であれば
$$\bigcup_{\lambda \in \Lambda} O_\lambda = \bigcup_{\lambda \in \Lambda} V(J_\lambda)^c = \left(\bigcap_{\lambda \in \Lambda} V(J_\lambda)\right)^c = V\left(\sum_{\lambda \in \Lambda} J_\lambda\right)^c \in \mathcal{O}$$
∎

例題 1.13 より $\mathbb{A}_k^n$ の部分集合 O は $O \in \mathcal{O}$ のとき $\mathbb{A}_k^n$ の**開集合**(open set)と定義することにより, $\mathbb{A}_k^n$ に**位相**(topology)を導入することができる. この位相を $\mathbb{A}_k^n$ の **Zariski 位相**(Zariski topology)という. $\mathbb{A}_k^n$ の**閉集合**(closed set) F は $\mathbb{A}_k^n$ の代数的集合に他ならない. また $\mathbb{A}_k^n$ の代数的集合 $V(I)$ には $\mathbb{A}_k^n$ の Zariski 位相から誘導される位相によって Zariski 位相を導入することができる. すなわち $V(I)$ の部分集合 U は $O \cap V(I) = U$ となる $\mathbb{A}_k^n$ の開集合が存在するとき $V(I)$ の開集合と定義することによって $V(I)$ に位相を導入する. Zariski 位相は Hausdorff 的でない位相であるが重要な位相である. 次章でスキームを導入する際に詳しく論じることとする.

問 4 1 次元アフィン空間 $\mathbb{A}_k^1$ の Zariski 位相に関する閉集合は空集合および全体 $\mathbb{A}_k^1$ 以外は有限個の点からなること, したがって開集合は $\mathbb{A}_k^1$ から有限個の点を

除いた残りの集合であることを示せ．また，k の 2 点 a,b に対して $a \in O_1$, $b \in O_2$ である開集合 O_1, O_2 は必ず交わること，すなわち $O_1 \cap O_2 \neq \emptyset$ であることを示せ．（このことは k の Zariski 位相では **Hausdorff の分離公理**（Hausdorff axiom of separation）が成り立たないことを意味する．これは k の開集合が少ないことに起因する．たとえば $k = \mathbb{C}$ のとき，Zariski 位相による開集合は通常の距離空間による位相でも開集合であるが，通常の位相による開集合である開円板 $\{z \in \mathbb{C} \mid |z| < 1\}$ は Zariski 位相では開集合ではない．）

§1.3　アフィン代数多様体

代数的閉体 k 上の n 次元アフィン空間 $\mathbb{A}_k^n$ 内の代数的集合 V は
$$V = V_1 \cup V_2, \quad V \neq V_1, \quad V \neq V_2$$
と 2 つの代数的集合 V_1, V_2 の和集合になるとき**可約**（reducible）と呼ばれる．可約でないとき**既約**（irreducible）といい，既約な代数的集合を**アフィン代数多様体**（affine algebraic variety）という．代数的集合 V が既約であるための条件を求めてみよう．代数的集合 $V(J)$ が可約であれば

(1.8) 　$V(J) = V(J_1) \cup V(J_2), \quad V(J) \neq V(J_1), \quad V(J) \neq V(J_2)$

と書けるので，$V(J) \supsetneq V(J_j)$, $j = 1, 2$, および例題 1.11 より

(1.9) 　$\sqrt{J} = I(V(J)) \subsetneq I(V(J_j)) = \sqrt{J_j}$

が成り立つ．したがって $f_j \in \sqrt{J_j}$, $f_j \notin \sqrt{J}$, $j = 1, 2$ である多項式 f_1, f_2 が存在するが，(1.9) より $f_1 f_2 \in \sqrt{J}$ でなければならない．これは $\sqrt{J}$ が**素イデアル**（prime ideal）でないことを意味する．

以上の議論により，次の命題の意味は明らかであろう．

命題 1.14　代数的集合 V が既約であるための必要十分条件は V から定まるイデアル $I(V)$ が素イデアルであることである．

［証明］V が可約であれば $I(V)$ は素イデアルでないことは上で示した．対偶をとれば，$I(V)$ が素イデアルであれば V は既約であることが示されたことになる．そこで V は既約であるが，$I(V)$ は素イデアルでないと仮定してみよう．したがって $f_1, f_2 \notin I(V)$ かつ $f_1 f_2 \in I(V)$ である多項式 f_1, f_2 が存

在する．そこで，$I(V)$ と f_1 から生成されるイデアルを J_1, $I(V)$ と f_2 から生成されるイデアルを J_2 と記すと $f_1, f_2 \notin I(V)$ より
$$V(J_1) \subsetneq V, \quad V(J_2) \subsetneq V$$
であるが，$f_1 f_2 \in I(V)$ であるので V の各点 $(a_1, a_2, \cdots, a_n)$ で f_1 か f_2 は 0 になる．したがって
$$V = V(J_1) \cup V(J_2)$$
が成り立ち V が既約であることに反する．よって，V が既約であれば $I(V)$ は素イデアルでなければならない． ∎

ところで，多項式環 $k[x_1, \cdots, x_n]$ で零イデアル (0) は素イデアルであり，したがってアフィン空間 $\mathbb{A}_k^n$ はアフィン代数多様体であることが分かる．以下，しばしば体 k 上のアフィン空間 $\mathbb{A}_k^n = k^n$ を $\mathbb{A}^n$ と略記する．また，1 次元アフィン空間 $\mathbb{A}^1$ を**アフィン直線**(affine line)，2 次元アフィン空間 $\mathbb{A}^2$ を**アフィン平面**(affine plane)と呼ぶ．

例 1.15 $k[x_1, x_2, \cdots, x_n]$ の単項イデアル $I = (F)$ は多項式 F が既約のときに限り素イデアルである．$V(F)$ を $\mathbb{A}^n$ の**アフィン超曲面**(affine hypersurface)と呼ぶ．F の次数が m のとき $V(F)$ を m 次アフィン超曲面という．ただし，$n=2$ のときはアフィン平面曲線，$n=3$ のときはアフィン曲面という．アフィン超曲面 $V(F)$ が既約であることと多項式 $F(x_1, x_2, \cdots, x_n)$ が $k[x_1, x_2, \cdots, x_n]$ で既約であることとは同値である． □

n 次元アフィン空間 $\mathbb{A}_k^n$ 内の代数的集合 V に対して，
$$k[V] := k[x_1, x_2, \cdots, x_n]/I(V)$$
を V の**座標環**(coordinate ring)という．座標環の言葉を使えば，命題 1.14 は次の形に書き直すことができる．

系 1.16 代数的集合 V が既約であるための必要十分条件は V の座標環 $k[V]$ が整域となることである． □

例 1.17 アフィン平面 $\mathbb{A}_k^2$ 内の 2 次曲線
$$C = V(x^2 + y^2 - 1)$$
の座標環 $k[C]$ は $\operatorname{char} k \neq 2$ のとき
$$k[C] = k[x, y]/(x^2 + y^2 - 1)$$

で与えられる．$i^2 = -1$ である $i \in k$ をとり，
$$u = x+iy, \quad v = x-iy$$
と変数変換すると，座標環 $k[C]$ は
$$k[C] = k[u,v]/(uv-1)$$
と書き直すことができる．この環は $k\left[u, \dfrac{1}{u}\right]$ と同型であることも容易に分かる．

上の変数変換は可換環の言葉を使えば可換環の同型

$$\begin{array}{rccc}
\varphi: & k[x,y]/(x^2+y^2-1) & \simeq & k\left[u, \dfrac{1}{u}\right] \\
& x & \longmapsto & \dfrac{1}{2}\left(u+\dfrac{1}{u}\right) \\
& y & \longmapsto & \dfrac{1}{2i}\left(u-\dfrac{1}{u}\right)
\end{array}$$

を与える．これが同型であることは，この逆の同型写像が

$$\begin{array}{rccc}
\varphi^{-1}: & k\left[u, \dfrac{1}{u}\right] & \simeq & k[x,y]/(x^2+y^2-1) \\
& u & \longmapsto & x+iy
\end{array}$$

で与えられることから分かる．

ところで $\operatorname{char} k = 2$ のときは
$$x^2+y^2-1 = (x+y-1)^2$$
であるので $C = V(x^2+y^2-1)$ の座標環 $k[C]$ は
$$k[C] = k[x,y]/(x+y-1) \simeq k[x]$$
で与えられる． □

問5 $\mathbb{A}_k^2$ 内の2次曲線 $C = V(y-x^2)$ の座標環 $k[C]$ は k 上の1変数多項式環 $k[x]$ と同型であることを示せ．

上の例で変数変換が出てきたが，変数変換の考え方を一般化して，代数的集合 V, W 間の射(morphism)を定義することができる．射という見慣れない

術語を用いるが，代数幾何学における写像を意味する術語として用いる．代数的集合 $V \subset \mathbb{A}_k^m$ から代数的集合 $W \subset \mathbb{A}_k^n$ への写像 $\varphi: V \to W$（通常の集合間の写像）は多項式を使って表示できるとき代数的集合 V から W への射であるという．すなわち V, W の座標環 $k[V], k[W]$ が

$$k[V] = k[x_1, x_2, \cdots, x_m]/I(V), \quad k[W] = k[y_1, y_2, \cdots, y_n]/I(W)$$

と表現され，φ が

(1.10) $\qquad y_j = f_j(x_1, x_2, \cdots, x_m) \in k[x_1, x_2, \cdots, x_m]$

を使って表示できるとき代数的集合 V から W への射であるという．これは V の点 $P = (a_1, \cdots, a_m)$ に対して

$$\varphi((a_1, \cdots, a_m)) = (f_1(a_1, \cdots, a_m), \cdots, f_n(a_1, \cdots, a_m))$$

と φ による像 $\varphi(P)$ の座標が $a_1, \cdots, a_m$ の多項式で表示できることを意味する．ところが，一般には $a_1, \cdots, a_m$ の間には代数的な関係式があるので $a_1, \cdots, a_m$ の多項式としての表示は一通りとは限らないことがある．たとえば

$$(a_1)^2 = a_2$$

という関係があれば

$$f(x, y) = xy, \quad g(x, y) = x^3$$

に対して

$$f(a_1, a_2) = a_1 a_2 = a_1^3 = g(a_1, a_2)$$

となる．このように(1.10)の定義は不十分なところがあり後でもっとすっきりした定義を与える．いずれにせよ，このいささか分かりにくい定義の意味を調べておこう．簡単な例から始めよう．

例 1.18 3次曲線

$$C = V(y^2 - x^3) \subset \mathbb{A}_k^2$$

を考える．アフィン直線 $\mathbb{A}^1$ の座標環 $k[\mathbb{A}^1]$ を

$$k[\mathbb{A}^1] = k[t]$$

と記すことにする．アフィン平面 $\mathbb{A}^2$ の座標環は

$$k[\mathbb{A}^2] = k[x, y]$$

で与えられる．

(1.11) $\qquad\qquad\qquad x = t^2, \quad y = t^3$

は $\mathbb{A}^1$ から C への写像を定める．すなわち $\mathbb{A}^1$ の点 a に対して(1.11)から定まる $\mathbb{A}^2$ の点 (a^2, a^3) を考えると $(a^2, a^3) \in C$ であり，$\mathbb{A}^1$ から C への写像

$$\varphi: \mathbb{A}^1 \longrightarrow C$$
$$a \longmapsto (a^2, a^3)$$

が定まる．φ は $\mathbb{A}^1$ から C への射である．

(1.11)は $\mathbb{A}^1$ から $\mathbb{A}^2$ への写像

$$\tilde{\varphi}: \mathbb{A}^1 \longrightarrow \mathbb{A}^2$$
$$a \longmapsto (a^2, a^3)$$

を定めている．$\tilde{\varphi}$ は $\mathbb{A}^1$ から $\mathbb{A}^2$ への射であり，$\tilde{\varphi}$ の像 $\tilde{\varphi}(\mathbb{A}^1)$ は C に含まれていることが分かる．

ところで，射 $\varphi: \mathbb{A}^1 \to C$ が(1.11)で与えられると，C の座標環 $k[C]$ から $\mathbb{A}^1$ の座標環 $k[\mathbb{A}^1]$ への可換環の k 準同型 $\varphi^\#: k[C] \to k[\mathbb{A}^1]$ が

$$\varphi^\#: \quad k[C] = k[x,y]/(y^2 - x^3) \longrightarrow k[\mathbb{A}^1] = k[t]$$
$$\overline{f(x,y)} = f(x,y) \pmod{y^2 - x^3} \longmapsto f(t^2, t^3)$$

として定まる．また(1.11)は

$$\tilde{\varphi}^\#: \quad k[\mathbb{A}^2] = k[x,y] \longrightarrow k[\mathbb{A}^1] = k[t]$$
$$f(x,y) \longmapsto f(t^2, t^3)$$

という可換環の k 準同型も定める．

$$\tilde{\varphi}^\#(f(x,y)) = f(t^2, t^3)$$

であり $\operatorname{Ker} \varphi^\# = (y^2 - x^3)$ も容易に示すことができる．

$$\iota^\#: k[x,y] \longrightarrow k[x,y]/(y^2 - x^3)$$

を標準的な写像とすると，$\tilde{\varphi}^\# = \varphi^\# \circ \iota^\#$ であることも容易に分かる． □

問 6 $\varphi: \mathbb{A}^1 \to C$ は集合としては全単射であるが，準同型写像 $\varphi^\#: k[C] \to k[\mathbb{A}^1]$ は単射ではあるが全射でないことを示せ．

もう1つ例を見ておこう.

例 1.19 代数的集合
$$E = V(y^2 - x^3 + 1) \subset \mathbb{A}^2, \quad D = V((x_2^2 - x_1^3 + 1,\ x_3 - x_1^2)) \subset \mathbb{A}^3$$
を考える.

(1.12) $$x_1 = x, \quad x_2 = y, \quad x_3 = x^2$$

は E から D への射 $\psi: E \to D$ を定める. $I = (x_2^2 - x_1^3 + 1,\ x_3 - x_1^2)$, $J = (y^2 - x^3 + 1)$ とおく. このとき, (1.12) は座標環の k 準同型

$$\psi^\#: \quad k[D] = k[x_1, x_2, x_3]/I \quad \longrightarrow \quad k[E] = k[x, y]/J$$
$$\overline{g(x_1, x_2, x_3)} \quad \longmapsto \quad \overline{g(x, y, x^2)}$$

を定める. $\psi: E \to D$ は集合として全単射, $\psi^\#$ は同型写像である.

また(1.12)は $\mathbb{A}^2$ から $\mathbb{A}^3$ への射

$$\widetilde{\psi}: \quad \mathbb{A}^2 \quad \longrightarrow \quad \mathbb{A}^3$$
$$(a, b) \quad \longmapsto \quad (a, b, a^2)$$

も定め, 対応する座標環の k 準同型 $\widetilde{\psi}^\#$ は

$$\widetilde{\psi}^\#: \quad k[\mathbb{A}^3] = k[x_1, x_2, x_3] \quad \longrightarrow \quad k[\mathbb{A}^2] = k[x, y]$$
$$g(x_1, x_2, x_3) \quad \longmapsto \quad g(x, y, x^2)$$

で与えられる. □

後に詳述するように代数的集合 V の座標環 $k[V]$ の元は V 上の**正則な関数** (regular function) と考えることができる. 代数的集合間の写像 $\psi: V \to W$ によって W 上の正則な関数 f を V 上に引き戻したもの $f \circ \psi$ が V の正則な関数である場合が代数幾何学では重要であり, そのときが写像 $\psi: V \to W$ が射であるということができる. その条件が, 写像 ψ が(1.10)の形で表示できるということに他ならない. このとき $f \in k[W]$ に対して $f \circ \psi \in k[V]$ が対応するが, これが(1.10)から定まる座標環の k 準同型 $\psi^\#: k[W] \to k[V]$ の意味を与えているのである.

ところで(1.10)は $\mathbb{A}^m$ から $\mathbb{A}^n$ への射

$$\widetilde{\psi}:\quad \mathbb{A}^m \longrightarrow \mathbb{A}^n$$
$$(a_1, a_2, \cdots, a_m) \longmapsto (f_1(a_1, a_2, \cdots, a_m), \cdots, f_n(a_1, a_2, \cdots, a_m))$$

を定め，また座標環の k 準同型

$$\widetilde{\psi}^{\#}: k[\mathbb{A}^n] = k[y_1, y_2, \cdots, y_n] \longrightarrow k[\mathbb{A}^m] = k[x_1, x_2, \cdots, x_m]$$
$$g(y_1, y_2, \cdots, y_n) \longmapsto g(f_1(x_1, \cdots, x_m), \cdots, f_n(x_1, \cdots, x_m))$$

を定める．したがって，代数多様体の射 $\psi: V \to W$ は V と W を含むアフィン空間 $\mathbb{A}^m$ から $\mathbb{A}^n$ への射 $\widetilde{\psi}: \mathbb{A}^m \to \mathbb{A}^n$ を V に制限したものと考えられる．アフィン空間の間の射は多項式による写像 (1.10) に他ならない．

以上で代数的集合の間の射の定義の意味が明らかになったが，上の定義は何かしら不自然なところがある．代数的集合の間の射を定義するのに代数的集合を含むアフィン空間の間の射を考える必要があったことも一因である．代数的集合の射 $\psi: V \to W$ が集合として全単射，$\psi^{\#}: k[W] \to k[V]$ が k 代数として同型であるとき，射 $\psi: V \to W$ は**同型射**（isomorphism）であるといい，V と W は**同型**であるという．同型である代数的集合は代数幾何学的には同じであると考えることができる．このような観点からは，代数的集合とその座標環のみを使って射を定義することが望ましい．そのために代数的集合 V の点と V の座標環 $k[V]$ の極大イデアルとの関係を見ておこう．

代数的集合 $V \subset \mathbb{A}^n$ 上の点 $(a_1, a_2, \cdots, a_n)$ に対して $k[x_1, x_2, \cdots, x_n]$ の極大イデアル $(x_1 - a_1, x_2 - a_2, \cdots, x_n - a_n)$ を対応させることができる．V の座標環 $k[V] = k[x_1, x_2, \cdots, x_n]/I(V)$ で x_j の定める剰余類を $\bar{x}_j$ と記すことにすると $(\bar{x}_1 - a_1, \bar{x}_2 - a_2, \cdots, \bar{x}_n - a_n)$ は $k[V]$ の極大イデアルである．逆に $\mathfrak{m}$ が $k[V]$ の極大イデアルとするとき，自然な k 準同型

$$\psi: k[x_1, x_2, \cdots, x_n] \longrightarrow k[V] = k[x_1, x_2, \cdots, x_n]/I(V)$$

による $\mathfrak{m}$ の逆像 $\psi^{-1}(\mathfrak{m})$ は ψ が全射であるので多項式環 $k[x_1, x_2, \cdots, x_n]$ の極大イデアルを定める．系 1.8 より

$$\psi^{-1}(\mathfrak{m}) = (x_1 - b_1, x_2 - b_2, \cdots, x_n - b_n)$$

と書くことができる．このとき $(b_1, b_2, \cdots, b_n) \in V$ であることを示そう．その

ためには
$$(x_1-b_1, x_2-b_2, \cdots, x_n-b_n) \supset I(V)$$
を示せばよい．ところが，$\overline{0} \in \mathfrak{m}$ かつ $\psi^{-1}(\overline{0}) = I(V)$ であるので，$\psi^{-1}(\mathfrak{m}) \supset \psi^{-1}(\overline{0}) = I(V)$ となり，求める結果を得る．

さて，一般に，可換環 R に対して R の極大イデアルの全体を
$$\mathrm{Spm}\, R$$
と記し，R の **極大スペクトル**(maximal spectrum)と呼ぶことにしよう．上の議論から次の結果が示されたことになる．

命題 1.20 代数的集合 V と V の座標環 $k[V]$ の極大スペクトル $\mathrm{Spm}\, k[V]$ との間には集合として 1 対 1 の対応がある．この対応は
$$k[V] = k[x_1, x_2, \cdots, x_n]/I(V)$$
と表わすとき，V の点 $(a_1, a_2, \cdots, a_n)$ に対して $(x_1-a_1, x_2-a_2, \cdots, x_n-a_n)$ から定まる $k[V]$ の極大イデアルを対応させることによって得られる． □

では代数的集合の射 $\varphi: V \to W$ が与えられたとき，座標環と点との対応はどのように関係してくるのであろうか．射 φ が (1.10) で与えられている，すなわち
$$\varphi((a_1, a_2, \cdots, a_m)) = (f_1(a_1, a_2, \cdots, a_m), \cdots, f_n(a_1, a_2, \cdots, a_m))$$
$$f_j(x_1, x_2, \cdots, x_m) \in k[x_1, x_2, \cdots, x_m], \quad j = 1, 2, \cdots, n$$
で与えられているとき，座標環の間では k 準同型

(1.13)
$$\begin{array}{rccc} \varphi^{\#}: & k[W] = k[y_1, \cdots, y_n]/I(W) & \longrightarrow & k[V] = k[x_1, \cdots, x_m]/I(V) \\ & \overline{g(y_1, \cdots, y_n)} & \longmapsto & g(f_1(x_1, \cdots, x_m), \cdots, f_n(x_1, \cdots, x_m)) \\ & & & (\mathrm{mod}\, I(V)) \end{array}$$

が定まる．$(x_1-a_1, x_2-a_2, \cdots, x_m-a_m)$ が定める $k[V]$ の極大イデアルを $\mathfrak{m}_a$ と記すと，$\varphi^{\#-1}(\mathfrak{m}_a)$ は $k[W]$ の極大イデアルである．なぜならば $k[V]/\mathfrak{m}_a = k$ であり，$\varphi^{\#}$ は k 代数としての準同型写像
$$k[W]/\varphi^{\#-1}(\mathfrak{m}_a) \longrightarrow k[V]/\mathfrak{m}_a = k$$
を引き起こすので，$k[W]/\varphi^{\#-1}(\mathfrak{m}_a) = k$ となるからである．k 準同型 (1.13)

より $\varphi^{\#-1}(\mathfrak{m}_a)$ は
$$b_j = f_j(a_1, a_2, \cdots, a_m), \quad j = 1, 2, \cdots, n$$
としておくと，$(y_1-b_1, y_2-b_2, \cdots, y_n-b_n)$ より生成される $k[W]$ の極大イデアルであることが分かる．これは
$$f_j(x_1, x_2, \cdots, x_m) - f_j(a_1, a_2, \cdots, a_m) \in (x_1-a_1, x_2-a_2, \cdots, x_m-a_m)$$
であることより分かる．

問7 $f(x_1, x_2, \cdots, x_m) \in k[x_1, x_2, \cdots, x_m]$, $a_j \in k$, $j=1,2,\cdots,m$ に対して
$$f(x_1, x_2, \cdots, x_m) - f(a_1, a_2, \cdots, a_m) \in (x_1-a_1, x_2-a_2, \cdots, x_m-a_m)$$
であることを示せ．また
$$g(x_1, x_2, \cdots, x_m) \in (x_1-a_1, x_2-a_2, \cdots, x_m-a_m)$$
であるための必要十分条件は $g(a_1, a_2, \cdots, a_m) = 0$ であることを示せ．

以上の議論から次の命題が成り立つことが予想できよう．

命題 1.21 代数的集合の射 $\varphi : V \to W$ が与えられると，座標環の k 準同型写像
$$\varphi^{\#} : k[W] \longrightarrow k[V]$$
が定まり，かつ点 $(a_1, a_2, \cdots, a_m) \in V$ から定まる $k[V]$ の極大イデアル $\mathfrak{m}_a$ の $\varphi^{\#}$ による逆像 $\varphi^{\#-1}(\mathfrak{m}_a)$ は W の点 $\varphi((a_1, a_2, \cdots, a_m))$ に対応する $k[W]$ の極大イデアルである．

逆に集合としての写像 $\varphi : V \to W$ と k 準同型 $\varphi^{\#} : k[W] \to k[V]$ が与えられ，V の任意の点 $(a_1, a_2, \cdots, a_m)$ に対して $\varphi^{\#-1}(\mathfrak{m}_a)$ が $\varphi((a_1, a_2, \cdots, a_m))$ に対応する極大イデアルであれば $\varphi : V \to W$ は代数的集合の射である．

[証明] 代数的集合の射が命題の性質を持つことはすでに調べた．そこで，逆に命題の性質を持つ写像 $\varphi : V \to W$ と k 準同型 $\varphi^{\#} : k[W] \to k[V]$ が与えられたとしよう．
$$k[W] = k[y_1, y_2, \cdots, y_n]/I(W), \quad k[V] = k[x_1, x_2, \cdots, x_m]/I(V)$$
と座標環を多項式環の剰余環として表示しておく．k 準同型 $\varphi^{\#}$ は $\overline{y}_j = y_j \pmod{I(W)}$ の像 $\varphi^{\#}(\overline{y}_j)$ によって一意的に定まってしまう．そこで

$$\varphi^{\#}(\overline{y}_j) = f_j(x_1, x_2, \cdots, x_m) \pmod{I(V)}$$

と，$f_j \in k[x_1, x_2, \cdots, x_m]$ を使って表示する．このとき写像 φ は

$$
\begin{array}{ccc}
V & \longrightarrow & W \\
(a_1, a_2, \cdots, a_m) & \longmapsto & (f_1(a_1, a_2, \cdots, a_m), \cdots, f_n(a_1, a_2, \cdots, a_m))
\end{array}
$$

で与えられることを示そう．$(a_1, a_2, \cdots, a_m)$ に対応する $k[V]$ の極大イデアル $\mathfrak{m}_a$ は $(\overline{x}_1 - a_1, \overline{x}_2 - a_2, \cdots, \overline{x}_m - a_m)$, $\overline{x}_j = x_j \pmod{I(V)}$ と一致する．したがって

$$\varphi^{\#}(\overline{y}_j - f_j(a_1, a_2, \cdots, a_m)) = \overline{f_j(x_1, x_2, \cdots, x_m)} - f_j(a_1, a_2, \cdots, a_m) \in \mathfrak{m}_a$$

より

$$\varphi^{\#-1}(\mathfrak{m}_a) = (\overline{y}_1 - f_1(a_1, \cdots, a_m), \overline{y}_2 - f_2(a_1, \cdots, a_m), \cdots, \overline{y}_n - f_n(a_1, \cdots, a_m))$$

であることが分かる．命題の仮定より，極大イデアル $\varphi^{\#-1}(\mathfrak{m}_a)$ は W の点 $\varphi((a_1, a_2, \cdots, a_m))$ に対応する．よって

$$\varphi((a_1, a_2, \cdots, a_m)) = (f_1(a_1, a_2, \cdots, a_m), \cdots, f_n(a_1, a_2, \cdots, a_m))$$

であることが分かる． ∎

この命題をもとにアフィン代数多様体と射を新たに定義し直そう．

定義 1.22 代数的集合 V とその座標環 $k[V]$ の対 $(V, k[V])$ を**アフィン代数多様体**(affine algebraic variety)，あるいは略して**アフィン多様体**と呼ぶ．V が既約のとき $(V, k[V])$ を**既約アフィン多様体**という．また集合としての代数的集合の間の写像 $\varphi: V \to W$ と座標環の間の k 準同型 $\varphi^{\#}: k[W] \to k[V]$ の対 $(\varphi, \varphi^{\#})$ が与えられ，$a \in V$, $b = \varphi(a)$ のとき $\varphi^{\#-1}(\mathfrak{m}_a) = \mathfrak{m}_b$ ($\mathfrak{m}_a, \mathfrak{m}_b$ は点 a, b に対応する $k[V], k[W]$ の極大イデアル) がつねに成り立てば $(\varphi, \varphi^{\#})$ を $(V, k[V])$ から $(W, k[W])$ への**射**であるといい，

$$(\varphi, \varphi^{\#}): (V, k[V]) \longrightarrow (W, k[W])$$

と記す．φ が全単射，$\varphi^{\#}$ が $k[W]$ から $k[V]$ への可換環の k 同型のとき，射 $(\varphi, \varphi^{\#})$ は**同型射**であるという． □

ところでアフィン代数多様体の射 $(\varphi, \varphi^{\#}): (V, k[V]) \to (W, k[W])$ の定義で写像 $\varphi: V \to W$ と k 準同型写像 $\varphi^{\#}: k[W] \to k[V]$ の向きが逆であることに注意しておく．これは $k[V], k[W]$ の元はそれぞれ V, W 上の正則な関数と考

えられ，$\varphi^{\#}$ は写像 $\varphi: V \to W$ による関数の引き戻しと考えられることから意味づけすることができる.

さて定義 1.22 のどこが新しいのか，あるいはなぜこのようにもってまわった定義をする必要があるのか，疑問を持たれる読者も多いであろう．代数的集合 V の定義では V はアフィン空間 $\mathbb{A}^n$ 内のイデアルの元の共通零点として定義された．そのような意味では V の定義には V を含むアフィン空間 $\mathbb{A}^n$ あるいは同じことであるが V を定義するイデアル $J \subset k[x_1, x_2, \cdots, x_n]$ が必要であった．しかし対 $(V, k[V])$ を考えるときは，V は点の集まりとしての集合，$k[V]$ は k 代数としての可換環としてのみ考えれば十分である．正確にいえば，アフィン代数多様体の間の射 $(\varphi, \varphi^{\#}): (V, k[V]) \to (W, k[W])$ が同型射のときアフィン代数多様体 $(V, k[V])$ と $(W, k[W])$ は同じものであると見なすことができる.

それならば，さらに一歩進めて k 代数 R を先に考えて，R の極大イデアルの全体 $\mathrm{Spm}\, R$ を考え，対 $(\mathrm{Spm}\, R, R)$ をアフィン代数多様体と呼んだらどうであろうか．それではあまりに抽象的になってしまう．そもそも式で定義された図形を調べるはずであったのに，式も図形も消えてしまったではないかと抗議される読者も出てきそうである．しかしながら，式は消えてしまったわけではない．ただ，考える k 代数 R は k 上有限生成であると仮定しておく必要はあるが．R が k 上有限生成であれば

$$R \simeq k[x_1, x_2, \cdots, x_n]/J$$

と多項式環の剰余環と同型になる．この同型で R を右辺の剰余環と同一視してしまえば命題 1.20 から

(1.14) $\qquad\qquad \mathrm{Spm}\, R = V(J)$

であることが分かる．正確には J は被約イデアルである．すなわち $\sqrt{J} = J$ のとき命題 1.20 を証明したが，(1.14) は J が被約イデアルでなくても成立する．ところで，環 R を多項式環の剰余環として実現する方法は無数にある．(1.14) は $\mathrm{Spm}\, R$ を n 次元アフィン空間 $\mathbb{A}^n_k$ 内のアフィン代数的集合として実現したことになる．このことは $\mathrm{Spm}\, R$ を考えることはアフィン空間に埋め込まれたアフィン代数的集合を考えるのではなく，$\mathrm{Spm}\, R$ の図形とし

ての性質を直接考えることができることを示唆している．環 R を多項式環の剰余環として具体的に表示することが $\operatorname{Spm} R$ をアフィン空間に埋め込んで考えることに対応する．

問8 任意のイデアル J に対して $R=k[x_1, x_2, \cdots, x_n]/J$ のとき (1.14) が成り立つことを示せ．

さて，このようにアフィン代数多様体の定義を一般化して $(\operatorname{Spm} R, R)$ を考えることにしよう．以下，**代数的閉体 k 上の k 代数 R は k 上有限生成であると仮定する**．ではアフィン代数多様体の射はどのように定義したらよいであろうか．次の補題がそれに答えてくれる．

補題 1.23 k 代数の間の k 準同型写像
$$\psi: S \longrightarrow R$$
に対して R の極大イデアル $\mathfrak{m}$ の逆像 $\psi^{-1}(\mathfrak{m})$ は S の極大イデアルである．

[証明] ψ は k 代数の中への同型写像
$$\overline{\psi}: S/\psi^{-1}(\mathfrak{m}) \longrightarrow R/\mathfrak{m} = k$$
を引き起こすが，$k \subset S/\psi^{-1}(\mathfrak{m})$ より $\overline{\psi}$ は同型写像となり $S/\psi^{-1}(\mathfrak{m})$ は体であることが分かる． ∎

この補題より k 代数の k 準同型写像
$$\psi: S \longrightarrow R$$
が与えられると，写像
$$\psi^a: \operatorname{Spm} R \longrightarrow \operatorname{Spm} S$$
$$\mathfrak{m} \longmapsto \psi^{-1}(\mathfrak{m})$$
が定まる．したがって次の定義が意味を持つことが分かる．

定義 1.24 代数的閉体 k 上の有限生成 k 代数 R に対して $(\operatorname{Spm} R, R)$ を**アフィン代数多様体**と呼ぶ．2 つのアフィン代数多様体 $(\operatorname{Spm} R, R)$, $(\operatorname{Spm} S, S)$ に対して k 準同型写像 $\psi: S \to R$ と ψ より定まる写像
$$\psi^a: \operatorname{Spm} R \longrightarrow \operatorname{Spm} S$$

の組 (ψ^a, ψ) を $(\mathrm{Spm}\, R, R)$ から $(\mathrm{Spm}\, S, S)$ への射といい
$$(\psi^a, \psi): (\mathrm{Spm}\, R, R) \longrightarrow (\mathrm{Spm}\, S, S)$$
と記す．またアフィン多様体 $(\mathrm{Spm}\, R, R)$ に対して R の元をこのアフィン多様体上の正則な関数と呼ぶ． □

定義 1.24 は定義 1.22 と本質的に変わらないように思われるが，次の例が示すように概念的には大きな飛躍がある．それは可換環 R がべき零元を持つことを許した点にある．

例 1.25 $R_n = k[x]/(x^{n+1})$, $n = 0, 1, 2, \cdots$ を考える．

R_n は唯ひとつの極大イデアルを持つ．したがって $\mathrm{Spm}\, R_n$ は唯ひとつの点からなる．R_n の元は多項式 $f(x) \in k[x]$ の n 次の項までとったものと考えることができる．これは原点での n 次の項までの Taylor 展開をとったものに比することができる．$\mathrm{Spm}\, R_n$ は 1 点なので，この上の関数は通常の意味では定数しかないが，$(\mathrm{Spm}\, R_n, R_n)$ を考えることは原点の近傍で定義された "関数" の n 次の展開項までとったものを考えることを意味する．

ところで，$n_1 < n_2$ のとき k 準同型写像
$$\psi_{n_1, n_2}: R_{n_2} = k[x]/(x^{n_2+1}) \longrightarrow R_{n_1} = k[x]/(x^{n_1+1})$$
が定義でき，射
$$(\psi^a_{n_1, n_2}, \psi_{n_1, n_2}): (\mathrm{Spm}\, R_{n_1}, R_{n_1}) \longrightarrow (\mathrm{Spm}\, R_{n_2}, R_{n_2})$$
が定義できる． □

さてこれはすでに定義 1.22 の直後にも注意したことであるが，射 (ψ^a, ψ) で ψ^a と ψ の写像の向きが逆になっている．これは，可換環の準同型写像 ψ は $\mathrm{Spm}\, S$ 上の関数を写像 ψ^a で $\mathrm{Spm}\, R$ 上の関数に引き戻す写像であると "解釈" することによって，その理由が明らかになる．

定義 1.24 では定義 1.22 とは違って，可換環 R から出発して極大スペクトル $\mathrm{Spm}\, R$ を定義し，それを用いてアフィン代数多様体を定義した．空間そのものよりも，空間上の関数の方が重要である，関数が分かれば空間も分かるというのが基本的な立場である．この立場は**環つき空間**(ringed space, **付環空間**ともいう)の導入によってさらに高い立場に移行できるが，それについては次章で詳述する．

しかしながら，定義 1.24 のように可換環を前面に出して可換環の準同型を使って極大スペクトルの間の写像を考えるのであれば可換環の議論ですべては済んでしまうのではないか，代数幾何学は不要で可換環論で十分ではないかという考えを持たれる読者も多いであろう．アフィン代数多様体を考える限りはこれはある意味で正しいともいえよう．しかし，幾何学的観点から考察すると逆に可換環論の理論の持つ意味がはっきりすることが多い．そのような意味では可換環論は代数幾何学にとっては理論を展開するための大切な道具であるということもできる．

アフィン代数多様体を適当に張り合わせることによって代数多様体が定義できる．次章で代数多様体の概念を一般化してアフィン代数多様体のかわりにアフィンスキームを定義し，アフィンスキームを張り合わせてスキームを作る．したがって，ここでは代数多様体の例をあげるにとどめる．ただ，張り合わせをするためには開集合を定義しておく必要がある．アフィン代数多様体 $(\mathrm{Spm}\,R, R)$ の開集合の定義を与えておこう．$f \in R$ に対して
$$D(f) = \{\mathfrak{m} \in \mathrm{Spm}\,R \mid f \notin \mathfrak{m}\}$$
とおく．$D(f), f \in R$ を開集合の基底とする位相を $\mathrm{Spm}\,R$ に入れて **Zariski 位相**と呼ぶ．すなわち $\mathrm{Spm}\,R$ の部分集合 U は
$$U = \bigcup_{\alpha \in A} D(f_\alpha)$$
と書けるとき開集合である．$D(f)$ の $\mathrm{Spm}\,R$ での補集合 $D(f)^c$ を $V(f)$ と記すと
$$V(f) = \{\mathfrak{m} \in \mathrm{Spm}\,R \mid f \in \mathfrak{m}\}$$
である．これは $\mathrm{Spm}\,R$ の閉集合である．一般に R のイデアル I に対して
$$D(I) = \{\mathfrak{m} \in \mathrm{Spm}\,R \mid I \not\subset \mathfrak{m}\}$$
とおくとこれは $\mathrm{Spm}\,R$ の開集合であり，$D(I)$ の補集合を $V(I)$ と記すと
$$V(I) = \{\mathfrak{m} \in \mathrm{Spm}\,R \mid I \subset \mathfrak{m}\}$$
となり，これは $\mathrm{Spm}\,R$ の閉集合である．

問 9 R のイデアル I に対して

$$D(I) = \bigcup_{f \in I} D(f), \quad V(I) = \bigcap_{f \in I} V(f)$$

であることを示せ．また $\mathrm{Spm}\, R$ の開集合 U は R のイデアル J を用いて $D(J)$ と表示できること，閉集合 F は $V(J)$ と表示できることを示せ．

例 1.26 非べき零元 $f \in R$ に対して R 上の 1 変数多項式環 $R[t]$ のイデアル $(1-ft)$ を考え

(1.15) $$S = R[t]/(1-ft)$$

とおく．可換環 S はしばしば $S = R\left[\dfrac{1}{f}\right]$ と略記される．R を
$$R = k[x_1, x_2, \cdots, x_n]/J$$
と表示すると，自然な k 代数の k 準同型写像
$$\psi : k[x_1, x_2, \cdots, x_n, t] \longrightarrow S$$
が定まる．S の極大イデアル $\mathfrak{m}$ に対して

(1.16) $$\psi^{-1}(\mathfrak{m}) = (x_1-a_1, x_2-a_2, \cdots, x_n-a_n, t-b)$$

となる $(a_1, a_2, \cdots, a_n, b) \in k^{n+1}$ が定まる．このとき $\mathfrak{m} = \psi(\psi^{-1}(\mathfrak{m}))$ である．$(x_1-a_1, x_2-a_2, \cdots, x_n-a_n)$ から定まる R の極大イデアルを $\mathfrak{m}'$ と記すと，(1.15), (1.16) より

(1.17) $$1 \equiv fb \pmod{\mathfrak{m}'}$$

が成り立たねばならないことが分かる．これは $f \notin \mathfrak{m}'$ を意味する．また $f \notin \mathfrak{m}'$ であれば，$R/\mathfrak{m}' = k$ であるので(1.17)が成り立つ $b \in k$ が唯ひとつ定まる．このとき $(x_1-a_1, x_2-a_2, \cdots, x_n-a_n, t-b)$ の k 準同型 ψ による像は S の極大イデアルである．

以上の考察によって $\mathrm{Spm}\, S$ と $D(f) = \{\mathfrak{m}' \in \mathrm{Spm}\, R \mid f \notin \mathfrak{m}'\}$ との間に 1 対 1 の対応があることが分かる．したがって $(D(f), S)$ はアフィン多様体と考えることができる． □

例 1.27 2 本のアフィン直線
$$U_0 = (\mathbb{A}^1, k[x]), \quad U_1 = (\mathbb{A}^1, k[y])$$
を考える．U_0 の開集合 $D(x)$ は例 1.26 で見たようにアフィン多様体

$$U_{01} = \left(D(x), k\left[x, \frac{1}{x}\right]\right)$$

の構造を入れることができる．同様に U_1 の開集合 $D(y)$ にアフィン多様体

$$U_{10} = \left(D(y), k\left[y, \frac{1}{y}\right]\right)$$

の構造を入れることができる．可換環の k 同型写像

$$\begin{aligned}\psi\colon\quad k\left[y, \frac{1}{y}\right] &\longrightarrow k\left[x, \frac{1}{x}\right] \\ f\left(y, \frac{1}{y}\right) &\longmapsto f\left(\frac{1}{x}, x\right)\end{aligned}$$

はアフィン多様体の同型写像 $(\psi^a, \psi)\colon U_{01} \to U_{10}$ を引き起こす．この同型写像によって U_0 と U_1 とを張り合わせることによって体 k 上の 1 次元**射影空間** (projective space, **射影直線**(projective line) ともいう) $\mathbb{P}^1_k$ を得る．$D(x) = \mathbb{A}^1 \setminus \{0\}$, $D(y) = \mathbb{A}^1 \setminus \{0\}$ であり $b \in D(x)$ に対して $\psi^a(b) = \frac{1}{b} \in D(y)$ である．$U_1 = D(y) \cup \{0\}$ と記すと，点集合としては

$$\mathbb{P}^1_k = \mathbb{A}^1 \cup \{\infty\}$$

であることが分かる．$k=\mathbb{C}$ のとき

$$b_n \in D(x) = \mathbb{C} \setminus \{0\}, \quad \lim_{n\to\infty} |b_n| = +\infty$$

である点列 $\{b_n\}$ をとると，ψ^a で対応する $D(y)$ の点は $c_n = \dfrac{1}{b_n}$ であり，$\lim_{n\to\infty} |c_n| = 0$ である．このことから U_1 の原点を ∞ と記し，**無限遠点**(point at infinity) と呼ぶ．U_0 の方から見ると無限の彼方にある点という意味が含まれている． □

上の例で射影直線 $\mathbb{P}^1_k$ の座標環は何であろうかと疑問を持たれる読者も多いであろう．このことに関しては後に答えることとするが，アフィン多様体を張り合わせてできる代数多様体では一般には座標環は意味を持たない．座標環のかわりに可換環の**層**(sheaf) が大切な役割を果たすことが次章で示される．

§1.4　重複度と局所交点数

射影多様体と平面曲線について述べる前に，曲線の局所交点数について簡単にふれておこう．

代数的閉体 k 上の部分体 F の元を係数とする1変数多項式 $f(x)$ は $k[x]$ で

(1.18) $$f(x) = a_0 \prod_{j=1}^{m} (x - \alpha_j)^{n_j}, \quad a_0 \neq 0$$

と因数分解でき，方程式 $f(x) = 0$ の根(解) α_j の重複度は n_j である．この重複度 n_j は環論的には次のように捉えることができる．

k の元 α に対して，1変数多項式環 $R = k[x]$ の商体，すなわち1変数有理関数体 $k(x)$ の部分集合

$$R_\alpha = \left\{ \frac{g(x)}{f(x)} \,\middle|\, f(x), g(x) \in k[x],\ f(\alpha) \neq 0 \right\}$$

は R を含む可換環である．（第2章§2.2(b)で述べるように，R_α は素イデアル $(x-\alpha)$ に関する R の**局所化**である．）このとき $\beta \in k$, $\beta \neq \alpha$ であれば

$$\frac{1}{x-\beta} \in R_\alpha$$

である．したがって $f(x)$ の根 α_j に対して，$f(x)$ が生成する R_{α_j} のイデアル $(f(x))$ は

$$(f(x)) = ((x-\alpha_j)^{n_j})$$

であることが分かり，

(1.19) $$R_{\alpha_j}/(f(x)) = R_{\alpha_j}/((x-\alpha_j)^{n_j})$$

である．(1.19)の右辺は k 上のベクトル空間と考えると，基底として 1, $x-\alpha_j$, $(x-\alpha_j)^2$, $\cdots$, $(x-\alpha_j)^{n_j-1}$ の剰余類をとることができ，したがって

(1.20) $$\dim_k R_{\alpha_j}/(f(x)) = n_j$$

であることが分かる．このように多項式(1.18)の根が分かれば，根の重複度は環論的に(1.20)で求めることができる．

問10　$x-\alpha_j$ を変数とする1変数形式的べき級数環

$$k[[x-\alpha_j]] = \left\{ \sum_{l=0}^{\infty} a_l(x-\alpha_j)^l \right\}$$

で(1.18)の $f(x)$ が生成するイデアルを $(f(x))$ と記すと
$$(f(x)) = ((x-\alpha_j)^{n_j})$$
であることを示し，
$$\dim_k k[[x-\alpha_j]]/(f(x)) = n_j$$
であることを示せ．

以上の考え方を連立方程式の場合に拡張することは可能であろうか．簡単のため連立方程式

(1.21) $\qquad\begin{cases} f(x,y) = 0 \\ g(x,y) = 0 \end{cases}$

を考えよう．もちろん多項式 $f(x,y), g(x,y) \in R = k[x,y]$ は共通因子を持たないと仮定する．連立方程式(1.21)は幾何学的には平面曲線 $C_f: f(x,y)=0$ と $C_g: g(x,y)=0$ の交点を求める式であると解釈することができる．平面曲線 C_f と C_g とが点 $P=(a,b)$ で交わるとき，多項式環 $R=k[x,y]$ の商体 $k(x,y)$ 内に環

$$R_P = \left\{ \frac{G(x,y)}{F(x,y)} \;\middle|\; F(x,y), G(x,y) \in R,\; F(a,b) \neq 0 \right\}$$

を考えてみよう．$R \subset R_P$ であり，R_P は局所環である．f, g が R_P で定めるイデアルを (f,g) と記す．このとき

(1.22) $\qquad I_P(C_f, C_g) = \dim_k R_P/(f,g)$

とおき，C_f と C_g の点 $P=(a,b)$ での**局所交点数**(local intersection multiplicity)と呼ぶ．また，この局所交点数 $I_P(C_f, C_g)$ は連立方程式(1.21)の解 (a,b) の重複度と解釈することができる．以下，この定義(1.22)が我々の直観と一致していることを，いくつかの具体例でみておこう．以下，記号が繁雑になるのを避けるため，変数変換を行ない，$x-a$ を x, $y-b$ を y と置き換えることによって，交点が $O=(0,0)$ の場合を考える．

例 1.28 f, g がともに 1 次式のとき
$$f = \alpha x + \beta y = 0$$
$$g = \gamma x + \delta y = 0$$
$\alpha\delta - \beta\gamma \neq 0$ であれば直線 C_f と C_g とは原点で交わる(図 1.1).

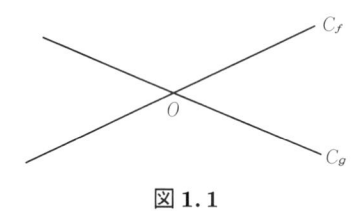

図 1.1

このとき,直観的には交点 O での局所交点数は 1 であることが期待される.一方 R_O では
$$(f, g) = (x, y)$$
であるので
$$I_O(C_f, C_g) = 1$$
であり,期待された値を得る. □

例 1.29 正整数 $n \geq 2$ に対して
$$f = y = 0$$
$$g_n = y - x^n = 0$$
を考えよう(図 1.2).

$n = 2$ のとき x 軸 C_f は C_{g_2} に原点で二重に接しており,$n = 3$ のときは x

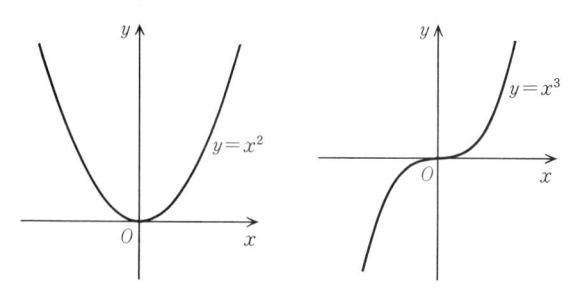

図 1.2

軸は C_{g_3} と原点で三重に接している．したがって局所交点数はそれぞれ 2, 3 であることが期待される．R_O では
$$(f, g_n) = (y, x^n)$$
であるので，$R_O/(f, g_n)$ の k 上のベクトル空間の基底としては $1, x, x^2, \cdots, x^{n-1}$ の剰余類をとることができ
$$I_O(C_f, C_{g_n}) = n$$
となり，期待通りの結果を得る． □

例 1.30
$$f = y - x = 0$$
$$g = y^2 - x^2(x+1) = 0$$

f のかわりに $f_\varepsilon = y - x - \varepsilon$, $\varepsilon \in k$ を考えると，C_{f_ε} は C_g と相異なる 3 点で交わっている (図 1.3)．ε が 0 に近づくとき，この相異なる 3 点は原点に近づく．したがって C_f と C_g の原点での局所交点数は 3 であることが予想される．R_O では
$$(f, g) = (y - x, \ y^2 - x^2(x+1)) = (y - x, \ x^3)$$
が成り立ち，$R_O/(f, g)$ の k 上のベクトル空間としての基底として，$1, x, x^2$ の剰余類をとることができ，$I_O(C_f, C_g) = 3$ であることが分かる． □

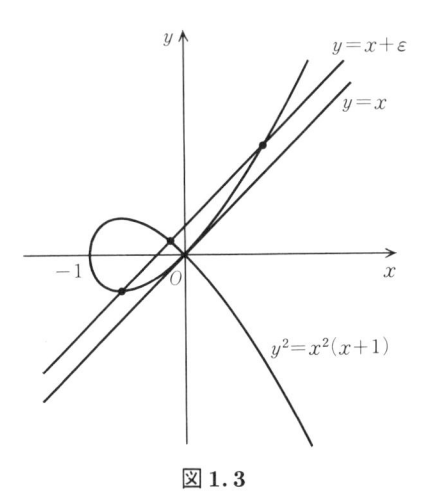

図 1.3

問11 上の3つの例で可換環 R_O のかわりに2変数形式的べき級数環 $k[[x,y]]$ を使っても,同一の局所交点数が得られることを示せ.(一般に(1.22)で R_P のかわりに $k[[x-a,y-b]]$ を使っても,同一の $I_P(C_f,C_g)$ を得ることを示すことができる.)

問12 以下の f,g に対して $I_O(C_f,C_g)$ を求めよ.
(1) $f = y - 2x$, $g = y^2 - x^2(x+1)$
(2) $f = y^2 - x^3$, $g = y^2 - x^2(x+1)$
(3) $f = y^2 - x^3$, $g = y - \alpha x$, $\alpha \in k$

§1.5 射影多様体

この節では代数的閉体 k 上の n 次元射影空間 $\mathbb{P}_k^n$ を定義し,アフィン代数的集合,アフィン代数多様体と類似の方法で射影的集合,射影多様体が定義できることを示す.さらに射影平面 $\mathbb{P}_k^2$ 内の曲線について簡単にふれることにする.この節では代数的閉体 k を1つ固定して,すべて k 上で議論する.

(a) 射影空間

代数的閉体 k 上の $n+1$ 次元アフィン空間 k^{n+1} から原点を除いたものを W とおく.すなわち
$$W = k^{n+1} \setminus \{(0,0,\cdots,0)\}$$
である. W に同値関係 $\sim$ を

(1.23) $(a_0, a_1, a_2, \cdots, a_n) \sim (b_0, b_1, b_2, \cdots, b_n) \iff$
$(a_0, a_1, a_2, \cdots, a_n) = (\alpha b_0, \alpha b_1, \cdots, \alpha b_n)$ を満足する
元 $\alpha \in k^\times = k \setminus \{0\}$ が存在する

で定義する.この定義が W 上の同値関係を定めることは容易に分かる.この同値関係 $\sim$ による W の商空間 $W/\sim$,すなわち同値類のなす集合を $\mathbb{P}_k^n$ と記し n 次元**射影空間**(n-dimensional projective space)という. $(a_0, a_1, \cdots, a_n)$ の定める同値類を $(a_0 : a_1 : \cdots : a_n)$ と記し, $\mathbb{P}_k^n$ の点という.同値類の定義(1.23)

より明らかなように，点 $(a_0:a_1:\cdots:a_n)$ は比 $a_0:a_1:\cdots:a_n$ で一意的に定まる．$n=1$ のとき $\mathbb{P}_k^1$ を**射影直線**(projective line)，$n=2$ のとき $\mathbb{P}_k^2$ を**射影平面**(projective plane)という．

$\mathbb{P}_k^n$ の部分集合 U_j, $j=0,1,\cdots,n$ を

(1.24) $\qquad U_j = \{(a_0:a_1:\cdots:a_n) \in \mathbb{P}_k^n \mid a_j \neq 0\}$

と記すと，$(a_0:a_1:\cdots:a_n) \in U_j$ のとき

$$(a_0:a_1:\cdots:a_n) = \left(\frac{a_0}{a_j} : \frac{a_1}{a_j} : \cdots : \frac{a_{j-1}}{a_j} : 1 : \frac{a_{j+1}}{a_j} : \cdots : \frac{a_n}{a_j}\right)$$

が成り立つことが分かる．このことから，写像

(1.25) $\qquad \varphi_j: \quad \mathbb{A}^n \quad \longrightarrow \quad U_j, \quad j=0,1,\cdots,n$
$\qquad\qquad\quad (\alpha_1,\alpha_2,\cdots,\alpha_n) \longmapsto (\alpha_1:\cdots:\alpha_j:1:\alpha_{j+1}:\alpha_{j+2}:\cdots:\alpha_n)$

は集合として全単射であることが分かる．そこで φ_j を使って U_j は n 次元アフィン空間 $\mathbb{A}^n$ であると考えよう．$U_j \cap U_k \neq \emptyset$ のとき $\varphi_k^{-1}(U_j \cap U_k)$ から $\varphi_j^{-1}(U_j \cap U_k)$ への写像 $\varphi_{jk} = \varphi_j^{-1} \circ \varphi_k$ を考えてみよう．簡単のため $j<k$ と仮定しよう．まず

$$\varphi_k^{-1}(U_j \cap U_k) = \{(\alpha_1,\alpha_2,\cdots,\alpha_n) \in \mathbb{A}^n \mid \alpha_{j+1} \neq 0\}$$
$$\varphi_j^{-1}(U_j \cap U_k) = \{(\beta_1,\beta_2,\cdots,\beta_n) \in \mathbb{A}^n \mid \beta_k \neq 0\}$$

であることに注意する．このとき写像 φ_{jk} は

$(\alpha_1,\alpha_2,\cdots,\alpha_n)$
$\longmapsto (\alpha_1:\cdots:\alpha_k:1:\alpha_{k+1}:\cdots:\alpha_n)$
$= \left(\dfrac{\alpha_1}{\alpha_{j+1}} : \cdots : \dfrac{\alpha_j}{\alpha_{j+1}} : 1 : \dfrac{\alpha_{j+2}}{\alpha_{j+1}} : \cdots : \dfrac{\alpha_k}{\alpha_{j+1}} : \dfrac{1}{\alpha_{j+1}} : \dfrac{\alpha_{k+1}}{\alpha_{j+1}} : \cdots : \dfrac{\alpha_n}{\alpha_{j+1}}\right)$
$\stackrel{\varphi_j^{-1}}{\longmapsto} \left(\dfrac{\alpha_1}{\alpha_{j+1}}, \cdots, \dfrac{\alpha_j}{\alpha_{j+1}}, \dfrac{\alpha_{j+2}}{\alpha_{j+1}}, \cdots, \dfrac{\alpha_k}{\alpha_{j+1}}, \dfrac{1}{\alpha_{j+1}}, \dfrac{\alpha_{k+1}}{\alpha_{j+1}}, \cdots, \dfrac{\alpha_n}{\alpha_{j+1}}\right)$

と書ける．U_j に対応する $\mathbb{A}^n$ の座標環を $k[x_1^{(j)}, x_2^{(j)}, \cdots, x_n^{(j)}]$, $j=0,1,2,\cdots,n$ と書くことにすると φ_{jk} は $\mathbb{A}^n$ の開集合 $D(x_{j+1}^{(k)})$ から $\mathbb{A}^n$ の開集合 $D(x_k^{(j)})$ への写像を定めるが，この写像 φ_{jk} は同型写像

(1.26)
$$\varphi_{jk}^{\#}: k\left[x_1^{(j)}, x_2^{(j)}, \cdots, x_n^{(j)}, \frac{1}{x_k^{(j)}}\right] \longrightarrow k\left[x_1^{(k)}, x_2^{(k)}, \cdots, x_n^{(k)}, \frac{1}{x_{j+1}^{(k)}}\right]$$

$$\frac{1}{\left(x_k^{(j)}\right)^l} f(x_1^{(j)}, \cdots, x_n^{(j)}) \longmapsto \left(x_{j+1}^{(k)}\right)^l f\left(\frac{x_1^{(k)}}{x_{j+1}^{(k)}}, \cdots,\right.$$

$$\left.\frac{x_k^{(k)}}{x_{j+1}^{(k)}}, \frac{1}{x_{j+1}^{(k)}}, \frac{x_{k+1}^{(k)}}{x_{j+1}^{(k)}}, \cdots, \frac{x_n^{(k)}}{x_{j+1}^{(k)}}\right)$$

から定まることが分かり，φ_{jk} はアフィン代数多様体 $D(x_{j+1}^{(k)})$ から $D(x_k^{(j)})$ への同型射であることが分かる．これより $\mathbb{P}_k^n$ は $n+1$ 枚のアフィン空間 U_j, $j=0,1,\cdots,n$ を同型射 φ_{jk} で張り合わせてできる代数多様体と考えることができることが分かる．

上の座標環の表示は添数が上下について見にくい．そこで $\mathbb{P}_k^n$ の**斉次座標環**(homogeneous coordinate ring) $k[x_0, x_1, \cdots, x_n]$ を導入する．そしてアフィン空間 U_j の座標環 $k[U_j] = k[x_1^{(j)}, x_2^{(j)}, \cdots, x_n^{(j)}]$ は

$$k\left[\frac{x_0}{x_j}, \frac{x_1}{x_j}, \cdots, \frac{x_{j-1}}{x_j}, \frac{x_{j+1}}{x_j}, \cdots, \frac{x_n}{x_j}\right]$$

であると考える．すると環の同型写像 (1.26) は x_i/x_j で書かれたものを x_i/x_k で書き直すことに他ならないことが分かり，自然なものであることが分かる．

問 13 同型写像 $\varphi_{jk}^{\#}$ を斉次座標を使って表わせ．

(b) 射影的集合と射影多様体

射影空間 $\mathbb{P}_k^n$ の点 $(a_0 : a_1 : \cdots : a_n)$ は k の元 $\alpha \neq 0$ に対して
$$(\alpha a_0 : \alpha a_1 : \cdots : \alpha a_n) = (a_0 : a_1 : \cdots : a_n)$$
という性質を持っていた．一方，多項式 $f(x_0, x_1, \cdots, x_n) \in k[x_0, x_1, \cdots, x_n]$ は同じ次数 m の項のみからなるとき，すなわち
$$f(x_0, x_1, \cdots, x_n) = \sum_{k_0 + k_1 + \cdots + k_n = m} a_{k_0 k_1 \cdots k_n} x_0^{k_0} x_1^{k_1} \cdots x_n^{k_n}$$

が成立するとき m 次**斉次式**(homogeneous polynomial)という．この条件は $x_0, x_1, \cdots, x_n$ と k 上独立な変数 β に対して
$$f(\beta x_0, \beta x_1, \cdots, \beta x_n) = \beta^m f(x_0, x_1, \cdots, x_n)$$
が成立することと言い換えることができる．さて m 次斉次式 $f(x_0, x_1, \cdots, x_n)$ に対して
$$f(a_0, a_1, \cdots, a_n) = 0$$
が成り立てば，任意の k の元 α に対して
$$f(\alpha a_0, \alpha a_1, \cdots, \alpha a_n) = \alpha^m f(a_0, a_1, \cdots, a_n) = 0$$
が成り立つ．したがって斉次式 $f(x_0, x_1, \cdots, x_n)$ に関してはその零点を射影空間 $\mathbb{P}_k^n$ で考えることが意味がある．そこで m_1 次斉次式 $f_1(x_0, x_1, \cdots, x_n)$, $\cdots$, m_l 次斉次式 $f_l(x_0, x_1, \cdots, x_n)$ の共通零点

(1.27) $V(f_1, f_2, \cdots, f_l)$
$$= \{(a_0 : a_1 : \cdots : a_n) \in \mathbb{P}_k^n \mid f_j(a_0, \cdots, a_n) = 0,\ j = 1, 2, \cdots, l\}$$

を**射影的集合**(projective set)という．アフィン代数的集合の場合と同様に斉次式 $f_1, f_2, \cdots, f_l$ より生成されるイデアル $I = (f_1, f_2, \cdots, f_l)$ を考える．多項式 $f \in I$ を
$$f = f_d + f_{d+1} + \cdots + f_m$$
と斉次式の和に分解するとこれらの斉次式 $f_d, f_{d+1}, \cdots, f_m$ はすべて I に属することが分かる．このような性質を持つイデアルを**斉次イデアル**(homogeneous ideal)という．

問14 $k[x_0, x_1, \cdots, x_n]$ のイデアル I が斉次イデアルであるための必要十分条件は I が有限個の斉次式で生成されることであることを示せ．

問15 斉次イデアル $I \subset k[x_0, x_1, \cdots, x_n]$ に対して，その根基 $\sqrt{I}$ も斉次イデアルであることを示せ．

さて $k[x_0, x_1, \cdots, x_n]$ の斉次イデアル I に対して

(1.28) $V(I) = \{(a_0, a_1, \cdots, a_n) \in \mathbb{P}_k^n \mid f(a_0, a_1, \cdots, a_n) = 0,\ f \in I\}$

とおく．I は有限個の斉次式で生成されるので，(1.27) と (1.28) とは本質的に同じである．さらに $V(I)=V(\sqrt{I})$ であることも容易に分かる．また射影的集合 V に対して

$$I(V)=\{f\in k[x_0,x_1,\cdots,x_n]\mid f(a_0,\cdots,a_n)=0,\ (a_0:\cdots:a_n)\in V\}$$

とおくと $I(V)$ は斉次イデアルである．アフィン代数的集合の場合と違うのはイデアル $J=(x_0,x_1,\cdots,x_n)$ は多項式環 $k[x_0,x_1,\cdots,x_n]$ とは異なっているが

$$V(J)=\emptyset$$

となる点である．これは射影空間 $\mathbb{P}_k^n$ では $(0:0:\cdots:0)$ という点はないことに起因する．また 1 点 $(a_0:a_1:\cdots:a_n)$ を定義するイデアルは

$$a_j x_i - a_i x_j,\quad 0\leqq i<j\leqq n$$

で生成されるイデアルである．こうした点に注意すれば射影的集合はアフィン代数的集合と類似に取り扱うことができる．特に Hilbert の零点定理 (1.10) は $V(J)\neq\emptyset$ のときには正しいことに注意する．また既約，可約の概念はアフィン代数的集合と同様に定義でき，既約な射影的集合を**射影的多様体**(projective variety) という．射影的集合 V が射影的多様体であるための必要十分条件は $I(V)$ が素イデアルであることも容易に示すことができる．射影的集合 V に対して $k[x_0,x_1,\cdots,x_n]/I(V)$ を V の**斉次座標環**(homogeneous coordinate ring) という．

問 16 射影的集合 V に対して $I(V)$ は斉次イデアルであることを示せ．また V が既約であるための必要十分条件は $I(V)$ が素イデアルであることを示せ．

問 17 射影的集合を閉集合と定義することによって，$\mathbb{P}_k^n$ に位相が導入できることを示せ．この位相を Zariski 位相という．$n\geqq 1$ のとき $\mathbb{P}_k^n$ の Zariski 位相は Hausdorff 的でないことを示せ．

ところで，射影空間 $\mathbb{P}_k^n$ が $n+1$ 個の n 次元アフィン空間 $\mathbb{A}^n$ を張り合わせてできたように，射影多様体 $V\subset\mathbb{P}_k^n$ は $n+1$ 個のアフィン代数多様体 V_j を張り合わせたものと考えることができることを示そう．

射影多様体 V の定義イデアル $I=I(V)\subset k[x_0,x_1,\cdots,x_n]$ の生成元を $f_1, f_2,$

$\cdots, f_l$ とするとこれらは斉次式である。$\deg f_j = m_j$ とすると

$$\frac{1}{(x_i)^m} f_j(x_0, x_1, \cdots, x_n)$$

は変数

$$x_1^{(i)} = \frac{x_0}{x_i}, \quad \cdots, \quad x_i^{(i)} = \frac{x_{i-1}}{x_i}, \quad x_{i+1}^{(i)} = \frac{x_{i+1}}{x_i}, \quad \cdots, \quad x_n^{(i)} = \frac{x_n}{x_i}$$

の多項式 $f_j^{(i)}$ と考えることができ，$(f_1^{(i)}, f_2^{(i)}, \cdots, f_l^{(i)})$ は $k[x_1^{(i)}, \cdots, x_n^{(i)}]$ のイデアルである．したがって $V(f_1^{(i)}, \cdots, f_l^{(i)})$ は $U_i = \mathbb{A}^n$（(1.24), (1.25) を参照のこと）の代数的集合と考えることができるが，(1.24), (1.25) より

$$V_i = V \cap U_i = V(f_1^{(i)}, \cdots, f_l^{(i)})$$

であることが分かる．しかも $V(f_1^{(i)}, \cdots, f_l^{(i)})$ は既約であることが分かるので，V はアフィン代数的集合 V_i, $i = 0, 1, \cdots, n$ を同型射 φ_{jk} を $V_j \cap V_k$ に制限したもので張り合わせてできた代数多様体と考えることができる．

問 18 上で定義したイデアル $I_i = (f_1^{(i)}, f_2^{(i)}, \cdots, f_l^{(i)})$ に対しては $f \in I$ を斉次成分の和 $f = f_d + f_{d+1} + \cdots + f_m$ と書くとき

$$f^{(i)} = \frac{1}{(x_i)^d} f_d(x_0, \cdots, x_n) + \frac{1}{(x_i)^{d+1}} f_{d+1}(x_0, \cdots, x_n) + \cdots + \frac{1}{(x_i)^m} f_m(x_0, \cdots, x_n)$$

と定義すると

$$I_i = \{f^{(i)} \mid f \in I\}$$

であることを示せ．また I_i は素イデアルであることを示せ．

(c) 平面曲線

射影多様体を考えることの重要性はそれがコンパクト性と類似の性質を持っており，閉じた多様体と考えることができる点にある．たとえばアフィン平面 $\mathbb{A}^2$ では平行な直線

$$l : \quad ax + by = c_1$$
$$m : \quad ax + by = c_2, \quad c_1 \neq c_2$$

は交わらない．$\mathbb{P}_k^2$ の斉次座標 $(x_0 : x_1 : x_2)$ を使って

$$x = \frac{x_1}{x_0}, \quad y = \frac{x_2}{x_0}$$

とみると，直線 l, m は $\mathbb{P}_k^2$ 内ではそれぞれ

$$L: \quad ax_1 + bx_2 - c_1 x_0 = 0$$
$$M: \quad ax_1 + bx_2 - c_2 x_0 = 0$$

で定義される．直線 l, m は直線 L, M の $U_0 = \mathbb{A}^2$ への制限と考えることができる．（射影平面でもアフィン平面と同じ用語を用いる．）L, M は $\mathbb{P}_k^2$ 内では確かに点 $(0:b:-a)$ で交わる．$x_0 = 0$ である部分はアフィン平面 $U_0 = \mathbb{A}^2$ の外にあり，U_0 でみると平行線 l, m が無限のかなたの点 $(0:b:-a)$ で交わったと考えることができるので，$x_0 = 0$ である点は**無限遠点**(point at infinity)といい，$x_0 = 0$ で定義される点の全体を**無限遠直線**(line at infinity)という．無限遠点は $(0:a_1:a_2)$ の形をしているが，上の議論から $(0:a_1:a_2)$ は $U_0 = \mathbb{A}^2$ で直線

$$a_2 x - a_1 y = 0$$

と平行な直線が $\mathbb{P}_k^2$ で交わる点ということができる．無限遠直線は $\mathbb{P}_k^1$ と写像

$$\mathbb{P}_k^1 \longrightarrow \mathbb{P}_k^2$$
$$(a_1 : a_2) \longmapsto (0 : a_1 : a_2)$$

によって同一視できる．

しかしながら無限遠点や無限遠直線という概念はアフィン平面のとり方によって変わってくる．実際 $U_1 = \mathbb{A}^2$ をアフィン平面として考えれば無限遠直線は $x_1 = 0$ で定義されることになる．さらに一般に**射影変換**(projective transformation)を考えれば任意の直線が互いに写り合うことが分かる．$\mathbb{P}_k^2$ から $\mathbb{P}_k^2$ への写像

$$(1.29) \quad \varphi: (a_0 : a_1 : a_2) \longmapsto \left(\sum_{j=0}^{2} \alpha_{0j} a_j : \sum_{j=0}^{2} \alpha_{1j} a_j : \sum_{j=0}^{2} \alpha_{2j} a_j \right)$$

は

$$\alpha_{ij} \in k, \quad 0 \leqq i, j \leqq 2, \quad \det(\alpha_{ij}) \neq 0$$

のとき射影変換と呼ばれる．n 次元射影空間 $\mathbb{P}_k^n$ に対しても射影変換は同様に

定義できる．射影変換で不変な性質を研究する幾何学は**射影幾何学**（projective geometry）と呼ばれる．代数幾何学は射影幾何学を含んでいるが，それよりも大きな幾何学と考えることができる．写像(1.29)は射影平面 $\mathbb{P}_k^2$ の写像であるが，斉次座標環 $R = k[x_0, x_1, x_2]$ の自己同型写像から引き起こされるとみることもできる．R の環としての自己同型写像 $\varphi^\#$ に対して R の斉次イデアル I の逆像 $\varphi^{\#^{-1}}(I)$ も R の斉次イデアルである．点 $(a_0 : a_1 : a_2)$ に対応する斉次イデアル $\mathfrak{m}$ の生成元は

(1.30) $\qquad\qquad a_i x_j - a_j x_i, \quad 0 \leq i \leq j \leq 2$

で与えられ，斉次イデアル $\varphi^{\#^{-1}}(\mathfrak{m})$ は

$$a_i \varphi^{\#^{-1}}(x_j) - a_j \varphi^{\#^{-1}}(x_i), \quad 0 \leq i \leq j \leq 2$$

で生成される．$\varphi^{\#^{-1}}(x_j)$ は x_0, x_1, x_2 の 1 次斉次式であることに注意する．簡単な計算により，射影変換(1.29)は R の自己同型写像

(1.31) $\qquad\qquad \varphi^{\#^{-1}}(x_i) = \sum_{j=0}^{2} \beta_{ij} x_j, \quad i = 0, 1, 2$

によって対応 $\mathfrak{m} \mapsto \varphi^{\#^{-1}}(\mathfrak{m})$ で決まることが分かる．ここで，行列 (β_{ij}) は(1.29)から定まる行列 (α_{ij}) の逆行列である．

問 19 (1.31)で定義される $k[x_0, x_1, x_2]$ の自己同型写像 $\varphi^\#$ による(1.30)を生成元とするイデアル $\mathfrak{m}$ の逆像 $\varphi^{\#^{-1}}(\mathfrak{m})$ は $\varphi((a_0 : a_1 : a_2)) = (b_0 : b_1 : b_2)$ とするとき
$$b_i x_j - b_j x_i, \quad 0 \leq i \leq j \leq 2$$
で生成されるイデアルであることを示せ．

以上の議論により，射影変換を(1.29)のように点の間の写像として捉えることも，斉次座標環の自己同型写像として斉次座標の変換として捉えることも可能であることが分かる．座標変換として捉えるときは(1.29)にならって

(1.32) $\qquad \varphi : (x_0, x_1, x_2) \longmapsto \left(\sum_{j=0}^{2} \gamma_{0j} x_j, \sum_{j=0}^{2} \gamma_{1j} x_j, \sum_{j=0}^{2} \gamma_{2j} x_j \right)$

と記すことにする．m 次斉次式 $F(x_0, x_1, x_2) \in k[x_0, x_1, x_2]$ に対して

$$(1.33) \qquad G(x_0, x_1, x_2) = F\left(\sum_{j=0}^{2} \gamma_{0j} x_j, \sum_{j=0}^{2} \gamma_{1j} x_j, \sum_{j=0}^{2} \gamma_{2j} x_j\right)$$

も斉次式であり，$V(F)$ は射影変換によって $V(G)$ へ写り，幾何学的には同じものと考えられる．

m 次斉次式 $F(x_0, x_1, x_2)$ より定まる射影的集合 $V(F)$ を m 次平面曲線という．特に $m=1$ のときは直線という．直線の式
$$\alpha_0 x_0 + \alpha_1 x_1 + \alpha_2 x_2 = 0$$
が与えられれば $\gamma_{00} = \alpha_0$, $\gamma_{01} = \alpha_1$, $\gamma_{02} = \alpha_2$ となるように可逆行列 (γ_{ij}) を選ぶことができ
$$F(x_0, x_1, x_2) = x_0$$
とすると (1.33) より
$$G(x_0, x_1, x_2) = \alpha_0 x_0 + \alpha_1 x_1 + \alpha_2 x_2$$
となる．すなわち無限遠直線 $V(F)$ と直線 $V(G)$ とは射影変換で移り合えることが分かる．

問 20 F が G^2 の形の既約因子を含まないとき，$V(F)$ が既約であるための必要十分条件は F が $k[x_0, x_1, x_2]$ で既約多項式であることを示せ．

例題 1.31 $\operatorname{char} k \neq 2$ のとき，既約な 2 次曲線は射影変換によって $Q = V(F)$ に写すことができることを示せ．ただし F は
$$F = x_0^2 + x_1^2 + x_2^2$$
で与えられる．

［解］既約な 2 次曲線 $V(G)$ は
$$G = \sum_{i,j=0}^{2} a_{ij} x_i x_j, \quad a_{ij} \in k$$
と書けるが，(a_{ij}) は対称行列にとることができ，既約であることは $\det(a_{ij}) \neq 0$ と同値である．k は $\operatorname{char} k \neq 2$ の代数的閉体であるので
$$^t M (a_{ij}) M = I_3, \quad I_3 \text{ は 3 次単位行列}$$
を満足する k を成分とする 3 次正則行列 M を見出すことができる．よって

$M=(m_{ij})$ とすると

$$G\left(\sum_{j=0}^{2} m_{0j}x_j, \sum_{j=0}^{2} m_{1j}x_j, \sum_{j=0}^{2} m_{2j}x_j\right) = x_0^2+x_1^2+x_2^2$$

となる. ∎

さて，m 次平面曲線 $C_1=V(F)$ と n 次平面曲線 $C_2=V(G)$ が与えられたとき C_1 と C_2 の交点の数を重複度をこめて数えることは幾何学的には大切である．C_1, C_2 とアフィン平面 U_j，$j=0,1,2$ との共通部分はアフィン平面 $\mathbb{A}^2$ での平面曲線を定め，定義式が共通因子を持たない限り，C_1 と C_2 の交点 P で局所交点数 $I_P(C_1,C_2)$ が定義できる．そこで C_1 と C_2 との交点を $P_1, P_2, \cdots, P_\lambda$ とすると C_1 と C_2 との交点数 $C_1 \cdot C_2$ を局所交点数の和

$$C_1 \cdot C_2 = \sum_{i=1}^{\lambda} I_{P_i}(C_1, C_2)$$

として定義する．このとき次の定理が成立する．証明は後にさらに一般的な場合に拡張して与える．

定理 1.32（Bézout の定理）　射影平面 $\mathbb{P}_k^2$ 内の m 次平面曲線 $C_1=V(F)$ と n 次平面曲線 $C_2=V(G)$ が与えられ，F と G が共通因子を持たなければ

$$C_1 \cdot C_2 = mn$$

がつねに成立する． □

§1.6　何が不十分か

以上の議論では代数的閉体上で考えたことが重要であった．特に，アフィン多様体の点と座標環の極大イデアルが 1 対 1 に対応すること，座標環の間の k 準同型写像によってアフィン多様体の点の間に対応がついて写像が定義でき，アフィン多様体の射が定まることは重要な事実である．しかしながら，連立方程式の解を特別な体で考えたいこともある．さらには整数係数の連立方程式の整数解を問題にしたい場合もある．このような場合には今までの議論では不十分である．ではどのように考えたらよいのであろうか．

話を簡単にするために，ここでは整数係数の連立方程式

(1.34) $$F_\alpha(x_1, x_2, \cdots, x_n) = 0, \quad \alpha = 1, 2, \cdots, m$$
$$F_\alpha(x_1, x_2, \cdots, x_n) \in \mathbb{Z}[x_1, x_2, \cdots, x_n]$$

を考えてみよう. $F_1, F_2, \cdots, F_m$ が生成する $\mathbb{Z}[x_1, x_2, \cdots, x_n]$ のイデアルを I と記そう. このとき, 連立方程式(1.34)の考察は環 $\mathbb{Z}[x_1, x_2, \cdots, x_n]/I$ の考察に帰着できることは容易に想像できよう. 実際 $(a_1, a_2, \cdots, a_n)$, $a_j \in \mathbb{Z}$ が(1.34)の整数解であれば可換環の準同型写像

$$\begin{array}{ccc} \mathbb{Z}[x_1, x_2, \cdots, x_n]/I & \longrightarrow & \mathbb{Z} \\ \overline{f(x_1, x_2, \cdots, x_n)} & \longmapsto & f(a_1, a_2, \cdots, a_n) \end{array}$$

が定まる. 逆に可換環の準同型写像

$$\psi \colon \mathbb{Z}[x_1, x_2, \cdots, x_n]/I \longrightarrow \mathbb{Z}$$

が与えられれば $\psi(x_j \pmod{I}) = a_j \in \mathbb{Z}$ のとき $(a_1, a_2, \cdots, a_n)$ は連立方程式(1.34)の整数解である. なぜならば $\psi(f(x_1, x_2, \cdots, x_n) \pmod{I}) = f(a_1, a_2, \cdots, a_n)$ であることから

$$F_\alpha(a_1, a_2, \cdots, a_n) = 0, \quad \alpha = 1, 2, \cdots, m$$

を得るからである. このようにして連立方程式(1.34)の整数解の全体と可換環の準同型写像の全体

(1.35) $$\mathrm{Hom}(\mathbb{Z}[x_1, x_2, \cdots, x_n]/I, \mathbb{Z})$$

とが1対1に対応していることが分かる. さらに $\mathbb{Z} \subset R$ である可換環 R を考え

$$F_\alpha(b_1, b_2, \cdots, b_n) = 0, \quad \alpha = 1, 2, \cdots, m, \quad b_j \in R, \quad j = 1, 2, \cdots, n$$

を満足する $(b_1, b_2, \cdots, b_n) \in R^n$ すなわち連立方程式(1.34)の R での解 $x_1 = b_1$, $x_2 = b_2$, $\cdots$, $x_n = b_n$ を考えることができる. このときは(1.34)の R での解全体と

(1.36) $$\mathrm{Hom}(\mathbb{Z}[x_1, x_2, \cdots, x_n]/I, R)$$

とが1対1に対応することが上と同様の議論で示すことができる. これは実は命題 1.20 の一般化になっている. 代数的閉体 k 上の代数的集合 V と $\mathrm{Spm}\, k[V]$ とは1対1に対応していた. 極大イデアル $\mathfrak{m} \in \mathrm{Spm}\, k[V]$ に対して

$k[V]/\mathfrak{m} = k$ である．したがって，写像

$$\varphi_\mathfrak{m}: k[V] \longrightarrow k = k[V]/\mathfrak{m}$$
$$g \longmapsto g \pmod{\mathfrak{m}}$$

は $k[V]$ から k への可換環の k 準同型写像である．逆に k 準同型写像 $\varphi: k[V] \to k$ が与えられると $\mathfrak{m}_\varphi = \mathrm{Ker}\,\varphi$ は $k[V]$ の極大イデアルであることが分かる．このことから写像

(1.37)
$$\mathrm{Spm}\,k[V] \longrightarrow \mathrm{Hom}_k(k[V], k)$$
$$\mathfrak{m} \longmapsto \varphi_\mathfrak{m}$$

は全単射であることが分かる．

問 21 $\varphi \in \mathrm{Hom}_k(k[V], k)$ に対して $\mathfrak{m} = \mathrm{Ker}\,\varphi \in \mathrm{Spm}\,k[V]$ を対応させる写像は (1.37) の逆写像であることを示し，(1.37) が全単射であることを示せ．

代数的閉体上での議論と有理整数環 $\mathbb{Z}$ 上での議論との違いは，(1.35) あるいは (1.36) に出てくる準同型写像は環 $\mathbb{Z}[x_1, x_2, \cdots, x_n]/I$ の極大イデアルには対応していないことである．たとえば一番極端な場合である $\mathbb{Z}[x]$ から $\mathbb{Z}$ への準同型写像 $\varphi \in \mathrm{Hom}(\mathbb{Z}[x], \mathbb{Z})$ の核 $\mathrm{Ker}\,\varphi$ は $\varphi(x) = m \in \mathbb{Z}$ とするとイデアル $(x-m)$ である．これは素イデアルではあるが極大イデアルではない．任意の素数 p に対して $(p, x-m)$ は $(x-m)$ を含む極大イデアルである．このように，有理整数環 $\mathbb{Z}$ 上で代数幾何学を考察しようとすると極大イデアルの全体である極大スペクトルを考えるだけでは不十分であることが分かる．

有理整数環 $\mathbb{Z}$ で考えたからこのような"変な"ことが起こったと思いたくなるが，たとえば有理数体 $\mathbb{Q}$ で考えても同様のことが起こる．$\mathbb{Q}[x]$ から複素数体 $\mathbb{C}$ への可換環の準同型写像 φ を虚数単位 i を使って

$$\varphi: \mathbb{Q}[x] \longrightarrow \mathbb{C}$$
$$f(x) \longmapsto f(i)$$

と定義すると $\mathrm{Ker}\,\varphi = (x^2+1)$ となる．同様に

$$\bar{\varphi}: \mathbb{Q}[x] \longrightarrow \mathbb{C}$$
$$f(x) \longmapsto f(-i)$$

と準同型写像を定義するとこの場合も $\mathrm{Ker}\,\bar{\varphi} = (x^2+1)$ である．イデアル (x^2+1) だけでは $\varphi, \bar{\varphi}$ の違いは説明できない．

以上の事実はアフィン多様体を代数的閉体でない体の上やさらに一般に可換環の上で定義しようとするともう一工夫必要であることを示唆している．この問題にきわめて一般的な形で答えるのが Grothendieck によるスキーム理論である．

《 要 約 》

1.1 代数的閉体 k の元を係数とする多項式の共通零点をアフィン代数的集合という．アフィン代数的集合は体 k 上の多項式環のイデアルに属する多項式の共通零点として捉えることもできる．

1.2 既約なアフィン代数的集合をアフィン代数多様体という．アフィン代数的集合がアフィン代数多様体であるための必要十分条件は定義イデアルとして素イデアルがとれることである．

1.3 n 次元アフィン空間 $\mathbb{A}^n$ 内の代数的集合を閉集合とすることによって $\mathbb{A}^n$ に位相空間の構造を入れることができる．また代数的集合に対しては誘導位相を入れることができる．この位相を Zariski 位相という．

1.4 代数的集合 V の点の全体は V の座標環の極大イデアルの全体と同一視できる．

1.5 体 k 上の n 次元射影空間 $\mathbb{P}^n_k$ の定義．

1.6 $\mathbb{P}^n_k$ の射影的集合は $\mathbb{P}^n_k$ の斉次座標環 $k[x_0, \cdots, x_n]$ の斉次イデアルの共通零点として定義される．

1.7 既約な射影的集合を射影多様体という．

演習問題

1.1

(1) 写像
$$\varphi: \mathbb{A}_k^1 \longrightarrow \mathbb{A}_k^3$$
$$t \longmapsto (t^2, t^3, t^6)$$

の像は $V((x^3-y^2, y^2-z))$ で与えられることを示せ．また，この写像は集合としては $\mathbb{A}_k^1$ から $V((x^3-y^2, y^2-z))$ への同型写像であるが，アフィン多様体としての同型写像ではないことを示せ．

(2) 写像
$$\varphi: \mathbb{A}^1 \longrightarrow \mathbb{A}^3$$
$$t \longmapsto (t^3, t^4, t^5)$$

の像は $V((x^4-y^3, x^5-z^3, y^5-z^4))$ で与えられることを示せ．また，この写像は集合としては $\mathbb{A}_k^1$ から $V((x^4-y^3, x^5-z^3, y^5-z^4))$ への同型写像であるが，アフィン多様体としての同型写像ではないことを示せ．

1.2 射影直線 $\mathbb{P}_k^1$ の相異なる 3 点 P_1, P_2, P_3 を相異なる 3 点 Q_1, Q_2, Q_3 に写す射影変換が存在することを示せ．

1.3

(1) 射影平面 $\mathbb{P}_k^2$ の相異なる 2 本の直線
$$L: a_0 x_0 + a_1 x_1 + a_2 x_2 = 0$$
$$M: b_0 x_0 + b_1 x_1 + b_2 x_2 = 0$$

は必ず 1 点で交わることを示せ．また，交点は
$$\left(\begin{vmatrix} a_1 & a_2 \\ b_1 & b_2 \end{vmatrix} : \begin{vmatrix} a_2 & a_0 \\ b_2 & b_0 \end{vmatrix} : \begin{vmatrix} a_0 & a_1 \\ b_0 & b_1 \end{vmatrix} \right)$$

で与えられることを示せ．

(2) 射影平面上の相異なる 2 点 $(a_0 : a_1 : a_2)$, $(b_0 : b_1 : b_2)$ を通る直線は唯ひとつ存在して
$$\begin{vmatrix} a_1 & a_2 \\ b_1 & b_2 \end{vmatrix} x_0 + \begin{vmatrix} a_2 & a_0 \\ b_2 & b_0 \end{vmatrix} x_1 + \begin{vmatrix} a_0 & a_1 \\ b_0 & b_1 \end{vmatrix} x_2 = 0$$

で与えられることを示せ．

1.4 射影平面 $\mathbb{P}_k^2$ の直線
$$L: a_0x_0 + a_1x_1 + a_2x_2 = 0$$
と n 次平面曲線
$$C: F(x_0, x_1, x_2) = 0$$
は $F(x_0, x_1, x_2)$ が $a_0x_0 + a_1x_1 + a_2x_2$ を既約因子として持たなければ重複度をこめて n 個の点で交わることを示せ.

1.5 写像
$$\varphi: \mathbb{P}_k^1 \longrightarrow \mathbb{P}_k^2$$
$$(a_0: a_1) \longmapsto ((a_0)^2: a_0a_1: (a_1)^2)$$

の像は $V((x_0x_2 - x_1^2))$ で与えられることを示せ. またこの写像は $\mathbb{P}_k^1$ から $V((x_0x_2 - x_1^2))$ への集合としての同型写像であることを示せ.(実は射影多様体としての同型写像である. この事実から既約平面 2 次曲線は射影直線と同型であることが分かる.)

1.6 写像
$$\varphi: \mathbb{P}_k^1 \times \mathbb{P}_k^1 \longrightarrow \mathbb{P}_k^3$$
$$((a_0: a_1), (b_0: b_1)) \longmapsto ((a_0b_0: a_0b_1: a_1b_0: a_1b_1))$$

の像は $V((x_0x_3 - x_1x_2))$ で与えられることを示せ. また, この写像は $\mathbb{P}_k^1 \times \mathbb{P}_k^1$ から $V((x_0x_3 - x_1x_2))$ への集合としての同型写像であることを示せ.(実はこの写像によって $\mathbb{P}_k^1 \times \mathbb{P}_k^1$ に射影多様体としての構造を入れる. これより, 非特異な 2 次曲面(すなわち $\sum_{i,j=0}^{3} \alpha_{ij}x_ix_j = 0$, $\alpha_{ij} = \alpha_{ji}$ のとき $\det(\alpha_{ij}) \neq 0$)は射影直線の直積と同型であることが分かる.)

2 スキーム

　前章では代数的閉体 k 上でアフィン代数多様体を定義し，それをもとに一般の代数多様体が定義できることを示唆した．そこでは k 代数 R の極大イデアルの全体 $\mathrm{Spm}\,R$ を考えることが基本的であった．しかしながら，前章の末尾で少し述べたように，議論を拡げて代数的閉体とは限らない体の上，あるいは有理整数環 $\mathbb{Z}$ の上などで代数幾何学を展開しようとすると極大イデアルだけを考えたのでは不十分である．一方，代数幾何学をこのように拡げて考察することは，特に数論との関係からどうしても必要なことである．そうであれば，極大イデアルにこだわらず，すべての素イデアルを考えたらどうであろうか．Grothendieck はこのような観点からスキームの概念を導入した．

　スキームでは点が必ずしも閉集合とはならず，我々の持っている"点"に関するイメージとは相容れないものがあり，Grothendieck の考えは大きな戸惑いの中ですぐには受け入れられなかった．しかしながら，スキームの概念は大変便利であり，決して不自然なものではないことが次第に認識されていった．代数的閉体上の代数幾何学を考察する限りではスキームを導入することは必ずしも必要ではないが，それでもスキームを導入したことによって精緻な議論をすることが可能になる．本章では層の言葉を使ってスキームの概念を導入し，次章以降でその基本的性質を明らかにすることを目標とする．

§2.1 素スペクトル

可換環 R の素イデアルの全体を $\operatorname{Spec} R$ (または $\operatorname{Spec}(R)$) と記し，可換環 R の**素スペクトル**(prime spectrum)と呼ぶ．$\operatorname{Spec} R$ の元，すなわち R の素イデアル $\mathfrak{p}$ を $\operatorname{Spec} R$ の**点**という．R の素イデアル $\mathfrak{p}$ と $\operatorname{Spec} R$ の点としての素イデアル $\mathfrak{p}$ を区別する必要があるときは，素イデアル $\mathfrak{p}$ に対応する $\operatorname{Spec} R$ の点を $[\mathfrak{p}]$ と記すことがある．

$\operatorname{Spec} R$ に位相空間の構造を入れよう．R のイデアル I に対して，$\operatorname{Spec} R$ の部分集合 $V(I)$ を

(2.1) $$V(I) = \{\mathfrak{p} \in \operatorname{Spec} R \mid I \subset \mathfrak{p}\}$$

と定義する．このとき，命題 1.4 と類似の次の命題が成り立つ．

命題 2.1 可換環 R のイデアル I, J, I_λ，$\lambda \in \Lambda$ (Λ は無限集合でもよい)に対して以下の関係式が成り立つ．

(i) $V((0)) = \operatorname{Spec} R$, $\quad V(R) = \varnothing$

(ii) $V(I) \cup V(J) = V(I \cap J)$

(iii) $\bigcap_{\lambda \in \Lambda} V(I_\lambda) = V(\sum_{\lambda \in \Lambda} I_\lambda)$

ここで $\{I_\lambda\}_{\lambda \in \Lambda}$ で生成される R のイデアルを $\sum_{\lambda \in \Lambda} I_\lambda$ と記した．

[証明] (i) すべてのイデアルは 0 を含んでいるので
$$V((0)) = \operatorname{Spec} R$$
は明らか．また素イデアル $\mathfrak{p}$ は $R = (1)$ とは一致しないので $\mathfrak{p} \not\supset R$ であり，したがって
$$V(R) = \varnothing$$
である．

(ii) $\mathfrak{p} \in V(I)$ であれば $\mathfrak{p} \supset I$ であり，したがって $\mathfrak{p} \supset I \cap J$ である．よって $\mathfrak{p} \in V(I \cap J)$ である．すなわち $V(I) \subset V(I \cap J)$，同様に $V(J) \subset V(I \cap J)$ が成り立つ．

逆に $\mathfrak{p} \in V(I \cap J)$ であれば $\mathfrak{p} \supset I \cap J$ である．$\mathfrak{p} \not\supset I$ であれば $a \in I$, $a \notin \mathfrak{p}$ である a が存在する．J の任意の元 r に対して $ar \in I \cap J$ であり，したがって $ar \in \mathfrak{p}$ である．$\mathfrak{p}$ は素イデアルであり，$a \notin \mathfrak{p}$ であるので，$r \in \mathfrak{p}$ である．

よって $\mathfrak{p} \in V(J)$ である．以上の議論より $V(I \cap J) \subset V(I) \cup V(J)$ がいえる．これより $V(I \cap J) = V(I) \cup V(J)$ が成り立つことが分かる．

(iii) $\mathfrak{p} \in \bigcap_{\lambda \in \Lambda} V(I_\lambda)$ であればすべての $\lambda \in \Lambda$ に対して $\mathfrak{p} \supset I_\lambda$ が成り立つ．したがって $\mathfrak{p} \supset \sum_{\lambda \in \Lambda} I_\lambda$ が成り立ち，$\mathfrak{p} \in V\left(\sum_{\lambda \in \Lambda} I_\lambda\right)$ であることが分かる．逆に $\mathfrak{p} \in V\left(\sum_{\lambda \in \Lambda} I_\lambda\right)$ とすると $\mathfrak{p} \supset \sum_{\lambda \in \Lambda} I_\lambda$ である．したがって各 $\lambda \in \Lambda$ に対して $\mathfrak{p} \supset I_\lambda$ であり，$\mathfrak{p} \in V(I_\lambda)$ であることが分かり，$\mathfrak{p} \in \bigcap_{\lambda \in \Lambda} V(I_\lambda)$ が成り立つ．よって $\bigcap_{\lambda \in \Lambda} V(I_\lambda) = V\left(\sum_{\lambda \in \Lambda} I_\lambda\right)$ が成り立つ． ∎

命題 2.1 は
$$\mathcal{F} = \{V(I) \mid I \text{ は } R \text{ のイデアル}\}$$
の元を閉集合として $\operatorname{Spec} R$ に位相を入れることができることを示している．この位相を **Zariski 位相** という．$\operatorname{Spec} R$ の開集合は $V(I)$ の補集合 $V(I)^c$ の形をしている．

(2.2) $$D(I) = \{\mathfrak{p} \in \operatorname{Spec} R \mid \mathfrak{p} \not\supset I\}$$
とおくと $D(I) = V(I)^c$ である．したがって，$\operatorname{Spec} R$ の開集合の全体は
$$\mathcal{O} = \{D(I) \mid I \text{ は } R \text{ のイデアル}\}$$
と表わすことができる．

例題 2.2 $f \in R$ に対して

(2.3) $$D(f) = \{\mathfrak{p} \in \operatorname{Spec} R \mid f \notin \mathfrak{p}\}$$
とおくと，R のイデアル I に対して
$$D(I) = \bigcup_{f \in I} D(f)$$
であることを示せ．また $I = (f_1, f_2, \cdots, f_m)$ のときは
$$D(I) = \bigcup_{j=1}^{m} D(f_j)$$
であることを示せ．

[解] $f \in I$ のとき $f \notin \mathfrak{p}$ であれば $I \not\subset \mathfrak{p}$ である．したがって $D(f) \subset D(I)$

が成り立ち，

$$\bigcup_{f\in I} D(f) \subset D(I)$$

であることが分かる．

逆に $\mathfrak{p} \in D(I)$ であれば $I \not\subset \mathfrak{p}$ であり，$f \notin \mathfrak{p}$ である $f \in I$ が存在する．よって $\mathfrak{p} \in D(f)$ である．したがって

$$D(I) \subset \bigcup_{f\in I} D(f)$$

であることが分かる．両者を合わせて

$$D(I) = \bigcup_{f\in I} D(f)$$

が成り立つことが分かる．

$I = (f_1, f_2, \cdots, f_m)$ であれば

$$\bigcup_{j=1}^{m} D(f_j) \subset D(I)$$

である．一方 $\mathfrak{p} \not\supset I$ であれば少なくとも 1 つの j に対して $f_j \notin \mathfrak{p}$ である．もし $f_j \in \mathfrak{p}, j=1,2,\cdots,m$ であれば $I \subset \mathfrak{p}$ となるからである．よって $\mathfrak{p} \in \bigcup_{j=1}^{m} D(f_j)$ であり

$$D(I) \subset \bigcup_{j=1}^{m} D(f_j)$$

が示された．よって $D(I) = \bigcup_{j=1}^{m} D(f_j)$ が成り立つ． ■

この例題により

$$\{D(f) \mid f \in R\}$$

が $\operatorname{Spec} R$ の開集合の基底であること，しかも R が Noether 環であれば $\operatorname{Spec} R$ の任意の開集合は有限個の $D(f)$ で覆われることも分かった．

問 1

(1) $\mathcal{O} = \{D(I) \mid I は R のイデアル\}$ は以下の性質を持つことを示せ．

　(a) $\emptyset \in \mathcal{O}$, $\operatorname{Spec} R \in \mathcal{O}$

(b) $U_1, U_2 \in \mathcal{O}$ であれば $U_1 \cap U_2 \in \mathcal{O}$

(c) $U_\lambda \in \mathcal{O}$, $\lambda \in \Lambda$ (Λ は無限集合でよい) であれば $\bigcup_{\lambda \in \Lambda} U_\lambda \in \mathcal{O}$

(2) $f \in R$ に対して $D(f) = \emptyset$ であるための必要十分条件は f がべき零元であることを示せ.

例 2.3 整数環 $\mathbb{Z}$ の素イデアルは (0) および素数 p から生成されるイデアル (p) である. したがって
$$\mathrm{Spec}\,\mathbb{Z} = \{(0), (2), (3), (5), (7), \cdots\}$$
である. $\mathrm{Spm}\,\mathbb{Z}$ との違いはイデアル (0) が新しく点として加わったことである. $\mathbb{Z}$ のイデアルはすべて単項イデアルであるので, (n), n は正整数, の形をしている. 整数 n を素因数分解して
$$n = p_1^{a_1} p_2^{a_2} \cdots p_l^{a_l}$$
になったとすると
$$V(n) = \{(p_1), (p_2), \cdots, (p_l)\}$$
$$D(n) = \mathrm{Spec}\,\mathbb{Z} \setminus \{(p_1), (p_2), \cdots, (p_l)\}$$
である. したがって, 素数 p に対して $V(p) = \{(p)\}$ であるので, 点 (p) は閉集合である. また $\mathrm{Spec}\,\mathbb{Z}$ の閉集合は空集合でなければ有限個の素数 $p_1, p_2, \cdots, p_m$ から定まる点集合 $\{(p_1), (p_2), \cdots, (p_m)\}$ である. このことから点 (0) は閉集合でないことが分かる. しかも点 (0) の閉包, すなわち (0) を含む最小の閉集合は $\mathrm{Spec}\,\mathbb{Z}$ であることが分かる. 一般に $\mathrm{Spec}\,R$ の点 a の閉包が $\mathrm{Spec}\,R$ であるとき, 点 a を $\mathrm{Spec}\,R$ の**生成点**(generic point)と呼ぶ. したがって, 点 (0) は $\mathrm{Spec}\,\mathbb{Z}$ の生成点である. □

例 2.4 代数的閉体 k 上の 1 変数多項式環 $k[x]$ の素イデアルは (0) または $(x - \alpha)$, $\alpha \in k$ の形をしている. また $k[x]$ のイデアルはすべて単項イデアル

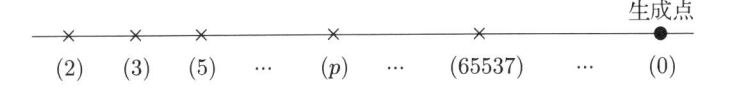

図 2.1 $\mathrm{Spec}\,\mathbb{Z}$

である．よって
$$\mathrm{Spec}\, k[x] = \{(0)\} \cup \{(x-\alpha) \mid \alpha \in k\}$$
となり，イデアル $I=(f(x))$ に対して $f(x)$ が
$$f(x) = a_0 \prod_{j=1}^{l} (x-\alpha_j)^{m_j}$$
と因数分解されたとすると
$$V(I) = \{(x-\alpha_1), (x-\alpha_2), \cdots, (x-\alpha_l)\}$$
$$D(I) = \{(0)\} \cup \{(x-\alpha) \mid \alpha \in k,\ \alpha \neq \alpha_j,\ j=1,2,\cdots,l\}$$
である．イデアル $(x-\alpha)$ を $\alpha \in k$ と同一視すると $\mathrm{Spec}\, k[x]$ は図 2.2 のようにアフィン直線 $\mathbb{A}^1 = \mathrm{Spm}\, k[x] = k$ に点 (0) をつけ加えたものになる．点 α，すなわちイデアル $(x-\alpha)$ が定める $\mathrm{Spec}\, k[x]$ の点は閉集合であるが，イデアル (0) が定める $\mathrm{Spec}\, k[x]$ の点は閉集合ではない．(0) が生成点であることは容易に分かる． □

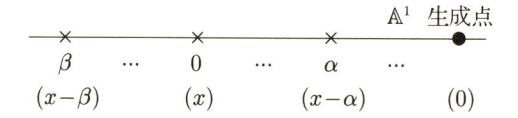

図 2.2 $\mathrm{Spec}\, k[x]$. イデアル (x) には $\mathbb{A}^1$ の点 0 が，イデアル $(x-\alpha)$, $\alpha \in k$ には $\mathbb{A}^1$ の点 α が対応する．イデアル (0) には対応する $\mathbb{A}^1$ の点はない．(0) は $\mathrm{Spec}\, k[x]$ の生成点である．

例 2.5 $\mathbb{Q}_p$ を p 進体，$\mathbb{Z}_p$ を p 進整数環とする．$\mathbb{Q}_p$ は体であるので
$$\mathrm{Spec}\, \mathbb{Q}_p = \{(0)\}$$
である．一方，$\mathbb{Z}_p$ の素イデアルは (0) と (p) の 2 つである．したがって
$$\mathrm{Spec}\, \mathbb{Z}_p = \{(0), (p)\}$$
である．$\mathbb{Z}_p$ のイデアルは (p^n), $n = 0, 1, 2, \cdots$ の形のものしかないので，$\mathbb{Z}_p$ の閉集合は $\varnothing, \{(p)\}, \mathrm{Spec}\, \mathbb{Z}_p$ の 3 つである．特に点 (0) は開集合であり，かつ $\mathrm{Spec}\, \mathbb{Z}_p$ の生成点である． □

例 2.5 の点 (0) のように，1 点が開集合となることがあることがスキーム理論を受け入れ難くした理由の 1 つである．しかしながら，後に示すように点の閉包は**既約な部分スキーム**(irreducible subscheme)に対応することに注意すると，閉集合でない点の存在は逆に議論を簡明にするのに役立つ．今までよりは少し複雑な例を見ておこう．

例 2.6 有理整数環 $\mathbb{Z}$ 上の 1 変数多項式環 $\mathbb{Z}[x]$ の素イデアル $\mathfrak{p}$ の形を調べてみよう．もし $\mathfrak{p} \cap \mathbb{Z} \neq \{0\}$ であれば $\mathfrak{p} \cap \mathbb{Z}$ は $\mathbb{Z}$ の素イデアルであるので $\mathfrak{p} \cap \mathbb{Z} = (p)$，$(p)$ は素数，の形をしている．そこで自然な準同型写像

$$\varphi \colon \mathbb{Z}[x] \longrightarrow \mathbb{F}_p[x]$$
$$f(x) \longmapsto f(x) \mod (p)$$

を考え，$\varphi(\mathfrak{p})$ で生成される $\mathbb{F}_p[x]$ のイデアルを $\overline{\mathfrak{p}}$ と記す．実は $\varphi(\mathfrak{p}) = \overline{\mathfrak{p}}$ であることは簡単に分かる．このとき，自然な準同型写像

(2.4) $$\mathbb{Z}[x]/\mathfrak{p} \longrightarrow \mathbb{F}_p[x]/\overline{\mathfrak{p}}$$

は全射同型写像であることは容易に分かる．$\mathfrak{p}$ は素イデアルであったので，$\mathbb{Z}[x]/\mathfrak{p}$ は整域，したがって $\mathbb{F}_p[x]/\overline{\mathfrak{p}}$ も整域となり，$\overline{\mathfrak{p}}$ は $\mathbb{F}_p[x]$ の素イデアルであることが分かる．よって $\overline{\mathfrak{p}} = (\overline{g(x)})$，$\overline{g(x)}$ は $\mathbb{F}_p[x]$ の既約多項式，と書ける．$f(x) \in \mathbb{Z}[x]$ を

$$f(x) \mod (p) = \overline{g(x)}$$

であるように選ぶと $f(x) \in \mathfrak{p}$ であり，同型写像(2.4)より

(2.5) $$\mathfrak{p} = (p, f(x))$$

であることが分かる．$f(x) \mod (p) = f_1(x) \mod (p)$ であれば $(p, f(x)) = (p, f_1(x))$ であることに注意する．また上の議論から $\mathfrak{p}$ が素数 p を含めば，$\mathfrak{p}$ は(2.5)の形をしていることに注意する．したがって，集合としては

$$V(p) = \operatorname{Spec} \mathbb{F}_p[x]$$

であることが分かる．

一方，素イデアル $\mathfrak{p}$ が $\mathfrak{p} \cap \mathbb{Z} = \{0\}$ を満足すれば，$\mathfrak{p}$ の 0 以外の元は 1 次以上の整数係数多項式よりなる．そこで $\mathfrak{p} \neq \{0\}$ のとき $\mathfrak{p}$ に属する多項式の最低次数を d_0 とし，正整数 $d \geq d_0$ に対して

$$\mathfrak{p}_d = \{h(x) \in \mathfrak{p} \mid \deg h(x) = d\}$$

とおく．任意の 0 以外の整数 n に対して $h(x) \in \mathfrak{p}_d$ であれば $nh(x) \in \mathfrak{p}_d$ である．特に $h(x) \in \mathfrak{p}_d$ であれば $-h(x) \in \mathfrak{p}_d$ である．そこで $\mathfrak{p}_{d_0}$ の元で x^{d_0} の係数が正で，かつ最小のものを $f(x)$ とおく．

(2.6) $$f(x) = ax^{d_0} + a_1 x^{d_0 - 1} + \cdots + a_{d_0}$$

とすると $\mathfrak{p}_{d_0}$ の元は $f(x)$ の整数倍であることが分かる．なぜならば，もし

$$g(x) = bx^{d_0} + b_1 x^{d_0 - 1} + \cdots + b_{d_0} \in \mathfrak{p}_{d_0}, \quad b > 0$$

の係数 b が a の倍数でなければ，a, b の最大公約数を c とすると

$$ma + nb = c$$

となる整数 m, n が存在し，かつ $1 \leqq c < a$ である．すると $mf(x) + ng(x) \in \mathfrak{p}_{d_0}$ であり，x^{d_0} の係数は c である．これは $f(x)$ のとり方に反する．よって $\mathfrak{p}_{d_0}$ の元は $f(x)$ の整数倍である．また $f(x)$ の係数 $a, a_1, a_2, \cdots, a_{d_0}$ の最大公約数は 1 である．もし $l \geqq 2$ が最大公約数であれば

$$f(x) = l(a'x^{d_0} + a'_1 x^{d_0 - 1} + \cdots + a'_{d_0}), \quad a', a'_j \in \mathbb{Z}$$

と書けるが，仮定から $l \notin \mathfrak{p}$, $a'x^{d_0} + a'_1 x^{d_0 - 1} + \cdots + a'_{d_0} \notin \mathfrak{p}$ であり，$f(x) \in \mathfrak{p}$ となり，$\mathfrak{p}$ が素イデアルであることに反する．よって $(a, a_1, a_2, \cdots, a_{d_0}) = 1$ である．また，同様の論法により，$f(x)$ は既約多項式であることも分かる．$f(x)$ は $\mathbb{Q}[x]$ の多項式と考えても既約であることに注意する．(たとえば上野著「代数入門」(岩波書店)演習問題 3.4 を参照のこと．)

さて，

$$\mathfrak{p} = (f(x))$$

であることを示そう．

$$g(x) = c_0 x^d + c_1 x^{d-1} + \cdots + c_d \in \mathfrak{p}$$

を考える．a と c_0 の最大公約数を b_0 とする．もし $b_0 \neq a$ であれば

$$m_0 a + n_0 c_0 = b_0$$

となる整数 m_0, n_0 が存在するので，

(2.7) $$h(x) = m_0 x^{d-d_0} f(x) + n_0 g(x) \in \mathfrak{p}_d$$

であり，

$$h(x) = b_0 x^d + \cdots$$

の形をしている．$a = a''b_0$ と記すと，

(2.8) $\qquad a''h(x) - x^{d-d_0}f(x) \in \mathfrak{p}_{d'}, \quad d' < d$

であることが分かる．そこで d に関する帰納法によって

(2.9) $\qquad\qquad\qquad (f(x)) \cap \mathfrak{p}_d = \mathfrak{p}_d$

であることを示そう．$d = d_0$ のときはすでに示した．もし $d-1$ まで (2.9) が成立したとすると，(2.8) より

$$a''h(x) \in (f(x))$$

であることが分かる．一方 $h(x)$ の最高次の係数 b_0 は仮定より a の倍数ではないので，$h(x) \notin (f(x))$ である．また $a'' \notin (f(x))$ である．一方 $(f(x))$ は素イデアルであるので(下の問 2 を参照のこと)，これは矛盾である．したがって $\mathfrak{p}_d$ に属する多項式の x^d の係数は a の倍数でなければならない．

上の $g(x) \in \mathfrak{p}_d$ に対して $c_0 = c'a$ とおくと

$$g(x) - c'x^{d-d_0}f(x) \in \mathfrak{p}_{d''}, \quad d'' < d$$

である．したがって，再び帰納法の仮定より

$$g(x) - c'x^{d-d_0}f(x) \in (f(x))$$

であることが分かり，$g(x) \in (f(x))$ が成り立ち

$$(f(x)) \cap \mathfrak{p}_d = \mathfrak{p}_d$$

であることが分かった．これですべての $d \geq d_0$ に対して成り立つので

$$(f(x)) = \mathfrak{p}$$

であることが分かる．

以上の議論により $\mathbb{Z}[x]$ の素イデアル $(f(x))$ は $\mathbb{Q}[x]$ の素イデアルであるが，逆に $(g(x))$ が $\mathbb{Q}[x]$ の素イデアルであれば $g(x)$ を整数倍して，$g(x)$ 自身が

$$g(x) = a_0 x^m + a_1 x^{m-1} + \cdots + a_m$$

$$a_0 \geq 1, \quad a_j \in \mathbb{Z}, \quad a_0, a_1, \cdots, a_m \text{ は互いに素}$$

の形をしていると仮定してよい．しかもこのような $g(x)$ は素イデアルから一意的に定まる．

さて，自然な中への同型写像

$$\text{Spec}\,\mathbb{Z}[x]$$

```
                    (p,x+1) ×
        (3,x+1) ×
(2,x+1) ×                                    (x²+1) ×
(2,x) ×   (3,x) ×    (p,x) ×                  (x) ×
  •         •          •                   生成点 •
 (2)       (3)  ……   (p)    ……              (0)
Spec 𝔽₂[x] Spec 𝔽₃[x] Spec 𝔽ₚ[x]          Spec ℚ[x]
```

図 2.3 $\text{Spec}\,\mathbb{Z}[x]$

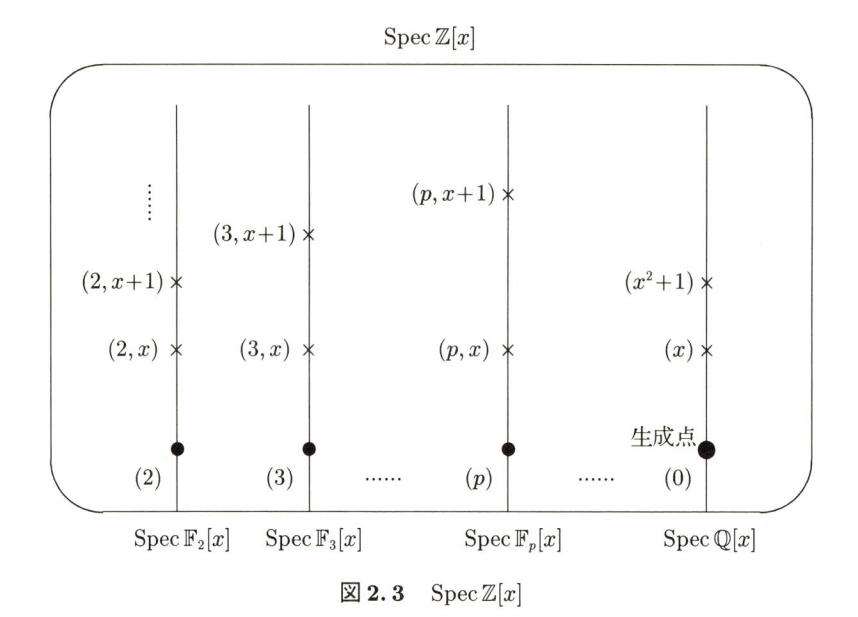

$$\varphi\colon \mathbb{Z} \longrightarrow \mathbb{Z}[x]$$
$$m \longmapsto m$$

によって，素スペクトルの間の写像

$$\varphi^a\colon \text{Spec}\,\mathbb{Z}[x] \longrightarrow \text{Spec}\,\mathbb{Z}$$
$$\mathfrak{p} \longmapsto \varphi^{-1}(\mathfrak{p}) = \mathfrak{p} \cap \mathbb{Z}$$

が定まる．上で示したことは，素数 p に対して，集合として
$$\varphi^{a^{-1}}((p)) = \text{Spec}\,\mathbb{F}_p[x]$$
が成り立ち，また
$$\varphi^{a^{-1}}((0)) = \text{Spec}\,\mathbb{Q}[x]$$
が成り立つことである．このように $\text{Spec}\,\mathbb{Z}[x]$ は $\text{Spec}\,\mathbb{F}_p[x]$ と $\text{Spec}\,\mathbb{Q}[x]$ を集めたものと見ることができるが，後に示すように $\text{Spec}\,\mathbb{Z}[x]$ 自身もスキームとして 1 つのまとまった幾何学的対象として取り扱うことができることが

大切である. □

問 2 $f(x) \in \mathbb{Z}[x]$ は既約かつ原始的,すなわち係数の最大公約数が 1 であれば $(f(x))$ は $\mathbb{Z}[x]$ の素イデアルであることを示せ.

さて,上の例で素スペクトル間の写像がでてきたが,ここでは一般的に次の事実が成り立つことを示す.これは後にスキーム間の射を定義するときに大切な役割をする.

命題 2.7 可換環の準同型 $\varphi: R \to S$ から素スペクトル間の写像

$$\varphi^a: \operatorname{Spec} S \to \operatorname{Spec} R$$
$$\mathfrak{p} \longmapsto \varphi^{-1}(\mathfrak{p})$$

が定まる.写像 φ^a は Zariski 位相に関して連続である.

[証明] S の素イデアル $\mathfrak{p}$ に対して $\varphi^{-1}(\mathfrak{p})$ は R の素イデアルであるので,写像 φ^a が定まる.R のイデアル I に対して $\varphi(I)$ で生成される S のイデアルを J とする.このとき

$$\varphi^{a^{-1}}(V(I)) = V(J)$$

が成り立つ.実際,$\mathfrak{q} \in \varphi^{a^{-1}}(V(I))$ であることは $\varphi^a(\mathfrak{q}) \in V(I)$ を意味し,これは $\varphi^{-1}(\mathfrak{q}) \supset I$ に他ならない.ところが,この最後の条件は $\mathfrak{q} \supset \varphi(I)$ を意味し,これは $\mathfrak{q} \supset J$ と同値である.以上によって,$\operatorname{Spec} R$ の閉集合 $\varphi(I)$ の写像 φ^a による逆像は閉集合 $V(J)$ である.よって,写像 φ^a は連続である.∎

§2.2 アフィンスキーム

(a) Zariski 位相

ここでは,素スペクトル $X = \operatorname{Spec} R$ の各開集合上に"正則な関数"のなす環を対応させることを考える.これは第 1 章で考察したアフィン多様体の座標環の考え方を一般化したものである.これまで $f \in R$ に対して $X = \operatorname{Spec} R$ の開集合

$$\{\mathfrak{p} \in \operatorname{Spec} R \mid f \notin \mathfrak{p}\}$$

を $D(f)$ と記していたが，今後は X_f, $(\operatorname{Spec} R)_f$ などの記号も随時用いる．

まず $X = \operatorname{Spec} R$ の Zariski 位相に関する簡単な注意から始めよう．

命題 2.8 R の元の族 $\{f_\alpha\}_{\alpha \in A}$ に対して

(2.10) $$\operatorname{Spec} R = \bigcup_{\alpha \in A} (\operatorname{Spec} R)_{f_\alpha}$$

が成り立つための必要十分条件は，$\{f_\alpha\}_{\alpha \in A}$ が生成する R のイデアル $(f_\alpha)_{\alpha \in A}$ が R と一致することである．

[証明] R の素イデアル $\mathfrak{p}$ を任意に選ぶと，(2.10) が成立すれば

$$\mathfrak{p} \in (\operatorname{Spec} R)_{f_\alpha}$$

であるような f_α が存在する．これは $f_\alpha \notin \mathfrak{p}$ を意味する．したがって，いかなる素イデアルもイデアル $(f_\alpha)_{\alpha \in A}$ を含まない．これは $(f_\alpha)_{\alpha \in A} = R$ を意味する．

逆に $(f_\alpha)_{\alpha \in A} = R$ であれば，R の素イデアル $\mathfrak{p}$ に対して $f_\alpha \notin \mathfrak{p}$ である元 f_α が存在する．これは $\mathfrak{p} \in (\operatorname{Spec} R)_{f_\alpha}$ を意味する．したがって

$$\operatorname{Spec} R \subset \bigcup_{\alpha \in A} (\operatorname{Spec} R)_{f_\alpha}$$

が成り立ち，(2.10) が成立することが分かる． ■

例題 2.2 より，$X = \operatorname{Spec} R$ の各開集合は X_f, $f \in R$ の形の開集合の和集合である．$(f_\alpha)_{\alpha \in A} = R$ であれば

$$\sum_{j=1}^{l} g_{\alpha_j} f_{\alpha_j} = 1$$

が成り立つように有限個の $f_{\alpha_1}, \ldots, f_{\alpha_l}$ を選ぶことができ，$(f_\alpha)_{\alpha \in A} = (f_{\alpha_1}, f_{\alpha_2}, \ldots, f_{\alpha_l})$ が成り立つことが分かる．これより，次の系が成り立つ．

系 2.9 $X = \operatorname{Spec} R$ は**準コンパクト**(quasi compact)位相空間である．すなわち，開集合による X の被覆

$$X = \bigcup_{\lambda \in \Lambda} U_\lambda$$

が与えられれば，$\{U_\lambda\}_{\lambda \in \Lambda}$ の中から有限個の開集合 U_{λ_j} を

§2.2 アフィンスキーム────61

$$X = \bigcup_{j=1}^{m} U_{\lambda_j}$$

が成り立つように選ぶことができる. □

系2.9で準コンパクトというあまり耳慣れぬ用語を使ったのは，X が Hausdorff 空間でないことによる.

さて，次の補題はこれからの考察で大切な役割をする.

補題2.10 $X = \operatorname{Spec} R$ とすると，$f, g \in R$ に対して以下の事実が成り立つ.

（i）$X_f \cap X_g = X_{fg}$

（ii）$X_f \supset X_g$ であるための必要十分条件は $g \in \sqrt{(f)}$ が成り立つことである.

[証明] （i）$\mathfrak{p} \in X_f \cap X_g$ であれば $f \notin \mathfrak{p}$, $g \notin \mathfrak{p}$ が成り立ち，$\mathfrak{p}$ が素イデアルであることより $fg \notin \mathfrak{p}$ が成り立つ. よって $X_f \cap X_g \subset X_{fg}$ が成り立つ. 逆に $\mathfrak{p} \in X_{fg}$ であれば $fg \notin \mathfrak{p}$，したがって $f \notin \mathfrak{p}$, $g \notin \mathfrak{p}$ が成り立つ. よって $X_{fg} \subset X_f \cap X_g$ が成立する.

（ii）まず

$$(2.11) \qquad \sqrt{(f)} = \bigcap_{f \in \mathfrak{p} \in \operatorname{Spec} R} \mathfrak{p}$$

が成り立つことに注意する. このことは次のようにして示される. もし $h \in \sqrt{(f)}$ であれば $h^m \in (f)$ であるように正整数 m を選ぶことができる. このとき，素イデアル $\mathfrak{p}$ が $f \in \mathfrak{p}$ であれば $(f) \subset \mathfrak{p}$，したがって $h^m \in \mathfrak{p}$ となり，$h \in \mathfrak{p}$ であることが分かる.

逆に元

$$(2.12) \qquad h \in \bigcap_{f \in \mathfrak{p} \in \operatorname{Spec} R} \mathfrak{p}$$

が，すべての正整数 m に対して $h^m \notin (f)$ であったと仮定する. R のイデアルからなる集合

$$\mathcal{S} = \{\mathfrak{a} \mid \mathfrak{a} \text{ は } R \text{ のイデアル}, f \in \mathfrak{a}, h^m \notin \mathfrak{a}, m = 1, 2, \cdots\}$$

の包含関係に関する極大元を $\mathfrak{q}$ とすると $\mathfrak{q}$ は R の素イデアルである. なぜな

らば，$a \notin \mathfrak{q}$, $b \notin \mathfrak{q}$, $ab \in \mathfrak{q}$ である元 a, b が存在したとすると，$\mathfrak{q}$ がイデアル $\mathcal{S}$ の極大元であることにより，R のイデアル $(\mathfrak{q}, a)$, $(\mathfrak{q}, b)$ は共に $\mathcal{S}$ の元ではない．すなわち $h^{n_1} \in (\mathfrak{q}, a)$, $h^{n_2} \in (\mathfrak{q}, b)$ となる正整数 n_1, n_2 が存在する．よって
$$h^{n_1} = ac_1 + q_1, \quad h^{n_2} = bc_2 + q_2, \quad q_1, q_2 \in \mathfrak{q}$$
と表わすことができる．これより
$$h^{n_1+n_2} = (ac_1 + q_1)(bc_2 + q_2)$$
$$= abc_1c_2 + ac_1q_2 + bc_2q_1 + q_1q_2$$
であるが，$ac_1q_2 + bc_2q_1 + q_1q_2 \in \mathfrak{q}$ かつ仮定より $ab \in \mathfrak{q}$ より $h^{n_1+n_2} \in \mathfrak{q}$ が成り立つ．これは $\mathfrak{q} \in \mathcal{S}$ に反する．よって $\mathfrak{q}$ は素イデアルである．$f \in \mathfrak{q}$ であるが，$h \notin \mathfrak{q}$ である．これは(2.12)に反する．したがって $h^m \in (f)$ となる正整数 m が存在する．以上で(2.11)が示された．

(2.11)より $g \notin \sqrt{(f)}$ であるための必要十分条件は
$$f \in \mathfrak{p}, \quad g \notin \mathfrak{p}$$
を満足する素イデアル $\mathfrak{p}$ が存在することである．この条件は
$$\mathfrak{p} \notin X_f, \quad \mathfrak{p} \in X_g$$
と書き換えることができる．この対偶は(ii)に他ならない． ∎

問3 正整数 m に対して $X_{f^m} = X_f$ であることを示せ．

上の証明で使った(2.11)の特別な場合として $f = 0$ の場合を考えると
$$\sqrt{0} = \bigcap_{\mathfrak{p} \in \operatorname{Spec} R} \mathfrak{p}$$
が成り立つことが分かる．$\sqrt{0}$ の元 g は 0 でなければべき零元である．$\sqrt{0}$ は可換環 R の**べき零元根基**(nilradical)と呼ばれ，$\mathfrak{N}(R)$ と記される．

(b) 局所化

さて，上の補題の証明にも秘かに顔を出した，可換環 R の**乗法的に閉じた集合(積閉集合)**(multiplicatively closed subset) S と S に関する R の**局所化**

(localization) R_S について簡単にふれておこう.

可換環 R の部分集合 S が 0 を含まず,かつ $a, b \in S$ であれば $ab \in S$ を満足するとき,S を R の乗法的に閉じた集合と呼ぶ. 定義より特に $a, b \in S$ に対して $ab \neq 0$ であることに注意する. f が R のべき零元でないとき
$$\{f, f^2, f^3, \cdots, f^m, f^{m+1}, \cdots\}$$
は乗法的に閉じた集合である.

問4 R の素イデアル $\mathfrak{p}$ に対して $R \setminus \mathfrak{p}$ は乗法的に閉じた集合であることを示せ.

R の乗法的に閉じた集合 S に対して,形式的に
$$R_S = \left\{ \frac{r}{s} \,\middle|\, r \in R,\ s \in S \right\}$$
を考える. R_S を $S^{-1}R$ と記すことも多い. ただし2つの元が等しいことを

(2.13) $\quad \dfrac{r_1}{s_1} = \dfrac{r_2}{s_2} \iff$

$\qquad s'(r_1 s_2 - s_1 r_2) = 0$ を満足する S の元 $s' \neq 0$ が存在する

と定義する. R が整域であれば,この右辺は単に
$$r_1 s_2 = s_1 r_2$$
と書くことができる. このとき,R_S は R の商体 $Q(R)$ の部分環と見なすことができる.

さて,R_S の元の間に和と積を
$$\frac{r}{s} + \frac{r'}{s'} = \frac{rs' + r's}{ss'}$$
$$\frac{r}{s} \cdot \frac{r'}{s'} = \frac{rr'}{ss'}$$
と定義する. これが定義として意味を持つこと,すなわち
$$\frac{r_1}{s_1} = \frac{r_2}{s_2}, \quad \frac{r_1'}{s_1'} = \frac{r_2'}{s_2'}$$
であれば

$$\frac{r_1}{s_1} + \frac{r_1'}{s_1'} = \frac{r_2}{s_2} + \frac{r_2'}{s_2'}$$

$$\frac{r_1}{s_1} \cdot \frac{r_1'}{s_1'} = \frac{r_2}{s_2} \cdot \frac{r_2'}{s_2'}$$

であることは(2.13)を使って容易に示すことができるので，読者の演習問題とする．また $s_1, s_2 \in S$ に対して $\frac{s_1}{s_1} = \frac{s_2}{s_2}$ がつねに成立する．この元を 1 と記す．また $\frac{0}{s_1} = \frac{0}{s_2}$ がつねに存在するが，これを 0 と記す．すると R_S は上で導入した和と積に関して $1 = \frac{s}{s}$, $s \in S$ を単位元とし，$0 = \frac{0}{s}$, $s \in S$ を零元とする可換環であることが分かる．

問 5 R_S が上記の和と積に関して $1 = \frac{s}{s}$, $s \in S$ を単位元，$0 = \frac{0}{s}$, $s \in S$ を零元とする可換環であることを示せ．

さて，R から R_S への自然な準同型写像

(2.14)
$$\varphi_S : R \longrightarrow R_S$$
$$r \longmapsto \frac{rs}{s}$$

が $s \in S$ を 1 つ固定することによって与えられる．$t \in S$ のとき(2.13)より $\frac{rt}{t} = \frac{rs}{s}$ であるので，写像(2.14)は $s \in S$ のとり方によらないことが分かる．

$$\varphi_S(r_1 + r_2) = \varphi_S(r_1) + \varphi_S(r_2)$$
$$\varphi_S(r_1 r_2) = \varphi_S(r_1)\varphi_S(r_2)$$

は容易に示すことができ，φ_S は確かに可換環の準同型写像であることが分かる．

問 6 $\mathrm{Ker}\,\varphi_S = \{r \in R \mid rs = 0$ となる $s \in S$ が存在する$\}$ を示せ．

問 7 R_S の極大イデアルの全体 $\mathrm{Spm}\,R_S$ と
$$\mathcal{S} = \{\mathfrak{a} \mid \mathfrak{a} は R のイデアル, \mathfrak{a} \cap S = \emptyset\}$$

―― **局所化の普遍写像性による特徴づけ** ――

普遍写像性(universal mapping property)を使うことによって局所化を次のように定式化することができる.

可換環 R の乗法的に閉じた集合 S に対して可換環 $\widetilde{R}$ と可換環の準同型写像 $\varphi\colon R \to \widetilde{R}$ の組 $(\widetilde{R}, \varphi)$ が以下の性質を持つとき可換環 R の S による局所化という.

（性質）
(ⅰ) 準同型写像 $\varphi\colon R \to \widetilde{R}$ による S の任意の元 s の像 $\varphi(s)$ は $\widetilde{R}$ で可逆である.
(ⅱ) 可換環の準同型写像 $\psi\colon R \to T$ による S の任意の元 s の像 $\psi(s)$ がつねに T で可逆元であれば, 可換環の準同型写像 $\nu\colon \widetilde{R} \to T$ で $\psi = \nu \circ \varphi$ が成り立つものが**唯ひとつ**存在する.

本文中の (R_S, φ_S) が上の条件を満たすことを示すことは読者の演習問題としよう. この定義の優れているところは, 条件を満たす $\varphi\colon R \to \widetilde{R}$ は存在すれば同型を除いて唯ひとつしかないということが定義からただちに従うところにある.

普遍写像性は重要であり, 帰納的極限, 射影的極限, テンソル積に関して普遍写像性による定義を後のコラムで与える.

の包含関係に関する極大元の全体とは 1 対 1 に対応することを示せ.

ところで, $f \in R$ がべき零元であれば f はすべての素イデアルに含まれるので, $(\operatorname{Spec} R)_f = \emptyset$ である. f がべき零元であることは $f \in \sqrt{(0)}$ を意味し, (2.11)より R のべき零元の全体は R のすべての素イデアルの共通部分と一致する. したがって f がべき零元でなければ, $X = \operatorname{Spec} R \supset X_f = (\operatorname{Spec} R)_f \neq \emptyset$ であることが分かる. そこで, 開集合 X_f に対して可換環 R_f を対応させてみよう. R_f の元は $\dfrac{r}{f^n}$, $r \in R$ の形をしており, $\mathfrak{p} \in X_f$ に対して $f \notin \mathfrak{p}$, 言い換えれば $f \not\equiv 0 \pmod{\mathfrak{p}}$ であるので $\dfrac{r}{f^m}$ は X_f で極を持たず

X_f で正則な関数と考えることができる.この直観的なイメージを,これから層の言葉を使って定式化していく.

(c) 帰納的極限

まず $X_f \supset X_g$ となる場合を考えよう.このとき,補題2.10(ii)より $g \in \sqrt{(f)}$ である.すなわち $g^n = af$ を満足する正整数 n および $a \in R$ が存在する.このとき R_f から R_g への準同型写像 ρ_{X_g, X_f}

(2.15)
$$\rho_{X_g, X_f}: R_f \longrightarrow R_g$$
$$\frac{r}{f^m} \longmapsto \frac{a^m r}{g^{nm}}$$

が定まる.これは R_f, R_g から一意的に定まる.すなわち $g^{n'} = a'f$ が成立すれば,この n', a' を使っても準同型写像は(2.15)と一致することに注意する.準同型写像 ρ_{X_g, X_f} は**制限写像**(restriction mapping)と呼ぶ.開集合 X_f 上で正則な関数を開集合 X_g へ制限する写像であるという気持ちが込められている.この制限写像は通常の関数の定義域の制限と類似の性質を持っていることが次の補題から分かる.

補題 2.11 $X_f \supset X_g \supset X_h$ であれば
$$\rho_{X_h, X_g} \circ \rho_{X_g, X_f} = \rho_{X_h, X_f}$$
が成立する.

[証明] 補題2.10(ii)より
$$g^{n_1} = af, \quad h^{n_2} = bg$$
が成立するように正整数 n_1, n_2 および $a, b \in R$ を選ぶことができる.このとき $h^{n_1 n_2} = ab^{n_1} f$ が成立する.すると $\frac{r}{f^m} \in R_f$ に対して
$$\rho_{X_h, X_f}\left(\frac{r}{f^m}\right) = \frac{a^m b^{mn_1} r}{h^{mn_1 n_2}}$$
が成り立つ.一方
$$(\rho_{X_h, X_g} \circ \rho_{X_g, X_f})\left(\frac{r}{f^m}\right) = \rho_{X_h, X_g}\left(\frac{a^m r}{g^{mn_1}}\right) = \frac{b^{mn_1} a^m r}{h^{mn_1 n_2}}$$

が成立し，補題が正しいことが分かる. ∎

さて，点 $\mathfrak{p} \in X = \operatorname{Spec} R$ を含む X_f の全体
$$\mathcal{U}_\mathfrak{p} = \{X_f \mid \mathfrak{p} \in X_f\}$$
を考えよう．$X_f, X_g \in \mathcal{U}_\mathfrak{p}$ に対して $X_f \supset X_g$ のとき $X_f < X_g$ と**順序**(order) を定める．$\mathcal{U}_\mathfrak{p}$ の 2 つの元 X_{h_1}, X_{h_2} は一般には包含関係はないので順序は定まらない．しかしながら，補題 2.10(i) によって
$$X_{h_1} \cap X_{h_2} = X_{h_1 h_2}$$
であるので
$$X_{h_1} < X_{h_1 h_2}, \quad X_{h_2} < X_{h_1 h_2}$$
が成り立つ．このように，任意の 2 つの元が与えられたとき，順序に関してその 2 元より大きい元が必ず存在する集合を**有向集合**(directed set) という．有向集合を使って**帰納的極限**(inductive limit) が定義できる.

$\mathcal{U}_\mathfrak{p}$ の元 X_f には可換環 R_f が対応し，$X_f < X_g$ のとき，すなわち $X_f \supset X_g$ のとき準同型写像
$$\rho_{X_g, X_f} : R_f \longrightarrow R_g$$
が定義されていた．このとき $\{R_f, \rho_{X_g, X_f}\}_{X_f \in \mathcal{U}_\mathfrak{p}}$ の帰納的極限
$$\varinjlim_{X_f \in \mathcal{U}_\mathfrak{p}} R_f$$
を次のように定義する．$\dfrac{r}{f^m} \in R_f$ に対して対 $\left(\dfrac{r}{f^m}, X_f\right)$ を考え，こうした対の全体
$$\mathcal{R} = \left\{ \left(\dfrac{r}{f^m}, X_f\right) \mid X_f \in \mathcal{U}_\mathfrak{p} \right\}$$
を考える．$\mathcal{R}$ の 2 元 $\left(\dfrac{r}{f^m}, X_f\right)$ と $\left(\dfrac{s}{g^n}, X_g\right)$ が等しいことを

(2.16) $\quad \left(\dfrac{r}{f^m}, X_f\right) = \left(\dfrac{s}{g^n}, X_g\right)$

$\Longleftrightarrow X_f < X_h, \ X_g < X_h, \ X_h \in \mathcal{U}_\mathfrak{p}$ が存在し，

$\rho_{X_h, X_f}\left(\dfrac{r}{f^m}\right) = \rho_{X_h, X_g}\left(\dfrac{s}{g^n}\right)$ が成立する.

---**帰納的極限**---

有向集合 I の各元 $i \in I$ に対して加群 M_i が対応し，$i \leq j$ のとき準同型写像 $\varphi_{ji} \colon M_i \to M_j$ が与えられ，$\varphi_{ii} = id_{M_i}$ かつ $i \leq j \leq k$ のとき $\varphi_{ki} = \varphi_{kj} \circ \varphi_{ji}$ が成り立つとき $(M_i, \varphi_{ji}\ (i, j \in I))$ を加群の**帰納系**という．加群 M および準同型写像 $\varphi_i \colon M_i \to M\ (i \in I)$ が $i \leq j$ のとき $\varphi_i = \varphi_j \circ \varphi_{ji}$ を満足し，かつ以下の条件を満足するとき (M, φ_i) を帰納系 (M_i, φ_{ji}) の**帰納的極限**といい，

$$M = \varinjlim_{i \in I} M_i$$

と記す．

（条件） 加群 A と $f_i = f_j \circ \varphi_{ji}$ を満足する写像 $f_i \colon M_i \to A$

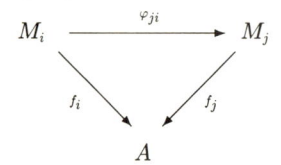

$$\begin{array}{ccc} M_i & \xrightarrow{\varphi_{ji}} & M_j \\ & \searrow f_i \quad f_j \swarrow & \\ & A & \end{array}$$

に対して $f_i = h \circ \varphi_i,\ i \in I$ を満足する準同型写像 $h \colon M \to A$ が唯ひとつ存在する．

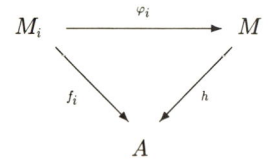

$$\begin{array}{ccc} M_i & \xrightarrow{\varphi_i} & M \\ & \searrow f_i \quad h \swarrow & \\ & A & \end{array}$$

以上の帰納的極限の定義は，可換環 R が与えられたとき R 加群の帰納系，可換環の帰納系などに自然に拡張できる．加群の圏(Mod)，R 加群の圏(R-mod)や可換環の圏(Ring)（第3章を参照のこと）では帰納的極限は存在する．

と定義したものを $\varinjlim_{X_f \in \mathcal{U}_\mathfrak{p}} R_f$ と定める. 正確にいえば(2.16)の右辺で同値関係 $\sim$ を定義し, $\mathcal{R}$ のこの同値関係による商集合 $\mathcal{R}/\sim$ を $\varinjlim_{X_f \in \mathcal{U}_\mathfrak{p}} R_f$ と定義する. $\left(\dfrac{r}{f^m}, X_f\right)$ が定める $\varinjlim_{X_f \in \mathcal{U}_\mathfrak{p}} R_f$ の元を $\left[\left(\dfrac{r}{f^m}, X_f\right)\right]$ と記そう. 帰納的極限 $\varinjlim_{X_f \in \mathcal{U}_\mathfrak{p}} R_f$ には可換環の構造を入れることができる. 2元 $[(a, X_f)], [(b, X_g)]$ を考えて $h = fg$ とおくと $X_f < X_h, X_g < X_h$ であるので

$$[(a, X_f)] = [(\rho_{X_h, X_f}(a), X_h)], \quad [(b, X_g)] = [(\rho_{X_h, X_g}(b), X_h)]$$

が成り立つ. そこで

$$[(a, X_f)] + [(b, X_g)] = [(\rho_{X_h, X_f}(a) + \rho_{X_h, X_g}(b), X_h)]$$
$$[(a, X_f)] \cdot [(b, X_g)] = [(\rho_{X_h, X_f}(a) \cdot \rho_{X_h, X_g}(b), X_h)]$$

と和と積を定義する. このとき $\varinjlim_{X_f \in \mathcal{U}_\mathfrak{p}} R_f$ は $[(1, X_f)]$ を単位元, $[(0, X_f)]$ を零元とする可換環であることが分かる.

問8 $\varinjlim_{X_f \in \mathcal{U}_\mathfrak{p}} R_f$ が可換環であることを示せ.

ところで, 帰納的極限 $\varinjlim_{X_f \in \mathcal{U}_\mathfrak{p}} R_f$ が可換環として定義されたが, これでは何のことか分からない読者も多いことであろう. $[(a, X_f)] \in \varinjlim_{X_f \in \mathcal{U}_\mathfrak{p}} R_f$ を関数 a が定める点 $\mathfrak{p}$ での芽(germ)と呼ぶが, (2.16)から明らかなように芽 $[(a, X_f)]$ は関数 a の点 $\mathfrak{p}$ 近傍の振る舞いを記述している. たとえば複素関数論での正則関数のある点を中心とする Taylor 展開は, 正則関数のこの点の近傍での振る舞いを記述する. 関数 a の点 $\mathfrak{p}$ での芽 $[(a, X_f)]$ と Taylor 展開との関係は後に論じることとして, ここでは $\varinjlim_{X_f \in \mathcal{U}_\mathfrak{p}} R_f$ の別の記述をしよう.

R の素イデアル $\mathfrak{p}$ に対して $\mathcal{S} = R \setminus \mathfrak{p}$ は乗法的に閉じた集合であり, R の S による局所化 R_S を $R_\mathfrak{p}$ と記す. $R_\mathfrak{p}$ は $\dfrac{g}{f}, f, g \in R, f \notin \mathfrak{p}$ の形の元からなり, 等号は(2.13)で与えられる.

例 2.12 素数 p が定める $X = \mathrm{Spec}\,\mathbb{Z}$ の点 (p) を考える. 整数 f に対して

射影的極限

帰納的極限の定義の双対として射影系, 射影的極限を定義することができる. 第 7 章で射影的極限も必要になるのでここでその定義を述べておこう.

有向集合 I の各元 $i \in I$ に対して加群 N_i が対応し, $i \leq j$ のとき準同型写像 $\psi_{ij}: N_j \to N_i$ が与えられ, $\psi_{ii} = id_{N_i}$ かつ $i \leq j \leq k$ のとき $\psi_{ik} = \psi_{ij} \circ \psi_{jk}$ が成り立つとき $(N_i, \psi_{ij}\ (i,j \in I))$ を加群の**射影系**という. 加群 N および準同型写像 $\psi_i: N \to N_i\ (i \in I)$ が $i \leq j$ のとき $\psi_i = \psi_{ij} \circ \psi_j$ を満足し, かつ以下の条件を満足するとき (N, ψ_i) を射影系 (N_i, ψ_{ij}) の**射影的極限**といい,
$$N = \varprojlim_{i \in I} N_i$$
と記す.

（条件） 加群 X と $g_i = \psi_{ij} \circ g_i$ を満足する写像 $g_i: X \to N_i$ に対して $g_i = \psi_i \circ h$ を満足する準同型写像 $h: X \to N$ が**唯ひとつ存在する**.

射影的極限も加群の圏(Mod), R 加群の圏(R-mod)や可換環の圏(Ring)で存在する.

$(p) \in X_f$ であることは $f \notin (p)$ と同値であり, これは f が p の倍数でないことを意味する. したがって,
$$\mathcal{U}_{(p)} = \{X_f \mid 整数 f は p と素\}$$
である. ところで整数 f を素因数分解して
$$f = \pm p_1^{a_1} p_2^{a_2} \cdots p_l^{a_l}, \quad a_j \geq 1, \quad p_1, p_2, \cdots, p_l は相異なる素数$$
を得たとすると $\sqrt{(f)} = (p_1 p_2 \cdots p_l)$ である. $f \notin (p)$ であるので $p_1, p_2, \cdots, p_l$ は p とは異なっている. $X_f < X_g$, すなわち $X_f \supset X_g$ であるための必要十分条件は
$$g = \pm q p_1^{b_1} p_2^{b_2} \cdots p_l^{b_l}, \quad b_j \geq 1, q \geq 1, q は p_j と素$$
と書けることである. そこで $\dfrac{r}{f^m}$ を
$$\frac{r}{f^m} = \frac{r'}{p_1^{c_1} p_2^{c_2} \cdots p_l^{c_l}}, \quad c_j \geq 0, \quad r' は p_1, p_2, \cdots, p_l で割り切れない$$

§2.2 アフィンスキーム――71

と既約分数で表示し, $c_j \geqq 1$ となる p_j を $p_{j_1}, p_{j_2}, \cdots, p_{j_s}$, $t = p_{j_1}^{c_{j_1}} p_{j_2}^{c_{j_2}} \cdots p_{j_s}^{c_{j_s}}$ とおくと $\dfrac{r}{f^m} = \dfrac{r'}{t}$ であり, $\varinjlim_{X_f \in \mathcal{U}_{(p)}} \mathbb{Z}_f$ で

$$\left[\left(\frac{r'}{t}, X_t \right) \right] = \left[\left(\frac{r}{f^m}, X_f \right) \right]$$

が成り立つ. よって $\varinjlim_{X_f \in \mathcal{U}_{(p)}} \mathbb{Z}_f$ の元は $\dfrac{r'}{t}$ のように既約分数で代表させることができる. さらに分母 t は p の倍数ではない. また逆に p とは素な整数 t を分母とする既約分数 $\dfrac{s}{t}$ は

$$\left[\left(\frac{s}{t}, X_t \right) \right] \in \varinjlim_{X_f \in \mathcal{U}_{(p)}} \mathbb{Z}_f$$

である. 以上の考察から

(2.17) $\quad \varinjlim_{X_f \in \mathcal{U}_{(p)}} \mathbb{Z}_f = \left\{ \dfrac{s}{t} \ \bigg| \ \dfrac{s}{t} \text{ は既約分数},\ t \text{ は } p \text{ と素} \right\}$

であることが分かる. 一方,

(2.18) $\quad \mathbb{Z}_{(p)} = \left\{ \dfrac{n}{m} \ \bigg| \ m, n \in \mathbb{Z},\ m \text{ は } p \text{ と素} \right\}$

であるが, この右辺の $\dfrac{n}{m}$ を既約分数で表示すれば (2.17) と一致することが分かる. ちなみに (2.13) の条件は, $R = \mathbb{Z}$ の場合は 2 つの分数が等しいという条件に他ならないことに注意する. したがって

$$\mathbb{Z}_{(p)} = \varinjlim_{X_f \in \mathcal{U}_{(p)}} \mathbb{Z}_f$$

が成立する. □

問 9 上の例と同様の論法によって, 点 $(0) \in \mathrm{Spec}\, \mathbb{Z}$ に対しては $\varinjlim_{X_f \in \mathcal{U}_{(0)}} \mathbb{Z}_f = \mathbb{Q}$ が成り立つことを示せ. また $\mathbb{Z}_{(0)} = \mathbb{Q}$ であることを示せ.

例 2.13 代数的閉体 K 上の 1 変数多項式環 $R = K[x]$ の素イデアル $\mathfrak{p} = (x - \alpha)$, $\alpha \in K$ が定める点 $\mathfrak{p} = (x - \alpha) \in X = \mathrm{Spec}\, R$ を考える. $f \in R$ が $f \notin \mathfrak{p}$ であることは $f(\alpha) \neq 0$ と同値である. $\dfrac{r}{f^m} \in R_f$ を 1 変数有理関数体 $K(x)$

の中で $\frac{t}{h}$ と既約分数で表示すると $\varinjlim_{X_f \in \mathcal{U}_\mathfrak{p}} R_f$ の中で

$$\left[\left(\frac{t}{h}, X_h\right)\right] = \left[\left(\frac{r}{f^m}, X_f\right)\right]$$

が成り立つ．これより，例 2.12 と同様の考えで

$$\varinjlim_{X_f \in \mathcal{U}_\mathfrak{p}} R_f = \left\{ \frac{t}{h} \in K(x) \,\middle|\, t, h \in R, \ h(\alpha) \neq 0 \right\}$$

であることが分かる．

一方

$$R_\mathfrak{p} = \left\{ \frac{r}{g} \in K(x) \,\middle|\, g(\alpha) \neq 0 \right\}$$

であることも $R_\mathfrak{p}$ の定義から容易に分かる．したがって

$$\varinjlim_{X_f \in \mathcal{U}_\mathfrak{p}} R_f = R_\mathfrak{p}$$

であることが分かる． □

上の 2 つの例は次の命題に一般化することができる．

命題 2.14 可換環 R の素イデアル $\mathfrak{p}$ に対して，同型写像

$$\varinjlim_{X_f \in \mathcal{U}_\mathfrak{p}} R_f \simeq R_\mathfrak{p}$$

がつねに存在する．

［証明］ $R_\mathfrak{p}$ の元は $\frac{g}{f}$, $f, g \in R$, $f \notin \mathfrak{p}$ と書ける．したがって $\mathfrak{p} \in X_f$ である．また $R_\mathfrak{p}$ で $f' \notin \mathfrak{p}$ によって

$$\frac{g}{f} = \frac{g'}{f'}, \quad f', g' \in R$$

と書ければ

$$s(f'g - fg') = 0$$

を満足する $s \in R \setminus \mathfrak{p}$ が存在する．このとき

$$\frac{g}{f} = \frac{g'}{f'} = \frac{fg'}{ff'} = \frac{f'g}{ff'}$$

§2.2 アフィンスキーム —— 73

が成り立つ．$\mathfrak{p} \in X_{f'}$, $\mathfrak{p} \in X_{ff'}$ に注意すると $\varinjlim_{X_f \in \mathcal{U}_\mathfrak{p}} R_f$ で

$$\left[\left(\frac{g}{f}, X_f\right)\right] = \left[\left(\frac{fg'}{ff'}, X_{ff'}\right)\right] = \left[\left(\frac{g'}{f'}, X_{f'}\right)\right]$$

が成立する．このことから，写像

$$\varphi \colon R_\mathfrak{p} \longrightarrow \varinjlim_{X_f \in \mathcal{U}_\mathfrak{p}} R_f$$

$$\frac{g}{f} \longmapsto \left[\left(\frac{g}{f}, X_f\right)\right]$$

が定義できることが分かる．すなわち，$\dfrac{g}{f} = \dfrac{g'}{f'}$ と $R_\mathfrak{p}$ の元の 2 つの異なる表示を使っても同一の像が得られ，写像として意味を持つことが分かる．φ が可換環の準同型写像であることは容易に示すことができる．たとえば，$R_\mathfrak{p}$ で

$$\frac{g}{f} + \frac{r}{h} = \frac{gh + fr}{fh}$$

が成立すれば

$$\varphi\left(\frac{g}{f}\right) = \left[\left(\frac{g}{f}, X_f\right)\right] = \left[\left(\frac{gh}{fh}, X_{fh}\right)\right]$$

$$\varphi\left(\frac{r}{h}\right) = \left[\left(\frac{r}{h}, X_h\right)\right] = \left[\left(\frac{fr}{fh}, X_{fh}\right)\right]$$

であり

$$\varphi\left(\frac{g}{f}\right) + \varphi\left(\frac{r}{h}\right) = \left[\left(\frac{gh}{fh}, X_{fh}\right)\right] + \left[\left(\frac{fr}{fh}, X_{fh}\right)\right]$$

$$= \left[\left(\frac{gh + fr}{fh}, X_{fh}\right)\right]$$

$$= \varphi\left(\frac{g}{f} + \frac{r}{h}\right)$$

が成立する．次に写像

$$\psi : \varinjlim_{X_f \in \mathcal{U}_{\mathfrak{p}}} R_f \longrightarrow R_{\mathfrak{p}}$$
$$\left[\left(\frac{g}{f^m}, X_f\right)\right] \longrightarrow \frac{g}{f^m}$$

が定義できることを示そう．もし

$$\left[\left(\frac{g}{f^m}, X_f\right)\right] = \left[\left(\frac{r}{h^n}, X_h\right)\right]$$

が成立すれば

$$\left[\left(\frac{g}{f^m}, X_f\right)\right] = \left[\left(\frac{f^{m(n-1)}h^{mn}g}{(fh)^{mn}}, X_{fh}\right)\right]$$
$$\left[\left(\frac{r}{h^n}, X_h\right)\right] = \left[\left(\frac{f^{mn}h^{(m-1)n}r}{(fh)^{mn}}, X_{fh}\right)\right]$$

より R_{fh} で

$$\frac{f^{m(n-1)}h^{mn}g}{(fh)^{mn}} = \frac{f^{mn}h^{(m-1)n}r}{(fh)^{mn}}$$

が成り立つ．一方 $R_{\mathfrak{p}}$ では

$$\frac{g}{f^m} = \frac{f^{m(n-1)}h^{mn}g}{(fh)^{mn}} = \frac{f^{mn}h^{(m-1)n}r}{(fh)^{mn}} = \frac{r}{h^n}$$

が成り立ち，ψ が写像としてきちんと定義できていることが分かる．ψ が可換環の準同型写像であることも容易に分かる．$R_{\mathfrak{p}}$ の任意の元 $\dfrac{g}{f}$ に対して

$$(\psi \circ \varphi)\left(\frac{g}{f}\right) = \psi\left(\varphi\left(\frac{g}{f}\right)\right) = \psi\left(\left[\left(\frac{g}{f}, X_f\right)\right]\right) = \frac{g}{f}$$

が成り立つ．したがって $\psi \circ \varphi$ は $R_{\mathfrak{p}}$ から $R_{\mathfrak{p}}$ への恒等写像である．一方 $\varinjlim_{X_f \in \mathcal{U}_{\mathfrak{p}}} R_f$ の任意の元 $\left[\left(\dfrac{g}{f^m}, X_f\right)\right]$ に対して

$$(\varphi \circ \psi)\left(\left[\left(\frac{g}{f^m}, X_f\right)\right]\right) = \varphi\left(\psi\left(\left[\left(\frac{g}{f^m}, X_f\right)\right]\right)\right) = \varphi\left(\frac{g}{f^m}\right)$$
$$= \left[\left(\frac{g}{f^m}, X_{f^m}\right)\right] = \left[\left(\frac{g}{f^m}, X_f\right)\right]$$

が成り立ち($X_{f^m} = X_f$ であることに注意)，$\varphi \circ \psi$ は $\varinjlim_{X_f \in \mathcal{U}_{\mathfrak{p}}} R_f$ から自分自身への恒等写像であることが分かる．$\varphi \circ \psi, \psi \circ \varphi$ が共に恒等写像であるので φ, ψ は全射同型写像である． ∎

以下，$\varinjlim_{X_f \in \mathcal{U}_{\mathfrak{p}}} R_f$ と $R_{\mathfrak{p}}$ とを同一視して考える．特に，R が整域であれば以上の議論はすべて R の商体 $Q(R)$ の中で議論することができ，$Q(R)$ の中で $\varinjlim_{X_f \in \mathcal{U}_{\mathfrak{p}}} R_f = R_{\mathfrak{p}}$ と考えることができることを注意しておく．

(d) 素スペクトルの構造層 I

以上の準備のもとで素スペクトル上に可換環の層を定義しよう．まず次の補題を証明しよう．

補題 2.15 $X_f = \bigcup_{\alpha \in A} X_{f_\alpha}$ であり，$a \in R_f$ に対して
$$\rho_{X_{f_\alpha}, X_f}(a) = 0, \quad \alpha \in A$$
が成立すれば $a = 0$ である．

[証明] $a = \dfrac{g}{f^m}$ と表わすと，R_f で $a = 0$ であることは R で $f^n g = 0$ となる正整数 n が存在することを意味する．
$$\mathfrak{a} = \{h \in R \mid hg = 0\}$$
とおくとこれは R のイデアルである．したがって R_f で $a = 0$ であるための必要十分条件は f のあるべきが $\mathfrak{a}$ に属すること，言い換えれば $f \in \sqrt{\mathfrak{a}}$ である．(2.11) と同様に

(2.19) $$\sqrt{\mathfrak{a}} = \bigcap_{\mathfrak{a} \subset \mathfrak{p} \in \operatorname{Spec} R} \mathfrak{p}$$

が成り立つので，$f \in \sqrt{\mathfrak{a}}$ という条件は R の素イデアル $\mathfrak{p}$ に対して $\mathfrak{p} \supset \mathfrak{a}$ であれば $f \in \mathfrak{p}$ であるという条件と同値である．

さて，
$$\rho_{X_{f_\alpha}, X_f}(a) = 0, \quad \alpha \in A$$
が成立したと仮定し，さらに R_f で $a \neq 0$ と仮定しよう．すると $\mathfrak{p} \supset \mathfrak{a}$ かつ $f \notin \mathfrak{p}$ である R の素イデアル $\mathfrak{p}$ が存在する．準同型写像の可換図式

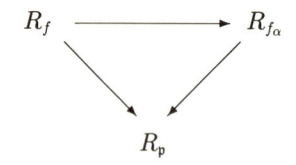

$$\begin{array}{ccc} R_f & \longrightarrow & R_{f_\alpha} \\ & \searrow \quad \swarrow & \\ & R_{\mathfrak{p}} & \end{array}$$

が得られる. $\rho_{X_{f_\alpha}, X_f}(a) = 0$ であるので, a の $R_\mathfrak{p}$ での像は 0 である. したがって $g = f^m a$ の $R_\mathfrak{p}$ での像は 0 である. これは $bg = 0$ となる $b \in R \setminus \mathfrak{p}$ が存在することを意味する. よって $b \in \mathfrak{a}$ である. 一方 $\mathfrak{p} \supset \mathfrak{a}$ であったので $b \in \mathfrak{p}$ である. これは $b \in R \setminus \mathfrak{p}$ に矛盾する. したがって a は R_f で 0 でなければならない. ∎

問 10 (2.11)の証明にならって(2.19)を証明せよ.

続いて次の補題を証明しよう.

補題 2.16
$$X_f = \bigcup_{\alpha \in A} X_{f_\alpha}$$
かつ $g_\alpha \in R_{f_\alpha}$, $\alpha \in A$ が与えられ, 任意の $\alpha, \beta \in A$ に対して
$$\rho_{X_{f_\alpha f_\beta}, X_{f_\alpha}}(g_\alpha) = \rho_{X_{f_\alpha f_\beta}, X_{f_\beta}}(g_\beta)$$
がつねに成り立てば
$$g_\alpha = \rho_{X_{f_\alpha}, X_f}(g), \quad \alpha \in A$$
が成り立つような $g \in R_f$ が存在する.

[証明] まず局所化に関して少し考察する. 局所化に関する自然な準同型写像(2.14)

$$\begin{array}{rccc} \varphi_f : & R & \longrightarrow & R_f \\ & r & \longmapsto & \dfrac{rf}{f} \end{array}$$

に対して $\varphi_f(r)$ を $\bar{r}$ と略記する. もし $X_f \supset X_g$ であれば補題 2.10(ii) より $g \in \sqrt{(f)}$ であるが, このとき R_g と $(R_f)_{\bar{g}}$ とは可換環として同型であることを示そう. $g \in \sqrt{(f)}$ であれば $g^n = af$ を満足する正整数 n と $a \in R$ が存在

する．写像

$$\phi\colon R_g \longrightarrow (R_f)_{\bar{g}}$$
$$\frac{r}{g^l} \longmapsto \frac{\bar{r}}{\bar{g}^l},\ r \in R$$

は可換環の準同型写像であることは容易に分かる．逆に

$$\psi\colon (R_f)_{\bar{g}} \longrightarrow R_g$$
$$\frac{\left(\dfrac{r}{f^k}\right)}{\bar{g}^l} \longmapsto \frac{a^k r}{g^{nk+l}},\ \frac{r}{f^k} \in R_f,\ r \in R$$

は写像として意味を持ち，可換環の準同型写像であることも容易に分かる．（標準準同型写像 $\overline{\varphi}_{\bar{g}}\colon R_f \to (R_f)_{\bar{g}}$ を使うと $\psi \circ \overline{\varphi}_{\bar{g}}\colon R_f \to R_g$ は ρ_{X_g, X_f} と一致することが容易に分かる．）このとき，写像 ϕ, ψ の定義より

$$\psi \circ \phi = id_{R_g}, \quad \phi \circ \psi = id_{(R_f)_{\bar{g}}}$$

が成り立つことが直接計算によって示される．したがって ϕ, ψ は可換環の同型写像であり，R_g と $(R_f)_{\bar{g}}$ とは可換環として同型であることが分かる．以上の考察により，$\overline{R} = R_f$，$\overline{X} = \operatorname{Spec} \overline{R}$，$f_\alpha$ の定める $\overline{R}$ の元を $\overline{f}_\alpha$ と記すと

$$X_f = \overline{X}, \quad X_{f_\alpha} = \overline{X}_{\bar{f}_\alpha}$$

であることが分かる．したがって補題を証明するためには $f = 1$ と仮定しても一般性を失わない．よって以下 $f = 1$ と仮定して

$$X = \bigcup_{\alpha \in A} X_{f_\alpha}$$

が成立していると仮定する．このとき系 2.9 より $\{f_\alpha\}_{\alpha \in A}$ のうちから有限個の $f_1, f_2, \cdots, f_l$ を選んで

$$X = \bigcup_{j=1}^{l} X_{f_j}$$

が成立すると仮定することができる．このとき

$$g_j = \frac{a_j}{f_j^m} \in R_{f_j}, \quad j = 1, 2, \cdots, l$$

と，分母には同一のべき m を使って表示できることに注意する．

さて仮定より
$$\rho_{X_{f_if_j},X_{f_i}}(g_i) = \frac{f_j^m a_i}{(f_if_j)^m} = \rho_{X_{f_if_j},X_{f_j}}(g_j) = \frac{f_i^m a_j}{(f_if_j)^m}$$
が成立するので
$$(f_if_j)^{n_{ij}}(f_j^m a_i - f_i^m a_j) = 0, \quad 1 \leq i < j \leq l$$
が成り立つように非負整数 n_{ij} をとることができる.そこで<u>正整数 N</u> をすべての $1 \leq i < j \leq l$ に対して
$$N > m + n_{ij}$$
が成り立つようにとると,任意の $1 \leq k \leq l$ に対して $g_k = \dfrac{a_k'}{f_k^N}$ と書くことができるので

(2.20) $$a_i' f_j^N - a_j' f_i^N = 0, \quad 1 \leq i < j \leq l$$

が成立することが分かる.一方 $X_{f_j} = X_{f_j^N}$ であるので
$$X = \bigcup_{j=1}^{l} X_{f_j^N}$$
が成立し,補題 2.8 より

(2.21) $$\sum_{j=1}^{l} b_j f_j^N = 1$$

を満足する $b_j \in R$ が存在する.そこで
$$g = \sum_{j=1}^{l} b_j a_j'$$
とおくと,$g \in R$ かつ (2.20), (2.21) より
$$f_i^N g = \sum_{j=1}^{l} b_j f_i^N a_j' = \sum_{j=1}^{l} b_j f_j^N a_i' = a_i'$$
となり
$$\rho_{X_{f_i},X}(g) = \frac{a_i'}{f_i^N} = g_i$$
が成り立つことが分かる.

一方,任意の $\alpha \in A$ に対して
$$h_\alpha = g_\alpha - \rho_{X_{f_\alpha},X}(g)$$
とおくと,
$$\rho_{X_{f_if_\alpha},X_{f_\alpha}}(h_\alpha) = \rho_{X_{f_if_\alpha},X_{f_\alpha}}(g_\alpha) - \rho_{X_{f_if_\alpha},X}(g) = \rho_{X_{f_if_\alpha},X_{f_i}}(g_i) - \rho_{X_{f_if_\alpha},X}(g)$$
$$= \rho_{X_{f_if_\alpha},X}(g) - \rho_{X_{f_if_\alpha},X}(g) = 0$$
が任意の i に対して成り立つ.よって補題 2.15 より $h_\alpha = 0$ であることが分かり
$$g_\alpha = \rho_{X_{f_\alpha},X}(g), \quad \alpha \in A$$
が示せた. ∎

(e) 素スペクトルの構造層 II

以上の考察のもとで,層の概念を導入しよう.

定義 2.17 位相空間 X 上の各開集合 U に対して加群(あるいは可換環) $\mathcal{F}(U)$ が対応し,以下の性質を満たすとき, $\mathcal{F}$ を X 上の**前層**(presheaf)という.

(PF) X の開集合 $V \subset U$ に対して加群(あるいは可換環)の準同型写像
$$\rho_{V,U} : \mathcal{F}(U) \longrightarrow \mathcal{F}(V)$$
が定義され

(i) $\rho_{U,U} = id_{\mathcal{F}(U)}$

(ii) X の開集合 $W \subset V \subset U$ に対して
$$\rho_{W,U} = \rho_{W,V} \circ \rho_{V,U}$$
を満足する.

$\rho_{V,U}$ を制限写像と呼ぶ.前層 $\mathcal{F}$ がさらに次の 2 つの性質を満足するとき,$\mathcal{F}$ を X 上の加群(または可換環)の**層**(sheaf)と呼ぶ.

X 上の開集合 U が開集合 $\{U_j\}_{j \in J}$ の和集合である,すなわち $U = \bigcup_{j \in J} U_j$ のとき

(F1) $a \in \mathcal{F}(U)$ が

$$\rho_{U_j,U}(a) = 0, \quad j \in J$$

を満足すれば $a = 0$.

(F2) $a_j \in \mathcal{F}(U_j)$, $j \in J$ が

$$\rho_{U_i \cap U_j, U_j}(a_j) = \rho_{U_i \cap U_j, U_i}(a_i), \quad i, j \in J$$

を満足すれば

$$a_j = \rho_{U_j,U}(a)$$

を満足する $a \in \mathcal{F}(U)$ が存在する. □

上の条件(F1), (F2)を

$$\mathcal{F}(U) \longrightarrow \prod_j \mathcal{F}(U_i) \rightrightarrows \prod_{i,j} \mathcal{F}(U_i \cap U_j)$$

が完全列であると表現することがある．ところで，空集合 $\emptyset$ も X の開集合であるので $\mathcal{F}(\emptyset)$ も定義されるが，$\mathcal{F}$ が加群の層のときは $\mathcal{F}(\emptyset) = 0$, また可換環の層のときは 0 を可換環と見て(単位元 1 が零元 0 と一致する環，零環)$\mathcal{F}(\emptyset) = 0$ と定義する．また開集合 U に対して $\mathcal{F}(U)$ を

$$\Gamma(U, \mathcal{F})$$

と記すことが多い．このとき，$\Gamma(U, \mathcal{F})$ の元を層 $\mathcal{F}$ の開集合 U 上の**切断**(section)という．

前層から層を作ることに関しては章末の演習問題を参照されたい．また層については第 4 章で詳しく論じる．ここでは層の典型的な例を挙げるにとどめる．

例 2.18

(1) 位相空間 X の開集合 U に対して $\mathcal{C}_X(U)$ を U で連続な実数値関数の全体とする．$f, g \in \mathcal{C}_X(U)$ に対して

$$(f+g)(x) = f(x) + g(x), \quad (fg)(x) = f(x)g(x), \quad x \in U$$

と和および積を定義すると $\mathcal{C}_X(U)$ は定数関数 1 を単位元とする可換環になる．開集合 $V \subset U$ に対して制限写像 $\rho_{V,U}$ を関数の定義域の制限 $f \mapsto f|_V$ として定義すると $\mathcal{C}_X$ は位相空間 X 上の可換環の層になる．

(2) n 次元 Euclid 空間 $X = \mathbb{R}^n$ の開集合 U に対して $\mathcal{D}_X(U)$ を U で無限階微分可能な実数値関数の全体，制限写像は関数の定義域の制限から得られ

---**層**---

　章末の演習問題で述べるように，位相空間 X 上の層に付随する**層空間**が位相空間 X 上に地層のように層をなしていることと，層のフランス語 faisceau の発音のソーの部分を取り出して，秋月康夫によって faisceau の日本語訳「層」が作られた．英語では，最初 stack という訳語も使われたが，sheaf に統一された．

　層の概念は，ファイバー束のコホモロジーの計算のため導入された Leray による層係数のコホモロジー理論と岡潔による不定域イデアルの概念を結びつけて，H. Cartan によって今日用いられる形になった．もっとも Cartan が導入したのは層空間の方であった．Cartan は Serre らの協力の下に多変数関数論を層の言葉を使って定式化しその後の理論の進展に決定的な寄与をした．層の理論は小平邦彦–D. C. Spencer によって複素多様体の理論に応用され，複素代数幾何学の道具として重要な働きをするようになった．

　代数幾何学の層による定式化は Serre による．Serre による理論は Grothendieck によってさらに一般化されスキームの理論が誕生した．Grothendieck は層を関手として取り扱い，ホモロジー代数の手法を縦横に駆使して代数幾何学の手法を豊かにした．

る写像と定義すると(1)と同様にして $\mathcal{D}_X$ は X 上の可換環の層となる．X が微分可能多様体のときも同様の層が定義できる．

　(3)　n 次元複素 Euclid 空間 $X = \mathbb{C}^n$ の開集合 U に対して $\mathcal{O}_X(U)$ を U で正則な関数の全体，制限写像は関数の定義域の制限から得られる写像と定義すると(1)と同様にして $\mathcal{O}_X$ は X 上の可換環の層となる．X を n 次元複素多様体としても同様の層が得られる．　□

　さて，これから素スペクトル $X = \operatorname{Spec} R$ の Zariski 位相に関する可換環の層 $\mathcal{O}_X$ を定義しよう．X の開集合 X_f に対して

(2.22) $$\mathcal{O}_X(X_f) = R_f$$

と定義する．$X_f = \bigcup_{\alpha \in A} X_{f_\alpha}$ のとき $\mathcal{O}_X$ は上の(F1), (F2)の性質を持つことを，補題 2.15, 補題 2.16 で示した．しかしながら，X の任意の開集合 U に対し

て $\mathcal{O}_X(U)$ を定義する必要がある.開集合 U は X_f の形の開集合の和集合で表わすことができた.このことを使って (F1), (F2) が成立するように $\mathcal{O}_X(U)$ を定義する.いささか天下り的であるが $\mathcal{O}_X(U)$ を $\prod_{\mathfrak{p} \in U} R_\mathfrak{p}$ の部分集合で次のような元の全体として定義する.

(2.23)
$$\mathcal{O}_X(U) = \left\{ \{s_\mathfrak{p}\} \in \prod_{\mathfrak{p} \in U} R_\mathfrak{p} \,\middle|\, \begin{array}{l} U \text{ の開被覆 } \{X_{f_\beta}\}_{\beta \in B} \text{ と } s_\beta \in R_{f_\beta},\, \beta \in B \text{ を} \\ \text{うまくとり } \mathfrak{p} \in X_{f_\beta} \text{ のとき } s_\beta \text{ が定める点 } \mathfrak{p} \\ \text{での芽が } \{s_\mathfrak{p}\} \text{ と一致するようにできる} \end{array} \right\}$$

このとき $X_{f_\alpha} \cap X_{f_\beta} = X_{f_\alpha f_\beta}$ では s_α と s_β との制限は一致する,すなわち
$$\rho_{X_{f_\alpha f_\beta}, X_{f_\alpha}}(s_\alpha) = \rho_{X_{f_\alpha f_\beta}, X_{f_\beta}}(s_\beta)$$
が成り立つことが次のようにして示される.

点 $\mathfrak{p} \in X_{f_\alpha f_\beta}$ での s_α と s_β との芽が一致することは帰納的極限の定義,特に (2.16) より $\mathfrak{p} \in X_{h_\mathfrak{p}} \subset X_{f_\alpha f_\beta}$ を満たす開集合 $X_{h_\mathfrak{p}}$ をうまくとると

(2.24) $\qquad \rho_{X_{h_\mathfrak{p}}, X_{f_\alpha}}(s_\alpha) = \rho_{X_{h_\mathfrak{p}}, X_{f_\beta}}(s_\beta)$

が成り立つことを意味する.そこで各点 $\mathfrak{p} \in X_{f_\alpha f_\beta}$ に対して (2.24) が成り立つように開集合 $X_{h_\mathfrak{p}}$ を1つ選ぶと
$$X_{f_\alpha f_\beta} = \bigcup_{\mathfrak{p} \in X_{f_\alpha f_\beta}} X_{h_\mathfrak{p}}$$
が成り立ち,(2.24) より
$$\rho_{X_{h_\mathfrak{p}}, X_{f_\alpha f_\beta}}(\rho_{X_{f_\alpha f_\beta}, X_{f_\alpha}}(s_\alpha)) = \rho_{X_{h_\mathfrak{p}}, X_{f_\alpha f_\beta}}(\rho_{X_{f_\alpha f_\beta}, X_{f_\beta}}(s_\beta))$$
がすべての $\mathfrak{p} \in X_{f_\alpha f_\beta}$ に対して成立する.したがって $a = \rho_{X_{f_\alpha f_\beta}, X_{f_\alpha}}(s_\alpha) - \rho_{X_{f_\alpha f_\beta}, X_{f_\beta}}(s_\beta)$ と $X_{f_\alpha f_\beta}$ に対して補題 2.15 を適用して
$$\rho_{X_{f_\alpha f_\beta}, X_{f_\alpha}}(s_\alpha) = \rho_{X_{f_\alpha f_\beta}, X_{f_\beta}}(s_\beta)$$
を得る.

このことから,(2.23) の元 $\{s_\mathfrak{p}\}$ は (F2) で存在を主張する元 $s \in \mathcal{O}_X(U)$ を $s_\beta \in \mathcal{O}_X(X_{f_\beta}) = R_{f_\beta},\, \beta \in B$ の元から具体的に"構成"したものであることが

分かる．ところで $\mathcal{O}_X(U)$ に
$$\{s_\mathfrak{p}\}+\{t_\mathfrak{p}\}=\{s_\mathfrak{p}+t_\mathfrak{p}\}, \quad \{s_\mathfrak{p}\}\cdot\{t_\mathfrak{p}\}=\{s_\mathfrak{p}t_\mathfrak{p}\}$$
と和と積を導入することによって $\mathcal{O}_X(U)$ は可換環の構造を持つことが分かる．$0_U=\{0_\mathfrak{p}\}$ が零元，$1_U=\{1_\mathfrak{p}\}$ が単位元である．もちろん，$\{s_\mathfrak{p}+t_\mathfrak{p}\}$，$\{s_\mathfrak{p}t_\mathfrak{p}\}$ が $\mathcal{O}_X(U)$ の元であることを示す必要があるが，$s_\mathfrak{p}$ は $s\in R_f$ ($\mathfrak{p}\in R_f$) の定める点 $\mathfrak{p}$ での芽，$t_\mathfrak{p}$ は $t\in R_g$ ($\mathfrak{p}\in R_g$) の定める点 $\mathfrak{p}$ での芽とすると $s_\mathfrak{p}+t_\mathfrak{p}$ は $\rho_{X_{fg},X_f}(s)+\rho_{X_{fg},X_g}(t)\in R_{fg}$ の定める点 $\mathfrak{p}$ での芽であることなどから明らかであろう．

以上のようにして，いささか面倒な手続きではあったが，素スペクトル $X=\mathrm{Spec}\,R$ の各開集合 U に可換環 $\mathcal{O}_X(U)$ を対応させることができた．補題 2.15，補題 2.16 により $U=X_f$ のときは (2.23) の定義を使っても
$$\mathcal{O}_X(X_f)=R_f$$
であることは明らかである．また X の開集合 $V\subset U$ に対して，制限写像 $\rho_{V,U}$ は
$$\begin{array}{rccc}\rho_{V,U}: & \mathcal{O}_X(U) & \longrightarrow & \mathcal{O}_X(V) \\ & \{s_\mathfrak{p}\}_{\mathfrak{p}\in U} & \longmapsto & \{s_\mathfrak{q}\}_{\mathfrak{q}\in V}\end{array}$$
で与える．これが写像として意味を持つことは，また可換環の準同型写像であることは，容易に確かめることができる．制限写像 $\rho_{V,U}$ は自然な射影
$$\rho:\prod_{\mathfrak{p}\in U}R_\mathfrak{p}\longrightarrow\prod_{\mathfrak{q}\in V}R_\mathfrak{q}$$
を $\mathcal{O}_X(U)$ に制限したものに他ならないことに注意する．以上の長い長い準備のもとに次の定理を示すことはもはや容易である．

定理 2.19 $\mathcal{O}_X$ は $X=\mathrm{Spec}\,R$ 上の Zariski 位相に関する可換環の層である．このとき
$$\Gamma(X,\mathcal{O}_X)=\mathcal{O}_X(X)=R$$
が成り立ち，さらに $f\in R$ に対して
$$\Gamma(D(f),\mathcal{O}_X)=\mathcal{O}_X(D(f))=R_f$$
が成り立つ．

[証明] 定義 2.17 の性質のうち (PF) は定義から明らかである．(F1) を示そう．
$$U = \bigcup_{\lambda \in \Lambda} U_\lambda$$
に対して $s \in \mathcal{O}_X(U)$ が
$$\rho_{U_\lambda, U}(s) = 0$$
を満足すれば，すべての点 $\mathfrak{p} \in U$ に対して $s_\mathfrak{p} = 0$ であるので $s = 0$ である．最後に (F2) を示そう．再び
$$U = \bigcup_{\lambda \in \Lambda} U_\lambda$$
に対して $s_\lambda \in \mathcal{O}_X(U_\lambda)$ が与えられ
$$\rho_{U_\lambda \cap U_\mu, U_\lambda}(s_\lambda) = \rho_{U_\lambda \cap U_\mu, U_\mu}(s_\mu)$$
が任意の $U_\lambda \cap U_\mu \neq \varnothing$ に対して成立したとする．このとき
$$s_\lambda = \{s_\mathfrak{p}^{(\lambda)}\} \in \prod_{\mathfrak{p} \in U_\lambda} R_\mathfrak{p}$$
と記すと $\mathfrak{p} \in U_\lambda \cap U_\mu$ であれば仮定より
$$s_\mathfrak{p}^{(\lambda)} = s_\mathfrak{p}^{(\mu)}$$
である．したがって
$$s = \{s_\mathfrak{p}\} \in \prod_{\mathfrak{p} \in U} R_\mathfrak{p}$$
ただし $\mathfrak{p} \in U_\lambda$ のとき $s_\mathfrak{p} = s_\mathfrak{p}^{(\lambda)}$ とおくと $s \in \mathcal{O}_X(U)$ であり
$$\rho_{U_\lambda, U}(s) = s_\lambda, \quad \lambda \in \Lambda$$
が成立することはただちに分かる．また補題 2.16 により，$f = 1$ のときを考えると
$$\mathcal{O}_X(X) = R$$
が成り立つことが分かる． ∎

定義 2.20 素スペクトル $X = \operatorname{Spec} R$ と Zariski 位相に関する X 上の可換環の層 $\mathcal{O}_X$ との組 $(X, \mathcal{O}_X)$ を**アフィンスキーム** (affine scheme) と呼び，$\mathcal{O}_X$ をアフィンスキームの**構造層** (structure sheaf) という．また点 $\mathfrak{p} \in X$ をアフ

ィンスキーム $(X, \mathcal{O}_X)$ の点という.また,位相空間 X をアフィンスキーム $(X, \mathcal{O}_X)$ の底空間という. □

以下,しばしば $(X, \mathcal{O}_X)$ と書かずに略記して $X = \operatorname{Spec} R$ のみでアフィンスキームを代表させることが多い.このときアフィンスキームの底空間を強調したいときには $|X|$ と記すことがある.

ところで,アフィンスキーム $\operatorname{Spec} R$ の開集合 $D(f)$,$f \in R$ は
$$D(f) = \operatorname{Spec} R_f$$
と書けることと,上の考察により $D(f)$ 上に可換環の層 $\mathcal{O}_{D(f)}$ を定義できることが分かり,アフィンスキームの構造を導入することができることが分かる.後に述べるように層 $\mathcal{O}_{D(f)}$ は層 $\mathcal{O}_X$ を開集合 $D(f)$ に制限したものに他ならない.このような理由から開集合 $D(f)$ を**アフィン開集合**(affine open set)という.

例題 2.21 アフィンスキーム $(X, \mathcal{O}_X)$ の点 $\mathfrak{p}$ に対して

(2.25) $$\varinjlim_{\mathfrak{p} \in U} \Gamma(U, \mathcal{O}_X) = R_\mathfrak{p}$$

であることを示せ.ただし,帰納的極限は命題 2.14 と同様に $\mathfrak{p}$ を含む開集合 U, V に対して $V \subset U$ のとき $U < V$ と順序を定めることによってとる. (2.25)の左辺を $\mathcal{O}_{X, \mathfrak{p}}$ と記し,構造層 $\mathcal{O}_X$ の点 $\mathfrak{p}$ での**茎**(stalk)という.

[解] 命題 2.14 とこの例題との違いは,命題 2.14 では X_f の形の開集合に限って議論をしている点である.

X の開集合 $U \ni \mathfrak{p}$ に対して,必ず $U \supset X_f \ni \mathfrak{p}$ を満たす開集合 X_f が存在する.すなわち
$$U < X_f$$
となる $\mathfrak{p}$ を含む開集合が存在する.したがって,帰納的極限の定義より,命題 2.14 の結果を使えば(2.25)が成り立つことが分かる. ■

問 11 位相空間 Y 上の加群(あるいは可換環)の層 $\mathcal{F}$ と Y の点 y に対して
$$\mathcal{F}_y = \varinjlim_{y \in U} \mathcal{F}(U)$$

は加群(あるいは可換環)であることを示せ．($\mathcal{F}_y$ のことを層 $\mathcal{F}$ の点 y 上の**茎**，$s \in \mathcal{F}(U)$ の定める $\mathcal{F}_y$ の元を s の定める点 y での**芽**と呼ぶ.)

例 2.22 整数環 $\mathbb{Z}$ より定まるアフィンスキーム $(\mathrm{Spec}\,\mathbb{Z}, \mathcal{O}_{\mathrm{Spec}\,\mathbb{Z}})$ の開集合は，有限個の素数 $p_1, p_2, \cdots, p_l$ によって
$$U = \mathrm{Spec}\,\mathbb{Z} \setminus \{(p_1),(p_2),\cdots,(p_l)\} = (\mathrm{Spec}\,\mathbb{Z})_{p_1 p_2 \cdots p_l}$$
と書ける．このとき
$$\Gamma(U, \mathcal{O}_{\mathrm{Spec}\,\mathbb{Z}}) = \left\{ \frac{\gamma}{(p_1 \cdot p_2 \cdots p_l)^m} \,\middle|\, \gamma \in \mathbb{Z},\ m \text{ は非負整数} \right\}$$
である．素数 p に対して
$$\mathcal{O}_{\mathrm{Spec}\,\mathbb{Z},(p)} = \mathbb{Z}_{(p)}$$
また
$$\mathcal{O}_{\mathrm{Spec}\,\mathbb{Z},(0)} = \mathbb{Q}$$
である． □

例 2.23 体 K 上の 1 変数多項式環 $K[x]$ から定まるアフィンスキーム $(\mathrm{Spec}\,K[x], \mathcal{O}_{\mathrm{Spec}\,K[x]})$ を体 K 上の**アフィン直線**と呼び $\mathbb{A}_K^1$ と記す．アフィン直線の開集合は $X = \mathrm{Spec}\,K[x]$ とおくと多項式 $f(x) \in K[x]$ によって X_f と書ける．したがって
$$\Gamma(X_f, \mathcal{O}_X) = \left\{ \frac{g}{f^m} \,\middle|\, g \in K[x],\ m \text{ は非負整数} \right\}$$
である．また $K[x]$ の既約多項式 $g(x)$ は X の点 $z = (g(x))$ を定める．このとき
$$\mathcal{O}_{X,z} = K[x]_{(g(x))}$$
$$= \left\{ \frac{r(x)}{h(x)} \,\middle|\, r(x), h(x) \in K[x],\ h(x) \text{ は } g(x) \text{ と互いに素} \right\}$$
が成り立つ．$g(x)$ の定める $\mathcal{O}_{X,z}$ の元を $\tilde{g}(x)$ と記すと $\mathcal{O}_{X,z}$ の極大イデアルは $(\tilde{g}(x))$ であり，$\mathcal{O}_{X,z}/(\tilde{g}(x))$ は $K[x]/(g(x))$ の商体と同型である．また $(0) \in X$ であり，
$$\mathcal{O}_{X,(0)} = K(x)$$

であることも分かる．さらに一般に，可換環 R 上の多項式環 $R[x_1, x_2, \cdots, x_n]$ から定まるアフィンスキーム $\operatorname{Spec} R[x_1, x_2, \cdots, x_n]$ を環 R 上の**アフィン空間**といい，$\mathbb{A}_R^n$ と記す．$n=1$ のときは環 R 上のアフィン直線，$n=2$ のときは環 R 上の**アフィン平面**という． □

問 12 $\mathcal{O}_{X,z}/(\tilde{g}(x))$ は $K[x]/(g(x))$ の商体と同型であることを示せ．さらに一般に可換環 R とその素イデアル $\mathfrak{p}$ に対して $R_\mathfrak{p}/\mathfrak{p}R_\mathfrak{p}$ は整域 $R/\mathfrak{p}$ の商体であることを示せ．

さてアフィンスキーム $(X, \mathcal{O}_X)$ の開集合 U 上の構造層 $\mathcal{O}_X$ の切断 $s \in \Gamma(U, \mathcal{O}_X)$ と開集合 U の点 $x \in U$ に対して**切断 s の点 x での値** $s(x)$ を s の $\mathcal{O}_{X,x}/\mathfrak{m}_x$ での剰余類と定義する．ここで $\mathfrak{m}_x$ は局所環 $\mathcal{O}_{X,x}$ の極大イデアルである．このようにして切断 s を U 上の関数と考えることが可能になるが，一般には体 $\mathcal{O}_{X,x}/\mathfrak{m}_x$ は一定ではなく，その標数さえ変わることがあるので我々が通常考えている関数とは異なっている．極端な例は環 R がべき零元 f を持つ場合で，f はすべての点で値 0 をとるが，0 ではない．

問 13 アフィンスキーム $(X, \mathcal{O}_X)$ の開集合 U 上の切断 $s \in \Gamma(U, \mathcal{O}_X)$ が U の各点 x で 0 にならない，すなわち $s(x) \neq 0$ であれば，s は $\Gamma(U, \mathcal{O}_X)$ の可逆元であることを示せ．

例題 2.24 整域 R の素イデアル $\mathfrak{p}$ に対して $R_\mathfrak{p}$ を R の商体 $Q(R)$ の部分環とみなす．アフィンスキーム $(\operatorname{Spec} R, \mathcal{O}_{\operatorname{Spec} R})$ の開集合 U に対して

$$\Gamma(U, \mathcal{O}_X) = \bigcap_{\mathfrak{p} \in U} R_\mathfrak{p}$$

であることを示せ．

[解] $U = D(f)$ のときをまず考える．このとき $\Gamma(U, \mathcal{O}_X) = R_f$ であり，任意の素イデアル $\mathfrak{p} \in U$ に対して $R_f \subset R_\mathfrak{p}$ であるので

$$R_f \subset \bigcap_{\mathfrak{p} \in U} R_\mathfrak{p}$$

が成り立つ．逆に $h \in \bigcap_{\mathfrak{p} \in U} R_\mathfrak{p}$ とすると，各素イデアル $\mathfrak{p} \in U$ に対して $h = \dfrac{a_\mathfrak{p}}{g_\mathfrak{p}}$, $a_\mathfrak{p} \in R$, $g_\mathfrak{p} \in R \backslash \mathfrak{p}$ と $\mathfrak{p}$ の開近傍 $D(g_\mathfrak{p}) \subset D(f)$ とを選ぶことができる．すると

$$D(f) = \bigcup_{\mathfrak{p} \in U} D(g_\mathfrak{p})$$

が成り立つ．一方，$D(f) = \operatorname{Spec} R[1/f]$ と考えることができるので，系2.9より $D(f)$ は準コンパクトであり

$$D(f) = \bigcup_{i=1}^{n} D(g_{\mathfrak{p}_i})$$

と有限被覆を選ぶことができる．$g_i = g_{\mathfrak{p}_i}$, $a_i = a_{\mathfrak{p}_i}$ とおくと命題2.8より

$$f^m = \sum_{i=1}^{n} c_i g_i, \quad c_i \in R$$

が成り立つような正整数 m と c_i が存在する．一方 $D(g_i)$ では $h = a_i/g_i$ と書ける．すると

$$h = \frac{\sum_{i=1}^{n} c_i a_i}{\sum_{i=1}^{n} c_i g_i} = \frac{r}{f^m}$$

が成り立ち，$h \in R_f$ であることが分かり

$$\bigcap_{\mathfrak{p} \in U} R_\mathfrak{p} \subset R_f$$

がいえる．よって

$$\Gamma(U, \mathcal{O}_X) = \bigcap_{\mathfrak{p} \in U} R_\mathfrak{p}$$

が成立する．

一般の開集合 U に対しては開被覆 $U = \bigcup_{j \in J} D(f_j)$ をとり，制限写像

$$\varphi_j = \rho_{D(f_j), U} \colon \Gamma(U, \mathcal{O}_X) \longrightarrow \Gamma(D(f_j), \mathcal{O}_X)$$

を考える.

$$\prod_{j\in J} \xi_j \in \prod_{j\in J} \Gamma(D(f_j), \mathcal{O}_X)$$

は任意の $i, j \in J$ に対して

$$\rho_{D(f_i)\cap D(f_j), D(f_i)}(\xi_i) = \rho_{D(f_i)\cap D(f_j), D(f_j)}(\xi_j)$$

が成り立つときに限り $\Gamma(U, \mathcal{O}_X)$ の元を定める. この条件は ξ_i, ξ_j が $R_{f_i f_j}$ の元として等しいことを意味している. したがって

$$\xi_i = \xi_j \in \bigcap_{\mathfrak{p} \in D(f_i) \cup D(f_j)} R_\mathfrak{p}$$

が成り立つ. これが任意の $i, j \in J$ に対して成立するので例題が正しいことが分かる. ∎

§2.3 環つき空間とスキーム

(a) 層

スキームを一般的に定義する前に,層と環つき空間について簡単に述べておこう.

位相空間 X 上の層 $\mathcal{F}$ が与えられたとき, X の開集合 U に対して, V が U の開集合のとき V に $\mathcal{F}(V)$ を対応させることによって U 上の層が定義できる. これを層 $\mathcal{F}$ の開集合 U への**制限**(restriction)と呼び $\mathcal{F}|U$ と記す. また X 上の加群(あるいは可換環)の層 $\mathcal{F}, \mathcal{G}$ に対して X の各開集合 U に対して, 加群(あるいは可換環)の準同型写像

$$f_U : \mathcal{F}(U) \longrightarrow \mathcal{G}(U)$$

が与えられ, 開集合 $V \subset U$ に対して図式

(2.26)
$$\begin{array}{ccc} \mathcal{F}(U) & \xrightarrow{f_U} & \mathcal{G}(U) \\ \downarrow{\rho^{\mathcal{F}}_{V,U}} & & \downarrow{\rho^{\mathcal{G}}_{V,U}} \\ \mathcal{F}(V) & \xrightarrow{f_V} & \mathcal{G}(V) \end{array}$$

が可換であるとき, $\mathcal{F}$ から $\mathcal{G}$ への**層の準同型写像** f が定義されたといい,

$f\colon \mathcal{F}\to\mathcal{G}$ と記す．ここで $\rho^{\mathcal{F}}_{V,U}, \rho^{\mathcal{G}}_{V,U}$ はそれぞれ層 $\mathcal{F}, \mathcal{G}$ の制限写像である．このとき，X の点 x に対して(2.26)より x 上の茎の間の写像

$$f_x\colon \mathcal{F}_x = \varinjlim_{x\in U}\mathcal{F}(U) \longrightarrow \mathcal{G}_x = \varinjlim_{x\in U}\mathcal{G}(U)$$

が定義できる．f_x が加群(あるいは可換環)の準同型写像であることは容易に分かる．

例 2.25 可換環 R と R 加群 M を考えよう．R の積閉集合 S に対して M_S($S^{-1}M$ と記すこともある)を

$$M_S = \left\{\frac{m}{t} \,\middle|\, m\in M,\ t\in S\right\}$$

と定める．ただし(2.13)と同様に

$$(2.27) \quad \frac{m_1}{s_1} = \frac{m_2}{s_2},\quad m_1, m_2 \in M,\ s_1, s_2 \in S \iff$$
$$s'(m_1 s_2 - m_2 s_1) = 0 \text{ を満足する } s' \in S \text{ が存在する}$$

と定義する．さらに R の非べき零元 f に対して $S=\{f, f^2, f^3, \cdots\}$ は積閉集合であるが，M_S を M_f と記す．また R の素イデアル $\mathfrak{p}$ に対して M_S, $S=R\setminus\mathfrak{p}$ を $M_\mathfrak{p}$ と記す．M_f は R_f 加群，$M_\mathfrak{p}$ は $R_\mathfrak{p}$ 加群となることに注意する．$X=\operatorname{Spec} R$ の開集合 X_f に対して M_f を対応させると，補題2.15，補題2.16と同様のことが成立する．さらに

$$\varinjlim_{\mathfrak{p}\in X_f} M_f = M_\mathfrak{p}$$

が成り立つことに注意する．そこで構造層 $\mathcal{O}_{\operatorname{Spec} R}$ の構成と同様にして，$X=\operatorname{Spec} R$ 上の加群の層 $\widetilde{M}$ を構成することができる．X の開集合 U に対して $\Gamma(U, \widetilde{M})$ は $\Gamma(U, \mathcal{O}_X)$ 加群となる．さらに開集合 $V\subset U$ に対して層の制限写像に関する可換図式

$$(2.28)\quad \begin{array}{ccc} \Gamma(U,\mathcal{O}_X)\times\Gamma(U,\widetilde{M}) & \longrightarrow & \Gamma(U,\widetilde{M}) \\ \downarrow & & \downarrow \\ \Gamma(V,\mathcal{O}_X)\times\Gamma(V,\widetilde{M}) & \longrightarrow & \Gamma(V,\widetilde{M}) \end{array}$$

が成り立つ. このことを $\widetilde{M}$ は $\mathcal{O}_X$ 加群であると表現する.

さて R 加群の準同型写像 $\varphi\colon M\to N$ が与えられると $f\in R$ に対して R_f 加群の準同型写像
$$\varphi_f\colon M_f\longrightarrow N_f$$
が定義でき，$X_g\subset X_f$ のときこの写像は層の制限写像と両立する．すなわち図式

$$\begin{array}{ccc} M_f & \xrightarrow{\varphi_f} & N_f \\ {\scriptstyle \rho^M_{X_g,X_f}}\downarrow & & \downarrow{\scriptstyle \rho^N_{X_g,X_f}} \\ M_g & \longrightarrow & N_g \end{array}$$

は可換図式である．さらにこのことから $\mathfrak{p}\in\operatorname{Spec} R$ に対して $R_{\mathfrak{p}}$ 加群の準同型写像
$$\varphi_{\mathfrak{p}}\colon M_{\mathfrak{p}}\longrightarrow N_{\mathfrak{p}}$$
が定義できる．かくして，層 $\widetilde{M},\widetilde{N}$ の構成法より層の写像
$$\widetilde{\varphi}\colon \widetilde{M}\longrightarrow \widetilde{N}$$
が定義できることが分かる．X の開集合 U に対して $\widetilde{\varphi}_U\colon \Gamma(U,\widetilde{M})\to\Gamma(U,\widetilde{N})$ は $\Gamma(U,\mathcal{O}_X)$ 加群としての準同型写像である．この事実を $\widetilde{\varphi}\colon\widetilde{M}\to\widetilde{N}$ は $\mathcal{O}_X$ **加群の準同型写像**であると表現する． □

一般に位相空間 X 上の加群または環の層 $\mathcal{F},\mathcal{G}$ が与えられたとき，任意の X の開集合 U に対して準同型写像
$$\varphi_U\colon \mathcal{F}(U)\longrightarrow \mathcal{G}(U)$$
が与えられ，制限写像と可換である，すなわち $V\subset U$ のとき

$$\begin{array}{cccc} \varphi_U\colon & \mathcal{F}(U) & \longrightarrow & \mathcal{G}(U) \\ & \downarrow & & \downarrow \\ \varphi_V\colon & \mathcal{F}(V) & \longrightarrow & \mathcal{G}(V) \end{array}$$

が可換であるとき，層 $\mathcal{F}$ から層 $\mathcal{G}$ への**準同型写像**が与えられたといい，
$$\varphi\colon \mathcal{F}\longrightarrow \mathcal{G}$$
と記す．各開集合 U に対して準同型写像 φ_U が単射のとき，準同型写像 φ は

単射であるという．層の準同型写像が与えられれば位相空間 X の各点 x 上の茎の間の準同型写像
$$\varphi_x \colon \mathcal{F}_x \longrightarrow \mathcal{G}_x$$
が定まる．各点で準同型写像 φ_x が全射のとき，層の準同型写像は全射であるという．これは各開集合 U で φ_U が全射とは違うので注意を要する．このことについては層のコホモロジーのところで詳しく述べる．

問 14 R 加群 M, $f \in R$, $\mathfrak{p} \in \operatorname{Spec} R$ に対して
$$M_f \simeq R_f \otimes_R M, \quad M_\mathfrak{p} \simeq R_\mathfrak{p} \otimes_R M$$

── R 加群のテンソル積 ──

可換環 R に対して，R 加群 M, N の R 上のテンソル積 $M \otimes_R N$ は次のように定義する．$M \times N$ から R 加群 L への写像
$$f \colon M \times N \longrightarrow L$$
は以下の条件を満足するとき R 双線形写像と呼ばれる．
$$f(m_1 + m_2, n) = f(m_1, n) + f(m_2, n), \quad m_1, m_2 \in M, \ n \in N$$
$$f(m, n_1 + n_2) = f(m, n_1) + f(m, n_2), \quad m \in M, \ n_1, n_2 \in N$$
$$f(am, n) = f(m, an) = af(m, n), \quad a \in R, \ m \in M, \ n \in N.$$
R 加群 T および R 双線形写像 $\varphi \colon M \times N \to T$ の組 (T, φ) が次の条件を満足するとき，(T, φ) を R 加群 M, N の R 上のテンソル積といい，T を $M \otimes_R N$ と記し，$\varphi \colon M \times N \to M \otimes_R N$ を構造写像という．また，$\varphi(m, n)$ を $m \otimes n$ と記す．

（条件）任意の R 加群 F と R 双線形写像 $\psi \colon M \times N \to F$ に対して図式

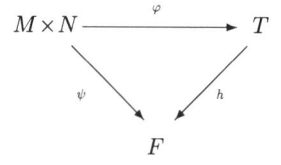

$$\begin{array}{ccc} M \times N & \xrightarrow{\varphi} & T \\ & \searrow{\psi} \quad \swarrow{h} & \\ & F & \end{array}$$

が可換になる，すなわち $\psi = h \circ \varphi$ が成り立つような R 準同型写像 $h \colon T \to F$ が**唯ひとつ**存在する．

であることを示せ.

問 15 R 加群 M に対して例 2.25 で構成した $\mathcal{O}_{\operatorname{Spec} R}$ 加群 $\widetilde{M}$ と $\operatorname{Spec} R$ の開集合 U に対して $\Gamma(U, \widetilde{M})$ を (2.23) にならって具体的に記述せよ.

例題 2.26 位相空間の連続写像 $f : X \to Y$ と X 上の加群(または可換環)の層 $\mathcal{F}$ が与えられたとき, Y の任意の開集合 U に対して
$$\mathcal{G}(U) = \Gamma(f^{-1}(U), \mathcal{F})$$
と定義すると $\mathcal{G}$ は Y 上の加群(または可換環)の層であることを示せ. $\mathcal{G}$ を連続写像 f による $\mathcal{F}$ の**順像**(direct image)といい, $f_*\mathcal{F}$ と記す.

[解] 開集合 $V \subset U$ に対して制限写像
$$\rho^{\mathcal{G}}_{V,U} : \mathcal{G}(U) \longrightarrow \mathcal{G}(V)$$
は $\mathcal{F}$ の制限写像 $\rho^{\mathcal{F}}_{f^{-1}(V), f^{-1}(U)}$ より自然に定義でき, $W \subset V \subset U$ に対して
$$\rho^{\mathcal{G}}_{W,U} = \rho^{\mathcal{G}}_{W,V} \circ \rho^{\mathcal{G}}_{V,U}$$
が成り立つことはただちに分かる. 開集合 U の開被覆 $U = \bigcup_{j \in J} U_j$ に対して $f^{-1}(U) = \bigcup_{j \in J} f^{-1}(U_j)$ が成り立つので, 層の持つべき性質 (F1), (F2) は $\mathcal{F}$ が層であることよりただちに従う. ∎

例題 2.27 可換環の準同型写像 $\varphi : R_1 \to R_2$ は素スペクトル間の連続写像 $\varphi^a : \operatorname{Spec} R_2 \to \operatorname{Spec} R_1$ を定める(命題 2.7). R_2 加群 M から定まる $\operatorname{Spec} R_2$ 上の層を $\widetilde{M}$ と記す. 写像 $\varphi : R_1 \to R_2$ によって M を R_1 加群と見ることができる. すなわち $r \in R_1$, $a \in M$ に対して
$$ra = \varphi(r)a$$
と定義する. このとき写像 φ^a による $\widetilde{M}$ の順像 $\varphi^a_* \widetilde{M}$ は φ によって R_1 加群と見た M が $\operatorname{Spec} R_1$ 上に定義する層と一致することを示せ.

[解] $X = \operatorname{Spec} R_1$, $Y = \operatorname{Spec} R_2$ とおく. $f \in R_1$ に対して
$$\begin{aligned}(\varphi^a)^{-1}(X_f) &= \{\mathfrak{p} \in \operatorname{Spec} R_2 \mid \varphi^{-1}(\mathfrak{p}) \in X_f\} \\ &= \{\mathfrak{p} \in \operatorname{Spec} R_2 \mid f \notin \varphi^{-1}(\mathfrak{p})\} \\ &= \{\mathfrak{p} \in \operatorname{Spec} R_2 \mid \varphi(f) \notin \mathfrak{p}\} \\ &= Y_{\varphi(f)}\end{aligned}$$

が成り立つ．したがって
$$\Gamma(X_f, \varphi_*^a \widetilde{M}) = \Gamma(Y_{\varphi(f)}, \widetilde{M}) = M_{\varphi(f)}$$
である．R_2 加群 M を写像 φ によって R_1 加群と見たものを N と記そう．このとき写像
$$\psi: \quad N_f \longrightarrow M_{\varphi(f)}$$
$$\frac{a}{f^m} \longmapsto \frac{a}{\varphi(f)^m}$$
は加群の同型写像であることを示そう．まず ψ が写像としてきちんと定義できていること，すなわち
$$\frac{a}{f^m} = \frac{b}{f^n}$$
であれば
$$\psi\left(\frac{a}{f^m}\right) = \psi\left(\frac{b}{f^n}\right)$$
を示そう．
$$\frac{a}{f^m} = \frac{b}{f^n}$$
であることは，非負整数 l を適当にとると
$$f^l(f^n a - f^m b) = 0$$
が成立することを意味する．このことは R_1 加群 N の定義より
$$\varphi(f)^l(\varphi(f)^n a - \varphi(f)^m b) = 0$$
を意味し，したがって
$$\frac{a}{\varphi(f)^m} = \frac{b}{\varphi(f)^n}$$
が成り立ち，
$$\psi\left(\frac{a}{f^m}\right) = \psi\left(\frac{b}{f^n}\right)$$
であることが分かる．ψ が加群の準同型写像であることは

§2.3 環つき空間とスキーム —— 95

$$\psi\left(\frac{c}{f^k}+\frac{d}{f^l}\right)=\psi\left(\frac{f^l c+f^k d}{f^{k+l}}\right)=\frac{\varphi(f)^l c+\varphi(f)^k d}{\varphi(f)^{k+l}}$$

$$=\frac{c}{\varphi(f)^k}+\frac{d}{\varphi(f)^l}=\psi\left(\frac{c}{f^k}\right)+\psi\left(\frac{d}{f^l}\right)$$

が成り立つことから分かる.次にψは単射であることを示そう.$\psi\left(\dfrac{a}{f^m}\right)=\dfrac{a}{\varphi(f)^m}=0$であれば$\varphi(f)^{l+m}a=0$が成り立つように非負整数$l$を選ぶことができる.この式は$N$では$f^{l+m}a=0$を意味し,したがって$\dfrac{a}{f^m}=0$が$N_f$で成り立つ.よって$\psi$は単射である.$\psi$が全射であることは$\dfrac{a}{\varphi(f)^m}\in M_{\varphi(f)}$に対して$\dfrac{a}{f^m}\in N_f,\ \psi\left(\dfrac{a}{f^m}\right)=\dfrac{a}{\varphi(f)^m}$が成り立つことより明らか.

以上の考察によって

$$\Gamma(X_f,\varphi_*^a\widetilde{M})=N_f$$

と考えてよいことが分かる.層$\widetilde{N}$の構成法により$\varphi_*^a\widetilde{M}=\widetilde{N}$であることが分かる. ∎

上の例題でとくに$M=R_2$ととると,$\varphi_*^a\mathcal{O}_{\operatorname{Spec}R_2}$は$R_2$を$R_1$加群と見て$\operatorname{Spec}R_1$上に層を構成したものと一致することが分かる

(b) 環つき空間

層に関する以上の考察をもとにして,環つき空間の定義を与えよう.

定義 2.28 位相空間Xとその上の可換環の層$\mathcal{O}_X$の組$(X,\mathcal{O}_X)$を**環つき空間**(ringed space, **付環空間**ということも多い)と呼ぶ.位相空間Xを環つき空間$(X,\mathcal{O}_X)$の**底空間**(underlying space)という.環つき空間$(X,\mathcal{O}_X)$から環つき空間$(Y,\mathcal{O}_Y)$への射は連続写像$f\colon X\to Y$およびY上の環の層としての準同型写像$\theta\colon \mathcal{O}_Y\to f_*\mathcal{O}_X$の組$(f,\theta)$を意味する.環つき空間$(X,\mathcal{O}_X)$の層$\mathcal{O}_X$の各点$x\in X$での茎$\mathcal{O}_{X,x}$がつねに局所環であるとき,$(X,\mathcal{O}_X)$を**局所環つき空間**(local ringed space)と呼ぶ.局所環つき空間$(X,\mathcal{O}_X)$から局所環つき空間$(Y,\mathcal{O}_Y)$への写像(f,θ)は環つき空間としての写像にさらに条件

(LR) 層の準同型から導かれる環の準同型写像$\theta_y\colon \mathcal{O}_{Y,y}\to \mathcal{O}_{X,x}$ ($f(x)=$

y) は**局所的**である,すなわち $\mathcal{O}_{Y,y}$ の極大イデアル $\mathfrak{m}_y$ の像は $\mathcal{O}_{X,x}$ の極大イデアル $\mathfrak{m}_x$ に含まれる

が満足されるものとする. □

条件(LR)については一言しておく必要があろう. $y=f(x)\in Y$ の開近傍 U に対して $x\in f^{-1}(U)$ であり,層の準同型写像 θ は環の準同型写像
$$\theta_U\colon \Gamma(U,\mathcal{O}_Y)\longrightarrow \Gamma(U,f_*\mathcal{O}_X)=\Gamma(f^{-1}(U),\mathcal{O}_X)$$
を引き起こす. $x\in V\subset f^{-1}(U)$ である任意の開集合 V に対して環の準同型
$$\Gamma(U,\mathcal{O}_Y)\longrightarrow \Gamma(f^{-1}(U),\mathcal{O}_X)\xrightarrow{\rho^X_{V,f^{-1}(U)}}\Gamma(V,\mathcal{O}_X)$$
ができる. この準同型から環の準同型
$$\varinjlim_{y\in U}\Gamma(U,\mathcal{O}_Y)=\mathcal{O}_{Y,y}\longrightarrow \varinjlim_{x\in V}\Gamma(V,\mathcal{O}_X)=\mathcal{O}_{X,x}$$
が定義できる. これが(LR)で述べた準同型写像 $\theta_y\colon \mathcal{O}_{Y,y}\to\mathcal{O}_{X,x}$ である.

ところで位相空間 X 上の層 $\mathcal{F}$ と位相空間 X の開集合 U に対して U の開集合 V は X の開集合でもあるので,
$$\mathcal{G}(V)=\mathcal{F}(V)$$
と定義することによって開集合 U の層 $\mathcal{G}$ が定まる. この層を層 $\mathcal{F}$ の U 上の制限といい,$\mathcal{F}|U$ と記すことはすでに述べた.

環つき空間 $(X,\mathcal{O}_X)$ と X の開集合 U に対して,$(U,\mathcal{O}_{X|U})$ は環つき空間である. 自然な写像 $\iota\colon U\to X$ によって $\iota_*(\mathcal{O}_{X|U})$ を考えると,$\iota_*(\mathcal{O}_{X|U})|U=\mathcal{O}_{X|U}$,かつ $x\notin \overline{U}$ に対しては $x\in V$, $V\cap U=\emptyset$ である開集合 V が選べ,$\iota^{-1}(V)=\emptyset$ であるので $\Gamma(V,\iota_*(\mathcal{O}_{X|U}))=0$ である. したがって,とくに $\iota_*(\mathcal{O}_{X|U})|X\setminus\overline{U}=0$ である. また X の開集合 W に対して制限写像
$$\Gamma(W,\mathcal{O}_X)\longrightarrow \Gamma(W\cap U,\mathcal{O}_X)$$
は
$$\iota^{\#}_W\colon \Gamma(W,\mathcal{O}_X)\longrightarrow \Gamma(W,\iota_*(\mathcal{O}_{X|U}))$$
を引き起こす. $\Gamma(W,\iota_*(\mathcal{O}_{X|U}))=\Gamma(W\cap U,\mathcal{O}_X)$ だからである. $\iota^{\#}_W$ は層の準同型写像
$$\iota^{\#}\colon \mathcal{O}_X\longrightarrow \iota_*(\mathcal{O}_{X|U})$$

を定義すること，また $(X, \mathcal{O}_X)$ が局所環つき空間であれば，$\iota^\#$ は局所的であることも容易に確かめることができる．かくして $(\iota, \iota^\#): (U, \mathcal{O}_{X|U}) \to (X, \mathcal{O}_X)$ は環つき空間の射であることが分かる．

命題 2.29　可換環の準同型写像 $\varphi: R \to S$ はアフィンスキームの間の環つき空間としての射

$$(\varphi^a, \varphi^\#): (\operatorname{Spec} S, \mathcal{O}_{\operatorname{Spec} S}) \longrightarrow (\operatorname{Spec} R, \mathcal{O}_{\operatorname{Spec} R})$$

を定める．ここで φ^a は底空間の間の連続写像

$$\begin{aligned}\varphi^a: \quad \operatorname{Spec} S &\longrightarrow \operatorname{Spec} R \\ \mathfrak{p} &\longmapsto \varphi^{-1}(\mathfrak{p})\end{aligned}$$

であり，$\varphi^\#$ は $\operatorname{Spec} R$ の開集合 $D(f)$, $f \in R$ に対して準同型写像

$$\varphi_f: R_f \longrightarrow S_{\varphi(f)}$$

より定まる層の準同型写像

$$\varphi^\#: \mathcal{O}_{\operatorname{Spec} R} \longrightarrow \varphi^a_* \mathcal{O}_{\operatorname{Spec} S}$$

である．

［証明］　φ^a が連続写像であることは命題 2.7 で示した．また φ_f が加群の層としての準同型写像 $\varphi^\#$ を定めることは例題 2.27 で示したが，S は φ によって R 代数とみることができるので $\varphi^\#$ は可換環の層としての準同型写像であることも容易に分かる．また φ_f は $\mathfrak{p} \in \operatorname{Spec} S$ に対して準同型写像

$$R_{\varphi^{-1}(\mathfrak{p})} \longrightarrow S_\mathfrak{p}$$

を定めるが，これは局所的である．　∎

定義 2.30　局所環つき空間 $(X, \mathcal{O}_X)$ に対して X の開被覆 $\{U_\lambda\}_{\lambda \in \Lambda}$ を適当にとると $(U_\lambda, \mathcal{O}_X|U_\lambda)$ が局所環つき空間としてアフィンスキームと同型であるとき，$(X, \mathcal{O}_X)$ を**スキーム**(scheme)という．このとき，位相空間 X をスキームの**底空間**，$\mathcal{O}_X$ を**構造層**と呼ぶ．　□

いささか分かりにくい定義かもしれないが，アフィンスキームを"張り合わせて"できた局所環つき空間がスキームに他ならない．スキーム $(X, \mathcal{O}_X)$ の底空間を強調する必要があるときは $|X|$ と記すことがある．またスキームの底空間の開集合は定義よりアフィンスキームの開集合の和集合として表わ

せ，アフィンスキームの開集合はアフィン開集合の和集合で書けるので，スキームの底空間の開集合の基底としてアフィン開集合をとることができることが分かる．このことはこれからの議論で大切になる．さて，アフィンスキーム $(\operatorname{Spec} R, \mathcal{O}_{\operatorname{Spec} R})$ と $f \in R$ に対して $D(f) = \operatorname{Spec} R_f$ であり，これがアフィンスキームであることはすでに述べたが，さらに一般に $\operatorname{Spec} R$ の開集合 U はアフィン開集合による開被覆

$$U = \bigcup_{j \in J} D(f_j)$$

を持つので，$(U, \mathcal{O}_{\operatorname{Spec} R}|U)$ はスキームであることが分かる．開集合 U のとり方によってはこれは必ずしもアフィンスキームでないことは章末の演習問題 2.3 で述べる．

次に第 1 章の例 1.27 をスキームの場合に拡張してみよう．

例 2.31 2本のアフィン直線

$$U_0 = (\operatorname{Spec} k[x], \mathcal{O}_{\operatorname{Spec} k[x]})$$
$$U_1 = (\operatorname{Spec} k[y], \mathcal{O}_{\operatorname{Spec} k[y]})$$

を考える．$X = \operatorname{Spec} k[x]$ の開集合 $X_x = D(x)$ にはアフィンスキームの構造

$$U_{01} = \left(\operatorname{Spec} k\left[x, \frac{1}{x}\right], \mathcal{O}_{\operatorname{Spec} k\left[x, \frac{1}{x}\right]}\right)$$

を入れることができる．

$$\mathcal{O}_{\operatorname{Spec} k\left[x, \frac{1}{x}\right]} = \mathcal{O}_X | X_x$$

であることに注意する．同様に $Y = \operatorname{Spec} k[y]$ の開集合 $D(y) = Y_y$ 上にアフィンスキームの構造

$$U_{10} = \left(\operatorname{Spec} k\left[y, \frac{1}{y}\right], \mathcal{O}_{\operatorname{Spec} k\left[y, \frac{1}{y}\right]}\right)$$

を入れる．同型写像

$$\varphi: k\left[y, \frac{1}{y}\right] \longrightarrow k\left[x, \frac{1}{x}\right]$$
$$f\left(y, \frac{1}{y}\right) \longmapsto f\left(\frac{1}{x}, x\right)$$

によってアフィンスキームの同型 $(\varphi^a, \varphi^\#): U_{01} \to U_{10}$ が導かれる.この同型によって U_0 と U_1 とを張り合わせることができ,スキーム
$$\mathbb{P}^1_k = (Z, \mathcal{O}_Z)$$
ができる.ここで Z は位相空間 X と Y とを,開集合 X_x と Y_y とを φ^a によって同一視して張り合わせたもの,すなわち,
$$Z = X \bigcup_{\varphi^a} Y,$$

層 $\mathcal{O}_Z$ は
$$\mathcal{O}_Z|X = \mathcal{O}_X, \quad \mathcal{O}_Z|Y = \mathcal{O}_Y$$
であり,$\mathcal{O}_X|X_x$ と $\mathcal{O}_Y|Y_y$ とを $\varphi^\#$ によって同一視して得られたものである.□

(c) 射影空間と射影スキーム

上の例はいささか分かりにくいので,もっと分かりやすい構成法を与えよう.

例 2.32 体 k 上の $n+1$ 変数多項式環 $R = k[x_0, x_1, x_2, \cdots, x_n]$ に対して
$$\mathbb{P}^n_k = \{\mathfrak{p} \mid \mathfrak{p} \text{ は } R \text{ の斉次素イデアルかつ } \mathfrak{p} \neq (x_0, x_1, x_2, \cdots, x_n)\}$$
とおく.R の d 次斉次式の全体を R_d,R のイデアル I に対して I に含まれる d 次斉次式の全体を I_d と記す.すべての整数 d に対して
$$I \cap R_d = I_d$$
とおき,
$$I = \bigoplus_{d=0}^{\infty} I_d$$
が成り立つとき,イデアル I は R の**斉次イデアル**(homogeneous ideal,**同次イデアル**ということもある)という.斉次素イデアルとは斉次イデアルかつ素イデアルであることを意味する.R の斉次イデアル I に対して

$$V(I) = \{\mathfrak{p} \in \mathbb{P}_k^n \mid I \subset \mathfrak{p}\}$$

とおく．$V(I)$ を $\mathbb{P}_k^n$ の閉集合と定義することによって $\mathbb{P}_k^n$ に位相を入れることができる．R の斉次式 $f \in R$ に対して

$$D_+(f) = \{\mathfrak{p} \in \mathbb{P}_k^n \mid f \notin \mathfrak{p}\}$$

とおくと，f を R の斉次式全体を動かすことによって，$\{D_+(f)\}$ は $\mathbb{P}_k^n$ の開集合の基底であることが分かる．以上の定義は，斉次イデアル，斉次式を使っていることでアフィン素スペクトルの定義と違っていることに注意する．

さて開集合 $D_+(f)$ に対して

$$\Gamma(D_+(f), \mathcal{O}_{\mathbb{P}_k^n}) = \left\{ \frac{g}{f^m} \,\middle|\, g \in R,\ g \text{ は次数 } m \deg f \text{ の斉次式},\ m \geqq 1 \right\}$$

と定めることによって $\mathbb{P}_k^n$ の構造層 $\mathcal{O}_{\mathbb{P}_k^n}$ をアフィンスキームのときと同様に定義でき，環つき空間 $(\mathbb{P}_k^n, \mathcal{O}_{\mathbb{P}_k^n})$ を定義することができる．この環つき空間はスキームの構造を持つことは次のようにして示すことができる．まず

$$U_j = D_+(x_j), \quad j = 0, 1, 2, \cdots, n$$

とおくと

$$\mathbb{P}_k^n = \bigcup_{j=0}^{n} U_j$$

であることに注意する．$\mathbb{P}_k^n$ の定義より，$\mathbb{P}_k^n$ に属する素イデアル $\mathfrak{p}$ は $(x_0, x_1, \cdots, x_n)$ と異なるが，$(x_0, x_1, \cdots, x_n)$ は R の極大イデアルであるので $(x_0, x_1, \cdots, x_n) \not\subset \mathfrak{p}$ であり，したがって $\mathfrak{p}$ は少なくとも 1 つの x_j を含まないからである．そこで

$$R_j = k\left[\frac{x_0}{x_j}, \frac{x_1}{x_j}, \cdots, \frac{x_{j-1}}{x_j}, \frac{x_{j+1}}{x_j}, \cdots, \frac{x_n}{x_j}\right]$$

とおくと，R_j は体 k 上の n 変数多項式環と同型である．U_j と $\operatorname{Spec} R_j$ とは位相空間として同相であることを示そう．多項式 $g \in k[x_0, x_1, x_2, \cdots, x_n]$ を

$$g = g_{d_1} + g_{d_2} + \cdots + g_{d_l}, \quad 0 \leqq d_1 < d_2 < \cdots < d_l$$

と d_1 次，d_2 次，$\cdots$，d_l 次の斉次式に分解して

$$\varphi_j(g) = \frac{g_{d_1}}{x_j^{d_1}} + \frac{g_{d_2}}{x_j^{d_2}} + \cdots + \frac{g_{d_l}}{x_j^{d_l}}$$

とおくと，$\varphi_j(g) \in R_j$ とみることができる．多項式 g に $\varphi_j(g)$ を対応させることによって可換環の準同型写像
$$\varphi_j \colon R \longrightarrow R_j$$
が定まる．このとき $\mathfrak{p} \in \operatorname{Spec} R_j$ に対して $\varphi_j(\mathfrak{q}) = \mathfrak{p}$ となる．$\mathfrak{q} \in U_j$ が存在する．なぜならば $h \in \mathfrak{p}$, $\deg h = e$ とすると
$$\widetilde{h} = x_j^e h\left(\frac{x_0}{x_j}, \frac{x_1}{x_j}, \cdots, \frac{x_n}{x_j}\right) \in R$$
は e 次斉次式であり
$$\mathfrak{q} = \{\widetilde{R} \mid h \in \mathfrak{p}\}$$
とおけばよいことが分かる．もし $x_j \in \mathfrak{q}$ であれば $1 = x_j/x_j \in \mathfrak{p}$ となり $\mathfrak{p} \in \operatorname{Spec} R_j$ という仮定に反する．よって $\mathfrak{q} \in U_j$ である．このことから，写像
$$\varphi_j^a \colon \operatorname{Spec} R_j \longrightarrow U_j$$
が定義できることが分かる．この写像が連続であることは容易に分かる．逆に $\mathfrak{q} \in U_j$ を $\mathfrak{q} = (H_1, H_2, \cdots, H_l)$ と生成元を使って表示するとき，$H_1, H_2, \cdots, H_l$ は斉次多項式にとることができる．そこで
$$h_i = \frac{1}{x_j^{e_i}} H_i \in R_j, \quad e_i = \deg H_i$$
とおき R_j のイデアル $\mathfrak{p} = (h_1, h_2, \cdots, h_l)$ を考えると $x_j \notin \mathfrak{q}$ より $1 \notin \mathfrak{p}$ である．また $f, g \in R_j$ に対して $fg \in \mathfrak{p}$ であれば，$\deg f = a$, $\deg g = b$ のとき
$$F = x_j^a f, \quad G = x_j^b g$$
とおくと，それぞれ a 次，b 次の斉次多項式であり $FG \in \mathfrak{q}$ であることが分かる．$\mathfrak{q}$ は素イデアルであるので $F \in \mathfrak{q}$ または $G \in \mathfrak{q}$ が成り立つ．これは $f \in \mathfrak{p}$ または $g \in \mathfrak{p}$ を意味するので $\mathfrak{p}$ は素イデアルである．また $\mathfrak{p}$ の構成法より $\varphi_j(\mathfrak{q}) = \mathfrak{p}$ であることもただちに分かる．このようにして φ_j^a の逆写像 $(\varphi_j^a)^{-1} \colon U_j \to \operatorname{Spec} R_j$ が定義できる．R の m 次斉次式 F に対して再び
$$f = \frac{1}{x_j^m} F \in R_j$$
とおくと

$$\varphi_j^a((\operatorname{Spec} R_j)_f) = D_+(F) \cap U_j$$
$$(\varphi_j^a)^{-1}(D_+(F) \cap U_j) = (\operatorname{Spec} R_j)_f$$

であるので $\varphi_j^a, (\varphi_j^a)^{-1}$ は共に連続写像となり φ_j^a は同相写像であることが分かる.また

$$\Gamma(U_j, \mathcal{O}_{\mathbb{P}_k^n}) = R_j$$
$$\Gamma(U_j \cap D_+(F), \mathcal{O}_{\mathbb{P}_k^n}) = (R_j)_f$$

であることも容易に分かるので $(U_j, \mathcal{O}_{\mathbb{P}_k^n}|U_j)$ と $(\operatorname{Spec} R_j, \mathcal{O}_{\operatorname{Spec} R_j})$ とは局所環つき空間として同型であることが分かる.このようにして, $(\mathbb{P}_k^n, \mathcal{O}_{\mathbb{P}_k^n})$ にスキームの構造を入れることができる. □

この例をさらに一般化してみよう.そのために**次数環**(graded ring)の概念を導入しよう.可換環 S が直和分解

$$S = \bigoplus_{d=0}^{\infty} S_d$$

を持ち,積に関して

$$S_d \cdot S_e \subset S_{d+e}$$

を満足するとき S を次数環という.また, S_d の元を d 次**斉次成分**(homogeneous component of degree d)と呼ぶ.たとえば体 k 上の $n+1$ 変数多項式環 $S = k[x_0, x_1, \cdots, x_n]$ に対して

$$S_d = \{F \in S \mid F \text{ は } d \text{ 次斉次式}\}$$

とおくと, $S = \bigoplus_{d=0}^{\infty} S_d$ であり, S は次数環であることが分かる.

さらに次数環 S が可換環 R に対して R 代数であり R の作用が S の次数を保つとき,すなわち $r \in R$ に対して $rS_d \subset S_d$ のとき, S を R 上の次数環という.たとえば R 上の $n+1$ 変数多項式環 $S = R[x_0, x_1, \cdots, x_n]$ に対して

$$S_d = \{F \in S \mid F \text{ は } d \text{ 次斉次式}\}$$

とおくと S_d は R 加群であり S は R 上の次数環であることが分かる.

さて次数環 S のイデアル I に対して

$$I_d = I \cap S_d$$

とおく．

$$I = \bigoplus_{d=0}^{\infty} I_d$$

が成立するとき I を**斉次イデアル**と呼ぶ．I が斉次イデアルであるための必要十分条件は I の任意の元 F を

$$F = F_{d_1} + F_{d_2} + \cdots + F_{d_l}$$

と斉次成分の和に書くとき

$$F_{d_j} \in I, \quad j = 1, 2, \cdots, l$$

が成り立つことである．斉次イデアル I が S の素イデアルであるとき，I を**斉次素イデアル**と呼ぶ．次数環 S に対して

$$S_+ = \bigoplus_{d \geq 1} S_d$$

とおくと，S_+ は S の斉次イデアルである．射影空間の定義と同様にして

$$\operatorname{Proj} S = \{\mathfrak{p} \mid \mathfrak{p} \text{ は } S \text{ の斉次素イデアル}, \mathfrak{p} \not\supset S_+\}$$

とおき，次数環 S の**斉次素スペクトル**(homogeneous prime spectrum)と呼ぶ．S の斉次イデアル $\mathfrak{a}$ に対して

$$V(\mathfrak{a}) = \{\mathfrak{p} \in \operatorname{Proj} S \mid \mathfrak{p} \supset \mathfrak{a}\}$$

とおき，$V(\mathfrak{a})$ を閉集合として $\operatorname{Proj} S$ に **Zariski 位相**を導入することができる．$f \in S_d$ に対して

$$D_+(f) = \{\mathfrak{p} \in \operatorname{Proj} S \mid f \notin \mathfrak{p}\}$$

とおくと $D_+(f)$ は $\operatorname{Proj} S$ の開集合となり，$D_+(f)$ の形の開集合が $\operatorname{Proj} S$ の開集合の基となることが分かる．

問 16 次数環 S とその斉次イデアル $\mathfrak{a}$ に対して $V(\mathfrak{a})$ を $\operatorname{Proj} S$ の閉集合とすることによって $\operatorname{Proj} S$ に位相が入ることを示せ．また $V(\mathfrak{a})$ の $\operatorname{Proj} S$ での補集合 $V(\mathfrak{a})^c$ は

$$V(\mathfrak{a})^c = \bigcup_{f \in \mathfrak{a},\, f \text{ は斉次元}} D_+(f)$$

と書けることを示せ．

問 17 R 上の次数環 S が R 代数として S_1 の有限個の元 $a_0, a_1, a_2, \cdots, a_n$ から生成されていれば R 準同型写像

$$\varphi: R[x_0, x_1, \cdots, x_n] \longrightarrow S$$
$$f(x_0, x_1, \cdots, x_n) \longmapsto f(a_0, a_1, a_2, \cdots, a_n)$$

は次数を保つ全射準同型写像であり，$\mathrm{Ker}\,\varphi$ は $R[x_0, x_1, \cdots, x_n]$ の斉次イデアルであることを示せ．

さて次数環 S から定まる斉次素スペクトル $X = \mathrm{Proj}\,S$ 上に構造層 $\mathcal{O}_X$ を定義しよう．$f \in S_d$ に対して

$$(2.29) \qquad \Gamma(D_+(f), \mathcal{O}_X) = \left\{ \frac{g}{f^m} \,\middle|\, g \in S_{md},\ m \geq 1 \right\}$$

と定義する．S の f による局所化 S_f の元のうち次数が 0 である部分を取り出したものが (2.29) の右辺である．問 16 より，$X = \mathrm{Proj}\,S$ の開集合は $D_+(f)$ の形の開集合による被覆を持つので，アフィンスキームのときと同様にして，(2.29) から X 上の可換環の層 $\mathcal{O}_X$ を定義することができ，$(X, \mathcal{O}_X)$ は局所環つき空間になることが分かる．ところで $f \in S_d$ に対して (2.29) の右辺で定まる S_f の部分集合を $S_f^{(0)}$ と記すと，$S_f^{(0)}$ は可換環である．構造層 $\mathcal{O}_X$ の構成の仕方から $(D_+(f), \mathcal{O}_X|D_+(f))$ はアフィンスキーム $\left(\mathrm{Spec}\,S_f^{(0)}, \mathcal{O}_{\mathrm{Spec}\,S_f^{(0)}}\right)$ と同型であることが分かる．したがって $(X, \mathcal{O}_X)$ はスキームであることが分かる．このスキームを次数環 S が定める**射影スキーム** (projective scheme) と呼ぶ．

もし次数環 S が R 次数環であれば可換環 $S_f^{(0)}$ は R 代数の構造を持つ．可換環の準同型写像

$$\varphi: R \longrightarrow S$$
$$r \longmapsto r \cdot 1$$

より連続写像 $\varphi^a: \mathrm{Proj}\,S \to \mathrm{Spec}\,R$ が定まるが，$S_f^{(0)}$ が R 代数であることにより，スキームの射 $(\varphi^a, \theta): (\mathrm{Proj}\,S, \mathcal{O}_{\mathrm{Proj}\,S}) \to (\mathrm{Spec}\,R, \mathcal{O}_{\mathrm{Spec}\,R})$ が定まること

が分かる．

問 18 スキームの射 $(\varphi^a, \theta): (\mathrm{Proj}\, S, \mathcal{O}_{\mathrm{Proj}\, S}) \to (\mathrm{Spec}\, R, \mathcal{O}_{\mathrm{Spec}\, R})$ が定まることを示せ．

§2.4 スキームとその射

スキームおよび射の持つ性質についてはこれから詳しく調べていくことになるが，ここではいくつかの基本的な性質について述べることにする．

（a） スキームの初等的性質

位相空間 M は，開集合 U_1, U_2 による被覆 $M = U_1 \cup U_2$ が $U_1 \cap U_2 = \emptyset$ であればつねに $U_1 = M$, $U_2 = \emptyset$ または $U_1 = \emptyset$, $U_2 = M$ が成り立つとき**連結**（connected）であるという．また，空でない閉集合 $F_1 \neq M$, $F_2 \neq M$ によって $M = F_1 \cup F_2$ となるとき，M は**可約**（reducible）な位相空間という．M が可約でないとき**既約**（irreducible）な位相空間という．

スキーム $(X, \mathcal{O}_X)$ はその底空間 X が連結のとき**連結**，既約のとき**既約**という．また，スキーム $(X, \mathcal{O}_X)$ は構造層の各開集合 $U \subset X$ での切断 $\Gamma(U, \mathcal{O}_X)$ がべき零元を持たないとき**被約**（reduced）という．

問 19 スキーム $(X, \mathcal{O}_X)$ が被約であるための必要条件は各点 $x \in X$ での構造層 $\mathcal{O}_X$ の茎 $\mathcal{O}_{X,x}$ がべき零元を持たないことであることを示せ．

さらに，スキーム $(X, \mathcal{O}_X)$ は任意の開集合 U に対して $\Gamma(U, \mathcal{O}_X)$ が整域であるとき**整**（integral）であるという．

例 2.33

（1） 可換環 A が 2 つの零でない環 A_1, A_2 の直積と同型であるとき，すなわち $A \simeq A_1 \times A_2$ のとき $\mathrm{Spec}\, A$ は連結ではない．

$A = A_1 \times A_2$ の場合を考えても一般性を失わない．A_1, A_2 の単位元を $1_{A_1}, 1_{A_2}$

と記し $e_1 = (1_{A_1}, 0)$, $e_2 = (0, 1_{A_2})$ とおくと A の単位元 1 は $1 = e_1 + e_2$ と書け, かつ $e_1^2 = e_1$, $e_2^2 = e_2$, $e_1 e_2 = 0$ が成立する. さて A の素イデアル $\mathfrak{p}$ は $e_1 e_2 = 0 \in \mathfrak{p}$ より e_1 または e_2 を含む. $e_2 \in \mathfrak{p}$ の場合を考えよう. このときは $0 \times A_2 \subset \mathfrak{p}$ である. $p_i \colon A_1 \times A_2 \to A_i$, $i = 1, 2$ を自然な射影による準同型写像とする. $\mathfrak{p}_1 = p_1(\mathfrak{p})$ とおく. $a_1, b_1 \in A_1$ に対して $a_1 b_1 \in \mathfrak{p}_1$ であると仮定しよう. このとき $(a_1 b_1, c_2) \in \mathfrak{p}$ である $c_2 \in A_2$ を見いだすことができる. $a = (a_1, c_2)$, $b = (b_1, 1_{A_2})$ とおくと $ab \in \mathfrak{p}$ であるので $a \in \mathfrak{p}$ または $b \in \mathfrak{p}$ であり, これは $a_1 \in \mathfrak{p}_1$ または $b_1 \in \mathfrak{p}_1$ を意味する. よって $\mathfrak{p}_1$ は素イデアルである. また, $p_1^{-1}(\mathfrak{p}_1) = \mathfrak{p}$ である. $p_1^{-1}(\mathfrak{p}_1) \supset \mathfrak{p}$ は明らかであるが, $a_1 \in \mathfrak{p}_1$ であれば $(a_1, a_2) \in \mathfrak{p}$ である $a_2 \in A_2$ が存在する. 一方 $0 \times A_2 \subset \mathfrak{p}$ であるので, 任意の $b_2 \in A_2$ に対して $(a_1, b_2) = (a_1, a_2) + (0, b_2 - a_2) \in \mathfrak{p}$ となる. よって $p_1^{-1}(\mathfrak{p}_1) \subset \mathfrak{p}$ である. したがって特に $e_1 \notin \mathfrak{p}$ である.

$e_1 \in \mathfrak{p}$ のときも同様の論法によって $\mathfrak{p}_2 = p_2(\mathfrak{p})$ は A_2 の素イデアルであり, $\mathfrak{p} = p_2^{-1}(\mathfrak{p}_2)$ であることが分かる. このときは $e_2 \notin \mathfrak{p}$ である. したがって

$$\mathrm{Spec}\, A = D(e_1) \cup D(e_2), \quad D(e_1) \cap D(e_2) = \varnothing$$

と書け, $\mathrm{Spec}\, A$ は連結でないことが分かる. しかも $D(e_1) \simeq \mathrm{Spec}\, A_1$, $D(e_2) \simeq \mathrm{Spec}\, A_2$ であることが分かる.

(2) 体 k に対して $X = \mathrm{Spec}\, k[x, y]/(xy)$ は可約なアフィンスキームである. これは $X = V(x) \cup V(y)$ と書け $V(x) \neq X$, $V(y) \neq X$ となることより明らかであろう. さらに

$$V(x) \simeq \mathrm{Spec}\, k[y], \quad V(y) \simeq \mathrm{Spec}\, k[x]$$

であることも分かる.

$V(x) \cap V(y)$ は素イデアル (x, y) に対応する 1 点よりなる.

(3) 体 k に対して $\mathrm{Spec}\, k[x]/(x^2)$ の底空間は 1 点よりなり, 既約なスキームであるが被約ではない. $\bar{x} = x \pmod{x^2}$ は $\bar{x}^2 = 0$ でありべき零元である. □

以上の例は次の補題が成り立つことを示唆している.

補題 2.34 アフィンスキーム $X = \mathrm{Spec}\, A$ に対して以下のことが成り立つ.

```
          Spec k[y]
              |
              |
              |
      _____|_____  Spec k[x]
              |
              |
              |
```

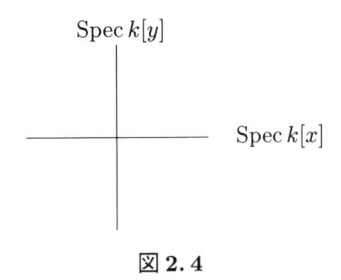

図 2.4

(ⅰ) X が連結でないための必要十分条件は A が零でない環 A_1, A_2 の直積 $A_1 \times A_2$ と同型であることである．

(ⅱ) X が既約であるための必要十分条件は可換環 A のべき零元根基
$$\mathfrak{N}(A) = \sqrt{(0)} = \{f \in A \mid f \text{ は } A \text{ のべき零元または } 0\}$$
が A の素イデアルであることである．

(ⅲ) X が被約スキームであるための必要十分条件は A のべき零元根基 $\mathfrak{N}(A)$ が (0) であることである．

(ⅳ) X が整スキームであるための必要十分条件は A が整域であることである．

[証明] (ⅰ) 十分条件は例 2.33(1) で示した．逆に
$$X = U_1 \cup U_2, \quad U_1 \cap U_2 = \emptyset$$
と書けたとすると，構造層の定義 (2.23) より
$$A = \Gamma(X, \mathcal{O}_X) = \Gamma(U_1 \cup U_2, \mathcal{O}_X) = \Gamma(U_1, \mathcal{O}_X) \times \Gamma(U_2, \mathcal{O}_X)$$
が成立する．$A_1 = \Gamma(U_1, \mathcal{O}_X)$, $A_2 = \Gamma(U_2, \mathcal{O}_X)$ とおけばよい．

(ⅱ) A のすべての素イデアルは $\mathfrak{N}(A)$ を含んでいる．A のイデアル $\mathfrak{a}, \mathfrak{b}$ によって
$$X = V(\mathfrak{a}) \cup V(\mathfrak{b})$$
と書けたとすると，$X = V(\mathfrak{a} \cap \mathfrak{b})$ となり $\sqrt{\mathfrak{a}} \cap \sqrt{\mathfrak{b}} = \mathfrak{N}(A)$ が成り立つ (演習問題 2.1)．もし $\mathfrak{N}(A)$ が素イデアルであれば $\sqrt{\mathfrak{a}} = \mathfrak{N}(A)$ または $\sqrt{\mathfrak{b}} = \mathfrak{N}(A)$ が成り立ち $X = V(\mathfrak{a})$ または $X = V(\mathfrak{b})$ となる．したがって X は既約である．

一方, $\mathfrak{N}(A)$ が素イデアルでなければ $a \notin \mathfrak{N}(A)$, $b \notin \mathfrak{N}(A)$, $ab \in \mathfrak{N}(A)$ を満足する $a, b \in A$ を見いだすことができ,
$$\mathfrak{a} = (a, \mathfrak{N}(A)), \quad \mathfrak{b} = (b, \mathfrak{N}(A))$$
とおくと $V(\mathfrak{a}) \neq X$, $V(\mathfrak{b}) \neq X$, かつ $\mathfrak{a} \cap \mathfrak{b} = \mathfrak{N}(A)$ より
$$X = V(\mathfrak{a}) \cup V(\mathfrak{b})$$
が成り立つ. よって X は可約である.

(iii) X が被約スキームであれば $A = \Gamma(X, \mathcal{O}_X)$ はべき零元を持たないので $\mathfrak{N}(A) = (0)$ である. 逆に $\mathfrak{N}(A) = (0)$ であれば A はべき零元を持たず, すべての $f \in A$ に対して A_f はべき零元を持たない. 構造層の構成法から, 任意の開集合 U に対して $A = \Gamma(U, \mathcal{O}_X)$ はべき零元を持たないことが分かる. したがって X は被約スキームである.

(iv) X が整スキームであれば $A = \Gamma(X, \mathcal{O}_X)$ は整域である. 逆に A が整域であれば, 任意の $f \in A$ に対して A_f は整域であり, これより X は整スキームであることが分かる. ∎

さらに次の命題が成立する.

命題 2.35 スキーム X が整スキームであるための必要十分条件は X が被約かつ既約なことである.

[証明] 定義より X が整スキームであれば被約スキームである. また整スキーム X は既約であることを示そう. もし X が可約であるとすると
$$X = F_1 \cup F_2, \quad F_j \neq X, \quad j = 1, 2$$
を満足する閉集合 F_1, F_2 が存在するが
$$U_1 = X \setminus F_2 = F_1 \setminus F_1 \cap F_2$$
$$U_2 = X \setminus F_1 = F_2 \setminus F_1 \cap F_2$$
は X の開集合でありかつ $U_1 \cap U_2 = \emptyset$ である. したがって X の開集合 $U = U_1 \cup U_2$ に対して
$$\Gamma(U, \mathcal{O}_X) = \Gamma(U_1, \mathcal{O}_X) \times \Gamma(U_2, \mathcal{O}_X)$$
となり, $\Gamma(U, \mathcal{O}_X)$ は整域ではない. これは X が整スキームであるとの仮定に反する.

逆に X は被約かつ既約なスキームとする. X の開集合 U と元 $f, g \in$

$\varGamma(U, \mathcal{O}_X)$ に対して $fg = 0$ が成立したと仮定する.
$$F_1 = \{x \in U \mid f(x) = 0\}, \quad F_2 = \{x \in U \mid g(x) = 0\}$$
とおくと F_1, F_2 は U の閉集合である. (U に含まれるアフィン開集合 $V = \operatorname{Spec} R$ では, 制限写像による f, g の $\varGamma(V, \mathcal{O}_X) = R$ への像を $\hat{f}, \hat{g}$ と記すと $F_1 \cap V = V(\hat{f})$, $F_2 \cap V = V(\hat{g})$ である.) また $fg = 0$ より
$$U = F_1 \cup F_2$$
である. もし $U \neq F_1$, $U \neq F_2$ であれば U は可約であり, U の閉包 $\overline{U}$ も可約である. 一方, X は既約であるので $\overline{U} = X$ となり仮定に反する. したがって $U = F_1$ または $U = F_2$ が成り立つ. $U = F_1$ のときを考えよう. このとき上記のアフィン開集合 $V \subset U$ で $V = V(\hat{f})$ となり, 問1(2)より $\hat{f} \neq 0$ であれば $\hat{f}$ が $R = \varGamma(V, \mathcal{O}_X)$ のべき零元であることを意味する. X は被約であるので $\hat{f} = 0$ でなければならない. したがって f は U のアフィン開被覆 $\{V_\lambda\}_{\lambda \in \varLambda}$ の各 V_λ 上で 0 であり, よって $f = 0$ である.

以上の議論によって $\varGamma(U, \mathcal{O}_X)$ は整域であることが分かり, X は整スキームである. ∎

ところで, スキーム X はアフィン開被覆

(2.30) $$X = \bigcup_{i \in I} U_i, \quad U_i = \operatorname{Spec} R_i$$

の各 R_i が Noether 環であるようにアフィン開被覆をとれるとき, **局所 Noether 的**(locally Noetherian)であるという. X が局所 Noether 的かつ準コンパクトであるとき, すなわち上の開被覆(2.30)で I を有限集合にとれるとき **Noether 的**(Noetherian)であるという. この定義は特定のアフィン開被覆を使っているが実は次の命題が成り立ち, アフィン開被覆のとり方によらないことが分かる.

命題 2.36 スキーム X が局所 Noether 的であるための必要十分条件は X の任意のアフィン開集合 $U = \operatorname{Spec} R$ に対して R が Noether 環であることである. 特にアフィンスキーム $X = \operatorname{Spec} A$ が Noether 的であるための必要十分条件は A が Noether 環であることである.

[証明] 命題の条件が十分条件であることは定義から明らかである. 必

要条件であることを示そう．まずいくつかの注意を述べる．R が Noether 環であれば $f\in R$ に対して R_f も Noether 環である．また $\{D(f)\,|\,f\in R\}$ は $\mathrm{Spec}\,R$ の開集合の基底である．さて Noether 環 R_i による X のアフィン開被覆(2.30)を考えよう．X のアフィン開集合 $U=\mathrm{Spec}\,R$ はしたがって $\mathrm{Spec}(R_i)_f$ の形の Noether 環による素スペクトルの被覆を持つことが分かる．よって $\mathrm{Spec}\,R$ が Noether 環による素スペクトルによる開被覆を持てば R は Noether 環であることを示せばよいことが分かる．すなわち，開被覆

$$X=\mathrm{Spec}\,R=\bigcup_{j\in J}\mathrm{Spec}\,A_j,\quad A_j \text{ は Noether 環}$$

の場合を考えればよい．$\mathrm{Spec}\,A_j$ は $\mathrm{Spec}\,R$ の開集合であるので $D(f)$，$f\in R$ の形のアフィン開集合で覆うことができる．$D(f)\subset\mathrm{Spec}\,A_j$ のとき，制限写像

$$R=\Gamma(X,\mathcal{O}_X)\longrightarrow\Gamma(\mathrm{Spec}\,A_j,\mathcal{O}_X)=A_j$$

による f の像を f_j と記すと $R_f\simeq (A_j)_{f_j}$ であることは容易に分かる．$D(f)=\mathrm{Spec}\,R_f=\mathrm{Spec}(A_j)_{f_j}$ となるからである．A_j は Noether 環であったので R_f は Noether 環である．また X は準コンパクトであるので X は有限個の $D(f_k)$, $f_k\in R$ で覆うことができる．よって証明すべきことは「$(f_1,f_2,\cdots,f_n)=R$ かつ R_{f_k}, $k=1,2,\cdots,n$ は Noether 環であるように $f_1,f_2,\cdots,f_n\in R$ を選ぶことができれば R は Noether 環である」と言い換えることができる．このことを証明しよう．

標準的な準同型写像 $\varphi_k:R\to R_{f_k}$ を考える．R のイデアル $\mathfrak{a}$ に対して

$$(2.31)\qquad \mathfrak{a}=\bigcap_{k=1}^n \varphi_k^{-1}(\varphi_k(\mathfrak{a})R_{f_k})$$

であることを示そう．$\mathfrak{a}$ が右辺に含まれることは明らか．逆に右辺に含まれる元 a をとると

$$\varphi_k(a)=\frac{a_k}{f_k^{m_k}},\quad a_k\in\mathfrak{a},\quad m_k\geqq 1,\quad k=1,2,\cdots,n$$

が成り立つように a_k,m_k を選ぶことができる．よって

$$f_k^{l_k}(f_k^{m_k}a-a_k)=0,\quad k=1,2,\cdots,n$$

が成り立つように整数 $l_k \geq 0$ を選ぶことができる．よって
$$f_k^{l_k+m_k}a = f_k^{l_k}a_k \in \mathfrak{a}$$
が成り立つ．$l_k+m_k,\ k=1,2,\cdots,n$ の最大値を N とおくと
$$f_k^N a \in \mathfrak{a}, \quad k=1,2,\cdots,n$$
が成り立つ．$(f_1, f_2, \cdots, f_n) = R$ が成り立つので $1 = \sum b_j f_j$ の両辺を nN 乗することによって
$$1 = \sum_{k=1}^n c_k f_k^N, \quad c_k \in R$$
が成立することが分かり，
$$a = \sum_{k=1}^n c_k f_k^N a \in \mathfrak{a}$$
が分かる．よって(2.31)が示された．

さて R のイデアルの列
$$\mathfrak{a}_1 \subset \mathfrak{a}_2 \subset \mathfrak{a}_3 \subset \cdots \subset \mathfrak{a}_l \subset \mathfrak{a}_{l+1} \subset \cdots$$
を考えよう．各 k に対して R_{f_k} は Noether 環であるので
$$\varphi_k(\mathfrak{a}_1)R_{f_k} \subset \varphi_k(\mathfrak{a}_2)R_{f_k} \subset \cdots \subset \varphi_k(\mathfrak{a}_{m_k})R_{f_k} = \varphi_k(\mathfrak{a}_{m_k+1})R_{f_k} = \cdots$$
が成り立つように $m_k \geq 1$ が定まる．m_k のうちの最大のものを m と記すと(2.31)より
$$\mathfrak{a}_m = \mathfrak{a}_{m+1} = \cdots$$
が成り立つ．よって R は Noether 環である． ∎

これからは主として Noether 的スキームについて考察する．

問 20 Noether 的スキーム X の底空間は位相空間として Noether 的である，すなわち閉集合の減少列
$$F_1 \supset F_2 \supset \cdots \supset F_l \supset F_{l+1} \supset \cdots$$
は必ず有限でとまること，言い換えると
$$F_m = F_{m+1} = \cdots$$
を満足する m が存在することを示せ．しかし，この逆は成立しない．たとえば Noether 環 A 上の無限変数の多項式環 $A[x_1, x_2, \cdots]$ のすべての 2 次の単項式

$x_i x_j$ から生成されるイデアル J を考える. 剰余環 $R = A[x_1, x_2, \cdots]/J$ は環 A 上無限生成であり Noether 環ではない. しかし x_i はすべてべき零元であるので $\operatorname{Spec} R = \operatorname{Spec} A$ である.

(b) スキームの射

続いて, スキームの射に関していくつか基本的な定義を与えておこう.

スキームの射 $f: X \to Y$ に対して, Y のアフィン開被覆 $\{U_i = \operatorname{Spec} A_i \, (i \in I)\}$ を各 $f^{-1}(U_i)$ がアフィン開被覆 $\{V_{ij} = \operatorname{Spec} A_{ij} \, (j \in J_i)\}$, A_{ij} は有限生成 A_i 代数, を持つようにとることができるとき, 射 f は**局所有限型**(locally of finite type)であるという. この場合, さらに $f^{-1}(U_i)$ が有限個のアフィン開被覆 $\{V_{ij} = \operatorname{Spec} A_{ij} \, (j \in J_i)\}$, J_i は有限集合, A_{ij} は有限生成 A_i 代数, を持つとき, 射 f は**有限型**(of finite type)であるという.

有限型射よりさらに強い概念として**有限射**(finite morphism)がある. スキームの射 $f: X \to Y$ に対して, Y のアフィン開被覆 $\{U_i = \operatorname{Spec} A_i \, (i \in I)\}$ を各 $f^{-1}(U_i)$ が X のアフィン開集合 $\operatorname{Spec} B_i$ かつ B_i は有限 A_i 加群であるようにとれるとき, 射 f は有限射であるという. このとき B_i はもちろん有限生成 A_i 代数であるが, 有限射の条件は 加群として B_i は A_i 上有限生成であり, 条件が強くなっていることに注意する. 有限型射と有限射は似た術語であるので混同のないよう注意していただきたい. 定義から有限射は有限型射であるが, 逆は必ずしも成立しないことを再度注意しておく. これらの概念はアフィン被覆の取り方によらないことが示される. さらに環 R に対して射 $f: X \to \operatorname{Spec} R$ が有限型のときスキーム X は R 上**有限型**であるという.

例 2.37

(1) 体 k 上の 2 変数多項式
$$f(x, y) = y^2 - (x^m + a_1 x^{m-1} + \cdots + a_m), \quad a_j \in k, \, j = 1, 2, \cdots, m$$
を考える. 自然な中への同型写像
$$(2.32) \qquad k[x] \longrightarrow k[x, y]/(f(x, y))$$
によってスキームの射
$$\varphi: X = \operatorname{Spec} k[x, y]/(f(x, y)) \longrightarrow Y = \operatorname{Spec} k[x]$$

ができる．写像(2.32)によって $k[x,y]/(f(x,y))$ は有限生成 $k[x]$ 加群となる．これは y の $k[x,y]/(f(x,y))$ での剰余類を $\bar{y}$ と記すと $k[x]$ 加群として
$$k[x,y]/(f(x,y)) = k[x] \oplus k[x]\cdot\bar{y}$$
となることから明らかであろう．よって射 φ は有限射である．また X も Y も k 上有限型である．

（2） 体 k 上の2変数多項式
$$(x,y) = xy^2 - (x^m + a_1 x^{m-1} + \cdots + a_m), \quad a_j \in k, \ j=1,2,\cdots,m, \ a_m \neq 0$$
を考える．自然な単射準同型写像
$$(2.33) \qquad k[x] \longrightarrow k[x,y]/(g(x,y)) = R$$
によって環 R は有限生成 $k[x]$ 代数となる．しかし R は $k[x]$ 加群としては有限生成ではない．$\bar{y}^n$ は $1,\bar{y},\bar{y}^2,\bar{y}^3,\cdots,\bar{y}^{n-1}$ を使って $k[x]$ 上表すことができないからである．したがって(2.33)より定まる射
$$\psi\colon \operatorname{Spec} k[x,y]/(g(x,y)) \longrightarrow Y = \operatorname{Spec} k[x]$$
は有限型ではあるが有限射ではない．

（3） 体 k 上の多項式環 $k[x]$ の極大イデアル $\mathfrak{p} = (x-\alpha)$, $\alpha \in k$ による $k[x]$ の局所化 $R_\mathfrak{p}$ は例2.13より
$$R_\mathfrak{p} = \left\{ \frac{f(x)}{g(x)} \ \middle|\ f,g \in R,\ g(\alpha) \neq 0 \right\}$$
と書け，k 代数として有限生成ではない．したがって $\operatorname{Spec} R_\mathfrak{p}$ は k 上有限型ではない． $\square$

(c) 部分スキーム

スキーム $(X,\mathcal{O}_X)$ の底空間の開集合 U に対して $(U,\mathcal{O}_X|U)$ もスキームになることは定義2.30より明らかである．$(U,\mathcal{O}_X|U)$ をスキーム X の**開部分スキーム**(open subscheme)という．スキームの射 $\varphi = (g,g^\#)\colon Z \to X$ は，底空間の連続写像 $g\colon Z \to X$ が Z から X の開集合 U への同相写像（すなわち $g(Z) = U$ であり，逆写像 $g^{-1}\colon U \to Z$ も連続）であり，かつ $g^\#$ を U 上に制限した準同型写像 $g^\#|_U\colon \mathcal{O}_X|U \to g_*\mathcal{O}_Z|U$ が同型のとき**開移入**(open immersion)という．$\varphi\colon Z \to X$ が開移入のときはスキーム Z を X の開部分

スキーム $(U, \mathcal{O}_X|U)$ と同一視することができる.

一方,スキーム Y とスキームの射 $\iota = (\iota, \iota^\#) : Y \to X$ について,底空間 Y は底空間 X の閉集合であり,写像 ι は埋め込み写像であり,かつ $\iota^\# : \mathcal{O}_X \to \iota_* \mathcal{O}_Y$ は層の全射準同型写像であるとき,組 (Y, ι) を**閉部分スキーム**(closed subscheme)という.閉部分スキーム (Y, ι) で射 ι が明らかなときは省略して Y を閉部分スキームということも多い.ただし,注意しなければならないのは,スキーム X の閉部分スキーム (Y, ι) は底空間の閉部分集合からは一般には一意的に定まらないことである.層の全射準同型写像 $\iota^\#$ を考える必要がある.

さて,スキームの射 $f : W \to X$ は X の閉部分スキーム (Y, ι) とスキームの同型射 $\theta : W \xrightarrow{\sim} Y$ に分解できるとき,すなわち $f = \iota \circ \theta$ であるとき**閉移入**(closed immersion)という.

閉部分スキームと閉移入に関しては後にイデアル層の考え方を用いて議論するが,ここでは次の例を与えておこう.

例 2.38 可換環 R のイデアル $\mathfrak{a}$ によって $X = \operatorname{Spec} R$ の閉集合 $V(\mathfrak{a})$ が定まる.$V(\mathfrak{a})$ は $\operatorname{Spec} R/\mathfrak{a}$ の底空間と同相である.自然な全射準同型写像

$$R \longrightarrow R/\mathfrak{a}$$

はスキームの射 $f : Y = \operatorname{Spec} R/\mathfrak{a} \to X$ を定める.f は Y の底空間から X の閉集合 $V(\mathfrak{a})$ への同相写像を与える.また層の準同型写像 $\mathcal{O}_X \to f_* \mathcal{O}_Y$ が全射になることは,任意の素イデアル $\mathfrak{p} \in \operatorname{Spec} R$ に対して $\mathcal{O}_{X,\mathfrak{p}} \to (f_* \mathcal{O}_Y)_\mathfrak{p}$ は $R_\mathfrak{p} \to (R/\mathfrak{a})_\mathfrak{p}$ に他ならないことから分かる.よって (Y, f) は X の閉部分スキームである.あるいは $f : Y \to X$ は閉移入であるといってもよい.

$\sqrt{\mathfrak{a}} = \sqrt{\mathfrak{b}}$ であれば X の閉部分集合として $V(\mathfrak{a}) = V(\mathfrak{b})$ であるが,環 $R/\mathfrak{a}$ から定義されるスキーム $\operatorname{Spec} R/\mathfrak{a}$ と環 $R/\mathfrak{b}$ から定義されるスキーム $\operatorname{Spec} R/\mathfrak{b}$ は $\mathfrak{a} = \mathfrak{b}$ でない限り構造層が違うので同型にはならない.したがって,閉集合 $V(\mathfrak{a})$ 上にはたくさんの異なる閉部分スキームの構造を入れることができる.典型的な例としては,すでに何度か出てきたが,体 k 上の多項式環 $k[x]$ に対して自然な全射

$$k[x] \longrightarrow k[x]/(x^n), \quad n = 1, 2, 3, \cdots$$

は閉移入
$$\operatorname{Spec} k[x]/(x^n) \longrightarrow \operatorname{Spec} k[x]$$
を定める．$\operatorname{Spec} k[x]/(x^n)$ の底空間は 1 点のみからなり，この閉移入の底空間の写像の像はアフィン直線 $\mathbb{A}_k^1$ の原点である． □

《要約》

2.1 層の定義，層の準同型写像の定義，順像の定義．

2.2 可換環 R の素イデアルの全体を素スペクトルといい $X = \operatorname{Spec} R$ と記す．$\operatorname{Spec} R$ は Zariski 位相により位相空間の構造を持ち，その上に構造層 $\mathcal{O}_X$ を定義することができる．組 $(X, \mathcal{O}_X)$ をアフィンスキームという．R 加群 M から $X = \operatorname{Spec} R$ 上の $\mathcal{O}_X$ 加群の層 $\widetilde{M}$ が定義できる．

2.3 アフィンスキームの張り合わせにより局所環つき空間としてスキームを定義する．

2.4 次数環の斉次素イデアルの全体を考えることによって，射影スキームを定義することができる．

2.5 スキームは Noether 環によるアフィン開被覆を持つとき局所 Noether 的といい，このときさらに有限個のアフィン開集合で被覆できるとき Noether 的であるという．

2.6 開部分スキーム，閉部分スキームの定義．

2.7 スキームの間の射が有限型であることの定義．スキームの有限射，開移入，閉移入の定義．

───── 演習問題 ─────

2.1 可換環 R のイデアル $\mathfrak{a}$ が
$$V(\mathfrak{a}) = \operatorname{Spec} R$$
を満足すれば
$$\sqrt{\mathfrak{a}} = \mathfrak{N}(R)$$
であることを示せ．ここに $\mathfrak{N}(R)$ は R のべき零元根基(補題2.34)である．

2.2 代数的閉体 k 上有限生成 k 代数 R に対して第 1 章で定義したように Zariski 位相を持った極大スペクトル $\mathrm{Spm}\,R$ を考える. 集合としては $\mathrm{Spm}\,R$ は $\mathrm{Spec}\,R$ の部分集合と考えることができる. R のイデアル J から定まる $\mathrm{Spm}\,R$ の閉集合(開集合)を対応する $\mathrm{Spec}\,R$ の閉集合 $V(J)$ $(D(J))$ と区別するために $V_m(J)$ $(D_m(J))$ と記そう. このとき,
$$V_m(J) = V(J) \cap \mathrm{Spm}\,R, \quad D_m(J) = D(J) \cap \mathrm{Spm}\,R$$
が成り立つことを示せ. また, $\mathrm{Spm}\,R$ の可換環の層 $\mathcal{O}_{\mathrm{Spm}\,R}$ が
$$\Gamma(D_m(J), \mathcal{O}_{\mathrm{Spm}\,R}) = \Gamma(D(J), \mathcal{O}_{\mathrm{Spec}\,R})$$
によって定義できることを示せ.

2.3 体 k 上の n 変数多項式環 $R = k[x_1, \cdots, x_n]$ と n 次元アフィン空間 $\mathbb{A}^n_k = \mathrm{Spec}\,R$ を考える. $\mathbb{A}^n_k$ の開集合 $U = \mathbb{A}^n_k \setminus \{O\}$, O はアフィン空間 $\mathbb{A}^n_k$ の原点, に対して, $n \geq 2$ であれば
$$\Gamma(U, \mathcal{O}_{\mathbb{A}^n}) = R$$
が成り立つことを示せ. この事実から U はアフィン開集合でないことが分かる.

2.4 位相空間 X 上の層 $\mathcal{F}$ に対して点 $x \in X$ 上の $\mathcal{F}$ の茎を
$$\mathcal{F}_x = \varinjlim_{x \in U} \mathcal{F}(U)$$
と定義した(問 11). ただし, U は開集合を動くものとする. 集合としての直積
$$\mathbb{F} = \prod_{x \in X} \mathcal{F}_x$$
に位相を次のようにして導入する. $s_x \in \mathcal{F}_x$ はある切断 $s \in \Gamma(V, \mathcal{F})$ の定める点 x での芽になっている. ここで V は点 x を含む開集合とする. このとき $\mathbb{F}$ の部分集合 $\{s_y \mid y \in V\}$ を $V(s)$ と記そう. 点 x, 元 s_x および可能な $s \in \Gamma(V, \mathcal{F})$ をすべて動かしてできる $V(s)$ の全体を $\mathbb{F}$ の開集合の基底とすることで $\mathbb{F}$ に位相を導入することができる. 写像 $p: \mathbb{F} \to X$ を $\mathcal{F}_x$ の各元を点 x に対応させることで定義すると p は連続かつ局所同相写像である. (p は $V(s)$ と V との位相同型を与える.) 以上の事実を証明せよ. $\mathbb{F}$ を層 $\mathcal{F}$ の**層空間**といい, $p: \mathbb{F} \to X$ を層空間の構造写像という. さらに, 以下の問に答えよ.

(1) $\mathcal{F}$ が加群の層であれば
$$\mathbb{F} \times_X \mathbb{F} = \{(a_x, b_x) \in \mathcal{F}_x \times \mathcal{F}_x \mid x \in X\}$$
から $\mathbb{F}$ への写像

$$a_\pm\colon \quad \mathbb{F}\times_X \mathbb{F} \longrightarrow \mathbb{F}$$
$$(a_x, b_x) \longmapsto a_x \pm b_x$$

は連続写像であることを示せ．また，写像

$$0\colon \quad X \longrightarrow \mathbb{F}$$
$$x \longmapsto 0_x$$

も連続写像であることを示せ．ここで 0_x は茎 $\mathcal{F}_x$ の零元である．さらに，$\mathcal{F}$ が可換環の層であれば

$$m\colon \quad \mathbb{F}\times_X \mathbb{F} \longrightarrow \mathbb{F}$$
$$(a_x, b_x) \longmapsto a_x b_x$$

も連続写像であることを示せ．
(2) X の開集合 U に対して
$$\varGamma(U, \mathbb{F}) = \{s\colon U \to \mathbb{F} \mid p \circ s = id_U,\ s \text{ は連続}\}$$
とおくと，$\varGamma(U, \mathbb{F}) = \mathcal{F}(U)$ とみなすことができることを示せ．

2.5 位相空間 X 上の前層 $\mathcal{G}$ に対して点 $x \in X$ 上の $\mathcal{G}$ の茎を層のときと同様にして
$$\mathcal{G}_x = \varinjlim_{x \in U} \mathcal{G}(U)$$
と定義する．前問と同様にして
$$\widetilde{\mathbb{G}} = \prod_{x \in X} \mathcal{G}_x$$
に位相空間の構造を導入する．このとき
$$\widetilde{\mathcal{G}}(U) = \{s\colon U \to \widetilde{\mathbb{G}} \mid p \circ s = id_U,\ s \text{ は連続}\}$$
と定義すると $\widetilde{\mathcal{G}}$ は X 上の層であることを示せ．また，自然な写像

$$\mathcal{G}(U) \longrightarrow \widetilde{\mathcal{G}}(U)$$
$$t \longmapsto \{U \ni y \mapsto t_y\}$$

が定義でき加群もしくは可換環の準同型写像であることを示せ．$\widetilde{\mathcal{G}}$ は前層 $\mathcal{G}$ の**層化**(sheafification)といわれる．$\widetilde{\mathcal{G}}$ の層空間は $\widetilde{\mathbb{G}}$ (と同相)であることを示せ．

3 圏とスキーム

　この章ではスキームを圏論的に取り扱い，スキームの持つ性質のいくつかを明らかにする．特に，今後大切な役割をするスキームのファイバー積の存在を証明することが主要な目標になる．その際に，いささか牛刀の感をまぬかれないが，関手の表現可能性の観点から論じることにする．スキームのファイバー積を定義することによって，代数幾何学で重要な様々の概念の定義が可能になる．本章では，その一端としてスキームの射のファイバーの定義および分離射の定義を与え，次章以降への準備とする．

§3.1　圏と関手

　この節ではスキームを**圏論**(category theory)の観点から眺め，スキームの理論を深めることにする．

(a)　圏

　圏(category, **カテゴリー**ということも多い)は**対象**(object)と呼ばれる範囲がはっきり定まった数学的対象と対象の間の**射**(morphism)とからなり，射の性質と異なる圏の間の関係によって対象を特徴づける理論である．いささか天下り的ではあるが，まず圏の定義を与えて，その実例をいくつか与えることにしよう．

定義 3.1 以下の性質を持つ対象と射の集まりを圏 $\mathcal{C}$ と呼ぶ．

（ⅰ）対象の全体 $Ob(\mathcal{C})$ が定まっており，$Ob(\mathcal{C})$ の各元を圏 $\mathcal{C}$ の対象という．

（ⅱ）$\mathcal{C}$ の任意の対象 A, B（すなわち $A, B \in Ob(\mathcal{C})$）に対して集合 $\mathrm{Hom}(A, B)$ が定まっており，$\mathrm{Hom}(A, B)$ の各元を対象 A から対象 B への射という．

（ⅲ）$\mathcal{C}$ の任意の対象 A, B, C と任意の元 $f \in \mathrm{Hom}(A, B)$, $g \in \mathrm{Hom}(B, C)$ に対して射の**合成**(composition) $g \circ f$ が定義され $g \circ f \in \mathrm{Hom}(A, C)$ である．またこの射の合成に関して結合律が成り立つ．すなわち，任意の対象 $A, B, C, D \in Ob(\mathcal{C})$ と任意の射 $f \in \mathrm{Hom}(A, B)$, $g \in \mathrm{Hom}(B, C), h \in \mathrm{Hom}(C, D)$ に対して
$$h \circ (g \circ f) = (h \circ g) \circ f$$
が成り立つ．

（ⅳ）任意の対象 $A \in Ob(\mathcal{C})$ に対して**恒等射**(identity morphism), $id_A \in \mathrm{Hom}(A, A)$ が定義されており，任意の射 $f \in \mathrm{Hom}(A, B)$ に対して
$$f \circ id_A = f, \quad id_B \circ f = f$$
がつねに成立する． □

一体，何を定義しているのか戸惑われた読者も多いかもしれない．簡単な例として集合の圏 (Set) を考えてみよう．集合の圏 (Set) の対象は集合であり，$Ob((\mathrm{Set}))$ は集合の全体である．また集合 A, B に対して $\mathrm{Hom}(A, B)$ は A から B への写像の全体である．すなわち A から B への射は A から B への写像であると定義し，射の合成は写像の合成，恒等射は恒等写像のことであると定義すれば，上の定義の(ⅰ)–(ⅳ)の性質がすべて満足されることが分かる．

他の例として，対象として単位元を持つ可換環，射として可換環の単位元を単位元に写す準同型写像を考えると可換環の圏 (Ring) を定義することができる．すなわち $Ob((\mathrm{Ring}))$ は可換環の全体，可換環 A, B に対して $\mathrm{Hom}(A, B)$ は可換環の準同型写像の全体，射の合成は準同型写像の合成，恒等射は恒等写像と定義すれば，(ⅰ)–(ⅳ)の性質がすべて満足され (Ring) は圏

であることが分かる.

また可換環 R に対して $Ob((R\text{-mod}))$ は R 加群の全体, R 加群 M,N に対して $\mathrm{Hom}(M,N)$ は R 加群としての準同型写像の全体 $\mathrm{Hom}_R(M,N)$, 射の合成は写像の合成, 恒等射は恒等写像と定義することによって $(R\text{-mod})$ は圏になる. 特に $R=\mathbb{Z}$ (有理整数環) のときは $\mathbb{Z}$ 加群 M は単に加群 M と考えることと同じであるので $(\mathbb{Z}\text{-mod})$ のかわりに (Mod), または (Ab) と記し, 加群の圏または Abel 群の圏という. 同様にして群の圏 (Group) が定義できることはもはや明らかであろう. 同様にスキームのなす圏 (Sch), アフィンスキームのなす圏 $(\mathrm{Aff.Sch})$ が定義できる.

ところで, 以下しばしば同一の対象 X が異なる圏に属する場合を考える必要が出てくる. そこで, 圏 $\mathcal{C}$ での射を考えていることを強調するために $\mathrm{Hom}(A,B)$ を $\mathrm{Hom}_\mathcal{C}(A,B)$ と記すことがある. たとえば, Abel 群 A,B は圏 (Mod) の対象であるが, 圏 (Group) の対象と考えることもでき, さらに, 圏 (Set) の対象と考えることもできる. このとき,

$$\mathrm{Hom}_{(\mathrm{Mod})}(A,B) = \mathrm{Hom}_{(\mathrm{Group})}(A,B)$$

であるが

$$\mathrm{Hom}_{(\mathrm{Mod})}(A,B) \subsetneq \mathrm{Hom}_{(\mathrm{Set})}(A,B)$$

が成り立っている.

ところで, 圏 $\mathcal{C}$ の射 $f\colon C\to D$ は $g\circ f=id_C$, $f\circ g=id_D$ を満足する射 $g\colon D\to C$ が存在するとき, **同型**であるという.

さて, 圏 $\mathcal{C}$ が与えられたとき, 射に関する**図式** (diagram) が可換環の準同型写像や加群の準同型写像と同様に考えることができる. 特に $A,B,C,D\in Ob(\mathcal{C})$ と, 射 f,g,u,v からできる図式

$$\begin{array}{ccc} A & \xrightarrow{f} & B \\ u\downarrow & & \downarrow v \\ C & \xrightarrow{g} & D \end{array}$$

に対して

$$v\circ f = g\circ u$$

が成り立つとき**可換図式**(commutative diagram)である，または図式は可換であるという．同様に，図式

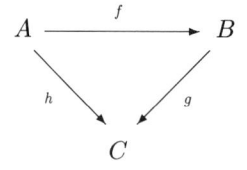

$$A \xrightarrow{f} B, \quad A \xrightarrow{h} C, \quad B \xrightarrow{g} C$$

は

$$g \circ f = h$$

であるとき可換図式であるという．もっと複雑な図式に対しても可換図式が定義できることは明らかであろう．以下，そうした例はたくさん登場する．

(b) 関　手

さて，スキームのなす圏 (Sch) を詳しく考察するために，もう1つ大切な概念である**関手**(functor)を定義しておこう．

定義3.2　圏 $\mathcal{C}, \mathcal{D}$ が与えられたとき，写像 $F: Ob(\mathcal{C}) \to Ob(\mathcal{D})$ および任意の $A, B \in Ob(\mathcal{C})$ に対して写像 $F: \mathrm{Hom}(A, B) \to \mathrm{Hom}(F(A), F(B))$ が定義され

　(1)　任意の $A \in Ob(\mathcal{C})$ に対して $F(id_A) = id_{F(A)}$

　(2)　任意の $f \in \mathrm{Hom}(A, B), g \in \mathrm{Hom}(B, C)$ に対して
$$F(g \circ f) = F(g) \circ F(f)$$

が成り立つとき，F を圏 $\mathcal{C}$ から $\mathcal{D}$ への**共変関手**(covariant functor)と呼び $F: \mathcal{C} \to \mathcal{D}$ と記す．

　また写像 $G: Ob(\mathcal{C}) \to Ob(\mathcal{D})$ が定義され，かつ任意の $A, B \in Ob(\mathcal{C})$ に対して写像 $G: \mathrm{Hom}(A, B) \to \mathrm{Hom}(G(B), G(A))$ が定義され，上記の性質(1)および

　(2′)　任意の $f \in \mathrm{Hom}(A, B), g \in \mathrm{Hom}(B, C)$ に対して
$$G(g \circ f) = G(f) \circ G(g)$$

が成り立つとき，G を圏 $\mathcal{C}$ から $\mathcal{D}$ への**反変関手**(contravariant functor)とい

う。   □

問1 圏 $\mathcal{C}$ に対して $Ob(\mathcal{C}^\circ) = Ob(\mathcal{C})$, $X, Y \in Ob(\mathcal{C}^\circ)$ に対して
$$\mathrm{Hom}_{\mathcal{C}^\circ}(X, Y) = \mathrm{Hom}_{\mathcal{C}}(Y, X),$$
$f \in \mathrm{Hom}_{\mathcal{C}^\circ}(X, Y)$, $g \in \mathrm{Hom}_{\mathcal{C}^\circ}(Y, Z)$ に対して $\mathcal{C}^\circ$ での射の合成 $g \circ f$ を f, g を $\mathcal{C}$ での射とみて合成 $f \circ g \in \mathrm{Hom}_{\mathcal{C}}(Z, X)$ をとり，この射を $\mathcal{C}^\circ$ の射と考えたものとして定義する．このとき $\mathcal{C}^\circ$ は圏になることを示せ．$\mathcal{C}^\circ$ を圏 $\mathcal{C}$ の**双対圏**(dual category)という．圏 $\mathcal{C}$ から圏 $\mathcal{D}$ への反変関手を与えることは，双対圏 $\mathcal{C}^\circ$ から圏 $\mathcal{D}$ への共変関手を与えることと同値であることを示せ．

圏 $\mathcal{C}$ から自分自身への関手として**恒等関手** $id_{\mathcal{C}}$ を考えることができる．これは $X \in Ob(\mathcal{C})$ に対して $id_{\mathcal{C}}(X) = X$, $f \in \mathrm{Hom}(X, Y)$ に対して $id_{\mathcal{C}}(f) = f$ と定義される関手である．以下，特にことわらない限り，共変関手を単に関手ということにする．ところで圏 $\mathcal{C}$ から圏 $\mathcal{D}$ への関手 $F: \mathcal{C} \to \mathcal{D}$, 圏 $\mathcal{D}$ から圏 $\mathcal{E}$ への関手 $G: \mathcal{D} \to \mathcal{E}$ が与えられると，$X \in Ob(\mathcal{C})$ に対して $G \circ F(X) = G(F(X))$, $f \in \mathrm{Hom}_{\mathcal{C}}(A, B)$ に対して $G \circ F(f) = G(F(f))$ と定義することによって，関手 $G \circ F: \mathcal{C} \to \mathcal{E}$ を定義することができる．$F \circ id_{\mathcal{C}} = F$, $id_{\mathcal{D}} \circ F = F$ であることも容易に分かる．同様に，F または G が反変関手で他方が共変関手のときは $G \circ F$ は反変関手，F, G がともに反変関手とのきは $G \circ F$ は共変関手であることも容易に分かる．

次に関手の間の**射**(**自然変換**(natural transformation)ということも多い)を定義しよう．関手 $F: \mathcal{C} \to \mathcal{D}$ および，関手 $G: \mathcal{C} \to \mathcal{D}$ が与えられたとき，任意の対象 $C \in Ob(\mathcal{C})$ に対して射 $\eta(C): F(C) \to G(C)$ が定義され，かつ任意の射 $f: C \to C'$ に対して図式

$$\begin{array}{ccc} F(C) & \xrightarrow{F(f)} & F(C') \\ \eta(C) \downarrow & & \downarrow \eta(C') \\ G(C) & \xrightarrow{G(f)} & G(C') \end{array}$$

が可換になるとき $\eta: F \to G$ は関手 F から関手 G への射と呼ぶ．特に，すべての $C \in Ob(\mathcal{C})$ に対して $\eta(C)$ が同型のとき，射 η は**同型**であるといい，

$\eta\colon F \simeq G$ と記す.

さて,関手 $F\colon \mathcal{C} \to \mathcal{D}$ に対して,
$$G \circ F \simeq id_{\mathcal{C}}, \quad F \circ G \simeq id_{\mathcal{D}}$$
を満足する関手 $G\colon \mathcal{D} \to \mathcal{C}$ が存在するとき,圏 $\mathcal{C}$ と圏 $\mathcal{D}$ とは**同値な圏**であるという.また F が反変関手のときは $\mathcal{C}$ と $\mathcal{D}$ とは**反変同値な圏**であるという.これは $\mathcal{C}$ の双対圏 $\mathcal{C}^\circ$ と $\mathcal{D}$ とが同値な圏であることを意味する.圏 $\mathcal{C}$ と $\mathcal{D}$ とが異なる表現を持っていても同値であれば,一方の圏の持つ性質は他方の圏の性質に自動的に移すことができ,議論の見通しがよくなる場合がある.実は同値な圏の例はすでに登場している.

定理 3.3 可換環のなす圏 (Ring) からアフィンスキームのなす圏 (Aff. Sch) への反変関手 F を,可換環 R に対して
$$F(R) = (\mathrm{Spec}\,R, \mathcal{O}_{\mathrm{Spec}\,R}),$$
可換環の準同型写像 $\varphi\colon R \to S$ に対してアフィンスキーム間の射
$$F(\varphi) = \varphi^a\colon \mathrm{Spec}\,S \longrightarrow \mathrm{Spec}\,R$$
を対応させることによって定義すると,(Ring) と (Aff. Sch) は反変同値な圏となる.

[証明] 圏 (Aff. Sch) から圏 (Ring) への反変関手 G を $(X, \mathcal{O}_X) \in Ob((\mathrm{Aff.\,Sch}))$ に対して
$$G((X, \mathcal{O}_X)) = \Gamma(X, \mathcal{O}_X),$$
射 $(f, \theta)\colon (X, \mathcal{O}_X) \to (Y, \mathcal{O}_Y)$ に対しては
$$G((f, \theta))\colon \Gamma(Y, \mathcal{O}_Y) \longrightarrow \Gamma(Y, f_*\mathcal{O}_X) = \Gamma(X, \mathcal{O}_X)$$
と定義する.アフィンスキームと射の定義より
$$G(F(R)) = \Gamma(\mathrm{Spec}\,R, \mathcal{O}_{\mathrm{Spec}\,R}) = R$$
であり,可換環の準同型 $\varphi\colon R \to S$ に対して
$$G(F(\varphi))\colon \Gamma(\mathrm{Spec}\,R, \mathcal{O}_{\mathrm{Spec}\,R}) = R \longrightarrow \Gamma(\mathrm{Spec}\,S, \mathcal{O}_{\mathrm{Spec}\,S}) = S$$
は φ に一致することは $\varphi^{\#}\colon \mathcal{O}_{\mathrm{Spec}\,R} \to \varphi^a_*\mathcal{O}_{\mathrm{Spec}\,S}$ の定義より明らかである.よって
$$G \circ F = id_{(\mathrm{Ring})}$$
であることが分かる.

次に $F \circ G \simeq id_{\text{Aff.Sch}}$ であることを示そう．そのために，もう少し一般的にスキーム $(Z, \mathcal{O}_Z)$ からアフィンスキーム $(\operatorname{Spec} R, \mathcal{O}_{\operatorname{Spec} R})$ への射 (f, θ) を考える．このとき層の準同型写像 $\theta \colon \mathcal{O}_{\operatorname{Spec} R} \to f_* \mathcal{O}_Z$ から環の準同型写像

(3.1) $\quad \varphi \colon R = \Gamma(\operatorname{Spec} R, \mathcal{O}_{\operatorname{Spec} R}) \longrightarrow \Gamma(\operatorname{Spec} R, f_* \mathcal{O}_Z) = \Gamma(Z, \mathcal{O}_Z)$

が定まる．また Z の任意の点 z に対して，自然な環の準同型写像

$$\nu_z \colon \Gamma(Z, \mathcal{O}_Z) \longrightarrow \mathcal{O}_{Z,z}$$

が定まる．このとき，次の命題が成り立つことから，$F \circ G = id_{(\text{Aff.Sch})}$ であることが分かる． ∎

命題 3.4 スキームからアフィンスキームの射 $(f, \theta) \colon (Z, \mathcal{O}_Z) \to (\operatorname{Spec} R, \mathcal{O}_{\operatorname{Spec} R})$ に対して，$z \in Z$ のとき $f(z) = \varphi_z^{-1}(\mathfrak{m}_z)$ が成り立つ．ここで $\mathfrak{m}_z$ は $\mathcal{O}_{Z,z}$ の極大イデアルを表わし，$\varphi_z = \nu_z \circ \varphi$ である．

さらにスキーム $(Z, \mathcal{O}_Z)$ とアフィンスキーム $(\operatorname{Spec} R, \mathcal{O}_{\operatorname{Spec} R})$ に対して

(3.2) $\quad \operatorname{Hom}_{(\text{Sch})}(Z, \operatorname{Spec} R) \simeq \operatorname{Hom}_{(\text{Ring})}(R, \Gamma(Z, \mathcal{O}_Z))$

が成り立つ．

[証明] $f(z) = \mathfrak{p} \in \operatorname{Spec} R$ とすると定義 2.28 条件(LR)より，層の準同型 θ より導かれる環の準同型写像

$$\theta_\mathfrak{p} \colon R_\mathfrak{p} = \mathcal{O}_{\operatorname{Spec} R, \mathfrak{p}} \longrightarrow \mathcal{O}_{Z,z}$$

は局所的であり，$\theta_\mathfrak{p}^{-1}(\mathfrak{m}_z) = \mathfrak{p} R_\mathfrak{p}$ が成り立つ．局所化の標準写像

$$\psi \colon R \longrightarrow R_\mathfrak{p}$$

に対して，環の準同型 $\theta_\mathfrak{p} \circ \psi \colon R \to \mathcal{O}_{Z,z}$ は，φ_z と一致することが分かる．$\psi^{-1}(\mathfrak{p} R_\mathfrak{p}) = \mathfrak{p}$ であるので，$\varphi_z^{-1}(\mathfrak{m}_z) = \mathfrak{p}$ である．よって最初の主張が示された．

次に 2 番目の主張を示そう．$(f, \theta) \in \operatorname{Hom}_{(\text{Sch})}(Z, \operatorname{Spec} R)$ に対して，層の準同型写像 θ から上で示したように環の準同型写像

$$\varphi \colon R \longrightarrow \Gamma(Z, \mathcal{O}_Z)$$

が定まる．逆に環の準同型写像

$$\psi \colon R \longrightarrow \Gamma(Z, \mathcal{O}_Z)$$

が与えられると，Z の点 z に対して標準的に定まる環の準同型写像

$$\nu_z \colon \Gamma(Z, \mathcal{O}_Z) \longrightarrow \mathcal{O}_{Z,z}$$

との合成 $\nu_z \circ \psi : R \longrightarrow \mathcal{O}_{Z,z}$ を ψ_z とおく．$\mathcal{O}_{Z,z}$ の極大イデアル $\mathfrak{m}_z$ に対して $\psi_z^{-1}(\mathfrak{m}_z)$ は R の素イデアルである．したがって，写像
$$f: Z \longrightarrow \operatorname{Spec} R$$
$$z \longmapsto \psi_z^{-1}(\mathfrak{m}_z)$$
が定義できる．f は連続写像であることを示そう．$X = \operatorname{Spec} R$ とおき，$g \in R$ に対して $f^{-1}(X_g)$ が Z の開集合であることを示せばよい．写像 f の定義より
$$f^{-1}(X_g) = \{z \in Z \mid \nu_z(\psi(g)) \notin \mathfrak{m}_z\}$$
$$= \{z \in Z \mid \nu_z(\psi(g)) \text{ は } \mathcal{O}_{Z,z} \text{ で可逆元}\}$$
$$= \{z \in Z \mid \psi(g)(z) \neq 0\}$$

と書け，最後の表示より $f^{-1}(X_g)$ は開集合であることが分かる．また層の定義より定まる環の準同型写像
$$\Gamma(Z, \mathcal{O}_Z) \longrightarrow \Gamma(f^{-1}(X_g), \mathcal{O}_Z)$$
は局所化の普遍写像性より

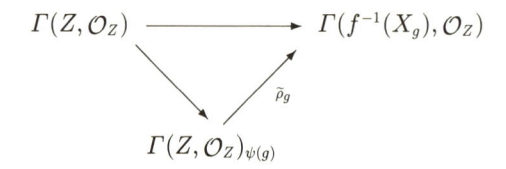

$$\begin{array}{ccc}
\Gamma(Z, \mathcal{O}_Z) & \longrightarrow & \Gamma(f^{-1}(X_g), \mathcal{O}_Z) \\
& \searrow \quad \nearrow_{\tilde{\rho}_g} & \\
& \Gamma(Z, \mathcal{O}_Z)_{\psi(g)} &
\end{array}$$

と分解できる．準同型写像 ψ より定まる準同型写像
$$\psi_g : R_g \longrightarrow \Gamma(Z, \mathcal{O}_Z)_{\psi(g)}$$
と写像 $\tilde{\rho}_g$ との合成
$$\theta_g = \tilde{\rho}_g \circ \psi_g : R_g \longrightarrow \Gamma(f^{-1}(X_g), \mathcal{O}_Z)$$
を考える．$g \in R$ を種々動かすことによって，準同型写像 θ_g から §2.3 と同様の議論によって層の準同型写像
$$\theta : \mathcal{O}_{\operatorname{Spec} R} \longrightarrow f_* \mathcal{O}_Z$$
を構成することができる．以上によって，スキーム間の射 $(f, \theta) : (Z, \mathcal{O}_Z) \to (\operatorname{Spec} R, \mathcal{O}_{\operatorname{Spec} R})$ が構成できた．

さて，環の準同型写像 $\psi\colon R\to\Gamma(Z,\mathcal{O}_Z)$ がスキームの射 $(\widetilde{f},\widetilde{\theta})\colon(Z,\mathcal{O}_Z)\to$ $(\operatorname{Spec}R,\mathcal{O}_{\operatorname{Spec}R})$ から (3.1) によって構成されたものであれば，ψ から上のように構成した射のスキーム間の射 (f,θ) は $(\widetilde{f},\widetilde{\theta})$ と一致することがただちに分かる．また環の準同型写像 $\psi\colon R\to\Gamma(Z,\mathcal{O}_Z)$ からスキーム間の射 (f,θ) を上のように構成し，この (f,θ) から (3.1) によって環の準同型写像 $\varphi\colon R\to\Gamma(Z,\mathcal{O}_Z)$ を構成すると $\varphi=\psi$ であることも，射 (f,θ) の構成法よりただちに分かる．したがって (3.2) は集合として同型である． ∎

可換環のなす圏とアフィンスキームのなす圏とが反変同値であるという定理 3.3 は奇妙に感じられるかもしれないが，アフィンスキームの定義がきわめて自然であることを主張していると考えることができる．また一方では，可換環をアフィンスキームという幾何学的対象から見ることができることも意味し，可換環の幾何学的考察も可能にしている．

圏と関手の考え方はこれからいたるところで登場するといっても過言ではない．圏と関手を考えることは，ひとつの数学的対象を研究するのに，他の種々の対象との関係を記述する射を使って考えている数学的対象の特質を明らかにしていくことを意味している．前章ででてきた環や加群の帰納的極限や局所化を普遍写像性を使って定義することもこうした観点のひとつである．Grothendieck は代数幾何学に圏と関手の考え方を徹底的に使用して，代数幾何学に新しい視点を導入しその内容を豊かにした．

さて，少し話題を変えて位相空間 X とその上の前層を圏と関手という観点から見ておこう．

例 3.5 位相空間 X に対して圏 $\operatorname{Top}(X)$ を次のように定める．$Ob(\operatorname{Top}(X))$ は X の開集合の全体からなる．また $U,V\in Ob(\operatorname{Top}(X))$ に対して

$$\operatorname{Hom}(U,V)=\begin{cases}\iota_{V,U}\colon U\hookrightarrow V, & U\subset V \text{ のときは自然な埋め込み写像} \\ \varnothing, & \text{それ以外のとき}\end{cases}$$

と定義すると $\operatorname{Hom}(U,V)$ は圏の射としての性質を持っている．X 上の加群の準層は $\operatorname{Top}(X)$ から圏 (Mod) への反変関手 $G\colon\operatorname{Top}(X)\to(\operatorname{Mod})$ と見ることができる．すなわち，各開集合 $U\in Ob(\operatorname{Top}(X))$ に加群 $G(U)$ が対応し，

$U \subset V$ のとき準同型写像

$$\rho_{V,U} = G(\iota_{V,U}) \colon G(V) \longrightarrow G(U)$$

が定まる．定義 2.17 の性質 (i), (ii) は G が関手であることを意味している．□

この例自身は位相空間とその上の前層を圏と関手の言葉を使って仰々しく言い換えたものにすぎないが，この観点は **Grothendieck 位相**（Grothendieck topology）として位相空間の概念を一般化するとき大切な役割を果たす．スキームの Zariski 位相では開集合は少なすぎ，後に述べるように定数層のコホモロジーを定義するのには不十分であることが知られている．Grothendieck はこの困難を回避するために位相の概念を拡張してコホモロジー論を展開した．数論で大切になる**エタールコホモロジー**（etale cohomology）はそのひとつである．

(c) スキームに値をとる点

さてここで少し趣向を変えて"点"の定義を新たにすることにしよう．

定義 3.6 スキーム X に対してスキーム S からスキーム X への射を X の **S に値をとる点**（S-valued point）という．特に S がアフィンスキーム $\mathrm{Spec}\, R$ のときは S に値をとる点のかわりに **R に値をとる点**（R-valued point）という．特に R が代数的閉体 k のときは k に値をとる点を**幾何学的点**（geometric point）という．X がスキーム Z 上のスキームのときは S に値をとる点は S から X への Z 上のスキームの射である．□

スキームの射 $f \colon S \to X$ を S に値をとる点と呼ぶことを不思議に思われる読者も多いであろう．しかし，次の例からこれは通常の意味での点の概念の一般化と考えることができることが納得いくであろう．

例 3.7 整数係数の n 変数多項式 $f_1(x_1, x_2, \cdots, x_n), \cdots, f_l(x_1, x_2, \cdots, x_n)$ に対して環

$$A = \mathbb{Z}[x_1, x_2, \cdots, x_n]/(f_1(x_1, \cdots, x_n), \cdots, f_l(x_1, \cdots, x_n))$$

およびアフィンスキーム $X = \mathrm{Spec}\, A$ を考える．体 k に対して k に値をとる点

$$\psi \colon \mathrm{Spec}\, k \longrightarrow \mathrm{Spec}\, A$$

を与えることは，環の準同型写像

$$\varphi: A \longrightarrow k$$

で $\psi = \varphi^a$ となるものを与えることと同値であった．環 A での $x_1, x_2, \cdots, x_n$ の剰余類を $\overline{x_1}, \overline{x_2}, \cdots, \overline{x_n}$ と記し，$a_j = \varphi(\overline{x_j})$, $j = 1, 2, \cdots, n$ とおくと，φ が準同型写像であることは，最初の多項式 $f_1, \cdots, f_l$ で考えれば

$$(3.3) \quad \left.\begin{array}{r} f_1(a_1, a_2, \cdots, a_n) = 0 \\ f_2(a_1, a_2, \cdots, a_n) = 0 \\ \cdots\cdots\cdots\cdots \\ f_l(a_1, a_2, \cdots, a_n) = 0 \end{array}\right\}$$

を意味する．逆に(3.3)が満足されるように $a_j \in k$ を選ぶと $\varphi(\overline{x_j}) = a_j$ であるように環の準同型写像 $\varphi: A \to k$ が一意的に定まり，したがって k に値をとる点 $\varphi^a: \mathrm{Spec}\, k \to \mathrm{Spec}\, A$ が1つ定まる．このようにアフィンスキーム $\mathrm{Spec}\, A$ の k に値をとる点は連立方程式(3.3)の解に他ならない． □

以上の議論は $f_1, f_2, \cdots, f_l$ が体 L の元を係数とする多項式のときも L を部分体として含む体 k に対して，アフィンスキーム

$$(3.4) \quad \mathrm{Spec}\, A, \quad A = L[x_1, x_2, \cdots, x_n]/(f_1, f_2, \cdots, f_l)$$

の k に値をとる点にも適用できる．ただし，体 L を k の部分体と見る見方，すなわち体の埋め込み $L \hookrightarrow k$ はいくつもあるので，上の議論を適用するためには埋め込みを1つ固定しておく必要がある．しかしながら，準同型写像 $\varphi: A \to k$ を考えること，同じことであるが，k に値をとる点 $\varphi^a: \mathrm{Spec}\, k \to \mathrm{Spec}\, A$ を考えることは自動的に埋め込み $L \hookrightarrow k$ も考えることとなり大変都合がよい．さらに(3.4)は環 A の多項式環を使ったひとつの表現を与えていると考えることができ，k に値をとる点を考えることはこうした環 A の表現の仕方によらない記述を与えることができる点でも大切である．

ところで，定義3.6のようにスキームの点の概念を拡張することによって新しい観点に立つことができる．次の例はそのひとつである．

例 3.8 体 k の元を係数とする2変数多項式 $f(x, y)$ に対して環

$$A = k[x, y]/(f(x, y))$$

を考える．また t を変数とする1変数多項式環 $k[t]$ の剰余環

$$R_n = k[t]/(t^{n+1})$$

をとり，スキームの射

$$\varphi_n \colon \operatorname{Spec} R_n \longrightarrow \operatorname{Spec} A$$

を考える．φ_n はアフィンスキーム $\operatorname{Spec} A$ の R_n に値をとる点を 1 つ定めるが，射 φ_n は環の準同型写像

$$\psi_n \colon A \longrightarrow R_n$$

を与えることにより定まる．x, y の A での剰余類を $\overline{x}, \overline{y}$ と記し，$g_n(t), h_n(t) \in k[t]$ を

(3.5)
$$\left.\begin{aligned}\psi_n(\overline{x}) &= g_n(t) \mod (t^{n+1}) \\ \psi_n(\overline{y}) &= h_n(t) \mod (t^{n+1})\end{aligned}\right\}$$

となるように定める．準同型写像 ψ_n は $g_n(t), h_n(t)$ から一意的に定まるが，$g_n(t), h_n(t)$ が準同型写像を定めるためには

(3.6)
$$f(g_n(t), h_n(t)) \equiv 0 \mod (t^{n+1})$$

が成り立たねばならない．逆に (3.6) が成り立つように $g_n(t), h_n(t)$ をとれば (3.5) より準同型写像 ψ_n が定まり，スキームの射 $\varphi_n = \psi_n^a$ が定まることになる．

ところで $g_n(t), h_n(t)$ の R_n での剰余類が準同型写像 ψ_n を定めるので，$g_n(t), h_n(t)$ としては t に関して n 次以下の k の元を係数とする多項式と仮定して十分である．このように仮定すると R_n に値をとる点 $\varphi_n \colon \operatorname{Spec} R_n \to \operatorname{Spec} A$ と (3.6) を満足する n 次以下の多項式 $g_n(t), h_n(t) \in k[t]$ の対 $(g_n(t), h_n(t))$ とが 1 対 1 に対応することが分かる．

さて，自然な標準写像

$$\psi_{n,n+1} \colon R_{n+1} \longrightarrow R_n$$

によって，スキームの射

$$\varphi_{n,n+1} \colon \operatorname{Spec} R_n \longrightarrow \operatorname{Spec} R_{n+1}$$

が定まる．$\operatorname{Spec} A$ の R_{n+1} に値をとる点 $\varphi_{n+1} \colon \operatorname{Spec} R_{n+1} \to \operatorname{Spec} A$ が与えられると，$\varphi_n = \varphi_{n+1} \circ \varphi_{n,n+1}$ は R_n に値をとる点となる．そこで $\varphi_n \colon \operatorname{Spec} R_n \to \operatorname{Spec} A$ に対して $\varphi_n = \varphi_{n+1} \circ \varphi_{n,n+1}$ となる射 $\varphi_{n+1} \colon \operatorname{Spec} R_{n+1} \to \operatorname{Spec} A$

を R_n に値をとる点 φ_n の上にある R_{n+1} に値をとる点と呼ぶ．もし φ_n に対してこのような φ_{n+1} が存在し，φ_{n+1} に対して $\varphi_{n+1} = \varphi_{n+1,n+2} \circ \varphi_{n+2}$ を満足する $\varphi_{n+2}\colon \operatorname{Spec} R_{n+2} \to \operatorname{Spec} A$ が存在し，以下，$\varphi_{n+3}, \varphi_{n+4}, \dots$ が次々と存在したと仮定しよう．$m \geqq n$ のとき φ_m は m 次以下の多項式の対 $(g_m(t), h_m(t))$ で

(3.7) $$f(g_m(t), h_m(t)) \equiv 0 \mod (t^{m+1})$$

を満足するものと対応するが，$\psi_m = \psi_{m,m+1} \circ \psi_{m+1}$ は $g_{m+1}(t)$ と $g_m(t)$ とは m 次までの項はすべて一致し，$h_{m+1}(t)$ と $h_m(t)$ も m 次までの項がすべて一致することを意味する．したがって，$g_n(t), g_{n+1}(t), g_{n+2}(t), \dots$ を考えると"極限"として形式的べき級数 $g(t)$ を得る．同様に $h_n(t), h_{n+1}(t), h_{n+2}(t), \dots$ の"極限"として形式的べき級数 $h(t)$ を得る．このとき (3.7) は，$f(g_m(t), h_m(t))$ の m 次以下の項は 0 であることを意味するので

(3.8) $$f(g(t), h(t)) = 0$$

である．このように $\operatorname{Spec} A$ の R_n に値をとる点 φ_n は形式的べき級数 $g(t), h(t)$ による方程式 $f(x, y) = 0$ の解の n 次の項までの近似と考えることができる． □

問 2 $f(x, y) = y^3 + xy^2 - (x + x^2)y + x^2 + 2x^3$ に対して $g_1(t) = t$, $h_1(t) = t$ とおくと
$$f(g_1(t), h_1(t)) \equiv 0 \mod (t^2)$$
が成り立つ．例 3.8 と同じ記号を使うとき $(g_1(t), h_1(t))$ より定まる R_2 に値をとる点 $\varphi_1\colon \operatorname{Spec} R_2 \to \operatorname{Spec} A$ の上にある R_2, R_3 に値をとる点 φ_2, φ_3 を求めよ．同様に $g_2(t) = t^2$, $h_2(t) = t$ とおくと
$$f(g_2(t), h_2(t)) \equiv 0 \mod (t^3)$$
が成り立つ．$(g_2(t), h_2(t))$ より定まる R_2 に値をとる点の上にある R_3 に値をとる点を求めよ．

さて，スキーム $(X, \mathcal{O}_X)$ の通常の意味での点，すなわち底空間 X の点 $x \in X$ を考える．点 x での構造層 $\mathcal{O}_X$ の茎 $\mathcal{O}_{X,x}$ は局所環であるが，その極大イデアルを今までどおり $\mathfrak{m}_x$ と記す．このとき，体 $\mathcal{O}_{X,x}/\mathfrak{m}_x$ を点 x の**剰余体**(residue field)といい，$k(x)$ と記す．このとき $(\operatorname{Spec} k(x), k(x))$ から $(X, \mathcal{O}_X)$

への射が環の準同型写像
$$\Gamma(X, \mathcal{O}_X) \longrightarrow \mathcal{O}_{X,x} \longrightarrow k(x)$$
によって定まる．底空間の写像としては1点からなる $\operatorname{Spec} k(x)$ は X の点 x に写される．このことから，スキームの底空間 X の点 x は $k(x)$ に値をとる点と考えることができることが分かる．また体 K が与えられたとき，点 x での剰余体 $k(x)$ が K である点を X の **K 有理点**(K-rational point) という．

(d) 圏 $\mathcal{C}/Z$

ここでもう少し圏論からの言葉を用意しよう．圏 $\mathcal{C}$ の対象 Z が与えられたとき Z 上の圏 $\mathcal{C}/Z$ を定義することができる．$Ob(\mathcal{C}/Z)$ は圏 $\mathcal{C}$ の対象 X と射 $p: X \to Z$ の組 (X, p) の全体からなり，$\operatorname{Hom}((X, p), (Y, q))$ は圏 $\mathcal{C}$ の射 $h: X \to Y$ のうちで図式

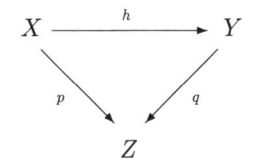

$$\begin{array}{ccc} X & \xrightarrow{h} & Y \\ & \searrow p \quad q \swarrow & \\ & Z & \end{array}$$

を可換にするもの全体からなるものと定義する．$\mathcal{C}/Z$ が圏であることは容易に分かる．特に誤解の恐れがないときは $\mathcal{C}/Z$ の対象 (X, p) を単に X と略記し，X を Z 上の対象という．また $p: X \to Z$ は X の(正確には (X, p) の)**構造射**(structure morphism)という．また $\operatorname{Hom}((X, p), (Y, q))$ は $\operatorname{Hom}_Z(X, Y)$ と略記することがあり，$\operatorname{Hom}_Z(X, Y)$ の元 $h: X \to Y$ を Z 上の射という．$\mathcal{C} = (\text{Sch})$ のときはスキーム Z に対して $\mathcal{C}/Z$ を $(\text{Sch})/Z$ と記し，Z 上のスキームのなす圏という．

ところで，圏 $\mathcal{C}$ の任意の対象 X に対して $\operatorname{Hom}_\mathcal{C}(X, e)$ がつねに唯ひとつの元からなるような $\mathcal{C}$ の対象 e が存在するとき e を $\mathcal{C}$ の**終対象**(final object)という．一方 $\mathcal{C}$ の任意の対象 X に対して $\operatorname{Hom}_\mathcal{C}(e, X)$ がつねに唯ひとつの元からなるとき，e を**始対象**(initial object)という．

問3 e が $\mathcal{C}$ の終対象であれば $\mathcal{C} = \mathcal{C}/e$ であることを示せ．

例題 3.9 可換環の圏 (Ring) では有理整数環 $\mathbb{Z}$ が始対象であり，スキームの圏 (Sch) では $(\mathrm{Spec}\,\mathbb{Z}, \mathcal{O}_{\mathrm{Spec}\,\mathbb{Z}})$ が終対象であることを示せ．

［解］ 可換環はすべて単位元を持ち準同型写像はすべて単位元は単位元に写すと約束しているので可換環 R に対して準同型写像
$$f: \mathbb{Z} \longrightarrow R$$
は $f(n) = nf(1) = n \cdot 1_R$, 1_R は R の単位元，と一意的に定まる．したがって $\mathrm{Hom}_{(\mathrm{Ring})}(\mathbb{Z}, R)$ は唯ひとつの元よりなる．よって $\mathbb{Z}$ は始対象である．

スキーム $(X, \mathcal{O}_X)$ からスキーム $(\mathrm{Spec}\,\mathbb{Z}, \mathcal{O}_{\mathrm{Spec}\,\mathbb{Z}})$ への射は命題 3.4 より可換環の準同型写像
$$f: \mathbb{Z} \longrightarrow \Gamma(X, \mathcal{O}_X)$$
により一意的に定まるが，f は唯ひとつしかないので $\mathrm{Hom}_{(\mathrm{Sch})}(X, \mathrm{Spec}\,\mathbb{Z})$ は唯ひとつの元からなる．したがって $(\mathrm{Spec}\,\mathbb{Z}, \mathcal{O}_{\mathrm{Spec}\,\mathbb{Z}})$ は (Sch) の終対象である． ∎

この例題と問3よりスキームのなす圏 (Sch) と $\mathrm{Spec}\,\mathbb{Z}$ 上のスキームのなす圏 (Sch)/$\mathrm{Spec}\,\mathbb{Z}$ とは同じであることが分かる．可換環 R に対して $\mathrm{Spec}\,R$ 上のスキームのなす圏 (Sch)/$\mathrm{Spec}\,R$ をしばしば (Sch)/R と略記する．また $\mathrm{Spec}\,R$ 上のスキーム X というかわりに**環 R 上のスキーム**ということがある．特に R が体 k であるときは，**体 k 上のスキーム**ということが多い．環 R 上のスキーム X，あるいは体 k 上のスキーム X というときには構造射 $f: X \to \mathrm{Spec}\,R$ あるいは $g: X \to \mathrm{Spec}\,k$ がつねに与えられていることに注意する．

最後に **Zariski 接空間**(Zariski tangent space) の定義をしておこう．スキーム $(X, \mathcal{O}_X)$ の点 $x \in X$ 上の構造層の茎 $\mathcal{O}_{X,x}$ の極大イデアル $\mathfrak{m}_x$ から定まる $\mathfrak{m}_x/\mathfrak{m}_x^2$ を点 x でのスキームの **Zariski 余接空間**(Zariski cotangent space) といい，T_x^*X, T_x^* などと記す．Zariski 余接空間 T_x^*X は点 x の剰余体 $k(x)$ 上のベクトル空間である．T_x^*X の $k(x)$ 上の双対空間を点 x での Zariski 接空間といい，T_xX, T_x などと記す．すなわち

$$T_xX = \mathrm{Hom}_{k(x)}(\mathfrak{m}_x/\mathfrak{m}_x^2, k(x))$$

である.

例題 3.10 $(\mathrm{Sch})/k$ での $k[t]/(t^2)$ に値をとる点
$$\varPhi = (\varphi, \varphi^\#)\colon (\mathrm{Spec}\, k[t]/(t^2), \mathcal{O}_{\mathrm{Spec}\, k[t]/(t^2)}) \longrightarrow (X, \mathcal{O}_X),$$
は $\mathrm{Hom}_k(\mathrm{Spec}\, k, X)$ の元 $\varPhi_0$ と $\varPhi_0$ の像である X の k 有理点 x での Zariski 接空間 T_xX の元 θ との組 $(\varPhi_0, \theta)$ と 1 対 1 に対応することを示せ.

[解]

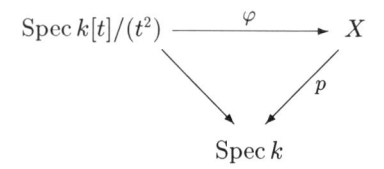

$$\begin{array}{ccc} \mathrm{Spec}\, k[t]/(t^2) & \xrightarrow{\varphi} & X \\ & \searrow & \downarrow p \\ & & \mathrm{Spec}\, k \end{array}$$

は可換である. $\mathrm{Spec}\, k[t]/(t^2)$ の底空間は 1 点よりなり, その点の φ による像を x とする. すると可換環の可換図式

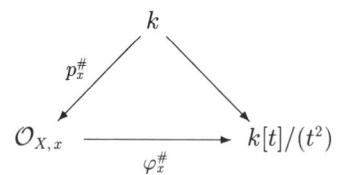

$$\begin{array}{ccc} & k & \\ p_x^\# \swarrow & & \searrow \\ \mathcal{O}_{X,x} & \xrightarrow{\varphi_x^\#} & k[t]/(t^2) \end{array}$$

が生じ, これより $\mathcal{O}_{X,x}/\mathfrak{m}_x = k$ であることが分かり, x は X の k 有理点である. $k[t]/(t^2)$ の極大イデアルは (t) であり $\varphi_x^\#(\mathfrak{m}_x) \subset (t)$ である. また $\varphi_x^\#(\mathfrak{m}_x^2)$ は $k[t]/(t^2)$ で 0 であるので, $\mathfrak{m}_x/\mathfrak{m}_x^2$ の元 $a \bmod \mathfrak{m}_x^2$ に対して
$$\varphi_x^\#(a) = \theta(a)t$$
となる $\theta(a) \in k$ が定まる. $\varphi_x^\#$ は k 準同型写像であることより θ は $\mathfrak{m}_x/\mathfrak{m}_x^2$ から k への k 線形写像であることが分かる. よって $\theta \in T_xX$ でありスキームの射 $\varPhi = (\varphi, \varphi^\#)$ は $(\varPhi_0, \theta)$ を一意的に定める. ここで $\varPhi_0$ は $p_x^\#$ より定まる.

逆に $\varPhi_0$ と $\theta \in T_xX$ が与えられたとする. このとき, 構造射 $(p, p^\#)\colon (X, \mathcal{O}_X)$ $\to (\mathrm{Spec}\, k, k)$ より準同型写像
$$p_x^\#\colon k \longrightarrow \mathcal{O}_{X,x}$$
が定まり, 標準準同型写像 $q_x\colon \mathcal{O}_{X,x} \to k = \mathcal{O}_{X,x}/\mathfrak{m}_x$ との合成写像 $q_x \circ p_x^\#$:

$k\to k$ は恒等写像である．記号を簡単にするため $a\in\mathcal{O}_{X,x}$ の $\mathcal{O}_{X,x}/\mathfrak{m}_x^2$ での像を $\bar{a}$ と記し，
$$a_0 = p_x^\#(q_x(a)), \quad a_1 = a - a_0$$
とおく．$a_0 \notin \mathfrak{m}_x$, $a_1 \in \mathfrak{m}_x$, $q_x(a) = q_x(a_0)$ に注意する．そこで写像
$$\psi_x : \mathcal{O}_{X,x}/\mathfrak{m}_x^2 \longrightarrow k[t]/(t^2)$$
を $\bar{a} \in \mathcal{O}_{X,x}/\mathfrak{m}_x^2$ に対して
$$\psi_x(\bar{a}) = q_x(a_0) + \theta(\overline{a_1})t \mod (t^2)$$
とおく．ここで $\overline{a_1}$ は a_1 の $\mathfrak{m}_x/\mathfrak{m}_x^2$ での剰余類を表わす．ψ_x は $a,b \in \mathcal{O}_{X,x}$ に対して $\bar{a}=\bar{b}$ であれば $\psi_x(\bar{a})=\psi_x(\bar{b})$ であることが容易に分かるので ψ_x は矛盾なく定義されている．ψ_x は k 準同型写像であることを示そう．$a,b\in\mathcal{O}_{X,x}$ に対して
$$(a+b)_0 = a_0 + b_0, \quad (a+b)_1 = a_1 + b_1$$
であり，$\theta \in \mathrm{Hom}_k(\mathfrak{m}_x/\mathfrak{m}_x^2, k)$ であるので
$$\psi_x(\overline{a+b}) = \psi_x(\bar{a}) + \psi_x(\bar{b})$$
であることはただちに分かる．また
$$(ab)_0 = a_0 b_0$$
$$(ab)_1 = a_0 b_1 + b_0 a_1 + a_1 b_1$$
が成り立つが，$a_1 b_1 \in \mathfrak{m}_x^2$ であるので $\mathfrak{m}_x/\mathfrak{m}_x^2$ の元としては
$$\overline{(ab)_1} = \overline{a_0 b_1} + \overline{b_0 a_1}$$
であることに注意する．したがって
$$\begin{aligned}
\psi_x(\bar{a})\psi_x(\bar{b}) &= (q_x(a_0) + \theta(\overline{a_1})t)(q_x(b_0) + \theta(\overline{b_1})t) \mod (t^2) \\
&= q_x(a_0)q_x(a_0) + \{q_x(b_0)\theta(\overline{a_1}) + q_x(a_0)\theta(\overline{b_1})\}t \mod (t^2) \\
&= q_x(a_0 b_0) + \theta(\overline{b_0 a_1} + \overline{a_0 b_1})t \mod (t^2) \\
&= q_x((ab)_0) + \theta(\overline{(ab)_1})t \mod (t^2) \\
&= \psi_x(\overline{ab})
\end{aligned}$$
が成立する．さらに $\alpha \in k$ に対して $\alpha \cdot \bar{a} = \overline{p_x^\#(\alpha)a}$ であるので
$$\psi_x(\alpha \cdot \bar{a}) = \psi_x(\overline{p_x^\#(\alpha)a}) = \psi_x(\overline{p_x^\#(\alpha)})\psi_x(\bar{a})$$

$$= q_x(p_x^\#(\alpha))\psi_x(\overline{a})$$
$$= \alpha\psi_x(\overline{a})$$

が成り立ち，ψ_x は k 準同型写像であることが分かる．そこで ψ_x に標準準同型写像 $\mathcal{O}_{X,x} \to \mathcal{O}_{X,x}/\mathfrak{m}_x^2$ を合成したものを

$$\varphi_x^\# \colon \mathcal{O}_{X,x} \longrightarrow k[t]/(t^2)$$

とおくと，スキームの射 $(\varphi, \varphi^\#)\colon (\operatorname{Spec} k[t]/(t^2), \mathcal{O}_{\operatorname{Spec} k[t]/(t^2)}) \to (X, \mathcal{O}_X)$ が，底空間の写像 φ の像は点 x，層の準同型写像 $\varphi^\#\colon \mathcal{O}_X \to \varphi_*(\mathcal{O}_{\operatorname{Spec} k[t]/(t^2)})$ は点 x の茎上では写像 $\varphi_x^\#$，他の点の茎上では零写像とおくことによって定義できる．$(\varphi, \varphi^\#)$ が体 k 上の射であることも定義より容易に分かる．■

§3.2　表現可能関手とファイバー積

　集合や位相空間では**直積**(direct product)が大切な役割をする．代数幾何学でも同様であるが，スキームは局所環つき空間の一種であるので直積の取り扱いは注意を要する．ここでは直積の概念を一般化した**ファイバー積**(fiber product)の概念を導入する．直積やファイバー積は圏と関手の考え方を使うことによって統一的に取り扱うことができる．この節では表現可能関手の考え方に基づいてファイバー積を取り扱う．表現可能関手は普遍写像性の圏論による徹底した取り扱いと見ることができ，代数幾何学では基本的に重要な役割をする．

（a）表現可能関手

　まず圏の対象が定める関手について考察しよう．圏 $\mathcal{C}$ の対象 $W \in Ob(\mathcal{C})$ が与えられたとき，任意の対象 $X \in Ob(\mathcal{C})$ に対して

$$h_W(X) = \operatorname{Hom}_\mathcal{C}(X, W)$$

と定義すると，$h_W(X)$ は集合である．また任意の射 $f \in \operatorname{Hom}_\mathcal{C}(X, Y)$ と $a \in h_W(Y) = \operatorname{Hom}_\mathcal{C}(Y, W)$ に対して

$$h_W(f)(a) = a \circ f$$

§3.2 表現可能関手とファイバー積——137

と定義すると $a \circ f \in \mathrm{Hom}_{\mathcal{C}}(X, W)$ であり,これより
$$h_W(f) = \mathrm{Hom}_{(\mathrm{Set})}(h_W(Y), h_W(X))$$
であることが分かる. h_W が圏 $\mathcal{C}$ から集合への反変関手 $h_W\colon \mathcal{C} \to (\mathrm{Set})$ であることも容易に分かる.

問4 $h_W\colon \mathcal{C} \to (\mathrm{Set})$ が反変関手であることを示せ.また,$h_W^{(0)}$ を $h_W^{(0)}(X) = \mathrm{Hom}_{\mathcal{C}}(W, X)$, $f \in \mathrm{Hom}_{\mathcal{C}}(X, Y)$, $a \in \mathrm{Hom}_{\mathcal{C}}(W, X)$ に対して $h_W^{(0)}(f)(a) = f \circ a \in \mathrm{Hom}_{(\mathrm{Set})}(h_W^{(0)}(X), h_W^{(0)}(Y))$ とおくことによって共変関手 $h_W^{(0)}\colon \mathcal{C} \to (\mathrm{Set})$ が定まることを示せ.

ここで基本的な問題は,反変関手 $F\colon \mathcal{C} \to (\mathrm{Set})$ が与えられたとき,関手として h_W が F と同型になるような $W \in Ob(\mathcal{C})$ が存在するかということである. すなわち,任意の対象 $X \in Ob(\mathcal{C})$ に対して集合としての同型
$$\varphi_X\colon F(X) \xrightarrow{\sim} h_W(X)$$
があり,かつ任意の射 $f \in \mathrm{Hom}(X_1, X_2)$ に対して,図式

$$\begin{array}{ccc} F(X_2) & \xrightarrow{\varphi_{X_2}} & h_W(X_2) \\ {\scriptstyle F(f)}\downarrow & & \downarrow{\scriptstyle h_W(f)} \\ F(X_1) & \xrightarrow{\varphi_{X_1}} & h_W(X_1) \end{array}$$

が可換であるような W が存在するかという問題である.このような W が存在すれば,同型写像 $\varphi_W\colon F(W) \xrightarrow{\sim} h_W(W)$ によって $id_W \in h_W(W)$ に写される唯ひとつの元 $\psi \in F(W)$ が存在する.関手 F が h_W と同型であれば,(W, ψ) によって F が決まってしまうことを見ておこう.任意の対象 $X \in Ob(\mathcal{C})$ に対して $h \in h_W(X) = \mathrm{Hom}(X, W)$ をひとつ選ぶと $F(h)(\psi) \in F(X)$ である.一方,可換図式

$$\begin{array}{ccc} F(W) & \xrightarrow{\varphi_W} & h_W(W) \\ {\scriptstyle F(h)}\downarrow & & \downarrow{\scriptstyle h_W(h)} \\ F(X) & \xrightarrow{\varphi_X} & h_W(X) \end{array}$$

を考えると $h = h_W(h)(id_W)$ より $\varphi_X(F(h)(\psi)) = h$ であることが分かる．φ_X は集合としての同型写像であるので，このことは
$$F(X) = \{F(h)(\psi) \mid h \in h_W(X)\}$$
であることを意味する．この事実から $F \simeq h_W$ のとき関手 F は (W, ψ) によって**表現される**，関手 F は**表現可能である**という．

以上の考察から次の補題が成り立つことが予想される．この補題は表現可能関手に関して基本的である．

補題 3.11 反変関手 $F: \mathcal{C} \to (\mathrm{Set})$ が表現可能であれば，F を表現する (W, ψ), $W \in Ob(\mathcal{C})$, $\psi \in F(W)$ は同型を除いて一意的に定まる．

[証明] $(\widetilde{W}, \widetilde{\psi})$ も F を表現したと仮定する．したがって関手の同型 $\varphi: F \simeq h_W$, $\widetilde{\varphi}: F \simeq h_{\widetilde{W}}$ が存在し，
$$\varphi_W(\psi) = id_W, \quad \widetilde{\varphi}_{\widetilde{W}}(\widetilde{\psi}) = id_{\widetilde{W}}$$
である．このとき，集合としての同型写像
$$\varphi_{\widetilde{W}}: F(\widetilde{W}) \simeq h_W(\widetilde{W}), \quad \widetilde{\varphi}_W: F(W) \simeq h_{\widetilde{W}}(W)$$
より
$$\eta = \varphi_{\widetilde{W}}(\widetilde{\psi}): \widetilde{W} \longrightarrow W, \quad \widetilde{\eta} = \widetilde{\varphi}_W(\psi): W \longrightarrow \widetilde{W}$$
が定まる．このとき $\eta \circ \widetilde{\eta} = id_W$, $\widetilde{\eta} \circ \eta = id_{\widetilde{W}}$, かつ $F(\eta)(\psi) = \widetilde{\psi}$, $F(\widetilde{\eta})(\widetilde{\psi}) = \psi$ を示そう．可換図式

$$\begin{array}{ccc} F(W) & \xrightarrow{\varphi_W} & h_W(W) \\ & \psi \longmapsto id_W & \\ F(\eta) \downarrow & \uparrow & \downarrow h_W(\eta) \\ & \widetilde{\psi} \longmapsto \eta & \\ F(\widetilde{W}) & \xrightarrow{\varphi_{\widetilde{W}}} & h_W(\widetilde{W}) \end{array}$$

より，$F(\eta)(\psi) = \widetilde{\psi}$ であることが分かる．同型 $F \simeq h_{\widetilde{W}}$ を使うことによって $F(\widetilde{\eta})(\widetilde{\psi}) = \psi$ であることも分かる．したがって
$$F(\eta \circ \widetilde{\eta})(\psi) = F(\widetilde{\eta})(F(\eta)(\psi)) = \psi$$

$$F(\tilde{\eta} \circ \eta)(\tilde{\psi}) = F(\eta)(F(\tilde{\eta})(\tilde{\psi})) = \tilde{\psi}$$

が成立する．したがって可換図式

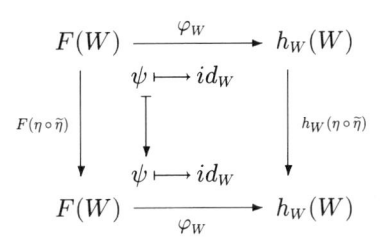

$$
\begin{CD}
F(W) @>{\varphi_W}>> h_W(W) \\
@V{F(\eta\circ\tilde{\eta})}VV @VV{h_W(\eta\circ\tilde{\eta})}V \\
F(W) @>>{\varphi_W}> h_W(W)
\end{CD}
\qquad \psi \longmapsto id_W \qquad \psi \longmapsto id_W
$$

を得，$h_W(\eta \circ \tilde{\eta})(id_W) = id_W$ であることが分かる．これは $\eta \circ \tilde{\eta} = id_W$ を意味する．同様の議論で $\tilde{\eta} \circ \eta = id_{\widetilde{W}}$ を得る．かくして (W, ψ) と $(\widetilde{W}, \tilde{\psi})$ とは同型であることが分かった． ∎

さて，表現可能な関手という観点から圏 $\mathcal{C}$ の対象 $X, Y \in Ob(\mathcal{C})$ の**積**(product) $X \times Y$ を定義してみよう．そのために反変関手 $F: \mathcal{C} \to (\mathrm{Set})$ を，$Z \in Ob(\mathcal{C})$ に対して

(3.9) $$F(Z) = \mathrm{Hom}_{\mathcal{C}}(Z, X) \times \mathrm{Hom}_{\mathcal{C}}(Z, Y)$$

と定義する．ただし(3.9)の右辺は集合としての直積を表わす．また $f \in \mathrm{Hom}_{\mathcal{C}}(Z_1, Z_2)$, $a \in \mathrm{Hom}_{\mathcal{C}}(Z_2, X)$, $b \in \mathrm{Hom}_{\mathcal{C}}(Z_2, Y)$ に対して

$$F(f)((a, b)) = (f \circ a, f \circ b) \in F(Z_1)$$

と定義すると $F(f) \in \mathrm{Hom}_{(\mathrm{Set})}(F(Z_2), F(Z_1))$ となり，F は反変関手となる．この反変関手 F が表現可能である，すなわち，$F = h_W$ となる $W \in Ob(\mathcal{C})$ が存在するとき，W を X と Y との積といい，$X \times Y$ と記す．

一般の圏では積は必ずしも存在するとは限らない．

問 5 圏 (Set) では積 $X \times Y$ はつねに存在し，X と Y との直積に他ならないことを示せ．

例題 3.12 圏 $\mathcal{C}$ の対象 X, Y の積 $X \times Y$ が存在すれば $X \times Y$ は次の性質を持つことを示せ．

(P) 射 $p_1 \in \mathrm{Hom}_{\mathcal{C}}(X \times Y, X)$, $p_2 \in \mathrm{Hom}_{\mathcal{C}}(X \times Y, Y)$ が存在し，かつ任意の射 $f \in \mathrm{Hom}_{\mathcal{C}}(Z, X)$, $g \in \mathrm{Hom}_{\mathcal{C}}(Z, Y)$ に対して
$$f = p_1 \circ h, \quad g = p_2 \circ h$$
を満足する射 $h \in \mathrm{Hom}_{\mathcal{C}}(Z, X \times Y)$ が唯ひとつ存在する．すなわち可換図式

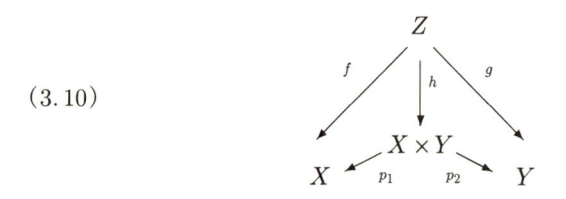

(3.10)
$$\begin{array}{c} Z \\ f \swarrow \downarrow h \searrow g \\ X \xleftarrow{p_1} X \times Y \xrightarrow{p_2} Y \end{array}$$

を満足する射 h が唯ひとつ存在する．

逆に $\mathcal{C}$ の対象 $X \times Y$ が上の性質(P)を持てば，$X \times Y$ は（正確には $(X \times Y, (p_1, p_2))$ は） X と Y の積である．

[解] $F = h_{X \times Y}$ であれば
$$F(X \times Y) = \mathrm{Hom}_{\mathcal{C}}(X \times Y, X) \times \mathrm{Hom}_{\mathcal{C}}(X \times Y, Y)$$
$$h_{X \times Y}(X \times Y) = \mathrm{Hom}_{\mathcal{C}}(X \times Y, X \times Y)$$

より，$id_{X \times Y}$ に対応する $F(X \times Y)$ の元を (p_1, p_2) と記す．$p_1 \in \mathrm{Hom}_{\mathcal{C}}(X \times Y, X)$, $p_2 \in \mathrm{Hom}_{\mathcal{C}}(X \times Y, Y)$ が上記の性質(P)を持つことを示そう．$Z \in Ob(\mathcal{C})$, $f \in \mathrm{Hom}_{\mathcal{C}}(Z, X)$, $g \in \mathrm{Hom}_{\mathcal{C}}(Z, Y)$ が与えられると $(f, g) \in F(Z)$ と考えることができる．$F(Z) = h_{X \times Y}(Z)$ より (f, g) に対応する射 $h \in h_{X \times Y}(Z) = \mathrm{Hom}_{\mathcal{C}}(Z, X \times Y)$ が唯ひとつ定まる．このとき，$F(h) \in \mathrm{Hom}_{(\mathrm{Set})}(F(X \times Y), F(Z))$ には $h_{X \times Y}(h) \in \mathrm{Hom}_{(\mathrm{Set})}(h_{X \times Y}(X \times Y), h_{X \times Y}(Z))$ が対応する．また，$F(h)((p_1, p_2))$ に対応するものは $h_{X \times Y}(h)(id_{X \times Y})$ である．一方
$$F(h)((p_1, p_2)) = (p_1 \circ h, p_2 \circ h)$$
$$h_{X \times Y}(h)(id_{X \times Y}) = h$$

であるが，$h \in h_{X \times Y}(Z)$ には $(f, g) \in F(Z)$ が対応するので $(f, g) = (p_1 \circ h, p_2 \circ h)$ でなければならない．したがって(3.10)は可換図式である．

逆に性質(P)を満足する $(X \times Y, (p_1, p_2))$ が存在したとする．$Z \in Ob(\mathcal{C})$ に対して写像

$$\varphi_Z\colon h_{X\times Y}(Z) = \mathrm{Hom}_{\mathcal{C}}(Z, X\times Y) \longrightarrow F(Z) = \mathrm{Hom}_{\mathcal{C}}(Z, X)\times \mathrm{Hom}_{\mathcal{C}}(Z, Y)$$
$$h \longmapsto (p_1\circ h,\ p_2\circ h)$$

を考える. φ_Z は全単射であることを示そう. $(f,g)\in F(Z)$ に対して性質(P)より $f=p_1\circ h$, $g=p_2\circ h$ となる $h\in \mathrm{Hom}_{\mathcal{C}}(Z, X\times Y)$ が存在するので φ_Z は全射である. また $h, h'\in \mathrm{Hom}_{\mathcal{C}}(Z, X\times Y)$ に対して
$$(p_1\circ h,\ p_2\circ h) = (p_1\circ h',\ p_2\circ h')$$
が成立したとすると, 再び性質(P)より $(p_1\circ h, p_2\circ h)\in F(Z)$ に対応する射 $\tilde{h}\in \mathrm{Hom}_{\mathcal{C}}(Z, X\times Y)$ は唯ひとつしか存在しないので $\tilde{h}=h=h'$ でなければならない. よって φ_Z は単射である.

さらに $a\in \mathrm{Hom}_{\mathcal{C}}(Z_1, Z_2)$ に対して以下の可換図式

(3.11)
$$\begin{array}{ccc}
h_{X\times Y}(Z_2) & \xrightarrow{\varphi_{Z_2}} & F(Z_2) \\
\ \ \ \ h \ \ \longmapsto & (p_1\circ h,\ p_2\circ h) & \\
h_{X\times Y}(a)\Big\downarrow & \Big\downarrow\qquad\qquad\Big\downarrow & \Big\downarrow F(a) \\
h\circ a\ \longmapsto & (p_1\circ h\circ a,\ p_2\circ h\circ a) & \\
h_{X\times Y}(Z_1) & \xrightarrow[\varphi_{Z_1}]{} & F(Z_1)
\end{array}$$

を得るので関手 $h_{X\times Y}$ と F とは同型である. したがって F は表現可能である. ∎

(b) ファイバー積

ファイバー積を定義するためには関手の定義(3.9)を少し変更すればよい. 圏 $\mathcal{C}$ の射 $q_1\colon X\to Z$, $q_2\colon Y\to Z$ が与えられたとき, 関手 $G\colon \mathcal{C}\to (\mathrm{Set})$ を次のように定義する. 対象 $T\in Ob(\mathcal{C})$ に対して

(3.12) $\quad G(T) = \{(f,g)\in \mathrm{Hom}_{\mathcal{C}}(T, X)\times \mathrm{Hom}_{\mathcal{C}}(T, Y)\mid q_1\circ f = q_2\circ g\}$

と定義する. すなわち図式

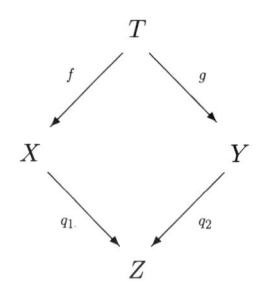

$$\begin{array}{c} T \\ {}^{f}\swarrow \quad \searrow^{g} \\ X \qquad\qquad Y \\ {}_{q_1}\searrow \quad \swarrow_{q_2} \\ Z \end{array}$$

が可換となる射の組 (f,g) の全体が $G(T)$ である.また,$h \in \mathrm{Hom}_{\mathcal{C}}(T_1, T_2)$,$(a,b) \in G(T_2)$ に対して

(3.13) $$G(h)((a,b)) = (a \circ h, b \circ h)$$

と定義すると $G(h)((a,b)) \in G(T_1)$ となり

$$G(h) \in \mathrm{Hom}_{(\mathrm{Set})}(G(T_2), G(T_1))$$

であることが分かる.$G: \mathcal{C} \to (\mathrm{Set})$ が反変関手になることは容易に分かる.$(W,(p_1,p_2))$,$(p_1,p_2) \in G(W)$ が関手 G を表現するとき,W を(正確には $(W,(p_1,p_2))$ を)**X と Y の Z 上のファイバー積**といい,$X \times_Z Y$ と記す.また射 $p_1: X \times_Z Y \to X$,$p_2: X \times_Z Y \to Y$ をそれぞれ X と Y への**標準射影** (canonical projection) という.$(W,(p_1,p_2))$ は同型を除いて一意的に定まる.

例題 3.12 にならって次の命題を証明することは容易であろう.

命題 3.13 圏 $\mathcal{C}$ の射 $q_1: X \to Z$,$q_2: Y \to Z$ に対して X と Y の Z 上のファイバー積が存在するための必要十分条件は以下の条件を満足する $W \in Ob(\mathcal{C})$ と射 $p_1: W \to X$,$p_2: W \to Y$ が存在することである.

(FP) 図式(3.14)

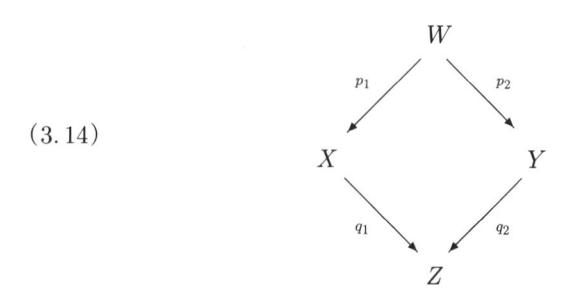

(3.14)
$$\begin{array}{c} W \\ {}^{p_1}\swarrow \quad \searrow^{p_2} \\ X \qquad\qquad Y \\ {}_{q_1}\searrow \quad \swarrow_{q_2} \\ Z \end{array}$$

は可換図式であり，任意の可換図式(3.15)

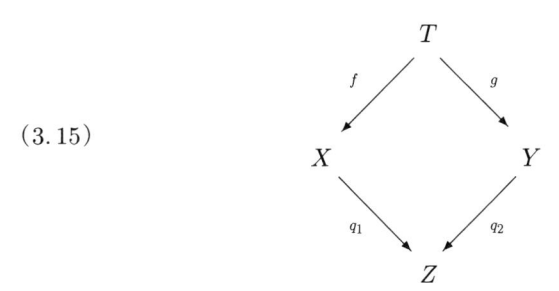

(3.15)
$$\begin{array}{ccc} & T & \\ {}^{f}\swarrow & & \searrow^{g} \\ X & & Y \\ {}_{q_1}\searrow & & \swarrow_{q_2} \\ & Z & \end{array}$$

に対して図式(3.16)

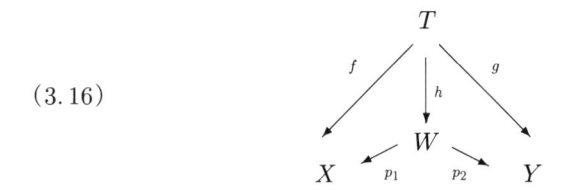

(3.16)
$$\begin{array}{ccc} & T & \\ {}^{f}\swarrow & \downarrow^{h} & \searrow^{g} \\ X & W & Y \\ & {}_{p_1}\swarrow \quad \searrow_{p_2} & \end{array}$$

が可換となる唯ひとつの射 $h: T \to W$ が存在する．

［証明］　ファイバー積 $X \times_Z Y$ が存在したとする．$W = X \times_Z Y$ とおき，$id_W \in h_W(W)$ に対応する $G(W)$ の元を (p_1, p_2), $p_1: W \to X$, $p_2: W \to Y$ とおくと(3.12)より図式(3.14)は可換であることが分かる．また可換図式(3.15)より $(f, g) \in G(T)$ であるが同型 $G(T) \simeq h_W(T)$ により唯ひとつの射 $h: T \to W$ が定まる．このとき $(p_1 \circ h, p_2 \circ h) \in G(T)$ であるが(3.12)より
$$(p_1 \circ h, p_2 \circ h) = G(h)(p_1, p_2)$$
であり，可換図式

$$\begin{array}{ccccc} G(W) & \longrightarrow & & & h_W(W) \\ \downarrow & (p_1, p_2) & \longmapsto & id_W & \downarrow \\ {}^{G(h)} & \downarrow & & \downarrow & {}^{h_W(h)} \\ \downarrow & (p_1 \circ h, p_2 \circ h) & \longmapsto & h & \downarrow \\ G(T) & \longrightarrow & & & h_W(T) \end{array}$$

より $h \in h_W(T)$ に対応する $G(T)$ の元は $(p_1 \circ h, p_2 \circ h)$ であることが分かる．一方，h は $G(T)$ の (f,g) に対応する元であったので $(f,g) = (p_1 \circ h, p_2 \circ h)$ が成り立つ．すなわち図式(3.16)は可換図式である．以上によって条件(FP)がファイバー積が存在するための必要条件であることが分かった．

次に(FP)はファイバー積が存在するための十分条件であることを示そう．条件(FP)を満足する $(W, (p_1, p_2))$ が存在したと仮定する．$T \in Ob(\mathcal{C})$ に対して

$$\varphi_T \colon h_W(T) \longrightarrow G(T)$$
$$a \longmapsto (p_1 \circ a, \ p_2 \circ a)$$

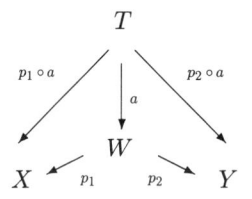

$$\begin{array}{c} T \\ {}^{p_1 \circ a} \swarrow \ \downarrow a \ \searrow {}^{p_2 \circ a} \\ X \xleftarrow{p_1} W \xrightarrow{p_2} Y \end{array}$$

と定義すると φ_T は全単射であることを示そう．任意の $(f,g) \in G(T)$ に対して性質(FP)より $(f,g) = (p_1 \circ h, p_2 \circ h)$ となる $h \in h_W(T)$ が唯ひとつ存在する．したがって φ_T は全単射である．また $a \in \mathrm{Hom}_{\mathcal{C}}(T_1, T_2)$ に対して，図式

$$\begin{array}{ccc} h_W(T_2) & \xrightarrow{\varphi_{T_2}} & G(T_2) \\ & h \longmapsto (p_1 \circ h, \ p_2 \circ h) & \\ {}^{h_W(a)}\downarrow & \downarrow \qquad\qquad \downarrow & \downarrow {}^{f(a)} \\ & h \circ a \longmapsto (p_1 \circ h \circ a, \ p_2 \circ h \circ a) & \\ h_W(T_1) & \xrightarrow{\varphi_{T_1}} & G(T_1) \end{array}$$

は可換である．したがって関手の同型 $\varphi \colon h_W \simeq G$ を得，G は $(W, (p_1, p_2))$ によって表現されることが分かる． ∎

§3.2 表現可能関手とファイバー積 ── 145

問 6 集合の圏 (Set) では任意の写像 $q_1: X \to Z$, $q_2: Y \to Z$ に対してファイバー積 $(X \times_Z Y, (p_1, p_2))$ はつねに存在し、
$$X \times_Z Y = \{(x,y) \in X \times Y \mid q_1(x) = q_2(y)\}$$
かつ p_1, p_2 は $X \times Y$ の X, Y への射影の $X \times_Z Y$ への制限として得られることを示せ.

問 7 圏 $\mathcal{C}$ の射 $p: X \to Z$ および恒等射 $id_Z: Z \to Z$ に対してファイバー積 $X \times_Z Z$ はつねに存在し、X に同型であることを示せ.

以上、長々と準備してきたが、本節の主要な目標は次の定理を証明することである.

定理 3.14 スキームの圏 (Sch) ではファイバー積はつねに存在する. □

この定理の証明のためにまず次の補題を証明する.

補題 3.15 アフィンスキーム $X = \mathrm{Spec}\, A$, $Y = \mathrm{Spec}\, B$, $Z = \mathrm{Spec}\, C$ と射 $q_1: X \to Z$, $q_2: Y \to Z$ に対してファイバー積 $(X \times_Z Y, (p_1, p_2))$ はつねに存在し、
$$X \times_Z Y = \mathrm{Spec}(A \otimes_C B)$$
p_1, p_2 は自然な準同型写像
$$\varphi_1: A \longrightarrow A \otimes_C B, \qquad \varphi_2: B \longrightarrow A \otimes_C B$$
$$a \longmapsto a \otimes 1 \qquad\qquad b \longmapsto 1 \otimes b$$
から定まるアフィンスキームの射で与えられる.

[証明] 命題 3.4 によりスキームの射 $f: T \to X$, $g: T \to Y$ は可換環の準同型写像 $\phi: A \to \Gamma(T, \mathcal{O}_T)$, $\psi: B \to \Gamma(T, \mathcal{O}_T)$ から一意的に定まる. $R = \Gamma(T, \mathcal{O}_T)$ とおこう. また $q_1: X \to Z$, $q_2: Y \to Z$ は可換環の準同型写像 $\nu_1: C \to A$, $\nu_2: C \to B$ から一意的に定まるが、ν_1, ν_2 によって A, B は C 代数とみることができる. さらに $q_1 \circ f = q_2 \circ g$ は準同型写像 $\phi \circ \nu_1: C \to R$ と $\psi \circ \nu_2: C \to R$ とが一致することを意味する. したがって (3.12) の関手 G は
$$G(T) = \{(f,g) \in \mathrm{Hom}(T, X) \times \mathrm{Hom}(T, Y) \mid q_1 \circ f = q_2 \circ f\}$$

$$\simeq \{(\phi, \psi) \in \mathrm{Hom}(A, R) \times \mathrm{Hom}(B, R) \mid \phi \circ \nu_1 = \phi \circ \nu_2\}$$

と表示できることが分かる.さらに $\phi \circ \nu_1 = \psi \circ \nu_2$ は ν_1, ν_2 によって A, B を C 代数とみると,$c \in C$ に対して $\phi(c \cdot 1_A) = \psi(c \cdot 1_B)$ を意味する.ここで $1_A, 1_B$ は A, B の単位元を表わす.さらに $\phi \circ \nu_1 = \psi \circ \nu_2$ によって R を C 代数とみると $a \in A$, $b \in B$, $c \in C$ に対して

$$\phi(c \cdot a) = c\phi(a), \quad \psi(c \cdot b) = c\psi(b)$$

が成り立つ.そこで写像 Φ を

$$\begin{aligned} \Phi \colon A \times B &\longrightarrow R \\ (a, b) &\longmapsto \phi(a)\psi(b) \end{aligned}$$

と定義すると Φ は双線形写像であり,さらに $a \in A$, $b \in B$, $c \in C$ に対して

(3.17) $\qquad \Phi(c \cdot a, b) = \Phi(a, c \cdot b) = c\Phi(a, b)$

また $a_1, a_2 \in A$, $b_1, b_2 \in B$ に対して

(3.18) $\qquad \Phi(a_1 a_2, b_1 b_2) = \Phi(a_1, b_1)\Phi(a_2, b_2)$

が成り立つ.逆に (3.17), (3.18) を満足する C 双線形写像 $\Phi \colon A \times B \to R$ が与えられたとき

$$\phi(a) = \Phi(a, 1_B), \quad \psi(b) = \Phi(1_A, b)$$

とおくと $\phi \colon A \to R$, $\psi \colon B \to R$ は準同型写像であり,$a \in A$, $b \in B$ に対して

$$\Phi(a, b) = \Phi(a, 1_B)\Phi(1_A, b) = \phi(a)\psi(b)$$

となり,また $a \in A$, $b \in B$, $c \in C$ に対して

$$\phi(c \cdot 1_A) = \Phi(c \cdot 1_A, 1_B) = \Phi(1_A, c \cdot 1_B) = \psi(c \cdot 1_B)$$

が成り立ち,$\phi \circ \nu_1 = \psi \circ \nu_2$ が成り立つことが分かる.よって

(3.19)
$$G(T) \simeq \{\Phi \colon A \times B \to R \mid \Phi \text{ は (3.17), (3.18) を満足する } C \text{ 双線形写像}\}$$

となる.ところで C 代数 A, B の C 上のテンソル積 $A \otimes_C B$ の定義より (3.19) の右辺は $\mathrm{Hom}(A \otimes_C B, R)$ と同型になる.すなわち,集合の同型写像

$$G(T) \simeq \mathrm{Hom}(A \otimes_C B, R)$$

があり,再び命題 3.4 より,集合としての同型写像

$$\varphi_T \colon G(T) \simeq \mathrm{Hom}(T, \mathrm{Spec}(A \otimes_C B))$$

があることが分かる．次にスキームの射 $j\colon T_1 \to T_2$ を考える．j から準同型写像

$$\widehat{j}\colon \Gamma(T_1, \mathcal{O}_{T_1}) \longrightarrow \Gamma(T_2, \mathcal{O}_{T_2})$$

が定まる．簡単のため $R_1 = \Gamma(T_1, \mathcal{O}_{T_1})$, $R_2 = \Gamma(T_2, \mathcal{O}_{T_2})$ と記す．このとき $\widehat{j}$ は写像

$$\begin{array}{ccc} \mathrm{Hom}(A \otimes_C B, R_1) & \longrightarrow & \mathrm{Hom}(A \otimes_C B, R_2) \\ \eta & \longmapsto & \widehat{j} \circ \eta \end{array}$$

を引き起こし，これは写像

$$\mathrm{Hom}(T_2, \mathrm{Spec}(A \otimes_C B)) \longrightarrow \mathrm{Hom}(T_1, \mathrm{Spec}(A \otimes_C B))$$

を引き起こす．$W = \mathrm{Spec}(A \otimes_C B)$ とおくと図式

$$\begin{array}{ccc} G(T_2) & \xrightarrow{\varphi_{T_2}} & \mathrm{Hom}(T_2, W) \\ {\scriptstyle G(j)}\downarrow & & \downarrow{\scriptstyle h_W(j)} \\ G(T_1) & \xrightarrow{\varphi_{T_1}} & \mathrm{Hom}(T_1, W) \end{array}$$

は可換であることが分かる．また $id_W \in \mathrm{Hom}(W,W)$ に対応する $G(W)$ の元 $(p_1, p_2) \in \mathrm{Hom}(W, X) \times \mathrm{Hom}(W, Y)$ は補題の $\varphi_1\colon A \to A \otimes_C B$, $\varphi_2\colon B \to A \otimes_C B$ から定まるスキームの射の組であることも容易に分かる．よって $(W, (p_1, p_2))$ が関手 G を表現することが分かった．∎

以上の準備のもとに定理 3.14 を証明しよう．証明はいくつかのステップに分かれる．

（ステップ 1） スキームの射 $q_1\colon X \to Z$, $q_2\colon Y \to Z$ に対して Z 上のファイバー積 $(X \times_Z Y, (p_1, p_2))$ が存在すれば，X の任意の開集合 U に対して $(p_1^{-1}(U), (\widehat{p}_1, p_2))$ は U と Y の Z 上のファイバー積である．ただし p_1 の $p_1^{-1}(U)$ への制限を $\widehat{p}_1$ とした．

[証明] 自然な開移入 $\iota\colon U \hookrightarrow X$ に対して $\widehat{q}_1 = q_1 \circ \iota\colon U \to Z$ とおく．スキームの射 $\widehat{f}\colon T \to U$, $g\colon T \to Y$ で $\widehat{q}_1 \circ \widehat{f} = q_2 \circ g$ を満足するものが与えられたとする．$f = \iota \circ \widehat{f}\colon T \to X$ とおくと $q_1 \circ f = q_2 \circ g$ を満足する．仮定より $f = p_1 \circ h$, $g = p_2 \circ h$ を満足する射 $h = T \to X \times_Z Y$ が唯ひとつ存在する．このと

き $f(T) \subset U$ であるので $h(T) \subset p_1^{-1}(U)$ である.$p_1^{-1}(U)$ は $X \times_Z Y$ の開集合であるので $X \times_Z Y$ の開スキームとみることができ,h は T から $p_1^{-1}(U)$ への射とみることができる.このとき $\widehat{f} = \widehat{p}_1 \circ h$,$g = p_2 \circ h$ となる.射 h は一意的に定まるので,命題 3.13 より $(p_1^{-1}(U), (\widehat{p}_1, p_2))$ は U と Y の Z 上のファイバー積である. ∎

(ステップ 2) スキームの射 $q_1 : X \to Z$,$q_2 : Y \to Z$ および X の開被覆 $\{X_i \ (i \in I)\}$ が与えられており,かつ $q_1^{(i)} = q_1|_{X_i} : X_i \to Z$,$q_2 : Y \to Z$ に関するファイバー積 $(X_i \times_Z Y, (p_1^{(i)}, p_2^{(i)}))$ が存在したと仮定する.このときファイバー積 $(X \times_Z Y, (p_1, p_2))$ が存在する.

[証明] $X_i \cap X_j \ne \emptyset$ のとき $X_{ij} = X_i \cap X_j$ と略記する.$U_{ij} = (p_1^{(i)})^{-1}(X_{ij}) \subset X_i \times_Z Y$ とおくと $U_{ij} = X_{ij} \times_Z Y$ である.また $X_{ij} = X_{ji}$ であり,$U_{ji} = (p_1^{(j)})^{-1}(X_{ji}) \subset X_j \times_Z Y$ も X_{ij} と Y との Z 上のファイバー積であるので同型射

$$\varphi_{ij} : U_{ij} \xrightarrow{\sim} U_{ji}$$

が存在し,かつ

(3.20) $\quad p_1^{(i)}|_{U_{ij}} = p_1^{(j)}|_{U_{ji}} \circ \varphi_{ij}, \quad p_2^{(i)}|_{U_{ij}} = p_2^{(j)}|_{U_{ji}} \circ \varphi_{ij}$

が成立する.$\varphi_{ji} = \varphi_{ij}^{-1}$ も明らか.さらに $X_i \cap X_j \cap X_k \ne \emptyset$ のとき

$$\varphi_{ij}(U_{ij} \cap U_{ik}) = U_{ji} \cap U_{jk}$$

かつ $U_{ij} \cap U_{jk}$ 上で

$$\varphi_{ik} = \varphi_{jk} \circ \varphi_{ij}$$

であることも容易に分かる.したがって $X_i \times_Z Y$,$i \in I$ を $\{\varphi_{ij}\}$ を使って張り合わせることができ,スキーム $X \times_Z Y$ を得る.さらに (3.20) よりスキームの射 $p_1 : X \times_Z Y \to X$,$p_2 : X \times_Z Y \to Y$ を得る.p_1, p_2 を $X_i \times_Z Y$ に制限したものは $p_1^{(i)}, p_2^{(i)}$ に他ならない.

さて $(X \times_Z Y, (p_1, p_2))$ がファイバー積であることを示そう.$q_1 \circ f = q_2 \circ g$ を満足するスキームの射 $f : T \to X$,$g : T \to Y$ に対して $T_i = f^{-1}(X_i)$,$i \in I$,$f_i = f|_{T_i}$,$g_i = g|_{T_i}$ とおくと $q_1^{(i)} \circ f_i = q_2 \circ g_i$ が成立する.したがって $f_i = p_1^{(i)} \circ h_i$,$g_i = p_2^{(i)} \circ h_i$ を満足する射 $h_i : T_i \to X_i \times_Z Y$ が唯ひとつ存在する.このとき上と類似の議論によって射 h_i を張り合わせて,$f = p_1 \circ h$,$g = p_2 \circ h$

を満足するスキームの射 $h\colon T\to X\times_Z Y$ が唯ひとつ存在することが分かる．∎

(ステップ 3)　定理 3.14 が成立する．

[証明]　スキームの射 $q_1\colon X\to Z$, $q_2\colon Y\to Z$ が与えられたとする．スキーム Y, Z はアフィンスキームと仮定する．スキーム X をアフィンスキームからなる開被覆 $\{X_i\ (i\in I)\}$ で覆う．$q_1^{(i)}=q_1|_{X_i}\colon X_i\to Z$ とおくと補題 3.15 よりファイバー積 $(X_i\times_Z Y, (p_1^{(i)}, p_2^{(i)}))$ が存在する．したがって(ステップ 2)によってファイバー積 $(X\times_Z Y, (p_1, p_2))$ が存在することが分かる．

次に X, Y は任意のスキーム，Z はアフィンスキームと仮定する．Y をアフィンスキームからなる開被覆 $\{Y_j\ (j\in J)\}$ で覆うと，上で示したようにファイバー積 $(X\times_Z Y_j, (p_1^{(j)}, p_2^{(j)}))$ が存在する．すると(ステップ 2)の証明と同様にして，ファイバー積 $(X\times_Z Y, (p_1, p_2))$ が存在することが分かる．

最後に X, Y, Z は任意のスキームとする．Z のアフィンスキームによる開被覆 $\{Z_k\ (k\in K)\}$ をとり，
$$X_k=q_1^{-1}(Z_k),\quad Y_k=q_2^{-1}(Z_k),\quad q_1^{(k)}=q_1|_{X_k},\quad q_2^{(k)}=q_2|_{Y_k}$$
とおくと，X_k, Y_k の Z_k 上のファイバー積 $(X_k\times_Z Y_k, (p_1^{(k)}, p_2^{(k)}))$ が存在する．このファイバー積はファイバー積 $X_k\times_Z Y$ と一致することを示そう．$q_1^{(k)}\circ f=q_2\circ g$ を満足する $f\colon T\to X_k$, $g\colon T\to Y$ に対して，$q_2(g(T))=q_1^{(k)}(f(T))\subset q_1^{(k)}(X_k)\subset Z_k$ が成り立ち，$g(T)\subset Y_k$ であることが分かる．したがって $f=p_1^{(k)}\circ h$, $g=p_2^{(k)}\circ h$ を満足する射 $h\colon T\to X_k\times_Z Y_k$ が唯ひとつ定まる．これより $X_k\times_Z Y_k$ はファイバー積 $X_k\times_Z Y$ に他ならないことが分かる．$\{X_k\ (k\in K)\}$ は X の開被覆であるので，再び(ステップ 2)を使うことによってファイバー積 $(X\times_Z Y, (p_1, p_2))$ が存在することが分かる．∎

以上によってスキームの圏でのファイバー積の存在が証明された．特に，$\mathrm{Spec}\,\mathbb{Z}$ 上のファイバー積 $X\times_{\mathrm{Spec}\,\mathbb{Z}} Y$ は $X\times Y$ と記す．

問 8　スキームとしての体 k 上の n 次元アフィン空間 $\mathbb{A}_k^n=\mathrm{Spec}\,k[x_1,\cdots,x_n]$ に対して，$\mathbb{A}_k^m\times_{\mathrm{Spec}\,k}\mathbb{A}_k^n$ は $\mathbb{A}_k^{m+n}$ と同型であることを示せ．また，アフィン平面 $\mathbb{A}_k^2$ の底空間の点は $\mathbb{A}_k^1$ の底空間の 2 個の直線空間の点よりも多いことを示せ．

ファイバー積を使うことによって代数幾何学が豊かな表現力を持つようになったことが今後次第に明らかになってくる．ここではスキームの射のファイバーを定義しておこう．

定義 3.16 スキームの射 $f: X \to Y$ と Y の点 (Y の底空間の点) $y \in Y$ に対して
$$X_y = X \times_Y \operatorname{Spec} k(y)$$
を射 f の点 y 上の**ファイバー**という．ここで $k(y) = \mathcal{O}_{Y,y}/\mathfrak{m}_y$ ($\mathfrak{m}_y$ は $\mathcal{O}_{Y,y}$ の極大イデアル) であり，点 y の**剰余体**という． □

例 3.17

（1） 体 k 上の自然な準同型写像
$$k[t] \longrightarrow k[x,y,t]/(xy-t)$$
から定まるアフィンスキームの射
$$f: X = \operatorname{Spec} k[x,y,t]/(xy-t) \longrightarrow Y = \operatorname{Spec} k[t]$$
を考える．素イデアル $(t-a)$, $a \in k$ が定める Y の点を a と略記すると，a 上のファイバー X_a は
$$X_a = \operatorname{Spec} k[x,y]/(xy-a)$$
で与えられる．点 a の剰余体は $k[t]/(t-a)$ と同型であり，
$$k[x,y,t]/(xy-t) \otimes_{k[t]} k[t]/(t-a) \simeq k[x,y]/(xy-a)$$
となるからである．$a \neq 0$ のとき X_a は既約であるが，$a=0$ のとき $X_0 = \operatorname{Spec} k[x,y]/(xy)$ は可約である．

一方，$\operatorname{Spec} k[t]$ の生成点の剰余体は $k(t)$ であり，
$$k[x,y,t]/(xy-t) \otimes_{k[t]} k(t) \simeq k(t)[x,y]/(xy-t)$$
となるので生成点の上の f のファイバーは
$$\operatorname{Spec} k(t)[x,y]/(xy-t)$$
である．

（2） 体 k 上の自然な準同型写像
$$k[t] \longrightarrow k[x,y,t]/(x^m y^n - t)$$
から定まるアフィンスキームの射
$$f: X = \operatorname{Spec} k[x,y,t]/(x^m y^n - t) \longrightarrow Y = \operatorname{Spec} k[t]$$

を考える．素イデアル $(t-a)$, $a\in k$ より定まる Y の点を再び a と略記すると f の点 a 上のファイバーは
$$X_a = \operatorname{Spec} k[x,y]/(x^m y^n - a)$$
で与えられる．$a=0$ のとき X_0 は被約ではない．k が代数的閉体であれば $\operatorname{char} k$ が m,n を割り切らなければ $a\neq 0$ のとき X_a は被約ではあるが m,n が共通因数をもつとき可約である．一方，Y の生成点上のファイバーは
$$\operatorname{Spec} k(t)[x,y]/(x^m y^n - t)$$
で与えられ，既約である．

（3） 体 k 上の準同型写像
$$\begin{aligned} k[x,y] &\longrightarrow k[u,v] \\ f(x,y) &\longmapsto f(u,uv) \end{aligned}$$
より定まるアフィンスキームの射
$$f\colon X = \operatorname{Spec} k[u,v] \longrightarrow Y = \operatorname{Spec} k[x,y]$$
を考える．$a,b\in k$ に対して $(x-a, y-b)$ が定める Y の点を (a,b) と略記する．点 (a,b) の剰余体は $k[x,y]/(x-a, y-b)$ と同型であり
$$k[u,v]\otimes_{k[x,y]} k[x,y]/(x-a, y-b) \simeq k[u,v]/(u-a, uv-b)$$
である．したがって $a\neq 0$ であれば点 (a,b) のファイバーは
$$\operatorname{Spec} k[u,v]/(u-a, v-b/a)$$
と同型である．一方，$a=0$, $b\neq 0$ であればイデアル $(u-a, uv-b)=(1)$ となり，$k[u,v]/(u-a, uv-b)=0$ となり，これは $X_{(0,b)}$ は空集合であることを意味する．ところで $(a,b)=(0,0)$ であれば $(u-a, uv-b)=(u)$ となり，点 $(0,0)$ 上のファイバーは
$$\operatorname{Spec} k[v]$$
と同型である． □

体 k 上のスキーム X について少し述べておく．$f\colon X\to \operatorname{Spec} k$ を構造射とする．k の拡大体 K が与えられれば埋め込み $k\hookrightarrow K$ をひとつ定めることによって $\operatorname{Spec} K \to \operatorname{Spec} k$ が定まりファイバー積
$$X \times_{\operatorname{Spec} k} \operatorname{Spec} K$$

が定義される．このファイバー積を以下しばしば
$$X \times_k K$$
と略記する．

さて体 k 上のスキーム X と k の代数的閉包 $\overline{k}$ に対して $X \times_k \overline{k}$ が既約のとき，X を**幾何学的に既約**(geometrically irreducible)，$X \times_k \overline{k}$ が被約のとき**幾何学的に被約**(geometrically reduced)，$X \times_k \overline{k}$ が整のとき**幾何学的に整** (geometrically integral)という．このとき X はそれぞれ既約，被約，整であるが，逆は必ずしも成立しない．そのような例は例 3.17 (1), (2) に現われている．

最後にファイバー積の例をもう 1 つあげておこう．

例 3.18 $\mathbb{Z}$ 上の n 次元射影空間
$$\mathbb{P}_{\mathbb{Z}}^n = \operatorname{Proj} \mathbb{Z}[x_0, x_1, \cdots, x_n]$$
を考える．自然な同型写像
$$\mathbb{Z} \longrightarrow \mathbb{Z}[x_0, x_1, \cdots, x_n]$$
によって構造射
$$\pi \colon \mathbb{P}_{\mathbb{Z}}^n \longrightarrow \operatorname{Spec} \mathbb{Z}$$
が定義される．任意の可換環 R に対して自然な準同型写像
$$\begin{aligned} \mathbb{Z} &\longrightarrow R \\ n &\longmapsto n \cdot 1_R \end{aligned}$$
が存在し，アフィンスキームの射
$$\operatorname{Spec} R \longrightarrow \operatorname{Spec} \mathbb{Z}$$
が定まる．このとき
$$\mathbb{P}_{\mathbb{Z}}^n \times_{\operatorname{Spec} \mathbb{Z}} \operatorname{Spec} R \simeq \operatorname{Proj} R[x_0, x_1, \cdots, x_n] = \mathbb{P}_R^n$$
であることが分かる．また，素数 p に対して点 $(p) \in \operatorname{Spec} \mathbb{Z}$ 上の π のファイバーは
$$\operatorname{Proj} \mathbb{F}_p[x_0, x_1, \cdots, x_n] = \mathbb{P}_{\mathbb{F}_p}^n$$
であることは点 (p) の剰余体が $\mathbb{Z}/(p) = \mathbb{F}_p$ であることより分かる． □

さて，S 上のスキームの X, Y および S 上の射 $f \colon X \to Y$ を考えよう．い

ま，射 $g\colon T\to S$ が与えられると，ファイバー積
$$(X\times_S T, (p,q)),\quad (Y\times_S T, (p',q'))$$
が定義できる．このとき，射 $f\circ p\colon X\times_S T\to Y$ および $q\colon X\times_S T\to T$ は S 上の射である．したがって，ファイバー積の性質より図式

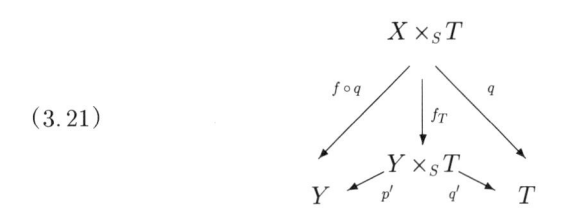

(3.21)

$$\begin{array}{c} X\times_S T \\ \swarrow_{f\circ q} \;\downarrow_{f_T}\; \searrow^{q} \\ Y \;\leftarrow_{p'}\; Y\times_S T \;\rightarrow_{q'}\; T \end{array}$$

を可換にする射 $f_T\colon X\times_S T\to Y\times_S T$ が唯ひとつ定まる．f_T は T 上の射である．これより S 上のスキームのなす圏 $(\mathrm{Sch})/S$ から T 上のスキームのなす圏 $(\mathrm{Sch})/T$ への共変関手が X に対して $X\times_S T$ を対応させ $f\in \mathrm{Hom}_S(X,Y)$ に対して $f_T\colon \mathrm{Hom}_T(X\times_S T, Y\times_S T)$ を対応させることによって定義できる．特に，$f\colon X\to S$ のときは，射 $g\colon T\to S$ に対して $f_T\colon X\times_S T\to S\times_S T=T$ となる．これを，射 $f\colon X\to S$ の射 $g\colon T\to S$ による**基底変換**(base change) という．このように，ファイバー積を使うことによって，自由に S 上のスキームから T 上のスキームに移ることができる．このことは，後に大切になる．

§3.3 分離射

この節ではスキームの射のうちで重要である分離射について簡単に述べる．分離射はこれから何度も登場する．分離射の性質は位相空間での Hausdorff の分離公理に該当するが，スキームの底空間の Zarisiki 位相は開集合が少ないので，位相空間の場合と事情が違ってくることに注意する．

まず分離射の定義から始めよう．スキームの射 $f\colon X\to Y$ に対してファイバー積 $(X\times_Y X,(p_1,p_2))$ を考える．このとき，ファイバー積の定義より，

$p_1 \circ \Delta_{X/Y} = id_X$, $p_2 \circ \Delta_{X/Y} = id_X$ となるスキームの射 $\Delta_{X/Y}: X \to X \times_Y X$ が唯ひとつ定まる．射 $\Delta_{X/Y}$ を**対角射**(diagonal morphism)という．以下しばしば $\Delta_{X/Y}$ を Δ と略記する．

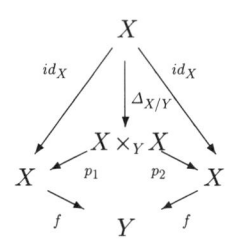

$$\begin{array}{c} X \\ {}_{id_X}\swarrow \quad \downarrow{\Delta_{X/Y}} \quad \searrow{id_X} \\ X \quad X \times_Y X \quad X \\ {}_{p_1}\swarrow \quad \searrow{p_2} \\ f \searrow \quad Y \quad \swarrow f \end{array}$$

定義 3.19 スキームの射 $f: X \to Y$ に対してその対角射 $\Delta_{X/Y}: X \to X \times_Y X$ が閉移入のとき射 f は**分離的**(separated)である，あるいは f は**分離射**(separated morphism)であるという．特に $Y = \mathrm{Spec}\,\mathbb{Z}$ であれば射 $f: X \to \mathrm{Spec}\,\mathbb{Z}$ は一意的に定まる（補題3.9）が，この射が分離的であるとき，スキーム X は**分離的**である，あるいは X は**分離スキーム**(separated scheme)という． □

分離スキーム X は Hausdorff 位相空間の類似物である．しかしながらスキームの底空間は Zarisiki 位相に関して一般には Hausdorff 的でないことに注意する．

問 9 位相空間 M が Hausdorff 的である，すなわち任意の相異なる 2 点 $x, y \in M$ に対して，$x \in U$, $y \in V$, $U \cap V = \emptyset$ となる開集合 U, V が存在するための必要十分条件は対角集合
$$\Delta = \{(a, a) \in M \times M \mid a \in M\}$$
が直積位相空間 $M \times M$ の閉集合であることを示せ．（スキーム X の底空間に関してはスキームの直積 $X \times X$ の底空間の位相は直積位相より一般に強い．（問 8 を参照せよ．）

注意 3.20 Grothendieck は本書で定義したスキームを最初は，**前スキーム**(prescheme)，分離スキームをスキームと呼んだ．その後，EGA I の改訂版では

本書で用いる用語に変更された．古い論文や本を読む際には注意する必要がある．

ところで，代数幾何に登場する多くのスキームは分離的である．まず簡単な例から見ておこう．

例題 3.21 アフィンスキームは分離的であることを示せ．

[解] 可換環 R より定まるアフィンスキーム $(\mathrm{Spec}\, R, \mathcal{O}_{\mathrm{Spec}\, R})$ を考える．$X = \mathrm{Spec}\, R$ に対して
$$X \times X = \mathrm{Spec}(R \otimes_{\mathbb{Z}} R)$$
であり，対角射は準同型写像
$$\begin{aligned}\eta\colon R \otimes_{\mathbb{Z}} R &\longrightarrow R \\ a \otimes b &\longmapsto ab\end{aligned}$$
より定まる．η は全射であるので，対角射 $\Delta\colon X \to X \times X$ は閉移入である（例 2.38）．したがって X は分離的である． ∎

この例題は次の形に一般化することができる．

補題 3.22 アフィンスキーム間の射 $f\colon X = \mathrm{Spec}\, A \to Y = \mathrm{Spec}\, B$ は分離的である．

[証明] 射 f は準同型写像
$$\varphi\colon B \longrightarrow A$$
に対応しているとき，φ によって A を B 代数と見ると $X \times_Y X = \mathrm{Spec}(A \otimes_B A)$ であり，対角射
$$\Delta_{X/Y}\colon X \longrightarrow X \times_Y X$$
は B 準同型写像
$$\begin{aligned}\psi\colon A \otimes_B A &\longrightarrow A \\ a \otimes a' &\longmapsto aa'\end{aligned}$$
に対応する．ψ は全射であるので例 2.38 により $\Delta_{X/Y}$ は閉移入である．したがって射 f は分離的である． ∎

この補題で $Y = \mathrm{Spec}\, \mathbb{Z}$ のときが例題 3.21 に他ならない．この補題から次

の命題を示すことができる.

命題 3.23 スキームの射 $f: X \to Y$ が分離的であるための必要十分条件は対角射 $\Delta_{X/Y}: X \to X \times_Y X$ の底空間の像 $\Delta_{X/Y}(X)$ が $X \times_Y X$ の底空間の閉部分集合であることである.

［証明］ 必要条件は定義より明らかである. 十分条件を証明しよう. ファイバー積の定義より第一成分への射影 $p_1: X \times_Y X \to X$ に対して $p_1 \circ \Delta_{X/Y} = id_X$ が成り立つ. したがって底空間の写像は X から $\Delta_{X/Y}(X)$ への同相写像であることが分かる. 層の準同型写像 $\Delta_{X/Y}^{\#}: \mathcal{O}_{X \times_Y X} \to \Delta_{X/Y*} \mathcal{O}_X$ が全射であることを示そう. 任意の点 $x \in X$ に対して x を含むアフィン開集合 U を $f(U)$ が Y のアフィン開集合 V に含まれるようにとる. すると点 x の近傍では対角射 $\Delta_{X/Y}$ は $\Delta_U: U \to U \times_V U$ となり, U, V はアフィンスキームであるので補題 3.22 より Δ_U は閉移入である. したがって $\Delta_U^{\#}: \mathcal{O}_{U \times_V U} \to \Delta_{U*} \mathcal{O}_U$ は全射であるが, $U \times_V U$ は $X \times_Y X$ の開集合であるので $\Delta_{X/Y}^{\#}$ は全射であることが分かる. よって $\Delta_{X/Y}$ は閉移入であり, f は分離的である. ∎

上の証明により, 対角射の像 $\Delta_{X/Y}(X)$ は常に局所閉集合であることが分かる. 分離スキームとならない例をあげておこう.

例 3.24 2本の体 k 上のアフィン直線 $X = \mathrm{Spec}\, k[x]$, $Y = \mathrm{Spec}\, k[y]$ を考え, X, Y の原点 O, すなわち極大イデアル $(x), (y)$ に対応する点を除いた開集合

$$U = X \setminus \{O\} = \mathrm{Spec}\, k\left[x, \frac{1}{x}\right], \ V = Y \setminus \{O\} = \mathrm{Spec}\, k\left[y, \frac{1}{y}\right]$$

を同型写像

$$k\left[x, \frac{1}{x}\right] \longrightarrow k\left[y, \frac{1}{y}\right]$$

$$f\left(x, \frac{1}{x}\right) \longmapsto f\left(y, \frac{1}{y}\right)$$

に対応する $\varphi: U \to V$ で張り合わせてできるスキームを Z とする. Z はアフィン直線の原点に対応するところが2点になったスキームである. Z は k 上

図 3.1

分離的でない.
$Z \times_{\operatorname{Spec} k} Z$ は 4 個のアフィン平面
$$X_1 = \operatorname{Spec} k[x] \otimes_k k[x], \quad X_2 = \operatorname{Spec} k[y] \otimes_k k[x]$$
$$X_3 = \operatorname{Spec} k[x] \otimes_k k[y], \quad X_4 = \operatorname{Spec} k[y] \otimes_k k[y]$$
を射 $\varphi: U \to V$ から定まる射 $\varphi \times id_U: U \times_{\operatorname{Spec} k} U \to V \times_{\operatorname{Spec} k} U$, $id_U \times \varphi: U \times_{\operatorname{Spec} k} U \to U \times_{\operatorname{Spec} k} V$, $\varphi \times \varphi: U \times_{\operatorname{Spec} k} U \to V \times_{\operatorname{Spec} k} V$ で張り合わせたものである. これは 4 個のアフィン平面を原点と x 軸, y 軸とを除いたところを同一視してできるスキームで, 原点にあたる部分は 4 個の点が現れる. 対角射 $\Delta: Z \to Z \times_{\operatorname{Spec} k} Z$ は対角射 $\Delta_1: X \to X_1 = X \times_{\operatorname{Spec} k} X$, $\Delta_4: Y \to X_4 = Y \times_{\operatorname{Spec} k} Y$ を張り合わせてでき, 底空間の像 $\Delta(Z)$ はアフィン平面の対角線の原点を除いた部分と X_1, X_4 の原点に対応する 2 点とからなる. ところがアフィン平面の対角線から原点を除いたものの $Z \times_{\operatorname{Spec} k} Z$ での閉包は 4 点をすべて含むので $\Delta(Z)$ は閉集合ではない. □

分離射に関しては次の定理が重要である.

定理 3.25

(ⅰ) 射 $f: X \to Y$, $g: Y \to Z$ が分離的であれば $g \circ f: X \to Z$ も分離的である.

(ⅱ) 射 $j: Z \to X$ が閉移入または開移入であれば j は分離的である.

(ⅲ) $f: X \to S$ が分離的であれば任意の S スキーム T による基底変換
$$f_T: X \times_S T \longrightarrow T$$
も分離的である.

(ⅳ) スキームの射 $f: X \to Y$, $g: Y \to Z$ の合成 $g \circ f: X \to Z$ が分離的であれば f は分離的である. □

[証明] (ⅰ) $\Delta_{X/Y}: X \to X \times_Y X$, $\Delta_{Y/Z}: Y \to Y \times_Z Y$ は閉移入である. 合成射 $g \circ f$ によって X を Z 上のスキームとみて射 $(f,f)_Z: X \times_Z X \to Y \times_Z Y$

が定義できる．この射による $\Delta_{Y/Z}$ の基底変換
$$h = \Delta_{Y/Z} \times_{Y \times_Z Y} (f,f)_Z : Y \times_{Y \times_Z Y} X \times_Z X \longrightarrow X \times_Z X$$
は閉移入である．またこのとき標準的な同型
$$H = Y \times_{Y \times_Z Y} X \times_Z X \longrightarrow X \times_Y X$$
が存在することが，任意のスキーム W に対して $h_H(W) \simeq h_{X \times_Y X}(W)$ であることより分かる．このことを使うと対角射
$$\Delta_{X/Z} : X \longrightarrow X \times_Z X$$
は $\Delta_{X/Y}$ と $h = \Delta_{Y/Z} \times_{Y \times_Z Y} (f,f)_Z$ の合成射と考えることができる．$\Delta_{X/Y}$ と h とは閉移入であるのでその合成も閉移入となり（このことについては後に述べる）$\Delta_{X/Z}$ は閉移入である．よって合成射 $g \circ f$ は分離的である．

(ii) $j : Z \to X$ が閉移入のときをまず考える．X のアフィン開近傍 $U = \operatorname{Spec} A$ をとると $V = j^{-1}(U) \neq \emptyset$ のときは $V = j^{-1}(U)$ はアフィンスキーム $\operatorname{Spec} B$ で，$\operatorname{Spec} B \to \operatorname{Spec} A$ は閉移入である．これも後に示すが，このとき対応する可換環の準同型写像 $A \to B$ は全射であり $B = A/I$，I は A のイデアル，と考えることができる．すると射影 $p_1 : V \times_U V = \operatorname{Spec}(B \otimes_A B) \to V = \operatorname{Spec} B$ は $B \otimes_A B \simeq B$ より同型射となる．したがって射影 $p_1 : Z \times_X Z \to Z$ は同型射である．$p_1 \circ \Delta_{Z/X} = id_X$ であるので，$\Delta_{Z/X}$ も同型射である．同型射は閉移入であるので j は分離的である．j が開移入のときは $U = \operatorname{Spec} A \subset j(Z)$ をとって議論をすれば $p_1 : Z \times_X Z \to Z$ が同型射であることが示せて，上と同様の議論により j は分離的であることが分かる．

(iii) $X' = X \times_S T$ とおくと
$$X' \times_T X' = (X \times_S T) \times_T (X \times_S T) \simeq (X \times_S X) \times_S T$$
より $\Delta_{X'/T} = \Delta_{X/S} \times_S T$ であることが分かり，$\Delta_{X'/T}$ は閉移入である．よって f_T も分離的である．

(iv) $g \circ f$ によって X を Z 上のスキーム，g によって Y を Z 上のスキームとみると f は Z 上の射になる．f のグラフ射 Γ_f を $\Gamma_f = (id_X, f)_Z : X \to X \times_Z Y$ と定義し，さらに標準射影 $p_2 : X \times_Z Y \to Y$ を考えると $f = p_2 \circ \Gamma_f$ である．
$$X \times_{X \times_Z Y} X \simeq X$$

であるので $\Delta_{X/X\times_Z Y}$ は同型射であることが分かり，Γ_f は分離射である．また $Y = Z \times_Z Y$ とみなすと p_2 は $g \circ f: X \to Z$ の $Y \to Z$ による基底変換とみなすことができ，$g \circ f$ が分離的であることより，(iii) より p_2 は分離的である．したがって，(i) より $f = p_2 \circ \Gamma_f$ は分離的である． ∎

この定理の (iii) より次の系を得る．

系 3.26 射 $f: X \to Y$ が分離的であれば Y の任意の点 $y \in Y$ に対してファイバー X_y は点 y の剰余体 $k(y)$ 上分離的である． □

《要約》

3.1 圏および共変関手，反変関手の定義．関手の間の射の定義．

3.2 圏 $\mathcal{C}$ から集合のなす圏 (Set) への反変関手 F は関手 $h_W = \mathrm{Hom}(\,\cdot\,, W)$ と同型であるとき W によって表現可能であるといい，F を表現可能関手という．

3.3 ファイバー積の定義．スキームの圏ではファイバー積はつねに存在する．

3.4 点の概念を一般化してスキームに値をとる点を考えることができる．

3.5 Zariski 接空間の定義．

3.6 スキームの射 $f: X \to Y$ と Y の底空間の点 y に対して y 上のファイバー X_y がスキームとして定義できる．

3.7 分離射の定義．

──────── 演習問題 ────────

3.1 圏 $\mathcal{C}$ の対象 X に対して反変関手 $h_X: \mathcal{C} \to $ (Set) を $h_X(W) = \mathrm{Hom}_{\mathcal{C}}(W, X)$ と定義する．このとき $X, Y \in Ob(\mathcal{C})$ に対して反変関手 h_X から h_Y への射の全体 $\mathrm{Hom}(h_X, h_Y)$ から $\mathrm{Hom}_{\mathcal{C}}(X, Y)$ への写像

$$\varphi: \mathrm{Hom}(h_X, h_Y) \longrightarrow \mathrm{Hom}_{\mathcal{C}}(X, Y)$$

を $\eta \in \mathrm{Hom}(h_X, h_Y)$ に対して $\eta(X)(id_X) \in h_Y(X) = \mathrm{Hom}_{\mathcal{C}}(X, Y)$ を対応させることによって定義すると，φ は全単射であることを示せ．

3.2 体 K の有限次分離的拡大 L/K および K の代数的閉包 $\overline{K}$（K を含む最小

の代数的閉体)に対して $X = \mathrm{Spec}(L)$, $Y = \mathrm{Spec}(\overline{K})$, $Z = \mathrm{Spec}(K)$ とおくと X, Y は Z 上のスキームになる．$X \times_Z Y$ は $\mathrm{Spec}\,\overline{K}$ の $[L:K]$ 個の直和(互いに共通部分を持たないスキームの和集合)と同型になることを示せ．

3.3 実数体 $\mathbb{R}$ に対して
$$X_0 = \mathrm{Spec}\,\mathbb{R}[x,y]/(x^2+y^2)$$
とおく．このとき以下の問に答えよ．
(1) X_0 は整スキームであることを示せ．
(2) $X_0 \times_\mathbb{R} \mathbb{C}$ は被約ではあるが既約ではないことを示せ．
(3) X_0 の $\mathbb{R}$ に値をとる点は唯ひとつしかないことを示せ．一方，X_0 の $\mathbb{C}$ に値をとる点は無限個あることを示せ．

3.4 スキーム X の局所環 R に値をとる点 $f: \mathrm{Spec}\,R \to X$ と X の点 x と局所準同型写像 $g: \mathcal{O}_{X,x} \to R$ の組 (x, g) とが1対1に対応することを示せ．

3.5 代数的閉体 k 上の射影空間 $\mathbb{P}_k^n = \mathrm{Proj}\,k[x_0, x_1, \cdots, x_n]$ の k 有理点は第1章で定義した射影空間の点 $(a_0 : a_1 : \cdots : a_n)$ と1対1に対応することを示せ．

4 連接層

　この章では代数幾何学で最も重要な連接層について論じる．岡潔は正則関数のなす不定域イデアル（今日の言葉を使えば，正則関数のなす層 $\mathcal{O}_X$ の点 x での茎 $\mathcal{O}_{X,x}$）の概念を導入し，不定域イデアルの持つ大切な性質を解明した．後に，H. Cartan は岡の仕事が Leray の導入した層の概念と本質的に一致することを見出し，連接層の概念を導入し，岡の結果を「正則関数のなす層は連接層である」と表現し，多変数関数論の主要な結果が連接層の言葉を使って表示できることを J.-P. Serre との共同研究で示した．さらに，Serre は多変数関数論の連接層による定式化が代数幾何学にも適用可能であることを見出し，代数幾何学の新たなる進展が始まった．Grothendieck のスキームの理論はこの Serre の立場を徹底化したものである．このことからも，連接層の概念が重要であることは了解されよう．ただ，スキームに関する連接層の理論を展開する上では，連接層の概念を少し一般化して準連接層の概念を導入したほうが都合の良い場合が多いので，ここでも Grothendieck にならって準連接層の理論をまず論じることにする．ただし，代数幾何学では連接層や，準連接層でない層も大切な役割をすることがあることを注意しておく．

　読者はすでに，前章までで層の理論にはある程度馴れられたことと思うが，本章では，スキーム上の層に関してできるだけ詳しくその基本を述べることにした．層の理論は詳しく述べると一冊の本になってしまう．そのため，代数幾何学の教科書では層の理論は簡単に定義を与えて，先へ進むことが多い

が，本書では紙数の許す限り詳しく述べることにした．層の理解が不十分であるために，結局，代数幾何学が理解できなくなるケースをまま目にするからである．ただ，層の理論の理解のためには具体的に層が活躍してゆく様子を目にするのが一番である．本章はそのための準備でしかないが，様々な例を通して層を身近なものとして捉えていただけるように試みた．

なお，この章以降，R 加群 M が定める $\operatorname{Spec} R$ 上の層 $\widetilde{M}$ を $(M)\tilde{}$ と記すことがある．R 加群 M の表示が長くなる場合には後者の表示を使うことが多い．

§4.1 層の完全列

層の準同型写像については §2.3(a) で少し触れたが，この節ではさらに詳しく論じる．特に層の準同型写像の核，像，余核を定義し，層の理論が加群の理論の自然な拡張であることを示す．以下，特にことわらない限り，層や前層は加群の層や前層を意味する．

(a) 前層の層化

位相空間 X 上の加群の前層 $\mathcal{G}$ から層を構成することは演習問題 2.5 で触れたが，ここでまずその構成法を復習し，その特徴づけを与える．位相空間 X の各点 x に対して，前層 $\mathcal{G}$ の点 x 上での茎 $\mathcal{G}_x$ を

$$\mathcal{G}_x = \varinjlim_{x \in U} \mathcal{G}(U)$$

と定義する．ここで x を含む開集合の全体 $\mathcal{U}_x$ に $V \subset U$ のとき $U < V$ と順序を入れて帰納的極限をとるものとする．X の開集合 U に対して，$^a\mathcal{G}(U)$ は U から $\bigcup_{x \in U} \mathcal{G}_x$ への写像 s で以下の条件を満足するものの全体とする．
 （1） $x \in U$ に対して，$s(x) \in \mathcal{G}_x$．
 （2） 各点 $x \in U$ に対して，x を含む開集合 $V \subset U$ と $t \in \mathcal{G}(V)$ を，V の任意の点 y での t の芽 $t_y \in \mathcal{G}_y$ が $s(y)$ と一致するようにとることができる．

言い換えれば

(4.1) $\quad {}^a\mathcal{G}(U) = \left\{ \{s(x)\} \in \prod_{x \in U} \mathcal{G}_x \;\middle|\; \begin{array}{l} x \text{ の開近傍 } V \subset U \text{ と } t \in \mathcal{G}(V) \\ \text{を } t_y = s(y),\ y \in V \text{ が成立する} \\ \text{ように選ぶことができる.} \end{array} \right\}$

と定義する.開集合 $V \subset U$ に対して,制限写像 $\rho_{V,U}: {}^a\mathcal{G}(U) \to {}^a\mathcal{G}(V)$ は $\{s(x)\}_{x \in U}$ を $\{s(y)\}_{y \in V}$ に制限することによって得られる.すると ${}^a\mathcal{G}$ は X 上の加群の層であることが分かる.

問 1 ${}^a\mathcal{G}$ は加群の層であることを示せ.

問 2 加群の層 ${}^a\mathcal{G}$ は演習問題 2.5 で定義した層 $\widetilde{\mathcal{G}}$ と一致することを示せ.

ところで,位相空間 X 上の加群の前層 $\mathcal{G}, \mathcal{H}$ の**準同型写像** $\varphi: \mathcal{G} \to \mathcal{H}$ は加群の層の準同型写像と同様に定義される.すなわち,X の各開集合 U に対して準同型写像 $\varphi_U: \mathcal{G}(U) \to \mathcal{H}(U)$ が定義され,制限写像と両立している,つまり,2 つの開集合 $V \subset U$ に対して図式

$$\begin{array}{ccc} \mathcal{G}(U) & \xrightarrow{\varphi_U} & \mathcal{H}(U) \\ {\scriptstyle \rho^{\mathcal{G}}_{V,U}} \downarrow & & \downarrow {\scriptstyle \rho^{\mathcal{H}}_{V,U}} \\ \mathcal{G}(V) & \xrightarrow{\varphi_V} & \mathcal{H}(V) \end{array}$$

がつねに可換図式であるような準同型写像の集まり $\{\varphi_U\}$ として定義される.特に $\mathcal{G}$ または $\mathcal{H}$ の一方が層であるときも,前層としての準同型写像を考えることができる.またこの定義から明らかなように,$\mathcal{G}, \mathcal{H}$ が層であるときは,層としての準同型写像と前層としての準同型写像は一致することを注意しておく.このことは次のように述べることもできる.

前層 $\mathcal{G}$ から前層 $\mathcal{H}$ への準同型写像の全体を $\mathrm{Hom}_{\mathrm{presheaf}}(\mathcal{G}, \mathcal{H})$ と記す.$\mathcal{G}, \mathcal{H}$ が層のときは $\mathrm{Hom}_{\mathrm{sheaf}}(\mathcal{G}, \mathcal{H})$ は層としての準同型写像の全体を表わす.このとき

$$\mathrm{Hom}_{\mathrm{sheaf}}(\mathcal{G}, \mathcal{H}) = \mathrm{Hom}_{\mathrm{presheaf}}(\mathcal{G}, \mathcal{H})$$

であることが上の主張である.

また $\mathrm{Hom}_{\mathrm{presheaf}}(\mathcal{G},\mathcal{H})$ や $\mathrm{Hom}_{\mathrm{sheaf}}(\mathcal{G},\mathcal{H})$ は加群の構造を持つことに注意する. $\varphi\colon\mathcal{G}\to\mathcal{H}$, $\psi\colon\mathcal{G}\to\mathcal{H}$ に対して, $\varphi+\psi$ を X の各開集合 U と各元 $s\in\mathcal{G}(U)$ に対して

$$(\varphi+\psi)_U(s) = \varphi_U(s) + \psi_U(s)$$

と定義すれば和が定義できる. この加群の零元は零写像 0, すなわち X の各開集合 U と各元 $s\in\mathcal{G}(U)$ に対して

$$0_U(s) = 0$$

で定まる準同型写像である. また, 前層または層の準同型写像 $\varphi\colon\mathcal{G}\to\mathcal{H}$ は, X の各開集合 U に対して φ_U が同型写像であるとき**同型写像**であるという. またこのとき, $\mathcal{G}$ と $\mathcal{H}$ とは前層としてまたは層として**同型**であるという.

さて位相空間 X 上の加群の前層 $\mathcal{G}$ から加群の層 $^a\mathcal{G}$ を構成したが, X の開集合 U に対して加群の準同型写像

(4.2) $\quad\quad\quad \theta_U\colon\ \mathcal{G}(U)\ \longrightarrow\ {}^a\mathcal{G}(U)$
$\quad\quad\quad\quad\quad\quad\ \ t\ \ \longmapsto\ \{t_x\}_{x\in U}$

を定義することができる. ここで t_x は $t\in\mathcal{G}(U)$ の点 x での芽である. (4.2) が前層の準同型写像 $\theta\colon\mathcal{G}\to{}^a\mathcal{G}$ を定めることは $^a\mathcal{G}(U)$ の定義(4.1)と $^a\mathcal{G}$ の制限写像の定義から明らかである.

次の命題は層 $^a\mathcal{G}$ と準同型写像 $\theta\colon\mathcal{G}\to{}^a\mathcal{G}$ を特徴づける.

命題 4.1

(i) 位相空間 X 上の加群の前層 $\mathcal{G}$ と加群の層 $\mathcal{H}$ に対して, 加群の層 $^a\mathcal{G}$ と前層の準同型写像(4.2)から定まる写像

(4.3) $\quad\quad \mathrm{Hom}_{\mathrm{sheaf}}({}^a\mathcal{G},\mathcal{H})\ \longrightarrow\ \mathrm{Hom}_{\mathrm{presheaf}}(\mathcal{G},\mathcal{H})$
$\quad\quad\quad\quad\quad\ \varphi\ \ \longmapsto\ \ \varphi\circ\theta$

は加群の同型写像である. また逆に加群の前層 $\mathcal{G}$ に対して同型写像(4.3)が成り立つような X 上の加群の層 $^a\mathcal{G}$ と前層の準同型写像 $\theta\colon\mathcal{G}\to{}^a\mathcal{G}$ が同型を除いて一意的に定まる.

(ii) $\mathcal{G}$ が層であれば $^a\mathcal{G}=\mathcal{G}$ である.

§4.1 層の完全列 —— 165

[証明] (i) 写像(4.3)が加群の準同型写像であることは定義よりただちに分かる．そこで上で構成した $^a\mathcal{G}$ に対して写像

(4.4) $$\mathrm{Hom}_{\mathrm{presheaf}}(\mathcal{G}, \mathcal{H}) \longrightarrow \mathrm{Hom}_{\mathrm{sheaf}}(^a\mathcal{G}, \mathcal{H})$$

をまず構成する．前層の準同型写像 $\psi: \mathcal{G} \to \mathcal{H}$ が与えられたとき，X の開集合 U に対して加群の準同型写像 $^a\psi_U: {}^a\mathcal{G}(U) \to \mathcal{H}(U)$ を，図式

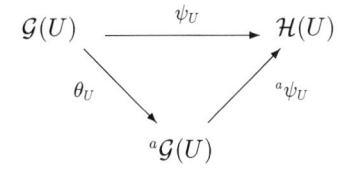

$$\begin{array}{ccc} \mathcal{G}(U) & \xrightarrow{\psi_U} & \mathcal{H}(U) \\ {}_{\theta_U}\searrow & & \nearrow{}_{{}^a\psi_U} \\ & {}^a\mathcal{G}(U) & \end{array}$$

が可換になるように構成できることを示そう．(4.1)より $s = \{s(x)\} \in {}^a\mathcal{G}(U)$ に対して，U の開被覆 $\{V_\lambda\}_{\lambda \in \Lambda}$ と $t_\lambda \in \mathcal{G}(V_\lambda)$ を $s(y) = t_{\lambda y}$, $y \in V_\lambda$ が成り立つように選ぶことができる．$\tilde{t}_\lambda = \varphi_{V_\lambda}(t_\lambda)$ とおくと，$\tilde{t}_\lambda \in \mathcal{H}(V_\lambda)$ であり，$V_{\lambda\mu} = V_\lambda \cap V_\mu \neq \emptyset$ のとき $\rho_{V_{\lambda\mu}, V_\lambda}(t_\lambda) = \rho_{V_{\lambda\mu}, V_\mu}(t_\mu)$ であるので，$\rho_{V_{\lambda\mu}, V_\lambda}(\tilde{t}_\lambda) = \rho_{V_{\lambda\mu}, V_\mu}(\tilde{t}_\mu)$ が成り立つことが分かる．$\mathcal{H}$ は層であったので，層の性質(F2)(§2.2)より，$\rho_{V_\lambda, U}(\tilde{t}) = \tilde{t}_\lambda$, $\lambda \in \Lambda$ を満足する $\tilde{t} \in \mathcal{H}(U)$ が定まる．さらに性質(F1)を使うと，このような $\tilde{t}$ は唯ひとつ定まることが分かる．そこで，$^a\psi_U(s) = \tilde{t}$ と定義する．$t \in \mathcal{G}(U)$ に対して $s = \{t_x\} \in {}^a\mathcal{G}(U)$ とおくと，$\theta_U(t) = s$ であり，$\tilde{t} = \psi_U(t)$ であることが分かるので，$^a\psi_U \circ \theta_U = \psi_U$ であることが分かり，上の図式は可換図式であることが分かる．したがって $^a\psi \circ \theta = \psi$ が成り立ち，写像(4.3)は全射であることが分かる．

逆に $\psi = \varphi \circ \theta$, $\varphi \in \mathrm{Hom}_{\mathrm{sheaf}}(^a\mathcal{G}, \mathcal{H})$ であれば，上の $^a\psi$ の構成法より $^a\psi = \varphi$ であることが分かり，(4.3)は単射であることも分かり，(4.3)は同型写像である．(写像(4.4)は(4.3)の逆写像である．)

次に層 $\mathcal{F}$ と前層の準同型写像 $\eta: \mathcal{G} \to \mathcal{F}$ が，任意の層 $\mathcal{H}$ に対して写像

$$\begin{array}{rccc} \eta^*_{\mathcal{H}}: & \mathrm{Hom}_{\mathrm{sheaf}}(\mathcal{F}, \mathcal{H}) & \longrightarrow & \mathrm{Hom}_{\mathrm{presheaf}}(\mathcal{G}, \mathcal{H}) \\ & \varphi & \longmapsto & \varphi \circ \eta \end{array}$$

が同型写像であると仮定する．特に $\mathcal{H} = {}^a\mathcal{G}$, $\theta: \mathcal{G} \to {}^a\mathcal{G}$ ととると，$\theta = \varphi \circ \eta$

を満足する層の準同型写像 $\varphi: \mathcal{F} \to {}^a\mathcal{G}$ が一意的に定まる．また(4.3)の同型写像で $\mathcal{H}=\mathcal{F}$ ととると，$\eta=\psi\circ\theta$ を満足する層の準同型写像 $\psi: {}^a\mathcal{G}\to\mathcal{F}$ が唯ひとつ定まる．すると $\theta=\varphi\circ\eta=\varphi\circ(\psi\circ\theta)=(\varphi\circ\psi)\circ\theta$ が成り立つ．これは層の準同型写像 $\varphi\circ\psi: {}^a\mathcal{G}\to{}^a\mathcal{G}$ に対して，(4.3)で $\mathcal{H}={}^a\mathcal{G}$ のとき，$\varphi\circ\psi$ には $\theta\in\mathrm{Hom}_{\mathrm{presheaf}}(\mathcal{G},\mathcal{H})$ が対応することを意味する．一方 $id_{{}^a\mathcal{G}}$ も(4.3)で θ に対応する．(4.3)は同型写像であったので，$\varphi\circ\psi=id_{{}^a\mathcal{G}}$ であることが分かる．また，$\eta=\psi\circ\theta=\psi\circ(\varphi\circ\eta)=(\psi\circ\varphi)\circ\eta$ であるのでまったく同様の議論を同型写像 $\eta_{\mathcal{H}}^*$ に適用して，$\psi\circ\varphi=id_\mathcal{F}$ を得る．よって $\psi: {}^a\mathcal{G}\to\mathcal{F}$ は同型写像であり，$\eta=\psi\circ\theta$ であるので，(4.3)を満足する $({}^a\mathcal{G},\theta)$ は同型を除いて一意的に定まることが分かる．

(ii) $\mathcal{G}$ が層であれば，層の性質(F1)，(F2)より，(4.1)の定義から ${}^a\mathcal{G}(U)=\mathcal{G}(U)$ であることが分かる． ∎

${}^a\mathcal{G}$ を前層 $\mathcal{G}$ の**層化**と呼ぶことは演習問題2.5の中で述べたが，上の命題は層化を普遍写像性を使って特徴づけたものである．

例題 4.2 位相空間 X 上の前層 $\mathcal{G}$ の層化 ${}^a\mathcal{G}$ に対して，点 $x\in X$ 上の両者の茎 $\mathcal{G}_x, {}^a\mathcal{G}_x$ は一致することを示せ．

[解] $x\in X$ を含む開集合 U と $s\in {}^a\mathcal{G}(U)$ に対して(4.1)より $x\in V\subset U$ かつ $t\in\mathcal{G}(V)$ を $\rho_{V,U}(s)=\theta_U(t)$ が成り立つように選ぶことができる．これより，$s_x=t_x$ であることが分かる． ∎

(b) 準同型写像の核と余核

位相空間 X 上の加群の層の準同型写像 $\varphi: \mathcal{G}\to\mathcal{H}$ が与えられたとき，加群の場合にならって φ の核，像，余核を加群の層として定義しよう．まず，定義が簡単な核の場合から始めよう．

例題 4.3 位相空間 X 上の加群の層の準同型写像 $\varphi: \mathcal{G}\to\mathcal{H}$ と X の開集合 U に対して

(4.5) $$\mathcal{F}(U)=\{s\in\mathcal{G}(U)\mid \varphi_U(s)=0\}$$

と定義すると $\mathcal{F}$ は X 上の加群の層であることを示せ．

[解] 開集合 $V\subset U$ に対して層 $\mathcal{G},\mathcal{H}$ の制限写像をそれぞれ $\rho_{V,U}^{\mathcal{G}}, \rho_{V,U}^{\mathcal{H}}$ と

記すと，層の準同型写像の定義より，可換図式

$$\begin{array}{ccc} \mathcal{G}(U) & \xrightarrow{\varphi_U} & \mathcal{H}(U) \\ \rho^{\mathcal{G}}_{V,U}\downarrow & & \downarrow\rho^{\mathcal{H}}_{V,U} \\ \mathcal{G}(V) & \xrightarrow{\varphi_V} & \mathcal{H}(V) \end{array}$$

が成り立つ．したがって $\rho^{\mathcal{G}}_{V,U}(\mathcal{F}(U))\subset\mathcal{F}(V)$ が成り立つことが分かり，$\mathcal{F}$ の制限写像 $\rho_{V,U}$ を $\rho^{\mathcal{G}}_{V,U}$ の $\mathcal{F}(U)$ への制限として定義する．すると $\mathcal{F}$ は X 上の加群の前層であることが容易に分かる．

$\mathcal{F}$ が層の性質(F1), (F2)を持つことを示そう．$\mathcal{G}$ が層であることより，$\mathcal{F}$ が性質(F1)を持つことは明らか．また X の開集合 U とその開被覆 $\{U_j\}_{j\in I}$ および $s_j\in\mathcal{F}(U_j)$ が $U_{jk}=U_j\cap U_k\neq\emptyset$ のとき $\rho_{U_{jk},U_j}(s_j)=\rho_{U_{jk},U_k}(s_k)$ が成り立つように与えられれば，$s_j\in\mathcal{G}(U_j)$ と考えることができ，$\mathcal{G}$ が層であることより，$\rho^{\mathcal{G}}_{U_j,U}(s)=(s_j)$, $j\in J$ が成り立つような元 $s\in\mathcal{G}(U)$ が存在する．そこで $t=\varphi_U(s)$, $t_j=\rho^{\mathcal{H}}_{U_j,U}(t)$ とおくと $t_j=\varphi_{U_j}(\rho^{\mathcal{G}}_{U_j,U}(s))=\varphi_{U_j}(s_j)=0$ であり，$\mathcal{H}$ が層であることより $t=0$ が成り立つ．したがって $s\in\mathcal{F}(U)$ となり，$\mathcal{F}$ が性質(F2)を持つことが分かる．■

(4.5)で定義される層 $\mathcal{F}$ を準同型写像 $\varphi\colon\mathcal{G}\to\mathcal{H}$ の**核**(kernel)といい $\mathrm{Ker}\,\varphi$ と記す．

さて $\mathrm{Ker}\,\varphi$ のように層 $\mathcal{F}$, $\mathcal{G}$ が与えられ，各開集合 U に対して $\mathcal{F}(U)$ が $\mathcal{G}(U)$ の部分加群であり，かつ制限写像 $\rho_{V,U}\colon\mathcal{F}(U)\to\mathcal{F}(V)$ が $\mathcal{G}$ の制限写像 $\rho^{\mathcal{G}}_{V,U}$ を $\mathcal{F}(U)$ に制限したものであるとき，$\mathcal{F}$ を $\mathcal{G}$ の**部分層**(subsheaf)と呼ぶ．層の準同型写像 $\varphi\colon\mathcal{G}\to\mathcal{H}$ が与えられたとき，X の各開集合 U に対して

$$\mathcal{I}(U)=\mathrm{Im}\,\varphi_U=\{\varphi_U(s)\in\mathcal{H}(U)\mid s\in\mathcal{G}(U)\}$$

とおくと $\mathcal{I}$ は $\mathcal{H}$ の部分層になるであろうか．開集合 $V\subset U$ に対して $t\in\mathcal{I}(U)$ であれば $t=\varphi_U(s)$ となる元 $s\in\mathcal{G}(U)$ があるので，

$$\rho^{\mathcal{H}}_{V,U}(t)=\rho^{\mathcal{H}}_{V,U}(\varphi_U(s))=\varphi_V(\rho^{\mathcal{G}}_{V,U}(s))\in\mathcal{I}(V)$$

が成り立つ．したがって，$\mathcal{H}$ の制限写像を $\mathcal{I}$ に制限することによって，$\mathcal{I}$ は加群の前層であることが分かる．次に層の性質(F1), (F2)を調べてみよう．$t\in\mathcal{I}(U)$ と U の開被覆 $\{U_j\}_{j\in J}$ が $\rho_{U_j,U}(t)=0$, $j\in J$ であれば，$t\in\mathcal{H}(U)$ の

元として $t=0$ である.したがって $\mathcal{I}(U)$ の元としても $t=0$ である.よって前層 $\mathcal{I}$ は性質(F1)を有している.

最後に開集合 U の開被覆 $\{U_j\}_{j\in J}$ と $t_j \in \mathcal{I}(U_j)$, $j\in J$ が $U_{jk}=U_j\cap U_k\neq\emptyset$ のとき $\rho_{U_{jk},U_j}(t_j)=\rho_{U_{jk},U_k}(t_k)$ が成り立つように与えられたとしよう.$t_j \in \mathcal{H}(U_j)$, $j\in J$ と考えると,$\mathcal{H}$ が層であることより,$\rho^{\mathcal{H}}_{U_j,U}(t)=t_j$, $j\in J$ となる $t\in\mathcal{H}(U)$ が存在することが分かる.$t\in\mathcal{I}(U)$ であろうか? 言い換えると,$\varphi_U(s)=t$ を満足する $s\in\mathcal{G}(U)$ を見出すことは可能であろうか?

$t_j\in\mathcal{I}(U_j)$ であるので,$t_j=\varphi_{U_j}(s_j)$ を満足する $s_j\in\mathcal{G}(U_j)$ が存在する.s_j は一意的に定まるとは限らない.もし $t_j\in\varphi_{U_j}(s'_j)$, $(s'_j)\in\mathcal{G}(U_j)$ が成り立てば $\varphi_{U_j}(s_j-s'_j)=0$ となり,$s_j-s'_j\in(\mathrm{Ker}\,\varphi)(U_j)$ が成り立つことが分かる.すなわち $u_j\in(\mathrm{Ker}\,\varphi)(U_j)$ の元に対してつねに $t_j=\varphi_{U_j}(s_j)=\varphi_{U_j}(s_j+u_j)$ が成立する.そこで,各 $j\in J$ に対して $t_j=\varphi_{U_j}(s_j)$ を満足する $s_j\in\mathcal{G}(U_j)$ を1つ選び,$u_j\in(\mathrm{Ker}\,\varphi)(U_j)$ をうまく選んで $\widetilde{s}_j=s_j+u_j$, $j\in J$ に対して $U_{jk}=U_j\cap U_k\neq\emptyset$ のとき $\rho^{\mathcal{G}}_{U_{jk},U_j}(\widetilde{s}_j)=\rho^{\mathcal{G}}_{U_{jk},U_k}(\widetilde{s}_k)$ が成り立つようにしたい.もしこれが可能であれば,$\rho^{\mathcal{G}}_{U_j,U}(\widetilde{s})=\widetilde{s}_j$ となる $\widetilde{s}\in\mathcal{G}(U)$ が存在し,$t_j=\varphi_{U_j}(\widetilde{s}_j)$ より $t=\varphi_U(\widetilde{s})$ であることが分かる.このような $\{u_j\}_{j\in J}$ が存在するか否かが問題になるわけである.この問題は,実は層 $\mathrm{Ker}\,\varphi$ の性質によって解があったりなかったりする.このことを少し説明しておこう.そのために,$U_{jk}=U_j\cap U_k\neq\emptyset$ のとき

(4.6) $$s_{jk}=\rho_{U_{jk},U_k}(s_k)-\rho_{U_{jk},U_j}(s_j)$$

とおこう.$s_{jk}\in\mathcal{G}(U_{jk})$ であるが,$t_j=\varphi_{U_j}(s_j)$, $t_k=\varphi_{U_k}(s_k)$ かつ $\rho^{\mathcal{H}}_{U_{jk},U_j}(t_j)=\rho^{\mathcal{H}}_{U_{jk},U_k}(t_k)$ より $s_{jk}\in(\mathrm{Ker}\,\varphi)(U_{jk})$ であることが分かる.したがって,$\{s_{jk}\}$ に対して

$$s_{jk}=u_k-u_j, \quad U_{jk}\neq\emptyset$$

を満足する $u_j\in(\mathrm{Ker}\,\varphi)(U_j)$, $j\in J$ を見出すことができるか否かの問題となる.このように問題は層 $\mathrm{Ker}\,\varphi$ の問題として定式化することができる.$\{s_{jk}\}$ は

$$s_{kj}=-s_{jk}$$

かつ $U_{ijk}=U_i\cap U_j\cap U_k\neq\emptyset$ のとき

§4.1 層の完全列 —— 169

(4.7) $\quad \rho_{U_{ijk}, U_{ij}}(s_{ij}) + \rho_{U_{ijk}, U_{jk}}(s_{jk}) + \rho_{U_{ijk}, U_{ki}}(s_{ki}) = 0$

が成り立つ．このような性質を持つ $\{s_{jk}\}$ は **1 コサイクル**(one-cocycle)と呼ばれ，層の**コホモロジー**で大切な役割をする．このことについては第6章で詳しく述べるが，層の準同型写像の像を考えることで自然に層のコホモロジーの入口にたどりつく．これは，層のコホモロジーが自然な考え方であることを示している．

性質(F2)を満足しない前層 $\mathcal{I}$ の例は余核を考えるときに自然に出てくる．$\mathcal{I}$ は層とは限らないので $\mathcal{I}$ の層化を $\mathrm{Im}\,\varphi$ と記し，準同型写像 $\varphi\colon \mathcal{G} \to \mathcal{H}$ の**像**(image)という．

問3 (4.6)で定義した $\{s_{jk}\}$ が(4.7)の等式を満足することを示せ．

次に準同型写像 $\varphi\colon \mathcal{G} \to \mathcal{H}$ の余核を定義しよう．X の各開集合 U に対して
(4.8) $\quad \mathcal{C}(U) = \mathrm{Coker}\,\varphi_U = \mathcal{H}(U)/\mathrm{Im}\,\varphi_U$
と定義すると加群の前層であることが容易に分かる．ただし，制限写像 $\rho_{V,U}$ は制限写像 $\rho_{V,U}^{\mathcal{H}}$ から

$$\rho_{V,U}(t \bmod \varphi_U(\mathcal{G}(U))) = \rho_{V,U}^{\mathcal{H}}(t) \bmod \varphi_V(\mathcal{G}(V))$$

と自然に導かれるものをとる．$\mathcal{C}$ が必ずしも層ではないことは次の例から分かる．

例4.4 例2.31で定義した体 k 上の1次元射影空間 $\mathbb{P}_k^1$ を考える．§2.3 (c)の定義を使えば，$\mathbb{P}_k^1 = \mathrm{Proj}\,k[x_0, x_1]$ である．$x = x_1/x_0$, $y = x_0/x_1$ とおくと $\mathbb{P}_k^1$ は2本のアフィン直線

$$U_0 = \mathrm{Spec}\,k[x], \quad U_1 = \mathrm{Spec}\,k[y]$$

を開被覆として持っている．$k[x_0, x_1]$ の斉次イデアル $\mathfrak{p}_0 = (x_1)$, $\mathfrak{p}_\infty = (x_0)$ が定める $\mathbb{P}_k^1$ の点をイデアルと同じ記号を使って，それぞれ $\mathfrak{p}_0, \mathfrak{p}_\infty$ と記す．$\mathfrak{p}_0$ は U_0 に含まれ，$k[x]$ のイデアル (x) の定める $\mathrm{Spec}\,k[x]$ の点であり，これはアフィン直線 $\mathrm{Spec}\,k[x]$ の原点に他ならない．また $\mathfrak{p}_\infty \in U_\infty$ であり，これはアフィン直線 $\mathrm{Spec}\,k[y]$ の原点に他ならない．さて $\mathcal{O}_{\mathbb{P}_k^1}$ の部分層 $\mathcal{J}$ を

$$\mathcal{J}(U) = \begin{cases} \mathcal{O}_{\mathbb{P}_k^1}(U), & \mathfrak{p}_0, \mathfrak{p}_\infty \notin U \text{ のとき} \\ \left\{ s \in \mathcal{O}_{\mathbb{P}_k^1}(U) \;\middle|\; \begin{array}{l} \mathfrak{p}_0 \in U \text{ のときは } s(\mathfrak{p}_0) = 0, \\ \mathfrak{p}_\infty \in U \text{ のときは } s(\mathfrak{p}_\infty) = 0 \end{array} \right\} \end{cases}$$

と定める. $\mathcal{J}$ が $\mathcal{O}_{\mathbb{P}_k^1}$ の部分層であることは容易に分かる. $\mathcal{J}(U) \subset \mathcal{O}_{\mathbb{P}_k^1}(U)$ であるので, 自然な準同型写像 $\iota\colon \mathcal{J} \to \mathcal{O}_{\mathbb{P}_k^1}$ が定義できる. $U_0 = \operatorname{Spec} k[x]$ に対しては

$$\mathcal{O}_{\mathbb{P}_k^1}(U_0) = k[x], \quad \mathcal{J}(U_0) = (x)$$

$U_1 = \operatorname{Spec} k[y]$ に対しては

$$\mathcal{O}_{\mathbb{P}_k^1}(U_1) = k[y], \quad \mathcal{J}(U_1) = (y)$$

であることは容易に分かる. 一方

$$\Gamma(\mathbb{P}_k^1, \mathcal{O}_{\mathbb{P}_k^1}) = \mathcal{O}_{\mathbb{P}_k^1}(\mathbb{P}_k^1) = k$$

であることを示そう. $f \in \mathcal{O}_{\mathbb{P}_k^1}(\mathbb{P}_k^1)$ に対して, $F = \rho_{U_0, \mathbb{P}_k^1}(f)$, $G = \rho_{U_1, \mathbb{P}_k^1}(f)$ とおくと $F \in k[x]$, $G \in k[y]$ である. $U_{01} = U_0 \cap U_1 = \operatorname{Spec} k\left[x, \dfrac{1}{x}\right]$ であり $\rho_{U_{01}, U_0}(F) = \rho_{U_{01}, U_1}(G)$ が成り立つ. U_{01} では y (正確には $\rho_{U_{01}, U_1}(y)$ と書くべきだが記号が複雑になるので略記する) は $1/x$ に等しい. したがって $F(x) = G(1/x)$ でなければならない. F, G はそれぞれ x, y に関する多項式であるので, これは F, G が等しい定数であることを意味し, したがって $f \in k$ であることが分かる. $f \in k$ は $f \neq 0$ であれば, $\mathfrak{p}_0, \mathfrak{p}_\infty$ で 0 になることはない. よって

$$\mathcal{J}(\mathbb{P}_k^1) = 0$$

である.

以上の準備のもとに準同型写像 $\iota\colon \mathcal{J} \to \mathcal{O}_{\mathbb{P}_k^1}$ より定まる前層 $\mathcal{C}$ を考察しよう. $\mathbb{P}_k^1$ の各開集合 U に対して

$$\mathcal{C}(U) = \operatorname{Coker} \iota_U = \mathcal{O}_{\mathbb{P}_k^1}(U)/\mathcal{J}(U)$$

であるので, 特に

$$\mathcal{C}(U_0) = k[x]/(x) \simeq k, \quad \mathcal{C}(U_1) = k[y]/(y) \simeq k$$

である. これらの準同型写像を使って $\mathcal{C}(U_0) = k$, $\mathcal{C}(U_1) = k$ と考える. 一方, $\mathfrak{p}_0 \notin U_{01}$, $\mathfrak{p}_\infty \notin U_{01}$ であるので, $\mathcal{J}(U_{01}) = \mathcal{O}_{\mathbb{P}_k^1}(U_{01})$ であり, したがって

$$\mathcal{C}(U_{01}) = 0$$

である．そこで $\mathbb{P}_k^1$ の開被覆 $\{U_0, U_1\}$ を考え，$\mathcal{C}(U_0) = k$ の元 a と $\mathcal{C}(U_1) = k$ の元 b を任意にとると

$$\rho_{U_{01}, U_0}(a) = 0, \quad \rho_{U_{01}, U_1}(b) = 0$$

が成立する．特に $a \neq b$ にとると

$$\mathcal{C}(\mathbb{P}_k^1) = \mathcal{O}_{\mathbb{P}_k^1}(\mathbb{P}_k^1)/\mathcal{J}(\mathbb{P}_k^1) = k$$

であるので $\rho_{U_0, \mathbb{P}_k^1}(f) = a$，$\rho_{U_1, \mathbb{P}_k^1}(f) = b$ となる元 $f \in \mathcal{C}(\mathbb{P}_k^1)$ を見つけることはできない．したがって前層 $\mathcal{C}$ は性質(F2)を持たず，$\mathcal{C}$ は層ではない． □

問 4 体 k 上の n 次元射影空間 $\mathbb{P}_k^n = \operatorname{Proj} k[x_0, x_1, \cdots, x_n]$ (例 2.32)に対して
$$\Gamma(\mathbb{P}_k^n, \mathcal{O}_{\mathbb{P}_k^n}) = k$$
であることを示せ．

以上のことから，層の準同型写像 $\varphi: \mathcal{G} \to \mathcal{H}$ に対して(4.8)で定義した前層 $\mathcal{C}$ の層化を $\operatorname{Coker}\varphi$ と記し，φ の**余核**(cokernel)と呼ぶ．層の準同型写像の像と余核は前層の層化を行なって構成する必要があり，複雑な構造を持つように思われるかもしれないが，層の茎で考察すると加群と同様に簡明な構造を持っていることが分かる．

定理 4.5 位相空間 X 上の加群の層の準同型写像 $\varphi: \mathcal{G} \to \mathcal{H}$ から定まる点 $x \in X$ 上の茎の準同型写像を $\varphi_x: \mathcal{G}_x \to \mathcal{H}_x$ と記す．このとき X 上の加群の層 $\operatorname{Ker}\varphi$, $\operatorname{Im}\varphi$, $\operatorname{Coker}\varphi$ の点 x 上の茎 $(\operatorname{Ker}\varphi)_x$, $(\operatorname{Im}\varphi)_x$, $(\operatorname{Coker}\varphi)_x$ は加群の準同型写像 φ_x の核，像，余核と一致する．すなわち，

$$(\operatorname{Ker}\varphi)_x = \operatorname{Ker}\varphi_x,$$
$$(\operatorname{Im}\varphi)_x = \operatorname{Im}\varphi_x = \varphi_x(\mathcal{G}_x),$$
$$(\operatorname{Coker}\varphi)_x = \operatorname{Coker}\varphi_x = \mathcal{H}_x/\varphi_x(\mathcal{G}_x).$$

[証明] X の開集合 U に対して

$$\mathcal{F}(U) = \operatorname{Ker}\{\varphi_U: \mathcal{G}(U) \to \mathcal{H}(U)\}$$
$$\mathcal{J}(U) = \varphi_U(\mathcal{G}(U))$$
$$\mathcal{C}(U) = \mathcal{H}(U)/\mathcal{J}(U)$$

とおく. すると加群の完全列

$$0 \longrightarrow \mathcal{F}(U) \longrightarrow \mathcal{G}(U) \longrightarrow \mathcal{J}(U) \longrightarrow 0$$
$$0 \longrightarrow \mathcal{J}(U) \longrightarrow \mathcal{H}(U) \longrightarrow \mathcal{C}(U) \longrightarrow 0$$

ができる. 帰納的極限は完全列を保つので(下の問5を参照のこと)

$$0 \longrightarrow \varinjlim_{x \in U} \mathcal{F}(U) \longrightarrow \varinjlim_{x \in U} \mathcal{G}(U) \longrightarrow \varinjlim_{x \in U} \mathcal{J}(U) \longrightarrow 0$$
$$0 \longrightarrow \varinjlim_{x \in U} \mathcal{J}(U) \longrightarrow \varinjlim_{x \in U} \mathcal{H}(U) \longrightarrow \varinjlim_{x \in U} \mathcal{C}(U) \longrightarrow 0$$

を得る. 例題 4.2 よりこれらの完全列から

$$0 \longrightarrow (\operatorname{Ker}\mathcal{F})_x \longrightarrow \mathcal{G}_x \longrightarrow (\operatorname{Im}\varphi)_x \longrightarrow 0$$
$$0 \longrightarrow (\operatorname{Im}\varphi)_x \longrightarrow \mathcal{H}_x \longrightarrow (\operatorname{Coker}\varphi)_x \longrightarrow 0$$

を得る. この完全列から定まる写像 $\mathcal{G}_x \to (\operatorname{Im}\varphi)_x \to \mathcal{H}_x$ は φ_x に他ならないので定理が正しいことが分かる. ∎

問5 帰納的順序集合 Λ と加群の帰納系 $\{L_\lambda, f_{\mu\lambda}\}$, $\{M_\lambda, g_{\mu\lambda}\}$, $\{N_\lambda, h_{\mu\lambda}\}$ に対して加群の完全列

$$0 \longrightarrow L_\lambda \xrightarrow{\varphi_\lambda} M_\lambda \xrightarrow{\psi_\lambda} N_\lambda \longrightarrow 0, \quad \lambda \in \Lambda$$

があり, かつ $\mu > \lambda$ のとき図式

$$\begin{array}{ccccccccc} 0 & \longrightarrow & L_\lambda & \xrightarrow{\varphi_\lambda} & M_\lambda & \xrightarrow{\psi_\lambda} & N_\lambda & \longrightarrow & 0 \\ & & \downarrow f_{\mu\lambda} & & \downarrow g_{\mu\lambda} & & \downarrow h_{\mu\lambda} & & \\ 0 & \longrightarrow & L_\mu & \xrightarrow{\varphi_\mu} & M_\mu & \xrightarrow{\psi_\mu} & N_\mu & \longrightarrow & 0 \end{array}$$

が可換であれば,

$$0 \longrightarrow \varinjlim_{\lambda \in \Lambda} L_\lambda \longrightarrow \varinjlim_{\lambda \in \Lambda} M_\lambda \longrightarrow \varinjlim_{\lambda \in \Lambda} N_\lambda \longrightarrow 0$$

は完全列であることを示せ.

さて, X 上の加群の層 $\mathcal{F}$ が加群の層 $\mathcal{G}$ の部分層であるとき自然な写

像 $\iota: \mathcal{F} \to \mathcal{G}$ の余核を $\mathcal{G}/\mathcal{F}$ と記し，層 $\mathcal{G}$ の部分層 $\mathcal{F}$ による**商層**(quotient sheaf)と呼ぶ．これは X の各開集合 U に対して加群 $\mathcal{G}(U)/\mathcal{F}(U)$ を対応させてできる前層の層化に他ならない．

例 4.6 例 4.4 で考察した体 k 上の 1 次元射影空間 $\mathbb{P}_k^1$ の構造層 $\mathcal{O}_{\mathbb{P}_k^1}$ の部分層 $\mathcal{J}$ を再び取り上げる．$x \neq \mathfrak{p}_0, \mathfrak{p}_\infty$ であれば $\mathcal{J}_x = \mathcal{O}_{\mathbb{P}_k^1, x}$ であるので例 4.4 の前層 $\mathcal{C}$ の層化である商層 $\mathcal{O}_{\mathbb{P}_k^1}/\mathcal{J}$ の点 x での茎は 0 (零加群)である．一方 $(\mathcal{O}_{\mathbb{P}_k^1}/\mathcal{J})_{\mathfrak{p}_0} = \mathcal{O}_{\mathbb{P}_k^1, \mathfrak{p}_0}/\mathcal{J}_{\mathfrak{p}_0} \simeq k$ であることは，$\mathcal{J}_{\mathfrak{p}_0}$ が x で生成される $\mathcal{O}_{\mathbb{P}_k^1, \mathfrak{p}_0}$ のイデアルであることより分かる．同様に $(\mathcal{O}_{\mathbb{P}_k^1}/\mathcal{J})_{\mathfrak{p}_\infty} \simeq k$ であることが分かる．したがって $\mathcal{O}_{\mathbb{P}_k^1}/\mathcal{J}$ は点 $\mathfrak{p}_0, \mathfrak{p}_\infty$ 上の茎が k であり，他の点での茎は 0 である層である．2 点 $\mathfrak{p}_0, \mathfrak{p}_\infty$ でのみ超高層ビルが建っている感じなので，このような層を英語で **skyscraper sheaf** ということがある．今度は $\Gamma(\mathbb{P}_k^1, \mathcal{O}_{\mathbb{P}_k^1}/\mathcal{J}) \simeq k \oplus k$ である． □

(c) 完全列

位相空間 X 上の加群の層 $\mathcal{F}_j$ の間の準同型写像の列(sequence)

(4.9) $\quad \cdots \longrightarrow \mathcal{F}_{i-1} \xrightarrow{\varphi_{i-1}} \mathcal{F}_i \xrightarrow{\varphi_i} \mathcal{F}_{i+1} \xrightarrow{\varphi_{i+1}} \cdots$

において各 i に対して $\operatorname{Im} \varphi_{i-1} = \operatorname{Ker} \varphi_i$ が成り立つとき，この列を**完全列**(exact sequence)と呼ぶ．また，列(4.9)は**完全**(exact)であるともいう．ところで，X のすべての開集合に零加群 0 を対応させる層を 0 と記す．

さて，層の準同型写像 $\varphi: \mathcal{F} \to \mathcal{G}$ に対して，加群の準同型写像のときと同様に，$\operatorname{Ker} \varphi = 0$ のとき φ は**単射**，$\operatorname{Im} \varphi = \mathcal{G}$ のとき φ は**全射**であるという．完全列の言葉を使えば，$\varphi: \mathcal{F} \to \mathcal{G}$ が単射であるとは列

$$0 \longrightarrow \mathcal{F} \xrightarrow{\varphi} \mathcal{G}$$

が完全であること，全射であるとは列

$$\mathcal{F} \xrightarrow{\varphi} \mathcal{G} \longrightarrow 0$$

が完全であることということができる．また列

(4.10) $\quad 0 \longrightarrow \mathcal{F} \xrightarrow{\varphi} \mathcal{G} \xrightarrow{\psi} \mathcal{H} \longrightarrow 0$

が完全であることは φ は単射，ψ は全射，かつ $\operatorname{Im} \varphi = \operatorname{Ker} \psi$ が成り立つこ

とを意味する．加群の場合と同様に，列(4.10)が完全列であるとき，(4.10)を**短完全列**(short exact sequence)ということがある．短完全列はこれから至るところで顔を出す．

特に $\mathcal{F}$ が $\mathcal{G}$ の部分層であれば，$\mathcal{F}(U) \subset \mathcal{G}(U)$ から定まる自然の写像 $\iota: \mathcal{F} \to \mathcal{G}$ は単射であり，列

$$0 \longrightarrow \mathcal{F} \xrightarrow{\iota} \mathcal{G} \longrightarrow \mathcal{G}/\mathcal{F} \longrightarrow 0$$

は完全列である．(4.10)が完全列であれば $\mathcal{F}$ と $\mathrm{Ker}\,\psi$ とは同型であり，$\mathcal{H}$ は商層 $\mathcal{G}/\mathrm{Im}\,\varphi$ に他ならない．

問6 層の準同型写像 $\varphi: \mathcal{F} \to \mathcal{G}$ が単射かつ全射であれば同型写像である，すなわち各開集合 U に対して $\varphi_U: \mathcal{F}(U) \to \mathcal{G}(U)$ は同型写像であることを示せ．

さて，定理4.5より次の命題が成り立つことは明らかであろう．

命題 4.7 位相空間 X 上の加群の層の準同型写像の列(4.9)が完全であるための必要十分条件は，X の各点 x 上の茎の列

$$\cdots \longrightarrow \mathcal{F}_{i-1,x} \xrightarrow{\varphi_{i-1,x}} \mathcal{F}_{i,x} \xrightarrow{\varphi_{i,x}} \mathcal{F}_{i+1,x} \xrightarrow{\varphi_{i+1,x}} \cdots$$

が加群の準同型写像の列として完全であることである． □

命題 4.8 位相空間 X 上の加群の層の完全列

$$0 \longrightarrow \mathcal{F} \xrightarrow{\varphi} \mathcal{G} \xrightarrow{\psi} \mathcal{H}$$

と X の各開集合 U に対して加群の列

$$0 \longrightarrow \Gamma(U,\mathcal{F}) \xrightarrow{\varphi_U} \Gamma(U,\mathcal{G}) \xrightarrow{\psi_U} \Gamma(U,\mathcal{H})$$

は完全である．しかしながら ψ が全射であっても ψ_U は全射とは限らない．

[証明] 加群の列

$$0 \longrightarrow \mathcal{F}(U) \xrightarrow{\varphi_U} \mathcal{G}(U) \xrightarrow{\psi_U} \mathcal{H}(U)$$

が存在するが，φ が単射であることより φ_U は単射である．次に $\psi_U(t) = 0$ である $t \in \mathcal{G}(U)$ を考えよう．任意の点 $x \in U$ に対して $\psi_x(t_x) = 0$ である．$\mathrm{Ker}\,\psi_x = \mathrm{Im}\,\varphi_x$ であるので $\varphi_x(s_x) = t_x$ となる $s_x \in \mathcal{F}_x$ が存在する．φ_x は単射

であるので s_x は一意的に定まる．x の開近傍 V と $s_V \in \mathcal{F}(V)$ を s_V の定める点 x の芽が s_x となるように選ぶ．$\varphi_x(s_x) = t_x$ であることは $\varphi_V(s_V)$ の点 x での芽が t_x であることを意味するが，これは x の開近傍 $W \subset V$ を適当に選ぶと $\rho_{W,V}(\varphi_V(s_V)) = \rho_{W,U}(t)$ であることを意味する．このことから U の開被覆 $\{U_j\}_{j \in J}$ と $s_j \in \mathcal{F}(U_j)$ を $\varphi_{U_j}(s_j) = \rho_{U_j,U}(t)$ が成り立つように選ぶことができる．φ_{U_j} は単射であるので s_j は一意的に定まる．$U_{jk} = U_j \cap U_k \neq \emptyset$ 上でも $\varphi_{U_{jk}}$ は単射であるので $\rho_{U_{jk},U_j}(s_j) = \rho_{U_{jk},U_k}(s_k)$ が成立する．このことから $\rho_{U_j,U}(s) = s_j$, $j \in J$ となる $s \in \mathcal{F}(U)$ が存在することが分かる．したがって $\mathrm{Im}\,\varphi_U = \mathrm{Ker}\,\psi_U$ であることが分かった．

次に例 4.4 で考察した $\mathcal{O}_{\mathbb{P}^1_k}$ の部分層 $\mathcal{J}$ から定まる完全列
$$0 \longrightarrow \mathcal{J} \longrightarrow \mathcal{O}_{\mathbb{P}^1_k} \longrightarrow \mathcal{O}_{\mathbb{P}^1_k}/\mathcal{J} \longrightarrow 0$$
を考える．例 4.4 で示したように $\Gamma(\mathbb{P}^1_k, \mathcal{O}_{\mathbb{P}^1_k}) = k$ であり，一方例 4.6 より $\Gamma(\mathbb{P}^1_k, \mathcal{O}_{\mathbb{P}^1_k}/\mathcal{J}) = k \oplus k$ である．したがって準同型写像
$$\Gamma(\mathbb{P}^1_k, \mathcal{O}_{\mathbb{P}^1_k}) \longrightarrow \Gamma(\mathbb{P}^1_k, \mathcal{O}_{\mathbb{P}^1_k}/\mathcal{J})$$
は全射ではあり得ない．よって ψ が全射でも ψ_U は全射とは限らないことが分かる．∎

上の証明が示すように，層の短完全列
$$0 \longrightarrow \mathcal{F} \longrightarrow \mathcal{G} \longrightarrow \mathcal{H} \longrightarrow 0$$
から開集合 U 上の切断の完全列
$$0 \longrightarrow \Gamma(U, \mathcal{F}) \longrightarrow \Gamma(U, \mathcal{G}) \longrightarrow \Gamma(U, \mathcal{H})$$
しか得られない．このために層のコホモロジーを考察する必要がでてくる．このことが代数幾何学を難しくし，また興味あるものにもしている．

さて，ここで念のために注意しておきたいが，上の説明中に示したように，$\psi: \mathcal{G} \to \mathcal{H}$ が層の全射準同型写像であれば，開集合 U と $t \in \mathcal{H}(U)$ および U の各点 x に対して $\psi_V(s_V) = \rho_{V,U}(t)$ が成り立つように x の開近傍 $V \subset U$ と $s_V \in \mathcal{G}(V)$ を選ぶことができる．しかし一般に $V \neq U$ であり，ψ_U は全射とは限らない．いずれにせよ，U の開被覆 $\{U_j\}_{j \in J}$ と $s_j \in \mathcal{G}(U_j)$ を $\psi_{U_j}(s_j) = \rho_{U_j,U}(t)$ が成り立つように選ぶことができる．この $\{s_j\}$ をうまく選んで $s \in \mathcal{G}(U)$, $\psi_U(s) = t$ とできるか否かを判定するのがコホモロジーの大切な役割

である．

例 4.9 複素平面 $X = \mathbb{C}$ 上の正則関数のなす層を $\mathcal{O}_X$ と記す(例 2.18(3))．X の各開集合 U に対して U 上の有理型関数(局所的に正則関数の商 f/g で表わされる関数)を対応させることによって有理型関数のなす層 $\mathcal{M}_X$ が定義できる．U 上の正則関数は有理関数と見ることができるので $\mathcal{O}_X(U) \subset \mathcal{M}_X(U)$ と見ることができ，$\mathcal{O}_X$ は $\mathcal{M}_X$ の部分層である．したがって完全列

$$(4.11) \qquad 0 \longrightarrow \mathcal{O}_X \longrightarrow \mathcal{M}_X \longrightarrow \mathcal{M}_X/\mathcal{O}_X \longrightarrow 0$$

ができる．X の開集合 U に対して $\Gamma(U, \mathcal{M}_X/\mathcal{O}_X)$ の意味を考えてみよう．$t \in \Gamma(U, \mathcal{M}_X/\mathcal{O}_X)$ は前層の層化(4.1)により，U の開被覆 $\{U_j\}_{j \in J}$ を適当にとると $t_j \in \mathcal{M}_X(U_j)/\mathcal{O}_X(U_j)$, $j \in J$ で $U_{jk} = U_j \cap U_k \neq \varnothing$ 上では t_j と t_k を制限したものが一致するものと考えることができる．さらに $t_j = \tilde{t}_j \mod \mathcal{O}_X(U_j)$ であるように U_j 上の有理型関数 $\tilde{t}_j$ を選ぶと，この条件は U_{jk} 上で $\tilde{t}_j - \tilde{t}_k$ は正則関数であると言い換えることができる．一方 U_j 上の有理型関数は孤立した極のみを持つ．必要であれば U_j をさらに小さくして U_j で $\tilde{t}_j$ は有限個の極 $a_1^{(j)}, \ldots, a_{n_j}^{(j)}$ を持ち，そこでの Laurent 展開の主要部(負べきの項)が

$$p_i^{(j)} = \frac{\alpha_{k_j^{(i)}}^{(j)}}{(z - a_i^{(j)})^{k_j^{(i)}}} + \frac{\alpha_{k_j^{(i)}-1}^{(j)}}{(z - a_i^{(j)})^{k_j^{(i)}-1}} + \cdots + \frac{\alpha_{-1}^{(j)}}{z - a_i^{(j)}}$$

で与えられるとする．すると $\tilde{t}_j - \sum_{i=1}^{n_j} p_i^{(j)}$ は U_j の正則関数である．したがって $\tilde{t}_j$ から定まる $t_j \in \mathcal{M}_X(U_j)/\mathcal{O}_X(U_j)$ を考えることは点 $a_i^{(j)}$, $1 \leq i \leq n_j$ とそこでの Laurent 展開の主要部 $p_i^{(j)}$ を考えることに他ならない．また $U_{j_k} \neq \varnothing$ 上で $\tilde{t}_j - \tilde{t}_k$ が正則であることは U_{j_k} に含まれる極での Laurent 展開の主要部が $\tilde{t}_j$ と $\tilde{t}_k$ とで一致することを意味する．このことから $t \in \Gamma(U, \mathcal{M}_X/\mathcal{O}_X)$ は U 内に集積点を持たない点列 $\{a_\lambda\}$ と a_λ での極の主要部

$$(4.12) \qquad \frac{\alpha_{k_\lambda}^{(\lambda)}}{(z - a_\lambda)^{k_\lambda}} + \frac{\alpha_{k_\lambda - 1}^{(\lambda)}}{(z - a_\lambda)^{k_\lambda - 1}} + \cdots + \frac{\alpha_{-1}^{(\lambda)}}{z - a_\lambda}$$

を与えることと一致することが分かる．完全列(4.11)より定まる完全列

$$0 \longrightarrow \Gamma(U, \mathcal{O}_X) \longrightarrow \Gamma(U, \mathcal{M}_X) \xrightarrow{f} \Gamma(U, \mathcal{M}_X/\mathcal{O}_X)$$

で $t \in \Gamma(U, \mathcal{M}_X/\mathcal{O}_X)$ が最後の準同型写像 f の像になることは，(4.12) を点 a_j での Laurent 展開の主要部として持ち，$\{a_\lambda\}$ 以外では正則な U 上の有理型関数が存在することを意味する．複素関数論の Mittag-Leffler の定理により f は全射であることが分かる． □

上の例は $\mathbb{C}^n$ あるいは $\mathbb{C}^n$ の中の領域 D に対して拡張することができる．$n \geqq 2$ のときは有理型関数の極は孤立しておらず議論は複雑になる．この場合 $\Gamma(D, \mathcal{M}_D/\mathcal{O}_D)$ の元を **Cousin 分布** と呼び，Cousin 分布が D 上の有理型関数の像になるか否かを調べる問題を **Cousin の問題** という．多変数関数論が進展するきっかけになった重要な問題の 1 つである．

上の例で出てきた層 $\mathcal{M}_X$ はスキーム X 上では**全商環層**(sheaf of total fraction ring) $\mathcal{K}_X$ に対応する．

一般に可換環 R に対して，R の零因子でない元の全体 S は乗法的に閉じている．$S^{-1}R$ を R の**全商環**(ring of total quotient)といい $Q(R)$ と記す．R が整域であれば $S = R \backslash \{0\}$ であり全商環 $Q(R)$ は**商体**(quotient field)に他ならない．この場合 $Q(R)$ は体であるが，R が零因子を含めば全商環 $Q(R)$ は体ではない．

さて，スキーム X のアフィン開集合 U に対して，$\Gamma(U, \mathcal{O}_X)$ の全商環 $Q(\Gamma(U, \mathcal{O}_X))$ を対応させることによって前層を作ることができる．この前層の層化を $\mathcal{K}_X$ と記す．アフィン開集合 $V \subset U$ に対して制限写像 $\Gamma(U, \mathcal{O}_X) \to \Gamma(V, \mathcal{O}_X)$ から全商環の準同型写像 $Q(\Gamma(U, \mathcal{O}_X)) \to Q(\Gamma(V, \mathcal{O}_X))$ が自然に定義できることに注意する．

例題 4.10 Noether 的スキーム X のアフィン開集合 U に対して
$$\Gamma(U, \mathcal{K}_X) = Q(\Gamma(U, \mathcal{O}_X))$$
が成り立つことを示せ．また $x \in X$ の各点に対して $\mathcal{K}_{X,x} = Q(\mathcal{O}_{X,x})$ であることを示せ．

［解］ X のアフィン開集合 $U = \operatorname{Spec} R$ を考える．R は Noether 環である．$f_1, f_2, \cdots, f_n \in R$ を $U_i = D(f_i)$, $i = 1, 2, \cdots, n$ が U の開被覆であるようにとる．

これは $1 \in (f_1, f_2, \cdots, f_n)$ と同値である.

さて,次のことを示そう.

(1) $\alpha \in Q(R)$ の $Q(R_{f_i})$ への像が $1 \leqq i \leqq n$ に対して 0 であれば $\alpha = 0$.

(2) $\alpha_i \in Q(R_{f_i})$, $1 \leqq i \leqq n$ を任意の i, j に関して α_i の $Q(R_{f_i f_j})$ での像と α_j の $Q(R_{f_i f_j})$ での像が一致するように与えたとき, $Q(R_{f_i})$ への像が α_i であるように $\alpha \in Q(R)$ を見出すことができる.

このことが示されれば, X のアフィン開集合 U に $Q(\Gamma(U, \mathcal{O}_X))$ を対応させると,アフィン開集合に関しては層の性質の(F1), (F2)を満足することが分かる. するとスキーム X 上に構造層 $\mathcal{O}_X$ を定義したのと同様に層 $\mathcal{K}_X$ を定義することができる. このときもちろん,アフィン開集合 U に関しては $\Gamma(U, \mathcal{K}_X) = Q(\Gamma(U, \mathcal{O}_X))$ が成立する.

(1) $\alpha = \dfrac{b}{a}$, $a, b \in R$ と表す. a は R の零因子ではない. 仮定より $f_i^{m_i} b = 0$ を満足する正整数 m_i が存在する. $m = \max_{1 \leqq i \leqq n} m_i$ とおくと,すべての i に関して $f_i^m b = 0$ が成立する. $1 \in (f_1, \cdots, f_n)$ であるので $1 = \sum_{i=1}^{n} a_i f_i$, $a_i \in R$ が成立するが,両辺を nm 乗することによって $1 = \sum_{i=1}^{n} c_i f_i^m$ が成り立つように $c_i \in R$ を見出すことができる. すると, $b = 1 \cdot b = \sum c_i (f_i^m b) = 0$ が成立し, $\alpha = 0$ である.

(2) $\alpha_i = \dfrac{b_i}{a_i}$, $a_i, b_i \in R_{f_i}$ とおく. 必要であれば $f_i^l a_i$, $f_i^l b_i$ を考えることによって $a_i, b_i \in R$ と仮定してよい. また $U_i \cap U_j = D(f_i) \cap D(f_j) = D(f_i f_j)$ 上で $\dfrac{b_i}{a_i} = \dfrac{b_j}{a_j}$ が成立することは, $(f_i f_j)^N (a_i b_j - a_j b_i) = 0$ が成立するような N が存在することを意味する. そこで必要ならば a_i, b_i に f_i のべきをかけることによって $a_i b_j - a_j b_i = 0$ がすべての i, j に関して成立すると仮定してよいことが分かる.

そこで
$$I = \left\{ r \in R \;\middle|\; \text{すべての } i \text{ に対して } rb_i \text{ は } R_{f_i} \text{ のイデアル } (a_i) \text{ に含まれる} \right\}$$

とおくと I は R のイデアルになる. $a_j b_i = a_i b_j \in (a_i)$ であるので $a_1, a_2, \cdots, a_n \in I$ であることが分かる. R は Noether 環であるので $I = (c_1, c_2, \cdots, c_s)$ と書

くことができる．もし $cc_j = 0$, $1 \leqq j \leqq s$ であれば $a_i \in I$ であるので $ca_i = 0$, $1 \leqq i \leqq n$ が成立する．a_i は R_{f_i} では零因子ではないので c は R_{f_i} で 0 である．すなわち $f_i^M c = 0$ となる正整数 M が存在する．これがすべての i に関して成立すると仮定してよいので，上と同様の議論により $c = 0$ でなければならない．これより I は零因子でない元 α を含むことが分かる．すると I の定義より $\alpha b_i = \alpha_i a_i$ となる $\alpha_i \in R_{f_i}$ が存在するが，これは $\dfrac{\alpha b_i}{a_i} \in \varGamma(U_i, \mathcal{O}_X)$ を意味する．また $U_i \cap U_j$ では $\dfrac{b_i}{a_i} = \dfrac{b_j}{a_j}$ より $\dfrac{\alpha b_i}{a_i} = \dfrac{\alpha b_j}{a_j}$ が成立し，$\dfrac{\alpha b_i}{a_i}$, $1 \leqq i \leqq n$ は $\varGamma(U, \mathcal{O}_X)$ の元 β を定義する．よって $\dfrac{\beta}{\alpha} \in Q(\varGamma(U, \mathcal{O}_X))$ の $\varGamma(U_i, \mathcal{O}_X)$ への像は $\dfrac{b_i}{a_i}$ となり $\dfrac{\beta}{\alpha}$ が求めるものである．

最後の主張は $\varGamma(U, \mathcal{K}_X) = Q(\varGamma(U, \mathcal{O}_X))$ より明らかである．∎

$\mathcal{K}_X$ が $\mathcal{O}_X$ 加群であることは，アフィン開集合 U に対して $Q(\varGamma(U, \mathcal{O}_X))$ は $\varGamma(U, \mathcal{O}_X)$ 加群であることより明らかである．しかしながら，$\mathcal{K}_X$ は次節で述べる準連接的 $\mathcal{O}_X$ 加群には一般にはならないことが分かる．

§4.2 準連接層と連接層

前節で加群の層について議論したが，この節ではスキーム $(X, \mathcal{O}_X)$ 上の $\mathcal{O}_X$ 加群の層について簡単に議論したあとで，代数幾何学で大切な役割をする準連接層と連接層について詳しく論じる．なお，この節の多くの議論は環つき空間でそのまま通用することが多いが，ここではスキームに限って述べる．

(a) $\mathcal{O}_X$ 加群

$\mathcal{O}_X$ 加群についてはアフィンスキームの場合を §2.3(a) で簡単に述べたが，ここで一般のスキーム $(X, \mathcal{O}_X)$ の場合に再度定義から述べることにしよう．

スキーム $(X, \mathcal{O}_X)$ 上の層 $\mathcal{F}$ は X の各開集合 U に対して $\mathcal{F}(U)$ が $\mathcal{O}_X(U)$ 加群でありかつ層の制限写像と両立する，すなわち，開集合 $V \subset U$ に対して

$$\begin{CD}
\mathcal{O}_X(U) \times \mathcal{F}(U) @>>> \mathcal{F}(U) \\
@VVV @VVV \\
\mathcal{O}_X(V) \times \mathcal{F}(V) @>>> \mathcal{F}(V)
\end{CD}$$

が可換図式となるとき $\mathcal{O}_X$ **加群**であるという．ただし，上の図式で横の矢印はそれぞれ $\mathcal{O}_X(U)$ 加群，$\mathcal{O}_X(V)$ 加群としての作用を表わす．このとき，X の点 x の上の $\mathcal{F}$ の茎 $\mathcal{F}_x$ は $\mathcal{O}_{X,x}$ 加群である．$a \in \mathcal{O}_{X,x}$, $f \in \mathcal{F}_x$ に対して，a は $s \in \mathcal{O}_X(U)$ が定める点 x での芽，f は $t \in \mathcal{F}(V)$ が定める点 x での芽とすると，点 x を含む開集合 $W \subset V \cap U$ をとって $\hat{s} = \rho_{W,U}(s)$, $\hat{t} = \rho^{\mathcal{F}}_{W,V}(t)$ とおくと $\hat{s} \cdot \hat{t} \in \mathcal{F}(W)$ の定める点 x での芽が af に他ならない．

さて，$\mathcal{O}_X$ 加群 $\mathcal{F}, \mathcal{G}$ の加群の層としての準同型写像 $\varphi: \mathcal{F} \to \mathcal{G}$ が $\mathcal{O}_X$ 加群の構造と両立する，すなわち各開集合 U に対して

$$\begin{CD}
\mathcal{O}_X(U) \times \mathcal{F}(U) @>{(id_{\mathcal{O}_X(U)}, \varphi_U)}>> \mathcal{O}_X(U) \times \mathcal{G}(U) \\
@VVV @VVV \\
\mathcal{F}(U) @>{\varphi_U}>> \mathcal{G}(U)
\end{CD}$$

が可換図式となるとき，φ を $\mathcal{O}_X$ **加群の準同型写像**(あるいは簡単に $\mathcal{O}_X$ **準同型写像**)と呼ぶ．このとき点 $x \in X$ 上の茎を考えると $\varphi_x: \mathcal{F}_x \to \mathcal{G}_x$ は $\mathcal{O}_{X,x}$ 加群の準同型であることが分かる．

$\mathcal{O}_X$ 加群 $\mathcal{F}, \mathcal{G}$ の $\mathcal{O}_X$ 準同型写像の全体を $\mathrm{Hom}_{\mathcal{O}_X}(\mathcal{F}, \mathcal{G})$ と記す．

問7 $\mathrm{Hom}_{\mathcal{O}_X}(\mathcal{F}, \mathcal{G})$ は $\Gamma(X, \mathcal{O}_X)$ 加群と考えられることを示せ．

問8 X 上の $\mathcal{O}_X$ 加群 $\mathcal{F}$ と X の開集合 U に対して
$$\mathrm{Hom}_{\mathcal{O}_X|U}(\mathcal{O}_X|U, \mathcal{F}|U) \simeq \mathcal{F}(U)$$
であることを示せ．

これから，種々の $\mathcal{O}_X$ 加群を定義するが，その際，次の補題は大切な役割をする．

補題 4.11 スキーム $(X, \mathcal{O}_X)$ 上の加群の前層 $\mathcal{G}$ に対して，$\mathcal{O}_X$ 加群とし

ての前層を層のときと同様に定義できる．このとき前層 $\mathcal{G}$ の層化 $^a\mathcal{G}$ は $\mathcal{O}_X$ 加群である．

[証明] (4.1)の $^a\mathcal{G}(U)$ が $\mathcal{O}_X(U)$ 加群であることを示す．$b \in \mathcal{O}_X(U)$ および $\{s(x)\}_{x \in U} \in {}^a\mathcal{G}(U)$ に対して $b \cdot \{s(x)\}$ を $b_x\{s(x)\}$ と定義する．ここで b_x は b の点 x での芽である．U の任意の点 x の開近傍 $V \subset U$ と $t \in \mathcal{G}(V)$ を $t_y = s(y)$, $y \in V$ が成り立つように選ぶ．このとき $\tilde{t} = \rho_{V,U}(b)t \in \mathcal{G}(V)$ であり，$\tilde{t}_y = b_y s(y)$ が V のすべての点 y で成り立つので，$b \cdot \{s(x)\} \in {}^a\mathcal{G}(U)$ である．この作用によって $^a\mathcal{G}(U)$ が $\mathcal{O}_X(U)$ 加群になることは容易に分かる．またこの作用が制限写像と両立することも容易に分かる． ■

系 4.12 $\mathcal{O}_X$ 加群 $\mathcal{G}, \mathcal{H}$ の間の $\mathcal{O}_X$ 準同型写像 $\varphi: \mathcal{G} \to \mathcal{H}$ の核 $\mathrm{Ker}\,\varphi$，像 $\mathrm{Im}\,\varphi$，余核 $\mathrm{Coker}\,\varphi$ は $\mathcal{O}_X$ 加群である．

[証明] 開集合 U に対して，$\mathrm{Ker}\,\varphi_U$, $\mathrm{Im}\,\varphi_U$, $\mathrm{Coker}\,\varphi_U$ は $\mathcal{O}_X(U)$ 加群であり，かつ制限写像と両立しているので，$\mathrm{Ker}\,\varphi$ は $\mathcal{O}_X$ 加群となる．$\mathrm{Im}\,\varphi$, $\mathrm{Coker}\,\varphi$ は補題 4.11 を適用することができる． ■

さて加群の層 $\mathcal{F}, \mathcal{G}$ に対して，各開集合 U に加群の直和 $\mathcal{F}(U) \oplus \mathcal{G}(U)$ を対応させると層になることが分かる．この層を $\mathcal{F} \oplus \mathcal{G}$ と記し，層 $\mathcal{F}, \mathcal{G}$ の**直和** (direct sum) と呼ぶ．特に，$\mathcal{F}, \mathcal{G}$ が $\mathcal{O}_X$ 加群であれば $\mathcal{F} \oplus \mathcal{G}$ も $\mathcal{O}_X$ 加群になることは容易に分かる．また $\underbrace{\mathcal{O}_X \oplus \cdots \oplus \mathcal{O}_X}_{n}$ は通常 $\mathcal{O}_X^{\oplus n}$，あるいはさらに簡略化して $\mathcal{O}_X^n$ と記す．$\mathcal{O}_X$ 加群 $\mathcal{F}$ は $\mathcal{O}_X^n$ と $\mathcal{O}_X$ 加群として同型であるとき，$\mathcal{O}_X$ **自由加群** (free module) といい，n のことを $\mathcal{O}_X$ 自由加群 $\mathcal{F}$ の**階数** (rank) と呼ぶ．また，$\mathcal{O}_X$ 加群 $\mathcal{F}$ は，X の開被覆 $\{U_j\}_{j \in J}$ を適当にとると $\mathcal{F}$ の各開集合 U_j への制限 $\mathcal{F}|U_j$ が U_j 上の階数 n の $\mathcal{O}_{U_j} = \mathcal{O}_X|U_j$ 加群となるとき，**階数 n の局所自由 $\mathcal{O}_X$ 加群** (locally free $\mathcal{O}_X$-module of rank n) または**階数 n の局所自由層**と呼ぶ．特に $n=1$ のとき X 上の**可逆層** (invertible sheaf) と呼ぶ．可逆層は代数幾何学では特に重要であり，次章以降ひんぱんに登場する．

例 4.13 スキームの射 $f: W \to X$ が次の条件 (V1), (V2) を満足するとき $f: W \to X$ または単に W を X 上の階数 n の**ベクトル束** (vector bundle) という．

(V1)　X の開被覆 $\{U_i\}_{i \in I}$ と各 $i \in I$ に対して，U_i 上のスキームの同型射
$$\varphi_i \colon f^{-1}(U_i) \xrightarrow{\sim} \mathbb{A}^n_{U_i} = \mathbb{A}^n_{\mathbb{Z}} \times_{\operatorname{Spec} \mathbb{Z}} U_i$$
が存在する．

(V2)　$U_i \cap U_j \neq \emptyset$ のとき任意のアフィン開集合 $V = \operatorname{Spec} R \subset U_i \cap U_j$ に対してスキームの同型射 $\varphi_{ij} = \varphi_i \circ \varphi_j^{-1} | \mathbb{A}^n_V \colon \mathbb{A}^n_V \to \mathbb{A}^n_V$ は R 上の線形自己同型写像
$$\theta_{ij} \colon R[x_1, x_2, \cdots, x_n] \longrightarrow R[x_1, x_2, \cdots, x_n]$$
$$\theta_{ij}(x_k) = \sum_{l=1}^{n} a_{kl} x_l, \quad a_{kl} \in R$$
に対応するスキームの射である．

　階数 1 のベクトル束は**直線束**(line bundle)と呼ばれ，代数幾何学では特に重要である．

　さて $f \colon W \to X$ が階数 n の X 上のベクトル束であるとき，X の任意の開集合 U に対して
$$\mathcal{F}(U) = \{s \colon U \to W \mid s \text{ はスキームの射}, \ f \circ s = id_U\}$$
と定義し，$\mathcal{F}(U)$ の元を $f \colon W \to X$ の U 上の**切断**と呼ぶ．$U \subset U_i$ であるアフィン開集合であれば $U = \operatorname{Spec} A$ とおくと $f^{-1}(U)$ は U 上のスキームとして $\mathbb{A}^n_U = \operatorname{Spec} A[x_1, x_2, \cdots, x_n]$ と同一視できる．この同一視により，$\mathcal{F}(U)$ の元 $s \colon U \to W$ は $s(U) \subset f^{-1}(U)$ であることより，A 準同型写像 $\sigma \colon A[x_1, x_2, \cdots, x_n] \to A$ と 1 対 1 に対応する．一方 σ を与えることは $\sigma(x_i) = a_i \in A$, $i = 1, 2, \cdots, n$ を与えることと 1 対 1 に対応し，したがって集合として $\mathcal{F}(U) \simeq A^{\oplus n}$ と考えることができる．この同型で $\mathcal{F}(U)$ に A 自由加群の構造を入れる．

　もし，$U \subset U_i \cap U_j$ であれば 2 通りの A 自由加群の構造を $\mathcal{F}(U)$ に入れることができるが，これが A 自由加群として A 上同型であることを(V2)が保証している．

　一般の U に関しては上述の性質を持つ U のアフィン開被覆 $\{V_\lambda\}_{\lambda \in \Lambda}$ をとり，$s, t \in \mathcal{F}(U)$ に対して $s + t$ を V_λ 上の制限が $\rho_{V_\lambda, U}(s) + \rho_{V_\lambda, U}(t)$ となるものとして定義する．このようにして，$\mathcal{F}(U)$ に $\mathcal{O}_X(U)$ 加群の構造を入れること

§4.2 準連接層と連接層 —— 183

ができる．このとき $\mathcal{F}$ は $\mathcal{O}_X$ 加群となることが容易に分かる．条件(V1)と上の議論より $\mathcal{F}$ は階数 n の局所自由層であることが分かる．これをベクトル束 $f\colon W \to X$ 上の**局所切断のなす層**ということがある．

逆に X 上に階数 n の局所自由層 $\mathcal{F}$ があれば，X 上の局所切断のなす層が $\mathcal{F}$ と $\mathcal{O}_X$ 加群として同型になるような X 上の階数 n のベクトル束 $f\colon W \to X$ が存在することを示すことができる． □

例題 4.14 $\mathcal{O}_X$ 加群 $\mathcal{F}, \mathcal{G}$ に対して，各開集合 U に $\mathrm{Hom}_{\mathcal{O}_X|U}(\mathcal{F}|U, \mathcal{G}|U)$ を対応させると $\mathcal{O}_X$ 加群が定義できることを示せ．この $\mathcal{O}_X$ 加群を $\underline{\mathrm{Hom}}_{\mathcal{O}_X}(\mathcal{F}, \mathcal{G})$ と記す．また，$\mathcal{F}$ が階数 n の自由 $\mathcal{O}_X$ 加群であるならば，$\underline{\mathrm{Hom}}_{\mathcal{O}_X}(\mathcal{F}, \mathcal{G})$ は $\mathcal{G}^{\oplus n}$ と $\mathcal{O}_X$ 加群として同型であることを示せ．さらに $\mathcal{O}_X$ 加群の完全列

$$0 \longrightarrow \mathcal{H}_1 \xrightarrow{f} \mathcal{H}_2 \xrightarrow{g} \mathcal{H}_3 \longrightarrow 0$$

から完全列

$$0 \longrightarrow \underline{\mathrm{Hom}}_{\mathcal{O}_X}(\mathcal{H}_3, \mathcal{F}) \longrightarrow \underline{\mathrm{Hom}}_{\mathcal{O}_X}(\mathcal{H}_2, \mathcal{F}) \longrightarrow \underline{\mathrm{Hom}}_{\mathcal{O}_X}(\mathcal{H}_1, \mathcal{F})$$

$$0 \longrightarrow \underline{\mathrm{Hom}}_{\mathcal{O}_X}(\mathcal{F}, \mathcal{H}_1) \longrightarrow \underline{\mathrm{Hom}}_{\mathcal{O}_X}(\mathcal{F}, \mathcal{H}_2) \longrightarrow \underline{\mathrm{Hom}}_{\mathcal{O}_X}(\mathcal{F}, \mathcal{H}_3)$$

が得られることを示せ．

[解] 記号を簡単にするために $\mathcal{H}(U) = \mathrm{Hom}_{\mathcal{O}_X|U}(\mathcal{F}|U, \mathcal{G}|U)$ とおく．U の開被覆 $\{U_j\}_{j \in J}$ をとり，$\varphi \in \mathcal{H}(U)$ を考える．制限写像 $\rho_{U_j, U}$ は層の準同型写像の自然な制限である．$\mathcal{H}$ が $\mathcal{O}_X$ 加群としての前層であることは容易に分かる．もし $\varphi_j = \rho_{U_j, U}(\varphi) = 0$, $j \in J$ であれば任意の開集合 $V \subset U$ と任意の切断 $s \in \mathcal{F}(V)$ に対して，$V_j = U_j \cap V$ とおくと $\varphi_{jV_j}(\rho_{V_j, V}(s)) = 0$, $j \in J$ が成り立ち，$\varphi_V(s) = 0$ であることが分かる．これは $\varphi = 0$ であることを意味する．次に $\varphi_j \in \mathcal{H}(U_j)$, $j \in J$ に対して $\rho_{U_{ij}, U_i}(\varphi_i) = \rho_{U_{ij}, U_j}(\varphi_j)$ が成り立つと仮定しよう．任意の開集合 $V \subset U$ と任意の切断 $s \in \mathcal{F}(V)$ に対して $t_j = \varphi_{jV_j}(\rho_{V_j, V}(s))$, $j \in J$ とおくと $\rho^{\mathcal{G}}_{V_{ij}, V_i}(t_i) = \rho^{\mathcal{G}}_{V_{ij}, V_j}(t_j)$ であることが仮定より分かる．したがって $\rho_{V_j, V}(t) = t_j$, $j \in J$ となる切断 $t \in \mathcal{F}(U)$ が存在する．このような t が一意的に定まることも容易に分かる．そこで $\varphi_V(s) = t$ と定義すると $\varphi_V \in \mathcal{H}(V)$ であることが容易に示される．V は U の任意の開集合であ

ったので，これより $\varphi_j = \rho_{U_j,U}(\varphi)$, $j \in J$ となる $\varphi \in \mathcal{H}(U)$ が存在することが分かった．これより $\mathcal{H}$ は層であることが分かる．

$\mathcal{F} \simeq \mathcal{O}_X^{\oplus n}$ であれば $\mathcal{H}(U) \simeq \mathrm{Hom}_{\mathcal{O}_X|U}((\mathcal{O}_X|U)^{\oplus n}, \mathcal{G}|U) \simeq \mathcal{G}(U)^{\oplus n}$ が成り立つので $\mathcal{H} \simeq \mathcal{G}^{\oplus n}$ となる．

また $\mathcal{O}_X$ 加群の列

$$0 \longrightarrow \mathrm{Hom}_{\mathcal{O}_X}(\mathcal{H}_3, \mathcal{F}) \xrightarrow{g^*} \mathrm{Hom}_{\mathcal{O}_X}(\mathcal{H}_2, \mathcal{F}) \xrightarrow{f^*} \mathrm{Hom}_{\mathcal{O}_X}(\mathcal{H}_1, \mathcal{F})$$

ができることも容易に分かる．X の開集合 U と $\varphi \in \mathrm{Hom}_{\mathcal{O}_U}(\mathcal{H}_3|U, \mathcal{F}|U)$ に対して $\varphi \circ g|U = 0$ であると仮定する．U の開集合 V と $t \in \mathcal{H}_3(V)$ に対して V の開被覆 $\{W_j\}_{j \in J}$ と $s_j \in \mathcal{H}_2(W_j)$ を $g_{W_j}(s_j) = \rho_{W_j,V}(t)$ が成り立つように選ぶことができる．このとき $\varphi_{W_j}(\rho_{W_j,V}(t)) = \varphi_{W_j}(g_{W_j}(s_j)) = 0$ であるので $\varphi_V(t) = 0$ が成立する．したがって $\varphi = 0$ である．よって g^* は単射である．

次に $\psi \in \mathrm{Hom}_{\mathcal{O}_U}(\mathcal{H}_2|U, \mathcal{F}|U)$ が $\psi \circ f|U = 0$ を満足したと仮定する．このとき ψ は $\mathrm{Im}\, f|U$ 上で恒等的に零写像であるので，$\psi \in \mathrm{Hom}_{\mathcal{O}_U}((\mathcal{H}_2/\mathrm{Im}\, f)|U, \mathcal{F}|U)$ と見ることができる．よって $\varphi \in \mathrm{Hom}_{\mathcal{O}_U}(\mathcal{H}_3|U, \mathcal{F}|U)$ で $\varphi = \psi \circ g|U$ となるものが存在する．このことから $\mathrm{Im}\, g^* = \mathrm{Ker}\, f^*$ が成立することが分かる．

最後の完全列も同様に示される． ∎

問 9 $\mathcal{O}_X$ 加群 $\mathcal{F}, \mathcal{G}, \mathcal{H}$ に対して $\mathcal{O}_X$ 加群の同型

$$\mathrm{Hom}_{\mathcal{O}_X}(\mathcal{F} \oplus \mathcal{G}, \mathcal{H}) \simeq \mathrm{Hom}_{\mathcal{O}_X}(\mathcal{F}, \mathcal{H}) \oplus \mathrm{Hom}_{\mathcal{O}_X}(\mathcal{G}, \mathcal{H})$$
$$\mathrm{Hom}_{\mathcal{O}_X}(\mathcal{F}, \mathcal{G} \oplus \mathcal{H}) \simeq \mathrm{Hom}_{\mathcal{O}_X}(\mathcal{F}, \mathcal{G}) \oplus \mathrm{Hom}_{\mathcal{O}_X}(\mathcal{F}, \mathcal{H})$$

が成り立つことを示せ．

さて，$\mathcal{O}_X$ 加群 $\mathcal{F}, \mathcal{G}$ に対して，X の各開集合 U に $\mathcal{O}_X(U)$ 加群

$$\mathcal{F}(U) \otimes_{\mathcal{O}_X(U)} \mathcal{G}(U)$$

を対応させることによって $\mathcal{O}_X$ 加群の前層が得られる．この前層の層化を $\mathcal{F} \otimes_{\mathcal{O}_X} \mathcal{G}$ と記し，$\mathcal{O}_X$ 加群 $\mathcal{F}, \mathcal{G}$ の**テンソル積**と呼ぶ．$\mathcal{F} \otimes_{\mathcal{O}_X} \mathcal{G}$ も $\mathcal{O}_X$ 加群で

例題 4.15

（1） $\mathcal{O}_X$ 加群 $\mathcal{F}, \mathcal{G}$ のテンソル積 $\mathcal{F} \otimes_{\mathcal{O}_X} \mathcal{G}$ の点 $x \in X$ 上の茎 $(\mathcal{F} \otimes_{\mathcal{O}_X} \mathcal{G})_x$ は $\mathcal{O}_{X,x}$ 加群として $\mathcal{F}_x \otimes_{\mathcal{O}_{X,x}} \mathcal{G}_x$ と同型であることを示せ.

（2） $\mathcal{O}_X$ 加群の完全列
$$\mathcal{F}_1 \longrightarrow \mathcal{F}_2 \longrightarrow \mathcal{F}_3 \longrightarrow 0$$
に $\mathcal{O}_X$ 加群 $\mathcal{G}$ とのテンソル積をとってできる列
$$\mathcal{F}_1 \otimes_{\mathcal{O}_X} \mathcal{G} \longrightarrow \mathcal{F}_2 \otimes_{\mathcal{O}_X} \mathcal{G} \longrightarrow \mathcal{F}_3 \otimes_{\mathcal{O}_X} \mathcal{G} \longrightarrow 0$$
は完全列であることを示せ.

［解］（1）層化の定義より
$$(\mathcal{F} \otimes_{\mathcal{O}_X} \mathcal{G})_x = \varinjlim_{x \in U} \mathcal{F}(U) \otimes_{\mathcal{O}_X(U)} \mathcal{G}(U)$$

が成り立つ. また x を含む開集合 U に対して $\mathcal{O}_X(U)$ 加群の準同型写像
$$\mathcal{F}(U) \otimes_{\mathcal{O}_X(U)} \mathcal{G}(U) \longrightarrow \mathcal{F}_x \otimes_{\mathcal{O}_{X,x}} \mathcal{G}_x$$

が定まり, これは $\mathcal{O}_{X,x}$ 加群の準同型写像
$$\varphi \colon (\mathcal{F} \otimes_{\mathcal{O}_X} \mathcal{G})_x \longrightarrow \mathcal{F}_x \otimes_{\mathcal{O}_{X,x}} \mathcal{G}_x$$

を引き起こす. 次に $\mathcal{O}_{X,x}$ 加群の双線形準同型写像
$$\Psi \colon \mathcal{F}_x \times \mathcal{G}_x \longrightarrow (\mathcal{F} \otimes_{\mathcal{O}_X} \mathcal{G})_x$$

が定義できることに注意する. $f_x \in \mathcal{F}_x$, $g_x \in \mathcal{G}_x$ は $f \in \mathcal{F}(U)$, $g \in \mathcal{G}(U)$ の点 x での芽であるように x の開近傍 U と f, g を選ぶことができ, $f \otimes g \in \mathcal{F}(U) \otimes_{\mathcal{O}_X(U)} \mathcal{G}(U)$ が定める $(\mathcal{F} \otimes_{\mathcal{O}_X} \mathcal{G})_x$ の元を $\Psi(f_x, g_x)$ と記す. この元が, 開集合 U や f, g のとり方によらないことは容易に分かる. また $a_x, b_x \in \mathcal{O}_{X,x}$, $f_x, f_{1x}, f_{2x} \in \mathcal{F}_x$, $g_x, g_{1x}, g_{2x} \in \mathcal{G}_x$ にたいして
$$\Psi(a_x f_{1x} + b_x f_{2x}, g_x) = a_x \Psi(f_{1x}, g_x) + b_x \Psi(f_{2x}, g_x)$$
$$\Psi(f_x, a_x g_{1x} + b_x g_{2x}) = a_x \Psi(f_x, g_{1x}) + b_x \Psi(f_x, g_{2x})$$

が成り立つことも同様に示される. よってテンソル積の普遍写像性(本書 p.92 コラムを参照のこと)により可換図式

第4章 連接層

$$\begin{array}{ccc}
\mathcal{F}_x \times \mathcal{G}_x & \longrightarrow & \mathcal{F}_x \otimes_{\mathcal{O}_{X,x}} \mathcal{G}_x \\
& \Psi \searrow \quad \swarrow \psi & \\
& (\mathcal{F} \otimes_{\mathcal{O}_X} \mathcal{G})_x &
\end{array}$$

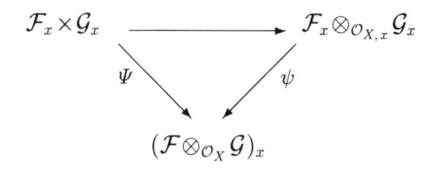

が存在する. ここで ψ は $\mathcal{O}_{X,x}$ 準同型写像であり, 双線形準同型写像 Ψ より一意的に定まる. このとき $\varphi \circ \psi = id$ であることは $\varphi(\Psi(f_x, g_x)) = f_x \otimes g_x$ より明らかである. また $f \in \mathcal{F}(U)$, $g \in \mathcal{G}(U)$ が定める元 $f \otimes g \in \mathcal{F}(U) \otimes_{\mathcal{O}_X(U)} \mathcal{G}(U)$ に対して φ の定義より, $\varphi((f \otimes g)_x) = f_x \otimes g_x \in \mathcal{F}_x \otimes_{\mathcal{O}_{X,x}} \mathcal{G}_x$ が成り立ち, ψ の定義より $\psi(f_x \otimes g_x) = (f \otimes g)_x$ が成立する. したがって $\psi \circ \varphi = id$ が成り立つ. よって, φ, ψ は $\mathcal{O}_{X,x}$ 加群としての同型写像である.

(2) 可換環 R 加群の完全列

$$M_1 \longrightarrow M_2 \longrightarrow M_3 \longrightarrow 0$$

に対して R 加群 N のテンソル積から得られる列

$$M_1 \otimes_R N \longrightarrow M_2 \otimes_R N \longrightarrow M_3 \otimes_R N \longrightarrow 0$$

は完全列である. $(\mathcal{F}_j \otimes_{\mathcal{O}_X} \mathcal{G})_x = \mathcal{F}_{j,x} \otimes_{\mathcal{O}_{X,x}} \mathcal{G}_x$ であるので(2)が成り立つことが分かる. ∎

例 4.16 スキーム X 上の可逆層 $\mathcal{L}, \mathcal{M}$ に対して $\mathcal{L} \otimes \mathcal{M}$ も可逆層である. $\mathcal{L}^{-1} = \underline{\mathrm{Hom}}_{\mathcal{O}_X}(\mathcal{L}, \mathcal{O}_X)$ とおくと自然な $\mathcal{O}_X$ 準同型写像

$$\begin{array}{rccc}
\varphi: & \mathcal{L} \otimes_{\mathcal{O}_X} \mathcal{L}^{-1} & \longrightarrow & \mathcal{O}_X \\
& a \otimes f & \longmapsto & f(a)
\end{array}$$

を定義することができる. このときは $\mathcal{L}|U \simeq \mathcal{O}_U$ となるアフィン開集合で考えると $\mathcal{L}^{-1}|U \simeq \underline{\mathrm{Hom}}_{\mathcal{O}_U}(\mathcal{O}_U, \mathcal{O}_U) \simeq \mathcal{O}_U$ であるので U 上で φ は $\mathcal{O}_U$ 同型写像であることが分かる. これより $\mathcal{L} \otimes_{\mathcal{O}_X} \mathcal{L}^{-1} \simeq \mathcal{O}_X$ であることが分かる. このことから, 可逆層の $\mathcal{O}_X$ 加群としての同型類はテンソル積に関して群をなすことが分かる. 単位元は $\mathcal{O}_X$ の同型類である. この群を $\mathrm{Pic}\, X$ と記してスキーム X の **Picard** 群(Picard group)と呼ぶ. $\underbrace{\mathcal{L} \otimes \cdots \otimes \mathcal{L}}_{n}$ を $\mathcal{L}^{\otimes n}$ または $\mathcal{L}^n$ と記す. $n = -m$, $m \geq 1$ のときは $\mathcal{L}^{\otimes n} = (\mathcal{L}^{-1})^{\otimes m}$ と定義する. また $\mathcal{L}^0 = \mathcal{O}_X$

と定義する.　　　　　　　　　　　　　　　　　　　　　　　　　　　□

　可換環 R 上の加群 N は，R 加群の任意の完全列
$$0 \longrightarrow M_1 \longrightarrow M_2 \longrightarrow M_3 \longrightarrow 0$$
に対して列
$$0 \longrightarrow M_1 \otimes_R N \longrightarrow M_2 \otimes_R N \longrightarrow M_3 \otimes_R N \longrightarrow 0$$
がつねに完全列であるとき **R 平坦加群**(R-flat module)と呼ばれる．この類似として $\mathcal{O}_X$ 加群 $\mathcal{G}$ は $\mathcal{O}_X$ 加群の任意の完全列
$$0 \longrightarrow \mathcal{F}_1 \longrightarrow \mathcal{F}_2 \longrightarrow \mathcal{F}_3 \longrightarrow 0$$
に対して列
$$0 \longrightarrow \mathcal{F}_1 \otimes_{\mathcal{O}_X} \mathcal{G} \longrightarrow \mathcal{F}_2 \otimes_{\mathcal{O}_X} \mathcal{G} \longrightarrow \mathcal{F}_3 \otimes_{\mathcal{O}_X} \mathcal{G} \longrightarrow 0$$
がつねに完全列であるとき **$\mathcal{O}_X$ 平坦層**($\mathcal{O}_X$-flat sheaf)であるという．$\mathcal{F} \otimes_{\mathcal{O}_X} \mathcal{O}_X \simeq \mathcal{F}$ であるので $\mathcal{O}_X$ は $\mathcal{O}_X$ 平坦層である．また $\mathcal{F} \otimes_{\mathcal{O}_X} \mathcal{O}_X^{\oplus n} \simeq \mathcal{F}^{\oplus n}$ であるので $\mathcal{O}_X$ 自由層は $\mathcal{O}_X$ 平坦層である．この事実はもう少し一般化することができる．

補題 4.17
（ⅰ）　$\mathcal{O}_X$ 局所自由層は $\mathcal{O}_X$ 平坦層である．
（ⅱ）　$\mathcal{O}_X$ 加群 $\mathcal{G}$ が $\mathcal{O}_X$ 平坦層であるための必要十分条件は，任意の点 $x \in X$ に対して $\mathcal{G}_x$ が $\mathcal{O}_{X,x}$ 平坦加群であることである．

　［証明］　$\mathcal{O}_X$ 局所自由層 $\mathcal{G}$ の点 $x \in X$ での茎 $\mathcal{G}_x$ は $\mathcal{O}_{X,x}$ 自由加群であり，したがって $\mathcal{G}_x$ は $\mathcal{O}_{X,x}$ 平坦加群である．よって(ⅱ)を示せば十分であるが，$(\mathcal{F} \otimes_{\mathcal{O}_X} \mathcal{G})_x \simeq \mathcal{F}_x \otimes_{\mathcal{O}_{X,x}} \mathcal{G}_x$ であるのでこれは明らか．　■

（b）　準連接層

　可換環 R 上の加群では有限 R 加群や**有限表示 R 加群**(finitely presented R-module)(R 加群の準同型写像 $\varphi \colon R^{\oplus m} \to R^{\oplus n}$ の余核と R 同型である加群)が重要である．$\mathcal{O}_X$ 加群では連接層が大切な役割をする．ここでは，いささか天下り的ではあるが次の定義から始めよう．なお，X の開集合 U に対して $\mathcal{O}_X$ を U 上に制限した層 $\mathcal{O}_X|U$ が何度も登場するが，記号を簡単にするために以下 $\mathcal{O}_U$ と略記することにする．

第4章 連接層

定義 4.18 以下 $\mathcal{F}$ は $\mathcal{O}_X$ 加群とする.

（i） X の各点 x に対して x の開近傍 U と $\mathcal{O}_U$ 加群の完全列
$$\mathcal{O}_U^{\oplus I} \longrightarrow \mathcal{O}_U^{\oplus J} \longrightarrow \mathcal{F}|U \longrightarrow 0$$
が存在するとき $\mathcal{F}$ を**準連接的**(quasi-coherent)である，または**準連接層**(quasi-coherent sheaf)という．ここで I, J は無限集合であってもよく，また点 x によって I, J の濃度(元の個数)が変わってもよい．

（ii） X の各点 x に対して点 x を含む開集合 U と $\mathcal{O}_U$ 加群の完全列
$$\mathcal{O}_U^{\oplus n} \longrightarrow \mathcal{F}|U \longrightarrow 0$$
が存在するとき，$\mathcal{F}$ を**有限生成**(finitely generated) $\mathcal{O}_X$ 加群と呼ぶ．ここで正整数 n は点 x によって変わってもよい．（正確には局所的に有限生成 $\mathcal{O}_X$ 加群というべきであるが，ここでは慣用の用語に従う．） □

例 4.19

（1） $\mathcal{O}_X$ は $\mathcal{O}_X$ 加群として有限生成であり，また準連接層である．

（2） アフィンスキーム $X = \operatorname{Spec} R$ を考える．R 加群 M に対して $\mathcal{O}_X$ 加群 $\widetilde{M}$ が定義され，また R 加群の準同型写像 $\varphi: M \to N$ に対して $\mathcal{O}_X$ 加群の準同型写像 $\widetilde{\varphi}: \widetilde{M} \to \widetilde{N}$ が定義できることを例 2.25 で示した．点 $\mathfrak{p} \in \operatorname{Spec} R$ に対して点 $\mathfrak{p}$ 上でのこれらの層の茎の間の準同型写像は $\varphi_\mathfrak{p}: M_\mathfrak{p} \to N_\mathfrak{p}$(準同型写像 φ の素イデアル $\mathfrak{p}$ による局所化)に他ならない．局所化は R 加群の完全列を完全列にうつすので(下の問 10 を参照のこと)，R 加群の完全列
$$M_1 \longrightarrow M_2 \longrightarrow M_3 \longrightarrow M_4 \longrightarrow \cdots$$
から $\mathcal{O}_X$ 加群の完全列
$$\widetilde{M_1} \longrightarrow \widetilde{M_2} \longrightarrow \widetilde{M_3} \longrightarrow \widetilde{M_4} \longrightarrow \cdots$$
が生じる．この事実から R 加群 M が定める $\mathcal{O}_X$ 加群 $\widetilde{M}$ は準連接的であることが分かる．なぜならば，すべての R 加群は完全列
$$R^{\oplus I} \longrightarrow R^{\oplus J} \longrightarrow M \longrightarrow 0$$
を持つからである．また M が有限 R 加群であり，$s_1, s_2, \cdots, s_n$ を R 加群としての生成元とすると全射

$$R^{\oplus n} \longrightarrow M$$
$$(a_1, \cdots, a_n) \longmapsto \sum_{j=1}^n a_j s_j$$

が定義され，これより $\mathcal{O}_X$ 加群の全射
$$\mathcal{O}_X^{\oplus n} \longrightarrow \widetilde{M}$$
が定まり，$\widetilde{M}$ は有限生成 $\mathcal{O}_X$ 加群であることが分かる．（今の場合，定義 4.18(ii) の開集合 U として X がとれるが，アフィンスキームでない一般のスキームのときは必ずしも $U = X$ とはできないことは後に示す．） □

問10 R 加群の完全列
$$\cdots \longrightarrow M^{(1)} \longrightarrow M^{(2)} \longrightarrow M^{(3)} \longrightarrow \cdots$$
に対して R の素イデアル $\mathfrak{p}$ による局所化から定まる写像の列
$$\cdots \longrightarrow M_\mathfrak{p}^{(1)} \longrightarrow M_\mathfrak{p}^{(2)} \longrightarrow M_\mathfrak{p}^{(3)} \longrightarrow \cdots$$
も完全列であることを示せ．

上のアフィンスキームの例は重要である．さらに詳しい結果を命題としてあげておこう．

命題 4.20 $(X, \mathcal{O}_X)$ は可換環 R から定まるアフィンスキームとする．このとき次のことが成立する．

（i） R 加群 M より定まる $\mathcal{O}_X$ 加群 $\widetilde{M}$ は準連接層であり，X の開集合 $D(f)$ に対して
$$(4.13) \qquad \Gamma(D(f), \widetilde{M}) = M_f$$
が成立する．特に
$$\Gamma(X, \widetilde{M}) = M$$
が成立する．

（ii） R 加群の準同型写像 $\varphi : M \to N$ に $\mathcal{O}_X$ 加群の準同型写像 $\widetilde{\varphi}$ を対応させる写像
$$\Phi : \mathrm{Hom}_R(M, N) \longrightarrow \mathrm{Hom}_{\mathcal{O}_X}(\widetilde{M}, \widetilde{N})$$
は R 加群の同型写像である．

(iii) R 加群 M, N に対して $\mathcal{O}_X$ 加群の同型写像
$$\widetilde{M} \oplus \widetilde{N} \simeq (M \oplus N)^{\sim}, \quad \widetilde{M} \otimes_{\mathcal{O}_X} \widetilde{N} \simeq (M \otimes_R N)^{\sim}$$
が存在する．さらに M が有限表示 R 加群であれば $\mathcal{O}_X$ 加群の同型写像
$$\underline{\mathrm{Hom}}_{\mathcal{O}_X}(\widetilde{M}, \widetilde{N}) \simeq (\mathrm{Hom}_R(M, N))^{\sim}$$
が存在する．

[証明] (i) $\widetilde{M}$ が準連接層であることは上の例の中で示した．また(4.13)は例 2.25 で示した層の $\widetilde{M}$ の構成法より明らか．

(ii) $f \in \mathrm{Hom}_{\mathcal{O}_X}(\widetilde{M}, \widetilde{N})$ に対して $\varphi = f_X : \Gamma(X, \widetilde{M}) = M \to \Gamma(X, \widetilde{N}) = N$ を対応させる写像を Ψ と記す．$\Psi \circ \Phi = id$ であることは明らか．一方，点 $\mathfrak{p} \in X = \mathrm{Spec}\, R$ に対して f は点 $\mathfrak{p}$ 上の茎の $\mathcal{O}_{X,\mathfrak{p}} = R_\mathfrak{p}$ 準同型写像 $f_\mathfrak{p} : M_\mathfrak{p} \to N_\mathfrak{p}$ を定める．（例 2.25 より $\widetilde{M}_\mathfrak{p} = M_\mathfrak{p}$ に注意する．）また，$\Psi(f) = \varphi = f_X : M \to N$ が定める $\mathcal{O}_X$ 加群の準同型写像 $\widetilde{\varphi} : \widetilde{M} \to \widetilde{N}$ の点 $\mathfrak{p}$ での茎の $R_\mathfrak{p}$ 準同型写像 $\widetilde{\varphi}_\mathfrak{p} : M_\mathfrak{p} \to N_\mathfrak{p}$ は $\dfrac{m}{s} \in M_\mathfrak{p}, m \in M, s \in R \setminus \mathfrak{p}$ に対して
$$\widetilde{\varphi}_\mathfrak{p}\left(\frac{m}{s}\right) = \frac{\varphi(m)}{s} = \frac{f_X(m)}{s}$$
となる．一方，$m \in M$ の定める $M_\mathfrak{p}$ での元は $\dfrac{m}{1}$ と書け，$f_\mathfrak{p}$ は $R_\mathfrak{p}$ 準同型写像であるので
$$f_\mathfrak{p}\left(\frac{m}{s}\right) = f_\mathfrak{p}\left(\frac{1}{s} \cdot \frac{m}{1}\right) = \frac{1}{s} f_\mathfrak{p}\left(\frac{m}{1}\right) = \frac{1}{s} f_X(m)$$
が成り立ち，$\widetilde{\varphi}_\mathfrak{p} = f_\mathfrak{p}$ であることが分かる．よって $\Phi \circ \Psi = id$ である．Φ が R 加群の準同型写像であることは容易に分かるので，Φ は R 加群の同型写像である．

(iii) $\widetilde{M} \oplus \widetilde{N}$ は X の開集合 $D(f)$ に対して $M_f \oplus N_f$ を対応させてできる層であるが(例 2.25)，$M_f \oplus N_f = (M \oplus N)_f$ であるので最初の同型が成り立つ．

$\widetilde{M} \otimes_{\mathcal{O}_X} \widetilde{N}$ は X の開集合 U に対して $\widetilde{M}(U) \otimes_{\mathcal{O}_X(U)} \widetilde{N}(U)$ を対応させてできる前層の層化として定義した．特に $U = D(f)$ であれば $D(f)$ に対応する加群は $M_f \otimes_{R_f} N_f$ である．一方 R_f 加群として $M_f \otimes_{R_f} N_f$ は $(M \otimes_R N)_f$ と同型であるので(下の問 11 を参照のこと)，$\widetilde{M} \otimes_{\mathcal{O}_X} \widetilde{N}$ は $\mathcal{O}_X$ 加群として $\widetilde{M \otimes_R N}$ と同型であることが分かる．一方 $\underline{\mathrm{Hom}}_{\mathcal{O}_X}(\widetilde{M}, \widetilde{N})(D(f)) = \mathrm{Hom}_{R_f}(M_f, N_f)$

は定義より明らか．M は有限表示 R 加群であるので R 加群の完全列
$$R^{\oplus a} \xrightarrow{\varphi} R^{\oplus b} \xrightarrow{\psi} M \longrightarrow 0$$
が存在する．ここで，a, b は正整数である．これより R_f 加群の完全列
$$R_f^{\oplus a} \xrightarrow{\varphi_f} R_f^{\oplus b} \xrightarrow{\psi_f} M_f \longrightarrow 0$$
が成り立つ．したがって R_f 加群の完全列
$$0 \longrightarrow \mathrm{Hom}_{R_f}(M_f, N_f) \xrightarrow{\psi_f^*} \mathrm{Hom}_{R_f}(R_f^{\oplus b}, N_f) \xrightarrow{\varphi_f^*} \mathrm{Hom}_{R_f}(R_f^{\oplus a}, N_f)$$
を得る．ところで R_f 加群の同型写像
$$\mathrm{Hom}_{R_f}(R_f^{\oplus b}, N_f) \simeq N_f^{\oplus b} \simeq (\mathrm{Hom}_R(R^{\oplus b}, N))_f$$
$$\mathrm{Hom}_{R_f}(R_f^{\oplus a}, N_f) \simeq N_f^{\oplus a} \simeq (\mathrm{Hom}_R(R^{\oplus a}, N))_f$$
があり φ_f^* は $\varphi^* : \mathrm{Hom}_R(R^{\oplus b}, N) \to \mathrm{Hom}_R(R^{\oplus a}, N)$ を f で局所化したものに他ならない．これより，$\mathrm{Ker}\,\varphi_f^*$ は $\mathrm{Ker}\,\varphi^*$ を f で局所化したものであることが分かり，$\mathrm{Im}\{\psi^* : \mathrm{Hom}_R(M, N) \to \mathrm{Hom}_R(R^{\oplus a}, N)\} = \mathrm{Ker}\,\varphi^*$，$\mathrm{Im}\,\psi_f^* = \mathrm{Ker}\,\varphi_f^*$ により R_f 同型写像
$$\mathrm{Hom}_{R_f}(M_f, N_f) \simeq (\mathrm{Hom}_R(M, N))_f$$
が存在することが分かる．これより $\mathcal{O}_X$ 加群として
$$\underline{\mathrm{Hom}}_{\mathcal{O}_X}(\widetilde{M}, \widetilde{N}) \simeq (\mathrm{Hom}_R(M, N))^{\sim}$$
であることが分かる．■

問 11 R 加群 M, N に対して R_f 加群としての同型写像
$$M_f \otimes_{R_f} N_f \simeq (M \otimes_R N)_f$$
が存在することを示せ．

アフィンスキーム上の準連接層の構造は次の定理によって明らかになる．

定理 4.21 アフィンスキーム $X = \mathrm{Spec}\,R$ 上の $\mathcal{O}_X$ 加群 $\mathcal{F}$ が準連接層であるための必要十分条件は $\mathcal{F}$ が R 加群 M から作られる $\mathcal{O}_X$ 加群 $\widetilde{M}$ と同型になることである．またこのとき $\Gamma(X, \mathcal{F})$ は R 加群として M と同型である．

[証明] R 加群 M に対して $\widetilde{M}$ は準連接層 $\mathcal{O}_X$ 加群であることは例 4.19 で示した．逆に $\mathcal{F}$ は準連接的 $\mathcal{O}_X$ 加群のとき $M = \Gamma(X, \mathcal{F})$ とおくと $\mathcal{F}$ は $\widetilde{M}$ に $\mathcal{O}_X$ 加群として同型であることを示そう．$\mathcal{F}$ は準連接層であるので，任意の点 $\mathfrak{p} \in \operatorname{Spec} R$ の開近傍 $D(f)$ を適当にとると完全列

$$(\mathcal{O}_X \mid D(f))^{\oplus I} \xrightarrow{\varphi} (\mathcal{O}_X \mid D(f))^{\oplus J} \xrightarrow{\psi} \mathcal{F} \mid D(f) \longrightarrow 0$$

が存在する．そこで

$$M_{D(f)} = \operatorname{Coker}\{\varphi \mid D(f) \colon R_f^{\oplus I} \longrightarrow R_f^{\oplus J}\}$$

と定義すると例 4.19(2) より $\mathcal{O}_{D(f)}$ 加群として $\mathcal{F} \mid D(f)$ は $\widetilde{M}_{D(f)}$ に同型である．したがって特に $\Gamma(D(f), \mathcal{F})$ と $M_{D(f)}$ とは R_f 加群として同型である．以下，簡単のため $M_{D(f)} = \Gamma(D(f), \mathcal{F})$ と考える．各点 $\mathfrak{p} \in \operatorname{Spec} R$ に対して点 $\mathfrak{p}$ を含むこのような開集合 $D(f)$ を選ぶと X の開被覆となるが，X は準コンパクトであるので(系 2.9)，有限個の $D(f_i), i \in I$ で X を覆うことができる：$X = \bigcup_{i \in I} D(f_i)$．$M_{D(f_i)}$ を以下 M_i と記す．また $M = \Gamma(X, \mathcal{F})$ とおき，制限写像 $\rho_i = \rho_{D(f_i), X} \colon M = \Gamma(X, \mathcal{F}) \to \Gamma(D(f_i), \mathcal{F}) = M_i$ から定まる R_{f_i} 加群の準同型写像 $\widehat{\rho}_i \colon M_{f_i} \to M_i$ を考える．$\widehat{\rho}_i$ は同型写像であることを示そう．まず $\widehat{\rho}_i$ が単射であることを示す．$s \in M$ に対して $\widehat{\rho}_i\left(\dfrac{s}{f_i^m}\right) = 0$ であれば，$\widehat{\rho}_i\left(\dfrac{s}{f_i^m}\right) = \dfrac{1}{f_i^m} \widehat{\rho}_i\left(\dfrac{s}{1}\right)$ であるので $\widehat{\rho}_i\left(\dfrac{s}{1}\right) = 0$ である．$\widehat{\rho}_i$ は ρ_i の f_i に関する局所化であるので，これは $\rho_i(s) = 0$ を意味する．一方 $D(f_i) \cap D(f_j) = D(f_i f_j)$ であるので，$\mathcal{F} \mid D(f_i f_j) = \big(\mathcal{F} \mid D(f_j)\big) \mid D(f_i f_j) = \widetilde{M}_j \mid D(f_i f_j) = ((M_j)_{(f_i f_j)})^{\sim}$ と考えることができる．$\rho_{D(f_i f_j), X}(s) = \rho_{D(f_i f_j), D(f_i)}(\rho_i(s)) = 0$ であるが

$$\rho_{D(f_i f_j), X}(s) = \rho_{D(f_i f_j), D(f_j)}(\rho_j(s)) = 0$$

でもあるので $(f_i f_j)^{n_j} \rho_j(s) = 0$ が $(M_j)_{(f_i f_j)}$ で成り立つような正整数 n_j が存在する．$\dfrac{1}{f_j} \in \mathcal{O}_X(D(f_j)) = R_{f_j}$ であるので $f_i^{n_j} \rho_j(s) = \rho_j(f_i^{n_j} s) = 0$ が成立する．I は有限集合であるので $n \geq \max_{j \in I} n_j$ を満足する正整数 n に対して $\rho_j(f_i^n s) = 0$ がすべての $j \in I$ で成立する．$\rho_j = \rho_{D(f_j), X}$ であったので層の性質(F1)により $f_i^n s = 0$ が $M = \Gamma(X, \mathcal{F})$ で成り立つことが分かる．したがって M_{f_i} で $\dfrac{s}{f_i^m} = 0$ であることが分かる．よって $\widehat{\rho}_i$ は単射である．

次に $\widehat{\rho}_i$ は全射であることを示そう．$s_i \in M_i$ に対して，上の議論と同様に，$\rho_{D(f_if_j),D(f_i)}(s_i) \in \mathcal{F}(D(f_if_j)) = (M_j)_{(f_if_j)}$ と見ることができる．これは正整数 n_j をうまく選ぶと $(f_if_j)^{n_j}s_i \in M_j$ と考えることができることを意味する．M_j は R_{f_j} 加群であるので $f_i^{n_j}s_i \in M_j$ が成り立つ．再び $n \geqq \max_{j \in I} n_j$ を満足する正整数 n をとると $f_i^n s_i \in M_j$ がすべての $j \in I$ に対して成り立つことが分かる．層の性質(F2)より，これは $f_i^n s_i$ が $s \in M = \mathcal{F}(X)$ を定めることを意味し，$s_i = \dfrac{s}{f_i^n}$ と見ることができることを意味する．よって $\widehat{\rho}_i$ は全射である．

以上の議論によりすべての $i \in I$ に対して $\widetilde{M}|D(f_i) \simeq \mathcal{F}|D(f_i)$ であることが分かった．またこの同型は自然な層の準同型写像 $\widetilde{M} \to \mathcal{F}$ を $D(f_j)$ に制限したものに他ならないので $\mathcal{F}$ は $\widetilde{M}$ に同型である． ∎

この定理と例 4.19(2) を合わせて次の重要な事実が示されたことになる．

系 4.22 アフィンスキーム $X = \operatorname{Spec} R$ 上の準連接的 $\mathcal{O}_X$ 加群の $\mathcal{O}_X$ 準同型写像の完全列

$$0 \longrightarrow \mathcal{F}_1 \longrightarrow \mathcal{F}_2 \longrightarrow \mathcal{F}_3 \longrightarrow 0$$

から R 加群の完全列

$$0 \longrightarrow \Gamma(X,\mathcal{F}_1) \longrightarrow \Gamma(X,\mathcal{F}_2) \longrightarrow \Gamma(X,\mathcal{F}_3) \longrightarrow 0$$

が得られる．

［証明］ $M_j = \Gamma(X,\mathcal{F}_j)$ とおくと命題 4.8 より R 加群の完全列

$$0 \longrightarrow M_1 \xrightarrow{\varphi_1} M_2 \xrightarrow{\varphi_2} M_3$$

を得る．上の定理より $\mathcal{F}_j \simeq \widetilde{M}_j$ であるので，仮定より $\widetilde{\varphi}_2 \colon \widetilde{M}_2 \to \widetilde{M}_3$ は全射である．そこで $N = \operatorname{Coker} \varphi_2$ とおき完全列

$$M_2 \xrightarrow{\varphi_2} M_3 \longrightarrow N \longrightarrow 0$$

から定まる $\mathcal{O}_X$ 加群の完全列

$$\widetilde{M}_2 \xrightarrow{\widetilde{\varphi}_2} \widetilde{M}_3 \longrightarrow \widetilde{N} \longrightarrow 0$$

を考える．（これが完全列であることは例 4.19(2) および問 10 による．）仮定より $\widetilde{\varphi}_2$ は全射であるので $\widetilde{N} = 0$ でなければならない．再び定理 4.21 より $N = \Gamma(X,\widetilde{N}) = 0$ となる．よって φ_2 は全射である． ∎

この系は重要である．上の証明から明らかなように，アフィンスキーム X 上では準連接層に関しては $\varphi: \mathcal{F} \to \mathcal{G}$ が全射であれば $\Gamma(X, \mathcal{F}) \to \Gamma(X, \mathcal{G})$ も全射であることが分かる．これはアフィンスキーム上の準連接層では1次元以上のコホモロジーが消えることを示唆している．この事実が成り立つことは第6章で述べる．

問 12 アフィンスキーム $X = \operatorname{Spec} R$ 上の準連接層の完全列
$$\cdots \longrightarrow \mathcal{F}_1 \longrightarrow \mathcal{F}_2 \longrightarrow \mathcal{F}_3 \longrightarrow \mathcal{F}_4 \longrightarrow \cdots$$
から得られる X 上の切断のなす R 加群の列
$$\cdots \longrightarrow \Gamma(X, \mathcal{F}_1) \longrightarrow \Gamma(X, \mathcal{F}_2) \longrightarrow \Gamma(X, \mathcal{F}_3) \longrightarrow \Gamma(X, \mathcal{F}_4) \longrightarrow \cdots$$
は完全列であることを示せ．

ところで，アフィンスキーム $X = \operatorname{Spec} R$ 上の準連接層の全体は準連接層を対象とし $\operatorname{Hom}_{\mathcal{O}_X}(\mathcal{F}, \mathcal{G})$ の各元を射と考えることによって圏をなす．この圏を $(\mathcal{O}_X\text{-q.c.Mod})$ と記す．R 加群 M に対して $\mathcal{O}_X$ 加群 $\widetilde{M}$ を対応させると R 加群のなす圏 $(R\text{-mod})$ から圏 $(\mathcal{O}_X\text{-q.c.Mod})$ への関手が定まることが上の議論から分かる．さらに強く，次の結果が成り立つことが分かる．

系 4.23 アフィンスキーム $X = \operatorname{Spec} R$ に対して関手
$$\begin{array}{rccc} \Phi: & (R\text{-mod}) & \longrightarrow & (\mathcal{O}_X\text{-q.c.Mod}) \\ & M & \longmapsto & \widetilde{M} \end{array}$$
は圏の同値を与える．

[証明] 準連接層 $\mathcal{F}$ に対して R 加群 $\Gamma(X, \mathcal{F})$ を対応させることによって関手
$$\begin{array}{rccc} \Psi: & (\mathcal{O}_X\text{-q.c.Mod}) & \longrightarrow & (R\text{-mod}) \\ & \mathcal{F} & \longmapsto & \Gamma(X, \mathcal{F}) \end{array}$$
が定まる．このとき定理 4.21 より
$$\Psi \circ \Phi \simeq id, \quad \Phi \circ \Psi \simeq id$$

§4.2 準連接層と連接層 —— 195

系 4.24 スキーム $(X, \mathcal{O}_X)$ 上の準連接層 $\mathcal{F}, \mathcal{G}$ の $\mathcal{O}_X$ 準同型写像 $\varphi: \mathcal{F} \to \mathcal{G}$ の核 $\mathrm{Ker}\,\varphi$, 像 $\mathrm{Im}\,\varphi$, 余核 $\mathrm{Coker}\,\varphi$ は準連接層である.

［証明］ X はアフィン開集合で覆うことができ, 準連接層か否かは各アフィン開集合で確かめればよい. したがって X はアフィンスキームと仮定してよい. $X = \mathrm{Spec}\,R$ のとき, $M = \Gamma(X, \mathcal{F})$, $N = \Gamma(X, \mathcal{G})$ とおくと $\mathcal{F} = \widetilde{M}$, $\mathcal{G} = \widetilde{N}$ と見なすことができる. このとき $\mathrm{Ker}\,\varphi = \widetilde{\mathrm{Ker}\,\varphi_X}$, $\mathrm{Im}\,\varphi = \widetilde{\mathrm{Im}\,\varphi_X}$, $\mathrm{Coker}\,\varphi = \widetilde{\mathrm{Coker}\,\varphi_X}$ が成り立ち, これらの層は準連接層であることが分かる. ∎

(c) 連 接 層

準連接層が R 加群の類似であることを示したが, 有限 R 加群の類似として連接層を考えることができる. まず定義から始めよう.

定義 4.25 スキーム X 上の $\mathcal{O}_X$ 加群 $\mathcal{F}$ が次の 2 つの条件を満足するとき $\mathcal{F}$ を**連接的**(coherent)である, または**連接層**(coherent sheaf)という.

（ⅰ） $\mathcal{F}$ は有限生成 $\mathcal{O}_X$ 加群である.

（ⅱ） X の任意の開集合 U と任意の $\mathcal{O}_U$ 加群の準同型写像
$$\varphi: \mathcal{O}_U^{\oplus n} \longrightarrow \mathcal{F}|U$$
の核 $\mathrm{Ker}\,\varphi$ は有限生成 $\mathcal{O}_U$ 加群である. ここで正整数 n は任意の値をとり得る. ∎

まず連接層は準連接層であることを示そう. 連接層 $\mathcal{F}$ は有限生成 $\mathcal{O}_X$ 加群であるので, X の各点 x に対して x を含む開集合 U と $\mathcal{O}_U$ 加群の完全列
$$\psi: \mathcal{O}_U^{\oplus n} \longrightarrow \mathcal{F}|U \longrightarrow 0$$
が存在する. $\mathrm{Ker}\,\psi$ は有限生成 $\mathcal{O}_U$ 加群であるので x を含む開集合 $V \subset U$ と $\mathcal{O}_V$ 加群の完全列
$$\varphi: \mathcal{O}_V^{\oplus m} \longrightarrow \mathrm{Ker}\,\psi|V \longrightarrow 0$$
が存在する. この 2 つの完全列をつなぐことによって完全列

(4.14) $$\mathcal{O}_V^{\oplus m} \xrightarrow{\varphi} \mathcal{O}_V^{\oplus n} \xrightarrow{\psi|U} \mathcal{F}|V \longrightarrow 0$$

が得られる.このことから $\mathcal{F}$ は準連接層であることが分かった.

しかしながら次の例が示すように,有限生成 $\mathcal{O}_X$ 加群が準連接的であっても必ずしも連接的とは限らない.

例 4.26 体 k 上の無限変数の多項式環 $k[x_1, x_2, \cdots, x_n, \cdots]$ のイデアル $I = (x_1 x_2, x_1 x_3, \cdots, x_1 x_n, \cdots)$ による商環 $R = k[x_1, x_2, \cdots]/I$ を考える.$x_2, x_3, \cdots, x_n, \cdots$ の R の像から生成される R のイデアルを J と記すと R 加群の完全列

$$0 \longrightarrow J \longrightarrow R \xrightarrow{\times \bar{x}_1} R$$

ができる.ここで x_1 の R での像を $\bar{x}_1$ と記した.アフィンスキーム $X = \mathrm{Spec}\, R$ 上でこの完全列に対応して $\mathcal{O}_X$ 準連接層の完全列

$$0 \longrightarrow \tilde{J} \longrightarrow \mathcal{O}_X \xrightarrow{\varphi} \mathcal{O}_X$$

ができる.このとき $\tilde{J} = \mathrm{Ker}\, \varphi$ は $\mathcal{O}_X$ 加群として有限生成でない.したがって $\mathcal{O}_X$ は $\mathcal{O}_X$ 加群として連接層ではない. □

この例では R は Noether 環でなく,J は有限生成のイデアルではないことに注意する.Noether 環上では次の事実が成り立つ.

命題 4.27 Noether 環 R から定まるアフィンスキーム $X = \mathrm{Spec}\, R$ 上の準連接的 $\mathcal{O}_X$ 加群 $\mathcal{F}$ が連接層であるための必要十分条件は $\Gamma(X, \mathcal{F})$ が有限 R 加群であることである.したがって特に $\mathcal{O}_X$ は連接的である.また,逆に有限生成 $\mathcal{O}_X$ 加群は連接的である.

[証明] $\mathcal{F}$ が連接層であれば X のアフィン開集合による被覆 $X = \bigcup_{i \in I} D(f_i)$ を適当に選び,各 $i \in I$ で全射

$$\mathcal{O}_{D(f_i)}^{\oplus n_i} \longrightarrow \mathcal{F} | D(f_i) \longrightarrow 0$$

が存在するようにできる.$D(f_i)$ はアフィンスキームの構造を持つので,この完全列から R_{f_i} 加群の完全列

$$R_{f_i}^{\oplus n_i} \xrightarrow{\varphi_i} M_i = \Gamma(D(f_i), \mathcal{F}) \longrightarrow 0$$

を得る.$M = \Gamma(X, \mathcal{F})$ とおくと $M_i = M_{f_i}$ である.R_{f_i} 加群としての M_i の生成元として $t_{ij} = \varphi_i((0, \cdots, 0, \overset{j}{1}, 0, \cdots, 0)) \in M_i$ をとることができる.$M_i = M_{f_i}$

であるので正整数 m_{ij} を $\widetilde{t}_{ij}=f_i^{m_{ij}}t_{ij}\in M$ が成り立つように選ぶことができる。M の任意の元 s に対して $\dfrac{s}{1}\in M_{f_i}$ と見ると

$$\frac{s}{1}=\sum_{j=1}^{n_i}a_j t_{ij},\quad a_j\in R_{f_i}$$

と書くことができる。したがって正整数 r_i を十分大きくとると

$$f_i^{r_i}s=\sum_{j=1}^{n_i}b_j\widetilde{t}_{ij},\quad b_j\in R$$

が成り立つようにできる。ところで X は準コンパクトであるので(系2.9)、I は有限集合であるとしてよい。そこで $m=\max\limits_{i,j}\{r_i,m_{ij}\}$ とおくと $f_i^m s\in M$ が成り立つ。さらに $X=\bigcup\limits_{i\in I}D(f_i)=\bigcup\limits_{i\in I}D(f_i^r)$ であるので命題2.8より $\sum\limits_{i\in I}c_i f_i^r=1$ が成り立つように $c_i\in R,\ i\in I$ を選ぶことができる。これより

$$s=\sum_{i\in I}\sum_{j=1}^{n_i}(c_i b_j)\widetilde{t}_{ij}$$

となり、M は R 加群として有限個の元 $\{\widetilde{t}_{ij}\}$ で生成されることが分かる。

逆に $M=\Gamma(X,\mathcal{F})$ は有限 R 加群と仮定しよう。$\mathcal{F}=\widetilde{M}$ であり、また $f\in R$ に対して M_f は有限 R_f 加群であるので R_f 全射準同型写像

$$R_f^{\oplus n}\longrightarrow M_f\longrightarrow 0$$

がある。これより $\mathcal{O}_{D(f)}$ 加群の全射準同型写像

$$\mathcal{O}_{D(f)}^{\oplus n}\longrightarrow \widetilde{M_f}\longrightarrow 0$$

ができる。$M_f=\Gamma(D(f),\mathcal{F})$ と見ることができるので $\widetilde{M_f}=\mathcal{F}\,|\,D(f)$ である。これより $\mathcal{F}$ は有限生成 $\mathcal{O}_X$ 加群であることが分かる。

次に X の開集合 U 上の $\mathcal{O}_U$ 準同型写像

$$\varphi:\mathcal{O}_U^{\oplus m}\longrightarrow \mathcal{F}\,|\,U$$

を考える。点 $x\in U$ を含むアフィン開集合 $D(f)\subset U$ を選び、この $\mathcal{O}_U$ 準同型写像を $D(f)$ に制限すると、この準同型写像は R_f 加群の準同型写像

$$\psi:R_f^{\oplus m}\longrightarrow M_f$$

より定まる。すると $\mathrm{Ker}\,\varphi\,|\,D(f)=\widetilde{\mathrm{Ker}\,\psi}$ が成り立つ。R は Noether 環であるので R_f も Noether 環であり、$\mathrm{Ker}\,\psi$ は R_f Noether 加群 $R_f^{\oplus m}$ の R_f 部分加群であり、したがって有限 R_f 加群である。よって $\widetilde{\mathrm{Ker}\,\psi}$ は有限生成 $\mathcal{O}_{D(f)}$

加群である．一方 $\widetilde{\operatorname{Ker}\psi} = \operatorname{Ker}\varphi \mid D(f)$ であるので $\operatorname{Ker}\varphi$ は有限生成 $\mathcal{O}_U$ 加群である．以上によって $\mathcal{F} = \widetilde{M}$ は連接層であることが分かった．

さて，$\mathcal{F}$ は有限生成 $\mathcal{O}_X$ 加群とする．X の被覆 $\{U_i\}_{i \in I}$ を

$$\mathcal{O}_{U_i}^{\oplus n} \xrightarrow{\varphi_i} \mathcal{F} \mid U_i \longrightarrow 0$$

が成り立つようにとる．X は Noether 空間であるので有限個の開被覆 $\{U_i\}_{i \in I}$，$U_i = D(f_i)$，$f_i \in R$ をとることができる．このとき $\varphi_i((0, \cdots, 0, \overset{j}{1}, 0, \cdots, 0)) = g_j^{(i)} \in \Gamma(D(f_i), \mathcal{F})$，$j = 1, 2, \cdots, n_i$ は $\mathcal{F} \mid U_i$ の $\mathcal{O}_{U_i}$ 加群としての生成元である．このとき正整数 l を十分大きくとると $f_i^l g_j^{(i)} = g_{ij} \in M = \Gamma(X, \mathcal{F})$ であるようにできる．g_{ij}，$j = 1, 2, \cdots, n_i$ を U_i に制限したものは $\mathcal{O}_{U_i}$ 加群として $\mathcal{F} \mid U_i$ を生成するので，f_{ij}，$1 \leq i \leq m$，$1 \leq j \leq n_i$ は $\mathcal{O}_X$ 加群として $\mathcal{F}$ を生成する．すなわち，$n = \sum_{i=1}^m n_i$ とおくと，$\mathcal{O}_X$ 加群の準同型写像の列

$$\mathcal{O}_X^{\oplus n} \longrightarrow \mathcal{F} \longrightarrow 0$$
$$(a_{ij}) \longmapsto \sum_{i,j} a_{ij} f_{ij}$$

は完全列である．よって M は有限 R 加群であり，$\mathcal{F} = \widetilde{M}$ は連接層である．∎

このように連接層は有限性と関係しており，これから大切な役割をする．次の定理は連接層に関する重要な定理であるが証明は演習問題 4.4 にゆずることにする．

定理 4.28 スキーム X 上の $\mathcal{O}_X$ 加群の完全列

$$0 \longrightarrow \mathcal{F} \longrightarrow \mathcal{G} \longrightarrow \mathcal{H} \longrightarrow 0$$

に対して $\mathcal{F}, \mathcal{G}, \mathcal{H}$ のいずれか 2 つが連接層であれば残りも連接層である． □

系 4.29 スキーム X 上の連接的 $\mathcal{O}_X$ 加群 $\mathcal{F}, \mathcal{G}$ 間の $\mathcal{O}_X$ 準同型写像 $\varphi \colon \mathcal{F} \to \mathcal{G}$ の核 $\operatorname{Ker}\varphi$，像 $\operatorname{Im}\varphi$，余核 $\operatorname{Coker}\varphi$ はすべて連接層である．

[証明] 点 $x \in X$ に対して x を含む開集合と全射準同型写像

$$\psi \colon \mathcal{O}_U^{\oplus m} \longrightarrow \mathcal{F} \mid U \longrightarrow 0$$

が存在する．ψ にさらに全射準同型写像 $\mathcal{F} \mid U \to \operatorname{Im}\varphi \mid U \to 0$ を合成することによって $\mathcal{O}_U$ 全射準同型写像

$$\mathcal{O}_U^{\oplus m} \longrightarrow \mathrm{Im}\,\varphi \mid U \longrightarrow 0$$

を得る．したがって $\mathrm{Im}\,\varphi$ は有限生成 $\mathcal{O}_X$ 加群である．また X の開集合 V と $\mathcal{O}_V$ 準同型写像

$$\eta \colon \mathcal{O}_V^{\oplus n} \longrightarrow \mathrm{Im}\,\varphi \mid V$$

が与えられたとき，自然な $\mathcal{O}_X$ 単射準同型写像 $\iota \colon \mathrm{Im}\,\varphi \to \mathcal{G}$ との合成 $\iota \circ \eta \colon \mathcal{O}_V^{\oplus n} \to \mathcal{G} \mid V$ を考えると $\mathrm{Ker}\,\eta = \mathrm{Ker}\,\iota \circ \eta$ が成立する．$\mathcal{G}$ は連接層であるので $\mathrm{Ker}\,\eta = \mathrm{Ker}\,\iota \circ \eta$ は有限生成 $\mathcal{O}_V$ 加群である．したがって $\mathrm{Im}\,\varphi$ は連接層である．さらに $\mathcal{O}_X$ 加群の完全列

$$0 \longrightarrow \mathrm{Ker}\,\varphi \longrightarrow \mathcal{F} \longrightarrow \mathrm{Im}\,\varphi \longrightarrow 0$$
$$0 \longrightarrow \mathrm{Im}\,\varphi \longrightarrow \mathcal{G} \longrightarrow \mathrm{Coker}\,\varphi \longrightarrow 0$$

があるが，定理 4.28 より $\mathrm{Ker}\,\varphi, \mathrm{Coker}\,\varphi$ は連接層である． ∎

問 13 $\mathcal{F}, \mathcal{G}$ が連接的 $\mathcal{O}_X$ 加群であれば $\mathcal{F} \oplus \mathcal{G}$ も連接層であることを示せ．

この系よりさらに連接層はテンソル積や Hom をとる操作で閉じていることを示すことができる．

系 4.30 スキーム X 上の連接的 $\mathcal{O}_X$ 加群 $\mathcal{F}, \mathcal{G}$ に対して $\mathcal{F} \otimes_{\mathcal{O}_X} \mathcal{G}$ および $\mathrm{Hom}_{\mathcal{O}_X}(\mathcal{F}, \mathcal{G})$ はともに連接層である．

[証明] $\mathcal{F}$ は連接層であるので (4.14) より X の任意の点 x の開近傍 U を適当に選ぶと $\mathcal{O}_U$ 加群の完全列

$$\mathcal{O}_U^{\oplus m} \xrightarrow{\varphi} \mathcal{O}_U^{\oplus n} \longrightarrow \mathcal{F} \mid U \longrightarrow 0$$

が存在する．この完全列と $\mathcal{G} \mid U$ とのテンソル積をとると $\mathcal{O}_U$ 加群の完全列

$$\mathcal{G}^{\oplus m} \mid U \xrightarrow{\tilde{\varphi}} \mathcal{G}^{\oplus n} \mid U \longrightarrow \mathcal{F} \mid U \otimes \mathcal{G} \mid U \longrightarrow 0$$

を得る．$\mathcal{F} \mid U \otimes \mathcal{G} \mid U = (\mathcal{F} \otimes \mathcal{G}) \mid U$ であるので（これは U 上の 2 つの層がともに開集合 $V \subset U$ に対して $\mathcal{F}(V) \otimes_{\mathcal{O}_X(V)} \mathcal{G}(V)$ を対応させる前層の層化であることから明らか），$(\mathcal{F} \otimes \mathcal{G}) \mid U = \mathrm{Coker}\,\tilde{\varphi}$ である．$\mathcal{G}$ が連接層であるので $\mathcal{G} \mid U$ も連接層であり，したがって $\mathcal{G}^{\oplus m} \mid U, \mathcal{G}^{\oplus n} \mid U$ も連接層である．よって系 4.29 より $\mathrm{Coker}\,\tilde{\varphi}$ も連接層である．ところで，一般に X の開被覆 $\{U_j\}_{j \in J}$

と $\mathcal{O}_X$ 加群 $\mathcal{F}$ に対して $\mathcal{F}|U_j$ が各 $j \in J$ で連接層であれば $\mathcal{F}$ も連接層である．（下の問 14 を参照のこと．）したがって $\mathcal{F}$ は連接層である．∎

問 14 スキーム X の開被覆 $\{U_j\}_{j \in J}$ と $\mathcal{O}_X$ 加群 $\mathcal{F}$ に対して $\mathcal{F}|U_j$ が各 $j \in J$ で連接的 $\mathcal{O}_{U_j}$ 加群であれば $\mathcal{F}$ は連接層であることを示せ．

例題 4.31 スキーム X 上の $\mathcal{O}_X$ 加群 $\mathcal{F}, \mathcal{G}$ について $\mathcal{F}$ が連接層であれば X の任意の点 x に対して $\mathcal{O}_{X,x}$ 加群の同型写像
$$\underline{\mathrm{Hom}}_{\mathcal{O}_X}(\mathcal{F}, \mathcal{G})_x \simeq \mathrm{Hom}_{\mathcal{O}_{X,x}}(\mathcal{F}_x, \mathcal{G}_x)$$
が存在することを示せ．

[解] $\mathcal{F}$ は連接層であるので(4.14)より x の開近傍 U を適当に選ぶと $\mathcal{O}_U$ 加群の完全列

(4.15) $\qquad \mathcal{O}_U^{\oplus m} \xrightarrow{\varphi} \mathcal{O}_U^{\oplus n} \longrightarrow \mathcal{F}|U \longrightarrow 0$

が存在する．例題 4.14 より $\underline{\mathrm{Hom}}_{\mathcal{O}_X|U}(\mathcal{F}|U, \mathcal{G}|U) = \underline{\mathrm{Hom}}_{\mathcal{O}_X}(\mathcal{F}, \mathcal{G})|U$ であることが分かるので，この完全列より $\mathcal{O}_U$ 加群の完全列

$$0 \longrightarrow \underline{\mathrm{Hom}}_{\mathcal{O}_X}(\mathcal{F}, \mathcal{G})|U \longrightarrow \underline{\mathrm{Hom}}_{\mathcal{O}_X}(\mathcal{O}_X^{\oplus n}, \mathcal{G})|U \xrightarrow{\widehat{\varphi}} \underline{\mathrm{Hom}}_{\mathcal{O}_X}(\mathcal{O}_X^{\oplus m}, \mathcal{G})|U$$

を得る．この完全列より $\mathcal{O}_{X,x}$ 加群の完全列

$$0 \longrightarrow \underline{\mathrm{Hom}}_{\mathcal{O}_X}(\mathcal{F}, \mathcal{G})_x \longrightarrow \underline{\mathrm{Hom}}_{\mathcal{O}_X}(\mathcal{O}_X^{\oplus n}, \mathcal{G})_x \xrightarrow{\widehat{\varphi}_x} \underline{\mathrm{Hom}}_{\mathcal{O}_X}(\mathcal{O}_X^{\oplus m}, \mathcal{G})_x$$

を得る．

ところで $\mathcal{O}_X$ 加群 $\mathcal{A}, \mathcal{B}$ と x の開近傍 V に対して，例題 4.14 より
$$\underline{\mathrm{Hom}}_{\mathcal{O}_X}(\mathcal{A}, \mathcal{B})(V) = \mathrm{Hom}_{\mathcal{O}_{X|V}}(\mathcal{A}|V, \mathcal{B}|V)$$
が成り立つので，自然な $\mathcal{O}_{X,x}$ 準同型写像 $\underline{\mathrm{Hom}}_{\mathcal{O}_X}(\mathcal{A}, \mathcal{B})_x \to \mathrm{Hom}_{\mathcal{O}_{X,x}}(\mathcal{A}_x, \mathcal{B}_x)$ ができる．また(4.15)より $\mathcal{O}_{X,x}$ 加群の完全列

$$\mathcal{O}_{X,x}^{\oplus m} \xrightarrow{\varphi_x} \mathcal{O}_{X,x}^{\oplus n} \longrightarrow \mathcal{F}_x \longrightarrow 0$$

を得，これより $\mathcal{O}_{X,x}$ 加群の完全列

$$0 \longrightarrow \mathrm{Hom}_{\mathcal{O}_{X,x}}(\mathcal{F}_x, \mathcal{G}_x) \longrightarrow \mathrm{Hom}_{\mathcal{O}_{X,x}}(\mathcal{O}_{X,x}^{\oplus n}, \mathcal{G}_x) \xrightarrow{\varphi_x^*} \mathrm{Hom}_{\mathcal{O}_{X,x}}(\mathcal{O}_{X,x}^{\oplus m}, \mathcal{G}_x)$$

を得る．上の注意により，$\mathcal{O}_{X,x}$ 加群の完全列の可換図式

$$\begin{array}{ccccccc}
0 & \longrightarrow & \underline{\mathrm{Hom}}_{\mathcal{O}_X}(\mathcal{F},\mathcal{G})_x & \longrightarrow & \underline{\mathrm{Hom}}_{\mathcal{O}_X}(\mathcal{O}_X^{\oplus n},\mathcal{G})_x & \xrightarrow{\widehat{\varphi}_x} & \underline{\mathrm{Hom}}_{\mathcal{O}_X}(\mathcal{O}_X^{\oplus m},\mathcal{G})_x \\
& & \eta_1 \downarrow & & \eta_2 \downarrow & & \eta_3 \downarrow \\
0 & \longrightarrow & \mathrm{Hom}_{\mathcal{O}_{X,x}}(\mathcal{F}_x,\mathcal{G}_x) & \longrightarrow & \mathrm{Hom}_{\mathcal{O}_{X,x}}(\mathcal{O}_{X,x}^{\oplus n},\mathcal{G}_x) & \xrightarrow{\varphi_x^*} & \mathrm{Hom}_{\mathcal{O}_{X,x}}(\mathcal{O}_{X,x}^{\oplus m},\mathcal{G}_x)
\end{array}$$

を得る．$\underline{\mathrm{Hom}}_{\mathcal{O}_X}(\mathcal{O}_X, \mathcal{G}) = \mathcal{G}$ より η_2, η_3 は同型写像である．したがって η_1 も同型写像である． ∎

§4.3 順像と逆像

(a) 連続写像による層の順像と逆像

位相空間の連続写像 $f: X \to Y$ と X 上の加群の層 $\mathcal{F}$ が与えられたとき，Y の開集合 U に対して $\mathcal{F}(f^{-1}(U))$ を対応させることによって Y 上の層 $f_*\mathcal{F}$ ができる．$f_*\mathcal{F}$ を f による $\mathcal{F}$ の順像と呼んだ(例題2.26)．では Y 上に加群の層 $\mathcal{G}$ が与えられたとき X 上の層を作ることは可能であろうか．X の開集合 V に対して $f(V)$ を含む Y の開集合 U の全体は $U_1 \subset U_2$ であるとき $U_1 > U_2$ と定義することによって帰納的順序集合になる．そこで帰納的極限

$$(4.16) \qquad \varinjlim_{f(V) \subset U} \mathcal{G}(U)$$

が意味を持つ．X の開集合 V に対して $\varinjlim_{f(V) \subset U} \mathcal{G}(U)$ を対応させ，$\mathcal{G}$ の制限写像から定まる制限写像を考えることによって X 上の前層ができる．この前層の層化を $f^{-1}\mathcal{G}$ と記し，f による $\mathcal{G}$ の**逆像**(inverse image)と呼ぶ．層化の定義より，$f^{-1}\mathcal{G}$ の点 $x \in X$ での茎は

$$(4.17) \qquad (f^{-1}\mathcal{G})_x = \varinjlim_{f(x) \in U} \mathcal{G}(U) = \mathcal{G}_{f(x)}$$

であることが分かる．順像と逆像の間には次の重要な関係がある．

補題 4.32 位相空間の連続写像 $f\colon X\to Y$ と X 上の層 $\mathcal{F}$, Y 上の層 $\mathcal{G}$ に対して加群の同型
$$\mathrm{Hom}_X(f^{-1}\mathcal{G},\mathcal{F})\simeq\mathrm{Hom}_Y(\mathcal{G},f_*\mathcal{F})$$
が存在する. ここで $\mathrm{Hom}_X(\,\cdot\,,\,\cdot\,)$, $\mathrm{Hom}_Y(\,\cdot\,,\,\cdot\,)$ はそれぞれ X,Y 上の加群の層の準同型写像の全体を表わす.

［証明］ 記号を簡単にするため(4.16)で定まる X 上の前層を $f^\bullet\mathcal{G}$ と記すことにする. まず
$$(4.18)\qquad \mathrm{Hom}_X(f^{-1}\mathcal{G},\mathcal{F})\simeq\mathrm{Hom}_{\mathrm{presheaf}}(f^\bullet\mathcal{G},\mathcal{F})$$
を示そう. X の開集合 U に対して元 $s\in f^{-1}\mathcal{G}(U)$ は U の開被覆 $\{U_\alpha\}_{\alpha\in A}$ を適当にとると $s_\alpha\in f^\bullet\mathcal{G}(U_\alpha)$, $\alpha\in A$ で $U_\alpha\cap U_\beta\neq\varnothing$ のとき s_α,s_β の任意の点 $x\in U_\alpha\cap U_\beta$ での芽が一致する, すなわち $s_{\alpha,x}=s_{\beta,x}$ が成立するものとして記述することができる((4.1)を参照のこと).

さて $\varphi\in\mathrm{Hom}_X(f^{-1}\mathcal{G},\mathcal{F})$ が与えられたとき, 上述の元 s に対して $\varphi_U(s)=t$, $t_\alpha=\varphi_{U_\alpha}(s_\alpha)$, $\alpha\in A$ とおくと $\varphi_x(s_{\alpha,x})=\varphi_x(s_x)=t_x$ が成り立つので $t_\alpha=\varphi_{U_\alpha,U}(t)$ であることが分かる. このことより, $\widehat{s}\in f^\bullet\mathcal{G}(U)$ が与えられたとき, $\widehat{s}$ の定める元 $s\in f^{-1}\mathcal{G}(U)$ から $t=\varphi_U(s)\in\mathcal{F}(U)$ が一意的に定まる. そこで $\widehat{\varphi}_U(\widehat{s})=t$ とおくことによって $\{\widehat{\varphi}_U\}$ は $\widehat{\varphi}\in\mathrm{Hom}_{\mathrm{presheaf}}(f^\bullet\mathcal{G},\mathcal{F})$ を定めることが分かる.

逆に $\widehat{\psi}\in\mathrm{Hom}_{\mathrm{presheaf}}(f^\bullet\mathcal{G},\mathcal{F})$ が与えられたとき, 上述のように $s\in f^{-1}\mathcal{G}(U)$ を定める $s_\alpha\in f^\bullet\mathcal{G}(U_\alpha)$, $\alpha\in A$ ($\{U_\alpha\}_{\alpha\in A}$ は U の開被覆)をとると $t_\alpha=\widehat{\psi}_{U_\alpha}(s_\alpha)$, $\alpha\in A$ は $t\in\mathcal{F}(U)$ を定める. そこで $\psi_U(s)=t$ と定義することによって $\psi=\{\psi_U\}$ は $f^{-1}\mathcal{G}$ から $\mathcal{F}$ への層の準同型写像であることが分かる. 以上の2つの写像 $\varphi\mapsto\widehat{\varphi}$, $\widehat{\psi}\mapsto\psi$ が互いに逆であることは容易に分かり(4.18)が示された.

次に
$$(4.19)\qquad \mathrm{Hom}_{\mathrm{presheaf}}(f^\bullet\mathcal{G},\mathcal{F})\simeq\mathrm{Hom}_Y(\mathcal{G},f_*\mathcal{F})$$
を示そう. $\widehat{\psi}\in\mathrm{Hom}_{\mathrm{presheaf}}(f^\bullet\mathcal{G},\mathcal{F})$ が与えられたとき, Y の開集合 V に対して(4.16)より加群の準同型写像

$$\widetilde{\psi}_{f^{-1}(V)}\colon \mathcal{G}(V) \longrightarrow f^{\bullet}\mathcal{G}(f^{-1}(V)) \xrightarrow{\widehat{\psi}_{f^{-1}(V)}} \mathcal{F}(f^{-1}(V)) = f_{*}\mathcal{F}(V)$$

を得る．$\psi_V = \widetilde{\psi}_{f^{-1}(V)}$ とおくと $\{\psi_V\}$ は $\mathcal{G}$ から $f_*\mathcal{F}$ への加群の層の準同型写像を与えることが容易に分かる．逆に $\psi \in \mathrm{Hom}_Y(\mathcal{G}, f_*\mathcal{F})$ が与えられたとしよう．このとき，Y の開集合 V に対して加群の準同型写像

$$\varphi_V \colon \mathcal{G}(V) \longrightarrow f_*\mathcal{F}(V) = \mathcal{F}(f^{-1}(V))$$

を得る．そこで X の開集合 U に対して $f(U) \subset V$ である Y の開集合 V をとると φ_V より加群の準同型写像

$$\widetilde{\varphi}_{U,V}\colon \mathcal{G}(V) \xrightarrow{\varphi_V} \mathcal{F}(f^{-1}(V)) \xrightarrow{\rho_{U,f^{-1}(V)}} \mathcal{F}(U)$$

を得，$\{\varphi_V\}$ が層の準同型写像であることより $f(U) \subset V \subset V'$ であれば可換図式

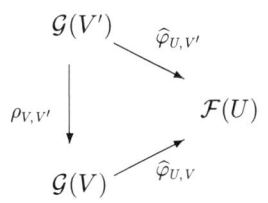

$$\begin{array}{ccc}
\mathcal{G}(V') & \xrightarrow{\widehat{\varphi}_{U,V'}} & \\
\rho_{V,V'} \downarrow & & \mathcal{F}(U) \\
\mathcal{G}(V) & \xrightarrow{\widehat{\varphi}_{U,V}} &
\end{array}$$

を得る．したがって加群の準同型写像

$$\widehat{\varphi}_U \colon f^{\bullet}\mathcal{G}(U) = \varinjlim_{f(U) \subset V} \mathcal{G}(V) \longrightarrow \mathcal{F}(U)$$

を得る．また開集合 $W \subset U$ に対して

$$\begin{array}{ccc}
f^{\bullet}\mathcal{G}(U) & \xrightarrow{\widehat{\varphi}_U} & \mathcal{F}(U) \\
\rho_{W,U} \downarrow & & \downarrow \rho_{W,U} \\
f^{\bullet}\mathcal{G}(W) & \xrightarrow{\widehat{\varphi}_W} & \mathcal{F}(W)
\end{array}$$

が可換図式であることも上と同様の議論で示すことができる．よって $\widehat{\varphi} = \{\widehat{\varphi}_U\}$ は $f^{\bullet}\mathcal{G}$ から $\mathcal{F}$ への前層の準同型写像であることが分かる．以上の対応 $\widehat{\psi} \mapsto \psi$，$\varphi \mapsto \widehat{\varphi}$ は互いに逆の対応であることも容易に示すことができ，(4.19) が示された．(4.18)，(4.19) により補題が示された． ∎

問15 位相空間 Y 上の加群の層の完全列
$$0 \longrightarrow \mathcal{F}_1 \longrightarrow \mathcal{F}_2 \longrightarrow \mathcal{F}_3 \longrightarrow 0$$
と連続写像 $f\colon X \to Y$ から逆像の完全列
$$0 \longrightarrow f^{-1}\mathcal{F}_1 \longrightarrow f^{-1}\mathcal{F}_2 \longrightarrow f^{-1}\mathcal{F}_3 \longrightarrow 0$$
が得られることを示せ．

(b) スキームの射による順像と逆像

スキームの射 $f\colon X \to Y$ による $\mathcal{O}_X$ 加群 $\mathcal{F}$ の順像 $f_*\mathcal{F}$ を考えよう．スキームの射は正確には $\Phi = (f, \theta)\colon (X, \mathcal{O}_X) \to (Y, \mathcal{O}_Y)$ と書くべきであり，f は連続写像，$\theta\colon \mathcal{O}_Y \to f_*\mathcal{O}_X$ は可換環の層の準同型写像である（§2.3(b)）．Y の開集合 U に対して

(4.20) $\qquad \mathcal{O}_X(f^{-1}(U)) \times \mathcal{F}(f^{-1}(U)) \longrightarrow \mathcal{F}(f^{-1}(U))$

によって $f_*\mathcal{F}$ は $f_*\mathcal{O}_X$ 加群と考えることができる．さらに可換環の準同型写像

$$\theta_U\colon \mathcal{O}_Y(U) \longrightarrow \mathcal{O}_X(f^{-1}(U))$$

と(4.20)を組み合わせて，$\mathcal{O}_Y(U)$ の $\mathcal{F}(f^{-1}(U)) = (f_*\mathcal{F})(U)$ への作用

$$\mathcal{O}_Y(U) \times (f_*\mathcal{F})(U) \longrightarrow (f_*\mathcal{F})(U)$$

が定義できる．この作用により $f_*\mathcal{F}$ は $\mathcal{O}_Y$ 加群と考えることができることが分かる．以下，$\mathcal{O}_X$ 加群 $\mathcal{F}$ の順像 $f_*\mathcal{F}$ は $\mathcal{O}_Y$ 加群と考える．アフィンスキーム間の射による連接層の順像に関してはこの事実は次のように考えることができる．

例題4.33 可換環の準同型写像 $\varphi\colon R \to S$ から定まるアフィンスキームの射 $(\varphi^a, \varphi^\#)\colon (X, \mathcal{O}_X) = (\operatorname{Spec} S, \mathcal{O}_{\operatorname{Spec} S}) \to (Y, \mathcal{O}_Y) = (\operatorname{Spec} R, \mathcal{O}_{\operatorname{Spec} R})$ を考える．S 加群 M から定まる $\mathcal{O}_X$ 加群 $\mathcal{F} = \widetilde{M}$ の順像 $\varphi^a_*\mathcal{F}$ は，M を φ によって R 加群と見て構成した $\mathcal{O}_Y$ 加群と一致することを示せ．したがって，準連接層の順像は準連接層であることが分かる．

［解］$f \in R$ に対して $g = \varphi(f) \in S$ と記すと，Y の開集合 $U = D(f)$ の φ^a による逆像は $(\varphi^a)^{-1}(D(f)) = D(g)$ と書くことができ，準同型写像

$$\varphi^\#_U\colon \mathcal{O}_Y(U) \longrightarrow (\varphi^a_*\mathcal{O}_X)(U) = \mathcal{O}_X((\varphi^a)^{-1}(U))$$

は φ から定まる準同型写像 $\varphi_f\colon R_f \to S_g$ に他ならない. また $\mathcal{F} = \widetilde{M}$ に対して $(\varphi_*^a \mathcal{F})(U) = \mathcal{F}((\varphi^a)^{-1}(U)) = \mathcal{F}(D(g))$ は S_g 加群 M_g に他ならない. S 加群 M を φ によって R 加群と見たものを $M_{[\varphi]}$ と記すと, φ_f によって M_g を R_g 加群と見たもの $(M_g)_{[\varphi_f]}$ は $(M_{[\varphi]})_f$ と一致することが分かる. したがって $\varphi_*^a \mathcal{F} = \widetilde{M_{[\varphi]}}$ であることが分かる. ∎

次にスキームの射 $f\colon X \to Y$ による $\mathcal{O}_Y$ 加群 $\mathcal{G}$ の逆像 $f^{-1}\mathcal{G}$ を考えよう. まず $f^{-1}\mathcal{O}_Y$ は可換環の層であることに注意する. 一般に位相空間 X 上に可換環の層 $\mathcal{A}$ があるとき, $\mathcal{A}$ 加群の層 $\mathcal{B}$ を $\mathcal{O}_X$ 加群と同様に定義することができる. すなわち, X の任意の開集合 U に対して $\mathcal{B}(U)$ は $\mathcal{A}(U)$ 加群であり, 開集合 $V \subset U$ に対して

$$\begin{array}{ccc} \mathcal{A}(U) \times \mathcal{B}(U) & \longrightarrow & \mathcal{B}(U) \\ \rho^{\mathcal{A}}_{V,U} \times \rho^{\mathcal{B}}_{V,U} \downarrow & & \downarrow \rho^{\mathcal{B}}_{V,U} \\ \mathcal{A}(V) \times \mathcal{B}(V) & \longrightarrow & \mathcal{B}(V) \end{array}$$

が可換図式になるとき, $\mathcal{B}$ は $\mathcal{A}$ 加群であるという. この用語を使うと, スキーム Y 上の $\mathcal{O}_Y$ 加群 $\mathcal{G}$ のスキームの射 $f\colon X \to Y$ による逆像 $f^{-1}\mathcal{G}$ は $f^{-1}\mathcal{O}_Y$ 加群と見ることができる. さらにスキームの射は可換環の層の準同型写像 $\theta\colon \mathcal{O}_Y \to f_*\mathcal{O}_X$ を定めるが, 補題 4.32 によってこの準同型写像は可換環の層の準同型写像

$$\widehat{\theta}\colon f^{-1}\mathcal{O}_Y \longrightarrow \mathcal{O}_X$$

を定める. この $\widehat{\theta}$ によって $\mathcal{O}_X$ は $f^{-1}\mathcal{O}_Y$ 代数と見ることができる. そこで $f^{-1}\mathcal{O}_Y$ 加群 $f^{-1}\mathcal{G}$ と $\mathcal{O}_X$ との $f^{-1}\mathcal{O}_Y$ 上のテンソル積を

(4.21) $$f^*\mathcal{G} = f^{-1}\mathcal{G} \otimes_{f^{-1}\mathcal{O}_Y} \mathcal{O}_X$$

と記し, **射 f による $\mathcal{G}$ の逆像**と呼ぶ. 正確には $\Phi = (f, \theta)\colon (X, \mathcal{O}_X) \to (Y, \mathcal{O}_Y)$ に対して $\Phi^*\mathcal{G}$ と書くべきだが, $f^*\mathcal{G}$ と略記することが多い. $f^*\mathcal{G}$ は $\mathcal{O}_X$ 加群であることに注意する. また, 点 $x \in X$ 上の茎 $(f^*\mathcal{G})_x$ は (4.21) より

(4.22) $$(f^*\mathcal{G})_x = \mathcal{G}_{f(x)} \otimes_{\mathcal{O}_{Y,f(x)}} \mathcal{O}_{X,x}$$

となる. アフィンスキームの射による準連接層の逆像の構造は次の補題で与えられる. 可換環の準同型写像 $\varphi\colon R \to S$ より定まるアフィンスキームの射

$\widetilde{\varphi}\colon X = \operatorname{Spec} S \to Y = \operatorname{Spec} R$ と R 加群 M より定まる $\mathcal{O}_Y$ 準連接層 $\mathcal{F} = \widetilde{M}$ を考える.

補題 4.34 上述の記号のもとに $\mathcal{F}$ の射 $\widetilde{\varphi}$ による逆像 $\widetilde{\varphi}^*\mathcal{F}$ は S 加群 $M \otimes_R S$ から定まる $\mathcal{O}_X$ 加群と一致する.

［証明］$M \otimes_R S$ は S 加群の構造を持つが φ によって R 加群と見ることができる. この R 加群を $M_{[\varphi]} \otimes_R S$ と記す. $m \in M$ に $m \otimes 1 \in M \otimes_R S$ を対応させることによって R 加群の準同型写像 $h\colon M \to M_{[\varphi]} \otimes_R S$ ができるが, これより $\mathcal{O}_Y$ 加群の準同型写像

$$\widetilde{h}\colon \widetilde{M} \longrightarrow \widetilde{M_{[\varphi]} \otimes_R S}$$

ができる. 例題 4.33 よりこの $\mathcal{O}_Y$ 加群の準同型写像は

$$\widetilde{h}\colon \mathcal{F} \longrightarrow \widetilde{\varphi}_*(\widetilde{M \otimes_R S})$$

と書くことができる. 補題 4.32 より層の準同型写像

$$\widehat{h}\colon \widetilde{\varphi}^{-1}\mathcal{F} \longrightarrow \widetilde{M \otimes_R S}$$

が存在するが $\widehat{h}$ は $\widetilde{\varphi}^{-1}\mathcal{O}_Y$ 加群の準同型写像であることが分かる. $\widetilde{M \otimes_R S}$ は $\mathcal{O}_X$ 加群であるので, この準同型写像から $\mathcal{O}_X$ 加群の準同型写像

$$\overline{h}\colon \widetilde{\varphi}^*\mathcal{F} = \widetilde{\varphi}^{-1}\mathcal{F} \otimes_{f^{-1}\mathcal{O}_Y} \mathcal{O}_X \longrightarrow \widetilde{M \otimes_R S}$$

を得ることができる. 一方 S の素イデアル $\mathfrak{p}$ に対して $\mathfrak{q} = \varphi^{-1}(\mathfrak{p})$ とおくと $\varphi^a(\mathfrak{p}) = \mathfrak{q}$ であり,（4.22）より

$$(\widetilde{\varphi}^*\mathcal{F})_\mathfrak{p} = (\widetilde{\varphi}^{-1}\mathcal{F})_\mathfrak{p} \otimes_{\mathcal{O}_{Y,\mathfrak{q}}} \mathcal{O}_{X,\mathfrak{p}} = M_\mathfrak{q} \otimes_{R_\mathfrak{q}} S_\mathfrak{p} = (M \otimes_R S)_\mathfrak{p}$$

が成り立つ. 一方

$$(\widetilde{M \otimes_R S})_\mathfrak{p} = (M \otimes_R S)_\mathfrak{p}$$

であるので, $\overline{h}$ は X の各点の茎の上で同型であることが分かる. よって $\overline{h}$ は同型である. ∎

この補題より次の結果を得る.

命題 4.35 スキームの射 $f\colon X \to Y$ に対して次のことが成立する.

（i）準連接的 $\mathcal{O}_Y$ 加群 $\mathcal{G}$ の射 f による逆像 $f^*\mathcal{G}$ は準連接的 $\mathcal{O}_X$ 加群である.

（ii）X, Y が Noether 的スキームであれば, 連接的 $\mathcal{O}_Y$ 加群 $\mathcal{G}$ の射 f に

による逆像 $f^*\mathcal{G}$ は連接的 $\mathcal{O}_X$ 加群である.

[証明] 点 $x \in X$, $y = f(x) \in Y$ のアフィン開近傍 $U = \operatorname{Spec} S$, $V = \operatorname{Spec} R$ を $f(U) \subset V$ が成り立つようにとる. 射 f を U に制限したものは可換環の準同型写像 $\varphi: R \to S$ から引き起こされる. $\mathcal{G}$ は準連接的であるので, $\mathcal{G}|V$ は定理 4.21 より R 加群 $M = \Gamma(V, \mathcal{G})$ より定まる $\mathcal{O}_V$ 加群と同型になる. したがって補題 4.34 より $f^*\mathcal{G}|U = \widetilde{M \otimes_R S}$ となり, $f^*\mathcal{G}|U$ は準連接的 $\mathcal{O}_U$ 加群である. このことが X のすべての点 $x \in X$ で成り立つので $f^*\mathcal{G}$ は準連接層である.

X, Y が Noether 的であれば可換環 R, S は Noether 環であるように選ぶことができる. $\mathcal{G}$ は連接層であるので命題 4.27 より R 加群 M は有限 R 加群である. したがって $M \otimes_R S$ は有限 S 加群となり $f^*\mathcal{G}|U$ は連接層である. これが X の各点で成立するので $f^*\mathcal{G}$ は連接層である. ∎

順像に関して類似の命題を示すためにスキームの射に対して新しい概念を導入する. スキームの射 $f: X \to Y$ が与えられたとき Y のアフィン開集合による開被覆 $\{V_j\}_{j \in J}$ を $f^{-1}(V_j)$ が準コンパクトになるようにとることができるとき f を**準コンパクト射**(quasi-compact morphism)と呼ぶ. アフィンスキームは準コンパクトであるので, X, Y がアフィンスキームであれば f は準コンパクト射である. 例題 4.33 は次の形に一般化される.

命題 4.36 スキームの射 $f: X \to Y$ が準コンパクト射かつ分離的であるか, X が Noether 的スキームであれば準連接的 $\mathcal{O}_X$ 加群 $\mathcal{F}$ の順像 $f_*\mathcal{F}$ は準連接的である.

[証明] Y の各点の開近傍で $f_*\mathcal{F}$ が準連接的であることを示せばよいので Y はアフィンスキームと仮定しても一般性を失わない. さらに f が準コンパクト射のときは X が準コンパクトと仮定してよい. また X が Noether 的であれば準コンパクトである. したがって X は有限個のアフィン開集合 $\{U_i\}_{i \in I}$ で被覆できる. $X = \bigcup_{i \in I} U_i$. f が分離射であれば $U_{ij} = U_i \cap U_j$ はアフィン開集合であり(下の例題 4.39(3)を参照のこと), X が Noether 的スキームのときは $U_{ij} = U_i \cap U_j$ は有限個のアフィン開集合 $\{U_{ijk}\}$ で覆うことができる. Y の開集合 V の逆像 $f^{-1}(V)$ 上の $\mathcal{F}$ の切断 $s \in \Gamma(f^{-1}(V), \mathcal{F})$ は

$f^{-1}(V) \cap U_i$ 上の切断の組 $\{s_i\}_{i \in I}$ で各 U_{ijk} へ制限したものが一致するものと一致する. 射 f の U_i, U_{ijk} への制限も記号を簡単にするために f と略記すると, このことは層の完全列

$$0 \longrightarrow f_*\mathcal{F} \stackrel{\varphi}{\longrightarrow} \bigoplus_{i \in I} f_*(\mathcal{F} \mid U_i) \stackrel{\psi}{\longrightarrow} \bigoplus_{i,j,k} f_*(\mathcal{F} \mid U_{ijk})$$

が存在することを意味する. ただし準同型写像 φ は制限写像 $\rho_{U_i \cap f^{-1}(V), f^{-1}(V)}$ から定まり, ψ は $f_*(\mathcal{F} \mid U_i)$ 上では $f_*(\mathcal{F} \mid U_{ijk})$ への写像は制限写像 $\rho_{U_{ijk} \cap f^{-1}(V), U_i \cap f^{-1}(V)}$ から定まり $f_*(\mathcal{F} \mid U_{jik})$ への写像は $-\rho_{U_{jik} \cap f^{-1}(V), U_i \cap f^{-1}(V)}$ から定まる (符号に注意する). 例題 4.33 より $f_*(\mathcal{F} \mid U_i), f_*(\mathcal{F} \mid U_{ijk})$ は準連接層である. したがって系 4.24 より $f_*\mathcal{F}$ は準連接層であることが分かる. ∎

Noether 的スキーム間の射 $f: X \to Y$ による連接的 $\mathcal{O}_X$ 加群 $\mathcal{F}$ の順像は連接層とは限らない. 体 k から体 k 上の多項式環 $k[x]$ への k 準同型写像 $\varphi: k \to k[x]$ はアフィンスキームの射 $\varphi^a: X = \operatorname{Spec} k[x] \to Y = \operatorname{Spec} k$ を引き起こす. このとき $\mathcal{O}_X$ は連接層である (命題 4.27 による). $\varphi_*^a \mathcal{O}_X$ は k 加群 $k[x]$ から定まる $Y = \operatorname{Spec} k$ 上の層であるが, $k[x]$ は有限 k 加群ではない (環としては k 上有限生成であるが, k 上のベクトル空間としては $k[x]$ は無限次元である). したがって命題 4.27 より $\varphi_*^a \mathcal{O}_X$ は連接的ではない.

次第に明らかになるように連接層は代数幾何学できわめて重要であり, 連接層の順像がまた連接層になるスキームの射は重要である. そのようなよい性質を持つ射影射, 固有射については次章で詳しく述べることとする.

最後に, スキームの射による順像と逆像に関して補題 4.32 との類似が成り立つことに注意しておこう.

補題 4.37 スキームの射 $f: X \to Y$ と $\mathcal{O}_X$ 加群 $\mathcal{F}, \mathcal{O}_Y$ 加群 $\mathcal{G}$ に対して加群の同型

$$\operatorname{Hom}_{\mathcal{O}_X}(f^*\mathcal{G}, \mathcal{F}) \simeq \operatorname{Hom}_{\mathcal{O}_Y}(\mathcal{G}, f_*\mathcal{F})$$

が存在する. ここで, スキーム Z に対して $\operatorname{Hom}_{\mathcal{O}_Z}(\cdot, \cdot)$ は $\mathcal{O}_Z$ 加群としての準同型写像の全体のなす加群を意味する.

[証明] 補題 4.32 の証明中の記号を用いる. 前層 $f^\bullet \mathcal{G}$ は可換環の前層 $f^\bullet \mathcal{O}_Y$ 加群と見ることができ, 前層のテンソル積 $f^\bullet \mathcal{G} \otimes_{f^\bullet \mathcal{O}_Y} \mathcal{O}_X$ を定義するこ

とができる．

この前層の層化が $f^*\mathcal{G}$ と一致することは容易に示すことができる．補題 4.32 の証明と同様にして加群の同型
$$\mathrm{Hom}_{\mathcal{O}_X}(f^*\mathcal{G},\mathcal{F}) \simeq \mathrm{Hom}_{\mathcal{O}_X\text{-presheaf}}(f^\bullet\mathcal{G}\otimes_{f^\bullet\mathcal{O}_Y}\mathcal{O}_X,\mathcal{F})$$
$$\mathrm{Hom}_{\mathcal{O}_X\text{-presheaf}}(f^\bullet\mathcal{G}\otimes_{f^\bullet\mathcal{O}_Y}\mathcal{O}_X,\mathcal{F}) \simeq \mathrm{Hom}_{\mathcal{O}_Y}(\mathcal{G},f_*\mathcal{F})$$
を示すことができる．

問 16 スキームの射 $f\colon X\to Y$ と X 上の準連接層 $\mathcal{F}$ が与えられたとき，$\mathcal{O}_X$ 加群の標準的な準同型写像 $\eta\colon f^*f_*\mathcal{F}\to\mathcal{F}$ が存在することを示せ．

問 17 スキームの射 $f\colon X\to Y$ と $\mathcal{O}_X$ 加群の完全列
$$0 \longrightarrow \mathcal{F}_1 \longrightarrow \mathcal{F}_2 \longrightarrow \mathcal{F}_3 \longrightarrow 0$$
および $\mathcal{O}_Y$ 加群の完全列
$$0 \longrightarrow \mathcal{G}_1 \longrightarrow \mathcal{G}_2 \longrightarrow \mathcal{G}_3 \longrightarrow 0$$
を考える．このとき順像に関する $\mathcal{O}_Y$ 加群の完全列
$$0 \longrightarrow f_*\mathcal{F}_1 \longrightarrow f_*\mathcal{F}_2 \longrightarrow f_*\mathcal{F}_3$$
および逆像に関する $\mathcal{O}_X$ 加群の完全列
$$f^*\mathcal{G}_1 \longrightarrow f^*\mathcal{G}_2 \longrightarrow f^*\mathcal{G}_3 \longrightarrow 0$$
が存在することを示せ．

§4.4 スキームと準連接層

この節では準連接層を使って新たに定義することのできるスキームの例をいくつか論じる．

(a) 閉部分スキームとイデアル層

スキーム X の構造層 $\mathcal{O}_X$ の部分層 $\mathcal{J}$ が部分 $\mathcal{O}_X$ 加群である，すなわち X の任意の開集合 U に対して $\mathcal{J}(U)\subset\mathcal{O}_X(U)$ は部分 $\mathcal{O}_X(U)$ 加群であるとき（これは $\mathcal{J}(U)$ は $\mathcal{O}_X(U)$ のイデアルであると言い換えることができるが），$\mathcal{J}$ を $\mathcal{O}_X$ の**イデアル層**(ideal sheaf)という．特に $\mathcal{J}$ が準連接層であるときは**準連接的イデアル層**(quasi-coherent ideal sheaf)という．以下，準連接的イデ

アル層を主として考える.

さて, 一般に X 上の層 $\mathcal{F}$ に対して

(4.23) $$\mathrm{supp}(\mathcal{F}) = \{x \in X \mid \mathcal{F}_x \neq 0\}$$

とおき, $\mathcal{F}$ の台(support)と呼ぶ. スキーム X の準連接的イデアル層 $\mathcal{J}$ から定まる商層 $\mathcal{O}_X/\mathcal{J}$ の台を調べてみよう. X のアフィン開集合による被覆 $\{U_j\}_{j \in J}$, $U_j = \mathrm{Spec}\, A_j$ をとり, $I_j = \Gamma(U_j, \mathcal{J})$ とおくと I_j は可換環 A_j のイデアルであり, $(\mathcal{O}_X/\mathcal{J})|U_j$ は A_j/I_j より定まる可換環の層である.

(4.24) $$\mathrm{supp}(\mathcal{O}_X/\mathcal{J}) \cap U_j = V(I_j) \subset \mathrm{Spec}\, A_j$$

であることが分かる. なぜならば, もし $\mathfrak{p} \supset I_j$ であれば $(A_j/I_j)_\mathfrak{p} \neq 0$ であり, 一方 $\mathfrak{p} \not\supset I_j$ であれば $A_{j,\mathfrak{p}} = I_{j,\mathfrak{p}}$ となり $(A_j/I_j)_\mathfrak{p} = 0$ となるからである. したがって $\mathrm{supp}(\mathcal{O}_X/\mathcal{J}) \cap U_j$ は U_j の閉集合であり, $\{U_j\}$ は X の開被覆であることより $\mathcal{O}_X/\mathcal{J}$ の台は X の閉集合である. 以上の考察により次の補題を得る.

補題 4.38 スキーム X の準連接的イデアル層 $\mathcal{J}$ から定まる商層 $\mathcal{O}_X/\mathcal{J}$ の台 $Y = \mathrm{supp}(\mathcal{O}_X/\mathcal{J})$ は X の閉集合であり, $(Y, \mathcal{O}_X/\mathcal{J})$ は X の閉部分スキームである. □

この補題では層 $\mathcal{O}_X/\mathcal{J}$ を Y に制限したもの $(\mathcal{O}_X/\mathcal{J})|Y$, 言い換えれば自然な単射 $\iota: Y \to X$ に対して $\iota^{-1}\mathcal{O}_X/\mathcal{J}$ を $\mathcal{O}_Y$ と書いて $(Y, \mathcal{O}_Y)$ を考えるべきであるが, $\mathcal{O}_X/\mathcal{J}$ の茎は Y の外の点では 0 であるので, 補題のような略記を以下でもしばしば使用する. 実は $\iota_*\mathcal{O}_Y = \mathcal{O}_X/\mathcal{J}$ であることも注意しておこう.

閉部分スキームは §2.4(c) で定義したが, 実はその定義は不完全であった. 補題 4.38 を使ってここで定義し直そう. スキーム X の準連接的イデアル層 $\mathcal{J}$ に対して $Y = \mathrm{supp}(\mathcal{O}_X/\mathcal{J})$ とおき, $(Y, \mathcal{O}_X/\mathcal{J})$ をイデアル層 $\mathcal{J}$ の定める X の**閉部分スキーム**という. §2.4(c) の定義に戻れば, スキームの射 $\iota = (\iota, \iota^\#): (Y, \mathcal{O}_Y) \to (X, \mathcal{O}_X)$ が与えられ, Y は X の閉集合であり, $\iota: Y \to X$ は自然な単射, 全射準同型写像 $\iota^\#: \mathcal{O}_X \to \iota_*\mathcal{O}_Y$ の核 $\mathrm{Ker}\, \iota^\#$ は $\mathcal{O}_X$ の準連接的イデアル層であるとき $(Y, \mathcal{O}_Y)$ または (Y, ι) をスキーム X の閉部分スキームと呼ぶ. $\mathrm{Ker}\, \iota^\#$ は準連接的であると条件をつけたことに注意する. したが

って，**閉移入**もそれに伴って条件が少し強くなる．すなわち，スキームの射 $f: W \to X$ は閉部分スキーム (Y, ι) とスキームの同型射 $\theta: W \xrightarrow{\sim} Y$ が存在して $f = \iota \circ \theta$ と書くことができるとき閉移入と呼ぶ．第2章で述べた閉部分スキームや閉移入に関する主張はこの新しい定義のもとでも成立する．

例題 4.39

（1） アフィンスキームの射 $f: \operatorname{Spec} B \to \operatorname{Spec} A$ が閉移入であるための必要十分条件は対応する可換環の準同型写像 $\varphi: A \to B$ が全射であることを示せ．このとき B は A のイデアル $I = \operatorname{Ker} \varphi$ による商環 A/I と同型である．

（2） 閉移入 $j: X \to Y$ による Y のアフィン開集合 U の逆像 $j^{-1}(U)$ は空集合でなければ X のアフィン開集合である．

（3） $f: X \to Y = \operatorname{Spec} R$ が分離射であれば X のアフィン開集合 U, V の共通部分 $U \cap V$ は空集合でなければ X のアフィン開集合である．

［解］ （1） $Y = \operatorname{Spec} A$ の準連接的イデアル層 $\mathcal{J}$ は定理 4.21 より A のイデアル $I = \Gamma(Y, \mathcal{J})$ より構成される層 $\widetilde{I}$ と一致する．したがって，イデアル層 $\mathcal{J}$ から定まる閉部分スキーム $(Z, \mathcal{O}_Y/\mathcal{J})$, $Z = \operatorname{supp}(\mathcal{O}_Y/\mathcal{J})$ は $(\operatorname{Spec} A/I, \mathcal{O}_{\operatorname{Spec} A/I})$ と同型である．一方，閉移入 f は $\operatorname{Spec} A$ の閉部分スキーム $(Z, \mathcal{O}_Z)$ と $\operatorname{Spec} B$ との同型を与えるので，可換環の同型 $A/I \xrightarrow{\sim} B$ が存在し，f は準同型写像 $A \to A/I \xrightarrow{\sim} B$ から定まることが分かる．

逆に可換環の全射準同型写像 $\varphi: A \to B$ が与えられれば，上の考察より $f = \varphi^a: \operatorname{Spec} B \to \operatorname{Spec} A$ は $\operatorname{Spec} B$ と閉部分スキーム $\operatorname{Spec} A/I$ の同型射と自然な射 $\operatorname{Spec} A/I \to \operatorname{Spec} A$ の合成であり閉移入であることが分かる．

（2） 全射準同型写像 $j^\#: \mathcal{O}_Y \to j_* \mathcal{O}_X$ の核 $\mathcal{J} = \operatorname{Ker} j^\#$ は $\mathcal{O}_Y$ の準連接的イデアル層である．$j_* \mathcal{O}_X | U$ は $(\mathcal{O}_Y / \mathcal{J}) | U$ と同型であり，$A = \Gamma(U, \mathcal{O}_Y)$, $J = \Gamma(U, \mathcal{J})$ とおくと後者の層は $\widetilde{A/J}$ と一致する．これは $j^{-1}(U)$ が $\operatorname{Spec} A/J$ と同型であることを意味し，$j^{-1}(U)$ は X のアフィン開集合であることが分かる．

（3） f は分離射であるので対角射 $\Delta_{X/Y}: X \to X \times_Y X$ は閉移入である．$U = \operatorname{Spec} A$, $V = \operatorname{Spec} B$ と記すと射 f は U, V 上ではそれぞれ準同型写像 $g: R \to A$, $h: R \to B$ より定まるアフィンスキームの射である．したがっ

て $U\times_Y V=\operatorname{Spec} A\otimes_R B$ と書け，これは $X\times_Y X$ のアフィン開集合である．$U\cap V=\Delta_{X/Y}^{-1}(U\times_Y V)$ であるので(2)より $U\cap V$ はアフィン開集合である． ∎

W がスキーム Y の閉部分スキームであるとき，Y 上の層 $\mathcal{F}$ の自然なスキームの射 $\iota\colon W\to Y$ による順像 $\iota_*\mathcal{F}$ は，W に含まれない点 $y\in Y$ では $(\iota_*\mathcal{F})_y=0$ である．$\iota_*\mathcal{F}$ を W の外に **0 で拡張した層**ということがある．さらに $\mathcal{F}$ が $\mathcal{O}_W$ 加群のときは全射準同型写像 $\iota^\#\colon \mathcal{O}_Y\to \iota_*\mathcal{O}_W$ によって $\iota_*\mathcal{F}$ は $\mathcal{O}_Y$ 加群と考えることができることを注意しておこう．

(b) アフィン射と準連接的 $\mathcal{O}_Y$ 可換代数

命題 4.36 で準連接層の順像が準連接的であるための十分条件を述べたが，ここではこの条件が満足される典型的な例としてアフィン射について述べよう．

スキームの射 $f\colon X\to Y$ は，Y の適当なアフィン開被覆 $\{U_j\}_{j\in J}$ を選ぶと，$f^{-1}(U_j)$ がつねに X のアフィン開集合であるとき**アフィン射**(affine morphism)と呼ばれる．また，時には X は Y 上のアフィンスキームということがある．アフィンスキームは準コンパクトであるので(系 2.9)，アフィン射は準コンパクト射である．また $f^{-1}(U_j)\to U_j$ はアフィンスキームの射であるので分離的であり(補題 3.22)，命題 3.23 の証明より f は分離的であることが分かる．したがって命題 4.36 より X の構造層の順像 $f_*\mathcal{O}_X$ は準連接層である．Y の開集合 U に対して $(f_*\mathcal{O}_X)(U)=\mathcal{O}_X(f^{-1}(U))$ はスキームの射より定まる準同型写像 $\theta\colon \mathcal{O}_Y\to f_*\mathcal{O}_X$ により $\mathcal{O}_Y(U)$ 可換代数の構造を持つ．この代数の構造は制限写像と両立している．このようなとき $f_*\mathcal{O}_X$ を $\mathcal{O}_Y$ **可換代数**または単に $\mathcal{O}_Y$ **代数**($\mathcal{O}_Y$-algebra)と呼ぶ．

さて，アフィン射 $f\colon X\to Y$ は $\mathcal{O}_Y$ 可換代数 $\mathcal{A}_X=f_*\mathcal{O}_X$ から復元できることを示そう．まず Y のアフィン開被覆 $\{U_j\}_{j\in J}$ を $V_j=f^{-1}(U_j)$ が X のアフィン開集合であるように選んでおく．$A_j=\Gamma(f^{-1}(U_j),\mathcal{O}_X)$, $B_j=\Gamma(U_j,\mathcal{O}_Y)$ とおくと，$\theta_{U_j}\colon B_j\to A_j$ は可換環の準同型写像であり，これより A_j は B_j 可換代数と見ることができる．また仮定より $f^{-1}(U_j)=\operatorname{Spec} A_j$ である．一

方,$A_j = \Gamma(U_j, \mathcal{A}_X)$ でもあるのでアフィンスキーム $f^{-1}(U_j) = \operatorname{Spec} A_j$ は $\mathcal{A}_X$ から定まることが分かる.しかも $\Gamma(f^{-1}(U_i) \cap f^{-1}(U_j), \mathcal{O}_X) = \Gamma(U_i \cap U_j, \mathcal{A}_X)$ であるので $\operatorname{Spec} A_j \cap f^{-1}(U_i)$ と $\operatorname{Spec} A_i \cap f^{-1}(U_j)$ とは局所環つき空間として同型であることが分かる.したがって $\mathcal{O}_Y$ 可換代数 $\mathcal{A}_X = f_*\mathcal{O}_X$ からスキーム X が復元できることが分かる.さらに $\mathcal{O}_Y$ 可換代数の構造は準同型写像 $\theta_{U_j}: B_j \to A_j$ から定まり,これはアフィンスキームの射 $\theta^a_{U_j}: \operatorname{Spec} A_j \to \operatorname{Spec} B_j$ を定めるが,この射は f を $f^{-1}(U_j)$ に制限したものに他ならない.別のいい方をすれば $\mathcal{A}_X$ の $\mathcal{O}_Y$ 代数としての構造は $\mathcal{O}_Y$ 代数の準同型写像

$$\eta: \mathcal{O}_Y \longrightarrow \mathcal{A}_X$$
$$a \longmapsto a \cdot 1$$

を与え,$\eta_{U_j} = \theta_{U_j}$ に他ならないので,$\mathcal{A}_X$ の $\mathcal{O}_Y$ 代数としての構造がスキームの射 $f: X \to Y$ を定めることが分かる.このようにして,アフィン射 $f: X \to Y$ は $\mathcal{O}_Y$ 可換代数 $\mathcal{A}_X = f_*\mathcal{O}_X$ から復元することができる.

問 18 Y の任意のアフィン開集合 U に対してアフィン射 $f: X \to Y$ を $f^{-1}(U)$ に制限した射 $f^{-1}(U) \to U$ もアフィン射であることを示せ.

さて,今度は逆にスキーム Y 上に準連接的 $\mathcal{O}_Y$ 可換代数 $\mathcal{A}$ が与えられた場合を考えてみよう.Y のアフィン開集合 U に対して $A_U = \Gamma(U, \mathcal{A})$ とおくと,$\mathcal{A}|U = \widetilde{A_U}$ であり,かつ A_U は $\mathcal{O}_Y(U)$ 可換代数である.したがって,上と同様の議論によりアフィンスキームの射 $f_U: \operatorname{Spec} A_U \to \operatorname{Spec} \mathcal{O}_Y(U) = U$ が定まる.Y の他のアフィン開集合 V をとると同様にアフィンスキームの射 $f_V: \operatorname{Spec} A_V \to V$,$A_V = \Gamma(V, \mathcal{A})$ が定まる.もし $U \cap V \ne \emptyset$ のときは $f_U^{-1}(U \cap V)$ と $f_V^{-1}(U \cap V)$ とはスキームとして同型であることが次のようにして分かる.まず $f_{U*}\mathcal{O}_{\operatorname{Spec} A_U} = \mathcal{A}|U$,$f_{V*}\mathcal{O}_{\operatorname{Spec} A_V} = \mathcal{A}|V$ に注意する.アフィン開集合 $W \subset U \cap V$ に対して $f_U^{-1}(W) = \operatorname{Spec} A_U \times_U W$,$f_V^{-1}(W) = \operatorname{Spec} A_V \times_V W$ であるので,$f_U^{-1}(W)$, $f_V^{-1}(W)$ はそれぞれ $\operatorname{Spec} A_U$, $\operatorname{Spec} A_V$ のアフィン開集合である.このとき $\Gamma(f_U^{-1}(W), \mathcal{O}_{\operatorname{Spec} A_U}) = \Gamma(U, \mathcal{A}) \otimes_{\mathcal{O}_Y(U)} \mathcal{O}_Y(W) \simeq$

$\Gamma(W, \mathcal{A})$ であり,同様に $\Gamma(f_V^{-1}(W), \mathcal{O}_{\mathrm{Spec}\, A_V}) \simeq \Gamma(W, \mathcal{A})$ であることが分かり $f_U^{-1}(W)$ と $f_V^{-1}(W)$ とはアフィンスキームとして同型であることが分かる.これより $f_U^{-1}(U \cap V)$ と $f_V^{-1}(U \cap V)$ とはスキームとして同型であることが分かる.そこで Y のアフィン開被覆 $\{U_i\}_{i \in I}$ をとり,$A_i = \Gamma(U_i, \mathcal{A})$ とおくと,$f_i\colon \mathrm{Spec}\, A_i \to U_i$ を $U_i \cap U_j \neq \emptyset$ のとき上述の議論を使って張り合わせて,スキームの射 $f\colon X \to Y$, $X = \bigcup_{i \in I} \mathrm{Spec}\, A_i$ を得る.作り方より f はアフィン射である.このとき $X = \mathrm{Spec}\, \mathcal{A}$ と記し,準連接的 $\mathcal{O}_Y$ 可換代数 $\mathcal{A}$ より定まる Y 上のアフィンスキームという.また $f\colon \mathrm{Spec}\, \mathcal{A} \to Y$ を構造射と呼ぶ.

以上の議論より,アフィン射 $f\colon X \to Y$ から準連接的 $\mathcal{O}_Y$ 可換代数 $\mathcal{A}_X = f_*\mathcal{O}_X$ から定まる Y 上のアフィンスキーム $\mathrm{Spec}\, \mathcal{A}_X$ と構造射 $\mathrm{Spec}\, \mathcal{A}_X \to Y$ は X と $f\colon X \to Y$ に他ならないことも分かる.さらに強く,次の定理が成立する.

定理 4.40 スキーム Y 上のアフィンスキーム $f\colon X \to Y$ に準連接的 $\mathcal{O}_Y$ 可換代数 $\mathcal{A}_X = f_*\mathcal{O}_X$ を対応させることによって Y 上のアフィンスキームのなす圏 (Affine)$/Y$ から Y 上の準連接的 $\mathcal{O}_Y$ 可換代数のなす圏 (q.c.$\mathcal{O}_Y$-Alg) への反変関手が定義できるが,この反変関手は 2 つの圏の反変同値を与える.

[証明] Y 上のアフィンスキーム $f\colon X \to Y$ から Y 上のアフィンスキーム $g\colon Z \to Y$ への射は図式

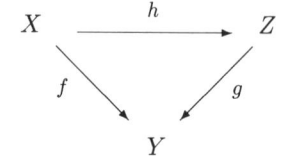

$$\begin{array}{ccc} X & \xrightarrow{h} & Z \\ & \searrow f \quad g \swarrow & \\ & Y & \end{array}$$

を可換にするスキームの射 $h\colon X \to Z$ に他ならない.このとき,射 $h\colon X \to Z$ は可換環の層の準同型写像 $\theta\colon \mathcal{O}_Z \to h_*\mathcal{O}_X$ を定める.この準同型写像はさらに $\mathcal{O}_Y$ 代数の準同型写像 $\widetilde{\theta}\colon g_*\mathcal{O}_Z \to g_*(h_*\mathcal{O}_X)$ を定める.$f = g \circ h$ であるので,

$$g_*(h_*\mathcal{O}_X) = f_*\mathcal{O}_X = \mathcal{A}_X$$

であり,$\widetilde{\theta}\colon \mathcal{A}_Z \to \mathcal{A}_X$ と見ることができる.このことから,反変関手

$$F\colon (\text{Affine})/Y \longrightarrow (\text{q.c.}\mathcal{O}_Y\text{-Alg})$$
$$f\colon X \longrightarrow Y \longmapsto \mathcal{A}_X = f_*\mathcal{O}_X$$

が定まる．逆に $\mathcal{A} \in Ob(\text{q.c.}\mathcal{O}_Y\text{-Alg})$ に対して $f\colon \operatorname{Spec}\mathcal{A} \to Y$ を対応させることができる．このとき，$\mathcal{O}_Y$ 代数の準同型写像 $\varphi\colon \mathcal{A} \to \mathcal{B}$ に対して (Affine)$/Y$ でのスキームの射 $\varphi^a\colon \operatorname{Spec}\mathcal{B} \to \operatorname{Spec}\mathcal{A}$ が定まり，反変関手

$$G\colon (\text{q.c.}\mathcal{O}_Y\text{-Alg}) \longrightarrow (\text{Affine})/Y$$
$$\mathcal{A} \longmapsto f\colon \operatorname{Spec}\mathcal{A} \longrightarrow Y$$

が定義できる．$F \circ G \simeq id$, $G \circ F \simeq id$ は定理の前の議論から明らかである． ∎

問19 準連接的 $\mathcal{O}_Y$ 可換代数 $\mathcal{A}$ のスキームの射 $g\colon Z \to Y$ による引き戻し $g^*\mathcal{A}$ を考える．$\operatorname{Spec} g^*\mathcal{A} \to Z$ は $\operatorname{Spec}\mathcal{A} \to Y$ の g による基底変換と同型であることを示せ．したがってアフィン射 $f\colon X \to Y$ の点 $y \in Y$ のファイバー $f^{-1}(y)$ はアフィンスキームである．

《要約》

4.1 前層の層化および層の準同型写像 $\varphi\colon \mathcal{F} \to \mathcal{G}$ の像 $\operatorname{Im}\varphi$, 核 $\operatorname{Ker}\varphi$, 余核 $\operatorname{Coker}\varphi$ の定義．

4.2 層の完全列の定義．

4.3 スキーム X 上の準連接的 $\mathcal{O}_X$ 加群および連接的 $\mathcal{O}_X$ 加群の定義．

4.4 アフィンスキーム $X = \operatorname{Spec} R$ 上の準連接層 $\mathcal{F}$ は R 加群 $M = \Gamma(X,\mathcal{F})$ から定まる層 $\widetilde{M}$ と同型である．

4.5 アフィンスキーム $X = \operatorname{Spec} R$ 上の準連接的 $\mathcal{O}_X$ 加群の完全列 $0 \to \mathcal{F}_1 \to \mathcal{F}_2 \to \mathcal{F}_3 \to 0$ から R 加群の完全列 $0 \to \Gamma(X,\mathcal{F}_1) \to \Gamma(X,\mathcal{F}_2) \to \Gamma(X,\mathcal{F}_3) \to 0$ が得られる．

4.6 $\mathcal{O}_X$ 加群 $\mathcal{F},\mathcal{G}$ のテンソル積 $\mathcal{F} \otimes_{\mathcal{O}_X} \mathcal{G}$ の定義および $\mathcal{O}_X$ 加群 $\underline{\operatorname{Hom}}_{\mathcal{O}_X}(\mathcal{F},\mathcal{G})$ の定義．

4.7 $\mathcal{O}_X$ 平坦層の定義.

4.8 スキームの射 $f\colon X\to Y$ による $\mathcal{O}_Y$ 加群 $\mathcal{F}$ の逆像 $f^*\mathcal{F}$ の定義.

4.9 アフィン射の定義と準連接的 $\mathcal{O}_X$ 可換代数 $\mathcal{A}$ に対する X 上のアフィンスキーム $\pi\colon \operatorname{Spec}\mathcal{A}\to X$ の定義と基本的性質.

──────── 演習問題 ────────

4.1 スキーム X 上の有限生成 $\mathcal{O}_X$ 加群 $\mathcal{F}$ の台
$$\operatorname{supp}\mathcal{F}=\{x\in X\mid \mathcal{F}_x\neq 0\}$$
は X の閉集合であることを示せ.

4.2 アフィンスキーム $X=\operatorname{Spec} R$ 上の準連接的 $\mathcal{O}_X$ 加群 $\mathcal{F}$ の $D(f)$ 上の切断 $t\in\Gamma(D(f),\mathcal{F})$ に対して $f^n t\in\Gamma(X,\mathcal{F})$ が成り立つように正整数 n を選ぶことができることを示せ. ただし $f\in R$ である.

4.3

(1) スキーム X の開集合 U に $\Gamma(U,\mathcal{O}_X)$ のべき零根基 $\mathcal{N}(U)$ を対応させる. 層化によって $\mathcal{O}_X$ イデアル層 $\mathcal{N}$ が定義できることを示せ. ($\mathcal{N}$ を**べき零根基イデアル層**(nilpotent ideal sheaf)という.) $\mathcal{N}$ は準連接層であることを示せ.

(2) $(X,\mathcal{O}_X/\mathcal{N})$ を $(X_{\mathrm{red}},\mathcal{O}_{X_{\mathrm{red}}})$ と記す. $(X_{\mathrm{red}},\mathcal{O}_{X_{\mathrm{red}}})$ は X の閉部分スキームであり, 底空間は X と一致することを示せ. また $\mathcal{O}_{X_{\mathrm{red}}}$ の各茎 $\mathcal{O}_{X_{\mathrm{red}}},x$ はべき零元を持たないことを示せ. (構造層の各茎がべき零元を持たないとき**被約**(reduced)なスキームという.)

(3) スキームの射 $f\colon X\to Y$ が与えられればスキームの射 $f_{\mathrm{red}}\colon X_{\mathrm{red}}\to Y_{\mathrm{red}}$ が定義できることを示せ. また f が分離的であれば f_{red} も分離的であることを示せ.

4.4 位相空間 X 上の可換環の層 $\mathcal{A}$ が与えられたとき, X 上の $\mathcal{A}$ 加群の層を §4.2(a) と同様に定義できる. さらに有限生成 $\mathcal{A}$ 加群や $\mathcal{A}$ 加群の層 $\mathcal{F}$ が連接的であることを定義 4.18(ii) や定義 4.25 と同様に定義できる. $\mathcal{A}$ 加群の層の完全列
$$0\longrightarrow \mathcal{F}\xrightarrow{\varphi}\mathcal{G}\xrightarrow{\psi}\mathcal{H}\longrightarrow 0$$
のいずれか2つの層が連接的であれば残りの層も連接的であることを以下の問に

(1) $\mathcal{A}$ 加群の層の全射準同型写像 $f: \mathcal{B} \to \mathcal{E}$ があり，$\mathcal{B}$ が有限生成 $\mathcal{A}$ 加群であれば $\mathcal{E}$ も有限生成 $\mathcal{A}$ 加群であることを示せ．
(2) $\mathcal{A}$ 加群の準同型写像 $g: \mathcal{B} \to \mathcal{E}$ で，$\mathcal{B}$ が有限生成 $\mathcal{A}$ 加群，$\mathcal{E}$ が連接的であれば $\mathrm{Im}\, g$ も連接的であることを示せ．
(3) 上の完全列で $\mathcal{G}, \mathcal{H}$ が連接的であれば $\mathcal{F}$ も連接的であることを示せ．（ヒント．$\mathcal{F}$ が有限生成 $\mathcal{A}$ 加群であることを示し，$\varphi: \mathcal{F} \to \mathcal{G}$ に(2)を適用せよ．）
(4) $\mathcal{F}, \mathcal{G}$ が連接的のとき $\mathcal{H}$ も連接的であることを示せ．
(5) $\mathcal{F}, \mathcal{H}$ が連接的のとき $\mathcal{G}$ は有限生成 $\mathcal{A}$ 加群であることを示せ．
(6) $\mathcal{F}, \mathcal{H}$ が連接的のとき $\mathcal{G}$ も連接的であることを示せ．

4.5 可換環 R 上の加群 E の対称代数 $\mathbb{S}(E)$ は次のように定義される．テンソル積 $\underbrace{E \otimes_R E \otimes_R \cdots \otimes_R E}_{n}$ を $T^n(E)$ と記す．特に $T^0(E) = R$ と定義する．

$$\mathbb{T}(E) = \bigoplus_{n=0}^{\infty} T^n(E)$$

とおき，E 上のテンソル代数 (tensor algebra over E) という．$\mathbb{T}(E)$ は $(a_1 \otimes \cdots \otimes a_m) \cdot (b_1 \otimes \cdots \otimes b_n) = a_1 \otimes \cdots \otimes a_m \otimes b_1 \otimes \cdots \otimes b_n$ と積を定義することによって R 代数となる．$x \otimes y - y \otimes x$, $x, y \in E$ で生成される $\mathbb{T}^n(E)$ の両側イデアルを I と記し剰余環 $\mathbb{T}(E)/I$ を E 上の対称代数 (symmetric algebra over E) といい $\mathbb{S}(E)$ と記す．可換環 R を明記したいときは $\mathbb{S}_R(E)$ と記す．

さらに，R 加群 E, F において

$$\mathbb{S}(E \oplus F) = \mathbb{S}(E) \otimes_R \mathbb{S}(F)$$

が成り立ち，$\mathbb{S}(R^{\oplus n})$ は R 上の n 変数多項式環 $R[z_1, z_2, \cdots, z_n]$ と同型であることも容易に分かる．さらに，S を R の乗法的に閉じた集合であるとすると

$$\mathbb{S}(S^{-1}E) = S^{-1}\mathbb{S}(E)$$

が成り立つ．

以上のことからスキーム S 上の準連接的 $\mathcal{O}_S$ 加群 $\mathcal{E}$ に対して対称代数の層 $\mathbb{S}(\mathcal{E})$ が定義できることは明らかであろう．S の開集合 U に対称代数 $\mathbb{S}(\mathcal{E}(U))$ を対応させることによってできる前層の層化として定義すればよい．$\mathbb{S}(\mathcal{E})$ は $\mathcal{O}_S$ 可換代数である．特に S がアフィンスキーム $\mathrm{Spec}\, R$ で $\mathcal{E} = \widetilde{E}$ のときは $f \in R$ に対して $\mathbb{S}(E_f) = \mathbb{S}(E)_f$ であるので，$\mathbb{S}(\mathcal{E}) = \widetilde{\mathbb{S}(E)}$ であることが容易に分かる．

そこで，スキーム S 上の準連接的 $\mathcal{O}_S$ 加群 $\mathcal{E}$ に対して，S 上のスキームのなす圏 $(\mathrm{Sch})/S$ から加群のなす圏 (Mod) への反変関手 $F_\mathcal{E}$ を

$$F_{\mathcal{E}}\colon \quad (\mathrm{Sch})/S \quad \longrightarrow \quad (\mathrm{Mod})$$
$$g\colon T \longrightarrow S \quad \longmapsto \quad \mathrm{Hom}_{\mathcal{O}_T}(\mathcal{E}_{(T)}, \mathcal{O}_T)$$

と定義する．ただし，スキームの射 $g\colon T\to S$ による逆像 $g^*\mathcal{E}$ を $\mathcal{E}_{(T)}$ と記した．このとき，以下の問に答えよ．

(1) $\mathbb{T}^1(E)=E$ であるので自然な写像 $\sigma\colon E\to\mathbb{S}(E)$ が定まるが，対称代数 $\mathbb{S}(E)$ は次の普遍写像性によって特徴づけることができることを示せ．

『E から R 可換代数 A への R 線形写像 $\varphi\colon E\to A$ は

$$E \xrightarrow{\sigma} \mathbb{S}(E) \xrightarrow{f} A$$

と一意的に分解できる．ここで f は R 可換代数の準同型写像である．』

(これは，同型写像 $\mathrm{Hom}_R(E,A) \simeq \mathrm{Hom}_{R\text{-Alg}}(\mathbb{S}(E), A)$ があることに他ならない．)

(2) $F_{\mathcal{E}}\colon (\mathrm{Sch})/S \to (\mathrm{Mod})$ は反変関手であることを示せ．

(3) 反変関手 $F_{\mathcal{E}}$ は

$$f\colon \mathbb{V}(\mathcal{E}) = \mathrm{Spec}\,\mathbb{S}(\mathcal{E}) \longrightarrow S$$

と自然な準同型写像

$$\mathcal{E} \otimes_{\mathcal{O}_S} \mathbb{S}(\mathcal{E}) \quad \longrightarrow \quad \mathbb{S}(\mathcal{E})$$
$$a \otimes [b_1 \otimes \cdots \otimes b_n] \quad \longmapsto \quad [a \otimes b_1 \otimes \cdots \otimes b_n]$$

より定まる $\mathcal{O}_{\mathbb{V}(\mathcal{E})}$ 準同型写像 $\mathcal{E}_{\mathbb{V}(\mathcal{E})} = f^*\mathcal{E} \to \mathcal{O}_{\mathbb{V}(\mathcal{E})}$ によって表現されることを示せ．$\mathbb{V}(\mathcal{E})$ を $\mathcal{O}_S$ 加群 $\mathcal{E}$ に付随した**ベクトル束空間**(vector fiber space)と呼ぶ．

(4) $\mathcal{E}$ が S 上の階数 n の局所自由層であれば $f\colon \mathbb{V}(\mathcal{E}) \to S$ は S 上の階数 n のベクトル束であることを示せ．また，S 上の局所切断のなす層(例 4.13)は階数 n の局所自由層 $\mathcal{E}^* = \underline{\mathrm{Hom}}_{\mathcal{O}_S}(\mathcal{E}, \mathcal{O}_S)$ であることを示せ．$\mathcal{E}^*$ は $\mathcal{E}$ の**双対層**(dual sheaf)と呼ばれる．

5

固有射と射影射

　この章では代数幾何学で最も重要な固有射と射影射の一般論を述べる．特に，第 4 章の議論を射影スキームにあてはめ，精密な結果を求める．射影スキームは代数幾何学で最も自然な研究対象である．

　この章から，以前にも増して議論は長いものが多くなる．実際は，基本的な事項の積み重ねで議論は進行するが，慣れないうちは議論についてゆくのに困難を感じるかもしれない．そうした場合は，議論をノートに写して議論の展開をゆっくり理解しながら読まれることをお勧めする．

　また，この章ではある程度議論を一般的にして，定理の成り立つ根拠をはっきりさせる方針をとった．記述を簡単にするためには，考えるスキームを Noether 的と仮定してもそれほど一般性を失うわけではないが，議論そのものはそれほど簡単になるわけではないので，あえて定理が成り立つ背景が見えるように一般的な形で記述してみた．もし，定理や補題の意味がはっきりしないときは例をよく検討していただきたい．それによって，定理や補題の主張している意味がはっきり理解できる．例を検討することで定理や補題の意味が分かれば，初読の際は証明は省略しても差し支えない．そして，再読して証明を詳しく検討されることをお勧めする．

　なお，次数 S 加群 M が定める $\mathrm{Proj}\, S$ 上の層 $\widetilde{M}$ を $(M)\widetilde{}$ と記すことがある．次数 S 加群 M の表示が長くなる場合には後者の表示を使うことが多い．また，次数環 S の元 f による次数 S 加群 M の局所化 M_f の次数 0 の部

分を，この章以降，特に $M_{(f)}$ と記すことが多いのであわせて注意しておく．

§5.1 固 有 射

位相空間や多様体の間の連続写像 f はコンパクト集合の逆像がつねにコンパクトであるとき固有写像と呼ばれる．固有写像の代数幾何学における類似物が固有射であるが，Zariski 位相は粗い位相であるので固有写像の定義をそのまま真似することはできない．固有写像 f による閉集合の像は閉集合になることから，この性質を使って固有射を定義することにする．そこでまず閉射の性質から見ていくことにしよう．

(a) 閉 射

スキームの射 $f\colon X \to Y$ は底空間の写像による X の閉集合の像がつねに閉集合であるとき**閉射**(closed morphism)という．また任意の射 $g\colon Z \to Y$ による基底変換 $f_Z\colon X_Z = X \times_Y Z \to Z$ がつねに閉射であるとき，f を**絶対閉射** (universally closed morphism)，または射 f は**絶対閉**であるという．

例5.1 体 k 上のアフィン直線 $\mathbb{A}_k^1 = \operatorname{Spec} k[x]$ とアフィン平面 $\mathbb{A}_k^2 = \operatorname{Spec} k[x,y]$ を考える．単射準同型写像 $k[x] \to k[x,y]$ からスキームの射 $\varphi\colon \mathbb{A}_k^2 \to \mathbb{A}_k^1$ が定まる．$\mathbb{A}_k^2$ の閉集合 $C = V(xy-1)$ の φ による像は $\mathbb{A}_k^1$ の開集合 $D(x) = \operatorname{Spec} k\left[x, \dfrac{1}{x}\right]$ である．したがって φ は閉射ではない．図5.1 より明らかなように $\mathbb{A}_k^1$ の原点，すなわち極大イデアル (x) に対応する点は無限遠のかなたにある．$\mathbb{A}_k^2 = \mathbb{A}_k^1 \times \mathbb{A}_k^1$ と見ることができるので $\overline{\varphi}\colon X = \mathbb{A}_k^1 \times_k \mathbb{P}_k^1 \to \mathbb{A}_k^1$ を考えてみよう．ただし
$$\mathbb{A}_k^1 = \operatorname{Spec} k[x], \quad \mathbb{P}_k^1 = \operatorname{Proj} k[y_0, y_1]$$
であり，$\overline{\varphi}$ は第 1 成分への射影とする．$\mathbb{P}_k^1 = \operatorname{Spec} k\left[\dfrac{y_1}{y_0}\right] \cup \operatorname{Spec} k\left[\dfrac{y_0}{y_1}\right]$ と書けるので，$y = \dfrac{y_1}{y_0}$ とおいて
$$\mathbb{A}_k^2 = \operatorname{Spec} k[x,y] = \operatorname{Spec}\left(k[x] \otimes_k k\left[\dfrac{y_1}{y_0}\right]\right)$$

$$= \operatorname{Spec} k[x] \times_k \operatorname{Spec} k\left[\frac{y_1}{y_0}\right] \subset \mathbb{A}^1_k \times_k \mathbb{P}^1_k$$

と見ることができる．一方 $k[x] \otimes_k k[y_0, y_1] = k[x, y_0, y_1]$ を $R = k[x]$ 上の次数環と考えると $\overline{\varphi}\colon \operatorname{Proj} R[y_0, y_1] \to \operatorname{Spec} R$ と見ることができる．$\mathbb{A}^2_k$ の閉集合 $C = V(xy-1)$ は X の閉集合 $\overline{C} = V(xy_1 - y_0)$ に拡張され $\overline{\varphi}(\overline{C}) = \mathbb{A}^1_k$ であることが分かる．素イデアル (x, y_0) が定める X の点の $\overline{\varphi}$ による像は原点である．$\mathbb{P}^1_k \to \operatorname{Spec} k$ が絶対閉射であることは後に示す． □

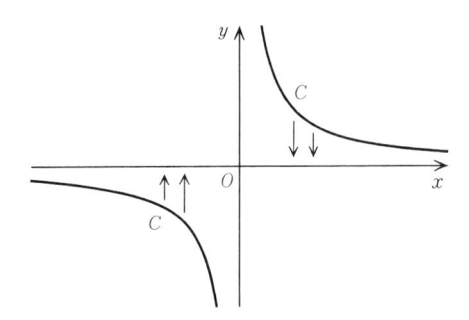

図 5.1 原点は C の像に含まれない．

補題 5.2

(ⅰ) 閉移入は絶対閉射である．

(ⅱ) 絶対閉射 $f\colon X \to Y$ の任意の射 $h\colon Z \to Y$ による基底変換 $f_Z\colon X_Z \to Z$ は絶対閉射である．

(ⅲ) スキームの射 $f\colon X \to Y$, $g\colon Y \to Z$ が共に絶対閉射であれば，合成射 $g \circ f\colon X \to Z$ も絶対閉射である．

(ⅳ) S 上のスキームの射 $f\colon X \to Y$, $f'\colon X' \to Y'$ が共に絶対閉射であれば，S 上のファイバー積 $f \times_S f'\colon X \times_S X' \to Y \times_S Y'$ も絶対閉射である．

(ⅴ) スキームの射 $f\colon X \to Y$, $g\colon Y \to Z$ に対して $g \circ f$ が絶対閉射かつ g が分離射であれば，f は絶対閉射である．

(ⅵ) $f\colon X \to Y$ が絶対閉射であれば，$f_{\mathrm{red}}\colon X_{\mathrm{red}} \to Y_{\mathrm{red}}$（演習問題 4.3 を参照のこと）も絶対閉射である．

[証明] (ⅰ) 閉移入 $j\colon W \to X$ は閉射である．任意の基底変換 $j_Z\colon W \times_X$

$Z \to Z$ も閉移入であるので閉射である.

(ii) スキームの射 $h': Z' \to Z$ による $f_Z: X_Z \to Z$ の基底変換は射 $h \circ h': Z' \to Y$ による $f: X \to Z$ の基底変換と一致するので主張は明らかである.

(iii) $h: W \to Z$ による $g: Y \to Z$ の基底変換 $g_W: Y \times_Z W \to W$ と, $p: Y \times_Z W \to Y$ による f の基底変換 $f_{Y \times_Z W}: X \times_Y (Y \times_Z W) \to Y \times_Z W$ の合成 $g_W \circ f_{Y \times_Z W}$ は, 閉射の合成であるので閉射であり, かつこの合成射は $g \circ f: X \to Z$ の h による基底変換と一致するので主張は明らか.

(iv) Y と Y' の S 上のファイバー積 $((Y \times_S Y'), (p_1, p_2))$ と S 上の射 $h: Z \to Y \times_S Y'$ に対して, $h_1 = p_1 \circ h: Z \to Y$, $h_2 = p_2 \circ h: Z \to Y'$ とおくとこれらは S 上の射である. h_1, h_2 による f, f' の基底変換 $f_Z: X \times_Y Z \to Z$, $f'_Z: X' \times_{Y'} Z \to Z$ を考える. f'_Z による f_Z の基底変換を $\widetilde{f}: (X \times_Y Z) \times_Z (X' \times_{Y'} Z) \to X' \times_{Y'} Z$ と記す. $(X \times_Y Z) \times_Z (X' \times_{Y'} Z) \simeq (X \times_S X') \times_{Y \times_S Y'} Z$ であるので $f \times_S f'$ の h による基底変換 $(f \times_S f')_Z$ は $f'_Z \circ \widetilde{f}$ と一致する. $f'_Z, \widetilde{f}$ は閉射であるので $f'_Z \circ \widetilde{f}$ も閉射となり, $f \times_S f'$ は絶対閉射である.

(v) 仮定より $\Delta_{Y/Z}: Y \to Y \times_Z Y$ は閉移入であり, したがって (i) より絶対閉射である. 1番目への自然な射影 $p_1: Y \times_Z Y \to Y$ によって $\Delta_{Y/Z}$ は Y 上の射と考えられる. また $id_X: X \to X$ は $f: X \to Y$ によって Y 上の射と考えられ, また絶対閉射である. よって $id_X \times_Y \Delta_{Y/Z}: X \times_Y Y \to X \times_Y (Y \times_Z Y)$ は (iv) より絶対閉射であるが, これは射 f のグラフ射 $\Gamma_f: X \to X \times_Z Y$ (定理 3.25(iv) の証明を参照)と一致する. また 2 番目への自然な射影 $p_2: X \times_Z Y \to Y$ は $g \circ f: X \to Z$ の $g: Y \to Z$ による基底変換と一致し, $g \circ f$ が絶対閉射であることから p_2 も絶対閉射である. よって (iii) より $f = p_2 \circ \Gamma_f$ も絶対閉射である.

(vi) 演習問題 4.3 より X_{red} は X の閉部分スキームであり底空間は X の底空間と一致している. したがって $X_{\mathrm{red}} \times Z$ の閉部分スキーム F は $X \times Z$ の閉部分スキームと見ることができる. 基底変換 $(f_{\mathrm{red}})_Z: X_{\mathrm{red}} \times Z \to Y_{\mathrm{red}} \times Z$ に対して F の像 $(f_{\mathrm{red}})_Z(F)$ と $f_Z(F)$ は $Y_{\mathrm{red}} \times Z$ と $Y \times Z$ の底空間が一致することから集合としては一致する. $f_Z(F)$ は閉集合であるので $(f_{\mathrm{red}})_Z$ は閉射である.

問 1 スキームの射 $f\colon X\to Y$, $g\colon Y\to Z$ に対して $g\circ f$ が絶対閉射かつ f による底空間の写像が全射であれば g は絶対閉射であることを示せ.

(b) 固 有 射

スキームの射 $f\colon X\to Y$ は有限型分離射でありかつ絶対閉射であるとき**固有射**(proper morphism)という. 補題 5.2 に対応して次の命題が成り立つことが分かる.

命題 5.3

(ⅰ) 閉移入は固有射である.

(ⅱ) 固有射 $f\colon X\to Y$ の射 $h\colon W\to Y$ による基底変換 $f_W\colon X\times_Y W\to W$ も固有射である.

(ⅲ) $f\colon X\to Y$, $g\colon Y\to Z$ が固有射であれば $g\circ f\colon X\to Z$ も固有射である.

(ⅳ) S 上のスキームの射 $f\colon X\to Y$, $f'\colon X'\to Y'$ が固有射であれば $f\times_S f'\colon X\times_S X'\to Y\times_S Y'$ も固有射である.

(ⅴ) $f\colon X\to Y$, $g\colon Y\to Z$ に対して $g\circ f$ が固有射かつ g が分離射であれば, f は固有射である.

(ⅵ) $f\colon X\to Y$ が固有射であれば $f_{\mathrm{red}}\colon X_{\mathrm{red}}\to Y_{\mathrm{red}}$ も固有射である.

[証明] 補題 5.2 より問題の射が絶対閉射であることが示されているので, 有限型分離射であることを示せばよい. 分離射については定理 3.25 から明らかである. 有限型射であることも定義から容易に導くことができる. ∎

固有射の典型的な例をあげよう.

定理 5.4 射 $\pi\colon \mathbb{P}^n_{\mathbb{Z}}=\mathrm{Proj}\,\mathbb{Z}[x_0,x_1,\cdots,x_n]\to \mathrm{Spec}\,\mathbb{Z}$ は固有射である.

[証明] $0\leqq j\leqq n$ に対して

$$R_j=\mathbb{Z}\left[\frac{x_0}{x_j},\frac{x_1}{x_j},\cdots,\frac{x_n}{x_j}\right],\quad U_j=\mathrm{Spec}\,R_j$$

とおくと $\{U_j\}_{0\leqq j\leqq n}$ は $\mathbb{P}^n_{\mathbb{Z}}$ のアフィン開被覆である. 対角射 $\Delta\colon \mathbb{P}^n_{\mathbb{Z}}\to \mathbb{P}^n_{\mathbb{Z}}\times \mathbb{P}^n_{\mathbb{Z}}$ を $U_i\cap U_j$ に制限したものは自然な閉移入 $U_i\cap U_j\to U_i$, $U_i\cap U_j\to U_j$ が定める射 $\Delta_{ij}\colon U_i\cap U_j\to U_i\times U_j$ に他ならない. $R=\mathbb{Z}[x_0,x_1,\cdots,x_n]$ とおき $R_{(x_j)}$

224──第5章　固有射と射影射

を環 $R\left[\dfrac{1}{x_j}\right]$ の次数 0 の元のなす部分環と定義すると $R_j = R_{(x_j)}$ である．また $i \neq j$ のとき $R_{ij} = R_{(x_i x_j)}$ とおくと $U_i \cap U_j = \operatorname{Spec} R_{ij}$ であり，自然な準同型写像

$$\sigma_{ij}: \quad R_{(x_i)} \quad \longrightarrow \quad R_{(x_i x_j)}$$
$$\dfrac{p(x_0, \cdots, x_n)}{x_i^m} \quad \longmapsto \quad \dfrac{x_j^m p(x_0, \cdots, x_n)}{(x_i x_j)^m}$$

が定義できる．ここで $p(x_0, \cdots, x_n)$ は次数 m の整数係数斉次多項式である．自然な開移入 $U_i \cap U_j \to U_i$ は準同型写像 $\sigma_{ij}: R_i \to R_{ij}$ から定まる．したがって $i \neq j$ のとき射 $\Delta_{ij}: U_i \cap U_j \to U_i \times U_j$ は準同型写像

$$\psi_{ij}: \quad R_i \otimes R_j \quad \longrightarrow \quad R_{ij} = R_{(x_i x_j)}$$
$$f \otimes g \quad \longmapsto \quad \sigma_{ij}(f) \cdot \sigma_{ji}(g)$$

から定まる．R_{ij} は $\mathbb{Z}$ 上 $\dfrac{x_0}{x_i}, \cdots, \dfrac{x_{i-1}}{x_i}, \dfrac{x_{i+1}}{x_i}, \cdots, \dfrac{x_n}{x_i}, \dfrac{x_i}{x_j}$ で生成されているので ψ_{ij} は全射準同型である．したがって Δ_{ij} は閉移入である．また $\Delta_{ii}: U_i \to U_i \times U_i$ は閉移入である．したがって Δ は閉移入であり，π は分離射であることが分かった．また R_j は $\mathbb{Z}$ 上有限生成であるから，π は有限型射である．そこで π は絶対閉射であることを示す．

　任意のスキーム W に対して $\pi_W: \mathbb{P}_{\mathbb{Z}}^n \times W \to W$ が閉射であることを示す必要があるが，そのためには W のアフィン開被覆 $\{W_i\}_{i \in I}$ をとり，各 i に対して $\pi_{W_i}: \mathbb{P}_{\mathbb{Z}}^n \times W_i \to W_i$ が閉射であることを示せばよい．そこで，任意の可換環 A に対して $\pi_A: \mathbb{P}_A^n = \operatorname{Proj} A[x_0, x_1, \cdots, x_n] \to \operatorname{Spec} A$ が閉射であることを示す．記号を簡単にするために，上と同一の記号

$$R = A[x_0, x_1, \cdots, x_n], \quad R_j = R_{(x_j)} = A\left[\dfrac{x_0}{x_j}, \dfrac{x_1}{x_j}, \cdots, \dfrac{x_n}{x_j}\right],$$
$$U_j = \operatorname{Spec} R_j, \quad j = 0, 1, 2, \cdots, n$$

を用いる．閉部分スキーム $Z \subset \mathbb{P}_A^n$ に対して $Z \cap U_i$ を定める R_i のイデアルを $I(Z \cap U_i)$ と記す．$g \in I(Z \cap U_i)$ に対して m を十分大きくとると，$G/x_j^m \in I(Z \cap U_j)$, $0 \leqq j \leqq n$, $G/x_i^m = g$ を満足する r 次斉次多項式 $G \in A[x_0, x_1, \cdots,$

$x_n]$ が存在することを示す．$H = x_i^l g$ が斉次多項式になるように l を選ぶ．すると $H/x_j^l \in I(Z \cap U_j \cap U_i)$ であるので $(x_i^{n_{ij}} H)/x_j^{l+n_{ij}} \in I(Z \cap U_j)$ が成立するように正整数 n_{ij} を選ぶことができる．n_{ij} のうち最大のものを N と記し，$G = x_i^{l+N} g$ とおくと G は $m = l+N$ 次斉次多項式であり $G/x_j^m \in I(Z \cap U_j)$，かつ $g = G/x_i^m$ となることが分かる．

さて，$\pi(Z) = \operatorname{Spec} A$ であれば $\pi(Z)$ は閉集合である．そこで，$\pi(Z) \neq \operatorname{Spec} A$ と仮定して，A の素イデアル $\mathfrak{p}$ を $\mathfrak{p} \in \operatorname{Spec} A \setminus \pi(Z)$ であるようにとる．$\operatorname{Spec} A_\mathfrak{p} \subset \operatorname{Spec} A$ 上に制限して考えると $Z \cap \pi^{-1}(\operatorname{Spec} A_\mathfrak{p})$ と $\pi^{-1}(\mathfrak{p} A_\mathfrak{p})$ とは交わらないことから

$$(5.1) \quad I(Z \cap U_i) A_\mathfrak{p} + \mathfrak{p} A_\mathfrak{p} \left[\frac{x_0}{x_i}, \frac{x_1}{x_i}, \cdots, \frac{x_n}{x_i}\right] = A_\mathfrak{p} \left[\frac{x_0}{x_i}, \frac{x_1}{x_i}, \cdots, \frac{x_n}{x_i}\right]$$

が成り立つことが分かる．m 次斉次式よりなる R の A 部分加群を R_m，$I_m = I(Z) \cap R_m$ と記すと (5.1) より

$$(5.2) \qquad 1 = f_i + \sum_j p_{ij} f_{ij},$$

$$f_i \in I(Z \cap U_i) A_\mathfrak{p}, \quad p_{ij} \in \mathfrak{p} A_\mathfrak{p}, \quad f_{ij} \in A_\mathfrak{p}\left[\frac{x_0}{x_i}, \cdots, \frac{x_n}{x_i}\right]$$

が成り立つ．x_i の十分高いべき x_i^N を (5.2) の両辺に掛けることによって

$$x_i^N = f_i' + \sum_j p_{ij} f_{ij}', \quad f_i' \in I_N A_\mathfrak{p}, \quad f_{ij}' \in A_\mathfrak{p}$$

が成り立つ．N をさらに大きくとることによって
$$R_N A_\mathfrak{p} = I_N A_\mathfrak{p} + (\mathfrak{p} A_\mathfrak{p})(R_N A_\mathfrak{p})$$
が成り立つことが分かる．書き換えると
$$R_N / I_N \otimes_A A_\mathfrak{p} / \mathfrak{p} A_\mathfrak{p} = 0.$$
中山の補題（下の問 2 を参照のこと）により
$$(R_N / I_N) \otimes_A A_\mathfrak{p} = 0$$
が成立する．これは $f R_N \subset I_N$ となる元 $f \in A \setminus \mathfrak{p}$ が存在することを意味する．特に $f x_i^N \in I_N$ が成り立つので $f \in I(Z \cap U_i)$ であることが分かる．したがって

$$Z \cap \mathbb{P}_{\mathbb{Z}}^n \times \operatorname{Spec} R_f = \varnothing$$

となり，$\operatorname{Spec} A \setminus \pi(Z)$ の各点 $\mathfrak{p}$ を含み $\pi(Z)$ と交わらない開集合 $D(f)$ が存在する．これは $\pi(Z)$ が閉集合であることを意味する． ∎

問2 可換環 R，有限 R 加群 M および R のイデアル I が

$$M = IM$$

を満足すれば M を零化する元 $f \in 1+I$（すなわち $fM = 0$ を満足する）が存在することを示せ．（これを**中山の補題**(Nakayama's lemma)ということが多い．実際にこの事実を最初に証明したのは Krull と東屋であるが．）特に R が局所環で I が極大イデアルであれば f は R の単元となり $M = 0$ が結論できる．

上の定理と命題 5.3 を組み合わせることによって固有射の例をたくさんつくることができる．

系 5.5 任意のスキーム Y に対して，$\pi: \mathbb{P}_{\mathbb{Z}}^n \to \operatorname{Spec} \mathbb{Z}$ の基底変換を $\pi_Y: \mathbb{P}_Y^n = \mathbb{P}_{\mathbb{Z}}^n \times Y \to Y$ とおく．$\mathbb{P}_{\mathbb{Z}}^n \times Y$ の閉部分スキーム X に射 π_Y を制限したものを $\varphi: X \to Y$ と記すと，φ は固有射である． ∎

系 5.5 と関係して射影スキームや射影射については次節以降で詳しく述べることにする．

（c） 付値判定法

後に述べるように固有射は連接層の有限性と関係して，代数幾何学ではきわめて重要な概念である．しかしながら固有射の定義からスキームの射が固有射であることを判定するのは容易ではない．幸いに付値環を使った固有射の判定法，略して**付値判定法**(valuative criterion)がある．そのことを述べるために付値環について簡単に復習しておこう．

加群 G に全順序 $<$ が入り（すなわち，任意の 2 元 $x, y \in G$ に対して $x = y$, $x < y$, $y < x$ のいずれかがかならず成立する）$x \leqq y$, $x' \leqq y'$ のとき $x + x' \leqq y + y'$ がつねに成り立つとき，G を**全順序加群**(totally ordered module)と呼ぶ．$\mathbb{Z}^n$ に辞書式順序を入れたもの，すなわち $(a_1, a_2, \cdots, a_n)$, $(b_1, b_2, \cdots, b_n)$ に対して $a_1 = b_1$, $a_2 = b_2$, $\cdots$, $a_l = b_l$, $a_{l+1} < b_{l+1}$ のとき $(a_1, a_2, \cdots, a_n) < (b_1, b_2,$

$\cdots, b_n)$, $a_1 = b_1, \cdots, a_l = b_l$, $a_{l+1} > b_{l+1}$ のとき $(b_1, b_2, \cdots, b_n) < (a_1, a_2, \cdots, a_n)$ と順序を定義したものは全順序加群の典型的な例である.

体 K の 0 以外の元の全体 $K \backslash \{0\}$ から全順序加群への写像 $v: K \backslash \{0\} \to G$ が次の条件を満足するとき, v を **G に値をとる K の付値**(valuation of K with values in G)という.

(V1) $x, y \in K$, $x, y \neq 0$ のとき $v(xy) = v(x) + v(y)$

(V2) $x, y \in K$, $x, y \neq 0$, $x + y \neq 0$ のとき $v(x+y) \geqq \min(v(x), v(y))$

0 が例外的な扱いを受けるが, それを回避するために, G のどの元よりも大きい仮想的な元 ∞ を導入し, $x \in G$ に対して $x + \infty = \infty$, $v(0) = \infty$ と定義すると (V1), (V2) は $x, y \in K$ に関する例外なしに成立する. 以下, このように (V1), (V2) を拡張して考える.

G に値をとる体 K の付値 v に対して

(5.3) $$R = \{x \in K \mid v(x) \geqq 0\}$$

とおくと ((5.3) の 0 は加群 G の零元), (V1), (V2) より R は可換環であることが分かる. (V1) より $v(1) = v(1) + v(1)$ より $v(1) = 0$ が成り立ち $1 \in R$ であることに注意する. R を付値 v の**付値環**(valuation ring)という. また

(5.4) $$\mathfrak{m} = \{x \in K \mid v(x) > 0\}$$

とおくと $\mathfrak{m}$ は R の極大イデアルであることが分かる.

問 3 (5.3) の R は (5.4) の $\mathfrak{m}$ を極大イデアルとする局所環であることを示せ. また K は R の商体と見ることができることを示せ.

整域 R は R の商体 K の適当な付値によって付値環となるとき, 単に**付値環**と呼ばれる. 付値そのものよりも付値環であるか否かが大切になることが多い.

問 4 整域 R の商体を K と記すと, R が付値環であるための必要十分条件は K の任意の元 $x \neq 0$ に対して $x \in R$ または $x^{-1} \in R$ が成立することであることを示せ.

さて，体 K に含まれる局所環 R, S とその極大イデアル $\mathfrak{m}_R, \mathfrak{m}_S$ に対して，$R \subset S$ かつ $\mathfrak{m}_S \cap R = \mathfrak{m}_R$ が成立するとき S は R を**支配する**(dominate)という．S が R を支配するとき $S > R$ として K に含まれる局所環のなす集合に順序を入れることができる．次の命題は付値環を特徴づける．

命題 5.6 体 K を商体とする局所環 R が付値環であるための必要十分条件は，K に含まれる局所環のなす集合に局所環 A が局所環 B を支配すれば $A > B$ と順序を定義するとき，この順序で R が極大であることである．

[証明] R が K を商体とする付値環とすると，K の任意の元 $x \neq 0$ に対して $x \in R$ または $x^{-1} \in R$ が成立する．局所環 $S \subset K$ が R を支配しているとき，$a \in S \setminus R$ に対しては $a^{-1} \in R$ でなければならない．したがって $a^{-1} \in S$ となる．もし $a^{-1} \notin \mathfrak{m}_R$ であれば (5.3), (5.4) より $v(a^{-1}) = 0$ であり，したがって $a = (a^{-1})^{-1} \in R$ となり仮定に反する．よって $v(a^{-1}) > 0$ であり $a^{-1} \in \mathfrak{m}_R$ である．$\mathfrak{m}_S \cap R = \mathfrak{m}_R$ であるので，$a^{-1} \in \mathfrak{m}_S$ であるが，$a \in S$ であるので $1 = a \cdot a^{-1} \in \mathfrak{m}_S$ となり，仮定に反する．よって $S = R$ でなければならない．
十分条件の証明は長くなるので略する． ■

問 5 $G = \mathbb{Z}$ のとき付値 v を**離散付値**(discrete valuation)といい，v の付値環 R を**離散付値環**(discrete valuation ring)という．離散付値環 R の極大イデアル $\mathfrak{m}$ は 1 個の元 π から生成され (π を R の**素元**(prime element)という)，R のイデアルは $(\pi^n) = \mathfrak{m}^n$ の形をしていることを示せ．

例題 5.7 付値環 R から定まるアフィンスキーム $\operatorname{Spec} R$ からスキーム X への射 $q: \operatorname{Spec} R \to X$ を与えることは，以下の条件を満足する X の点 x_1 と $\{x_1\}$ の X での閉包 $Z = \overline{\{x_1\}}$ の点 x_0 を与えることと同値であることを示せ．
 (1) 点 x_1 での剰余体 $k(x_1)$ の K への体の埋め込み $k(x_1) \subset K$ が与えられている．
 (2) Z に X の被約閉部分スキームの構造を入れたときに R は $\mathcal{O}_{Z,x_0}$ を支配する．

[解] R のイデアル (0) に対応する $\operatorname{Spec} R$ の点 (生成点) を η_1，極大イデ

アル $\mathfrak{m}_R$ に対応する $\operatorname{Spec} R$ の点を η_0 と記し,$x_1 = q(\eta_1)$, $x_0 = q(\eta_0)$ とする.局所準同型写像 $\mathcal{O}_{X,x_1} \to K = \mathcal{O}_{\operatorname{Spec} R, \eta_1}$ を与えることは体の単射準同型写像 $k(x_1) = \mathcal{O}_{X,x_1}/\mathfrak{m}_{x_1} \subset K$ を与えることと同値である.また X の閉集合 Z の q による逆像 $q^{-1}(Z)$ は $\operatorname{Spec} R$ の閉集合であり,$q^{-1}(Z)$ は $\operatorname{Spec} R$ の生成点を含んでいるので $q^{-1}(Z) = \operatorname{Spec} R$ であり,したがって特に $\eta_0 \in q^{-1}(Z)$ である.よって $x_0 = q(\eta_0) \in Z$ である.$\operatorname{Spec} R$ は被約スキームであるので,Z に被約閉部分スキームの構造を入れるとスキームの射 $q: \operatorname{Spec} R \to Z$ ができる.局所準同型写像 $\mathcal{O}_{Z,x_0} \to R = \mathcal{O}_{\operatorname{Spec} R, \eta_0}$ で体の埋め込み $k(x_1) \subset K$ と両立するものを与えることは,$k(x_1) = \mathcal{O}_{Z,x_1}$ であり,$\mathcal{O}_{Z,x_0} \subset \mathcal{O}_{Z,x_1}$ を与えることと考えることができることから(下の問 6 を参照のこと)R が $\mathcal{O}_{Z,x_0}$ を支配することと同値である.また,R が $\mathcal{O}_{Z,x_0}$ を支配すれば $\mathcal{O}_{Z,x_0} \subset R$ から定まるスキームの射 $\operatorname{Spec} R \to \operatorname{Spec} \mathcal{O}_{Z,x_0}$ と自然な射 $\operatorname{Spec} \mathcal{O}_{Z,x_0} \to X$ の合成は $q: \operatorname{Spec} R \to X$ を与える.∎

上の例題に出てきたように,スキーム X の点 x_0 が点 $x_1 \in X$ の閉包に含まれるとき,点 x_0 を x_1 の**特殊化**(specialization)という.

問 6 スキーム X の任意の開集合 U に対して $\Gamma(U, \mathcal{O}_X)$ が整域のとき X を整スキームという.このとき X は生成点 x を持ち,$\mathcal{O}_{X,x}$ は体であることを示せ.また X の任意の点 y に対して $\mathcal{O}_{X,y}$ は $\mathcal{O}_{X,x}$ の部分環と見ることができることを示せ.

問 7 可換環 A の素イデアル $\mathfrak{p}$ に対応するアフィンスキーム $\operatorname{Spec} A$ の点 x の閉包 $\overline{\{x\}}$ は
$$\overline{\{x\}} = \{\mathfrak{q} \mid \mathfrak{q} \text{ は } A \text{ の素イデアル}, \mathfrak{q} \supset \mathfrak{p}\}$$
であることを示せ.また,集合として $\overline{\{x\}} = \operatorname{Spec} A/\mathfrak{p}$ と見ることができることを示せ.

特殊化を使った閉集合の特徴づけを行なう次の補題は,以下で大切な役割をする.

補題 5.8 スキームの準コンパクト射 $f: X \to Y$ に対して,$f(X)$ が Y の閉集合であるための必要十分条件は $f(X)$ の点が特殊化で閉じている,すな

わち $x \in f(X)$, $y \in \overline{\{x\}}$ であれば $y \in f(X)$ が成り立つことである.

[証明] 閉集合の点が特殊化で閉じていることは定義から明らかである.

逆に $f(X)$ が特殊化で閉じていると仮定する. X と Y とは共に被約スキームであると仮定してよく, 必要ならば Y のかわりに $\overline{f(X)}$ に被約スキームの構造を入れることによって $Y = \overline{f(X)}$ と仮定することができる. Y の点 y を任意にとり $y \in f(X)$ を示せばよい. そこで y を含む Y のアフィン開集合 $\operatorname{Spec} A$ をとり, X と Y のかわりに $f^{-1}(\operatorname{Spec} A)$ と $\operatorname{Spec} A$ を考えることによって $Y = \operatorname{Spec} A$ としても一般性を失わない. f は準コンパクト射であるので, $X = f^{-1}(\operatorname{Spec} A)$ は有限個のアフィン開集合 $\{X_j = \operatorname{Spec} B_j\}_{j \in J}$ で覆われると仮定してよい. そこで, 射 f を X_j 上に制限して, 射 $f_j \colon X_j = \operatorname{Spec} B_j \to Y = \operatorname{Spec} A$ を考える. 記号を簡単にするため, 以下 B_j を B と記す. この射は可換環の準同型写像 $g \colon A \to B$ に対応する. X, Y は被約スキームと仮定したので, A, B はべき零元を持たない. また必要ならば A を $\operatorname{Im} g$ に換えることによって, g は単射と仮定してよい. また Y が既約でなければ既約成分をとることによって Y は既約と仮定しても一般性を失わない. すなわち $Y = \operatorname{Spec} A$ は被約かつ既約と仮定してよいので A は整域である. A の素イデアル (0) に対応する点を y' と記すと $Y \subset \overline{\{y'\}} = \operatorname{Spec} A$ である. A の商体を K と記すと A の (0) による局所化は K になる. B を g によって A 加群と見て A の素イデアル (0) で局所化したものは $B \otimes_A K$ と同型であり, K 代数の構造を持つ. また局所化は完全列を保つので, $g_K \colon K \to B \otimes_A K$ は単射である. $B \otimes_A K$ の任意の素イデアル $\mathfrak{q}_0$ に対して $g_K^{-1}(\mathfrak{q}_0) = (0)$ が成立する. 自然な準同型写像 $\lambda \colon B \to B \otimes_A K$ による $\mathfrak{q}_0$ の逆像を $\mathfrak{q}$ と記すと, $\mathfrak{q}$ は素イデアルでありかつ $g^{-1}(\mathfrak{q}) = (0)$ が成り立つ. なぜならば $a \in g^{-1}(\mathfrak{q})$, $a \neq 0$ となる元が存在すれば $1 = \dfrac{a}{a} \in K$ より $1 = g_K\left(\dfrac{a}{a}\right) \in \mathfrak{q}_0$ となり仮定に反するからである. 素イデアル $\mathfrak{q}$ に対応する $X_j = \operatorname{Spec} B$ の点を x' と記すと $f_j(x') = y'$ となる.

以上の議論によって $y' \in f(X)$ であることが分かった. y は y' の特殊化であり, $f(X)$ は特殊化によって閉じているので $y \in f(X)$ である. したがって $\overline{f(X)} = f(X)$ となり, $f(X)$ は閉集合であることが分かる. ∎

以上の議論のもとに，固有射を付値環を使って特徴づけてみよう．

定理 5.9（**固有性の付値判定法**(valuative criterion of properness)） スキームの射 $f: X \to Y$ は有限型射であり，X は Noether 的スキームであるとする．射 f が固有射であるための必要十分条件は任意の付値環 R に対して図式

$$\begin{array}{ccc} \operatorname{Spec} K & \xrightarrow{s_1} & X \\ \iota \downarrow & & \downarrow f \\ \operatorname{Spec} R & \xrightarrow{s} & Y \end{array}$$

を可換にするスキームの射 $s_1: \operatorname{Spec} K \to X$（$K$ は R の商体），$s: \operatorname{Spec} R \to Y$ が与えられれば，図式

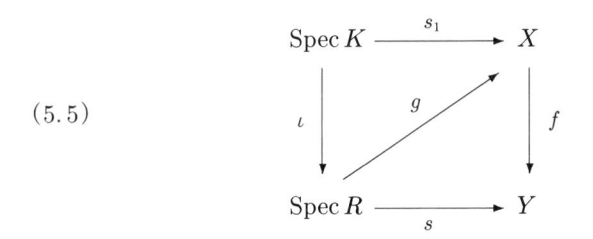

(5.5)
$$\begin{array}{ccc} \operatorname{Spec} K & \xrightarrow{s_1} & X \\ \iota \downarrow & \nearrow^{g} & \downarrow f \\ \operatorname{Spec} R & \xrightarrow{s} & Y \end{array}$$

を可換にする射 $g: \operatorname{Spec} R \to X$ が唯ひとつ存在することである．ここで $\iota: \operatorname{Spec} K \to \operatorname{Spec} R$ は $R \subset K$ より定まる自然な開移入である．

［証明］ f は固有射であると仮定する．まず $g: \operatorname{Spec} R \to X$ の存在を示す．$s: \operatorname{Spec} R \to Y$ による基底変換

$$\begin{array}{ccc} X_R = X \times_Y \operatorname{Spec} R & \longrightarrow & X \\ f_R \downarrow & & \downarrow f \\ \operatorname{Spec} R & \longrightarrow & Y \end{array}$$

を考えると f_R は閉射である．また $\iota: \operatorname{Spec} K \to \operatorname{Spec} R$, $s_1: \operatorname{Spec} K \to X$ より射 $(s_1, \iota): \operatorname{Spec} K \to X_R$ が定まる．$\operatorname{Spec} K$ の唯一の点 η_1 の射 (s_1, ι) による像を $\xi_1 \in X_R$ と記す．$Z = \overline{\{\xi_1\}}$ とおき Z に X_R の被約閉部分スキームの構造を入れる．f_R は閉射であるので $Z' = f_R(Z)$ は $\operatorname{Spec} R$ の閉集合であるが，$f_R(\xi_1) = \iota(\eta_1)$ は $\operatorname{Spec} R$ の生成点であるので $Z' = \operatorname{Spec} R$ である．$\operatorname{Spec} R$ の

唯一の閉点を η_0 と記すと，補題 5.8 より $f_R(\xi_0)=\eta_0$ となる Z の点 ξ_0 が存在する．すると射 f_R の Z への制限から可換環の準同型写像 $\varphi\colon R\to\mathcal{O}_{Z,\xi_0}$ が定まる．一方 Z の生成点 ξ_1 の剰余体 $k(\xi_1)$ は射 (s_1,ι) により K の部分体と見ることができる．問 6 から分かるように $k(\xi_1)$ は $\mathcal{O}_{Z,\xi_0}$ の商体でもある．すなわち，$\mathcal{O}_{Z,\xi_0}\subset k(\xi_1)\subset K=R$ の商体と見ることができる．これより φ は単射であることが分かり，また φ は局所準同型写像であるが，命題 5.6 より R は K に含まれる局所環として極大であるので φ は同型写像でなければならない．したがって特に R は $\mathcal{O}_{Z,\xi_0}$ を支配する．以上の議論によって例題 5.7 の条件が満足されることが分かり，射 $g_R\colon \operatorname{Spec} R\to X_R$ が存在することが分かる．この射に，自然な射 $X_R\to X$ を合成することによって射 $g\colon \operatorname{Spec} R\to X$ を得る．射 g の構成法より図式 (5.5) が可換図式になることは明らかである．

次に射 g は唯ひとつ存在することを示そう．g' も図式 (5.5) を可換にする $\operatorname{Spec} R$ から X への射とする．$\operatorname{Spec} R$ の閉点 η_0 の g, g' による像をそれぞれ ξ_0, ξ_0' と記す．$f\colon X\to Y$ は分離射であるので対角射 $\Delta_{X/Y}\colon X\to X\times_Y X$ は閉移入である．射 $(g,g')\colon \operatorname{Spec} R\to X\times_Y X$ を考えると，g, g' は $\operatorname{Spec} K$ 上に制限すると X への射として一致するので，$\operatorname{Spec} R$ の生成点の (g,g') による像 (ξ_1,ξ_1) は対角集合 $\Delta_{X/Y}(X)$ 上にある．$\Delta_{X/Y}(X)$ は閉集合であるので補題 5.8 より特殊化に関して閉じている．一方 (ξ_0,ξ_0') は (ξ_1,ξ_1) の特殊化であり，したがって $(\xi_0,\xi_0')\in\Delta_{X/Y}(X)$ でなければならない．よって $\xi_0=\xi_0'$ である．例題 5.7 を使うことによって $g=g'$ であることが分かる．

逆に，定理の条件が満たされれば f は固有射であることを示そう．定理の仮定より射 f は有限型射である．そこで f は分離射であることを示そう．そのためには対角射 $\Delta_{X/Y}\colon X\to X\times_Y X$ の像 $\Delta_{X/Y}(X)$ が特殊化に関して閉じていることを示せばよい．点 $\zeta_1\in\Delta_{X/Y}(X)$ の特殊化 ζ_0 を考える．$W=\overline{\{\zeta_1\}}$ に被約閉部分スキームの構造を入れる．ζ_1 の剰余体 $K=k(\zeta_1)$ と $\mathcal{O}_{W,\zeta_0}$ を考えると K は $\mathcal{O}_{W,\zeta_0}$ の商体と見ることができ，命題 5.6 より $\mathcal{O}_{W,\zeta_0}$ を支配する K の付値環 R が存在する．すると例題 5.7 より $\operatorname{Spec} R$ の生成点 η_1 を ζ_1 に，閉点 η_0 を ζ_0 に写す射 $h\colon \operatorname{Spec} R\to X\times_Y X$

が存在する．p_1, p_2 を $X \times_Y X$ から X への第1，第2成分への射影とし，$p_1 \circ h$, $p_2 \circ h$ を考え，さらに $f: X \to Y$ との合成を考えると $f \circ p_1 \circ h = f \circ p_2 \circ h$ が成り立つ．また $\zeta_1 \in \Delta_{X/Y}(X)$ より $p_1 \circ h$, $p_2 \circ h$ を $\operatorname{Spec} K$ へ制限するとこれらの射は一致する．よって定理の条件より $p_1 \circ h = p_2 \circ h$ でなければならない．するとファイバー積の定義より，射 h は対角射 $\Delta_{X/Y}$ を経由する．すなわち $\operatorname{Spec} R \xrightarrow{\tilde{h}} X \xrightarrow{\Delta_{X/Y}} X \times_Y X$ が h と一致するような射 $\tilde{h}: \operatorname{Spec} R \to X$ が存在する．よって $\zeta_0 \in \Delta_{X/Y}(X)$ であり，$\Delta_{X/Y}(X)$ は閉集合であることが分かった．

最後に f は絶対閉射であることを示そう．任意の射 $Y' \to Y$ に対して基底変換

$$\begin{array}{ccc} X' = Y' \times_Y X & \longrightarrow & X \\ f' \downarrow & & \downarrow f \\ Y' & \longrightarrow & Y \end{array}$$

と X' の閉集合 Z を考える．Z には被約閉部分スキームの構造を入れる．f が有限型射であるので f' も有限型射であり，したがって f' を Z' に制限した $f'_{Z'}$ も有限型射であり，特に準コンパクトである．記号を簡単にするために $f'_{Z'}$ も f' と略記する．さて，証明すべきことは $f'(Z)$ が閉集合になることであり，そのためには $f'(Z)$ が特殊化で閉じていることを示せばよい．点 $z_1 \in Z$ に対して $y_1 = f'(z_1) \in Y'$ の特殊化 y_0 を考える．$W = \overline{\{y_1\}}$ に被約閉部分スキームの構造を入れると $\mathcal{O}_{W, y_0}$ の商体は点 y_1 の剰余体 $k(y_1)$ である．$K = k(z_1)$ とおくと $k(y_1) \subset K$ であり，命題 5.6 より $\mathcal{O}_{W, y_0}$ を支配する K の付値環 R が存在する．これより，次の可換図式

$$\begin{array}{ccc} \operatorname{Spec} K & \xrightarrow{s'_1} & Z \\ \iota \downarrow & & \downarrow f' \\ \operatorname{Spec} R & \xrightarrow{s'} & Y' \end{array}$$

ができる．s'_1, s' にそれぞれ射 $Z \to X' \to X$, $Y' \to Y$ を合成することによっ

て射 $s_1\colon \operatorname{Spec} K \to X$, $s\colon \operatorname{Spec} R \to Y$ ができ，定理の条件より図式(5.5)を可換にする射 $g\colon \operatorname{Spec} R \to X$ が存在する．ファイバー積をとることにより，この射から射 $g'\colon \operatorname{Spec} R \to X'$ ができる．このとき，射 g からファイバー積によって射 g' ができたことにより，$\operatorname{Spec} R$ の生成点 η_1 の像 $g'(\eta_1)$ は Z の点 z_1 であり，Z は閉集合であることより $g'(\operatorname{Spec} R) \subset Z$ であることが分かる．$\operatorname{Spec} R$ の閉点 η_0 に対して $z_0 = g'(\eta_0)$ とおくと，$z_0 \in Z$ であり，$y_0 = f'(z_0)$ でなければならない．よって $f'(Z)$ は特殊化で閉じており，閉集合であることが分かった．以上の議論により f は絶対閉射である． ∎

上の定理の条件，図式(5.5)を可換にする唯一の射 $g\colon \operatorname{Spec} R \to X$ の存在は，Y 上のスキームの射の集合として同型

(5.6) $$\operatorname{Hom}_Y(\operatorname{Spec} R, X) \xrightarrow{\sim} \operatorname{Hom}_Y(\operatorname{Spec} K, X)$$
$$g \longmapsto g \circ \iota$$

が存在することと言い換えることができる．

また，上の証明で分離射に関する次の命題も同時に示していることに注意する．

命題 5.10（**分離射の付値判定法**(valuative criterion of separatedness)）スキームの射 $f\colon X \to Y$ を考える．X が Noether 的スキームのとき，f が分離射であるための必要十分条件は，図式

$$\begin{array}{ccc} \operatorname{Spec} K & \xrightarrow{s_1} & X \\ \iota \downarrow & & \downarrow f \\ \operatorname{Spec} R & \xrightarrow{s} & Y \end{array}$$

を可換にする射 s_1, s に対してすべての図式を可換にする射

$$t\colon \operatorname{Spec} R \longrightarrow X$$
$$g \longmapsto g \circ \iota$$

が高々 1 個存在することである． ∎

例 5.11 付値判定法を使って $\mathbb{Z}$ 上の n 次元射影空間 $\mathbb{P}^n_{\mathbb{Z}}$ の構造射 $\pi\colon \mathbb{P}^n_{\mathbb{Z}} \to$

$\operatorname{Spec}\mathbb{Z}$ が固有射であることを示してみよう. 付値環 R とその商体 K に関してスキームの射の可換図式

$$\begin{array}{ccc} \operatorname{Spec}K & \xrightarrow{s_1} & X=\mathbb{P}^n_{\mathbb{Z}} \\ {\scriptstyle\iota}\downarrow & & \downarrow{\scriptstyle f} \\ \operatorname{Spec}R & \xrightarrow{s} & Y=\operatorname{Spec}\mathbb{Z} \end{array}$$

が与えられたとしよう. 射 $s\colon \operatorname{Spec}R\to \operatorname{Spec}\mathbb{Z}$ は準同型写像

$$\begin{cases} \mathbb{Z} \longrightarrow R \\ m \longmapsto m\cdot 1 \\ 1\text{は}R\text{の単位元} \end{cases}$$

によって与えられる. $U_j=D_+(x_j)$, $j=0,1,\cdots,n$ は X のアフィン開被覆をなすので s_1 の像はこのいずれかの開集合に含まれる. 簡単のため $s_1(\operatorname{Spec}K)\subset D_+(x_0)$ と仮定しよう. すると射 s_1 は準同型写像

$$\varphi\colon \mathbb{Z}\Big[\frac{x_1}{x_0},\frac{x_2}{x_0},\cdots,\frac{x_n}{x_0}\Big]\longrightarrow K$$

に対応する. $\varphi\Big(\dfrac{x_j}{x_0}\Big)=a_j$, $j=1,2,\cdots,n$ とおき $a_j=\dfrac{b_j}{b_0}$, $b_0,b_j\in R$, $j=1,2,\cdots,n$ とおく. $v(b_0),v(b_1),\cdots,v(b_n)$ のうち最小のものを $v(b_i)$ とすると $v\Big(\dfrac{b_j}{b_i}\Big)\geqq 0$ となり $\dfrac{b_j}{b_i}\in R$ となる. そこで

$$\varphi_i\colon \mathbb{Z}\Big[\frac{x_0}{x_i},\frac{x_1}{x_i},\cdots,\frac{x_{i-1}}{x_i},\frac{x_{i+1}}{x_i},\cdots,\frac{x_n}{x_i}\Big]\longrightarrow R$$

を $\varphi_i\Big(\dfrac{x_j}{x_i}\Big)=\dfrac{b_j}{b_i}$, $j\neq i$ から定まる準同型写像とすると, φ_i から射 $g\colon \operatorname{Spec}R\to D_+(x_i)\subset X$ が定まる. g が一意的に定まることは R での比 $(b_0:b_1:\cdots:b_n)$ が一意的に定まることから容易に分かる. □

§5.2 射影スキーム上の準連接層

この節では第 4 章の議論を射影スキームにあてはめ, 精密な結果を求める.

射影スキームは代数幾何学で最も大切な研究対象である．

(a) 射影スキーム

射影スキームについては§2.3(c)で簡単に触れたが，ここで復習する．

次数環 $S = \bigoplus_{n=0}^{\infty} S_n$ が与えられたとき S_0 は可換環の構造を持ち，S は S_0 代数と見ることができる．また $S_+ = \bigoplus_{n \geq 1} S_n$ は S の斉次イデアルであるが，これを**無縁イデアル**(irrelevant ideal)と呼ぶ．次数環 S の無縁イデアル S_+ を含まない斉次素イデアルの全体を $\mathrm{Proj}(S)$ と記した．$\mathrm{Proj}(S)$ がスキームの構造を持つことは§2.3(c)で述べた．すなわち，S の斉次元 $f \in S_d$ に対して
$$D_+(f) = \{\mathfrak{p} \in \mathrm{Proj}\, S \mid f \notin \mathfrak{p}\}$$
を開集合の基底とし，$X = \mathrm{Proj}\, S$ とおくとき

(5.7) $$\Gamma(D_+(f), \mathcal{O}_X) = \left\{ \frac{g}{f^m} \,\Big|\, g \in S_{md},\ m \geq 0 \right\}$$

とおくことによって構造層 $\mathcal{O}_X$ を定義することができる．ところで(5.7)の右辺は，$g \in S_0$ のとき $\frac{g}{1} = \frac{fg}{f}$，$fg \in S_d$ が成り立つので，$m \geq 1$ の場合を考えてもよいことが分かる．(5.7)の右辺は S の $\{f^m\}_{m \geq 0}$ による局所化 S_f の次数 0 の部分 $(S_f)_0$ に他ならないが，これを以下 $S_{(f)}$ と記す．すなわち d 次斉次元 $f \in S_d$ に対して

(5.8) $$S_{(f)} = \left\{ \frac{g}{f^m} \,\Big|\, g \in S_{md},\ m \geq 0 \right\}$$

と記すと，$(D_+(f), \mathcal{O}_X \mid D_+(f)) = \mathrm{Spec}\, S_{(f)}$ であることが分かる．自然な準同型写像 $S_0 \ni a \mapsto \frac{a}{1} \in S_{(f)}$ によって射 $\mathrm{Spec}\, S_{(f)} \to \mathrm{Spec}\, S_0$ ができる．したがって，スキームの射 $\pi: \mathrm{Proj}\, S \to \mathrm{Spec}\, S_0$ ができる．これをスキーム $\mathrm{Proj}\, S$ の**構造射**と呼ぶ．

問 8 次数環 $S = \bigoplus_{m \geq 0} S_m$，$R = S_0$ に対して構造射 $\pi: \mathrm{Proj}\, S \to \mathrm{Spec}\, R$ は分離射であることを示せ．

例題 5.12 次数環 S と任意の正整数 e に対して S の部分環を

$$S^{(e)} = \bigoplus_{m=0}^{\infty} S_{me}$$

と定義する．このときスキームとして自然な同型射

$$\mathrm{Proj}\, S \simeq \mathrm{Proj}\, S^{(e)}$$

が存在することを示せ．特に，可換環 R 上の多項式環 $R[x_0, x_1, \cdots, x_n]$ の斉次イデアル I による次数環 $S = R[x_0, x_1, \cdots, x_n]/I$ を考える．$I = \bigoplus_{n=1}^{\infty} I_n$ と任意の正整数 n_0 に対して，$I' = \bigoplus_{n \geq n_0} I_n$ とおき，$R' = R[x_0, x_1, \cdots, x_n]/I'$ とおくと，$d \geq n_0$ で $S_d = S'_d$ が成立する．これより，$\mathrm{Proj}\, S \simeq \mathrm{Proj}\, S'$ であることを示せ．

[解] S の斉次素イデアル $\mathfrak{p}$ に対して $\mathfrak{p}' = S^{(e)} \cap \mathfrak{p}$ が $S^{(e)}$ の斉次素イデアルであることはただちに分かる．$\mathfrak{p}$ が S の無縁イデアル S_+ を含まなければ $a \notin \mathfrak{p}$, $a \in S_d$ となる斉次元がある．このとき $a^e \in S_{de}$, $a^e \notin \mathfrak{p}$ である．したがって $a^e \notin \mathfrak{p}'$ であり $\mathfrak{p}'$ は $S^{(e)}$ の無縁イデアル $S_+^{(e)}$ を含まない．よって集合としての写像

$$\iota: \mathrm{Proj}\, S \longrightarrow \mathrm{Proj}\, S^{(e)}$$
$$\mathfrak{p} \longmapsto \mathfrak{p}' = S^{(e)} \cap \mathfrak{p}$$

は単射である．次に $S^{(e)}$ の斉次素イデアル $\mathfrak{q}'$ を考える．$\mathfrak{q}'$ から生成される S のイデアル $\mathfrak{q}$ は斉次イデアルである．$a \in S_{d_1}$, $b \in S_{d_2}$, $ab \in \mathfrak{q}$ となる元 a, b が存在したと仮定する．$a^e b^e \in \mathfrak{q}'$ であるので $a^e \in \mathfrak{q}'$ または $b^e \in \mathfrak{q}'$ が成り立つ．そこで $\mathfrak{p} = \sqrt{\mathfrak{q}}$ とおくと $\mathfrak{p}$ は S の素イデアルであることが分かる．また $\mathfrak{p} \cap S^{(e)} = \mathfrak{q}'$ であることも明らか．よって射 ι は集合として全単射である．

ところで $\mathrm{Proj}\, S$ では $D_+(f) = D_+(f^e)$ が成立し，$f^e \in S_{de}$ であり，$D_+(f^e)$ の形の開集合は $\mathrm{Proj}\, S^{(e)}$ の開集合の基底になっている．さらに(5.8)で $\frac{g}{f^m} = \frac{f^{m(e-1)}g}{f^{em}}$ が成り立ち，$f^{m(e-1)}g \in S_{mde}$ であるので可換環の同型 $S_{(f)} \simeq S^{(e)}_{(f^e)}$ が存在することが分かる．よって $X = \mathrm{Proj}\, S$, $X' = \mathrm{Proj}\, S^{(e)}$ とおくと可換環の同型写像 $\Gamma(D_+(f), \mathcal{O}_X) \simeq \Gamma(D_+(f^e), \mathcal{O}_{X'})$ が存在し，これよりスキームとして $(X, \mathcal{O}_X)$ と $(X', \mathcal{O}_{X'})$ が同型であることが分かる．

また，最後の部分は $e \geqq n_0$ であれば $S^{(e)} = S'^{(e)}$ であるので正しい． ∎

この例題が示すように，スキーム $\operatorname{Proj} S$ を考えるときは，次数環 S のかわりにその部分環 $S^{(e)}$ を考えてもよいことが分かる．特に次数環 S が S_0 代数として有限生成で，$x_1, x_2, \cdots, x_n$ で生成され，$d_1 = \deg x_1$，$d_2 = \deg x_2$，$\cdots$，$d_n = \deg x_n$ のとき $d = d_1 \cdot d_2 \cdots d_n$ とおくと部分環 $S^{(d)} = \bigoplus_{m=0}^{\infty} S_{md}$ は S_0 代数として S_d の元で生成される．$T_m = S_{md}$ とおくと $T = \bigoplus_{m=0}^{\infty} T_m$ は次数環であり，T は $T_0 = S_0$ 代数として T_1 の元で生成される．このとき，上の例題より，スキームとして $\operatorname{Proj} S$ と $\operatorname{Proj} T$ は同型である．

問 9 次数環 $S = \bigoplus_{m=0}^{\infty} S_m$ が Noether 環であるための必要十分条件は S_0 が Noether 環でありかつ S が S_0 代数として有限生成であることを示せ．

以下では主として S_0 代数として S_1 の元から生成される次数環 S を考える．特に次数環 S が Noether 環であり S_0 代数として S_1 の元から生成されるときスキーム $\operatorname{Proj} S$（正確には $\operatorname{Proj} S$ と同型なスキーム）を考える場合が多い．上の議論と問 9 より，この場合，実質的には次数環 S を Noether 環と仮定することを意味する．上の例が示すようにアフィンスキームのときと違って $S \not\simeq S'$ でも $\operatorname{Proj} S \simeq \operatorname{Proj} S'$ となる場合が無数にあることに注意しよう．

さて，可換環の準同型写像 $\varphi: A \to B$ からアフィンスキームの射 $(\varphi^a, \varphi^\#)$: $\operatorname{Spec} B \to \operatorname{Spec} A$ が定まった（命題 2.29）．同様のことを次数環の準同型写像 $\varphi: S \to T$ に対して考えてみよう．アフィンスキームの場合との違いは $\operatorname{Proj} S$ や $\operatorname{Proj} T$ では無縁イデアルを含まない斉次素イデアルを考えている点である．

次数環の可換環としての準同型写像 $\varphi: S = \bigoplus_{m=0}^{\infty} S_m \to T = \bigoplus_{m=0}^{\infty} T_m$ はすべての非負整数 m に対して $\varphi(S_m) \subset T_m$ が成り立つとき**次数 0 の準同型写像** (homomorphism of degree 0) という．このとき $\mathfrak{p}$ が T の斉次素イデアルであれば $\varphi^{-1}(\mathfrak{p})$ は S の斉次素イデアルである．また $\varphi^{-1}(\mathfrak{p}) \supset S_+$ であることは $\mathfrak{p} \supset \varphi(S_+)$ と同値であるので

$$(5.9) \qquad G(\varphi) = D_+(\varphi(S_+)) = \{\mathfrak{p} \in \operatorname{Proj} T \mid \mathfrak{p} \not\supset \varphi(S_+)\}$$

とおく．すると $\mathfrak{p} \in G(\varphi)$ であれば $\varphi^{-1}(\mathfrak{p}) \in \operatorname{Proj} S$ であることが分かる．$D_+(\varphi(S_+)) = \bigcup_{h \in \varphi(S_+)} D_+(h)$ であるので $G(\varphi)$ は $\operatorname{Proj} T$ の開集合である．以下 $G(\varphi)$ に $\operatorname{Proj} T$ の開部分スキームの構造を入れて考える．このとき，次の命題が成立する．

命題 5.13 次数環 S から T への次数 0 の準同型写像 $\varphi \colon S \to T$ に対してスキームの射 $\varphi^a \colon G(\varphi) \to \operatorname{Proj} S$ が定まる．また射 φ^a はアフィン射である．

[証明] 斉次元 $f \in S_d$, $d \geqq 1$ に対して $g = \varphi(f)$ とおく．φ より可換環の準同型写像 $\varphi_f \colon S_{(f)} \to T_{(g)}$ が定まり，アフィンスキームの射 $\varphi_f^a \colon D_+(g) = \operatorname{Spec} T_{(g)} \to D_+(f) = \operatorname{Spec} S_{(f)}$ が定まる．$D_+(g)$ の各点は $g = \varphi(f)$ を含まない T の斉次イデアルであるので $D_+(g) \subset G(\varphi)$ である．f が S_+ の斉次元全部を動くとき $\{D_+(g)\}$ は $G(\varphi)$ のアフィン開被覆を与えるので，φ_f^a はスキームの射 $\varphi^a \colon G(\varphi) \to \operatorname{Proj} S$ を定める．また $(\varphi^a)^{-1}(D_+(f)) = D_+(\varphi(f))$ であることも容易に分かるので，φ^a はアフィン射である． ■

例 5.14 可換環 R 上で次数 e_j の元 x_j, $j = 0, 1, 2, \cdots, n$ から生成される次数環 $S = R[x_0, x_1, \cdots, x_n]$ を考える（$e_0 = e_1 = \cdots = e_n = 1$ のときが通常の多項式環である）．$\operatorname{Proj} S$ を R 上の**荷重**(weight) $e_0, e_1, \cdots, e_n$ の**荷重射影空間**(weighted projective space) と呼び $\mathbb{P}_R(e_0, e_1, \cdots, e_n)$ と記す．通常の多項式環 $R[y_0, y_1, \cdots, y_n]$ を考え可換環の準同型写像

$$\varphi \colon \quad S = R[x_0, x_1, \cdots, x_n] \longrightarrow T = R[y_0, y_1, \cdots, y_n]$$
$$x_j \longmapsto y_j^{e_j}$$

を考えると $\varphi(S_m) \subset T_m$ となり次数 0 の準同型写像であることが分かる．また $\varphi(S_+) = (y_0^{e_0}, y_1^{e_1}, \cdots, y_n^{e_n})$ であり，$\sqrt{\varphi(S_+)} = T_+$ である．よって $G(\varphi) = \operatorname{Proj} T = \mathbb{P}_R^n$ であり，スキームの射 $\varphi^a \colon \mathbb{P}_R^n \to \mathbb{P}_R(e_0, e_1, \cdots, e_n)$ が定まる．φ^a が有限射であることは容易に確かめることができる． □

例 5.15 次数環 $S = \bigoplus_{m=0}^{\infty} S_m$ は $R = S_0$ 代数として S_1 から生成されかつ有限生成であると仮定する．R 代数としての生成元 $z_0, z_1, \cdots, z_n \in S_1$ を選ぶ．すると R 上の多項式環 $R[y_0, y_1, \cdots, y_n]$ から S への次数 0 の全射準同型写像

$$\psi\colon R[y_0, y_1, \cdots, y_n] \longrightarrow S$$
$$y_j \longmapsto z_j$$

が存在する．$I = \mathrm{Ker}\,\psi$ は $R[y_0, y_1, \cdots, y_n]$ の斉次イデアルである．$R[y_0, y_1, \cdots, y_n]$ の無縁イデアルは $(y_0, y_1, \cdots, y_n)$ であり $\psi(y_0, y_1, \cdots, y_n) = S_+$ であるので $G(\psi) = \mathrm{Proj}\,S$ である．したがってスキームの射 $\psi^a\colon \mathrm{Proj}\,S \to \mathbb{P}_R^n$ が定まる．さらに ψ は $R[y_0, y_1, \cdots, y_n]/I$ と S との同型写像を与えるので ψ^a は $\mathrm{Proj}\,S$ と $\mathbb{P}_R^n$ の斉次イデアル I より定まる閉部分スキーム $V(I)$ との同型を与え，閉移入であることが分かる．すなわち $\mathrm{Proj}\,S$ は $\mathbb{P}_R^n$ の閉部分スキームと見なすことができる．ところで，系 5.5 より任意の可換環 R に対して構造射 $\mathbb{P}_R^n \to \mathrm{Spec}\,R$ は固有射である．また，構造射 $\pi\colon \mathrm{Proj}\,S \to \mathrm{Spec}\,R$ は閉移入 $\mathrm{Proj}\,S \to \mathbb{P}_R^n$ と構造射 $\mathbb{P}_R^n \to \mathrm{Spec}\,R$ の合成であるので，命題 5.3(i), (iii) より固有射である． □

ところで上の2つの例では $G(\varphi) = \mathrm{Proj}\,T$ であったが，$G(\varphi) \neq \mathrm{Proj}\,T$ である場合もたくさんある．簡単な例をあげておこう．

例 5.16 R 上の多項式環 $R[x_0, x_1, \cdots, x_n]$, $R[x_0, x_1, \cdots, x_n, x_{n+1}, \cdots, x_{n+m}]$, $m \geq 1$ を考える．自然な単射準同型写像

$$\varphi\colon S = R[x_0, x_1, \cdots, x_n] \longrightarrow T = R[x_0, x_1, \cdots, x_n, x_{n+1}, \cdots, x_{n+m}]$$
$$f(x_0, x_1, \cdots, x_n) \longmapsto f(x_0, x_1, \cdots, x_n)$$

を考える．これは次数環として次数 0 の準同型写像である．$S_+ = (x_0, x_1, \cdots, x_n)$ であり $\varphi(S_+) = (x_0, x_1, \cdots, x_n)$ である．したがって

$$G(\varphi) = D_+((x_0, x_1, \cdots, x_n)) \neq \mathbb{P}_R^{n+m}$$

である．φ が定めるスキームの射 $\varphi^a\colon G(\varphi) \to \mathbb{P}_R^n$ は $\mathbb{P}_R^{n+m}$ の開部分スキームからの射である． □

(b) 準連接層

次数環 $S = \bigoplus_{m=0}^{\infty} S_m$ が与えられたとき，加群 $M = \bigoplus_{n \in \mathbb{Z}} M_n$ が S 加群であり，かつ任意の m, n に対して $S_m \cdot M_n \subset M_{m+n}$ が成り立つとき，M を**次数 S 加**

群 (graded S-module) という. S の斉次元 $f \in S_d$ に対して

(5.10) $$M_{(f)} = \left\{ \frac{\alpha}{f^l} \,\bigg|\, l \geq 0,\ \alpha \in M_{ld} \right\}$$

とおくと $M_{(f)}$ は $S_{(f)}$ 加群であり, $\widetilde{M_{(f)}}$ は $\operatorname{Spec} S_{(f)} = D_+(f)$ 上の準連接層である. $g \in S_e$ であれば, 同様に $D_+(g) = \operatorname{Spec} S_{(g)}$ 上の準連接層 $\widetilde{M_{(g)}}$ が定義される. $D_+(fg) = D_+(f) \cap D_+(g)$ は $\operatorname{Spec} S_{(f)}$ の開集合 $D\left(\dfrac{g^d}{f^e}\right)$ と同一視することができる. また $M_{(fg)}$ は $M_{(f)}$ を $h = \dfrac{g^d}{f^e}$ で局所化した $(M_{(f)})_h$ と同一視できる. すなわち $\dfrac{\alpha}{(fg)^l}$, $\alpha \in M_{l(d+e)}$ に対して $\dfrac{\alpha}{(fg)^l} = \dfrac{\alpha(fg)^{l(d-1)}}{(fg)^{ld}}$ が成り立つので, $\dfrac{\alpha}{(fg)^l} \in M_{(fg)}$ に $\dfrac{\alpha(fg)^{l(d-1)}}{f^{l(d+e)}} \bigg/ h^l \in (M_{(f)})_h$ を対応させることによって $M_{(fg)}$ と $(M_{(f)})_h$ が同型であることを示すことができる. したがって, $\widetilde{M_{(f)}} \mid D_+(fg) = \widetilde{M_{(fg)}}$ が成り立ち, $X = \operatorname{Proj} S$ 上の準連接層が定義できる. これを $\widetilde{M}$ と記す. この定義より $\widetilde{S} = \mathcal{O}_X$ であることに注意する.

さて, 次数 S 加群 $M = \bigoplus_{m \in \mathbb{Z}} M_m$ と整数 l に対して, 新しい次数 S 加群 $M(l)$ を

(5.11) $$M(l) = \bigoplus_{m \in \mathbb{Z}} M(l)_m, \quad M(l)_m = M_{m+l}$$

と定義する. $M(0) = M$ である. また, 整数 l_1, l_2 に対して $M(l_1 + l_2) = (M(l_1))(l_2)$ である. $M(l)$ から準連接層 $\widetilde{M(l)}$ ができるが, 通常はこれを $\widetilde{M}(l)$ と記す. 特に $\widetilde{S(l)}$ は $\mathcal{O}_X(l)$ と記す. S 加群 $S(l)$ は S 加群として $1 \in S(l)_{-l}$ から生成される自由 S 加群であることに注意する.

以下の射影スキームの議論では, 次数環 $S = \bigoplus_{m=0}^{\infty} S_m$ は S_0 代数として S_1 で生成されると仮定して結論を得ることが多い. これは次の事実に基づく.

補題 5.17 次数環 $S = \bigoplus_{m=0}^{\infty} S_m$ が S_0 代数として S_1 で生成されていれば $\{D_+(f)\}_{f \in S_1}$ は $\operatorname{Proj} S$ のアフィン開被覆をなす.

[証明] S の無縁イデアル S_+ を含まない S の斉次素イデアル $\mathfrak{p}$ を考える. $\mathfrak{p} \supset S_1$ であれば, 仮定より S_1 は S_+ を生成するので $\mathfrak{p} \supset S_+$ となり仮定に反する. よって $f \notin \mathfrak{p}$ である元 $f \in S_1$ が存在する. このとき $\mathfrak{p} \in D_+(f)$ である.

よって $\mathrm{Proj}\, S \subset \bigcup_{f\in S_1} D_+(f)$ であることが分かる. ∎

問 10 次数環 S の斉次元のなす集合 $\{f_\lambda\}_{\lambda\in\Lambda}$ に対して, $\{D_+(f_\lambda)\}_{\lambda\in\Lambda}$ が $\mathrm{Proj}\, S$ のアフィン開被覆であるための必要十分条件は, $\{f_\lambda\}_{\lambda\in\Lambda}$ の生成する S の斉次イデアル J が $\sqrt{J} \supset S_+$ を満足することであることを示せ.

例題 5.18 次数環 S が S_0 代数として S_1 で生成されるとき, 任意の整数 l に対して, $X = \mathrm{Proj}\, S$ 上の準連接層 $\mathcal{O}_X(l)$ は可逆層であることを示せ.

[解] 補題 5.17 より $\{D_+(f)\}_{f\in S_1}$ は $X = \mathrm{Proj}\, S$ の開被覆をなす. $S(l)_m = S_{m+l}$ であるので, $f \in S_1$ のとき

$$S(l)_{(f)} = \left\{ \frac{\beta}{f^n} \,\middle|\, n \geq 0,\ \beta \in S(l)_n = S_{n+l} \right\}$$

が成り立つ. このとき $S_{(f)}$ 加群の準同型写像

$$\varphi_{(f)}\colon\ S_{(f)} \longrightarrow S(l)_{(f)}$$
$$\frac{\alpha}{f^n} \longmapsto \frac{\alpha f^l}{f^n}$$

は同型写像である. $\varphi_{(f)}$ の逆写像は $S_{(f)}$ 準同型写像

$$\psi_{(f)}\colon\ S(l)_{(f)} \longrightarrow S_{(f)}$$
$$\frac{\beta}{f^n} \longmapsto \frac{\beta}{f^{n+l}}$$

で与えられることが容易に分かる. この同型写像 $\varphi_{(f)}$ は $D_+(f)$ で $\mathcal{O}_{D_+(f)}$ 加群の同型写像 $\mathcal{O}_{D_+(f)} \simeq \mathcal{O}_X(l)|D_+(f)$ を引き起こす. よって $\mathcal{O}_X(l)$ は可逆層である. ∎

次に次数 S 加群 M, N のテンソル積 $M \otimes_S N$, $\mathrm{Hom}_S(M, N)$ と準連接層との関係を見ておこう. $a \in M_{d_1},\ b \in N_{d_2}$ のとき

$$\deg(a \otimes b) = d_1 + d_2 = \deg(a) + \deg(b)$$

と次数を定義することによって $M \otimes_S N$ は次数 S 加群となることが分かる. $f \in S_d,\ a \in M_{d_1},\ b \in N_{d_2}$ のとき $f \cdot (a \otimes b) = (fa) \otimes b = a \otimes (fb)$ であるので, $S_d \cdot (M \otimes N)_n \subset (M \otimes N)_{n+d}$ が成り立つからである. $f \in S_d$ のとき $S_{(f)}$

加群の準同型写像

(5.12)
$$\lambda_{(f)}: M_{(f)} \otimes_{S_{(f)}} N_{(f)} \longrightarrow (M \otimes_S N)_{(f)}$$
$$\frac{a}{f^m} \otimes \frac{b}{f^n} \longmapsto \frac{a \otimes b}{f^{m+n}}$$

が定義でき，これより $X = \operatorname{Proj} S$ 上の $\mathcal{O}_X$ 加群の準同型写像

(5.13)
$$\widetilde{\lambda}: \widetilde{M} \otimes_{\mathcal{O}_X} \widetilde{N} \longrightarrow (M \otimes_S N)^{\sim}$$

が定義できることが分かる．S が S_0 代数として S_1 から生成されるとき $\widetilde{\lambda}$ は同型写像であることを後に示す．

次に次数 S 加群 $\operatorname{Hom}_S(M, N)$ を定義しよう．S 準同型写像 $\varphi: M \to N$ は任意の整数 m に対して $\varphi(M_m) \subset N_{m+n}$ がつねに成立するとき**次数 n の S 準同型写像**(S-homomorphism of degree n)と呼ぶ．S 加群 M から N への次数 n の S 準同型写像の全体を $\operatorname{Hom}_S(M, N)_n$ と記し，$\operatorname{Hom}_S(M, N)$ を

(5.14)
$$\operatorname{Hom}_S(M, N) = \bigoplus_{n \in \mathbb{Z}} \operatorname{Hom}_S(M, N)_n$$

と定義する．$\operatorname{Hom}_S(M, N)$ は $\operatorname{Hom}_S(M, N)_n$ の各元を n 次斉次元とすることによって次数 S 加群となる．$f \in S_d$ に対して $S_{(f)}$ 加群の準同型写像

(5.15) $$\mu_{(f)}: \operatorname{Hom}_S(M, N)_{(f)} \longrightarrow \operatorname{Hom}_{S_{(f)}}(M_{(f)}, N_{(f)})$$

を

(5.16)
$$\mu_{(f)}\left(\left(\frac{\varphi}{f^m}\right)\right)\left(\frac{a}{f^l}\right) = \frac{\varphi(a)}{f^{m+l}}, \quad \varphi \in \operatorname{Hom}_S(M, N)_{md}, \quad a \in M_{ld}$$

と定めることによって定義できる．$g \in S_e$ のとき $D_+(f) \cap D_+(g) = D_+(fg)$ であるが，自然な準同型写像

$$\operatorname{Hom}_S(M, N)_{(f)} \longrightarrow \operatorname{Hom}_S(M, N)_{(fg)}$$
$$\frac{\varphi}{f^m} \longmapsto \frac{g^m \cdot \varphi}{(fg)^m}$$

から引き起こされる図式

$$\begin{CD} \mathrm{Hom}_S(M,N)_{(f)} @>{\mu_{(f)}}>> \mathrm{Hom}_{S_{(f)}}(M_{(f)}, N_{(f)}) \\ @VVV @VVV \\ \mathrm{Hom}_S(M,N)_{(fg)} @>{\mu_{(fg)}}>> \mathrm{Hom}_{S_{(fg)}}(M_{(fg)}, N_{(fg)}) \end{CD}$$

は可換図式である.したがって $\mathcal{O}_X$ 加群の準同型写像

(5.17) $\qquad \tilde{\eta} \colon \mathrm{Hom}_S(M,N)^{\sim} \longrightarrow \underline{\mathrm{Hom}}_{\mathcal{O}_X}(\widetilde{M}, \widetilde{N})$

が定まる.$\tilde{\mu}$ がどのような場合に同型写像であるかというのが考えるべき問題である.その解答を与えるために次数 S 加群 M が有限表示であることを定義しておく必要がある.次数 S 加群 M に対して整数 $l_1, \cdots, l_s, m_1, \cdots, m_t$ を適当にとると 0 次の斉次射による S 加群の完全列

(5.18) $\qquad \bigoplus_{i=1}^s S(l_i) \longrightarrow \bigoplus_{j=1}^t S(m_j) \longrightarrow M \longrightarrow 0$

が存在するとき M を**有限表示**であるという.これは S 加群の有限表示の定義を次数 S 加群に拡張したものである.

以上の準備のもとに次の命題を証明することができる.

命題 5.19 次数環 S は S_0 代数として S_1 で生成されているとする.このとき次数 S 加群 M, N に対して (5.13) の $\mathcal{O}_X$ 準同型写像 $\tilde{\lambda}$ は同型写像である.また M が有限表示であれば (5.17) の $\mathcal{O}_X$ 準同型写像 $\tilde{\mu}$ は同型写像である.

[証明] S に関する仮定より $\{D_+(f)\}_{f \in S_1}$ は $X = \mathrm{Proj}\, S$ の開被覆である.したがって,$D_+(f)$ 上での層の同型を証明すればよい.まず (5.12) の準同型写像 $\lambda_{(f)}$ が $f \in S_1$ のとき同型写像であることを示そう.

$$\lambda_{(f)}\left(\sum_i \frac{a_i}{f^{m_i}} \otimes \frac{b_i}{f^{n_i}}\right) = 0, \quad a_i \in M_{m_i}, \quad b_i \in N_{n_i}$$

が成立したと仮定する.すると $\sum_i \dfrac{a_i \otimes b_i}{f^{m_i+n_i}} = 0$ が $(M \otimes_S N)_{(f)}$ で成立する.これは正整数 l を適当にとると $f^l\left(\sum_i a_i \otimes b_i\right) = 0$ が $M \otimes_S N$ で成立することを意味する.よって $\sum_i (f^l a_i) \otimes b_i = 0$ が成立し,$M_{(f)} \otimes_{S_{(f)}} N_{(f)}$ で $\sum_i \dfrac{f^l a_i}{f^{m_i+l}} \otimes$

§5.2 射影スキーム上の準連接層 —— 245

$\dfrac{b_i}{f^{n_i}}=0$ が成り立つ. $\dfrac{f^l a_i}{f^{m_i+l}}=\dfrac{a_i}{f^{m_i}}$ であるので $\sum_i \dfrac{a_i}{f^{m_i}}\otimes\dfrac{b_i}{f^{n_i}}=0$ が成立する. よって $\lambda_{(f)}$ は単射である. 次に $\dfrac{a\otimes b}{f^n}\in (M\otimes_S N)_{(f)},\ a\in S_d,\ b\in S_{n-d}$ に対して $\dfrac{a}{f^d}\in M_{(f)},\ \dfrac{b}{f^{n-d}}\in N_{(f)}$ であるので $\lambda_{(f)}\left(\dfrac{a}{f^d}\otimes\dfrac{b}{f^{n-d}}\right)=\dfrac{a\otimes b}{f^n}$ となり $\lambda_{(f)}$ は全射であることが分かる. よって $\tilde{\lambda}$ を $D_+(f)$ に制限したものは同型であることが分かる. $\{D_+(f)\}_{f\in S_1}$ は $X=\mathrm{Proj}\,S$ の開被覆であるので $\tilde{\lambda}$ は同型写像である.

次に M は有限表示であると仮定する. M に関して完全列(5.18)があると仮定してよい. このとき S 加群の完全列

$$0\longrightarrow \mathrm{Hom}_S(M,N)\longrightarrow \bigoplus_{j=1}^t \mathrm{Hom}_S(S(m_j),N)\longrightarrow \bigoplus_{i=1}^s \mathrm{Hom}_S(S(l_i),N)$$

が得られる. このことから, $f\in S$ に対して可換図式

(5.19)
$$\begin{array}{ccccc}
0 \longrightarrow & \mathrm{Hom}_S(M,N)_{(f)} & \longrightarrow & \bigoplus_{j=1}^t \mathrm{Hom}_S(S(m_j),N)_{(f)} & \longrightarrow \\
 & \mu_{(f)}\downarrow & & \downarrow & \\
0 \longrightarrow & \mathrm{Hom}_{S_{(f)}}(M_{(f)},N_{(f)}) & \longrightarrow & \bigoplus_{j=1}^t \mathrm{Hom}_{S_{(f)}}(S(m_j)_{(f)},N_{(f)}) & \longrightarrow
\end{array}$$

$$\begin{array}{cc}
\longrightarrow & \bigoplus_{i=1}^s \mathrm{Hom}_S(S(l_i),N)_{(f)} \\
 & \downarrow \\
\longrightarrow & \bigoplus_{i=1}^s \mathrm{Hom}_{S_{(f)}}(S(l_i)_{(f)},N_{(f)})
\end{array}$$

を得る. ここで(5.19)の横の列は2つとも完全列である. $\mu_{(f)}$ が同型であることを示すためには, 残り2つの縦の準同型写像が同型であることを示せばよいが, そのためには, 任意の整数 l に対して $S_{(f)}$ 準同型写像

(5.20) $\quad \nu_{(f)}\colon \mathrm{Hom}_S(S(l),N)_{(f)}\longrightarrow \mathrm{Hom}_{S_{(f)}}(S(l)_{(f)},N_{(f)})$

が同型写像であることを示せばよい. ところで, $\mathrm{Hom}_S(S(l),N)_n$ の各元 φ は $1\in S(l)_{-l}$ の行き先 $\varphi(1)\in N_{n-l}$ で定まるので, $\mathrm{Hom}_S(S(l),N)_n\simeq N_{n-l}$

であることが分かる．したがって S 加群として $\mathrm{Hom}_S(S(l), N) \simeq N(-l)$ であることが分かる．したがって(5.20)は

$$\nu_{(f)}: N(-l)_{(f)} \longrightarrow \mathrm{Hom}_{S_{(f)}}(S(l)_{(f)}, N_{(f)})$$

と書き直せ，$\dfrac{a}{f^n}$, $a \in N(-l)_n = N_{n-l}$, $\alpha \in S(l)_m = S_{m+l}$ に対して，$\varphi = \nu_{(f)}\left(\dfrac{a}{f^n}\right)$ は $\varphi\left(\dfrac{\alpha}{f^m}\right) = \dfrac{\alpha a}{f^{n+m}}$ で定義される $S_{(f)}$ 準同型写像である．$\alpha a \in M_{m+n}$ に注意する．さて，このとき $\varphi = 0$ であると仮定する．特に $1 \in S(l)_{-l}$ に対して $f^l \cdot 1 \in S(l)_{(f)}$ であり $\varphi(f^l \cdot 1) = \dfrac{f^l a}{f^n} = 0$ が成り立つ．よって適当に正整数 k を選ぶと $f^k a = 0$ が成り立つ．よって $\dfrac{a}{f^n} = \dfrac{f^k a}{f^{n+k}} = 0$ となる．したがって $\nu_{(f)}$ は単射であることが分かる．逆に $\psi \in \mathrm{Hom}_{S_{(f)}}(S(l)_{(f)}, N_{(f)})$ が与えられたとき，$\psi(f^l \cdot 1) = \dfrac{b}{f^m}$, $b \in N_m$ と書くことができる．このとき，$b \in N(-l)_{m+l}$ であり，$\dfrac{b}{f^{m+l}} \in N(-l)_{(f)}$ である．$\beta \in S(l)_k$ に対して

$$\nu_{(f)}\left(\dfrac{b}{f^{m+l}}\right)\left(\dfrac{\beta}{f^k}\right) = \dfrac{\beta b}{f^{m+k+l}}$$

が成り立つが，一方

$$\psi\left(\dfrac{\beta}{f^k}\right) = \psi\left(\dfrac{\beta}{f^{k+l}} \cdot (f^l \cdot 1)\right) = \dfrac{\beta}{f^{k+l}} \cdot \dfrac{b}{f^m} = \dfrac{\beta b}{f^{m+k+l}}$$

が成り立ち，$\psi = \nu_{(f)}\left(\dfrac{b}{f^{m+l}}\right)$ であることが分かる．よって $\nu_{(f)}$ は全射である．したがって $\nu_{(f)}$ は同型写像であることが分かり，(5.19)より $\mu_{(f)}$ は同型写像であることが分かった．したがって(5.17)の準同型写像 $\tilde{\mu}$ は各 $f \in S_1$ に対して $D_+(f)$ に制限すると同型写像である．$\{D_+(f)\}_{f \in S_1}$ は $\mathrm{Proj}\, S$ の開被覆であるので $\tilde{\mu}$ は同型写像である． ∎

系 5.20 次数環 S は S_0 代数として S_1 から生成されていると仮定する．このとき，任意の整数 l, m に対して $X = \mathrm{Proj}\, S$ 上の同型写像

$$\mathcal{O}_X(l) \otimes_{\mathcal{O}_X} \mathcal{O}_X(m) \simeq \mathcal{O}_X(l+m)$$

$$\mathcal{O}_X(-l) \simeq \underline{\mathrm{Hom}}_{\mathcal{O}_X}(\mathcal{O}_X(l), \mathcal{O}_X)$$

が存在する．また M が次数 S 加群であれば同型写像

$$\widetilde{M(l)} \simeq \widetilde{M} \otimes_{\mathcal{O}_X} \mathcal{O}_X(l)$$

が存在する. □

今までは次数 S 加群 M からできる $\mathrm{Proj}\,S$ 上の準連接層 $\widetilde{M}$ を考察してきたが, $\mathrm{Proj}\,S$ 上の任意の準連接層が次数 S 加群から得られるための S に関する十分条件を求めておこう. 以下しばらく次数環 S は S_0 代数として S_1 で生成されていると仮定する. $X = \mathrm{Proj}\,S$ 上の準連接層 $\mathcal{F}$ に対して $\mathcal{F}(n) = \mathcal{F} \otimes_{\mathcal{O}_X} \mathcal{O}_X(n)$ と定義し

(5.21) $$\Gamma_*(\mathcal{F}) = \bigoplus_{n \in \mathbb{Z}} \Gamma(X, \mathcal{F}(n))$$

と定義する. $\Gamma(X, \mathcal{F}(n))$ の元の次数を n と定めることによって $\Gamma_*(\mathcal{F})$ は次数 $\Gamma_*(\mathcal{O}_X)$ 加群になることが分かる. 斉次元 $f \in S_d$ に対して準同型写像

$$\alpha_n(f)\colon S_n \longrightarrow S(n)_{(f)} = \Gamma(D_+(f), \mathcal{O}_X(n))$$
$$a \longmapsto \frac{a}{1}$$

が定義できる. さらに斉次元 $g \in S_e$ に対して可換図式

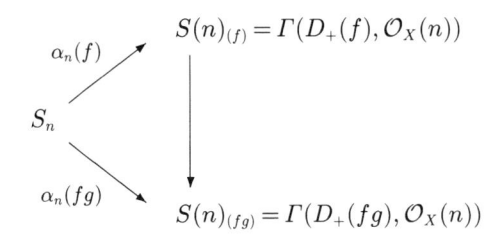

$$\begin{array}{c} & S(n)_{(f)} = \Gamma(D_+(f), \mathcal{O}_X(n)) \\ {\scriptstyle \alpha_n(f) \nearrow} & \downarrow \\ S_n & \\ {\scriptstyle \alpha_n(fg) \searrow} & \\ & S(n)_{(fg)} = \Gamma(D_+(fg), \mathcal{O}_X(n)) \end{array}$$

を得ることが容易に分かる. このことから, 任意の元 $a \in S_n$ に対して $\{\alpha_n(f)(a) \mid f \text{ は } S_+ \text{ の斉次元}\}$ は張り合わされて $\Gamma(X, \mathcal{O}_X(n))$ の元を定めることが分かる. このようにして加群の準同型写像

$$\alpha_n\colon S_n \longrightarrow \Gamma(X, \mathcal{O}_X(n))$$

が定義でき, さらに系 5.20 より次数環の準同型写像

(5.22) $$\alpha = \bigoplus_{n=0}^{\infty} \alpha_n \colon S = \bigoplus_{n=0}^{\infty} S_n \longrightarrow \Gamma_*(\mathcal{O}_X)$$

を定義することができる．準同型写像 α によって X 上の準連接層 $\mathcal{F}$ に対して $\Gamma_*(\mathcal{F})$ は次数 S 加群の構造を持つことが分かる．$f \in S_d$, $x \in \Gamma_*(\mathcal{F})_{nd}$ に対して $\dfrac{x}{f^n} \in \Gamma_*(\mathcal{F})_{(f)}$ である．x の $D_+(f)$ への制限を $x \mid D_+(f)$ と記すことにすると

$$\frac{x \mid D_+(f)}{(\alpha_d(f) \mid D_+(f))^n} \in \Gamma(D_+(f), \mathcal{F})$$

である．$\dfrac{x}{f^n} \in \Gamma_*(\mathcal{F})_{(f)}$ に

$$\frac{x \mid D_+(f)}{(\alpha_d(f) \mid D_+(f))^n} \in \Gamma(D_+(f), \mathcal{F})$$

を対応させることによって $S_{(f)}$ 加群の準同型写像

$$\beta_{(f)} : \Gamma_*(\mathcal{F})_{(f)} \longrightarrow \Gamma(D_+(f), \mathcal{F})$$

を定義することができる．さらに $g \in S_e$ をとると図式

$$\begin{array}{ccc} \Gamma_*(\mathcal{F})_{(f)} & \xrightarrow{\beta_{(f)}} & \Gamma(D_+(f), \mathcal{F}) \\ \downarrow & & \downarrow \\ \Gamma_*(\mathcal{F})_{(fg)} & \xrightarrow{\beta_{(fg)}} & \Gamma(D_+(fg), \mathcal{F}) \end{array}$$

は可換図式であることが容易に分かる．よって $\mathcal{O}_X$ 加群の準同型写像

(5.23) $$\beta_\mathcal{F} : \widetilde{\Gamma_*(\mathcal{F})} \longrightarrow \mathcal{F}$$

を定義することができる．準同型写像 α, β に関しては同型であるための十分条件として次の定理を証明することができる．

定理 5.21 次数環 S は S_0 代数として S_1 の有限個の元 $f_1, f_2, \cdots, f_n$ で生成されていると仮定する．このとき以下のことが成り立つ．

（i） S が整域であれば(5.22)の準同型写像 α は単射である．さらに f_i がすべての i に関して S の素元である(すなわちイデアル (f_i) が素イデアルである)ならば α は同型写像である．また，S が可換環 R 上の多項式環 $S = R[x_0, x_1, \cdots, x_n]$ のときも，α は同型写像である．

（ii） $\mathcal{F}$ が準連接的 $\mathcal{O}_X$ 加群であれば(5.23)の準同型写像 $\beta_\mathcal{F}$ は同型写像である．

［証明］ （i） $a \in S_m$ に対して $\alpha_m(a) = 0$ であれば

$$\alpha(a) \mid D_+(f_i) = \frac{a}{f_i^m} \cdot \frac{f_i^m}{1} = 0$$

であり，これより $\frac{a}{f_i^m} = 0$ がすべての i で成り立つ．したがって正整数 N を適当に大きくとると $f_i^N a = 0$, $i = 1, 2, \cdots, n$ が成り立つ．一方，仮定から S は S_0 代数として $f_1, f_2, \cdots, f_n$ から生成されており，また S は整域であるので $a = 0$ でなければならない．よって α は単射である．さらに f_i は S の素元であると仮定する．$h \in \Gamma(X, \mathcal{O}_X(m))$ に関して

$$h \mid D_+(f_i) = \frac{b_i}{f_i^{m_i}} \cdot \frac{f_i^m}{1} \in \Gamma(D_+(f_i), \mathcal{O}_X(m)) = S(m)_{(f_i)}, \quad b_i \in S_{m_i}$$

と書くことができる．$m_i \geqq m$ と仮定してよい．$D_+(f_i) \cap D_+(f_j) = D_+(f_i f_j)$ 上に $h \mid D_+(f_i)$, $h \mid D_+(f_j)$ を制限したものは一致しなければならない．すなわち

$$\frac{b_i}{f_i^{m_i}} \cdot \frac{f_i^m}{1} = \frac{b_j}{f_j^{m_j}} \cdot \frac{f_j^m}{1}$$

が $S(m)_{(f_i f_j)}$ で成立しなければならない．S が整域であることより，この条件は $b_i f_j^{m_j - m} = b_j f_i^{m_i - m}$ が成り立つことと同値である．$m_i > m$ であれば f_i は素元であることより $b_i \in (f_i)$ または $f_j \in (f_i)$ が成り立つ．もし $f_j \in (f_i)$ であれば $f_j = g f_i$, $g \in S_0$ と書ける．f_j も素元であるので g は S_0 の単元であり $D_+(f_i) = D_+(f_j)$ が成り立つ．したがってこの場合は特に考察する必要はなく，$b_i \in (f_i)$ と仮定してよい．よって $b_i = c_i f_i$ を満足する元 $c_i \in S_{m_i - 1}$ が存在する．

$$\frac{c_i}{f_i^{m_i - 1}} = \frac{b_i}{f_i^{m_i}}$$

であるので，上の議論を c_i に関して適用することによって $m_i = m$ と仮定してよいことが分かる．したがって $b_i f_j^{m_j - m} = b_j$ と仮定してよいが，$m_j > m$ のときは再び上と同様の議論によって $m_j = m$ の場合に帰着できる．よって任意の $1 \leqq i, j \leqq n$ に対して $b_i = b_j$ であると仮定することができる．これは $\alpha_m(b) = h$ を満足する元 $b \in S_m$ が存在することを意味し，α は全射であるこ

とが分かる．α は単射であったので，同型写像である．S が R 上の多項式環のときは $D_+(x_j)$, $j=0,1,\cdots,n$ が $X=\mathbb{P}_R^n$ のアフィン開被覆になるので，この開被覆に対して上と同様の議論が適用できる．今度は x_j は S の零因子でないことに注意すればよい．

(ii) $\beta_{\mathcal{F}}$ が同型であることを示すためには，各斉次元 $f \in S_d$ に対して $\beta_{\mathcal{F}_{(f)}}$ が同型であることを示せばよい．$\beta_{\mathcal{F}_{(f)}}$ を $\beta_{(f)}$ と略記する．$s \in \Gamma(X, \mathcal{F}(md))$ に対して

$$\beta_{(f)}(s \mid D_+(f)) = \frac{s \mid D_+(f)}{(\alpha_d(f) \mid D_+(f))^m}$$

である．もし $\beta_{(f)}(s \mid D_+(f))=0$ であれば $\beta_{(ff_i)}(s \mid D_+(ff_i))=0$ が各 i で成り立つ．すなわち

$$\frac{s \mid D_+(ff_i)}{(\alpha_d(f) \mid D_+(ff_i))^m} = 0.$$

したがって，正整数 N を十分大きくとると，すべての i に対して

$$(\alpha_d(f) \mid D_+(ff_i))^N \cdot s \mid D_+(ff_i) = (\alpha_d(f)^N s) \mid D_+(ff_i) = 0$$

が成り立つ．$\alpha_d(f)^N s \in \Gamma(X, \mathcal{F}((N+m)d))$ と考えることができる．また $\{D_+(ff_i)\}_{1 \le i \le n}$ はアフィンスキーム $D_+(f)$ の開被覆である．したがって $\alpha_d(f)^N s \mid D_+(f) = 0$ が成り立つ．すると

$$s \mid D_+(f) = \frac{s}{f^m} = \frac{\alpha_d(f)^N s}{f^{m+N}} = 0$$

が成立し，$\beta_{(f)}$ は単射であることが分かる．逆に $g \in \Gamma(D_+(f), \mathcal{F})$ をとる．

$$g \mid D_+(ff_i) \in \Gamma(D_+(ff_i), \mathcal{F}) = \Gamma(D_+(f_i), \mathcal{F})_{h_i}, \quad h_i = \frac{f}{f_i^d} \in S_{(f_i)}$$

と考えることができ，正整数 N を適当にとると $h_i^N(g \mid D_+(ff_i))$ は $\Gamma(D_+(f_i), \mathcal{F})$ の元へ，したがって $f^N(g \mid D_+(ff_i))$ は $\Gamma(D_+(f_i), \mathcal{F}(Nd))$ の元 s_i へ拡張できる．N を十分大きくとっておけば，すべての i に対して $f^N(g \mid D_+(ff_i))$ は $s_i \in \Gamma(D_+(f_i), \mathcal{F}(Nd))$ へ拡張できるとしてよい．このとき $s_i \mid D_+(ff_j)$ と $s_j \mid D_+(ff_j)$ の $D_+(ff_if_j)$ への制限は等しい．したがって正整数 M を適当にとると，上と同様の論法によって $(f^M s_i - f^M s_j) \mid D_+(f_if_j)$ を $\Gamma(D_+(f_if_j),$

$\mathcal{F}((N+M)d))$ の元と見たとき 0 となる. M を十分大にとっておけば,任意の i,j に対して $(f^M s_i - f^M s_j)|D_+(f_i f_j) = 0$ が成立する. これは $\{f^M s_i\}_{1 \leqq i \leqq n}$ は元 $s \in \Gamma(X, \mathcal{F}((N+M)d)$ を定めることを意味する. s の作り方より,$\beta_{(f)}\left(\dfrac{s}{f^{N+M}}\right) = g$ が成り立つことは容易に分かる. よって $\beta_{(f)}$ は全射になり,同型写像であることが示された. ■

以上,いささか長い一般的な議論をしたが,次の例は今後の議論で大切な役割をする.

例 5.22 可換環 R を係数とする多項式環 $S = R[x_0, x_1, \cdots, x_n]$ を考える. 上の定理より R 上の n 次元射影空間 $\mathbb{P}_R^n = \mathrm{Proj}\, R[x_0, x_1, \cdots, x_n]$ 上の可逆層 $\mathcal{O}(m)$ に関して次の事実が成立する.

$$(5.24) \qquad \Gamma(\mathbb{P}_R^n, \mathcal{O}_{\mathbb{P}_R^n}(m)) = \begin{cases} 0, & m < 0 \\ R[x_0, x_1, \cdots, x_n]_m, & m \geqq 0 \end{cases}$$

正確には α_m によって (5.24) の右辺と左辺との同一視をしているが,以下 (5.24) の略記法をつねに用いることにする. 特に $\Gamma(\mathbb{P}_R^n, \mathcal{O}_{\mathbb{P}_R^n}) = R$ である. 体 k 上の n 次元射影空間 $\mathbb{P}_k^n$ に対しては

$$(5.25) \qquad \dim_k \Gamma(\mathbb{P}_k^n, \mathcal{O}_{\mathbb{P}_k^n}(m)) = \begin{cases} 0, & m < 0 \\ \binom{m+n}{m}, & m \geqq 0 \end{cases}$$

が成り立つ. ただし $\binom{n}{0} = 1$ と約束する. $\Gamma(\mathbb{P}_k^n, \mathcal{O}_{\mathbb{P}_k^n}(m))$ が有限次元ベクトル空間であることに注意する. これはアフィンスキームの場合との大きな違いである. たとえば $Y = \mathrm{Spec}\, k[x]$ に対しては $\Gamma(Y, \mathcal{O}_Y) = k[x]$ であり,体 k 上無限次元のベクトル空間である. □

例題 5.23 次数 S 加群 $M = \bigoplus_{m \in \mathbb{Z}} M_m$ を考える. 整数 n_0 を任意に選んで $N = \bigoplus_{m \geqq n_0} M_m$ とおくと,N も次数 S 加群となる. このとき,$X = \mathrm{Proj}\, S$ 上の準連接層 $\widetilde{M}$ と $\widetilde{N}$ とは同型な $\mathcal{O}_X$ 加群であることを示せ.

[解] 次数 S 加群の次数 0 の S 準同型写像の完全列

$$0 \longrightarrow A \longrightarrow B \longrightarrow C \longrightarrow 0$$

を考える．斉次元 $f \in S_d$ に対して，完全列
$$0 \longrightarrow A_{(f)} \longrightarrow B_{(f)} \longrightarrow C_{(f)} \longrightarrow 0$$
を得る．したがって，$D_+(f)$ 上で $\mathcal{O}_{D_+(f)}$ 加群の完全列
$$0 \longrightarrow \widetilde{A_{(f)}} \longrightarrow \widetilde{B_{(f)}} \longrightarrow \widetilde{C_{(f)}} \longrightarrow 0$$
を得る．他の斉次元 $g \in S_e$ に対しても同様に $\mathcal{O}_{D_+(g)}$ 加群の完全列を得，2つの完全列は $D_+(gf)$ 上では一致する．このことから $\mathcal{O}_X$ 加群の完全列
$$0 \longrightarrow \widetilde{A} \longrightarrow \widetilde{B} \longrightarrow \widetilde{C} \longrightarrow 0$$
を得る．さて，N は M の部分 S 加群であり，S 加群の次数 0 の準同型写像の完全列
$$0 \longrightarrow N \longrightarrow M \longrightarrow L \longrightarrow 0$$
が存在する．ただし，$L_m = M_m/N_m$ である．仮定より $m > n_0$ であれば $L_m = 0$ である．したがって $\widetilde{L} = 0$ であることを示せばよい．そこで斉次元 $f \in S_d$ に対して $L_{(f)}$ を考える．$a \in L_{ld}$, $\dfrac{a}{f^l} \in L_{(f)}$ は $\dfrac{a}{f^l} = \dfrac{f^n a}{f^{l+n}}$ と書けるが，n を十分大きくとると $(n+l)d > n_0$ となり，$f^n a \in L_{(n+l)d}$ より $f^n a = 0$ となる．すなわち $\dfrac{a}{f^l} = 0$ であり，$L_{(f)} = 0$ である．よって $\widetilde{L} = 0$ となる．∎

すでに定理 5.21 で次数環 S が S_0 代数として有限個の S_1 の元で生成されていれば $X = \operatorname{Proj} S$ 上の準連接層 $\mathcal{F}$ は次数 S 加群 $M = \Gamma_*(\mathcal{F})$ によって $\mathcal{F} = \widetilde{M}$ と書き表わせることを示したが，この例題が示すように，アフィンスキームの場合と違って M は $\mathcal{F}$ から一意的に定まらないことに注意する．これからは Noether 環 S に対して $X = \operatorname{Proj} S$ 上の連接層が議論の中心になる．その際，次数 S 加群 $M = \bigoplus_{m \in \mathbb{Z}} M_m$ が有限 S 加群でなくても，$N = \bigoplus_{m \geq n_0} M_m$ が有限 S 加群になることがあるので注意をする必要がある．

問 11 次数 S 加群 L, M, N の次数 0 の S 準同型写像 $\varphi: L \to M$, $\psi: M \to N$ が与えられており，φ, ψ から引き起こされる列
$$0 \longrightarrow \bigoplus_{m \geq n_0} L_m \longrightarrow \bigoplus_{m \geq n_0} M_m \longrightarrow \bigoplus_{m \geq n_0} N_m \longrightarrow 0$$
が完全列であれば，$X = \operatorname{Proj} S$ 上の $\mathcal{O}_X$ 加群の準同型写像の列

$$0 \longrightarrow \widetilde{L} \longrightarrow \widetilde{M} \longrightarrow \widetilde{N} \longrightarrow 0$$

は完全列であることを示せ.

定理 5.24

(ⅰ) 次数環 S が Noether 環であれば $\mathrm{Proj}\, S$ は Noether 的スキームである.

(ⅱ) 次数環 S が $S_0 = R$ 上有限生成であれば構造射 $\pi\colon \mathrm{Proj}\, S \to \mathrm{Spec}\, R$ は有限型射である.

(ⅲ) 次数環 S は Noether 環かつ S_0 代数として S_1 で生成されているとする. このとき M が次数 S 加群でありかつ有限 S 加群であれば(これを**有限次数 S 加群**と呼ぶ), $\widetilde{M}$ は $X = \mathrm{Proj}\, S$ 上の連接層である. 逆に $\mathcal{F}$ が X 上の連接層であれば $\mathcal{F} = \widetilde{M}$ となる有限次数 S 加群が存在する.

[証明] (ⅰ) 正整数 d に対して $S^{(d)} = \bigoplus_{m=0}^{\infty} S_{md}$ とおく. S は Noether 環であるので S_0 は Noether 環であり, S は S_0 代数として有限個の斉次元 $f_1, f_2, \cdots, f_l$ で生成される(問 9). f_j の次数を d_j とする. $G = \{f_1^{n_1} f_2^{n_2} \cdots f_l^{n_l} \mid 0 \leq n_j < d, j = 1, \cdots, n, \sum_{j=1}^{l} n_j d_j \equiv 0 \pmod{d}\}$ とおくと G は $S^{(d)}$ の斉次元よりなる有限部分集合である. $S^{(d)}$ は S_0 代数として G から生成されることを示そう. S_{md} の元は $\sum \alpha_{m_1, \cdots, m_l} f_1^{m_1} \cdots f_l^{m_l}$ の形をしており $\sum m_j d_j = md$ が成り立つ. したがって $f_1^{m_1} \cdots f_l^{m_l}$ は G の元の積で書き表わすことができる. よって $S^{(d)}$ は S_0 代数として G から生成され, S_0 は Noether 環であるので $S^{(d)}$ も Noether 環である(問 9). $f \in S_d$ に対して準同型写像

(5.26)
$$\psi\colon S^{(d)}/(f-1) \longrightarrow S_{(f)}$$
$$[x] \longmapsto \frac{x}{f^m}, \quad [x] \text{ は } x \in S_{md} \text{ の像}$$

が定義できる. ψ が全射であることは容易に分かる. 一方, $\psi\left(\sum_{i=1}^{k} [x_i]\right) = 0$, $x_i \in S_{m_i d}$ が成立したとすると, $m \geq m_i$, $i = 1, \cdots, k$ を 1 つ選ぶと

$$0 = \psi\left(\sum_{i=1}^{k} [x_i]\right) = \sum_{i=1}^{k} \frac{x_i}{f^{m_i}} = \sum_{i=1}^{k} \frac{f^{m-m_i} x_i}{f^m}$$

と書ける.したがって正整数 N を適当にとると $f^N\left(\sum_{i=1}^{k} f^{m-m_i}x_i\right) = 0$ が成り立つ.よって $S^{(d)}/(f-1)$ で $\sum_{i=1}^{k}[x_i] = 0$ が成立し,ψ は単射であることが分かり,ψ は可換環の同型写像である.$S^{(d)}/(f-1)$ は Noether 環であるので $S_{(f)}$ も Noether 環である.一方 S は S_0 代数として $f_1, \cdots, f_l$ で生成されているので $\mathrm{Proj}\, S = \bigcup_{j=1}^{l} D_+(f_j)$ である.$D_+(f_j) = \mathrm{Spec}\, S_{(f_j)}$ であるが,$S_{(f_j)}$ は Noether 環であり,したがって $D_+(f_j)$ は Noether 的スキームである.よって $\mathrm{Proj}\, S$ も Noether 的スキームである.

(ii) (i)の議論で S が S_0 上有限生成であれば $S^{(d)}$ も S_0 上有限生成であることが示されている(この部分の証明は S が Noether 環であることは使っていない).また(5.26)の準同型写像 ψ が同型であることも Noether 環の仮定なしに示されている.$S^{(d)}$ が S_0 代数として有限生成であるので,$S^{(d)}/(f-1)$ も S_0 代数として有限生成であり,したがって $S_{(f)}$ も S_0 代数として有限生成である.S_0 代数としての S の生成元を $f_1, f_2, \cdots, f_l$ とすると $\mathrm{Proj}\, S = \bigcup_{j=1}^{l} D_+(f_j)$ であり,$S_{(f_j)}$ は有限生成 S_0 代数であるので $\mathrm{Proj}\, S$ は $\mathrm{Spec}\, S_0$ 上有限型である.

(iii) S の S_0 代数としての生成元 $f_1, \cdots, f_l \in S_1$ を 1 つ選ぶと,$\mathrm{Proj}\, S = \bigcup_{j=1}^{l} D_+(f_j)$ である.(i)により $S_{(f_j)}$ は Noether 環であり,$\mathrm{Proj}\, S$ は Noether 的スキームである.したがって $M_{(f_j)}$ が有限 $S_{(f_j)}$ 加群であることがいえれば $\widetilde{M}$ は連接層であることが分かる.斉次元 $f \in S$ に対して,(i)の議論と同様にして $M^{(d)} = \bigoplus_{m \in \mathbb{Z}} M_{md}$ とおくと加群の準同型写像
$$\psi_M : M^{(d)}/(f-1)M^{(d)} \longrightarrow M_{(f)}$$
は同型写像であることが分かる.しかも $M^{(d)}/(f-1)M^{(d)}$ を $S^{(d)}/(f-1)$ 加群と見ると(5.26)の同型写像 ψ によって,ψ_M は $S^{(d)}/(f-1)$ 加群と $S_{(f)}$ 加群との同型写像を与える.特に $f \in S_1$ のときは $M/(f-1)M$ が $S/(f-1)$ 加群となるが,M は S 加群として有限生成であるので,$M/(f-1)M$ は $S/(f-1)$ 加群として有限生成である.したがって $M_{(f)}$ は $S_{(f)}$ 加群として有限生成である.よって $\widetilde{M_{(f)}}$ は $\mathrm{Spec}\, S_{(f)} = D_+(f)$ 上の連接層である.$\widetilde{M}|D_+(f) = \widetilde{M_{(f)}}$ であるので $\widetilde{M}$ は連接層である.

逆に $X = \mathrm{Proj}\, S$ 上の連接層 $\mathcal{F}$ に対して,定理 5.21 より,$N = \Gamma_*(\mathcal{F})$ とおくと $\widetilde{N} = \mathcal{F}$ である.$\mathrm{Proj}\, S = \bigcup_{j=1}^{l} D_+(f_j)$ であり,$\mathcal{F} | D_+(f_j)$ は $D_+(f_j) = \mathrm{Spec}\, S_{(f_j)}$ 上の連接層であるので $\Gamma(D_+(f_j), \mathcal{F}) = N_{(f_j)}$ は有限生成 $S_{(f_j)}$ 加群である.その生成元を $\dfrac{\alpha_{ji}}{f_j^{d_{ij}}}$, $i = 1, 2, \cdots, s_j$, $\alpha_{ji} \in N_{d_{ij}}$ とする.$\{d_{ij},\ 1 \leqq j \leqq l,\ 1 \leqq i \leqq s_j\}$ の最大値を d と記し,

$$\frac{\alpha_{ji}}{f_j^{d_{ij}}} = \frac{f_j^{d - d_{ji}} \alpha_{ji}}{f_j^d} = \frac{\beta_{ji}}{f_j^d}$$

と書き直す.$\beta_{ji} = N_d$ である.N の部分 S 加群 M を $M = \sum_{j,i} S\beta_{ji}$ と定義すると,M は有限次数 S 加群であり,$M_{(f_j)} = N_{(f_j)}$ であるので $\widetilde{M} = \widetilde{N}$ が成り立つ.すなわち $\mathcal{F} = \widetilde{M}$ が成立する. ∎

例 5.25 可換環 R 上の n 次元射影空間 $P = \mathbb{P}_R^n$ の準連接的イデアル層 $\mathcal{J}$ から定まる閉部分スキームを X と記す.$\Gamma_*(\mathcal{J})$ は $\Gamma_*(\mathcal{O}_P)$ の斉次イデアルであるが,例 5.22 より $\Gamma_*(\mathcal{O}_P) = R[x_0, x_1, \cdots, x_n]$ とみなすことができる.$J = \Gamma_*(\mathcal{J})$ はしたがって $R[x_0, x_1, \cdots, x_n]$ の斉次イデアルであり,$S = R[x_0, x_1, \cdots, x_n]/J$ とおくと,定理 5.21(ii) より $\widetilde{J} = \mathcal{J}$ であり,$X = \mathrm{Proj}\, S$ となる.

逆に,R が体 k のとき m 次斉次式 $F \in k[x_0, x_1, \cdots, x_n]$ から生成される斉次イデアルを J と記す.$V(F) = \mathrm{Proj}\, k[x_0, x_1, \cdots, x_n]/J$ は $\mathbb{P}_k^n$ の閉部分スキームであるが,被約かつ既約のとき m 次**超曲面**(hypersurface of degree m)という.ただし,$n = 2$ のときは m 次平面曲線,$n = 3$ のときは m 次曲面という.$X = V(F)$ の定義イデアル $\mathcal{J}_X$ は $\widetilde{J}$ に他ならないが,これは各開集合 $D_+(x_j)$ 上では $f_j = F(x_0, x_1, \cdots, x_n)/x_j^m$ から生成されるイデアル層である.したがって同型

$$\begin{array}{ccc} \mathcal{J}_X \mid D_+(x_j) & \xrightarrow{\sim} & \mathcal{O}_X \mid D_+(x_j) \\ f_j h & \longmapsto & h \end{array}$$

が存在し,$\mathcal{J}_X$ は可逆層であることがわかる.上の同型から $\mathcal{J}_X \simeq \mathcal{O}_X(m)$ で

あることが分かる．$\mathcal{J}_X$ をしばしば $\mathcal{O}_P(-X)$ と記す． □

問 12 次数環 S が可換環 R 上の次数環である，すなわち $S_0=R$ であるとする．可換環の準同型写像 $\varphi\colon R\to A$ に対して $T=S\otimes_R A$ とおくと T は A 上の次数環である．このとき $\operatorname{Proj}T=\operatorname{Proj}S\times_{\operatorname{Spec}R}\operatorname{Spec}A$ であることを示せ．

（c） Proj $\mathcal{S}$

スキーム X 上の準連接的次数 $\mathcal{O}_X$ 代数の層 $\mathcal{S}=\bigoplus_{n=0}^{\infty}\mathcal{S}_n$ を考えよう．すなわち，準連接的 $\mathcal{O}_X$ 加群 $\mathcal{S}$ には積・が定義され
$$\mathcal{S}_m\cdot\mathcal{S}_n\subset\mathcal{S}_{m+n}$$
でありかつ積は $\mathcal{O}_X$ 双線形写像であるとする．このとき，射影 $p_n\colon\mathcal{S}\to\mathcal{S}_n$ と自然な単射準同型写像 $\iota_n\colon\mathcal{S}_n\to\mathcal{S}$ が存在し，これらは $\mathcal{O}_X$ 加群としての準同型写像であるので，$\mathcal{S}_n$ は $\iota_n\circ p_n$ の像と同型になり，系 4.24 より $\mathcal{S}_n$ は準連接層であることが分かる．特に $\mathcal{S}_0\cdot\mathcal{S}_0\subset\mathcal{S}_0$ であるので，$\mathcal{S}_0$ は $\mathcal{O}_X$ 代数の層であることも分かる．以下，$\mathcal{S}_0=\mathcal{O}_X$ の場合を考える．

さて，U を X のアフィン開集合とすると，$\mathcal{S}_n|U=\widetilde{\Gamma(U,\mathcal{S}_n)}$ であり，また
$$\left(\left(\bigoplus_{n=0}^{\infty}\Gamma(U,\mathcal{S}_n)\right)\right)^{\sim}=\bigoplus_{n=0}^{\infty}(\Gamma(U,\mathcal{S}_n))^{\sim}$$
であるので
$$\mathcal{S}|U=\bigoplus_{n=0}^{\infty}\widetilde{\Gamma(U,\mathcal{S}_n)}$$
であることが分かる．よって
$$\Gamma(U,\mathcal{S})=\bigoplus_{n=0}^{\infty}\Gamma(U,\mathcal{S}_n)$$
であることが分かる．よって，$U=\operatorname{Spec}R$ とすると $\bigoplus_{n=0}^{\infty}\Gamma(U,\mathcal{S}_n)$ は次数 R 代数であることが分かり，射影スキームと構造射

(5.27) $\quad\pi_U\colon\operatorname{Proj}\left(\bigoplus_{n=0}^{\infty}\Gamma(U,\mathcal{S}_n)\right)\longrightarrow\operatorname{Spec}R=U$

が定義できる．$U'=\operatorname{Spec}R'\subset U=\operatorname{Spec}R$ も U に含まれるアフィン開集合

§5.2 射影スキーム上の準連接層――――257

とすると $\Gamma(U',\mathcal{S}) = \Gamma(U,\mathcal{S}) \otimes_R R'$ が成り立ち，問 12 より $\text{Proj}\,\Gamma(U',\mathcal{S}) = \text{Proj}\,\Gamma(U,\mathcal{S}) \times_{\text{Spec}\,R} \text{Spec}\,R'$ となり

$$\pi_{U'}\colon \text{Proj}\,\Gamma(U',\mathcal{S}) \longrightarrow \text{Spec}\,R'$$

は π_U の $\text{Spec}\,R' \to \text{Spec}\,R$ による基底変換と一致することが分かる．したがって X のアフィン開被覆 $\{U_\lambda\}_{\lambda\in\Lambda}$ から (5.27) によって $\pi_{U_\lambda}\colon \text{Proj}\,\Gamma(U_\lambda,\mathcal{S}) \to U_\lambda$ を作ると，射 π_{U_λ} と π_{U_μ} は $U_\lambda \cap U_\mu \neq \emptyset$ で一致することが分かり，$\bigcup_{\lambda\in\Lambda} \text{Proj}\,\Gamma(U_\lambda,\mathcal{S})$ を張り合わせてスキーム $\text{Proj}\,\mathcal{S}$ ができ，また π_{U_λ} を張り合わせて射 $\pi\colon \text{Proj}\,\mathcal{S} \to X$ を作ることができる．$\text{Proj}\,\mathcal{S}$（正確には構造射 $\pi\colon \text{Proj}\,\mathcal{S} \to X$ も合わせて考えて X 上のスキームと見たもの）を準連接的次数 $\mathcal{O}_X$ 代数の層 $\mathcal{S}$ から定まる**射影スキーム**と呼ぶ．

例 5.26 $\mathcal{S} = \mathcal{O}_X[x_0, x_1, \cdots, x_n]$ とおき $\mathcal{S}_m$ は $\mathcal{O}_X$ 係数の m 次斉次式の全体，正確には

$$\mathcal{S}_m = \bigoplus_{a_0 + a_1 + \cdots + a_n = m} \mathcal{O}_X x_0^{a_0} x_1^{a_1} \cdots x_n^{a_n}$$

とおくと $\mathcal{S}$ は準連接的次数 $\mathcal{O}_X$ 代数の層である．X のアフィン開集合 $U = \text{Spec}\,R$ に対して $\Gamma(U,\mathcal{S}) = R[x_0, x_1, \cdots, x_n]$ であることは容易に分かる．したがって $\text{Proj}\,\Gamma(U,\mathcal{S}) = \mathbb{P}^n_R$ である．$\text{Proj}\,\mathcal{S}$ を $\mathbb{P}^n_X$ と記し，X 上の n 次元射影空間と呼ぶ．正確には構造射 $\pi\colon \mathbb{P}^n_X \to X$ を合わせて考える必要がある．$R[x_0, x_1, \cdots, x_n] = \mathbb{Z}[x_0, x_1, \cdots, x_n] \otimes_{\mathbb{Z}} R$ であるので $\mathbb{P}^n_X = \mathbb{P}^n_{\mathbb{Z}} \times_{\text{Spec}\,\mathbb{Z}} X$ であることも分かる． □

例 5.27 スキーム X 上の準連接的 $\mathcal{O}_X$ 加群 $\mathcal{E}$ に対して対称代数 $\mathbb{S}(\mathcal{E})$（演習問題 4.5 の定義を参照のこと）は準連接的次数代数の層である．$\mathbb{S}(\mathcal{E})_n$ は $\underbrace{\mathcal{E}\otimes\cdots\otimes\mathcal{E}}_{n}$ の像として定義することができる．$\text{Proj}\,\mathbb{S}(\mathcal{E})$ を $\mathbb{P}(\mathcal{E})$ と記す．構造射 $\pi\colon \mathbb{P}(\mathcal{E}) \to X$ の存在も明らかであろう．特に $\mathcal{E} = \mathcal{O}_X^{\oplus(n+1)}$ のときは $\mathbb{S}(\mathcal{E}) \simeq \mathcal{O}_X[x_0, x_1, \cdots, x_n]$ となり $\mathbb{P}(\mathcal{O}_X^{\oplus(n+1)}) = \mathbb{P}^n_X$ であることが分かる． □

さて，以上のように定義した $\text{Proj}\,\mathcal{S}$ は (5.27) から明らかなように可換環上の次数環からできる射影スキームを張り合わせたものであり，(a), (b) での議論をほとんどそのまま借用することができる．ここでは必要最小限度の

ことを述べるにとどめるが，読者は(b)で論じた結果を $\operatorname{Proj} \mathcal{S}$ の場合にどのように拡張したらよいか自ら考えてみられることをお勧めする．

問 13 スキーム X 上の準連接的次数代数の層 $\mathcal{S} = \bigoplus_{n=0}^{\infty} \mathcal{S}_n$ に対して，0 でない切断 $f \in \Gamma(X, \mathcal{S}_d)$, $d \geq 1$ が存在したと仮定する．このとき，次の性質を持つ $Z = \operatorname{Proj} \mathcal{S}$ の開集合 Z_f が存在することを示せ．

(1) X のアフィン開集合 U に対して $Z_f \cap \pi^{-1}(U) = D_+(f|U)$ が成り立つ．ただし $\pi: Z \to X$ は構造射である．

(2) もし 0 でない切断 $g \in \Gamma(X, \mathcal{S}_e)$, $e \geq 1$ が存在すれば $Z_f \cap Z_g = Z_{fg}$ が成り立つ．

問 14 スキーム X 上の準連接的次数代数の層 $\mathcal{S} = \bigoplus_{n=0}^{\infty} \mathcal{S}_n$ のスキームの射 $g: X' \to X$ による引き戻し $g^*\mathcal{S} = \bigoplus_{n=0}^{\infty} g^*\mathcal{S}_n$ を考える．$\operatorname{Proj} g^*\mathcal{S} \simeq \operatorname{Proj} \mathcal{S} \times_X X'$ であることを示せ．

例 5.28 体 k 上の n 次元アフィン空間 $X = \mathbb{A}_k^n = \operatorname{Spec} k[x_1, x_2, \cdots, x_n]$ の原点の定義イデアル $J = (x_1, x_2, \cdots, x_n)$ が定める $\mathcal{O}_X$ イデアル層を $\mathcal{J}$ と記す．$\mathcal{O}_X$ 上の次数代数の層 $\mathcal{S} = \bigoplus_{d=0}^{\infty} \mathcal{J}^d$ を考える．ここで $\mathcal{J}^0 = \mathcal{O}_X$ とおいた．このとき，$\mathcal{S}$ は $R = k[x_1, x_2, \cdots, x_n]$ 上の次数代数 $S = \bigoplus_{d=0}^{\infty} J^d$ から定まる X 上の準連接層である．$\widetilde{X} = \operatorname{Proj} \mathcal{S}$ とおくと，$\widetilde{X} = \operatorname{Proj} S$ でもある．さて，次数 0 の R 準同型写像

$$R[y_0, y_1, \cdots, y_{n-1}] \longrightarrow S$$
$$f(y_0, y_1, \cdots, y_{n-1}) \longmapsto f(x_1, x_2, \cdots, x_n)$$

は全射であり，したがって $\widetilde{X}$ は $\mathbb{P}_R^{n-1} = \operatorname{Proj} R[y_0, y_1, \cdots, y_{n-1}]$ の閉部分スキームと考えることができる．構造射 $\mathbb{P}_R^{n-1} \to \operatorname{Spec} R = X$ を $\widetilde{X}$ へ制限することによって自然な射 $\pi: \widetilde{X} \to X$ を得る．$\pi: \widetilde{X} \to X$ または $\widetilde{X}$ を，X を原点でブローアップ(blowing up)してできたスキームという．$U = X \setminus \{(0, \cdots, 0)\}$ とおくと，$\mathcal{S}|U \simeq \bigoplus_{d=0}^{\infty} \mathcal{O}_U^{\otimes d} \simeq \mathcal{O}_U[T]$ であるので，$\pi^{-1}(U) \simeq \operatorname{Proj} \mathcal{O}_U[T] = U$ であることが分かる．したがって，π は $\pi^{-1}(U)$ から U への同型射を

定める．一方，$\pi^{-1}((0,\cdots,0))$ は $S\otimes_R(R/J) \simeq k[y_0,y_1,\cdots,y_{n-1}]$ であるので $\operatorname{Proj} k[y_0,y_1,\cdots,y_{n-1}] = \mathbb{P}_k^{n-1}$ と同型である． □

さて，$\operatorname{Proj}\mathcal{S}$ 上の準連接層を考えてみよう．$\mathcal{S} = \bigoplus_{n=0}^{\infty} \mathcal{S}_n$ に対して $\mathcal{M} = \bigoplus_{n\in\mathbb{Z}} \mathcal{M}_n$ は準連接的次数 $\mathcal{S}$ 加群とする．すなわち $\mathcal{M}$ は $\mathcal{S}$ 加群であり，$\mathcal{S}_m \cdot \mathcal{M}_n \subset \mathcal{M}_{n+m}$ が成り立つとする．このとき，$\mathcal{M}_n$ は準連接的 $\mathcal{O}_X$ 加群であり，X のアフィン開集合 U に対して $\Gamma(U,\mathcal{M}) = \bigoplus_{n\in\mathbb{Z}} \Gamma(U,\mathcal{M}_n)$ が成り立つ．したがって $\Gamma(U,\mathcal{M})$ は次数 $\Gamma(U,\mathcal{S})$ 加群であることが分かり，$\operatorname{Proj}\Gamma(U,\mathcal{S})$ 上の準連接層 $\widetilde{\Gamma(U,\mathcal{M})}$ が定義できる．この層を張り合わせることによって $Z = \operatorname{Proj}\mathcal{S}$ 上の準連接層 $\widetilde{\mathcal{M}}$ を定義することができる．整数 n に対して次数 $\mathcal{S}$ 加群 $\mathcal{M}(n) = \bigoplus_{m\in\mathbb{Z}} \mathcal{M}(n)_m$ を

$$\mathcal{M}(n)_m = \mathcal{M}_{n+m}, \quad m\in\mathbb{Z}$$

と定義する．特に $\mathcal{O}_Z(n) = \widetilde{\mathcal{S}(n)}$ と定義する．またスキーム X 上の次数 $\mathcal{S}$ 加群 $\mathcal{M}$ は，X の任意の点 x に対して，x の開近傍 U を適当に選ぶと次数 0 の準同型写像の完全列

$$\bigoplus_{i=1}^{k} \mathcal{S}(m_i)|U \longrightarrow \bigoplus_{j=1}^{l} \mathcal{S}(n_j)|U \longrightarrow \mathcal{M}|U \longrightarrow 0$$

が成立するような整数 m_i, n_j が存在するとき，**有限表示**であるという．このとき命題 5.19，系 5.20 より次の命題が成立するのは明らかであろう．

命題 5.29 スキーム X 上の準連接的次数代数の層 $\mathcal{S} = \bigoplus_{n=0}^{\infty} \mathcal{S}_n$ は $\mathcal{S}_0 = \mathcal{O}_X$ 代数として $\mathcal{S}_1$ で生成されているとする．$\mathcal{M}, \mathcal{N}$ は準連接的次数 $\mathcal{S}$ 加群とし，$Z = \operatorname{Proj}\mathcal{S}$ とおく．このとき，以下の事実が成り立つ．

(i) $\mathcal{O}_Z$ 準同型写像 $\tilde{\lambda}: \widetilde{\mathcal{M}} \otimes_{\mathcal{O}_Z} \widetilde{\mathcal{N}} \to \widetilde{\mathcal{M}\otimes_\mathcal{S}\mathcal{N}}$ が定義され，$\tilde{\lambda}$ は同型写像である．

(ii) $\mathcal{O}_Z$ 準同型写像 $\tilde{\mu}: (\underline{\operatorname{Hom}}_\mathcal{S}(\mathcal{M},\mathcal{N}))^{\sim} \to \underline{\operatorname{Hom}}_{\mathcal{O}_Z}(\widetilde{\mathcal{M}},\widetilde{\mathcal{N}})$ が定義され，さらに $\mathcal{M}$ が有限表示であれば $\tilde{\mu}$ は同型写像である．

(iii) 任意の整数 m に対して $\mathcal{O}_Z(m) = \widetilde{\mathcal{S}(m)}$ は可逆層であり，同型写像

$$\mathcal{O}_Z(l) \otimes \mathcal{O}_Z(m) \simeq \mathcal{O}_Z(l+m)$$

$$\mathcal{O}_Z(-l) \simeq \underline{\operatorname{Hom}}_{\mathcal{O}_Z}(\mathcal{O}_Z(l), \mathcal{O}_Z)$$

が存在する．また準連接的次数 $\mathcal{S}$ 加群 $\mathcal{M}$ と任意の自然数 l に対して同

型写像
$$\widetilde{\mathcal{M}(l)} \xrightarrow{\sim} \widetilde{\mathcal{M}} \otimes_{\mathcal{O}_Z} \mathcal{O}_Z(l)$$
が存在する. □

以下,スキーム X 上の準連接的次数代数の層 $\mathcal{S} = \bigoplus_{n=0}^{\infty} \mathcal{S}_n$ は $\mathcal{S}_0 = \mathcal{O}_X$ 代数として $\mathcal{S}_1$ で生成されていると仮定する. このとき構造射を $\pi: Z = \operatorname{Proj} \mathcal{S} \to X$ と記す. $\mathcal{O}_Z$ 加群 $\mathcal{F}$ に対して $\mathcal{F}(n) = \mathcal{F} \otimes_{\mathcal{O}_Z} \mathcal{O}_Z(n)$ とおき

$$(5.28) \qquad \Gamma_*(\mathcal{F}) = \bigoplus_{n \in \mathbb{Z}} \pi_*(\mathcal{F}(n))$$

とおく. 任意の $\mathcal{O}_Z$ 加群 $\mathcal{A}, \mathcal{B}$ に対して自然な $\mathcal{O}_X$ 準同型写像 $\pi_*(\mathcal{A}) \otimes \pi_*(\mathcal{B}) \to \pi_*(\mathcal{A} \otimes \mathcal{B})$ が存在するので,$\Gamma_*(\mathcal{O}_Z)$ は X 上の次数環,$\Gamma_*(\mathcal{F})$ は次数 $\Gamma_*(\mathcal{O}_Z)$ 加群の構造を持つことが分かる. 特に U が X のアフィン開集合であれば(5.22)より準同型写像

$$\alpha(U): \Gamma(U, \mathcal{S}) = \bigoplus_{n=0}^{\infty} \Gamma(U, \mathcal{S}_n) \longrightarrow \bigoplus_{n \in \mathbb{Z}} \Gamma(U, \mathcal{O}_Z(n))$$

が定義できることが分かり,これより次数 $\mathcal{O}_Z$ 加群の層の準同型写像

$$(5.29) \qquad \alpha: \mathcal{S} = \bigoplus_{n=0}^{\infty} \mathcal{S}_n \longrightarrow \Gamma_*(\mathcal{O}_Z)$$

を定義できることを容易に示すことができる. α によって $\Gamma_*(\mathcal{O}_Z)$ を次数 $\mathcal{S}$ 加群の層と見ることができる. したがって準連接的 $\mathcal{O}_Z$ 加群 $\mathcal{F}$ に関して $\Gamma_*(\mathcal{F})$ は次数 $\mathcal{S}$ 加群の層と見ることができる. よって Z 上の層 $\widetilde{\Gamma_*(\mathcal{F})}$ が定義できる. X のアフィン開集合 U に対して(5.25)より

$$\beta(U): \bigoplus_{n \in \mathbb{Z}} (\Gamma(\pi^{-1}(U), \mathcal{F}(n)))^{\sim} \longrightarrow \mathcal{F} \mid \pi^{-1}(U)$$

が定義され,これを張り合わせることによって $\mathcal{O}_Z$ 加群の準同型写像

$$(5.30) \qquad \beta: \widetilde{\Gamma_*(\mathcal{F})} \longrightarrow \mathcal{F}$$

を構成することができる. 次の定理は定理 5.21 の言い換えである.

定理 5.30 スキーム X 上の準連接的次数代数の層 $\mathcal{S} = \bigoplus_{n=0}^{\infty} \mathcal{S}_n$ は $\mathcal{S}_0 = \mathcal{O}_X$ 代数として $\mathcal{S}_1$ で生成されかつ $\mathcal{S}_1$ は有限生成 $\mathcal{O}_X$ 加群であると仮定する. このとき $\pi: Z = \operatorname{Proj} \mathcal{S} \to X$ と Z 上の任意の準連接層 $\mathcal{F}$ に関して $\beta: \widetilde{\Gamma_*(\mathcal{F})} \to$

$\mathcal{F}$ は同型である. □

最後に, X 上の準連接層の準同型写像 $f: \mathcal{E} \to \mathcal{F}$ が与えられたときの X 上の射影スキーム $\mathbb{P}(\mathcal{E})$ と $\mathbb{P}(\mathcal{F})$ との関係を調べておこう. f から対称代数の準同型写像 $\mathbb{S}(f): \mathbb{S}(\mathcal{E}) \to \mathbb{S}(\mathcal{F})$ が定まり, 次数 0 の次数代数としての準同型写像になる. このとき, X のアフィン開集合上で考えることによって (5.9) と同様に $\mathbb{P}(\mathcal{F})$ の開部分スキーム $G(\mathbb{S}(f))$ が定義でき, スキームの射 $\mathbb{S}(f)^a: G(\mathbb{S}(f)) \to \mathbb{P}(\mathcal{E})$ が定義できる. このとき次の事実が成り立つ.

命題 5.31 スキーム X 上の準連接層の準同型写像 $f: \mathcal{E} \to \mathcal{F}$ が全射であれば $G(\mathbb{S}(f)) = \mathbb{P}(\mathcal{F})$ であり, $\mathbb{S}(f)^a: \mathbb{P}(\mathcal{F}) \to \mathbb{P}(\mathcal{E})$ は閉移入である.

[証明] X はアフィンスキーム $\operatorname{Spec} R$, $\mathcal{E} = \widetilde{M}$, $\mathcal{F} = \widetilde{N}$, M, N は R 加群, のときを考えれば十分である. f は R 加群の準同型写像 $\varphi: M \to N$ から定まる. f が全射であることと φ が全射であることとは同値である. このとき $\mathbb{S}(\varphi): \mathbb{S}(M) \to \mathbb{S}(N)$ は全射準同型写像であり $\mathbb{S}(\varphi)(\mathbb{S}(M)_1) = \mathbb{S}(N)_1$ が成り立つ. よって $\mathbb{S}(\varphi)^a: \operatorname{Proj} \mathbb{S}(N) \to \operatorname{Proj} \mathbb{S}(M)$ が定義でき, 命題 5.13 および例題 4.39(1) より $\mathbb{S}(\varphi)^a$ は閉移入である. ∎

問 15 スキーム X 上の準連接層 $\mathcal{E}$ と可逆層 $\mathcal{L}$ に対して $\mathbb{P}(\mathcal{E})$ と $\mathbb{P}(\mathcal{E} \otimes \mathcal{L})$ とは X 上のスキームとして同型であることを示せ.

§5.3 射影射

(a) $\mathbb{P}(\mathcal{E})$ の圏論的特徴づけ

スキーム X 上の準連接的有限生成 $\mathcal{O}_X$ 加群 $\mathcal{E}$ から定まる射影スキーム $\mathbb{P}(\mathcal{E}) = \operatorname{Proj} \mathbb{S}(\mathcal{E})$ の表現可能関手としての特徴づけを与えよう. すなわち, 任意の X 上のスキーム (Y, f), $f: Y \to X$ に対して $\operatorname{Hom}_X(Y, \mathbb{P}(\mathcal{E}))$ を別の関手の Y での値として特徴づけることを考える. 記号を簡明にするために以下 $P = \mathbb{P}(\mathcal{E})$ とおき, 構造射を $\pi: P \to X$ と記す. $\mathcal{S} = \mathbb{S}(\mathcal{E})$ とおくと $\mathcal{S}_1 = \mathcal{E}$ であり, (5.29) より $\mathcal{O}_X$ 加群の準同型写像 $\alpha_1: \mathcal{S}_1 = \mathcal{E} \to \pi_* \mathcal{O}_P(1)$ が定まる. 補題 4.37 により α_1 に対応して $\mathcal{O}_P$ 加群の準同型写像 $\alpha_1^\#: \pi^* \mathcal{E} \to \mathcal{O}_P(1)$ が定ま

る．この準同型写像は次のように考えることができる．まず対称代数の性質から $\mathcal{O}_X$ 加群の全射 $\mathcal{E} \otimes_{\mathcal{O}_X} \mathbb{S}(\mathcal{E}) \to \mathbb{S}(\mathcal{E})(1)$ が得られる．両者を次数 $\mathbb{S}(\mathcal{E})$ 加群と見ることによって，$\mathcal{O}_P$ 加群の準同型写像 $(\mathcal{E} \otimes_{\mathcal{O}_X} \mathbb{S}(\mathcal{E}))^{\sim} \to (\mathbb{S}(\mathcal{E})(1))^{\sim}$ を得るが，$(\mathcal{E} \otimes_{\mathcal{O}_X} \mathbb{S}(\mathcal{E}))^{\sim} = \pi^* \mathcal{E}$, $(\mathbb{S}(\mathcal{E})(1))^{\sim} = \mathcal{O}_P(1)$ であり，この $\mathcal{O}_P$ 準同型写像が α_1 に他ならない．したがって $\alpha_1 \colon \pi^* \mathcal{E} \to \mathcal{O}_P(1)$ は全射である．

さて X 上のスキームの射 $\varphi \colon Y \to P$ が与えられたとしよう．正確には可換図式

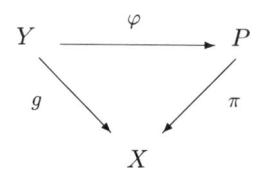

$$\begin{array}{ccc} Y & \xrightarrow{\varphi} & P \\ & {}_g \searrow \quad \swarrow_\pi & \\ & X & \end{array}$$

を考えている．$g = \pi \circ \varphi$ であり，$\mathcal{O}_P$ 加群の全射準同型写像 $\alpha_1 \colon \pi^* \mathcal{E} \to \mathcal{O}_P(1)$ を φ によって Y 上に引き戻すと，$\mathcal{O}_Y$ 準同型写像

$$\gamma_\varphi \colon g^* \mathcal{E} \longrightarrow \varphi^* \mathcal{O}_P(1)$$

を得る．$\mathcal{L}_\varphi = \varphi^* \mathcal{O}_P(1)$ とおく．$\mathcal{L}_\varphi$ は Y 上の可逆層であり

$$\gamma_\varphi \colon g^* \mathcal{E} \longrightarrow \mathcal{L}_\varphi$$

は全射である．

今度は逆に Y 上に可逆層 $\mathcal{L}$ と全射 $\mathcal{O}_Y$ 準同型写像 $\gamma \colon g^* \mathcal{E} \to \mathcal{L}$ が与えられたと仮定する．すると次数代数の全射準同型写像

$$\mathbb{S}(\gamma) \colon \mathbb{S}(g^* \mathcal{E}) = g^*(\mathbb{S}(\mathcal{E})) \longrightarrow \mathbb{S}(\mathcal{L}) = \bigoplus_{n=0}^{\infty} \mathcal{L}^{\otimes n}$$

が定まる．これよりスキームの射

$$\mathbb{S}(\gamma)^a \colon \operatorname{Proj} \mathbb{S}(\mathcal{L}) \to \operatorname{Proj} g^*(\mathbb{S}(\mathcal{E}))$$

が得られる．問 15 により $\operatorname{Proj} \mathbb{S}(\mathcal{L}) = \mathbb{P}(\mathcal{L}) = \mathbb{P}(\mathcal{O}_Y \otimes \mathcal{L}) = \mathbb{P}(\mathcal{O}_Y) = Y$ であり，また問 14 より $\operatorname{Proj} g^*(\mathbb{S}(\mathcal{E})) = \mathbb{P}(\mathcal{E}) \times_X Y$ であることが分かる．したがって射 $\mathbb{S}(\gamma)^a \colon Y \to \mathbb{P}(\mathcal{E}) \times_X Y$ が得られ，これより X 上のスキームの射

$$\varphi_{(\mathcal{L}, \gamma)} \colon Y \longrightarrow \mathbb{P}(\mathcal{E})$$

が得られる．

§5.3 射影射 —— 263

ところで Y 上の可逆層 $\mathcal{L}, \mathcal{L}'$ と全射 $\mathcal{O}_Y$ 準同型写像 $\gamma\colon g^*\mathcal{E} \to \mathcal{L}$, $\gamma'\colon g^*\mathcal{E} \to \mathcal{L}'$ が与えられ,さらに $\gamma' = h \circ \gamma$ となる $\mathcal{O}_Y$ 同型写像 $h\colon \mathcal{L} \xrightarrow{\sim} \mathcal{L}'$ が与えられているとき,すなわち可換図式

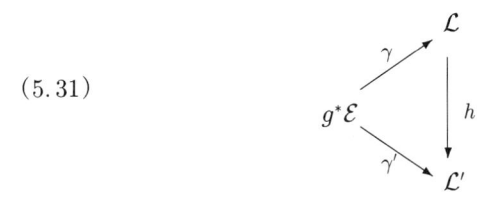

(5.31)
$$\begin{array}{ccc} & & \mathcal{L} \\ & \nearrow^{\gamma} & \\ g^*\mathcal{E} & & \downarrow h \\ & \searrow_{\gamma'} & \\ & & \mathcal{L}' \end{array}$$

が存在するとき $\mathbb{S}(h)^a\colon \mathbb{P}(\mathcal{L}) = Y \to \mathbb{P}(\mathcal{L}') = Y$ は恒等射であることから $\varphi_{(\mathcal{L},\gamma)} = \varphi_{(\mathcal{L},\gamma')}$ であることが分かる.そこで Y 上の可逆層 $\mathcal{L}$ と全射 $\mathcal{O}_Y$ 準同型写像 $\gamma\colon g^*\mathcal{E} \to \mathcal{L}$ の組 $(\mathcal{L}, \gamma)$ の全体に同値関係 $\sim$ を

$(\mathcal{L}, \gamma) \sim (\mathcal{L}', \gamma') \iff$ (5.31) が可換図式になる $\mathcal{O}_Y$ 同型写像 $h\colon \mathcal{L} \xrightarrow{\sim} \mathcal{L}'$ が
存在する

と定義する.さらに X 上のスキームの圏 (Sch)$/X$ から集合の圏 (Set) への反変関手 $P_{\mathcal{E}}$ を,$(Y, g) \in Ob(\text{Sch})/X$ に対して

(5.32)
$$P_{\mathcal{E}}((Y,g)) = \left\{ (\mathcal{L}, \gamma) \;\middle|\; \begin{array}{l} \mathcal{L} \text{ は } Y \text{ 上の可逆層}, \\ \gamma\colon g^*\mathcal{E} \to \mathcal{L} \text{ は全射 } \mathcal{O}_Y \text{ 準同型写像} \end{array} \right\} \Big/ \sim$$

と定義する.ただし (5.32) の右辺の $/\sim$ は上で導入した同値関係による同値類の全体を表わす.X 上の射 $f\colon Z \to Y$ に対して,すなわち可換図式

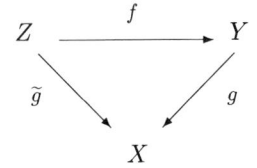

$$\begin{array}{ccc} Z & \xrightarrow{f} & Y \\ & \searrow_{\tilde{g}} \quad \swarrow_{g} & \\ & X & \end{array}$$

と Y 上の $(\mathcal{L}, \gamma)$ に対して $f^*\mathcal{L}$ は Z 上の可逆層であり,$f^*\gamma\colon f^*g^*(\mathcal{E}) = \tilde{g}^*(\mathcal{E}) \to f^*\mathcal{L}$ は全射 $\mathcal{O}_Z$ 準同型写像であり,$(f^*\mathcal{L}, f^*\gamma)$ は $P_{\mathcal{E}}((Z, \tilde{g}))$ の元を定める.したがって $P_{\mathcal{E}}(f)\colon P_{\mathcal{E}}((Y,g)) \to P_{\mathcal{E}}((Z,\tilde{g}))$ が定まり,$P_{\mathcal{E}}$ は反変関手である

ことが分かる.次の定理は $P_\mathcal{E}$ を特徴づける.

定理 5.32 スキーム X 上の準連接層 $\mathcal{E}$ に対して (5.32) によって反変関手 $P_\mathcal{E}:(\mathrm{Sch})/X \to (\mathrm{Set})$ を定義すると,$P_\mathcal{E}$ は X 上のスキーム $\pi:\mathbb{P}(\mathcal{E})\to X$ によって表現される.したがって $g:Y\to X$ に対して集合としての同型

$$(5.33) \quad \begin{array}{ccc} \mathrm{Hom}_X(Y,\mathbb{P}(\mathcal{E})) & \xrightarrow{\sim} & P_\mathcal{E}((Y,g)) \\ \varphi & \longmapsto & [(\mathcal{L}_\varphi,\gamma_\varphi)],\ \mathcal{L}_\varphi = \varphi^*\mathcal{O}_{\mathbb{P}(\mathcal{E})}(1) \end{array}$$

が成り立つ.ここで $[(\mathcal{L},\gamma)]$ は $(\mathcal{L},\gamma)$ の定める同値類とする.

[証明] $\varphi\in\mathrm{Hom}_X(Y,\mathbb{P}(\mathcal{E}))$ に対して $(\mathcal{L}_\varphi,\gamma_\varphi)$ の同値類を対応させることと,$(\mathcal{L},\gamma)$ の同値類に対して $\varphi_{(\mathcal{L},\gamma)}\in\mathrm{Hom}_X(Y,\mathbb{P}(\mathcal{E}))$ を対応させることは上ですでに述べた.これらの対応が集合としての同型 (5.33) を与えることを示そう.まず,$\varphi\in\mathrm{Hom}_X(Y,\mathbb{P}(\mathcal{E}))$ から定まる $(\mathcal{L}_\varphi,\gamma_\varphi)$ に対して $\varphi_{(\mathcal{L}_\varphi,\gamma_\varphi)}=\varphi$ であることを示す.X と Y とのアフィン開被覆をとることによって,$X=\mathrm{Spec}\,R$, $Y=\mathrm{Spec}\,A$, $\mathcal{E}=\widetilde{E}$, E は R 加群,$\varphi(Y)\subset D_+(a)\subset\mathbb{P}(\mathcal{E})$, $a\in E=\mathbb{S}(E)_1$ の場合を考察すればよいことが分かる.記号を簡単にするために $B=\mathbb{S}(E)$, $P=\mathbb{P}(\mathcal{E})$ とおこう.射 $\varphi:Y\to D_+(a)\subset P$ は可換環の準同型写像 $\psi:B_{(a)}\to A$ から定まる.また $g^*\mathcal{E}=(E\otimes_R A)^\sim$ であり,$\mathcal{L}_\varphi=\varphi^*\mathcal{O}_P(1)=(B(1)_{(a)}\otimes_{B_{(a)}}A)^\sim$ で与えられる.$L_\varphi=B(1)_{(a)}\otimes_{B_{(a)}}A$ とおこう.$\gamma_\varphi:g^*\mathcal{E}\to\mathcal{L}_\varphi$ は A 加群の全射準同型写像

$$\begin{array}{ccc} \eta: & E\otimes_R A & \longrightarrow & L_\varphi=B(1)_{(a)}\otimes_{B_{(a)}}A \\ & e\otimes\gamma & \longmapsto & \dfrac{a}{1}\otimes\psi\left(\dfrac{e}{a}\right)\gamma \end{array}$$

から定まる.ここで

$$\frac{e}{1}\otimes\gamma = \left(\frac{e}{a}\right)\cdot\frac{a}{1}\otimes\gamma = \frac{a}{1}\otimes\psi\left(\frac{e}{a}\right)\gamma$$

を使った.必要ならば Y のアフィン開被覆を十分細かいものにとり直すことによって $\mathcal{L}_\varphi\simeq\mathcal{O}_Y$ と仮定してよく,したがって L_φ は階数 1 の自由 A 加群と仮定してよいことが分かる.このとき $L_\varphi=A\cdot\left(\dfrac{a}{1}\otimes 1\right)$ となる.$b=\dfrac{a}{1}\otimes 1$ とおく.準同型写像 η より

$$\mathbb{S}^n(\eta)\colon \mathbb{S}^n(E\otimes_R A) = \mathbb{S}^n(E)\otimes_R A \longrightarrow L_\varphi^{\otimes n} = A\cdot b^n$$
$$(e_1\otimes\cdots\otimes e_n)\otimes\gamma \longmapsto \psi\left(\frac{e_1}{a}\right)\cdots\psi\left(\frac{e_n}{a}\right)\gamma\cdot b^n$$

が得られる．これより R 準同型写像 $\widehat{\psi}\colon \mathbb{S}(E)\to A$ が，$v\in\mathbb{S}^n(E)$ に対して $\widehat{\psi}(v) = \psi\left(\dfrac{v}{a^n}\right)$ と定義することによって定義できる．自然な準同型写像 $\widehat{\iota}\colon B = \mathbb{S}(E) \to B_{(a)}$ を使うと，$\widehat{\psi} = \psi\circ\widehat{\iota}$ であることが分かる．これより $\mathbb{S}(\eta)\colon \mathbb{S}(E\otimes_R A)\to\mathbb{S}(L_\varphi)$ より定まるスキームの射 $\varphi_{(\mathcal{L}_\varphi,\gamma_\varphi)}\colon Y\to\mathbb{P}_\mathcal{E}$ は $\widehat{\psi}\colon \mathbb{S}(E)\to A$ から定まるスキームの射と一致することが分かり，したがって $\varphi\colon Y\to\mathbb{P}(\mathcal{E})$ と一致することが分かる．よって $\varphi_{(\mathcal{L}_\varphi,\gamma_\varphi)} = \varphi$ が成り立つ．

次に $(\mathcal{L},\gamma)$ より $\varphi = \varphi_{(\mathcal{L},\gamma)} \in \mathrm{Hom}_X(Y,\mathbb{P}(\mathcal{E}))$ を構成し，さらに $(\mathcal{L}_\varphi,\gamma_\varphi)$ を構成すると $(\mathcal{L},\gamma)$ と $(\mathcal{L}_\varphi,\gamma_\varphi)$ とは (5.31) の意味で同値であることを示そう．再び，X はアフィンスキーム $\mathrm{Spec}\,R$ と仮定し，$\mathcal{E} = \widetilde{E}$，$E$ は R 加群，とおく．Y のアフィン開集合 $V = \mathrm{Spec}\,A$ をとる．V は十分小さくとることによって $\mathcal{L}|V \simeq \mathcal{O}_V$ と仮定してよく，$\mathcal{L}|V = \widetilde{L}$，$L$ は A 加群，とするとき，L は階数 1 の自由 A 加群と仮定してよい．$L = A\cdot b$ と記そう．$\gamma\colon g^*\mathcal{E}\to\mathcal{L}$ を V 上に制限したものは A 加群の全射準同型写像 $\widetilde{\eta}\colon E\otimes_R A\to L$ に対応している．$e\in E$ に対して $\widetilde{\psi}_1(e)\in A$ を $\widetilde{\eta}(e\otimes 1) = \widetilde{\psi}_1(e)b$ と定義すると，R 準同型写像 $\widetilde{\psi}_1\colon E\to A$ を得る．$\widetilde{\eta}$ は全射であるので，$\widetilde{\psi}_1(e_1)A + \widetilde{\psi}_1(e_2)A + \cdots + \widetilde{\psi}_1(e_n)A = A$ が成立するように $e_1, e_2, \cdots, e_n\in E$ を選ぶことができる．さらに A を A の局所化に置き換えることによって $\widetilde{\psi}_1(a)A = A$ が成立するように $a\in E$ を選ぶことができると仮定することができる（これは $V = \mathrm{Spec}\,A$ のかわりに V の中にアフィン開集合をとり，それを V と改めてとり直すことを意味する）．このとき射 $\varphi|V\colon V\to\mathbb{P}(\mathcal{E})$ は $\widetilde{\psi}_1$ から定まる R 代数の準同型写像 $\widetilde{\psi}\colon B = \mathbb{S}(E)\to A$ から決まる．またこのとき $\widetilde{\psi}_1(a)$ は A で可逆であるので $\varphi(V)\subset D_+(a)$ である．したがって $\widetilde{\psi}$ は $\psi\colon B_{(a)}\to A$ と自然な準同型写像 $B\to B_{(a)}$ の合成である．さらに $\mathcal{L}_\varphi|V = \varphi^*\mathcal{O}_{\mathbb{P}(\mathcal{E})}(1)|V = (B(1)_{(a)}\otimes_{B_{(a)}} A)^{\sim}$ であり，$\gamma_\varphi|V\colon g^*\mathcal{E}|V\to\mathcal{L}_\varphi|V$ は A 加群の準同型写像

$$\eta: E \otimes_R A \longrightarrow B(1)_{(a)} \otimes_{B_{(a)}} A$$
$$e \otimes \gamma \longmapsto \frac{a}{1} \otimes \psi\left(\frac{e}{a}\right)\gamma$$

から定まる．したがって $\mathcal{O}_V$ 同型写像 $h_V : \mathcal{L}_\varphi | V \simeq \mathcal{L} | V$ が A 加群の準同型写像

(5.34)
$$\theta_V: B(1)_{(a)} \otimes_{B_{(a)}} A \longrightarrow L = A \cdot b$$
$$\frac{a}{1} \otimes \gamma \longmapsto \widetilde{\psi}_1(a)\gamma \cdot b$$

から定まる．もし $\varphi(V) \subset D_+(a')$, $a' \in E$ であれば $\mathcal{L}_\varphi | V = (B(1)_{(a')} \otimes_{B_{(a')}} A)^{\sim}$ と表示することができ，このとき (5.34) と同様に θ'_V を $\theta'_V\left(\dfrac{a'}{1} \otimes \gamma\right) = \widetilde{\psi}_1(a')\gamma \cdot b$ と定義できるが，$\dfrac{a'}{1} \otimes \gamma \in B(1)_{(a)} \otimes_{B_{(a)}} A$ と見ると

$$\frac{a'}{1} \otimes \gamma = \frac{a}{1} \otimes \psi\left(\frac{a'}{a}\right)\gamma$$

であるので

$$\theta'_V\left(\frac{a}{1} \otimes \psi\left(\frac{a'}{a}\right)\gamma\right) = \widetilde{\psi}_1(a)\psi\left(\frac{a'}{a}\right)\gamma \cdot b = \widetilde{\psi}_1(a')\gamma \cdot b$$

となり，結局 h_V は $a \in E$ のとり方によらずに一意的に定まることが分かる．したがって Y のアフィン開集合 V を動かすことによって $\mathcal{O}_X$ 同型 $h : \mathcal{L}_\varphi \to \mathcal{L}$ が定義できることが分かる．このとき h_V の構成法より $\gamma = h \circ \gamma_\varphi$ であることが容易に分かる．したがって $(\mathcal{L}, \gamma)$ と $(\mathcal{L}_\varphi, \gamma_\varphi)$ とは同値である．∎

長い証明ではあったが基本的な考え方は難しいものではない．この定理は射影スキームの性質について多くのことを語ってくれる．ここでは代表的なものを述べておこう．

例題 5.33 体 k 上のスキーム X と X 上の可逆層 $\mathcal{L}$ を考える．$\varGamma(X, \mathcal{L})$ が体 k 上の有限次元ベクトル空間であり，$\mathcal{L}$ は $\mathcal{O}_X$ 加群として $\varGamma(X, \mathcal{L})$ から生成されると仮定する．すなわち $f_0, f_1, \cdots, f_n$ が $\varGamma(X, \mathcal{L})$ の k 上の基底とすると $\mathcal{O}_X$ 準同型写像

§5.3 射影射──267

(5.35)
$$\gamma: \mathcal{O}_X^{\oplus (n+1)} \longrightarrow \mathcal{L}$$
$$(a_0, a_1, \cdots, a_n) \longmapsto \sum_{j=0}^{n} a_j f_j$$

は全射であると仮定する(これは,X の各点 $x \in X$ で $f_j(x) \neq 0$ となる f_j が必ずあることと同じである).このとき k 上のスキームの射 $\varphi: X \to \mathbb{P}_k^n$ と $\varphi^* \mathcal{O}_{\mathbb{P}_k^n}(1) \simeq \mathcal{L}$ が成り立つように定めることができることを示せ.

[解] $\gamma: \mathcal{O}_X^{\oplus (n+1)} \to \mathcal{L}$ は全射 $\mathcal{O}_X$ 準同型写像であるので定理 5.32 より k 上のスキーム射 $\varphi: X \to \mathbb{P}(\mathcal{O}_X^{\oplus (n+1)}) = \mathbb{P}_k^n$ を $(\mathcal{L}, \gamma)$ と $(\mathcal{L}_\varphi = \varphi^* \mathcal{O}_{\mathbb{P}_k^n}(1), \gamma_\varphi)$ とが同値になるよう定めることができる.φ が求める射である. ∎

例題 5.34 体 k 上の $n+1$ 次元ベクトル空間 E に対して,$\mathbb{P}(E)$ の k 有理点の全体 $\mathbb{P}(E)(k)$ は $(k^{n+1} \backslash \{(0, \cdots, 0)\})/\sim$ と集合として同型であることを示せ.ただし,同値関係 $\sim$ は
$$(a_0, a_1, \cdots, a_n) \sim (b_0, b_1, \cdots, b_n) \iff$$
$(a_0, a_1, \cdots, a_n) = (\alpha b_0, \alpha b_1, \cdots, \alpha b_n)$ となる $\alpha \in k^\times = k \backslash \{0\}$ が存在する
と定義する.

[解] $\operatorname{Spec} k$ 上の可逆層は k と一致するので,定理 5.32 より
$$\operatorname{Hom}_{\operatorname{Spec} k}(\operatorname{Spec} k, \mathbb{P}(\mathcal{E})) = \{\psi: E \to k \mid \psi \text{ は } 0 \text{ でない } k \text{ 線形写像}\}/\sim$$
と考えることができる.ここで k 線形写像 $\psi: E \to k$,$\psi': E \to k$ は $\psi = \alpha \psi'$,$\alpha \in k^\times = k \backslash \{0\}$ のとき同値である.E の基底 $\{e_0, e_1, \cdots, e_n\}$ を選んで E の任意の元 v を $v = x_0 e_0 + x_1 e_1 + \cdots + x_n e_n$ と記すと,k 線形写像 ψ は $\psi(v) = a_0 x_0 + a_1 x_1 + \cdots + a_n x_n$ と表現することができる.したがって 0 でない k 線形写像 ψ と $(a_0, a_1, \cdots, a_n) \in k^{n+1} \backslash \{(0, \cdots, 0)\}$ とが 1 対 1 に対応し,ψ の同値関係は $k^{n+1} \backslash \{(0, \cdots, 0)\}$ では例題中に与えられた同値関係となる. ∎

§1.5(a)では,代数的閉体 k に対して体 k 上の n 次元射影空間 $\mathbb{P}_k^n$ を,$W = k^{n+1} \backslash \{(0, \cdots, 0)\}$ の元を上の同値関係で同一視してできる商空間 $W/\sim$ として定義した.これは,現在の立場からは $\mathbb{P}_k^n$ の k 有理点の全体 $\mathbb{P}_k^n(k)$ を定義したものと考えることができる.

ところで,この同値関係による商空間 $W/\sim$ は k^{n+1} の体 k 上の 1 次元部分ベクトル空間の全体と見ることができる.Grothendieck の理論が登場する

までは代数幾何学でもこのように考えてきた．しかしながら，例題 5.34 の解答が示すように，$W/\sim$ は W の各元を E の双対空間 E^* 上の 1 次形式(すなわち k 線形写像 $E^* \to k$)と見て 0 でない 1 次形式の同値類の全体と見る方が，圏論的立場からは $\mathbb{P}^n_k(k)$ の解釈として自然であることが分かる．準連接層 $\mathcal{E}$ に対して可逆層 $\mathcal{L}$ への全射 $\mathcal{O}_Y$ 準同型写像 $g^*\mathcal{E} \to \mathcal{L}$ はたくさんあり得るが，逆に単射準同型写像 $\mathcal{L} \to g^*\mathcal{E}$ はあまり存在しないことからも，Grothendieck の定義の方が自然であることが分かる．いずれにせよ，射影空間 $\mathbb{P}^n_k$ の定義やスキーム X 上の局所自由層 $\mathcal{E}$ に対する $\mathbb{P}(\mathcal{E})$ の定義は古典的な定義と双対的になっているので注意する必要がある．

特に体 k が代数的閉体のときを考えよう．k 上のスキーム X と X 上の可逆層 $\mathcal{L}$ に対して $H^0(X, \mathcal{L})$ が有限次元 k ベクトル空間であると仮定する．$f_0, f_1, \cdots, f_n$ をその基底とすると，$f_0, f_1, \cdots, f_n$ が X 上の各点で同時に 0 になることがなければ，例題 5.33, 5.34 によって X の k 有理点の全体 $X(k)$ から $\mathbb{P}^n_k(k)$ への写像は

$$\Phi_{|\mathcal{L}|}: \quad X(k) \longrightarrow \mathbb{P}^n_k(k)$$
$$x \longmapsto (f_0(x) : f_1(x) : f_2(x) : \cdots : f_n(x))$$

で与えられることが分かる．$\mathbb{P}^n_k(k)$ を以下 $\mathbb{P}^n(k)$ と略記する．この写像は $H^0(X, \mathcal{L})$ の基底のとり方によって変わるが，その違いは $\mathbb{P}^n(k)$ の射影変換の違いだけである(演習問題 5.2 を参照のこと)．

(b) Segre 射

代数的閉体 k 上の射影空間 $\mathbb{P}^n_k$ の k 値点の全体を $\mathbb{P}^n(k)$ と記すとき，演習問題 1.6 で

$$(5.36) \quad \mathbb{P}^1(k) \times \mathbb{P}^1(k) \longrightarrow \mathbb{P}^3(k)$$
$$((a_0 : a_1), (b_0 : b_1)) \longmapsto ((a_0 b_0 : a_0 b_1 : a_1 b_0 : a_1 b_1))$$

の像が $\mathbb{P}^3(k)$ の 2 次曲面であることを示した．これをスキームの立場から見直してみよう．

§5.3 射影射 —— 269

2個の $\mathbb{P}_k^1$ を区別するために $X_1 = \operatorname{Proj} k[x_0, x_1] = \mathbb{P}_k^1$, $X_2 = \operatorname{Proj} k[y_0, y_1] = \mathbb{P}_k^1$ と記し, $Z = X_1 \times_{\operatorname{Spec} k} X_2$ と記す. また $f_1: X_1 \to \operatorname{Spec} k$, $f_2: X_2 \to \operatorname{Spec} k$, $g: Z \to \operatorname{Spec} k$ を構造射とし, $p_j: Z = X_1 \times_{\operatorname{Spec} k} X_2 \to X_j$ を j 番目への射影とする. 例 5.22 より

$$f_* \mathcal{O}_{X_1}(1) = \Gamma(X_1, \mathcal{O}_{X_1}(1)) = kx_0 \oplus kx_1 = V_1,$$
$$f_* \mathcal{O}_{X_2}(1) = \Gamma(X_2, \mathcal{O}_{X_2}(1)) = ky_0 \oplus ky_1 = V_2$$

が成り立つ. このとき, 自然な $\mathcal{O}_X$ 準同型写像 $\gamma_1: f_1^* V_1 = \mathcal{O}_{X_1, x_0} \oplus \mathcal{O}_{X_1, x_1} \to \mathcal{O}_{X_1}(1)$ は全射であり $\varphi_{(\mathcal{O}_{X_1}(1), \gamma_1)}: X_1 \to \mathbb{P}(V_1)$ は k 上の同型射である. 同様に $\gamma_2: f_2^* V_2 \to \mathcal{O}_{X_2}(1)$ も全射であり, $\varphi_{(\mathcal{O}_{X_2}(1), \gamma_2)}: X_2 \to \mathbb{P}(V_2)$ も k 上の同型射である. $\mathcal{L} = p_1^* \mathcal{O}_{X_1}(1) \otimes p_2^* \mathcal{O}_{X_2}(1)$ とおくとこれは Z 上の可逆層であり, $\gamma: g^*(V_1 \otimes V_2) = p_1^*(f_1^*(V_1)) \otimes p_2^*(f_2^*(V_2)) \to \mathcal{L}$ は全射準同型写像であることが分かる. したがってスキームの射 $\varphi_{(\mathcal{L}, \gamma)}: Z \to \mathbb{P}(V_1 \otimes V_2)$ が定まる. $V_1 \otimes V_2$ は k 上の 4 次元ベクトル空間 k^4 と同型であり, したがって $\mathbb{P}(V_1 \otimes V_2) \simeq \mathbb{P}_k^3$ であることが分かる. このとき k 値点の間の写像 $Z(k) = \mathbb{P}(V_1 \otimes V_2)(k) = \mathbb{P}^3(k)$ が (5.36) の写像と一致することは次のようにして示すことができる.

X_1 の k 有理点は 0 でない k 線形写像 $\psi_1: V_1 \to k$ の同値類と 1 対 1 に対応しているが, ψ_1 は $\psi_1(x_0) = a_0$, $\psi_1(x_1) = a_1$ で一意的に定まり, 同値類は $(a_0 : a_1)$ と 1 対 1 に対応している. 同様に X_2 の有理点は 0 でない k 線形写像 $\psi_2: V_2 \to k$ の同値類と 1 対 1 に対応しているが, ψ_2 は $\psi_2(y_0) = b_0$, $\psi_2(y_1) = b_1$ から一意的に定まり, 同値類は (b_0, b_1) と対応している. したがって $((a_0 : a_1), (b_0 : b_1))$ と $Z(k) = X_1(k) \times X_2(k)$ の元とが 1 対 1 に対応している. 射 $\varphi_{(\mathcal{L}, \gamma)}: Z \to \mathbb{P}(V_1 \otimes V_2)$ による点 $((a_0 : a_1), (b_0 : b_1))$ の像はしたがって $\psi = \psi_1 \otimes \psi_2: V_1 \otimes V_2 \to k$ の同値類に対応するが, k 線形写像 ψ は $\psi(x_0 \otimes y_0)$, $\psi(x_0 \otimes y_1)$, $\psi(x_1 \otimes y_0)$, $\psi(x_1 \otimes y_1)$ から一意的に定まる. これは, 今の場合 $\psi(x_0 \otimes y_0) = a_0 b_0$, $\psi(x_0 \otimes y_1) = a_0 b_1$, $\psi(x_1 \otimes y_0) = a_1 b_0$, $\psi(x_1 \otimes y_1) = a_1 b_1$ となり, ψ の同値類は $(a_0 b_0 : a_0 b_1 : a_1 b_0 : a_1 b_1)$ に対応する. これは射 $\varphi_{(\mathcal{L}, \gamma)}$ から定まる k 値点の写像 $Z(k) \to \mathbb{P}(V_1, V_2)(k)$ が (5.36) に他ならないことを示している.

以上の議論は一般の場合に拡張できる. スキーム X 上の準連接層 $\mathcal{E}_1, \mathcal{E}_2$ から構成できる射影スキーム $\mathbb{P}(\mathcal{E}_1)$ と $\mathbb{P}(\mathcal{E}_2)$ とその構造射 $\pi_j: \mathbb{P}(\mathcal{E}_j) \to X$, $j = 1, 2$

を考える．$P = \mathbb{P}(\mathcal{E}_1) \times_X \mathbb{P}(\mathcal{E}_2)$, $p_j: P \to \mathbb{P}(\mathcal{E}_j)$ を j 番目への射影，$\pi: P \to X$ を構造射とすると $\pi = \pi_j \circ p_j$ が成り立つ．$\mathcal{L} = p_1^* \mathcal{O}_{\mathbb{P}(\mathcal{E}_1)}(1) \otimes_{\mathcal{O}_P} p_2^* \mathcal{O}_{\mathbb{P}(\mathcal{E}_2)}(1)$ とおく．$\pi_j^* \mathcal{E}_j \to \mathcal{O}_{\mathbb{P}(\mathcal{E}_j)}(1)$ は全射準同型写像であるので $\gamma: \pi^*(\mathcal{E}_1 \otimes_{\mathcal{O}_X} \mathcal{E}_2) = p_1^*(\pi_1^* \mathcal{E}_1) \otimes p_2^*(\pi_2^* \mathcal{E}_2) \to \mathcal{L}$ も全射準同型写像である．したがって射 $\varphi_{(\mathcal{L},\gamma)}: P = \mathbb{P}(\mathcal{E}_1) \times_X \mathbb{P}(\mathcal{E}_2) \to \mathbb{P}(\mathcal{E}_1 \otimes_{\mathcal{O}_X} \mathcal{E}_2)$ が定義される．このとき射 $\varphi_{(\mathcal{L},\gamma)}$ を **Segre 射**（Segre morphism）と呼ぶ．次の事実の証明は記号が複雑になるが容易であるので読者の演習問題とする．

命題 5.35 Segre 射 $\mathbb{P}(\mathcal{E}_1) \times_X \mathbb{P}(\mathcal{E}_2) \to \mathbb{P}(\mathcal{E}_1 \otimes_{\mathcal{O}_X} \mathcal{E}_2)$ は閉移入である． □

この議論と同様にして，X 上に m 個の準連接層 $\mathcal{E}_1, \mathcal{E}_2, \cdots, \mathcal{E}_m$ が与えられたとき，閉移入
$$\mathbb{P}(\mathcal{E}_1) \times_X \mathbb{P}(\mathcal{E}_2) \times_X \cdots \times_X \mathbb{P}(\mathcal{E}_m) \longrightarrow \mathbb{P}(\mathcal{E}_1 \otimes_{\mathcal{O}_X} \mathcal{E}_2 \otimes_{\mathcal{O}_X} \cdots \otimes_{\mathcal{O}_X} \mathcal{E}_m)$$
が定義できる．この閉移入も Segre 射と呼ぶ．

（c）豊富な可逆層

スキームの射 $\mu: Z \to W$ は $\mu(Z)$ が W のある開集合 W_0 に含まれ，$\mu: Z \to W_0$ が閉移入であるとき**移入**（immersion）と呼ばれる．スキームの射 $f: Y \to X$ が与えられたとき，以下の条件を満足する Y の可逆層 $\mathcal{L}$ を f に関して**非常に豊富な可逆層**（f-very ample invertible sheaf）と呼ぶ．

(VA)　射 $\varphi_{(\mathcal{L},\gamma)}: Y \to \mathbb{P}(\mathcal{E})$ が移入であるような X 上の準連接層 $\mathcal{E}$ と全射 $\mathcal{O}_Y$ 準同型写像 $\gamma: f^* \mathcal{E} \to \mathcal{L}$ が存在する．

補題 5.36 スキーム Y 上の可逆層 $\mathcal{L}$ は $f: Y \to X$ に関して非常に豊富であるとき次の事実が成立する．

(i)　f は分離射である．

(ii)　f がさらに準コンパクト射であれば $f_* \mathcal{L}$ は準連接的 $\mathcal{O}_X$ 加群であり，自然な $\mathcal{O}_Y$ 準同型写像 $\gamma: f^* f_* \mathcal{L} \to \mathcal{L}$ は全射であり，$\varphi_{(\mathcal{L},\gamma)}: Y \to \mathbb{P}(f_* \mathcal{L})$ は移入である．

［証明］(i) まず X 上の準連接的 $\mathcal{O}_X$ 加群 $\mathcal{E}$ に対して $\pi: \mathbb{P}(\mathcal{E}) \to X$ は分離射であることに注意する．これには X のアフィン開集合 U に対して $\pi^{-1}(U) \to U$ が分離射であることを示せばよいが，これは問 8 の結果である．

§5.3 射影射——271

$\mathbb{P}(\mathcal{E})$ の開集合 V に関して自然な射 $\iota_V: V \to \mathbb{P}(\mathcal{E})$ は開移入であり，したがって分離射であり（定理 3.25），$\pi \circ \iota_V: V \to X$ も分離射の合成であるので分離射である（定理 3.25）．さらに $j: Y \to V$ が閉移入であるように開集合 V をとることができる．閉移入は分離射であるので（定理 3.25），$f \circ \iota_V \circ j: Y \to X$ も分離射である．

(ii) 命題 4.36 によって $f_*\mathcal{L}$ は準連接的 $\mathcal{O}_X$ 加群である．$\mathcal{L}$ は f に関して非常に豊富であるので X 上の準連接的 $\mathcal{O}_X$ 加群 $\mathcal{E}$ と全射 $\mathcal{O}_Y$ 準同型写像 $\gamma': f^*\mathcal{E} \to \mathcal{L}$ が存在し，さらに $\varphi_{(\mathcal{L},\gamma')}: Y \to \mathbb{P}(\mathcal{E})$ は閉移入である．このとき γ' は $f^*\mathcal{E} \xrightarrow{f^*(\gamma)} f^*f_*\mathcal{L} \xrightarrow{\gamma} \mathcal{L}$ と 2 つの射の合成になり，γ' は全射であるので γ も全射である．さらに $\mathcal{O}_X$ 代数の準同型写像

$$\mathbb{S}(f^*(\mathcal{E})) \xrightarrow{\mathbb{S}(f^*(\gamma'))} \mathbb{S}(f^*f_*\mathcal{L}) \xrightarrow{\mathbb{S}(\gamma)} \bigoplus_{n=0}^{\infty} \mathcal{L}^{\otimes n}$$

ができ，$\psi = \mathbb{S}(f^*(\gamma'))$ とおくと可換図式

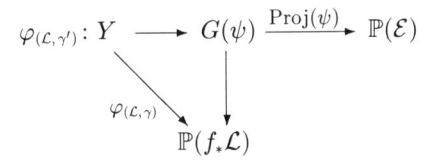

$$\begin{array}{ccccc} \varphi_{(\mathcal{L},\gamma')}: Y & \longrightarrow & G(\psi) & \xrightarrow{\mathrm{Proj}(\psi)} & \mathbb{P}(\mathcal{E}) \\ & \searrow_{\varphi_{(\mathcal{L},\gamma)}} & \downarrow & & \\ & & \mathbb{P}(f_*\mathcal{L}) & & \end{array}$$

ができる．命題 5.13 より $\mathrm{Proj}(\psi)$ はアフィン射である．仮定より $\varphi_{(\mathcal{L},\gamma')}$ は $\mathbb{P}(\mathcal{E})$ のある開集合 U への閉移入である．$V = \mathrm{Proj}(\psi)^{-1}(U)$ とおくと $Y \to V$ も閉移入である．$G(\psi)$ は $\mathbb{P}(f_*\mathcal{L})$ の開集合であるので $\varphi_{(\mathcal{L},\gamma)}: Y \to V$ は閉移入であることが分かる． ∎

系 5.37 Y 上の可逆層 $\mathcal{L}$ が準コンパクト射 $f: Y \to X$ に関して非常に豊富であるための必要十分条件は，自然な $\mathcal{O}_X$ 準同型写像 $\gamma: f^*f_*\mathcal{L} \to \mathcal{L}$ が全射であり $\varphi_{(\mathcal{L},\gamma)}$ が移入であることである． □

さて Y 上の可逆層 $\mathcal{L}_1, \mathcal{L}_2$ が射 $f: Y \to X$ に関して非常に豊富であるとき $\mathcal{L}_1 \otimes \mathcal{L}_2$ が f に関して非常に豊富であるかどうかを考えてみよう．実はもう少し弱い仮定で $\mathcal{L}_1 \otimes \mathcal{L}_2$ も非常に豊富であることが分かる．

例題 5.38 Y 上の可逆層 $\mathcal{L}_1$ は射 $f: Y \to X$ に関して非常に豊富であり，

Y 上の可逆層 $\mathcal{L}_2$ に関しては X 上の準連接層 $\mathcal{E}_2$ と全射準同型写像 $\gamma_2: f^*\mathcal{E}_2 \to \mathcal{L}_2$ が存在すると仮定する．このとき $\mathcal{L}_1 \otimes_{\mathcal{O}_Y} \mathcal{L}_2$ は f に関して非常に豊富であることを示せ．

[解] 仮定より X 上の準連接層 $\mathcal{E}_1$ と全射準同型写像 $\gamma_1: f^*\mathcal{E}_1 \to \mathcal{L}_1$ で $\varphi_1 = \varphi_{(\mathcal{L}_1, \gamma_1)}: Y \to \mathbb{P}(\mathcal{E}_1)$ が移入となるものが存在する．このとき $\gamma = \gamma_1 \otimes \gamma_2: f^*(\mathcal{E}_1 \otimes_{\mathcal{O}_X} \mathcal{E}_2) = f^*\mathcal{E}_1 \otimes_{\mathcal{O}_Y} f^*\mathcal{E}_2 \to \mathcal{L}_1 \otimes_{\mathcal{O}_Y} \mathcal{L}_2$ も全射である．$\mathcal{L} = \mathcal{L}_1 \otimes_{\mathcal{O}_Y} \mathcal{L}_2$ とおくと射 $\varphi = \varphi_{(\mathcal{L}, \gamma)}: Y \to \mathbb{P}(\mathcal{E}_1 \otimes_{\mathcal{O}_X} \mathcal{E}_2)$ が定義できる．一方，全射 $\gamma_2: f^*\mathcal{E}_2 \to \mathcal{L}_2$ より射 $\varphi_2 = \varphi_{(\mathcal{L}_2, \gamma_2)}: Y \to \mathbb{P}(\mathcal{E}_2)$ が定義される．したがって $\varphi_1 \times_X \varphi_2: Y \to \mathbb{P}(\mathcal{E}_1) \times_X \mathbb{P}(\mathcal{E}_2)$ が定義されるが φ_1 が移入であるので，$\varphi_1 \times_X \varphi_2$ を φ_1 の $\mathbb{P}(\mathcal{E}_2) \to X$ による基底変換と考えることによって $\varphi_1 \times_X \varphi_2$ は移入であることが分かる（定理 3.25(iii) を $\varphi_1: Y \to U$，U は $\mathbb{P}(\mathcal{E}_1)$ の開集合に対して適用せよ．）さらに φ は $\varphi_1 \times_X \varphi_2$ と Segre 射 $\psi: \mathbb{P}(\mathcal{E}_1) \times_X \mathbb{P}(\mathcal{E}_2) \to \mathbb{P}(\mathcal{E}_1 \otimes_{\mathcal{O}_X} \mathcal{E}_2)$ の合成であるが，ψ は閉移入であるので φ は移入である． ∎

問 16 $\mathcal{L}$ が $f: Y \to X$ に関して非常に豊富であれば，任意の正整数 m に対して，$\mathcal{L}^{\otimes m}$ も f に関して非常に豊富であることを示せ．

さて，今までは $f: Y \to X$ に関して非常に豊富な Y 上の可逆層 $\mathcal{L}$ に対して，Y の $\mathbb{P}(\mathcal{E})$ への移入を与える準連接的 $\mathcal{O}_X$ 加群 $\mathcal{E}$ に関しては存在だけを問題にしてきた．しかしながら，代数幾何学に登場するのは X が Noether 的スキームかつ f は有限型射である場合が多い．こうした場合，$\mathcal{E}$ は連接的 $\mathcal{O}_X$ 加群であることが望ましい．この事実が正しいことをもう少し一般的な形で証明しておこう．

定理 5.39 準コンパクト分離的スキーム X（すなわち構造射 $X \to \mathrm{Spec}\,\mathbb{Z}$ が準コンパクトかつ分離的である）と有限型射 $f: Y \to X$ および f に関して非常に豊富な Y 上の可逆層 $\mathcal{L}$ が与えられたとき，$\varphi_{(\mathcal{L}, \delta)}: Y \to \mathbb{P}(\mathcal{F})$ が移入であるように X 上の準連接的有限生成 $\mathcal{O}_X$ 加群 $\mathcal{F}$ と全射準同型写像 $\delta: f^*\mathcal{F} \to \mathcal{L}$ を選ぶことができる．

[証明] $\mathcal{L}$ は f に関して非常に豊富であるので，X 上の準連接的 $\mathcal{O}_X$ 加群

§5.3 射影射 —— 273

$\mathcal{E}$ と全射準同型写像 $\gamma\colon \mathcal{E}\to \mathcal{L}$ を $\varphi_{(\mathcal{L},\gamma)}\colon X\to \mathbb{P}(\mathcal{E})$ が移入になるように選ぶことができる. このとき定理の仮定のもとで定理の結論を満足する $\mathcal{E}$ の準連接的有限生成 $\mathcal{O}_X$ 部分加群 $\mathcal{F}$ が存在することを示そう.

まず X は準コンパクトであるので, 有限アフィン開被覆 $\{U_i\}_{i=1}^m$ をとることができる. $\pi\colon \mathbb{P}(\mathcal{E})\to X$ による U_i の逆像 $\pi^{-1}(U_i)$ を $\mathbb{P}(\mathcal{E})|U_i$ と記すと $\mathbb{P}(\mathcal{E})|U_i = \mathbb{P}(\mathcal{E})\times_X U_i$ が成立する. $\varphi=\varphi_{(\mathcal{L},\gamma)}$ は移入射であるので, $\mathbb{P}(\mathcal{E})$ の開集合 V を $\varphi=\varphi_{(\mathcal{L},\gamma)}\colon X\to V$ が閉移入であるように選ぶことができる. $V_i = \pi^{-1}(U_i)\cap V$ とおくと $\varphi_i = \varphi|f^{-1}(U_i)\colon f^{-1}(U_i)\to V_i$ は閉移入である. $U_i = \operatorname{Spec} R_i$ のとき $\mathcal{E}|U_i = \widetilde{E_i}$ となる R_i 加群 E_i が存在する. V_i のアフィン開被覆 $\{D_+(x_{ij})\}_{j=1}^{n_i}$, $x_{ij}\in \mathbb{S}(E_i)$ をとると $V_{ij} = \varphi^{-1}(D_+(x_{ij}))$ は $f^{-1}(U_i)$ のアフィン開被覆であるが, f は有限型射であるので $f^{-1}(U_i)$ は準コンパクトであり, したがって有限アフィン開被覆 $\{V_{ij}\}_{j=1}^{n_i}$ を選ぶことができる. このとき $V_{ij}=\operatorname{Spec} A_{ij}$ とおくと A_{ij} は有限生成 R_i 代数であり, $\varphi_{ij}=\varphi|V_{ij}\colon V_{ij}\to D_+(x_{ij})$ は閉移入である. さらに $\mathcal{L}|V_{ij}\simeq \mathcal{O}_X|V_{ij}$ と仮定してよい (必要ならばさらに細かいアフィン開被覆にとり直すことができる). $\varphi_{ij}\colon V_{ij}\to D_+(x_{ij})$ は閉移入であるので, これは R_i 代数の全射準同型写像 $\psi_{ij}\colon \mathbb{S}(E_i)_{(x_{ij})}\to A_{ij}$ に対応する. A_{ij} は有限生成 R_i 代数であるので, E_i の有限 R_i 部分加群 E'_{ij} を $x_{ij}\in \mathbb{S}(E'_{ij})$ かつ ψ_{ij} の $\mathbb{S}(E'_{ij})$ への制限が $\mathbb{S}(E'_{ij})\to A_{ij}$ の全射準同型写像であるように選ぶことができる. $E'_i = \sum_{j=1}^{n_i} E'_{ij}$ は E_i の有限 R_i 加群である. このとき $\mathcal{F}_i|U_i = \widetilde{E'_i}$ となる $\mathcal{E}$ の有限生成 $\mathcal{O}_X$ 部分加群 $\mathcal{F}_i$ が存在することを示そう.

そのためには X の準コンパクト開集合 W とアフィン開集合 U に対して $\mathcal{E}|W\cap U$ の準連接的有限生成 $\mathcal{O}_{W\cap U}$ 部分加群 $\mathcal{G}'$ は $\mathcal{E}|U$ の準連接的有限生成 $\mathcal{O}_U$ 部分加群 $\mathcal{G}''$ に拡張できることをまず示そう. このことがいえると, W 上で $\mathcal{E}|W$ の準連接的有限生成 $\mathcal{O}_W$ 部分加群 $\mathcal{G}_1$ が与えられたとき, $\mathcal{G}' = \mathcal{G}_1|W\cap U$ とおくと, $\mathcal{G}'$ は $\mathcal{E}|U$ の準連接的有限生成 $\mathcal{O}_U$ 部分加群 $\mathcal{G}''$ へ拡張できる. $\mathcal{G}'|W\cap U = \mathcal{G}''|W\cap U$ であるので, $W\cap U$ 上で $\mathcal{G}_1$ と $\mathcal{G}''$ を張り合わせることによって $\mathcal{E}|W\cup U$ の準連接的有限生成 $\mathcal{O}_{W\cup U}$ 部分加群 $\mathcal{G}_2$ を得るが, これは $\mathcal{G}_2|W=\mathcal{G}_1$ を満足する. すなわち $\mathcal{G}_1$ は $W\cup U$ 上の準連接的

有限生成 $\mathcal{O}_{W\cup U}$ 部分加群へ拡張できる．この操作を $\widetilde{E'_i}$ から出発して，$U_i \cup U_{j_1}$, $U_i \cup U_{j_1} \cup U_{j_2}$, … と層を拡張していくことによって $\widetilde{E'_i}$ の拡張である $\mathcal{E}$ の有限生成 $\mathcal{O}_X$ 部分加群 $\mathcal{F}_i$ を得ることができる．

さて，準コンパクト開集合 W に対して自然な開移入 $\lambda: W \to X$ は準コンパクト分離射である（定理 3.25）．したがって $\mu = \lambda | U : W \cap U \to U$ も準コンパクト分離射であり，命題 4.36 より $\mu_* \mathcal{G}'$ は $\mu_*(\mathcal{E} | W \cap U)$ の準連接的 $\mathcal{O}_U$ 部分加群である．補題 4.37 より $\mathrm{Hom}_{\mathcal{O}_{W \cap U}}(\mu^*(\mathcal{E}|U), \mathcal{E}|W\cap U)) \simeq \mathrm{Hom}_{\mathcal{O}_U}(\mathcal{E}|U, \mu_* \mu^*(\mathcal{E}|U))$ であるから，左辺の恒等写像に対応する準同型写像 $\nu: \mathcal{E}|U \to \mu_*\mu^*(\mathcal{E}|U) = \mu_*(\mathcal{E}|W\cap U)$ を考える．$\mu_* \mathcal{G}' \subset \mu_*(\mathcal{E}|W\cap U)$ の ν による逆像 $\nu^{-1}(\mu_* \mathcal{G}')$ を $\mathcal{H}$ と記す．U はアフィンスキームであるので $\mathcal{H} = \widetilde{H}$, $H = \Gamma(U, \mathcal{H})$ である．$U = \mathrm{Spec}\, R$ とおくと H は R 加群である．H を有限 R 部分加群 $\{H_j\}_{j\in J}$ の帰納的極限 $\varinjlim_{j\in J} H_j = H$ として表わすことができる．このとき，対応して層 $\mathcal{H}$ も有限生成 $\mathcal{O}_U$ 部分加群 $\{\widetilde{H_j}\}_{j\in J}$ の帰納的極限 $\varinjlim_{j\in J} \widetilde{H_j}$ として表わすことができる．ところで $W \cap U$ は準コンパクトであり，$\mathcal{G}' = \mathcal{H}|W\cap U$ は有限生成 $\mathcal{O}_{W\cap U}$ 部分加群であるので $\mathcal{H}_j | W \cap U = \mathcal{G}'$ となる有限生成 $\mathcal{O}_U$ 部分加群 $\mathcal{H}_j$ が存在する．よって $\mathcal{F}_i = \mathcal{H}_j$ ととればよい．

さて以上のようにして $\widetilde{E'_i}$ から構成された $\mathcal{E}$ の準連接的有限生成 $\mathcal{O}_X$ 部分加群 $\mathcal{F}_i$ に対して $\mathcal{F} = \sum_{i=1}^{m} \mathcal{F}_i$ とおくと，これは $\mathcal{E}$ の準連接的有限生成 $\mathcal{O}_X$ 部分加群である．$\mathcal{F}|U_i = \widetilde{F_i}$, F_i は有限 R_i 加群，と記すと，$\mathcal{F}$ の構成法より F_i は E_i の R_i 部分加群であり，$\psi_{ij}(\mathbb{S}(F_i)_{(x_{ij})}) = A_{ij}$ が成立する．さらに自然な準同型写像 $f^*\mathcal{F} \to f^*\mathcal{E} \to \mathcal{L}$ を δ と記すと

$$\delta | V_{ij} : f^*\mathcal{F} | V_{ij} = (F_i \otimes_{R_i} A_{ij})\widetilde{} \longrightarrow (E_i \otimes_{R_i} A_{ij})\widetilde{} \longrightarrow \mathcal{L} | V_{ij} = \widetilde{A_{ij}}$$

は $\psi_{ij}(\mathbb{S}(F_i)_{(x_{ij})}) = A_{ij}$ より全射であり，したがって δ は全射となり $\varphi_{(\mathcal{L}, \delta)} : Y \to \mathbb{P}(\mathcal{F})$ が定義できる．しかも $\varphi_{(\mathcal{L}, \delta)} | V_{ij} : V_{ij} \to D_+(x_{ij}) \subset \mathbb{P}(\mathcal{F}|U_i)$ は閉移入であるので，$\varphi_{(\mathcal{L}, \delta)}$ は移入である．∎

以上の定理を Noether 的スキームの場合に適用すると，次の系を得る．

系 5.40 Noether 的スキーム X が分離的であり，射 $f: Y \to X$ が有限型射のとき，f に関して非常に豊富な可逆層 $\mathcal{L}$ に対して $\varphi_{(\mathcal{L}, \delta)} : Y \to \mathbb{P}(\mathcal{F})$ が移

入であるように X 上の連接層 $\mathcal{F}$ と全射準同型写像 $\delta\colon \mathcal{F} \to \mathcal{L}$ を選ぶことができる. □

Noether 的スキーム X は準コンパクトであり, $\mathcal{O}_X$ は連接層, かつ有限生成 $\mathcal{O}_X$ 加群も連接層であるので(命題 4.27), この系は明らかであろう.

今まで "非常に豊富な" という言葉遣いをしたが, **豊富な可逆層**(ample invertible sheaf)という概念がある. この一般論を記す紙数の余裕がないのでここでは次の形で暫定的な定義を与えておく.

準コンパクト分離的スキーム X と準コンパクト分離射 $f\colon X \to W$ および X 上の可逆層 $\mathcal{L}$ が与えられ, X 上の任意の準連接的有限生成 $\mathcal{O}_X$ 加群 $\mathcal{F}$ に対して, $n \geq n_0$ であれば $f^*f_*(\mathcal{F} \otimes \mathcal{L}^{\otimes n}) \to \mathcal{F} \otimes \mathcal{L}^{\otimes n}$ が全射 $\mathcal{O}_X$ 準同型写像であるように n_0 を選ぶことができるとき, 可逆層 $\mathcal{L}$ を f に関して**豊富**, または **f 豊富**(f-ample)と呼ぶ.

次の定理は, f 豊富と f に関して非常に豊富であることとの関係を明らかにする. 証明はここでは述べられない.

定理 5.41 準コンパクトスキーム W と有限型分離射 $f\colon X \to W$ が与えられたとき, X 上の可逆層 $\mathcal{L}$ が f に関して豊富であるための必要十分条件は, ある正整数 n に関して $\mathcal{L}^{\otimes n}$ が f に関して非常に豊富であることである. またこのとき, $n \geq n_0$ に対して $\mathcal{L}^{\otimes n}$ が f に関して非常に豊富であることが成立するような正整数 n_0 が存在する. □

最後に準射影射, 射影射の定義を与えておこう.

定義 5.42

(ⅰ) 準コンパクトスキーム W に対して射 $f\colon X \to W$ は有限型射でありかつ X 上に f 豊富な可逆層が存在するとき**準射影射**(quasi-projective morphism)であるといい, また X は W 上のスキームとして**準射影的**(quasi-projective)であるという.

(ⅱ) $f\colon X \to W$ は W 上に準連接的有限生成 $\mathcal{O}_W$ 加群 $\mathcal{E}$ と閉移入 $\varphi\colon X \to \mathbb{P}(\mathcal{E})$ が存在し, 図式

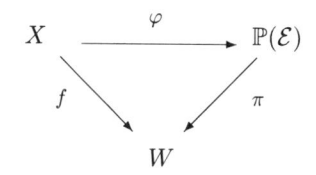

$$\begin{array}{ccc} X & \xrightarrow{\varphi} & \mathbb{P}(\mathcal{E}) \\ {}_{f}\searrow & & \swarrow_{\pi} \\ & W & \end{array}$$

が可換になるとき**射影射**(projective morphism)と呼ばれる.また X は **W 上射影的**(projective over W)であるという. □

定義に関していくつかの注意をしておこう.$f: X \to W$ が準射影的であるという条件は W に関して局所的ではない.すなわち,W のアフィン開被覆 $\{V_i\}_{i \in I}$ が $f^{-1}(V_i) \to V_i$ が準射影的であるようにとれても,f は準射影的とは限らない.$q_i = f|f^{-1}(V_i): f^{-1}(V_i) \to V_i$ が準射影的であれば q_i 豊富な可逆層 $\mathcal{L}_i$ が $f^{-1}(V_i)$ 上存在するが,X 上に $\mathcal{L}|f^{-1}(V_i) = \mathcal{L}_i$ となる可逆層が存在するという保証がないからである.事実 $f^{-1}(V_i) \to V_i$ は準射影的であるが f は準射影的でない例が存在することは第7章で述べる.なお豊富な可逆層の定義にはスキームが分離射であることを要請しているので,準射影射 $f: X \to W$ も分離的である.

さて,特に W が準コンパクトであれば定理 5.41 より,準射影射 $f: X \to W$ の定義で存在が保証される f 豊富な可逆層 $\mathcal{L}$ については,適当な正整数 n に対して $\mathcal{L}^{\otimes n}$ が f に関して非常に豊富であるので(定理 5.41)最初から $\mathcal{L}$ は f に関して非常に豊富であると仮定してよい.

例題 5.43 体 k 上のスキーム X が準射影的である,すなわち構造射 $f: X \to \operatorname{Spec} k$ が準射影的であるための必要十分条件は,体 k 上の射影空間 $\mathbb{P}_k^n$ への移入射 $\lambda: X \to \mathbb{P}_k^n$ が存在し,図式

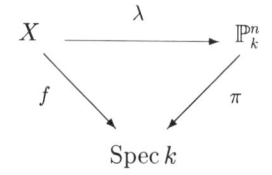

$$\begin{array}{ccc} X & \xrightarrow{\lambda} & \mathbb{P}_k^n \\ {}_{f}\searrow & & \swarrow_{\pi} \\ & \operatorname{Spec} k & \end{array}$$

が可換になることであることを示せ.ただし $\pi: \mathbb{P}_k^n \to \operatorname{Spec} k$ は構造射である.したがって X は $\mathbb{P}_k^n$ の開部分スキームの閉部分スキームと考えることが

できる.

[解] $f: X \to \mathrm{Spec}\, k$ は準射影的と仮定する. このとき上で注意したように f に関して非常に豊富な X 上の可逆層 $\mathcal{L}$ が存在する. f は k 上有限型であるので, 定理 5.39 より $\mathrm{Spec}\, k$ 上の有限生成 $\mathcal{O}_{\mathrm{Spec}\, k}$ 加群, すなわち k 上の有限次元ベクトル空間 V と移入 $\lambda: X \to \mathbb{P}(V) \simeq \mathbb{P}^n_k$ が存在することが分かる. λ は $\mathrm{Spec}\, k$ 上の射であるので上の図式は可換である.

逆に移入 $\lambda: X \to \mathbb{P}^n_k$ に対して $f = \pi \circ \lambda: X \to \mathrm{Spec}\, k$ とおけば f は有限型射であり, $\mathcal{L} = \lambda^* \mathcal{O}_{\mathbb{P}^n_k}(1)$ は f に関して非常に豊富であることが容易に分かる. ∎

さて定義 5.42 から $f: X \to W$ が射影射であれば準射影的であることが分かる. どのような条件のもとで逆がいえるのであろうか. この素朴な質問に答えることによって本章の最初に述べた固有射との関係がでてくる.

定理 5.44
(ⅰ) 射影射は準射影射かつ固有射である.
(ⅱ) 逆に W が準コンパクト分離的スキームであれば固有射かつ準射影射である射 $f: X \to W$ は射影射である.

[証明] (ⅰ) 射影射 $f: X \to W$ は有限型射影射であるので, 絶対閉射であることを示せば固有射であることが分かる. そこでまず, W 上の準連接的有限生成 $\mathcal{O}_W$ 加群 $\mathcal{F}$ に関して $\pi: \mathbb{P}(\mathcal{F}) \to W$ が絶対閉射であることを示そう. スキームの射 $g: Z \to W$ に対して $g^* \mathcal{F}$ は準連接的 $\mathcal{O}_Z$ 加群であり, $\mathbb{P}(g^* \mathcal{F}) = \mathbb{P}(\mathcal{F}) \times_W Z$ であり構造射は π の g による基底変換であるので, $\pi: \mathbb{P}(\mathcal{F}) \to W$ が閉射であることを示せば十分である. さらに W のアフィン開被覆 $\{U_i\}_{i \in I}$ をとり $\mathbb{P}(\mathcal{F}|U_i) = \mathbb{P}(\mathcal{F}) \times_W U_i \to U_i$ がすべての $i \in I$ に関して閉射であれば π も閉射であるので, W はアフィンスキーム $\mathrm{Spec}\, R$ と仮定してよいことが分かる. このとき $\mathcal{F} = \widetilde{M}$, M は有限 R 加群, である. M が有限個の元 $a_0, a_1, \cdots, a_n$ で R 加群として生成されているとすると, 次数 0 の次数代数の全射準同型写像

$$\psi\colon\ R[x_0, x_1, \cdots, x_n] \longrightarrow \mathbb{S}(M) = \bigoplus_{n=0}^{\infty} \mathbb{S}^n(M)$$
$$x_j \longmapsto a_j$$

が定義され,これより閉移入

$$\mu\colon \mathbb{P}(\mathcal{F}) = \mathrm{Proj}\,\mathbb{S}(M) \longrightarrow \mathbb{P}_R^n$$

が定まる.$\tilde{\pi}\colon \mathbb{P}_R^n \to \mathrm{Spec}\,R$ は固有射であり(定理5.4),閉移入は固有射であるので(命題5.3),$\pi = \tilde{\pi} \circ \mu$ は固有射である.したがって閉射でもある.

さて射影射 $f\colon X \to W$ の定義より W 上の準連接的有限生成 $\mathcal{O}_W$ 加群 $\mathcal{F}$ と W 上の閉移入 $\lambda\colon X \to \mathbb{P}(\mathcal{F})$ が存在する.$\pi\colon \mathbb{P}(\mathcal{F}) \to W$ を構造射とすると,$f = \pi \circ \lambda$ である.λ, π が絶対閉射であるので f も絶対閉射である(補題5.2).

(ii) W は準コンパクト分離射であるので定理5.41より X 上に $f\colon X \to W$ に関して非常に豊富な可逆層 $\mathcal{L}$ が存在すると仮定してよいことが分かる.このとき定理5.39より W 上の準連接的有限生成 $\mathcal{O}_W$ 加群 $\mathcal{F}$ と W 上の移入射 $\lambda\colon X \to \mathbb{P}(\mathcal{F})$ が存在することが分かる.このとき $\pi\colon \mathbb{P}(\mathcal{F}) \to W$ を構造射とすると,$f = \pi \circ \lambda$ となる.(i)の議論より π は固有射であり,したがって特に分離射である.f は固有射であるので命題5.3より λ は固有射であり,したがって $\lambda(X)$ は $\mathbb{P}(\mathcal{F})$ の閉部分スキームである.よって λ は閉移入であり,f は射影射である.∎

体 k 上の被約な射影的スキームを**射影多様体**,被約な固有スキーム X(すなわち構造射 $f\colon X \to \mathrm{Spec}\,k$ が固有射かつ X は被約)を**完備多様体**(complete variety)と呼ぶことがある.固有射は射影射より広い概念であることは第7章で述べる例から分かる.例題5.43より,射影多様体は $\mathbb{P}_k^n$ の被約な閉部分スキームに他ならないことが分かる.

《要約》

5.1 閉射,絶対閉射の定義と基本的性質.

5.2 スキームの射 $f\colon X \to Y$ は有限型分離射かつ絶対閉射のとき固有射と呼ばれる.また,X を Y 上の固有スキームという.固有射であることは付値環を

用いて判定することができる(付値判定法).

5.3 次数環 S 射影スキーム $X = \operatorname{Proj} S$ 上の準連接層には次数 S 加群 M が対応する．$M = \bigoplus_{n \in \mathbb{Z}} M_n$ と $N = \bigoplus_{n \geq m_0} M_n$ とは任意の整数 m_0 に関して同一の準連接的 $\mathcal{O}_X$ 加群を定義する．この対応はアフィンスキーム $\operatorname{Spec} R$ のときの準連接層と R 加群との対応とは違って一意的ではない．

5.4 次数環 S が Noether 環であれば $X = \operatorname{Proj} S$ 上の連接層には有限次数 S 加群 M が対応する．

5.5 スキーム X 上の準連接的次数 $\mathcal{O}_X$ 代数の層 $\mathcal{S}$ に対してスキーム $\operatorname{Proj} \mathcal{S}$ が定義できる．また，X 上の準連接的 $\mathcal{O}_X$ 加群 $\mathcal{E}$ に対してスキーム $\mathbb{P}(\mathcal{E})$ と構造射 $\pi: \mathbb{P}(\mathcal{E}) \to X$ が定義される．

5.6 X 上の準連接的有限生成 $\mathcal{O}_X$ 加群 $\mathcal{E}$ に対して $\pi: \mathbb{P}(\mathcal{E}) \to X$ は圏論的に表現可能関手として特徴づけることができる．すなわち，X 上のスキーム $g: W \to X$ から $\mathbb{P}(\mathcal{E})$ への射と W 上の可逆層 $\mathcal{L}$ および $\mathcal{O}_W$ 加群の全射準同型写像 $\gamma: g^*\mathcal{E} \to \mathcal{L}$ の組 $(\mathcal{L}, \gamma)$ の同型類とが1対1に対応する．

5.7 スキームの射 $f: W \to X$ と W 上の可逆層 $\mathcal{L}$ に対して，X 上の準連接層 $\mathcal{E}$ と全射 $\mathcal{O}_W$ 準同型写像 $\gamma: f^*\mathcal{E} \to \mathcal{L}$ を対応する X 上の射 $W \to \mathbb{P}(\mathcal{E})$ が移入であるように与えることができるとき，可逆層 $\mathcal{L}$ は f に関して非常に豊富であるという．

5.8 準コンパクト分離的スキーム X と準コンパクト分離射 $f: X \to W$ および X 上の可逆層 $\mathcal{L}$ に関して X 上の任意の準連接的 $\mathcal{O}_X$ 加群 $\mathcal{F}$ に対して $m \geq m_0$ のとき $f^*f_*(\mathcal{F} \otimes \mathcal{L}^{\otimes m}) \to \mathcal{F} \otimes \mathcal{L}^{\otimes m}$ が全射 $\mathcal{O}_X$ 準同型写像であるように m_0 を見出すことができるとき，可逆層 $\mathcal{L}$ を f 豊富な可逆層と呼ぶ．さらに $f: X \to W$ が準コンパクト分離射かつ有限型射であれば $\mathcal{L}$ が豊富であるための必要かつ十分条件は，ある正整数 n に対して $\mathcal{L}^{\otimes n}$ が f に関して非常に豊富であることである．

5.9 スキームの射 $f: X \to W$ は W 上の準連接的有限生成 $\mathcal{O}_W$ 加群 $\mathcal{E}$ と閉移入 $\varphi: X \to \mathbb{P}(\mathcal{E})$ が存在し，f が閉移入と構造射 $\pi: \mathbb{P}(\mathcal{E}) \to W$ の合成として表わされるとき射影射という．射影射は固有射である．また，射 $f: X \to W$ は有限型射であり，スキーム X 上に f 豊富な可逆層 $\mathcal{L}$ が存在するとき準射影射と呼ぶ．

―――――― 演習問題 ――――――

5.1 スキーム X 上の準連接的次数代数の層 $\mathcal{S} = \bigoplus_{n \in \mathbb{Z}}^{\infty} \mathcal{S}_n$ が $\mathcal{S}_0 = \mathcal{O}_X$ であり, $\mathcal{S}$ は $\mathcal{O}_X$ 代数として $\mathcal{S}_1$ で生成されており, かつ $\mathcal{S}_1$ は有限生成 $\mathcal{O}_X$ 加群であるとする. $\pi: Z = \operatorname{Proj} \mathcal{S} \to X$ に対して Y は Z の準連接的イデアル層 $\mathcal{J}$ で定義される閉部分スキームとする. このとき, $\alpha: \mathcal{S} \to \varGamma_*(\mathcal{O}_Z)$ に対して $\mathcal{I} = \alpha^{-1}(\varGamma_*(\mathcal{J}))$, $\mathcal{S}' = \mathcal{S}/\mathcal{I}$ とおくと Y は $\operatorname{Proj} \mathcal{S}'$ と X 上同型であることを示せ.

5.2 体 k 上の n 次元射影空間 $\mathbb{P}_k^n$ の k 値点の全体を $\mathbb{P}^n(k)$ と記す. $A = (a_{ij}) \in GL(n+1, k)$ に対して体 k 上の多項式環 $R = k[x_0, x_1, \cdots, x_n]$ の k 上の自己同型写像 $\varphi_A: R \to R$ を $\varphi_A(x_i) = \sum_{j=0}^{n} a_{ij} x_j$, $i = 0, 1, \cdots, n$ によって定義する. このとき $G(\varphi_A) = \mathbb{P}_k^n$ であり, φ_A は $\mathbb{P}_k^n$ の自己同型射 $f_A = {}^a\varphi_A: \mathbb{P}_k^n \to \mathbb{P}_k^n$ を定める. f_A を **射影変換**(projective transformation)という. 以下の問に答えよ.

(1) $\alpha \in k^\times = k \setminus \{0\}$ に対して $f_{\alpha A} = f_A$ が成り立つことを示せ. また $A, B \in GL(n+1, k)$ に対して $f_{AB} = f_B \circ f_A$ が成り立つことを示せ.

(2) $A^{-1} = (b_{ij})$ と記すと $\mathbb{P}^n(k)$ の点 $(a_0 : a_1 : \cdots : a_n)$ に対して
$$f_A((a_0 : a_1 : \cdots : a_n)) = \left(\sum_{j=0}^{n} b_{0j} a_j : \sum_{j=0}^{n} b_{1j} a_j : \cdots : \sum_{j=0}^{n} b_{nj} a_j \right)$$
が成り立つことを示せ.

(3) $n = 1$ のとき $\mathbb{P}^1(k)$ の相異なる 3 点 P_1, P_2, P_3 をこの順序で相異なる 3 点 Q_1, Q_2, Q_3 に写す射影変換 f が唯ひとつ存在することを示せ.

5.3 体 k 上の多項式環 $k[x_0, x_1, \cdots, x_n]$ の 1 次斉次式 $a_0 x_0 + a_1 x_1 + a_2 x_2$ が定義する $\mathbb{P}_k^2$ の閉部分スキームを k 上の **直線** と呼ぶ. k が代数的閉体で $\mathbb{P}^2(k)$ の中で考える, すなわち閉部分スキームの k 値点全体を考えると第 1 章で考えた直線に他ならない. 第 1 章と同様に, 閉部分スキームとしての直線を $a_0 x_0 + a_1 x_1 + a_2 x_2 = 0$ と表わすことにする. このとき次の問に答えよ.

(1) 相異なる 2 本の直線 l_1, l_2 を $x_0 = 0$, $x_1 = 0$ へ写す射影変換が存在することを示せ. また $\mathbb{P}^2(k)$ の 4 点 Q_1, Q_2, Q_3, Q_4 はどの 3 点も直線上にないとき一般の位置にあるということにすると, 一般の位置にある 4 点 Q_1, Q_2, Q_3, Q_4 を一般の位置にある 4 点 R_1, R_2, R_3, R_4 にこの順序で写す射影変換が唯ひとつ存在することを示せ.

(2) 相異なる 2 点 $(a_0 : a_1 : a_2), (b_0 : b_1 : b_2) \in \mathbb{P}^2(k)$ を通る直線は唯ひとつ存在し

$$\begin{vmatrix} a_1 & a_2 \\ b_1 & b_2 \end{vmatrix} x_0 + \begin{vmatrix} a_2 & a_0 \\ b_2 & b_0 \end{vmatrix} x_1 + \begin{vmatrix} a_0 & a_1 \\ b_0 & b_1 \end{vmatrix} x_2 = 0$$

で与えられることを示せ.

(3) 相異なる 2 直線 $l_1: a_0x_0+a_1x_1+a_2x_2=0$, $l_2: b_0x_0+b_1x_1+b_2x_2=0$ は唯一点で交わり, 交点は

$$\left(\begin{vmatrix} a_1 & a_2 \\ b_1 & b_2 \end{vmatrix} : \begin{vmatrix} a_2 & a_0 \\ b_2 & b_0 \end{vmatrix} : \begin{vmatrix} a_0 & a_1 \\ b_0 & b_1 \end{vmatrix} \right)$$

で与えられることを示せ.

(4) 相異なる 2 直線 l_1, l_2 と l_1 上の相異なる 3 点 A_1, A_2, A_3 および l_2 上の相異なる 3 点 B_1, B_2, B_3 が与えられたとき, A_i と B_j とを通る直線を $\overline{A_iB_j}$ と記す. $\overline{A_1B_2}$ と $\overline{A_2B_1}$ の交点を P, $\overline{A_1B_3}$ と $\overline{A_3B_1}$ との交点を Q, $\overline{A_2B_3}$ と $\overline{A_3B_2}$ との交点を R と記すとき, P, Q, R は同一直線上にあることを示せ (Pappus の定理).

(5) k 上の直線 $a_0x_0+a_1x_1+a_2x_2=0$ に点 $(a_0:a_1:a_2) \in \mathbb{P}^2(k)$ を対応させると k 上の直線と $\mathbb{P}^2(k)$ とが 1 対 1 に対応する. このとき「2 点を通る k 上の直線」は「k 上の 2 直線の交点」に対応する. このような直線と点との対応を射影平面の**双対原理** (duality principle) と呼ぶ. (4) の Pappus の定理の双対を記せ.

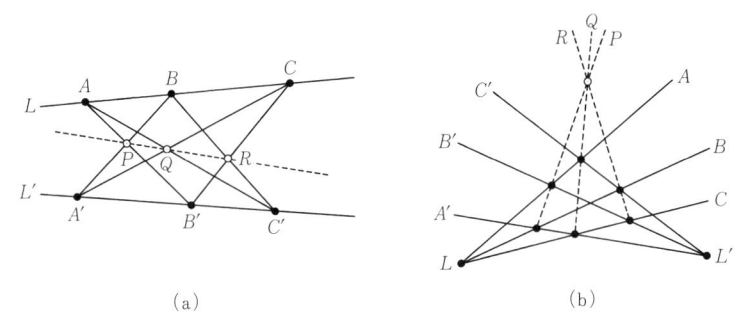

図 5.2 (a) Pappus の定理 (b) Pappus の定理の双対

5.4 Noether 環 R 上の n 次元射影空間 $\mathcal{P} = \mathbb{P}^n_R$ の連接的イデアル層 $\mathcal{J}$ が定義する閉部分スキームを X と記す. $I = \Gamma_*(\mathcal{O}_X)$ とおくとこれは $\Gamma_*(\mathcal{O}_\mathcal{P}) = R[z_0, z_1, \cdots, z_n]$ の斉次イデアルである. $S(X) = R[z_0, z_1, \cdots, z_n]/I$ を X の**斉次座標環**と呼ぶ. $S(X)$ が整域でありかつその商体内で**整閉** (integrally closed) のと

き，すなわち $S(X)$ が **正規環**(normal ring)のとき X を**射影的に正規**(projectively normal)という．一方，スキーム X に関しては X の任意の点 $x \in X$ で $\mathcal{O}_{X,x}$ が正規環であるとき**正規スキーム**(normal scheme)と呼ぶ．以下 R は代数的閉体 k とし，$\mathbb{P}_k^n$ の連接的イデアル層 $\mathcal{J}$ で定義される連結正規閉部分スキーム X を考える．次の問に答えよ．

(1) $S = S(X)$ は整域であり，$S' = \bigoplus_{n \geq 0} \Gamma(X, \mathcal{O}_X(n))$ は正規環であることを示せ．

(2) d が十分大きければ $S_d = S'_d$ であることを示せ．

(3) d が十分大きければ $S^{(d)}$ は正規環であることを示せ．

5.5 Noether 的スキーム X 上の連接的イデアル層 $\mathcal{J}$ から次数 $\mathcal{O}_X$ 代数の層 $\mathcal{S} = \bigoplus_{n=0}^{\infty} \mathcal{J}^n$ を作る．ただし $\mathcal{S}^0 = \mathcal{O}_X$ と定義する．$\widetilde{X} = \operatorname{Proj} \mathcal{S}$ または自然な射 $\pi: \widetilde{X} \to X$ を X のイデアル層 $\mathcal{J}$ に関する**ブローアップ**あるいは**単項変換**(monoidal transformation)と呼ぶ．このとき，次の問に答えよ．

(1) $\pi^{-1}\mathcal{J}$ から生成される $\mathcal{O}_{\widetilde{X}}$ イデアル層 $\widetilde{\mathcal{J}} = \pi^{-1}\mathcal{J} \cdot \mathcal{O}_{\widetilde{X}}$ は可逆層である．

(2) $\mathcal{J}$ が定義する X の閉部分スキームを Y と記し，$U = X \setminus Y$ とおくと，π は $\pi^{-1}(U)$ から U への同型を与える．

(3) $f^{-1}\mathcal{J} \cdot \mathcal{O}_Z$ が可逆層になる射 $f: Z \to X$ に対しては図式

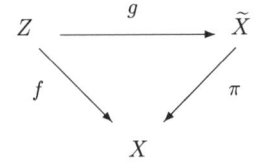

$$\begin{array}{ccc} Z & \xrightarrow{g} & \widetilde{X} \\ & {}_{f}\searrow & \downarrow{\pi} \\ & & X \end{array}$$

を可換にする射 $g: Z \to \widetilde{X}$ が一意的に定まる．

6

連接層のコホモロジー

　本章ではスキーム上の準連接層および連接層のコホモロジー論を展開する．ここではできる限り議論を一般的にし，複素多様体論や多変数関数論を学ぶ際にも通用する形で理論を展開した．そのため，読みにくくなった部分もあるが，初読の際は証明は省き，定理の意味を理解して先へ行かれることをお勧めする．層係数のコホモロジーは具体的に例を計算してみる方が，証明を読むより見通しがはっきりする場合が多い．

　しかしながら，ホモロジー代数に関する理論は数学の種々の側面で重要になることが多いので，層係数のコホモロジーの意味がある程度つかめたら，今度は証明を理解しながら再読されることをお勧めする．例をたくさん入れたかったが，種々の準備が必要になるので必ずしも満足には入れられなかった．第7章以降でスキームの種々の例を導入し，コホモロジーの威力を楽しんでもらう．

§6.1　層のコホモロジー

(a)　脆弱層

　以下，しばらくの間，一般の位相空間 X 上の加群の層を考察する．層係数の**コホモロジー**(cohomology)を一般的に通用する形で定義する．そのた

めに，まず脆弱層の定義を与えよう．位相空間 X 上の加群の層 $\mathcal{F}$ は X の任意の開集合 U に対して制限写像 $\rho_{U,X}: \mathcal{F}(X) \to \mathcal{F}(U)$ がつねに全射であるとき**脆弱層**(flabby sheaf)と呼ばれる．言い換えれば，任意の開集合 U に対して $\mathcal{F}$ の U 上の切断が X 上の切断に拡張できるとき $\mathcal{F}$ は脆弱層である．

例 6.1 位相空間 X 上の加群の層 $\mathcal{F}$ の層空間 $\mathbb{F}$ を考える(演習問題 2.4 を参照のこと)．X の開集合 U に対して

$$(6.1) \quad C^0(\mathcal{F})(U) = \left\{ s: U \to \mathbb{F} \;\middle|\; \begin{array}{l} s \text{ は } \rho \cdot s = id_U \text{ を満足する写像} \\ \text{(連続である必要はない)} \end{array} \right\}$$

と定義し，開集合 $V \subset U$ に対して制限写像 $\rho_{V,U}$ を

$$\begin{array}{rccc} \rho_{V,U}: & C^0(\mathcal{F})(U) & \longrightarrow & C^0(\mathcal{F})(V) \\ & s & \longmapsto & s\,|\,V \end{array}$$

と写像 $s: U \to \mathbb{F}$ に対して写像 s の V への制限 $s\,|\,V$ を対応させることによって定義する．$s, t \in C^0(\mathcal{F})(U)$ に対して $(s+t)(x) = s(x) + t(x)$, $x \in U$ と定義すれば $s+t \in C^0(\mathcal{F})(U)$ は加群となり，$\rho_{V,U}$ が加群の準同型写像であることは容易に分かる．さらに $C^0(\mathcal{F})$ は X 上の層であることも容易に示すことができる．

$C^0(\mathcal{F})$ は脆弱層であることを示そう．開集合 U と切断 $s \in C^0(\mathcal{F})(U)$ が与えられたとき

$$\widetilde{s}(x) = \begin{cases} s(x), & x \in U \text{ のとき} \\ 0_x, & x \notin U \text{ のとき} \end{cases}$$

と定義する．ただし，0_x は $\mathcal{F}_x$ の零元である．すると $\widetilde{s} \in C^0(\mathcal{F})(X)$ であり，かつ $\widetilde{s}\,|\,U = s$ である．これより，制限写像 $\rho_{U,X}: C^0(\mathcal{F})(X) \to C^0(\mathcal{F})(U)$ は全射であることが分かる．よって $C^0(\mathcal{F})$ は脆弱層である．さらに

$$\mathcal{F}(U) = \{s: U \to \mathbb{F} \mid s \in C^0(\mathcal{F})(U), \; s \text{ は連続写像}\}$$

とみなすことができるので(演習問題 2.4(2)を参照のこと)，自然な準同型写像

(6.2) $$\iota_{\mathcal{F}}: \mathcal{F} \longrightarrow C^0(\mathcal{F})$$
が存在する. □

脆弱層が層のコホモロジーを定義する際に大切な役割をするのは次の事実に基づく.

命題 6.2

（ⅰ） 位相空間 X 上の加群の層の完全列
$$0 \longrightarrow \mathcal{F} \xrightarrow{\varphi} \mathcal{G} \xrightarrow{\psi} \mathcal{H} \longrightarrow 0$$
に関して $\mathcal{F}$ が脆弱層であれば, X の任意の開集合 U に対して列
$$0 \longrightarrow \Gamma(U,\mathcal{F}) \xrightarrow{\varphi_U} \Gamma(U,\mathcal{G}) \xrightarrow{\psi_U} \Gamma(U,\mathcal{H}) \longrightarrow 0$$
は完全列である.

（ⅱ） 加群の層の完全列
$$0 \longrightarrow \mathcal{F} \longrightarrow \mathcal{G} \longrightarrow \mathcal{H} \longrightarrow 0$$
に関して $\mathcal{F}, \mathcal{G}$ が脆弱層であれば $\mathcal{H}$ も脆弱層である.

［証明］（ⅰ）$\psi_U: \Gamma(U,\mathcal{G}) \to \Gamma(U,\mathcal{H})$ が全射であることを示せばよい. $s \in \Gamma(U,\mathcal{H})$ に対して
$$\mathcal{M} = \{(t,V) \mid V \text{ は } U \text{ の開集合}, t \in \mathcal{G}(V), \psi_V(t) = \rho_{V,U}(s)\}$$
とおく. ψ は全射であるので $\mathcal{M} \neq \varnothing$ である. $V_1 \subset V_2 \subset U$, $t_1 = \rho_{V_1,V_2}(t_2)$ のとき $(t_1,V_1) < (t_2,V_2)$ と定義して, $\mathcal{M}$ に順序を導入する. $\{(t_\lambda,V_\lambda)\}_{\lambda \in \Lambda}$ が $(t_1,V_1) < (t_2,V_2) < \cdots$ である $\mathcal{M}$ の全順序部分集合のとき $V = \bigcup_{\lambda \in \Lambda} V_\lambda$ とおくと, $V_\lambda \subset U$ より $V \subset U$ が成り立ち, かつ $\lambda < \mu$ のとき $\rho_{V_\lambda,V_\mu}(t_\mu) = t_\lambda$ であるので $\rho_{V_\lambda,V}(t) = t_\lambda$ を満足する元 $t \in \mathcal{G}(V)$ が存在する. したがって $(t,V) \in \mathcal{M}$ であり, また任意の $\lambda \in \Lambda$ に対して $(t_\lambda,V_\lambda) < (t,V)$ となる. これは $\mathcal{M}$ が帰納的順序集合であることを意味する. よって Zorn の補題により $\mathcal{M}$ に極大元 $(\tilde{t},\tilde{V})$ が存在する. このとき $\tilde{V} = U$ であることを示せばよい. もし $\tilde{V} \neq U$ であれば点 $x \in U \setminus \tilde{V}$ に対して x の開近傍 $V_x \subset U$ と $t_x \in \mathcal{G}(V_x)$ で $\psi_{V_x}(t_x) = \rho_{V_x,U}(s)$ となるものを見出すことができる. すなわち $(t_x,V_x) \in \mathcal{M}$ が成立する. このとき

$$W = \widetilde{V} \cap V_x, \quad u = \rho_{W,V_x}(t_x) - \rho_{W,\widetilde{V}}(\widetilde{t})$$

とおくと $\psi_W(u)=0$ が成り立つので，$\varphi_W(v)=u$ となる $v \in \mathcal{F}(W)$ が存在する．$\mathcal{F}$ は脆弱層であるので，$\rho_{W,V_x}(\widetilde{v})=v \in \mathcal{F}(W)$ が存在する．そこで $\widetilde{t}_x = t_x - \varphi_{V_x}(\widetilde{v})$ とおくと

$$\rho_{W,V_x}(\widetilde{t}_x) = \rho_{W,V_x}(t_x) - \rho_{W,V_x}(\varphi_{V_x}(\widetilde{v})) = \rho_{W,V_x}(t_x) - \varphi_W(\rho_{W,V_x}(\widetilde{v}))$$
$$= \rho_{W,V_x}(t_x) - \varphi_W(v) = \rho_{W,V_x}(t_x) - u = \rho_{W,\widetilde{V}}(\widetilde{t})$$

が成立する．よって

$$\rho_{V_x, V_x \cup \widetilde{V}}(\widehat{t}) = t_x, \quad \rho_{\widetilde{V}, V_x \cup \widetilde{V}}(\widehat{t}) = \widetilde{t}$$

となる元 $\widehat{t} \in \mathcal{G}(V_x \cup \widetilde{V})$ が存在し，$(\widehat{t}, V_x \cup \widetilde{V}) \in \mathcal{M}$ であることが分かる．これは $(\widetilde{t}, \widetilde{V})$ の極大性に反する．したがって $\widetilde{V}=U$ であることが分かり，ψ_U は全射である．

(ii) X の開集合 U と元 $s \in \mathcal{H}(U)$ に対して $\mathcal{F}$ が脆弱層であるので(i)より $\psi_U(t)=s$ となる元 $t \in \mathcal{G}(U)$ が存在する．$\mathcal{G}$ は脆弱層であるので $\rho_{U,X}(\widetilde{t})=t$ となる元 $\widetilde{t} \in \mathcal{G}(X)$ が存在する．そこで $\widetilde{s}=\psi_X(\widetilde{t})$ とおくと

$$\rho_{U,X}(\widetilde{s}) = \rho_{U,X}(\psi_X(\widetilde{t})) = \psi_U(\rho_{U,X}(\widetilde{t})) = \psi_U(t) = s$$

となる．したがって $\rho_{U,X}: \mathcal{H}(X) \to \mathcal{H}(U)$ は全射であることが分かり，$\mathcal{H}$ は脆弱層である． ∎

さて，位相空間 X 上の加群の層 $\mathcal{F}$ に対して加群の層の完全列

(6.3) $\quad 0 \longrightarrow \mathcal{F} \xrightarrow{\iota} \mathcal{G}^0 \xrightarrow{\delta^0} \mathcal{G}^1 \xrightarrow{\delta^1} \mathcal{G}^2 \xrightarrow{\delta^2} \mathcal{G}^3 \longrightarrow \cdots$

をすべての $\mathcal{G}^j$, $j \geq 0$ が脆弱層であるように選ぶことができるとき，完全列(6.3)を $\mathcal{F}$ の**脆弱層による分解**(flabby resolution)という．

例 6.3 位相空間 X 上の加群の層 $\mathcal{F}$ に対して，例 6.1 より層の準同型写像の完全列

$$0 \longrightarrow \mathcal{F} \xrightarrow{\iota_\mathcal{F}} C^0(\mathcal{F})$$

を得る．$C^0(\mathcal{F})$ は(6.1)で定義される脆弱層である．

$$\mathcal{F}_1 = C^0(\mathcal{F}) / \iota_\mathcal{F}(\mathcal{F})$$

とおき完全列

(6.4) $\quad 0 \longrightarrow \mathcal{F} \xrightarrow{\iota_\mathcal{F}} C^0(\mathcal{F}) \xrightarrow{\eta_\mathcal{F}} \mathcal{F}_1 \longrightarrow 0$

を得る．$\mathcal{F}_1$ に同様の議論を適用して完全列

(6.5) $$0 \longrightarrow \mathcal{F}_1 \xrightarrow{\iota_{\mathcal{F}_1}} C^0(\mathcal{F}_1) \xrightarrow{\eta_{\mathcal{F}_1}} \mathcal{F}_2 \longrightarrow 0$$

を得る．ここで $C^0(\mathcal{F}_1)$ は脆弱層であり，
$$\mathcal{F}_2 = C^0(\mathcal{F}_1)/\iota_{\mathcal{F}_1}(\mathcal{F}_1)$$
である．
$$\iota = \iota_\mathcal{F}, \quad \delta^0 = \iota_{\mathcal{F}_1} \circ \eta_\mathcal{F}, \quad C^1(\mathcal{F}) = C^0(\mathcal{F}_1)$$
とおくと列

(6.6) $$0 \longrightarrow \mathcal{F} \xrightarrow{\iota} C^0(\mathcal{F}) \xrightarrow{\delta^0} C^1(\mathcal{F})$$

を得る．$\iota_{\mathcal{F}_1}$ は単射であるので，(6.4)より
$$\operatorname{Ker} \delta^0 = \operatorname{Ker}(\iota_{\mathcal{F}_1} \circ \eta_\mathcal{F}) = \operatorname{Ker} \eta_\mathcal{F} = \operatorname{Im} \iota_\mathcal{F} = \operatorname{Im} \iota$$
が成立し，(6.6)は完全列である．次に $\mathcal{F}_2$ に対して同様の議論を適用して完全列

(6.7) $$0 \longrightarrow \mathcal{F}_2 \xrightarrow{\iota_{\mathcal{F}_2}} C^0(\mathcal{F}_2) \xrightarrow{\eta_{\mathcal{F}_2}} \mathcal{F}_3 \longrightarrow 0$$

を得る．ここで $C^0(\mathcal{F}_2)$ は脆弱層であり，$\mathcal{F}_3 = C^0(\mathcal{F}_2)/\iota_{\mathcal{F}_2}(\mathcal{F}_2)$ とおいた．そこで
$$\delta^1 = \iota_{\mathcal{F}_2} \circ \eta_{\mathcal{F}_1}, \quad C^2(\mathcal{F}) = C^0(\mathcal{F}_2)$$
とおくと列

(6.8) $$0 \longrightarrow \mathcal{F} \xrightarrow{\iota} C^0(\mathcal{F}) \xrightarrow{\delta^0} C^1(\mathcal{F}) \xrightarrow{\delta^1} C^2(\mathcal{F})$$

を得る．$\iota_{\mathcal{F}_2}$ は単射であるので，(6.5)より
$$\operatorname{Ker} \delta^1 = \operatorname{Ker} \eta_{\mathcal{F}_1} = \operatorname{Im} \iota_{\mathcal{F}_1}$$
を得る．さらに(6.4)より $\eta_\mathcal{F}$ も全射であるので，
$$\operatorname{Im} \iota_{\mathcal{F}_1} = \operatorname{Im}(\iota_{\mathcal{F}_1} \circ \eta_\mathcal{F}) = \operatorname{Im} \delta^0$$
が成り立つ．したがって(6.8)は完全列である．以下，同様の議論を繰り返し適用することによって脆弱層による $\mathcal{F}$ の分解

$$(6.9) \quad 0 \longrightarrow \mathcal{F} \xrightarrow{\iota} C^0(\mathcal{F}) \xrightarrow{\delta^0} C^1(\mathcal{F}) \xrightarrow{\delta^1} C^2(\mathcal{F}) \xrightarrow{\delta^2}$$
$$\cdots \xrightarrow{\delta^{n-1}} C^n(\mathcal{F}) \xrightarrow{\delta^n} C^{n+1}(\mathcal{F}) \longrightarrow \cdots$$

を得る．分解(6.9)を $\mathcal{F}$ の **標準脆弱分解**(canonical flabby resolution)と呼ぶ．これを $(C^\bullet(\mathcal{F}), \delta^\bullet)$ と略記することがある． □

例6.3で存在を示した標準脆弱分解は大変よい性質を持っている．

補題6.4 加群の層の完全列
$$0 \longrightarrow \mathcal{F} \longrightarrow \mathcal{G} \longrightarrow \mathcal{H} \longrightarrow 0$$
に対して，$\mathcal{F}, \mathcal{G}, \mathcal{H}$ の標準脆弱分解から得られる図式

$$\begin{array}{ccccccccc}
& & 0 & & 0 & & 0 & & 0 & & 0 \\
& & \downarrow & & \downarrow & & \downarrow & & \downarrow & & \downarrow \\
0 & \to & \mathcal{F} & \to & C^0(\mathcal{F}) & \to & C^1(\mathcal{F}) & \to & C^2(\mathcal{F}) & \to & C^3(\mathcal{F}) & \to \\
& & \downarrow & & \downarrow & & \downarrow & & \downarrow & & \downarrow \\
0 & \to & \mathcal{G} & \to & C^0(\mathcal{G}) & \to & C^1(\mathcal{G}) & \to & C^2(\mathcal{G}) & \to & C^3(\mathcal{G}) & \to \\
& & \downarrow & & \downarrow & & \downarrow & & \downarrow & & \downarrow \\
0 & \to & \mathcal{H} & \to & C^0(\mathcal{H}) & \to & C^1(\mathcal{H}) & \to & C^2(\mathcal{H}) & \to & C^3(\mathcal{H}) & \to \\
& & \downarrow & & \downarrow & & \downarrow & & \downarrow & & \downarrow \\
& & 0 & & 0 & & 0 & & 0 & & 0
\end{array}$$

は可換図式であり，かつ縦，横すべての列が完全列である．

［証明］
$$(6.10) \quad 0 \longrightarrow C^0(\mathcal{F}) \longrightarrow C^0(\mathcal{G}) \longrightarrow C^0(\mathcal{H}) \longrightarrow 0$$
が完全列であることをまず示そう．任意の点 $x \in X$ に対して
$$0 \longrightarrow \mathcal{F}_x \longrightarrow \mathcal{G}_x \longrightarrow \mathcal{H}_x \longrightarrow 0$$
は完全列であるので，任意の開集合 $U \subset X$ に対して(6.1)の定義より
$$0 \longrightarrow C^0(\mathcal{F})(U) \longrightarrow C^0(\mathcal{G})(U) \longrightarrow C^0(\mathcal{H})(U) \longrightarrow 0$$
は完全列であることが分かる．したがって(6.10)は完全列である．また図式

$$
\begin{array}{ccccccccc}
& & 0 & & 0 & & 0 & & \\
& & \downarrow & & \downarrow & & \downarrow & & \\
0 & \to & \mathcal{F} & \to & \mathcal{G} & \to & \mathcal{H} & \to & 0 \\
& & \iota_{\mathcal{F}} \downarrow & & \iota_{\mathcal{G}} \downarrow & & \iota_{\mathcal{H}} \downarrow & & \\
0 & \to & C^0(\mathcal{F}) & \to & C^0(\mathcal{G}) & \to & C^0(\mathcal{H}) & \to & 0
\end{array}
$$

は可換図式であり，これより可換図式

$$
\begin{array}{ccccccccc}
& & 0 & & 0 & & 0 & & \\
& & \downarrow & & \downarrow & & \downarrow & & \\
0 & \to & \mathcal{F} & \to & \mathcal{G} & \to & \mathcal{H} & \to & 0 \\
& & \iota_{\mathcal{F}} \downarrow & & \iota_{\mathcal{G}} \downarrow & & \iota_{\mathcal{H}} \downarrow & & \\
0 & \to & C^0(\mathcal{F}) & \to & C^0(\mathcal{G}) & \to & C^0(\mathcal{H}) & \to & 0 \\
& & \downarrow & & \downarrow & & \downarrow & & \\
0 & \to & \mathcal{F}_1 & \to & \mathcal{G}_1 & \to & \mathcal{H}_1 & \to & 0 \\
& & \downarrow & & \downarrow & & \downarrow & & \\
& & 0 & & 0 & & 0 & &
\end{array}
$$

を得，縦，横のすべての列は完全列である．この最後の横方向の完全列から，上と同様の議論により完全列

$$0 \longrightarrow C^0(\mathcal{F}_1) \longrightarrow C^0(\mathcal{G}_1) \longrightarrow C^0(\mathcal{H}_1) \longrightarrow 0$$

を得る．以下，上と同様の議論を繰り返し適用することによって補題 6.4 を示すことができる． ∎

例題 6.5 すべての層が脆弱層からなる完全列

$$(6.11) \qquad 0 \longrightarrow \mathcal{F} \xrightarrow{f} \mathcal{G}_0 \xrightarrow{g_0} \mathcal{G}_1 \xrightarrow{g_1} \mathcal{G}_2 \xrightarrow{g_2} \mathcal{G}_3 \longrightarrow \cdots$$

言い換えれば脆弱層 $\mathcal{F}$ の脆弱層による分解が与えられたとき，任意の開集合 U に対して

$$0 \longrightarrow \Gamma(U, \mathcal{F}) \longrightarrow \Gamma(U, \mathcal{G}_0) \longrightarrow \Gamma(U, \mathcal{G}_1) \longrightarrow \Gamma(U, \mathcal{G}_2) \longrightarrow \cdots$$

は完全列であることを示せ．

[解] 層の完全列(6.11)より完全列
$$0 \longrightarrow \mathcal{F} \longrightarrow \mathcal{G}_0 \longrightarrow \operatorname{Im} g_0 \longrightarrow 0$$
を得る．$\mathcal{F}, \mathcal{G}$ が脆弱層であるので命題 6.2(ii) より $\operatorname{Im} g_0$ も脆弱層である．命題 6.2(i) より完全列

(6.12) $\quad 0 \longrightarrow \Gamma(U, \mathcal{F}) \longrightarrow \Gamma(U, \mathcal{G}_0) \longrightarrow \Gamma(U, \operatorname{Im} g_0) \longrightarrow 0$

を得る．再び(6.11)より完全列
$$0 \longrightarrow \operatorname{Im} g_0 \longrightarrow \mathcal{G}_1 \longrightarrow \operatorname{Coker} g_0 \longrightarrow 0$$
を得る．$\operatorname{Im} g_0, \mathcal{G}_1$ は脆弱層であるので $\operatorname{Coker} g_0$ も脆弱層である．また完全列より

(6.13) $\quad 0 \longrightarrow \Gamma(U, \operatorname{Im} g_0) \longrightarrow \Gamma(U, \mathcal{G}_1) \longrightarrow \Gamma(U, \operatorname{Coker} g_0) \longrightarrow 0$

を得る．(6.12), (6.13) より列

(6.14) $\quad 0 \longrightarrow \Gamma(U, \mathcal{F}) \longrightarrow \Gamma(U, \mathcal{G}_0) \longrightarrow \Gamma(U, \mathcal{G}_1)$

を得るが，(6.12), (6.13)が完全列であることから(6.14)が完全列であることが分かる．

さらに $\operatorname{Im} g_0 = \operatorname{Ker} g_1$ であるので $\operatorname{Coker} g_0 = \mathcal{G}_1/\operatorname{Im} g_0 = \mathcal{G}_1/\operatorname{Ker} g_1$ が成り立ち，(6.11)より完全列
$$0 \longrightarrow \operatorname{Coker} g_0 \longrightarrow \mathcal{G}_2 \longrightarrow \operatorname{Im} g_2 \longrightarrow 0$$
を得る．$\operatorname{Coker} g_0, \mathcal{G}_2$ は脆弱層であり，したがって $\operatorname{Im} g_2$ も脆弱層である．また完全列

(6.15) $\quad 0 \longrightarrow \Gamma(U, \operatorname{Coker} g_0) \longrightarrow \Gamma(U, \mathcal{G}_2) \longrightarrow \Gamma(U, \operatorname{Im} g_2) \longrightarrow 0$

を得る．(6.13), (6.14), (6.15) より列

(6.16) $\quad 0 \longrightarrow \Gamma(U, \mathcal{F}) \longrightarrow \Gamma(U, \mathcal{G}_0) \longrightarrow \Gamma(U, \mathcal{G}_1) \longrightarrow \Gamma(U, \mathcal{G}_2)$

を得るが，(6.14)が完全列でありかつ(6.13), (6.15)も完全列であるので，(6.16)も完全列であることが容易に分かる．以下同様の議論により例題 6.5 が示される． ∎

問 1 加群の層の完全列
$$0 \longrightarrow \mathcal{F}_1 \xrightarrow{f_1} \mathcal{F}_2 \xrightarrow{f_2} \mathcal{F}_3 \xrightarrow{f_3} \mathcal{F}_4 \longrightarrow \cdots$$

§6.1 層のコホモロジー —— 291

から各 $\mathcal{F}_j$ の標準脆弱分解 $(C^\bullet(\mathcal{F}_j), f^\bullet)$ をとることによって可換図式

$$
\begin{array}{ccccccccccc}
& & 0 & & 0 & & 0 & & 0 & & 0 \\
& & \downarrow & & \downarrow & & \downarrow & & \downarrow & & \downarrow \\
0 & \to & \mathcal{F}_1 & \to & C^0(\mathcal{F}_1) & \to & C^1(\mathcal{F}_1) & \to & C^2(\mathcal{F}_1) & \to & C^3(\mathcal{F}_1) & \to & \cdots \\
& & \downarrow & & \downarrow & & \downarrow & & \downarrow & & \downarrow \\
0 & \to & \mathcal{F}_2 & \to & C^0(\mathcal{F}_2) & \to & C^1(\mathcal{F}_2) & \to & C^2(\mathcal{F}_2) & \to & C^3(\mathcal{F}_2) & \to & \cdots \\
& & \downarrow & & \downarrow & & \downarrow & & \downarrow & & \downarrow \\
0 & \to & \mathcal{F}_3 & \to & C^0(\mathcal{F}_3) & \to & C^1(\mathcal{F}_3) & \to & C^2(\mathcal{F}_3) & \to & C^3(\mathcal{F}_3) & \to & \cdots \\
& & \downarrow & & \downarrow & & \downarrow & & \downarrow & & \downarrow \\
0 & \to & \mathcal{F}_4 & \to & C^0(\mathcal{F}_4) & \to & C^1(\mathcal{F}_4) & \to & C^2(\mathcal{F}_4) & \to & C^3(\mathcal{F}_4) & \to & \cdots \\
& & \downarrow & & \downarrow & & \downarrow & & \downarrow & & \downarrow \\
& & \vdots & & \vdots & & \vdots & & \vdots & & \vdots & & \vdots
\end{array}
$$

を得,縦,横のすべての列が完全列であることを示せ.

(b) コホモロジー群

位相空間 X 上の加群の層 $\mathcal{F}$ に対して脆弱層による分解

(6.17) $\quad 0 \longrightarrow \mathcal{F} \xrightarrow{\iota} \mathcal{G}^0 \xrightarrow{\delta^0} \mathcal{G}^1 \xrightarrow{\delta^1} \mathcal{G}^2 \xrightarrow{\delta^2} \mathcal{G}^3 \longrightarrow \cdots$

が存在することは例 6.3 で示した.そこで完全列 (6.17) から加群の列

(6.18)

$$0 \longrightarrow \Gamma(X, \mathcal{G}^0) \xrightarrow{\delta_X^0} \Gamma(X, \mathcal{G}^1) \xrightarrow{\delta_X^1} \Gamma(X, \mathcal{G}^2) \xrightarrow{\delta_X^2} \Gamma(X, \mathcal{G}^3) \longrightarrow \cdots$$

を作ることができる.(6.17) が完全列であるので

$$\delta_X^{n+1} \circ \delta_X^n = 0, \quad n = 0, 1, 2, \cdots$$

が成立する.これは $(A^n = \Gamma(X, \mathcal{G}^n), \delta_X^n)$ が加群の**複体**(complex)であることを意味する.このとき,(6.18) が完全列からどれくらい離れているかを計るものとして**コホモロジー群**(cohomology group, コホモロジーと略記することも多い.)が定義される.すなわち,

(6.19) $\quad H^n(X, \mathcal{F}) = \operatorname{Ker} \delta_X^n / \operatorname{Im} \delta_X^{n-1}, \quad n = 0, 1, 2, \cdots$

とおく.ただし,$\delta_X^{-1}=0$ と約束する.(6.19)の左辺の記法は一見変であり,複体 $\mathcal{D}=(A^n=\Gamma(X,\mathcal{G}^n),\delta_X^n)$ のコホモロジー群として $H^n(\mathcal{D})$ と記すべきであると考えられる読者も多いと思われる.この疑問はもっともなことであるが,実は脆弱層による $\mathcal{F}$ の分解(6.17)をどのように選んでも,(6.19)の右辺で定義される加群は同型であることを以下で示し,$H^n(X,\mathcal{F})$ という記法が意味を持つことを明らかにする.$H^n(X,\mathcal{F})$ を**層 $\mathcal{F}$ の n 次のコホモロジー群**(n-th cohomology group of the sheaf $\mathcal{F}$)という.

まず簡単に分かる事実から調べていこう.完全列(6.17)から

$$0 \longrightarrow \Gamma(X,\mathcal{F}) \xrightarrow{\delta_X} \Gamma(X,\mathcal{G}^0) \xrightarrow{\delta_X^0} \Gamma(X,\mathcal{G}^1)$$

は完全列であることが分かる.なぜならば層の完全列

$$0 \longrightarrow \mathcal{F} \longrightarrow \mathcal{G}^0 \longrightarrow \mathrm{Im}\,\delta^0 \longrightarrow 0$$
$$0 \longrightarrow \mathrm{Im}\,\delta^0 \longrightarrow \mathcal{G}^1 \longrightarrow \mathrm{Coker}\,\delta^0 \longrightarrow 0$$

が(6.17)より得られ,これより加群の完全列

$$0 \longrightarrow \Gamma(X,\mathcal{F}) \longrightarrow \Gamma(X,\mathcal{G}^0) \longrightarrow \Gamma(X,\mathrm{Im}\,\delta^0)$$
$$0 \longrightarrow \Gamma(X,\mathrm{Im}\,\delta^0) \longrightarrow \Gamma(X,\mathcal{G}^1) \longrightarrow \Gamma(X,\mathrm{Coker}\,\delta^0)$$

を得るが,写像の合成

$$\Gamma(X,\mathcal{G}^0) \to \Gamma(X,\mathrm{Im}\,\delta^0) \to \Gamma(X,\mathcal{G}^1)$$

は δ_X^0 と一致するので

$$\mathrm{Ker}\,\delta_X^0 = \mathrm{Im}\,\iota$$

であることが分かる.したがって(6.19)より

$$H^0(X,\mathcal{F}) = \mathrm{Ker}\,\delta_X^0 \simeq \Gamma(X,\mathcal{F})$$

であることが分かる.同型な加群は同一視することにして次の補題を得る.

補題 6.6
$$H^0(X,\mathcal{F}) = \Gamma(X,\mathcal{F}) \qquad \square$$

補題 6.7 $\mathcal{F}$ が脆弱層であれば
$$H^n(X,\mathcal{F})=0, \quad n=1,2,3,\cdots$$

[証明] $\mathcal{F}$ の脆弱層による分解

§6.1 層のコホモロジー 293

$$0 \longrightarrow \mathcal{F} \xrightarrow{\iota} \mathcal{G}^0 \xrightarrow{\delta^0} \mathcal{G}^1 \xrightarrow{\delta^1} \mathcal{G}^2 \xrightarrow{\delta^2} \cdots$$

に対して，例題 6.5 より完全列

$$0 \longrightarrow \Gamma(X,\mathcal{F}) \longrightarrow \Gamma(X,\mathcal{G}^0) \xrightarrow{\delta_X^0} \Gamma(X,\mathcal{G}^1) \xrightarrow{\delta_X^1} \Gamma(X,\mathcal{G}^2) \xrightarrow{\delta_X^2} \cdots$$

を得る．したがって $n \geqq 1$ のとき

$$\operatorname{Ker}\delta_X^n = \operatorname{Im}\delta_X^{n-1}$$

が成立するので $H^n(X,\mathcal{F}) = 0$ となる． ∎

以上の準備のもとにコホモロジー群が脆弱層による分解によらずに一意的に定まることを示そう．

定理 6.8 層のコホモロジー群 $H^n(X,\mathcal{F})$ は脆弱層による分解のとり方によらず，同型を除いて一意的に定まる．

[証明] 脆弱層による分解

$$0 \longrightarrow \mathcal{F} \longrightarrow \mathcal{G}^0 \longrightarrow \mathcal{G}^1 \longrightarrow \mathcal{G}^2 \longrightarrow \mathcal{G}^3 \longrightarrow \cdots$$

で定義したコホモロジー群と，標準脆弱分解

$$0 \longrightarrow \mathcal{F} \longrightarrow C^0(\mathcal{F}) \longrightarrow C^1(\mathcal{F}) \longrightarrow C^2(\mathcal{F}) \longrightarrow C^3(\mathcal{F}) \longrightarrow \cdots$$

で定義したコホモロジー群が同型になることを示す．問 1 より完全列からなる可換図式

$$\begin{array}{ccccccccc}
& & 0 & & 0 & & 0 & & 0 \\
& & \downarrow & & \downarrow & & \downarrow & & \downarrow \\
0 & \to & \mathcal{F} & \to & \mathcal{G}^0 & \to & \mathcal{G}^1 & \to & \mathcal{G}^2 & \to \\
& & \downarrow & & \downarrow & & \downarrow & & \downarrow \\
0 & \to & C^0(\mathcal{F}) & \to & C^0(\mathcal{G}^0) & \to & C^0(\mathcal{G}^1) & \to & C^0(\mathcal{G}^2) & \to \\
& & \downarrow & & \downarrow & & \downarrow & & \downarrow \\
0 & \to & C^1(\mathcal{F}) & \to & C^1(\mathcal{G}^0) & \to & C^1(\mathcal{G}^1) & \to & C^1(\mathcal{G}^2) & \to \\
& & \downarrow & & \downarrow & & \downarrow & & \downarrow \\
0 & \to & C^2(\mathcal{F}) & \to & C^2(\mathcal{G}^0) & \to & C^2(\mathcal{G}^1) & \to & C^2(\mathcal{G}^2) & \to \\
& & \downarrow & & \downarrow & & \downarrow & & \downarrow
\end{array}$$

を得る．これより加群の可換図式

$$
\begin{array}{ccccccccc}
& & & 0 & & 0 & & 0 & \\
& & & \downarrow & & \downarrow & & \downarrow & \\
& 0 & \to & \Gamma(X,\mathcal{G}^0) & \xrightarrow{\delta_X^0} & \Gamma(X,\mathcal{G}^1) & \xrightarrow{\delta_X^1} & \Gamma(X,\mathcal{G}^2) & \to \\
& \downarrow & & \downarrow & & \downarrow & & \downarrow & \\
0 \to & \Gamma(X,C^0(\mathcal{F})) & \to & \Gamma(X,C^0(\mathcal{G}^0)) & \to & \Gamma(X,C^0(\mathcal{G}^1)) & \to & \Gamma(X,C^0(\mathcal{G}^2)) & \to \\
& d_X^0 \downarrow & & \downarrow & & \downarrow & & \downarrow & \\
0 \to & \Gamma(X,C^1(\mathcal{F})) & \to & \Gamma(X,C^1(\mathcal{G}^0)) & \to & \Gamma(X,C^1(\mathcal{G}^1)) & \to & \Gamma(X,C^1(\mathcal{G}^2)) & \to \\
& d_X^1 \downarrow & & \downarrow & & \downarrow & & \downarrow & \\
0 \to & \Gamma(X,C^2(\mathcal{F})) & \to & \Gamma(X,C^2(\mathcal{G}^0)) & \to & \Gamma(X,C^2(\mathcal{G}^1)) & \to & \Gamma(X,C^2(\mathcal{G}^2)) & \to \\
& \downarrow & & \downarrow & & \downarrow & & \downarrow &
\end{array}
$$

を得る．例題 6.5 より，第 1 列，第 1 行以外の縦，横の列はすべて完全列である．記号を簡単にするために

$$A^n = \Gamma(X,\mathcal{G}^n), \quad B^n = \Gamma(X,C^n(\mathcal{F})), \quad C^{i,j} = \Gamma(X,C^i(\mathcal{G}^j))$$

とおき，準同型写像にも記号をつけ直して上記の可換図式を次のように記す．

（6.20）

$$
\begin{array}{ccccccccccc}
& & & & 0 & & 0 & & 0 & & 0 \\
& & & & \downarrow & & \downarrow & & \downarrow & & \downarrow \\
& & 0 & \to & A^0 & \xrightarrow{\delta^0} & A^1 & \xrightarrow{\delta^1} & A^2 & \xrightarrow{\delta^2} & A^3 & \to \\
& & \downarrow & & e^0 \downarrow & & e^1 \downarrow & & e^2 \downarrow & & e^3 \downarrow \\
0 & \to & B^0 & \xrightarrow{\varepsilon^0} & C^{0,0} & \xrightarrow{\delta^{0,0}} & C^{0,1} & \xrightarrow{\delta^{0,1}} & C^{0,2} & \xrightarrow{\delta^{0,2}} & C^{0,3} & \to \\
& & d^0 \downarrow & & d^{0,0} \downarrow & & d^{0,1} \downarrow & & d^{0,2} \downarrow & & d^{0,3} \downarrow \\
0 & \to & B^1 & \xrightarrow{\varepsilon^1} & C^{1,0} & \xrightarrow{\delta^{1,0}} & C^{1,1} & \xrightarrow{\delta^{1,1}} & C^{1,2} & \xrightarrow{\delta^{1,2}} & C^{1,3} & \to \\
& & d^1 \downarrow & & d^{1,0} \downarrow & & d^{1,1} \downarrow & & d^{1,2} \downarrow & & d^{1,3} \downarrow \\
0 & \to & B^2 & \xrightarrow{\varepsilon^2} & C^{2,0} & \xrightarrow{\delta^{2,0}} & C^{2,1} & \xrightarrow{\delta^{2,1}} & C^{2,2} & \xrightarrow{\delta^{2,2}} & C^{2,3} & \to \\
& & d^2 \downarrow & & d^{2,0} \downarrow & & d^{2,1} \downarrow & & d^{2,2} \downarrow & & d^{2,3} \downarrow \\
0 & \to & B^3 & \xrightarrow{\varepsilon^3} & C^{3,0} & \xrightarrow{\delta^{3,0}} & C^{3,1} & \xrightarrow{\delta^{3,1}} & C^{3,2} & \xrightarrow{\delta^{3,2}} & C^{3,3} & \to \\
& & \downarrow & & \downarrow & & \downarrow & & \downarrow & & \downarrow
\end{array}
$$

このとき第1行 $0 \to A^0 \to A^1 \to \cdots$ と第1列 $0 \to B^0 \to B^1 \to B^2 \to \cdots$ 以外のすべての縦横の列は完全列である．証明すべきことは同型

(6.21) $\quad f^n \colon \operatorname{Ker} d^n / \operatorname{Im} d^{n-1} \xrightarrow{\sim} \operatorname{Ker} \delta^n / \operatorname{Im} \delta^{n-1}, \quad n \geqq 0$

が存在することである．ただし $d^{-1}=0$, $\delta^{-1}=0$ と約束する．これはホモロジー代数の**二重複体**(double complex)の理論を使えば簡単に証明できるが（ただし二重複体として考えるときは写像 $d^{p,q}$ のかわりに $d'^{p,q}=(-1)^p d^{p,q}$ をとり，図式の可換性 $d^{p,q} \circ \delta^{p,q-1} = \delta^{p+1,q-1} \circ d^{p,q-1}$ のかわりに $d'^{p,q} \circ \delta^{p,q} + \delta^{p+1,q-1} \circ d'^{p,q-1} = 0$ を考える），ここではその基本となる考え方を使って証明する．$\operatorname{Ker} d^0 \simeq \operatorname{Ker} \delta^0 \,(\simeq \Gamma(X,\mathcal{F}))$ であることは補題6.6より明らかであるが図式(6.20)に基づいて再度示しておこう．

$$
\begin{array}{ccccccc}
 & & & & 0 & & 0 \\
 & & & & \downarrow & & \downarrow \\
 & & 0 & \to & A^0 & \xrightarrow{\delta^0} & A^1 \\
 & & \downarrow & & e^0 \downarrow & & e^1 \downarrow \\
0 & \to & B^0 & \xrightarrow{\varepsilon^0} & C^{0,0} & \xrightarrow{\delta^{0,0}} & C^{0,1} \\
 & & d^0 \downarrow & & d^{0,0} \downarrow & & d^{0,1} \downarrow \\
0 & \to & B^1 & \xrightarrow{\varepsilon^1} & C^{1,0} & \xrightarrow{\delta^{1,0}} & C^{1,1}
\end{array}
$$

$d^0(b)=0$ を満足する元 $b \in B^0$ をとる．$\varepsilon^0(b)=c$ とおくと
$$d^{0,0}(c) = d^{0,0}(\varepsilon^0(b)) = (\varepsilon^1 \circ d^0)(b) = \varepsilon^1(d^0(b)) = 0$$
となる．$\operatorname{Ker} d^{0,0} = \operatorname{Im} e^0$ であるので $e^0(a)=c$ を満足する元 $a \in A^0$ が存在する．このとき $e^1(\delta^0(a)) = \delta^{0,0}(e^0(a)) = \delta^{0,0}(c) = \delta^{0,0}(\varepsilon^0(b)) = 0$ が成り立ち，e^1 は単射であるので $\delta^0(a)=0$ である．すなわち $a \in \operatorname{Ker} \delta^0$ である．b に対して a が一意的に定まることを示そう．上の構成法から c は一意的に定まる．また e^0 は単射であるので $e^0(a)=c$ を満足する a は一意的に定まる．よって $a \in \operatorname{Ker} \delta^0$ は $b \in \operatorname{Ker} d^0$ から一意的に定まり，写像 $f^0 \colon \operatorname{Ker} d^0 \to \operatorname{Ker} \delta^0$ ができることが分かる．この写像が加群の準同型写像であることは $\varepsilon^j, e^j, \delta^{i,j}, d^{i,j}$ が加群の準同型写像であることからただちに分かる．上と同様の議論を $a \in \operatorname{Ker} \delta^0$ に適用すると $b \in \operatorname{Ker} d^0$ を得，準同型写像 $g^0 \colon \operatorname{Ker} \delta^0 \to \operatorname{Ker} d^0$ が定ま

る．$g^0 \circ f^0 = id$, $f^0 \circ g^0 = id$ であることが容易に分かるので f^0 は同型写像である．

$$
\begin{array}{ccccccc}
& & A^0 & \xrightarrow{\delta^0} & A^1 & \xrightarrow{\delta^1} & A^2 \\
& & e^0 \downarrow & & e^1 \downarrow & & e^2 \downarrow \\
B^0 & \xrightarrow{\varepsilon^0} & C^{0,0} & \xrightarrow{\delta^{0,0}} & C^{0,1} & \xrightarrow{\delta^{0,1}} & C^{0,2} \\
d^0 \downarrow & & d^{0,0} \downarrow & & d^{0,1} \downarrow & & \\
B^1 & \xrightarrow{\varepsilon^1} & C^{1,0} & \xrightarrow{\delta^{1,0}} & C^{1,1} & & \\
d^1 \downarrow & & d^{1,0} \downarrow & & \downarrow & & \\
B^2 & \xrightarrow{\varepsilon^2} & C^{2,0} & & & &
\end{array}
$$

次に $b \in \operatorname{Ker} d^1$ をとり，$c^{1,0} = \varepsilon^1(b)$ とおく．
$$d^{1,0}(c^{1,0}) = d^{1,0}(\varepsilon^1(b)) = \varepsilon^2(d^1(b)) = 0$$
および
$$\operatorname{Ker} d^{1,0} = \operatorname{Im} d^{0,0}$$

より $d^{0,0}(c^{0,0}) = c^{1,0}$ となる元 $c^{0,0} \in C^{0,0}$ が定まる．$d^{0,0}(\widetilde{c}^{0,0}) = c^{1,0}$ とすると $c^{0,0} - \widetilde{c}^{0,0} \in \operatorname{Im} e^0$ であることが分かり，
$$\widetilde{c}^{0,0} = c^{0,0} + e^0(a^0), \quad a^0 \in A^0$$
と書けることが分かる．
$$c^{0,1} = \delta^{0,0}(c^{0,0}), \quad \widetilde{c}^{0,1} = \delta^{0,0}(\widetilde{c}^{0,0})$$
とおくと
$$\widetilde{c}^{0,1} = c^{0,1} + e^1(\delta^0(a^0))$$
と書けることが図式の可換性より分かる．
$$d^{0,1}(c^{0,1}) = d^{0,1}(\delta^{0,0}(c^{0,0})) = \delta^{1,0}(d^{0,0}(c^{0,0}))$$
$$= \delta^{1,0}(c^{1,0}) = \delta^{1,0}(\varepsilon^1(b)) = 0$$

より $e^1(a) = c^{0,1}$ となる元 $a \in A^1$ が存在する．同様に $d^{0,1}(\widetilde{c}^{0,1}) = 0$ であることが分かり，$e^1(\widetilde{a}) = \widetilde{c}^{0,1}$ となる $\widetilde{a} \in A^1$ が存在する．e^1 は単射であることから
$$\widetilde{a} = a + \delta^0(a^0)$$
であることが分かる．さらに

$$e^2(\delta^1(a)) = \delta^{0,1}(e^1(a)) = \delta^{0,1}(c^{0,1}) = \delta^{0,1}(\delta^{0,0}(c^{0,0})) = 0$$

であり，e^2 は単射であることから，$\delta^1(a) = 0$ となり $a \in \operatorname{Ker} \delta^1$ であることが分かる．同様に $\tilde{a} \in \operatorname{Ker} \delta^1$ である．今度は $a \in \operatorname{Ker} \delta^1$ は $b \in \operatorname{Ker} d^1$ から一意的には定まらず，a に $\operatorname{Im} \delta^0$ の元を足したものも同様な性質を持っている．しかし加群の準同型写像

$$\operatorname{Ker} d^1 \longrightarrow \operatorname{Ker} \delta^1 / \operatorname{Im} \delta^0$$

は一意的に定まることが分かる．さらに，上の議論で $b \in \operatorname{Im} d_0$ であれば $a \in \operatorname{Im} \delta^0$ であることも容易に分かる．したがって準同型写像

$$f' : \operatorname{Ker} d^1 / \operatorname{Im} d^0 \longrightarrow \operatorname{Ker} \delta^1 / \operatorname{Im} \delta^0$$

が定まることが分かる．上と同様の議論を $a \in \operatorname{Ker} \delta^1$ から出発して逆に辿ることによって準同型写像

$$g' : \operatorname{Ker} \delta^1 / \operatorname{Im} \delta^0 \longrightarrow \operatorname{Ker} d^1 / \operatorname{Im} d^0$$

を得る．このとき

$$g' \circ f' = id, \quad f' \circ g' = id$$

が成り立つことも容易に分かるので f' は同型写像である．

$n \geqq 2$ のとき f^n が同型写像になるのも，同様の論法で，$b \in \operatorname{Ker} d^n$ から図式 (6.20) を使って

$$c^{n,0} = \varepsilon^n(b) \in C^{n,0}, \quad c^{n-1,1} \in C^{n-1,1}, \quad \cdots\cdots$$

と右上へ 1 つずつ階段を上ってゆくことによって示されるが，読者の演習問題としよう． ∎

この定理によって，コホモロジー群 $H^n(X, \mathcal{F})$ の計算には脆弱層による分解をうまくとればよいことが分かる．たとえば $\mathcal{F}$ が脆弱層であれば

$$0 \longrightarrow \mathcal{F} \longrightarrow \mathcal{F} \longrightarrow 0 \longrightarrow 0 \longrightarrow 0 \longrightarrow \cdots$$

は脆弱層による分解であるので，ただちに

$$H^n(X, \mathcal{F}) = \begin{cases} \Gamma(X, \mathcal{F}), & n = 0 \\ 0, & n \geqq 1 \end{cases}$$

が分かる．

問2 Y は位相空間 X の閉部分空間とする．$Y \subset X$ から定まる自然な写像を $\iota: Y \to X$ と記す．Y 上の脆弱層 $\mathcal{G}$ に対して $\iota_* \mathcal{G}$ は X 上の脆弱層であることを示せ．

問3 問2と同じ記号のもとで，Y 上の加群の層 $\mathcal{F}$ に対してコホモロジー群の同型

$$H^n(Y, \mathcal{F}) \simeq H^n(X, \iota_* \mathcal{F}), \quad n = 0, 1, 2, \cdots$$

が成り立つことを示せ．

さて定理6.8を使って層のコホモロジー群の持つ一番大切な役割を示そう．

定理 6.9 位相空間 X 上の加群の層の完全列

$$0 \longrightarrow \mathcal{F} \xrightarrow{\varphi} \mathcal{G} \xrightarrow{\psi} \mathcal{H} \longrightarrow 0$$

からコホモロジー群の**長完全列**（long exact sequence）

$$\begin{aligned}
0 &\to H^0(X, \mathcal{F}) \to H^0(X, \mathcal{G}) \to H^0(X, \mathcal{H}) \to H^1(X, \mathcal{F}) \to \\
&\to H^1(X, \mathcal{G}) \to H^1(X, \mathcal{H}) \to H^2(X, \mathcal{F}) \to H^2(X, \mathcal{G}) \to \\
&\to H^2(X, \mathcal{H}) \to H^3(X, \mathcal{F}) \to H^3(X, \mathcal{G}) \to \quad \cdots\cdots
\end{aligned}$$

を得ることができる．

[証明] $\mathcal{F}, \mathcal{G}, \mathcal{H}$ の標準脆弱分解により完全列の可換図式

(6.22)
$$\begin{array}{ccccccccc}
 & & 0 & & 0 & & 0 & & \\
 & & \downarrow & & \downarrow & & \downarrow & & \\
0 & \to & \mathcal{F} & \to & \mathcal{G} & \to & \mathcal{H} & \to & 0 \\
 & & \downarrow & & \downarrow & & \downarrow & & \\
0 & \to & C^0(\mathcal{F}) & \to & C^0(\mathcal{G}) & \to & C^0(\mathcal{H}) & \to & 0 \\
 & & \downarrow & & \downarrow & & \downarrow & & \\
0 & \to & C^1(\mathcal{F}) & \to & C^1(\mathcal{G}) & \to & C^1(\mathcal{H}) & \to & 0 \\
 & & \downarrow & & \downarrow & & \downarrow & & \\
0 & \to & C^2(\mathcal{F}) & \to & C^2(\mathcal{G}) & \to & C^2(\mathcal{H}) & \to & 0 \\
 & & \downarrow & & \downarrow & & \downarrow & &
\end{array}$$

を得る(補題 6.4). 記号を簡単にするために
$$F^n = \Gamma(X, C^n(\mathcal{F})), \quad G^n = \Gamma(X, C^n(\mathcal{G})), \quad H^n = \Gamma(X, C^n(\mathcal{H}))$$
とおき，図式(6.22)から定まる可換図式

(6.23)
$$\begin{array}{ccccccccc}
& & 0 & & 0 & & 0 & & \\
& & \downarrow & & \downarrow & & \downarrow & & \\
0 & \to & F^0 & \xrightarrow{\varphi_0} & G^0 & \xrightarrow{\psi_0} & H^0 & \to & 0 \\
& & d_F^0 \downarrow & & d_G^0 \downarrow & & d_H^0 \downarrow & & \\
0 & \to & F^1 & \xrightarrow{\varphi_1} & G^1 & \xrightarrow{\psi_1} & H^1 & \to & 0 \\
& & d_F^1 \downarrow & & d_G^1 \downarrow & & d_H^1 \downarrow & & \\
0 & \to & F^2 & \xrightarrow{\varphi_2} & G^2 & \xrightarrow{\psi_2} & H^2 & \to & 0 \\
& & d_F^2 \downarrow & & d_G^2 \downarrow & & d_H^2 \downarrow & & \\
0 & \to & F^3 & \xrightarrow{\varphi_3} & G^3 & \xrightarrow{\psi_3} & H^3 & \to & 0 \\
& & \downarrow & & \downarrow & & \downarrow & &
\end{array}$$

を得る．図式(6.23)で横の列はすべて完全列である．$f \in \mathrm{Ker}\, d_F^n$ であれば
$$d_G^n(\varphi_n(f)) = \varphi_{n+1}(d_F^n(f)) = 0$$
であるので $\varphi_n(f) \in \mathrm{Ker}\, d_G^n$ である．また
$$\varphi_n(d_F^{n-1}(a)) = d_G^{n-1}(\varphi_{n-1}(a))$$
であるので
$$\varphi_n(\mathrm{Im}\, d_F^{n-1}) \subset \mathrm{Im}\, d_G^{n-1}$$
が成り立ち，準同型写像
$$\overline{\varphi}_n : H^n(X, \mathcal{F}) = \mathrm{Ker}\, d_F^n / \mathrm{Im}\, d_F^{n-1} \longrightarrow H^n(X, \mathcal{G}) = \mathrm{Ker}\, d_G^n / \mathrm{Im}\, d_G^{n-1}$$
が定義できる．同様に準同型写像
$$\overline{\psi}_n : H^n(X, \mathcal{G}) = \mathrm{Ker}\, d_G^n / \mathrm{Im}\, d_G^{n-1} \longrightarrow H^n(X, \mathcal{H}) = \mathrm{Ker}\, d_H^n / \mathrm{Im}\, d_H^{n-1}$$
を定義できる．$\psi_n \circ \varphi_n = 0$ であるので $\overline{\psi}_n \circ \overline{\varphi}_n = 0$ が成り立つ．元 $g \in \mathrm{Ker}\, d_G^n$ が $H^n(X, \mathcal{G})$ で定める元を $[g]$ と記す．$\overline{\psi}_n([g]) = 0$ と仮定する．これは $\psi_n(g) \in \mathrm{Im}\, d_H^{n-1}$ を意味するので $\psi_n(g) = d_H^{n-1}(h)$ を満足する元 $h \in H^{n-1}$ が存在する．図式(6.23)で横の列

$$\begin{array}{ccccccccc}
& & \downarrow & & \downarrow & & \downarrow & & \\
0 & \to & F^{n-1} & \stackrel{\varphi_{n-1}}{\to} & G^{n-1} & \stackrel{\psi_{n-1}}{\to} & H^{n-1} & \to & 0 \\
& & \downarrow & & \downarrow & & \downarrow & & \\
0 & \to & F^{n} & \stackrel{\varphi_{n}}{\to} & G^{n} & \stackrel{\psi_{n}}{\to} & H^{n} & \to & 0 \\
& & \downarrow & & \downarrow & & \downarrow & & \\
0 & \to & F^{n+1} & \stackrel{\varphi_{n+1}}{\to} & G^{n+1} & \stackrel{\psi_{n+1}}{\to} & H^{n+1} & \to & 0 \\
& & \downarrow & & \downarrow & & \downarrow & &
\end{array}$$

の完全性より $h = \psi_{n-1}(g_{n-1})$ を満足する $g_{n-1} \in G^{n-1}$ が存在する. $\tilde{g} = g - d_G^{n-1}(g_{n-1})$ とおくと $\tilde{g} \in \operatorname{Ker} d_G^n$ であり $[\tilde{g}] = [g]$ を満足する. 一方

$$\psi_n(\tilde{g}) = \psi_n(g) - \psi_n(d_G^{n-1}(g_{n-1})) = \psi_n(g) - d_H^{n-1}(\psi_{n-1}(g_{n-1}))$$
$$= \psi_n(g) - d_H^{n-1}(h) = 0$$

が成り立つので $\varphi_n(f) = \tilde{g}$ を満足する $f \in F^n$ が存在する. $\varphi_{n+1}(d_F^n(f)) = d_G^n(\varphi_n(f)) = d_G^n(\tilde{g}) = 0$ であり φ_{n+1} は単射であるので $f \in \operatorname{Ker} d_F^n$ である. よって $\overline{\varphi}_n([f]) = [g]$ が成り立つ. したがって準同型写像

$$H^n(X, \mathcal{F}) \stackrel{\overline{\varphi}_n}{\to} H^n(X, \mathcal{G}) \stackrel{\overline{\psi}_n}{\to} H^n(X, \mathcal{H})$$

で

(6.24) $\qquad\qquad\qquad \operatorname{Ker} \overline{\psi}_n = \operatorname{Im} \overline{\varphi}_n$

が成り立つことが分かる. 特に $\overline{\varphi}_0$ は $\Gamma(X, \mathcal{F}) \stackrel{\varphi_X}{\to} \Gamma(X, \mathcal{G})$ と一致し単射である.

次に準同型写像

(6.25) $\qquad\qquad \delta^n : H^n(X, \mathcal{H}) \longrightarrow H^{n+1}(X, \mathcal{F})$

が存在することを示そう. $h \in \operatorname{Ker} d_H^n$ に対して $\psi_n(g) = h$ となる元 $g \in G^n$ が存在する. $\psi_{n+1}(d_G^n(g)) = d_H^n(\psi_n(g)) = d_H^n(h) = 0$ であるので $\varphi_{n+1}(f) = d_G^n(g)$ を満足する元 $f \in F^{n+1}$ が存在する.

$$\varphi_{n+2}(d_F^{n+1}(f)) = d_G^{n+1}(\varphi_{n+1}(f)) = d_G^{n+1}(d_G^n(g)) = 0$$

を満足するので $f \in \operatorname{Ker} d_F^{n+1}$ である. $h \in \operatorname{Ker} d_H^n$ に対して $\psi_n(\tilde{g}) = h$ であるとすると $g - \tilde{g} \in \operatorname{Im} \varphi_n$ であり $\tilde{g} = g + \varphi_n(a)$ と書くことができる. すると

$\varphi_{n+1}(\widetilde{f}) = d_G^n(\widetilde{g})$ を満足する $\widetilde{f}$ は $\widetilde{f} = f + d_F^n(a)$ となる．よって h に対して $[f]$ は一意的に定まる．さらに

(6.26)
$$\begin{array}{ccccccccc}
0 & \longrightarrow & F^n & \longrightarrow & G^n & \longrightarrow & H^n & \longrightarrow & 0 \\
 & & & & & g & \mapsto & h & \\
 & & \downarrow & & \downarrow & \downarrow & & \downarrow & \\
 & & & f & \mapsto & d_G^n(g) & & 0 & \\
0 & \longrightarrow & F^{n+1} & \longrightarrow & G^{n+1} & \longrightarrow & H^{n+1} & \longrightarrow & 0 \\
 & & \downarrow & & \downarrow & & \downarrow & &
\end{array}$$

$\widehat{h} = h + d_H^{n-1}(b)$, $b \in H^{n-1}$ とおき上と同様の操作を行なって $\widehat{f} \in F^{n+1}$ を得たとすると $[\widehat{f}] = [f]$ であることも容易に分かる．したがって $\delta_n([h]) = [f]$ と定義することによって準同型写像 (6.25) を得る．

以上の考察によって準同型写像の列

(6.27) $\quad H^n(X, \mathcal{G}) \xrightarrow{\overline{\psi}_n} H^n(X, \mathcal{H}) \xrightarrow{\delta_n} H^{n+1}(X, \mathcal{F}) \xrightarrow{\overline{\varphi}_{n+1}} H^{n+1}(X, \mathcal{G})$

を得る．$h \in \operatorname{Ker} d_H^n$ に対して $\delta_n([h]) = 0$ であったと仮定する．これは図式 (6.26) で $f = d_F^n(c)$ を満足する元 $c \in F^n$ が存在することを意味する．このとき $d_G^n(g) = \varphi_n(f) = \varphi_n(d_F^n(c)) = d_G^n(\varphi_n(c))$ が成り立つ．したがって $g - \varphi_n(c) \in \operatorname{Ker} d_G^n$ となる．$g \in G^n$ は $\psi_n(g) = h$ を満足する元を任意に選ぶことができたので $g - \varphi_n(c)$ を改めて g と記すと，$g \in \operatorname{Ker} d_G^n$ である．これは $[h] = \overline{\psi}_n([g])$ を意味する．よって $\operatorname{Ker} \delta_n \subset \operatorname{Im} \overline{\psi}_n$ であることが分かった．一方 $[h] = \overline{\psi}_n([g])$ であれば，上の論法をそのまま使うことができ，h に対応する $f \in F^{n+1}$ は $f = d_F^n(c)$ の形をしていることが分かり，$[f] = 0$ である．すなわち $\operatorname{Im} \overline{\psi}_n \subset \operatorname{Ker} \delta_n$ が成立し，結局

(6.28) $\qquad\qquad\qquad \operatorname{Ker} \delta_n = \operatorname{Im} \overline{\psi}_n$

が成り立つことが分かる．

次に (6.27) で $\operatorname{Ker} \overline{\varphi}_{n+1}$ を考察しよう．$f \in \operatorname{Ker} d_F^{n+1}$ が $\overline{\varphi}_{n+1}([f]) = 0$ を満足したとする．これは $\varphi_{n+1}(f) = d_G^n(g)$ を満足する $g \in G^n$ が存在することを意味する．$h = \psi_n(g)$ とおくと

$$d_H^n(h) = d_H^n(\psi_n(g)) = \psi_{n+1}(d_G^n(g)) = \psi_{n+1}(\varphi_{n+1}(f)) = 0$$

が成り立ち, $h \in \operatorname{Ker} d_H^n$ である. 図式(6.26)よりこれは $\delta_n([h]) = [f]$ であることを意味する. よって $\operatorname{Ker} \overline{\varphi}_{n+1} \subset \operatorname{Im} \delta_n$ であることが分かった. 逆に $h \in \operatorname{Ker} d_H^n$, $\delta_n([h]) = [f]$, $f \in \operatorname{Ker} d_F^{n+1}$ を考えると, 図式(6.26)より $\varphi_{n+1}(f) = d_G^n(g)$ であることから $\overline{\varphi}_{n+1}([f]) = 0$ であることが分かる. したがって $\operatorname{Im} \delta_n \subset \operatorname{Ker} \overline{\varphi}_{n+1}$ であることが分かり,

(6.29) $$\operatorname{Im} \delta_n = \operatorname{Ker} \overline{\varphi}_{n+1}$$

であることが分かった.

(6.24), (6.28), (6.29)より定理が成立することが分かる. ■

以上の議論によって, すべての位相空間 X 上の加群の層 $\mathcal{F}$ に対して定理6.9が成立するようにコホモロジー群 $H^n(X, \mathcal{F})$ が定義できることが分かった. しかしながら, 実際に層のコホモロジー群を計算するために脆弱層による分解を直接使うことはほとんどの場合不可能であり, 種々の工夫が必要になる. 以下ではスキームの場合にコホモロジー群の計算を行なう.

(c) アフィンスキームのコホモロジー

ここではまず次の定理を証明することを目標とする.

定理 6.10 アフィンスキーム X 上の準連接的 $\mathcal{O}_X$ 加群 $\mathcal{F}$ に関してはつねに

$$H^n(X, \mathcal{F}) = 0, \quad n \geqq 1$$

が成立する. □

アフィンスキーム $X = \operatorname{Spec} R$ 上の準連接層 $\mathcal{F}$ は R 加群 $M = \Gamma(X, \mathcal{F})$ によって $\widetilde{M}$ の形をしているので, R 加群 M の性質を使って $\mathcal{F} = \widetilde{M}$ の脆弱層による分解を構成する. 標準脆弱分解(6.9)にでてくる脆弱層 $C^n(\mathcal{F})$ は準連接層に一般にはならないので, そのままでは系 4.22 や第 4 章問 12 が使えず, 別の構成が必要になってくる. そのために移入的 R 加群の概念を導入する. R 加群 I は次の可換図式のように R 加群の任意の単射 R 準同型写像 $f: M \to N$ と任意の R 準同型写像 $g: M \to I$ に対して $g = h \circ f$ となる R 準同型写像 $h: N \to I$ が存在するとき, **移入的 R 加群**(injective R-module, 単

射的 R 加群ということもある）と呼ばれる．

$$0 \longrightarrow M \xrightarrow{f} N$$
$$g \downarrow \quad \swarrow h$$
$$I$$

言い換えると R 加群の完全列

$$0 \longrightarrow M \longrightarrow N$$

に対して完全列

$$\mathrm{Hom}_R(N, I) \longrightarrow \mathrm{Hom}_R(M, I) \longrightarrow 0$$

が成り立つとき I を移入的 R 加群と呼ぶ．

さて，任意の R 加群 M は移入的 R 加群の部分 R 加群であることが知られている．すなわち

$$0 \longrightarrow M \xrightarrow{\iota} I^0$$

が完全列となる移入的 R 加群 I^0 と単射 R 準同型写像 ι が存在する．同様にして移入的 R 加群 I^1 を

$$0 \longrightarrow I^0/\iota(M) \longrightarrow I^1$$

が完全列になるように選ぶことができる．この 2 つの完全列を合成して R 加群の完全列

$$0 \longrightarrow M \xrightarrow{\iota} I^0 \xrightarrow{\eta^0} I^1$$

を得る．以下，同様の操作を続けることによって I^j がすべて移入的 R 加群からなる R 準同型写像の完全列

(6.30) $\quad 0 \longrightarrow M \xrightarrow{\iota} I^0 \xrightarrow{\eta^0} I^1 \xrightarrow{\eta^1} I^2 \xrightarrow{\eta^2} I^3 \longrightarrow \cdots$

を得る．このように I^j がすべて移入的 R 加群である完全列(6.30)を M の**移入的分解**(injective resolution)という．

以下，議論を簡単にするために R が Noether 環のときを考える．このとき次の補題が基本的である．

補題 6.11 R が Noether 環であれば移入的 R 加群 I が定めるアフィンス

キーム $X = \mathrm{Spec}\, R$ 上の $\mathcal{O}_X$ 加群 $\widetilde{I}$ は脆弱層である. □

この補題の証明のためには次の補題が必要となる.

補題 6.12 Noether 環 R とそのイデアル $\mathfrak{a}$ と移入的 R 加群 I に対して
$$J = \{a \in I \mid \mathfrak{a}^n a = 0 \text{ となる正整数 } n \text{ が存在する}\}$$
とおくと J も移入的 R 加群である.

[証明] まず R のイデアル $\mathfrak{b}$ に対して $\mathfrak{b} \subset R$ から定まる R 準同型写像
$$(6.31) \qquad \mathrm{Hom}_R(R, J) \longrightarrow \mathrm{Hom}_R(\mathfrak{b}, J)$$
は全射であることを示そう. $\varphi \in \mathrm{Hom}_R(\mathfrak{b}, J)$ が与えられると $b \in \mathfrak{b}$ に対して $\mathfrak{a}^n \varphi(b) = 0$ を満足する正整数 n が定まる. $\mathfrak{b}$ は有限生成であるので $\mathfrak{a}^N \varphi(\mathfrak{b}) = (0)$ を満足する正整数 N が存在する. Artin–Rees の補題(後の問 4 を参照のこと)によって $m \geq r$ のとき $\mathfrak{a}^m \cap \mathfrak{b} = \mathfrak{a}^{m-r}(\mathfrak{a}^r \cap \mathfrak{b})$ が成り立つような正整数 r が存在する. したがって $n \geq N + r$ とすると
$$\varphi(\mathfrak{a}^n \cap \mathfrak{b}) = \varphi(\mathfrak{a}^{n-r}(\mathfrak{a}^r \cap \mathfrak{b})) = \mathfrak{a}^{n-r} \varphi(\mathfrak{a}^r \cap \mathfrak{b}) \subset \mathfrak{a}^{n-r} \varphi(\mathfrak{b}) = (0)$$
が成り立つ. したがって $\varphi: \mathfrak{b} \to J$ から $\overline{\varphi}: \mathfrak{b}/\mathfrak{b} \cap \mathfrak{a}^n \to J \subset I$ が定まり, I が移入的 R 加群であるので R 準同型写像 $\overline{\psi}: R/\mathfrak{a}^n \to I$ で写像の合成 $\mathfrak{b}/\mathfrak{b} \cap \mathfrak{a}^n \subset R/\mathfrak{a}^n \to I$ が $\overline{\varphi}$ と一致するものが存在する. 自然な準同型写像 $p: R \to R/\mathfrak{a}^n$ と $\overline{\psi}$ を合成したもの $\overline{\psi} \circ p = \psi$ とおくと, $a \in R$ に対して $\mathfrak{a}^n \psi(a) = \psi(\mathfrak{a}^n a) \subset \psi(\mathfrak{a}^n) = \overline{\psi}(\overline{0}) = 0$ となり $\psi(a) \in J$ であることが分かる. したがって $\psi \in \mathrm{Hom}_R(R, J)$ と考えることができる. このとき $\mathfrak{b} \subset R \xrightarrow{\psi} J$ は φ と一致する. よって(6.31)は全射である.

次に R の任意のイデアル $\mathfrak{b}$ に関して(6.31)がつねに全射であれば J は移入的 R 加群であることを示そう.

まず R 加群の完全列
$$0 \longrightarrow M \longrightarrow N$$
を考える. M は N の部分 R 加群と見なすことができる. すると準同型写像
$$(6.32) \qquad \mathrm{Hom}_R(N, J) \longrightarrow \mathrm{Hom}_R(M, J)$$
は $f \in \mathrm{Hom}_R(N, J)$ に対して f を M に制限したもの $f|M$ を対応させて得られる写像である. (6.32)が全射であることを示そう. そのために再び Zorn の補題を使う. $g \in \mathrm{Hom}_R(M, J)$ に対して

$$\mathcal{M} = \left\{ (g', M') \,\middle|\, \begin{array}{l} g' \in \mathrm{Hom}_R(M', J),\ g' \mid M = g,\ M' \text{ は } M \subset M' \subset N \\ \text{となる } N \text{ の部分 } R \text{ 加群} \end{array} \right\}$$

とおく. $(g, M) \in \mathcal{M}$ であるので $\mathcal{M} \neq \emptyset$ である. $\mathcal{M}$ の 2 つの元 (g', M'), (g'', M'') は $M' \subset M''$ かつ $g'' \mid M' = g'$ であるとき $(g', M') < (g'', M'')$ であると順序を入れる. すると $\mathcal{M}$ は帰納的順序集合になることが次のようにして分かる. $\{(g_\lambda, M_\lambda)\}_{\lambda \in \Lambda}$ を $\mathcal{M}$ の全順序部分集合とする. すなわち Λ は全順序集合であり $\lambda < \mu$ のとき $(g_\lambda, M_\lambda) < (g_\mu, M_\mu)$ であるとする. $M_\lambda \subset N$ であるので $\widetilde{M} = \bigcup_{\lambda \in \Lambda} M_\lambda$ とおくと $\widetilde{M}$ も M の部分 R 加群である. $\widetilde{g} \in \mathrm{Hom}_R(\widetilde{M}, J)$ を $m \in \widetilde{M}$ のとき $m \in M_\mu$ となる $\mu \in \Lambda$ を選んで $\widetilde{g}(m) = g_\mu(m)$ と定義する. もし $m \in M_{\mu'}$ でもあれば $\mu < \mu'$ または $\mu' < \mu$ であるが, $\mu < \mu'$ のときは $g_{\mu'} \mid M_\mu = g_\mu$ であるので $g_{\mu'}(m) = g_\mu(m)$ となり, $\mu' < \mu$ であれば $g_\mu \mid M_{\mu'} = g_{\mu'}$ であるので $g_{\mu'}(m) = g_\mu(m)$ となり $\widetilde{g}$ は写像としてきちんと定義できていることが分かる. すると $M_\lambda \subset \widetilde{M}$, $\widetilde{g} \mid M_\lambda = g_\lambda$ であるので $\widetilde{g} \mid M = g$ となり, $(\widetilde{g}, \widetilde{M}) \in \mathcal{M}$ かつ $(g_\lambda, M_\lambda) < (\widetilde{g}, \widetilde{M})$ がすべての $\lambda \in \Lambda$ に対して成立する. よって $\mathcal{M}$ は帰納的順序集合である. そこで $\mathcal{M}$ の極大元 $(\widehat{g}, \widehat{M})$ を考える. $\widehat{M} = N$ であれば, $\widehat{g} \mid M = g$ であるので, 写像 (6.32) で g は $\widehat{g} \in \mathrm{Hom}_R(M, J)$ の像になっている. そこで $\widehat{M} \neq N$ と仮定しよう. $n \in N \setminus \widehat{M}$ を 1 つ選び $\mathfrak{b} = \{a \in R \mid an \in \widehat{M}\}$ とおく. $\mathfrak{b}$ は R のイデアルである. 上で示したように

$$\mathrm{Hom}_R(R, J) \longrightarrow \mathrm{Hom}_R(\mathfrak{b}, J)$$

は全射である. $\varphi \in \mathrm{Hom}_R(\mathfrak{b}, J)$ を $\varphi(a) = \widehat{g}(an)$ で定めると $a \in \mathfrak{b}$ に対して $\psi(a) = \varphi(a)$ を満足する $\psi \in \mathrm{Hom}_R(R, J)$ が存在する. そこで $\widetilde{M} = \widehat{M} + R^n \subset N$ とおき, $\widehat{m} \in \widehat{M}$, $r \in R$ に対して $\widetilde{g}(\widehat{m} + rn) = \widehat{g}(\widehat{m}) + \psi(r)$ とおく. $\widetilde{g}$ が写像としてきちんと決まることは元 $\widehat{m} \in \widetilde{M} \cap R^n$ に対しては $\widehat{m} = bn$ と記すと $\widetilde{g}(\widehat{m}) = \widehat{g}(bn) = \varphi(b) = \psi(b)$ が成立することから分かる. すると $\widehat{M} \subsetneq \widetilde{M} \subset N$, $\widetilde{g} \in \mathrm{Hom}_R(\widetilde{M}, J)$, $\widetilde{g} \mid M = g$ であるので $(\widetilde{g}, \widetilde{M}) \in \mathcal{M}$, $(\widehat{g}, \widehat{M}) < (\widetilde{g}, \widetilde{M})$ となり $(\widehat{g}, \widehat{M})$ が $\mathcal{M}$ の極大元であることに反する. よって $\widehat{M} = N$ でなければならず, 写像 (6.32) は全射であることが分かる. したがって, J は移入的 R

加群である.

以上の準備のもとに補題 6.11 を証明しよう. まず, $f \in R$ に対して, 制限写像

$$(6.33) \qquad I = \Gamma(X, \widetilde{I}) \longrightarrow \Gamma(D(f), \widetilde{I}) = I_f$$

は全射であることを示す. (6.33)は局所化の自然な準同型写像であることに注意する. I_f の任意の元 $\dfrac{a}{f^m}$, $a \in I$ は $\dfrac{a}{f^m} = \dfrac{b}{1}$, $b \in I$ と書けることがいえれば(6.33)は全射であることが分かるので, このことを示そう.

$$\mathfrak{a} = \{r \in R \mid f^n r = 0 \text{ となる正整数 } n \text{ が存在する}\}$$

とおくと $\mathfrak{a}$ は R のイデアルである. $\mathfrak{a} = R$ であれば $f^n \cdot 1 = 0$ となる正整数 n が存在し, f はべき零元となり $D(f) = \emptyset$, $I_f = 0$ であることが分かり(6.33)が全射であることは明らか. したがって $\mathfrak{a} \neq R$ と仮定する. R は Noether 環であるので $\mathfrak{a}$ は有限生成であり, 有限個の生成元を考えることによって $f^n \mathfrak{a} = (0)$ となる正整数 n が存在することが分かる. したがって R 準同型写像

$$\begin{aligned}\alpha\colon R/\mathfrak{a} &\longrightarrow R \\ [r] &\longmapsto f^{n+m} r\end{aligned}$$

は単射である. ただし, $r \in R$ の $R/\mathfrak{a}$ で定める元を $[r]$ と記した. $\varphi \in \mathrm{Hom}_R(R/\mathfrak{a}, I)$ を $\varphi([r]) = r f^n a$ と定める. I は移入的 R 加群であり, α は単射であるので $\psi \circ \alpha = \varphi$ を満足する $\psi \in \mathrm{Hom}_R(R, I)$ が存在する. $\psi(1) = b$ とおくと

$$f^n a = \varphi([1]) = \psi(\alpha([1])) = \psi(f^{n+m}) = f^{n+m} b$$

が成り立つことが分かる. これは $\dfrac{a}{f^m} = \dfrac{f^n a}{f^{m+n}} = \dfrac{b}{1}$ を意味する. よって(6.33)は全射である.

さて, 任意の開集合 U に対して制限写像

$$\rho_{V,X}\colon \Gamma(X, \widetilde{I}) = I \longrightarrow \Gamma(U, \widetilde{I})$$

は全射であることを示そう. $Y_0 = \overline{\mathrm{supp}\, \widetilde{I}}$ ($\mathrm{supp}\, \widetilde{I}$ の閉包, I が有限生成 R 加群のときは $\mathrm{supp}\, \widetilde{I}$ は閉集合であるが(演習問題 4.1), 一般の場合は閉集合とは限らない)とおく. $\xi \in \Gamma(U, \widetilde{I})$ をとり, $D(f) \subset U$, $D(f) \cap Y_0 \neq \emptyset$ であ

る空でない開集合 $D(f)$ を選ぶ.すると (6.33) が全射であることより,$\eta_1 \in \Gamma(X, \tilde{I}) = I$ を $\rho_{D(f), U}(\xi - \rho_{U, X}(\eta_1)) = 0$ が成り立つように選ぶことができる.もし $\xi = \rho_{U, X}(\eta_1)$ であれば証明は終わるので,$\xi - \rho_{U, X}(\eta_1) \neq 0$ と仮定する.X は Noether 的であるので (命題 2.36) U も Noether 的であり,したがって準コンパクトである.よって $f^n(\xi - \rho_{U, X}(\eta_1)) = 0$ が成立する正整数 n を見出すことができる.そこで I の部分 R 加群 I_1 を

$$I_1 = \{a \in I \mid f^n a = 0 \text{ となる正整数 } n \text{ が存在する}\}$$

とおくと補題 6.12 より I_1 も移入的 R 加群である.そこで $Y_1 = \overline{\operatorname{supp} \tilde{I}_1}$ とおくと $Y_1 \subset Y_0$ であるが,$Y_1 \cap D(f) = \emptyset$,$Y_0 \cap D(f) \neq \emptyset$ であるので $Y_1 \subsetneq Y_0$ であることが分かる.開集合 $D(f_1)$ を $D(f_1) \subset U$,$D(f_1) \cap Y_1 \neq \emptyset$ であるようにとると,上と同様の議論を $\xi - \rho_{U, X}(\eta_1)$ に適用することによって $\eta_2 \in \Gamma(X, \tilde{I}_1) = I_1$ を

$$\rho_{D(f_1), U}(\xi - \rho_{U, X}(\eta_1) - \rho_{U, X}(\eta_2)) = 0$$

が成り立つようにとることができる.$\xi = \rho_{U, X}(\eta_1 + \eta_2)$ であれば証明が終わる.もし $\xi - \rho_{U, X}(\eta_1 + \eta_2) \neq 0$ であれば,

$$I_2 = \{b \in I_1 \mid f_1^n b = 0 \text{ となる正整数 } n \text{ が存在する}\}$$

と定義すると再び補題 6.12 により I_2 は移入的 R 加群である.$Y_2 = \overline{\operatorname{supp} \tilde{I}_2}$ とおくと $Y_2 \subsetneq Y_1$ が成り立つ.開集合 $D(f_2)$ を $D(f_2) \subset U$,$D(f_2) \cap Y_2 \neq \emptyset$ であるように選ぶと $\eta_3 \in \Gamma(X, \tilde{I}_2) = I_2$ を

$$\rho_{D(f_2), U}(\xi - \rho_{U, X}(\eta_1 + \eta_2) - \rho_{U, X}(\eta_3)) = 0$$

であるように選ぶことができる.

以下,この操作を必要なだけ続けていくと,閉集合の減少列 $X \supset Y_0 \supsetneq Y_1 \supsetneq Y_2 \supsetneq \cdots$ ができるが,X は Noether 的位相空間 (第 2 章,問 20) であるので,この操作は有限回で終わらなければならない.したがって $\eta = \eta_1 + \eta_2 + \cdots + \eta_l \in I = \Gamma(X, \tilde{I})$ で $\xi = \rho_{U, X}(\eta)$ となるものが存在する.よって (6.33) は全射であり,$\tilde{I}$ は脆弱層であることが分かった. ∎

さて Noether 環 R と R 加群 M が与えられれば移入的分解

$$0 \longrightarrow M \longrightarrow I^0 \longrightarrow I^1 \longrightarrow I^2 \longrightarrow \cdots$$

が存在し,これより $X = \operatorname{Spec} R$ 上の準連接層の完全列

$$0 \longrightarrow \widetilde{M} \longrightarrow \widetilde{I}^0 \longrightarrow \widetilde{I}^1 \longrightarrow \widetilde{I}^2 \longrightarrow \cdots$$

を得るが(例4.19), $\widetilde{I}^j$ は脆弱層であるので，これは $\widetilde{M}$ の脆弱層による分解を与えている． $\Gamma(X,\widetilde{M}) = M$, $\Gamma(X,\widetilde{I}^j) = I^j$ であるので

$$0 \longrightarrow \Gamma(X,\widetilde{M}) \longrightarrow \Gamma(X,\widetilde{I}^0) \longrightarrow \Gamma(X,\widetilde{I}^1) \longrightarrow \Gamma(X,\widetilde{I}^2) \longrightarrow \cdots$$

は完全列である．したがって $H^n(X,\widetilde{M}) = 0$, $n \geq 1$ であることが分かる．これは定理6.10に他ならない．

以上の議論は R がNoether環であることを本質的に使ったが，定理6.10は R をNoether環として仮定しなくても成立することが知られている(巻末の文献であげるEGA[1], III, 1.3.1を参照のこと)．

問4 Noether環 R 上の有限 R 加群 M とその部分 R 加群 M' および R のイデアル $\mathfrak{a}$ が与えられたとき

$$(\mathfrak{a}^n M) \cap M' = \mathfrak{a}^{n-m}(\mathfrak{a}^m M \cap M')$$

が $n \geq m$ でつねに成り立つような正整数 m が存在することを示せ．これを **Artin-Rees の補題**という．

(d) Čech のコホモロジー群

脆弱層の分解を使うコホモロジー群の定義は定義として完璧であるが，実際のコホモロジー群の計算には不便である．それを補うものとしてE. Čech(チェック，1893-1960)のコホモロジー群がある．ここではČech のコホモロジー群について簡単に論じることとする．簡単のためスキーム上の加群の層に限定して議論を行なう．スキーム X の開被覆 $\mathcal{U} = \{U_i\}_{i \in I}$ をとり， $U_{i_0 i_1 \cdots i_n} = U_{i_0} \cap U_{i_1} \cap \cdots \cap U_{i_n}$ とおく．ただし $U_{i_0 i_1 \cdots i_n} \neq \emptyset$ のときのみ考えるが，そのことは以下特にことわらない． X 上の加群の層 $\mathcal{F}$ に対して開被覆 $\mathcal{U}$ に関する $\mathcal{F}$ に値をとる p 次の**交代コチェイン**(alternating cochain) $\{f_{i_0 i_1 \cdots i_p}\}$ を

(6.34) $\quad f_{i_0 i_1 \cdots i_p} \in \Gamma(U_{i_0 i_1 \cdots i_p} \mathcal{F}), \quad f_{i_0 \cdots i_k i_{k+1} \cdots i_p} = -f_{i_0 \cdots i_{k+1} i_k \cdots i_p}$

と定義する．最後の条件は $\{0, 1, \cdots, p\}$ の置換 σ (たとえば上野著「代数入門」(岩波書店) §5.2を参照のこと)に対し

(6.35) $\quad f_{i_{\sigma(0)} i_{\sigma(1)} \cdots i_{\sigma(p)}} = \operatorname{sgn} \sigma f_{i_0 i_1 \cdots i_p}$

が成り立つことを意味する．ここで sgnσ は置換 σ の符号数である（上記「代数入門」§5.3 を参照のこと）．(6.34), (6.35) より $\{i_0, i_1, \cdots, i_p\}$ の中に同じ数字が 2 つ以上あれば $f_{i_0 i_1 \cdots i_p} = 0$ であることが分かる．したがって相異なる添数 $i_0, i_1, \cdots, i_p$ の組を考えれば十分である．$\mathcal{F}$ に値をとる開被覆 $\mathcal{U}$ に関する p 次の交代コチェイン $\{f_{i_0 i_1 \cdots i_p}\}$ の全体を $C^p(\mathcal{U}, \mathcal{F})$ と記す．$\{f_{i_0 i_1 \cdots i_p}\}, \{g_{i_0 i_1 \cdots i_p}\} \in C^p(\mathcal{U}, \mathcal{F})$ に対して

$$\{f_{i_0 i_1 \cdots i_p}\} \pm \{g_{i_0 i_1 \cdots i_p}\} = \{f_{i_0 i_1 \cdots i_p} \pm g_{i_0 i_1 \cdots i_p}\}$$

と各 $(i_0, i_1, \cdots, i_p)$ 成分ごとの和と差をとることによって $C^p(\mathcal{U}, \mathcal{F})$ は加群になる．また $\mathcal{F}$ が R 加群の層であれば $C^p(\mathcal{U}, \mathcal{F})$ は R 加群の構造を持つことも容易に分かる．加群の準同型写像 $\delta^p : C^p(\mathcal{U}, \mathcal{F}) \to C^{p+1}(\mathcal{U}, \mathcal{F})$ を

(6.36)
$$\begin{cases} \delta^p \{f_{i_0 i_1 \cdots i_p}\} = \{g_{i_0 i_1 \cdots i_{p+1}}\} \\ g_{i_0 i_1 \cdots i_{p+1}} = \sum (-1)^k f_{i_0 i_1 \cdots \breve{i}_k \cdots i_{p+1}} \end{cases}$$

と定義する．ただし $\breve{i}_k$ は i_k の部分を除くことを意味し，さらに (6.36) の 2 番目の式の右辺は $f_{i_0 i_1 \cdots \breve{i}_k \cdots i_{p+1}}$ を $U_{i_0 i_1 \cdots i_{p+1}}$ 上の $\mathcal{F}$ の切断に制限したものを記すべきであるが記号が煩雑になるので省略した．以下同様の記法を用いるが誤解の恐れはないであろう．

さて δ^p は次の大切な性質を持つ．

補題 6.13
$$\delta^{p+1} \circ \delta^p = 0, \quad p = 0, 1, 2, \cdots \qquad \square$$

問 5 補題 6.13 を証明せよ．

補題 6.13 より

(6.37) $$\check{H}^p(\mathcal{U}, \mathcal{F}) = \operatorname{Ker} \delta^p / \operatorname{Im} \delta^{p-1}, \quad p = 0, 1, 2, \cdots$$

と定義し，開被覆 $\mathcal{U}$ に関する p 次の **Čech コホモロジー群**(p-th Čech cohomology group) と呼ぶ．ただし $\delta^{-1} = 0$ と約束する．$\check{H}^p(\mathcal{U}, \mathcal{F})$ は開被覆 $\mathcal{U}$ のとり方によっており，このままでは $\mathcal{F}$ のコホモロジー群としてのよい性質を持たない．したがって通常は開被覆の細分をとり $\check{H}^p(\mathcal{U}, \mathcal{F})$ の帰納的極限を

とる必要がある. X の開被覆 $\mathcal{U} = \{U_i\}_{i \in I}$ に対して開被覆 $\mathcal{V} = \{V_\lambda\}_{\lambda \in \Lambda}$ がどの V_λ に対しても $V_\lambda \subset U_{\alpha(\lambda)}$ となる開集合を $\mathcal{U}$ からとることができるとき $\mathcal{V}$ は $\mathcal{U}$ の細分(refinement)であるといい, $\mathcal{V} > \mathcal{U}$ と記す. このとき写像 $\beta: I \to \Lambda$ を $V_{\beta(i)} \subset U_i$ が成り立つように決める. β は一般には一意的には定まらないが, $\beta: I \to \Lambda$ を1つ決めれば準同型写像

$$f_\beta^p: C^p(\mathcal{U}, \mathcal{F}) \longrightarrow C^p(\mathcal{V}, \mathcal{F})$$
$$\{f_{i_0 i_1 \cdots i_p}\} \longmapsto \{f_{\beta(i_0)\beta(i_1)\cdots\beta(i_p)}\}$$

が定まる. ただし $f_{\beta(i_0)\beta(i_1)\cdots\beta(i_p)}$ は $f_{i_0 i_1 \cdots i_p}$ の $V_{\beta(i_0)\beta(i_1)\cdots\beta(i_p)}$ への制限を意味する. $C^p(\mathcal{U}, \mathcal{F})$ の δ^p を $\delta_\mathcal{U}^p$, $C^p(\mathcal{V}, \mathcal{F})$ の δ^p を $\delta_\mathcal{V}^p$ と記すと

$$f_\beta^{p+1} \circ \delta_\mathcal{U}^p = \delta_\mathcal{V}^p \circ f_\beta^p$$

であることは容易に分かる. したがって $\{f_\beta^p\}$ から加群の準同型写像

$$f_{\beta*}^p: \check{H}^p(\mathcal{U}, \mathcal{F}) \longrightarrow \check{H}^p(\mathcal{V}, \mathcal{F})$$

が定まることが分かる. この準同型写像 $f_{\beta*}^p$ は $\beta: I \to \Lambda$ のとりかたによらずに $\mathcal{U}$ と $\mathcal{V}$ から一意的に定まることが証明できる. したがって X の開被覆 $\mathcal{U}$ の全体に細分で順序を入れることによって帰納的極限をとることができることが分かり p 次 Čech コホモロジー群

(6.38) $$\check{H}^p(X, \mathcal{F}) = \varinjlim_\mathcal{U} \check{H}^p(\mathcal{U}, \mathcal{F})$$

が定義できる. 以上の定義は X がスキームである必要はなく, 位相空間であれば十分である.

ところで, これは以前に述べておくべきことであったが

(6.39) $$\check{H}^0(\mathcal{U}, \mathcal{F}) = \Gamma(X, \mathcal{F})$$

がつねに成立し, したがって

(6.40) $$\check{H}^0(X, \mathcal{F}) = \Gamma(X, \mathcal{F})$$

が成り立つ. (6.39)は次のように簡単に分かる. $\xi = \{f_i\} \in \text{Ker} \, \delta^0$ であることは $U_i \cap U_j \neq \emptyset$ のとき ξ_i と ξ_j の $U_i \cap U_j$ 上への制限が一致することと同値であり, したがって層の定義より $\rho_{U_i, X}(f) = f_i$, $i \in I$ となる $f \in \Gamma(X, \mathcal{F})$ が一意的に定まる. したがって $\text{Ker} \, \delta = \Gamma(X, \mathcal{F})$ とみなすことができる.

さて Čech のコホモロジー群 $\check{H}^p(X,\mathcal{F})$ に対して定理 6.9 が成立するか否かが重要になる．残念ながら一般の位相空間 X では定理 6.9 は Čech のコホモロジー群に関しては成立しない．しかしスキームの場合は次の重要な定理が成立する．

定理 6.14 X が分離的スキーム（すなわち $X \to \mathrm{Spec}\,\mathbb{Z}$ は分離射）であり，$\mathcal{U} = \{U_i\}_{i \in I}$ が X のアフィン開被覆であれば X 上の準連接層の完全列

$$0 \longrightarrow \mathcal{F} \xrightarrow{\varphi} \mathcal{G} \xrightarrow{\psi} \mathcal{H} \longrightarrow 0$$

に対して Čech コホモロジー群の完全列

(6.41) $0 \longrightarrow \varGamma(X,\mathcal{F}) \longrightarrow \varGamma(X,\mathcal{G}) \longrightarrow \varGamma(X,\mathcal{H}) \longrightarrow \check{H}^1(\mathcal{U},\mathcal{F})$
$\longrightarrow \check{H}^1(\mathcal{U},\mathcal{G}) \longrightarrow \check{H}^1(\mathcal{U},\mathcal{H}) \longrightarrow \check{H}^2(\mathcal{U},\mathcal{F}) \longrightarrow \check{H}^2(\mathcal{U},\mathcal{G}) \longrightarrow \cdots$

が存在する．

［証明］ $\pi\colon X \to \mathrm{Spec}\,\mathbb{Z}$ が分離射であるので，X のアフィン開集合 U, V に対して $U \cap V$ もアフィン開集合である（例題 4.39(3)）．したがってアフィン開被覆 $\mathcal{U} = \{U_i\}_{i \in I}$ に関して $U_{i_0 i_1 \cdots i_p}$ はすべてアフィン開集合である．よって系 4.22 より完全列

$$0 \longrightarrow \mathcal{F}(U_{i_0 i_1 \cdots i_p}) \longrightarrow \mathcal{G}(U_{i_0 i_1 \cdots i_p}) \longrightarrow \mathcal{H}(U_{i_0 i_1 \cdots i_p}) \longrightarrow 0$$

が存在する．したがって可換図式

(6.42)
$$\begin{array}{ccccccccc}
& & 0 & & 0 & & 0 & & \\
& & \downarrow & & \downarrow & & \downarrow & & \\
0 & \to & C^0(\mathcal{U},\mathcal{F}) & \xrightarrow{\varphi^0} & C^0(\mathcal{U},\mathcal{G}) & \xrightarrow{\psi^0} & C^0(\mathcal{U},\mathcal{H}) & \to & 0 \\
& & \delta^0_{\mathcal{F}} \downarrow & & \delta^0_{\mathcal{G}} \downarrow & & \delta^0_{\mathcal{H}} \downarrow & & \\
0 & \to & C^1(\mathcal{U},\mathcal{F}) & \xrightarrow{\varphi^1} & C^1(\mathcal{U},\mathcal{G}) & \xrightarrow{\psi^1} & C^1(\mathcal{U},\mathcal{H}) & \to & 0 \\
& & \delta^1_{\mathcal{F}} \downarrow & & \delta^1_{\mathcal{G}} \downarrow & & \delta^1_{\mathcal{H}} \downarrow & & \\
0 & \to & C^2(\mathcal{U},\mathcal{F}) & \xrightarrow{\varphi^2} & C^2(\mathcal{U},\mathcal{G}) & \xrightarrow{\psi^2} & C^2(\mathcal{U},\mathcal{H}) & \to & 0 \\
& & \delta^2_{\mathcal{F}} \downarrow & & \delta^2_{\mathcal{G}} \downarrow & & \delta^2_{\mathcal{H}} \downarrow & & \\
0 & \to & C^3(\mathcal{U},\mathcal{F}) & \xrightarrow{\varphi^3} & C^3(\mathcal{U},\mathcal{G}) & \xrightarrow{\psi^3} & C^3(\mathcal{U},\mathcal{H}) & \to & 0 \\
& & \downarrow & & \downarrow & & \downarrow & &
\end{array}$$

を得，かつ横の列はすべて完全列である．定理 6.9 の証明と同様にして図式 (6.42) より完全列 (6.41) を導くことができる． ∎

分離的スキームの場合は帰納的極限 (6.38) をとるまでもなく，アフィン開被覆に関する Čech のコホモロジー群がよい性質を持っていた．実は帰納的極限をとらなくてもコホモロジー群の計算ができる場合があることを次の定理は教えてくれる．

定理 6.15（Leray の定理） 位相空間 X の開被覆 $\mathcal{U} = \{U_i\}_{i \in I}$ と X 上の加群の層 $\mathcal{F}$ が与えられ，任意の有限交叉 $U_{i_0 i_1 \cdots i_p} = U_{i_0} \cap U_{i_1} \cap \cdots \cap U_{i_p} \neq \emptyset$ に対して

$$H^n(U_{i_0 i_1 \cdots i_p}, \mathcal{F} \mid U_{i_0 i_1 \cdots i_p}) = 0, \quad n \geq 1$$

が成立すれば同型

$$\check{H}^n(\mathcal{U}, \mathcal{F}) \simeq H^n(X, \mathcal{F}), \quad n \geq 1$$

が存在する． ∎

実は開被覆 $\mathcal{U}$ に関する Čech のコホモロジー群 $\check{H}^n(\mathcal{U}, \mathcal{F})$ からコホモロジー群 $H^n(X, \mathcal{F})$ へ自然な準同型写像があり，その準同型写像が同型になるというのが上の定理の正確な意味であるが，それを述べるためにはもう少し準備が必要となるので説明ともども割愛する．この定理から次の系が得られることは明らかであろう．

系 6.16 X が分離的スキームであり $\mathcal{U} = \{U_i\}_{i \in I}$ が X のアフィン開被覆であれば，X 上の任意の準連接層に対して同型

$$\check{H}^n(\mathcal{U}, \mathcal{F}) \simeq \check{H}^n(X, \mathcal{F}) \simeq H^n(X, \mathcal{F})$$

が存在する． ∎

この系のおかげで，コホモロジー群の計算が容易になる場合がある．

例 6.17 体 k 上の 1 次元射影空間 $\mathbb{P}^1_k = \mathrm{Proj}\, k[x_0, x_1]$ の構造層 $\mathcal{O}_{\mathbb{P}^1_k}$ に対して $H^n(\mathbb{P}^1_k, \mathcal{O}_{\mathbb{P}^1_k})$ を計算してみよう．$X = \mathbb{P}^1_k$ のアフィン開被覆 $\mathcal{U} = \{U_0 = D_+(x_0), U_1 = D_+(x_1)\}$ を考える．$C^0(\mathcal{U}, \mathcal{O}_X) = \mathcal{O}_X(U_0) \oplus \mathcal{O}_X(U_1)$，$C^1(\mathcal{U}, \mathcal{O}_X) = \mathcal{O}_X(U_{01})$ であり，$C^l(\mathcal{U}, \mathcal{O}_X) = 0$，$l \geq 2$ である．したがって

$$\mathcal{O}_X(U_0) = k\left[\frac{x_1}{x_0}\right], \quad \mathcal{O}_X(U_1) = k\left[\frac{x_0}{x_1}\right], \quad \mathcal{O}_X(U_{01}) = k\left[\frac{x_1}{x_0}, \frac{x_0}{x_1}\right]$$

と書くことができる．簡単のため $x = \dfrac{x_1}{x_0}$, $y = \dfrac{x_0}{x_1}$ とおく．U_{01} 上では $y = \dfrac{1}{x}$ である．$\xi = \{f_0, f_1\} \in C^0(\mathcal{U}, \mathcal{O}_X)$ は $f_0 = f_0(x) \in k[x]$, $f_1 = f_1(y) \in k[y]$ であり $(\delta^0 \xi)_{01} = f_1 - f_0 = f_1\left(\dfrac{1}{x}\right) - f_0(x) \in k\left[x, \dfrac{1}{x}\right]$ と書くことができる．$\delta^0 \xi = 0$ であることは $f_1\left(\dfrac{1}{x}\right) = f_0(x)$ より $f_1 = f_0 = \alpha \in k$ であることを意味し，$\operatorname{Ker} \delta^0 = k$. よって $H^0(\mathbb{P}^1_k, \mathcal{O}_{\mathbb{P}^1_k}) = k$ である．これはすでに例 4.4 で示したことである．

次に $f_{01} \in k\left[x, \dfrac{1}{x}\right]$ に対して $f_{01} = f\left(\dfrac{1}{x}\right) - g(x)$ が成り立つように $f(x)$, $g(x) \in k[x]$ を選ぶことができる．すると $f_0(x) = g(x)$, $f_1(y) = f(y)$ とおいて $\xi = \{f_0, f_1\} \in C^0(\mathcal{U}, \mathcal{O}_{\mathbb{P}^1_k})$ を作ると $(\delta^0 \xi)_{01} = f_{01}$ となり $\operatorname{Im} \delta^0 = C^1(\mathcal{U}, \mathcal{O}_{\mathbb{P}^1_k})$ であることが分かり $H^1(\mathbb{P}^1_k, \mathcal{O}_{\mathbb{P}^1_k}) = 0$ である． □

次の補題は系 6.16 の直接の帰結である．

補題 6.18 Noether 環 R 上の n 次元射影空間 $X = \mathbb{P}^n_R$ とその上の準連接層 $\mathcal{F}$ に関しては
$$H^p(X, \mathcal{F}) = 0, \quad p \geq n+1$$
が成立する．

[証明] $S = R[x_0, x_1, \cdots, x_n]$, $X = \operatorname{Proj} S$ であるので $U_j = D_+(x_j)$, $j = 0, 1, \cdots, n$ とおくと $\mathcal{U} = \{U_j\}_{0 \leq j \leq n}$ は X のアフィン開被覆である．したがって $C^p(\mathcal{U}, \mathcal{F}) = 0$, $p \geq n+1$ となり補題が証明された． ■

以上は交代コチェインを使って Čech のコホモロジー群を定義したが実はコチェインが交代的でなくても同一のコホモロジー群を定義することが知られている．

問 6 分離的スキーム X 上の準連接層 $\mathcal{F}$, $\mathcal{G}$ と X のアフィン開被覆 $\mathcal{U} = \{U_j\}_{j \in J}$ に対して Čech の複体の間の**対写像** (pairing) を
$$C^p(\mathcal{U}, \mathcal{F}) \times C^q(\mathcal{U}, \mathcal{G}) \longrightarrow \widetilde{C}^{p+q}(\mathcal{U}, \mathcal{F} \otimes \mathcal{G})$$
$$(\{f_{i_0 \cdots i_p}\}, \{g_{i_0 \cdots i_q}\}) \longmapsto \{h_{i_0 i_1 \cdots i_{p+q}}\}$$
$$h_{i_0 \cdots i_{p+q}} = f_{i_0 \cdots i_p} \otimes g_{i_p i_{p+1} \cdots i_{p+q}} \mid U_{i_0 i_1 \cdots i_{p+q}}$$

と定義する．ただし $\widetilde{C}^n(\mathcal{F})$ は必ずしも交代的でないコチェインの全体とする．このとき，コホモロジー群の間の**対写像**
$$H^p(X, \mathcal{F}) \times H^q(X, \mathcal{G}) \longrightarrow H^{p+q}(X, \mathcal{F} \otimes \mathcal{G})$$
が定義できることを示せ．

§6.2 射影スキームのコホモロジー

(a) 射影空間のコホモロジー

以下，Noether 環 R 上の n 次元射影空間 $\mathbb{P}_R^n = \operatorname{Proj} R[x_0, x_1, \cdots, x_n]$ の可逆層 $\mathcal{O}_X(m)$ のコホモロジーを考察する．この結果が射影スキーム上の層のコホモロジー論の基本になるといっても過言でない．

定理 6.19 Noether 環 R 上の n 次元射影空間 $X = \mathbb{P}_R^n = \operatorname{Proj} S$, $S = R[x_0, x_1, \cdots, x_n]$ に対して次の事実が成立する．

（i） 自然な準同型写像 $S \to \varGamma_*(\mathcal{O}_X) = \bigoplus_{m \in \mathbb{Z}} H^0(X, \mathcal{O}_X(m))$ は次数 S 加群の同型写像である．

（ii） すべての整数 m と $0 < i < n$ に対して $H^i(X, \mathcal{O}_X(m)) = 0$ が成立する．

（iii） $H^n(X, \mathcal{O}_X(-n-1)) \simeq R$.

（iv） すべての整数 m に対して対写像
$$H^0(X, \mathcal{O}_X(m)) \times H^n(X, \mathcal{O}_X(-m-n-1)) \to H^n(X, \mathcal{O}_X(-n-1))$$
が定義でき，自由 R 加群の間の**完全対写像**（perfect pairing）である．すなわち $\alpha \in H^0(X, \mathcal{O}_X(m))$ はすべての元 $\beta \in H^n(X, \mathcal{O}_X(-m-n-1))$ との対写像 $\alpha\beta$ が 0 であれば $\alpha = 0$ であり，またある元 $\beta \in H^n(X, \mathcal{O}_X(-m-n-1))$ はすべての $\alpha \in H^0(X, \mathcal{O}_X(m))$ との対写像 $\alpha\beta$ が 0 であれば $\beta = 0$ が成立する．

［証明］ （i）は定理 5.21 ですでに証明した．（ii），（iii），（iv）を証明するために Čech のコホモロジーを使う．$U_j = D_+(x_j)$, $j = 0, 1, \cdots, n$ とおくと $\mathcal{U} = \{U_j\}_{0 \leq j \leq n}$ は X のアフィン開被覆であり，$U_{j_0 j_1 \cdots j_p} = D_+(x_{j_0} x_{j_1} \cdots x_{j_p})$ が成り立つ．また

を考える. $S/(x_n) \simeq R[x_0, x_1, \cdots, x_{n-1}]$ であり $H = V(x_n)$ とおくと $H \simeq \mathbb{P}_R^{n-1}$ であることに注意する. この完全列より $\mathcal{O}_X$ 加群の完全列

$$0 \longrightarrow \mathcal{O}_X(-1) \longrightarrow \mathcal{O}_X \longrightarrow \mathcal{O}_H \longrightarrow 0$$

を得る. この完全列に $\mathcal{O}_X(m)$ のテンソル積をとることにより

(6.47) $\quad 0 \longrightarrow \mathcal{O}_X(m-1) \longrightarrow \mathcal{O}_X(m) \longrightarrow \mathcal{O}_H(m) \longrightarrow 0$

を得る. (6.47)よりコホモロジー群の完全列を得るが, (6.46)より

$$0 \longrightarrow H^0(X, \mathcal{O}_X(m-1)) \longrightarrow H^0(X, \mathcal{O}_X(m)) \longrightarrow H^0(H, \mathcal{O}_H(m)) \longrightarrow 0$$

は完全列であることが分かる. したがって, コホモロジー群の完全列

$$0 \to H^1(X, \mathcal{O}_X(m-1)) \to H^1(X, \mathcal{O}_X(m)) \to H^1(H, \mathcal{O}_H(m))$$
$$\to H^2(X, \mathcal{O}_X(m-1)) \to H^2(X, \mathcal{O}_X(m)) \to H^2(H, \mathcal{O}_H(m))$$
$$\to \cdots\cdots$$
$$\to H^{n-1}(X, \mathcal{O}_X(m-1)) \to H^{n-1}(X, \mathcal{O}_X(m)) \to H^{n-1}(H, \mathcal{O}_H(m))$$
$$\to H^n(X, \mathcal{O}_X(m-1)) \to H^n(X, \mathcal{O}_X(m)) \to 0$$

を得る. 帰納法の仮定により $0 < i < n-1$ であれば $H^i(H, \mathcal{O}_H(m)) = 0$ であり, したがって

$$H^i(X, \mathcal{O}_X(m-1)) \xrightarrow{\times x_n} H^i(X, \mathcal{O}_X(m))$$

は同型写像である. 次に $H^{n-1}(H, \mathcal{O}_H(m)) \xrightarrow{\delta_{n-1}} H^n(X, \mathcal{O}_X(m-1))$ を考察しよう. $m \geq -n+1$ のときは $H^{n-1}(H, \mathcal{O}_H(m)) = 0$ である. $m \leq -n$ のときは $H^{n-1}(H, \mathcal{O}_H(m))$ の R 自由加群としての基底は $x_0^{l_0} x_1^{l_1} \cdots x_{n-1}^{l_{n-1}}$, $l_0 + l_1 + \cdots + l_{n-1} = m$, $l_j < 0$, $j = 0, 1, 2, \cdots, n-1$ で与えられる. δ_{n-1} は図式(6.42)を使って求めることができるが, 今の場合 $x_0^{l_0} x_1^{l_1} \cdots x_{n-1}^{l_{n-1}}$ に $x_0^{l_0} x_1^{l_1} \cdots x_{n-1}^{l_{n-1}} x_n^{-1}$ を対応させてできる写像であることが簡単に分かる. よって δ_{n-1} は単射であることが分かる. したがって

$$H^{n-1}(X, \mathcal{O}_X(m-1)) \xrightarrow{\times x_n} H^{n-1}(X, \mathcal{O}_X(m))$$

も同型写像であることが分かる. よって $0 < p < n$ のとき $H^p(X, \mathcal{O}_X) = 0$ を示せばよいことが分かる. $C^p(\mathcal{U}, \mathcal{O}_X)$ の元は

$$\bigoplus_{i_0 < i_1 < \cdots < i_p} \mathcal{O}_X(U_{i_0 i_1 \cdots i_p}) = \bigoplus_{i_0 < i_1 < \cdots < i_p} S_{(x_{i_0} x_{i_1} \cdots x_{i_p})}$$

の元を与えれば一意的に定まる. このような元は

$$\xi = \left(\frac{f_{i_0 i_1 \cdots i_p}}{(x_{i_0} x_{i_1} \cdots x_{i_p})^r} \right), \quad i_0 < i_1 < \cdots < i_p, \quad f_{i_0 i_1 \cdots i_p} \in S_{r(p+1)}$$

と書くことができる. $\{0, 1, \cdots, p\}$ の置換 σ に対して

$$f_{i_{\delta(0)} i_{\delta(1)} \cdots i_{\delta(p)}} = \mathrm{sgn}(\sigma) f_{i_0 i_1 \cdots i_p}$$

とおくことによって ξ は $C^p(\mathcal{U}, \mathcal{O}_X)$ の元 $\widetilde{\xi}$ を一意的に定める. このとき

$$(\delta^p \widetilde{\xi})_{i_0 i_1 \cdots i_{p+1}} = \sum_{k=0}^{p+1} \frac{(-1)^k x_{i_k}^r f_{i_0 i_1 \cdots \check{i}_k \cdots i_{p+1}}}{(x_{i_0} x_{i_1} \cdots x_{i_{p+1}})^r}$$

となるので, $\delta^p \widetilde{\xi} = 0$ であれば

$$\sum_{k=0}^{p+1} (-1)^k x_{i_k}^r f_{i_0 i_1 \cdots \check{i}_k \cdots i_{p+1}} = 0$$

が成立する. これは

(6.48) $$x_{i_0}^p f_{i_1 \cdots i_{p+1}} = \sum_{k=1}^{p+1} (-1)^{k-1} x_{i_k}^r f_{i_0 i_1 \cdots \check{i}_k \cdots i_{p+1}}$$

と書き直すことができる. そこで

$$f_{i_0 i_1 \cdots \check{i}_k \cdots i_{p+1}} = x_{i_0}^r g_{i_0 i_1 \cdots \check{i}_k \cdots i_{p+1}} + h_{i_0 i_1 \cdots \check{i}_k \cdots i_{p+1}},$$
$$h_{i_0 i_1 \cdots \check{i}_k \cdots i_{p+1}} \text{ は } x_{i_0} \text{ に関して } r-1 \text{ 次以下}$$

と書くと (6.48) より

$$\sum_{k=1}^{p+1} (-1)^{k-1} x_{i_k}^r h_{i_0 i_1 \cdots \check{i}_k \cdots i_{p+1}} = 0$$

が成立し, 再び (6.48) より

(6.49) $$f_{i_1 \cdots i_{p+1}} = \sum_{k=1}^{p+1} (-1)^{k-1} x_{i_k}^r g_{i_0 i_1 \cdots \check{i}_k \cdots i_{p+1}}$$

が成立することが分かる. そこで i_0 を 1 つ固定して

$$\eta_{j_0 j_1 \cdots j_{p-1}} = \frac{g_{i_0 j_0 j_1 \cdots j_{p-1}}}{(x_{j_0} x_{j_1} \cdots x_{j_{p+1}})^r}$$

とおくことにすると $\eta = (\eta_{j_0 j_1 \cdots j_{p-1}}) \in C^{p-1}(\mathcal{U}, \mathcal{O}_X)$ である. すると (6.49) より

$$(\delta^{p-1}\eta)_{j_0j_1\cdots j_p} = \sum_{k=0}^{p}(-1)^k\eta_{j_0j_1\cdots \breve{j}_k\cdots j_p}$$
$$= \sum_{k=0}^{p}(-1)^k \frac{x_{j_k}^r g_{i_0j_0\cdots \breve{j}_k\cdots j_p}}{(x_{j_0}x_{j_1}\cdots x_{j_k}\cdots x_{j_p})^r}$$
$$= \frac{f_{j_0j_1\cdots j_p}}{(x_{j_0}x_{j_1}\cdots x_{j_p})^r} = (\widetilde{\xi})_{j_0j_1\cdots j_p}$$

が成立することが分かり $\widetilde{\xi}=\delta^{p-1}\eta$ である. よって $H^p(X,\mathcal{O}_X)=0$, $0<p<n$ が成立することが分かる. ∎

問 7 上の最後の証明法を使って $H^p(X,\mathcal{O}_X(m))=0$, $0<p<n$ が任意の整数 m に対して成立することを示せ.

Noether 環 R が体 k である場合に上の定理を書き直しておこう.

系 6.20 体 k 上の n 次元射影空間 $X=\mathbb{P}_k^n$ と X 上の可逆層 $\mathcal{O}_X(m)$ に関して $H^p(X,\mathcal{O}_X(m))\neq 0$ であるのは $p=0$, $m\geqq 0$ または $p=n$, $m\leqq -n-1$ のときに限る. このとき

$$\dim_k H^0(X,\mathcal{O}_X(m)) = \binom{m+n}{n}, \quad m\geqq 0$$

$$\dim_k H^n(X,\mathcal{O}_X(-m-n-1)) = \binom{m+n}{n}, \quad m\geqq 0$$

が成り立つ. さらに $m\geqq 0$ のとき完全対写像

$$H^0(X,\mathcal{O}_X(m))\times H^n(X,\mathcal{O}_X(-m-n-1)) \longrightarrow H^n(X,\mathcal{O}_X(-n-1))$$

が存在する. ∎

上の定理と系は Noether 的射影スキームの理論で基本的である.

(b) 射影スキームのコホモロジー群の有限性

ここでは Noether 環 R 上の有限生成次数環 $S=\bigoplus_{m=0}^{\infty} S_m$ を考える. すなわち $S_0=R$ である有限生成次数環である. さらに S は $S_0=R$ 代数として S_1 の元 $f_0, f_1, \cdots, f_n$ から生成されていると仮定する. すると R 次数環としての

全射準同型写像

(6.50)
$$\varphi: R[x_0, x_1, \cdots, x_n] \longrightarrow S$$
$$F(x_0, x_1, \cdots, x_n) \longmapsto F(f_0, f_1, \cdots, f_n)$$

が存在し，$I = \mathrm{Ker}\,\varphi$ は $R[x_0, x_1, \cdots, x_n]$ の斉次イデアルである．全射 φ によって閉移入

(6.51)
$$\iota: X = \mathrm{Proj}\,S \longrightarrow \mathbb{P}_R^n$$

が定義される．逆に X が $\mathbb{P}_R^n$ の閉部分スキーム $V(I)$ であれば，$X = \mathrm{Proj}\,S$ と見ることができる．以下このような射影スキーム $X = \mathrm{Proj}\,S$ 上の連接層のコホモロジーを考察する．次の定理が最も基本的である．

定理 6.21 次数環 $S = \bigoplus_{m=0}^{\infty} S_m$ は $S_0 = R$ 代数として S_1 の有限個の元で生成され，R は Noether 環であるとする．このとき $X = \mathrm{Proj}\,S$ 上の連接層 $\mathcal{F}$ に対して $H^p(X, \mathcal{F})$ は任意の p に対して有限 R 加群である．また $m \geqq m_0$ のとき

$$H^p(X, \mathcal{F}(m)) = 0, \quad p = 1, 2, \cdots$$

がつねに成立するような整数 m_0 が存在する．さらに，X 上の任意の連接層 $\mathcal{F}$ に対して $p \geqq n_0$ のとき

$$H^p(X, \mathcal{F}) = 0$$

が成立するような正整数 n_0 が存在する．

[証明] S は $S_0 = R$ 代数として S_1 の元 $f_1, f_2, \cdots, f_n$ から生成されていると仮定し，全射準同型写像 φ (6.50) と閉移入 (6.51) を考える．問 3 により同型

$$H^p(X, \mathcal{F}) \simeq H^p(\mathbb{P}_R^n, \iota_*\mathcal{F})$$

が成り立つ．定理 5.24(iii) により $\mathcal{F} = \widetilde{M}$ となる有限次数 S 加群 M が存在する．準同型写像 φ によって M を $R[x_0, x_1, \cdots, x_n]$ 加群と見たものを M' と記すと，これは有限次数 $R[x_0, x_1, \cdots, x_n]$ 加群であり，$\iota_*\mathcal{F} = \widetilde{M'}$ となり，$\iota_*\mathcal{F}$ は $\mathbb{P}_R^n$ 上の連接層である．また $(\iota_*\mathcal{F})(m) = \iota_*(\mathcal{F}(m))$ であることも容易に分かる．したがって $X = \mathbb{P}_R^n$ と仮定して X 上の連接層 $\mathcal{F}$ を考えれば十分である．すると任意の連接層 $\mathcal{F}$ に対して $p \geqq n+1$ のとき

$$H^p(X, \mathcal{F}) = 0, \quad p \geqq n+1$$

が成立する．これが定理の最後の部分である．

以下 $S = R[x_0, x_1, \cdots, x_n]$ と記す．$\mathcal{F} = \widetilde{M}'$ である有限次数 S 加群 M を見ると次数 S 加群の完全列

$$\bigoplus_{i=1}^{l} S(m_i) \longrightarrow M \longrightarrow 0$$

が存在し，$\mathcal{O}_X$ 加群の完全列

$$\bigoplus_{i=1}^{l} \mathcal{O}_X(m_i) \xrightarrow{\eta_0} \mathcal{F} \longrightarrow 0$$

を得る．$\mathcal{F}_1 = \mathrm{Ker}\,\eta_0$ とおくと $\mathcal{F}_1$ は連接層であり（系4.29），完全列

$$(6.52) \qquad 0 \longrightarrow \mathcal{F}_1 \longrightarrow \bigoplus_{i=1}^{l} \mathcal{O}_X(m_i) \xrightarrow{\eta_0} \mathcal{F} \longrightarrow 0$$

を得る．連接層 $\mathcal{F}_1$ に対して同様の議論により $\mathcal{O}_X$ 加群の完全列

$$(6.53) \qquad 0 \longrightarrow \mathcal{F}_2 \longrightarrow \bigoplus_{i=1}^{l_1} \mathcal{O}_X(m_i^{(1)}) \xrightarrow{\eta_1} \mathcal{F}_1 \longrightarrow 0$$

を得, $\mathcal{F}_2$ は連接層である．以下，この操作を続けて，任意の正整数 j に対して $\mathcal{O}_X$ 加群の完全列

$$(6.54) \quad 0 \longrightarrow \mathcal{F}_{j+1} \longrightarrow \bigoplus_{i=1}^{l_j} \mathcal{O}_X(m_i^{(j)}) \xrightarrow{\eta_j} \mathcal{F}_j \longrightarrow 0, \quad j = 1, 2, 3, \cdots$$

を得る．(6.52) からコホモロジー群の完全列を得る．

$$\bigoplus_{i=1}^{l} H^p(X, \mathcal{O}_X(m_i)) \longrightarrow H^p(X, \mathcal{F}) \longrightarrow H^{p+1}(X, \mathcal{F}_1)$$
$$\longrightarrow \bigoplus_{i=1}^{l} H^{p+1}(X, \mathcal{O}_X(m_i)) \longrightarrow \cdots$$

定理 6.19 より $H^i(X, \mathcal{O}_X(m_i))$ は有限 R 加群であるので $H^p(X, \mathcal{F})$ が有限 R 加群であるための必要十分条件は $H^{p+1}(X, \mathcal{F}_1)$ が有限 R 加群となることである．次に (6.53) から得られるコホモロジー群の完全列から同様にして $H^{p+1}(X, \mathcal{F}_1)$ が有限 R 加群であるための必要十分条件は $H^{p+2}(X, \mathcal{F}_2)$ が有限 R 加群であることであることが分かる．以下完全列 (6.54) を使って同様の議

論を行なうことにより，$H^p(X,\mathcal{F})$ が有限 R 加群であるための必要十分条件はある正整数 j に対して(したがってすべての正整数 j に対して)$H^{p+j}(X,\mathcal{F}_j)$ が有限 R 加群であることが分かる．補題 6.18 により $p+j \geqq n+1$ であれば $H^{p+j}(X,\mathcal{F}_j)=0$ が成り立つので $H^p(X,\mathcal{F})$ は有限 R 加群であることが分かる．

また任意の整数 m に対して完全列 (6.52) に $\mathcal{O}_X(m)$ のテンソル積をとることにより完全列

$$(6.55) \quad 0 \longrightarrow \mathcal{F}_1(m) \longrightarrow \bigoplus_{i=1}^{l} \mathcal{O}_X(m+m_i) \longrightarrow \mathcal{F}(m) \longrightarrow 0$$

を得，(6.54) より

(6.56)
$$0 \longrightarrow \mathcal{F}_{j+1}(m) \longrightarrow \bigoplus_{i=1}^{l} \mathcal{O}_X(m+m_i^{(j)}) \longrightarrow \mathcal{F}_j(m) \longrightarrow 0, \quad j=1,2,3,\cdots$$

を得る．$m+m_i \geqq -n$, $i=1,2,\cdots,l$ であれば $H^q(X,\mathcal{O}_X(m+m_i))=0$, $q \geqq 1$ が成り立ち (6.55) から得られるコホモロジーの完全列より $H^q(X,\mathcal{F}(m)) \simeq H^{q+1}(X,\mathcal{F}_1(m))$, $q=1,2,\cdots$ を得る．また (6.56) より，$m+m_i^{(j)} \geqq -n$, $j=1,2,\cdots,l_j$ であれば $H^q(X,\mathcal{F}_j(m)) \simeq H^{q+1}(X,\mathcal{F}_{j+1}(m))$, $q=1,2,\cdots$ を得る．したがって，$m+m_i \geqq -n$, $i=1,2,\cdots,l$, $m+m_i^{(j)} \geqq -n$, $i=1,2,\cdots,l_j$, $j=1,2,\cdots,n$ であるように m を選べば，$H^q(X,\mathcal{F}(m)) \simeq H^{q+1}(X,\mathcal{F}_1(m)) \simeq H^{q+2}(X,\mathcal{F}_2(m)) \simeq \cdots \simeq H^{q+n}(X,\mathcal{F}_n(m))=0$, $q=1,2,\cdots$ が成立する． ∎

(6.52), (6.53) から $\mathcal{O}_X$ 加群の完全列

$$(6.57) \quad \longrightarrow \bigoplus_{i=1}^{l_j} \mathcal{O}_X(m_i^{(j)}) \longrightarrow \bigoplus_{i=1}^{l_{j-1}} \mathcal{O}_X(m_i^{(j-1)}) \longrightarrow \cdots \longrightarrow \bigoplus_{i=1}^{l_1} \mathcal{O}_X(m_i^{(i)})$$
$$\longrightarrow \bigoplus_{i=1}^{l} \mathcal{O}_X(m_i) \longrightarrow \mathcal{F} \longrightarrow 0$$

を得る．$\bigoplus_{i=1}^{l_j} \mathcal{O}_X(m_i^{(j)})$ は局所自由層であるので，(6.57) を層 $\mathcal{F}$ の**局所自由層による分解**(locally free resolution) と呼ぶ．

定理 6.21 を R が体 k の場合に書き直しておこう．

系 6.22 体 k 上の次数環 $S = \bigoplus_{m=0}^{\infty} S_m$ は S_1 の有限個の元で k 代数として生成されていると仮定する．このとき，$X = \mathrm{Proj}\, S$ 上の任意の連接層 $\mathcal{F}$ に関して
$$\dim_k H^p(X, \mathcal{F}) < \infty$$
が成り立つ．また，$p \geqq n_0$ のとき
$$H^p(X, \mathcal{F}) = 0$$
が任意の連接層 $\mathcal{F}$ に対して成立するように n_0 を選ぶことができる．さらに，連接層 $\mathcal{F}$ に対して $m \geqq m_0$ であれば
$$H^p(X, \mathcal{F}(m)) = 0, \quad p = 1, 2, 3, \cdots$$
が成り立つような m_0 が存在する． □

以下，次数環 $S = \bigoplus_{m=0}^{\infty} S_m$ は k 代数として S_1 の有限個の元で生成されていると仮定する．したがって $X = \mathrm{Proj}\, S$ は $\mathbb{P}_k^n$ の閉部分スキームと考えることができる．n として S の k 代数としての生成元 $f_0, f_1, \cdots, f_n \in S_1$ の個数 -1 ととれることは定理 6.21 の証明中にも示した．以下の議論はしたがって体 k 上の射影空間 $\mathbb{P}_k^n$ の閉部分スキーム X に関する議論と考えることができる．系 6.22 を使うと X 上の連接層 $\mathcal{F}$ に対して

(6.58) $$\chi(X, \mathcal{F}) = \sum_{q=0}^{\infty} (-1)^q \dim_k H^q(X, \mathcal{F})$$

が意味を持つことが分かる．右辺の各項は有限の値を持ち，q が十分大きければ $H^q(X, \mathcal{F}) = 0$ となるからである．$\chi(X, \mathcal{F})$ を連接層 $\mathcal{F}$ の **Euler 標数** (Euler characteristics) または **Euler–Poincaré 標数** (Euler-Poincaré characteristics) という．

例題 6.23 $\mathbb{P}_k^n$ の閉部分スキーム X 上の連接層の完全列
$$0 \longrightarrow \mathcal{F} \longrightarrow \mathcal{G} \longrightarrow \mathcal{H} \longrightarrow 0$$
に対して Euler 標数の間には関係

(6.59) $$\chi(X, \mathcal{G}) = \chi(X, \mathcal{F}) + \chi(X, \mathcal{H})$$

があることを証明せよ．

［解］完全列よりコホモロジー群の完全列

$$0 \to H^0(X,\mathcal{F}) \to H^0(X,\mathcal{G}) \to H^0(X,\mathcal{H})$$
$$\to H^1(X,\mathcal{F}) \to H^1(X,\mathcal{G}) \to H^1(X,\mathcal{H})$$
$$\to \cdots\cdots$$

が得られる．この完全列の各項は体 k 上有限次元ベクトル空間であり，しかも $q \geqq n+1$ であれば $H^q(X,\mathcal{F}) = H^q(X,\mathcal{G}) = H^q(X,\mathcal{H}) = 0$ である．したがってベクトル空間の完全列に関する次元の関係式(下の問 8 を参照のこと)より関係式(6.59)を得る．

問 8 体 k 上の有限次元ベクトル空間の間の線形写像に関する完全列

$$0 \longrightarrow V_0 \xrightarrow{f_0} V_1 \xrightarrow{f_1} V_2 \xrightarrow{f_2} \cdots \xrightarrow{f_{m-2}} V_{m-1} \xrightarrow{f_{m-1}} V_m \longrightarrow 0$$

に対して

$$\sum_{j=0}^{n}(-1)^j \dim_k V_j = 0$$

が成り立つことを示せ．

代数幾何学においては $H^0(X,\mathcal{F})$ の次元を知ることが大切である．これは一般には難しいが，Euler 標数 $\chi(X,\mathcal{F})$ を計算することは X が非特異であれば(定義 7.28 を参照のこと) X と $\mathcal{F}$ のある種の普遍量 **Chern 類**(Chern class)を計算することに帰着される．これは **Riemann–Roch の定理**(Riemann-Roch theorem)と呼ばれるが，曲線の場合は第 8 章で論じる．

問 9 体 k 上の n 次元射影空間 $X = \mathbb{P}_k^n$ と整数 m に対して

$$\chi(X,\mathcal{O}_X(m)) = \begin{cases} \binom{m+n}{n}, & m \geq 0 \\ (-1)^n \binom{-m-1}{n}, & m \leq -n-1 \\ 0, & \text{それ以外のとき} \end{cases}$$

が成り立つことを示せ．特に $\chi(X,\mathcal{O}_X) = 1$ である．

例 6.24 体 k 上の n 次元射影空間 $\mathbb{P} = \mathbb{P}_k^n$ 内の d 次超曲面 $X = X_d$ を考える.すなわち d 次斉次式 $F(x_0, x_1, \cdots, x_n)$ によって $X_d = V(F)$ と書ける閉部分スキームを考える.X_d のイデアル層 $\mathcal{J}_X$ は $\mathcal{O}_\mathbb{P}(-d)$ と $\mathcal{O}_\mathbb{P}$ 加群として同型であり,完全列

(6.60) $$0 \longrightarrow \mathcal{O}_\mathbb{P}(-d) \longrightarrow \mathcal{O}_\mathbb{P} \longrightarrow \mathcal{O}_X \longrightarrow 0$$

を得る.例題 6.23 より

$$\chi(X, \mathcal{O}_X) = \chi(\mathbb{P}_k^n, \mathcal{O}_\mathbb{P}) - \chi(\mathbb{P}_k^n, \mathcal{O}_\mathbb{P}(-d))$$

を得る.したがって $d \leqq n$ であれば $\chi(X, \mathcal{O}_X) = 1$ である.一方 $d \geqq n+1$ であれば $\chi(X, \mathcal{O}_X) = 1 + (-1)^{n-1} \binom{d-1}{n}$ が成り立つ.実際は系 6.20 よりもっと詳しいことが分かる.すなわち

$$\dim_k H^0(X, \mathcal{O}_X) = 1$$

$$\dim_k H^{n-1}(X, \mathcal{O}_X) = \begin{cases} 0, & d \leqq n \\ \binom{d-1}{n}, & d \geqq n+1 \end{cases}$$

が成立し,また $H^q(X, \mathcal{O}_X) = 0$, $1 \leqq q \leqq n-2$ が成立する.

さらに,正整数 e に対して $\mathcal{O}_\mathbb{P}(-e)$ と (6.60) とのテンソル積をとると完全列

$$0 \longrightarrow \mathcal{O}_\mathbb{P}(-e-d) \longrightarrow \mathcal{O}_\mathbb{P}(-e) \longrightarrow \mathcal{O}_X(-e) \longrightarrow 0$$

を得,

$$\chi(X, \mathcal{O}_X(-e)) = \chi(X, \mathcal{O}_\mathbb{P}(-e)) - \chi(X, \mathcal{O}_\mathbb{P}(-e-d))$$

を得る.したがって

$$\chi(X, \mathcal{O}_X(-e)) = \begin{cases} (-1)^{n-1} \left\{ \binom{e-1}{n} - \binom{e+d-1}{n} \right\}, & e \geqq n+1 \text{ のとき} \\ (-1)^n \binom{e+d-1}{n}, & e+d \geqq n+1, e \leqq n \text{ のとき} \\ 0, & e+d \leqq n \text{ のとき} \end{cases}$$

を得る. □

(c) Bézout の定理

層のコホモロジーの応用として Bézout の定理(定理 1.32)の証明を与えよう．代数的閉体 k の元を係数とする斉次多項式 $F, G \in k[x_0, x_1, x_2]$ が体 k 上の射影平面 $X = \mathbb{P}_k^2$ 内に定める閉部分スキーム $C_1 = V(F)$, $C_2 = V(G)$ を考える．F, G の次数をそれぞれ m, n とし，C_1, C_2 は共通成分を持たず点でのみ交わるとする．C_1, C_2 の定義イデアルをそれぞれ $\mathcal{O}_X(-C_1)$, $\mathcal{O}_X(-C_2)$ と記すと完全列

(6.61) $\qquad 0 \longrightarrow \mathcal{O}_X(-C_1) \longrightarrow \mathcal{O}_X \longrightarrow \mathcal{O}_{C_1} \longrightarrow 0$

(6.62) $\qquad 0 \longrightarrow \mathcal{O}_X(-C_2) \longrightarrow \mathcal{O}_X \longrightarrow \mathcal{O}_{C_2} \longrightarrow 0$

ができる．$\mathcal{O}_X(-C_1)$, $\mathcal{O}_X(-C_2)$ はそれぞれ $\mathcal{O}_X(-m)$, $\mathcal{O}_X(-n)$ と $\mathcal{O}_X$ 加群として同一視でき，以下しばしばこの同一視のもとで考える．点 x で，C_1 と C_2 とが交わるとし，点 x での C_1, C_2 の定義方程式(すなわち $\mathcal{O}_X(-C_1)_x$, $\mathcal{O}_X(-C_2)_x$ の $\mathcal{O}_{X,x}$ のイデアルとしての生成元)を f_x, g_x と記す．点 x での C_1 と C_2 の局所交点数 $I_x(C_1, C_2)$ を

$$I_x(C_1, C_2) = \dim_k \mathcal{O}_{X,x}/(f_x, g_x)$$

と定義し，C_1 と C_2 の交点数 $C_1 \cdot C_2$ を

$$C_1 \cdot C_2 = \sum_{x \in C_1 \cap C_2} \dim_k \mathcal{O}_{X,x}/(f_x, g_x)$$

と定義した．これは $\mathbb{P}_k^2$ の閉部分スキーム $V((F, G))$ を $C_1 \cap C_2$ と記すと

(6.63) $\qquad C_1 \cdot C_2 = \dim_k H^0(C_1 \cap C_2, \mathcal{O}_{C_1 \cap C_2}) = \chi(C_1 \cap C_2, \mathcal{O}_{C_1 \cap C_2})$

と書けることを意味する．このことをまず示そう．$\mathbb{P}_k^2$ のアフィン開被覆 $V_j = D_+(x_j)$, $j = 0, 1, 2$ をとり，各アフィン開集合上で考える．V_0 上で $x = \dfrac{x_1}{x_0}$, $y = \dfrac{x_2}{x_0}$, $f(x, y) = x_0^{-m} F(x_0, x_1, x_2)$, $g(x, y) = x_0^{-n} G(x_0, x_1, x_2)$ とおくと V_0 上では $\mathcal{O}_X(-C_1)$ は f で生成されるイデアル層 (f), $\mathcal{O}_X(-C_2)$ は g で生成されるイデアル層 (g) であり，$C_1 \cap C_2$ の V_0 での定義イデアルは f, g で生成されるイデアル層 (f, g) である．したがって $\mathcal{O}_{C_1 \cap C_2|V_0} = \mathcal{O}_{V_0}/(f, g)$ であり，$\mathrm{supp}(\mathcal{O}_{C_1 \cap C_2|V_0})$ は V_0 内の C_1 と C_2 との交点全体である．$x \in \mathrm{supp}(\mathcal{O}_{C_1 \cap C_2|V_0})$

に対して $\mathcal{O}_{C_1\cap C_2,x}=\mathcal{O}_{V_0}/(f_x,g_x)$ (f_x,g_x は f,g の定める $\mathcal{O}_{V_0,x}$ の元) となる. 他のアフィン開集合 V_1,V_2 でも同様である. $C_1\cap C_2$ の各点は孤立しているので互いに交わらないアフィン開集合で覆うことができ(実際, $C_1\cap C_2$ の各点は閉かつ開集合である), したがって $H^q(C_1\cap C_2,\mathcal{O}_{C_1\cap C_2})=0$, $q\geqq 1$ である. よって(6.63)が成立する. 一方 $\mathcal{O}_X(-C_2)\otimes_{\mathcal{O}_X}\mathcal{O}_{C_1}\subset\mathcal{O}_{C_1}$ と考えることができ

(6.64) $\quad 0\longrightarrow \mathcal{O}_X(-C_2)\otimes_{\mathcal{O}_X}\mathcal{O}_{C_1}\longrightarrow \mathcal{O}_{C_1}\longrightarrow \mathcal{O}_{C_1\cap C_2}\longrightarrow 0$

が完全列であることは各アフィン開集合 V_j に制限して考えることによって示すことができる. この完全列(6.64)より

(6.65) $\quad \chi(C_1\cap C_2,\mathcal{O}_{C_1\cap C_2})=\chi(C_1,\mathcal{O}_{C_1})-\chi(C_1,\mathcal{O}_X(-C_2)\otimes_{\mathcal{O}_X}\mathcal{O}_{C_1})$

を得る. $\mathcal{O}_X(-C_1)=\mathcal{O}_X(-m)$, $\mathcal{O}_X(-C_2)=\mathcal{O}_X(-n)$, $\mathcal{O}_X(-C_2)\otimes_{\mathcal{O}_X}\mathcal{O}_{C_1}=\mathcal{O}_{C_1}(-n)$ であるので(6.61)および(6.62)に $\mathcal{O}_X(-n)$ とのテンソル積をとることによって

$$\chi(C_1,\mathcal{O}_{C_1})=\chi(X,\mathcal{O}_X)-\chi(X,\mathcal{O}_X(-m))$$
$$=1-\chi(X,\mathcal{O}_X(-m))$$
$$\chi(C_1,\mathcal{O}_{C_1}(-n))=\chi(X,\mathcal{O}_X(-n))-\chi(X,\mathcal{O}_X(-m-n))$$

を得,

(6.66) $\quad \chi(C_1\cap C_2,\mathcal{O}_{C_1\cap C_2})=1-\chi(X,\mathcal{O}_X(-m))-\chi(C_1,\mathcal{O}_{C_1}(-n))$
$\qquad\qquad +\chi(X,\mathcal{O}_X(-m-n))$

を得る. もし $m\geqq 3$, $n\geqq 3$ であれば, 問7より

$$\chi(C_1\cap C_2,\mathcal{O}_{C_1\cap C_2})=1-\binom{m-1}{2}-\binom{n-1}{2}+\binom{m+n-1}{2}=mn$$

を得る. $m=1,2$ または $n=1,2$ のときもこの等式が成立することは問7より容易に示すことができる. これによってBézoutの定理が証明された.

ところで完全列(6.64)は C_1 と C_2 の役割を入れ替えても正しい. 事実(6.66)では右辺は C_1 と C_2 に関して対称な式になっている.

Bézoutの定理は $\mathbb{P}^2_k$ 内の曲線の交点数を与える定理であるが, $\mathbb{P}^2_k$ を使ったのは最後の具体的な計算のところであり, (6.65)は非特異代数曲面(この定義は第7章で与える)で正しい式を与えている. もちろん(6.65)の左辺が交

点数の定義を与えると考える．

　以上の議論は，上で注意したように，C_1 と C_2 とに関して対称な議論ではなかったが，出てきた結論としては C_1 と C_2 とに関して対称であった．議論を C_1 と C_2 に対して対称的に行なうことも可能である．それには $\mathcal{O}_{C_1} \otimes_{\mathcal{O}_X} \mathcal{O}_{C_2} = \mathcal{O}_{C_1 \cap C_2}$ を使う．このことは V_0 上では $\mathcal{O}_{C_1} \otimes_{\mathcal{O}_X} \mathcal{O}_{C_2|V_0} = \mathcal{O}_{V_0}/(f) \otimes_{\mathcal{O}_{V_0}} \mathcal{O}_{V_0}/(g) = \mathcal{O}_{V_0}/(f,g)$ が成立することから示すことができる．(6.61), (6.62) を使うと $\mathcal{O}_X$ 加群の列

$$\mathcal{O}_X(-C_1-C_2) \to \mathcal{O}_X(-C_1) \oplus \mathcal{O}_X(-C_2) \to \mathcal{O}_X \to \mathcal{O}_{C_1} \otimes_{\mathcal{O}_X} \mathcal{O}_{C_2} \to 0$$

を得る．この列を V_0 に制限すると

$$\begin{array}{ccccccc} (fg) & \longrightarrow & (f) \oplus (g) & \longrightarrow & \mathcal{O}_{V_0} & \longrightarrow & \mathcal{O}_{V_0}/(f,g) & \longrightarrow & 0 \\ \alpha fg & \longmapsto & (\alpha g f, \alpha fg) & & & & & & \\ & & (\beta f, \gamma g) & \longmapsto & \beta f - \gamma g & & & & \end{array}$$

となり完全列であることが分かる．しかも最初の準同型写像は単射である．V_1, V_2 でもまったく同様の議論ができ，完全列

(6.67)
$$0 \longrightarrow \mathcal{O}_X(-C_1-C_2) \longrightarrow \mathcal{O}_X(-C_1) \oplus \mathcal{O}_X(-C_2) \longrightarrow \mathcal{O}_X \longrightarrow \mathcal{O}_{C_1 \cap C_2} \longrightarrow 0$$

を得る．これは C_1 と C_2 とに関して対称であり

(6.68)
$$\chi(C_1 \cap C_2, \mathcal{O}_{C_1 \cap C_2}) = \chi(X, \mathcal{O}_X) - \chi(X, \mathcal{O}_X(-C_1)) \\ - \chi(X, \mathcal{O}_X(-C_2)) + \chi(X, \mathcal{O}_X(-C_1-C_2))$$

が成り立つことが分かる．これは (6.66) そのものである．これは X が一般の非特異代数曲面のときも成立する式である．

　以上の結果をまとめておく．

定理 6.25 代数的閉体 k 上定義された非特異代数曲面 X 上の 2 本の代数曲線 C_1, C_2 が共通成分を持たなければ，交点数 $C_1 \cdot C_2$ を (6.63) で定義すると $C_1 \cdot C_2 = \chi(X, \mathcal{O}_X) - \chi(X, \mathcal{O}_X(-C_1)) - \chi(X, \mathcal{O}_X(-C_2)) + \chi(X, \mathcal{O}_X(-C_1-C_2))$ が成立する．　　　　　　　　　　　　　　　　　　　　　　　　　□

これが Bézout の定理の一般化と考えることができる.

(d) 豊富性判定法

ここでは可逆層が豊富であることをコホモロジーを使って判定しよう.

定理 6.26 Noether 環 R 上の固有スキーム X, すなわち固有射 $f: X \to Y = \operatorname{Spec} R$ と X 上の可逆層 $\mathcal{L}$ に関して次の条件は同値である.
 （ⅰ） $\mathcal{L}$ は豊富な可逆層である.
 （ⅱ） 任意の X 上の連接層 $\mathcal{F}$ に対して $n \geq n_0$ であれば, $q \geq 1$ のとき $H^q(X, \mathcal{F} \otimes \mathcal{L}^{\otimes n}) = 0$ がつねに成立するような正整数 n_0 が存在する.

[証明] 定理 5.41 より $\mathcal{L}^{\otimes m}$ が f に関して非常に豊富であるように正整数 m を選ぶことができる. $\mathcal{F} \otimes \mathcal{L}^{\otimes l} = \mathcal{F}(l)$ とおき $\mathcal{F}, \mathcal{F}(1), \cdots, \mathcal{F}(m-1)$ に定理 6.21 を適用すると, $k \geq k_0$ のとき $H^q(X, \mathcal{F}(km)) = 0$, $H^q(X, \mathcal{F}(1+km)) = 0$, $\cdots$, $H^q(X, \mathcal{F}(m-1+km)) = 0$, $q \geq 1$ が成立するように k_0 をとることができる. $n_0 = k_0 m$ とおけば (ⅱ) が成立する.

次に (ⅱ) から (ⅰ) を示す. そのためには任意の連接層 $\mathcal{F}$ に対して $n \geq n_0$ であれば $\mathcal{F} \otimes \mathcal{L}^{\otimes n}$ が $\Gamma(X, \mathcal{F} \otimes \mathcal{L}^{\otimes n})$ より $\mathcal{O}_X$ 加群として生成されるような正整数 n_0 が存在することを示せばよい. X の閉点 x の定義イデアルを $\mathfrak{m}_x$, $k(x) = \mathcal{O}_{X,x}/\mathfrak{m}_x$ と記すと完全列

$$0 \longrightarrow \mathfrak{m}_x \mathcal{F} \longrightarrow \mathcal{F} \longrightarrow \mathcal{F} \otimes_{\mathcal{O}_X} k(x) \longrightarrow 0$$

を得る. $\mathcal{L}^{\otimes n}$ とのテンソル積をとることにより完全列

$$0 \longrightarrow (\mathfrak{m}_x \mathcal{F}) \otimes \mathcal{L}^{\otimes n} \longrightarrow \mathcal{F} \otimes \mathcal{L}^{\otimes n} \longrightarrow (\mathcal{F} \otimes \mathcal{L}^{\otimes n}) \otimes k(x) \longrightarrow 0$$

を得る. 仮定より, $n \geq n_0$ のとき $H^1(X, (\mathfrak{m}_x \mathcal{F}) \otimes \mathcal{L}^{\otimes n}) = 0$ となるような正整数 n_0 が存在する. したがってコホモロジー群の完全列によって $\Gamma(X, \mathcal{F} \otimes \mathcal{L}^{\otimes n}) \to \Gamma(X, (\mathcal{F} \otimes \mathcal{L}^{\otimes n}) \otimes k(x))$ は全射である. 中山の補題によって, $\mathcal{F} \otimes \mathcal{L}^{\otimes n}$ の点 x での茎は $\Gamma(X, \mathcal{F} \otimes \mathcal{L}^{\otimes n})$ から生成されることが分かる. すると, $n \geq n_0$ に対して x の開近傍 U を $\mathcal{F} \otimes \mathcal{L}^{\otimes n}$ の U の各点の茎は $\Gamma(X, \mathcal{F} \otimes \mathcal{L}^{\otimes n})$ から生成されるように選ぶことができることが分かる. (この U は n によって異なってくるかもしれない.)

特に $\mathcal{F} = \mathcal{O}_X$ のときこの論法を使うと正整数 n_1 と x の開近傍 V を $\mathcal{L}^{\otimes n_1}$ の

V の各点での茎は $\Gamma(X, \mathcal{L}^{\otimes n_1})$ より生成されるようにとることができることが分かる.そこで上の連接層 $\mathcal{F}$ と $m = 0, 1, 2, \cdots, n_1 - 1$ に対して $\mathcal{F} \otimes \mathcal{L}^{\otimes (n_0 + m)}$ の x の開近傍 U_m の各点の茎は $\Gamma(X, \mathcal{F} \otimes \mathcal{L}^{\otimes (n_0 + m)})$ で生成されるように U_m を選ぶことができる.すると $n \geq n_0$ のとき $n = n_0 + rn_1 + m$, $0 \leq m \leq n_1 - 1$ と記すと $\mathcal{F} \otimes \mathcal{L}^{\otimes n} = (\mathcal{F} \otimes \mathcal{L}^{\otimes (n_0 + m)}) \otimes (\mathcal{L}^{\otimes n_1})^{\otimes r}$ より $U_x = V \cap U_0 \cap U_1 \cap \cdots \cap U_{n_1 - 1}$ の各点での $\mathcal{F} \otimes \mathcal{L}^{\otimes n}$ の茎は $\Gamma(X, \mathcal{F} \otimes \mathcal{L}^{\otimes n})$ より生成されることが分かる.

以上の議論を X の各閉点 x で行なうと $\{U_x\}$ は X の開被覆となり,X は Noether 的スキームであるので有限個の開被覆 $\{U_{x_i}\}_{i=1}^s$ を選ぶことができる.各 x_i の定める n_0 のうち最大のものを改めて n_0 と記すと $n \geq n_0$ のとき $\mathcal{F} \otimes \mathcal{L}^{\otimes n}$ は大域切断すなわち $H^0(X, \mathcal{F} \otimes \mathcal{L}^{\otimes n})$ の元から生成される. ∎

§6.3 高次順像

(a) 高次順像

位相空間の連続写像 $f: X \to Y$ と X 上の加群の層の完全列
$$0 \longrightarrow \mathcal{F}_1 \longrightarrow \mathcal{F}_2 \longrightarrow \mathcal{F}_3 \longrightarrow 0$$
から順像の完全列
$$0 \longrightarrow f_*\mathcal{F}_1 \longrightarrow f_*\mathcal{F}_2 \longrightarrow f_*\mathcal{F}_3$$
が得られるが,コホモロジー群と同様にこの完全列をさらに長い完全列に拡張することができるかどうかを考えてみよう.Y の開集合 U に対して $f^{-1}(U)$ 上のコホモロジーの完全列

(6.69)
$$\begin{aligned} 0 \longrightarrow \Gamma(f^{-1}(U), \mathcal{F}_1) \longrightarrow \Gamma(f^{-1}(U), \mathcal{F}_2) \longrightarrow \Gamma(f^{-1}(U), \mathcal{F}_3) \longrightarrow \\ H^1(f^{-1}(U), \mathcal{F}_1) \longrightarrow H^1(f^{-1}(U), \mathcal{F}_2) \longrightarrow H^1(f^{-1}(U), \mathcal{F}_3) \longrightarrow \cdots \end{aligned}$$

を得る.そこで X 上の加群の層 $\mathcal{F}$ が与えられたとき,Y の各開集合 U に $H^p(f^{-1}(U), \mathcal{F})$ を対応させることを考える.開集合 $V \subset U$ に対して,コホモロジー群の定義から自然な準同型写像
$$\rho_{V,U}: H^p(f^{-1}(U), \mathcal{F}) \longrightarrow H^p(f^{-1}(V), \mathcal{F})$$

が定義でき，開集合の3組 $W \subset V \subset U$ に対して $\rho_{W,U} = \rho_{W,V} \circ \rho_{V,U}$ が成り立つことも容易に分かる．したがって Y の開集合に $H^p(f^{-1}(U), \mathcal{F})$ を対応させ，制限写像として $\rho_{V,U}$ を考えることによって Y 上の前層ができる．この前層の層化を $R^p f_* \mathcal{F}$ と記して $\mathcal{F}$ の f による p 次の**高次順像**(p-th higher direct image)といい，$R^p f_* \mathcal{F}$, $p \geq 1$ を一般に $\mathcal{F}$ の高次順像と呼ぶ．また $f_* \mathcal{F}$ を $R^0 f_* \mathcal{F}$ と記すこともある．帰納的極限は完全列を保つので，完全列(6.69)から次の命題が成立することが分かる．

命題 6.27 位相空間 X 上の加群の層の完全列

$$0 \longrightarrow \mathcal{F}_1 \longrightarrow \mathcal{F}_2 \longrightarrow \mathcal{F}_3 \longrightarrow 0$$

と連続写像 $f: X \to Y$ に対して順像および高次順像の完全列

$$0 \longrightarrow f_* \mathcal{F}_1 \longrightarrow f_* \mathcal{F}_2 \longrightarrow f_* \mathcal{F}_3 \longrightarrow R^1 f_* \mathcal{F}_1 \longrightarrow$$
$$R^1 f_* \mathcal{F}_2 \longrightarrow R^1 f_* \mathcal{F}_3 \longrightarrow R^2 f_* \mathcal{F}_1 \longrightarrow \cdots$$

が存在する． □

代数幾何学で重要なのはスキームの射 $f: X \to Y$ と X 上の準連接層または連接層 $\mathcal{F}$ の高次順像が準連接層や連接層になる場合である．準連接層に関しては話は簡単である．f が準コンパクト分離射であるか X が Noether 的スキームであれば準連接的 $\mathcal{O}_X$ 加群 $\mathcal{F}$ の順像 $f_* \mathcal{F}$ は準連接的であった（命題 4.36）．このことを使って高次順像 $R^p f_* \mathcal{F}$ も準連接的であることを示そう．

まず $f: X \to Y$ が準コンパクト分離射である場合を考察しよう．$R^p f_* \mathcal{F}$ が準連接的であるか否かは Y に関しては局所的な性質であるので Y はアフィンスキーム $\mathrm{Spec}\, R$ であると仮定してよい．このとき，f は準コンパクト射であるので X は有限個のアフィン開集合 $\mathcal{U} = \{U_i\}_{i \in I}$ で覆うことができる．また f は分離射でもあるので $U_{ij} = U_i \cap U_j$, $U_{i_1 i_2 \cdots i_n} = U_{i_1} \cap U_{i_2} \cap \cdots \cap U_{i_n}$ もアフィン開集合である．$U_i = \mathrm{Spec}\, A_i$ とおくと A_i は R 代数である．

さて定理 6.10 と Leray の定理（定理 6.15）により $\mathcal{F}$ に値を持つ X のコホモロジー群は Čech の複体

$$(6.70) \quad 0 \longrightarrow C^0(\mathcal{U}, \mathcal{F}) \xrightarrow{\delta^0} C^1(\mathcal{U}, \mathcal{F}) \xrightarrow{\delta^1} C^2(\mathcal{U}, \mathcal{F}) \longrightarrow \cdots$$

を使って計算することができる．$C^p(\mathcal{U}, \mathcal{F})$ は交代コチェイン $\{f_{i_0 i_1 \cdots i_p}\}$ の全

体であるが，$\mathcal{F}$ は $\mathcal{O}_X$ 加群であるので $a \in R$ に対して $\{af_{i_0 i_1 \cdots i_p}\}$ を定義することができ，$C^p(\mathcal{U}, \mathcal{F})$ は R 加群であることが分かる．

ところで $\mathcal{F}$ は準連接的 $\mathcal{O}_X$ 加群であるので $\mathcal{F}|U_i = \widetilde{M_i}$ となる A_i 加群 M_i が存在すると仮定してよい．M_i は R 加群でもある．$a \in R$ に対して $Y = \mathrm{Spec}\, R$ の開集合 $D(a)$ を考える．$f^{-1}(D(a)) \cap U_i = \mathrm{Spec}(A_i)_a$ であり，
$$\mathcal{F} \mid f^{-1}(D(a)) \cap U_i = (\widetilde{M_i})_a$$
が成り立つ．$M_i = \Gamma(U_i, \mathcal{F})$ であり
$$(M_i)_a = \Gamma(f^{-1}(D(a)) \cap U_i, \mathcal{F}) = M_i \otimes_R R_a$$
と書ける．局所化は R 加群の完全列を R_a 加群の完全列へ移すので $f^{-1}(D(a))$ の開被覆 $\mathcal{U}_a = \{f^{-1}(D(a)) \cap U_i\}_{i \in I}$ に関する Čech の複体 $\{C^\bullet(\mathcal{U}_a, \mathcal{F}), \delta_a^\bullet\}$ は (6.70) の複体を a で局所化したもの，したがって R 加群として R_a とのテンソル積をとったものになる．局所化とコホモロジーとの関係を見ておこう．
$$H^p(X, \mathcal{F}) = \mathrm{Ker}\, \delta^p / \mathrm{Im}\, \delta^{p-1}, \quad H^p(f^{-1}(D(a)), \mathcal{F}) = \mathrm{Ker}\, \delta_a^p / \mathrm{Im}\, \delta_a^{p-1}$$
である．R 加群の完全列
$$0 \longrightarrow \mathrm{Ker}\, \delta^p \longrightarrow C^p(\mathcal{U}, \mathcal{F}) \xrightarrow{\delta^p} C^{p+1}(\mathcal{U}, \mathcal{F})$$
に R_a との R 上のテンソル積をとることによって R_a 加群の完全列
$$0 \longrightarrow \mathrm{Ker}\, \delta^p \otimes_R R_a \longrightarrow C^p(\mathcal{U}_a, \mathcal{F}) \xrightarrow{\delta_a^p} C^{p+1}(\mathcal{U}_a, \mathcal{F})$$
を得，これより $\mathrm{Ker}\, \delta_a^p = \mathrm{Ker}\, \delta^p \otimes_R R_a$ を得る．同様に R 加群の完全列
$$0 \longrightarrow \mathrm{Ker}\, \delta^{p-1} \longrightarrow C^{p-1}(\mathcal{U}, \mathcal{F}) \longrightarrow \mathrm{Im}\, \delta^{p-1} \longrightarrow 0$$
を得，
$$0 \longrightarrow \mathrm{Ker}\, \delta^{p-1} \otimes_R R_a \longrightarrow C^{p-1}(\mathcal{U}_a, \mathcal{F}) \longrightarrow \mathrm{Im}\, \delta^{p-1} \otimes_R R_a \longrightarrow 0$$
を得る．$\mathrm{Ker}\, \delta^{p-1} \otimes_R R_a = \mathrm{Ker}\, \delta_a^{p-1}$ であるので $\mathrm{Im}\, \delta_a^{p-1} = \mathrm{Im}\, \delta^{p-1} \otimes_R R_a$ であることが分かる．これより

(6.71) $$H^p(X, \mathcal{F}) \otimes_R R_a = H^p(f^{-1}(D(a)), \mathcal{F})$$

であることが分かる．$R^p f_* \mathcal{F}$ は Y の開集合 V に $H^p(f^{-1}(V), \mathcal{F})$ を対応させてできる前層の層化であるが，この前層は $D(a)$, $a \in R$ 上では R 加群 $H^p(X, \mathcal{F})$ の局所化にほかならないことを (6.71) は示している．これは $R^p f_* \mathcal{F}$ は R 加群 $H^p(X, \mathcal{F})$ から構成される Y 上の加群層であることを示しており，

したがって $R^p f_* \mathcal{F}$ は Y 上の準連接層であることが分かる.

以上の議論によって次の定理の半分が証明できたことになる.

定理 6.28 スキームの射 $f: X \to Y$ が準コンパクトかつ分離的であるか, X が Noether 的スキームであれば X 上の任意の準連接層 $\mathcal{F}$ に対して $R^p f_* \mathcal{F}$, $p \geqq 0$ は Y 上の準連接層である. □

X が Noether 的スキームのときは上の証明は必ずしも通用しない. 上でとったアフィン開被覆 $\mathcal{U} = \{U_i\}_{i \in I}$ に関しては $U_{ij} = U_i \cap U_j$ は必ずしもアフィン開集合とならないからである. そのために定理 6.10 を Noether 的アフィンスキームの場合に証明した方法を一般化する.

補題 6.29 Noether 的スキーム X 上の準連接層 $\mathcal{F}$ は X 上の準連接脆弱層 $\mathcal{G}$ に部分 $\mathcal{O}_X$ 加群として埋め込むことができる.

[証明] X の有限アフィン開被覆 $\{U_i\}_{i=1}^m$ をとる. $U_i = \operatorname{Spec} A_i$, $\mathcal{F}|U_i = \widetilde{M}_i$, M_i は A_i 加群, とする. このとき M_i を部分 A_i 加群に持つ A_i 移入加群 I_i が存在する. 補題 6.11 より $\widetilde{I}_i$ は U_i 上の脆弱層である. $\iota^{(i)}: U_i \to X$ を開移入とすると $\iota_*^{(i)} \widetilde{I}_i$ は X 上の脆弱層であり, したがって $\mathcal{J} = \bigoplus_{i=1}^m \iota_*^{(i)} \widetilde{I}_i$ は X 上の脆弱層である. 一方 $\mathcal{O}_{U_i}$ 加群の完全列

$$0 \longrightarrow \mathcal{F}|U_i \longrightarrow \widetilde{I}_i$$

が存在し, これより $\mathcal{O}_X$ 加群の準同型写像 $\mathcal{F} \to \iota_*^{(i)} \widetilde{I}_i$ を得るが, U_i 上では単射準同型である. したがって $\mathcal{O}_X$ 加群の完全列

$$0 \longrightarrow \mathcal{F} \longrightarrow \mathcal{J} = \bigoplus_{i=1}^m \iota_*^{(i)} \widetilde{I}_i$$

を得る. $\widetilde{I}_i$ は準連接層であり, 開移入は準コンパクト分離射であるので命題 4.36 より $\iota_*^{(i)} \widetilde{I}_i$ は準連接的であり, $\mathcal{J}$ も準連接的脆弱層である. ∎

この補題によって X 上の準連接層 $\mathcal{F}$ に対して準連接的脆弱層による分解

$$0 \longrightarrow \mathcal{F} \longrightarrow \mathcal{G}^0 \longrightarrow \mathcal{G}^1 \longrightarrow \mathcal{G}^2 \longrightarrow \cdots$$

が存在する. したがって $f: X \to Y$ に関して, U が Y の開集合のとき $H^p(f^{-1}(U), \mathcal{F})$ は複体

$$0 \longrightarrow \Gamma(f^{-1}(U), \mathcal{G}^0) \xrightarrow{\delta_U^0} \Gamma(f^{-1}(U), \mathcal{G}^1) \xrightarrow{\delta_U^1} \Gamma(f^{-1}(U), \mathcal{G}^2) \longrightarrow \cdots$$

のコホモロジーとして定義される．さて $R^p f_* \mathcal{F}$ が準連接層であることを示すためには $Y = \operatorname{Spec} R$ と仮定してよい．Y の開集合 U に対して
$$\Gamma(f^{-1}(U), \mathcal{G}^i) = \Gamma(U, f_* \mathcal{G}^j)$$
と書くこともでき，命題 4.36 より $f_* \mathcal{G}^j$ は Y の準連接層である．したがって $a \in R$ から定まるアフィン開集合 $D(a)$ に対して
$$\Gamma(f^{-1}(D(a)), \mathcal{G}^j) = \Gamma(D(a), f_* \mathcal{G}^j) = \Gamma(Y, f_* \mathcal{G}^j) \otimes_R R_a$$
が成り立つことが分かる．これより，上と同様の議論によって
$$\operatorname{Ker} \delta^p_{D(a)} = \operatorname{Ker} \delta^p_Y \otimes_R R_a, \quad \operatorname{Im} \delta^{p-1}_{D(a)} = \operatorname{Im} \delta^{p-1}_Y \otimes_R R_a$$
が成り立つ．定義より
$$H^p(X, \mathcal{F}) = \operatorname{Ker} \delta^p_Y / \operatorname{Im} \delta^{p-1}_Y, \quad H^p(f^{-1}(D(a)), \mathcal{F}) = \operatorname{Ker} \delta^p_{D(a)} / \operatorname{Im} \delta^{p-1}_{D(a)}$$
が成り立つので，
$$H^p(f^{-1}(D(a)), \mathcal{F}) = H^p(X, \mathcal{F}) \otimes_R R_a$$
が成立する．これは $R^p f_* \mathcal{F}$ は R 加群 $H^p(X, \mathcal{F})$ から構成される $\mathcal{O}_Y$ 加群に他ならないことを意味し，$R^p f_* \mathcal{F}$ は Y の準連接層である．以上で定理 6.28 が証明された．

問 10 $\iota: X \to Y$ が閉埋入のとき X 上の任意の準連接層 $\mathcal{F}$ に対して $R^p f_* \mathcal{F} = 0$, $p \geq 1$ であることを示せ．

(b) 射影射

代数幾何学で一番大切な役割をするのは連接層である．固有射 $f: X \to Y$ による連接層の順像および高次順像は Y が Noether 的スキームであれば連接層であるという**固有写像定理**(proper mapping theorem)は代数幾何学できわめて重要な定理であるが，それについては第 7 章で述べることにし，ここでは射影射に対して同一の事実を証明しよう．

定理 6.30 射影射 $f: X \to Y$ と X 上の連接層 $\mathcal{F}$ に関して，Y が局所 Noether 的スキームであれば $R^p f_* \mathcal{F}$ はすべての p について Y 上の連接層である．

[証明] Y がアフィンスキーム $\operatorname{Spec} R$ のときを証明すればよい．仮定よ

り R は Noether 環である．このとき次数環 $S = \bigoplus_{n=0}^{\infty} S_n$, $S_0 = R$ で S は R 代数として S_1 の元で生成されかつ S_1 は有限 R 加群で $X = \text{Proj}\, S$, $f : X \to Y$ は構造射 $\text{Proj}\, S \to \text{Spec}\, R$ と一致するものが存在する．このとき定理 6.21 より $H^p(X, \mathcal{F})$ はすべての整数 p に関して有限 R 加群である．この R 加群に対応する層が $R^p f_* \mathcal{F}$ であるので，$R^p f_* \mathcal{F}$ は連接層である． ∎

問 11 射影射 $f : X \to Y$ と f に関して豊富な可逆層 $\mathcal{L}$ を考える．Y は Noether 的スキームと仮定する．このとき，X 上の任意の連接層 $\mathcal{F}$ に対して $\mathcal{F}(m) = \mathcal{F} \otimes \mathcal{L}^{\otimes m}$ とおくと，$m \geq m_0$ のとき $R^p f_* \mathcal{F}(m) = 0$, $p \geq 1$ が成立するように正整数 m_0 を選ぶことができることを示せ．

《要約》

6.1 位相空間上の加群の層のコホモロジーは脆弱層分解を用いて定義される．加群の層の短完全列があればコホモロジーの長完全列が得られる．

6.2 開被覆を用いて Čech のコホモロジーを定義することができる．分離的スキームでは Čech のコホモロジー理論は層のコホモロジー理論と一致する．

6.3 アフィンスキームでは準連接層の 1 次元以上のコホモロジーはすべて消える．

6.4 Noether 環 R 上の射影空間 $P = \mathbb{P}^n_R$ の可逆層 $\mathcal{O}_P(m)$ のコホモロジーは具体的に計算することができる．また，$\mathbb{P}^n_R$ 上の連接層のコホモロジーはすべて有限 R 加群になる．

6.5 Noether 環 R 上の固有スキーム上の可逆層に関してはコホモロジーを使って豊富な可逆層であるか否かが判定できる．

6.6 コホモロジーを使って代数的閉体上の射影平面の曲線に関して交点理論を定式化することができ，Bézout の定理を証明できる．

6.7 位相空間の連続写像 $f : X \to Y$ と X 上の加群の層 $\mathcal{F}$ に対して高次順像 $R^p f_* \mathcal{F}$ が定義できる．$R^0 f_* \mathcal{F} = f_* \mathcal{F}$ が成り立つ．スキームの射 $f : X \to Y$ が準コンパクトかつ分離射であれば，X 上の準連接層 $\mathcal{F}$ に対して，$R^p f_* \mathcal{F}$ は Y 上の準連接層である．

──────── 演習問題 ────────

6.1 X が Noether 的スキームのとき次の条件は同値であることを示せ.
(1) X はアフィンスキームである.
(2) X 上の任意の連接層 $\mathcal{F}$ と正整数 $n \geq 1$ に関して $H^n(X, \mathcal{F}) = 0$.
(3) X 上の任意の連接的イデアル層 $\mathcal{J}$ と正整数 $n \geq 1$ に関して $H^n(X, \mathcal{J}) = 0$.

6.2 代数的閉体 k 上の射影平面 $\mathbb{P}^2_k$ の n 次平面曲線 $C = V(F)$, F は n 次斉次式, に対して
$$\dim_k H^1(C, \mathcal{O}_C) = \frac{(n-1)(n-2)}{2}$$
であることを示せ.

6.3 スキーム X 上の可逆層の同型類のなす可換群 $\mathrm{Pic}\, X$(例 4.16)と $\check{H}^1(X, \mathcal{O}_X^*)$ は可換群として同型であることを示せ. ただし, X の開被覆 $\mathcal{U} = \{U_i\}_{i \in I}$ から定まるコホモロジー群 $\check{H}^1(\mathcal{U}, \mathcal{O}_X^*)$ の群構造をコチェイン $\{f_{ij}\}, \{g_{ij}\}$ に対して積を $\{f_{ij}\} \cdot \{g_{ij}\} = \{f_{ij} \cdot g_{ij}\}$ によって導入する. さらに, 帰納的極限をとることによって $\check{H}^1(X, \mathcal{O}_X^*)$ に群構造を導入することができる.

7

スキームの基本的性質

　第6章まででスキームを定義しスキーム上の準連接層および連接層の理論とそのコホモロジー群の定義を行なった．これでスキーム論の最低限の基礎は与えたことになるが，代数幾何学として展開していくためにはさらに基礎付けを行なう必要がある．本章では，代数幾何学を展開するために必要な，スキームとそのコホモロジー群に関する基本的な事項を紙数の許す限り述べることにした．そのため，いささか長い章となったが，本章の結果を十分に理解すれば，代数幾何学を展開する上で必要な事項はほとんど学んだことになる．

　本章ではまず最初に，第1章で導入した極大スペクトルの考えを局所環つき空間として定義し直し，スキームとの関係を明確にする．極大スペクトルを局所環つき空間として考え，それをもとにして代数幾何学を展開することはJ.-P. Serreによってなされ，スキーム理論の出発となったものである．代数的閉体上の代数幾何学を考える上ではこれで十分であるが，代数幾何学の数論への応用や，標数 0 と正標数の代数幾何学の対応を考えるにはこれでは不十分であり，スキームは大変便利な言葉を提供してくれる．

　次に，本章ではスキームの次元や代数幾何学的に重要な正規スキーム，正則スキームについて述べ，さらに因子の理論について簡単に触れる．さらにスキームの射として重要な平坦射と固有射について述べ，固有射が射影射とそれほど違わないことを示すChowの補題について述べる．Chowの補題を

使うことによって固有射の研究を本質的に射影射の研究に帰着させることができる．

さらに，代数幾何学で必要となる連接層のコホモロジー群に関する重要な定理を本章で述べる．これらの定理の証明は述べることができないが，定理の持つ意味は実際に定理を応用することによって明らかになる．次章でいくつかの応用例を見出すことができるであろう．ただ，紙数の関係もありコホモロジー群に関するスペクトル系列について述べることができなかったのは残念である．

さらに，スキーム上の微分形式とそれと関連する滑らかな射について述べ，最後に Zariski の主定理について述べる．

本章で述べる概念や定理は代数幾何学を展開する上で最も基本的なものではあるが，ときにはきわめて技術的であると感じられる読者も多いと思われる．しかし，本章で論じる概念や定理は多くの応用を持ち，代数幾何学を展開する上で不可欠のものとなっている．そうした応用を通してこうした概念や定理の持つ意味が明らかになる．本章では紙数の許す限り例を入れたが残念ながら不十分である．次章を読まれるときに必要に応じて本章を参照していただきたい．なお，本章では可換環論の結果を証明なしで引用する部分が多い．堀田[5]や松村[6]を座右において読まれることをお勧めする．

§7.1　代数的スキームと代数多様体

この節では，代数的閉体 k 上のスキームと代数多様体との関係について述べる．代数多様体はスキームが登場する以前は代数幾何学の考察の対象であった．本節では代数的閉体 k 上の代数多様体は対応するスキームの閉点の全体と同一視され，かつスキームとして取り扱うことと代数多様体として取り扱うことが本質的に同値であることを示す．

本節では特にことわらない限り，考える体はすべて代数的閉体であると仮定する．

(a) 極大スペクトル

代数的閉体 k 上の有限生成 k 代数 R を考える．R が n 個の元で生成されていれば，k 上の n 変数多項式環 $k[x_1, x_2, \cdots, x_n]$ のイデアル I による剰余環 $k[x_1, x_2, \cdots, x_n]/I$ と R は k 代数として同型になる．n 次元アフィン空間 k^n 内でイデアル I に属する多項式の共通零点としてアフィン代数的集合を定義した(§1.1)が Hilbert の零点定理(定理1.7)により，これは R の極大イデアルの全体 $\mathrm{Spm}\, R$ と集合として一致する．$\mathrm{Spm}\, R$ を R の極大スペクトルと呼んだ．ここでは $\mathrm{Spm}\, R$ と $\mathrm{Spec}\, R$ との関係を調べることにする．そのために極大スペクトル $\mathrm{Spm}\, R$ 上に局所環つき空間の構造を入れて考える．

R の任意の元 f に対して

(7.1) $\qquad D_m(f) = \{\mathfrak{m} \in \mathrm{Spm}\, R \mid f \notin \mathfrak{m}\}$

とおき，$\{D_m(f)\}_{f \in R}$ を開集合の基底として $\mathrm{Spm}\, R$ に位相を導入する．このとき $\mathrm{Spm}\, R$ の閉集合は R のイデアル J を適当に選んで

(7.2) $\qquad V_m(J) = \{\mathfrak{m} \in \mathrm{Spm}\, R \mid J \subset \mathfrak{m}\}$

の形に書けることが容易に分かる．逆に $V_m(J)$ を閉集合と定義することによって $\mathrm{Spm}\, R$ に位相を導入できるが，これは最初に導入した位相と一致している．

問 1 $\mathrm{Spm}\, R$ の位相に関する以上の主張を証明せよ．

さて，$X = \mathrm{Spec}\, R$ とおくと自然な写像 $t: \mathrm{Spm}\, R \to \mathrm{Spec}\, R$ が定義できる．t は単射であり，さらに

(7.3) $\qquad D_m(f) = t^{-1}(D(f)), \quad V_m(J) = t^{-1}(V(J))$

であることが分かる．このことから，t は連続写像であることが分かる．また，$\mathrm{Spm}\, R$ は $\mathrm{Spec}\, R$ の閉点からなる部分集合と考えることができるので(7.3)を

(7.4) $\qquad D_m(f) = D(f) \cap \mathrm{Spm}\, R, \quad V_m(J) = V(J) \cap \mathrm{Spm}\, R$

と記すこともある．記号が繁雑にならないように，以下しばらく $M = \mathrm{Spm}\, R$，

$X = \operatorname{Spec} R$ と記す．M 上に位相が入ったので，これを基にして M 上の構造層 $\mathcal{O}_M$ を定義する．アフィンスキームのときと同様に $D_m(f)$ に可換環 R_f を対応させ，§2.1 と同様な操作によって M 上に可換環の層 $\mathcal{O}_M$ を構成することができる．(7.3)あるいは(7.4)に注意すれば，連続写像 $t\colon M \to X$ を使って

(7.5) $$\mathcal{O}_M = t^{-1}\mathcal{O}_X$$

であることが容易に分かる．特に

(7.6) $$\Gamma(D_m(f), \mathcal{O}_M) = \Gamma(D(f), \mathcal{O}_X)$$

であることに注意する．(7.3)と(7.6)より

(7.7) $$t_*\mathcal{O}_M = \mathcal{O}_X$$

であることが分かる．よって**局所環つき空間の射** $(t, \theta)\colon (M, \mathcal{O}_M) \to (X, \mathcal{O}_X)$ ができる．ここで $\theta\colon \mathcal{O}_X \to t_*\mathcal{O}_M$ は恒等写像である．局所環つき空間の射 $(\varphi, \theta)\colon (X_1, \mathcal{O}_{X_1}) \to (X_2, \mathcal{O}_{X_2})$ はスキームの射と同様に，連続写像 $\theta\colon \mathcal{O}_{X_2} \to \varphi_*\mathcal{O}_{X_1}$ の組 (φ, θ) で与えられる．ただし，X_2 の各点 $y \in \mathcal{O}_{X_2}$ で局所環の準同型写像 $\theta_y\colon \mathcal{O}_{X_2,y} \to \mathcal{O}_{X_1,\varphi(y)}$ は局所的である，すなわち $\mathcal{O}_{X_2,y}$ の極大イデアル $\mathfrak{m}_y$ の像 $\theta_y(\mathfrak{m}_y)$ は $\mathcal{O}_{X_1,\varphi(y)}$ の極大イデアルに含まれることが要請される．

局所環つき空間 $(M, \mathcal{O}_M)$ を改めて**アフィン代数多様体**と呼ぶことにする．$(M, \mathcal{O}_M)$ はアフィンスキーム $(X, \mathcal{O}_X)$ から，X の閉点の全体 M をとり，M に X の Zariski 位相から誘導される位相を入れ，層 $\mathcal{O}_X$ を M に制限したものとして定義することができる．特に体 k よりできるアフィンスキーム $(\operatorname{Spec} k, k)$ と $(\operatorname{Spm} k, k)$ は局所環つき空間として同一である．

さて，$(M, \mathcal{O}_M)$ が与えられると，アフィンスキーム $(X, \mathcal{O}_X)$ を構成することができる．その準備として位相空間に関する次の例題を考えよう．

例題 7.1 位相空間 Z に対して，Z の既約な閉集合の全体を $s(Z)$ と記す．ここで，閉集合 F_1, F_2 によって $F = F_1 \cup F_2$ と書ければ，$F = F_1$ または $F = F_2$ がつねに成立するとき，Z の閉集合 F は既約であるという．

(1) Z の閉集合 $F, F_1, F_2, \{F_i\}_{i \in I}$ に対して

$$s(F) \subset s(Z), \quad s(F_1 \cup F_2) = s(F_1) \cup s(F_2), \quad s\left(\bigcap_{i \in I} F_i\right) = \bigcap_{i \in I} s(F_i)$$

§7.1 代数的スキームと代数多様体──341

が成り立つことを示せ.これより $s(G)$,G は Z の閉集合,を $s(Z)$ の閉集合と定義することによって $s(Z)$ に位相を入れることができることを示せ.

(2) 位相空間の連続写像 $f: Z_1 \to Z_2$ から定まる写像

$$s(f): \quad s(Z_1) \longrightarrow s(Z_2)$$
$$F \longmapsto \overline{f(F)}$$

は連続写像であることを示せ.ここで $f(F)$ の閉包を $\overline{f(F)}$ と記した.

(3) 写像

$$\alpha: \quad Z \longrightarrow s(Z)$$
$$p \longmapsto \overline{\{p\}}$$

は連続写像であることを示せ.また α は Z の開集合全体と $s(Z)$ の開集合全体との間に1対1の対応を与えることを示せ.

[解] (1) Z の閉集合 F に対して,F の既約な閉集合 G は Z の既約な閉集合でもある.したがって $s(F) \subset s(Z)$ である.

$F_1 \cup F_2$ は Z の閉集合であり,G が $F_1 \cup F_2$ の既約な閉集合であれば $G = (G \cap F_1) \cup (G \cap F_2)$ より $G \subset F_1$ または $G \subset F_2$ である.したがって $G \in s(F_1) \cup s(F_2)$ であり,$s(F_1 \cup F_2) \subset s(F_1) \cup s(F_2)$ が成り立つ.一方,F_1 または F_2 の既約な閉集合は $F_1 \cup F_2$ の既約な閉集合であるので $s(F_1) \cup s(F_2) \subset s(F_1 \cup F_2)$ が成立する.

G が $\bigcap_{i \in I} F_i$ の既約な閉集合であれば G は各 F_i の既約な閉集合でもあるので $s\left(\bigcap_{i \in I} F_i\right) \subset \bigcap_{i \in I} s(F_i)$ が成り立つ.一方 $G \in \bigcap_{i \in I} s(F_i)$ であれば $G \subset \bigcap_{i \in I} F_i$ であり,かつ $\bigcap_{i \in I} F_i$ での既約な閉集合である.したがって $\bigcap_{i \in I} s(F_i) \subset s\left(\bigcap_{i \in I} F_i\right)$ が成り立つ.

以上の3つの性質より,$\{s(F) \mid F$ は Z の閉集合$\}$ を $s(Z)$ の閉集合の全体と定義すると位相空間の閉集合の公理を満足することが分かり,$s(Z)$ は位相空間となる.

(2) Z_1 の既約な閉集合 F に対して $\overline{f(F)}$ は Z_2 で既約な閉集合であることをまず示そう．もし $\overline{f(F)} = G_1 \cup G_2$, $\overline{f(F)} \neq G_1$, $\overline{f(F)} \neq G_2$ が成り立つように Z_2 の閉集合 G_1, G_2 を見出すことができれば $F = f^{-1}(\overline{f(F)}) = f^{-1}(G_1) \cup f^{-1}(G_2)$ は閉集合であるので F は既約でないことになり仮定に反する．したがって写像 $s(f)$ は矛盾なく定義できることが分かる．$s(Z_2)$ の閉集合は Z_2 の閉集合 G によって $s(G)$ の形をしている．$s(f)^{-1}(s(G)) = \{F \in s(Z_1) \mid \overline{f(F)} \in s(G)\} = \{F \in s(Z_1) \mid F \subset s(f)^{-1}(G)\} = s(f^{-1}(G))$ となるので $s(f)^{-1}(s(G))$ は $s(Z_1)$ の閉集合である．したがって $s(f)$ は連続写像である．

(3) Z の閉集合 F に対して $\alpha^{-1}(s(F)) = \{p \in Z \mid \overline{\{p\}} \in s(F)\} = \{p \in Z \mid \overline{\{p\}} \subset F\} = \{p \in Z \mid p \in F\} = F$ が成り立つので $\alpha^{-1}(s(F))$ は閉集合である．したがって α は連続写像である．また $F = \alpha^{-1}(s(F))$ より，Z の閉集合と $s(Z)$ の閉集合が 1 対 1 に対応することが分かる．したがって開集合に関しても 1 対 1 の対応がある．∎

代数的閉体 k 上の有限生成 k 代数 R が定める代数多様体 $(M, \mathcal{O}_M)$ に対して例題 7.1 で定義した連続写像 $\alpha \colon M \to s(M)$ を使って環つき空間 $(s(M), \alpha_*\mathcal{O}_M)$ を構成することができる．このとき次の事実が成立する．

補題 7.2 $(s(M), \alpha_*\mathcal{O}_M)$ はアフィンスキーム $(\operatorname{Spec} R, \mathcal{O}_{\operatorname{Spec} R})$ と局所環つき空間として同型である．

［証明］ $M = \operatorname{Spm} R$ の既約な閉部分集合は R の素イデアル $\mathfrak{p}$ を使って $V_m(\mathfrak{p})$ の形に書けるので $s(M)$ から $\operatorname{Spec} R$ への写像

$$\varphi \colon s(M) \longrightarrow \operatorname{Spec} R$$
$$V_m(\mathfrak{p}) \longmapsto \mathfrak{p}$$

は全単射である．$s(M)$ の位相は M の閉集合 F に対して $s(F)$ を閉集合とすることによって入れた．$F = V_m(I)$，I は R のイデアル，と書くとき，$s(F)$ の元は I を含む素イデアル $\mathfrak{p}$ によって $V_m(\mathfrak{p})$ と書くことができる．したがって $\varphi(s(F)) = V(I)$ であることが分かる．φ は全単射であるので $\varphi^{-1}(V(I)) = s(F)$ が成り立つ．この等式は R のすべてのイデアルに対して成立するので，φ は連続写像である．また $\varphi(s(F)) = V(I)$ より φ^{-1} も連続写像であること

が分かる．よって φ は位相同型写像である．

例題 7.1(3) より $\alpha: M \to s(M)$ は連続写像であり，その証明から明らかなように M の開集合は $s(M)$ の開集合 U に対して $\alpha^{-1}(U)$ の形をしており，$\alpha^{-1}(U)$ と U との対応は 1 対 1 である．特に $\alpha^{-1}(U) = D_m(f)$, $f \in R$ が成立するように U をとると $\alpha_* \mathcal{O}_M(U) = \mathcal{O}_M(D_m(f)) = R_f$ が成り立つ．このとき $\varphi(U) = D(f)$ であることも上の閉集合のときと同様に示すことができる．よって $\varphi_*(\alpha_* \mathcal{O}_M)(D(f)) = (\alpha_* \mathcal{O}_M)(U) = \mathcal{O}_M(D_m(f)) = R_f$ が成り立ち，$\mathcal{O}_X(D(f)) \to \varphi_*(\alpha_* \mathcal{O}_M)(D(f))$ は同型写像である．これより，同型写像 $\mathcal{O}_X \simeq \varphi_*(\alpha_* \mathcal{O}_M)$ が存在することが分かる． ∎

k が代数的閉体でない場合は，k の代数的閉包 $\overline{k}$ まで基礎体を拡大して $\mathrm{Spm}\,\overline{k} = \mathrm{Spec}\,\overline{k}$ であることに注意して $\mathrm{Spm}\,R \times_{\mathrm{Spm}\,k} \mathrm{Spm}\,\overline{k}$ と $\mathrm{Spec}\,R \times_{\mathrm{Spec}\,k} \mathrm{Spec}\,\overline{k}$ に補題 7.2 を適用することができる．基礎体を拡大すると構造が変わってくることに注意する必要がある．

例 7.3 実数体 $\mathbb{R}$ 上の有限生成代数 $R = \mathbb{R}[x,y]/(x^2+y^2)$ を考える．$x^2 + y^2 = 0$ となる (x,y) は $\mathbb{R}^2$ では $(0,0)$ しかない．一方 R の極大イデアル $\mathfrak{m}$ による剰余環 $R/\mathfrak{m}$ は $\mathbb{R}$ を含む体であり，$\mathbb{R}$ または $\mathbb{C}$ である．$R/\mathfrak{m} \simeq \mathbb{R}$ であれば $\mathfrak{m} = (\overline{x}, \overline{y})$ である．ここで，x, y の定める R の元を $\overline{x}, \overline{y}$ と記した．$R/\mathfrak{m} \simeq \mathbb{C}$ のときの $\mathfrak{m}$ を求めてみよう．$\varphi: R \to R/\mathfrak{m} \simeq \mathbb{C}$ による $\overline{x}, \overline{y}$ の像を α, β とすると $\alpha^2 + \beta^2 = 0$ が成立し，したがって $\beta = \pm \alpha i$ である．ここで i は虚数単位である．$\alpha = a + bi$, $a, b \in \mathbb{R}$ と記すと $\beta = \pm(-b+ai)$ である．$\alpha \notin \mathbb{R}$ であれば $X^2 - 2aX + a^2 + b^2$ が $\mathbb{R}$ 上の α の最小多項式である．また $\beta \notin \mathbb{R}$ であれば $X^2 + 2bX + a^2 + b^2$ ($\beta = -b + ai$ のとき)，$X^2 - 2bX + a^2 + b^2$ ($\beta = b - ai$ のとき) が $\mathbb{R}$ 上の β の最小多項式である．これより $\alpha = a + bi$, $\beta = -b + ai$, $ab \neq 0$ のときは $\mathrm{Ker}\,\varphi = (\overline{x}^2 - 2a\overline{x} + a^2 + b^2,\ \overline{y}^2 + 2b\overline{y} + a^2 + b^2)$ が求める極大イデアル $\mathfrak{m}$ であることが分かる．もし $a \neq 0$, $b = 0$ であれば $\alpha = a$, $\beta = ai$ のとき $\mathrm{Ker}\,\varphi = (\overline{x} - a, \overline{y}^2 + a^2)$ となる．他の場合も同様である．$M = \mathrm{Spm}\,R$ と $\mathrm{Spec}\,R$ の違いは $\mathrm{Spec}\,R$ は R の極大イデアル以外にイデアル (0) に対応する点(これは M 全体が既約な閉集合であるので M に対応する $s(M)$ の点に対応する)が付け加わっていることにある．$R = \mathbb{R}[x,y]/(x^2+y^2)$ は整域

であるが，$\mathbb{C}$ まで係数拡大すると $\tilde{R} = \mathbb{R}[x,y]/(x^2+y^2) \otimes_{\mathbb{R}} \mathbb{C} = \mathbb{C}[x,y]/(x^2+y^2)$ は整域でなくなる．$u = x+iy$, $v = x-iy$ を新しい変数に取り替えると $\tilde{R} = \mathbb{C}[u,v]/(uv)$ と書ける．$\operatorname{Spm} \tilde{R}$ と $\operatorname{Spec} \tilde{R}$ との違いは今度は2点になる．$\tilde{R}$ のイデアル $(\bar{u})$, $(\bar{v})$ はともに素イデアルではあるが極大イデアルではない．$\operatorname{Spec} \tilde{R}$ は既約成分が2個あり，それぞれの成分の生成点が問題の2点である．$\operatorname{Spm} \tilde{R}$ で考えれば，閉点以外に既約な閉集合が2個あり，これが $\operatorname{Spec} \tilde{R}$ の既約成分が定める閉集合に対応する． □

(b) 代数多様体

準備が長くなってしまったが，代数的閉体上の代数多様体を定義しよう．

定義 7.4 局所環つき空間 $(V, \mathcal{O}_V)$ の底空間 X が有限個の開集合 $\{U_i\}_{i \in I}$ で覆われ，$(U_i, \mathcal{O}_V|U_i)$ が代数的閉体 k 上のアフィン代数多様体と同型であるとき $(V, \mathcal{O}_V)$ を体 k 上の**代数多様体**と呼ぶ． □

体 k 上の代数多様体 $(V, \mathcal{O}_V), (W, \mathcal{O}_W)$ の間の射も，スキームのときと同様に定義できる．ファイバー積も存在することが，スキームの場合と同様に示すことができる．体 k 上の代数多様体を対象とする圏を $(\mathrm{Var})/k$ と記すことにする．このとき，今までのアフィン代数多様体とアフィンスキームに関する議論は次の形に一般化される．定理を述べる前に関手に関して新しい言葉を用意する．圏 $\mathcal{C}$ から圏 $\mathcal{D}$ への関手 $F: \mathcal{C} \to \mathcal{D}$ は $\mathcal{C}$ の任意の対象 X, Y に対して F が $(\operatorname{Hom}_{\mathcal{C}}(X,Y))$ から $(\operatorname{Hom}_{\mathcal{D}}(F(X), F(Y)))$ への全単射を与えるとき**十分に忠実**(fully faithful)な関手であると呼ばれる．

定理 7.5 代数的閉体 k 上の代数多様体のなす圏 $(\mathrm{Var})/k$ から k 上のスキームのなす圏 $(\mathrm{Sch})/k$ への十分に忠実な関手 $t: (\mathrm{Var})/k \to (\mathrm{Sch})/k$ が存在する．k 上の代数多様体 $(V, \mathcal{O}_V)$ に対してスキーム $t((V, \mathcal{O}_V)) = (X, \mathcal{O}_X)$ の底空間 X は例題 7.1 の $s(V)$ と位相同型であり，特に V は X の k 有理点の全体 $X(k)$ と同一視できる．自然な連続写像 $\alpha: V \to s(V)$ による $\mathcal{O}_X$ の引き戻し $\alpha^{-1} \mathcal{O}_X$ は $\mathcal{O}_V$ と一致する．

[証明] 代数多様体 $(V, \mathcal{O}_V)$ の底空間 V の開被覆 $\{V_i\}_{i \in I}$ を $(V_i, \mathcal{O}_V|V_i)$ がアフィン代数多様体であるように選ぶ．自然な連続写像 $V_i \to s(V_i)$ を α_i

と記すと，補題 7.2 より $(s(V_i), \alpha_{i*}\mathcal{O}_{V_i})$ は体 k 上のアフィンスキームである．自然な単射連続写像 $\iota_{ij}: V_i \cap V_j \to V_i$, $\iota_{ji}: V_i \cap V_j \to V_j$ から定まる連続写像 $s(\iota_{ij}): s(V_i \cap V_j) \to s(V_i)$, $s(\iota_{ji}): s(V_i \cap V_j) \to s(V_j)$ は単射であり，その像は $s(V_i), s(V_j)$ の開集合であることが分かる．したがって $\{(s(V_i), \alpha_{i*}\mathcal{O}_{V_i})\}_{i \in I}$ は張り合わせることができ，スキーム $(X, \mathcal{O}_X)$ を得る．この張り合わせで Spec k 上のスキームとしての構造は保たれるので，代数多様体 $(V, \mathcal{O}_V)$ に対して自然な連続写像 $\alpha: V \to s(V)$ から環つき空間 $(s(V), \alpha_*\mathcal{O}_V)$ を作ると，これは k 上のスキーム $(X, \mathcal{O}_X)$ と同型であることが分かる．以下 $(s(V), \alpha_*\mathcal{O}_V)$ と $(X, \mathcal{O}_X)$ を同一視する．

k 上の代数多様体の射 $(f, \theta): (V, \mathcal{O}_V) \to (W, \mathcal{O}_W)$ が与えられると，連続写像 $s(f): s(V) \to s(W)$ が定義され，自然な連続写像 $\alpha_V: V \to s(V)$, $\alpha_W: W \to s(W)$ とともに可換図式

(7.8)
$$\begin{array}{ccc} V & \xrightarrow{f} & W \\ \alpha_V \downarrow & & \downarrow \alpha_W \\ s(V) & \xrightarrow{s(f)} & s(W) \end{array}$$

を得る．したがって，可換環の層の準同型写像 $\theta: \mathcal{O}_W \to f_*\mathcal{O}_V$ から準同型写像 $\alpha(\theta): \alpha_{W*}\mathcal{O}_W \to \alpha_{W*}(f_*\mathcal{O}_V) = s(f)_*(\alpha_{V*}\mathcal{O}_V)$ を得る．よって環つき空間の射 $(s(f), \alpha(\theta)): (s(V), \alpha_{V*}\mathcal{O}_V) = (X, \mathcal{O}_X) \to (s(W), \alpha_{W*}\mathcal{O}_W) = (Y, \mathcal{O}_Y)$ を得るが，これが k 上のスキームの射であることはアフィン代数多様体の場合を考えることによって容易に分かる．したがって写像

$$\begin{array}{ccc} t: \text{Hom}_{\text{Var}/k}(V, W) & \longrightarrow & \text{Hom}_{\text{Sch}/k}(t(V), t(W)) \\ (f, \theta) & \longmapsto & (s(f), \alpha(\theta)) \end{array}$$

が定義できる．アフィン代数多様体の場合を考えることによってこの写像が単射であることも容易に分かる．そこでスキームの射 $(g, \eta): t((V, \mathcal{O}_V)) = (X, \mathcal{O}_X) \to t((W, \mathcal{O}_W)) = (Y, \mathcal{O}_Y)$ に対して $(s(f), \alpha(\theta)) = (g, \eta)$ となる代数多様体の射 $(f, \theta): (V, \mathcal{O}_V) \to (W, \mathcal{O}_W)$ が存在することを示そう．V はスキーム X の k 有理点の全体 $X(k)$ と，W は Y の k 有理点の全体 $Y(k)$ と一致す

る．連続写像 $f: X \to Y$ は k 有理点の写像 $f_k: X(k) \to Y(k)$ を定めるが，$X(k), Y(k)$ に X, Y の Zariski 位相より誘導される位相を入れると (7.4) より f_k は連続写像であることが分かる．一方，このように位相を導入した $X(k), Y(k)$ は位相空間として V, W とそれぞれ位相同型である．したがって f_k は連続写像 $g: V \to W$ を定める．以下，記号が繁雑になるのをさけるため $V = X(k)$, $W = Y(k)$, $g = f_k$ と記して議論する．このとき $\mathcal{O}_V = \mathcal{O}_X | X(k)$, $\mathcal{O}_W = \mathcal{O}_Y | Y(k)$ と考えることができる．正確には $\alpha_V: V = X(k) \to X$ を使って $\mathcal{O}_V = \alpha_V^{-1}\mathcal{O}_X$ と書くべきであるが，$X(k) \subset X$ と考えて上記のように略記する．すると $g = f_k = f | X(k)$ が成り立ち，$\theta: \mathcal{O}_Y \to f_*\mathcal{O}_X$ より可換環の層の準同型写像 $\eta: \mathcal{O}_V = \mathcal{O}_Y | Y(k) \to f_*\mathcal{O}_X | Y(k) = f_{k*}(\mathcal{O}_X | X(k)) = g_*\mathcal{O}_W$ が定義される．$(g, \eta) \in \mathrm{Hom}_{\mathrm{Var}/k}(V, W)$ であり，かつ作り方から $(s(g), \alpha(\eta)) = (f, \theta)$ であることが分かる．∎

問 2 $t: (\mathrm{Var})/k \to (\mathrm{Sch})/k$ による代数的閉体 k 上の代数多様体 $(V, \mathcal{O}_V)$ に対応するスキーム $(X, \mathcal{O}_X)$ は k 上有限型スキームであること，逆に k 上有限型スキーム $(X, \mathcal{O}_X)$ に対して $t((V, \mathcal{O}_V)) = (X, \mathcal{O}_X)$ となる k 上の代数多様体が存在することを示せ．

定理 7.5 と問 2 より k 上の代数多様体を考えることは，k 上の有限型スキームを考えることと本質的に同じであることが分かる．

（c） 代数的スキーム

代数的閉体 k 上有限型であるスキームを k 上の**代数的スキーム**（algebraic scheme）と呼ぶ．補題 7.2 の証明から容易に類推することができるように，k 上の代数多様体 $(V, \mathcal{O}_V)$ と対応する代数的スキーム $(X, \mathcal{O}_X)$ の間には，その上の連接層や準連接層に関しても 1 対 1 の対応がある．さらに代数多様体上で層係数のコホモロジー群の理論を展開することができ，対応する代数的スキーム上での層係数のコホモロジー群との間に 1 対 1 の対応がある．局所環

つき空間としての代数的閉体 k 上の代数多様体の理論は Serre によって導入され，展開され，代数幾何学の新展開の原動力となった．もっとも Serre は被約な代数多様体しか考えていなかったので，定義 7.4 は Serre の定義より少し一般化されている．

以上のように，代数多様体を考えることと代数的スキームを考えることが本質的に同値であるのに，なぜわざわざ代数多様体を考えたのか疑問を持たれる読者も多いであろう．理由は簡単である．代数的閉体 k 上の代数的スキームでは幾何学的には k 有理点を考えれば十分であることを明らかにしたかったことにある．k 有理点だけを考えることは議論を簡単にすることが多い．今までの議論はそのことの正当化を与えている．

ところで，今までは代数的閉体 k 上で考えてきた．体 k が代数的閉体でない場合も極大スペクトルやその上の構造層，あるいは代数多様体を同様に定義することができる．ただ，今度は閉点は k 有理点とは限らないので，代数多様体として考えることの有難味は減じてしまう．通常は k を含む代数的閉体 K まで基礎体を拡大して議論することが多い．代数的閉体 K 上のスキーム $(X, \mathcal{O}_X)$ は K に含まれる体 k 上のスキーム $(X_0, \mathcal{O}_{X_0})$ によって $(X_0, \mathcal{O}_{X_0}) \times_{\mathrm{Spec}\,k} \mathrm{Spec}\,K$ と書くことができるとき，**体 k 上で定義されている**，あるいは $(X, \mathcal{O}_X)$ の**定義体**(field of definition)は k であるという．このとき $k \subset k' \subset K$ であるすべての体 k' は $(X, \mathcal{O}_X)$ の定義体である．またこのとき，k や k' を $(X, \mathcal{O}_X)$ に対応する代数多様体の定義体という．

また，代数的閉体とは限らない一般の体 k 上のスキーム X は体 k の代数的閉包 $\bar{k}$ 上のスキーム $X \times_{\mathrm{Spec}\,K} \mathrm{Spec}\,\bar{k}$ が $\bar{k}$ 上の代数的スキームのとき k 上の代数的スキームと呼ばれる．これは X が体 k 上有限型のとき k 上の代数的スキームと定義することと同値である．

ところで，体 k 上のスキーム X に関して $\bar{X} = X \times_{\mathrm{Spec}\,K} \mathrm{Spec}\,\bar{k}$ が既約であるとき X は**幾何学的に既約**(geometrically irreducible，**絶対既約**(absolutely irreducible)ということもある)，$\bar{X}$ が整スキームであるとき X を**幾何学的整スキーム**(geometrically integral scheme，**絶対整スキーム**(absolutely integral scheme)ということもある)などと"幾何学的"をつけて呼ぶ．$\bar{k}$ へ

基礎体を拡大するとき，これらの性質は必ずしも保存されないからである．

さて体 k 上の代数的スキームは代数幾何学の主要な研究対象の1つである．特に体 k 上固有な代数的スキームが重要である．対応する代数多様体は**完備代数多様体**(complete algebraic variety)と呼ばれる．

今までは体 k の標数とは特に関係ない性質を問題にしてきたが，正標数の体上の(代数的)スキームの標数 0 の体上のスキームとは異なる性質を持つことがある．いくつかの例をあげよう．以下，体 k の標数を char k と記す．また k は必ずしも代数的閉体とは仮定しない．char $k = p \geq 2$ のとき，写像

(7.9)
$$F_p: k \longrightarrow k$$
$$a \longmapsto a^p$$

は体の単射準同型写像である．これは標数 p の体では
$$(a+b)^p = a^p + b^p$$
が成立するからである．さらに一般に $q = p^n$, $n \geq 1$ のとき

(7.10)
$$F_q: k \longrightarrow k$$
$$a \longmapsto a^q$$

も体の準同型写像である．$F_q = \underbrace{F_p \circ \cdots \circ F_p}_{n}$ である．k が q 元体 $GF(q)$ であれば F_q は恒等写像であるが，それ以外の体では恒等写像ではない．

例 7.6 標数 $p \geq 2$ の体 k 上の 1 変数多項式環 $k[x], k[y]$ に対して体 k 上の準同型写像

$$\varphi: k[y] \longrightarrow k[x]$$
$$f(y) \longmapsto f(x^q - x)$$

を考える．ただし $q = p^n$, $n \geq 1$ とする．φ はアフィン直線 $\mathbb{A}_k^1$ から $\mathbb{A}_k^1$ への射 $\psi = \varphi^a: \mathbb{A}_k^1 \to \mathbb{A}_k^1$ を定義する．$\alpha \in k$ に対して $\varphi^{-1}((x-\alpha))$ を求めてみよう．$(x-\alpha)^q - (x-\alpha)$ はイデアル $(x-\alpha)$ に属するが，char $k = p \geq 2$ であるので，$(x-\alpha)^q - (x-\alpha) = (x^q - \alpha^q) - (x-\alpha) = (x^q - x) - (\alpha^q - \alpha)$ が成立し，$\varphi(y) =$

x^q-x であるので $\varphi^{-1}((x-\alpha))=(y-(\alpha^q-\alpha))$ であることが分かる. $k[x]$ のイデアル $(x-\alpha)$ の定義する $\mathbb{A}_k^1$ の点を α と記すと, $\varphi^a(\alpha)=\alpha^q-\alpha$ となる. あるいは $\mathbb{A}_k^1$ の k 有理点を考えると

(7.11) $$\psi_k\colon \mathbb{A}_k^1(k) \longrightarrow \mathbb{A}_k^1(k)$$
$$\alpha \longmapsto \alpha^q-\alpha$$

であることが分かる. 特に k が代数的閉体であれば(7.11)で射 φ^a を定義することができる. このときは $\mathbb{A}_k^1(k)=k$ である. 以下 k を代数的閉体とする. このとき, 任意の $\beta \in k$ に対して $x^q-x=\beta$ は q 個の異なる根を持つ. 1 つの根を α とすると他の根は $\alpha+c$, $c\in GF(q)\setminus\{0\}$ で与えられる ($c^q=c$ に注意する). このことから ψ_k は全射であることも分かる.

さて, 一般に Noether 的スキームの間の射 $f\colon X\to Y$ に対して, 点 $x\in X$ に対して $y=f(x)\in Y$ とおくとき, $\mathcal{O}_{Y,y}$ の極大イデアル $\mathfrak{m}_y$ と $\mathcal{O}_{X,x}$ の極大イデアル $\mathfrak{m}_x$ の間に $\mathfrak{m}_y\mathcal{O}_{X,x}=\mathfrak{m}_x$ が成立し, かつ点 x での剰余体 $k(x)$ が点 y での剰余体 $k(y)$ の有限次分離拡大体であるとき, 射 f は点 x で**不分岐**(unramified)であるという. X のすべての点で f が不分岐のとき, f を**不分岐射**(unramified morphism)と呼ぶ. さらに f が**平坦射**(flat morphism, これについては §7.3 で詳述する. さしあたっては X のすべての点 x で $\mathcal{O}_{X,x}$ は $\mathcal{O}_{Y,y}$ 加群として平坦加群であることと定義しておく)であれば f は**エタール射**(étale morphism, §7.4(d)の定義を参照のこと)であることが知られている. エタール射は局所的に 2 つのスキームの構造がほとんど同一であることを意味するが詳細は §7.4(d) で述べる.

実は上の射 $\psi\colon \mathbb{A}_k^1\to \mathbb{A}_k^1$ はエタール射である. $X=\mathbb{A}_k^1$ に対して $\mathcal{O}_{X,\alpha}=k[x]_{(x-\alpha)}$, $\mathcal{O}_{Y,\beta}=k[y]_{(y-\alpha^p+\alpha)}$ であり, $\mathcal{O}_{X,\alpha}$ の極大イデアルは $x-\alpha$ から, $\mathcal{O}_{Y,\beta}$ の極大イデアルは $y-\alpha^p+\alpha$ から生成される. $\varphi(y)=x^q-x$ であるので, $\mathfrak{m}_y\mathcal{O}_{X,\alpha}=(x^q-x-\alpha^q+\alpha)\mathcal{O}_{X,\alpha}$ である. 一方 $x^q-x-\alpha^q+\alpha=(x-\alpha)^q-(x-\alpha)=(x-\alpha)\{(x-\alpha)^{q-1}-1\}$ であるが, $(x-\alpha)^{q-1}-1$ は $\mathcal{O}_{X,\alpha}$ では可逆元であるので $\mathfrak{m}_y\mathcal{O}_{X,\alpha}=(x-\alpha)\mathcal{O}_{X,\alpha}=\mathfrak{m}_x$ が成り立つ. また $k(\alpha)=k$, $k(\beta)=k$ であるので ψ はすべての k 有理点で不分岐である. k が代数的閉体と仮定

しているので,実はこれで ψ は不分岐射であることが分かる.念のため $\mathbb{A}_k^1$ の残りの点,すなわち $\mathbb{A}_k^1$ の生成点でも ψ は不分岐であることを確かめておこう.生成点 η はイデアル (0) に対応し,$\mathcal{O}_{X,\eta} = k(x)$ かつ点 η の剰余体は $k(x)$ である.$\xi = \psi(\eta)$ も $Y = \mathbb{A}_k^1$ の生成点であり,$\mathcal{O}_{Y,\xi} = k(y)$ かつ点 ξ の剰余体も $k(y)$ である.$\mathfrak{m}_\xi = (0)$,$\mathfrak{m}_\eta = (0)$ であるので $\mathfrak{m}_\xi \mathcal{O}_{X,\eta} = \mathfrak{m}_\eta$ は成立する.一方,拡大 $k(x)/k(y)$ は $x^p - x = y$ で与えられるので分離的である.よって,確かに ψ は生成点でも不分岐である.ψ が平坦射であることは §7.4 で証明する.

直観的には $\psi: \mathbb{A}_k^1 \to \mathbb{A}_k^1$ はアフィン直線上の各閉点の上に q 個の相異なる閉点がのっており,その全体がまた $\mathbb{A}_k^1$ の閉点になっていることを意味する.これは正標数特有の現象である(問3を参照のこと).射 ψ を **Artin–Schreier 射**(Artin–Schreier morphism)と呼ぶことにする. □

問3 複素数体 $\mathbb{C}$ 上のアフィン直線 $\mathbb{C}$ に対して

$$\psi: \mathbb{C} \longrightarrow \mathbb{C}$$
$$\alpha \longmapsto \alpha^q - \alpha$$

と定義すると ψ は不分岐射でないことを示せ.ただし q は素数 p のべき p^n とする.

例7.7 例 7.6 の Artin–Schreier 射 $\psi: \mathbb{A}_k^1 \to \mathbb{A}_k^1$ は k 上の射影直線の間の射 $\widehat{\psi}: \mathbb{P}_k^1 \to \mathbb{P}_k^1$ に拡張することができる.k 有理点ではこの射は

(7.12)
$$\widehat{\psi}_k: \mathbb{P}^1(k) \longrightarrow \mathbb{P}^1(k)$$
$$(a_0 : a_1) \longmapsto (a_0^q : a_1^q - a_1 a_0^{q-1})$$

で与えられる($\alpha \in \mathbb{A}_k^1(k)$ のとき $(1:\alpha) \in \mathbb{P}_k^1$ と考える).斉次座標環 $k[x_0, x_1]$,$k[y_0, y_1]$ を使えば $\widehat{\psi}$ は準同型写像

$$\text{(7.13)} \quad \begin{aligned} \widehat{\psi}: k[y_0, y_1] &\longrightarrow k[x_0, x_1] \\ f(y_0, y_1) &\longmapsto f(x_0^q, x_1^q - x_0^{q-1} x_1) \end{aligned}$$

に対応する射である. $\mathbb{P}_k^1$ は $\mathbb{A}_k^1$ に無限遠点 $\infty = (0:1)$ を付け加えたものである. (7.12)より明らかなように $\psi^{-1}((0:1)) = (0:1)$ である. これは $\mathbb{A}_k^1$ の k 有理点とは様子が異なっている. 無限遠点での射の様子を見るためには $u = x_0/x_1$, $v = y_0/y_1$ とおき, また $\widehat{\psi}: X = \mathbb{P}_k^1 \to Y = \mathbb{P}_k^1$, X, Y の無限遠点をそれぞれ η, ξ と記すことにすると $\mathcal{O}_{X,\eta} = k[u]_{(u)}$, $\mathcal{O}_{Y,\xi} = k[v]_{(v)}$ と書ける. また(7.13)より $\mathfrak{m}_\xi \mathcal{O}_{X,\eta} = (v)\mathcal{O}_{X,\eta} = \left(\dfrac{u^q}{1-u^{q-1}}\right)\mathcal{O}_{X,\eta} = (u^q)\mathcal{O}_{X,\eta} = \mathfrak{m}_x^q \neq \mathfrak{m}_x$ となり, $\widehat{\psi}$ は無限遠点で**分岐**している(不分岐でないとき分岐するという). したがって $\widehat{\psi}: \mathbb{P}_k^1 \to \mathbb{P}_k^1$ はエタール射ではない. アフィン直線の場合と違って, 正標数の代数的閉体 k 上の射影直線 $\mathbb{P}_k^1$ に対してエタール射 $f: X \to \mathbb{P}_k^1$ は同型射であることを第8章で証明する. □

例 7.8 標数 $p \geq 2$ の体 k 上の多項式環の準同型写像

$$\text{(7.14)} \quad \begin{aligned} \varphi_n: k[x] &\longrightarrow k[x] \\ f(x) &\longmapsto f(x^q) \end{aligned}$$

を考える. ここで q は p のべき p^n である. この準同型写像より定まるアフィン直線間の射 $F^{(n)}: \mathbb{A}_k^1 \to \mathbb{A}_k^1$ は k 有理点では

$$\text{(7.15)} \quad \begin{aligned} F_k^{(n)}: \mathbb{A}^1(k) &\longrightarrow \mathbb{A}^1(k) \\ a &\longmapsto a^q \end{aligned}$$

で与えられる. イデアル $(x-a)$ は $x^q - a^q$ を含み $\varphi_n^{-1}((x-a)) = (x - a^q)$ となるからである. k の任意の元 b に対して $a^q = b$ となる $a \in k$ が存在するとき体 k は**完全体**(perfect field)と呼ばれる. 代数的閉体は完全体である. 有限体も完全体である. k が完全体であれば $F_k^{(n)}$ は全射である. 一方 $a^q = a'^q$ であれば $a = a'$ であるので F_k は単射でもある. したがって k が代数的閉体のときは, $F^{(n)}$ は $\mathbb{A}_k^1$ の閉点の間の全単射を与え, かつ F は生成点を生成点

に写すから，$F^{(n)}$ はアフィン直線の底空間の全単射を与える．しかし，射 $F^{(n)}$ は同型射ではない．(7.14)の準同型写像 φ_n は同型写像ではないからである．$q=p$ のとき射 $F^{(1)}$ はアフィン直線の **k 線形 Frobenius 射**(k-linear Frobenius morphism)と呼ばれることがある．後述するように§8.1(c)では k 線形 Frobenius 射を正標数の体上定義された代数的スキームに対して別の形で定義する．k が完全体であればこの定義は後述の定義と本質的に一致することも§8.1(c)で述べる．(7.15)から分かるように $F_k^{(n)}(a)=a$ である，すなわち $a^q=a$ である $a\in k$ は q 元体 $GF(q)$ に属する．このように $F_k^{(n)}$ の固定点，すなわち $F_k(x)=x$ が成り立つ点として $\mathbb{A}_k^1$ の $GF(q)$ 有理点を特徴づけることができる．これは有限体上定義された代数多様体のゼータ関数に関する考察で本質的な役割をする．$F^{(n)}=\underbrace{F\circ\cdots\circ F}_{n}$, $F=F^{(1)}$ であることにも注意しておこう．

ところで射 $F^{(n)}:\mathbb{A}_k^1\to\mathbb{A}_k^1$ は射 $F^{(n)}:\mathbb{P}_k^1\to\mathbb{P}_k^1$ に自然に拡張できる．次数環の準同型写像

$$\widehat{\varphi}_n:\quad k[y_0,y_1]\ \longrightarrow\ k[x_0,x_1]$$
$$f(y_0,y_1)\ \longmapsto\ f(x_0^q,x_1^q)$$

に対応する射影直線の射 $F^{(n)}:\mathbb{P}_k^1\to\mathbb{P}_k^1$ が求めるものである．k 有理点ではこの射は写像

$$F_k^{(n)}:\quad \mathbb{P}_k^1\ \longrightarrow\ \mathbb{P}_k^1$$
$$(a_0:a_1)\ \longmapsto\ (a_0^q:a_1^q)$$

となる．このことから，k が代数的閉体であれば $F^{(n)}$ は底空間の全単射を与えることが分かるが，同型射ではない．　　　　　　　　　　　　　　□

§7.2　次　元

今まで体 k 上の n 次元アフィン空間 $\mathbb{A}_k^n$ という言い方をしてきたが，ここでスキームの次元について簡単に述べておこう．

(a) Krull 次元

スキーム X の**次元** $\dim X$ は X の既約な閉部分集合の増大列

(7.16) $$Z_0 \subsetneq Z_1 \subsetneq Z_2 \subsetneq \cdots \subsetneq Z_n$$

のうち添数 n の最大値と定義する(添数は 0 から始まることに注意する,また n をこの列の長さという).いくらでも大きな n がとれるときは次元は無限大であるといい,$\dim X = \infty$ と記す.特にスキーム X がアフィンスキーム $\operatorname{Spec} R$ のときは,(7.16) の増大列は

$$V(\mathfrak{p}_0) \subsetneq V(\mathfrak{p}_1) \subsetneq V(\mathfrak{p}_2) \subsetneq \cdots \subsetneq V(\mathfrak{p}_n)$$

と素イデアル $\mathfrak{p}_0, \mathfrak{p}_1, \cdots, \mathfrak{p}_n$ を使って書くことができ,増大列は素イデアルの減少列

$$\mathfrak{p}_0 \supsetneq \mathfrak{p}_1 \supsetneq \mathfrak{p}_2 \supsetneq \cdots \supsetneq \mathfrak{p}_n$$

に対応する.したがって以下の可換環の次元の定義が幾何学的にも意味があることが分かる.

定義 7.9 可換環 R の素イデアル $\mathfrak{p}$ に対して素イデアルの減少列

$$\mathfrak{p} = \mathfrak{p}_0 \supsetneq \mathfrak{p}_1 \supsetneq \mathfrak{p}_2 \supsetneq \cdots \supsetneq \mathfrak{p}_n$$

を考え,列の長さ n の最大値を $\mathfrak{p}$ の**高さ**(height)といい,$\operatorname{ht}(\mathfrak{p})$ と記す.n の最大値がないときは高さは無限大であるといい,$\operatorname{ht}(\mathfrak{p}) = \infty$ と記す.また R の素イデアルの高さの最大値を R の **Krull 次元**(Krull dimension)といい $\dim R$ と記す.最大値がないときは Krull 次元は無限大であるといい,$\dim R = \infty$ と記す.□

この定義からただちに次の系を得る.

系 7.10 アフィンスキーム $\operatorname{Spec} R$ に関してスキームとしての次元と R の Krull 次元とは一致する.すなわち

$$\dim \operatorname{Spec} R = \dim R.$$ □

例 7.11 体 k 上の n 変数多項式環 $R = k[x_1, x_2, \cdots, x_n]$ は素イデアルの減少列

(7.17) $$(x_1, x_2, \cdots, x_n) \supsetneq (x_1, \cdots, x_{n-1}) \supsetneq (x_1, \cdots, x_{n-2}) \supsetneq \cdots \supsetneq (x_1) \supsetneq (0)$$

を持つので $\dim R \geqq n$ である.後に $\dim R = n$ であることを示す.したがっ

て $\dim \operatorname{Spec} R = \dim \mathbb{A}_k^n = n$ である.

一方,体 k 上の無限変数の多項式環 $S = k[x_1, x_2, x_3, \ldots]$ を考えると,すべての正整数 n に対して素イデアルの減少列(7.17)が存在するので $\dim S = \infty$ である.

R は Noether 環であり S は Noether 環ではない. Noether 環の次元はつねに有限のように思われるが,Noether 環の定義はイデアルの増大列が有限個で切れることであり,素イデアルの減少列を考えることとは違っている.この微妙な違いによって $\dim A = \infty$ となる Noether 環が存在することが知られている.(永田雅宜による.たとえば堀田[5]演習問題 7.4 を参照のこと.) □

体 k 上の代数的スキームの次元に関しては次の定理が本質的である.

定理 7.12 体 k 上の有限生成 k 代数 R が整域であり,その商体 L の k 上の超越次数 $\operatorname{tr.deg}_k L$ が n であれば
$$\dim R = n$$
が成り立つ. □

この定理の証明のために,可換環に関するいくつかの基本的な事実について述べておこう.

可換環 S とその部分環 R が与えられ, S の元 s が R 係数のモニック多項式(最高次の係数が 1 である多項式) $x^n + a_1 x^{n-1} + \cdots + a_{n-1} x + a_n$ の根であるとき,元 s は **R 上整**(integral over R)であるという. S のすべての元が R 上整のとき S は R 上整または S は R の**整拡大**(integral extension)という.

問 4 可換環 S とその部分環 R および S の元 α について次の条件は同値であることを示せ.
(1) α は R 上整である.
(2) $R[\alpha]$ は有限 R 加群である.
(3) $\alpha \in R'$ かつ R' は有限 R 加群であるような S の R 部分代数 R' が存在する.

問 5 可換環 S とその部分環 R に関して, $a, b \in S$ が R 上整であれば $a \pm b, ab$ も R 上整であることを示せ.

問6 可換環の拡大 $R \subset S \subset T$ があり，S は R 上整，T は S 上整であれば，T は R 上整であることを示せ．

問5より S の元で R 上整であるものの全体は S の部分環，しかも R 代数をなすことが分かる．この部分環を R の S での**整閉包**(integral closure)という．特に R の S での整閉包が R と一致するとき R は S の中で**整閉**(integrally closed)であるという．R が整域であり $Q(R)$ を R の商体とすると，R が $Q(R)$ の中で整閉であるとき R を**整閉整域**(integrally closed domain)という．特に Noether 環である整閉整域を**正規環**(normal ring)という．正規環は代数幾何学で大切な役割をする．また R の $Q(R)$ での整閉包 $\widetilde{R}$ を R の**正規化**(normalization)という．

例 7.13

（1） 任意の体 k 上の2変数多項式環 $k[x,y]$ の剰余環 $R=k[x,y]/(y^2-x^3)$ を考える．R は整域である．x,y の R での像を $\bar{x}, \bar{y}$ と記すと $\bar{y}^2 = \bar{x}^3$ が成立する．したがって R の商体 $Q(R)$ は体 k 上の1変数有理関数体 $k\left(\dfrac{\bar{y}}{\bar{x}}\right)$ であることが分かる．$\bar{x} = \left(\dfrac{\bar{y}}{\bar{x}}\right)^2$ であり，$\bar{y} = \bar{x} \cdot \left(\dfrac{\bar{y}}{\bar{x}}\right)$ と書けるからである．$s = \dfrac{\bar{y}}{\bar{x}}$ は R 上整であり，R の $Q(R)$ の中での整閉包 $\widetilde{R}$ は $R[s] = k[x]$ であることが分かる．1変数多項式環 $k[s]$ はその商体 $k(s)$ の中で整閉であるからである．$R \subset \widetilde{R} = k[x]$ から体 k 上のスキームの射 $\psi : \mathbb{A}_k^1 = \operatorname{Spec} k[s] \to \operatorname{Spec} R$ が

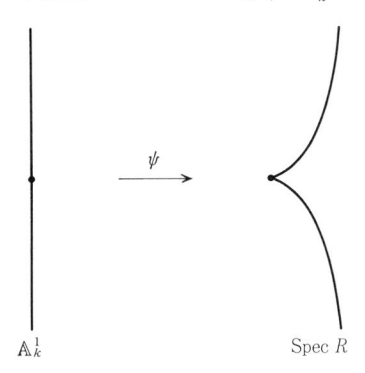

図 7.1

定義できる．

ψ は底空間の同相写像を与えるがスキームの同型射ではない．$\operatorname{Spec} R$ の k 有理点は R の極大イデアル $(\bar{x}-a, \bar{y}-b)$, $b^2=a^3$, $a, b \in k$ に対応する．$a \neq 0$ であれば $b \neq 0$ であり，$\widetilde{R}$ の極大イデアル $\left(s-\dfrac{b}{a}\right)$ と R との共通部分は $\mathfrak{m}=(\bar{x}-a, \bar{y}-b)$ である．$a \neq 0$ のとき $\dfrac{\bar{y}}{\bar{x}} \in R_\mathfrak{m}$ であるので $R_\mathfrak{m} \simeq k[s]_{\left(s-\frac{b}{a}\right)}$ であることが分かる．一方，$a=0$ のとき $b=0$ であり，$\mathfrak{m}_0 = (\bar{x}, \bar{y}) = (s) \cap R$ が成り立つ．このとき $\dfrac{\bar{y}}{\bar{x}} \notin R_{\mathfrak{m}_0}$ であるので $R_{\mathfrak{m}_0} \neq k[s]_{(s)}$ となる．したがって ψ は $\mathbb{A}^1_k \setminus \{0\}$ と $\operatorname{Spec} R \setminus \{\mathfrak{m}_0\}$ との間のスキームとしての同型射を与えることが分かる．後述するように $\operatorname{Spec} R$ は原点 $\mathfrak{m}_0$ で特異点を持っており，$\operatorname{Spec} k[s]$ はその特異点の解消を与えている．

（2） 可換環 $R = k[x,y]/(y^2-x^2(x+1))$ を考える．R は整域である．x, y の R での像を $\bar{x}, \bar{y}$ と記すと，$\bar{y}^2 = \bar{x}^2(\bar{x}+1)$ より $\left(\dfrac{\bar{y}}{\bar{x}}\right)^2 = \bar{x}+1$ が成り立つ．$\dfrac{\bar{y}}{\bar{x}} \in Q(R)$ であるので $s = \dfrac{\bar{y}}{\bar{x}}$ は R 上整であり，したがって R の正規化 $\widetilde{R}$ は $\widetilde{R} = R[s] = k[s]$ であることが分かる．また $\bar{x} = s^2-1$, $\bar{y} = \bar{x}s$ より $\mathfrak{m}_0 = (\bar{x}, \bar{y}) = (s-1) \cap R = (s+1) \cap R$ であるので，アフィンスキームの射 $\psi: \mathbb{A}^1_k = \operatorname{Spec} k[s] \to \operatorname{Spec} R$ で原点 $\mathfrak{m}_0$ の逆像は 2 点 $\pm 1 \in \mathbb{A}^1_k$ よりなる．ψ は $\mathbb{A}^1_k \setminus \{\pm 1\}$ と $\operatorname{Spec} R \setminus \{\mathfrak{m}_0\}$ との同型を与えることも容易に分かる．

$\operatorname{Spec} R$ の原点 $\mathfrak{m}_0$ は特異点であり，R の正規化 $\widetilde{R}$ をとることによって $\operatorname{Spec} R$ が特異点の解消を与えている．このことについては後に述べる． □

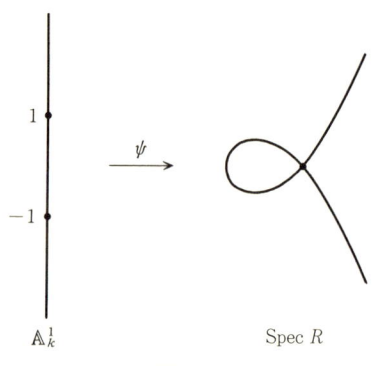

図 7.2

一般に，整域 R の正規化 $\tilde{R}$ に対して $\operatorname{Spec}\tilde{R}$ を $\operatorname{Spec}R$ の**正規化**という．整スキームの正規化については後述する．

さて，体 k 上の有限生成 k 代数の Krull 次元を求めることが当面の目標であるが，そのために幾何学的にも重要な次の定理をまず説明する．この定理には Noether の正規化定理という名前がついているが，上で述べた正規化とは意味が違うので注意する必要がある．

定理 7.14（**Noether の正規化定理**（Noether's normalization theorem））
整域 R は体 k 上の有限生成 k 代数であり，その商体 $L=Q(R)$ の k 上の超越次数は m であるとする．このとき，$x_1, x_2, \cdots, x_m \in R$ を L の k 上の超越基でありかつ R が $k[x_1, x_2, \cdots, x_m]$ 上整であるようにとることができる．

[証明] $R=k[y_1, y_2, \cdots, y_n]/I$, I は n 変数多項式環の素イデアル，と書くことができる．$\bar{y}_i = y_i \pmod{I}$ とおくと $R=k[\bar{y}_1, \bar{y}_2, \cdots, \bar{y}_n]$, $L=k(\bar{y}_1, \bar{y}_2, \cdots, \bar{y}_n)$ と書くことができる．仮定より $n \geq m$ である．もし $n=m$ であれば $\bar{y}_1, \bar{y}_2, \cdots, \bar{y}_n$ は k 上超越的である．$I \neq (0)$ であれば $f(\bar{y}_1, \bar{y}_2, \cdots, \bar{y}_n) = 0$ という関係式が存在するので $\bar{y}_1, \bar{y}_2, \cdots, \bar{y}_n$ は k 上超越的でなくなり矛盾する．よって $I=0$ であり R は多項式環 $k[y_1, y_2, \cdots, y_n]$ と一致する．そこで $n>m$ と仮定する．$I \neq (0)$ であるので，関係式 $f(\bar{y}_1, \bar{y}_2, \cdots, \bar{y}_n)=0$ が存在する．$z_i = \bar{y}_i - \bar{y}_1^{r_i}$, $i=2, 3, \cdots, n$ とおき $r_2 < r_3 < \cdots < r_n$ を十分大きく選ぶと

$$\begin{aligned} f(\bar{y}_1, \bar{y}_2, \cdots, \bar{y}_n) &= f(\bar{y}_1, z_2+\bar{y}_1^{r_2}, \cdots, z_n+\bar{y}_1^{r_n}) \\ &= b\bar{y}_1^N + (k[z_2, \cdots, z_n]\text{ 係数の }\bar{y}_1\text{ の }N-1\text{ 次以下の多項式}) \\ &= 0 \end{aligned}$$

が成立する．ただし $b \neq 0$ とする．すると $\bar{y}_1$ は $k[z_2, \cdots, z_n]$ 上整であることが分かる．このとき $\bar{y}_i = z_i + \bar{y}_1^{r_i}$ であるので $\bar{y}_2, \cdots, \bar{y}_n$ も $k[z_2, \cdots, z_n]$ 上整である．すなわち R は $k[z_2, \cdots, z_n]$ 上整である．$k[z_2, \cdots, z_n]$ は生成元の個数が 1 個減っている．R のかわりに $k[z_2, \cdots, z_n]$ に同様の議論を適用することによって $n-1 > m$ であれば生成元の個数をさらに減らすことができる．以下この議論を繰り返すことによって $n=m$ の場合に帰着される． ∎

体 k 上の有限生成 k 代数 R が Krull 次元 m の整域であれば，Noether の正規化定理より $R \supset k[x_1, \cdots, x_m]$ に対してアフィンスキームの射 $\psi : \operatorname{Spec}R \to$

$\mathbb{A}_k^m$ が定義でき有限射である．これが Noether の正規化定理の幾何学的意味であり，次元の幾何学的な意味づけを与えてくれる．

さて当面必要な定理の証明のために，可換環論で基本的な次の補題を証明しよう．

補題 7.15 可換環 S とその部分環 R に対して S は R 上整であると仮定する．

（ｉ）R の任意の素イデアル $\mathfrak{p}$ に対して $\mathfrak{P} \cap R = \mathfrak{p}$ となる S の素イデアル $\mathfrak{P}$ が存在する．また S の素イデアル $\mathfrak{P}'$ が $\mathfrak{P} \subset \mathfrak{P}'$ かつ $\mathfrak{P}' \cap R = \mathfrak{p}$ を満足すれば $\mathfrak{P}' = \mathfrak{P}$ である．

（ⅱ）R の素イデアルの列
$$\mathfrak{p}_0 \subsetneq \mathfrak{p}_1 \subsetneq \mathfrak{p}_2 \subsetneq \cdots \subsetneq \mathfrak{p}_n$$
に対して $\mathfrak{P}_i \cap R = \mathfrak{p}_i$, $i = 0, 1, \cdots, n$ を満足する S の素イデアルの列
$$\mathfrak{P}_0 \subsetneq \mathfrak{P}_1 \subsetneq \mathfrak{P}_2 \subsetneq \cdots \subsetneq \mathfrak{P}_n$$
が存在する．

（ⅲ）$\dim S = \dim R$.

［証明］（ｉ）$A = R \backslash \mathfrak{p}$ は R および S の積閉集合であり，局所化 $R_A = R_\mathfrak{p}$, S_A に関して $R_\mathfrak{p} \subset S_A$ と考えることができる．このとき S_A は $R_\mathfrak{p}$ 上整であることも容易に分かる．S_A の極大イデアルの 1 つを $\mathfrak{m}$ とし，$\mathfrak{q} = \mathfrak{m} \cap R_\mathfrak{p}$ とおくと $\mathfrak{q}$ は $R_\mathfrak{p}$ の素イデアルである．また $S_A/\mathfrak{m}$ は $R_\mathfrak{p}/\mathfrak{q}$ 上整であり，$S_A/\mathfrak{m}$ は体であるので $R_\mathfrak{p}/\mathfrak{q}$ も体である（下の問 7 を参照のこと）．したがって $\mathfrak{q}$ は $R_\mathfrak{p}$ の極大イデアルであり $\mathfrak{q} = \mathfrak{p} R_\mathfrak{p}$ である．よって $\mathfrak{P} = \mathfrak{m} \cap S$ が求める素イデアルであることが分かる．このとき $\mathfrak{P} S_A = \mathfrak{m}$ に注意する．$\mathfrak{P}' \supset \mathfrak{P}$ であれば $\mathfrak{P}' S_A \supset \mathfrak{P} S_A = \mathfrak{m}$ が成り立ち，$\mathfrak{P}'$ は S の素イデアルであるので $\mathfrak{P}' S_A = \mathfrak{P} S_A$ が成り立つ．よって $\mathfrak{P}' = \mathfrak{P}' S_A \cap S = \mathfrak{P} S_A \cap S = \mathfrak{P}$ が成立する．

（ⅱ）n に関する帰納法を使うことによって $n = 1$ の場合を証明すればよいことが分かる．$A_1 = R \backslash \mathfrak{p}_1$ による R と S の局所化 $R_{\mathfrak{p}_1}$, S_{A_1} を考える．$\mathfrak{p}_1 R_{\mathfrak{p}_1}$ は $R_{\mathfrak{p}_1}$ の極大イデアルであり $\mathfrak{p}_0 \subsetneq \mathfrak{p}_1$ より $\mathfrak{p}_0 R_{\mathfrak{p}_1}$ は $R_{\mathfrak{p}_1}$ の素イデアルであり，かつ $\mathfrak{p}_0 R_{\mathfrak{p}_1} \subsetneq \mathfrak{p}_1 R_{\mathfrak{p}_1}$ である．（ｉ）より $\mathfrak{P}_0 \cap R = \mathfrak{p}_0$ となる S の素イデアル $\mathfrak{P}_0$ が存在する．このとき $S_{A_1}/\mathfrak{P}_0 S_{A_1}$ は $R_{\mathfrak{p}_1}/\mathfrak{p}_0 R_{\mathfrak{p}_1}$ 上整である．$\mathfrak{p}_0 R_{\mathfrak{p}_1}$ は極大イデ

§7.2 次　　元──359

アルでないので $R_{\mathfrak{p}_1}/\mathfrak{P}_0 R_{\mathfrak{p}_1}$ は体ではなく，したがって $S_{A_1}/\mathfrak{P}_0 S_{A_1}$ も体ではない．よって $\mathfrak{P}_0 S_{A_1}$ は極大イデアルではない．$\mathfrak{P}_0 S_{A_1} \subset \mathfrak{m}$ となる S_{A_1} の極大イデアルをとると，(i)と同様の論法により $\mathfrak{m} \cap R_{\mathfrak{p}_1}$ は $R_{\mathfrak{p}_1}$ の極大イデアルとなり $\mathfrak{p}_1 R_{\mathfrak{p}_1}$ と一致する．そこで $\mathfrak{P}_1 = \mathfrak{m} \cap S$ とおくと，$\mathfrak{P}_1 \cap R = \mathfrak{m} \cap R_{\mathfrak{p}_1} \cap R = \mathfrak{p}_1$ が成り立つ．また $\mathfrak{P}_0 S_{A_1} \subset \mathfrak{m}$ より $\mathfrak{P}_0 = \mathfrak{P}_0 S_{A_1} \cap S \subset \mathfrak{m} \cap S = \mathfrak{P}_1$ が成立する．$\mathfrak{P}_0 S_{A_1} \neq \mathfrak{m}$ であるので $\mathfrak{P}_0 \subsetneq \mathfrak{P}_1$ である．

(iii) $\dim S = n$ とすると

$$\mathfrak{Q}_0 \supsetneq \mathfrak{Q}_1 \supsetneq \cdots \supsetneq \mathfrak{Q}_n$$

となる S の素イデアルの減少列が存在する．これより $\mathfrak{q}_i = \mathfrak{Q}_i \cap R$ とおくと R の素イデアルの減少列

$$\mathfrak{q}_0 \supsetneq \mathfrak{q}_1 \supsetneq \cdots \supsetneq \mathfrak{q}_n$$

を得る．ここで $\mathfrak{q}_i = \mathfrak{q}_{i+1}$ となることがないのは(i)による．したがって $\dim R \geqq \dim S$ を得る．一方，(ii)より $\dim R \leqq \dim S$ が成立する．∎

問7 整域 S が整域 R 上整であるとき S が体であるための必要十分条件は R が体であることであることを示せ．

整域 R が体 k 上の有限生成 k 代数でありかつ $\mathrm{tr.deg}_k Q(R) = m$ のときは Noether の正規化定理によって R は m 変数多項式環 $k[x_1, x_2, \cdots, x_m]$ 上整である．したがって補題 7.15(iii) より $\dim R = \dim k[x_1, x_2, \cdots, x_m]$ であることが分かり，定理 7.12 の証明は多項式環の場合に帰着されることが分かる．以上の準備のもとに定理 7.12 を証明しよう．

[定理 7.12 の証明]　$\mathrm{tr.deg}_k Q(R) = n$ に関する帰納法による．$n = 0$ のときは R は有限生成 k 代数であり，k 上の生成元を $\alpha_1, \alpha_2, \cdots, \alpha_l$ とすると仮定より $\alpha_1, \alpha_2, \cdots, \alpha_l$ は k 上代数的である．したがって $R = k[\alpha_1, \alpha_2, \cdots, \alpha_l]$ は k 上整である．(これは Noether の正規化定理の商体の k 上の超越次数が 0 の場合の証明に他ならない．)よって問7より R は体であり $\dim R = 0$ となり定理は成立する．次に $n-1$ まで定理が成立すると仮定して n 変数多項式環 $R = k[x_1, x_2, \cdots, x_n]$ を考える．$Q(R) = k(x_1, x_2, \cdots, x_n)$ であり $\mathrm{tr.deg}_k Q(R) =$

n である.例 7.11 で示したように $r = \dim R \geqq n$ である. R の素イデアルの減少列

(7.18) $\qquad \mathfrak{p}_0 \supsetneqq \mathfrak{p}_1 \supsetneqq \mathfrak{p}_2 \supsetneqq \cdots \supsetneqq \mathfrak{p}_{r-1} \supsetneqq \mathfrak{p}_r = \{0\}$

に対して $\mathfrak{p} = \mathfrak{p}_{r-1}$ とおき整域 $S = R/\mathfrak{p}$ を考える. $\bar{x}_i = x_i \pmod{\mathfrak{p}}$ とおくと $\mathfrak{p} \neq \{0\}$ であるので $\bar{x}_1, \bar{x}_2, \cdots, \bar{x}_n$ の間には k 上代数的関係がある.したがって $\operatorname{tr.deg}_k Q(S) = \operatorname{tr.deg}_k k(\bar{x}_1, \bar{x}_2, \cdots, \bar{x}_n) \leqq n-1$ が成立し,帰納法の仮定より $\dim S \leqq n-1$ が成立する.素イデアルの減少列 (7.18) の $\mathfrak{p}_0$ から $\mathfrak{p}_{r-1}$ までの S での像 $\bar{\mathfrak{p}}_0, \cdots, \bar{\mathfrak{p}}_{r-1} = \{0\}$ は S の素イデアルの減少列

$$\bar{\mathfrak{p}}_0 \supsetneqq \bar{\mathfrak{p}}_1 \supsetneqq \cdots \supsetneqq \bar{\mathfrak{p}}_{r-2} \supsetneqq \bar{\mathfrak{p}}_{r-1} = \{0\}$$

を定義するので $\dim S \geqq r-1$ であることが分かる.よって $r-1 \leqq n-1$ が成立し $\dim R = r \leqq n$ が成り立つ.よって $\dim k[x_1, x_2, \cdots, x_n] = n$ が成立する.すると Noether の正規化定理と補題 7.15(iii) により, $\operatorname{tr.deg}_k Q(R) = n$ であるすべての整域かつ有限生成 k 代数 R に対して $\dim R = n$ が成立する. ∎

例 7.16

(1) 体 k の元を係数とする既約多項式 $f(x_1, x_2, \cdots, x_n)$ に対して剰余環 $R = k[x_1, x_2, \cdots, x_n]/(f)$ を考える. $\bar{x}_i = x_i \pmod{f}$ とおくと $Q(R) = k(\bar{x}_1, \bar{x}_2, \cdots, \bar{x}_n)$ であるが $\bar{x}_1, \bar{x}_2, \cdots, \bar{x}_n$ の間には 1 個の体 k 上の関係式 $f(\bar{x}_1, \bar{x}_2, \cdots, \bar{x}_n) = 0$ があるので $\operatorname{tr.deg}_k Q(R) = n-1$ である.したがって $\dim \operatorname{Spec} R = n-1$ である.また任意の正整数 r に対して $\operatorname{Spec} R = n-1$ と $\operatorname{Spec} k[x_1, x_2, \cdots, x_n]/(f^r)$ の底空間は同相であるので $\dim \operatorname{Spec} k[x_1, x_2, \cdots, x_n]/(f^r) = n-1$ が成立する.

さらに f が可約のときも既約成分の次元を考えることによって

$$\dim \operatorname{Spec} k[x_1, x_2, \cdots, x_n]/(f) = n-1$$

が成立する.(下の問 8 を参照のこと.)

(2) 体 k 上の 3 変数多項式環 $k[x, y, z]$ から 1 変数多項式環 $k[t]$ への準同型写像

$$\begin{array}{rcl} \varphi: \quad k[x,y,z] & \longrightarrow & k[t] \\ f(x,y,z) & \longmapsto & f(t^3, t^4, t^5) \end{array}$$

を考える．$I = \operatorname{Ker}\varphi$ は x^3-yz, y^2-xz, z^2-x^2y の3元から生成されるイデアルである．$R = k[x,y,z]/I$ とおくと φ から引き起こされる写像 $\overline{\varphi}: R \to k[t]$ は単射準同型写像であるが t, t^2 に写る R の元はないので全射ではない．x, y, z の定める R の元を $\overline{x}, \overline{y}, \overline{z}$ と記すと $\overline{x}^3 = \overline{y}\,\overline{z}$, $\overline{y}^2 = \overline{x}\,\overline{z}$, $\overline{z}^2 = \overline{x}^2\overline{y}$ が成り立つ．したがって
$$\left(\frac{\overline{z}}{\overline{x}}\right)^2 = \overline{y}, \quad \left(\frac{\overline{y}}{\overline{x}}\right)^2 = \frac{\overline{z}}{\overline{x}}$$
が成立し $\frac{\overline{z}}{\overline{x}}, \frac{\overline{y}}{\overline{x}}$ は R 上整であることが分かる．$u = \frac{\overline{y}}{\overline{x}}$ とおくと
$$\overline{y} = \left(\frac{\overline{z}}{\overline{x}}\right)^2 = \left(\frac{\overline{y}}{\overline{x}}\right)^4 = u^4$$
が成立する．また
$$\overline{x} = \frac{\overline{y}}{\overline{x}} \cdot \frac{\overline{z}}{\overline{x}} = \left(\frac{\overline{y}}{\overline{x}}\right)^3 = u^3, \quad \overline{z} = \overline{y} \cdot \frac{\overline{y}}{\overline{x}} = u^5$$
が成り立つ．これより $Q(R) \simeq k(u)$ であることが分かる．(あるいは直接 $\overline{\varphi}$ から商体の同型 $Q(R) \simeq k(t)$ が引き起こされることを示すことも容易にできる．$\overline{\varphi}\left(\frac{\overline{y}}{\overline{x}}\right) = t$ である．) よって $\dim \operatorname{Spec} R = 1$ である．自然な準同型写像 $k[x,y,z] \to R$ によって $V = \operatorname{Spec} R$ は $\mathbb{A}_k^3$ の閉部分スキームとみなすことができる．(1)の結果より $\dim \operatorname{Spec} k[x,y,z]/(y^2-xz) = 2$ である．イデアル I の生成元は3個あるが，$V = \operatorname{Spec} R$ の次元は3低くはならず2低くなる．□

一般に体 k 上の n 次元アフィン空間 $\mathbb{A}_k^n$ の r 次元閉部分スキーム V はその定義イデアル $I(V)$ が $n-r$ 個の多項式で生成されているとき $\mathbb{A}_k^n$ の **完全交叉形**(complete intersection)と呼ばれる．上の $V = \operatorname{Spec} R$ はしたがって $\mathbb{A}_k^3$ の完全交叉形ではない．

上の例 7.16 のイデアル $I = (x^3-yz, y^2-xz, z^2-x^2y)$ のかわりに I に含まれるイデアル $J = (x^3-yz, y^2-xz)$ をとって $S = k[x,y,z]/J$ によって $\mathbb{A}_k^3$ の閉部分スキーム $W = \operatorname{Spec} S$ を定義することができる．$x \notin J$, $z^2-x^2y \notin J$ であるが $x(z^2-x^2y) = -y(x^3-yz) - z(y^2-zx) \in J$ であるので J は素イデアルではない．しかし $\dim W = 1$ であることを示すことができる．W はしたがって完全交叉形であるが既約でない．W の既約成分の1つが V である．

(b) スキームの次元

一般のスキームの次元に関して簡単に述べておこう.

スキーム X の次元が n であれば X の既約な閉部分集合の増大列
$$Z_0 \subsetneq Z_1 \subsetneq \cdots \subsetneq Z_n$$
がある. このとき $U \cap Z_0 \neq \emptyset$ である X のアフィン開集合を見出すことができる. すべての $0 \leq i \leq n$ に対して $Z_i \cap U$ は U の既約な閉集合であり, $Z_i \cap U$ の X での閉包は Z_i と一致するので増大列
$$Z_0 \cap U \subsetneq Z_1 \cap U \subsetneq \cdots \subsetneq Z_n \cap U$$
を得, $\dim U \geq \dim X$ であることが分かる. 一方 F が U の既約な閉部分集合であれば F の X での閉包 $\overline{F}$ は X の既約閉集合である. したがって $\dim U \leq \dim X$ を得る. 以上の考察よりスキーム X に関しては

(7.19) $$\dim X = \sup_{U \text{ は } X \text{ のアフィン開集合}} \dim U$$

を得る. また同様の考え方で $\{U_i\}_{i \in I}$ がスキーム X の(アフィン)開被覆であれば

(7.20) $$\dim X = \sup_{i \in I} \dim U_i$$

が成り立つことが分かる.

問 8 スキーム X の既約成分を $X_1, X_2, \cdots, X_m$ とすると $\dim X = \max_i \dim X_i$ であることを示せ.

例 7.17 体 k 上の n 次元射影空間 $\mathbb{P}_k^n = \operatorname{Proj} k[x_0, x_1, \cdots, x_n]$ の既約な閉集合 F に対して $F \cap D_+(x_i) \neq \emptyset$ となる x_i が必ず存在する. 一方 $D_+(x_i) \cong \mathbb{A}_k^n$ であるので $\dim D_+(x_i) = n$ であり, $\dim \mathbb{P}_k^n = n$ である. $k[x_0, x_1, \cdots, x_n]$ の斉次素イデアル $I \neq (x_0, x_1, \cdots, x_n)$ に対して $R = k[x_0, x_1, \cdots, x_n]/I$ とおく. $V = V_+(I) = \operatorname{Proj} R$ は $\mathbb{P}_k^n$ の閉部分スキームであり $\dim V = \dim R - 1$ が成立する. $V_i = V \cap D_+(x_i)$ とおくと, V_i はアフィンスキームであり, その座標環

A_i は x_i の定める R の元も x_i と略記すると $R_{(x_i)}$ (R_{x_i} の次数 0 の部分)である．すると $R_{x_i} = A_i[x_i, x_i^{-1}]$ であることが分かる．$Q(R_{(x_i)}) = Q(R)$ であり，また $Q(R_{(x_i)}) = Q(A_i)(x_i)$ であるので，定理 7.12 より $\dim R = \dim A_i + 1$ であることが分かる．$\dim A_i = \dim V_i$ であるので(7.20)より $\dim V = \dim R - 1$ であることが分かる． □

可換環に関する次の定理は Noether の正規化定理(定理 7.14)と補題 7.15 を使って多項式環の場合に帰着して証明できる．詳細は松村[6]第 2 章§5 および定理 31.4 を参照されたい．

定理 7.18 整域 R が体 k 上の有限生成 k 代数であれば，R の任意の素イデアル $\mathfrak{p}$ に対して

(7.21) $$\operatorname{ht}\mathfrak{p} + \dim R/\mathfrak{p} = \dim R$$

が成立する． □

$\operatorname{Spec} R/\mathfrak{p}$ は $\operatorname{Spec} R$ の閉部分スキームであり，その次元は $\dim R/\mathfrak{p}$ で与えられる．$\operatorname{ht}\mathfrak{p} = \dim R - \dim R/\mathfrak{p}$ であるので $\operatorname{ht}\mathfrak{p}$ は定理 7.18 の仮定のもとでは閉部分スキーム $V(\mathfrak{p}) = \operatorname{Spec} R/\mathfrak{p}$ の**余次元**(codimension) $\dim \operatorname{Spec} R - \dim \operatorname{Spec} R/\mathfrak{p}$ に等しいことが分かる．$\dim R = n$, $\dim R/\mathfrak{p} = r$ とするとき(7.21)は

$$\mathfrak{p}_0 \supsetneq \mathfrak{p}_1 \supsetneq \mathfrak{p}_2 \supsetneq \cdots \supsetneq \mathfrak{p}_r = \mathfrak{p} \supsetneq \mathfrak{p}_{r+1} \supsetneq \cdots \supsetneq \mathfrak{p}_n$$

となる長さ n の R の素イデアルの減少列が必ず存在することを意味する．

定理 7.19(Krull の標高定理(Krull's altitude theorem)) Noether 環 R のイデアル $\mathfrak{a}$ が r 個の元で生成されていれば $\mathfrak{a}$ の任意の極小素因子 $\mathfrak{p}$ (すなわち $\mathfrak{a}$ を含む素イデアルで極小のもの)について $\operatorname{ht}\mathfrak{p} \leqq r$ が成立する．特に $f \in R$ が 0 でも単元でもなければ f を含む極小素イデアル $\mathfrak{p}$ に関して $\operatorname{ht}\mathfrak{p} = 1$ が成立する． □

この定理は次元の計算だけでなく，局所環の理論で大切な役割をする．証明については堀田[5]定理 7.11 または松村[6]定理 13.5 の証明を参照されたい．

今まで体上のスキームを主として扱ってきたので，それ以外のスキームについて少し考察しておこう．

例 7.20 可換環 R の n 変数多項式環 $S = R[x_1, \cdots, x_n]$ から R 上の n 次

元アフィン空間 $\mathbb{A}_R^n = \operatorname{Spec} S$ および構造射 $\pi: \mathbb{A}_R^n \to \operatorname{Spec} R$ が定義できる．$\dim S \geqq \dim R + n$ は簡単に示すことができるが実は $\dim S = \dim R + n$ であることが知られている．したがって $\dim \mathbb{A}_R^n = \dim \operatorname{Spec} R + n$ である．$\operatorname{Spec} R$ の任意の点 $\mathfrak{p}$ に対して構造射 π の $\mathfrak{p}$ 上のファイバー $\pi^{-1}(\mathfrak{p})$ は点 $\mathfrak{p}$ の剰余体を $k(\mathfrak{p})$ と記すと $\mathbb{A}_{k(\mathfrak{p})}^n$ である．したがって $\dim \mathbb{A}_{k(\mathfrak{p})}^n = n$ である．

同様にして R 上の n 次元射影空間 $\mathbb{P}_R^n = \operatorname{Proj} R[x_0, x_1, \cdots, x_n]$ と構造射 $\pi: \mathbb{P}_R^n \to \operatorname{Spec} R$ が定義されるが，このとき $\dim \mathbb{P}_R^n = \dim \operatorname{Spec} R + n$ が成立する．$\operatorname{Spec} R$ の点 $\mathfrak{p}$ に対して π の $\mathfrak{p}$ 上のファイバー $\pi^{-1}(\mathfrak{p})$ は $\mathbb{P}_{k(\mathfrak{p})}^n$ であり $\dim \mathbb{P}_{k(\mathfrak{p})}^n = n$ である． □

一般にスキームの射 $f: X \to Y$ が与えられ，底空間の写像が全射であるとき，射 f の**相対次元**(relative dimension)を $\dim X - \dim Y$ と定義し rel.$\dim(f)$ と記す．上の例では rel.$\dim(\pi) = n$ であり，π のすべてのファイバーの次元が n になっている．

例 7.21 有理整数環 $\mathbb{Z}$ 上の射影平面 $\pi: \mathbb{P}_\mathbb{Z}^2 = \operatorname{Proj} \mathbb{Z}[x_0, x_1, x_2] \to \operatorname{Spec} \mathbb{Z}$ が与えられたとき $\mathbb{Z}[x_0, x_1, x_2]$ のイデアル $I = (2x_0^2 - 2x_1^2 + 3x_2^2)$ が定義する $\mathbb{P}_\mathbb{Z}^2$ の閉部分スキーム $Q = \operatorname{Proj} \mathbb{Z}[x_0, x_1, x_2]/I$ を考える．$\mathbb{P}_\mathbb{Z}^2$ の構造射 π から射 $\tilde{\pi}: Q \to \operatorname{Spec} \mathbb{Z}$ が定まる．点 (2) 上の $\tilde{\omega}$ のファイバー $\tilde{\pi}^{-1}((2))$ は $\operatorname{Proj} \mathbb{F}_2[x_0, x_1, x_2]/(x_2^2)$ で与えられ被約ではない．また点 (3) 上のファイバー $\tilde{\pi}^{-1}((3))$ は

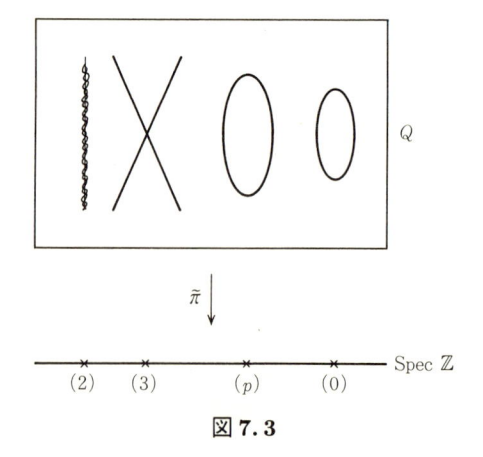

図 7.3

$\mathrm{Proj}\,\mathbb{F}_3[x_0,x_1,x_2]/(x_0^2-x_1^2)$ で与えられ $\mathbb{P}_{\mathbb{F}_3}^2$ 内の 2 本の直線の和である．他の素数 p では $\tilde{\pi}^{-1}((p))=\mathrm{Proj}\,\mathbb{F}_p[x_0,x_1,x_2]/(2x_0^2-2x_1^2+3x_2^2)$ となり $\mathbb{P}_{\mathbb{F}_p}^2$ 内の既約な 2 次曲線である．また生成点 (0) 上のファイバー $\tilde{\pi}^{-1}((0))$ は $\mathrm{Proj}\,\mathbb{Q}[x_0,x_1,x_2]/(2x_0^2-2x_1^2+3x_2^2)$ となり $\mathbb{P}_{\mathbb{Q}}^2$ の既約な 2 次曲線である．いずれの場合もファイバーの次元は 1 である．$\dim Q=2$, $\dim\mathrm{Spec}\,\mathbb{Z}=1$ であり $\mathrm{rel.dim}(\tilde{\pi})=1$ である． □

上の 2 つの例ではすべてのファイバーの次元と射の相対次元が一致したが，一般の射では特別なファイバーの次元は相対次元より大きくなることがある．そうした例はブローアップを述べるときに登場する．

（c） 代数多様体の関数体と次元

これまでは可換環論の理論を使って次元を調べてきたが，既約な代数的スキームに対しては体の言葉を使って次元を定義することができる．基本となるのは次の事実である．

命題 7.22 整スキーム X の生成点 η での局所環 $\mathcal{O}_{X,\eta}$ は体であり，X のアフィン開集合 $U=\mathrm{Spec}\,A$ に対して，A の商体 $Q(A)$ と $\mathcal{O}_{X,\eta}$ とは同型である．

［証明］ X は整スキームであるので既約であり，したがって 2 つのアフィン開集合 $U=\mathrm{Spec}\,A$, $V=\mathrm{Spec}\,B$ はかならず交わる．よって $\eta\in U$, $\eta\in V$ であり，η は U,V の生成点でもある．X は整スキームであるので A は整域であり，$\mathrm{Spec}\,A$ の生成点はイデアル (0) が定める点である．構造層のこの点上の茎は A の商体 $Q(A)$ に他ならない．よって $\mathcal{O}_{X,\eta}=Q(A)$ が成立する． ■

特に整スキーム X が体 k 上の代数的スキームであるとき，X の生成点 η 上の構造層の茎 $\mathcal{O}_{X,\eta}$ を X の**関数体**といい，$k(X)$ と記す．定理 7.12 と命題 7.22 により次の系を得る．

系 7.23 体 k 上の代数的スキーム X が整であれば，X の関数体 $k(X)$ に対して
$$\mathrm{tr.deg}_k k(X)=\dim X$$
が成立する． □

例 7.24

（1） 体 k 上の n 変数多項式環 $k[x_1, x_2, \cdots, x_n]$ の既約な m 次多項式 $f(x_1, x_2, \cdots, x_n)$ から定まる n 次元アフィン空間 $\mathbb{A}_k^n$ の閉部分スキーム $X = V(f) = \operatorname{Spec} k[x_1, x_2, \cdots, x_n]/(f)$ は整スキームである．X の関数体 $k(X)$ は環 $R = k[x_1, x_2, \cdots, x_n]/(f)$ の商体である．$\operatorname{tr.deg}_k Q(R) = n-1$ であり，$\dim X = n-1$ であることが分かる．

（2） 体 k 上の n 次元射影空間 $\mathbb{P}_k^n = \operatorname{Proj} k[x_0, x_1, \cdots, x_n]$ の関数体 $k(\mathbb{P}_k^n)$ は n 変数有理関数体 $K = k\left(\dfrac{x_1}{x_0}, \dfrac{x_2}{x_0}, \cdots, \dfrac{x_n}{x_0}\right)$ で与えられる．このとき $K = k\left(\dfrac{x_0}{x_i}, \cdots, \dfrac{x_{i-1}}{x_i}, \dfrac{x_{i+1}}{x_i}, \cdots, \dfrac{x_n}{x_i}\right)$ と書くこともできることに注意する．$\operatorname{tr.deg}_k K = n$ である． □

(d) 正規スキームと正則スキーム

この節で可換環について少し論じたので，その続きとして正規スキームと正則スキームについて簡単に触れておこう．Noether 整域 R がその商体 $Q(R)$ の中で整閉であるとき，R を正規環と呼んだ．Noether 的スキーム X は X のすべての点 x での構造層 $\mathcal{O}_X$ の茎 $\mathcal{O}_{X,x}$ が正規環であるとき**正規スキーム**と呼ばれる．次の命題が正規スキームの定義の意味づけを与えてくれる．

命題 7.25 Noether 環 R に対してアフィンスキーム $\operatorname{Spec} R$ が正規スキームであるための必要十分条件は R が正規環であることである． □

$X = \operatorname{Spec} R$ が正規スキームであることは，その定義より R の任意の素イデアル $\mathfrak{p}$ に対して $R_\mathfrak{p}$ が正規環であることを意味する．このとき R は整域でなければならない．上の命題の主張はしたがって次の定理の言い換えであることが分かる．

定理 7.26 Noether 整域 R が正規環であるための必要十分条件は R の任意の素イデアル $\mathfrak{p}$ に対して $R_\mathfrak{p}$ が正規環であることである．

[証明] 整域 R に対しては $R_\mathfrak{p} \subset Q(R)$ と考えられることに注意する．$\alpha = \dfrac{r}{a} \Big/ \dfrac{s}{b} \left(\dfrac{r}{a}, \dfrac{s}{b} \in R_\mathfrak{p},\ r, s, a, b \in R,\ a, b \notin \mathfrak{p}\right)$ が $R_\mathfrak{p}$ 上整であれば

$$\alpha^n + \frac{t_1}{c_1}\alpha^{n-1} + \cdots + \frac{t_n}{c_n} = 0, \quad t_1,\cdots,t_n,c_1,\cdots,c_n \in R, \quad c_1,\cdots,c_n \notin \mathfrak{p}$$

なる関係式がある．この両辺に $(c_1\cdots c_n)^n$ を掛け，$\beta = c_1\cdots c_n\alpha$ とおくと β は $\beta^n + d_1\beta^{n-1} + \cdots + d_n = 0,\ d_1,\cdots,d_n \in R$ なる関係を満たし β は R 上整である．したがって R が正規環であれば $\beta \in R$ である．$c_1\cdots c_n \notin \mathfrak{p}$ であるので $\alpha = \dfrac{\beta}{c_1\cdots c_n} \in R_\mathfrak{p}$ である．よって $R_\mathfrak{p}$ も正規環である．

逆を証明するためには R の商体 $Q(R)$ の中で

(7.22) $$R = \bigcap_{\mathfrak{p}\in \mathrm{Spec}\,R} R_\mathfrak{p}$$

であることに注意する．これは例題2.24で証明したが，次のように証明することもできる．$\alpha \in \bigcap_{\mathfrak{p}\in\mathrm{Spec}\,R} R_\mathfrak{p}$ に対して $I(\alpha) = \{r\in R\,|\,r\alpha \in R\}$ と定義する．$r_1,r_2 \in I(\alpha)$ に対して $r_1+r_2 \in I(\alpha)$ であり，また $a \in R$ に対して $ar_1 \in I(\alpha)$ であるので $I(\alpha)$ は R のイデアルである．もし $I(\alpha) \neq R$ であれば $I(\alpha) \subset \mathfrak{p}$ となる素イデアルが必ず存在する．$I(\alpha)$ を含むイデアルのうち極大なものは素イデアルだからである．一方 $\alpha \in R_\mathfrak{p}$ であり $I(\alpha) \neq R$ であることは $\alpha \notin R$ を意味するので $\alpha = \dfrac{r}{a},\ a,r \in R,\ a \notin \mathfrak{p}$ と書ける．したがって $a\alpha = r \in R$ より $a \in I(\alpha) \subset \mathfrak{p}$ であるが，これは矛盾である．よって $I(\alpha) = R$ でなければならない．すると $1 \in I(\alpha)$ より $\alpha \in R$ を意味する．よって $\bigcap_{\mathfrak{p}\in\mathrm{Spec}\,R} R_\mathfrak{p} \subset R$ が成り立つ．逆向きの包含関係は明らかであるので(7.22)が成り立つ．

さて $a \in Q(R)$ が R 上整であれば $R_\mathfrak{p}$ 上整である．したがって $a \in \bigcap_{\mathfrak{p}\in\mathrm{Spec}\,R} R_\mathfrak{p}$ が成り立ち $a \in R$ となり，R は正規環であることが分かる．∎

上の証明をよく見ると，実は $\mathfrak{p}$ が R の極大イデアルのときを考えれば十分であることが分かり

$$R = \bigcap_{\mathfrak{p}\in\mathrm{Spm}\,R} R_\mathfrak{p}$$

を得る．正規環のときはこれとある意味で逆のことがいえる．

定理 7.27 Noether 整域 R が正規環であれば R の商体 $Q(R)$ の中で

(7.23) $$R = \bigcap_{\mathrm{ht}\,\mathfrak{p}=1} R_\mathfrak{p}$$

が成立する．また R が正規環であるための必要十分条件は R の任意の極大イデアル $\mathfrak{p}$ に対して $R_\mathfrak{p}$ が正規環となることである． □

特に体 k 上の代数的スキームに対しては対応する代数多様体が正規である，すなわち各点上の構造層の茎が正規環であることと代数的スキームが正規であることとは同値であることが分かる．正規代数多様体の概念は，20 世紀中頃，代数幾何学の厳密な基礎づけを行う努力の中で Zariski によって導入された．

代数多様体が正規であるか否かを判定するのは必ずしも容易ではない．代数多様体の場合は**非特異**(non-singular)であるか否かを判定することの方がやさしい．ここで，正則スキームの定義を与えておこう．

定義 7.28 Noether 局所環 R の極大イデアルを $\mathfrak{m}$，剰余体を $k = R/\mathfrak{m}$ と記す．
$$\dim_k \mathfrak{m}/\mathfrak{m}^2 = \dim A$$
が成り立つとき，R を**正則局所環**(regular local ring)という．局所 Noether 的スキーム X は X の各点での構造層の茎 $\mathcal{O}_{X,x}$ が正則局所環であるとき**正則スキーム**(regular scheme)と呼ばれる．また点 x で $\mathcal{O}_{X,x}$ が正則局所環であるとき，x をスキーム X の**正則点**(regular point)と呼ぶ．正則点でない点を**特異点**(singular point)と呼ぶ． □

一般の Noether 局所環 R の極大イデアル $\mathfrak{m}$ に関しては
$$\dim_k \mathfrak{m}/\mathfrak{m}^2 \geqq \dim A$$
が成り立つことに注意する．

ここでは体 k 上の局所 Noether 的スキームについて考えよう．まず X の k 有理点が正則点であるための条件を求めよう．点 x の近傍で考えればよいので X がアフィンスキームの場合を考えれば十分である．

ところで，Noether 局所環が正則局所環であれば正規環であることが証明できるが，逆は一般には成立しない．したがって正則スキームであることは正規スキームであることより強い主張である．

体 k 上の n 変数多項式環 $R = k[x_1, x_2, \cdots, x_n]$ の極大イデアル $\mathfrak{m} = (x_1 - a_1, x_2 - a_2, \cdots, x_n - a_n)$ による局所化 $R_\mathfrak{m}$ が正則局所環であることは $x_1 - a_1$,

$x_2-a_2, \cdots, x_n-a_n$ の $\mathfrak{m}/\mathfrak{m}^2$ の像が k 上のベクトル空間の基底となることと $\dim R_\mathfrak{m} = n$ であることより分かる．可換環論で次のことが知られている．

命題 7.29 正則局所環 R の素イデアル $\mathfrak{p}$ による局所化 $R_\mathfrak{p}$ は正則局所環である． □

したがって k が代数的閉体であれば上の議論とあわせて $\mathbb{A}_k^n$, $\mathbb{P}_k^n$ が正則スキームであることが分かる．また代数的閉体 k 上の代数的スキーム X はその各 k 有理点 x で $\mathcal{O}_{X,x}$ が正則局所環であれば正則スキームであることが分かる．一般のスキームでも各閉点で正則性を確かめればよい．

代数的閉体でない場合の体 k 上の代数的スキームに対しては次の命題が有用である．命題を述べるためにもう1つ言葉を用意する．Noether 環 R はその各素イデアル $\mathfrak{p}$ による局所化 $R_\mathfrak{p}$ が正則局所環であるとき**正則環**と呼ばれる．上の命題 7.29 から素イデアル $\mathfrak{p}$ は極大イデアルのときを考えれば十分であることが分かる．

命題 7.30 体 k 上の k 代数 R が Noether 環であるとき，体 k の有限生成拡大体 K に対して $R \otimes_k K$ が正則環であれば R も正則環である．特に K/k が分離拡大であれば R が正則環であるための必要十分条件は $R \otimes_k K$ が正則環であることである． □

例題 7.31 体 k 上の n 変数多項式 $f_1(x_1, \cdots, x_n), \cdots, f_l(x_1, \cdots, x_n)$ が定める n 次元アフィン空間 $\mathbb{A}_k^n$ の既約閉部分スキーム $X = \operatorname{Spec} k[x_1, \cdots, x_n]/(f_1, \cdots, f_l)$ の k 有理点 $P = (a_1, \cdots, a_n)$ が X の正則点であるための必要十分条件は

$$(7.24) \quad \operatorname{rank} \begin{pmatrix} \dfrac{\partial f_1(a_1,\cdots,a_n)}{\partial x_1} & \dfrac{\partial f_1(a_1,\cdots,a_n)}{\partial x_2} & \cdots & \dfrac{\partial f_1(a_1,\cdots,a_n)}{\partial x_n} \\ \dfrac{\partial f_2(a_1,\cdots,a_n)}{\partial x_1} & \dfrac{\partial f_2(a_1,\cdots,a_n)}{\partial x_2} & \cdots & \dfrac{\partial f_2(a_1,\cdots,a_n)}{\partial x_n} \\ \cdots & \cdots & \cdots & \cdots \\ \dfrac{\partial f_l(a_1,\cdots,a_n)}{\partial x_1} & \dfrac{\partial f_l(a_1,\cdots,a_n)}{\partial x_2} & \cdots & \dfrac{\partial f_l(a_1,\cdots,a_n)}{\partial x_n} \end{pmatrix} = n - \dim X$$

が成立することである．

[解] 多項式環 $k[x_1,\cdots,x_n]$ のイデアル $(x_1-a_1,\cdots,x_n-a_n)$ を $\mathfrak{m}$, $(f_1,\cdots,f_l)$ を I と記す. 点 $(a_1,\cdots,a_n)$ で $f_i(a_1,\cdots,a_n)=0$ であるので

$$f_i(x_1,\cdots,x_n) \equiv \sum_{j=1}^{n} \frac{\partial f_i}{\partial x_j}(a_1,\cdots,a_n)(x_j-a_j) \pmod{\mathfrak{m}^2}$$

がすべての $1 \leqq i \leqq l$ で成立する. $s_i = x_i - a_i \pmod{\mathfrak{m}^2}$ とおくと $\mathfrak{m}/\mathfrak{m}^2$ は $s_1, s_2, \cdots, s_n$ を基底とするベクトル空間である. 仮定より $I \subset \mathfrak{m}$ であり, $(I+\mathfrak{m}^2)/\mathfrak{m}^2$ は $t(f_i) = \sum_{j=1}^{n} \frac{\partial f_i}{\partial x_j}(a_1,\cdots,a_n)s_j$, $i=1,\cdots,l$ から生成される $\mathfrak{m}/\mathfrak{m}^2$ の部分ベクトル空間である. この部分空間の k 上の次元は(7.24)の左辺, 点 $(a_1,\cdots,a_n)$ での Jacobi 行列 $\frac{\partial(f_1\cdots f_l)}{\partial(x_1\cdots x_n)}(a_1,\cdots,a_n)$ の階数に等しい. 一方 X の点 $p=(a_1,\cdots,a_n)$ での X の構造層の茎 $\mathcal{O}_{X,p}$ の極大イデアルを $\mathfrak{m}_P$ と記すと, $\mathfrak{m}_P \simeq \mathfrak{m}/I$ であり,

$$\mathfrak{m}_P/\mathfrak{m}_P^2 \simeq (\mathfrak{m}/I)/(\mathfrak{m}/I)^2 \simeq \mathfrak{m}/I+\mathfrak{m}^2 \simeq (\mathfrak{m}/\mathfrak{m}^2)/\{(I+\mathfrak{m}^2)/\mathfrak{m}^2\}$$

となる. よって

$$\begin{aligned}\dim_k \mathfrak{m}_P/\mathfrak{m}_P^2 &= \dim_k \mathfrak{m}/\mathfrak{m}^2 - \dim_k(I+\mathfrak{m}^2)/\mathfrak{m}^2 \\ &= n - \mathrm{rank}\,\frac{\partial(f_1\cdots f_l)}{\partial(x_1\cdots x_n)}(a_1,\cdots,a_n)\end{aligned}$$

が成立する. したがって $\dim \mathfrak{m}_P/\mathfrak{m}_P^2 = \dim X$ が成立するための必要十分条件は(7.24)が成立することである. ∎

(7.24)は比較的調べやすい条件である. 例題 7.31 の主張を正則点の **Jacobi 判定法** という. 命題 7.30 と Jacobi 判定法を使うことにより一般の体 k 上の代数的スキームが正則スキームであるか否かは比較的判定しやすい. 例をあげよう.

例 7.32 標数 $p \geqq 2$ の代数的閉体 k 上の 1 変数関数体 $K = k(t)$ 上

$$y^2 = x^p - t$$

で定義される 2 次元アフィン平面 $\mathbb{A}_K^2$ の閉部分スキーム X を考える. すなわち $X = \mathrm{Spec}\,K[x,y]/(y^2-x^p+t)$ を考える. $u^p - t = 0$ の根 s を添加してできる体 K の拡大体 $K_1 = K(s)$ 上では $y^2 = x^p - t = (x-s)^p$ となる. $z = x - s$ とおくと $X_1 = X \times_{\mathrm{Spec}\,K} \mathrm{Spec}\,K_1 = \mathrm{Spec}\,K_1[x,y]/(y^2-z^p)$ となる. K_1 の代

数的閉包,したがって K の代数的閉包 $\overline{K}$ をとって $\overline{X} = X \times_{\operatorname{Spec} K} \operatorname{Spec} \overline{K} = \operatorname{Spec} \overline{K}[y, z]/(y^2 - z^p)$ を考える.$\dim X = 1$ であるので Jacobi 判定法により,$\overline{X}$ の $\overline{K}$ 有理点 (a, b) が正則点であるための必要十分条件は $(a, b) \neq (0, 0)$ である.一方,点 $(0, 0)$ は $\overline{X}$ および X_1 の特異点である.$(y, z) = (0, 0)$ は $(x, y) = (s, 0)$ に対応する.これは X_1 の K_1 有理点であるが X の K 有理点ではない.対応する X の点は $R = K[x, y]/(y^2 - x^p + t)$ のイデアル $\mathfrak{p} = (x^p - t, y)$ が定める点 P である.ここで x, y の定める R の元も x, y と略記した.$\mathcal{O}_{X,P} = R_{\mathfrak{p}}$ である.$\mathfrak{m} = \mathfrak{p} R_{\mathfrak{p}}$ が $\mathcal{O}_{X,P}$ の極大イデアルである.$\mathfrak{m}/\mathfrak{m}^2$ を調べてみよう.$R_{\mathfrak{p}}$ では $y^2 = x^p - t$ が成り立つので $x^p - t \in \mathfrak{m}^2$ である.したがって $\mathfrak{m}/\mathfrak{m}^2$ は $\overline{y} = y \pmod{\mathfrak{m}^2}$ を基底とする K 上の 1 次元ベクトル空間である.したがって X は点 $P = [\mathfrak{p}]$ で正則である.$X \setminus P$ は $X \otimes \overline{K} \setminus \{(0, 0)\}$ が正則スキームであるので命題 7.30 より正則スキームである.よって X は正則スキームである.この例のように,係数体を拡大すると正則性は一般にくずれてしまう.

環 R のかわりに環 $\widetilde{R} = k[t, x, y]/(y^2 - x^p + t)$ を考え,自然な単射準同型写像 $\varphi: k[t] \to \widetilde{R}$ からスキームの射 $\pi: \widetilde{X} = \operatorname{Spec} \widetilde{R} \to \mathbb{A}^1_k = \operatorname{Spec} k[t]$ を作ることができる.$\dim \widetilde{X} = 2$ であり,体 k 上のスキームである.Jacobi 判定法により $\widetilde{X}$ が正則スキームであることは容易に分かる.一方,射 π の $\mathbb{A}^1_k$ の生成点上のファイバーは $\widetilde{X} \times_{\mathbb{A}^1_k} \operatorname{Spec} k(t) = X$ であることが分かる.他の $\mathbb{A}^1_k$ の k 有

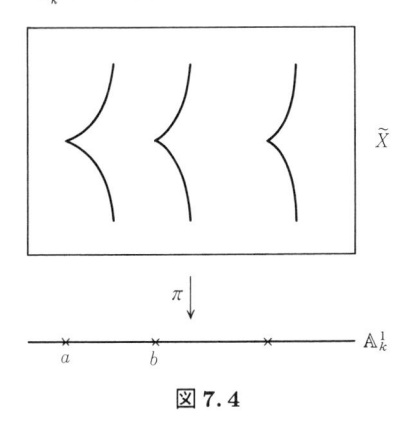

図 7.4

理点 a のファイバーは $X_a = \operatorname{Spec} k[x,y]/(y^2 - x^p + a)$ で与えられる．これらのファイバーは代数的閉体まで係数体を拡大すると必ず特異点を持つ．すなわち π のすべての幾何学的ファイバーは特異点を持つ．これは標数 p 特有の現象である．　　　　　　　　　　　　　　　　　　　　　　　　　　　　　　　□

命題 7.30 で基礎体の拡大を分離拡大と仮定したのは上の例のように基礎体の非分離拡大で正則性がこわれることがあるからである．標数 0 では例 7.32 のような例は存在しない．

例 7.33 標数が 2 でない体 k の元を係数とする 1 変数多項式 $f(x) = a_0 x^n + a_1 x^{n-1} + \cdots + a_{n-1} x + a_n$, $a_0 \neq 0$ は k の代数的閉包の中で重根を持たないと仮定する．アフィン平面 $\mathbb{A}_k^2$ 内に

(7.25) $$y^2 = f(x)$$

で定義される 1 次元閉部分スキーム $X = \operatorname{Spec}[x,y]/(y^2 - f(x))$ は $\operatorname{char} k \neq 2$ であるので Jacobi 判定法と命題 7.30 により正則スキームである．Jacobi 行列は

$$\begin{pmatrix} f'(x) & 0 \\ 0 & 2y \end{pmatrix}$$

となり，$f(x)$ は重根を持たないことより $y = 0$, $f'(x) = 0$ を満足する点は存在しないからである．

構造射 $\pi: X \to \operatorname{Spec} k$ は固有射ではない．X を稠密な開集合とする $\operatorname{Spec} k$ 上の固有スキーム $\overline{X}$ を構成しよう．$\mathbb{A}_k^2 \subset \mathbb{P}_k^2$ であるので，自然な方法は (7.25) を斉次座標を使って書き換えることである．$x = \dfrac{x_1}{x_0}$, $y = \dfrac{x_2}{x_0}$ を使うと (7.25) は

(7.26) $\quad F(x_0, x_1, x_2)$
$\quad\quad = x_0^{n-2} x_2^2 - (a_0 x_1^n + a_1 x_0 x_1^{n-1} + \cdots + a_{n-1} x_0^{n-1} x_1 + a_n x_0^n)$
$\quad\quad = 0$

となる．したがって $\overline{X} = \operatorname{Proj} k[x_0, x_1, x_2]/(F(x_0, x_1, x_2))$ は射影平面 $\mathbb{P}_k^2$ の 1 次元閉部分スキームであり，したがって $\operatorname{Spec} k$ 上固有である．また $\mathbb{A}_k^2 \subset \mathbb{P}_k^2$ より $\overline{X} \cap \mathbb{A}_k^2 = X$ である．X に含まれない $\overline{X}$ の k 有理点で $\overline{X}$ が正則か否かを調べてみよう．そのためには，このような k 有理点を含むアフィン開近

傍で考えればよい．このような k 有理点は無限遠直線 $V_+(x_0)$ に含まれる．$F(0, x_1, x_2) = -a_0 x_1^n$ であるので k 有理点は唯一つであり $k[x_0, x_1, x_2]$ のイデアル (x_0, x_1) に対応する．この点を p_∞ と記す．斉次座標を使えば，p_∞ は $(0:0:1)$ である．そこでアフィン開集合 $U = D_+(x_2)$ で $\overline{X} \cap U$ を考えればよい．$u = \dfrac{x_0}{x_2}$, $v = \dfrac{x_1}{x_2}$ とおくと $U = \operatorname{Spec} k[u, v] = \mathbb{A}_k^2$, $\overline{X} \cap U = \operatorname{Spec} k[u, v]/(g(u, v))$ と書くことができる．ここで

$$g(u, v) = u^{n-2} v - (a_0 v^n + a_1 u v^{n-1} + \cdots + a_{n-1} u^{n-1} v + a_n u^n)$$

である．問題の点 p_∞ はこのアフィン平面の原点 $(0, 0)$ に対応する．$n \geqq 3$ のとき

$$\begin{aligned}
\frac{\partial g}{\partial u} &= (n-2) u^{n-3} v \\
&\quad - \{a_1 v^{n-1} + 2 a_2 u v^{n-2} + \cdots + (n-1) a_{n-1} u^{n-2} v + n a_n u^{n-1}\} \\
\frac{\partial g}{\partial v} &= u^{n-2} - \{n a_0 v^{n-1} + (n-1) a_1 u v^{n-2} + \cdots + a_{n-1} u^{n-1}\}
\end{aligned}$$

であるので，$\dfrac{\partial g}{\partial v}(0, 0) = 0$, かつ $n > 3$ であれば $\dfrac{\partial g}{\partial u}(0, 0) = 0$ となる．すなわち $n \geqq 4$ であれば p_∞ は特異点である．$n = 3$ のときは p_∞ は正則点である．$n = 3$ のとき $\overline{X}$ はしたがって正則スキームである．この正則スキーム，正確には $\overline{X}$ と点 p_∞ の対 $(\overline{X}, p_\infty)$ は**楕円曲線**(elliptic curve)と呼ばれる．楕円曲線に関しては§8.2(a)で詳しく述べる．

$n \geqq 4$ のときは p_∞ は特異点であるが，この特異点を除去してできる 1 次元正則スキームを $n \geqq 5$ のとき**超楕円曲線**と呼ぶ．$n = 4$ のときは特異点を除去したものは実は楕円曲線であることも後に述べる．曲線の特異点の除去は次章で述べるが，ここでは別の方法で X を開集合として含み k 上固有かつ正則であるスキーム $\widetilde{X}$ を構成してみよう．そのためには $\mathbb{P}_k^1$ 上の直線束 $\pi: \mathbb{L} \to \mathbb{P}_k^1$ を構成し，$\mathbb{L}$ の閉部分スキームとして $\widetilde{X}$ を構成する．$\mathbb{P}_k^1 = \operatorname{Proj} k[x_0, x_1]$ に対して $U_0 = D_+(x_0) = \operatorname{Spec} k[x]$, $U_1 = D_+(x_1) = \operatorname{Spec} k[u]$ とおく．ただし $x = \dfrac{x_1}{x_0}$, $u = \dfrac{x_0}{x_1}$ とおいた．$U_0 \cap U_1$ では $u = \dfrac{1}{x}$ が成り立つことに注意する．さらに 2 本のアフィン直線 $A_0 = \operatorname{Spec} k[y]$, $A_1 = \operatorname{Spec} k[v]$ を用意して，$U_0 \times A_0$ と $U_1 \times A_1$ とを張り合わせて $\mathbb{P}_k^1$ 上のスキーム $\pi: \mathbb{L} \to \mathbb{P}_k^1$ を構成する．$U_0 \times$

$A_0 = \mathrm{Spec}\, k[x,y]$, $U_1 \times A_1 = \mathrm{Spec}\, k[u,v]$ と考えられることに注意して，環の同型写像 φ を $n=2m$ または $n=2m-1$ のとき

(7.27)
$$\varphi: \quad k\left[x, \frac{1}{x}, y\right] \longrightarrow k\left[u, \frac{1}{u}, v\right]$$
$$x \longmapsto \frac{1}{u}$$
$$y \longmapsto \frac{v}{u^m}$$

と定義する．φ は $k\left[x, \frac{1}{x}\right]$ から $k\left[u, \frac{1}{u}\right]$ の同型写像 φ_0 の拡張と考えられる．この同型写像によって $(U_0 \cap U_1) \times A_0$ と $(U_0 \cap U_1) \times A_1$ との同型写像を得て，$U_0 \times A_0$ と $U_1 \times A_1$ とを張り合わせることができ，スキーム $\mathbb{L}$ を得る．φ_0 による U_0 と U_1 の張り合わせは $\mathbb{P}^1_k$ に他ならないので，k 上の射 $\pi: \mathbb{L} \to \mathbb{P}^1_k$ を得ることができる．この射は $U_0 \times A_0$ 上では自然な射 $p_1: U_0 \times A_0 \to U_0$ と $U_1 \times A_1$ 上では自然な射 $p_2: U_1 \times A_1 \to U_1$ と一致する．また(7.27)による $U_0 \times A_0$ と $U_1 \times A_1$ との張り合わせでは p_1 のファイバーと p_2 のファイバーとを張り合わせており，$\pi: \mathbb{L} \to \mathbb{P}^1_k$ は $\mathbb{P}^1_k$ 上の直線束であることも容易に分かる．

さて，式(7.25)は $U_0 \times A_0 = \mathrm{Spec}\, k[x,y]$ の閉部分スキームを定義し，これはスキーム X に他ならない．同型写像 φ により $y^2 - f(x)$ は $u^{-2m}v^2 - f\left(\frac{1}{u}\right)$ に写される．そこで

$$h(u,v) = v^2 - u^{2m} f\left(\frac{1}{u}\right)$$
$$= \begin{cases} v^2 - (a_0 + a_1 u + a_2 u^2 + \cdots + a_n u^n), & n=2m \text{ のとき} \\ v^2 - u(a_0 + a_1 u + \cdots + a_n u^n), & n=2m-1 \text{ のとき} \end{cases}$$

とおく．$u^{2m} f\left(\frac{1}{u}\right)$ は $a_n \neq 0$ であれば $2m$ 個の相異なる根を持つ．また $a_n = 0$ のときは $f(x)$ は重根を持たないと仮定したので，$a_{n-1} \neq 0$ であり，このときも $u^{2m} f\left(\frac{1}{u}\right)$ は相異なる根を持つ．したがって $U_1 \times A_1 = \mathrm{Spec}\, k[u,v]$ の閉部分スキーム $Y = \mathrm{Spec}\, k[u,v]/(h(u,v))$ は体 k 上の正則スキームである．また $X \cap ((U_0 \cap U_1) \times A_0)$ と $Y \cap ((U_0 \cap U_1) \times A_1)$ とは同型なスキームであるの

で X と Y とを張り合わせて体 k 上の正則スキーム $\widetilde{X}$ を得る. $\widetilde{X}$ は作り方から $\mathbb{L}$ の閉部分スキームである. 射 $\pi\colon \mathbb{L} \to \mathbb{P}^1_k$ を $\widetilde{X}$ に制限したものを $\widetilde{\pi}\colon \widetilde{X} \to \mathbb{P}^1_k$ と記す. 射 $\widetilde{\pi}$ は固有射であることを示そう. そのためには $\mathbb{P}^1_k \to \operatorname{Spec} k$ が固有射であることより, $f\colon \widetilde{X} \to \operatorname{Spec} k$ が固有射であることを示せばよい.

$\widetilde{X}$ は Noether 的スキームであるので固有性の付値判定法(定理 5.9)を使って証明する. 付値環 R の商体を K と記し, 可換図式

(7.28)
$$\begin{array}{ccc} \operatorname{Spec} K & \xrightarrow{s_1} & \widetilde{X} \\ \iota \downarrow & & \downarrow f \\ \operatorname{Spec} R & \xrightarrow{s} & \operatorname{Spec} k \end{array}$$

を満たす射 $s_1\colon \operatorname{Spec} K \to \widetilde{X}$, $s\colon \operatorname{Spec} R \to \operatorname{Spec} k$ が与えられたと仮定する. 射 s の存在は R が k 代数であることを意味する. 射 $t_1 = \widetilde{\pi} \circ s_1\colon \operatorname{Spec} K \to \mathbb{P}^1_k$ に関しては $g\colon \mathbb{P}^1_k \to \operatorname{Spec} k$ は固有射であるので定理 5.9 より可換図式

$$\begin{array}{ccc} \operatorname{Spec} K & \xrightarrow{t_1} & \mathbb{P}^1_k \\ \iota \downarrow & \nearrow t & \downarrow g \\ \operatorname{Spec} R & \xrightarrow{s} & \operatorname{Spec} k \end{array}$$

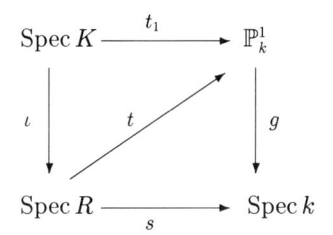

を得る. 射 $t\colon \operatorname{Spec} R \to \mathbb{P}^1_k$ は $\mathbb{P}^1_k$ の(正確には $\mathbb{P}^1_R = \mathbb{P}^1_k \otimes_{\operatorname{Spec} k} \operatorname{Spec} R$)の点 $(a_0 : a_1)$, $a_0, a_1 \in R$ に対応する. R の付値を v と記し, $v(a_0) \leqq v(a_1)$ のときを考えよう. $a = \dfrac{a_1}{a_0} \in R$ であり $(a_0 : a_1) = (1 : a)$ となり, t は $\operatorname{Spec} R$ から U_0 への射と考えることができることが分かる. したがって $t_1\colon \operatorname{Spec} K \to U_0$ であり, $s_1\colon \operatorname{Spec} K \to X$ と考えてよいことが分かる. 図式

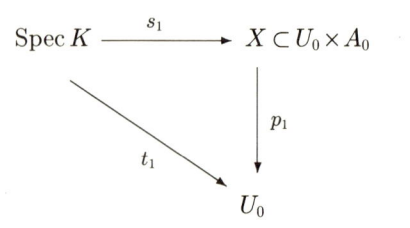

$$\begin{array}{ccc} \mathrm{Spec}\,K & \xrightarrow{s_1} & X \subset U_0 \times A_0 \\ & \searrow^{t_1} & \downarrow^{p_1} \\ & & U_0 \end{array}$$

は可換であり，射 t_1 は k 代数の準同型写像

$$\begin{array}{ccc} k[x] & \longrightarrow & R \subset K \\ x & \longmapsto & a \end{array}$$

から定まることが上で分かっている．したがって，射 $s_1 \colon \mathrm{Spec}\,K \to X = \mathrm{Spec}\,k[x,y]/(y^2-f(x))$ は $b^2 = f(a)$ を満足する $b \in K$ を与えることによって，言い換えると k 代数の準同型写像

(7.29)
$$\begin{array}{ccc} k[x,y]/(y^2-f(x)) & \longrightarrow & K \\ \overline{x} & \longmapsto & a \\ \overline{y} & \longmapsto & b \end{array}$$

を与えることによって定まる．$f(x)$ の係数は k であり，$s \colon \mathrm{Spec}\,R \to \mathrm{Spec}\,k$ は $k \hookrightarrow R$ を意味するので $v(f(a)) \geq 0$ であることが分かる．$b^2 = f(a)$ より $2v(b) = v(f(a)) \geq 0$ となり $v(b) \geq 0$ であることが分かり $b \in R$ である．したがって (7.29) は準同型写像

$$\begin{array}{ccc} k[x,y]/(y^2-f(x)) & \longrightarrow & R \\ \overline{x} & \longmapsto & a \\ \overline{y} & \longmapsto & b \end{array}$$

と $R \subset K$ の合成であることが分かり可換図式

$$\begin{array}{ccc} \operatorname{Spec} K & \xrightarrow{s_1} & \widetilde{X} \\ {\scriptstyle \iota}\downarrow & {\scriptstyle s}\nearrow & \downarrow{\scriptstyle f} \\ \operatorname{Spec} R & \longrightarrow & \operatorname{Spec} k \end{array}$$

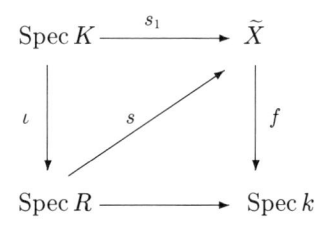

を満足する射 $s\colon \operatorname{Spec} R \to \widetilde{X}$ が存在することが分かる．$v(a_0) > v(a_1)$ のときは $a = \dfrac{a_0}{a_1} \in R$ であり $(a_0 : a_1) = (a : 1)$ であるので U_1 と Y とに上と同様の議論を適用することができることが分かる．したがって $f\colon \widetilde{X} \to \operatorname{Spec} k$ は固有射である．

$\widetilde{X}$ を k 上の代数多様体と考えると，これは 1 次元完備非特異代数多様体であることが証明されたことになる．$\widetilde{X}$ (正確には $f\colon \widetilde{X} \to \operatorname{Spec} k$) を $n \geq 5$ のときは式 (7.25) が定める**超楕円曲線**という．$n = 4$ のときは楕円曲線となることを後に示す．また $\widetilde{\pi}\colon \widetilde{X} \to \mathbb{P}^1_k$ は $n = 2m$ のときは，$P_i = (1 : \alpha_i)$, $f(\alpha_i) = 0$, $i = 1, 2, \cdots, n$ となる n 個の点以外では $\overline{k}$ 有理点 Q の逆像 $\widetilde{\pi}^{-1}(Q)$ は 2 点よりなる．$\pi^{-1}(P_i)$ は 1 点であり，このような点 P_i を**分岐点**(branch point) という．$n = 2m - 1$ のときは $P_i = (1 : \alpha_i)$, $f(\alpha_i) = 0$ と無限遠点 $(0, 1)$ が $\widetilde{\pi}$ の分岐点であることが分かる． □

問 9 上で構成した直線束 $\pi\colon \mathbb{L} \to \mathbb{P}^1_k$ の $P = \mathbb{P}^1_k$ 上の局所切断のなす層 $\mathcal{O}_P(\mathbb{L})$ は可逆層 $\mathcal{O}_P(m)$ と同型であることを示せ．

例 7.34 $\operatorname{char} k \neq 2$ の体 k 上の 3 次元アフィン空間 $\mathbb{A}^3_k = \operatorname{Spec} k[x, y, z]$ 内に方程式
$$x^2 + y^2 + z^m = 0$$
で定義される閉部分スキーム $X = \operatorname{Spec} k[x, y, z]/(x^2 + y^2 + z^m)$ は 2 次元アフィン代数多様体である．$m = 1$ であれば X は正則スキームであるが，$m \geq 2$ であれば $\mathbb{A}^3_k$ の原点 $0 = (0, 0, 0)$ でのみ特異点を持つ．X は正規スキームで

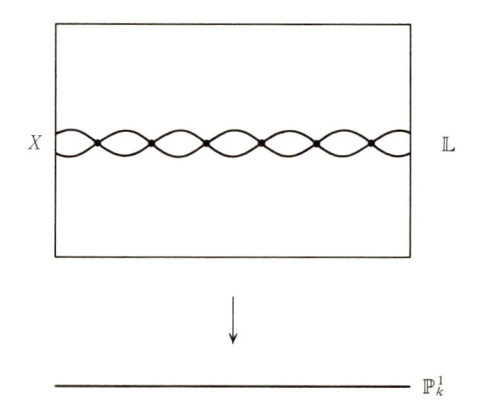

図7.5 $n=6$ のときの超楕円曲線. ただし, $\tilde{X}$ は実際は既約であるのでこの絵は不完全であるが, 実平面上ではこれ以上の表示は不可能である.

ある. このことを証明するためには $\mathcal{O}_{X,0}$ が正規環であることを示せばよい. これは環 $R=k[x,y,z]/(x^2+y^2+z^m)$ が 2 変数多項式環 $k[x,y]$ および $k[y,z]$ の整拡大であり, したがって R が正規環であることから容易に分かる. □

正則スキームは特異点の還元の際に大切な役割をする. また双有理幾何学においても本質的である. これらの事実は Zariski の代数幾何学の現代的基礎づけの仕事を通して明らかになった.

正則局所環は正規環であることを示すことができるが, 逆は必ずしも成立しないことは上の例 7.34 が示している. ただし 1 次元の局所環では次の重要な性質が成立する. (堀田[5]例 7.18 または松村[6]定理 11.2 を参照のこと.)

定理 7.35 整域 R が 1 次元局所環であるとき次の主張は同値である.

(ⅰ) R は正則局所環である.

(ⅱ) R は正規局所環である.

(ⅲ) R は離散付値環である. □

(e) 正規化射

Noether 整域 R が正規でないときは R の商体 $Q(R)$ 内に R の整閉包 $\tilde{R}$ を

とることによって正規環 $\tilde{R}$ を得ることができる．このとき $R \subset \tilde{R}$ であり，この自然な単射準同型写像からスキームの射 $\operatorname{Spec} \tilde{R} \to \operatorname{Spec} R$ を得ることができる．体 k 上の Noether 的整スキーム X に対してもそのアフィン開被覆を考え各々のアフィン開集合にこの操作を適用することによって正規スキーム $\tilde{X}$ と射 $f \colon \tilde{X} \to X$ を得ることができることが容易に想像できよう．$\tilde{X}$ は整スキームの**正規化**，$f \colon \tilde{X} \to X$ は**正規化射**と呼ばれる．Noether の正規化定理とは正規化の意味が違うので注意しておく．

まず次の大切な事実が成立することに注意する．

定理 7.36 整域 R は体 k 上の有限生成代数とし，R の商体を K と記す．K の有限次代数的拡大 L/K における R の整閉包を S と記すと，S は有限生成 R 加群である．したがって特に S は有限生成 k 代数である． □

この定理の証明は可換環論の成書に譲ることにして，この定理を使って次の正規化定理を証明しよう．ただし，少し一般化した形で定理を述べる．

定理 7.37 体 k 上の代数的分離スキーム X は整スキームであると仮定し，その関数体を $k(X)$ と記す．L を $k(X)$ の有限次代数的拡大であるとすると以下の条件を満足する体 k 上の正規代数的スキーム Z と射 $f \colon Z \to X$ が存在する．

(ⅰ) Z の関数体 $k(Z)$ は L と一致する．

(ⅱ) 射 $f \colon Z \to X$ は支配的かつ有限射である．

(ⅲ) 体 K 上の正規代数的スキーム Z' と射 $f' \colon Z' \to X$ が条件 (ⅰ), (ⅱ) を満足すれば，$f = f' \circ g$ を満足する同型射 $g \colon Z' \to Z$ が一意的に存在する．すなわち (Z, f) は同型を除いて一意的に定まる．

このスキーム Z をスキーム X の体 L での正規化という．

[証明] X のアフィン開被覆 $\{U_\lambda = \operatorname{Spec} R_\lambda\}_{\lambda \in \Lambda}$ をとると，各 λ に対して R_λ の商体はスキーム X の関数体 $k(X)$ と一致する．R_λ の L での整閉包を S_λ と記すと，定理 7.36 より S_λ は有限 R_λ 代数である．$V_\lambda = \operatorname{Spec} S_\lambda$ とおくと $R_\lambda \subset S_\lambda$ より $f_\lambda \colon V_\lambda \to U_\lambda$ が定まる．X は分離的と仮定したので $U_{\lambda\mu} = U_\lambda \cap U_\mu$ はアフィンスキームである．$U_{\lambda\mu} = \operatorname{Spec} R_{\lambda\mu}$ と記すと $R_{\lambda\mu}$ の商体も $k(X)$ と一致する．$R_{\lambda\mu}$ の L での整閉包を $S_{\lambda\mu}$ と記す．このとき $S_{\lambda\mu} \simeq S_\lambda \otimes_{R_\lambda}$

$R_{\lambda\mu}$ であることを示そう. $f_\lambda^{-1}(U_{\lambda\mu}) = \operatorname{Spec} S_\lambda \otimes_{R_\lambda} R_{\lambda\mu}$ であるので $f_\lambda^{-1}(U_{\lambda\mu})$ は V_λ のアフィン開集合である. したがって点 $x \in V_\lambda$ に関して $\mathcal{O}_{V_\lambda, x} \subset L$ とみることによって(7.22)より $S_\lambda \otimes_{R_\lambda} R_{\lambda\mu} = \bigcap_{x \in f^{-1}(U_{\lambda\mu})} \mathcal{O}_{V_\lambda, x}$ が成り立ち, 各 $\mathcal{O}_{V_\lambda, x}$ は正規局所環であるので $S_\lambda \otimes_{R_\lambda} R_{\lambda\mu}$ は正規環である. S_λ は有限 R_λ 加群であるので, $S_\lambda \otimes_{R_\lambda} R_{\lambda\mu}$ は有限 $R_{\lambda\mu}$ 加群である. さらに $S_\lambda \otimes_{R_\lambda} R_{\lambda\mu} \subset L$ と見ることができ $S_\lambda \otimes_{R_\lambda} R_{\lambda\mu}$ は正規環であるので, 問4よりこれは $R_{\lambda\mu}$ の L での整閉包 $S_{\lambda\mu}$ と一致する. 同様に $f_\mu^{-1}(U_{\lambda\mu}) = \operatorname{Spec} S_\mu \otimes_{R_\mu} R_{\lambda\mu}$ は $R_{\lambda\mu}$ の L での整閉包と一致する. したがって V_λ と V_μ とを $f_\lambda^{-1}(U_{\lambda\mu})$ と $f_\mu^{-1}(U_{\lambda\mu})$ とを同一視することによって張り合わせることができる. さらに $U_{\lambda\mu\nu} = U_\lambda \cap U_\mu \cap U_\nu \neq \emptyset$ に対して同様の議論を行なうことによってこの張り合わせによってスキーム Z と射 $f: Z \to X$ を $Z = \bigcup_{\lambda \in \Lambda} V_\lambda$, $f|V_\lambda = f_\lambda$ であるように定義できることが分かる. f_λ は有限射であるので f も有限射である. また R_λ の素イデアル $\mathfrak{p}$ に対して $\mathfrak{P} \cap R_\lambda = \mathfrak{p}$ を満足する S_λ の素イデアル $\mathfrak{P}$ が存在するので f は底空間では全射であり, したがって支配的である. また各 S_λ の商体は L と一致するので Z と射 $f: Z \to X$ は条件(i), (ii)を満足する.

次に(iii)を示そう. X の開被覆 $\{U_\lambda = \operatorname{Spec} R_\lambda\}_{\lambda \in \Lambda}$ に対して $f': Z' \to X$ は仮定よりアフィン射となるので $f'^{-1}(U_\lambda)$ はアフィンスキームである. $f'^{-1}(U_\lambda) = S'_\lambda$ と記すと, Z' は正規スキームであり, (7.22)より L 内で $S'_\lambda = \bigcap_{x \in f'^{-1}(U_\lambda)} \mathcal{O}_{Z', x}$ と書くことができるので S'_λ は正規環である. また f' は有限射であるので S'_λ は有限 R_λ 加群であり, したがって問4より S'_λ は L での R_λ の整閉包と一致することが分かる. よって $S'_\lambda = S_\lambda$ となり, U_λ 上の同型射 $g_\lambda: V_\lambda \xrightarrow{\sim} f'^{-1}(U_\lambda)$ ができる. 上と同様の議論により $g_\lambda|V_{\lambda\mu} = g_\mu|V_{\lambda\mu}$ であることが分かり $\{g_\lambda\}_{\lambda \in \Lambda}$ は X 上の射 $g: Z \to Z'$ を定め, (iii)が成立することが分かる. ∎

(f) Weil 因子と Cartier 因子

正規スキームが登場したので代数幾何学で大切な役割をする**因子**(divisor)について簡単に触れておこう.

スキーム X の点 x 上の構造層の茎 $\mathcal{O}_{X,x}$ は局所環であるが $\dim \mathcal{O}_{X,x} = 1$ であればつねに $\mathcal{O}_{X,x}$ が正則局所環であるとき，スキーム X は**余次元 1 で正則**(regular in codimension one)であるという．X が正規スキームであれば定理 7.35 により X は余次元 1 で正則である．以下，しばらくの間，X は余次元 1 で正則な分離 Noether 的整スキームであると仮定する．X がアフィンスキーム $\operatorname{Spec} R$ のとき点 $x = [\mathfrak{p}]$ に対して $\dim \mathcal{O}_{X,x} = 1$ であれば，R は整域であるので，(7.21) より $\operatorname{Spec} R/\mathfrak{p}$ は $X = \operatorname{Spec} R$ の余次元 1 の閉部分整スキームである．したがって X がアフィンスキームでない場合も点 x の閉包 $\overline{\{x\}}$ は X の余次元 1 の閉部分整スキームであることが分かる．

さて，余次元 1 で正則な分離 Noether 的整スキーム X の余次元 1 の閉部分整スキームを**素因子**(prime divisor)という．また X の素因子から生成される自由 Abel 群 $\operatorname{Div}(X)$ の各元を X の **Weil 因子**(Weil divisor)という．したがって Weil 因子は $D = \sum_{i=1}^{N} n_i D_i$ の形をしている．ここで D_i は余次元 1 の閉部分整スキーム，n_i は整数である．すべての i に対して $n_i \geq 0$ であり，かつ $n_j > 0$ となる j が少なくとも 1 つ存在するとき Weil 因子 D は**正因子**(effective divisor，**有効因子**ということもある)といい，$D > 0$ と記す．また $D = 0$，すなわちすべての $n_i = 0$ の場合も含めて $D \geq 0$ と記し，これを正因子と呼ぶことも多い．

Weil 因子はスキーム X の有理関数と密接に関係している．その基礎となる事実は定理 7.35 である．素因子 Y の生成点 y を X の点とみると，$\overline{\{y\}} = Y$ かつ $\dim \mathcal{O}_{X,y} = 1$ である．定理 7.35 より $\mathcal{O}_{X,y}$ は離散付値環の構造を持つ．$\mathcal{O}_{X,y}$ の素元での値が 1 であるように規格化した付値を v_Y と記す．$\mathcal{O}_{X,y}$ の商体は X の関数体 $k(X)$ と一致するので(y を含む X のアフィン開集合 $\operatorname{Spec} R$ をとれば $k(X)$ は R の商体と一致し，$R \subset \mathcal{O}_{X,y} \subset k(X)$ である)，0 でない $f \in k(X)$ に対して $v_Y(f)$ が定義できる．$v_Y(f)$ が正整数 m であることは f が Y で m 位の零点を持つことを意味し，$v_Y(f) = -n$, $n \geq 1$ であることは f が Y で n 位の極を持つことを意味する．$v_Y(f) = 0$ であれば f は Y で零点も極も持たない．

問 10 $v_Y(fg) = v_Y(f) + v_Y(g),\ v_Y(f/g) = v_Y(f) - v_Y(g)$ であることを示せ.

そこで X 上の有理関数 $f \neq 0$ に対して

(7.30)
$$(f) = \sum_Y v_Y(f) Y$$

と定義する．ただし和はすべての素因子にわたるものとする．(f) が Weil 因子として意味を持つためには，$v_Y(f) \neq 0$ となる素因子が有限個しかないことを示す必要がある．

補題 7.38　余次元 1 で正則な分離 Noether 的整スキーム X 上の 0 でない有理関数 f に対して $v_Y(f) \neq 0$ である素因子は有限個しかない．

[証明]　$v_Y(1/f) = -v_Y(f)$ であるので，f がその上で正則であるようなアフィン開集合 $U = \operatorname{Spec} R$（すなわち $f \in \Gamma(U, \mathcal{O}_U)$ であるような U）で考えれば十分である．$\operatorname{Spec} R$ では，$v_Y(f) > 0$ である余次元 1 の閉部分整スキーム Y と $f \in \mathfrak{p}$ であるような高さ 1 の素イデアルとは $Y = V(\mathfrak{p})$ によって 1 対 1 に対応する．$f \neq 0$ であり R は Noether 環であるのでこのような $\mathfrak{p}$ は有限個しかない．　■

この補題によって (7.30) の (f) は Weil 因子であることが分かる．この Weil 因子を有理関数 f の定める**主因子**(principal divisor) と呼ぶ．主因子の全体は問 10 より Weil 因子全体のなす自由 Abel 群 $\operatorname{Div}(X)$ の部分群をなす．1 の定める主因子 (1) は 0 であることに注意する．$\operatorname{Div}(X)$ の主因子のなす部分群による商群を**因子類群**(divisor class group) と呼び $\operatorname{Cl}(X)$ と記す．また 2 つの Weil 因子 D, E が同じ $\operatorname{Cl}(X)$ の元を定義するとき，すなわち

(7.31)
$$D = E + (f)$$

を満足する X 上の有理関数 f が存在するとき，D と E は**線形同値**(linearly equivalent) であるといい，$D \sim E$ と記す．

例 7.39

（1）代数的閉体 k 上のアフィン直線 $\mathbb{A}_k^1 = \operatorname{Spec} k[x]$ の余次元 1 の閉部分整スキームは閉点に他ならない．$k[x]$ の素イデアル $(x-a)$ に対応する点を a

と記すと $\mathbb{A}_k^1$ の Weil 因子は $\sum_{a \in k} n_a a$ の形をしている.ただし,有限個の a を除いて $n_a = 0$ であると仮定する.$D = \sum_{i=1}^N n_i a_i$ に対して $f = \prod_{i=1}^N (x - a_i)^{n_i}$ とおくと $(f) = D$ が成立する.これは $\mathbb{A}_k^1$ のすべての因子は主因子となることを意味し $\mathrm{Cl}(\mathbb{A}_k^1) = 0$ であることが分かる.

同様に k 上の n 次元アフィン空間 $\mathbb{A}_k^n = \mathrm{Spec}\, k[x_1, x_2, \cdots, x_n]$ の余次元 1 の閉部分整スキームは $k[x_1, x_2, \cdots, x_n]$ の既約多項式 F によって $V(F)$ の形をしている.したがって $\mathbb{A}_k^n$ の Weil 因子 $D = \sum_{i=1}^N n_i D_i$ が与えられたとき $D_i = V(F_i)$ と表示して $f = \prod_{i=1}^N F_i^{n_i}$ とおくと f は $\mathbb{A}_k^n$ の有理関数であり $D = (f)$ であることが分かる.したがってこの場合も $\mathrm{Cl}(\mathbb{A}_k^n) = 0$ であることが分かる.

(2) 代数的閉体 k 上の射影直線 $\mathbb{P}_k^1 = \mathrm{Proj}\, k[x_0, x_1]$ の余次元 1 の閉部分整スキームは閉点,したがって k 有理点に他ならない.$\mathbb{P}_k^1 = \mathbb{A}_k^1(k) \cup \{\infty\}$ と書けるので,$\mathbb{P}_k^1$ の Weil 因子は $D = \sum_{i=1}^N n_i a_i + n_\infty \infty$ の形をしている.$\sum_{i=1}^N n_i + n_\infty$ を D の**次数**といい,$\deg D$ と記す.$x = x_1/x_0$ とおくと $\mathbb{P}_k^1$ の関数体は $k(x)$ と書くことができる.0 でない有理関数 $f \in k(x)$ を $f(x) = p(x)/q(x)$,p, q は互いに素な多項式,と表示する.体 k は代数的閉体と仮定したので $p(x) = \alpha \prod_{i=1}^M (x - a_i)^{m_i}$,$q(x) = \beta \prod_{j=1}^N (x - b_j)^{n_j}$,$\alpha, \beta \neq 0$ と因数分解でき,かつ $a_1, \cdots, a_M, b_1, \cdots, b_N$ は相異なる k の元である.すると $v_{a_i}(f) = m_i$,$v_{b_j}(f) = -n_j$ が成立する.無限遠点 ∞ では $u = 1/x$ とおくと $v_\infty(u) = 1$ であることに注意すると,$v_\infty(x - a) = -1$ が成り立つので $v_\infty(f) = \sum_{j=1}^N n_j - \sum_{i=1}^M n_i$ が成立する.よって

$$(f) = \sum_{i=1}^M m_i a_i - \sum_{j=1}^N n_j b_j + \left(\sum_{j=1}^N n_j - \sum_{i=1}^M m_i \right) \infty$$

であることが分かる.これより $\deg(f) = 0$ であることが分かる.したがって Weil 因子 D が主因子であるためには $\deg D = 0$ であることが必要条件であることが分かる.これが十分条件であることは次のようにして分かる.Weil 因子 $D = \sum_{i=1}^N n_i \alpha_i + n_\infty \infty$ の次数が 0 であれば $n_\infty = -\sum_{i=1}^N n_i$ が成立する.$f = $

$\prod_{i=1}^{N}(x-\alpha_i)^{n_i}$ とおくと $v_{\alpha_i}(f)=n_i$, かつ $v_\infty(f)=-\sum_{i=1}^{N}n_i=n_\infty$ となり $(f)=D$ であることが分かる. これより, 次の完全列が存在することが分かる.

(7.32) $\qquad 1 \longrightarrow k(x)^* \longrightarrow \mathrm{Div}(\mathbb{P}_k^1) \xrightarrow{\deg} \mathbb{Z} \longrightarrow 0$

ただし $k(x)^*=k(x)\setminus\{0\}$ であり, $k(x)^*$ を乗法群とみた. また写像 $k(x)^* \to \mathrm{Div}(\mathbb{P}_k^1)$ は $f \in k(x)^*$ に主因子 (f) を対応させる写像である. これより $\mathrm{Cl}(\mathbb{P}_k^1) \simeq \mathbb{Z}$ であることが分かる. □

問 11 体 k 上の n 次元射影空間 $\mathbb{P}_k^n$ に対して $\mathrm{Cl}(\mathbb{P}_k^n) \simeq \mathbb{Z}$ であることを示せ.

さて正規 Noether 整域 R に対して $\mathrm{Cl}(\mathrm{Spec}\,R)=0$ であることは R のすべての高さ 1 の素イデアル $\mathfrak{p}$ は単項イデアルである, すなわち $\mathfrak{p}=(a)$, $a \in R$ と書けることを意味する. これは R が**素元分解整域**(UFD, unique factorization domain, **一意分解整域**ということも多い)であることを意味する. (たとえば松村 [6] を参照せよ.) また R が代数的整数環であるとき $\mathrm{Cl}(\mathrm{Spec}\,R)$ は通常**イデアル類群**と呼ばれ, 数論で大切な役割をする(加藤・黒川・斎藤著「数論 I」(岩波書店, 2005)を参照のこと).

例題 7.40 体 k 上のアフィンスキーム $X=\mathrm{Spec}\,R$, $R=k[x,y,z]/(xy-z^2)$ は正規スキームであり, $\mathrm{Cl}(X) \simeq \mathbb{Z}/2\mathbb{Z}$, かつ $\mathrm{Cl}(X)$ の生成元として素因子 $Y: y=z=0$ がとれることを示せ.

[解] R は $k[x,y]$ 上整拡大であり, したがって正規環である. X は 3 次元アフィン空間 $\mathbb{A}_k^3$ 内の錐であり, $Y: y=z=0$ はこの錐の母線でもある. $xy-z^2=0$ であるので, $y=0$ であれば $z^2=0$ となり, これより $2Y=(y)$ であることが分かり, $2Y$ は主因子である. また $X\setminus Y$ では $y\neq 0$ であり, これより $X\setminus Y=\mathrm{Spec}\,R_y$ であることも分かる. 一方 $R_y=k[x,y,y^{-1},z]/(xy-z^2) \simeq k[y,y^{-1},z]$ となる. $k[y,y^{-1},z]$ は素元分解整域であることが容易に分かるので $\mathrm{Cl}(X\setminus Y)=0$ である. これより X の任意の Weil 因子は dY の形の Weil 因子と線形同値であることが分かる. $2Y\sim 0$ であるので, Y は主因子でないことを示せば十分である. $Y=V((y,z))$ である. R のイデアル $\mathfrak{m}=(x,y,z)$ に対して $\dim_k \mathfrak{m}/\mathfrak{m}^2=3$ が成り立ち, k 上の基底として x,y,z の定

図7.6 に示す図において:
- $y = v - u = 0$
- $v - u^2 - z^2 = 0$
- $x = v + u,\ y = v - u$

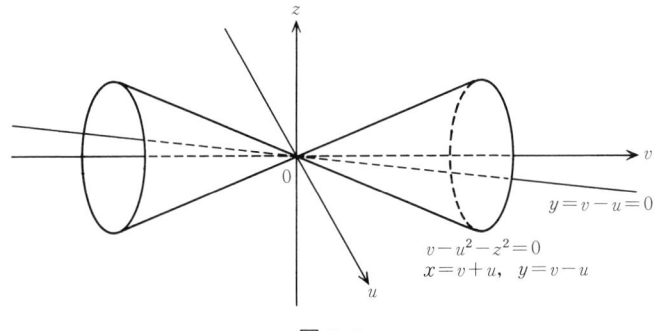

める剰余類 $\bar{x},\ \bar{y},\ \bar{z}$ がとれる．$I = (y, z) \subset \mathfrak{m}$ であり $I/\mathfrak{m}^2$ は $\bar{y},\ \bar{z}$ で生成される $\mathfrak{m}/\mathfrak{m}^2$ の2次元部分ベクトル空間である．したがって I は R 内で単項イデアルではあり得ない．よって $Y = V(I)$ は主因子ではない． ∎

一般のスキーム X に対しては Weil 因子は定義できないが，**Cartier 因子** を定義することができる．そのために §4.1(c) で定義した全商環層 $\mathcal{K}_X$ を利用する．スキーム X の開集合 U に対して $\Gamma(U, \mathcal{O}_X)$ の全商環を対応させることによってできる前層の層化が $\mathcal{K}_X$ であった．層 $\mathcal{K}_X$ は可換環の層であるが，$\mathcal{K}_X$ の可逆元の全体からなる乗法に関する Abel 群の層を $\mathcal{K}_X^\times$ と記す．同様に $\mathcal{O}_X^\times$ は $\mathcal{O}_X$ の可逆元の全体からなる Abel 群の層とする．$\mathcal{O}_X^\times$ は $\mathcal{K}_X^\times$ の部分層とみることができ完全列

(7.33) $\qquad 1 \longrightarrow \mathcal{O}_X^\times \longrightarrow \mathcal{K}_X^\times \longrightarrow \mathcal{K}_X^\times/\mathcal{O}_X^\times \longrightarrow 1$

を得る．$H^0(X, \mathcal{K}_X^\times/\mathcal{O}_X^\times)$ の各元を Cartier 因子という．

いささか分かりにくい定義であるが，$H^0(X, \mathcal{K}_X^\times/\mathcal{O}_X^\times)$ の元 φ は X のアフィン開被覆 $\{U_j\}_{j \in J}$ を適当にとると $\{(f_j, U_j)\}_{j \in J}$, $f_j \in \Gamma(U_j, \mathcal{K}_X^\times)$ かつ $U_j \cap U_k \neq \emptyset$ であれば，$f_i = g_{ij} f_j$, $g_{ij} \in \Gamma(U_i \cap U_j, \mathcal{O}_X^\times)$ と表わすことができる．開被覆 $\{U_j\}_{j \in J}$ は φ によって変わってよい．

問 12 スキーム X の開被覆 $\{U_j\}_{j \in J}$, $\{V_i\}_{i \in I}$ に対して，$\{(f_j, U_j)\}_{j \in J}$, $f_j \in \Gamma(U_j, \mathcal{O}_X^\times)$, $\{(g_i, V_i)\}_{i \in I}$, $g_i \in \Gamma(V_i, \mathcal{O}_X^\times)$ が $H^0(X, \mathcal{K}_X^\times/\mathcal{O}_X^\times)$ の同じ元を定めるための必要十分条件を求めよ．

$\{(f_j, U_j)\}_{j \in J}$ が Cartier 因子を定めているとき,これを因子と呼ぶ理由は,U_j 上では f_j によって U_j 上の主因子が与えられ,それが $U_i \cap U_j$ 上では $f_i = g_{ij} f_j$, $g_{ij} \in \Gamma(U_i \cap U_j, \mathcal{O}_X^\times)$ より g_{ij} は零点も極も持ちえないので,f_i の定める主因子と f_j の定める主因子とが一致していると考えることに由来する.もっとも,今は一般のスキームを考えているので,これは一応もっともらしい話と考えるしかない.主因子 (f_i) が定義できるためには U_i が余次元 1 で正則な Noether 的整スキームである必要があるからである.それにもかかわらず f_i が主因子のようなものを U_i 上で定義していると考えようというわけである.

このことは 2 つの意味で正当化できる.1 つは Cartier 因子には可逆層を対応させることができること(Weil 因子では必ずしもできない),またもう 1 つはある種のスキームでは Weil 因子と Cartier 因子とが一致することにある.まず後者から考察しよう.

そのために新しい用語を 1 つ導入する.Noether 的スキーム X の各点 $x \in X$ での局所環 $\mathcal{O}_{X,x}$ がつねに素元分解整域であるときスキーム X を**局所素元分解的**(locally factorial)であるという.素元分解整域は正規環であるのでスキーム X が局所素元分解的であれば正規スキームである.しかし逆は成立しないことを後に示す.しかしながら次の重要な結果がある.

定理 7.41 正則局所環は素元分解整域である. □

命題 7.42 局所素元分解的な分離 Noether 的整スキーム X に関しては Weil 因子のなす $\mathrm{Div}(X)$ と Cartier 因子のなす群 $H^0(X, \mathcal{K}_X^\times / \mathcal{O}_X^\times)$ とは同型である.この同型で Weil 因子としての主因子は Cartier 因子としての主因子に対応する.ただし $f \in H^0(X, \mathcal{K}_X^\times)$ の $H^0(X, \mathcal{K}_X^\times / \mathcal{O}_X^\times)$ での像を Cartier 因子としての主因子と呼ぶ.

[証明] X は局所素元分解的であるので正規であり,したがって余次元 1 で正則であることに注意する.また $H^0(X, \mathcal{K}_X^\times)$ は X の 0 でない有理関数の全体 $k(X)^\times$ と一致することにも注意する(例題 4.10 の証明を参照のこと).まず X の Cartier 因子 $\mathcal{D} = \{(f_j, U_j)\}_{j \in J}$ に対して X の Weil 因子 D を対応させよう.ここで $\{U_j\}_{j \in J}$ は X のあるアフィン開被覆であり,$f_j \in \Gamma(U_j, \mathcal{K}_X^\times)$

であるが，$\Gamma(U_j, \mathcal{K}_X^\times) = k(X)^\times$ であるので(例題 4.10 と命題 7.22 を参照のこと) $Y \cap U_j \neq \emptyset$ である X の素因子 Y に対して $v_Y(f_j)$ を定めることができる. もし $Y \cap U_i \neq \emptyset$ であれば，$U_i \cap U_j$ 上で $f_i = g_{ij} f_j$, $g_{ij} \in \Gamma(U_i \cap U_j, \mathcal{O}_X^\times)$ と書けるので $v_Y(f_i) = v_Y(f_j)$ であることが分かる. この整数を $v_Y(\mathcal{D})$ と記そう. X の素因子 Y は必ずあるアフィン開集合 U_j と交わるので，すべての素因子 Y に対して $v_Y(\mathcal{D})$ が定義できる. また $v_Y(f_j) \neq 0$ となる Y は有限個しかなく，X は Noether 的であるので $v_Y(\mathcal{D}) \neq 0$ となる素因子は有限個しかない. したがって対応

$$\mathcal{D} \longmapsto \sum_Y v_Y(\mathcal{D}) Y \in \mathrm{Div}(X)$$

を作ることができる. この対応が Abel 群の準同型写像であることは容易に分かる. また $\sum_Y v_Y(\mathcal{D}) Y = 0$ であることはすべての素因子 Y に対して $v_Y(f_j) = 0$ を意味し，これは $f_j \in \Gamma(U_j, \mathcal{O}_X^\times)$ であることを意味する. したがってこの準同型写像は単射である.

全射であることを証明するために X の Weil 因子 D に対して Cartier 因子 $\mathcal{D}$ を次のように対応させよう. X の任意の点 x に対して因子 D は $\mathrm{Spec}\,\mathcal{O}_{X,x}$ の因子 D_x を定める. $\mathcal{O}_{X,x}$ は素元分解整域であるので $\mathrm{Spec}\,\mathcal{O}_{X,x}$ の Weil 因子はすべて主因子であり，$D_x = (f_x)$, $f_x \in Q(\mathcal{O}_{X,x})$ と書ける. $\mathcal{O}_{X,x}$ の商体 $Q(\mathcal{O}_{X,x})$ は X の関数体と一致するので $f_x \in k(X)$ と考えてよい. X の主因子 (f_x) と D との違いは x を通らない素因子 Y(すなわち $x \notin Y$ となる素因子 Y)だけである. したがって x の適当な開近傍 U_x をとると (f_x) と D とは U_x 上では一致するようにできる. $U_x \cap U_y \neq \emptyset$ であれば $U_x \cap U_y$ 上で (f_x) と D とは同一の主因子を与えるので $f_x = g f_y$, $g \in \Gamma(U_x \cap U_y, \mathcal{O}_X^\times)$ が成立する. かくして $\{(f_x, U_x)\}_{x \in X}$ は X 上の Cartier 因子 $\mathcal{D}$ を与えることが分かる. この対応が X 上の Cartier 因子全体の作る群 $H^0(X, \mathcal{K}_X^\times / \mathcal{O}_X^\times)$ から $\mathrm{Div}(X)$ への準同型写像であることは作り方よりただちに分かり，対応 $\mathcal{D} \mapsto \sum_Y v_Y(\mathcal{D}) Y$ が恒等写像であることも作り方より明らかである. よって $\mathrm{Div}(X) \xrightarrow{\sim} H^0(X, \mathcal{K}_X^\times / \mathcal{O}_X^\times)$ であることが分かった. また D が主因子 (f) で

あれば上の対応 $D \mapsto \mathcal{D} = \{(f_x, U_x)\}_{x \in X}$ で $f_x = f$ ととることができ $\mathcal{D}$ も主因子であることが分かる. ∎

問 13 整スキーム X 上の Cartier 因子 $\mathcal{D} = \{(f_j, U_j)\}_{j \in J}$ は $f_j \in \varGamma(U_j, \mathcal{O}_{U_j})$ にとれるとき正因子であるといい $\mathcal{D} \geqq 0$ と記す. 命題 7.42 の対応で正の Weil 因子と正の Cartier 因子とが 1 対 1 に対応することを示せ.

定理 7.41 より正則スキームは局所素元分解的であり, 分離 Noether 的正則スキームでは Weil 因子と Cartier 因子とは同一視できることが分かる. この事実は以下でしばしば使われる. Weil 因子と Cartier 因子とが同一視できるときは単に**因子**ということが多い. 以下でもしばしばこうした使い方をする.

一方スキームが局所素元分解的でなければ, Weil 因子と Cartier 因子とは違ってくる. 例題 7.40 に出てきたアフィンスキーム $X = \mathrm{Spec}\, k[x, y, z]/(xy - z^2)$ の Weil 因子 Y の定義イデアルは原点の近傍では 1 個の元で生成されないことを解答の中で示した. したがって Y は Cartier 因子ではない. しかしながら $2Y = (z^2)$ となり, $2Y$ は Cartier 因子であることが分かる. この例のように Weil 因子 D の整数倍 mD が Cartier 因子となる例は有限群による**商特異点**(quotient singularity)の研究の際に登場する. 例題 7.40 でも $\mathrm{char}\, k \neq 2$ であれば原点は商特異点である. このことを簡単に説明しておこう.

体 k 上の 2 変数多項式環 $k[u, v]$ の自己同型写像

$$\begin{aligned} g: \quad k[u, v] &\longrightarrow k[u, v] \\ f(u, v) &\longmapsto f(-u, -v) \end{aligned}$$

を考える. $\mathrm{char}\, k \neq 2$ であれば $g^2 = g \circ g = id$ より g は位数 2 の自己同型写像である. g が生成する位数 2 の巡回群を $\langle g \rangle$ と記す. g は $\mathbb{A}_k^2 = \mathrm{Spec}\, k[u, v]$ の自己同型射 $\varphi = g^a$ を引き起こす. φ が生成する位数 2 の巡回群を $\langle \varphi \rangle$ と記す. $\mathbb{A}_k^2$ の点 x, y は $y = x$ のときまたは $y = \varphi(x)$ のとき同値であると定義すると同値関係が定義され, この同値関係による商空間を $\mathbb{A}_k^2 / \langle \varphi \rangle$ と記そう.

この商空間にスキームの構造を入れることができる. $k[u,v]$ の元で g 不変なもの全体を $k[u,v]^{(g)}$ と記すと, これは $k[u,v]$ の部分環であり,
$$\mathbb{A}_k^2/\langle \varphi \rangle = \operatorname{Spec} k[u,v]^{(g)}$$
と定義する. $\mathbb{A}_k^2$ の k 有理点 (a,b), $a,b \in k$ に対して $\varphi((a,b))=(-a,-b)$ であり, $k[u,v]^{(g)} \subset k[u,v]$ から定まる射 $\lambda: \mathbb{A}_k^2 \to \operatorname{Spec} k[u,v]^{(g)}$ は $\lambda((a,b)) = \lambda(-a,-b)$ を満足することを読者は自ら確かめられたい. 一方, $k[u,v]^{(g)}$ は u^2, v^2, uv で生成される環 $k[u^2,v^2,uv]$ であることが容易に分かり, $x=u^2$, $y=v^2$, $z=uv$ とおくとこれは $k[x,y,z]/(xy-z^2)$ と同型であることが分かる.

さて Cartier 因子 $\mathcal{D} = \{(f_j, U_j)\}_{j \in J} \in H^0(X, \mathcal{K}_X^\times/\mathcal{O}_X^\times)$ に対して可逆層を対応させよう. 完全列 (7.33) からコホモロジーの完全列

(7.34) $\longrightarrow H^0(X, \mathcal{K}_X^\times) \longrightarrow H^0(X, \mathcal{K}_X^\times/\mathcal{O}_X^\times) \longrightarrow H^1(X, \mathcal{O}_X^\times) \longrightarrow$

ができる. $H^1(X, \mathcal{O}_X^\times)$ は Čech のコホモロジー群にとることができるが, 演習問題 6.3 により $H^1(X, \mathcal{O}_X^\times)$ は X 上の可逆層の同型類のなす群 $\operatorname{Pic} X$ と同型である. 完全列(7.34)で $\mathcal{D}$ の $H^1(X, \mathcal{O}_X^\times)$ への像が定める可逆層(の同型類)を $\mathcal{D}$ に対応させることができる. 具体的には次のようにして与えることができる. $\mathcal{D} = \{(f_j, U_j)\}_{j \in J}$ に対して $U_i \cap U_j \neq \emptyset$ のとき, $f_i = g_{ij} f_j$, $g_{ij} \in \Gamma(U_i \cap U_j, \mathcal{O}_X^\times)$ が成り立つ. $U_i \cap U_j \cap U_k \neq \emptyset$ のとき, $U_i \cap U_j \cap U_k$ 上で $g_{ij} g_{jk} = g_{ik}$ が成立している. したがって $U_i \cap U_j$ 上での同型

$$\begin{array}{ccc} \mathcal{O}_{U_j} | U_i \cap U_j & \simeq & \mathcal{O}_{U_i} | U_i \cap U_j \\ a & \longmapsto & g_{ij} a \end{array}$$

を使って, $\mathcal{O}_{U_i}$ と $\mathcal{O}_{U_j}$ を張り合わせることができ, X 上の可逆層 $\mathcal{L}_X(\mathcal{D})$ を得ることができる. あるいは $\{g_{ij}\}$ によって X 上の直線束 $[\mathcal{D}]$ を例 4.13 にならって構成することができ, この直線束の局所切断のなす層を $\mathcal{L}_X(\mathcal{D})$ と定義してもよい. いずれにせよ $\{g_{ij}\}$ は $H^1(X, \mathcal{O}_X^\times)$ の元を定め, これが(7.34) の完全列での $\mathcal{D}$ の像である.

特に X が局所素元分解的な分離 Noether 的整スキームであれば Weil 因子 D は Cartier 因子とみることができ, 可逆層を対応させることができる.

この可逆層を $\mathcal{L}_X(D)$ と記す.また対応する Cartier 因子を $\mathcal{D} = \{(f_j, U_j)\}_{j \in J}$ とすると,U_j 上で D は主因子 (f_j) と一致している.もちろん,$\mathcal{L}_X(\mathcal{D}) \simeq \mathcal{L}_X(D)$ である.

一方,$\mathcal{K}_X$ の部分層 $\mathcal{O}_X(D)$ を開集合 $U \subset U_j$ に対して

(7.35) $\qquad \mathcal{O}_X(D)(U) = \{g \in \Gamma(U, \mathcal{K}_X) \mid gf_j \in \Gamma(U, \mathcal{O}_X)\}$

が成立するものとして定義する.例題 4.10 より,$\Gamma(U, \mathcal{K}_X)$ は $\Gamma(U, \mathcal{O}_X)$ の商体であることに注意する.$U \subset U_i \cap U_j$ のとき $f_i = g_{ij} f_j$ であり,$g_{ij} \in \Gamma(U_i \cap U_j, \mathcal{O}_X^\times)$ であるので $g \in \Gamma(U, \mathcal{K}_X)$ に対して $gf_i \in \Gamma(U, \mathcal{O}_X)$ であることと $gf_j \in \Gamma(U, \mathcal{O}_X)$ であることとは同値である.したがって

$$\mathcal{O}_X(D)(U) = \mathcal{O}_U f_j^{-1}$$

と書くことができる.したがって $\mathcal{O}_{U_j}$ 加群の同型

(7.36) $\qquad \varphi_j : \mathcal{O}_X(D) \mid U_j = \mathcal{O}_{U_j} f_j^{-1} \simeq \mathcal{O}_{U_j}$

が存在する.このとき $U_i \cap U_j$ 上で

$$\begin{array}{rccc} \varphi_i \circ \varphi_j^{-1} : & \mathcal{O}_{U_i \cap U_j} & \longrightarrow & \mathcal{O}_{U_i \cap U_j} \\ & f & \longmapsto & g_{ij} f \end{array}$$

が成立するので $\mathcal{O}_X(D) \simeq \mathcal{L}_X(D)$ であることが分かる.$D = \sum_{a=1}^{n} m_a D_a - \sum_{b=1}^{B} n_b E_b$,$m_a \geq 1$,$n_b \geq 1$ と相異なる素因子の和で表わし,X のアフィン開被覆 $\{U_j\}_{j \in J}$ を D_a, E_b の U_j 上での定義イデアルはそれぞれ $g_j^{(a)}, h_j^{(b)}$ で生成されるように選んでおく.ここで $g_j^{(a)}, h_j^{(b)} \in \Gamma(U_j, \mathcal{O}_X)$ である.X は局所素元分解的と仮定したので,このような開被覆は必ず存在する.このとき

$$f_j = \prod_{a=1}^{A} g_j^{(a) m_a} \Big/ \prod_{b=1}^{B} h_j^{(b) n_b}$$

とおくと $\{(f_j, U_j)\}_{j \in J}$ が D に対応する Cartier 因子である.したがって (7.35) より $H^0(X, \mathcal{O}_X(D))$ の各元 g は X 上の有理関数であり U_j 上では $f_j g$ は正則である.したがって $g \neq 0$ であれば

$$(g) + D \geq 0$$

が成立する.言い換えると $g \neq 0$ は D_a で高々 m_a 位の極を持ち(すなわち

$v_{D_a}(g) \geqq -m_a$), E_b 上では少なくとも n_b 位の零点を持つ(すなわち $v_{E_b}(g) \geqq n_b$)ことが分かる．そこで

(7.37) $\quad \mathbb{L}(D) = \{f \in k(X) \mid f = 0 \text{ または } (f) + D \geqq 0\}$

とおくと $H^0(X, \mathcal{O}_X(D)) = \mathbb{L}(D)$ であることが分かり，次の補題が示されたことになる．

補題 7.43 局所素元分解的な分離 Noether 的整スキーム X 上の Weil 因子 D に対して同型
$$H^0(X, \mathcal{O}_X(D)) \simeq \mathbb{L}(D)$$
が成立する． □

さらに次の重要な定理が成立する．

定理 7.44 局所素元分解的かつ分離 Noether 的整スキーム X に対して，X 上の Weil 因子 D に可逆層 $\mathcal{O}_X(D)$ を対応させる写像は Abel 群の同型
$$\mathrm{Cl}(X) \simeq \mathrm{Pic}\, X$$
を引き起こす．

［証明］完全列(7.34)より準同型写像
$$\mathrm{Div}(X) \to H^1(X, \mathcal{O}_X^\times) = \mathrm{Pic}\, X$$
の核は主因子のなす群であることが分かる．したがって写像 $\mathrm{Cl}(X) \to \mathrm{Pic}\, X$ は単射準同型写像である．この準同型写像が全射であることを示すために，準同型写像 $\mathrm{Pic}\, X \to \mathrm{Cl}(X)$ を構成する．X 上の可逆層 $\mathcal{L}$ が与えられたとき，X のアフィン開被覆 $\{U_j\}_{j \in J}$ を適当にとると $\mathcal{O}_{U_j}$ 同型写像
$$\varphi_j : \mathcal{L} \mid U_j \simeq \mathcal{O}_X \mid U_j$$
が構成できる．$g_{ij} = \varphi_i \circ \varphi_j^{-1}$ は $\mathcal{O}_{U_i \cap U_j}$ から $\mathcal{O}_{U_i \cap U_j}$ への同型写像であり，$\Gamma(U_i \cap U_j, \mathcal{O}_X^\times)$ の元による掛け算で与えられる．この元も g_{ij} と記す．X は整スキームであるので既約であり，$g_{ij} \in k(X)$ とみることができる．g_{ij} は $U_i \cap U_j$ では零点を持たず正則であるが，$U_i \cap U_j$ の外では零点や極を持ち得ることに注意する．さて J の元 j_0 を 1 つ固定し，J の任意の元 j に対して $f_j = g_{jj_0} \in k(X)$ とおく．X は既約であるので $U_j \cap U_i \neq \emptyset$ である．f_j を U_j 上の有理関数とみて U_j 上で主因子 (f_j) を考える．$U_i \cap U_j$ 上では $f_i = g_{ij_0} = g_{ij}g_{jj_0} = g_{ij}f_j$, $g_{ij} \in \Gamma(U_i \cap U_j, \mathcal{O}_X^\times)$ が成り立つので，U_i 上の主因子 (f_i) と U_j

上の主因子 (f_j) とは $U_i \cap U_j$ 上では一致する．したがって $\{(f_j, U_j)\}_{j \in J}$（これは Cartier 因子である）から (f_j) をつなぎ合わせて X 上の Weil 因子 D が構成できた．D は j_0 のとり方によって違ってくる．もし j_0 のかわりに j_1 を基準にして $g_j = g_{j j_1}$ とおき $\{(g_j, U_j)\}_{j \in J}$ から Weil 因子 E を得たとすると，$g_j = g_{j j_1} = g_{j j_0} g_{j_0 j_1} = g_{j_0 j_1} f_j$ が成立し，$E = D + (g_{j_0 j_1})$ であることが分かる．ここで $g_{j_0 j_1} \in k(X)$ と考えた．したがって $\mathcal{L}$ に対して $\mathrm{Cl}(X)$ の元が定まった．実際には，この対応はアフィン開被覆 $\{U_j\}_{j \in J}$ のとり方にもよるが，別のアフィン開被覆を使って Weil 因子を作っても線形同値な因子が作られることが開被覆の細分をとって上と同様の考察をすることによって示すことができる．また $\mathcal{L}_1 \simeq \mathcal{L}_2$ のとき対応する $\mathrm{Cl}(X)$ の元が等しいことも同様に示される．かくして写像 $\mathrm{Pic}\, X \to \mathrm{Cl}(X)$ が存在することが分かった．この写像は準同型写像 $\mathrm{Cl}(X) \to \mathrm{Pic}\, X$ の逆写像であることが容易に分かるので同型写像である． ∎

因子の類似の理論は複素多様体に関しても展開することができる．定理 7.44 と違って一般のコンパクト複素多様体 M では $\mathrm{Cl}(M) \to \mathrm{Pic}\, M$ は単射であるが全射とは限らない．たとえば 2 次元以上の複素トーラス T は最も一般の場合は $\mathrm{Div}(T) = 0$ であるが $\mathrm{Pic}\, M$ は大きな群である．一方複素トーラス T が代数多様体の構造を持つときは，定理 7.44 から T はたくさんの素因子を持つことが分かる．このように定理 7.44 は代数幾何学に特有の現象を表わしている．

問 14 Weil 因子 D に対して(7.37)の $\mathbb{L}(D)$ はつねに定義でき，加群の構造を持っていることおよび $D \sim E$ であれば加群の同型 $\mathbb{L}(D) \simeq \mathbb{L}(E)$ が存在することを示せ．

因子と対応する可逆層に関してさらに次のことを注意しておく．

命題 7.45 局所素元分解的スキーム間の射 $\varphi: X \to Y$ と Y 上の Weil 因子 $D = \sum_{i=1}^{N} n_i D_i$ が与えられ，φ の像 $\varphi(X)$ はどの素因子 D_i の台 $\mathrm{Supp}\, D_i$ に

も含まれていないとする. このとき Weil 因子 D の引き戻し φ^*D が定義でき
$$\mathcal{O}_X(\varphi^*D) \simeq \varphi^*\mathcal{O}_Y(D)$$
が成立する.

[証明] 因子 D_i が点 y の近傍 U で (f_i) と主因子の形で表わされたとすると, $\varphi(X)$ は $\operatorname{Supp} D_i$ にも含まれていないので U 上の正則関数 f_i の $\varphi^{-1}(U)$ への引き戻し $\varphi^*(f_i)$ は 0 ではない. したがって $\varphi^{-1}(U)$ で主因子 $(\varphi^*(f_i))$ を考えることができ, これをつないで D_i の引き戻し φ^*D_i が定義できる. したがって $\varphi^*D = \sum_{i=1}^{N} n_i \varphi^*D_i$ と定義すればよい. 対応する可逆層の同型は引き戻しの定義より明らか. ∎

この命題による Weil 因子 D の引き戻し φ^*D を D の**全引き戻し**(total transform)と呼ぶ. D が素因子でも φ^*D は一般には素因子とは限らないことに注意する. そうした例は後にブローアップを考察するところで登場する.

さて体 k 上固有な代数的スキーム X 上の可逆層 $\mathcal{L}$ に対してベクトル空間 $V = H^0(X, \mathcal{L})$ の k 上の基底 $\{f_0, f_1, \cdots, f_N\}$ をとり "写像"

(7.38)
$$\begin{array}{ccc} X(\bar{k}) & \longrightarrow & \mathbb{P}^N_k(\bar{k}) \\ x & \longmapsto & (f_0(x) : f_1(x) : \cdots : f_N(x)) \end{array}$$

を考えよう. "写像" といったのは $f_0(x) = f_1(x) = \cdots = f_N(x) = 0$ となる幾何学的点 x では写像が定義できないからである. しかし X の開集合 $U = \bigcup_{j=0}^{n} D(f_j)$ に含まれる幾何学的点では写像が定義できている. より正確には構造射 $\pi: X \to \operatorname{Spec} k$ を U 上に制限したものを π_U と記すと自然な全射準同型写像 $\gamma_U: \pi_U^*V \to \mathcal{L}$ が存在し, 定理 5.32 より $(\mathcal{L}, \gamma_U)$ は k 上の射 $\varphi_\mathcal{L}: U \to \mathbb{P}^N_k$ を定めその幾何学的点での射の表現が(7.38)になっている. したがって, 特に $f_0, f_1, \cdots, f_N$ が共通零点を持たなければ $\varphi_\mathcal{L}$ は X から $\mathbb{P}^N_k$ への射であり(7.38)は写像になっている.

さて一般に S 上のスキーム X, Y が与えられたとき X の開集合 U と U から Y への S 上の射 f の組 (U, f) の全体に同値関係 $\sim$ を
$$(U, f) \sim (V, g) \iff f \mid U \cap V = g \mid U \cap V$$

と定義し，同値類を X から Y への S 上の**有理写像**(rational mapping)という．(U, f) の同値類が定める有理写像をしばしば $f: X \to Y$ と略記する．このとき開集合 U を有理写像 f の**定義域**という．有理写像の定義域としてはできるだけ大きい開集合をとる．定義域が X にとれる有理写像はスキームの射に他ならない．この定義により上記の射 $\varphi_\mathcal{L}: U \to \mathbb{P}_k^N$ が定める有理写像も $\varphi_\mathcal{L}$ と記し，しばしば $\varphi_\mathcal{L}: X \to \mathbb{P}_k^N$ と略記する．また

$$(7.39) \quad \begin{aligned} \varphi_\mathcal{L}: X &\longrightarrow \mathbb{P}_k^N \\ x &\longmapsto (f_0(x): f_1(x): \cdots : f_N(x)) \end{aligned}$$

とも記し，$H^0(X, \mathcal{L})$ が定める有理写像という．

さて，X, Y が整スキームのとき S 上の有理写像 $f: X \to Y$ が X の生成点を Y の生成点に写すとき有理写像 f は**全射**であるという．このとき，関数体の写像 $f^*: Q(Y) \to Q(X)$ が定まるが，f^* が全射同型写像であるとき有理写像 f は**双有理写像**(birational mapping)であるという．特に双有理写像が射であるときは**双有理射**(birational morphism)という．

ところで，余次元 1 で正則な分離的整スキーム X の Weil 因子 D に対して

$$(7.40) \quad |D| = \{E \in \mathrm{Div}(X) \mid E \geqq 0, \ E \sim D\}$$

とおいて Weil 因子の定める**完備 1 次系**(complete linear system)という．さらに X が局所素元分解的であれば(7.37)と補題 7.43 より

$$(7.41) \quad |D| = \{(f) + D \mid f \in H^0(X, \mathcal{O}_X(D)) \setminus \{0\}\}$$

であることが分かる．$\bigcap_{E \in |D|} \mathrm{Supp}\, E$ が空集合でないときこの集合を $\mathrm{Bs}\,|D|$ と記し完備 1 次系 $|D|$ の**底点**(base points)という．特に D のすべての元 E に対して $E \geqq F$ となる正因子 F が存在するとき F を完備 1 次系 $|D|$ の**固定成分**(fixed component)という．$|D|$ が固定成分 F を持てば $\mathrm{Supp}\,F$ は $|D|$ の固定成分に含まれる．このとき

$$\begin{aligned} |D-F| &\longrightarrow D \\ H &\longmapsto H+F \end{aligned}$$

は集合として同型写像である．この事実により $|D|$ の最大の固定成分 F を除いてできる完備 1 次系 $|D-F|$ の底点 $\mathrm{Bs}\,|D-F|$ を D の底点といういい方をする場合があるので注意を要する．さらに X が代数的閉体 k 上固有であれば $H^0(X,\mathcal{O}_X(D))$ は k 上有限次元であり $\mathrm{Bs}\,|D|$ は閉部分スキームとしての構造を持つことに注意する．また，$f\in H^0(X,\mathcal{O}_X(D))$ と $\alpha f,\ \alpha\in k^\times=k\setminus\{0\}$ とは同じ主因子を定義するので
$$|D|\simeq H^0(X,\mathcal{O}_X(D))\setminus\{0\}/\sim\ \simeq\mathbb{P}_k^d(k)$$
であることが分かる．ただしここで $H^0(X,\mathcal{O}_X(D))\setminus\{0\}$ の 2 元 f,g に対して $f\sim g\Longleftrightarrow g=\alpha f,\ \alpha\in k^\times$ と同値関係 $\sim$ を定義し，$d=\dim_k H^0(X,\mathcal{O}_X(D))-1$ とおいた．この事実により
$$\dim|D|=\dim_k H^0(X,\mathcal{O}_X(D))-1$$
とおき完備 1 次系 $|D|$ の**次元**という．また，このとき因子 D に対応する可逆層 $\mathcal{L}_X(D)\simeq\mathcal{O}_X(D)$ に対して，有理写像 $\varphi_{\mathcal{L}_X(D)}$ を $\varphi_{|D|}$ と記す．特に $\mathrm{Bs}\,|D|=\emptyset$ であれば $\varphi_{|D|}$ は射である．また完備 1 次系 $|D|$ が固定成分 F を持ち，$\mathrm{Bs}\,|D-F|=\emptyset$ のときも有理写像としては $\varphi_{|D|}=\varphi_{|D-F|}$ となり，$\varphi_{|D|}$ は X のすべての点で定義でき，射であることが分かる．

次の **Bertini の定理**は完備 1 次系の幾何学で基本的な役割をする．証明は残念ながら割愛する．

定理 7.46（Bertini の定理）　標数 0 の代数的閉体 k 上の完備非特異代数多様体 X 上の因子 D が定める完備 1 次系 $|D|$ の一般の元 E は底点 $\mathrm{Bs}\,|D|$ 以外の点では非特異である．また，$\dim\varphi_{|D|}(X)\geqq 2$ であり $|D|$ が固定成分を持たなければ $|D|$ の一般の元 E は既約である．　□

この定理は正標数では成立しない．そのような例は例 7.33 と同様の考え方で得られる．標数 $p\geqq 3$ の代数的閉体 k 上のアフィン直線 $\mathbb{A}_k^1$ とアフィン平面 $\mathbb{A}_k^2$ の座標をそれぞれ t,x,y として $\mathbb{A}_k^1\times\mathbb{A}_k^2$ 内に方程式
$$y^2=x^p+t$$
で定義される閉部分スキームを考えるとこれは 2 次元正則スキームである．同様に $\mathbb{A}_k^1\times\mathbb{A}_k^2$ 内に方程式
$$v^2=u+u^p t$$

で定義される閉部分スキームも 2 次元正則スキームである．この 2 つのスキームを $x=1/u$, $v=x/u^m$ で張り合わせて 2 次元正則スキーム Z を得る．ここで $p=2m-1$ とおいた．$\mathbb{A}_k^1 \times \mathbb{A}_k^2$ の第 1 成分への射影からスキームの射 $\pi: Z \to \mathbb{A}_k^1$ が得られる．さらにこのスキームの射を $\bar{\pi}: \bar{Z} \to \mathbb{P}_k^1$ に拡張することができる．（下の補題 7.63 を参照のこと．）$\bar{Z}$ は $\mathbb{P}_k^1$ の無限遠点上のファイバー上の点で正則ではないかもしれないが，特異点の除去を行なうことによって 2 次元完備非特異代数多様体にすることができる．このとき任意の閉点 $a,b \in \mathbb{P}_k^1$ に対してファイバー $\bar{Z}_a$, $\bar{Z}_b$ は線形同値であり完備 1 次系 $|\bar{Z}_a|$ は $\bar{\pi}$ の閉点上のすべてのファイバーからなる．一方 $k(a)$ の代数的閉包 $\overline{k(a)}$ 上では $y^2 = x^p + a = (x+b)^p$, $b^p = a$ と書けるので $\bar{Z}_a$ は特異点を持つ．すなわち $\bar{\pi}$ のすべての幾何学的ファイバーは特異点を持つ．したがって Bertini の定理は正標数では必ずしも成立しない．

§7.3 平坦射と固有射

この節では固有射の高次順像に関する主要な結果を述べる．その際に平坦性が大切な役割をするので，まず平坦性と平坦射について述べる．

(a) 平坦射

平坦射については §7.1(c) で少し触れたが，ここでその基本的な性質について述べることにする．そのためにまず加群の**平坦性**(flatness)について簡単に復習しておく．可換環 R 上の加群 M は R 加群の任意の完全列

(7.42) $\quad \cdots \longrightarrow N_1 \longrightarrow N_2 \longrightarrow N_3 \longrightarrow \cdots$

に対して列

(7.43) $\quad \cdots \longrightarrow N_1 \otimes_R M \longrightarrow N_2 \otimes_R M \longrightarrow N_3 \otimes_R M \longrightarrow \cdots$

が完全列であるとき R 上**平坦**または**平坦 R 加群**と呼ばれる．また(7.42)が完全列であることと(7.43)が完全列であることが同値であることが任意の列(7.42)に関して成立するとき M は R 上**忠実平坦**(faithfully flat)と呼ばれる．自由 R 加群は忠実平坦であることがこの定義よりただちに分かる．また

射影 R 加群は自由 R 加群の直和因子であるので(堀田[5]定理2.5を参照のこと)R 上平坦であることが分かる.

平坦 R 加群に関して以下の結果が知られている.

命題 7.47 以下の主張は同値である.

(ⅰ) M は平坦 R 加群である.

(ⅱ) R 加群の完全列 $0 \to N_1 \to N_2$ に対して列 $0 \to N_1 \otimes_R M \to N_2 \otimes_R M$ は完全である.

(ⅲ) R の任意の有限生成イデアル I に対して $0 \to I \otimes_R M \to M$ は完全列である. 言い換えると $I \otimes_R M = IM$ が成立する.

(ⅳ) $a_i \in R$, $x_i \in M$, $i=1,2,\cdots,r$ が $\sum_{i=1}^{r} a_i x_i = 0$ を満足すれば $\sum_{i=1}^{r} a_i b_{ij} = 0$, $x_i = \sum_{j=1}^{s} b_{ij} y_j$ が成立するように $b_{ij} \in R$, $y_j \in M$, $j=1,2,\cdots,s$ を見出すことができる.

[証明] (ⅰ), (ⅱ), (ⅲ) の同値性はよく知られているので (ⅲ) と (ⅳ) が同値であることを証明しておく. (ⅲ) が成立したと仮定する. このとき R 準同型写像 $f: R^{\oplus r} \to R$ を $f((b_1, b_2, \cdots, b_r)) = \sum_{i=1}^{r} a_i b_i$ と定義する. $N = \mathrm{Ker}\, f$ とおくと完全列

$$0 \longrightarrow N \longrightarrow R^{\oplus r} \xrightarrow{f} R$$

ができる. これに M とのテンソル積をとると完全列

(7.44) $\qquad 0 \longrightarrow N \otimes_R M \longrightarrow M^{\oplus r} \xrightarrow{f_M} M$

ができる. $f_M((m_1, m_2, \cdots, m_r)) = \sum_{i=1}^{r} a_i m_i$ である. (ⅳ) の仮定より $f_M((x_1, x_2, \cdots, x_r)) = 0$ であるので (7.44) の完全性より $(x_1, x_2, \cdots, x_r) = \sum_{j=1}^{s} \beta_j \otimes y_j$ が成立するように $\beta_j \in N$, $y_j \in M$ を見出すことができる. ここで $\beta_j \in N \subset R^{\oplus r}$ であるので $\beta_j = (b_{1j}, b_{2j}, \cdots, b_{rj})$, $b_{ij} \in R$ と書くことができる. よって (ⅳ) が成立する.

逆に (ⅳ) が成立したと仮定する. $I \otimes M \to IM$ が全射であることは明らか. そこで $a_1, a_2, \cdots, a_r \in I$, $x_1, x_2, \cdots, x_r \in M$ が $\sum_{i=1}^{r} a_i x_i = 0$ を満足したとすると $x_i = \sum_{j=1}^{s} b_{ij} y_j$, $\sum_{i=1}^{r} a_i b_{ij} = 0$ を満足する $b_{ij} \in R$, $y_j \in M$ が存在する. したがっ

て $I \otimes M$ で $\sum_{i=1}^{r} a_i \otimes x_i = \sum_{i=1}^{r} a_i \otimes \left(\sum_{j=1}^{s} b_{ij} y_j \right) = \sum_{j=1}^{s} \left(\sum_{i=1}^{r} a_i b_{ij} \right) \otimes y_j = 0$ が成立する. これは自然な R 準同型写像 $I \otimes M \to IM$ が単射であることを意味し(iii)が成立することが示された. ∎

さらに次の性質も容易に示すことができる.

命題 7.48

(ⅰ) 可換環の準同型写像 $\varphi: R \to S$ によって S が平坦 R 加群であるとき(このとき φ を**平坦準同型写像**(flat homomorphism)という), 任意の平坦 S 加群 N は φ によって平坦 R 加群になる.

(ⅱ) 可換環の準同型写像 $\varphi: R \to S$ と平坦 R 加群 M に対して $M \otimes_R S$ は平坦 S 加群である.

(ⅲ) 可換環 R の積閉集合 S に対して S による R の局所化 $S^{-1}R = R_S$ は R 上平坦である.

(ⅳ) M が平坦 R 加群であるための必要十分条件は任意の $\mathfrak{p} \in \operatorname{Spec} R$ に対して $M_\mathfrak{p}$ が平坦 $R_\mathfrak{p}$ 加群であることである. □

問 15 平坦準同型写像 $\varphi: R \to S$ と R のイデアル I_1, I_2 に対して $(I_1 \cap I_2)S = I_1 S \cap I_2 S$ が成り立つことを示せ.

例 7.49 体 k 上の 2 変数多項式環 $R = k[x,y]$ から $S = k[x,y,z]/(xz-y)$ への自然な準同型写像 $\varphi: R \to S$ を考える. $I_1 = xR$, $I_2 = yR$ に対して $I_1 \cap I_2 = xyR$ であり, $(I_1 \cap I_2)S = xyS = x^2 zS$ となる. 一方 $I_1 S = xS$, $I_2 S = yS = xzS$ であるので $I_1 S \cap I_2 S = xzS$ となり $(I_1 \cap I_2)S \neq I_1 S \cap I_2 S$ となる. 問 15 より φ は平坦準同型写像ではない. 幾何学的にはスキームの射 $\varphi^a: X = \operatorname{Spec} S \to Y = \operatorname{Spec} R = \mathbb{A}_k^2$ のファイバーの次元が Y の原点と他の点とで違っている. Y の k 有理点 (a,b) に対して $a \neq 0$ であれば, (a,b) 上のファイバーは X を $\mathbb{A}_k^3$ の閉部分スキームとみたとき 1 点 $\left(a, b, \dfrac{b}{a}\right)$ よりなり 0 次元である. 一方原点上のファイバーは $\mathbb{A}_k^3$ の x 軸となり 1 次元である. また $(0,b)$, $b \neq 0$ 上には X の点はない. このように射 φ^a の次元は一定ではない. □

§7.3 平坦射と固有射 —— 399

さてスキームの射 $f: X \to Y$ と $\mathcal{O}_X$ 加群 $\mathcal{F}$ に対して，点 $x \in X$ で $\mathcal{F}_x$ が $\mathcal{O}_{Y,y}$ 加群として平坦であるとき $\mathcal{F}$ は**点 x で Y 上平坦**(flat over Y at x)であるという．ただし $y = f(x)$ であり，自然な準同型写像 $f_y^*: \mathcal{O}_{Y,y} \to \mathcal{O}_{X,x}$ によって $\mathcal{F}_x$ を $\mathcal{O}_{Y,y}$ 加群とみた．特に X のすべての点で $\mathcal{F}$ が Y 上平坦のとき $\mathcal{F}$ を **Y 上平坦**であるという．特に $\mathcal{O}_X$ が Y 上平坦であるとき射 f を**平坦射**といい，X は Y 上平坦であるという．

次の命題は平坦であることの定義と平坦加群の性質からの直接の帰結である．

命題 7.50

(ⅰ) スキームの射 $f: X \to Y$ と $\mathcal{O}_X$ 加群の層 $\mathcal{F}$ が与えられ $\mathcal{F}$ は Y 上平坦であると仮定する．このとき任意のスキームの射 $g: W \to Y$ による基底変換 $f_W: X \times_Y W \to W$ および自然な射影 $p_1: X \times_Y W \to X$ による $\mathcal{F}$ の逆像 $p_1^* \mathcal{F}$ を考えると，$p_1^* \mathcal{F}$ は W 上平坦である．

(ⅱ) スキームの射 $f: X \to Y$, $g: Y \to Z$ が与えられ $\mathcal{O}_X$ 加群 $\mathcal{F}$ は Y 上平坦，g は平坦射であるとすると $\mathcal{F}$ は Z 上平坦である．

(ⅲ) 可換環の準同型写像 $\varphi: R \to S$ と S 加群 M に対して M が平坦 R 加群であるための必要十分条件は $\varphi^a: X = \operatorname{Spec} S \to Y = \operatorname{Spec} R$ と記すとき $\mathcal{O}_X$ 加群 $\widetilde{M}$ が Y 上平坦であることである．

[証明] (ⅰ)は命題 7.48(ⅱ)，(ⅱ)は命題 7.48(ⅰ)，(ⅲ)は命題 7.48(ⅳ)のスキームによる言い換えである． ∎

次の事実は平坦加群を考える上で重要である．

補題 7.51 局所環 R 上の有限生成加群 M が平坦 R 加群であるための必要十分条件は M が自由 R 加群であることである．

[証明] M が平坦 R 加群であれば自由 R 加群であることを示せばよい．R の極大イデアル $\mathfrak{m}$ に対して剰余体 $R/\mathfrak{m}$ を k と記す．$M/\mathfrak{m}M = M \otimes_R k$ は k 上の有限次元ベクトル空間であるので M の元 $x_1, x_2, \cdots, x_l$ を $\bar{x}_1, \bar{x}_2, \cdots, \bar{x}_l \in M \otimes_R k$ が k 上の基底であるように選ぶ．R 準同型写像 $f: R^{\oplus l} \to M$ を $f((a_1, \cdots, a_l)) = \sum_{i=1}^{l} a_i x_i$ と定義し，$Q = \operatorname{Coker} f$ とおくと完全列

を得る．テンソル積は右完全であるので，この完全列に R 上 $k=R/\mathfrak{m}$ とのテンソル積をとると完全列

$$k^{\oplus l} \xrightarrow{\bar{f}} M\otimes_R k \longrightarrow Q\otimes_R k \longrightarrow 0$$

を得る．$\bar{f}$ は仮定より同型写像であったので $Q\otimes_R k=0$ を得る．すなわち $Q/\mathfrak{m}Q=0$ であり，$Q=\mathfrak{m}Q$ が成立する．Q は有限 R 加群であるので，中山の補題 (第5章問2) により $Q=0$ である．すなわち f は全射である．したがって $\{x_1,x_2,\cdots,x_l\}$ が R 上1次独立である，すなわち $\sum_{i=1}^{l} a_i x_i=0,\ a_i\in R$ であれば $a_1=a_2=\cdots=a_l=0$ であることを示せばよい．そこで $\bar{x}_1,\bar{x}_2,\cdots,\bar{x}_l$ が k 上1次独立であれば $x_1,x_2,\cdots,x_l$ は R 上1次独立であることを l に関する帰納法によって示す．$l=1$ のときを考える．$a_1 x_1=0$ であるので，命題7.47(iv) より $y_1,y_2,\cdots,y_r\in M,\ b_1,b_2,\cdots,b_r\in R$ で $a_1 b_i=0,\ i=1,2,\cdots,r,\ x=\sum_{i=1}^{r} b_i y_i$ が成立するものが存在する．$\bar{x}_1\neq 0$ であるので $b_1,b_2,\cdots,b_r$ のうち $\mathfrak{m}$ に属さない元がある．その元を b_1 とすると b_1 は R の可逆元であり $a_1 b_1=0$ より $a_1=0$ を得る．よって $l=1$ のとき主張は正しい．

次の主張は $l-1$ まで正しいと仮定して $\sum_{i=1}^{l} a_i x_i=0$ を考える．再び命題7.47(iv) により $y_j\in M,\ b_{ij}\in R,\ i=1,\cdots,r,\ j=1,\cdots,s$ を $x_i=\sum_{j=1}^{s} b_{ij} y_j$，$\sum_{i=1}^{l} a_i b_{ij}=0$ が成立するように選ぶことができる．$x_l\notin \mathfrak{m}M$ であるので $b_{lj}\notin \mathfrak{m}$ となるような j が少なくとも1つ存在する．この j を固定して考える．b_{lj} は R の可逆元であり，$\sum_{j=1}^{l} a_i b_{ij}=0$ であるので

$$a_l=\sum_{i=1}^{l-1} c_i a_i,\quad c_i=-\frac{b_{ij}}{b_{lj}}$$

このとき

$$\sum_{i=1}^{l} a_i x_i = a_1(x_1+c_1 x_l)+a_2(x_2+c_2 x_l)+\cdots+a_{l-1}(x_{l-1}+c_{l-1}x_l)=0$$

が成立し $\overline{x_1+c_1 x_l},\ \overline{x_2+c_2 x_l},\cdots,\overline{x_{l-1}+c_{l-1}x_l}$ は k 上1次独立である．よって帰納法の仮定により，$a_1=a_2=\cdots=a_{l-1}=0$ が成立し，$a_l=\sum_{i=1}^{l-1} c_i a_i=0$ とな

る．

　以上の議論によって M は $x_1, x_2, \cdots, x_l$ を基底とする自由 R 加群であることが示された．　∎

　この補題をスキーム上の加群の層に書き換えて次の大切な結果を得る．

命題 7.52　スキーム X 上の有限生成平坦 $\mathcal{O}_X$ 加群は局所自由層である．特に局所 Noether 的スキーム X 上の連接層 $\mathcal{F}$ が X 上平坦であるための必要十分条件は $\mathcal{F}$ が X 上局所自由層であることである．　□

例 7.53　スキームの有限射 $\varphi\colon X \to Y$ (§2.4(b)) が平坦射であれば $f_*\mathcal{O}_X$ は Y 上平坦であり，したがって局所自由層である．$f_*\mathcal{O}_X$ は階数有限の局所自由層である．このとき $X = \operatorname{Spec} f_*\mathcal{O}_X$ に注意する．

　逆に Y 上の階数有限の局所自由層 $\mathcal{F}$ が有限生成 $\mathcal{O}_Y$ 代数の構造を持てば，$X = \operatorname{Spec} \mathcal{F}$ は Y 上平坦であり，構造射 $\varphi\colon X \to Y$ は有限射である．このような $\mathcal{F}$ の例は可逆層を用いて作ることができる．

　Y 上の可逆層 $\mathcal{L}$ はある正整数 n に対して零でない元 $f \in H^0(X, \mathcal{L}^{\otimes n})$ を持つと仮定する．X のアフィン開被覆 $\{U_i\}_{i \in I}$ を同型
$$\varphi_i\colon \mathcal{L}^{-1}|U_i \simeq \mathcal{O}_{U_i}$$
が成立するようにとる．$\varphi_i \circ \varphi_j^{-1}$ は $g_{ij} \in \Gamma(U_i \cap U_j, \mathcal{O}_X^\times)$ による掛け算になっている．この φ_i を使うことによって $f = \{f_i\}$, $f_i \in \Gamma(U_i, \mathcal{O}_{U_i})$, $U_i \cap U_j \neq \emptyset$ 上で $f_i = g_{ij}^{-n} f_j$ と表わすことができる．さて
$$\mathcal{F} = \mathcal{O}_Y \oplus \mathcal{L}^{-1} \oplus \mathcal{L}^{-2} \oplus \cdots \oplus \mathcal{L}^{-(n-1)}$$
とおくと $\mathcal{F}$ は Y 上の階数 n の局所自由層であり，これは Y 上平坦である．f を使って $\mathcal{F}$ に $\mathcal{O}_Y$ 代数の構造を入れよう．$\mathcal{L}^{-a} \otimes \mathcal{L}^{-b} = \mathcal{L}^{-(a+b)}$ であるので正整数 m に対して $m = ln + k$, $0 \leq k \leq n-1$ と表わすとき $\mathcal{O}_X$ 準同型写像

$$\begin{array}{ccc} \mathcal{L}^{-m} & \longrightarrow & \mathcal{L}^{-k} \\ h & \longmapsto & hf^l \end{array}$$

を使って $\mathcal{F}$ に $\mathcal{L}^{-1}$ から生成される $\mathcal{O}_X$ 代数の構造を入れることができる．

　あるいは次のようにいう方が分かりやすいかもしれない．同型 φ_i を使って $e_i = \varphi_i^{-1}(1)$ とおく．$U_i = \operatorname{Spec} A_i$ とすると $\Gamma(U_i, \mathcal{F})$ は A_i 代数として e_i か

ら生成される. このとき $e_i^n = f_i$ となるように A_i 代数の構造を入れる. 言い換えると $\Gamma(U_i, \mathcal{F}) = A_i[x_i]/(x_i^n - f_i)$ と A_i 代数の構造を入れる. x_i の定める類が e_i である. $U_i \cap U_j$ 上では $g_{ij} = \varphi_i(\varphi_j^{-1}(1)) = \varphi_i(e_j)$ が成り立つので $e_i = g_{ij}^{-1} e_j$ が成立し ($e_i = g_{ij} e_j$ でないことに注意) $f_i = e_i^n = g_{ij}^{-n} e_j^n = g_{ij}^{-n} f_j$ となり, この代数の構造が U_i と U_j とで矛盾なく定義できていることが分かる. このようにして平坦有限射 $\pi: S = \operatorname{Spec} \mathcal{F} \to Y$ を得る. X は f のとり方によって構造が変わることに注意する. Y が体 k 上の代数的スキームであり, n が k の標数と素であるとき, このようにしてできる平坦有限射 $\pi: X \to Y$ を $f = 0$ で分岐した n 次**巡回被覆**(cyclic covering of degree n)と呼ぶ. $f = 0$ は Y の Cartier 因子である. 特に $\mathcal{L}^{\otimes n} = \mathcal{O}_X$ となるときは f として 1 をとることができる. このときは $\pi: X \to Y$ は**不分岐被覆**(unramified covering)になる (§8.1(b)を参照のこと). $\operatorname{char} k$ と n とは素であると仮定しているので π は不分岐射でありかつ平坦射であるのでエタール射であることが分かる. $\mathcal{L}^{\otimes n} = \mathcal{O}_X$ となる最小の正整数が n であれば X は既約である. □

問 16 例 7.33 で構成した超楕円曲線は $\mathbb{P}_k^1$ の 2 次巡回被覆として例 7.53 の方法でも構成できることを示せ.

ところで平坦射はコホモロジー群でも大切な役割をする. ここでは平坦射による基底変換に関して高次順像を考察しておこう.

定理 7.54 Noether 的スキームの有限型分離射 $\varphi: X \to Y$ の Noether 的スキームの平坦射 $f: W \to Y$ による基底変換 $\varphi_W: X \times_Y W \to W$ を考える.

$$\begin{array}{ccc} X \times_Y W & \xrightarrow{g} & X \\ \varphi_W \downarrow & & \downarrow \varphi \\ W & \xrightarrow{f} & Y \end{array}$$

X 上の準連接的 $\mathcal{O}_X$ 加群 $\mathcal{F}$ とすべての整数 $i \geqq 0$ に対して自然な同型
$$f^* R^i \varphi_* \mathcal{F} \simeq R^i \varphi_{W*}(g^* \mathcal{F})$$
が存在する.

[証明] 定理の主張は Y, W に関して局所的であるので，Y, W ともにアフィンスキーム $\operatorname{Spec} R, \operatorname{Spec} S$ と仮定してよい．仮定より射 f に対応する可換環の準同型写像 $f^\flat: R \to S$ は平坦準同型写像である．定理 6.28 の証明の前半部分より Y, W がアフィンスキームであれば $R^i\varphi_*\mathcal{F} = \widetilde{H^i(X, \mathcal{F})}$, $R^i\varphi_{W*}(g^*\mathcal{F}) = \widetilde{H^i(X \times_Y W, g^*\mathcal{F})}$ であることが分かるので

$$(7.45) \qquad H^i(X, \mathcal{F}) \otimes_R S \simeq H^i(X \times_Y W, g^*\mathcal{F})$$

を示せばよい．X のアフィン開被覆 $\mathcal{U} = \{U_i\}_{i \in I}$ をとると系 6.16 より $H^i(X, \mathcal{F})$ は Čech の複体 $\{C^p(\mathcal{U}, \mathcal{F})\}_{p \geq 0}$ を使って計算できる．$V_i = U_i \times_Y W$ とおくと $\mathcal{V} = \{V_i\}_{i \in I}$ は $X \times_Y W$ のアフィン開被覆であり，$C^p(\mathcal{V}, g^*\mathcal{F}) = C^p(\mathcal{U}, \mathcal{F}) \otimes_R S$ であることが分かる．S は R 上平坦であるので $\{C^p(\mathcal{V}, g^*\mathcal{F})\}_{p \geq 0}$ のコホモロジー群は R 上 $\{C^p(\mathcal{U}, \mathcal{F})\}_{p \geq 0}$ のコホモロジー群と S とのテンソル積をとることによって得られる．したがって S 加群の同型 (7.45) が存在する． ∎

系 7.55 Noether 的スキームの有限型分離射 $\varphi: X \to Y$ と X 上の準連接的 $\mathcal{O}_X$ 加群 $\mathcal{F}$ が与えられ，かつ Y はアフィンスキームと仮定する．Y の点 y に対して φ の y 上のファイバーを X_y と記し，自然な射 $\iota_y: X_y \to X$ による $\mathcal{F}$ の逆像 $\iota_y^*\mathcal{F}$ を $\mathcal{F}_y$ と記す．さらに $k(y)$ が定める $\overline{\{y\}}$ 上の定数層を $k(y)$ と記すとすべての $i \geq 0$ に対して自然な同型

$$H^i(X_y, \mathcal{F}_y) \simeq H^i(X, \mathcal{F} \otimes k(y))$$

が存在する．

[証明] $Y' \subset Y$ を $\overline{\{y\}}$ 上に既約かつ被約スキームの構造を入れた閉部分スキームとして，$X' = X \times_Y Y'$, $\mathcal{F}' = \mathcal{F} \otimes k(y)$ とおくと，上の同型は X' 上の準連接層 $\mathcal{F}'$ のみに関係して定義できる．したがって，$X, Y, \mathcal{F}$ を $X', Y', \mathcal{F}'$ に変えてもよい．すなわち Y は整スキームかつ y は Y の生成点と仮定しても一般性を失わない．すると自然な射 $y \to Y$ は平坦射である．(この射は整域 R から商体 $Q(R)$ への自然な準同型写像に対応し，平坦である．) よって定理 7.54 より自然な同型

$$H^i(X_y, \mathcal{F}_y) \simeq H^i(X, \mathcal{F}) \otimes k(y)$$

が存在する．仮定より $\mathcal{F}$ は $k(y)$ 加群であったので $H^i(X, \mathcal{F}) \otimes k(y) \simeq H^i(X,$

$\mathcal{F}$) である.

(b) 平坦族

平坦射 $f: X \to Y$ の "平坦" の意味は f のファイバーの次元が一定であること,特にファイバーの次元が 0 であれば Y の各点上に点が出てきて次元の高いファイバーが現れず,平坦であることを示そう.そのために少し準備をする.スキームの点 $x \in X$ に対して $\dim \mathcal{O}_{X,x}$ を $\dim_x X$ と記し,**点 x での X の次元**という.点 x を含むアフィン開集合 $U = \operatorname{Spec} R$ をとり点 x が素イデアル $\mathfrak{p}$ に対応していれば,$\dim_x X = \dim R_\mathfrak{p}$ である.言い換えれば $\dim_x X = \operatorname{ht} \mathfrak{p}$ である.特に X が体 k 上の既約な代数的スキームのとき x が X の閉点であれば $\dim_x X = \dim X$ であることに注意する.これは次のようにして示される.$\dim X = \dim X_{\mathrm{red}}$ であるので X はさらに被約であると仮定してよい.このとき x を含む X のアフィン開集合 $U = \operatorname{Spec} R$ をとると R は体 k 上有限生成な整域である.点 x は R の極大イデアル $\mathfrak{m}$ に対応しているので定理 7.18 より $\dim R = \operatorname{ht} \mathfrak{m} + \dim R/\mathfrak{m}$ であるが $R/\mathfrak{m}$ は体であるので $\dim R = \operatorname{ht} \mathfrak{m} = \dim_x X$ となるからである.

以上の準備のもとにまず次の補題を証明しよう.

補題 7.56 Noether 的スキームの平坦かつ有限型射 $f: X \to Y$ と X の点 x に対して $y = f(x)$ とおく.
$$\dim_x(X_y) = \dim_x X - \dim_y Y$$
が成立する.ここで X_y は y 上の f のファイバーである.

[証明] $Y' = \operatorname{Spec} \mathcal{O}_{Y,y}$ とおいて自然な射 $Y' \to Y$ による基底変換 $f' = f_{Y'}: X' = X \times_X Y' \to Y'$ を考えると $f': X' \to Y'$ も平坦射である.点 $x \in X$ も自然に X' の点と考えることができ $\dim_x X' = \dim_x X$, $X'_y = X_y$, $\dim_y Y' = \dim_y Y$ であるので f' で考えて十分である.したがって,$\dim_y Y = \dim Y$ と仮定してよい.以下 $\dim Y$ に関する帰納法で補題を証明する.$\dim Y = 0$ であれば $\mathcal{O}_{Y,y}$ の極大イデアル $\mathfrak{m}$ はべき零イデアル ($\mathcal{O}_{Y,y}$ が体であれば 0 イデアル)であり,X_y は X の $f^*\mathfrak{m}$ で生成されるイデアル J で定義される閉部分スキームである.したがって X_y はべき零イデアル層で定義され $\dim_x X_y =$

$\dim_x X$ が成立する．$\dim Y = 0$ であるので補題の等式が証明された．

次に $\dim Y \geqq 1$ のときを考える．Y を Y_{red} に変えても等式は変わらないので，Y はさらに被約であると仮定する．このとき $\mathcal{O}_{Y,y}$ の極大イデアルの元 $t \neq 0$ をとると Krull の標高定理（定理 7.19）より $\dim \mathcal{O}_{Y,y}/(t) = \dim Y - 1$ となる．$Y' = \operatorname{Spec} \mathcal{O}_{Y,y}/(t)$ とおき $Y' \to Y$ による基底変換 $f' = f_{Y'} : X' = X \times_Y Y' \to Y'$ を行なう．元 t は $\mathcal{O}_{Y,y}$ の零因子ではないので $f^* : \mathcal{O}_{Y,y} \to \mathcal{O}_{X,x}$ による t の像 f^*t は $\mathcal{O}_{X,x}$ の極大イデアルの元であるが f^* は平坦準同型写像であるので f^*t も $\mathcal{O}_{X,x}$ の零因子ではない．なぜならば完全列
$$0 \longrightarrow \mathcal{O}_{Y,y} \xrightarrow{t\times} \mathcal{O}_{Y,y}$$
に $\mathcal{O}_{X,x}$ のテンソル積をとることによって完全列
$$0 \longrightarrow \mathcal{O}_{X,x} \xrightarrow{f^*t\times} \mathcal{O}_{X,x}$$
を得るからである．したがってふたたび Krull の標高定理により $\dim_x X' = \dim \mathcal{O}_{X,x}/(f^*t) = \dim \mathcal{O}_{X,x} - 1 = \dim X - 1$ を得る．帰納法の仮定により
$$\dim_x(X'_y) = \dim_x X' - \dim_y Y'$$
が成立するが $X'_y = X_y$ であるので
$$\dim_x X_y = (\dim_x X - 1) - (\dim_y Y - 1)$$
$$= \dim_x X - \dim_y Y$$
となり求める等式が得られた．∎

この補題より次の幾何学的な結果が得られる．

命題 7.57 体 k 上の代数的スキームの間の平坦射 $f: X \to Y$ が与えられ，Y は既約スキームであると仮定する．このとき次の主張は同値である．

(ⅰ) X のすべての既約成分の次元は $\dim Y + n$ である．

(ⅱ) Y の任意の点 $y \in Y$ に対して y 上のファイバー X_y のすべての既約成分の次元は n である．

[証明] (ⅰ)が成立したと仮定する．Y の点 y 上のファイバー X_y の既約成分の 1 つを W と記し，W の閉点 x をとると最初に述べたように $\dim W = \dim_x W$ が成立する．$f(x) = y$ であるので上の補題 7.56 を適用すると
$$\dim_x W = \dim_x X - \dim_y Y$$
を得る．さらに X と Y は k 上有限型スキームであるので定理 7.18 を X の既

約成分と Y とに適用することによって($X_{\text{red}}, Y_{\text{red}}$ を考えても次元は変わらないので), 点 x の X での閉包 $\overline{\{x\}}$ を考えると $\dim_x X = \dim X - \dim \overline{\{x\}}$ (X の各既約成分の次元は(i)より一定である), $\dim_y Y = \dim Y - \dim \overline{\{y\}}$ を得る. また x は X_y の閉点であるので $k(x)$ は $k(y)$ の代数的拡大であり, $k(x), k(y)$ は $\overline{\{x\}}, \overline{\{y\}}$ の関数体でもあるので, 系 7.23 より $\dim \overline{\{x\}} = \dim \overline{\{y\}}$ が成立する. よって $\dim_x W = \dim X - \dim Y = n$ を得る.

逆に(ii)が成立したと仮定する. X の既約成分の1つを Z と記し, Z の閉点 x を, x は他の既約成分には含まれないようにとる. $y = f(x)$ とおいて補題 7.56 を適用すると
$$\dim_x(X_y) = \dim_x X - \dim_y Y$$
を得る. (ii)の仮定より $\dim_x(X_y) = n$ であり, $\dim_x X = \dim_x Z = \dim Z$ が成立する. また x は X の閉点であるので $y = f(x)$ は Y の閉点であり, したがって $\dim_y Y = \dim Y$ が成立する. よって
$$\dim Z = \dim Y + n$$
となり(i)が成立する. ∎

この命題によって既約な代数的スキームの平坦射の各点でのファイバーの次元は一定であることが分かった. この補題を使えば例 7.49 の射 $\varphi^a \colon \operatorname{Spec} k[x,y,z]/(xz-y) \to \operatorname{Spec} k[x,y]$ が平坦でないことはファイバーの次元が一定でないことよりただちに分かる. 同様に例 5.28 で考察した $\mathbb{A}_k^n$ を原点でブローアップしてできる代数的スキーム $\widetilde{X}$ に対して自然な射 $\pi \colon \widetilde{X} \to X$ は平坦ではない. π は $\widetilde{X} \setminus \pi^{-1}((0,\cdots,0))$ から $X \setminus \{(0,\cdots,0)\}$ は同型であるが原点のファイバーは $\mathbb{P}_k^{n-1}$ であるからである.

平坦射が少々分かりづらいのは定義が純代数的であり, 単にファイバーの次元が一定であるという幾何学的な条件では不十分なことに起因している. しかし, 底空間が1次元の正則スキーム Y のときは射 $f \colon X \to Y$ が平坦射になる条件は分かりやすい形に書くことができる. この事実を少し一般化して述べておこう. そのために, Noether 的スキーム X 上の連接層 $\mathcal{F}$ に関して $\mathcal{F}$ に伴う点(associated point to $\mathcal{F}$)の集合 $\operatorname{Ass} \mathcal{F}$ を

(7.46)
$$\mathrm{Ass}\,\mathcal{F} = \{x \in X \mid \sqrt{\mathrm{Ann}\,s} = \mathfrak{m}_x \text{ を満足する } \mathcal{F}_x \text{ の元 } s \text{ が存在する}\}$$

と定義する．ただし $\mathrm{Ann}\,s = \{a \in \mathcal{O}_{X,x} \mid as = 0\}$, $\mathfrak{m}_x$ は $\mathcal{O}_{X,x}$ の極大イデアルである．$\mathcal{O}_{X,x}$ は Noether 環であるので(7.46)の条件は $\mathrm{Ann}\,s = \mathfrak{m}_x$ となる元 $s \in \mathcal{F}_x$ が存在すると書き換えることができる．$X = \mathrm{Spec}\,R$, $\mathcal{F} = \widetilde{M}$, M は有限 R 加群，のときには

$$\mathrm{Ass}\,M = \{\mathfrak{p} \in \mathrm{Spec}\,R \mid \mathrm{Ann}\,s = \mathfrak{p} \text{ となる } s \in R \text{ が存在する}\}$$

とおくと $\mathrm{Ass}\,M = \mathrm{Ass}\,\mathcal{F}$ であることが容易に分かる．ところで $s \in \mathcal{F}_x$ は x のある開近傍 U での $\mathcal{F}$ の切断 $\tilde{s} \in \Gamma(U, \mathcal{F})$ へ拡張できる．$\sqrt{\mathrm{Ann}\,s} = \mathfrak{m}_x$ であることは $\tilde{s}$ の台 $\mathrm{Supp}\,\tilde{s}$ が $\overline{\{x\}}$ と一致することを意味する．これは Noether 環 R 上の有限生成加群 M に対しては $\mathrm{Ass}\,M \subset \mathrm{Supp}\,M$ かつ $\mathrm{Supp}\,M$ の極小元全体と $\mathrm{Ass}\,M$ の極小元全体とが一致することから導くことができる．$U = \mathrm{Spec}\,R$ のとき $\mathcal{F}|U$ の $\mathcal{O}_U$ 部分加群 $\mathcal{O}_U \tilde{s} = \widetilde{N}$ に対して可換環からの上記の結果を適用すればよい．加群に伴う素イデアルに関しては堀田[5] §3.3 に簡にして要を得た記述があるので参照していただきたい．特に $\bigcup_{\mathfrak{p} \in \mathrm{Ass}\,M} \mathfrak{p}$ は M の零因子の全体

$$\{a \in R \mid am = 0 \text{ となる } M \text{ の元 } m \neq 0 \text{ が存在する}\}$$

と一致することを注意しておこう．

さて，Noether 的スキーム X に対して $\mathcal{F} = \mathcal{O}_X$ のとき $\mathrm{Ass}\,\mathcal{F}$ を $\mathrm{Ass}\,X$ と記して $\mathrm{Ass}\,X$ の各点を **X に伴う点**と呼ぶ．特に X が被約スキームであれば $\mathrm{Ass}\,X$ は X の開点(すなわち各既約成分の生成点)の全体となり，さらに X が既約であれば $\mathrm{Ass}\,X$ は X の生成点 1 点からなる．

以上の準備のもとに次の命題を証明しよう．

命題 7.58 Y は既約な 1 次元正則スキームとし，スキームの射 $f: X \to Y$ と X 上の準連接的 $\mathcal{O}_X$ 加群 $\mathcal{F}$ を考える．$\mathcal{F}$ が Y 上平坦であるための必要十分条件は f によって $\mathrm{Ass}\,\mathcal{F}$ の元がすべて Y の生成点に写されることである．

[証明] $\mathcal{F}$ は Y 上平坦であると仮定する．Y に関する仮定から $\mathrm{Ass}\,Y$ は

Y の生成点のみである.点 $x \in \operatorname{Ass}\mathcal{F}$ の像 $y = f(x)$ が $\operatorname{Ass} Y$ に属さないとすると $\mathcal{O}_{Y,y}$ の極大イデアル $\mathfrak{m}_y$ の元 $a \neq 0$ に対して完全列

$$0 \longrightarrow \mathcal{O}_{Y,y} \xrightarrow{a \times} \mathcal{O}_{Y,y}$$

ができる.$\mathcal{F}$ は Y 上平坦であったので $\mathcal{O}_{Y,y}$ 上 $\mathcal{F}_x$ のテンソル積をとることによって完全列

$$0 \longrightarrow \mathcal{F}_x \xrightarrow{f^*a \times} \mathcal{F}_x$$

を得る.これより $f^*\mathfrak{m}_y$ の零でない元は $\mathcal{F}_x$ の零因子になり得ない.$f^*\mathfrak{m}_y \subset \mathfrak{m}_x = \mathcal{O}_{X,x}$ の極大イデアルであり,一方 $x \in \operatorname{Ass}\mathcal{F}$ より $\operatorname{Ann} s = \mathfrak{m}_x$ となる $s \in \mathcal{F}_x$ が存在するのでこれは矛盾である.よって $f(\operatorname{Ass}\mathcal{F}) = \operatorname{Ass} Y$ である.

逆に $f(\operatorname{Ass}\mathcal{F}) = \operatorname{Ass} Y$ が成立したと仮定する.$\mathcal{F}$ は Y 上平坦でないと仮定しよう.すると $\mathcal{F}_x$ は $\mathcal{O}_{Y,x}$ 上平坦でないような点 $x \in X$, $y = f(x) \in Y$ を選ぶことができる.点 y は閉点である.点 y が生成点であれば $\mathcal{O}_{Y,y}$ は体であり,$\mathcal{F}_x$ は平坦 $\mathcal{O}_{Y,y}$ 加群となってしまうからである.$\mathcal{O}_{Y,y}$ は 1 次元正則局所環であるので定理 7.35 より離散付値環である.離散付値環上の加群は捩れがない限り自由加群である.したがって $\mathcal{O}_{Y,y}$ の素元,すなわち極大イデアル $\mathfrak{m}_y$ の生成元 t に対して,$f^*t \cdot a = 0$ となる $\mathcal{F}_x$ の 0 でない元 a が存在する.$\operatorname{Ann} a = \{s \in \mathcal{O}_{X,x} \mid s \cdot a = 0\}$ を含む $A = \mathcal{O}_{X,x}$ の素イデアルのうちで極小なものを 1 つ選び $\mathfrak{p}$ と記す.$\mathfrak{p}$ に対して X 内での点 x の閉包 $\overline{\{x\}}$ の点 x' が $\mathcal{O}_{X,x'} = R_{\mathfrak{p}}$ となるように選ぶことができる.スキームの射 $\operatorname{Spec} \mathcal{O}_{X,x} \to \operatorname{Spec} \mathcal{O}_{Y,y}$ を考えることによって $f(x') = y$ であることが分かる.一方,$\mathfrak{p}$ の $\operatorname{Ann} a$ に関する極小性より $x' \in \operatorname{Ass}\mathcal{F}$ であることが分かる.($a \in \mathcal{F}_x$ は $a' \in \mathcal{F}'_x$ を定め,$(\operatorname{Ann} a)\mathcal{O}_{X,x'}$ の各元は a' を零化することに注意する.)

ところで $f(\operatorname{Ass}\mathcal{F}) = \operatorname{Ass} Y$ と仮定したが,$f(x') = y \notin \operatorname{Ass} Y$ であるので仮定に反する.よって $\mathcal{F}$ は Y 上平坦でなければならない.∎

この命題を $\mathcal{F} = \mathcal{O}_X$ のとき適用して次の有用な系を得る.

系 7.59 スキームの射 $f: X \to Y$ に関して Y は既約な 1 次元正則スキームとする.f が平坦であるための必要十分条件は f による $\operatorname{Ass} X$ の像が Y の生成点になることである.したがって特に X が被約スキームであれば X の各既約成分 Z に射 f を制限したときこの射が支配的である,すなわち

$\overline{f(Z)} = Y$ であれば f は平坦射である. □

命題 7.58, 系 7.59 は Y の次元が 1 であることが重要な鍵になっている. 例 5.28 で考察したブローアップの例は系 7.59 が 2 次元以上の正則スキーム Y に関しては成立しないことを示している.

長々と一般論を展開したが, 上の系によって少なくとも 1 次元正則スキーム上ではたくさんの平坦なスキームが構成できることを示したかったからである. いくつか例を考察しておこう.

例 7.60 体 k 上の射影直線 $\mathbb{P}_k^1 = \text{Proj}\, k[s_0, s_1]$ と射影平面 $\mathbb{P}_k^2 = \text{Proj}\, k[x_0, x_1, x_2]$ の直線 $\mathbb{P}_k^1 \times \mathbb{P}_k^2$ 内に式

$$(7.47) \qquad s_0 x_0 x_1 + (s_1 - s_0) x_1 x_2 - s_1 x_2 x_0 = 0$$

で定義される閉部分スキーム S を考える. $\mathbb{P}_k^1 \times \mathbb{P}_k^2$ から $\mathbb{P}_k^1$ への射影を S に制限したものを π と記すと, スキームの射 $\pi: S \to \mathbb{P}_k^1$ が定義できる. S は 2 次元正則スキームであることが Jacobi 判定法 (7.24) によって簡単に示すことができる. π が全射であることも容易に分かるので, π は平坦射である. また S の構成法から π は射影射である. $(s_0 : s_1)$ を固定すると式 (7.47) は点 $(1:0:0), (0:1:0), (1:1:1), (0:0:1)$ を通る $\mathbb{P}_k^2$ の 2 次曲線を表わす. 逆に $\mathbb{P}_k^2$ 内の 2 次曲線でこれらの 4 点を通るものは $(s_0 : s_1)$ を適当に選ぶことによってすべて (7.47) の形をしていることが分かり, (7.47) はこうした 2 次曲線の全体 (2 次曲線の族) を表している. $\mathbb{P}_k^1$ を上記の 4 点を通る 2 次曲線のパラメータ空間と考えることがある.

$\mathbb{P}_k^1$ の $\overline{k}$ (k の代数的閉包) 有理点 $(a_0 : a_1)$ に対して S の $\overline{k}$ 有理点を次のように対応させる.

$$
\begin{aligned}
q_0: & \quad (a_0 : a_1) \longmapsto ((a_0 : a_1), (1:0:0)) \\
q_1: & \quad (a_0 : a_1) \longmapsto ((a_0 : a_1), (0:1:0)) \\
q_\infty: & \quad (a_0 : a_1) \longmapsto ((a_0 : a_1), (1:1:1)) \\
q_s: & \quad (a_0 : a_1) \longmapsto ((a_0 : a_1), (0:0:1))
\end{aligned}
$$

この対応はスキームの射 $q_j : \mathbb{P}_k^1 \to S$, $j = 0, 1, \infty, s$ を定義すること, さらに $\pi \circ q_j = id_{\mathbb{P}_k^1}$ であることも容易に分かる.

次に $\pi: S \to \mathbb{P}_k^1$ のファイバーがいつ可約であるかを調べてみよう．(7.47) から各点のファイバーは 2 次曲線である．2 次曲線が可約であることは 2 本の直線に分解するか，1 本の直線の式の 2 乗になっている(すなわち被約でない)かのいずれかであるが，今問題の 2 次曲線はすべて 4 点を通り，この 4 点は 1 直線上にないので，可約であれば，2 本の直線に分解している．しかもこの 4 点のうち，どの 3 点も同一直線上にないので，これらの 2 直線は 4 点を 2 点ずつの組に分け，それぞれの組の 2 点を結ぶ直線からなることが分かる．このような可能性は 3 通りしかない．

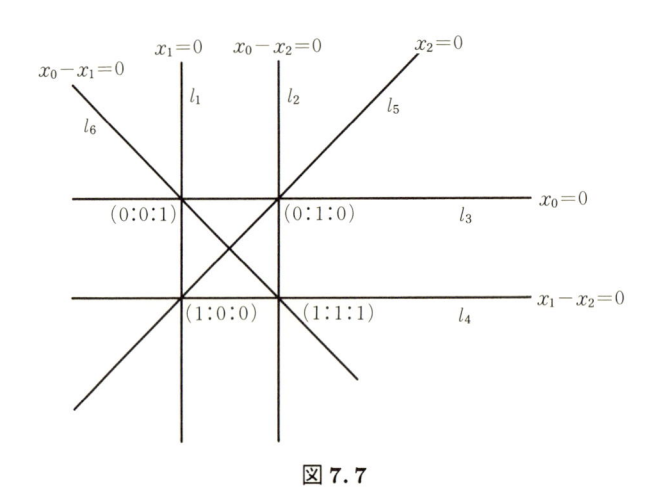

図 7.7

実際，点 $(s_0:s_1)=(1:0)$ 上では 2 次曲線は $x_1(x_0-x_2)=0$, 点 $(1:1)$ 上では $x_0(x_1-x_2)=0$, 点 $(0:1)$ 上では $x_2(x_1-x_0)=0$ となって 3 通りの場合がすべて出てくることが分かる．またこれらの 3 点以外のファイバーは既約な 2 次曲線であることが容易に分かる．これらの既約な 2 次曲線は 4 点を通るのですべて k 有理点を持っている．一般に体 k 上の既約な 2 次曲線は k 有理点を持てば $\mathbb{P}_k^1$ と体 k 上で同型である(下の問 17 を参照のこと)．特に $\mathbb{P}_k^1$ の生成点で考えると，$s=s_1/s_0$ とおけば生成点上のファイバーは体 $k(s)$ 上定義された既約な 2 次曲線
$$x_0x_1+(s-1)x_1x_2-sx_2x_0=0$$

であり，これは $k(s)$ 有理点を持つので $\mathbb{P}^1_{k(s)}$ と同型である．$\mathbb{P}^1_{k(s)}$ は第 1 成分への射影 $p_1\colon \mathbb{P}^1_k\times\mathbb{P}^1_k\to\mathbb{P}^1_k$ の生成点上のファイバーとも考えられる．このことから曲面 S と $\mathbb{P}^1_k\times\mathbb{P}^1_k$ とが関連が深いことが予想される．実際，S から $\mathbb{P}^1_k\times\mathbb{P}^1_k$ への射が存在することが分かる．これは次のようにして構成できる．$\mathbb{P}^1_k\times\mathbb{P}^2_k$ から $\mathbb{P}^1_k\times\mathbb{P}^1_k$ への次のような対応を考える．

$$((s_0:s_1),(x_0:x_1:x_2)) \longmapsto ((s_0:s_1),(x_1-x_0:x_1))$$

ここで $(s_0:s_1)$ は $\mathbb{P}^1_k$ の点 $(x_0:x_1:x_2)$ で $\mathbb{P}^2_k$ の点を表わしていると考える．s_i や x_j に $\overline{k}$ の具体的な元を代入すれば $\overline{k}$ 有理点が得られるので，以下こうした古典的な記述の仕方を使うことにしよう．この対応は $x_0-x_1=0$, $x_1=0$ となる点，すなわち，$(0:0:1)$ では定義できない．この対応が $\mathbb{P}^1_k\times(\mathbb{P}^2_k\setminus\{(0:0:1)\})$ から $\mathbb{P}^1_k\times\mathbb{P}^1_k$ への射を定義することは容易に分かる．この射を $S\setminus\{\mathbb{P}^1_k\times(0:0:1)\}$ に制限したものを φ と記す．

$$\varphi\colon \quad S\setminus\{\mathbb{P}^1_k\times(0:0:1)\} \quad \longrightarrow \quad \mathbb{P}^1_k\times\mathbb{P}^1_k$$
$$((s_0:s_1),(x_0:x_1:x_2)) \longmapsto ((s_0:s_1),(x_1-x_0:x_1))$$

φ は S から $\mathbb{P}^1_k\times\mathbb{P}^1_k$ への射に拡張できることを示そう．S 上の点は式(7.47)を満足するので，$s_1x_2\ne 0$ であれば

$$x_1-x_0 = \frac{s_0x_1(x_2-x_0)}{s_1x_2}$$

を満足し，さらに $s_1x_2x_1\ne 0$ であれば

(7.48) $$((x_1-x_0:x_1) = \left(\frac{s_0x_1(x_2-x_0)}{s_1x_2}:x_1\right)$$
$$= (s_0(x_2-x_0):s_1x_2)$$

を満足する．対応

$$((s_0:s_1),(x_0:x_1:x_2)) \longmapsto ((s_0:s_1),(s_0(x_2-x_0):s_1x_2))$$

は $\mathbb{P}^1_k\times(\mathbb{P}^2_k\setminus\{V_+(s_0(x_2-x_0))\cap V_+(s_1x_2)\})$ から $\mathbb{P}^1_k\times\mathbb{P}^1_k$ への射であるが，これを $S\setminus F$, $F=S\cap V_+(s_0(x_2-x_0))\cap V_+(s_1x_2)$ に制限したものを ψ と記す．

$$\psi: \quad S\backslash F \quad \longrightarrow \quad \mathbb{P}_k^1 \times \mathbb{P}_k^1$$
$$((s_0:s_1),(x_0:x_1:x_2)) \longmapsto ((s_0:s_1),(s_0(x_2-x_0):s_1 x_2))$$

$F \cap \mathbb{P}_k^1 \times \{(0:0:1)\} = \varnothing$ であるので $\mathbb{P}_k^1 \times \{(0:0:1)\} \subset S\backslash F$ であることに注意する. 図7.7の記号を使うと射 $\pi: S \to \mathbb{P}_k^1$ と q_j, $j=0,1,\infty,s$ は図7.8のように図示することができる.

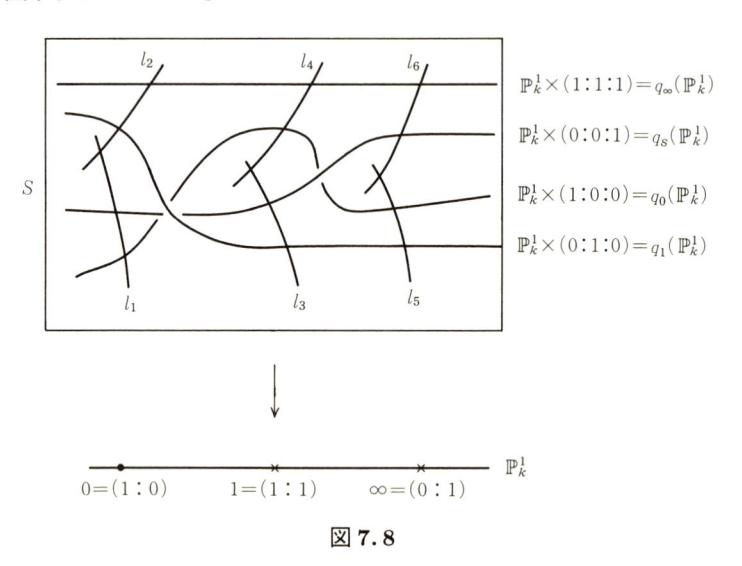

図 7.8

射 ψ が定義されない S の閉部分スキーム F は図7.8の $q_1(\mathbb{P}_k^1)$ と $1=(1:0)$ 上のファイバーの一部 l_2 および $\infty=(0:1)$ 上のファイバーの一部 l_5 の和集合である. 一方射 φ が定義されていないのは S の閉部分スキーム $q_s(\mathbb{P}_k^1)$ である. そこで $q_s(\mathbb{P}_k^1)$ を含む S の開集合 U を $U \subset D_+(s_1 x_1 x_2)$ であるように選ぶと, (7.48)より φ と ψ を $U\backslash q_s(\mathbb{P}_k^1)$ に制限したものは一致している. したがって φ と ψ を $U\backslash q_s(\mathbb{P}_k^1)$ 上で張り合わせることによって射 $\Phi: S \to \mathbb{P}_k^1 \times \mathbb{P}_k^1$ が定義できる. この射の性質を調べてみよう. まず φ が定義されなかった点 $((s_0:s_1),(0:0:1))$ では $\Phi((s_0:s_1),(0:0:1))=\varphi((s_0:s_1),(0:0:1))=((s_0:s_1),(s_0:s_1))$ となる. $q_0(\mathbb{P}_k^1)$ 上の点 $((s_0:s_1),(1:0:0))$ の Φ による像は写像の定義より $((s_0:s_1),(1:0))$ になる. 同様に

$$\Phi((s_0:s_1),(0:1:0)) = ((s_0:s_1),(1:1))$$
$$\Phi((s_0:s_1),(1:1:1)) = ((s_0:s_1),(0:1))$$

となる．さらに点 $0=(1:0)$ 上のファイバーに現れる直線 $l_1: x_1=0$ は Φ によって点 $((1:0),(1:0))$ へ写される．また点 $1=(1:1)$ 上のファイバーに現れる直線 $l_3: x_0=0$ は点 $((1:1),(1:1))$ へ写され，点 $\infty=(0:1)$ 上のファイバーに現れる直線 $l_6: x_0-x_1=0$ は点 $((0:1),(0:1))$ へ写される．他のファイバーや図 7.8 の直線 l_2, l_4, l_5 が 1 点へ写されることがないことは容易に分かる．特に $s=(s_0:s_1)\neq(1:0),(1:1),(0:1)$ のとき π のファイバー S_s の Φ による像は $(s_0:s_1)\times\mathbb{P}^1_k$ となり 4 点 $(1:0:0),(0:1:0),(1:1:1),(0:0:1)$ の像の $\mathbb{P}^1_k$ の成分はそれぞれ $(1:0),(1:1),(0:1),(s_0:s_1)$ となっている．Φ はさらにこのとき点 s 上のファイバー S_s から $(s_0:s_1)\times\mathbb{P}^1_k$ したがって $\mathbb{P}^1_k$ への同型射を与えることも簡単に証明できるので，読者の演習問題としよう．また l_2, l_4, l_5 も Φ によって $\mathbb{P}^1_k$ に同型に写される．さらに強く Φ は $S\setminus l_1\cup l_3\cup l_6$ から $\mathbb{P}^1_k\times\mathbb{P}^1_k\setminus\{P_0,P_1,P_\infty\}$, $P_0=\Phi(l_1)$, $P_1=\Phi(l_3)$, $P_\infty=\Phi(l_6)$ への同型射を与えることも簡単に示すことができる．すなわち S 上の射影直線 l_1, l_3, l_6 は Φ によって $\mathbb{P}^1_k\times\mathbb{P}^1_k$ の点につぶされ Φ は他の部分では同型射になっている．このような射

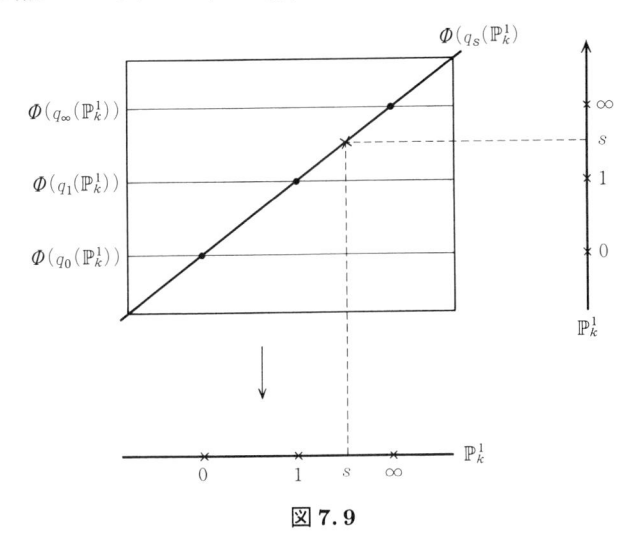

図 7.9

は l_1, l_3, l_6 のブローダウン(blowing down)と呼ばれる．逆の見方をすれば曲面 S は $\mathbb{P}_k^1 \times \mathbb{P}_k^1$ を点 P_0, P_1, P_∞ でブローアップしてできる曲面である．Φ はしたがって平坦射ではなく，したがって系 7.59 は $\dim Y \geqq 2$ のときは成立しない例にもなっている．

大切なことは射 Φ を考えることによって $s = (s_0 : s_1) \neq (1:0), (1:1), (0:1)$ のとき式(7.47)で定義される 2 次曲線 S_s と 4 点 $(1:0:0), (0:1:0), (1:1:1), (0:0:1)$ の組 $(S_s; (1:0:0), (0:1:0), (1:1:1), (0:0:1))$ は点の順序もこめて Φ によって $(\mathbb{P}_k^1; 0, 1, \infty, (s_0 : s_1))$ に同型に写されることである．$(\mathbb{P}_k^1; 0, 1, \infty, (s_0 : s_1))$ を **4 点付射影直線**(4 pointed projective line)あるいは 4 点付 $\mathbb{P}_k^1$ と呼ぶ．一般に k が代数的閉体のとき $\mathbb{P}_k^1$ と $\mathbb{P}_k^1$ の相異なる N 個の点 $Q_1, Q_2, \cdots, Q_N$ の組 $(\mathbb{P}_k^1; Q_1, Q_2, \cdots, Q_N)$ を **N 点付射影直線**と呼ぶ．$\mathbb{P}_k^1$ の自己同型射 g によって $Q_1, Q_2, \cdots, Q_N$ が $Q_1' = g(Q_1)$, $Q_2' = g(Q_2)$, $\cdots$, $Q_N' = g(Q_N)$ に写されるとき 2 つの N 点付射影直線 $(\mathbb{P}_k^1; Q_1, Q_2, \cdots, Q_N)$, $(\mathbb{P}_k^1; Q_1', Q_2', \cdots, Q_N')$ は同型であるという．$\mathbb{P}_k^1$ の相異なる 3 点 Q_1, Q_2, Q_3 に対して $g(Q_1) = 0$, $g(Q_2) = 1$, $g(Q_3) = \infty$ となる自己同型射 g が唯一存在するので任意の 4 点付射影直線 $(\mathbb{P}_k^1; Q_1, Q_2, Q_3, Q_4)$ は $(\mathbb{P}_k^1; 0, 1, \infty, Q)$ に同型であることが分かる．しかも $(\mathbb{P}_k^1; 0, 1, \infty, Q)$ と $(\mathbb{P}_k^1; 0, 1, \infty, Q')$ とが同型であるのは $Q = Q'$ のときに限るのが分かる．このことから k が代数的閉体であれば 4 点付射影直線はすべて $(S_s; 0, 1, \infty, s)$, $s = (s_0 : s_1) \neq 0, 1, \infty$ の形をしており，かつこれらはすべて相異なることが分かる．したがって $\mathbb{P}_k^1 \setminus \{0, 1, \infty\}$ 上に 4 点付射影直線の族がのっていると考えることができる．

では $\pi : S \to \mathbb{P}_k^1$ の $0, 1, \infty$ 上のファイバーは何を表わしているのであろうか．0 のファイバーを考えてみよう．0 のファイバーは 2 本の直線 l_1, l_2 からなっており，その交点は $\mathbb{P}_k^1 \times \mathbb{P}_k^2$ では $P = ((1:0), (1:0:1))$ である．$s = s_0/s_1$, $x = x_1/x_0$, $y = x_2/x_0$ とおくと $P = ((1:0), (1:0:1))$ の近傍で式(7.47)は

$$x + (s-1)xy - sy = 0$$

となる．$s = 0$ が $\mathbb{P}_k^1$ の点 0 の定義方程式であり，l_1 の定義方程式は $s = 0$, $x = 0$, l_2 の定義方程式は $s = 0$, $y = 1$ になる．したがって上の式は点 $((1:0), (1:$

$0:1))$ の近傍で

(7.49) $$s = \frac{x(y-1)}{y(x-1)}$$

と書ける. 点 $P=((1:0),(1:0:1))$ の近傍では $y \neq 0$, $x \neq 1$ であるからである. 点 $((1:0),(1:0:1))$ の S のアフィン開近傍 U として $R=k[s,x,y]/(x+(s-1)xy-sy)$ とおくと $U=\operatorname{Spec} R_{(y(x-1))}$ をとることができるが

$$R_{(y(x-1))} \simeq k\left[s,x,y,\frac{1}{y(x-1)}\right]/(x+(s-1)xy-sy) \simeq k\left[x,y,\frac{1}{y(x-1)}\right]$$

である. したがって因子の言葉を使うと U では $l_1 \cap U=(x)$, $l_2 \cap U=(y-1)$ が成り立つ. 式(7.49)は $\mathbb{P}^1_k$ 上の因子 (s) の射 $\pi: S \to \mathbb{P}^1_k$ による引き戻しを U に制限したものを与えており, U 上では

$$\pi^*((s)) = l_1 + l_2$$

が成り立つ. $s=0$ は U 上での π のファイバーの定義式であり, (7.49)より点 $P=((1:0),(1:0:1))$ はファイバーの通常2重点であることが分かる. さらに別の見方をすれば l_1 と l_2 とは点 P で交わり, 点 P での局所交点数 $I_P(l_1,l_2)$ は §6.2(c) の定義を使うと1であることが分かる. すなわちファイバー S_0 は被約スキームではあるが可約であり, 2個の既約成分 l_1, l_2 からなり, それらは $\mathbb{P}^1_k$ と同型であり, かつ l_1 と l_2 の曲面 S での局所交点数は1である. 4点付 $\mathbb{P}^1_k$ すなわち $(\mathbb{P}^1_k; 0, 1, \infty, (s_0:s_1))$ で点 $(s_0:s_1)$ が $0=(1:0)$ に近づいていくと $\mathbb{P}^1_k \times \mathbb{P}^1_k$ では図7.9のように3点付 $\mathbb{P}^1_k$ すなわち $(\mathbb{P}^1_k; 0, 1, \infty)$ になりそうであるが, 実は $\pi: S \to \mathbb{P}^1_k$ で考えると $0, 1$ に対応する点は l_2 に, $\infty, s=(s_0:s_1)$ に対応する点が l_1 にそれぞれ2点ずつのっている. このように2本の $\mathbb{P}^1_k$ を既約成分とし1点で交わっているものを特異点を持った種数 0 の**安定4点付曲線**(stable 4 pointed curve)と呼ぶ. 4点の順序を決めておくと, 同型でないものが3種類あり, ちょうど $0, 1, \infty$ のファイバーに対応している. また非特異な種数 0 の安定4点付曲線は4点付射影直線を意味する.

こうした意味で組 $(\pi: S \to \mathbb{P}^1_k; q_0, q_1, q_\infty, q_s)$ を種数 0 の安定4点付曲線の**族**と呼ぶ. □

問 17 体 k 上の射影平面 $\mathbb{P}^2_k$ の既約 2 次曲線
$$C: f(x_0, x_1, x_2) = 0$$
が k 有理点を持てば C は $\mathbb{P}^1_k$ と同型であることを示せ.

例 7.61 離散付値環 R の素元 t をとり, R の商体を K, R の剰余体 $R/(t)$ を k と記す. また $\operatorname{Spec} R$ の閉点(イデアル t に対応する)を o, 生成点(イデアル (0) に対応する)を η と記す. R 上の射影平面 $\mathbb{P}^2_k = \operatorname{Proj} R[x_0, x_1, x_2]$ の閉部分スキーム C を

$$\tag{7.50} x_0 x_2^2 - x_1^3 - t x_0^3 = 0$$

で定義する. すなわち $A = R[x_0, x_1, x_2]/(x_0 x_2^2 - x_1^3 - t x_0^3)$ とおくと $C = \operatorname{Proj} A$ である. C は 2 次元既約かつ被約スキームである. 構造射 $\pi: C \to \operatorname{Spec} R$ は全射であるので π は平坦射である.

以下 $\operatorname{char} k \neq 2, 3$ と仮定する. π の生成点 η 上のファイバー C_η は非特異 3 次曲線である. 一方閉点 o 上のファイバー C_o は $\operatorname{Proj} k[x_0, x_1, x_2]/(x_0 x_2^2 - x_1^3)$ となり尖点 $P = (1:0:0)$ を持った 3 次曲線である. 点 P はファイバー C_o の特異点であるが, スキーム C の特異点ではない. これは次のようにして示すことができる. $x = x_1/x_0$, $y = x_2/x_0$ とおくことによって点 P の C でのアフィン開近傍 U として $\operatorname{Spec} B$, $B = R[x, y]/(y^2 - x^3 - t)$ をとることができる. x, y の B での像を x, y と略記する. 点 P は B の極大イデアル $\mathfrak{p} = (x, y, t)$ に対応する. $B_\mathfrak{p}$ の極大イデアル $\mathfrak{p} B_\mathfrak{p}$ を $\mathfrak{m}_P$ と記す. $\mathfrak{m}_P/\mathfrak{m}_P^2$ での x, y, t の像を $\overline{x}, \overline{y}, \overline{t}$ と記すと $\overline{t} = \overline{x}^3 + \overline{y}^2 = 0$ となり, $\mathfrak{m}_P/\mathfrak{m}_P^2$ は $\overline{x}, \overline{y}$ を基底とする k 上のベクトル空間であることが分かる. よって $\dim_k \mathfrak{m}_P/\mathfrak{m}_P^2 = \dim C = 2$ となり, P は C の正則点である. 実は C は正則スキームであることが分かるが, このことに関しては §7.4(d) で述べることにする.

さて, 写像
$$\varphi: A = R[x_0, x_1, x_2]/(x_0 x_2^2 - x_1^3 - t x_0^3) \longrightarrow R$$
$$f \pmod{x_0 x_2^2 - x_1^3 - t x_0^3} \longmapsto f(0, 0, 1)$$

は R 準同型写像であるのでこれよりスキームの射 $s: \operatorname{Spec} R \to C$ ができる.

図 7.10

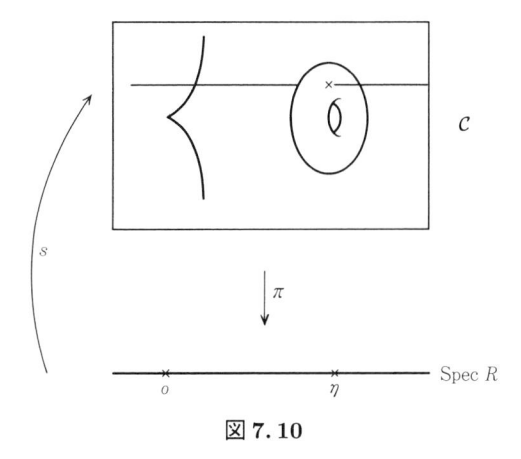

$\pi \circ s = id$ であることが容易に分かる. 以上の結果を図 7.10 にまとめておく.

式(7.50)のかわりに式

(7.51) $$x_0 x_2^2 - x_1^3 - t^2 x_0^3 = 0$$

で定義される 2 次元既約かつ被約なスキーム C_2 を考えると事情が変わってくる. 構造射 $\pi_2 \colon C_2 \to \operatorname{Spec} R$ はふたたび平坦射であり, 閉点 o 上のファイバーはふたたび $\operatorname{Proj} R[x_0, x_1, x_2]/(x_0 x_2^2 - x_1^3)$ であるが, このファイバーの特異点 $P = (1:0:0)$ は今度は C_2 でも特異点である. $B = R[x, y]/(y^2 - x^3 - t^2)$, $\mathfrak{p} = (x, y, t)$ とおくと $\mathcal{O}_{C_2, P} = B_\mathfrak{p}$ である. この局所環の極大イデアルを $\mathfrak{m}_P$ と記すと $\mathfrak{m}_P/\mathfrak{m}_P^2$ は $\overline{x}, \overline{y}, \overline{t}$ を基底とする k 上のベクトル空間である. 定義方程式が今度は $y^2 - x^3 - t^2 = 0$ となり t も 2 次の位数で入っているので $\bmod \mathfrak{m}_P^2$ では $\overline{x}, \overline{y}, \overline{t}$ の間には k 上の関係がなくなってしまうからである. したがって $\dim \mathfrak{m}_P/\mathfrak{m}_P^2 = 3 > \dim C_2 = 2$ となり, P は正則点ではない. 環 B は正規環であり, $\operatorname{Spec} B$ の特異点は点 P である. 点 P は **A_2 型の有理 2 重点**(rational double point of type A_2)と呼ばれ, 特異点の除去の仕方はよく分かっている. 特異点 P を除去して正則スキーム $\widetilde{C_2}$ と自然な固有射 $\lambda \colon \widetilde{C_2} \to C_2$ を得, 構造射 $\widetilde{\pi} = \pi_2 \circ \lambda \colon \widetilde{C_2} \to \operatorname{Spec} R$ も平坦射であり, 閉点 o 上では 3 本の $\mathbb{P}_k^1$ が 1 点で交わったファイバーが出てくる.

閉点上のファイバーは, 生成点 η 上の曲線(これは後述するように楕円曲

図 7.11

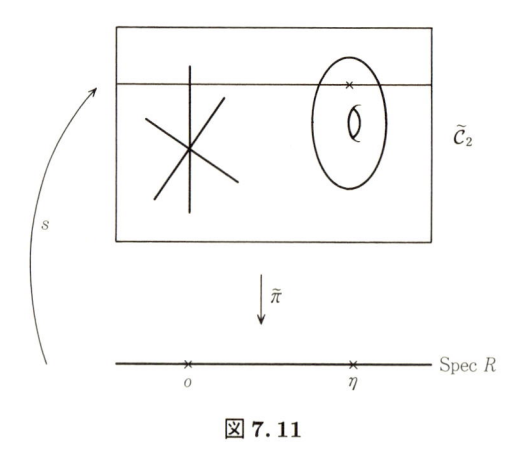

線である) の **退化** (degeneration) と呼ばれる. □

以上, 典型的な平坦族の例をあげたが, 平坦族では生成点上のファイバーが正則スキームであっても, 閉点上のファイバーは正則とは限らずまた既約とも限らない. さらに被約でないファイバーを持つこともある. こうした点で平坦族というのはきわめて一般的な族であることが分かる.

平坦族と関連して重要な概念に **Hilbert スキーム** がある. S 上の射影的スキーム X, すなわち射影射 $\pi: X \to S$ が与えられているとき S 上のスキームのなす圏 (Sch)$/S$ から集合のなす圏 (Set) への反変関手 F を $T \in $ (Sch)$/S$ に対して

$$F(T) = \{Y \subset X_T = X \times_S T \mid Y \text{ は } X_T \text{ の } T \text{ 上平坦である閉部分スキーム}\}$$

と定義する. S 上の射 $f: T_1 \to T$ と T 上平坦な X_T の閉部分スキーム Y に対して $Y_1 = Y \times_T T_1$ は X_{T_1} の閉部分スキームでありかつ命題 7.50(i) より T_1 上平坦であることが分かる. 対応 $Y \mapsto Y_1$ が $F(T)$ から $F(T_1)$ への写像を与える. Grothendieck による重要な結果は次の通りである.

定理 7.62 関手 F は S 上のスキーム H_X によって表現可能である. H_X の各連結成分は S 上固有である. □

後述するように Hilbert 多項式を使って関手 F をもう少し精密な形で定義することができる. H_X は Hilbert スキームと呼ばれる. このとき $X \times_S H_X$

の閉部分スキーム $\mathcal{Y}$ と自然な射 $\pi\colon \mathcal{Y} \to H_X$ で普遍性を持つものが存在する. すなわち π は平坦射であり任意の $T \in (\mathrm{Sch})/S$ に関して T 上平坦な閉部分スキーム $Y \subset X_T$ が与えられると $Y = \mathcal{Y} \times_{H_X} T$ が成立するような射 $f\colon T \to H_X$ が唯一存在する. $\pi\colon \mathcal{Y} \to H_X$ は**普遍平坦族**(universal flat family)と呼ばれる. Hilbert スキームはモジュライを構成するとき大切な役割をする. これについてはたとえば Mumford[11] を参照されたい.

ところで Hilbert スキームの各連結成分が S 上固有であることは付値判定法(定理 5.9)により次の事実に帰結される.

補題 7.63 1 次元かつ正則スキーム W 上の閉点 P と $W \setminus \{P\}$ 上の n 次元射影空間 $\mathbb{P}^n_{W \setminus \{P\}}$ 内の $W \setminus \{P\}$ 上平坦な閉部分スキーム X に対して W 上平坦かつ $W \setminus \{P\}$ 上に制限すると X と一致する $\mathbb{P}^n_W$ の閉部分スキーム $\overline{X}$ が唯一存在する.

[証明] X の底空間 $B = |X|$ の $\mathbb{P}^n_W$ での Zariski 位相による閉包を $\overline{B}$ と記す. $\overline{B}$ には種々の W 上のスキーム構造を入れることができる. $\iota\colon B \to \overline{B}$ を自然な埋め込み写像とすると $\iota_* \mathcal{O}_X$ は $\overline{B}$ 上の可換環の層になる. $\iota_* \mathcal{O}_X | B = \mathcal{O}_X$ であるが $(\overline{B}, \iota_* \mathcal{O}_X)$ はスキームとは限らない. $(\overline{B}, \mathcal{A})$ を $\mathcal{A} | B = \mathcal{O}_X$ となる W 上のスキームとすると自然な層の準同型写像 $g_\mathcal{A}\colon \mathcal{A} \to \iota_*(\mathcal{A}|B) = \iota_* \mathcal{O}_X$ ができる. このとき $(B, g_\mathcal{A}(\mathcal{A}))$ も W 上のスキームである. これを $\overline{X} = (B, \mathcal{O}_{\overline{X}})$ とおく. $\mathcal{O}_{\overline{X}}$ の作り方から点 $y \in \overline{B} \setminus B$ に対して $\mathcal{O}_{\overline{X}, y}$ の各元は y のある開近傍へ拡張できるので, $\mathrm{Ass}\, \mathcal{O}_{\overline{X}} = \mathrm{Ass}\, \mathcal{O}_X$ である. したがって系 7.59 より $\overline{X}$ は W 上平坦である. 最後に $\overline{X}$ の一意性を示す必要がある. $R = \mathcal{O}_{W, P}$ は仮定より離散付値環である. $W = \mathrm{Spec}\, R$ と仮定してもよい. P 上のファイバーの近傍が問題だからである. $\overline{X}$ のほかに $\overline{X_1}$ も題意を満たしたと仮定する. 両者の底空間は一致しているので, 構造層を観察する. $\overline{B} \setminus B$ の点 y に対して $S = \mathcal{O}_{\overline{X}, y}, S_1 = \mathcal{O}_{\overline{X_1}, y}$ とおく. この 2 つの局所環は R 代数であり, かつ R 上平坦である. R の素元 t は R の零因子でないので S, S_1 の零因子でもない. また集合として $\mathrm{Spec}\, S = \mathrm{Spec}\, S_1$ が成立する. $W = \mathrm{Spec}\, R$ の生成点上の $\overline{X}, \overline{X_1}$ のファイバーは一致するので $S \otimes_R K = S_1 \otimes_R K$ が成立する. ここで K は R の商体である. R は離散付値環であるのでこれは $S_t = S_{1t}$ を

意味し,これより $(\iota_* \mathcal{O}_X)_y$ の中で $S \cap S_1$ を考えると $(S \cap S_1)_t = S_t$ が導かれ,$S = S_1$ が成立する.よって $\mathcal{O}_{\overline{X},y} = \mathcal{O}_{\overline{X_1},y}$ が $\overline{B} \setminus B$ の各点で成立し,したがって $\overline{X} = \overline{X_1}$ である.∎

(c) Chow の補題と固有射のコホモロジー

固有射かつ平坦射に関してコホモロジー理論は最も有効になる.ここでは固有射が射影射とそれほど大きな違いはないことを示す **Chow の補題** を述べ,その応用として固有射の高次順像に関する結果を述べる.

定理 7.64(Chow の補題) $f: X \to W$ は有限型分離射であり,W は (1) Noether 的スキームまたは (2) 準コンパクトかつ有限個の既約成分を持つと仮定する.このとき以下の条件を満足する W 上の射 $\varphi: X' \to X$ と W 上の準射影的スキーム $g: X' \to W$ が存在する.

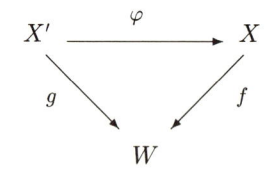

$$\begin{array}{ccc} X' & \xrightarrow{\varphi} & X \\ & \searrow g \quad f \swarrow & \\ & W & \end{array}$$

(i) φ は射影射である.

(ii) X の開集合 U で $U' = \varphi^{-1}(U)$ は X' で稠密かつ $\varphi|U'$ は U' から U への同型射となるものが存在する.(このような性質を持つ射 $\varphi: X' \to X$ を**双有理射**(birational morphism)と呼ぶ.)

(iii) X が被約(または既約,または整)スキームであれば X' も被約(または既約,または整)スキームである.

[証明] W が Noether 的スキームで X が既約のとき証明の概略を与える.仮定より W は有限個のアフィン開被覆 $\{W_i\}_{i=1}^l$ を持つ.f は有限型射であるので $f^{-1}(W_i)$ も有限個のアフィン開被覆 $\{V_{ij}\}_{j=1}^{m_i}$ を持つ.射 f を V_{ij} に制限した $f_{ij}: V_{ij} \to W_i$ は有限型射であり,$W_i = \mathrm{Spec}\, R_i$,$V_{ij} = \mathrm{Spec}\, A_{ij}$ と記すと A_{ij} は有限 R_i 代数である.V_{ij} はアフィンスキームであるので $\mathcal{O}_{V_{ij}}$ は f_{ij} 豊富であり準射影的である.また開移入 $\eta_i: W_i \to W$ は準射影的であるので

($\mathcal{O}_{W_i}$ は η 豊富である) $f|V_{ij}: V_{ij} \to W$ も準射影射である．そこで $\{V_{ij}, 1 \leq i \leq l,\ 1 \leq j \leq m_i\}$ を適当に並べて $U_1, U_2, \cdots, U_n$ と記す．$f_k = f|U_k: U_k \to W$ は準射影射であるので定理 5.41 および系 5.40 より W 上の射影的スキーム P_k と W 上の支配的開移入 $\psi_k: U_k \to P_k$ が存在する．$U = \bigcap_{k=1}^{n} U_k$ とおくと，X が既約であることより U は X で稠密な開集合である．そこで射

$$\psi = (\psi_1, \psi_2, \cdots, \psi_n)_W: U \longrightarrow P = P_2 \times_W \cdots \times_W P_n$$

を考える．P は W 上射影的である．自然な開移入 $j: U \to X$ に対して射 ψ と j より射

$$\Psi = (j, \psi)_W: U \longrightarrow X \times_W P$$

を作るとこれは移入射である．$X' = \overline{\Psi(U)}$ とおき，$X \times_W P$ の閉部分スキームの構造を入れる．X' は既約スキームであり，X が被約であれば X' に被約スキームの構造を入れることができる．$p_1: X \times_W P \to X$ を X への射影とし自然な閉移入 $\iota: X' \to X \times_W P$ との合成 $p_1 \circ \iota$ を φ，構造射 $X \times_W P \to W$ を $\tilde{g}$ と記し $g = \iota \circ \tilde{g}: X' \to W$ とおくと可換図式

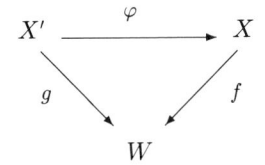

$$\begin{array}{ccc} X' & \xrightarrow{\varphi} & X \\ {\scriptstyle g} \searrow & & \swarrow {\scriptstyle f} \\ & W & \end{array}$$

が求めるものである． ∎

Chow の補題は次の定理(通常，解析幾何学の用語にならって**固有写像定理**(proper mapping theorem)と呼ばれることが多い，正確には代数幾何学では**固有射定理**と呼ぶべきであろうが)の証明で基本的な役割をする．

定理 7.65 Noether 的スキームの固有射 $f: X \to Y$ と X 上の連接層 $\mathcal{F}$ に対して高次順像 $R^q f_* \mathcal{F}$ はすべての $q \geq 0$ に関して Y 上の連接層である．

[証明] f が射影射であるときは定理 6.30 ですでに証明している．一般の固有射のときは Chow の補題により可換図式

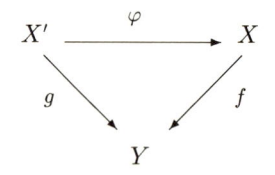

$$\begin{array}{ccc} X' & \xrightarrow{\varphi} & X \\ & \searrow g \quad f \swarrow & \\ & Y & \end{array}$$

が存在する．φ は双有理射影射であり，g は射影射である．$\mathcal{F}' = \varphi^*\mathcal{F}$ は X' 上の連接層であるので定理 6.30 より $R^q f_*\mathcal{F}'$ は Y 上の連接層である．以下 $\dim \operatorname{Supp} \mathcal{F}$ に関する帰納法で定理を証明する．スペクトル系列の理論を使うのでスペクトル系列の理論を未習の読者は以下の証明はとばして読んでいただきたい．射の合成 $\varphi \circ f = g$ より高次順像に関するスペクトル系列

$$E_2^{p,q} = R^p f_*(R^q \varphi_* \mathcal{F}') \Longrightarrow R^{p+q} g_* \mathcal{F}'$$

ができる．φ は双有理射であるので $q \geqq 1$ のとき $R^q \varphi_* \mathcal{F}'$ の台 $\operatorname{Supp} R^q \varphi_* \mathcal{F}'$ は X' とは一致しない．正確にいえば定理 7.64(ii) を満足する X の開集合 U をとると $R^q \varphi_* \mathcal{F}'|U = 0$, $q \geqq 1$ が成立している．また $g_*\mathcal{F}'|U = \mathcal{F}|U$ も成立する．したがって帰納法の仮定より $q \geqq 1$ のとき $E_2^{p,q}$ は Y 上の連接層である．一方 $R^{p+q} g_* \mathcal{F}'$ も Y 上の連接層である．スペクトル系列の性質と定理 4.28 を繰り返し適用することによって $E_\infty^{p,q}$ が任意の p, q に対して連接層であることから $E_2^{p,0}$ が連接層であることを示すことができる．$\mathcal{O}_X$ 加群の自然な準同型写像 $u: \mathcal{F} \to \varphi_* \mathcal{F}'$ は U 上では同型であり，帰納法の仮定から $R^q f_* \operatorname{Ker} u$, $R^q f_* \operatorname{Coker} u$ は Y 上の連接層であることが分かる．$R^q f_*(\varphi_* \mathcal{F}')$ が連接層であるので $R^q f_* \mathcal{F}$ も連接層である． ∎

固有写像定理を体 k 上の完備代数的スキーム X と構造射 $\pi: X \to \operatorname{Spec} k$ に適用すると次の重要な結果を得る．

系 7.66 体 k 上の完備代数的スキーム X 上の連接層 $\mathcal{F}$ に対して $H^q(X, \mathcal{F})$ は $q \geqq 0$ でつねに体 k 上の有限次元ベクトル空間である． □

固有射による連接層の順像および高次順像の性質はさらに連接層が平坦であるとき比較的よく分かる．ここでは代数幾何学で重要な役割をするコホモロジー群の次元の上半連続性について主要な結果を述べておく．

以下 Noether 的スキームの固有射 $f: X \to Y$ を考える．Y の点 y 上の f

のファイバーを X_y と記し，自然な閉移入 $\iota_y: X_y \to X$ による X 上の連接層 $\mathcal{F}$ の引き戻し $\iota_y^*\mathcal{F}$ を $\mathcal{F}_y$ と記す．$\dim_{k(y)} H^p(X_y, \mathcal{F}_y)$ は系 7.66 より有限次元である．したがって Y の各点 y に対して $\dim_{k(y)} H^p(X_y, \mathcal{F}_y)$ を対応させることによって Y から整数の全体 $\mathbb{Z}$ への関数ができる．一般にスキーム Y (の底空間) 上の $\mathbb{Z}$ に値をとる関数 h について任意の $n \in \mathbb{Z}$ に対して $\{y \in Y \mid h(y) \geqq n\}$ が Y の閉集合であるとき h は Y 上で**上半連続**(upper semi-continuous) であるという．これは各点 $y \in Y$ に対して $h(y)$ が最大であるような y の近傍がつねにとれることと同値である．

例題 7.67 Noether 的スキーム Y 上の連接層 $\mathcal{G}$ に対して Y 上の関数 φ を
$$\varphi(y) = \dim_{k(y)} \mathcal{G} \otimes k(y), \quad y \in Y$$
と定義すると φ は Y で上半連続であることを示せ．

[解] $\mathcal{G} \otimes k(y)$ の $k(y)$ 上の基底を $\bar{s}_1, \cdots, \bar{s}_n$, $n = \varphi(y)$ とし，$\bar{s}_1, \cdots, \bar{s}_n$ は $\mathcal{G}_y$ の元 $s_1, \cdots, s_n$ の像であるとする．$s_1, \cdots, s_n$ が生成する $\mathcal{G}_y$ の $\mathcal{O}_{Y,y}$ 部分加群を $\mathcal{F}_y$ と記し，$\mathcal{O}_{Y,y}$ 加群の完全列
$$0 \longrightarrow \mathcal{F}_y \longrightarrow \mathcal{G}_y \longrightarrow \mathcal{H}_y \longrightarrow 0$$
を作る．仮定より $\mathcal{H}_y \otimes k(y) = \mathcal{H}_y / \mathfrak{m}\mathcal{H}_y = 0$ である．ただし $\mathcal{O}_{Y,y}$ の極大イデアルを $\mathfrak{m}$ と記した．中山の補題により $\mathcal{H}_y = 0$ である．よって $s_1, \cdots, s_n$ は $\mathcal{O}_{Y,y}$ 加群として $\mathcal{G}_y$ を生成する．しかも n は生成元の最小の個数である．$s_1, \cdots, s_n$ は y のある開近傍 U の $\Gamma(U, \mathcal{G})$ の元とみることができ，y の近傍でも $\mathcal{G}$ を生成する．したがって y の近傍の点 y' での $\mathcal{G}_{y'}$ の生成元の最小の個数は n 以下である．したがって $\varphi(y') \leqq \varphi(y)$ となり φ は上半連続であることが分かる． ∎

定理 7.68 Noether 的スキームの固有射 $f: X \to Y$ と X 上の連接層 $\mathcal{F}$ に対して $\mathcal{F}$ は Y 上平坦であると仮定する．

（i） このとき
$$h_{\mathcal{F}}^i(y) = \dim_{k(y)} H^i(X_y, \mathcal{F}_y)$$
は Y の上半連続な関数である．

(ii)
$$\chi(\mathcal{F}_y) = \sum_p (-1)^p \dim_{k(y)} H^p(X_y, \mathcal{F}_y)$$

は Y の各連結成分で定数関数である。 □

定理 7.69 定理 7.68 と同じ仮定のもとでさらに Y は整スキームと仮定する。このときある i に関して関数 $h^i_\mathcal{F}(y)$ が Y 上定数であれば $R^i f_* \mathcal{F}$ は Y 上の局所自由層でありかつすべての $y \in Y$ に対して自然な写像
$$\varphi^i(y): R^i f_* \mathcal{F} \otimes k(y) \longrightarrow H^i(X_y, \mathcal{F}_y)$$
は同型である。 □

定理 7.70 Noether 的スキームの固有射 $f: X \to Y$ と X 上の連接層 $\mathcal{F}$ に対して $\mathcal{F}$ は Y 上平坦であると仮定する。

（i） Y の点 y で自然な写像
$$\varphi^i(y): R^i f_* \mathcal{F} \otimes k(y) \longrightarrow H^i(X_y, \mathcal{F}_y)$$
が全射であれば $\varphi^i(y)$ は同型である。このときさらに y のある開近傍 U のすべての点 y' に対して $\varphi^i(y')$ も同型になる。

（ii） $\varphi^i(y)$ は同型であると仮定する。このとき次の条件は同値である。

(a) $\varphi^{i-1}(y)$ は同型である。

(b) $R^i f_* \mathcal{F}$ は y のある近傍で局所自由層である。 □

以上の定理の証明は割愛せざるをえない。次章でこれらの定理のいくつかの応用を与える。

ここで Hilbert 多項式について簡単に触れておこう。体 k 上の代数的射影スキーム X とその上の連接層 $\mathcal{F}$ および整数 m に対して
$$\chi(\mathcal{F}(m)) = \chi(X, \mathcal{F}(m)) = \sum_q (-1)^q \dim_k H^q(X, \mathcal{F}(m))$$

を考える。定理 6.21 より $m \geq m_0$ のとき $H^q(X, \mathcal{F}(m)) = 0$, $q \geq 1$ が成立するような正整数 m_0 が存在する。これより $m \geq m_0$ のとき
$$\chi(\mathcal{F}(m)) = \dim_k H^0(X, \mathcal{F}(m))$$

であることが分かる。$\chi(\mathcal{F}(m))$ は m に関する有理数係数の多項式と考えることができることを以下に示す。この多項式を **Hilbert 多項式**（Hilbert polynomial) という. 仮定より $X = \operatorname{Proj} S$ の次数環 $S = \bigoplus_{i=0}^{\infty} S_i$ は体 k 上の多項式環 $k[x_0, x_1, \cdots, x_n]$ のある斉次イデアル I による剰余環と同型になる. したがって閉移入 $\iota: X \to \mathbb{P}_k^n$ が存在し, $H^q(X, \mathcal{F}(m)) = H^q(\mathbb{P}_k^n, (\iota_*\mathcal{F})(m))$ が任意の m, q に対して成立する. $\iota_*\mathcal{F}$ は $\mathbb{P}_k^n$ 上の連接層である. したがって $\chi(\mathcal{F}(m))$ が多項式であることを証明するためには $X = \mathbb{P}_k^n$ と仮定しても一般性を失わないことが分かる.

以上の準備のもとに次の定理を証明しよう.

定理 7.71 体 k 上の代数的射影スキーム X 上の連接層 $\mathcal{F}$ に対してすべての整数 m に対して $\chi(\mathcal{F}(m)) = P(m)$ となる多項式

(7.52) $\quad P(x) = c_0 \binom{x}{l} + c_1 \binom{x}{l-1} + \cdots + c_l, \quad c_0, c_1, \cdots, c_l \in \mathbb{Z}$

が一意的に存在する. ここで

$$\binom{x}{j} = \frac{x(x-1)\cdots(x-j+1)}{j!}$$

とおいた. この多項式を連接層 $\mathcal{F}$ の **Hilbert 多項式**という.

[証明] 上述したように $X = \mathbb{P}_k^n$ と仮定しても一般性を失わない. そこで $\operatorname{Supp}\mathcal{F}$ の次元に関する帰納法で証明する. X の超平面 H をとると H は Cartier 因子であり, 完全列

$$0 \longrightarrow \mathcal{O}_X(-H) \longrightarrow \mathcal{O}_X \longrightarrow \mathcal{O}_H \longrightarrow 0$$

を得る. $\mathcal{O}_H = \mathcal{O}_{\mathbb{P}_k^{n-1}}$ と考えることができる. 超平面 H は $\operatorname{Supp}\mathcal{F}$ の次元の一番大きな既約成分のいずれも含まないようにとることができる. この完全列と $\mathcal{F}$ とのテンソル積をとると

$$\mathcal{F}(-H) \xrightarrow{u} \mathcal{F} \longrightarrow \mathcal{F} \otimes_{\mathcal{O}_X} \mathcal{O}_H \longrightarrow 0$$

を得る. $\mathcal{S} = \mathcal{F} \otimes_{\mathcal{O}_X} \mathcal{O}_H$ とおく. $\mathcal{S}$ は H 上の連接層であり H の外に 0 で拡張することによって, すなわち閉移入 $j: H \to X$ により $j_*\mathcal{S}$ を考えることによって, X 上の連接層とみることができる. H のとり方から $\dim \operatorname{Supp} \mathcal{S} < \dim \operatorname{Supp} \mathcal{F}$ である. また $\mathcal{O}_X$ 加群の準同型写像 $u: \mathcal{F}(-H) \to \mathcal{F}$ は, H の外では $\mathcal{O}_X(-H) \to \mathcal{O}_X$ が同型写像であることより, H の外では同型であ

る. したがって $\mathcal{R} = \operatorname{Ker} u$ とおくと, これも X 上の連接層であり $\operatorname{Supp}\mathcal{R} \subset \operatorname{Supp}\mathcal{F} \cap H$ が成立する. したがって $\dim \operatorname{Supp}\mathcal{F} > \dim \operatorname{Supp}\mathcal{R}$ が成立する. 以上の考察と $\mathcal{O}_X(-H) \simeq \mathcal{O}_X(-1)$ を使うと完全列
$$0 \longrightarrow \mathcal{R} \longrightarrow \mathcal{F}(-1) \longrightarrow \mathcal{F} \longrightarrow \mathcal{S} \longrightarrow 0$$
を得る. この完全列と可逆層 $\mathcal{O}_X(m)$ のテンソル積をとることにより完全列
$$0 \longrightarrow \mathcal{R}(m) \longrightarrow \mathcal{F}(m-1) \longrightarrow \mathcal{F}(m) \longrightarrow \mathcal{S}(m) \longrightarrow 0$$
を得る. この完全列を短完全列に分解して例題 6.23 を使うことにより
$$\chi(\mathcal{R}(m)) - \chi(\mathcal{F}(m-1)) + \chi(\mathcal{F}(m)) - \chi(\mathcal{S}(m)) = 0$$
を得る. したがって
$$\chi(\mathcal{F}(m)) - \chi(\mathcal{F}(m-1)) = \chi(\mathcal{S}(m)) - \chi(\mathcal{R}(m))$$
を得る. $\operatorname{Supp}\mathcal{S}, \operatorname{Supp}\mathcal{R}$ の次元は $\operatorname{Supp}\mathcal{F}$ の次元より小さいので帰納法の仮定により $\chi(\mathcal{S}(m)), \chi(\mathcal{R}(m))$ は定理の形の多項式に m を代入して得られる. したがって多項式 $Q(x) = b_0 \binom{x}{r} + b_1 \binom{x}{r-1} + \cdots + b_r$, $b_0, b_1, \cdots, b_r \in \mathbb{Z}$ を任意の整数 m に対して
$$\chi(\mathcal{F}(m)) - \chi(\mathcal{F}(m-1)) = Q(m-1)$$
が成立するようにとることができる. そこで
$$\widetilde{P}(x) = b_0 \binom{x}{r+1} + b_1 \binom{x}{r} + \cdots + b_r \binom{x}{1}$$
とおくと $\widetilde{P}(m) - \widetilde{P}(m-1) = Q(m-1)$ が成立する. したがって $\chi(\mathcal{F}(m)) - \widetilde{P}(m) = \chi(\mathcal{F}(m-1)) - \widetilde{P}(m-1)$ が成立する. $\chi(\mathcal{F}(m))$ は整数であり, $\widetilde{P}(m)$ も定義から $m \geqq r+1$ では整数である. よって $\chi(\mathcal{F}(m)) - \widetilde{P}(m)$ は整数 b_{r+1} である.
$$P(x) = \widetilde{P}(x) + b_{r+1}$$
とおくとすべての $m \in \mathbb{Z}$ に対して $\chi(\mathcal{F}(m)) = P(m)$ が成立する. ∎

この定理の証明から分かるように連接層 $\mathcal{F}$ の Hilbert 多項式の次数は $\operatorname{Supp}\mathcal{F}$ の次元に等しいことが分かる.

さて Hilbert 多項式と Hilbert スキームの関係について簡単に触れておこう. Noether 的スキーム T 上の射影空間 $\mathbb{P}_T^n$ 内の閉部分スキーム X に対し

て，各点 $t \in T$ 上のファイバー X_t の Hilbert 多項式を $\chi(\mathcal{O}_{X_t}(m))$ が定義する多項式と定義する．もし X が T 上平坦であれば定理 7.68(ii) より T の各連結成分上で $\chi(\mathcal{O}_{X_t}(m))$ は一定であり，同一の Hilbert 多項式を与える．逆に T の各連結成分で X_t の Hilbert 多項式が一定であったとしよう．すると m が十分大のとき $\chi(\mathcal{O}_{X_t}(m)) = \dim_{k(t)} H^0(X_t, \mathcal{O}_{X_t}(m))$ が成立するのでこの次元が一定となり，T が特に整スキームであれば定理 7.69 より $\pi_* \mathcal{O}_X(m)$ は T 上の局所自由層であることが分かる．ただし構造層 $X \to T$ を π と記した．したがって d が十分大きいとき $\bigoplus_{m=0}^{\infty} \pi_* \mathcal{O}_X(md)$ は T 上の局所自由層となり $X = \operatorname{Proj} \bigoplus_{m=0}^{\infty} \pi_* \mathcal{O}_X(md)$ であるので X は T 上平坦であることが分かる．そこで (7.52) の形の多項式 $P(x)$ と射影射 $\pi: X \to S$ に対して Noether 的スキーム S のスキームの圏 $(\mathrm{Sch})/S$ から集合の圏 (Set) への反変関手 $F^{(P)}$ を，$T \in (\mathrm{Sch})/S$ に対して

$$F^{(P)}(T) = \left\{ Y \subset X_T \,\middle|\, \begin{array}{l} Y \text{ は } T \text{ 上平坦な閉部分スキーム，} \\ t \in T \text{ に対して } Y_t \text{ の Hilbert 多項式は } P(x) \end{array} \right\}$$

と定義する．すると $F^{(P)}$ は S 上の固有スキーム $H_X^{(P)}$ によって表現可能であり，かつ $H_X^{(P)}$ は連結であることが示される．$H_X^{(P)}$ は Hilbert 多項式 P に対応する Hilbert スキームと呼ばれ，Hilbert スキーム H_X の 1 つの連結成分である．

§7.4 正則スキームと滑らかな射

これまで正則スキームについてはたびたび述べてきたが，この節でその性質を系統的に議論する．多様体の理論では接ベクトル束を最初に定義してその双対束として 1 次微分形式の束を定義するが，代数幾何学では逆向きに定義する．以下の議論から分かるように 1 次微分形式の層の方が代数幾何学では自然な概念であることが分かる．

(a) Kähler 微分

可換環 A, A 代数 B および B 加群 M に対して写像 $D: B \to M$ が以下の条件を満足するとき B から M への **A 導分**(A-derivation, A 微分と訳されることが多いが,以下にでてくる differential との区別をするためここでは導分という訳語を用いる) という.

(1) D は加法的である. すなわち $b_1, b_2 \in B$ に対して $D(b_1+b_2) = D(b_1) + D(b_2)$.

(2) $D(b_1 b_2) = b_1 D(b_2) + b_2 D(b_1)$.

(3) $a \in A$ に対して $D(a \cdot 1_B) = 0$.

A 代数 B から M への A 導分の全体を $\mathrm{Der}_A(B, M)$ と記す. $D_1, D_2 \in \mathrm{Der}_A(B, M)$, $a_1, a_2 \in B$ に対して, $(a_1 D_1 + a_2 D_2)(b) = a_1 D_1(b) + a_2 D_2(b)$, $b \in B$ と定義すると $a_1 D_1 + a_2 D_2 \in \mathrm{Der}_A(B, M)$ であることが簡単に確かめられるので $\mathrm{Der}_A(B, M)$ は B 加群の構造を持つことが分かる. 特に $M = B$ のとき $\mathrm{Der}_A(B, M)$ を $\mathrm{Der}_A(B)$ と記す. $D \in \mathrm{Der}_A(B, M)$ に対して上の性質 (2) を繰り返し適用することによって

$$\begin{aligned} D(b^n) &= D(b \cdot b^{n-1}) = bD(b^{n-1}) + b^{n-1} D(b) \\ &= bD(b \cdot b^{n-2}) + b^{n-1} D(b) = b^2 D(b^{n-2}) + 2b^{n-1} D(b) \\ &= \cdots = nb^{n-1} D(b) \end{aligned}$$

が成立することに注意する. 特に可換環 B が標数 p のとき, すなわち $p \cdot 1_B = 0$ となるときは B の任意の元 b に対して $D(b^{p^m}) = 0$ である. これは, 通常の標数 0 の場合の導分と著しく違う点である.

さて, $C = B \otimes_A B$ は積を $(b_1 \otimes b_1') \cdot (b_2 \otimes b_2') = (b_1 b_2) \otimes (b_1' b_2')$ によって可換環の構造を持つが, さらに $b, b_1, b_2 \in B$ に対して $b \cdot (b_1 \otimes b_2) = (bb_1) \otimes b_2$ と定義することによって B 代数の構造を持つ. (積を $b \cdot (b_1 \otimes b_2)) = b_1 \otimes bb_2$ と定義することによって C に B 代数の構造を入れることもできるが, この構造は先に定義した B 代数の構造とは異なるので注意を要する.) このとき可換環の準同型写像

$$\varepsilon\colon B\otimes_A B \longrightarrow B$$
$$b_1\otimes b_2 \longmapsto b_1\cdot b_2$$

は B 準同型写像になる．したがって $I=\mathrm{Ker}\,\varepsilon$ は単に $B\otimes_A B$ のイデアルとしてだけでなく B 加群の構造を持つことに注意する．そこで $\Omega^1_{B/A}=I/I^2$ とおき，B 加群 $\Omega^1_{B/A}$ を A 上の B の**微分加群**(differential module)または**Kähler 微分**(Kähler differential)という．B から $\Omega^1_{B/A}$ への加群としての準同型写像 $d=d_{B/A}$ を

$$d=d_{B/A}\colon B \longrightarrow \Omega^1_{B/A}$$
$$b \longmapsto db=1\otimes b-b\otimes 1 \pmod{I^2}$$

と記すと d は A 加群の準同型写像であることが分かる．$a\in A$, $b\in B$ に対して $(ab)\otimes 1-1\otimes ab=(ab)\otimes 1-a\otimes b=a(b\otimes 1-1\otimes b)$ が成り立ち $d(ab)=ad(b)$ が成立するからである．

問 18 B 加群として同型 $C/I^2 \simeq B\oplus\Omega^1_{B/A}$ が存在することを示せ．

さて $\mathrm{Der}_A(B,M)$ と $(\Omega^1_{B/A},d)$ との関係は次の命題によって明らかになる．

命題 7.72 B から B 加群 M への A 導分 D に対して $D=f\circ d$ となる B 加群の準同型写像 $f\colon \Omega^1_{B/A}\to M$ が一意的に定まる．したがって特に B 加群の標準的同型写像

$$\mathrm{Hom}_B(\Omega^1_{B/A},M) \simeq \mathrm{Der}_A(B,M)$$
$$f \longmapsto f\circ d$$

が存在する．

[証明] $b_1,b_2\in B$ に対して $b_1\otimes b_2=b_1b_2\otimes 1+b_1(1\otimes b_2-b_2\otimes 1)\equiv (b_1b_2)\otimes 1+b_1 db_2 \pmod{I^2}$ であるので $\sum_i x_i\otimes y_i\in I$ が定める $\Omega^1_{B/A}=I/I^2$ の元は $\sum_i x_i dy_i$ と書くことができる．したがって $\Omega^1_{B/A}$ は B 加群として $\{db\,|\,b\in B\}$

で生成される．$D(b) = f(db)$ とならなければならないので f が存在するとすれば一意的である．そこで f の存在を示そう．$B \oplus M$ に
$$(b_1, m_1) \cdot (b_2, m_2) = (b_1 b_2, b_1 m_2 + b_2 m_1)$$
$$b \cdot (b_1, m_1) = (bb_1, bm_1)$$
によって B 代数の構造を入れることができる．このとき写像
$$\phi: \quad C = B \otimes_A B \longrightarrow B \oplus M$$
$$b_1 \otimes b_2 \longmapsto (b_1 b_2, b_1 D(b_2))$$
は $b, b_1, b_2 \in B$ に対して
$$\phi(b \cdot (b_1 \otimes b_2)) = \phi((bb_1) \otimes b_2) = (bb_1 b_2, bb_1 D(b_2))$$
$$= b\phi(b_1 \otimes b_2),$$
$$\phi((b_1 \otimes b_2) \cdot (b'_1 \otimes b'_2)) = \phi((b_1 b'_1) \otimes (b_2 b'_2))$$
$$= (b_1 b_2 b'_1 b'_2, b_1 b'_1 D(b_2 b'_2))$$
$$= (b_1 b_2 b'_1 b'_2, b_1 b'_1 b'_2 D(b_2)) + (b_1 b_2 b'_1 b'_2, b_1 b'_1 b_2 D(b'_2))$$
$$= (b_1 b_2, b_1 D(b_2)) \cdot (b'_1 b'_2, b'_1 D(b'_2))$$
$$= \phi(b_1 \otimes b_2) \cdot \phi(b'_1 \otimes b'_2)$$
が成立するので B 代数の準同型写像であることが分かる．特に $\phi(I) \subset M$ となり $B \oplus M$ の中で $M^2 = 0$ であるので $\phi(I^2) = 0$ であることが分かる．したがって ϕ は B 加群の準同型写像
$$\Phi: C/I^2 \longrightarrow B \oplus M$$
を引き起こす．問 18 により C/I^2 を $B \oplus \Omega^1_{B/A}$ と同一視することによって $\Phi: B \oplus \Omega^1_{B/A} \to B \oplus M$ と考える．このとき $\Phi((0, db)) = \phi(1 \otimes b - b \otimes 1) = (b, D(b)) - (b, 0) = (0, D(b))$ となり Φ を $\Omega^1_{B/A}$ に制限すると B 準同型写像 $f: \Omega^1_{B/A} \to M$ を得，$f(db) = d(b)$ が成立する．∎

$\Omega^1_{B/A}$ が微分形式の代数的な表現であることは次のように説明できる．簡単のため開区間 $U = (a, b)$ で無限階微分可能な実数値関数全体のなす $\mathbb{R}$ 上の環 $C^\infty(U)$ を考えよう．（上で考察した A は $\mathbb{R}$ に，B は $C^\infty(U)$ に相当する．）$B \otimes_A B$ を考えることは $U \times U$ 上の C^∞ 関数を考えることに相当する．$U \times U$

の座標を (x,y) としよう．$b \otimes 1$ は $f(x)$ を $U \times U$ の関数と考えることに，$1 \otimes b$ は $f(y)$ を $U \times U$ の関数と考えることに相当する．また I は $U \times U$ の対角線 Δ で 0 になる 2 変数 C^∞ 関数の全体に相当し，こうした関数は Δ の近傍では $(x-y)h(x,y)$，$h(x,y)$ は Δ の近傍で C^∞，と表示できることが知られている．したがって I に対応して $(x-y)$ で生成される $C^\infty(U \times U)$ のイデアルを考える．$f \in C^\infty(U)$ に対して df は $f(y) - f(x) \pmod{(x-y)^2}$ と考えられる．一方 Taylor の定理より

$$f(y) - f(x) \equiv f'(x)(y-x) \pmod{(x-y)^2}$$

が成立する．したがって $df = f'(x)(y-x) \pmod{(x-y)^2}$ であることが分かる．$y - x \pmod{(x-y)^2}$ は定義より dx と書け，したがって $df = f'(x)dx$ と表示できる．これが実際に 1 次微分形式を定義することは $x = \varphi(u)$ という座標変換を行なって確かめることができる．$y = \varphi(v)$ と記すと

$$f(\varphi(u)) - f(\varphi(v)) \equiv f'(\varphi(u))(\varphi(v) - \varphi(u)) \pmod{(x-y)^2}$$
$$\equiv f'(\varphi(u))\varphi'(u)(v-u) \pmod{(u-v)^2}$$

となり $f'(x)dx = f'(\varphi(u))\varphi'(u)du$ であることが分かる．上の命題 7.72 は接ベクトル（ベクトル場といった方が今の場合は相応しいが）は 1 次微分形式の双対として定義できることを示している．代数的観点からは微分形式の方が自然に定義できる対象であることが分かる．事実，多様体の理論でも微分形式は C^∞ 写像に関して引き戻しが自由にできるが，ベクトル場は C^∞ 写像に関してはよい振舞いは期待できない．

次の補題は命題 7.72 による $(\Omega^1_{B/A}, d)$ の普遍性より導くことができる．証明は読者の演習問題とする．

補題 7.73

（i） A 代数 A', B に対して $B' = B \otimes_A A'$ とおくと $\Omega^1_{B'/A'} \simeq \Omega^1_{B/A} \otimes_B B'$ が成立する．

（ii） B の積閉集合 S に対して $\Omega^1_{S^{-1}B/A} \simeq S^{-1}\Omega^1_{B/A}$ が成立する． □

例 7.74

（1） 可換環 A 上の n 変換多項式環 $B = A[x_1, x_2, \cdots, x_n]$ を考える．$f(x) = \sum a_{i_1 \cdots i_n} x_1^{i_1} \cdots x_n^{i_n} \in B$ に対して，通常の偏微分と同様に

$$\frac{\partial f(x)}{\partial x_j} = \sum i_j a_{i_1\cdots i_n} x_1^{i_1} \cdots x_j^{i_j-1} \cdots x_n^{i_n}, \quad i \leqq j \leqq n$$

とおくと $\dfrac{\partial}{\partial x_j} \in \mathrm{Der}_A(B)$ である．一方 $\Omega^1_{B/A}$ は B 加群として $dx_1, dx_2, \cdots, dx_n$ から生成されている．命題 7.72 より $\dfrac{\partial}{\partial x_j}$ に対して $f_j \in \mathrm{Hom}_B(\Omega^1_{B/A}, B)$ が一意的に定まり $f_j(dx_i) = \dfrac{\partial x_i}{\partial x_j} = \delta_{ij}$ が成立する．$\Omega^1_{B/A}$ 内で $\sum\limits_{i=0}^{n} P_i(x) dx_i = 0$ という関係が成立したとすると $0 = f_j\left(\sum\limits_{i=0}^{n} P_i(x) dx_i\right) = \sum\limits_{i=0}^{n} P_i(x) f_j(dx_i) = P_j(x)$ が成り立つ．したがって $\Omega^1_{B/A}$ は $dx_1, dx_2, \cdots, dx_n$ を基底とする自由 B 加群である．

（2） 標数 $p > 0$ の体 k に対して $x^p - a$, $a \in k$ が $k[x]$ 内で既約であるような a が存在したと仮定する．（たとえば k として 標数 p の体 k_0 上の有理関数体 $k_0(t)$ を k としてとり，$a = t$ ととればよい．）$K = k[x]/(x^p - a)$ は k の p 次純非分離拡大体である．x の定める K の元を α と記すと $K = k(\alpha)$ と書け $\alpha^p = a$ が成立する．$D \in \mathrm{Der}_k(K)$ に対して $D(a) = 0$, $D(\alpha^p) = p\alpha^{p-1} D(\alpha) = 0$ が成立する．$K = k + k\alpha + k\alpha^2 + \cdots + k\alpha^{p-1}$ と書けるので α に K の任意の元 β を対応させると導分 D が一意的に定まる．$D(\alpha^j) = j\alpha^{j-1} D(\alpha) = j\alpha^{j-1}\beta$ と定義すればよいからである．$D(\alpha) = 1$ となる微分 D が $\mathrm{Der}_k(K)$ の K 加群としての基底である．これより $\Omega^1_{K/k} = K d\alpha$ であることが分かる．

（3） 体の拡大 K/k が分離的であれば $\Omega^1_{K/k} = 0$ である．これは次のようにして示すことができる．任意の元 $\alpha \in K$ に対して k 上の最小多項式（すなわち $f(\alpha) = 0$ を満足する最低次数の 0 でない多項式 $f(x) \in k[x]$）を $f(x)$ と記すと $f'(\alpha) \neq 0$ である．$d: K \to \Omega^1_{K/k}$ を考えると $0 = d(f(\alpha)) = f'(\alpha) d\alpha$ となり $d\alpha = 0$ を得る． □

さて Kähler 微分に関する 2 つの基本的な完全列を構成しよう．

命題 7.75 可換環の準同型写像 $A \xrightarrow{\varphi} B \xrightarrow{\psi} C$ に対して B 加群の準同型写像の完全列

(7.53) $$\Omega^1_{B/A} \otimes_B C \xrightarrow{v} \Omega^1_{C/A} \xrightarrow{u} \Omega^1_{C/B} \longrightarrow 0$$

が存在する．

[証明] $b\in B$, $c\in C$ に対して $v(d_{B/A}(b)\otimes c)=cd_{C/A}(\psi(b))$, $c,c'\in C$ に対して $u(cd_{C/A}(c'))=cd_{C/B}(c')$ と定義する．v,u が上の完全列(7.53)を与えることを示そう．u が全射であることは Kähler 微分の定義から明らかである．また $b\in B$ に対して $d_{C/B}(\psi(b))=0$ であるので $u\circ v=0$ である．したがって $\operatorname{Ker} u=\operatorname{Im} v$ を証明すればよい．そのためには任意の C 加群 T に対して(7.53)からできる列

(7.54) $\operatorname{Hom}_C(\Omega^1_{B/A}\otimes_B C,T)\longleftarrow \operatorname{Hom}_C(\Omega^1_{C/A},T)\longleftarrow \operatorname{Hom}_C(\Omega^1_{C/B},T)$

が完全列であることを示せばよい．一方 $\operatorname{Hom}_C(\Omega^1_{B/A}\otimes_B C,T)\simeq \operatorname{Hom}_B(\Omega^1_{B/A},T)\simeq \operatorname{Der}_A(B,T)$ が成立するので，この列は

$$\operatorname{Der}_A(B,T)\xleftarrow{v_T^*}\operatorname{Der}_A(C,T)\xleftarrow{u_T^*}\operatorname{Der}_B(C,T)$$

と書き直すことができる．$D\in \operatorname{Der}_A(C,T)$ に対して $v_T^*(D)(b)=D(\psi(b))$ であるので $\operatorname{Ker} v_T^*=\operatorname{Im} u_T^*$ であることは明らかである．したがって列(7.54)は完全列である． ∎

命題 7.76 A 代数 B のイデアル I に対して $C=B/I$ とおく．$b\in I$ の I/I^2 での像を $\bar{b}$ として写像

$$\begin{array}{rcl}\delta\colon I/I^2 & \longrightarrow & \Omega^1_{B/A}\otimes_B C\\ \bar{b} & \longmapsto & db\otimes 1\end{array}$$

を定義すると δ は C 線形写像でありかつ列

(7.55) $I/I^2 \xrightarrow{\delta} \Omega^1_{B/A}\otimes_B C \xrightarrow{v} \Omega^1_{C/A} \longrightarrow 0$

は完全列である．

[証明] $\bar\delta\colon I\to \Omega^1_{B/A}\otimes_B C$ を $\bar\delta(b)=db\otimes 1$ と定義すると，$C=B/I$ であるので $b_1,b_2\in I$ のとき $\bar\delta(b_1b_2)=d(b_1b_2)\otimes 1=b_1db_2\otimes 1+b_2db_1\otimes 1=db_2\otimes b_1+db_1\otimes b_2=0$ が成り立つ．したがって $\bar\delta$ は I/I^2 からの C 線形写像 δ を定義する．写像 v の定義は命題 7.75 と同様である．写像 $B\to C$ は全射であるので v は全射である．また $v\cdot\delta=0$ も定義より明らかである．したがって任意の C 加群 T に関して

(7.56) $\mathrm{Hom}_C(I/I^2, T) \xleftarrow{\delta_T^*} \mathrm{Hom}_C(\Omega^1_{B/A} \otimes_B C, T) \longleftarrow \mathrm{Hom}_C(\Omega^1_{C/A}, T)$

が完全列であることを示せばよい．$C=B/I$ であるので，自然な写像 $\mathrm{Hom}_B(I,T) \to \mathrm{Hom}_C(I/I^2, T)$ は同型である．したがって列 (7.56) は

$$\mathrm{Hom}_B(I, T) \xleftarrow{\delta_T^*} \mathrm{Der}_A(B, T) \xleftarrow{v^*} \mathrm{Der}_A(B/I, T)$$

と書き換えることができる．写像 δ の定義より $D = \mathrm{Der}_A(B, T)$ に対して $\delta_T^*(D)(b) = D(b)$, $b \in I$ で与えられる．したがって $\mathrm{Ker}\,\delta_T^* = \mathrm{Im}\,v^*$ は明らかであり，(7.56) が完全列であることが示された． ∎

この 2 つの完全列は正則局所環の特徴づけで大切な役割をする．

補題 7.77 C が有限生成 A 代数であるか有限生成 A 代数の局所化であるとき $\Omega^1_{C/A}$ は有限 C 加群である．

[証明] C が有限生成 A 代数であれば $C = A[x_1, \cdots, x_n]/I$ と表示できる．$B = A[x_1, \cdots, x_n]$ とおくと $\Omega^1_{B/A}$ は例 7.74(1) より B 加群として $dx_1, \cdots, dx_n$ で生成され，したがって $\Omega^1_{C/A}$ は (7.55) の v を使って $v(dx_1 \otimes 1), \cdots, v(dx_n \otimes 1)$ で C 加群として生成される．C をさらに局所化した環については以上の結果と補題 7.73(ii) を使えばよい． ∎

以上の結果を体 k を含む局所環に適用する．

補題 7.78 体 k を含みその剰余体 $B/\mathfrak{m}$ が k と同型である局所環 $(B, \mathfrak{m})$ に対しては (7.55) の k 線形写像 $\delta\colon \mathfrak{m}/\mathfrak{m}^2 \to \Omega^1_{B/k} \otimes k$ は同型である．

[証明] 完全列 (7.55) で $C = B/\mathfrak{m} = k$ の場合を考えると $\Omega^1_{k/k} = 0$ であるので δ は全射であることが分かる．δ が単射であることを示すためには双対ベクトル空間の写像

$$\delta^*\colon \mathrm{Hom}_k(\Omega^1_{B/k} \otimes k, k) \longrightarrow \mathrm{Hom}_k(\mathfrak{m}/\mathfrak{m}^2, k)$$

が全射であることを示せばよい．$\mathrm{Hom}_k(\Omega^1_{B/k} \otimes k, k) \simeq \mathrm{Hom}_B(\Omega^1_{B/k}, k) = \mathrm{Der}_k(B, k)$ が成立する．このとき $D \in \mathrm{Der}_k(B, k)$ に対して $(\delta^* D)(m) = D(m)$ が成立する．一方 $b \in B$ は $b = b_0 + b_1$, $b_0 \in k$, $b_1 \in \mathfrak{m}$ と一意的に表わすことができる．そこで $D(b) = \varphi(\overline{b_1})$, $\overline{b_1}$ は b_1 が定める $\mathfrak{m}/\mathfrak{m}^2$ の類と定義すると $D \in \mathrm{Der}_k(B, k)$ かつ $\delta^*(D) = \varphi$ であることが容易に分かる． ∎

§7.4 正則スキームと滑らかな射——435

命題 7.79 局所環 B は完全体 k を含みかつ剰余体 $B/\mathfrak{m}$ は k と同型であると仮定する.さらに B は有限生成 k 代数の局所化であると仮定する.このとき B が正則局所環であるための必要十分条件は $\Omega^1_{B/k}$ が階数 $\dim B$ の自由 B 加群であることである.

[証明] $\Omega^1_{B/k}$ が階数 $\dim B$ の自由 B 加群であれば,補題 7.78 より $\dim_k \mathfrak{m}/\mathfrak{m}^2 = \dim B$ が成立する.したがって B は正則局所環である.逆に B が正則局所環であると仮定する.すると $\dim_k \mathfrak{m}/\mathfrak{m}^2 = \dim B = n$ が成立する.よって上の補題 7.78 より $\dim_k \Omega_{B/k} \otimes k = n$ となる.B の商体を K と記すと補題 7.73 より $\Omega^1_{B/k} \otimes_B K = \Omega^1_{K/k}$ が成立する.k は完全体であるので $\dim_K \Omega^1_{K/k} = \operatorname{tr.deg} K/k$ が成立する(下の問 19 を参照のこと).すると系 7.23 より $\dim_K \Omega^1_{K/k} = n$ が成立する.したがって一般に有限 B 加群 M に対して $\dim_k M \otimes_B k = n$, $\dim_K M \otimes_B K = n$ が成立すれば M は階数 n の自由 B 加群であることを示せばよい.$m_1, m_2, \cdots, m_n$ を $M \otimes_B k = M/\mathfrak{m}M$ での像 $\overline{m}_1, \overline{m}_2, \cdots, \overline{m}_n$ が k 上の基底であるように選ぶ.すると M は $m_1, m_2, \cdots, m_n$ で生成されることが中山の補題より示される.したがって全射 B 準同型写像

$$f \colon B^n \longrightarrow M \longrightarrow 0$$

が存在する.$\operatorname{Ker} f = N$ とおく.仮定より $K^n \simeq M \otimes_B K$ であるので $N \otimes K = 0$ である.N は自由 B 加群の部分 B 加群であるので捩れを持たない.したがって $N \otimes K = 0$ は $N = 0$ を意味する. ∎

問 19 体の拡大 K/k が分離的に生成されている,すなわち体 K が体 k 上の純超越拡大 $k(t_1, \cdots, t_n)/k$ 上の分離拡大体であるとき $\dim_K \Omega^1_{K/k} = \operatorname{tr.deg}_k K = n$ であることを示せ.

(b) 相対微分形式の層

以上の理論の結果をスキームの言葉に書き直すのは容易である.スキームの射 $f \colon X \to Y$ に対して対角射 $\Delta = \Delta_{X/Y} \colon X \to X \times_Y X$ を考えると像 $\Delta(X)$ は局所閉集合,すなわち $X \times_Y X$ のある開集合 U での閉集合になっている.これは X, Y がアフィンスキームのとき Δ は閉移入であるという事

実から簡単に示すことができる．U 内で $\Delta(X)$ を定義するイデアル層を $\mathcal{I}$ と記し，$\Omega^1_{X/Y} = \Delta^{-1}(\mathcal{I}/\mathcal{I}^2)$ を Y 上の X の**相対 1 次微分形式の層**(sheaf of relative differential one forms，**相対微分の層**(sheaf of relative differentials）ということもある）という．$\Omega^1_{X/Y}$ は準連接的 $\mathcal{O}_X$ 加群であり，Y が Noether 的スキームで f が有限型射であれば $\Omega^1_{X/Y}$ は連接層である．以上の事実の証明にはアフィンスキームのときを考えれば十分である．$X = \mathrm{Spec}\, B$，$Y = \mathrm{Spec}\, A$ のとき $f: X \to Y$ に対応する可換環の準同型写像を $\varphi: A \to B$ と記すと $X \times_Y X = \mathrm{Spec}\, B \otimes_A B$ かつ $\Delta: X \to X \times_Y X$ に対応する可換環の準同型写像 $\eta: B \otimes_A B \to B$ は $\eta(b_1 \otimes b_2) = b_1 b_2$ で与えられる．$X \times_Y X$ での $\Delta(X)$ の定義イデアル $\mathcal{I}$ は $\mathcal{I} = \widetilde{I}$，$I = \mathrm{Ker}\,\eta$ の形をしていることから $\Omega^1_{X/Y}$ が準連接的 $\mathcal{O}_X$ 加群であることは明らかである．さて，上で I/I^2 に B 加群の構造を入れたが，同型 $X \simeq \Delta(X)$ によって $\Omega^1_{X/Y}$ に $\mathcal{O}_X$ 加群の構造を入れることができ，この両者の構造は可換環上の加群と層との対応から定まる構造になっている．

また $d = d_{X/Y}: \mathcal{O}_X \to \Omega^1_{X/Y}$ が定義でき，$f_x \in \mathcal{O}_{X,x}$ に対して $df_x \in \Omega^1_{X/Y,x}$ が成立し，$\Omega^1_{X/Y,x}$ は $\mathcal{O}_{X,x}$ 加群として $\{df_x |\ f_x \in \mathcal{O}_{X,x}\}$ から生成される．さらに，開集合 U 上の正則関数 $f \in \Gamma(U, \mathcal{O}_X)$ に対して $df \in \Gamma(U, \Omega^1_{X/Y})$ となることに注意する．

以上の考察から補題 7.73，命題 7.75，補題 7.77 は次のようにスキームの言葉に翻訳できることが分かる．

補題 7.80

（i） スキームの射 $f: X \to Y$ の $g: Y' \to Y$ による基底変換 $f' = f_{Y'}: X' = X \times_Y Y' \to Y'$ に対して同型
$$\Omega^1_{X'/Y'} \simeq p^* \Omega^1_{X/Y}$$
が存在する．ただし $p: X' = X \times_Y Y' \to X$ は第 1 成分への射影である．

（ii） スキームの射 $f: X \to Y$ に対して U を X の開集合とすると $\Omega^1_{U/Y} = \Omega^1_{X/Y} | U$ が成立する． □

命題 7.81

（i） スキームの射 $f: X \to Y$，$g: Y \to Z$ に対して $\mathcal{O}_X$ 加群の自然な準同

型写像の完全列
(7.57) $$f^*\Omega^1_{Y/Z} \longrightarrow \Omega^1_{X/Z} \longrightarrow \Omega^1_{X/Y} \longrightarrow 0$$
が存在する．

（ii） スキームの射 $f: X \to Y$ と Z の閉部分スキームおよび Z の定義イデアル $\mathcal{I}$ に対して $\mathcal{O}_Z$ 加群の自然な準同型写像の完全列
(7.58) $$\mathcal{I}/\mathcal{I}^2 \longrightarrow \Omega^1_{X/Y}\otimes\mathcal{O}_Z \longrightarrow \Omega^1_{Z/Y} \longrightarrow 0$$
が存在する． □

また次の事実は実質的に最初に述べたことに含まれているが重要な事実であるので特に補題として述べておく．

補題 7.82 スキームの射 $f: X \to Y$ が有限型であれば $\Omega^1_{X/Y}$ は有限 $\mathcal{O}_X$ 加群である．特に X が Noether 的スキームであれば $\Omega^1_{X/Y}$ は連接層である． □

命題 7.79 からは次の重要な定理を得る．

定理 7.83 代数的閉体 k 上の被約かつ既約な n 次元代数的スキーム X が正則スキームであるための必要十分条件は $\Omega^1_{X/Y}$ が階数 n の局所自由層であることである． □

代数的閉体とは限らない体 k 上の被約, 既約かつ分離的な n 次元代数的スキーム X は k の代数的閉包 $\bar{k}$ に対してスキーム $\overline{X} = X \times \mathrm{Spec}\,\bar{k}$ が被約, 既約かつ正則スキームであるとき体 k 上の（あるいは体 k 上定義された）n 次元**非特異代数多様体**であると以後いうことにする．さて今までの考察の結果次の重要な結果も証明することができる．

定理 7.84 代数的閉体 k 上の非特異代数多様体 X の中でイデアル層 $\mathcal{I}$ によって定義された既約な閉部分スキーム Y が非特異代数多様体であるための必要かつ十分条件は次の2条件が成立することである．

（i） $\Omega^1_{Y/k}$ は局所自由層である．

（ii） 命題 7.81 の完全列 (7.58) はさらに左完全になり完全列
(7.59) $$0 \longrightarrow \mathcal{I}/\mathcal{I}^2 \longrightarrow \Omega^1_{X/k}\otimes\mathcal{O}_Y \longrightarrow \Omega^1_{Y/k} \longrightarrow 0$$
が存在する．

さらにこれらの条件が満足されるとき, Y の X での余次元を r とすると $\mathcal{I}$ は局所的に r 個の元で生成され $\mathcal{I}/\mathcal{I}^2$ は Y 上の階数 r の局所自由層である．

[証明] (i), (ii)が成立したと仮定する.定理 7.83 より $\operatorname{rank}\Omega^1_{Y/k}=\dim Y$ を示せば Y は非特異代数多様体であることが分かる.$\operatorname{rank}\Omega^1_{Y/k}=s$ とすると $\Omega^1_{X/k}$ は階数 n の局所自由層であるので $\mathcal{I}/\mathcal{I}^2$ は階数 $n-s$ の局所自由層であることが(ii)の完全列より分かる.点 $y\in Y$ に対して $t_1,\cdots,t_r$, $r=n-s$ を $t_1,\cdots,t_r$ の $\mathcal{I}_y/\mathcal{I}_y^2$ への像が $\mathcal{O}_{Y,y}$ 自由加群の基底になるように選ぶ.点 y の近傍 U を $t_1,\cdots,t_r\in\Gamma(U,\mathcal{I})$ であるように選ぶと完全列

$$\mathcal{O}_U^{\oplus r} \longrightarrow \mathcal{I}|U \longrightarrow \mathcal{R} \longrightarrow 0$$
$$(a_1,\cdots,a_r) \longmapsto \sum a_i t_i$$

ができる.ここで,自然な準同型写像 $\mathcal{O}_U^{\oplus r}\to\mathcal{I}|U$ の余核を $\mathcal{R}$ とおいた.この完全列と $\mathcal{O}_Y|U$ とのテンソル積をとることによって,$\mathcal{R}\otimes\mathcal{O}_Y|U=0$ であることが分かる.特に $\mathcal{R}_y\otimes\mathcal{O}_{Y,y}=0$ である.これより $\mathcal{R}_y\otimes k(y)=0$ が成立し,中山の補題により $\mathcal{R}_y=0$ である.よって点 y の近傍で $\mathcal{R}=0$ となり $\mathcal{I}$ は局所的に $r=n-s$ 個の元で生成されている.すると Krull の標高定理(定理 7.19)より $\dim Y\leqq n-r=s$ が成立する.よって補題 7.78 より Y の閉点 $y\in Y$ での $\mathcal{O}_{Y,y}$ の極大イデアル $\mathfrak{m}_y$ に対して $\dim_{k(y)}\mathfrak{m}_y/\mathfrak{m}_y^2=\operatorname{rank}\Omega^1_{Y/k}=s\leqq\dim Y$ が成立することが分かる.一方 $\dim_{k(y)}\mathfrak{m}_y/\mathfrak{m}_y^2\geqq\dim\mathcal{O}_{Y,y}=\dim Y$ がつねに成立するので $\dim Y=s$ であることが分かり,$\operatorname{rank}\Omega^1_{Y/k}=\dim Y$ が成立することが示された.したがって Y は s 次元非特異代数多様体である.

逆に Y は s 次元非特異代数多様体であると仮定する.$\Omega^1_{Y/k}$ は Y 上の階数 s の局所自由層である.(7.58)より完全列

$$\mathcal{I}/\mathcal{I}^2 \xrightarrow{\delta} \Omega^1_{X/k}\otimes\mathcal{O}_Y \xrightarrow{u} \Omega^1_{Y/k} \longrightarrow 0$$

が存在する.$\operatorname{Ker}u$ は階数 $r=n-s$ の局所自由層である.Y の閉点 y を考えると y のある近傍 U での $\mathcal{I}$ の切断 $x_1,\cdots,x_r\in\Gamma(U,\mathcal{I})$ を $dx_1,\cdots,dx_r$ が $\operatorname{Ker}u$ を y の近傍で $\mathcal{O}_Y$ 加群として生成するようにとることができる.この近傍を V と記し,以下 $X=V$ と考えて議論する.$x_1,\cdots,x_r$ が生成するイデアル層を $\mathcal{I}'$,$\mathcal{I}'$ が定義する閉部分スキームを Y' と記すとふたたび(7.58)より完全

列

$$\mathcal{I}'/\mathcal{I}'^2 \xrightarrow{\delta'} \Omega^1_{X/k} \otimes \mathcal{O}_{Y'} \longrightarrow \Omega^1_{Y'/k} \longrightarrow 0$$

ができるが，δ' の像は階数 r の局所自由層であるので，δ' は単射であり，$\Omega^1_{Y'/k}$ は階数 $s=n-r$ の局所自由層である．したがって Y' に関しては定理の条件(i), (ii)が成立し Y' は s 次元非特異代数多様体である．$Y \subset Y'$ であり Y と Y' は次元が等しい整スキームであるので $Y=Y'$ でなければならない．よって(i), (ii)が成立する．∎

この定理は非特異代数多様体を閉部分スキームとして構成するときに，その性質を調べる上で有効である．

ところで体 k 上の代数的スキーム X の k 有理点 x では補題 7.78 より $\mathfrak{m}_x/\mathfrak{m}_x^2 \simeq \Omega^1_{X/k} \otimes k$ が成立する．$\mathfrak{m}_x/\mathfrak{m}_x^2$ を Zariski 余接空間と呼ぶことは §3.1(d)で述べた．X が非特異代数多様体であれば $\Omega^1_{X/k}$ は局所自由層であり，$\Omega^1_{X/k}$ は余接ベクトル束に対応する層と考えることができる．また §3.1(d)で $\mathrm{Hom}_k(\mathfrak{m}_x/\mathfrak{m}_x^2, k)$ を Zariski 接空間と呼んだが，これは $\mathrm{Hom}_k(\Omega^1_{X/k} \otimes k, k) = \mathrm{Der}_k(\mathcal{O}_{X,x}, k)$ と同型である．多様体論のアナロジーを考えれば $\mathrm{Der}_k(\mathcal{O}_{X,x}, k)$ の各元を接ベクトルと考えることは自然であり，したがって $\mathrm{Hom}_k(\mathfrak{m}_x/\mathfrak{m}_x^2, k) \simeq \mathrm{Der}_k(\mathcal{O}_{X,x}, k)$ を接空間と呼ぶのは納得がいくことであろう．読者は例題 3.10 の $T_x = \mathrm{Hom}_k(\mathfrak{m}_x/\mathfrak{m}_x^2, k)$ と X の $k[t]/(t^2)$ に値をとる点で底空間の像が点 x になっているものとの 1 対 1 対応が同型 $T_x \simeq \mathrm{Der}_k(\mathcal{O}_{X,x}, k)$ を与えることを実際に確かめてみられたい．例題 3.10 の解の記号を使えば $a \in \mathcal{O}_{X,x}$ に対して $D(a) = \theta(\bar{a}_1)$ とおくと $D \in \mathrm{Der}_k(\mathcal{O}_{X,x}, k)$ である．

以上の考察によりスキームの射 $f: X \to Y$ に対して $\mathcal{T}_{X/Y} = \underline{\mathrm{Hom}}_{\mathcal{O}_X}(\Omega^1_{X/Y}, \mathcal{O}_X)$ を Y 上の**相対接層**(relative tangent sheaf over Y)と呼ぶことにする．特に X が体 k 上のスキームであるときには $\mathcal{T}_{X/k}$ を $\mathcal{T}_X$ と略記することが多い．X が n 次元非特異代数多様体であれば $\mathcal{T}_X$ は階数 n の局所自由層であり，対応するベクトル束 T_X は X の**接束**(tangent bundle)と呼ばれる．T_X の**双対束**(dual bundle) T_X^* が**余接束**(cotangent bundle)であるが，これは $\Omega^1_{X/k}$

に対応するベクトル束に他ならない．$\Omega^1_{X/k}$ もしばしば Ω^1_X と略記する．さて n 次元非特異代数多様体 X に対して $\overset{n}{\bigwedge}\Omega^1_{X/k}$ は可逆層である．この可逆層を ω_X とも記し X の**標準層**(canonical sheaf)と呼ぶ．定理 7.44 より X の標準層 ω_X は X 上のある因子(Weil 因子と Cartier 因子は今の場合一致している)D からできる可逆層 $\mathcal{O}_X(D)$ と同型である．この因子を通常 K_X と記し，X の**標準因子**(canonical divisor)と呼ぶ．標準因子はたくさんあるが，それはすべて線形同値である．また標準層に対応する直線束を**標準直線束**(canonical line bundle)といい，これも K_X と記すことが多い．

さらに非特異代数多様体 X に対しては $\overset{m}{\bigwedge}\Omega^1_{X/k}$ を $\Omega^m_{X/k}$ と記して，X 上の **m 次正則微分形式のなす層**(sheaf of regular m-forms)と呼ぶ．この層を正則 m 次形式のなす層とみることができ，$H^0(X, \overset{m}{\bigwedge}\Omega^1_{X/k})$ は X 上の正則 m 次形式のなすベクトル空間と考えることができることは次の(c)で述べる．特に $m = \dim X = n$ のとき $\Omega^n_{X/k}$ は標準層であり，したがって標準層 ω_X の代数多様体 X 上の切断 $\omega \in \Gamma(X, \omega_X)$ は X 上の正則 n 次形式とみることができる．この観点は後に重要になる．

さて，ここでは非特異代数多様体 X の非特異閉部分代数多様体 Y に対して X の標準層 ω_X と Y の標準層 ω_Y との関係をみておこう．Y の定義イデアル層 $\mathcal{I}$ に対して定理 7.84 より完全列

(7.60) $\qquad 0 \longrightarrow \mathcal{I}/\mathcal{I}^2 \longrightarrow \Omega^1_{X/k} \otimes \mathcal{O}_Y \longrightarrow \Omega^1_{Y/k} \longrightarrow 0$

が成立し，$\mathcal{I}/\mathcal{I}^2$ は階数 r の Y 上の局所自由層である．ここで r は Y の X での余次元 $r = \dim X - \dim Y$ である．$\mathcal{I}/\mathcal{I}^2$ を Y の X での**余法層**(conormal sheaf)，$\mathcal{I}/\mathcal{I}^2$ の双対層 $\underline{\mathrm{Hom}}_{\mathcal{O}_Y}(\mathcal{I}/\mathcal{I}^2, \mathcal{O}_Y)$ を**法層**(normal sheaf)と呼び $\mathcal{N}_{Y/X}$ と記す．法層に対する階数 r のベクトル束を**法束**(normal bundle)と呼び $N_{Y/X}$ と記す．完全列 7.60 の双対をとると完全列

(7.61) $\qquad 0 \longrightarrow \mathcal{T}_Y \longrightarrow \mathcal{T}_X \otimes \mathcal{O}_Y \longrightarrow \mathcal{N}_{Y/X} \longrightarrow 0$

を得る．対応するベクトル束の完全列は

(7.62) $\qquad 0 \longrightarrow T_Y \longrightarrow T_X|Y \longrightarrow N_{Y/X} \longrightarrow 0$

と書ける．ここで $T_X|Y$ はベクトル束 T_X の Y への制限を意味する．(7.62)

は可微分多様体や複素多様体でよく登場するベクトル束の完全列の代数幾何学版である．ところで(7.60)と外積の定義により

$$\bigwedge^n(\Omega^1_{X/k}\otimes\mathcal{O}_Y) = (\bigwedge^n \Omega^1_{X/k})\otimes\mathcal{O}_Y = \bigwedge^r(\mathcal{I}/\mathcal{I}^2)\otimes \bigwedge^{n-r}\Omega^1_{Y/k}$$

が成立する．正確には等号ではなく同型とすべきだが，同型な可逆層は同一視して考えるので等号を用いた．これより

$$\omega_Y = (\omega_X\otimes\mathcal{O}_Y)\otimes\{\bigwedge^r(\mathcal{I}/\mathcal{I}^2)\}^* = \omega_X\otimes\bigwedge^r(\mathcal{I}/\mathcal{I}^2)^*$$

を得，したがって

(7.63) $$\omega_Y = \omega_X\otimes\bigwedge^m\mathcal{N}_{Y/X}$$

を得る．ω_X と Y の X での法層 $\mathcal{N}_{Y/X}$ が分かれば ω_Y が分かることになる．

例題 7.85 n 次元非特異代数多様体 X 内の余次元 1 の非特異閉部分代数多様体 Y に対しては Y を X の因子とみて $N_{X/Y} = [Y]|Y$ が成立し，さらに

(7.64) $$\omega_Y = \omega_X(Y)\otimes\mathcal{O}_Y$$

が成立することを示せ．ここで $\omega_X(Y) = \omega_X\otimes\mathcal{O}_X(Y)$ と定義する．また X の標準因子 K_X を使えば(7.64)は

(7.65) $$\omega_Y = \mathcal{O}_X(K_X+Y)\otimes\mathcal{O}_Y$$

と書くこともできる．

[解] Y を X 上の因子とみたとき(7.35)より $\mathcal{I} = \mathcal{O}_X(-Y)$ となる．したがって $\mathcal{I}/\mathcal{I}^2 = \mathcal{O}_X(-Y)/\mathcal{O}_X(-2Y) = \mathcal{O}_X(-Y)\otimes\mathcal{O}_Y$ となり $\mathcal{N}_{Y/X} = \mathcal{O}_X(Y)\otimes\mathcal{O}_Y$ であることが分かる．$\mathcal{O}_X(Y)$ に対応する直線束は $[Y]$ である．よって(7.63)より(7.64)を得る． ∎

式(7.64), (7.65)は余次元 1 の非特異閉部分代数多様体の標準層や標準因子を問題にするとき大変便利である．

最後に射影空間の微分形式の層の計算をしておこう．

例題 7.86 可換環 R 上の n 次元射影空間 $\mathbb{P}^n_R = \operatorname{Proj} R[x_0, x_1, \cdots, x_n]$ に対して $\mathcal{O}_{\mathbb{P}^n_R}$ 加群の完全列

(7.66) $\quad 0 \longrightarrow \Omega^1_{\mathbb{P}^n_R/R} \longrightarrow \mathcal{O}_{\mathbb{P}^n_R}(-1)^{\oplus(n+1)} \xrightarrow{\tilde{\varphi}} \mathcal{O}_{\mathbb{P}^n_R} \longrightarrow 0$

が存在することを示せ.

[解] $S = R[x_0, x_1, \cdots, x_n]$ とおく. §5.2(a), (b)の記法を思い出してもらうことにして, 次数 S 加群 $S(-1)$ の $n+1$ 個の直和 $M = S(-1)^{\oplus(n+1)}$ を考える. M の i 番目の $S(-1)$ の次数 1 の部分は $S(-1)_1 = S_0 = R$ であるので元 $1 \in R$ を e_i と記す. $\varphi: M \to S$ を $\varphi(e_i) = x_i$ を満足する S 加群の準同型写像とする. $\operatorname{Ker}\varphi = F$ とおく. 準同型写像 φ から $\mathcal{O}_{\mathbb{P}^n_R}$ 加群の準同型写像 $\tilde{\varphi}: \widetilde{M} = \mathcal{O}_{\mathbb{P}^n_R}^{\oplus(n+1)} \to \mathcal{O}_{\mathbb{P}^n_R}$ を得る. φ を調べるために $\mathbb{P}^n_R$ の開被覆 $\{U_i\}_{i=0}^n$, $U_i = D_+(x_i)$ をとり, U_i 上で $\tilde{\varphi}$ を調べる. $U_i = \operatorname{Spec} R\left[\dfrac{x_0}{x_i}, \cdots, \dfrac{x_n}{x_i}\right] = \operatorname{Spec} S_{(x_i)}$ であり, $\tilde{\varphi}|U_i$ は $\varphi_i = \varphi_{x_i}: M_{(x_i)} \to S_{(x_i)}$ に対応する加群の層の準同型写像である. $M_{(x_i)}$ は $\left\{\dfrac{e_0}{x_i}, \dfrac{e_1}{x_i}, \cdots, \dfrac{e_n}{x_i}\right\}$ を基底とする自由 $S_{(x_i)}$ 加群である. $\varphi_i\left(\dfrac{e_j}{x_i}\right) = \dfrac{x_j}{x_i}$ であるので φ_i は全射である. したがって $\tilde{\varphi}|U_i$ は各 U_i 上で全射であり, $\tilde{\varphi}$ は全射であることが分かる. さて $h = \sum_{j=0}^n f_j\left(\dfrac{x_0}{x_i}, \cdots, \dfrac{x_n}{x_i}\right) \cdot \dfrac{e_j}{x_i} \in \operatorname{Ker}\varphi_i = F_{(x_i)}$ を考える. $\varphi_i(h) = 0$ であることは $\varphi_i\left(\dfrac{e_i}{x_i}\right) = 1$ より

$$f_i\left(\dfrac{x_0}{x_i}, \cdots, \dfrac{x_n}{x_i}\right) = -\sum_{j \neq i} f_j\left(\dfrac{x_0}{x_i}, \cdots, \dfrac{x_n}{x_i}\right)\dfrac{x_j}{x_i}$$

であることを意味する. すると

$$\begin{aligned} h &= \sum_{j \neq i} f_j\left(\dfrac{x_0}{x_i}, \cdots, \dfrac{x_n}{x_i}\right)\dfrac{e_j}{x_i} - \left\{\sum_{j \neq i} f_j\left(\dfrac{x_0}{x_i}, \cdots, \dfrac{x_n}{x_i}\right)\dfrac{x_j}{x_i}\right\}\dfrac{e_i}{x_i} \\ &= \sum_{j \neq i} f_j\left(\dfrac{x_0}{x_i}, \cdots, \dfrac{x_n}{x_i}\right)\left(\dfrac{e_j}{x_i} - \dfrac{x_j}{x_i} \cdot \dfrac{e_i}{x_i}\right) \end{aligned}$$

と書くことができる. $\varphi_i\left(\dfrac{e_j}{x_i} - \dfrac{x_j}{x_i} \cdot \dfrac{e_i}{x_i}\right) = 0$ であるので $F_{(x_i)}$ は $\dfrac{e_j}{x_i} - \dfrac{x_j}{x_i}\dfrac{e_i}{x_i}$, $j \neq i$, を基底とする階数 n の自由 $F_{(x_i)}$ 加群であることがわかる. したがって $\tilde{F} = \operatorname{Ker}\tilde{\varphi}$ は階数 n の局所自由層であることが分かる. $\tilde{F} \simeq \Omega^1_{\mathbb{P}^n_R/R}$ であることを示そう. $\Omega^1_{U_i/R}$ は例 7.74(i) より $d\left(\dfrac{x_j}{x_i}\right)$, $j \neq i$ を基底とする自由 $\mathcal{O}_{U_i}$ 加群である. したがって $\tilde{\varphi}_i\left(\dfrac{e_j}{x_i} - \dfrac{x_j}{x_i} \cdot \dfrac{e_i}{x_i}\right) = d\left(\dfrac{x_j}{x_i}\right)$, $j \neq i$ と定義することによって $\mathcal{O}_{U_i}$ 加群の同型写像

§7.4 正則スキームと滑らかな射 —— 443

$$\widetilde{\varphi}_i: \widetilde{F} \xrightarrow{\sim} \Omega^1_{U_i/R}$$

ができる. $U_i \cap U_l$ 上では $j \neq i, l$ のとき

$$\frac{e_j}{x_l} - \frac{x_i}{x_l} \cdot \frac{e_l}{x_l} = \frac{x_i}{x_l}\left(\frac{e_j}{x_i} - \frac{x_j}{x_i} \cdot \frac{e_i}{x_i}\right)$$

$$-\left(\frac{x_i}{x_l}\right)^2 \cdot \frac{x_j}{x_i}\left(\frac{e_l}{x_i} - \frac{x_l}{x_i} \cdot \frac{e_i}{x_i}\right)$$

$$d\left(\frac{x_j}{x_l}\right) = \frac{x_i}{x_l} d\left(\frac{x_j}{x_i}\right) - \left(\frac{x_i}{x_l}\right)^2 \cdot \frac{x_j}{x_i} d\left(\frac{x_l}{x_i}\right)$$

$$\frac{e_i}{x_l} - \frac{x_i}{x_l} \cdot \frac{e_l}{x_l} = -\left(\frac{x_i}{x_l}\right)^2 \left(\frac{e_l}{x_i} - \frac{x_l}{x_i} \cdot \frac{e_i}{x_i}\right)$$

$$d\left(\frac{x_i}{x_l}\right) = -\left(\frac{x_i}{x_l}\right)^2 d\left(\frac{x_l}{x_i}\right)$$

が成立する. これは $U_{il} = U_i \cap U_l$ で可換図式

$$\begin{array}{ccc} \widetilde{\mathcal{F}}_{(x_l)} \mid U_{il} & \xrightarrow{\widetilde{\psi}_l \mid U_{il}} & \Omega^1_{U_l/R} \mid U_{il} \\ \downarrow & & \downarrow \\ \widetilde{\mathcal{F}}_{(x_i)} \mid U_{il} & \xrightarrow{\widetilde{\psi}_i \mid U_{il}} & \Omega^1_{U_l/R} \mid U_{il} \end{array}$$

が存在し, 縦, 横の写像はすべて $\mathcal{O}_{U_{il}}$ 加群の同型写像であることを意味する. したがって $\{\widetilde{\psi}_i\}_{i=0}^n$ は $\mathcal{O}_{\mathbb{P}_R^n}$ 加群の同型写像 $\widetilde{\psi}: \widetilde{\mathcal{F}} \xrightarrow{\sim} \Omega^1_{\mathbb{P}_R^n/R}$ を与えることが分かる. ∎

上の完全列(7.66)の $\Omega^1_{\mathbb{P}_R^n/R}$ から $\mathcal{O}_{\mathbb{P}_K^n}(-1)^{\oplus(n+1)}$ への準同型写像は U_i 上では $d\left(\frac{x_j}{x_i}\right)$ に対して $\frac{e_j}{x_i} - \frac{x_j}{x_i} \cdot \frac{e_i}{x_i}$ を対応させる写像であることが上の解答の議論から分かる. また完全列(7.66)の双対をとることによって(考察している層は今の場合すべて局所自由層であるので)完全列

(7.67) $\quad 0 \longrightarrow \mathcal{O}_{\mathbb{P}_R^n} \longrightarrow \mathcal{O}_{\mathbb{P}_R^n}(1)^{\otimes n+1} \longrightarrow \mathcal{T}_{\mathbb{P}_R^n/R} \longrightarrow 0$

を得る. 完全列(7.66)から種々の情報をとりだすことができる. R が体 k のときは次の結果を得る.

補題 7.87 体 k 上の n 次元射影空間 $\mathbb{P}_k^n$ の標準層に関しては同型

$$\omega_{\mathbb{P}_k^n} \xrightarrow{\sim} \mathcal{O}_{\mathbb{P}_k^n}(-(n+1))$$

が存在する．特に

$$H^p(\mathbb{P}_k^n, \omega_{\mathbb{P}_k^n}) = \begin{cases} 0, & p \neq n \\ k, & p = n \end{cases}$$

が成立する．

［証明］（7.66）より最初の同型は明らかである．コホモロジー群に関する結果は定理 6.19 による． ∎

もう 1 つ応用を考えておこう．

例題 7.88 体 k 上の n 次元射影空間 $\mathbb{P}_k^n$ 内の m 次超曲面 $X = V_+(F)$ が非特異閉部分多様体であるとき同型

(7.68) $$\omega_X \simeq \mathcal{O}_X(m-n-1)$$

および

$$\dim_k H^0(X, \omega_X) = \begin{cases} 0, & m < n+1 \\ \binom{m-1}{n}, & m \geq n+1 \end{cases}$$

が成り立つことを示せ．

［解］ X の定義イデアル $\mathcal{I}$ は可逆層であり $\mathcal{I} \simeq \mathcal{O}_{\mathbb{P}_k^n}(-m)$ が成立する．(7.64) または (7.65) より同型 (7.68) を得る．記号を簡単にするために $P = \mathbb{P}_k^n$ とおく．$\mathcal{O}_P(Y) = \mathcal{O}_P(m)$ であるので完全列

$$0 \longrightarrow \mathcal{O}_P(-m) \longrightarrow \mathcal{O}_P \longrightarrow \mathcal{O}_X \longrightarrow 0$$

を得る．この完全列より得られるコホモロジー群の完全列と定理 6.19 から

$$H^0(P, \mathcal{O}_P(m-n-1)) \simeq H^0(X, \mathcal{O}_X(m-n-1))$$

を得，求める結果が得られる． ∎

（c） 正則スキームと非特異代数多様体

正則スキームや非特異代数多様体は可微分多様体や複素多様体に似た存在である．可微分多様体や複素多様体には局所座標があり，座標を使って具体的な表示をすることができた．代数幾何学では座標にあたるものを 2 つの異なる側面から導入することができる．両者が一致するものが正則スキームや

非特異代数多様体である．ここでは局所環に関する結果を紙数の関係もあり証明を省いた形で述べざるを得ないが堀田[5]の第7章，第8章に関連した話題が要領よくまとめられているので，参照しながら読んでいただきたい．

次元 n の Noether 局所環 R に対しては R の極大イデアルを $\mathfrak{m}$ と記すと $\mathfrak{m}$ の n 個の元 $a_1, a_2, \cdots, a_n$ を適当に選ぶと $\sqrt{(a_1, a_2, \cdots, a_n)} = \mathfrak{m}$ が成立する．この n 個の元 $\{a_1, a_2, \cdots, a_n\}$ を R の**パラメータ系**(system of parameters)と呼ぶ．パラメータ系のとり方は無数にあり $\{a_1, a_2, \cdots, a_n\}$ がパラメータ系であれば任意の正整数 $m_1, m_2, \cdots, m_n$ に対して $\{a_1^{m_1}, a_2^{m_2}, \cdots, a_n^{m_n}\}$ もパラメータ系である．しかし幾何学的な座標に最も近いものはパラメータ系 $\{a_1, a_2, \cdots, a_n\}$ が $\mathfrak{m}/\mathfrak{m}^2$ で 1 次独立であるときであろう．$R/\mathfrak{m} = k$ とおくと一般の局所環では $\dim_k \mathfrak{m}/\mathfrak{m}^2 \geqq \dim R$ であるので，$a_1, a_2, \cdots, a_n$ の像が $\mathfrak{m}/\mathfrak{m}^2$ で 1 次独立であっても $(a_1, a_2, \cdots, a_n) \neq \mathfrak{m}$ とは限らない．一方 $b_1, b_2, \cdots, b_l$ の像が $\mathfrak{m}/\mathfrak{m}^2$ で k 上の基底であれば中山の補題により $(b_1, b_2, \cdots, b_l) = \mathfrak{m}$ であることが分かる．$\dim R = \dim_k \mathfrak{m}/\mathfrak{m}^2$ が正則局所環の定義であったので次の定理の前半が示されたことになる．

定理 7.89 次元 n の Noether 局所環 R の極大イデアルを $\mathfrak{m}$，剰余体 $R/\mathfrak{m}$ を k と記す．次の条件は同値である．

（ⅰ） R は正則局所環である．

（ⅱ） $\mathfrak{m}$ は n 個の元で生成される．

（ⅲ） $\mathrm{gr}_\mathfrak{m} R = \bigoplus_{m=0}^\infty \mathfrak{m}^m/\mathfrak{m}^{m+1}$ は n 変数多項式環 $k[x_0, x_1, \cdots, x_n]$ と同型である． □

証明は堀田[5]定理 7.15 または松村[6]定理 14.2, 定理 17.10 を参照のこと．R が n 次元正則局所環のとき極大イデアル $\mathfrak{m}$ を生成する n 個の元 $\{a_1, a_2, \cdots, a_n\}$ を**正則パラメータ系**(regular system of parameters)という．正則パラメータ系が実際に代数的閉体 k で定義された n 次元非特異代数多様体 X の座標系の役割をしていることを見ておこう．X の閉点 x での局所環 $\mathcal{O}_{X,x}$ は n 次元正則局所環である．その正則パラメータ系 $\{x_1, x_2, \cdots, x_n\}$ をとると，x_i は X の関数体 $k(X)$ の元と考えることができるので，$x_i \in$

$\Gamma(U, \mathcal{O}_X)$, $i = 1, 2, \cdots, n$ が成立するような x の開近傍 U がとれる. U の閉点 y での正則パラメータ系 $\{y_1, y_2, \cdots, y_n\}$ に対して $\Omega^1_{X/k, y}$ は $dy_1, dy_2, \cdots, dy_n$ を基底とする自由 $\mathcal{O}_{X,y}$ 加群であるので

$$(7.69) \qquad dx_i = \sum_{j=1}^n a_{ij} dy_j, \quad a_{ij} \in \mathcal{O}_{X,y}, \quad 1 \leqq i, j \leqq n$$

と一意的に書くことができる. 微積分の記号を採用して

$$\frac{\partial x_i}{\partial y_j} = a_{ij}, \quad J\left(\frac{x_1, \cdots, x_n}{y_1, \cdots, y_n}\right) = \det(a_{ij})$$

とおく. すると

$$(7.70) \quad dx_1 \wedge dx_2 \wedge \cdots \wedge dx_n = J\left(\frac{x_1, \cdots, x_n}{y_1, \cdots, y_n}\right) dy_1 \wedge dy_2 \wedge \cdots \wedge dy_n$$

が成立する.

ところで $dx_i \in \Gamma(U, \Omega^1_{X/k})$ とみることができ,点 x では $dx_1 \wedge \cdots \wedge dx_n$ が $\omega_{X,x}$ の $\mathcal{O}_{X,x}$ 加群としての基底を与えている. したがって $J\left(\frac{x_1, \cdots, x_n}{y_1, \cdots, y_n}\right)(y)$ $\neq 0$, すなわち $J\left(\frac{x_1, \cdots, x_n}{y_1, \cdots, y_n}\right) \notin \mathfrak{m}_y$ であれば (7.69) より $dx_1 \wedge \cdots \wedge dx_n$ も $\omega_{X,y}$ の $\mathcal{O}_{X,y}$ 加群としての基底であることが分かる. $J\left(\frac{x_1, \cdots, x_n}{y_1, \cdots, y_n}\right) = 0$ または $\neq 0$ に応じて $dx_1 \wedge \cdots \wedge dx_n$ は点 y で 0 である,または 0 でないという. $dx_1 \wedge \cdots \wedge dx_n$ が点 y で 0 であるか否かは点 y での正則パラメータ系のとり方によらないことに注意する. 他の正則パラメータ系 $\{y'_1, y'_2, \cdots, y'_n\}$ をとれば $J\left(\frac{y'_1, \cdots, y'_n}{y_1, \cdots, y_n}\right)$ は $\mathcal{O}_{X,y}$ の可逆元になるからである. (7.69) の a_{ij} に対して $a_{ij} \in \Gamma(V, \mathcal{O}_X)$, $1 \leqq i, j \leqq n$ となるような y の開近傍 V をとることができる. すると $dx_1 \wedge \cdots \wedge dx_n$ が零になる点の集合は V では $J\left(\frac{x_1, \cdots, x_n}{y_1, \cdots, y_n}\right)$ が定める主因子と一致する. これが U の各点の近傍で成立するので $dx_1 \wedge \cdots \wedge dx_n$ が零になる点の集合は U の因子であることが分かる. $dx_1 \wedge \cdots \wedge dx_n$ は点 x では零にならないので,この因子は点 x を通る素因子を含まない. したがって x の近傍 U を十分小さくとれば U で $dx_1 \wedge \cdots \wedge dx_n$ は零にならないと仮定できることが分かる. このように選んだ U の閉点 y に対して x_i での y で

の値，すなわち x_i の $\mathcal{O}_{X,y}/\mathfrak{m}_y = k$ への像を $x_i(y)$ と記すと $x_i - x_i(y) \in \mathfrak{m}_y$ となり，$dx_i = d(x_i - x_i(y))$ に注意すると $\{x_1-x_1(y), x_2-x_2(y), \cdots, x_n-x_n(y)\}$ は点 y での $\mathcal{O}_{X,y}$ の正則パラメータ系であることが分かる．以上の議論により次の補題が示されたことになる．

補題 7.90 代数的閉体 k 上定義された n 次元非特異代数多様体 X の閉点 x に対して x の開近傍 U と $x_1, x_2, \cdots, x_n \in \Gamma(U, \mathcal{O}_X)$ を U の各閉点 y で $\{x_1 - x_1(y), x_2-x_2(y), \cdots, x_n-x_n(y)\}$ が $\mathcal{O}_{X,y}$ の正則パラメータ系であるように選ぶことができる． □

この補題の $\{x_1, x_2, \cdots, x_n\}$ を X の点 x における**局所パラメータ系**または**局所座標**と呼び U を x の座標近傍と呼ぶ．特に $x_1, x_2, \cdots, x_n \in \mathfrak{m}_x$ となるようにパラメータ系をとることができる．このパラメータ系を**点 x を中心とする局所パラメータ系**(system of local parameters with center x)と呼ぶ．この補題が示すように n 次元非特異代数多様体は各閉点で座標近傍と局所パラメータ系(局所座標)を持ち，通常の多様体と類似の性質を持つことが分かる．特に標準層 ω_X は各座標近傍 U では $dx_1 \wedge \cdots \wedge dx_n$ が $\mathcal{O}_U$ 加群としての基底となる．したがって $\tau \in \Gamma(X, \omega_X)$ は座標近傍 $(U; x_1, x_2, \cdots, x_n)$ では

(7.71) $\qquad \tau = a_U dx_1 \wedge \cdots \wedge dx_n, \quad a_U \in \Gamma(U, \mathcal{O}_X)$

と表示でき，他の座標近傍 $(V; y_1, y_2, \cdots, y_n)$ では

(7.72) $\qquad \tau = a_V dy_1 \wedge \cdots \wedge dy_n, \quad a_V \in \Gamma(V, \mathcal{O}_X)$

と表示できたとすると $U \cap V$ では(7.70)により

(7.73) $\qquad a_V = J\left(\dfrac{x_1, \cdots, x_n}{y_1, \cdots, y_n}\right) a_U$

が成立することが分かる．特に今の場合 $U \cap V$ で $J\left(\dfrac{x_1, \cdots, x_n}{y_1, \cdots, y_n}\right)$ は 0 にならないことに注意する．$\tau \in \Gamma(X, \omega_X)$ を X 上の**正則 n 次形式**(regular n-form)という．同様に(7.71)や(7.72)の a_U, a_V を U や V 上の有理関数にとることによって**有理 n 次形式**(rational n-form)を定義することができる．もちろん $U \cap V$ 上では(7.73)が有理関数として成立するものとして定義する．正則または有理 n 次形式 τ が与えられたとき，座標近傍 $(U; x_1, x_2, \cdots, x_n)$ に対して

τ を (7.71) のように表示すると，a_U は U の主因子 (a_U) を定義する．X を座標近傍で覆うとこれらの主因子は (7.73) より座標近傍の共通部分で一致し，したがって X の因子を定める．これを (τ) と記し，n 次形式 τ が定める因子と呼ぶ．(τ) は標準因子に他ならない．(7.73) の関係があるので (τ) は一般には主因子ではないことに注意する．

同様に，$1 \leqq p \leqq n$ に対して $\bigwedge^p \Omega^1_{X/k}$ を Ω^p_X と記すとき $\Gamma(X, \Omega^p_X)$ の各元を X 上の**正則 p 次形式**(regular p-form) という．**有理 p 次形式**(rational p-form) も定義できる．複素多様体のときと同じ議論ができるが詳細は割愛する．

ところで通常の多様体では局所座標はもう1つ別の働きも持っている．たとえば $\mathbb{C}^n$ の座標 $(z_1, z_2, \cdots, z_n)$ に関して $z_1 = 0$ は $n-1$ 次元部分空間，$z_1 = 0, z_2 = 0$ は $n-2$ 次元部分空間，……と座標を使って1次元ずつ次元の低い部分多様体が定義できる．この考え方を環論的に定式化したのが**正則列**(regular sequence) である．

可換環 R 上の加群 M に対して R の元の列 $a_1, a_2, \cdots, a_r$ が $M / \sum_{i=1}^r a_i M \neq 0$ かつ各 $1 \leqq j < r$ に対して a_j が $M / \sum_{i<j} a_i M$ の零因子でないとき，すなわち $a_j b = 0$ となる $0 \neq b \in M / \sum_{i<j} a_i M$ が存在しないとき列 $a_1, a_2, \cdots, a_r$ は M **正則**(M-regular) であるといい，またこの列のことを **M 正則列**という．以下 R は Noether 局所環であると仮定する．また M 正則列 $a_1, a_2, \cdots, a_r$ はすべて R の極大イデアル $\mathfrak{m}$ の元である場合を考察する．このときは M 正則列の定義は $a_1, a_2, \cdots, a_r$ の順序によらないことが証明される (堀田 [5] 系 8.3)．さて有限 R 加群 M に対して $\mathfrak{m}$ の元よりなる M 正則列のうちで最長の長さを $\operatorname{depth} M$ と記し M の**深さ**(depth) という．一方，加群 M の次元 $\dim M$ を $\operatorname{Spec} R$ 上の層 $\widetilde{M}$ の台 $\operatorname{Supp} \widetilde{M}$ の次元と定義すると

(7.74) $$\operatorname{depth} M \leqq \dim M$$

が成立することが知られている (堀田 [5] 定理 8.5)．特に等号が成立するとき M を **Cohen–Macaulay 加群**と呼ぶ．便宜上，$M = 0$ も Cohen–Macaulay 加群と呼ぶ．元 $a \in \mathfrak{m}$ が M 正則である，すなわち a が M の零因子でない

場合 $\dim M/aM = \dim M - 1$ であることが知られており（堀田[5]補題8.4），一方 $\operatorname{depth} M/aM = \operatorname{depth} M - 1$ である．この操作を最長の M 正則列をとることによって続けていって深さが0になるとき M の次元の方も0になるというのが M が Cohen–Macaulay 加群であることの意味である．剰余加群 M/aM を考えることは $\operatorname{Spec} R$ 上の層 $\widetilde{M}$ を閉部分スキーム $V(a)$ 上に制限する，すなわち $\iota: V(a) \to \operatorname{Spec} R$ を閉移入するとき $\iota^*\widetilde{M}$ を考えることに対応する．Cohen–Macaulay 加群は次の大切な性質を持っている．

命題 7.91 Noether 局所環 R 上の零でない加群 M に対して $a_1, a_2, \cdots, a_r$ を R の極大イデアル $\mathfrak{m}$ に属する M 正則列とする．M が Cohen–Macaulay 加群であれば $M\big/\sum_{i=1}^{r} a_i M$ も Cohen–Macaulay 加群であり $\dim M\big/\sum_{i=1}^{r} a_i M = \dim M - r$ が成立する．逆に $M\big/\sum_{i=1}^{r} a_i M$ が Cohen–Macaulay 加群であれば M も Cohen–Macaulay 加群である． □

証明は堀田[5]命題8.7を参照していただきたい．M として特に Noether 局所環 R をとり，$M = R$ が R 加群として Cohen–Macaulay 加群であるとき，R を **Cohen–Macaulay 局所環** と呼ぶ．Cohen–Macaulay 局所環は次の大切な性質を持つ（堀田[5]定理8.8または松村[6]定理17.4）．

定理 7.92 Cohen–Macaulay 局所環 R に対して次が成立する．

（ⅰ）R のイデアル I に対して $\operatorname{ht} I = \min\{\operatorname{ht} \mathfrak{p} \mid I \subset \mathfrak{p}, \mathfrak{p}$ は R の素イデアル$\}$ とおくと

$$(7.75) \qquad \operatorname{ht} I + \dim R/I = \dim R$$

が成立する．

（ⅱ）R の極大イデアル $\mathfrak{m}$ の元 $a_1, a_2, \cdots, a_r$ について次の命題は同値である．

（1） $a_1, a_2, \cdots, a_r$ は R 正則列である．
（2） $1 \leq i \leq r$ について $\operatorname{ht}(a_1, \cdots, a_i) = i$．
（3） $\operatorname{ht}(a_1, \cdots, a_r) = r$．
（4） $\dim R = n$ のとき $n - r$ 個の元 $a_{r+1}, \cdots, a_n \in \mathfrak{m}$ をつけ加えて $\{a_1, a_2, \cdots, a_r\}$ がパラメータ系であるようにできる． □

この定理の(ii)は Cohen–Macaulay 局所環に対しては正則列とパラメータ系との間に密接な関係があることを主張している．正則局所環のときこの関係はさらに明確になる．(松村[6]定理14.2とその証明を参照のこと．)

定理 7.93 $\{a_1, a_2, \cdots, a_r\}$ が正則局所環 R の正則パラメータ系であるとき次が成立する．

(i) $a_1, a_2, \cdots, a_n$ は R 正則列である．

(ii) $(a_1, a_2, \cdots, a_i) = \mathfrak{p}_i$, $1 \leq i \leq n$ は高さ i の R の素イデアルであり $R/\mathfrak{p}_i$ は次元 $n-i$ の正則局所環である．

(iii) R のイデアル $\mathfrak{p}$ に対して $R/\mathfrak{p}$ が $n-i$ 次元の正則局所環であれば $\mathfrak{p} = (b_1, \cdots, b_i)$ となる正則パラメータ系 $\{b_1, b_2, \cdots, b_n\}$ が存在する． □

このように正則局所環では局所座標に関する2つの見方が一致することが分かる．Cohen–Macaulay 環は正則列から **Koszul 複体**(Koszul complex)を作ることができスキームのコホモロジー群を計算するのに強力な手段を与えるが割愛せざるを得ない．堀田[5]第8章では環論的立場から Cohen–Macaulay 環でのホモロジー代数が展開されている．スキーム論の言葉への翻訳を試みられると得るところが多いであろう．

さてここで非特異多様体 X 内の非特異閉部分多様体 Y に沿ってのブローアップについて述べておこう．Y の定義イデアル層を $\mathcal{I}$ とするとき，$\widetilde{X} = \operatorname{Proj} \bigoplus_{d=0}^{\infty} \mathcal{I}^d$ を X の Y に沿ってのブローアップと呼んだ(演習問題5.5)．これは X 上の射影的スキームであり構造射を $\pi: \widetilde{X} \to X$ と記す．このとき次の事実が成立する．

定理 7.94 非特異代数多様体 X 内にイデアル層を $\mathcal{I}$ で定義された閉部分スキーム Y は非特異多様体であると仮定する．$\pi: \widetilde{X} \to X$ は Y に沿ってブローアップして生じたスキームの射であるとして $\widetilde{\mathcal{I}} = \pi^{-1}\mathcal{I} \cdot \mathcal{O}_{\widetilde{X}}$ によって定義される $\widetilde{X}$ の部分スキームを $\widetilde{Y}$ と記す．このとき次のことが成立する．

(i) $\widetilde{X}$ は非特異代数多様体である．

(ii) π を $\widetilde{Y}$ に制限した射も π と記すと $\pi: \widetilde{Y} \to Y$ は $\mathbb{P}(\mathcal{I}/\mathcal{I}^2) \to Y$ と Y 上同型である．

(iii) (ii)の同型によって法層 $\mathcal{N}_{\tilde{Y}/\tilde{X}}$ は $\mathcal{O}_{\mathbb{P}(\mathcal{I}/\mathcal{I}^2)}(-1)$ と同型である.

[証明] Y の X での余次元を r とすると定理 7.84 より $\mathcal{I}$ は局所的に r 個の元で生成される. 定理 7.92(ii) あるいは定理 7.93 より r 個の生成元は正則列であるようにとれる. このとき $\mathcal{I}/\mathcal{I}^2$ は階数 r の局所自由層であり

$$\bigoplus_{d=0}^{\infty} \mathcal{I}^d/\mathcal{I}^{d+1} \simeq \mathbb{S}(\mathcal{I}/\mathcal{I}^2)$$

が成立する(下の問 20 を参照のこと). さて $\tilde{X} = \mathrm{Proj}\bigoplus \mathcal{I}^d$ であり, $\tilde{Y} = \mathrm{Proj}\bigoplus_{d=0}^{\infty}(\mathcal{I}^d\otimes(\mathcal{O}_X/\mathcal{I})) = \mathrm{Proj}\bigoplus_{d=0}^{\infty}\mathcal{I}^d/\mathcal{I}^{d+1} \simeq \mathbb{P}(\mathcal{I}/\mathcal{I}^2)$ であるので $\tilde{Y}$ は $Y \times \mathbb{P}^{r+1}$ と局所的に同型である(例 5.27 を参照のこと). したがって $\tilde{Y}$ は非特異閉部分多様体である. これで(ii)が示された. 演習問題 5.5 より $\tilde{\mathcal{I}} = \pi^{-1}\mathcal{I}\cdot \mathcal{O}_{\tilde{X}}$ は可逆層であり, したがって局所的に 1 個の元で生成される. $\mathcal{O}_{\tilde{X}}/\tilde{\mathcal{I}}$ はその台の各点 y で正則局所環であり, したがって $\mathcal{O}_{\tilde{X},y}$ も正則局所環である. (局所環 R の極大イデアルに属する元 a によって生成されるイデアルによる剰余環 $R/(a)$ が正則局所環であれば R も正則局所環である.) また $\tilde{X}\setminus\tilde{Y}$ と $X\setminus Y$ とは同型である. したがって $\tilde{X}$ は非特異代数多様体である. これで(i)が示された. また演習問題 5.5 の解答で $\tilde{\mathcal{I}} \simeq \mathcal{O}_{\tilde{X}}(1)$ が示されている. したがって $\tilde{\mathcal{I}}/\tilde{\mathcal{I}}^2 \simeq \mathcal{O}_{\tilde{X}}(1)\otimes(\mathcal{O}_{\tilde{X}}/\tilde{\mathcal{I}}) = \mathcal{O}_{\tilde{Y}}(1)$ となる. よって $\mathcal{N}_{\tilde{Y}/\tilde{X}} = \mathrm{Hom}_{\mathcal{O}_{\tilde{Y}}}(\tilde{\mathcal{I}}/\tilde{\mathcal{I}}^2, \mathcal{O}_{\tilde{Y}}) \simeq \mathcal{O}_{\tilde{Y}}(-1)$ となり(iii)を得る. ∎

この定理は非特異代数多様体を非特異閉部分多様体に沿ってブローアップしてできる代数的スキームはふたたび非特異代数多様体であることを示している. 定理に出てくる $\tilde{Y}$ は**例外多様体**(exceptional variety)と呼ばれる. Y が X の閉点であるときは例外多様体 $\tilde{Y}$ は $\mathbb{P}_k^{n-1}$ と同型になる.

問 20 Cohen–Macaulay 局所環 R の極大イデアル $\mathfrak{m}$ に属する元による正則列 $a_1, a_2, \cdots, a_r$ が与えられたとき, $a_1, a_2, \cdots, a_r$ が生成する R のイデアル $(a_1, a_2, \cdots, a_r)$ を I とおく. このとき t_i を a_i に対応させることによって R/I 代数の同型写像 $\mathcal{S}(I/I^2) = (R/I)[t_1, t_2, \cdots, t_r] \simeq \mathrm{gr}_I A = \bigoplus_{d=0}^{\infty} I^d/I^{d+1}$ ができることを示せ.

さて定理 7.94 の応用として広中による射影多様体ではない完備代数多様

体の例を構成しよう．このような例は 1958 年永田雅宜によって初めて構成された．

例 7.95 代数的閉体 k 上の 3 次元完備非特異代数多様体 X の中の完備非特異代数曲線 C, D が 2 閉点 P, Q でのみ **横断的に交わっている** 場合を考察する．ここで C, D が点 P で横断的に交わるとは，$P \in C \cap D$ でありかつ $\Omega^1_{C/k} \otimes k(P)$ と $\Omega^1_{D/k} \otimes k(P)$ の $\Omega^1_{X/k} \otimes k(P)$ での像が $k = k(P)$ 上 2 次元ベクトル空間を張っていることを意味する．2 次元射影平面 $\mathbb{P}^2_k$ 内に非特異 2 次曲線 C と直線 D とが 2 点で交わるように C, D を選び $\mathbb{P}^2_k \subset \mathbb{P}^3_k$ と考えて，C, D を $X = \mathbb{P}^3_k$ で考えると上記の条件は満たされている．

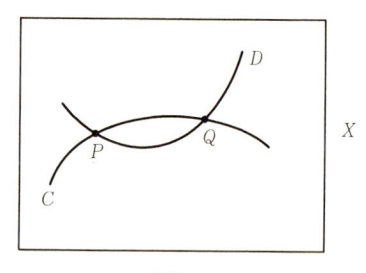

図 7.12

さて $X_0 = X \setminus \{Q\}$ で $C \setminus \{Q\}$ に沿ってブローアップを行ない射 $\tilde{\pi}_0 : \tilde{X}_0 \to X_0$ を得たとする．$C \setminus \{Q\}$ 上の各閉点の逆像は $\mathbb{P}^1_k$ である．$\tilde{\pi}_0^{-1}(D \setminus \{P, Q\})$ の $\tilde{X}_0$ での閉包 D_0 を考えると $l_0 = \tilde{\pi}_0^{-1}(P)$ と D_0 とは 1 点で交わり，D_0 は非特異であることが分かる（図 7.13）．

そこで $\tilde{X}_0$ を D_0 に沿ってブローアップして非特異多様体 $\hat{X}_0$ と射 $\hat{\pi}_0 : \hat{X}_0 \to \tilde{X}_0$ を得る．$\pi_0 = \tilde{\pi}_0 \circ \hat{\pi}_0 : \hat{X}_0 \to \tilde{X}_0$ を考えると点 x の逆像は x が $C \setminus \{P, Q\}$ または $D \setminus \{P, Q\}$ の閉点であれば $\mathbb{P}^1_k$ であり，$\pi_0^{-1}(P)$ は 2 本の $\mathbb{P}^1_k$ すなわち l_0, m_0 とが横断的に交わっている（図 7.14）．

次に同様の操作を $X_1 = X \setminus \{P\}$ に対して行なう．ただし，今度は $D \setminus \{P\}$ に沿ってまずブローアップをして $\tilde{\pi}_1 : \tilde{X}_1 \to X_1$ を得る（図 7.15）．

Q 上のファイバー $\tilde{\pi}_1^{-1}(Q)$ を m'_0 と記すと $C \setminus \{Q\}$ の逆像の $\tilde{X}_1$ での閉包 C_1 は m'_0 と 1 点で横断的に交わっていることが分かる．$\tilde{X}_1$ を C_1 に沿ってブロ

図 7.13

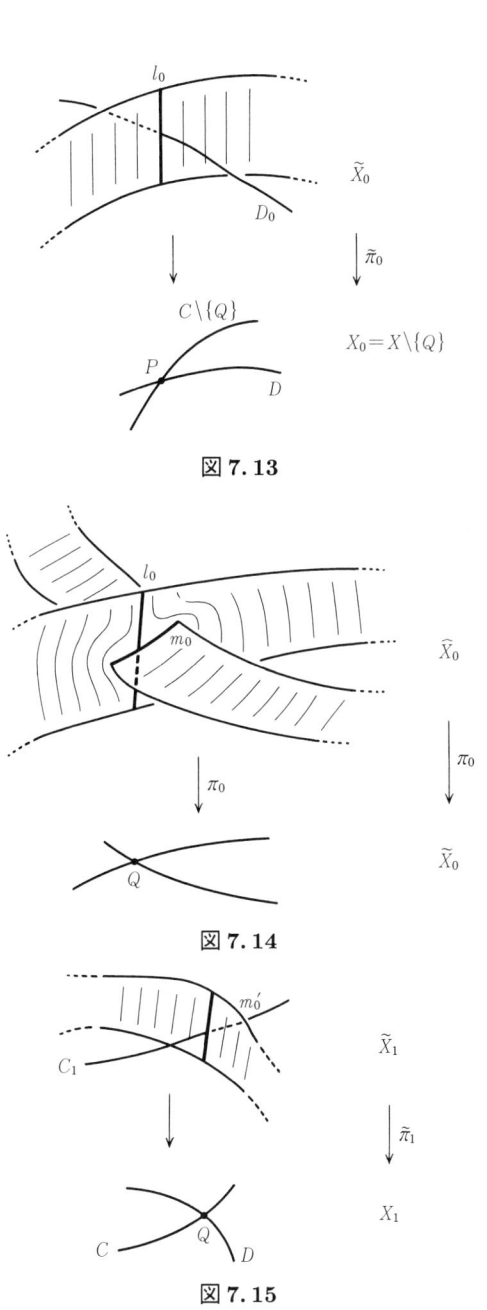

図 7.14

図 7.15

図 7.16

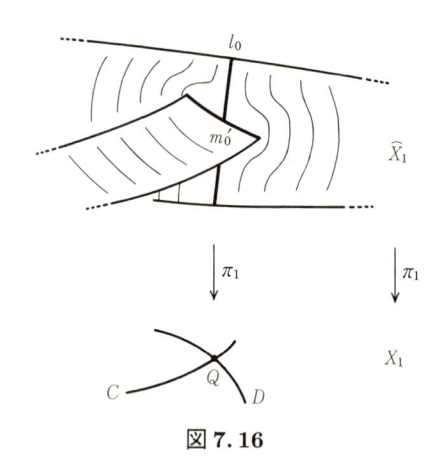

ーアップして非特異多様体 $\widehat{X}_1$ と射 $\pi_1: \widehat{X}_1 \to X_1$ を得る. 点 Q 上のファイバー $\pi_1^{-1}(Q)$ は横断的に交わる 2 本の $\mathbb{P}_k^1$ すなわち l_0', m_0' からなる.

さて C と D とは P, Q 以外では交わっていないので, $X\backslash\{P,Q\}$ 上では C に沿ってまずブローアップし, 次に D の逆像に沿ってブローアップしたものと, D に沿ってまずブローアップし, 次に C の逆像に沿ってブローアップしたものとは一致する. したがって $X_0\backslash\pi_0^{-1}(P) = X_1\backslash\pi_1^{-1}(Q)$ であり, これによって X_0 と X_1 とを張り合わせて非特異多様体 $\widehat{X}$ を得る. $\widehat{X}$ が体 k 上分離的でありかつ固有であることは容易に確かめることができる. また $\widehat{X}$ から X への自然な射を $\widehat{\pi}: \widehat{X} \to X$ と記す.

曲線 C 上の P, Q 以外の閉点 x 上の $\widehat{\pi}$ のファイバー n は $\mathbb{P}_k^1$ であり, また曲線 D 上の P, Q 以外の閉点 y 上の $\widehat{\pi}$ のファイバー l も $\mathbb{P}_k^1$ である. $\widehat{X}$ が体 k 上の射影多様体であると仮定して矛盾を導こう. もし $\widehat{X}$ が射影多様体であれば $\widehat{X}$ はある射影空間 $\mathbb{P}_k^N$ の閉部分スキームであり, $\mathbb{P}_k^N$ の一般の位置にある超平面 $a_0x_0 + a_1x_1 + \cdots + a_Nx_N = 0$ と $\widehat{X}$ との交わりは $\widehat{X}$ 上の正因子 H を定義する. H を $\widehat{X}$ の **超平面切断** (hyperplane section) と呼ぶ. 超平面を一般の位置にとったので H は $\widehat{\pi}$ との C 上の各点のファイバーや D 上の各点のファイバーとは有限個の点で交わると仮定してよい. さて $\widehat{\pi}^{-1}(C)$ を考えるとこれは非特異閉部分多様体であることが分かる. C の X での定義イデアル

図 7.17

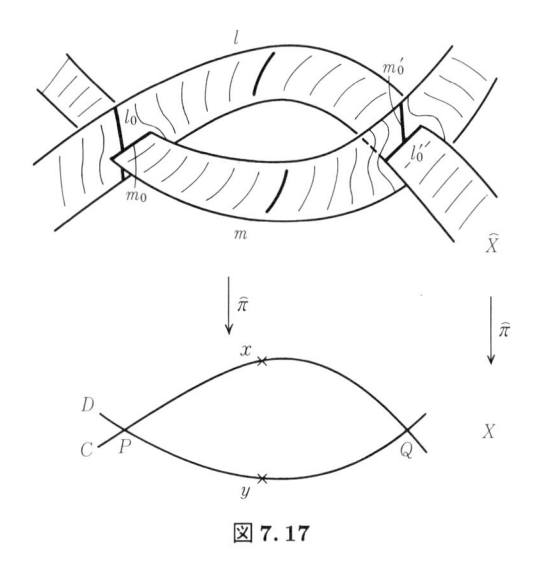

層を $\mathcal{I}_C$ と記すと $\hat{\pi}^{-1}(C)$ は $\mathbb{P}(\mathcal{I}_C/\mathcal{I}_C^2)$ をさらに P 上のファイバーの1点でブローアップしてできた2次元多様体である. このとき C の任意の2点 x_1, x_2 に対して $\hat{\pi}^{-1}(x_1)$ と H との交点の個数(正確には重複度もこめて考える必要がある) $H \cdot \hat{\pi}^{-1}(x_1)$ と $\hat{\pi}^{-1}(x_2)$ と H との交点の個数 $H \cdot \hat{\pi}^{-1}(x_2)$ とは等しいことが知られている. したがって特に $l = \hat{\pi}^{-1}(x)$ と $\hat{\pi}^{-1}(P)$ を考えると

$$H \cdot l = H \cdot \hat{\pi}^{-1}(P) = H \cdot l_0 + H \cdot m_0$$

が成立する. また $\hat{\pi}^{-1}(C) \to C$ の点 Q 上のファイバーは l_0' であるので

$$H \cdot l = H \cdot l_0'$$

が成立する. 同様に $\hat{\pi}^{-1}(D) \to D$ を考えると

$$H \cdot m = H \cdot m_0' + H \cdot l_0'$$
$$H \cdot m = H \cdot m_0$$

を得る. したがって上の4つの等式より

$$H \cdot m_0 = H \cdot m_0' + H \cdot l_0' = H \cdot m_0' + H \cdot m_0 + H \cdot l_0$$

が得られ,

(7.76) $$H \cdot (l_0 + m_0') = 0$$

を得る. しかし射影空間の中で1次元以上の閉部分スキームは超平面に含

まれない限りは必ず交わる．今は l_0, m_0' は H に含まれないようにとったので $H \cdot l_0 \geq 1, \ H \cdot m_0' \geq 1$ が成立しないといけないので(7.76)に矛盾する．これは $\widehat{X}$ が射影多様体と仮定したことによる矛盾であるので $\widehat{X}$ は射影多様体ではない．したがって特に射 $\widehat{\pi}: \widehat{X} \to X$ は射影射ではあり得ない．また $\widehat{\pi}$ は固有射であるので定理 5.44 より $\widehat{\pi}$ は準射影でもあり得ない．一方 $\pi_0: \widehat{X}_0 \to X_0, \ \widehat{\pi}: \widehat{X}_1 \to X_1$ は射影射であり，したがって準射影射でもある．このように射影射や準射影射 $\varphi: X \to Y$ は Y に関して局所的な性質でないことが分かる．これは定義 5.42 の後に記したところである． □

最後に **Serre の双対定理**(Serre duality)について簡単に述べておく．

定理 7.96（Serre の双対定理） n 次元完備非特異代数多様体 X 上の局所自由層 $\mathcal{F}$ に対して完全対写像

$$(7.77) \qquad H^i(X, \mathcal{F}) \times H^{n-i}(X, \mathcal{F}^* \otimes \omega_X) \to k$$

が任意の $1 \leq i \leq n$ に対して存在する．ただし $\mathcal{F}^*$ は $\mathcal{F}$ の双対層である． □

X が n 次元射影空間 $\mathbb{P}^N_k$ のときは $\omega_X \simeq \mathcal{O}_X(-n-1)$ でありかつ $H^n(X, \omega_X) \simeq k$（定理 6.19(ii)）に注意すると，完全対写像(7.77)は定理 6.19(iv) の一般化になっていることが分かる．(7.77) の完全対写像により $H^{n-i}(X, \mathcal{F}^* \otimes \omega_X)$ は $H^i(X, \mathcal{F})$ の双対ベクトル空間とみることができ，両者の次元が等しいことが分かる．$\mathcal{L}$ が可逆層のときは $\mathcal{L}$ の双対層 $\mathcal{L}^*$ は $\mathcal{L}^{-1}$ と記すので次の系を得る．

系 7.97 体 k 上の n 次元完備非特異代数多様体 X 上の可逆層 $\mathcal{L}$ に対して

$$\dim_k H^i(X, \mathcal{L}) = \dim_k H^{n-i}(X, \mathcal{L}^{-1} \otimes \omega_X)$$

が任意の $0 \leq i \leq n$ に対して成立する． □

双対定理は各点 x での局所環 $\mathcal{O}_{X,x}$ が Cohen–Macaulay 局所環であるような体 k 上の固有な代数的スキーム上で理論を展開することができる．

(d) 滑らかな射

スキームの族 $f: X \to Y$ が単なる平坦族ではなく，すべての点 $y \in Y$ 上のファイバー X_y が正則スキームである族を考えることが必要となる場合があ

る．ただし正則スキームであることは体の拡大に対して保存されないので（例 7.32 を参照のこと），点 $y \in Y$ 上の幾何学的ファイバー $\overline{X}_y = X \times \mathrm{Spec}\,\overline{k(y)}$, $\overline{k(y)}$ は $k(y)$ の代数的閉包，が正則スキームである（すなわち $\overline{X}_y$ が**幾何学的正則スキーム**(geometrically regular scheme)である）ような族を考えることが必要になる．このような族 $f\colon X \to Y$ を滑らかな族といい，射 f を滑らかな射という．これを定義として議論を進めることもできるが，環論的な観点から議論を進めるほうが代数幾何学的には自然である．ここでは紙数の関係もあり環論的に重要な事実を証明抜きであげる．詳細は松村[6]第 10 章を参照（[6]では「滑らか」ではなく「潤滑」を用いている）．ただし以下の定理や命題は必ずしも証明に必要な順序通りとは限らないことをお断りしておく．

可換環の準同型写像 $\varphi\colon A \to B$ に対して B を φ によって A 代数と考える．任意の A 代数 C と C の任意のべき零イデアル J に対して自然な写像

$$\varphi_A^*\colon \mathrm{Hom}_A(B, C) \to \mathrm{Hom}_A(B, C/J)$$

が全射（または単射，または全単射）のとき φ を**滑らかな**(smooth)（または**不分岐**(unramified)，または**エタール**(étale)）準同型写像といい，B は **A 上滑らか**（または **A 上不分岐**，または **A 上エタール**）であるという．

この定義で実は $J^2 = 0$ となるべき零イデアル J に限ってよいことを示すことができる．いささかわかりにくい定義であるので例をまずあげよう．

例 7.98

（1） A が体 k, B が k 上の多項式環 $B = k[x_1, x_2, \cdots, x_n]$ のときを考える．k 代数 C とべき零イデアル J に対して k 上の準同型写像 $h \in \mathrm{Hom}_A(B, C/J)$ は $h(x_i)$, $i = 1, 2, \cdots, n$ によって一意的に定まる．$h(x_i) = \bar{c}_i$, $\bar{c}_i = c_i \pmod{J}$ であるように $c_i \in C$ を選び，$\tilde{h}(x_i) = c_i$ とおくと k 上の準同型写像 $\tilde{h}\colon B \to C$ ができる．自然な準同型写像 $C \to C/J$ を u とおくと $h = u \circ \tilde{h}$ が成立し，$\varphi_k^*\colon \mathrm{Hom}_A(B, C) \to \mathrm{Hom}_A(B, C/J)$ は全射である．しかし c_i のとり方は一意的でないので h に対して $\tilde{h}$ は一意的には定まらない．したがって体 k 上の多項式環 $k[x_1, x_2, \cdots, x_n]$ は体 k 上滑らかである．しかし不分岐でもエタールでもない．

（2） A が体 k であり $B = k[x, y]/(xy)$ のときを考える．$C = k[t]/(t^3)$ と

して x, y の定める B の元を $\overline{x}, \overline{y}$, t の定める C の元を $\overline{t}$ と記す.$J = (\overline{t}^2)$ とすると $J^2 = 0$ が成り立つ.$h \in \mathrm{Hom}_A(B, C/J)$ は $h(\overline{x}), h(\overline{y})$ によって一意的に定まる.$h(\overline{x}), h(\overline{y})$ は $h(\overline{x})h(\overline{y}) = 0$ を満足する必要がある.$C/J \simeq k[t]/(t^2)$ が成り立つので $h(\overline{x}) = a\overline{t}$, $h(\overline{y}) = b\overline{t}$ でなければならない.ここで $\overline{t}$ の定める C/J の元を $\overline{t}$ と記した.もし h を定める $\widetilde{h}: B \to C$ が存在したとすると $\widetilde{h}(\overline{x}) = a\overline{t} + a'\overline{x}^2$, $\widetilde{h}(\overline{y}) = b\overline{t} + b'\overline{x}^2$ となるが, $\widetilde{h}(\overline{x})\widetilde{h}(\overline{y}) = 0$ を満足する必要があるので $ab = 0$ でなければならない.したがって $\varphi_k^*: \mathrm{Hom}_A(B, C) \to \mathrm{Hom}_A(B, C/J)$ は全射ではない.また, $ab = 0$ のときも a', b' は自由にとることができるので φ_k^* は単射でもない.したがって B は k 上滑らかでも, 不分岐でもエタールでもない.

(3) 体の有限次代数的拡大 K/k が分離的であれば, $K = k(\alpha) \simeq k[x]/(F(x))$ と書ける.k 代数 C の $J^2 = 0$ であるべき零イデアル J と k 代数の準同型写像 $h: K \to C/J$ が与えられたとする.C の元 a が C/J で定める元を $\overline{a}$ と記す.$h(\alpha) = \overline{a}$ であれば $h(F(\alpha)) = F(h(\alpha)) = F(\overline{a}) = 0$ であるので $F(a) \in J$ が成り立つ.一方 K/k は分離的拡大であるので $F'(\alpha) \neq 0$ であり, したがって $h(F'(\alpha)) = F'(\overline{a})$ は C/J の可逆元である(h は零写像でないと仮定して十分である).よって $F'(a)$ は C の可逆元である.$b \in J$ に対して $F(a+b) = F(a) + F'(a)b$ が成り立つが, $b' = -F(a)/F'(a) \in J$ とおくことによって $F(a+b') = 0$ となる.そこで k 上の準同型写像 $g: K \to C$ を $g(\alpha) = a+b' = a'$ と定義すると $h = g \circ u$ が成り立つ.ここで u は自然な準同型写像 $C \to C/J$ である.もし他に $h = g' \circ u$ となる準同型写像 $g': K \to C$ が存在したとする.$a'' = g'(\alpha)$ とおくと $a' - a'' \in J$ が成立する.すると $F(a'') = F(a' + a'' - a') = F(a') + F'(a')(a'' - a')$ が成立するが, $F(a') = F(a'') = 0$, $F'(a') \neq 0$ であるので $a'' = a'$ が成り立つ.したがって $g = g'$ である.これは $\mathrm{Hom}_k(K, C) \simeq \mathrm{Hom}_k(K, C/J)$ を意味し K は k 上エタールである.□

ところで滑らか, 不分岐, エタールという性質は準同型写像の合成やテンソル積に関して保存される.

命題 7.99

(i) $\varphi: A \to B$, $\psi: B \to C$ が滑らか(または不分岐, またはエタール)な

らば $\psi \circ \varphi : A \to C$ も同様の性質を持つ.

(ii) $\varphi : A \to B$ が滑らか(または不分岐, またはエタール)ならば, 任意の B 代数 B' に対して $\varphi' = \varphi \otimes B' : A' = A \otimes_B B' \to B'$ も滑らか(または不分岐, またはエタール)である. □

さて可換環の準同型写像が滑らかであるときは(7.53), (7.55)の完全列がさらによい性質を持つことを次の命題は主張している.

命題 7.100

(i) 可換環の準同型写像 $\varphi : A \to B$, $\psi : B \to C$ に対して ψ が滑らかな射であれば次の C 加群の系列は分解する完全列である.

(7.78) $\qquad 0 \longrightarrow \Omega^1_{B/A} \otimes C \longrightarrow \Omega^1_{C/A} \longrightarrow \Omega^1_{C/B} \longrightarrow 0.$

(ii) A 代数 B と B のイデアル I と自然な準同型写像 $u : B \to C = B/I$ に対して, C が B 上滑らかであれば分解する完全列

(7.79) $\qquad 0 \longrightarrow I/I^2 \longrightarrow \Omega^1_{B/A} \otimes_B C \longrightarrow \Omega^1_{C/B} \longrightarrow 0$

が存在する. □

体 k 上の局所環 R に関しては次の事実は R が体 k 上滑らかであることの意味をある程度明らかにしてくれる.

補題 7.101 局所環 $(R, \mathfrak{m})$ が 体 k 上有限生成代数の局所化であり剰余体 $R/\mathfrak{m}$ が k 上分離的拡大体であれば次の3条件は同値である.

(i) R は k 上滑らかである.

(ii) R は正則局所環である.

(iii) R の完備化(§7.5(a)を参照のこと) $\hat{R}$ は体 k 上の $n (= \dim_k \mathfrak{m}/\mathfrak{m}^2)$ 変数形式的べき級数環 $k[[z_1, z_2, \cdots, z_n]]$ と同型である. □

不分岐, エタールに関しては次の事実が示される.

命題 7.102

(i) $\varphi : A \to B$ が不分岐であるための必要十分条件は $\Omega^1_{B/A} = 0$ が成立することである.

(ii) 可換環の準同型写像 $\varphi : A \to B$, $\psi : B \to C$ に対して, ψ がエタール射であれば $\Omega^1_{B/A} \otimes_B C \to \Omega^1_{C/A}$ は同型写像である.

[証明] (ii)のみ証明を与える. (i)より $\Omega^1_{C/B} = 0$ である. ψ は滑らかな射

であるので(7.78)より $\Omega^1_{B/A}\otimes_B C \to \Omega^1_{C/A}$ は同型である. ∎

体の拡大 K/k に関しては次の事実が成り立つ.

命題 7.103 体 K が k の有限次代数的拡大体であれば次の条件は同値である.

(ⅰ) 体 K は k 上滑らかである.
(ⅱ) 体 K は k 上エタールである.
(ⅲ) $\Omega^1_{K/k}=0$.
(ⅳ) 体 K は k 上分離的である. ∎

(ⅳ)から(ⅲ)が導かれることは例 7.74(3)で示した. また(ⅳ)から(ⅱ)が導かれることは例 7.98(3)で示した.

系 7.104 体 K が k の有限生成拡大体のとき K が k 上滑らかであるための必要十分条件は体 K が k のある純超越的拡大体の分離的拡大体であることである.

[証明] 体 k の純超越的拡大体 $k(t_1,t_2,\cdots,t_n)$ は体 k 上滑らかであることは定義よりただちに導くことができる. したがって命題 7.103 より求める結果を得る. ∎

Noether 局所環に関して基本的な事実を以下に記す.

定理 7.105 体 k 上の Noether 局所環 R が k 上滑らかであるための必要十分条件は $\mathrm{Spec}\,R$ が k 上幾何学的に正則であることである. ∎

すでに命題 7.30 で述べたように R が正則環であれば任意の分離拡大体 k'/k に対して $R\otimes_k k'$ も正則環である. したがって今の場合非分離拡大体 k'/k のときが問題である. よって $\mathrm{Spec}\,R$ が k 上幾何学的に正則であることは非分離拡大体 k'/k に対しても $R\otimes_k k'$ が正則環であることを意味する.

命題 7.106 Noether 局所環 A,B の極大イデアルをそれぞれ $\mathfrak{m},\mathfrak{n}$ とし $k=A/\mathfrak{m}$ とおく. 局所準同型 $\varphi:A\to B$ が与えられ, B が有限 A 代数の局所化のとき, B が A 上滑らかであるための必要十分条件は B は A 上平坦でありかつ $B/\mathfrak{m}B$ が k 上滑らかであることである. ∎

定理 7.107 Noether 局所環 A,B の極大イデアルをそれぞれ $\mathfrak{m},\mathfrak{n}$ とし $k=A/\mathfrak{m}$ とおく. 局所準同型 $\varphi:A\to B$ が与えられ, B が有限 A 代数の局

所化のとき，次の条件は互いに同値である．

(ⅰ) B は A 上エタールである．
(ⅱ) B は A 平坦であり $\Omega^1_{B/A} = 0$ が成り立つ．
(ⅲ) B は A 平坦であり $B/\mathfrak{m}B$ は $k = A/\mathfrak{m}$ 上有限次分離代数的拡大体である． □

次の定理は滑らかさに関する Jacobi 判定法である．これは例題 7.31 の類似である．

定理 7.108 Noether 局所環 $(A, \mathfrak{m})$ 上の多項式環 $R = A[x_1, x_2, \cdots, x_{l+n}]$ の素イデアル $\mathfrak{p} = (x_1, x_2, \cdots, x_n) + \mathfrak{m}A[x_1, x_2, \cdots, x_{l+n}]$ と $\mathfrak{p}$ の元 $f_1, f_2, \cdots, f_n$ に対して $I = (f_1, f_2, \cdots, f_n)R_\mathfrak{p}$, $B = R_\mathfrak{p}/I$ とおく．このとき B が A 上滑らかな局所環でありかつ $\dim B/\mathfrak{m}B = l$ であるための必要十分条件は Jacobi 行列

$$J = \left(\frac{\partial f_i}{\partial x_j}\right)$$

が $\mathrm{rank}(\overline{J}) = n - l$ を満足することである．ただし $\overline{J} = J \pmod{\mathfrak{m}}$ である． □

以上の可換環の結果をスキームの言葉に書き換えてみよう．スキームの射 $f: X \to Y$ が以下の条件を満足するとき射 f を**形式的に滑らか**(formally smooth)(または**形式的に不分岐**(formally unramified)，または**形式的にエタール**(formally étale))であるという．

(条件) 任意のアフィンスキーム Z と任意の射 $g: Z \to Y$ および Z の任意のべき零イデアル $\mathcal{J}$ で定義された閉部分スキーム Z_0 と任意の Y 上の射 $h_0: Z_0 \to X$ に対して $h_0 = h \circ \iota$ となる Y 上の射 $h: Z \to X$ が少なくとも 1 個(または存在しないかもしれないが存在すれば唯 1 個，または唯 1 個)存在する．ここで $\iota: Z_0 \to Z$ は自然な閉移入とする．

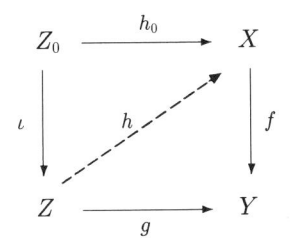

$$\begin{array}{ccc} Z_0 & \xrightarrow{h_0} & X \\ {\scriptstyle \iota}\downarrow & {\scriptstyle h}\nearrow & \downarrow{\scriptstyle f} \\ Z & \xrightarrow{g} & Y \end{array}$$

この定義はスキームの射に関して局所的である．すなわち次の事実が成立する．

補題 7.109 スキームの射 $f: X \to Y$ と X, Y のアフィン開被覆 $\{U_\alpha\}_{\alpha \in A}$, $\{V_\beta\}_{\beta \in B}$ に対して次の事実が成立する．
（i） f が形式的に滑らかであるための必要十分条件は任意の α に対して $f_\alpha = f|U_\alpha$ が形式的に滑らかであることである．
（ii） f が形式的に滑らかであるための必要十分条件は任意の β に対して $f_\beta = f|f^{-1}(V_\beta)$ が形式的に滑らかであることである．

スキームの局所有限型射 $f: X \to Y$ と局所 Noether 的スキーム Y に対して X の点 $x \in X$ の適当な近傍 U をとると $f|U: U \to Y$ が形式的に滑らか（または形式的に不分岐，または形式的にエタール）になるとき，射 f は点 x で**滑らか**（または**不分岐**，または**エタール**）であるという．すべての X の点で滑らか（または不分岐，またはエタール）であるとき射 f は滑らか（または不分岐，またはエタール）であるという．このとき次の事実が成立する．

補題 7.110 局所有限型射 $f: X \to Y$ と局所 Noether 的スキーム Y に対して射 f が点 $x \in X$ で滑らか（または不分岐，またはエタール）であるための必要十分条件は $\mathcal{O}_{X,x}$ が $\mathcal{O}_{Y,f(x)}$ 上滑らか（または不分岐，またはエタール）であることである． □

この補題により今までの環論的な議論を滑らか（または不分岐，またはエタール）なスキームの射に対して適用することができる．

例 7.111 例 7.61 で扱った離散付値環 R 上の射影平面 $\mathbb{P}_R^2 = \operatorname{Proj} R[x_0, x_1, x_2]$ の閉部分スキーム C
$$x_0 x_2^2 - x_1^3 - t x_0^3 = 0$$
を考える．すなわち $A = R[x_0, x_1, x_2]/(x_0 x_2^2 - x_1^3 - t x_0^3)$ とおくと $C = \operatorname{Proj} A$ である．ただし t は離散付値環 R の素元であり $k = R/(t)$ の標数は 2, 3 以外と仮定する．C は 2 次元既約かつ被約スキームである．構造射 $\pi: C \to \operatorname{Spec} R$ は全射であるので π は平坦射である．例 7.61 と同じ記号を使い，$\operatorname{Spec} R$ の閉点 o 上のファイバー C_o の特異点を P と記す．スキーム C は点 $P = (1:0:0)$ で正則であった．しかし射 $\pi: C \to \operatorname{Spec} R$ は点 P で滑らか

ではない．滑らかであれば命題 7.106 より C_o は点 P で非特異でなければならないからである．一方，射 π を $C\setminus\{P\}$ に制限したものは滑らかな射である．これは Jacobi 判定法（定理 7.108）を使って簡単に示すことができる．たとえば点 P のアフィン近傍 $U = \operatorname{Spec} B$, $B = R[x,y]/(y^2-x^3-t)$ では Jacobi 行列は $J = (-3x^2, 2y)$ となる．R の極大イデアル (t) に対して $\overline{J} = J \pmod{t}$ とおくと $\operatorname{char} k \neq 2,3$ であるので点 P 以外のファイバー C_o の各点で $\operatorname{rank} \overline{J} = 1$ が成り立つ．したがって $C_o \setminus \{P\}$ は体 k 上滑らかであることが定理 7.108 より分かる．生成点上のファイバーも R の商体上滑らかであることも同様にして示される．よって命題 7.106 より射 $\pi | C\setminus\{P\}$ は滑らかである．したがって特に $C\setminus\{P\}$ は正則スキームであり点 P でも C は正則であるので C は正則スキームである． □

特に体 k 上代数的スキームの射 $f: X \to Y$ に対しては命題 7.106 より次の命題が成立することが分かる．

命題 7.112 体 k 上代数的スキームの射 $f: X \to Y$ が滑らかな射であるための必要十分条件は f が平坦かつ幾何学的に正則な射であることである． □

この命題より例 7.32 の射 $\pi: \operatorname{Spec} k[t,x,y]/(y^2-x^p+t) \to \operatorname{Spec} k[t]$ は $\operatorname{char} k = p$ のとき平坦射ではあるが滑らかな射ではないことが分かる．これは正標数特有の現象であり，標数 0 のときは次の事実を示すことができる．

命題 7.113 標数 0 の代数的閉体 k 上の代数多様体の射 $f: X \to Y$ に関して X は非特異多様体であると仮定する．このとき $f|f^{-1}(U): f^{-1}(U) \to U$ が滑らかな射であるような Y の空でない開集合 U が存在する． □

可微分多様体の可微分写像のときは滑らかな射に当たる概念は極大階数 (maximal rank) の写像 (submersion ということが多い) であるが，上の命題は Sard の定理に相当する．

§7.5 完備化と Zariski の主定理

(a) 完備化

話題は変わるがまず，可換環や加群の射影系を考察しよう（射影系に関し

ては p.70 のコラムを参照のこと）．ここでは簡単のため自然数の全体 $\mathbb{N}$ を添数の集合として持つ加群または可換環の射影系 $(A_n, \varphi_{m,n}, m, n \in \mathbb{N})$ を考察する．加群または可換環の列 $\{A_n\}$ と $n \geq m$ に対して定義される準同型写像 $\varphi_{m,n}: A_n \to A_m$ が $n \geq m \geq l$ のときつねに $\varphi_{l,n} = \varphi_{l,m} \circ \varphi_{m,n}$ を満足するとき $(A_n, \varphi_{m,n}, m, n \in \mathbb{N})$ を射影系と呼んだ．このとき，次の性質を持つ加群または可換環 A と各正整数 n に対して準同型写像 $\varphi_n: A \to A_n$ が存在する．

「任意の加群または可換環 B と任意の正整数 n 対して定義される準同型写像 $\psi_n: B \to A_n$ に対して，$\psi_n = \varphi_n \circ \psi$ が任意の正整数 n に対して成立するような準同型写像 $\psi: B \to A$ が唯ひとつ存在する．」

この性質を持つ加群または可換環 A を射影系 $(A_n, \varphi_{m,n}, m, n \in \mathbb{N})$ の射影的極限といい $\varprojlim_{n \in \mathbb{N}} A_n$ と記す．また準同型写像 $\varphi_n: A \to A_n$ を標準的な準同型写像と呼ぶ．$\varprojlim_{n \in \mathbb{N}} A_n$ は任意の正整数 $n > m$ に対して $\varphi_{m,n}(a_n) = a_m$ を満足する $a_n \in A_n$ の列 $(a_n) \in \prod_{n=1}^{\infty} A_n$ の全体からなることが容易に示される．

さて，以下しばしば射影系 $(A_n, \varphi_{m,n}, m, n \in \mathbb{N})$ を (A_n) と略記する．

2つの射影系 $(A_n), (B_n)$ に対して，準同型写像 $f_n: A_n \to B_n$ が各正整数 n に対して定義され，任意の $n \geq m$ に対して図式

$$\begin{array}{ccc} A_n & \xrightarrow{f_n} & B_n \\ \varphi_{m,n} \downarrow & & \downarrow \psi_{m,n} \\ A_m & \xrightarrow{f_m} & B_m \end{array}$$

が可換であるとき，$f = (f_n)$ を射影系の準同型写像と呼ぶ．このとき $(\mathrm{Ker}\, \varphi_n)$，$(\mathrm{Im}\, \varphi_n)$ も射影系である．

さて射影系の列

$$0 \longrightarrow (A_n) \longrightarrow (B_n) \longrightarrow (C_n) \longrightarrow 0$$

は各正整数 n に対して対応する加群または可換環の列が完全列であるとき完全であるという．簡単な考察からこのとき，列

$$0 \longrightarrow \varprojlim A_n \longrightarrow \varprojlim B_n \longrightarrow \varprojlim C_n$$

は完全であることが分かる．しかし，最後の準同型写像は必ずしも全射とは限らない．これが全射であることを保証する条件を導入しよう．

射影系 $(A_n, \varphi_{m,n})$ は各正整数 n に対して $n_1 \geq n_0, n_2 \geq n_0$ のとき $\varphi_{n,n_1}(A_{n_1}) = \varphi_{n,n_2}(A_{n_2})$ が成立するように $n_0 \geq n$ を選ぶことができるとき **Mittag-Leffler 条件**(Mittag-Leffler condition)を満足するという．このとき各正整数 n に対して $A'_n = \varphi_{n,n_0}(A_{n_0})$ とおくと（ただし n_0 は n に対して上述のように定まる整数とする）これは A_n の部分加群または部分環であり，(A'_n) は射影系をなし

$$\varprojlim A_n = \varprojlim A'_n$$

が成立する．さらに (A'_n) に関しては，各正整数 n に対して標準的な準同型写像 $\varphi_n : A = \varprojlim A'_n \to A'_n$ は全射であることが示される．以上の議論は単なる集合のなす射影系に対しても適用できる．したがって集合の射影系 (S_n) が Mittag-Leffler 条件を満足すれば，$\varprojlim S_n \neq \emptyset$ であることが分かる．

次の補題が成立する．

補題 7.114 加群または可換環の射影系の完全列

$$0 \longrightarrow (A_n) \xrightarrow{f} (B_n) \xrightarrow{g} (C_n) \longrightarrow 0$$

に対して次のことが成立する．

（i） (B_n) が Mittag-Leffler 条件を満足すれば (C_n) も Mittag-Leffler 条件を満足する．

（ii） (A_n) が Mittag-Leffler 条件を満足すれば完全列

$$0 \longrightarrow \varprojlim A_n \longrightarrow \varprojlim B_n \longrightarrow \varprojlim C_n \longrightarrow 0$$

が存在する．

[証明] (i)は各正整数 n に対して準同型写像 $g_n : B_n \to C_n$ が全射であるので明らかである．(ii)を示そう．$(c_n) \in \varprojlim C_n$ に対して $K_n = g_n^{-1}(c_n)$ とおくと (K_n) は集合の射影系になる．K_n は集合として A_n と同型であるので，仮定より (K_n) は集合の射影系として Mittag-Leffler 条件を満足する．したがって $\varprojlim K_n \neq \emptyset$ である．元 $(b_n) \in \varprojlim K_n$ は $\varprojlim B_n$ の元も定め，$g_n(b_n) = c_n$ が成立するので $g((b_n)) = (c_n)$ となり準同型写像 $\varprojlim B_n \to \varprojlim C_n$ は全射であることが分かる． ∎

このように Mittag-Leffler 条件は射影系の短完全列が与えられたとき対応する射影的極限の列が再び完全列になることを保証する重要な条件である．射影系 $(A_n, \varphi_{m,n})$ は $\varphi_{m,n}$ がつねに全射であれば Mittag-Leffler 条件を満足する．また，A_n が Noether 環 R 上の有限生成加群であれば Mittag-Leffler 条件を満足する．なぜならば，A_n の部分加群 $M_{n'}$ の減少列 $\{M_{n'} = \varphi_{n,n'}(A_{n'}) \subset A_n\}_{n' \geq n}$ はある番号 n_0 から先ではすべて一致するからである．

さて，可換環 R のイデアル I に対して $R_n = R/I^n$ とおくと，$n \geq m$ に対して自然な準同型写像 $\varphi_{m,n}: R_n \to R_m$ が存在し $(R_n, \varphi_{m,n})$ は可換環の射影系をなす．

$$\widehat{R} = \varprojlim R/I^n$$

を可換環 R のイデアル I による**完備化**(completion with respect to I) または I **進完備化**(I-adic completion) という．自然な準同型写像 $R \to R/I^n$ から射影的極限の普遍性により自然な準同型写像 $\widehat{\varphi}: R \to \widehat{R}$ が得られる．$a \in \mathrm{Ker}\,\widehat{\varphi}$ であることはすべての正整数 n に対して a の定める R/I^n の類が 0 であることを意味する．すなわち

$$\mathrm{Ker}\,\widehat{\varphi} = \bigcap_{n=1}^{\infty} I^n$$

が成立する．したがって R が Noether 整域であるか Noether 局所環であり $I \neq R$ のときは Krull の交叉定理(堀田[5]定理 6.6 を参照のこと)より $\widehat{\varphi}$ は単射であることが分かる．さらに R 加群 M に対して $M_n = M/I^n M$ とおくと (M_n) は加群の射影系をなす．

$$\widehat{M} = \varprojlim_{n \in \mathbb{N}} M_n$$

を加群 M の I **進完備化**という．R/I^n や $M/I^n M$ に離散位相を導入することによって $\widehat{R}$ や $\widehat{M}$ に一様位相を導入することができる．詳細に関してはたとえば堀田[5]第6章，松村[6]，Atiyah-Macdonald[7]を参照していただきたい．

ところで，可換環 R のイデアル J が $I^m \subset J \subset I$ を満足すれば自然な準同型写像

$$R/I^n \longrightarrow R/J^n \longrightarrow R/I^{nm}$$
ができこれより自然な準同型写像
$$\varprojlim R/I^n \longrightarrow \varprojlim R/J^n$$
は同型写像であることが分かる．

例 7.115

（1） 整数環 $\mathbb{Z}$ の素数 p から生成される素イデアル (p) による完備化は通常 $\mathbb{Z}_p$ と記され **p 進整数環**と呼ばれる．$\mathbb{Z}$ の素イデアル (p) による局所化 $\mathbb{Z}_{(p)}$ を考えると $\mathbb{Z}_{(p)}$ の極大イデアル $p\mathbb{Z}_{(p)}$ による完備化は $\mathbb{Z}_p$ と一致する（正確には標準的に同型であるというべきである）．

（2） 体 k 上の n 変数多項式環 $k[x_1, x_2, \cdots, x_n]$ の極大イデアル $\mathfrak{m} = (x_1, x_2, \cdots, x_n)$ による $\mathfrak{m}$ 進完備化は体 k 上の n 変数形式的べき級数環 $k[[x_1, x_2, \cdots, x_n]]$ である．(1)と同様に $k[x_1, x_2, \cdots, x_n]$ の極大イデアル $\mathfrak{m}$ による局所化を R と記すと R の極大イデアルによる完備化は形式的べき級数環 $k[[x_1, x_2, \cdots, x_n]]$ である． □

Noether 環の I 進完備化に関しては以下の重要な結果がある．証明に関しては堀田[5]第6章および松村[6]第3章§8を参照していただきたい．

定理 7.116

（ⅰ） Noether 環 R のイデアル I による I 進完備化 $\widehat{R}$ は Noether 環である．

（ⅱ） Noether 環 R のイデアル I による I 進完備化 $\widehat{R}$ および $\widehat{I} = \varprojlim_n I/I^n$ に対して
$$\widehat{I} = I\widehat{R} \simeq I \otimes_R \widehat{R}, \quad R/I^n \simeq \widehat{R}/\widehat{I}^n, \quad I^n/I^{n+1} \simeq \widehat{I}^n/\widehat{I}^{n+1}$$
が成立する．したがって特に同型
$$\mathrm{gr}_I R \simeq \mathrm{gr}_{\widehat{I}} \widehat{R}$$
が存在する．

（ⅲ） Noether 環 R の I 進完備化 $\widehat{R}$ は R 上平坦である．

（ⅳ） Noether 環 R と R 上の有限生成加群 M の I 進完備化に対して同型
$$M \otimes_R \widehat{R} \simeq \widehat{M}$$

が成立する．したがって Noether 環 R 上の有限生成加群の完全列
$$0 \longrightarrow L \longrightarrow M \longrightarrow N \longrightarrow 0$$
に対してそれぞれの加群の I 進完備化からできる自然な列
$$0 \longrightarrow \widehat{L} \longrightarrow \widehat{M} \longrightarrow \widehat{N} \longrightarrow 0$$
は完全列である． □

Noether 局所環 R に関してはその極大イデアルによる完備化 $\widehat{R}$ を単に R の完備化ということが多い．また，Noether 局所環 R はその完備化への自然な単射準同型写像 $\widehat{\varphi}: R \to \widehat{R}$ が同型写像であるとき**完備局所環**(complete local ring)という．Noether 局所環に関しては次の定理は基本的である．

定理 7.117

(i) Noether 局所環 R とその完備化 $\widehat{R}$ に関して
$$\dim R = \dim \widehat{R}$$
が成立する．

(ii) Noether 局所環 R が正則局所環であるための必要十分条件は R の完備化 $\widehat{R}$ が正則局所環であることである．

(iii) 体 k を含む n 次元正則完備 Noether 局所環 $(\widehat{R}, \widehat{\mathfrak{m}})$ が $\widehat{R}/\widehat{\mathfrak{m}} \simeq k$ を満たせば $\widehat{R}$ は体 k 上の n 変数形式的べき級数環 $k[[x_1, x_2, \cdots, x_n]]$ と k 代数として同型である． □

この定理の(iii)が示すように $R_1 \not\simeq R_2$ であってもその完備化は同型であることがある．このように完備化によって可換環の細かな構造は失われるが，一方上の定理が示すように重要な性質のいくつかは保たれる．たとえば正則性の判定は局所環を完備化して構造を簡単にして判定することができる．

最後に層の完備化について簡単に述べておこう．位相空間 X 上の加群または可換環の層の射影系 $(\mathcal{F}_n, \varphi_{m,n})$ の定義は加群の場合の類推が可能であるので略する．$(\mathcal{F}_n, \varphi_{m,n})$ が与えられたとき X の各開集合 U に対して $\varprojlim \Gamma(U, \mathcal{F}_n)$ を対応させることによって準層 $\mathcal{F}$ が得られる．$\mathcal{F}_n$ が層であることより $\mathcal{F}$ が層であることを簡単に示すことができる．したがって特に $\Gamma(U, \mathcal{F}) = \varprojlim \Gamma(U, \mathcal{F}_n)$ が成立する．ところで加群の層の射影系の短完全列
$$0 \longrightarrow (\mathcal{F}_n) \longrightarrow (\mathcal{G}_n) \longrightarrow (\mathcal{H}_n) \longrightarrow 0$$

から射影的極限の列が完全列であるか否かを判定する際に注意すべきことがある．層の射影系に対しても Mittag-Leffler 条件は意味を持つが，これだけでは射影的極限の列が完全列であることを結論することはできない．層の完全列はその茎での完全性と同値であるが，茎を作るためには帰納的極限をとる必要がある．帰納的極限と射影的極限とをとる操作は一般には順序を入れ替えることができない．したがって，層の射影的極限の列が完全列であるか否かを調べるためには $\Gamma(U,\mathcal{F}) = \varprojlim \Gamma(U,\mathcal{F}_n)$ を使う必要がある．各開集合に対して加群の帰納系 $(\Gamma(U,\mathcal{F}_n))$ が Mittag-Leffler 条件を満足すれば
$$0 \longrightarrow \varprojlim \mathcal{F}_n \longrightarrow \varprojlim \mathcal{G}_n \longrightarrow \varprojlim \mathcal{H}_n \longrightarrow 0$$
は完全列になる．

(b) 形式的スキームと Zariski の主定理

層の射影系として代数幾何学で重要なものは 2 通りある．スキーム X のイデアル $\mathcal{I}$ で定義される閉部分スキーム Y に対して $(\mathcal{O}_X/\mathcal{I}^n)_{n\in\mathbb{N}}$ は射影系となる．$\varprojlim \mathcal{O}_X/\mathcal{I}^n$ を $\widehat{\mathcal{O}_{X/Y}}$ と記す．この層の台は Y 上にあるが層 $\widehat{\mathcal{O}_{X/Y}}$ は閉部分スキーム Y の法方向の情報を含んでいる．局所環つき空間 $(Y, \widehat{\mathcal{O}_{X/Y}})$ を $(\hat{X}, \mathcal{O}_{\hat{X}})$ と記して **X の Y に沿っての形式的完備化**(formal completion of X along Y)という．またこのとき $\mathcal{O}_X$ 加群 $\mathcal{F}$ に対して $(\mathcal{F}/\mathcal{I}^n\mathcal{F})$ も射影系となり $\varprojlim \mathcal{F}/\mathcal{I}^n\mathcal{F}$ を $\widehat{\mathcal{F}_{/Y}}$ または $\widehat{\mathcal{F}}$ と記し，$\mathcal{O}_X$ 加群 $\mathcal{F}$ の Y に沿っての完備化という．$\widehat{\mathcal{F}}$ は $\widehat{\mathcal{O}_{X/Y}}$ 加群であることが容易に分かる．イデアル層 $\mathcal{J}$ の台が Y と一致し $\mathcal{I}^m \subset \mathcal{J} \subset \mathcal{I}$ であれば $\mathcal{J}$ が定める閉部分スキームに沿っての X の完備化は Y に沿っての完備化と標準的に同型であることは明らかであろう．

局所環つき空間 $(\mathfrak{X}, \mathcal{O}_{\mathfrak{X}})$ に対して $\mathfrak{X}$ の開被覆 $\{\mathfrak{U}_i\}_{i \in I}$ を $(\mathfrak{U}_i, \mathcal{O}_{\mathfrak{X}}|\mathfrak{U}_i)$ があるスキーム X_i の閉部分スキーム Y_i に沿っての完備化と局所環つき空間として同型であるようにできるとき局所環つき空間 $(\mathfrak{X}, \mathcal{O}_{\mathfrak{X}})$ を**形式的スキーム**(formal scheme)と呼ぶ．形式的スキームの射は局所環つき空間としての射を意味する．形式的スキームが通常のスキームの閉部分スキームに沿っての完備化になるときこの形式的スキームは**代数化できる**(algebraizable)という．形式的スキームの理論では問題にする形式的スキームがいつ代数化できるか

が重要になる．これは形式的べき級数がいつ収束するかという問題の代数幾何学版であるが，代数化できることは形式的べき級数が単に収束する以上に強い条件であることに注意する．たとえば複素数体 $\mathbb{C}$ 上では収束べき級数環 $\mathbb{C}\{z_1, z_2, \cdots, z_n\}$ と多項式環の局所化 $R = \mathbb{C}[z_1, z_2, \cdots, z_n]_{(z_1, z_2, \cdots, z_n)}$ とは極大イデアルによる完備化によりともに形式的べき級数環 $\mathbb{C}[[z_1, z_2, \cdots, z_n]]$ になる．このほかにも $\mathbb{C}$ 上の n 次元代数的スキームの正則点での局所環の完備化も形式的べき級数環になる．このように完備化することによって情報が失われるので形式的スキームの代数化は容易ではない．また，代数化できない形式的スキームの存在も知られている．この点に関してはこれ以上述べられないのは残念である．Grothendieck[8](Séminaire Bourbaki, no. 182, Géométrie formale et géométrie algébrique)を参照していただきたい．

以上の考察とは別に，スキーム Y の点 $y \in Y$ (閉点とは限らない)上の局所環 $\mathcal{O}_{Y,y}$ の極大イデアル $\mathfrak{m}_y$ から射影系 $(\mathcal{O}_{Y,y}/\mathfrak{m}_y^n)$ を作ることができる．$Y_n = \mathrm{Spec}\, \mathcal{O}_{Y,y}/\mathfrak{m}_y^n$ の底空間は点 y である．$\mathcal{O}_Y$ 加群 $\mathcal{G}$ に対して射影系 $(\mathcal{G}/\mathfrak{m}_y^n)$ ができる．$\varprojlim \mathcal{G}/\mathfrak{m}_y^n$ を $\widehat{\mathcal{G}_y}$ と記す．Noether 的スキーム間の固有射 $f: X \to Y$ による連接層の高次順像を考察する際にこの考え方が特に重要である．X 上の連接層 $\mathcal{F}$ と Y の点 y に対して $\widehat{R^i f_* \mathcal{F}_y}$ を考える．$X_n = X \times_Y Y_n$ とおき自然な射 $\iota_n: X_n \to X$ による連接層 $\mathcal{F}$ の引き戻し $\mathcal{F}_n = \iota_n^* \mathcal{F}$ を考える．可換図式

$$\begin{array}{ccc} X_n & \xrightarrow{\iota_n} & X \\ f_n \downarrow & & \downarrow f \\ Y_n & \longrightarrow & Y \end{array}$$

および定理 7.54 の証明より(f は平坦射とは限らない)自然な準同型写像

$$R^i f_* \mathcal{F} \otimes \mathcal{O}_{Y,y}/\mathfrak{m}_y^n \longrightarrow R^i f_{n*} \mathcal{F}_n$$

がすべての $i \geqq 0$ および $n \geqq 1$ に対して存在する．このとき次の重要な事実が成立する．

定理 7.118 Noether 的スキームの固有射 $f: X \to Y$ と X 上の連接層 $\mathcal{F}$ および点 $y \in Y$ に対して自然な準同型写像

$$R^i f_* \widehat{\mathcal{F}_y} \longrightarrow \varprojlim H^i(X_n, \mathcal{F}_n)$$
は，すべての $i \geqq 0$ で同型である． □

この定理はしばしば**形式的関数に関する定理**(theorem of formal function) と呼ばれる．形式的関数の理論は Zariski によって創始された．Zariski が考えたのは $i=0$ の場合であったが，彼の用法にならい $\widehat{X}$ がスキーム X の閉部分スキーム Y に沿っての完備化のとき $\Gamma(\widehat{X}, \mathcal{O}_{\widehat{X}})$ の元を**正則関数**(holomorphic function)と呼ぶことがある．定理 7.118 の証明は割愛せざるを得ないが，この定理より種々の重要な結果を導くことができる．

命題 7.119 Noether 的スキームの固有射 $f: X \to Y$ に対して，$r = \max_{y \in Y} \dim X_y$ とおくとすべての $i > r$ と X 上のすべての連接層 $\mathcal{F}$ に対して
$$R^i f_* \mathcal{F} = 0$$
が成立する．

[証明] $y \in Y$ に対して $\dim X_y \leqq r$ であるので演習問題 7.1 よりすべての自然数 n に対して $H^i(X_n, \mathcal{F}_n) = 0$ が成立する．したがって $R^i f_* \widehat{\mathcal{F}_y} = 0$ がすべての点 $y \in Y$ とすべての $i > r$ に対して成立する．よって定理 7.118 および定理 7.116 より命題が成立する． ∎

命題 7.120 Noether 的スキームの固有射 $f: X \to Y$ が $f_* \mathcal{O}_X = \mathcal{O}_Y$ を満足すればすべての点 $y \in Y$ に対して $X_y = f^{-1}(y)$ は連結である．

[証明] $X_y = X' \cup X''$, $X' \cap X'' = \emptyset$ と書けたとする．$X_n = X \times_Y \operatorname{Spec} \mathcal{O}_{Y,y}/\mathfrak{m}_y^n$ とおくと $X_n = X'_n \cup X''_n$, $X'_n \cap X''_n = \emptyset$ と書け，$H^0(X_n, \mathcal{O}_{X_n}) = H^0(X'_n, \mathcal{O}_{X'_n}) \oplus H^0(X''_n, \mathcal{O}_{X''_n})$ が成り立ち
$$f_* \widehat{\mathcal{O}_{X_y}} = \varprojlim H^0(X_n, \mathcal{O}_{X_n}) = \varprojlim H^0(X'_n, \mathcal{O}_{X'_n}) \oplus \varprojlim H^0(X''_n, \mathcal{O}_{X''_n})$$
は局所環ではない．一方仮定から $f_* \widehat{\mathcal{O}_{X_y}} = \widehat{\mathcal{O}_{Y,y}}$ が成り立ちこれは局所環となり矛盾する． ∎

定理 7.121（Zariski の主定理） Noether 的整スキームの双有理固有射 $f: X \to Y$ に対して Y が正規スキームであれば射 f のすべてのファイバーは連結である．

[証明] 定理の主張は Y に関しては局所的であるので Y はアフィンスキーム $\operatorname{Spec} R$ であると仮定しても一般性を失わない．すると $S = \Gamma(Y, f_* \mathcal{O}_X) =$

$\Gamma(X, \mathcal{O}_X)$ は有限 R 加群である．R と S は整域である．また射 f は双有理射であるので R と S の商体は一致する．さらに Y は正規であるので R は商体の中で整閉である．したがって $R = S$ が成立する．これは $f_* \mathcal{O}_X = \mathcal{O}_Y$ を意味し，命題7.120より f のすべてのファイバーは連結である． ∎

Zariski の主定理は種々の表現法があり，双有理幾何学で基本的な役割をする．次の定理も重要である．

定理7.122（Stein 分解）　Noether 的スキームの固有射 $f: X \to Y$ に対して以下の図式が可換になる有限射 $g': Y' \to Y$ およびすべてのファイバーが連結である固有射 $f': X \to Y'$ が存在する．

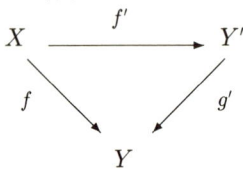

$$\begin{array}{ccc} X & \xrightarrow{f'} & Y' \\ & {}_f \searrow & \downarrow {}_{g'} \\ & & Y \end{array}$$

[証明]　$Y' = \mathrm{Spec}\, f_* \mathcal{O}_X$ とおけばよい． ∎

《要約》

7.1　代数的閉体 k 上の有限生成 k 代数 R の極大イデアルの全体 $\mathrm{Spm}\, R$ に局所環つき空間の構造を入れることができる．スキームと同様に $\mathrm{Spm}\, R$ を張り合わせて体 k 上の代数多様体が定義できる．体 k 上の代数多様体がなす圏 (Var)/k から体 k 上のスキームのなす圏 (Sch)/k への十分に忠実な関手が存在する．

7.2　スキームの次元は既約な閉集合の増大列の長さを使って定義する．

7.3　正規スキーム，正則スキームの定義および正則スキームであることの Jacobi 判定法．正則スキームでは局所パラメータ系が存在し，局所座標の役割をする．

7.4　体 k 上の分離代数的整スキームに関する正規化定理．

7.5　Weil 因子と Cartier 因子の定義と基本的性質および Cartier 因子と可逆層との関係．

7.6　可逆層の切断から定まる有理写像の定義．

7.7 平坦射の定義と基本的な性質.

7.8 Chow の補題.

7.9 連接層の固有射による順像に関する固有写像定理と順像の次元の上半連続性.

7.10 Kähler 微分の定義とその基本的性質. 相対 1 次微分形式の層, 標準層の定義.

7.11 Serre の双対定理.

7.12 射影射とならない固有射の例.

7.13 滑らかな射, エタール射の定義とその基本性質. 滑らかな射の Jacobi 判定法.

7.14 環のイデアルによる完備化の定義. スキームの閉部分スキームに沿っての形式的完備化の定義.

7.15 Zariski の主定理と Stein 分解.

────── 演習問題 ──────

7.1 位相空間 X の閉集合の任意の減少列 $Y_1 \supset Y_2 \supset \cdots$ に対して $Y_r = Y_{r+1} = \cdots$ が成立するとき(r は減少列によって変わってよい)X を Noether 的位相空間という. Noether 的位相空間 X は X と異なる空でない 2 個の閉集合 X_1, X_2 によって $X = X_1 \cup X_2$ と書けるとき可約であるといい, 可約でないとき既約であるという. Noether 的位相空間 X が n 次元のとき(次元の定義は(7.16)の増大列の長さを使う)X 上の任意の Abel 群の層 $\mathcal{F}$ に対して
$$H^i(X, \mathcal{F}) = 0, \quad i > n$$
であることを次の小問を解くことによって示せ. 以下 X は Noether 的位相空間であると仮定する.

(1) X 上では脆弱層の帰納的極限は脆弱層であることを示せ.

(2) X 上の Abel 群の層の帰納系 $\{\mathcal{F}_\alpha\}$ に対して, 任意の $i \geq 0$ で自然な同型写像
$$\varinjlim H^i(X, \mathcal{F}_\alpha) \simeq H^i(X, \varinjlim \mathcal{F}_\alpha)$$
が存在することを示せ.

(3) X の閉部分集合 Y と Y 上の Abel 群の層 $\mathcal{F}$ に対して $H^i(Y, \mathcal{F}) \simeq H^i(X,$

$j_*\mathcal{F}$) が任意の $i \geqq 0$ で成立することを示せ.ただし $j: Y \to X$ は自然な写像である.

(4) X の閉部分集合 Y に対して $U = X \setminus Y$ とおき $j: Y \to X$, $\iota: U \to X$ を自然な単射とする.X 上の Abel 群の層 $\mathcal{F}$ に対して $\mathcal{F}_Y = j_*(\mathcal{F}|Y)$(ただし $\mathcal{F}|Y = j^{-1}\mathcal{F}$), $\mathcal{F}_U = \iota_!(\mathcal{F}|U)$ とおく.ただし U 上の Abel 群の層 $\mathcal{G}$ に対して X の開集合 V に対して $V \subset U$ のとき $\mathcal{G}(U)$,$V \not\subset U$ のとき 0 としてできる前層の層化を $\iota_!\mathcal{G}$ と記す.このとき完全列
$$0 \longrightarrow \mathcal{F}_U \longrightarrow \mathcal{F} \longrightarrow \mathcal{F}_Y \longrightarrow 0$$
が存在することを示せ.

(5) 既約な n 次元 Noether 的位相空間 X 上の任意の Abel 群の層 $\mathcal{F}$ に対して $H^i(X, \mathcal{F}) = 0$, $i > n$ がつねに成立すれば可約な n 次元 Noether 的位相空間に対しても同様の事実が成立することを既約成分の個数に関する帰納法で示せ.

(6) X が既約かつ次元 0 であれば X 上の Abel 群の層 $\mathcal{F}$ に対して $H^i(X, \mathcal{F}) = 0$, $i > 0$ が成り立つことを示せ.

(7) X は既約かつ n 次元であると仮定する.X 上の Abel 群の層 $\mathcal{F}$ に対して $B = \bigcup_{U \text{ は } X \text{ の開集合}} \mathcal{F}(U)$ とおき,A は B の有限部分集合全体からなる集合とする.このとき A は有向集合であることを示せ.また $\alpha \in A$ に対して $\mathcal{F}_\alpha$ は α の各元(これは X のある開集合 V 上の $\mathcal{F}$ の切断 $s \in \mathcal{F}(V)$ である)から生成される $\mathcal{F}$ の部分層とする.このとき $\mathcal{F} = \varinjlim_{\alpha \in A} \mathcal{F}_\alpha$ であることを示せ.

(8) (2)および(7)より X が既約かつ n 次元であれば $\mathcal{F}$ が X のある開集合 U 上の 1 個の切断 $s \in \mathcal{F}(U)$ より生成される場合に $H^i(X, \mathcal{F}) = 0$, $i > n$ がいえれば,X 上の任意の Abel 群の層 $\mathcal{G}$ に対して $H^i(X, \mathcal{G}) = 0$, $i > n$ がいえることを示せ.

(9) X 上の層 $\mathcal{F}$ が X のある開集合 U 上の切断 $s \in \mathcal{F}(U)$ から生成されているときは完全列
$$0 \longrightarrow \mathcal{R} \longrightarrow \mathbb{Z}_U \longrightarrow \mathcal{F} \longrightarrow 0$$
が存在することを示せ.さらに $x \in U$ に対して $\mathcal{R}_x \neq 0$ であれば x の開近傍 V を適当にとると $\mathbb{Z}_V \subset \mathcal{R}$ であることを示せ.ただし $\mathbb{Z}_V$ は V 上の $\mathbb{Z}$ の定める定数層である.

(10) (8), (9)の結果を使って X の次元に関する帰納法により X 上の任意の Abel 群の層 $\mathcal{F}$ に対して $H^i(X, \mathcal{F}) = 0$, $i > n$ が成り立つことを示せ.

7.2 代数的閉体 k 上の代数的スキーム X は k 上固有であると仮定する. X の可逆層 $\mathcal{L}$ の切断 $s_0, s_1, \cdots, s_n \in \Gamma(X, \mathcal{L})$ によって張られる $\Gamma(X, \mathcal{L})$ の部分ベクトル空間を V と記す. さらに V は可逆層 $\mathcal{L}$ を生成する, すなわち自然な準同型写像
$$\psi \colon \mathcal{O}_X \otimes_k V \longrightarrow \mathcal{L}$$
は全射であると仮定する. (この条件は $D_+(s_i) = \{x \in X \mid s_i(\lambda) \neq 0\}$, $i = 0, 1, \cdots, n$ が X の開被覆であること, 言い換えると X の任意の点 x で $s_j(\lambda) \neq 0$ なる s_j を見出すことができることと同値である.) すると ψ より射
$$\varphi \colon X \longrightarrow \mathbb{P} \xrightarrow{\sim} \mathbb{P}_k^n$$
ができるが, この射 φ が閉移入であるための必要十分条件は次の2条件が成立することであることを証明せよ.

（ i ） V の元は X の点を分離する. すなわち X の任意の2閉点 x, y に対して $s \in \mathfrak{m}_x \mathcal{L}_x$, $s \notin \mathfrak{m}_y \mathcal{L}_y$, $t \notin \mathfrak{m}_x \mathcal{L}_x$, $t \in \mathfrak{m}_y \mathcal{L}_y$ となる $s, t \in V$ が存在する.

（ ii ） V の元は X の各点での接ベクトルを分離する, すなわち任意の閉点 $x \in X$ で $\{s \in V \mid s_x \in \mathfrak{m}_x \mathcal{L}_x\}$ はベクトル空間 $\mathfrak{m}_x \mathcal{L}_x / \mathfrak{m}_x^2 \mathcal{L}_x$ を張る.

ただし, (i), (ii) で $\mathfrak{m}_x, \mathfrak{m}_y$ は点 x, y での $\mathcal{O}_{X,x}, \mathcal{O}_{Y,y}$ の極大イデアル, $\mathcal{L}_x, \mathcal{L}_y$ は $\mathcal{L}$ の点 x, y での茎を表わす.

7.3 任意の標数の代数的閉体 k 上の射影空間 $\mathbb{P}_k^n$ の非特異閉部分多様体 X に対して $H \cap X$ がすべての点で非特異であるような X を含まない超平面 H が存在することを示せ. また, $\dim X \geq 2$ であれば $H \cap X$ はさらに既約にとれることを示せ. このような性質を持つ超曲面は $\mathbb{P}_k^n$ の完備1次系 $|H|$ 内で稠密な開集合をなすことも示せ. ($H \cap X$ を X の**超平面切断**と呼ぶ. X の完備1次系 $H \cap X$ では Bertini の定理が任意の標数の体上で成立していることになる.)

8 代数曲線とJacobi多様体

　本章では体 k 上の完備非特異代数曲線に関して論じる．前章でスキーム論の基本的な概念と定理を述べたので，本章はそれらの応用を具体的に示すことを目標とする．したがって，前章で述べた大定理を自由に用いることにする．その結果，通常の代数曲線論でとられる論法とは違って，やさしい結果の証明に難しい定理を使う場面が登場する．また，通常の代数幾何学の教科書ではあまり扱われない正標数の代数曲線の例を積極的に取り上げることにした．しかしながら，紙数の関係もあり，また前章の応用の側面を積極的に取り上げたので代数曲線に関する多くの基本的な結果を割愛せざるを得なかった．

　最初の予定ではJacobi多様体に関してはもう少し詳しく述べる予定であったが，予定の紙数を大幅に越えてしまい十分に論じることができなかった点は残念である．また，当初の予定では曲線の族として生じる曲面を論じ，有限群スキームを活躍させるつもりであったが，他日を期さざるを得ない結果となってしまった．巻末の参考書をもとに本章の結果を深められることを読者にお願いしたい．

§8.1　代数曲線

　この節では主として完備非特異代数曲線を考察する．以下特にことわらな

い限り，代数曲線の点は閉点を意味する．

(a) Riemann–Roch の定理

代数的閉体 k 上の完備非特異代数曲線 C の素因子は k 有理点に他ならない．したがって C の因子 D は $D = \sum_{i=1}^{N} n_i Q_i$，$Q_i \in C(k)$ の形に書くことができる．このとき係数の和を

$$\deg D = \sum_{i=1}^{N} n_i \tag{8.1}$$

と記し，D の**次数**という．

$\chi(C, \mathcal{O}_C(D)) = \dim_k H^0(C, \mathcal{O}_C(D)) - \dim_k H^1(C, \mathcal{O}_C(D))$ を求めることを考えてみよう．因子 D が正因子のときをまず考える．必要ならば k 有理点 Q_i の番号を付けかえることによって $n_1 \geqq 1$ と仮定しても一般性を失わない．このとき $D = E + Q_1$ と記すと $E \geqq 0$ であり，完全列

$$0 \longrightarrow \mathcal{O}_C(E) \longrightarrow \mathcal{O}_C(D) \longrightarrow k_{Q_1} \longrightarrow 0$$

が成立する．ここで k_{Q_1} は Q_1 上の茎が k であり，他の点の茎は 0 である層を意味する．すると，この完全列より

$$\chi(C, \mathcal{O}_C(D)) = \chi(C, \mathcal{O}_C(E)) + 1$$

を得る．$E \geqq 0$ であるので因子が 0 になるまでこの操作を続けることができ，

$$\chi(C, \mathcal{O}_C(D)) = \chi(C, \mathcal{O}_C) + \deg D$$

を得る．$D = 0$ のとき $\mathcal{O}_C(D) = \mathcal{O}_C$ に注意する．$\chi(C, \mathcal{O}_C) = \dim_k H^0(C, \mathcal{O}_C) - \dim_k H^1(C, \mathcal{O}_C)$ であるが，$\dim_k H^0(C, \mathcal{O}_C) = 1$ が成立する．これはもっと一般的にいえる事実である．

補題 8.1 代数的閉体 k 上の代数的スキーム X が被約，連結かつ k 上固有であれば

$$H^0(X, \mathcal{O}_X) = k$$

が成立する．

[証明] X が既約のときをまず考える．$H^0(X, \mathcal{O}_X) \subset k(X)$ と考えることができ，$H^0(X, \mathcal{O}_X)$ は $k(X)$ 内の有限 k 加群である．したがって，$H^0(X, \mathcal{O}_X)$

は体 k 上の有限次拡大体であるが，k は代数的閉体であるので $H^0(X, \mathcal{O}_X) = k$ でなければならない．X が可約のときは X の各既約成分 X_i 上に $H^0(X, \mathcal{O}_X)$ の元 a を制限したものは k の元 a_i を定める．$X_i \cap X_j \neq \emptyset$ のときは $X_i \cap X_j$ の閉点での a の値を考えると $a_i = a_j$ でなければならない．X は連結であるので $a = a_i$ がすべての i に対して成り立つ． ∎

この補題により $\chi(C, \mathcal{O}_C) = 1 - \dim_k H^1(C, \mathcal{O}_C)$ となる．そこで $\dim_k H^1(C, \mathcal{O}_C) = g(C)$ と記して，完備非特異代数曲線 C の**種数**(genus)という．

Serre の双対定理 7.96 より

(8.2) $$g(C) = \dim_k H^0(C, \Omega^1_{C/k})$$

が成立する．$\dim C = 1$ であるので $\omega_C = \Omega^1_{C/k}$ である．したがって C の種数は k 上 1 次独立な C の正則 1 次微分形式の個数として定義することができる．以上の考察により，C の種数 $g(C)$ を使うと正因子 D に対して

$$\chi(C, \mathcal{O}_C(D)) = \deg D + 1 - g(C)$$

が成立することが分かる．実はこの等式は一般の因子に対しても成立する．

定理 8.2（Riemann–Roch の定理） 完備非特異代数曲線 C の因子 D に対して

$$\chi(C, \mathcal{O}_C(D)) = \deg D + 1 - g(C)$$

が成立する．

[証明] $D \geq 0$ のときはすでに証明した．そこで $D = D_+ - D_-$, $D_+ \geq 0$, $D_- \geq 0$ と書いて $\deg D_-$ に関する帰納法で証明する．ただし，D_+ と D_- とは共通の素因子を持たないと仮定する．$\deg D_- = 0$ は $D_- = 0$ を意味し，このときは定理は正しい．D_- に素因子 P が現れるとき $E = D + P$ と記すと $E_+ = D_+$, $E_- = D_- - P$ となり $\deg E_- = \deg D_- - 1$ となる．一方完全列

$$0 \longrightarrow \mathcal{O}_C(D) \longrightarrow \mathcal{O}_C(E) \longrightarrow k_P \longrightarrow 0$$

が存在し，これより

$$\chi(C, \mathcal{O}_C(E)) = \chi(C, \mathcal{O}_C(D)) + 1$$

を得る．帰納法の仮定により

$$\chi(C, \mathcal{O}_C(D)) = \deg D + 1 - g(C)$$

であることが示された． ∎

Serre の双対定理により，Riemann–Roch の定理は次の形に書くことができる．

系 8.3 C の標準因子を K_C と記すと
$$\dim_k H^0(C, \mathcal{O}_C(D)) - \dim_k H^0(C, \mathcal{O}_C(K_C - D)) = \deg D + 1 - g(C)$$
が成り立つ． □

C 上の因子 D に対して
(8.3) $$\mathbb{L}(D) = \{f \in k(C) \mid f = 0 \text{ または } (f) + D \geqq 0\}$$
とおき
(8.4) $$l(D) = \dim_k \mathbb{L}(D)$$
とおくと補題 7.43 と上の系より次の系を得る．

系 8.4
$$l(D) - l(K_C - D) = \deg D + 1 - g(C)$$ □

系 8.4 の形で Riemann–Roch の定理を適用することが多い．また
$$l(K_C - D) = \dim_k H^0(C, \mathcal{O}_C(K_C - D))$$
$$= \dim_k H^0(C, \Omega^1_{C/k}(-D))$$
とも書ける．

$$D = \sum_{i=1}^{M} m_i Q_i - \sum_{j=M+1}^{N} n_j Q_j, \quad m_i \geqq i,\ n_j \geqq 1$$

と記すと，$H^0(C, \Omega^1_{C/k}(-D))$ の元 τ は，$\tau \neq 0$ であれば，点 Q_i, $1 \leqq i \leqq M$ で少なくとも m_i 位の零点を持ち，Q_j, $M+1 \leqq j \leqq N$ で高々 n_j 位の極を持つ有理 1 次微分形式であることが分かる．この見方は重要である．

ところで D が曲線 C の主因子 (f) であるときは，定理 7.44 より $\mathcal{O}_C(D) \simeq \mathcal{O}_C$ であるので，$\chi(C, \mathcal{O}_C(D)) = \chi(C, \mathcal{O}_C) = 1 - g(C)$ が成立する．したがって Riemann–Roch の定理より $\deg D = 0$ であることが分かる．これより次の補題が証明されたことになる．この補題は，Riemann–Roch の定理を使うまでもなく直接証明することもできる．

補題 8.5 曲線 C 上の主因子 (f) に対して
$$\deg(f) = 0$$

が成立する．したがって C 上の因子 D_1, D_2 が線形同値 $D_1 \sim D_2$ であれば
$$\deg D_1 = \deg D_2$$
が成立する． □

Riemann–Roch の定理は種々の応用がある．そのいくつかを見ておこう．

例題 8.6 完備非特異代数曲線 C の標準因子 K_C に対して
$$\deg K_C = 2g(C) - 2 \tag{8.5}$$
であることを示せ．

[解] $D = K_C$ に対して Riemann–Roch の定理を適用すると
$$l(K_C) - l(0) = \deg K_C + 1 - g(C)$$
が成立する．$l(K_C) = \dim_k H^0(C, \Omega^1_{C/k}) = g(C)$, $l(0) = \dim_k H^0(C, \mathcal{O}_C) = 1$ に注意すると $\deg K_C = 2g(C) - 2$ を得る． ■

例題 8.7 例 7.33 で $\operatorname{char} k \neq 2$ のとき
$$y^2 = a_0 x^n + a_1 x^{n-1} + \cdots + a_n$$
から構成した完備非特異代数曲線 $\widetilde{X}$ の種数を求めよ．ただし $a_0 x^n + a_1 x^{n-1} + \cdots + a_n = 0$ は n 個の相異なる根を持つものとする．

[解] $\omega = \dfrac{dx}{y}$ は $\widetilde{X}$ 上の有理 1 次微分形式である．
$$f(x) = a_0 x^n + a_1 x^{n-1} + \cdots + a_n = a_0 \prod_{i=1}^{n} (x - \alpha_i)$$
とおくと $y = 0$ となるのは $x = \alpha_i$ のときである．点 $(x, y) = (\alpha_i, 0)$ では y が局所パラメータとしてとれ，
$$2y\, dy = f'(x)\, dx$$
が成立し，$\dfrac{dx}{y} = \dfrac{2dy}{f'(x)}$ が成立する．仮定より $f'(\alpha_i) \neq 0$ であるので ω は $(\alpha_i, 0)$ では正則であり，零点を $(\alpha_i, 0)$ では持たない．また $y \neq 0$ では x が局所パラメータとしてとれ，$\omega = \dfrac{dx}{y}$ はこうした点で正則でありまた零点を持たない．したがって $\omega = \dfrac{dx}{y}$ はアフィン曲線 $y^2 = f(x)$ 上では正則であり，かつ零点を持たない．

次にもう 1 つのアフィン曲線 $v^2 = u^{2m} f\!\left(\dfrac{1}{u}\right)$ 上で ω を考える．ここで $n = 2m$ または $n = 2m - 1$ であり，$x = \dfrac{1}{u}$, $y = \dfrac{v}{u^m}$ で 2 つのアフィン曲線を張

り合わせている．したがって

$$\omega = \frac{dx}{y} = \frac{d\left(\frac{1}{u}\right)}{v/u^m} = -\frac{u^{m-2}du}{v}$$

が成立する．$n=2m$ のときはこのアフィン曲線の式は

$$v^2 = a_0 \prod_{i=1}^{2m}(1-\alpha_i u)$$

と表わせ，$u=0$ のとき $v^2=a_0$ となり 2 点 $P_\infty = (0, \sqrt{a_0})$, $Q_\infty = (0, -\sqrt{a_0})$ がこのアフィン曲線上にあり，ω は P_∞, Q_∞ で $m-2$ 位の零点を持つ．したがって ω は $\widetilde{X}$ で正則であり

$$(\omega) = (m-2)P_\infty + (m-2)Q_\infty$$

が成立する．よって $\deg K_{\widetilde{X}} = 2m-4$ となり $g(\widetilde{X}) = m-1$ である．

もし $n=2m-1$ であればこのアフィン曲線の式は

$$v^2 = a_0 u \prod_{i=1}^{2m-1}(1-\alpha_i u) = g(u)$$

となり $u=0$ のとき $v=0$ となる．点 $P_\infty = (0,0)$ での局所パラメータとして v がとれ，$2vdv = g'(u)du$ より $\omega = -\dfrac{2u^{m-2}dv}{g'(u)}$ が成立する．$g'(0) \neq 0$ であり，$u = \dfrac{v^2}{a_0} \cdot \prod_{i=1}^{2m-1}(1-\alpha_i u)^{-1}$ と書けるので ω は点 P_∞ で $2(m-2)$ 位の零点を持つ．したがって ω は $\widetilde{X}$ で正則であり

$$(\omega) = 2(m-2)P_\infty$$

が成立する．よって $\deg K_{\widetilde{X}} = 2m-4$ となり $g(\widetilde{X}) = m-1$ が成立する． ∎

問 1 例題 8.6 の曲線 $\widetilde{X}$ に対して $n=2m$ または $2m-1$ のとき $\widetilde{X}$ の正則 1 次微分形式の基底として $\dfrac{dx}{y}, \dfrac{xdx}{y}, \cdots, \dfrac{x^{m-2}dx}{y}$ がとれることを示せ．

定理 8.8 代数的閉体 k 上の完備非特異代数曲線 C 上の因子 D が $\deg D \geq 2g(C)+1$ を満足すれば D は**非常に豊富な因子**(very ample divisor)である，すなわち対応する可逆層 $\mathcal{O}_C(D)$ が非常に豊富である．

[証明] 演習問題 7.2 で $\mathcal{L} = \mathcal{O}_C(D)$, $V = H^0(C, \mathcal{O}_C(D))$ ととり (i), (ii) が成立することを示せばよい. 演習問題 7.2(i) が示されれば C の各点 $P \in C$ で $s(P) \neq 0$ となる元 $s \in V$ が存在するので V は $\mathcal{L}$ を生成することが分かる. そこで, C の任意の 2 点 P, Q に対して $s(P) \neq 0$, $s(Q) = 0$, $t(P) = 0$, $t(Q) \neq 0$ となる元 $s, t \in V$ が存在することを示そう. 完全列
$$0 \longrightarrow \mathcal{O}_C(D-P-Q) \longrightarrow \mathcal{O}_C(D) \longrightarrow k_P \oplus k_Q \longrightarrow 0$$
よりコホモロジーの完全列
$$H^0(C, \mathcal{O}_C(D)) \xrightarrow{u} k \oplus k \longrightarrow H^1(C, \mathcal{O}_C(D-P-Q)) \longrightarrow$$
を得る. 写像 u は $s \in H^0(C, \mathcal{O}_C(D))$ に対して $(s(P), s(Q))$ を対応させる写像である. Serre の双対定理により
$$\dim_k H^1(C, \mathcal{O}_C(D-P-Q)) = \dim_k H^0(C, \mathcal{O}_C(K_C+P+Q-D))$$
が成立するが, $\deg(K_C+P+Q-D) = 2g(C) - \deg D < 0$ であるので $H^0(C, \mathcal{O}_C(K_C+P+Q-D)) = 0$ である (下の問 2 を参照のこと). よって u は全射であり, $u(s) = (1, 0)$, $u(t) = (0, 1)$ となる $s, t \in H^0(C, \mathcal{O}_C(D))$ が存在する.

次に (ii) を示す. C の点 P に対して $\mathcal{O}_{X,P}$ の極大イデアル $\mathfrak{m}_P$ は $\mathfrak{m}_P = \mathcal{O}_C(-P)_P \subset \mathcal{O}_{C,P}$ ($\mathcal{O}_C(-P)_P$ は点 P での $\mathcal{O}_C(-P)$ の茎) と考えることができ, 完全列
$$0 \longrightarrow \mathcal{O}_C(-2P) \longrightarrow \mathcal{O}_C(-P) \longrightarrow \mathfrak{m}_P/\mathfrak{m}_P^2 \longrightarrow 0$$
を得, これよりコホモロジー群の完全列
$$H^0(C, \mathcal{O}_C(D-P)) \xrightarrow{v} \mathfrak{m}_P/\mathfrak{m}_P^2 \longrightarrow H^1(C, \mathcal{O}_C(D-2P)) \longrightarrow$$
を得る. ふたたび Serre の双対定理と $\deg(K_C+2P-D) = 2g(C) - \deg D < 0$ より
$$\dim_k H^1(C, \mathcal{O}_C(D-2P)) = \dim_k H^0(C, \mathcal{O}_C(K_C-D+2P)) = 0$$
を得, 写像 v は全射であることが分かる. 一方
$$H^0(C, \mathcal{O}_C(D-P)) = \{s \in H^0(C, \mathcal{O}_C(D)) \mid s(P) = 0\}$$
であるので $H^0(C, \mathcal{O}_C(D-P))$ は $\mathfrak{m}_P/\mathfrak{m}_P^2$ を張ることが分かり (ii) が示された. ∎

問 2 完備非特異代数曲線 C 上の因子 D が $\deg D < 0$ であれば $H^0(C, \mathcal{O}_C(D)) =$

0であることを示せ.

系8.9 代数的閉体 k 上の完備非特異代数曲線は射影多様体である. □

代数的閉体 k 上の完備非特異代数多様体 X に関しては $\dim X = 2$ のときも射影多様体であることが知られている. しかし例 7.95 で示したように $\dim X \geq 3$ のときはかならずしも射影的ではない.

今まで因子を考察したが, 非特異代数多様体では可逆層 $\mathcal{L}$ は因子から作ることができる(定理 7.44). そこで完備非特異代数曲線 C 上の可逆層 $\mathcal{L}$ に対して $\mathcal{L} = \mathcal{O}_C(D)$ となる因子を使って

(8.6) $$\deg \mathcal{L} = \deg D$$

と $\mathcal{L}$ の**次数**を定義する. $\deg \mathcal{L}$ は因子 D のとり方によらないことは定理 7.44 と補題 8.5 が保証する. またこのとき $H^i(C, \mathcal{L}) = H^i(C, \mathcal{O}_C(D))$ であるので可逆層 $\mathcal{L}$ に関する Riemann–Roch の定理は

(8.7) $$\dim_k H^0(C, \mathcal{L}) - \dim_k H^1(C, \mathcal{L}) = \deg \mathcal{L} + 1 - g(C)$$

または Serre の双対定理を使うことにより

(8.8) $$\dim_k H^0(C, \mathcal{L}) - \dim_k H^1(C, \mathcal{L}^{-1} \otimes \omega_C) = \deg \mathcal{L} + 1 - g(C)$$

と書くことができる.

問3 完備非特異代数曲線 C 上の可逆層 $\mathcal{L}$ が 0 でない切断 $s \in H^0(C, \mathcal{L})$ を持てば s の零点の個数の和(ただし重複度をこめて考える)は $\deg \mathcal{L}$ に等しいこと, 言い換えれば $\deg \mathcal{L} = \deg(s)$ であることを示せ.

(b) 代数曲線と代数関数体

非特異代数曲線 C の点 P 上の局所環 $\mathcal{O}_{C,P}$ は離散付値環である(定理 7.35). このことが代数曲線と代数体との類似を裏付ける重要な根拠である. ここでは代数曲線とその関数体との関係を明らかにし, 代数曲線の有限射と関数体の有限次拡大との関係を調べることにする.

次の定理は実質的に Riemann が見出したものである.

定理8.10 代数的閉体 k 上の完備非特異代数曲線 C はその関数体 $k(C)$

§8.1 代数曲線 —— 485

によって一意的に定まる．すなわち，体 k 上の完備非特異代数曲線 C_1, C_2 の関数体 $k(C_1), k(C_2)$ が同型であれば対応して C_1 から C_2 への体 k 上の同型が存在する．

[証明] 2つの完備代数曲線 C_1, C_2 の関数体が $k(C_1) = k(C_2)$ である場合を考えれば十分である．C_1 上に $\deg D \geqq 2g(C_1)+1$ である因子 D を1つとり $H^0(C_1, \mathcal{O}_{C_1}(D))$ の k 上の基底を $\{s_0, s_1, \cdots, s_N\}$ と記すと定理 8.8 により射

$$\begin{aligned} \varphi: C_1 &\longrightarrow \mathbb{P}^N \\ P &\longmapsto (s_0 : s_1 : \cdots : s_N) \end{aligned}$$

は閉移入であり，C_1 と $\varphi(C_1)$ とは同型になる．

一方，$f_1 = \dfrac{s_1}{s_0}$, $f_2 = \dfrac{s_2}{s_0}$, $\cdots$, $f_N = \dfrac{s_N}{s_0}$ は C_1 上の有理関数であるので $k(C_1) = k(C_2)$ より C_2 上の有理関数でもある．そこで有理写像

$$\begin{aligned} \psi: C_2 &\longrightarrow \mathbb{P}^N \\ Q &\longmapsto (1 : f_1(Q) : f_2(Q) : \cdots : f_N(Q)) \end{aligned}$$

を考える．$f_1, f_2, \cdots, f_N$ のいずれかの極になっている C_2 の点の全体を S と記すと，これは $C_2(k)$ の有限集合であり ψ は $C_2 \setminus S$ から $\mathbb{P}^N$ への射を定めることは容易に分かる．点 $P \in S$ での f_j, $j = 1, 2, \cdots, N$ の極の位数の最大なものを f_i とする (2つ以上ある場合は1つ選ぶ) とき $g_1 = 1/f_i$, $g_2 = f_1/f_i$, $\cdots$, $g_i = f_{i-1}/f_i$, $g_{i+1} = f_{i+1}/f_i$, $\cdots$, $g_N = f_N/f_i$ とおくと，これらの有理関数は点 P では極を持たない．したがって有理写像

$$\begin{aligned} \psi': C_2 &\longrightarrow \mathbb{P}^N \\ Q &\longmapsto (g_1(Q) : \cdots : g_{i-1}(Q) : 1 : g_i(Q) : \cdots : g_N(Q)) \end{aligned}$$

は Q を含むある開集合 U で射になっている．しかも $(C_2 \setminus S) \cap U$ 上では ψ と ψ' とは一致する．このような操作を S の各点で行なうことによって有理写像 ψ は C_2 から $\mathbb{P}^N$ への射として定義できることが分かる．このとき ψ の定義より $\psi(C_2) = \varphi(C_1)$ であることが分かる．$C_1 = \varphi(C_1)$ と考えることによって射 $\psi: C_2 \to C_1$ が定義された．また $k(C_1) = k(f_1, f_2, \cdots, f_N) = k(C_2)$ である

ことより，ψ は双有理射であることが分かる．

　Zariski の主定理(定理 7.121)を使って ψ が同型であることを示すことができるが，ここでは付値環を使って証明しよう．まず ψ は k 有理点の間の同型であることを示す．全射であることは $\psi(C_2) = C_1$ より明らかであるので，単射であることを示せばよい．$Q_1, Q_2 \in C_2$ に対して $\psi(Q_1) = \psi(Q_2) = P$ が成立したとする．すると関数体 $k(C_2)$ 内で $\psi^* \mathcal{O}_{C_1,P} \subset \mathcal{O}_{C_2,Q_1}$, $\psi^* \mathcal{O}_{C_1,P} \subset \mathcal{O}_{C_2,Q_2}$ が成立する．$k(C_1) = k(C_2)$ であるので $\psi^* \mathcal{O}_{C_1,P}$ と $\mathcal{O}_{C_1,P}$ とを同一視してもよい．記号を簡単にするために $K = k(C_2)$, $R = \mathcal{O}_{C_1,P}$, $R_1 = \mathcal{O}_{C_2,Q_1}$, $R_2 = \mathcal{O}_{C_2,Q_2}$, R, R_1, R_2 の極大イデアルをそれぞれ $\mathfrak{m}, \mathfrak{m}_1, \mathfrak{m}_2$ と記すことにする．$R \subset R_1$, $R \subset R_2$ かつ $\mathfrak{m} \subset \mathfrak{m}_1$, $\mathfrak{m} \subset \mathfrak{m}_2$ が成立し，また R, R_1, R_2 は付値環でありこれらの環の商体は K である．もし $R \neq R_1$ であれば $a \in R_1$, $a \notin R$ である元 a をとると，R が付値環であることより $\dfrac{1}{a} \in \mathfrak{m}$ でなければならない．すると $\dfrac{1}{a} \in \mathfrak{m}_1$ となり $a \in R_1$ に反する．よって $R = R_1$ である．同様の議論によって $R = R_2$ である．したがって C_2 の関数体 K の中で $R_1 = R_2$ が成立する．

　さて C_2 も射影的であるので $C_2 \subset \mathbb{P}^M_k$ と考えて Q_1, Q_2 を通らない $\mathbb{P}^M_k$ の超平面 H をとると $C_2 \setminus H$ はアフィン曲線である．$C_2 \setminus H = \operatorname{Spec} A$ と記すと点 Q_1, Q_2 は A の極大イデアル $\mathfrak{p}_1$, $\mathfrak{p}_2$ に対応し，$\mathcal{O}_{C_2,Q_1} = A_{\mathfrak{p}_1}$, $\mathcal{O}_{C_2,Q_2} = A_{\mathfrak{p}_2}$ である．一方上の議論により A の商体 K 内で $A_{\mathfrak{p}_1} = A_{\mathfrak{p}_2}$ が成立する．これは $\mathfrak{p}_1 = \mathfrak{p}_2$ を意味する．よって $\psi : C_2 \to C_1$ は単射である．$\psi(Q) = P$ のとき $\psi^* : \mathcal{O}_{C_1,P} \to \mathcal{O}_{C_2,Q}$ が同型写像になることは上の議論ですでに示してある．以上によって $\psi : C_2 \to C_1$ は同型射であることが分かる．■

　以上の議論から代数的閉体 k 上の完備非特異代数曲線 C の閉点の全体と C の関数体 $k(C)$ の離散付値の同値類($v_1(a) = mv_2(a)$ が任意の $a \in k(C)$ に対して成立するような正整数 m が存在するとき v_1 と v_2 とは同値という，同一の付値環を持つ付値を同値といっても同じことである)全体とが 1 対 1 に対応していることが推測されるであろう．実際 $k(C)$ の離散付値 v に対して付値環 $R_v = \{ a \in k(C) \mid v(a) \geqq 0 \}$ は C のある点 P の局所環 $\mathcal{O}_{C,P}$ と一致する

ことを示すことができる．離散付値環 $R = \mathcal{O}_{C,P}$ の素元 t は R の極大イデアル $\mathfrak{m}_P$ の生成元であり点 P を中心とする局所パラメータと考えることもできる．$v(t) = 1$ であるように正規化した R の付値を以下では v_P と記す．v_P は C 上の有理関数 $f \in k(C)$ が点 P で持つ零点の位数あるいは極の位数のマイナス倍を表わす．このように正規化した付値を考えると完備非特異代数曲線 C の点と C の関数体 $k(C)$ の正規化された付値の間に 1 対 1 の対応がつき，関数体 $k(C)$ の付値から出発して曲線論を展開することができる．この理論は通常**代数関数論**と呼ばれ，数論との多くのアナロジーが成立し，数論の進展のひとつの原動力となっている．

問 4 関数体 $k(C)$ の正規化された離散付値の全体 $\mathcal{C}$ を考えることによって完備非特異代数曲線 C を構成する方法を与えよ．

関数体 $k(C)$ は体 k 上の有限個の元で生成された超越次数 1 の体である．言い換えると有理関数体 $k(x)$ 上の有限次代数的拡大体である．このような体を **1 変数代数関数体** (algebraic funciton field of one variable) という．任意の 1 変数代数関数体 K はある完備非特異代数曲線 C の関数体になっていることを示すことができる．このような C は同型を除いて唯一つ決まることは定理 8.10 が保証している．たとえば $K/k(x)$ が分離拡大であれば K は $k(x)$ に 1 個の元 α を付加して得られる．元 α の $k(x)$ 上の最小多項式を $g(y) \in k(x)[y]$ とすると $K \simeq k(x)[y]/(g(y))$ である．$g(y)$ の係数にでてくる $k(x)$ の元の分母を払って多項式 $f(x,y) \in k[x,y]$ を K は $k[x,y]/(f(x,y))$ の商体であるようにとることができる．アフィン曲線 $\operatorname{Spec} k[x,y]/(f(x,y)) \subset \mathbb{A}_k^2 \subset \mathbb{P}_k^2$ の $\mathbb{P}_k^2$ 内での閉包を C_0 と記し，C を C_0 の正規化（定理 7.37）とすると C は完備非特異代数曲線であり $k(C) \simeq K$ が成立する．一般に特異点を持つ完備代数曲線はその関数体での正規化をとることによって非特異代数曲線にすることができる．このように曲線の場合は特異点の除去は比較的簡単にできる．

さて代数的閉体 k 上の完備非特異代数曲線間の体 k 上の射 $f: C_1 \to C$ を考

えよう．f は固有射である(命題 5.3(v))ので $f(C_1)$ は C の閉部分スキームであり，したがって 1 点であるか $f(C_1) = C$ であるかのいずれかである．以下 $f(C_1) = C$ の場合のみを考える．このとき曲線 C_1 の関数体 $k(C_1)$ は曲線 C の関数体 $k(C)$ の拡大体と考えることができる．射 f によって体の準同型写像 $f^*: k(C) \to k(C_1)$ ができるがこれは単射だからである．$\mathrm{tr.\,deg}\, k(C_1) = \mathrm{tr.\,deg}\, k(C) = 1$ であり $k(C_1)$ は k 上有限生成であるのでこの拡大 $k(C_1)/k(C)$ は有限次代数的拡大体である．拡大の次数 $[k(C_1): k(C)] = d$ を射 $f: C_1 \to C$ の**次数**という．定理 7.37 より C_1 は曲線 C の $k(C_1)$ での正規化に他ならないことが分かり射 f は有限射であることも分かる．系 7.59 より f はまた平坦射でもある．拡大 $k(C_1)/k(C)$ が分離拡大であるとき射 $f: C_1 \to C$ は**分離的**(separable)である，あるいは**分離的射**(separable morphism)という．分離的という用語は "separated" の訳としても使用したのでまぎらわしいので注意を要する．ほかによい訳も思いつかないので "separable" の意味で分離的という用語を用いるときは以下つねに英語を添えることにする．本書では分離射(separated morphism)，分離的射(separable morphism)と使いわけるが，一般的な用法ではないので注意していただきたい．

以上のように射 $f: C_1 \to C$ が与えられれば体の拡大 $k(C_1)/k(C)$ ができるが，逆に代数的閉体 k 上の完備非特異代数曲線 C, C_1 に対して関数体の拡大 $k(C_1)/k(C)$ が与えられれば射 $f: C_1 \to C$ が一意的に定まる．これは完備非特異曲線 C_1 は C の $k(C_1)$ 内での正規化と考えることができるので定理 7.37 より射 f は一意的に定まることから明らかであろう．

また定理 8.10 より完備非特異代数曲線 C の関数体 $k(C)$ の k 上の自己同型 $h: k(C) \simeq k(C)$ が与えられるとこれに対応して $\varphi^*: k(C) \simeq k(C)$ が h と一致する体 k 上の自己同型射 $\varphi: C \simeq C$ が一意的に定まる．このように完備非特異代数曲線 C の幾何学の多くは関数体 $k(C)$ の代数学に対応する．特に体 K が関数体 $k(C)$ の n 次 Galois 拡大であるとき(体 k が代数的閉体でないときは k は K で代数的に閉じていると仮定する)，K を関数体に持つ完備非特異代数曲線 C_1 が存在する．拡大 $K/k(C)$ の Galois 群を G と記すと各元 $h \in G$ は C_1 の C 上の自己同型射 $h: C_1 \simeq C_1$ を定める．すなわち図式

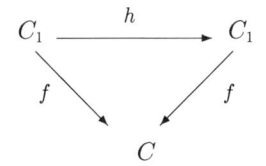

$$\begin{array}{ccc} C_1 & \xrightarrow{h} & C_1 \\ & \searrow f \quad f \swarrow & \\ & C & \end{array}$$

は可換である．また群の積 $h_1 h_2$ には C_1 の C 上の自己同型射の合成が対応する．このように拡大 $K/k(C)$ の Galois 群 G を C_1 の C 上の自己同型射の作る群として幾何学的にとらえることができる．

さて代数的閉体 k 上の完備非特異代数曲線間の体 k 上の射 $f\colon C_1 \to C$ が与えられたとき，C_1 の点 P と点 $Q = f(P)$ に対して $f^*\colon \mathcal{O}_{C,Q} \to \mathcal{O}_{C_1,P}$ は単射準同型写像である．離散付値環 $\mathcal{O}_{C,Q}$ の素元 t に対して P の正規化された付値 v_P を使って

(8.9) $$e_P = v_P(f^*t)$$

が定義される．正整数 e_P を点 P における射 f の**分岐指数**(ramification index)といい，$e_P > 1$ のとき射 f は点 P で**分岐する**(ramify)といい，点 P を**分岐点**(ramification point)という．またこのとき点 $Q = f(P)$ も**分岐点**(branch point)という．(英語では ramification point と branch point とを使いわける．日本語ではともに分岐点と訳されるが，英語のどちらに対応するかは文脈から明らかになることが多い．) $e_P = 1$ のときは f は点 P で**不分岐**(unramified)であるという．さらに $e_P > 1$ のとき $\operatorname{char} k = 0$ であるか $\operatorname{char} k = p \geq 2$ で p が e_P を割らないとき分岐は**おだやかである**(tame)といい，$\operatorname{char} k = p \geq 2$ で p が e_P を割るとき分岐は**野性的**(wild)であるという．

例 8.11 以下 $C_1 = \mathbb{P}^1_k$ から $C = \mathbb{P}^1_k$ への種々の射を考える．$\operatorname{char} k = p \geq 2$ と仮定する．

(1) 正整数 m を $(m, p) = 1$ であるように選び，射 φ を

$$\varphi_m \colon C_1 = \mathbb{P}^1_k \longrightarrow C = \mathbb{P}^1_k$$
$$(x_0 : x_1) \longmapsto (x_0^m : x_1^m)$$

で定義する．$k(C_1) = k(x)$, $k(C) = k(y)$ とおくとこれは $x^m = y$ による体の

拡大 $k(x)/k(y)$ に対応する．したがって φ_m の次数は m である．

このとき $(1:0),(0:1)\in C$ は φ の分岐点であり $P_1=(1:0)$, $P_2=(0:1)\in C_1$ での分岐指数 e_{P_1},e_{P_2} はともに m である．φ は分離的(separable)である．拡大 $k(C_1)/k(C)$ は Galois 拡大であり，Galois 群は乗法的な m 次巡回群 μ_m (1 の m 乗根全体のなす群)である．1 の原始 m 乗根の 1 つを ζ と記すと Galois 群は $x\mapsto\zeta x$ から定まる $k(x)$ の自己同型 h から生成され，これに対応して $C_1=\mathbb{P}_k^1$ の自己同型射 $\tilde{h}\colon C_1\to C_1$ は $(x_0:x_1)\mapsto(x_0:\zeta x_1)$ で与えられる．$\tilde{h}$ は位数 m であり，$\tilde{h}$ は固定点 $(1:0),(0:1)$ を持つ．この例は $\mathrm{char}\,k=0$ のときもまったく同じ議論が適用できる．

(2) (1)で $m=p$ ととると $\varphi_p\colon C_1\to C$ は関数体の拡大 $k(x)/k(y)$, $x^p=y$ に対応し，純非分離拡大である．このとき k 有理点の写像 $C_1(k)\to C(k)$ は同型である．点 $P=(a_0:a_1)=(1:a)\in C_1$ に対して $Q=\varphi_p(P)=(1:a^p)\in C$ であり，$C=\mathbb{P}_k^1$ の斉次座標を $(y_0:y_1)$ と記し $y=\dfrac{y_1}{y_0}$ とおくと $\mathcal{O}_{C,Q}$ の素元 t として $t=y-a^p$ をとることができる．$\varphi_p^*(y-a^p)=x^p-a^p=(x-a)^p$ であるので $v_P(\varphi_p^*t)=p$ となり，射 φ_p は C_1 のすべての点で分岐し，その分岐指数 e_P は p であることが分かる．このように関数体の拡大が非分離的であるときは奇妙なことが起こる．これは正標数特有の現象であるが，逆にこのことによって正標数の代数幾何学が独特の面白さを持つことになる．

(3) 有理関数体の拡大 $k(x)/k(y)$ を $x^p-x=y$ で与え，これに対応する射 $f\colon C_1\to C$ を考える．f は C_1 の点 $(1:x)$ に C の点 $(1:x^p-x)$ を対応させる射であり，C_1 の無限遠点 $(0:1)$ には C の無限遠点 $(0:1)$ が対応する．アフィン直線に対しては例 7.6 で考察したが，これを $\mathbb{P}_k^1$ に拡張したものになっている．$x^p-x=y$ は y のすべての値に対して r 個の異なる根を持ち，f は $C_1\setminus\{(0:1)\}$ の各点で不分岐であることが分かる．無限遠点の分岐指数を計算しよう．C の無限遠点 $Q_\infty=(0:1)$ での局所環 $\mathcal{O}_{C,Q_\infty}$ の素元として $t=1/y$ がとれる．$f^*(1/t)=x^p-x$ であり $\mathcal{O}_{C_1,P_\infty}$, $P_\infty=(0:1)$ の素元として $s=1/x$ がとれるので $v_{P_\infty}(f^*(1/t))=v_{P_\infty}(x^p-x)=-p$ を得る．$v_{P_\infty}(f^*(1/t))=-v_{P_\infty}(f^*t)$ であるので結局 $e_{P_\infty}=p$ であることが分かる．したがって P_∞ は分岐点であり，P_∞ での分岐指数は p であり，分岐は野性的であることが分

かる.

ところで，拡大 $k(x)/k(y)$ は Galois 拡大であり，Galois 群は加法的な p 次巡回群 $\mathbb{Z}/(p)$ である．x に対して $x+1$ を対応させる写像 h が Galois 群の生成元になっている．h は C_1 の自己同型 $\tilde{h}$ を引き起こし，$C_1 \setminus P_\infty$ では $(1:x) \mapsto (1:x+1)$ であり，無限遠点 P_∞ は固定点である．$\tilde{h}$ は $\operatorname{char} k = 0$ のときも $C_1 = \mathbb{P}_k^1$ の自己同型であるが種数 p のときと違ってその位数は有限ではない． □

上の例にでてきた3つの場合が完備非特異代数曲線間の射の典型的な例を与えている．上の例(2)ででてきたように $k(C_1)/(C)$ が純非分離拡大である射 $f: C_1 \to C$ を**純非分離的**(purely inseparable)であるという．代数曲線の場合，純非分離的射は後に述べるようにもっと具体的に記述することができる．

さて分離的(separable)射の場合をまず考察しよう.

補題 8.12 代数的閉体 k 上の完備非特異代数曲線間の分離的(separable)射 $f: X \to Y$ に対して完全列

(8.10) $\qquad 0 \longrightarrow f^*\Omega^1_{Y/k} \xrightarrow{u} \Omega^1_{X/k} \longrightarrow \Omega^1_{X/Y} \longrightarrow 0$

が成立する．

[証明] $u: f^*\Omega^1_{Y/k} \to \Omega^1_{X/k}$ が単射であることを証明すれば完全列(7.57)より(8.10)が完全列であることが分かる．X, Y は非特異代数曲線であるので定理7.83より $\Omega^1_{X/k}, f^*\Omega^1_{Y/k}$ は X 上の可逆層である．したがって点 $x \in X$ のある開近傍 U では $f^*\Omega^1_{Y/k} \to \Omega^1_{X/k}$ は $\mathcal{O}_U$ 準同型写像 $\mathcal{O}_U \to \mathcal{O}_U$ と表現できる．したがって $\mathcal{O}_X$ 準同型写像 u は零写像でなければ単射準同型写像である．u が零写像であるか否かは X の生成点で調べれば十分である．f は X の生成点では射 $\operatorname{Spec} k(X) \to \operatorname{Spec} k(Y)$ となり $k(x)/k(y)$ は分離拡大であるので例7.74より $\Omega^1_{X/Y} \otimes k(X) = \Omega^1_{\operatorname{Spec} k(X)/\operatorname{Spec} k(Y)} = 0$ であるので(7.57)より u は生成点上では同型となる．よって $u \neq 0$ であり，u は単射である． ■

命題 8.13 体 k 上の完備非特異代数曲線間の分離的(separable)射 $f: X \to Y$ に関して次のことが成立する．

（ i ） $\Omega^1_{X/Y}$ の台は f の X 上の分岐点の全体と一致する．

(ii) f が点 $P \in X$ でおだやかに分岐すれば
$$\dim_k \Omega^1_{X/Y,P} = e_P - 1$$
が成立し，野性的に分岐すれば
$$\dim_k \Omega^1_{X/Y,P} > e_P - 1$$
が成立する．

[証明] (i) $P \in X$, $f(P) = Q$ のとき Q での Y の局所パラメータ t（それは離散付値環 $\mathcal{O}_{Y,Q}$ の素元でもある）をとると $\Omega^1_{Y/k,Q} = \mathcal{O}_{Y,Q} \cdot dt$ が成立する．また P での X の局所パラメータ s をとると $f^*t = g(s)$ と書け，$f^*\Omega^1_{Y/k} \to \Omega^1_{X/k}$ は点 P では f^*dt を $g'(s)ds$ に写す写像である．$v_P(f^*t) = 1$ であることと $g'(0) \neq 0$ であることとは同値であり，これは $f^*\Omega^1_{Y/k} \to \Omega^1_{X/k}$ が点 P 上で同型であることと同値である．よって完全列(8.10)より求める結果が得られる．

(ii) (i)と同じ記号を使う．P が f の分岐点であれば $f^*t = a(s)s^m$, $a(0) \neq 0$ と書け，$e_P = v_P(f^*t) = m$ が成立する．したがって $f^*dt = (ma(s)s^{m-1} + a'(s)s^m)ds$ が成立する．もし $(m, p) = 1$ であれば $\Omega^1_{X/Y,P} \simeq k[s]/(s^{m-1})$ が成立し，$\dim_k \Omega^1_{X/Y,P} = m - 1 = e_P - 1$ である．もし m が p の倍数であれば，$f^*dt = a'(s)s^m ds$ となり，$v_P(a'(s)) = l$ とすると $\Omega^1_{X/Y,P} \simeq k[s]/(s^{m+l})$ となり，$l \geq 0$ であるので $\dim_k \Omega^1_{X/Y,P} \geq m = e_P$ が成立する． ∎

以上の準備のもとで次の **Hurwitz の公式**が証明できる．

定理 8.14 代数的閉体 k 上の完備非特異代数曲線間の射 $f: X \to Y$ が分離的(separable)であれば

(8.11) $\qquad 2g(X) - 2 = (\deg f)(2g(Y) - 2) + \deg R$

が成立する．ここで R は

$$R = \sum_P (\dim_k \Omega^1_{X/Y,P}) \cdot P$$

で定義される X の因子である．特に f が X の各分岐点でおだやかに分岐していれば

(8.12) $\qquad 2g(X) - 2 = (\deg f)(2g(Y) - 2) + \sum_P (e_P - 1)$

が成立する．

[証明] 完全列(8.10)より
$$\deg \Omega^1_{X/k} = \deg f^*\Omega^1_{Y/k} + \sum_P \dim_k \Omega^1_{X/Y,P}$$
が成立する．これは因子と可逆層の関係をみれば簡単に分かるが，形式的には完全列(8.10)より
$$\chi(X, \Omega^1_{X/k}) = \chi(X, f^*\Omega^1_{Y/k}) + \dim_k H^0(X, \Omega^1_{X/Y})$$
を得，Riemann–Roch の定理より
$$\chi(X, \Omega^1_{X/k}) = \deg \Omega^1_{X/k} + 1 - g(X)$$
$$\chi(X, f^*\Omega^1_{Y/k}) = \deg f^*\Omega^1_{Y/k} + 1 - g(X)$$
が成り立つことから示すこともできる．下の補題 8.15 より
$$\deg f^*\Omega^1_{Y/k} = (\deg f) \cdot \deg \Omega^1_{Y/k}$$
が成立するので(8.11)が得られる．

上の証明で必要となった次の補題は本来もっと以前に述べておくべきであった．

補題 8.15 完備非特異代数曲線間の射 $f: X \to Y$ が分離的(separable)であり $\deg g = n$ であれば，Y の点 Q が分岐点でなければ $f^{-1}(Q)$ は n 個の点よりなる．また $\deg f = [k(X):k(Y)]$ が成立する．

[証明] 初等的な証明ではなくここでは「牛刀」を使うことにする．f は平坦射であるので定理 7.68 を $\mathcal{F} = \mathcal{O}_X$ に対して適用でき，Y の任意の点 y に対して $\chi(X_y, \mathcal{O}_{X_y})$ は一定である．f は有限射であるので $H^i(X_y, \mathcal{O}_{X_y}) = 0$, $i \geq 1$ であり，したがって $\dim_{k(y)} H^0(X_y, \mathcal{O}_{X_y})$ は $y \in Y$ によらず一定である．特に y を Y の生成点とすると X_y は X の生成点であり $H^0(X_y, \mathcal{O}_{X_y}) = k(X)$ が成立する．$k(y) = k(Y)$ であり $\dim_{k(Y)} k(X) = [k(X):k(Y)] = \deg f = n$ が成立する．Y の閉点 Q に対して $k(Q) = k$ であるので $\dim_k H^0(X_Q, \mathcal{O}_{X_Q}) = n$ が成立する．X_Q は有限個の点 $P_1, P_2, \cdots, P_l$ よりなり Q は分岐点でないので $\mathcal{O}_{X_Q, P_i} = k$ である．よって $\dim H^0(X_Q, \mathcal{O}_{X_Q}) = l$ となり，$l = n$ であることが示された．

問 5 補題 8.15 と同じ記号を用い,同じ条件のもとで Y の閉点 Q に対して X 上の因子 $\sum_{P \in f^{-1}(Q)} e_P P$ の次数は n であることを示せ.

例題 8.16 $\operatorname{char} k = p \geq 2$, $(m, p) = 1$ である正整数 m に対して $x^p - x = t^m$ で定まる $k(t)$ の p 次拡大体 $K = k(x, t)$ と K を関数体として持つ完備非特異代数曲線 C および拡大 $K/k(t)$ より定まる射 $f: C \to \mathbb{P}^1_k$ を考える. f の分岐の状況と C の種数を求めよ.

[解] $\mathbb{P}^1_k$ の斉次座標を $(t_0 : t_1)$ とし $t = \dfrac{t_1}{t_0}$ とおく. $x^p - x = t^m$ より $t_0 \neq 0$ である $\mathbb{P}^1_k$ のアフィン開集合 $D_+(t_0)$ 上では f は不分岐でありかつ射の次数は p である. $\mathbb{P}^1_k$ の無限遠点 $\infty = (0:1)$ 上に l 個の点 $P_1, P_2, \cdots, P_l$ が現れたと仮定する. ∞ での局所パラメータを $s = 1/t$ ととる. すると $x^p - x = s^{-m}$ より $-m v_{P_1}(s) = v_{P_1}(s^{-m}) = v_{P_1}(x^p - x) = \min\{v_{P_1}(x^p), v_{P_1}(x)\} = p v_{P_1}(x)$ が成立する ($v_{P_1}(x) < 0$ に注意). $(m, p) = 1$ と仮定したので p は $e_{P_1} = v_{P_1}(s)$ を割る. 一方,問 5 より $\sum_{i=1}^l e_{P_i} = p$ である. したがって $l = 1$ であり $e_{P_1} = p$ であることが分かる. すなわち $\mathbb{P}^1_k$ の無限遠点 $\infty = (0:1)$ 上の $f: C \to \mathbb{P}^1_k$ のファイバーは 1 点 P_1 よりなりその分岐指数は p である. P_1 での分岐はしたがって野性的であり,Hurwitz の公式 (8.12) は適用できないので,C の有理 1 次微分形式 dx が定める標準因子を直接計算する.

$x^p - x = t^m$ より $-dx = m t^{m-1} dt$ が成立する. $t^{m-1} dt$ は $\mathbb{P}^1_k$ の有理 1 次微分形式と考えられるので,この等式は正確には $-dx = m f^*(t^{m-1} dt)$ と書くべきである. $t = 0$ 上の f のファイバーは p 個の点 $Q_1, Q_2, \cdots, Q_p$ よりなり $f^{-1}(D_+(t_0))$ 上では dx は因子 $(m-1) \sum_{j=1}^p Q_j$ を定める. 一方 $\mathbb{P}^1_k$ の無限遠点 $(0:1)$ 上の f のファイバーは 1 点 P_1 のみであり $v_{P_1}(x) = -m$ であるので P_1 での局所パラメータを u とすると $x = \dfrac{a(u)}{u^m}$, $a(0) \neq 0$ の形をしている. したがって $dx = \left\{ \dfrac{a'(u)}{u^m} - \dfrac{m a(u)}{u^{m+1}} \right\} du$ と書けるので dx は点 P_1 で $m+1$ 位の極を持つ. よって dx が定める標準因子 (dx) は

§8.1 代数曲線 —— 495

$$(dx) = (m-1)\sum_{j=1}^{p} Q_j - (m+1)P_1$$

の形をしている．したがって

$$2g(C) - 2 = p(m-1) - (m+1)$$

となり，

$$g(C) = \frac{(p-1)(m-1)}{2}$$

であることが分かる．また定理 8.14 の公式 (8.11) を適用すると

$$(p-1)(m-1) - 2 = -2p + \deg R$$

となり $R = (p-1)(m+1)P_1$ であることが分かる．すなわち命題 8.13 で

$$\dim_k \Omega^1_{C/\mathbb{P}^1_k, P_1} = (p-1)(m+1)$$

となり，これは $e_{P_1} = p$ より真に大きい． ∎

ところでこれも前に述べておくことであったが，代数的閉体 k 上の完備非特異代数曲線 C 上の有理 1 次微分形式 τ の**留数** (residue) を定義しよう．1 次微分形式 τ が閉点 P で極を持つ場合を考える．点 P を中心とする局所パラメータ t をとると $\tau = \sum_{j=-n_0}^{\infty} a_j t^j dt$ と書ける．a_{-1} を τ の留数といい，$\mathrm{Res}_P \tau$ と記す．留数は局所パラメータのとり方によらないことが簡単な計算によって示すことができる．次の定理は**留数定理**と呼ばれ，代数曲線論の基本になる定理である．代数曲線の場合 Serre の双対定理はこの留数定理をもとにして証明することができる．

定理 8.17 代数的閉体 k 上の完備非特異代数曲線 C 上の有理 1 次微分形式 τ の留数の和は 0 である．すなわち τ の極を $P_1, \cdots, P_m$ とすると

$$\sum_{j=1}^{m} \mathrm{Res}_{P_j} \tau = 0$$

が成立する． □

この定理は $C = \mathbb{P}^1_k$ のときは直接計算によって示すことができる．一般の曲線は $C = \mathbb{P}^1_k$ の分岐被覆として実現できるので，証明は $\mathbb{P}^1_k$ の場合に帰着されるが，さらに準備が必要となるので本書では証明を割愛する．標数 0 の体

のときの証明は演習問題 9.1 を参照されたい.

(c) Frobenius 射とエタール射

代数曲線の関数体の拡大 $k(X)/k(Y)$ が純非分離拡大の場合を考えるためにまず Frobenius 射を定義しよう. $\operatorname{char} k = p > 0$ かつしばらくの間, k はかならずしも代数的閉体とは仮定しない. 体 k 上のスキーム $\pi: X \to \operatorname{Spec} k$ に対してスキームの射 $F = (f, \theta): (X, \mathcal{O}_X) \to (X, \mathcal{O}_X)$ を f は底空間の恒等写像, $\theta: \mathcal{O}_X \to f_*\mathcal{O}_X = \mathcal{O}_X$ は X の各点 x の茎 $\mathcal{O}_{X,x}$ 上 $\theta_x(a) = a^p$, $a \in \mathcal{O}_{X,x}$ で与えられる層の準同型写像と定義し, 射 F をスキーム X の **Frobenius 射**と呼ぶ. X が k 代数 A から定まるアフィンスキーム $\operatorname{Spec} A$ のときは Frobenius 射 $F: \operatorname{Spec} A \to \operatorname{Spec} A$ は可換環の準同型写像

$$(8.13) \qquad \begin{aligned} \varphi: A &\longrightarrow A \\ a &\longmapsto a^p \end{aligned}$$

から定まるスキームの射である. φ は k 線形写像ではなく $\alpha, \beta \in k$, $a, b \in A$ に対して $\varphi(\alpha a + \beta b) = \alpha^p \varphi(a) + \beta^p \varphi(b)$ が成立する. したがって Frobenius 射は体 k 上の射ではない. 実際 (8.13) より可換図式

$$(8.14) \qquad \begin{array}{ccc} X & \xrightarrow{F} & X \\ \pi \downarrow & & \downarrow \pi \\ \operatorname{Spec} k & \xrightarrow{F} & \operatorname{Spec} k \end{array}$$

が得られる. そこで $F \circ \pi: X \to \operatorname{Spec} k$ とおいてスキーム X に新たに体 k 上のスキームの構造を入れる. これを $\pi^{(p^{-1})}: X^{(p^{-1})} \to \operatorname{Spec} k$ と記す. すると (8.13) より今度は体 k 上の射 $F_1: X^{(p^{-1})} \to X$ を得る.

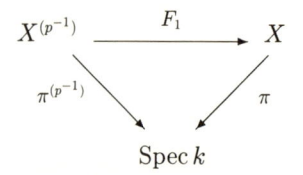

$$\begin{array}{ccc} X^{(p^{-1})} & \xrightarrow{F_1} & X \\ & \searrow \pi^{(p^{-1})} \quad \pi \swarrow & \\ & \operatorname{Spec} k & \end{array}$$

$X^{(p^{-1})}, \pi^{(p^{-1})}$ は記号が繁雑になるので以下しばしば $X^{(-1)}, \pi^{(-1)}$ と略記する. k 代数 A に対して A への k の作用を $\alpha \in k$, $a \in A$ に対して $\alpha \cdot a = \alpha^p a$ と定義すると A に新しい k 代数の構造を入れることができる. char $k = p > 0$ であることがこのようなことを可能にする. この新しい k 代数を $A^{(-1)}$ と記すと $X^{(-1)} = X^{(p^{-1})} = \operatorname{Spec} A^{(-1)}$ である. 同様に A への k の作用を正整数 m に対して $\alpha \cdot a = \alpha^{p^m} a$ と定義することもできる. この k 代数の構造を $A^{(-m)}$ と記し, $X^{(-m)} = \operatorname{Spec} A^{(-m)}$ を定義することができる. 一般に体 k 上のスキーム $\pi: X \to \operatorname{Spec} k$ に対して $\pi^{(-1)}: X^{(-1)} \to \operatorname{Spec} k$ が定義できたが, $\pi^{(-1)}: X^{(-1)} \to \operatorname{Spec} k$ をもとに同じ操作をするとスキーム $\pi^{(-2)}: X^{(-2)} \to \operatorname{Spec} k$ と体 k 上の射 $F_1: X^{(-2)} \to X^{(-1)}$ を得る. 以下これを繰り返して任意の正整数 m に対してスキーム $\pi^{(-m)}: X^{(-m)} \to \operatorname{Spec} k$ と体 k 上の射 $F_1: X^{(-m)} \to X^{(-m+1)}$ を得る. この $X^{(-m)}$ がアフィンスキーム $X = \operatorname{Spec} A$ の場合 $\operatorname{Spec} A^{(-m)}$ になることは構成法より明らかである. 射 $F_1: X^{(-1)} \to X$ を **k 線形 Frobenius 射** と呼ぶ.

さて一般に $\pi^{(-1)}: X^{(-1)} \to \operatorname{Spec} k$ は $\pi: X \to \operatorname{Spec} k$ とは同型にならない. Frobenius 射 $F: \operatorname{Spec} k \to \operatorname{Spec} k$ は同型とは限らないからである. しかし F が同型になるとき, 言い換えれば同型写像

$$\begin{array}{rcl} \varphi: k & \longrightarrow & k \\ \alpha & \longmapsto & \alpha^p \end{array}$$

が全射である場合, これはさらに言い換えれば k の任意の元 β に対して $\beta^{1/p} \in k$ が成立する場合は $\pi^{(-1)}: X^{(-1)} \to \operatorname{Spec} k$ と $\pi: X \to \operatorname{Spec} k$ とは同型になる. k が完全体のときは k 線形 Frobenius 射 F_1 は X から X への体 k 上のスキームの射とみることもできる. たとえば完全体 k 上のアフィン直線 $X = \mathbb{A}_k^1 = \operatorname{Spec} k[x]$ のとき $X^{(-1)}$ は $\alpha \in k$, $f(x) \in k[x]$ に対して $\alpha \cdot f(x) = \alpha^p f(x)$ によって $k[x]$ に k 代数の構造を導入した可換環 $k[x]^{(-1)}$ のスペクトル $\operatorname{Spec} k[x]^{(-1)}$ であるが, これを体 k 上 X と同一視することは k の自己同型 $\alpha \mapsto \alpha^p$ によって $k[x]^{(-1)}$ を再び通常の $k[x]$ と同一視することに対応する. このとき k 線形 Frobenius 射 $F_1: X \to X$ は k 準同型写像

$$\widetilde{\varphi}\colon\ k[x] \longrightarrow k[x]$$
$$f(x) \longmapsto f(x^p)$$

に対応する. $f(x) = \sum \alpha_i x^i$ のとき $f(x)^p = \sum \alpha_i^p x^{pi}$ であり $f(x)^p \in k[x]^{(-1)}$ であるが $k[x]^{(-1)}$ を $k[x]$ と同一視するとき α_i^p と α_i と同一視したからである. 例 7.8 の k 線形 Frobenius 射との関係は今や明らかである.

以上の準備のもとで本来の目的である代数曲線の純非分離的射 $f\colon X \to Y$ の構造を調べることにしよう.

定理 8.18 代数的閉体 k 上の完備非特異代数曲線間の体 k 上の射 $f\colon X \to Y$ が純非分離的であれば f は k 線形 Frobenius 射 F_1 の何回かの合成 $F_1 \circ \cdots \circ F_1\colon Y^{(-m)} \to Y$ と体 k 上同型である. したがって X はスキームとして Y と同型であり特に種数に関しては $g(X) = g(Y)$ が成立する.

[証明] $[k(x)\colon k(y)] = p^m$ とすると $k(x)^{p^m} = k(y)$ が成立する. $k(y)$ の代数的閉包の中で考えればこれは $k(x) = k(y)^{1/p^m}$ と言い換えることができる. 一方 k 線形 Frobenius 射 $F_1\colon Y^{(-1)} \to Y$ の対応する関数体の拡大 $k(Y^{(-1)})/k(Y)$ は $k(Y)$ の代数的閉体の中での $k(Y) \subset k(Y)^{1/p}$ に対応している. したがって射

$$F_m\colon Y^{(-m)} \xrightarrow{F_1} Y^{(-m+1)} \xrightarrow{F_1} Y^{(-m+2)} \longrightarrow Y^{(-1)} \xrightarrow{F_1} Y$$

を考えると F_m は $k(Y)$ の代数的閉包内での体の拡大 $k(Y)^{1/p^m}/k(Y)$ に対応している. (正確には今までの考察では $k(Y^{(-m)}) \subset k(Y)^{1/p^m}$ しかいっていないが $p^m = \deg F_m = [k(Y^{(-m)})\colon k(Y)]$ であるので $k(Y^{(-m)}) = k(Y)^{1/p^m}$ である.) したがって $k(X) = k(Y)^{1/p^m} = k(Y^{(-m)})$ がいえ, 体 k 上 $X \simeq Y^{(-m)}$ かつ $f \simeq F_m$ であることがいえた. ∎

完備非特異代数曲線間の射 $f\colon X \to Y$ に対しては関数体の拡大 $k(X)/k(Y)$ を考え $k(X)$ の元で $k(Y)$ 上分離的であるもの全体を $k(Y)_s$ と記すとこれは $k(X)$ の部分体である. $k(Y)_s/k(Y)$ に対応して完備非特異代数曲線の射 $f_s\colon Y_s \to Y$ が定まり, これは分離的(separable)である. また体の拡大 $k(X)/k(Y)_s$ は純非分離的であり, 対応して代数曲線の純非分離的射 $f_i\colon X \to Y_s$ を得る. $f = f_s \circ f_i$ であるので完備非特異代数曲線の射は分離的(separable)

な場合と k 線形 Frobenius 射を考えれば十分であることが分かる.

問6 代数的閉体 k 上の完備非特異代数曲線間の射 $f: X \to Y$ が存在すれば $g(X) \geqq g(Y)$ がつねに成り立つことを示せ. また f が分離的(separable)で $\deg f > 1$, かつ $g(Y) \geqq 1$ であれば等号は $g(Y) = 1$ かつ f が分岐点を持たない場合に限って成り立つことを示せ.（この節では $f(X) = Y$ をつねに仮定していることに注意.）

次の結果は **Lüroth の定理** として有名である.

命題 8.19 代数的閉体 k 上の 1 変数有理関数体 $k(x)$ の部分体 K の k 上の超越次数が 1 であれば K は k 上の有理関数体である.

[証明] K を関数体として持つ完備非特異代数曲線を C とすると拡大 $k(x)/K$ に対応して射 $f: \mathbb{P}_k^1 \to C$ が存在する. 問6により $g(C) = 0$ である. 代数的閉体上では $g(C) = 0$ であれば $C \simeq \mathbb{P}_k^1$ であることを示そう. C の k 有理点 P を 1 つ選び P を C 上の因子と考える. Riemann–Roch の定理により
$$l(P) - l(K_C - P) = 2$$
が成り立つが, $\deg K_C = -2$ であるので $l(K_C - P) = 0$ である. したがって $l(P) = 2$ である. $l(P) = \dim_k H^0(C, \mathcal{O}_C(P))$ であるので点 P で 1 位の極を持ち, 他で正則な C 上の有理関数 f が存在する. この f が定める有理写像
$$\begin{array}{rcl} \varphi: C & \longrightarrow & \mathbb{P}_k^1 \\ z & \longmapsto & (1 : f(z)) \end{array}$$
を考えると φ は $C \setminus \{P\}$ で射であるが点 P の近傍では $z \mapsto \left(\dfrac{1}{f(z)} : 1\right)$ が射となり, 両者を合わせて体 k 上の射 $\varphi: C \to \mathbb{P}_k^1$ を得る. $\deg \varphi = 1$ である. なぜならば f が定める C 上の主因子 (f) の次数は 0 であり, f が定める点 P でのみ 1 位の極を持つので $(f) = Q - P$ の形をしている. したがって $\varphi^{-1}((1:0))$ から定まる因子 $\displaystyle\sum_{P_1 \in \varphi^{-1}((1:0))} e_{P_1} P_1$ は Q である. よって問5より $\deg \varphi = 1$ である. $\deg \varphi = 1$ であることは φ が同型射であることを意味し, $k(C) \simeq$

$k(\mathbb{P}_k^1) \simeq k(y)$ であることが分かる.

代数的閉体 k 上の n 次元完備代数多様体 X の関数体が n 変数有理関数体 $k(t_1, t_2, \cdots, t_n)$ に同型であるとき X を**有理多様体**(rational variety)と呼び, $k(X) \subset k(t_1, t_2, \cdots, t_n)$ であるとき X を**単有理多様体**(unirational variety)と呼ぶ. 曲線のときは有理多様体と単有理多様体とは一致するということが Lüroth の定理からの帰着である. 曲面のときは単有理多様体と有理多様体とは必ずしも一致しないことが知られている. しかし単有理曲面 X の関数体に対して $k(t_1, t_2)/k(X)$ が分離拡大であるように 2 変数有理関数体 $k(t_1, t_2)$ を選ぶことができるときは, したがって特に $\operatorname{char} k = 0$ のときは単有理曲面は有理曲面であることが知られている. しかし 3 次元以上ではもはやこのような事実は成立しない.

さて本来の Frobenius 射 $F: X \to X$ が与えられるとコホモロジー群の写像 $F^*: H^i(X, \mathcal{O}_X) \to H^i(X, \mathcal{O}_X)$ を引き起こす. $H^i(X, \mathcal{O}_X)$ は k 上のベクトル空間であるが F^* は k 上の線形写像ではなく $F^*(\alpha a + \beta b) = \alpha^p F^*(a) + \beta^p F^*(b)$, $\alpha, \beta \in k$, $a, b \in H^i(X, \mathcal{O}_X)$ であることは Čech コホモロジー群を考えることによって容易に証明される. 例を計算しておこう.

例 8.20 $y^2 = x^3 + 1$ から定まる代数的閉体 k, $\operatorname{char} k = p > 3$ 上の完備非特異代数曲線 E を考える. 例 7.33 より E は 2 つのアフィン曲線
$$U_0: \quad y^2 = x^3 + 1 \subset \mathbb{A}_k^2$$
$$U_1: \quad v^2 = u^4 + u \subset \mathbb{A}_k^2$$
を $x = \dfrac{1}{u}$, $y = \dfrac{v}{u^2}$ で張り合わせてできることが分かる. U_0, U_1 は E のアフィン開集合であり, 開被覆 $\mathcal{U} = \{U_0, U_1\}$ による Čech のコホモロジー群 $\check{H}^1(\mathcal{U}, \mathcal{O}_E)$ は $H^1(E, \mathcal{O}_E)$ と同型になる (系 6.16). 特に $H^1(E, \mathcal{O}_E)$ の元は $f_{01} \in \Gamma(U_0 \cap U_1, \mathcal{O}_E)$ によって決まる. f_{01} が $H^1(E, \mathcal{O}_E)$ で 0 になるための必要十分条件は $f_{01} = f_1 - f_0$, $f_i \in \Gamma(U_i, \mathcal{O}_E)$ となる f_0, f_1 が存在することである. また, f_{01} は E 上の有理関数とみることができることに注意する.

さて, U_0 の点 $(0, 1), (0, -1)$ をそれぞれ P_0^+, P_0^-, U_1 の点 $(0, 0)$ を P_∞ と記すと, $U_0 \cap U_1 = U_0 \setminus \{P_0^+, P_0^-\} = U_1 \setminus \{P_\infty\}$ と書ける. 曲線の場合, Serre の双対定理により $H^1(E, \mathcal{O}_E)$ と $H^0(E, \Omega_{E/k}^1)$ とは双対ベクトル空間になって

おり，$H^0(E, \Omega^1_{E/k})$ の基底として $\omega = \dfrac{dx}{y}$ がとれる(問1)．すると $f_{01}\omega$ は高々点 $P_0^\pm, P_\infty$ で極を持つ E 上の有理1次微分形式であり，その留数の和は 0 である(定理 8.17)．ところでもし E 上の有理関数 f_{01} の定めるコホモロジー類 $\{f_{01}\}$ が 0 である，すなわち $f_{01} = f_1 - f_0$ となる $f_0 \in \Gamma(U_0, \mathcal{O}_C)$, $f_1 \in \Gamma(U_1, \mathcal{O}_C)$ が存在したとすると $f_0\omega$ は U_0 で正則であり，$f_1\omega$ は U_1 で正則であるので留数定理より

$$\mathrm{Res}_{P_0^+}(f_{01}\omega) + \mathrm{Res}_{P_0^-}(f_{01}\omega) = \mathrm{Res}_{P_0^+}(f_1\omega) + \mathrm{Res}_{P_0^-}(f_1\omega) = 0$$

を得る．一方 $\mathrm{Res}_{P_0^+}\left(\dfrac{y}{x}\omega\right) + \mathrm{Res}_{P_0^-}\left(\dfrac{y}{x}\omega\right) = 2$ であるので $f_{01} = \dfrac{y}{x} = \dfrac{v}{u}$ が定める $H^1(E, \mathcal{O}_E)$ の元 $\left\{\dfrac{y}{x}\right\}$ は 0 でないことが分かり，$H^1(E, \mathcal{O}_E)$ の k 上の基底であることが分かる．一方 $F^*\left\{\dfrac{y}{x}\right\} = \left\{\dfrac{y^p}{x^p}\right\}$ である．右辺のコホモロジー類を具体的に求めてみよう．

まず $p \equiv 1 \pmod{3}$ のときを考える．p は奇素数であるので $p = 6m+1$ と書くことができる．

$$y^p = y(y^2)^{\frac{p-1}{2}} = y(x^3+1)^{3m} = \sum_{i=0}^{3m} \binom{3m}{i} x^{3i} y$$

であるので

$$\frac{y^p}{x^p} = \binom{3m}{2m} \cdot \frac{y}{x} + \sum_{i=0}^{2m-1} \binom{3m}{i} \frac{y}{x^{3(2m-i)+1}} + \sum_{i=2m+1}^{3m} \binom{3m}{i} x^{3(i-2m)-1} y$$

が成立する．上の考察よりこの展開式の $\dfrac{y}{x}$ の項 $\binom{3m}{2m} \cdot \dfrac{y}{x}$ が定めるコホモロジー類が $F^*\left\{\dfrac{y}{x}\right\}$ になることが分かる．このことを実際に確かめてみよう．

$$f_0 = -\sum_{i=2m+1}^{3m} \binom{3m}{i} x^{3(i-2m)-1} y \in \Gamma(U_0, \mathcal{O}_E)$$

とおく．また $U_0 \cap U_1$ 上では

$$\sum_{i=0}^{2m-1} \binom{3m}{i} \frac{y}{x^{3(2m-i)+1}} = \sum_{i=0}^{2m-1} \binom{3m}{i} u^{3(2m-i)-2} v \in \Gamma(U_1, \mathcal{O}_E)$$

であるので

とおくと $U_0 \cap U_1$ 上で

$$\frac{y^p}{x^p} = \binom{3m}{2m} \cdot \frac{y}{x} + f_1 - f_0$$

が成立し

$$F^*\left\{\frac{y}{x}\right\} = \binom{3m}{2m} \cdot \left\{\frac{y}{x}\right\} = \binom{\frac{p-1}{2}}{\frac{p-1}{3}} \cdot \left\{\frac{y}{x}\right\}$$

であることが分かる.

$$\binom{3m}{2m} = \binom{\frac{p-1}{2}}{\frac{p-1}{3}} = \frac{(3m)(3m-1)\cdots(2m+1)}{m!}$$

に出てくる正整数はすべて素数 p より小さいので

$$\binom{\frac{p-1}{2}}{\frac{p-1}{3}} \not\equiv 0 \pmod{p}$$

であることが知られている. 上の計算で重要だったのは $\frac{y^p}{x^p}$ から $\frac{y}{x}$ の項を取り出せば, 残りは $\Gamma(U_0, \mathcal{O}_E)$ の元と $\Gamma(U_1, \mathcal{O}_E)$ の元との差に書き表わすことができることであった. 同様の計算は $p \equiv 2 \pmod{3}$ のときも実行することができるが, 今度は $\frac{y^p}{x^p}$ の展開には $\frac{y}{x}$ の項は現れず,

$$F^*\left\{\frac{y}{x}\right\} = 0$$

であることが分かる. このように標数によって $H^1(E, \mathcal{O}_E)$ への Frobenius 準同型写像 F^* の作用の仕方は違ってくる. E は種数 1 の曲線であるが F^* が $H^1(E, \mathcal{O}_E)$ に 0 で作用するとき E は**超特異楕円曲線**(supersingular elliptic curve, E は非特異代数曲線であるが，supersingular の "singular" は別の意味の特異性を表わす術語である，大変紛らわしい用法ではあるが) と呼ばれる．一方 F^* が $p \equiv 1 \pmod{3}$ のときのように 0 でない作用をするとき E を**通常の楕円曲線**(ordinary elliptic curve)と呼ぶ．後に §8.2(b)で意味が明確になる． □

上の計算の例はもっと一般の楕円曲線に対しても行なうことができる．$y^2 = x^3 + a_2 x + a_3$, char $k = p \geq 5$ のとき上と同様にして Frobenius 準同型写像 F^* の $H^1(E, \mathcal{O}_E)$ への作用を計算することを読者の演習問題とする（演習問題 8.4 も参照のこと）．

同様の例をもう 1 つだけあげておこう．結果のみを記す．

例 8.21 標数 $p \neq 0, 2, 5$ の代数的閉体 k 上で C を考える．C は 2 つのアフィン曲線

$$U_0 : y^2 = x^6 + 1$$
$$U_1 : v^2 = u^6 + u$$

を $x = \dfrac{1}{u}, y = \dfrac{v}{u^3}$ なる関係で張り合わせて得られ，$\{U_0, U_1\}$ は C の開被覆である．$H^0(C, \Omega^1_{C/k})$ の基底として $\left\{\dfrac{dx}{y}, \dfrac{xdx}{y}\right\}$ がとれ，例 8.20 と同様の考え方によって $H^1(C, \mathcal{O}_C)$ の基底として $f_{01} = \dfrac{y}{x}$ が定めるコホモロジー類 $\left\{\dfrac{y}{x}\right\}$ および $f_{01} = \dfrac{y}{x^2}$ が定めるコホモロジー類 $\left\{\dfrac{y}{x^2}\right\}$ がとれる．

（1） $p \equiv 1 \pmod{5}$ のとき

$$F^* \left\{\frac{y}{x}\right\} = \begin{pmatrix} \dfrac{p-1}{2} \\ \dfrac{p-1}{5} \end{pmatrix} \left\{\frac{y}{x}\right\}, \quad F^* \left\{\frac{y}{x^2}\right\} = \begin{pmatrix} \dfrac{p-1}{2} \\ \dfrac{2(p-1)}{5} \end{pmatrix} \left\{\frac{y}{x^2}\right\}$$

が成立し，F^* の $H^1(C, \mathcal{O}_C)$ への作用は**半単純**(semi-simple)である．このとき曲線 C は**通常の曲線**と呼ばれる．

（2） $p \equiv 2 \pmod{5}$ のとき

$$F^*\left\{\frac{y}{x}\right\} = \begin{pmatrix} \dfrac{p-1}{2} \\ \dfrac{p-3}{5} \end{pmatrix} \left\{\frac{y}{x^2}\right\}, \quad F^*\left\{\frac{y}{x^2}\right\} = 0$$

が成立し，このときは F^* の $H^1(C, \mathcal{O}_C)$ への作用はべき零(nilpotent)である．(今の場合 $F^* \circ F^* = 0$ である．) このように F^* の $H^1(C, \mathcal{O}_C)$ への作用がべき零である曲線を**特異**(singular)と呼ぶ．"特異"といっても特異点を持つわけではないので注意を要する．今の場合 C は singular non-singular curve である！

（3） $p \equiv 4 \pmod 5$ のとき

$$F^*\left\{\frac{y}{x}\right\} = 0, \quad F^*\left\{\frac{y}{x^2}\right\} = 0$$

である．このように F^* が $H^1(C, \mathcal{O}_C)$ に 0 で作用するとき曲線は**非常に特異**(supersingular)であるという．C は supersingular non-singular curve である！ □

読者はさらに $y^2 = x^m + 1$, $\mathrm{char}\, k = p \geq 5$, $(p, m) = 1$ のときに上と同様の計算を試みられることをお勧めする．$y^2 = x^m + 1$ から定まる超楕円曲線 C は $(m, p) = 1$ のとき k での 1 の原始 m 乗根を ζ と記すと $(x, y) \to (\zeta x, y)$ という位数 m の自己同型を持っている．このことが，曲線 C が超楕円曲線であることと相俟ってこの曲線を興味深いものにしている．

さて，代数曲線の射 $f: X \to Y$ が分岐点を持たないときは定理 8.14 より $\Omega^1_{X/Y} = 0$ である．これは f が不分岐射であることを意味する．また系 7.59 より f は平坦射でもある．したがって f はエタール射である．一般に，スキーム Y に対して有限射かつエタール射 $f: X \to Y$ が存在するとき (X, f) を Y の**エタール被覆**(étale covering)という．特に X が Y と同型なスキームの有限個の互いに交わらない和集合になっているとき (X, f) は**自明な**(trivial)エタール被覆という．自明なエタール被覆しか持たないスキームを**単連結**(simply connected)なスキームという．エタール被覆は通常の多様体での有限不分岐被覆に対応する．多様体 M の有限不分岐被覆は M の**基本**

群(fundamental group) $\pi_1(M)$ の有限指数の部分群に対応する．特に $\pi_1(M)$ は M の位相的性質によって決まる．たとえば n 次元複素アフィン空間 $\mathbb{C}^n$ や n 次元複素射影空間 $\mathbb{P}_\mathbb{C}^n$ は単連結であり $\pi_1(M)=\{e\}$ である．$\mathbb{C}$ 上の非特異代数多様体 Y は第9章で述べるように複素多様体の構造を持ち，有限エタール射 $f\colon X\to Y$ は X が連結なスキームであれば Y の有限不分岐被覆である．したがって Y が通常の位相空間の意味で単連結であればスキーム論的にも単連結である．しかし逆は成立しないことがある．それはスキームでは**有限エタール射** $f\colon X\to Y$ しか一般に考えることができず，もし $\pi_1(Y)$ が指数有限の部分群を持たなければ $\pi_1(Y)\neq\{e\}$ であってもスキーム論的には単連結になってしまうからである．したがって $\mathbb{C}$ 上の非特異代数多様体 Y のエタール被覆を考えるときは $\pi_1(Y)$ ではなく $\pi_1(Y)$ の**副有限完備化**(profinite completion)

$$(8.15) \qquad \widehat{\pi}_1(Y) = \lim_{H \text{ は } \pi_1(Y) \text{ の指数有限正規部分群}} \pi_1(Y)/H$$

が重要な役割をする．$\pi_1(Y)\neq\pi_2(Y)$ であっても $\widehat{\pi}_1(Y)\simeq\widehat{\pi}_2(Y)$ となる場合があることに注意する．

ところで複素アフィン直線 $\mathbb{A}_\mathbb{C}^1$ は複素平面 $\mathbb{C}$ が単連結であるので，スキーム論的にも単連結である．しかし標数 $p>0$ の代数的閉体 k 上のアフィン直線 $\mathbb{A}_k^1$ は単連結ではない．例題8.16の射 $f\colon C\to\mathbb{P}_k^1$ を $\mathbb{A}_k^1$ 上に制限したもの，すなわちアフィン曲線 $C_0\colon x^p-x=t^n$ の点 (x,t) にアフィン直線の点 t を対応させて得られる射 $f_0\colon C_0\to\mathbb{A}_k^1$ は有限エタール射である．C_0 はもちろん既約なアフィン曲線であるので $\mathbb{A}_k^1$ は単連結ではない．これは正標数特有の現象である．$\mathbb{A}_k^1$ の自明でないエタール被覆 $f\colon X\to\mathbb{A}_k^1$ が存在すれば f の次数は p のべき p^n になることが示される．ただし f の次数は $[k(X):k(\mathbb{A}_k^1)]$ と定義する．f は固有射であり，関数体の拡大 $K(X)/k(\mathbb{A}_k^1)$ は非特異代数曲線の射 $\overline{f}\colon\overline{X}\to\mathbb{P}_k^1$ を定義し，この射の分岐点は存在するとすれば $\mathbb{P}_k^1$ の無限遠点上のみにある，したがって補題8.15より $\mathbb{A}_k^1$ の任意の点 Q に対して $f^{-1}(Q)$ の点の個数に等しい．エタール射 $f\colon X\to\mathbb{A}_k^1$ を拡張した代数曲線の射 $\overline{f}\colon\overline{X}\to\mathbb{P}_k^1$ は実際に $\mathbb{P}_k^1$ の無限遠点で分岐していることが次の補題から分かる．

補題 8.22 代数的閉体 k 上の射影空間 $\mathbb{P}_k^1$ は単連結である.

[証明] 次数 n のエタール射 $f\colon X \to \mathbb{P}_k^1$ が存在したと仮定する. X は 1 次元正則スキームであり f は有限射であるので X は体 k 上固有である. したがって X は完備非特異代数曲線である. したがって Hurwitz の公式 (8.11) より

$$2g(X) - 2 = -2\deg f$$

が成立する. $g(X) \geqq 0$ であるのでこの等式が成立するためには $\deg f = 1$, $g(X) = 0$ でなければならない. ∎

一方種数が 1 以上の代数的閉体 k 上の完備非特異代数曲線 C に関しては $\operatorname{char} k = p$ のとき p^n 次のエタール被覆が存在することも, しないこともあり, 曲線 C によって変わってくる.

例 8.23 標数 $p > 0$ の代数的閉体 k 上の完備非特異代数曲線 C の $H^1(C, \mathcal{O}_C)$ への Frobenius 写像 F^* の作用により, $F^*a = a$ となる $H^1(C, \mathcal{O}_C)$ の元 a が存在したと仮定する (これは F^* が半単純に作用する $H^1(C, \mathcal{O}_C)$ の部分ベクトル空間が存在することを意味する). このとき元 a から次数 p のエタール被覆 $\varphi\colon X \to C$ を以下のように構成することができる. C のアフィン開被覆 $\mathcal{U} = \{U_i\}_{i \in I}$ を 1 つ選び, コホモロジー類 a は Čech の 1 コサイクル $\{f_{ij}\}$, $f_{ij} \in \Gamma(U_i \cap U_j, \mathcal{O}_C)$ から定まるとする. このとき $F^*\{f_{ij}\} = \{f_{ij}^p\}$ の定めるコホモロジー類が F^*a である. 仮定より $F^*a = a$ であるので

$$f_{ij}^p = f_{ij} + f_j - f_i$$

を満足する $f_i \in \Gamma(U_i, \mathcal{O}_C)$, $i \in I$ が存在する. そこで $U_i \times \mathbb{A}_k^1$ 内で

$$z_i^p - z_i + f_i = 0$$

で定義される閉部分スキーム $\widetilde{U}_i$ および $U_i \times \mathbb{A}_k^1$ から U_i への射影の $\widetilde{U}_i$ への制限 $\varphi_i\colon \widetilde{U}_i \to U_i$ を考えるとこれは有限エタール射である. $U_i \cap U_j$ 上で $U_i \times \mathbb{A}_k^1$ と $U_j \times \mathbb{A}_k^1$ とを

$$z_i = f_{ij} + z_j$$

とで張り合わせる. この張り合わせで $\widetilde{U}_i$ と $\widetilde{U}_j$ とが $U_i \cap U_j$ 上で張り合うことが

$$z_i^p - z_i + f_i = (f_{ij} + z_j)^p - (f_{ij} + z_j) + f_i$$

$$= z_j^p - z_j + f_{ij}^p - f_{ij} + f_i$$
$$= z_j^p - z_j + f_j$$

より分かる.$\{f_{ij}\}$ は 1 コサイクルであるので,これらは $U_i \cap U_j \cap U_k$ 上で矛盾なく張り合っている.

この張り合わせによって $X = \bigcup_{i \in I} \widetilde{U}_i$ と $\varphi: X \to C$ を得るが,φ は各 $\widetilde{U}_i$ 上でエタール射であるので φ はエタール射であり,その次数は p である. □

問7 $p = 7$ のとき $y^2 = x^3 + 1$ が定める楕円曲線 E の 7 次のエタール被覆を具体的に構成せよ.

例 8.23 のように $F^*a = a$ となる $H^1(E, \mathcal{O}_C)$ のコホモロジー類 a が存在しない場合,たとえば Frobenius 写像 F^* が $H^1(E, \mathcal{O}_C)$ にべき零やあるいは零に作用する場合には p 次のエタール被覆を構成するにはどうしたらよいのであろうか.実はこのような場合には p^n 次エタール Abel 被覆と Jacobi 多様体の p^n 等分点との関係により,p 次のエタール被覆は存在しないことが示される.このように Frobenius 写像 F^* の $H^1(E, \mathcal{O}_C)$ への作用の仕方によって曲線 C が p 次のエタール被覆を持つか否かが判定できるのである.その本質を理解するためには代数曲線 C の Jacobi 多様体 $J(C)$ と C の**エタールAbel 被覆**(abelian étale covering)$f: X \to C$($k(X)/k(C)$ が Abel 拡大となるエタール被覆)との関係を論ずる必要がある.詳細は Serre[20] を見ていただきたい.

さて今までは代数的閉体上で考察したが,もっと小さな体上で代数曲線を考えることは重要である.代数的閉体とは限らない体 k 上固有なスキーム X は k の代数的閉包 $\overline{k}$ に対して $\overline{X} = X \times_{\mathrm{Spec}\, k} \mathrm{Spec}\, \overline{k}$ が完備非特異代数曲線のとき体 k 上完備された完備非特異代数曲線といい,体 k を X の**定義体**という.X 上の可逆層 $\mathcal{L}$ は $\overline{X}$ 上の可逆層 $\overline{\mathcal{L}}$ を定めるが,Čech コホモロジー群を使うことによって

$$H^1(\overline{X}, \overline{\mathcal{L}}) \simeq H^1(X, \mathcal{L}) \otimes \overline{k}$$

であることを容易に示すことができる．したがって
$$\dim_{\bar{k}} H^1(\overline{X}, \overline{\mathcal{L}}) = \dim_k(X, \mathcal{L})$$
となり，Riemann–Roch の定理は体 k 上で成立することが分かる．因子に関しても X の k 有理点の整数結合の因子 D を考えれば $\mathcal{O}_X(D)$ は X 上の可逆層になり，因子に関する Riemann–Roch の定理も k 上で成立する．k 上の因子という概念は k 有理点から生成される自由 Abel 群よりももう少し一般化することができるのであるが割愛する．

最後に一見神秘的な 2 つの定理をあげておく．証明はそれ程難しくないが，紙数の関係で割愛せざるを得ないのは残念である．

定理 8.24（Belyi） 複素多様体上の完備非特異代数曲線 C が数体（有理数体 $\mathbb{Q}$ の有限次拡大体）上定義されているための必要十分条件は $\mathbb{P}^1_\mathbb{C}$ の $0, 1, \infty$ 上でのみ分岐する射 $f: C \to \mathbb{P}^1_\mathbb{C}$ が存在することである． □

定理 8.25（Abyhanker） 正標数の代数的閉体 k 上の完備非特異代数曲線 C に対して $\mathbb{P}^1_k$ の無限遠点のみを分岐点とする射 $f: C \to \mathbb{P}^1_k$ が必ず存在する． □

定理 8.25 は $k = \mathbb{C}$ のときは $\mathbb{P}^1_\mathbb{C} \setminus \{\infty\} = \mathbb{C}$ は単連結であるので成立し得ないことを注意しておく．正標数特有の現象の 1 つである．

問 8 代数的閉体とは限らない体 k 上定義された種数 0 の完備非特異代数曲線 C は $\mathbb{P}^1_k$ と同型であるか $\mathbb{P}^2_k$ の k 上定義された（定義方程式の係数が k の元からとれる）2 次曲線と同型であることを示せ．（ヒント：C が k 有理点を持てば $\mathbb{P}^1_k$ と同型である．）

§8.2 Jacobi 多様体

Jacobi 多様体の理論は代数曲線論の中心的役割をする重要な理論である．また代数幾何学と数論とを結びつける大切な役割を担っている．しかしながら複素多様体論では簡単に構成できる Jacobi 多様体も代数幾何学的には構成するのがきわめて面倒である．本書でもそのため Jacobi 多様体の理論の

一部を紹介することしかできない.

(a) 楕円曲線

代数的閉体とは限らない任意の体 k 上定義された種数 1 の完備非特異代数曲線 C が k 有理点 P を持つとき,対 $E=(C,P)$ を体 k 上定義された**楕円曲線**(elliptic curve)という.体 k 上定義された種数 1 の完備非特異代数曲線 C は k が代数的閉体でなければ必ずしも k 有理点を持つとは限らないので体 k 上定義された楕円曲線 $E=(C,P)$ は体 k 上定義された種数 1 の完備非特異代数曲線より強い概念であることに注意する.

楕円曲線の"楕円"は通常我々が知っている実平面の楕円(ellipse)とは直接は関係ない.通常の楕円は $\mathbb{A}^2_{\mathbb{R}} \subset \mathbb{P}^2_{\mathbb{R}}$ と実平面を実射影平面に埋め込むと実数体 $\mathbb{R}$ 上定義された非特異 2 次曲線となり種数 0 の代数曲線である.楕円曲線に楕円の名がついているのは楕円の弧長を求める積分が歴史的に楕円積分と呼ばれ,楕円積分の理論と楕円曲線との関係が明らかになったことによる.体 k 上定義された楕円曲線 $E_1=(C_1,P_1)$,$E_2=(C_2,P_2)$ は体 k 上の同型射 $\varphi: C_1 \simeq C_2$ が存在し $\varphi(P_1)=P_2$ となるとき体 k 上同型であるといい,同型射 φ をそのまま流用して $\varphi: E_1 \simeq E_2$ と記す.

楕円曲線 $E=(C,P)$ が大切なのは E が群構造を持ち**群スキーム**(group scheme)となる点にある.このことは次第に明らかになるが,ここでは k の代数的閉体 $\bar{k}$ に対して C の $\bar{k}$ に値をとる点の全体 $C(\bar{k})$ を $E(\bar{k})$ と記すことにして,$E(\bar{k})$ が P を零点とする Abel 群の構造を持つことを示そう.

まず $Q \in E(\bar{k})$ に対して $Q+Q' \sim 2P$ となる $Q' \in E(\bar{k})$ が唯一つ存在することを示す.$\deg(2P-Q)=1$ であるので Riemann–Roch の定理より $l(2P-Q)=1$ であることが分かる.$g(C)=1$ であるので $\deg K_C=0$ であることに注意する(実際は $\omega_C \simeq \mathcal{O}_C$ である).これは 0 でない元 $f \in \mathbb{L}(2P-Q)$ が存在することを意味する.$(f)+2P-Q \geqq 0$ であるが f は P で 2 位の極を持たねばならない.もし f が点 P で 1 位の極を持つとすると命題 8.19 の証明から C は $\bar{k}$ 上で $\mathbb{P}^1_k$ と同型になり $g(C)=1$ に矛盾する.よって f は点 P で 2 位の極を持ち他では正則であり,Q では少なくとも 1 位の零点を持つ.f

の零点が定める因子を $(f)_0$, f の極が定める因子を $(f)_\infty$ と記すと $\deg(f) = 0$, $\deg(f)_\infty = 2$ より $\deg(f)_0 = 2$ となり $(f)_0 = Q + Q'$ の形をしている ($Q' = Q$ となることもある). $(f) = Q + Q' - 2P$ であるので $Q + Q' \sim 2P$ である. 他に $Q + Q'' \sim 2P$ となる点 $Q'' \in E(\bar{k})$ があれば $(Q + Q') - (Q + Q'') \sim 0$ が成立する. したがって $(h) = Q' - Q''$ となる有理関数が存在するが $g(C) = 1$ であるので h は定数でなければならず $Q' = Q''$ である. これで一意性がいえた.

次に 2 点 $Q_1, Q_2 \in E(\bar{k})$ に対して $Q_1 + Q_2 + Q_3 \sim 3P$ となる $Q_3 \in E(\bar{k})$ が一意的に存在することを示そう. 上と同じ議論により $\deg(3P - Q_1 - Q_2) = 1$ であるので 0 でない $h \in \mathbb{L}(3P - Q_1 - Q_2)$ が存在する. 有理関数 h は P で高々 3 位の極を持つが $(h)_0 \geq Q_1 + Q_2$ であるので P でちょうど 2 位の極を持ち $(h) = Q_1 + Q_2 - 2P$ であるか P でちょうど 3 位の極を持ち $(h) = Q_1 + Q_2 + Q_3 - 3P$ であるかのいずれかである. 前者の場合 $Q_3 = P$ とおくことによって $Q_1 + Q_2 + Q_3 \sim 3P$ となる点 $Q_3 \in E(\bar{k})$ が存在することが分かる. 次に $Q_1 + Q_2 + Q_3' \sim 3P$ が成立したとすると $Q_3 - Q_3' = (Q_1 + Q_2 + Q_3) - (Q_1 + Q_2 + Q_3') \sim 0$ となり, 上の議論により $Q_3 = Q_3'$ となり, Q_3 が一意的に定まることが分かる. そこで $E(\bar{k})$ に和 "$\oplus$" (因子の和と区別するために和の記号を $\oplus$ で使うが, 以下しばしば通常の和 $+$ の記号も使う. 因子の和と混同しないように気をつけていただきたい) を $Q_1, Q_2 \in E(\bar{k})$ に対して $Q_1 + Q_2 + Q_3 \sim 3P$ となる Q_3 をとり, さらに $Q_3 + Q_3' \sim 2P$ となる Q_3' をとって

$$Q_1 \oplus Q_2 = Q_3'$$

と定義する.

補題 8.26 $E(\bar{k})$ は上の和 $\oplus$ によって P を零元とする Abel 群となる.

[証明] $\oplus$ の定義より $Q_1 \oplus Q_2 = Q_2 \oplus Q_1$ となることは明らかである. また $Q_2 = P$ として $Q_1 + P + Q_3 \sim 3P$ となる Q_3 をとると $Q_1 + Q_3 \sim 2P$ が成立する. したがって $Q_3' = Q_1$ でなければならない. これは $Q_1 \oplus P = Q_1$ を意味する. したがって P は $\oplus$ の零元である. また Q_1 に対して $Q_1 + Q_1' \sim 2P$ となる Q_1' は唯一存在する. したがって $Q_1 + Q_1' + P \sim 3P$ となり $\oplus$ の定義より $Q_1 \oplus Q_1' = P$ となる P は加法 $\oplus$ の零元であることが分かったので Q_1 の $\oplus$ に関する逆元は Q_1' である.

最後に結合律 $(Q_1+Q_2)\oplus R = Q_1+(Q_2\oplus R)$ を証明する必要がある.

(8.16) $$Q_1+Q_2+Q_3 \sim 3P$$
(8.17) $$Q_3+Q_3' \sim 2P$$

より $Q_1 \oplus Q_2 = Q_3'$ となる. さらに

(8.18) $$Q_3'+R+R_3 \sim 3P$$
$$R_3+R_3' \sim 2P$$

より $Q_1 \oplus Q_2 \oplus R = R_3'$ となる. 一方

(8.19) $$Q_2+R+S \sim 3P$$
(8.20) $$S+S' \sim 2P$$

より $Q_2 \oplus R = S'$ であり, さらに

(8.21) $$Q_1+S'+T \sim 3P$$
$$T+T' \sim 2P$$

より $Q_1 \oplus (Q_2+R) = T'$ である. $R_3' = T'$ であることを示す必要があるが, それには $R_3 = T$ を示せば十分である. (8.16)と(8.18)の両辺を足して(8.17)を使うことにより

$$Q_1+Q_2+R+R_3 \sim 4P$$

を得る. 同様に(8.19)と(8.21)の両辺を足して(8.20)を使うことにより

$$Q_1+Q_2+R+T \sim 4P$$

を得る. この式より $R_3-T \sim 0$ を得, 上で何度か使った議論により $R_3 = T$ であることが分かる. ∎

楕円曲線はたくさんの自己同型を持っている. 次の結果もこの事実を暗示している.

補題 8.27 体 k 上定義された2つの楕円曲線 $E=(C,P)$, $E'=(C,Q)$ に対して $\sigma^2 = id$ となる k 上の同型射 $\sigma: E \xrightarrow{\sim} E'$ が存在する. さらにこの同型射は任意の $R \in C(\bar{k})$ に対して $R+\sigma(R) \sim P+Q$ が成立するように選ぶことができる.

[証明] Riemann–Roch の定理より $l(P+Q) = 2$ であるので定数でない有理関数 $f \in \mathbb{L}(P+Q)$ が存在する. $(f)+P+Q \geqq 0$ であるので f は P, Q で高

々1位の極を持つが，PまたはQの一方だけで1位の極を持つことはない．f は定数なのでPとQとで1位の極を持つ．f から有理写像

$$\varphi: C \longrightarrow \mathbb{P}^1_k$$
$$z \longmapsto (1:f(x))$$

を作るとこれは C から $\mathbb{P}^1_k$ への次数2の射である．$(f)_\infty = P+Q$ となるからである．したがって $\overline{k}(C)/\overline{k}(\mathbb{P}^1_k)$ は2次の拡大体であり，射 φ の構成法より $\overline{k}(\mathbb{P}^1_k) = \overline{k}(x)$ とおくと $\overline{k}(C) = \overline{k}(x,f)$ であることが分かる．$f \in k(C)$ であるので拡大 $\overline{k}(C)/\overline{k}(\mathbb{P}^1_k)$ は拡大 $k(C)/k(\mathbb{P}^1_k)$ から得られることが分かる．$k(C)/k(\mathbb{P}^1_k)$ も2次拡大でありしたがって Galois 拡大である．Galois 群は2次巡回群であり，その生成元である $k(\mathbb{P}^1_k)$ 上の $k(C)$ の位数2の自己同型を τ と記す．τ は $\overline{k}(C)$ の $\overline{k}(\mathbb{P}^1_k)$ 上の自己同型をも引き起こし，$\mathbb{P}^1_k$ 上の位数2の自己同型 $\sigma: C \xrightarrow{\sim} C$ を引き起こす．$f(P) = f(Q)$ であり $\varphi^{-1}((1:f(P))) = \{P,Q\}$ であるので $\sigma(P) = Q$ でなければならない．σ は φ の各ファイバーを自分自身へ写すからである．点 $R \in C(\overline{k})$ に対して $\sigma(R)$ も R と同じファイバーに含まれており，したがって $\varphi(R) = \varphi(\sigma(R))$ である．$f(R) = a$ とすると $(f-a) = R + \sigma(R) - P - Q$ となり $R + \sigma(R) \sim P + Q$ が成り立つ．∎

次に楕円曲線 $E = (C,P)$ を射影平面 $\mathbb{P}^2_k$ の3次曲線として実現して，上で定義した楕円曲線の加法がスキームの射として定義できることを示そう．

定理 8.28 体 k 上定義された楕円曲線 $E = (C,P)$ に対して以下の条件を満足する体 k 上の閉移入 $\varphi: C \to \mathbb{P}^2_k$ が存在する．

（条件）$\varphi(C)$ は体 k 上定義された非特異3次曲線 C_0 であり点 $P_0 = \varphi(P)$ は $\varphi(C) = C_0$ の**変曲点**(inflection point, 点 P_0 での接線が3重に接する点) である．さらに体 k 上の射影変換により点 P_0 は $(0:0:1)$ かつ C_0 の定義方程式は次の形をとるようにできる．

（i） $\operatorname{char} k \neq 2,3$ のとき

(8.22) $$x_0 x_2^2 = x_1^3 + a_4 x_0^2 x_1 + a_6 x_0^3$$

（ii） $\operatorname{char} k \neq 3$ のとき

(8.23) $$x_0 x_2^2 + a_1 x_0 x_1 x_2 + a_3 x_0^2 x_2 = x_1^3 + a_4 x_0^2 x_1 + a_6 x_0^3$$

（iii） char $k \neq 2$ のとき
(8.24) $$x_0 x_2^2 = x_1^3 + a_2 x_0 x_1^2 + a_4 x_0^2 x_1 + a_6 x_0^3$$

［証明］ Riemann–Roch の定理により $l(nP) = n$ が成立する．したがって $\mathbb{L}(2P)$ の k 上の基底として $\{1, x\}$, $x \in k(C)$ がとれる．また $\mathbb{L}(3P)$ の k 上の基底として $\{1, x, y\}$ がとれる．y は P で 3 位の極を持つ．したがって

(8.25) $$1,\ x,\ y,\ x^2,\ xy,\ x^3,\ y^2$$

は $\mathbb{L}(6P)$ に属するが $l(6P) = 6$ であるのでこれら 7 個の有理関数は k 上 1 次従属である．またこれらの有理関数の中で x^3 と y^2 のみが点 P で 6 位の極を持ち，$l(5P) = 5$ より $1, x, y, x^2, xy \in \mathbb{L}(5P)$ は $\mathbb{L}(5P)$ の基底であるので，(8.25)の 7 個の有理関数間の 1 次関係式で x^3, y^2 の係数は 0 ではない．したがって(8.25)の 1 次関係式は必要であれば x を αx, $\alpha \in k^\times = k \backslash \{0\}$ に変えることによって

(8.26) $$y^2 + a_1 xy + a_3 y = x^3 + a_2 x^2 + a_4 x + a_6$$

と書くことができる．もし char $k \neq 2$ であれば y を $y + \dfrac{1}{2}(a_1 x + a_3)$ に置き換えることによって(8.26)は

(8.27) $$y^2 = x^3 + a_2 x^2 + a_4 x + a_6$$

の形に書き換えることができる．（a_2, a_4, a_6 は(8.26)の a_2, a_4, a_6 とは一般には異なる．以下も同様である．）さらに char $k \neq 3$ であれば x を $x + \dfrac{a_2}{3}$ に置き換えることによって(8.27)を

(8.28) $$y^2 = x^3 + a_4 x + a_6$$

の形に書き換えることができる．一方(8.26)は char $k \neq 3$ であれば同じ変換によって

(8.29) $$y^2 + a_1 xy + a_3 y = x^3 + a_4 x + a_6$$

の形に書き換えることができる．

ところで，定理 8.8 により因子 $3P$ は非常に豊富であり，したがって

$$\begin{aligned} \varphi\colon C &\longrightarrow \mathbb{P}^1_k \\ z &\longmapsto (1 : x(z) : y(z)) \end{aligned}$$

は閉埋入である．像 $\varphi(C)$ は非斉次方程式(8.26)で与えられる 3 次曲線で

ある.さらに x, y を上で述べたように取り替える(これは $\mathbb{P}_k^2$ の射影変換に対応する)ことによって $\varphi(C)$ の定義方程式は $(8.27), (8.28), (8.29)$ で与えられる.したがって(i), (ii), (iii)の場合にそれぞれ求める形の方程式になっている.また,C は非特異であるので $C_0 = \varphi(C)$ も非特異である.点 P では $1/y(z), x(z)/y(z)$ は零点を持ち,したがって点 P の近傍では $\varphi(z) = \left(\dfrac{1}{y(z)} : \dfrac{x(z)}{y(z)} : 1\right)$ と書けるので $\varphi(P) = (0:0:1) = P_0$ である.$\mathbb{P}_k^2$ の斉次座標 $(x_0 : x_1 : x_2)$ に対して $u = \dfrac{x_0}{x_2}, v = \dfrac{x_1}{x_2}$ とおくと $x = \dfrac{x_1}{x_0}, y = \dfrac{x_2}{x_0}$ より (8.26) は

$$u + a_1 uv + a_3 u^2 = v^3 + a_2 uv^2 + a_4 u^2 v + a_6 u^3$$

と書き換えられる.

$$h(u,v) = u + a_1 uv + a_3 u^2 - (v^3 + a_2 uv^2 + a_4 u^2 v + a_6 u^3)$$

とおくと点 $(u, v) = (0, 0)$ での接線 l_0 の式は

$$h_u(0,0)u + h_v(0,0)v = 0$$

で与えられこれは

(8.30) $$u = 0$$

になる.したがって点 P_0 での接線 l_0 と 3 次曲線 C_0 との局所交点数 $I_{P_0}(l_0, C_0)$ は §6.2(c) より

$$I_{P_0}(l_0, C_0) = \dim \mathcal{O}_{\mathbb{P}_k^2, P_0}/(h, u)$$

で与えられるが $\mathcal{O}_{\mathbb{P}_k^2, P_0}$ は多項式環 $k[u, v]$ のイデアル (u, v) に関する局所化であり $(h, u) = (u, v^3)$ であるので $I_{P_0}(l_0, C_0) = 3$ であることが分かる.よって点 P_0 は 3 次曲線 C_0 の変曲点である.接線や交点数は射影変換で不変であるので点 P_0 は $(8.27), (8.28), (8.29)$ の式で定義される 3 次曲線の変曲点である. ∎

問9 式 (8.22) の判別式 Δ を

$$\Delta = 4a_4^3 + 27a_6^2$$

と定義すると (8.22) が非特異 3 次曲線であるための必要十分条件は $\Delta \neq 0$ であ

ることを示せ.

以上の考察によって体 k 上の楕円曲線 $E=(C,P)$ は体 k の元を係数とする非特異平面 3 次曲線 C_0 と C_0 の変曲点 $P_0 \in C_0(k)$ の組 (C_0, P_0) と同型であることが分かり,さらに C_0 の定義方程式を (8.23), (8.24), (8.25) の形に,また $P_0=(0:0:1)$ にとることができることも分かった. (8.23), (8.24), (8.25) を楕円曲線の定義方程式の**標準形**という.点 $P_0=(0:0:1)$ はこのとき,無限遠直線上にある唯一の点であるので,しばしば 3 次曲線の無限遠点ということがある.

さて楕円曲線の加法を 3 次曲線の幾何学として捉えてみよう.

例題 8.29 体 k 上定義された非特異平面 3 次曲線 C_0 と変曲点 $P_0 \in C_0(k)$ の組 (C_0, P_0) に対して C_0 の $\bar{k}$ 有理点 P, Q, R を通る直線が存在するとき $P+Q+R=0$, R と P_0 を通る直線 $\overline{RP_0}$ と C_0 との交点を重複度もこめて $\{R, P_0, R'\}$ と記すとき $-R=R'$ と定義すると,これは補題 8.26 で考察した楕円曲線 (C_0, P_0) の加法 $\oplus$ と一致することを示せ.

[解] 有理点 P, Q, R を通る直線の定義方程式を $l(x_0, x_1, x_2)=0$ とする. C_0 の点 P_0 での接線の式は (8.30) より $x_0=0$ である.よって C_0 の有理関数 $f=l(x_0,x_1,x_2)/x_0$ (正確には右辺で定義される $\mathbb{P}^2_k$ の有理関数を C_0 に制限したもの) の定める主因子 (f) は
$$(f)=P+Q+R-3P_0$$
となる.よって $P \oplus Q \oplus R=0$ である.

同様に $\overline{RP_0}$ の定義方程式を $m(x_0,x_1,x_2)=0$ とすると C_0 の有理関数 $h=m(x_0,x_1,x_2)/x_0$ の定める主因子 (h) は
$$(h)=P_0+R+R'-3P_0=R+R'-2P_0$$
である.よって $R \oplus R'=0$ が成立する. ∎

以上のように 3 次曲線でみると楕円曲線の加法は幾何学的に表現でき,したがって $P, Q \in C_0(\bar{k})$ に対して和 $P+Q$ (以下和の記号を $\oplus$ ではなく通常の $+$ の記号に変える.因子の和と混同しないように注意していただきたい) を与え,3 点は P, Q の座標を使って具体的に表現でき,同様に点 $R \in C_0(\bar{k})$ に

対して逆元 $-R$ も R の座標を使って具体的に表現できる．このことから写像

$$C_0(\bar{k}) \times C_0(\bar{k}) \longrightarrow C_0(\bar{k})$$
$$(P, Q) \longmapsto P + Q$$

は体 k 上のスキームの射

$$a\colon C_0 \times C_0 \longrightarrow C_0$$

を定め，また写像

$$C_0(\bar{k}) \longrightarrow C_0(\bar{k})$$
$$R \longmapsto -R$$

は体 k 上のスキームの射

$$\iota\colon C_0 \longrightarrow C_0$$

を定めることが証明でき，一般に体 k 上の楕円曲線 (C, P) は P を零元とする体 k 上の群スキームであることが示される（図 8.1）．（群スキームについては以下の(b)を参照のこと．）

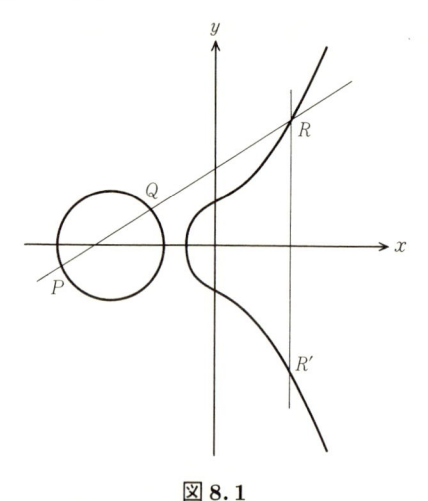

図 8.1

問10 $\mathrm{char}\,k \neq 2,3$ のとき標準形(8.22)の非特異平面3次曲線 C_0 と変曲点 $P_0 = (0:0:1)$ の組に対して $x = x_1/x_0$, $y = x_2/x_0$ とおき(8.22)の非斉次座標による表示 $y^2 = x^3 + a_4 x + a_6$ によって P_0 以外の $C_0(\bar{k})$ の点をアフィン座標を使って表示する。C_0 の $\bar{k}$ 有理点 $P = (\alpha, \beta)$, $Q = (\alpha', \beta')$ に対して $-P = (\alpha, -\beta)$ となること, また $P + Q = (\alpha'', \beta'')$ とおくと

$$\alpha'' = -(\alpha + \alpha') + \frac{(\beta - \beta')^2}{(\alpha - \alpha')^2}$$

$$-\beta'' = \frac{\beta - \beta'}{\alpha - \alpha'}(\alpha'' - \alpha) + \beta$$

と表示できることを示せ。(実際には $\beta^2 = \alpha^3 + a_4 \alpha + a_6$, $\beta'^2 = \alpha'^3 + a_4 \alpha' + a_6$ を使って, α'', β'' の右辺では β, β' に関してそれぞれ1次の項しか現れないような表示式を得ることができる。たとえば $\alpha'' = \dfrac{(a_4 + \alpha \alpha')(\alpha + \alpha') + 2a_6 - 2\beta \beta'}{(\alpha - \alpha')^2}$ が成立する。)

楕円曲線の幾何学をもう少し調べておこう。議論を簡単にするために以下主として $\mathrm{char}\,k \neq 2$ の体 k を考える。

例題8.30 標数が2でない体 k 上の楕円曲線 $E = (C, P)$ に対して $\mathbb{L}(2P)$ の体 k 上の基底 $\{1, x\}$ から定まる有理写像

$$\begin{array}{rccc} \psi: & C & \longrightarrow & \mathbb{P}^1_k \\ & z & \longmapsto & (1 : x(y)) \end{array}$$

は体 k 上の次数2の射であり, $\mathbb{P}^1_k$ の4点上で分岐していることを示せ。また C の分岐点は4点でありすべて位数2の分岐点であることを示せ。さらに k の代数的閉体 $\bar{k}$ 上で(実際は k の有限次拡大体をとれば十分である) $\mathbb{P}^1_k$ の無限遠点を固定する射影変換によってこれらの分岐点は $0, 1, \infty, \lambda$ にとることができ, このとき $\bar{k}$ 上では(8.24)の標準形は非斉次座標 $x = x_1/x_0$, $y = x_2/x_0$ を使うと

(8.31) $\qquad y^2 = x(x-1)(x-\lambda), \quad \lambda \neq 0, 1$

の形にとることができることを示せ。

[解] ψ が k 上の射になることは, x は点 P でのみ2位の極を持つので点

P の近傍では $1/x$ は正則であることより明らか.また $(x)_\infty = 2P$ であるので問 5 より $\deg \psi = 2$ である.$\operatorname{char} k \neq 2$ であるのですべての分岐点はおだやかであるので $\overline{k}$ 上で Hurwitz の公式を適用すると
$$0 = 2g(C) - 2 = 2 \times (-2) + \deg R$$
となり $\deg R = 4$ であることが分かる.ふたたび問 5 より分岐指数 2 の分岐点が 4 点あることが分かる.特に $(x)_\infty = 2P$ であるので点 P は分岐点であり $\psi(P) = (0:1) = \infty$ である.ほかの $\mathbb{P}_k^1$ での分岐点を $(1:\alpha_1)$, $(1:\alpha_2)$, $(1:\alpha_3)$, $\alpha_i \in \overline{k}$ と記すと無限遠点を固定する射影変換は $\mathbb{P}_k^1$ の斉次座標を $(z_0:z_1)$,非斉次座標を $z = z_1/z_0$ とおくと $z \mapsto \alpha z + \beta$ の形をしている.$\alpha_1, \alpha_2, \alpha_3$ はすべて相異なるので,射影変換 $z \mapsto \dfrac{1}{\alpha_2 - \alpha_1}(z - \alpha_1)$ が求める変換である.このとき $\lambda = \dfrac{\alpha_3 - \alpha_1}{\alpha_2 - \alpha_1}$ である.

一方,式 (8.24) を非斉次座標で表わすと
$$y^2 = x^3 + a_2 x^2 + a_4 x + a_6$$
と書け,この右辺を $\overline{k}$ で因数分解すると
(8.32) $$y^2 = (x - \beta_1)(x - \beta_2)(x - \beta_3)$$
を得る.この関係式は C の $\overline{k}$ 上の関数体 $\overline{k}(C)$ での関係式とみることができ,$\deg(x - \beta_i)_0 = 2$ であることより,この関係式から $(x - \beta_i)_0 = 2Q_i$, $i = 1, 2, 3$ と書けることが分かる.したがって Q_1, Q_2, Q_3 は ψ の分岐点であり $\{\alpha_1, \alpha_2, \alpha_3\} = \{\beta_1, \beta_2, \beta_3\}$ であることが分かる.よって変数変換 $x \mapsto \dfrac{1}{\alpha_2 - \alpha_1}(x - \alpha_1)$ を行なうことによって式 (8.32) は式 (8.31) へ変換されることが分かる.∎

上の例題では分岐がおだやかであることが重要なポイントになっている.標数 2 では非斉次座標で
$$y^2 + y = x^3$$
で定義される 3 次曲線 C_0 は非特異 3 次曲線であり,標数 2 の素体 $\mathbb{F}_2$ 上で定義された楕円曲線 $E = (C_0, (0:0:1))$ を定める.このとき例題 8.30 と同様に射 ψ を定義できるが,例題 8.16 により(標数 2 であるので $-1 = 1$ に注意!)C_0 は $\mathbb{P}_k^1$ の無限遠点でのみ分岐し,無限遠点上には C_0 の点は 1 点しか現れ

ない．したがって分岐点はただ1点であり，分岐は野性的であることが分かる．

例題 8.31 標数が2でない体k上非斉次座標
$$y^2 = x(x-1)(x-\lambda), \quad \lambda \neq 0, 1$$
で定義される楕円曲線の**2等分点**(2-torsion point)すなわち$P+P=0$となる点は$(x,y)=(0,0),(1,0),(\lambda,0)$および無限遠点$P_0$の4点であり，これらは$\mathbb{Z}/(2) \oplus \mathbb{Z}/(2)$と同型な$E(\overline{k})$の部分群であることを示せ．

［解］$P+P=0$となることはPと$P_0 = (0:0:1)$とを結ぶ直線lに対して$l \cap C_0 = \{P, P, P_0\}$が成立することであり，これは$l$が点$P$での$C_0$の接線であることを意味する．無限遠点$(0:0:1)$を通る直線の式は$\alpha x_0 - \beta x_1 = 0$と書けるので，非斉次座標では$x=a$の形をしている．一方アフィン曲線$y^2 = x(x-1)(x-\lambda)$上の点$(a,b)$での接線の式は$F(x,y) = y^2 - x(x-1)(x-\lambda)$とおくと
$$F_x(a,b)(x-a) + F_y(a,b)(y-b) = 0$$
である．これが$x=a$の形になるためには$F_y(a,b) = 2b = 0$でなければならない．したがって$a = 0, 1, \lambda$のいずれかである．またこのとき$F_x(a, 0) \neq 0$であることは$\lambda \neq 0, 1$より明らかである．$P_1 = (0,0)$, $P_2 = (1,0)$, $P_3 = (\lambda, 0)$とおくとこの3点は非斉次座標で$y=0$で表わされる直線上にあり，$P_1 + P_2 + P_3 = 0$が成立する．また$P_i + P_i = 0$より$-P_i = P_i$が成立する．したがって$\{i,j,k\} = \{1,2,3\}$のとき$P_i + P_j = P_k$が成立する．これより$\{P_0, P_1, P_2, P_3\}$は$E(\overline{k})$の位数4の部分群となり$\mathbb{Z}/(2) \oplus \mathbb{Z}/(2)$と同型であることが分かる． ∎

体k上定義された楕円曲線$E = (C, P_0)$の$\overline{k}$有理点$P \in E(\overline{k})$と任意の正整数nに対して$E(\overline{k})$での和$\underbrace{P + P + \cdots + P}_{n}$を$n \cdot P$と記す．因子と区別するために$n \cdot P$と本書では記すが$nP$と略記することも多い．上の例題は Abel 群の準同型写像

$$2_{E,\bar{k}}\colon\ E(\bar{k}) \longrightarrow E(\bar{k})$$
$$P \longmapsto 2\cdot P$$

の核 $\operatorname{Ker} 2_{E,\bar{k}}$ が $\mathbb{Z}/(2)\oplus\mathbb{Z}/(2)$ と同型であることを意味している．さらに $2_{E,\bar{k}}$ はスキームの射 $2_E\colon E\to E$（正確には $2_E\colon C\to C$ で $2_E(P_0)=P_0$ というべきだが）の定める $\bar{k}$ 有理点全体の間の写像であることも分かる．この事実は次のように一般化できる．

命題 8.32 体 k 上定義された楕円曲線 $E=(C,P_0)$ と正整数 n に対して Abel 群の準同型写像

$$n_{E,\bar{k}}\colon\ E(\bar{k}) \longrightarrow E(\bar{k})$$
$$Q \longmapsto n\cdot Q$$

は全射であり，対応するスキームの射 $n_E\colon E\to E$ の次数は n^2 である．さらに $\operatorname{char} k=0$ であるか n と $\operatorname{char} k$ が素であれば $\operatorname{Ker} n_{E,\bar{k}}$ は $\mathbb{Z}/(n)\oplus\mathbb{Z}/(n)$ と同型である．

［証明］ $n_{E,\bar{k}}$ はスキームの射 $n_E\colon C\to C$ からきているので，$n_E(C)$ が点でないことを示せば $n_{E,\bar{k}}$ は全射であることが分かる．n に関する帰納法で $n_E(C)$ は点でないことを示す．$n=1$ のときは自明である．$n=2$ のときは $\operatorname{char} k\neq 2$ であれば例題 8.31 より $\deg n_E=4$ であることが分かる．$\operatorname{char} k=2$ のときは $2\cdot P$ の座標を P の座標を使って具体的に表示することによって $n_E(C)$ は点でないことが分かる．次に $m<n$ に対して $m_E(C)$ は点でないことが示されたと仮定する．n が偶数 $2m$ であれば $n_E=2_E\circ m_E$ であり，帰納法の仮定により $n_E=2_E(m_E(C))$ は 1 点ではあり得ない．n が奇数 $2m+1$ のとき $n_E(C)$ が 1 点であったと仮定する．$n\cdot P_0=P_0$ であるので $n_E(C)=P_0$ である．したがって任意の点 $P\in E(\bar{k})$ に対して $n\cdot P=0$ が成立する．よって $(2m+1)\cdot P=0$ より $2m\cdot P=-P$ が成り立つことが分かる．これは $2m_E=\iota$ を意味する．ここで $\iota\colon E\to E$ は点 P に点 $-P$ を対応させる射である．$\deg\iota=1$ であり，一方 $\deg 2m_E=\deg 2_E\circ m_E=\deg n_E\cdot\deg m_E=4\deg m_E\geqq 4$ であるのでこれは矛盾である．よって n_E は有限射であること

が分かり，$n_{E,\bar{k}}$ は全射であることが示された．

$\deg n_E = n^2$ および $\mathrm{Ker}\, n_E$ の構造に関してはさらに準備が必要であるので証明は割愛せざるを得ない． ∎

上の命題で述べなかった $(n,p)=p$ のときは $\mathrm{Ker}\, n_E$ の構造は複雑であり，有限群スキームの言葉が必要になるので後に触れることにする．

さて楕円曲線については述べるべきことはたくさんあるが紙数の関係もあり，ここでは**モジュライ**(moduli)について簡単に述べるだけにする．楕円曲線のモジュライの問題とは，体 k 上定義された2つの楕円曲線 $E=(C,P)$, $E'=(C',P')$ が同型であることを判定できるある種の**不変量**(invariants)を見出す問題である．以下話を簡単にするために体 k は代数的閉体と仮定して議論することにする．また $\mathrm{char}\, k \neq 2$ と仮定する．するとすべての体 k 上の楕円曲線は3次曲線

(8.33) $$y^2 = x(x-1)(x-\lambda)$$

と同型になる．この3次曲線の無限遠点，すなわち(8.33)のアフィン曲線上にない点は $(0:0:1)$ のみであり，この点は楕円曲線の加法の零になる点である．以下この点を 0_λ，λ を記す必要がないときは単に0と記す．今後は(8.33)の3次曲線を考える際には点 0_λ も同時に考えることにして，楕円曲線

(8.34) $$E_\lambda : y^2 = x(x-1)(x-\lambda)$$

と記すことにする．通常の(すなわち点 0_λ を考慮しない)3次曲線も E_λ と記す．したがって楕円曲線としての同型 $\varphi: E_\lambda \simeq E_{\lambda'}$ では暗黙のうちに $\varphi(0_\lambda) = 0_{\lambda'}$ という条件が課されていることに注意する．

さて問題は楕円曲線としての同型 $\varphi: E_\lambda \simeq E_{\lambda'}$ が存在するための必要十分条件を λ, λ' を使って与えることである．楕円曲線 E_λ の表示(8.34)は $\mathbb{L}(2 0_\lambda)$ の基底 $\{1, x\}$ を使って2次の分岐被覆 $\pi_\lambda: E_\lambda \to \mathbb{P}^1_k$ を $\mathbb{P}^1_k$ の分岐点が $0, 1, \lambda, \infty$ であるように規格化することによって得られた．楕円曲線の同型 $\varphi: E_\lambda \simeq E_{\lambda'}$ が存在すれば $\varphi(0_\lambda) = 0_{\lambda'}$ であり，したがって，$\varphi^*: \mathbb{L}(2 0_\lambda) \simeq \mathbb{L}(2 0_{\lambda'})$ ができる．このことより図式

$$
\begin{array}{ccc}
E_\lambda & \xrightarrow{\varphi} & E_{\lambda'} \\
\pi_\lambda \downarrow & & \downarrow \pi_{\lambda'} \\
\mathbb{P}_k^1 & \xrightarrow{\sigma} & \mathbb{P}_k^1
\end{array}
$$

を可換にする $\mathbb{P}_k^1$ の射影変換 σ が存在する.このとき $\varphi(0_\lambda) = 0_{\lambda'}$ より $\sigma((0:1)) = (0:1)$ である.よって射影変換 σ は $\{0,1,\lambda\}$ を順序は入れ替わるかもしれないが $\{0,1,\lambda'\}$ に写す.このような $\mathbb{P}_k^1$ の射影変換 σ を求めてみよう.$0,1,\lambda$ のそれぞれに $0,1,\lambda'$ のいずれかをそれぞれ重複なく対応させるやり方は 6 通りであるので 6 通りの射影変換が期待される.射影変換 σ は $\mathbb{P}_k^1$ の無限遠点 ∞ を固定するので $\sigma(x) = \alpha x + \beta$ の形をしている.たとえば $\sigma(0) = 1$, $\sigma(1) = \lambda'$, $\sigma(\lambda) = 0$ のときは $\beta = 1$, $\alpha = -\dfrac{1}{\lambda} = 1$ となり $\lambda' = 1 - \dfrac{1}{\lambda} = \dfrac{\lambda-1}{\lambda}$ である.$\sigma(0) = \lambda'$, $\sigma(1) = 0$, $\sigma(\lambda) = 1$ のときは $\sigma(x) = \dfrac{-x+1}{1-\lambda}$ となり $\lambda' = \dfrac{1}{1-\lambda}$ となる.このようにして,実際に 6 個の射影変換 σ を見出すことができる.実際には,$0,1,\lambda$ の置換の全体 S_3 は 3 次対称群であるので $\tau \in S_3$ に対して $\sigma(\tau(0)) = 0$, $\sigma(\tau(1)) = 1$ となる射影変換 $\sigma(x) = \alpha x + \beta$ が求めるものであり,$\lambda' = \sigma(\tau(\lambda))$ である.このようにして λ' は次の 6 個のいずれかであることが分かる.

$$\lambda, \quad \frac{1}{\lambda}, \quad 1-\lambda, \quad \frac{1}{1-\lambda}, \quad \frac{\lambda}{\lambda-1}, \quad \frac{\lambda-1}{\lambda}$$

逆に λ' がこのいずれかであったと仮定する.たとえば $\lambda' = \dfrac{\lambda-1}{\lambda}$ のときを考えよう.これは $\tau \in S_3$ が $\tau(0) = \lambda$, $\tau(1) = 0$, $\tau(\lambda) = 1$ の場合に相当し,$\sigma(x) = \dfrac{\lambda-x}{\lambda}$ の場合である.このとき楕円曲線 $E_\lambda: y^2 = x(x-1)(x-\lambda)$ と $E_{\lambda'}: y^2 = x(x-1)(x-\lambda')$ との間には点の対応 $(x,y) \mapsto \left(1 - \dfrac{x}{\lambda}, \dfrac{y}{\sqrt{-\lambda}}\right)$ によって同型射が定まる.$x' = 1 - \dfrac{x}{\lambda}$ とおくと $x = \lambda(1-x')$ となり $y^2 = x(x-1)(x-\lambda)$ は $y^2 = \lambda(1-x')\{\lambda(1-x')-1\}\{\lambda(1-x')-\lambda\} = -\lambda x'(x'-1)(x'-\lambda')$ (ただし $\lambda' = \dfrac{\lambda-1}{\lambda}$) と書くことができるからである.したがって楕円曲線 E_λ と $E_{\lambda'}$ とが同型であるための必要十分条件が求められた.これを補題

の形に書いておく.

補題 8.33 標数 2 以外の代数的閉体 k 上の楕円曲線 $E_\lambda : y^2 = x(x-1)(x-\lambda)$ と $E_{\lambda'} : y^2 = x(x-1)(x-\lambda')$ が同型であるための必要十分条件は λ' が

$$(8.35) \qquad \lambda, \ \frac{1}{\lambda}, \ 1-\lambda, \ \frac{1}{1-\lambda}, \ \frac{\lambda}{\lambda-1}, \ \frac{\lambda-1}{\lambda}$$

のいずれかと一致することである. □

いささか天下り的であるが楕円曲線 E_λ の **j 不変量**(j-invariant) $j(E_\lambda)$ を λ に対して

$$(8.36) \qquad j(\lambda) = 2^8 \cdot \frac{(\lambda^2 - \lambda + 1)^3}{\lambda^2 (\lambda-1)^2}$$

とおいて $j(E_\lambda) = j(\lambda)$ と定義する. 2^8 という不思議な係数がついているのは実は $j(E_\lambda)$ は (8.24) の a_2, a_4, a_6 の有理式として表示でき,さらに標数 2 のときの標準形のときも a_1, a_3, a_4, a_6 を使って表示することが可能になるようにするためである. $j(\lambda)$ は $\lambda = 0, 1$ でアフィン直線 $\mathbb{A}_k^1$ 上の有理関数として極を持つが,$y^2 = x(x-1)(x-\lambda)$ が楕円曲線であるためには $\lambda \neq 0, 1$ であるので $j(\lambda)$ を楕円曲線 E_λ の j 不変量と定義することに矛盾はない. $j(\lambda)$ の持つ大切な性質として

$$(8.37) \qquad j\left(\frac{1}{\lambda}\right) = j(\lambda), \quad j(1-\lambda) = j(\lambda)$$

がある. これは (8.36) よりただちに分かる. ところで $\lambda \in k \setminus \{0, 1\}$ であるが λ を $\mathbb{P}_k^1$ の非斉次座標とみると λ に (8.35) の 6 個のいずれかを対応させる写像は $\{0, 1, \infty\}$ の順序を変えるかもしれないが自分自身に写す $\mathbb{P}_k^1$ の射影変換になっている. こうした射影変換の全体は 3 次対称群 S_3 と同型な群をなし $\sigma(\lambda) = \frac{1}{\lambda}$, $\sigma(\lambda) = 1 - \lambda$ の 2 個の射影変換から生成される. たとえば $\tau(\lambda) = \frac{\lambda}{\lambda - 1}$ は $\tau = \sigma_2 \circ \sigma_1 \circ \sigma_2$ と書ける. σ_1, σ_2 から生成されるこの群を G と記すと,(8.37) より任意の $\tau \in G$ に対して $j(\sigma(\tau)) = j(\tau)$ であることが分かる. したがって補題 8.33 より $E_\lambda \simeq E_{\lambda'}$ であれば $j(E_\lambda) = j(E_{\lambda'})$ であることが分かる.

では逆に $j(\lambda) = j(\lambda')$ が成立すれば λ と λ' の間にどのような関係があるであろうか．(8.36)の $j(\lambda)$ を使って定義される射

(8.38)
$$\begin{array}{rccc}\varphi: & \mathbb{P}^1_k & \longrightarrow & \mathbb{P}^1_k \\ & (1:\lambda) & \longmapsto & (1:j(\lambda))\end{array}$$

は次数 6 の有限射であり，射 φ は関数体の拡大 $k(\lambda)/k(j)$ に対応している．S_3 と同型な群 G の各元は $k(\lambda)$ の $k(j)$ 上の自己同型を引き起こし，$|G| = 6$, $[k(\lambda):k(j)] = 6$ であるので，拡大 $k(\lambda)/k(j)$ は G を Galois 群とする Galois 拡大である．したがって $j(\lambda_0) = j(\lambda'_0)$, $\lambda_0, \lambda'_0 \in k\setminus\{0,1\}$ であれば $\lambda'_0 = \tau(\lambda_0)$ となる $\tau \in G$ が存在する．これは $E_{\lambda_0} \simeq E_{\lambda'_0}$ であることを意味する．また射 φ による $\mathbb{P}^1_k$ の点 $0, 1, \infty$ の像は ∞ である．以上の議論によって次の定理が証明された．

定理 8.34 標数が 2 以外の代数的閉体 k 上の楕円曲線 $E_\lambda: y^2 = x(x-1)(x-\lambda)$, $\lambda \in k\setminus\{0,1\}$ に対して $E_\lambda \simeq E_{\lambda'}$ であるための必要十分条件は $j(E_\lambda) = j(E_{\lambda'})$ となることである．また任意の $j \in k$ に対して $j = j(E_\lambda)$ となる楕円曲線 E_λ が存在する． □

問 11 (8.38)の射 $\varphi: \mathbb{P}^1_k \to \mathbb{P}^1_k$ は $j = 0, 1728 = 2^6 \cdot 3^3, \infty$ のみが分岐点であることを示せ．したがって $j \in k$, $j \neq 0, 1728$ であれば $j(E_\lambda) = j$ となる λ の値は 6 個ある．一方 $j = 0$ のときは $j(E_\lambda) = 0$ となる λ は $\lambda^2 - \lambda + 1 = 0$ の根 $-\rho, -\rho^2$, ρ は 1 の原始 3 乗根，であり，これらの λ での φ の分岐指数は 3 である．また $j = 1728$ のときは $j(E_\lambda) = 1728$ となる λ は $-1, 2, \dfrac{1}{2}$ の 3 個であり，これらの λ で φ の分岐指数は 2 であることを示せ．

例 8.35 以下 $\operatorname{char} k \neq 2$ の体 k で考える．

(1) $C: y^2 = x^3 - x$ は $x^3 - x = x(x-1)(x+1)$ であるので $\lambda = -1$ に対応し，この楕円曲線の j 不変量は 1728 である．この楕円曲線は 1 の原始 4 乗根を i と記すと対応 $(x, y) \mapsto (-x, iy)$ によって位数 4 の自己同型写像 σ を持つ．

（2） $C: y^2 = x^3 - 1$. これは(8.31)の標準形をしていないが，1の原始3乗根の1つを ρ とおくとこれは $y^2 = x(x-1)(x+\rho^2)$ と同型である．よって $j(-\rho^2) = 0$ となり $j(C) = 0$ である．C は対応 $(x,y) \mapsto (\rho x, -y)$ によって位数6の自己同型を持つ． □

注意 8.36 (8.31)の標準形
$$y^2 = x(x-1)(x-\lambda)$$
は $\lambda \in k \backslash \{0,1\}$ をすべて考えることによって $(\mathbb{P}_k^1 \backslash \{0,1,\infty\}) \times \mathbb{P}_k^2$ の閉部分スキーム $\mathcal{E}$ と体 k 上の自然な射 $\pi \colon \mathcal{E} \to \mathbb{P}_k^1 \backslash \{0,1,\infty\} = \mathbb{A}_k^1 \backslash \{0,1\}$ を与える．$\mathcal{E}$ は体 k 上の正則スキームであり，π は固有かつ滑らかな射である．$\lambda \in \mathbb{A}_k^1 \backslash \{0,1\}$ 上の π のファイバー $\mathcal{E}_\lambda$ は楕円曲線 E_λ に他ならない．また $\lambda \in \mathbb{A}_k^1 \backslash \{0,1\}$ 上に $(\lambda, (0:0:1))$ を対応させることによって体 k 上の射 $\mu \colon \mathbb{A}_k^1 \backslash \{0,1\} \to \mathcal{E}$ が定まる．$\mu(\lambda)$ は E_λ の加法の零であり $\pi \circ \mu = id$ であることも射 μ の作り方から明らかである．このように $\mathbb{A}_k^1 \backslash \{0,1\} = \operatorname{Spec} k[\lambda] \backslash \{0,1\}$ 上には楕円曲線の族が $\lambda \in \mathbb{A}_k^1 \backslash \{0,1\}$ 上に楕円曲線 E_λ がファイバーになるように構成できる．しかしながら $\mathbb{A}_k^1 = \operatorname{Spec} k[j]$ 上に各 $j \in \mathbb{A}_k^1$ に対して j 不変量が j であるような楕円曲線の滑らかな族を構成することはできないことが知られている．

一方，$j \neq 0, 1728$ のとき任意標数の体で
$$y^2 + xy = x^3 - \frac{36}{j-1728}x - \frac{1}{j-1728}$$
は j 不変量が j の楕円曲線を表わす．したがって $\operatorname{Spec} k\left[j, \dfrac{1}{j-1728}, \dfrac{1}{j}\right] = \mathbb{A}_k^1 \backslash \{0, 1728\}$ 上には楕円曲線の滑らかな族が構成できるが，この族は $j = 0, 1728$ 上には滑らかには拡張することができない．ちなみに j 不変量が0である楕円曲線は任意標数の体上
$$y^2 + y = x^3$$
で与えられる．（標数2のときは $1728 = 0$ である．）

今まで楕円曲線を代数幾何学的に考察してきたが $k = \mathbb{C}$ の楕円曲線は複素多様体として考察することができる．$f(x) \in \mathbb{C}[x]$ を相異なる根を持つ3次式または4次式とすると $y^2 = f(x)$ は楕円曲線 E を定める．E 上の正則1次微分形式 $\omega = \dfrac{dx}{y}$ は $\dfrac{dx}{\sqrt{f(x)}}$ と書くこともできる．E を複素多様体と考える

と正則1次微分形式 ω の積分を考えることができる．E は位相幾何学的にはトーラスの形をしており，E の点 P_0 から点 Q への積分 $\int_{P_0}^{Q} \omega$ は積分路のとり方によって違ってくる．その違いは E の1次元ホモロジー $H_1(E, \mathbb{Z})$ の元 γ に沿った積分 $\int_{\gamma} \omega$ で表わされる．E の1次元ホモロジーの基底 α, β を

$$\mathrm{Im}\left(\int_{\beta}\omega \Big/ \int_{\alpha}\omega\right) > 0$$

であるように選ぶことができる．さらに ω を $\omega \big/ \int_{\alpha}\omega$ に取り替えることによって $\int_{\alpha}\omega = 1, \int_{\beta}\omega = \tau$ と仮定することができる．このとき $\mathrm{Im}\,\tau > 0$ である．複素数体 $\mathbb{C}$ を加群とみて $\mathbb{C}$ 内に 1 と τ で生成される $\mathbb{Z}$ 加群 $L_\tau = \mathbb{Z}\cdot 1 + \mathbb{Z}\cdot \tau$ を考えて商 $E_\tau = \mathbb{C}/L_\tau$ を作るとこれは Abel 群の構造のみならず1次元コンパクト複素多様体の構造を持つ．このとき積分によって写像

$$\psi: E \longrightarrow E_\tau$$
$$Q \longmapsto \left[\int_{P_0}^{Q}\omega\right]$$

をつくることができる．ここで $\left[\int_{P_0}^{Q}\omega\right]$ は $\int_{P_0}^{Q}\omega$ の定める E_τ での同値類を表わす．$\mathbb{C}$ 上の楕円曲線の理論の基礎は写像 ψ が E から E_τ への複素解析的同型写像を与えることにある．楕円関数論が19世紀初頭，Abel, Jacobi, Gauss によって建設されたとき，彼らは実質的に写像 ψ を基にした．P_0 を E の Abel 群の零元にとっておけば ψ は Abel 群としての同型写像になることも比較的容易に示すことができる．また $j(\tau) = j(E_\tau)$ は上半平面 $H = \{\tau \in \mathbb{C} \mid \mathrm{Im}\,\tau > 0\}$ 上の正則関数となり，$\begin{pmatrix} a & b \\ c & d \end{pmatrix} \in SL(2, \mathbb{Z})$ に対して

$$j\left(\frac{a\tau+b}{c\tau+d}\right) = j(\tau)$$

が成立する．j は**楕円モジュラー関数**(elliptic modular function)と呼ばれる．

(b) 群スキーム

スキーム S 上のスキームのなす圏 (Sch)/S から群のなす圏 (Group) への反変関手 $\underline{G}$ がスキーム G によって表現可能のとき G を(正確には構造

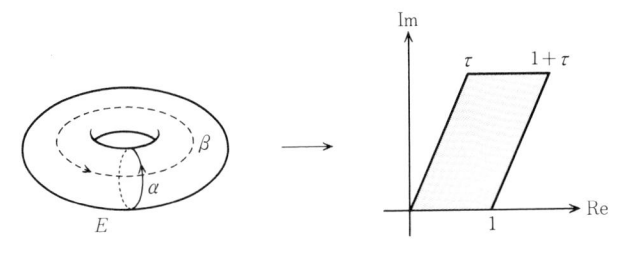

図 8.2

射 $\pi\colon G\to S$ も込めて）S 上の**群スキーム**(group scheme)という．言い換えれば S 上のスキーム $\pi\colon G\to S$ が任意の $X\in (\mathrm{Sch})/S$ に対して $\underline{G}(X)=\mathrm{Hom}_S(X,G)$ が群であり，S 上の射 $f\colon X\to Y$ に対して自然な写像 $\underline{G}(f)\colon \underline{G}(Y)\to \underline{G}(X)$ が群の準同型写像であるとき $\pi\colon G\to S$ を S 上の群スキームという．また $\underline{G}(X)$ が可換群のとき**可換群スキーム**(commutative group scheme)という．

$\pi\colon G\to S$ が S 上の群スキームになる条件をスキームの言葉を使って書いてみよう．$X\in (\mathrm{Sch})/S$ に対して $\underline{G}(X)=\mathrm{Hom}_S(X,G)$ が群であるので群の乗法 $\underline{G}(X)\times \underline{G}(X)\to \underline{G}(X)$ が定義されている．このとき $\underline{G}(X)\times \underline{G}(X)=\mathrm{Hom}_S(X,G\times_S G)$ と見ることができ任意のスキームの射 $f\colon X\to Y$ に対して可換図式

$$\begin{array}{ccc}\mathrm{Hom}_S(Y,G\times_S G) & \longrightarrow & \mathrm{Hom}_S(Y,G) \\ \downarrow & & \downarrow \\ \mathrm{Hom}_S(X,G\times_S G) & \longrightarrow & \mathrm{Hom}_S(X,G)\end{array}$$

が成り立つ．これより $\mathrm{Hom}_S(X,G\times_S G)\to \mathrm{Hom}_S(X,G)$ は S 上のスキームの射

$$m\colon G\times_S G \longrightarrow G$$

から導かれることが分かる．すなわち $h_1, h_2\in \underline{G}(X)=\mathrm{Hom}_S(X,G)$ が定める $H=(h_1,h_2)\in \mathrm{Hom}_S(X,G\times_S G)$ に対して $m\circ H\in \mathrm{Hom}_S(X)=\underline{G}(X)$ が $\underline{G}(X)$ の群としての乗法 $h_1\cdot h_2$ を表わしている．射 m を群スキームの**乗法射**(multiplication morphism)という．同様に $\underline{G}(X)$ の単位元を考えると，任意

の S 上の射 $f: X \to Y$ に対して $\underline{G}(Y) \to \underline{G}(X)$ は群の準同型写像であるので単位元は単位元に写る．このことから $\underline{G}(X)$ の単位元は**単位元射**（identity point morphism）

$$e: S \longrightarrow G$$

から導かれる．すなわち $h: X \to S$ が X の構造射のとき $e \circ h \in \mathrm{Hom}_S(X, G)$ が $\underline{G}(X)$ の単位元である．単位元射 e はもちろん S 上の射であるので $\pi \circ e = id_S$ を満足する．また逆元をとることによってできる写像 $\underline{G}(X) \to \underline{G}(X)$ は**逆元射**（inverse morphism）

$$i: G \longrightarrow G$$

から導かれる．すなわち $h \in \mathrm{Hom}_S(X, G) = \underline{G}(X)$ に対して $i \circ h$ が $\underline{G}(X)$ での h の逆元を与える．射 i は S 上の射であるので $i \circ \pi = \pi$ が成り立つ．

さて $\pi: G \to S$ が群スキームになる条件を乗法射 $m: G \times_S G \to G$，単位元射 $e: S \to G$，逆元射 $i: G \to G$ を使って表現することができる．$\underline{G}(X) = \mathrm{Hom}_S(X, G)$ によって関手 $\underline{G}$ を定義するとき，上記の演算によって $\underline{G}(X)$ が群になることが証明できれば，任意の S 上の射 $f: X \to Y$ に対して $\underline{G}(Y) \to \underline{G}(X)$ が群の準同型写像であることは明らかである．$h_1, h_2 \in \underline{G}(X)$ に対して乗法を $h_1 \cdot h_2 = m \circ H$，$H = (h_1, h_2)$ と定義したとき，これが任意の $X \in (\mathrm{Sch})/S$ に対して結合法則を満たすためには次の図式が可換であることが必要十分である．

$$(8.39) \quad \begin{array}{ccc} G \times_S G \times_S G & \stackrel{m \times id_G}{\longrightarrow} & G \times_S G \\ {\scriptstyle id_G \times m} \downarrow & & \downarrow {\scriptstyle m} \\ G \times_S G & \stackrel{m}{\longrightarrow} & G \end{array}$$

さらに単位元射 e が単位元を与えるための必要十分条件は次の図式が可換であることである．

$$(8.40) \quad \begin{array}{ccc} G \times_S S & \stackrel{id_G \times e}{\longrightarrow} & G \times G \\ \downarrow & & \downarrow {\scriptstyle m} \\ G & \stackrel{id_G}{\longrightarrow} & G \end{array}$$

ただし左の射 $G \times_S S \to G$ は同型射である.さらに逆元射 i が $\underline{G}(X)$ の逆元を与えるための必要十分条件は以下の図式が可換であることである.

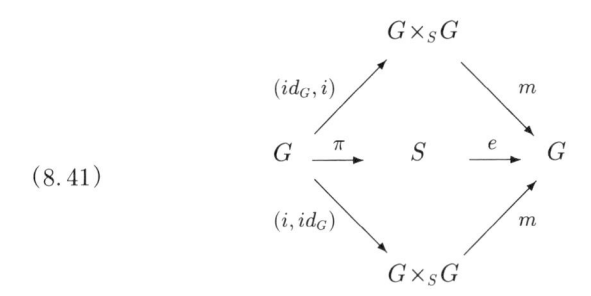

(8.41)
$$\begin{array}{ccccc}
 & & G \times_S G & & \\
 & {\scriptstyle (id_G, i)} \nearrow & & \searrow {\scriptstyle m} & \\
G & \xrightarrow{\pi} & S & \xrightarrow{e} & G \\
 & {\scriptstyle (i, id_G)} \searrow & & \nearrow {\scriptstyle m} & \\
 & & G \times_S G & &
\end{array}$$

また,通常の群のときと同様に群スキームの射,部分群スキームなどの概念が定義できる.たとえば群スキーム G の閉部分スキーム H に対して $\mathrm{Hom}_S(X, H)$ が $\mathrm{Hom}_S(X, G)$ の部分群になるとき H を**部分群スキーム**という.また群スキームの射 $f: G_1 \to G_2$ に対して G_1 の部分群スキームとして核 $\mathrm{Ker}\, f$ が定義できることが知られている.

特に群スキームがアフィンスキームであるとき**アフィン群スキーム**という.以下では主として体 k 上の群スキームを考察することにする.

体 k 上のアフィン群スキーム $G = \mathrm{Spec}\, A$ に対しては以上の条件を可換環の言葉で書き直すことができる.乗法射 $m: G \times G \to G$(以下では,$\mathrm{Spec}\, k$ 上のファイバー積がたくさん出てくるが,$X \times_{\mathrm{Spec}\, k} Y$ を $X \times Y$ と略記する)は可換環の k 準同型写像

$$\Delta: A \longrightarrow A \otimes_k A$$

に対応する.この準同型写像を**余乗法**(comultiplication)と呼ぶ.また単位元射 $\mathrm{Spec}\, k \to G$ は k 準同型写像

$$\epsilon: A \longrightarrow k$$

に対応する.この準同型写像を**余単位元**(counit または augmentation)と呼ぶ.また逆元射は k 準同型写像

$$s: A \longrightarrow A$$

に対応する．この準同型写像を**余逆元**(coinverse)と呼ぶ．このとき乗法射，単位元射，逆元射に対する上記の可換図式は今度は k 準同型写像の以下の3つの可換図式になる．

$$\begin{array}{ccc}
A\otimes_k A\otimes_k A & \xleftarrow{\Delta\otimes id_A} & A\otimes_k A \\
{\scriptstyle id_A\otimes\Delta}\uparrow & & \uparrow{\scriptstyle\Delta} \\
A\otimes_k A & \xleftarrow{\Delta} & A
\end{array}$$

$$\begin{array}{ccc}
A\otimes_k k & \xleftarrow{id_A\otimes\epsilon} & A\otimes_k A \\
\uparrow & & \uparrow{\scriptstyle\Delta} \\
A & \xleftarrow{id_A} & A
\end{array}$$

$$\begin{array}{ccc}
A & \xleftarrow{(s,id_A)} & A\otimes_k A \\
\uparrow & & \uparrow{\scriptstyle\Delta} \\
k & \xleftarrow{\epsilon} & A
\end{array}$$

A が体 k 上有限次元のとき $G=\operatorname{Spec} A$ を**有限群スキーム**(finite group scheme)という．このとき $\dim_k A$ を有限群スキームの**位数**ということがある．

さて $G=\operatorname{Spec} A$ が有限可換群スキームの場合を考えよう．A は k 代数であるので k 代数の構造を与える準同型写像 $u:k\to A$ および積から自然に定まる準同型写像 $\mu:A\otimes_k A\to A$ が存在する．A を k 上のベクトル空間と見て，その双対空間を A^D と記す．すなわち A^D は A から k への k 線形写像の全体 $\operatorname{Hom}_k(A,k)$ である．すると $A^D\otimes_k A^D=\operatorname{Hom}_k(A\otimes_k A,k)=(A\otimes_k A)^D$ と考えることができるので余乗法 Δ から写像 $\Delta^D:A^D\otimes_k A^D\to A^D$ が定義できる．Δ^D によって A^D に積を定義することができ，上の図式の可換性よりこの積は可換であることおよび結合法則を満足することが分かる．さらに余単位元 $\varepsilon:A\to k$ から $\varepsilon^D:k\to A^D$ が定義でき，これによって A^D は k 代数の構造を持つことが分かる．すると $\mu^D:A^D\to A^D\otimes A^D$ を余乗法，$u^D:A^D\to k$ を余単位元，$s^D:A^D\to A^D$ を余逆元とすると $G^D=\operatorname{Spec} A^D$ は有限可換群スキームであることが証明できる．G^D は G の **Cartier 双対**(Cartier dual)と呼

ばれる．上の構成法から $(G^D)^D = G$ であることが容易に示される．また体 k 上の有限可換群スキーム G, H に対して体 k 上の群スキームとしての射を $\mathrm{Hom}_k(G, H)$ と記すと，$\mathrm{Hom}_k(G, H) \xrightarrow{\sim} \mathrm{Hom}_k(H^D, G^D)$ が成立することも容易に示すことができる．

問 12 通常の有限群 G は任意の体 k 上の群スキームと考えることができることを示せ．

この問のように以下では通常の有限群も体 k 上の群スキームと考える．

例 8.37

(1) 体 k 上の多項式環 $A = k[x]$ に対して $\Delta : A \to A \otimes_k A$ を $\Delta(x) = x \otimes 1 + 1 \otimes x$ で $\epsilon : A \to k$ を $\epsilon(x) = 0$ で，さらに $s : A \to A$ を $s(x) = -x$ によって定義すると $\mathrm{Spec}\, A$ は体 k 上の可換群スキームになる．この群スキームを $\mathbb{G}_a$ と記す．$\mathbb{G}_a(X)$ は加法群 $\Gamma(X, \mathcal{O}_X)$ に他ならないことが簡単に分かる．さらに $\mathrm{char}\, k = p > 0$ のときは任意の正整数 n に対して $A_n = k[x]/(x^{p^n})$ とおくと上記の準同型写像 Δ, ϵ, i は可換環 A_n の余乗法，余単位元，余逆元を定義することが簡単に分かる．したがって $\mathrm{Spec}\, A_n$ は有限可換スキームである．この群スキームは被約ではない．この群スキームを α_{p^n} と記す．$\alpha_{p^n}(X) = \{f \in \Gamma(X, \mathcal{O}_X) \mid f^{p^n} = 0\}$ が成立する．このように $\mathrm{Supp}\, G$ が 1 点からなる k 上有限型である群スキームを**局所群スキーム**(local group scheme)という．α_{p^n} は $\mathbb{G}_a$ の部分群スキームである．また $(\alpha_{p^n})^D = \alpha_{p^n}$ が成立する．

(2) 体 k 上の可換環 $B = k[x, 1/x]$ に対して
$$\Delta(x) = x \otimes x, \quad \epsilon(x) = 1, \quad s(x) = 1/x$$
と定義すると $\mathrm{Spec}\, B$ は可換群スキームになる．これを $\mathbb{G}_m$ と記す．$\mathbb{G}_m(X)$ は乗法群 $\Gamma(X, \mathcal{O})^\times$ である．また自然数 m に対して $B_m = k[x, 1/x]/(x^m - 1)$ とおくと B の余乗法，余単位元，余逆元は B_m の余乗法，余単位元，余逆元を自然に引き起こす．したがって $\mathrm{Spec}\, B_m$ は $\mathbb{G}_m$ の部分群スキームになる．これを μ_m と記す．$\mu_m(X) = \{f \in \Gamma(X, \mathcal{O})^\times \mid f^m = 1\}$ が成り立つ．特に $p = \mathrm{char}\, k > 0$ のとき $\mu_{p^n} = k[x, 1/x]/(x^{p^n} - 1)$ は被約スキームではない．これは

局所群スキームである. μ_m の Cartier 双対は有限群 $\mathbb{Z}/(m)$ である. □

上の正標数の体上定義された局所群スキーム α_{p^n}, μ_{p^n} は被約スキームでなかったがこれは正標数特有の現象であり,標数 0 の体上では局所群スキームは存在しない.

命題 8.38 $\operatorname{char} k = 0$ の体 k 上の群スキームは体 k 上滑らかである. したがって特に被約スキームである. □

しかし正標数であっても体 k 上固有な群スキームは次のように非常に強い性質を持っている.

定理 8.39 体 k 上固有な群スキーム G は k 上滑らかであり,$\underline{G}(X)$ は Abel 群である. さらに G は k 上射影多様体である. □

この定理により体 k 上固有な群スキームを **Abel 多様体**(abelian variety)と呼ぶ. 歴史的には Abel 多様体が先にあり上の定理は任意標数の体の上での Abel 多様体の理論を建設する過程で見出された. 前節で考察した楕円曲線はしたがって 1 次元 Abel 多様体であるということができる. 本節の目標は任意の完備非特異代数曲線 C に対して Jacobi 多様体と呼ばれる Abel 多様体 $J(C)$ が構成できることを説明することにある.

さて体 k 上の Abel 多様体 A の幾何学的点の全体 $A(\bar{k})$ に対して楕円曲線のときと同様に,任意の自然数 m に対して

$$m_{A,\bar{k}}: A(\bar{k}) \longrightarrow A(\bar{k})$$
$$a \longmapsto m \cdot a = \underbrace{a + a + \cdots + a}_{m}$$

が定義でき,これは射

$$m_A: A \longrightarrow A$$

からきていることが示される. m_A は群スキームとしての準同型射,すなわち任意の $X \in (\operatorname{Sch})/k$ に対して $m_A(X)$ は群の準同型写像になっている. このとき,次の定理が成立する. この定理は Abel 多様体の理論で重要である. 証明のあらすじを紹介できないのは残念である.

定理 8.40 体 k 上の g 次元 Abel 多様体 A と任意の正整数 m に対して射 m_A は次数 m^{2g} の有限射である. また,m と $p = \operatorname{char} k$ が互いに素であれば

$\operatorname{Ker} m_A$ は群スキームとして $(\mathbb{Z}/(m))^{\oplus 2g}$ と同型である. もし, $m=p^n$ であれば $\operatorname{Ker} m_A$ は群スキームとして $(\mathbb{Z}/(p^n))^{\oplus r} \times \mu_{p^n}^{\oplus r} \times G_n^0$ と同型である. ここで $r \leqq g$ であり, かつ, これらは正整数 n には無関係に定まる. $t=2g-2r$ とおくと群スキーム G_n^0 は位数 p^t の局所アフィン群スキームであり, その Cartier 双対も局所群スキームである. □

上の定理の r を Abel 多様体の **p 階数**(p-rank)という. Abel 多様体 A の p 階数が r であることは $A(\bar{k})$ の位数 p の元がなす部分群が $(\mathbb{Z}/(p))^{\oplus r}$ と同型であることと同値である. また μ_{p^n}, G_n^0 の零元上の Zariski 接空間は次元を持ち, A の Frobenius 射の零元上の接空間への作用 F^* は $\mu_{p^n}^{\oplus r}$ の接空間上で半単純, G_0^n の接空間上ではべき零になることを示すことができる. さらに双対 Abel 多様体の理論を使うと A の双対 Abel 多様体 $\hat{A}$ に対して $m=p^n$ のとき $\operatorname{Ker} m_{\hat{A}}$ は $\operatorname{Ker} m_A$ の Cartier 双対であることが示される. $H^1(A, \mathcal{O}_A)$ は $\hat{A}$ の零元での Zariski 接空間と同一視できるので((c)を参照のこと), $H^1(A, \mathcal{O}_A)$ への Frobenius 準同型写像 F^* の作用は $\operatorname{Ker} m_A$ の構造から読み取ることができることが分かる. 特に E が楕円曲線であれば $E(\bar{k})$ の位数 p の元がなす部分群が $\mathbb{Z}/(p)$ と同型であることが E が通常の楕円曲線であるための必要十分条件であることが分かる.

(c) Jacobi 多様体

スキーム X 上の可逆層の同型類の全体を $\operatorname{Pic} X$ と記した. $\operatorname{Pic} X$ は Abel 群である. スキーム X が体 k 上の非特異完備代数曲線 C のとき
$$\operatorname{Pic}^0 C = \{\mathcal{L} \in \operatorname{Pic} C \mid \deg \mathcal{L} = 0\}$$
とおくと $\operatorname{Pic}^0 C$ は $\operatorname{Pic} C$ の部分群である. $\operatorname{Pic}^0 C$ を関手論的に捉えてみよう. スキーム $T \in (\mathrm{Sch})/k$ に対して
$$\operatorname{Pic}^0(C \times T) = \{\mathcal{L} \in \operatorname{Pic}(C \times T) \mid \text{任意の } t \in T \text{ に対して } \deg \mathcal{L}_t = 0\}$$
とおく. ここでファイバー積は $\operatorname{Spec} k$ 上でとり $\mathcal{L}_t$ は $\mathcal{L}$ の $C_t = C \times \{t\}$ 上への制限である. 自然な射影 $p_T: C \times T \to T$ と T 上の可逆層 $\mathcal{M}$ に対して $p_T^* \mathcal{M} \in \operatorname{Pic}^0(C \times T)$ である. そこで
$$\operatorname{Pic}^0(C/T) = \operatorname{Pic}^0(C \times T)/p_T^* \operatorname{Pic} T$$

とおくと，これも Abel 群である．また体 k 上の射 $f: S \to T$ と $\mathcal{L} \in \mathrm{Pic}^0(C \times T)$ に対して $(id_C \times f)^*\mathcal{L} \in \mathrm{Pic}^0(C \times S)$ であり，さらに $\mathcal{M} \in \mathrm{Pic}\, T$ に対して $(id_C \times f)^* p_T^* \mathcal{M} = p_S^* f^* \mathcal{M}$ が成り立つ．したがって Abel 群の準同型写像 $\mathrm{Pic}^0(f): \mathrm{Pic}^0(C/T) \to \mathrm{Pic}^0(C/T)$ を定義することができる．このことから対応 $T \mapsto \mathrm{Pic}^0(C/T)$ は反変関手 $\underline{\mathrm{Pic}}_C^0: (\mathrm{Sch})/k \to (\mathrm{Group})$ を定義することが分かる．

ところで $\mathrm{Pic}^0(C/T)$ の意味は次の補題が示してくれる．

補題 8.41 体 k 上の代数的整スキーム T と可逆層 $\mathcal{L}, \mathcal{M} \in \mathrm{Pic}^0(C \times T)$ に対して

$$\mathcal{L}_t \simeq \mathcal{M}_t$$

がすべての点 $t \in T$ で成立すれば $\mathcal{L} \otimes \mathcal{M}^{-1} \in p_T^* \mathrm{Pic}\, T$ である．

[証明] 仮定より $(\mathcal{L} \otimes \mathcal{M}^{-1})_t = \mathcal{O}_{C_t}$ であり，$H^0(C_t, (\mathcal{L} \otimes \mathcal{M}^{-1})_t) = k$ である．よって定理 7.69 より $p_{T*}(\mathcal{L} \otimes \mathcal{M}^{-1})$ は T 上の可逆層である．したがって自然な $\mathcal{O}_T$ 準同型写像

(8.42) $\qquad p: p_T^*(p_{T*}(\mathcal{L} \otimes \mathcal{M}^{-1})) \longrightarrow \mathcal{L} \otimes \mathcal{M}^{-1}$

が存在する．任意の点 $t \in T$ で $k(t)$ のテンソル積をとると $p \otimes k(t)$ は同型写像である．したがって中山の補題により p は全射である．(8.42) は可逆層の $\mathcal{O}_T$ 全射準同型写像であるので同型写像である． ∎

さて次の定理は代数曲線論で基本的である．

定理 8.42 体 k 上定義された種数 g の完備非特異代数曲線 C から定まる関手 $\underline{\mathrm{Pic}}_C^0: (\mathrm{Sch})/k \to (\mathrm{Group})$ は曲線 C が k 有理点を持てば体 k 上の群スキーム $J(C)$ と $C \times J(C)$ 上の可逆層 $\mathcal{P}$ の対 $(J(C), \mathcal{P})$ によって表現される．群スキーム $J(C)$ は k 上の g 次元完備代数多様体であり，したがって g 次元 Abel 多様体である．また，$J(C)$ の単位元での Zariski 接空間は $H^1(C, \mathcal{O}_C)$ と標準的に同型である． □

Abel 多様体 $J(C)$ を曲線 C の **Jacobi 多様体**(Jacobian variety)，$\mathcal{P}$ を **Poincaré 可逆層**と呼ぶ．$J(C)$ の構成法は複雑である．g の完備非特異代数曲線 C の n 個の $\mathrm{Spec}\, k$ 上のファイバー積 $C^n = \underbrace{C \times C \times \cdots \times C}_{n}$ に各成分の

置換によりn次対称群S_nが作用する．演習問題8.3により商C^n/S_nがスキームとして存在する．これをS^nCと記して曲線Cの**n次対称積**(symmetric product of degree n)という．完備非特異代数曲線の場合n次対称積S^nCは体k上の完備非特異代数多様体であることが示される．これは次のようにして示される．曲線Cのk有理点xが与えられるとC^nの点$(x,x,\cdots,x)$はS_nのすべての元で固定される．曲線Cの点xでの局所環$\mathcal{O}_{C,x}$の完備化は$k[[t]]$と同型であり，したがってC^nの点$(x,x,\cdots,x)$での局所環の完備化は$k[[t_1,t_2,\cdots,t_n]]$と同型であり，群S_nは変数の置換としてこの環に作用する．変数$t_1,t_2,\cdots,t_n$の基本対称式を$\sigma_1,\sigma_2,\cdots,\sigma_n$と記すと$k[[t_1,t_2,\cdots,t_n]]^{S_n}\simeq k[[\sigma_1,\sigma_2,\cdots,\sigma_n]]$となる．この環は点$(x,x,\cdots,x)$が定める$S^nC$の点での局所環の完備化であり，したがって$S^nC$はこの点で正則である．他の点でも$S_n$の作用の固定部分群を使って同様の議論ができる．

S^nCの幾何学的点はC^nの幾何学的点$(x_1,x_2,\cdots,x_n)$の順序を無視したものと考えることができ，これにkの代数的閉体$\bar{k}$上で考えたCの次数nの正因子$\sum_{j=1}^{n}x_j$を対応させることができ，逆にCの次数nの正因子$\sum_{j=1}^{n}P_j$にはS^nCの幾何学的点$(P_1,P_2,\cdots,P_n)$が対応する．このように，曲線Cのn次対称積S^nCの幾何学的点の全体$S^n(\bar{k})$と曲線Cの次数nの正因子の全体とは1対1に対応することが分かる．

さて曲線Cのk有理点P_0を1つ選び固定する．曲線C上の次数0の可逆層$\mathcal{L}$に対してRiemann–Rochの定理より
$$\dim_k H^0(C,\mathcal{L}(nP_0))-\dim_k H^1(C,\mathcal{L}(nP_0))=n+1-g$$
が成立し，もし$n\geqq g$であれば$\dim_k H^0(C,\mathcal{L}(nP_0))\geqq 1$であることが分かる．$H^0(C,\mathcal{L}(nP_0))$の$0$でない元$s$をとり因子$D=(s)$を考えるとこれは次数$n$であり，$D=\sum_{j=1}^{n}P_j$（$P_j$の中には同じものがあってもよい）と書き，$D$は$S^nC$の点を定める．また，このとき$\mathcal{L}\simeq\mathcal{O}_C(D-nP_0)$である．このようにして写像

$$\varphi_n: \quad S^n C(\overline{k}) \quad \longrightarrow \quad \mathrm{Pic}^0 C$$
$$(P_1, P_2, \cdots, P_n) \longmapsto \mathcal{O}_C\left(\sum_{j=1}^n P_j - nP_0\right)$$

は $n \geq g$ のとき全射であることが分かる.

そこで $n = g$ のとき写像 φ_g を考える. 次数 g の相異なる正因子 $D = \sum_{j=1}^g P_j$ と $E = \sum_{j=1}^g Q_j$ が $\varphi_g((P_1, P_2, \cdots, P_g)) = \varphi_g((Q_1, Q_2, \cdots, Q_g))$ を満足したとすると $\mathcal{O}_C(D-gP_0) \simeq \mathcal{O}_C(E-gP_0)$ が成立し, これは因子 $D-gP_0$ と $E-gP_0$ が線形同値であることを, したがって D と E とは線形同値 $D \sim E$ であることを意味する. これは $\dim_{\overline{k}} H^0(C, \mathcal{O}_C(D)) \geq 2$ であることを意味する. 逆に $\dim_{\overline{k}} H^0(C, \mathcal{O}_C(D)) \geq 2$ であれば $D \sim E$ となる次数 g の D とは異なる正因子 E が存在する. 一方 Riemann–Roch の定理により
$$\dim_{\overline{k}} H^0(C, \mathcal{O}_C(D)) - \dim_{\overline{k}} H^1(C, \mathcal{O}_C(D)) = 1$$
が成り立つので, $\dim_{\overline{k}} H^0(C, \mathcal{O}_C(D)) \geq 2$ であることは $\dim_{\overline{k}} H^1(C, \mathcal{O}_C(D)) = \dim_{\overline{k}} H^0(C, \Omega^1_C(-D)) \geq 1$ であることと同値である. ところでもし点 $P_1, P_2, \cdots, P_g$ が相異なる点であれば $H^0(C, \Omega^1_C(-\sum_{j=1}^g P_j))$ は点 P_j で 0 になる正則 1 次微分形式の全体であり, 点 P_j で 0 になることは 1 個の条件を与える. すなわち $H^0(C, \Omega^1_C)$ の基底を $\omega_1, \cdots, \omega_g$ と記すと $a_1\omega_1 + a_2\omega_2 + \cdots + a_g\omega_g$ が点 P_j で 0 になるためには $a_1, \cdots, a_g$ の間に 1 次関係式が成立しなければならない. $P_1, \cdots, P_g$ が相異なる一般の点であれば, これらの条件は独立と考えられるので $H^0(C, \Omega^1_C(-\sum_{j=1}^g P_j)) = 0$ である. これは写像 φ_g はほとんどすべての点で単射であることを意味する. したがって, もし関手 Pic^0_C が対 $(J(C), \mathcal{P})$ で表現可能であれば体 $\overline{k}$ 上で $\mathrm{Pic}^0 C = J(C)(\overline{k})$ であり, φ_g は双有理写像を与えることが分かる. このことから Jacobi 多様体は $S^g C$ をもとにして構成できることが想像できるであろう. たとえば点 $(P_1, P_2, \cdots, P_g) \in S^g C$ と点 $(Q_1, Q_2, \cdots, Q_g) \in S^g C$ の和は

$$\left(\sum_{j=1}^g P_j - gP_0\right) + \left(\sum_{j=1}^g Q_j - gP_0\right) \sim \sum_{j=1}^g R_j - gP_0$$

を満足する点 $(R_1, R_2, \cdots, R_g) \in S^g C$ として定義したい．一般には因子 $\sum_{j=1}^{g} R_j$ は因子 $\sum_{j=1}^{g} P_j$, $\sum_{j=1}^{g} Q_j$ から一意的に決まるが，例外の場合がある．したがって $S^g C$ の Zariski 開集合上にしか和を定義することができない．それにもかかわらず $S^g C$ をもとにして g 次元 Abel 多様体を構成できることを Weil が示し，Jacobi 多様体を代数幾何学的に取り扱う道を開いた．詳しい議論に関しては巻末に示す論文を参照していただきたい．ただし，$g=1$ のときは φ_1 は同型であり楕円曲線が Jacobi 多様体であることが分かる．このことに関しては下の例題 8.43 を参照されたい．

ところで，関手 Pic_C^0 が表現可能であることが分かればその単位元での接空間を求めることは次のようにしてできる．$T=k[\varepsilon]/(\varepsilon^2)$ とおくと $\mathrm{Pic}^0(C/T)$ の元 $\mathcal{L}$ で $\mathrm{Pic}^0(C/\mathrm{Spec}\, k)$ に制限して 0 になるもの全体が単位元の Zariski 接空間である．$X = C \times T$ とおくと $\mathcal{I}^2 = 0$ かつ $\mathcal{O}_X/\mathcal{I} \simeq \mathcal{O}_C$ となる X 上の連接的イデアル層 $\mathcal{I}$ が存在する．このとき $a \in \mathcal{I}$ に対して $a^2 = 0$ であるので $1+a \in \mathcal{O}_X^\times$ であり，この対応によって Abel 群の単射準同型写像 $\mathcal{I} \to \mathcal{O}_X^\times$ ができる．これより完全列

$$0 \longrightarrow \mathcal{I} \longrightarrow \mathcal{O}_X^\times \longrightarrow \mathcal{O}_C^\times \longrightarrow 0$$

が存在し，コホモロジー群の完全列

$$H^0(X, \mathcal{O}_X^\times) \longrightarrow H^0(C, \mathcal{O}_C^\times) \longrightarrow H^1(X, \mathcal{I}) \longrightarrow$$
$$H^1(X, \mathcal{O}_X^\times) \longrightarrow H^1(C, \mathcal{O}_C^\times) = \mathrm{Pic}\, C \longrightarrow H^2(X, \mathcal{I}) = 0$$

を得る．また，$\mathcal{O}_X = \mathcal{O}_C[\varepsilon]/(\varepsilon^2)$ と考えることができ，これより $\mathcal{I} = \mathcal{O}_C \cdot \varepsilon$ と見ることができ $H^1(C, \mathcal{I}) \simeq H^1(C, \mathcal{O}_C)$ であることが分かる．よって上の完全列より完全列

$$0 \longrightarrow H^1(C, \mathcal{O}_C) \longrightarrow \mathrm{Pic}(C \times T) \longrightarrow \mathrm{Pic}\, C \longrightarrow 0$$

を得る．これより $H^1(C, \mathcal{O}_C)$ が求める接空間であることが分かる．このことより Frobenius 写像 F^* の $H^1(C, \mathcal{O}_C)$ への作用は $J(C)$ の零元での接空間 $T_0 J(C)$ への作用と同一視できる．定理 8.40 とその後の説明により F^* の $H^1(C, \mathcal{O}_C)$ への作用が半単純であるための必要十分条件は $J(C)$ の p 階数が $g(C)$ であること，言い換えれば $J(C)(\overline{k})$ の位数 p の元のなす群が

$(\mathbb{Z}/(p))^{\oplus g(C)}$ に同型であることであることが分かる.

例題 8.43 体 k 上定義された楕円曲線 $E=(C,P_0)$ に対して,$C\times C$ の対角線集合を Δ,第 1 成分への射影を $p_1\colon C\times C\to C$ と記し,可逆層 $\mathcal{P}=\mathcal{O}_{C\times C}(\Delta)\otimes p_1^*\mathcal{O}_C(-P_0)$ を定義する.このとき対 $(C,\mathcal{P})$ は Pic_C^0 を表現することを示せ.

[解] 任意のスキーム $T\in (\mathrm{Sch})/k$ と可逆層 $\mathcal{L}\in \mathrm{Pic}^0(C/T)$(正確には $\mathcal{L}\in \mathrm{Pic}^0(C\times T)$ の定める $\mathrm{Pic}^0(C/T)$ の元というべきだが,以下このように略記する)に対して $(id_C\times f)^*\mathcal{P}\simeq \mathcal{L}$ となる射 $f\colon T\to C$ が一意的に存在することを示せばよい.

$C\times T$ の第 1 成分,第 2 成分への射影をそれぞれ $p\colon C\times T\to C$,$q\colon C\times T\to T$ と記す.$\mathcal{M}=\mathcal{L}\otimes p^*\mathcal{O}_C(P_0)$ とおくと,任意の点 $t\in T$ に対して $\deg \mathcal{M}_t=1$ であるので Riemann–Roch の定理により $\dim H^0(C_t,\mathcal{M}_t)=1$,$\dim H^1(C_t,\mathcal{M}_t)=0$ が成立する.したがって定理 7.70 より $R^1q_*\mathcal{M}=0$ となり,再び定理 7.70(ii) より $\varphi^0(t)\colon q_*\mathcal{M}\otimes k(t)\to H^0(C_t,\mathcal{M}_t)$ は同型である.一方 $\varphi^{-1}(t)$ は 0 から 0 への同型写像と考えることができるので,三たび定理 7.70(ii) を適用して $q_*\mathcal{M}$ は可逆層であることが分かる.そこで $\widetilde{\mathcal{L}}=\mathcal{M}\otimes q^*(q_*\mathcal{M})^{-1}$ とおくと $q_*\widetilde{\mathcal{L}}=\mathcal{O}_T$ となる.$\widetilde{\mathcal{L}}$ と $\mathcal{L}$ とは $\mathrm{Pic}^0(C/T)$ で同じ元を表わすので $q_*\mathcal{L}=\mathcal{O}_T$ と仮定してよい.したがって $H^0(T,\mathcal{O}_T)\simeq H^0(C\times T,\mathcal{L})$ が成り立ち,$1\in H^0(T,\mathcal{O}_T)$ に対応する $H^0(C\times T,\mathcal{L})$ の元 s が存在する.$C\times T$ の Cartier 因子 (s) を Z とおくと,Z と C_x,$x\in C$ とは 1 点で交わり,射影 q を Z に制限すると同型射であることが分かる.したがって射 $h\colon T\to Z\subset C\times T$ が存在する.$f=p\circ h\colon T\to C$ が求める射であることが分かる.f が一意的に定まることも上の議論をたどることによって示すことができる. ∎

補題 8.44 体 k 上の非特異完備代数曲線 C と k 有理点 P_0 から定まる Jacobi 多様体 $J(C)$ に対して $f(P_0)$ が $J(C)$ の 0 になる射 $f\colon C\to J(C)$ が存在する.

[証明] $C\times C$ の対角線集合 Δ から可逆層 $\mathcal{L}=\mathcal{O}_{C\times C}\otimes q^*\mathcal{O}_C(-P_0)$ を作る.ただし $q\colon C\times C\to C$ は第 2 成分への射影とする.すると $\mathcal{L}\in \mathrm{Pic}^0(C\times C)$ となり $\mathcal{L}$ は $\mathrm{Pic}^0(C\times C)$ の元を定める.これより $(id_C\times h)^*\mathcal{P}\simeq \mathcal{L}$ とな

る射 $h: C \to J(C)$ が一意的に存在する．C の任意の点 P に対して $f(P) = h(P) - h(P_0)$ とおくことによって求める射 f が存在することが分かる． ∎

さて，体 k 上の完備非特異代数多様体 X と k 有理点 P_0 が与えられたとき $\alpha(P_0) = 0$ となる X から Abel 多様体 A への射 $\alpha: X \to A$ が次の条件を満足するとき A（正確には (A, α)）を X の **Albanese 多様体**(Albanese variety) と呼ぶ．

『X から Abel 多様体 B への射 $\beta: X \to B$ が $\beta(P_0) = 0$ を満足すれば以下の図式を可換にする Abel 多様体の準同型写像 $h: A \to B$ が唯一つ存在する』

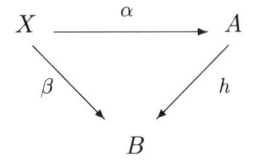

$$\begin{array}{ccc} X & \xrightarrow{\alpha} & A \\ & \searrow^{\beta} & \downarrow^{h} \\ & & B \end{array}$$

定理 8.45 体 k 上の完備非特異代数曲線 C と k 有理点 P_0 に対して補題 8.44 の $(J(C), f)$ は C の Albanese 多様体である． □

この定理の証明にはいくつかの準備が必要となるのでここでは述べきれない．一般に，完備非特異代数多様体 X に対しては Jacobi 多様体に当たるものとして **Picard 多様体** $\mathrm{Pic}^0(X)$ が定義できる．$\mathrm{Pic}^0(X)$ の幾何学的点は X 上の "次数 0" の可逆層に対応する．（"次数 0" を定義する必要があるがここでは省略する．）$\mathrm{Pic}^0(X)$ は Abel 多様体である．また，Albanese 多様体 $\mathrm{Alb}(X)$ の存在も証明できる．Abel 多様体 A の Picard 多様体 $\mathrm{Pic}^0(A)$ を $\widehat{A}$ と記し，A の **双対 Abel 多様体**(dual abelian variety) という．$\widehat{A}$ の双対 Abel 多様体 $\widehat{\widehat{A}}$ は A と標準的に同型であることを示すことができる．A 上の可逆層 $\mathcal{L}$ に対して射 $\varphi_{\mathcal{L}}: A \to \widehat{A}$ を A の幾何学的点 x に対して

$$\varphi_{\mathcal{L}}(x) = \mathcal{L} \otimes t_x^*(\mathcal{L})^{-1}$$

と定義する．ここで t_x は A の任意の点 z に対して $t_x(z) = x + z$ で定義される **平行移動**(translation) である．$\varphi_{\mathcal{L}}$ が同型射となる可逆層 $\mathcal{L}$ が存在するとき Abel 多様体 A は **主偏極 Abel 多様体**(principally polarized abelian variety) と呼ばれる．Abel 多様体は必ずしもこのような可逆層 $\mathcal{L}$ を持たないが完備

非特異代数曲線 C の Jacobi 多様体 $J(C)$ は主偏極 Abel 多様体であることを示すことができる．主偏極 Abel 多様体はその双対 Abel 多様体と同型であり，このことが上の定理 8.45 が成立する理由になっている．

なお完備非特異代数多様体 X の Picard 多様体と Albanese 多様体は互いに双対な Abel 多様体であることが知られている．

さらに n 次元コンパクト Kähler 多様体 M に対しては Albanese 多様体は複素トーラスとして

$$H^n(M, \Omega_M^{n-1})/\mathrm{Im}(H^{2n-1}(M, \mathbb{Z}))$$

で与えられる．ただし Hodge の分解定理により自然な写像

$$H^{2n-1}(M, \mathbb{Z}) \longrightarrow H^{2n-1}(M, \mathbb{C}) \longrightarrow H^n(M, \Omega_M^{n-1})$$

が存在するのでその像を $\mathrm{Im}(H^{2n-1}(M, \mathbb{Z}))$ と記した．同様に Picard 多様体は複素トーラスとして

$$H^1(M, \Omega_M^1)/\mathrm{Im}(H^1(M, \mathbb{Z}))$$

で定義する．ただし $\mathrm{Im}(H^1(M, \mathbb{Z}))$ は上と同様に写像

$$H^1(M, \mathbb{Z}) \longrightarrow H^1(M, \mathbb{C}) \longrightarrow H^1(M, \Omega_M^1)$$

の像である．コンパクト Kähler 多様体 M では $H^n(M, \Omega_M^{n-1})$ と $H^0(M, \Omega_M^1)$ とは互いに双対になっておりこれが 2 つの複素トーラスの双対を与える．特に M が射影多様体であればこれら 2 つの複素トーラスは代数的な構造を持ち Abel 多様体となり，上の意味での Picard 多様体，Albanese 多様体であることが分かる．さらにここでの双対は上記の意味での Abel 多様体の双対であることが示される．このように，複素多様体のときは Picard 多様体，Albanese 多様体の構成は比較的簡単である．

Jacobi 多様体の理論は代数幾何学的にも複素多様体論的にも興味深いものであるが，紙数の関係もありここで本章を終わらざるを得ないのは残念である．Mumford[16] でその理論の一端に触れることができよう．

《 要 約 》

8.1 Riemann–Roch の定理.

8.2 完備非特異代数曲線はその関数体から一意的に決まってしまう.

8.3 Hurwitz の公式.

8.4 Frobenius 射と k 線形 Frobenius 写像.

8.5 Lüroth の定理.

8.6 完備非特異代数曲線の p 次エタール被覆の構成法.

8.7 体 k 上定義された種数 1 の完備非特異代数曲線 C と k 有理点 P_0 の組 (C, P_0) を楕円曲線という. 体 k 上楕円曲線は非特異 3 次平面代数曲線とその上の変曲点の組と体 k 上同型になる.

8.8 楕円曲線の幾何学的点の和の定義.

8.9 楕円曲線の j 不変量.

8.10 群スキームの定義. 体 k 上固有な群スキームの群構造は可換となり Abel 多様体と呼ばれる.

8.11 Jacobi 多様体の定義と構成法.

———— 演習問題 ————

8.1 体 k 上の種数 $g \geq 2$ の完備非特異代数曲線 C の標準因子 K_C が定める完備 1 次系 $|K_C|$ は底点を持たないことを示せ.

8.2 体 k 上定義された完備非特異代数曲線 C と C 上の k 有理点 P に対して
$$A(P) = H^0(C, \mathcal{O}_C(*P)) = \{f \in h(C) \mid f \text{ は } C \backslash \{P\} \text{ で正則}\}$$
とおくと $A(P)$ は k 上有限生成代数であり $C \backslash \{P\} = \operatorname{Spec} A(P)$ であることを示せ.

8.3 体 k 上の群スキーム G とスキーム X に対して射 $\mu : G \times X \to X$ が与えられ, 以下の 2 条件を満足するとき群スキーム G はスキーム X に作用するという.

（ i ）群スキーム G の単位元射 $e : \operatorname{Spec} k \to G$ に対して射
$$X \simeq \operatorname{Spec} k \xrightarrow{e \times id_X} G \times X \xrightarrow{\mu} X$$
は恒等射である.

（ii） 図式

$$\begin{array}{ccc} G\times G\times X & \xrightarrow{m\times id_X} & G\times X \\ id_G\times \mu \downarrow & & \downarrow \mu \\ G\times X & \xrightarrow{\mu} & G \end{array}$$

は可換である．ただし m は乗法射である．さらに点 $x\in X$ に対して $\mu(G\times \{x\})$ を点 x の**軌道**(orbit)という．

さて体 k 上の有限群スキーム G が体 k 上のスキーム X に作用し，X の任意の点に対してその軌道がアフィン開集合に含まれているとき次の条件を満足する体 k 上のスキーム Y と全射かつ有限射である体 k 上の射 $\pi\colon X\to Y$ が同型を除いて一意的に存在することを示せ．

（i） 位相空間として Y の底空間は群スキーム G の底空間である有限群による X の底空間の商空間である．

（ii） 射 $\pi\colon X\to Y$ は G 不変である，すなわち図式

$$\begin{array}{ccc} G\times X & \xrightarrow{\mu} & X \\ p\downarrow & & \downarrow \pi \\ X & \xrightarrow{\pi} & Y \end{array}$$

は可換である．また $\pi_*\mathcal{O}_X$ の G 不変な関数からなる部分層を $(\pi_*\mathcal{O}_X)^G$ と記すと自然な同型写像 $\mathcal{O}_Y \simeq (\pi_*\mathcal{O}_X)^G$ が存在する．

また，対 (Y,π) は次の普遍性を持つことを示せ．

「任意の G 同変射 $f\colon X\to Z$ に対して $f=g\circ\pi$ となる射 $g\colon Y\to Z$ が一意的に存在する．」

ただし射 $f\colon X\to Z$ が G 同変射であるとはスキーム Y に G が $\nu\colon G\times Z\to Z$ で作用し図式

$$\begin{array}{ccc} G\times X & \xrightarrow{id_G\times f} & G\times Z \\ \mu\downarrow & & \downarrow \nu \\ X & \xrightarrow{f} & X \end{array}$$

が可換であることを意味する．

8.4 標数 $p\geqq 3$ の体上で定義された楕円曲線 $E\colon y^2=x(x-1)(x-\lambda)$ に対して

$H^1(E, \mathcal{O}_E)$ の元 $\left\{\dfrac{y}{x}\right\}$ への Frobenius 写像の作用は

$$F^*\left\{\frac{y}{x}\right\} = (-1)^{\frac{p-1}{2}} \Phi(\lambda) \left\{\frac{y}{x}\right\}$$

$$\Phi(\lambda) = \sum_{\nu=0}^{\frac{p-1}{2}} \binom{\frac{p-1}{2}}{\nu}^2 \lambda^\nu$$

で与えられることを示せ.

9

代数幾何学と解析幾何学

 複素数体上の有限型スキーム X は複素解析空間 X^{an} と見ることができる.完備な代数多様体 X に関しては,X の連接層のなす圏と X^{an} 上の解析的連接層のなす圏が圏として同値であり,コホモロジー群も同型を与えるという Serre の GAGA について簡単に述べる.この結果は種々の応用があり,複素数体上の代数幾何学に解析的な手法を用いることのできる根拠を与えてくれる.

 一方,標数 0 の体上の代数幾何学は本質的に複素数体上の代数幾何学に帰着できるという Lefschetz の原理が知られている.したがって標数 0 の体上の代数幾何学に解析的な手段を用いることが可能になる.その例として本章では小平の消滅定理を取り上げ,コホモロジー群の Hodge の分解定理を用いた証明を与える.小平の消滅定理は今日では種々の拡張がなされており,代数幾何学の基本定理の一つであるが,正標数では必ずしも成立しない.正標数と標数 0 の代数幾何学の違いを示す定理でもある.

 本章の結果は代数幾何学と解析幾何学(解析空間の幾何学,通常使われる座標幾何学の意味は持たず,広い意味での多変数解析関数論を含んでいる)や複素多様体論とを結びつける鍵を与えてくれる.

§9.1 解析幾何学

$\mathbb{C}^n$ の通常の位相(Zariski 位相ではない)に関する開集合 U 上の正則関数のなす層をスキームの構造層と区別するために $\mathcal{O}_U^{\mathrm{an}}$ と記す.$\mathcal{O}_U^{\mathrm{an}}$ は連接層であることが知られている(**岡の定理**).以下連接的 $\mathcal{O}_U^{\mathrm{an}}$ 加群を**解析的連接層** (analytic coherent sheaf) と呼ぶことがある.U 上の解析的連接的イデアル層 $\mathcal{I}^{\mathrm{an}}$ に対して $Y = \mathrm{Supp}\,\mathcal{O}_U^{\mathrm{an}}/\mathcal{I}^{\mathrm{an}}$ は U の閉集合である.$(Y, \mathcal{O}_U^{\mathrm{an}}/\mathcal{I}^{\mathrm{an}})$ を解析的連接的イデアル層 $\mathcal{I}^{\mathrm{an}}$ が定める**解析空間** (analytic space) と呼ぶ.また底空間 Y を U の**解析的集合** (analytic subset) と呼ぶことがある.さて,付環空間 $(M, \mathcal{O}_M)$ は,各 i に対して $\mathbb{C}^{n_i}$ の開集合 U_i とその上の解析的連接的イデアル層 $\mathcal{I}_i^{\mathrm{an}}$ が存在し,$(U_i, \mathcal{O}_X | U_i)$ が $(Y_i, \mathcal{O}_{U_i}^{\mathrm{an}}/\mathcal{I}_i^{\mathrm{an}})$, $Y_i = \mathrm{Supp}\,\mathcal{O}_{U_i}^{\mathrm{an}}/\mathcal{I}_i^{\mathrm{an}}$ と付環空間として同型であるように M の開被覆 $\{U_i\}_{i \in I}$ をとることができるとき**複素解析空間**と呼ぶ.複素解析空間の射は局所環つき空間としての射と定義する.底空間 M がコンパクトのとき $(M, \mathcal{O}_M)$ をコンパクト複素解析空間と呼ぶ.

$\mathbb{C}^n$ に対して $(\mathbb{C}^n, \mathcal{O}_{\mathbb{C}^n}^{\mathrm{an}})$ は複素解析空間であるが,一方 $\mathbb{C}^n$ をスキーム $\mathbb{A}_{\mathbb{C}}^n = \mathrm{Spec}\,\mathbb{C}[z_1, z_2, \cdots, z_n]$ とみることもできる.このとき,スキーム $\mathrm{Spec}\,\mathbb{C}[z_1, z_2, \cdots, z_n]$ の各閉点 x に対して自然な局所準同型写像 $\mathcal{O}_{\mathbb{A}_{\mathbb{C}}^n, x} \to \mathcal{O}_{\mathbb{C}^n, x}^{\mathrm{an}}$ が定義でき単射である.そこで,特に $\mathbb{C}[z_1, z_2, \cdots, z_n]$ の極大イデアルのみを考えてアフィン代数多様体 $\mathrm{Spm}\,\mathbb{C}[z_1, z_2, \cdots, z_n]$ を考える.このアフィン代数多様体をここでは $(\mathbb{C}^n, \mathcal{O}_{\mathbb{C}^n}^{\mathrm{alg}})$ と記すことにする.すると局所環つき空間の射 $(\mathbb{C}^n, \mathcal{O}_{\mathbb{C}^n}^{\mathrm{an}}) \to (\mathbb{C}^n, \mathcal{O}_{\mathbb{C}^n}^{\mathrm{alg}})$ ができる.$(\mathbb{C}^n, \mathcal{O}_{\mathbb{C}^n}^{\mathrm{an}})$ の底空間の位相は通常の位相であり,Zariski 位相より強い.したがって底空間の写像は連続写像ではあるが同相写像ではないことに注意する.

ところで準同型写像 $\mathcal{O}_{\mathbb{A}_{\mathbb{C}}^n, x} = \mathcal{O}_{\mathbb{C}^n, x}^{\mathrm{alg}} \to \mathcal{O}_{\mathbb{C}^n, x}^{\mathrm{an}}$ により $\mathcal{O}_{\mathbb{C}^n, x}^{\mathrm{an}}$ は $\mathcal{O}_{\mathbb{C}^n, x}^{\mathrm{alg}}$ 上平坦であることが知られている.

さて複素数体 $\mathbb{C}$ 上の代数的スキーム $(X, \mathcal{O}_X)$ に対してアフィン開被覆 $\{W_i\}$ を 1 つ選ぶ.$(W_i, \mathcal{O}_X | W_i) = \mathrm{Spec}\,R_i$, $R_i = \mathbb{C}[z_1, z_2, \cdots, z_{n_i}]/I_i$ と表示する.このときイデアル I_i は W_i 上の連接的イデアル層 $\mathcal{I}_i$ を定めるが,$\mathcal{I}_i^{\mathrm{an}} =$

$\mathcal{I}_i \otimes_{\mathcal{O}_{\mathbb{C}^n}^{\text{alg}}} \mathcal{O}_{\mathbb{C}^n}^{\text{an}}$ は $\mathcal{O}_{\mathbb{C}^n}^{\text{an}}$ の連接的イデアル層である. したがって $(W_i, \mathcal{O}_X | W_i)$ から解析空間 $(W_i^{\text{an}}, \mathcal{O}_{\mathbb{C}^n}^{\text{an}}/\mathcal{I}_i^{\text{an}})$ ができる. これを $(W_i^{\text{an}}, \mathcal{O}_{W_i}^{\text{an}})$ と略記する. W_i^{an} は点集合としては W_i の閉点と一致するが, その位相は通常の $\mathbb{C}^n$ から誘導された位相であり Zariski 位相より強い. アフィンスキーム $(W_i, \mathcal{O}_X | W_i)$ は張り合わされてスキーム $(X, \mathcal{O}_X)$ をなす. このことから $(W_i^{\text{an}}, \mathcal{O}_{W_i}^{\text{an}})$ は張り合わされて解析空間 $(X^{\text{an}}, \mathcal{O}_X^{\text{an}})$ をなすことが証明できる. さらに解析空間 $(X^{\text{an}}, \mathcal{O}_X^{\text{an}})$ は代数的スキーム $(X, \mathcal{O}_X)$ のアフィン開被覆のとり方によらないことが分かる. このことから複素数体 $\mathbb{C}$ 上の代数的スキームのなす圏 $(\text{Var})/\mathbb{C}$ から複素解析空間のなす圏 (An) への関手

$$
\begin{array}{rccc}
a: & (\text{Var})/\mathbb{C} & \longrightarrow & (\text{An}) \\
& (X, \mathcal{O}_X) & \longmapsto & (X^{\text{an}}, \mathcal{O}_X^{\text{an}})
\end{array}
$$

が定義できる. さらに $(X, \mathcal{O}_X)$ が $\mathbb{C}$ 上固有であれば X^{an} はコンパクトであることが示される. これは射影的スキームに関してはスキーム $\mathbb{P}_\mathbb{C}^n$ に対応する複素解析空間は複素多様体としての複素射影空間 $\mathbb{P}_\mathbb{C}^n$ であり, これはコンパクトであること, および Zariski 位相に関する閉集合は通常の位相でも閉集合であることより明らかである. 一般の固有スキームに関しては Chow の補題を使えば対応する解析空間はコンパクトであることが分かる.

さらに複素数体 $\mathbb{C}$ 上の代数的スキーム $(X, \mathcal{O}_X)$ 上の連接層 $\mathcal{F}$ に対して $\mathcal{F}^{\text{an}} = \mathcal{F} \otimes_{\mathcal{O}_X} \mathcal{O}_X^{\text{an}}$ と定義する(正確にはスキーム X に対応する代数多様体 $(V, \mathcal{O}_V)$ 上に連接層を引き戻し $\mathcal{O}_V$ 上でテンソル積をとるべきであるがこのように略記する)ことによって解析空間 $(X^{\text{an}}, \mathcal{O}_X^{\text{an}})$ 上の連接的 $\mathcal{O}_X^{\text{an}}$ 加群ができる. しかも連接的 $\mathcal{O}_X$ 加群の完全列

$$0 \longrightarrow \mathcal{F} \longrightarrow \mathcal{G} \longrightarrow \mathcal{H} \longrightarrow 0$$

に対して連接的 $\mathcal{O}_X^{\text{an}}$ 加群の完全列

$$0 \longrightarrow \mathcal{F}^{\text{an}} \longrightarrow \mathcal{G}^{\text{an}} \longrightarrow \mathcal{H}^{\text{an}} \longrightarrow 0$$

ができる.

これらの事実は $\mathcal{O}_{X,x}$ 加群として $\mathcal{O}_{X,x}^{\text{an}}$ は平坦加群であることを暗示している. 実際にはさらに強く忠実平坦加群であることが Serre によって示されて

いる．

さて $\mathbb{C}$ 上固有な代数的スキーム X のアフィン被覆 $\mathcal{U} = \{U_i\}_{i \in I}$ に対して $\mathcal{U}^{\mathrm{an}} = \{U_i^{\mathrm{an}}\}_{i \in I}$ は X^{an} の Stein 開被覆(U_i^{an} がすべて Stein 解析空間であるような開被覆，解析空間の理論では Stein 解析空間がスキーム論のアフィンスキームにあたる役割をする．たとえば Stein 解析空間 Z 上の任意の解析的連接層 $\mathcal{M}$ に対して $q \geq 1$ のとき $H^q(Z, \mathcal{M}) = 0$ が成立する)である．スキーム X 上の連接層 $\mathcal{F}$ に対して Čhech のコホモロジーを考えてみよう．$C^q(\mathcal{U}, \mathcal{F})$ の元 $\{f_{i_0, i_1, \cdots, i_q}\}$ に対して $f_{i_0, i_1, \cdots, i_q}$ が定める $\Gamma(U_{i_0, i_1, \cdots, i_q}^{\mathrm{an}}, \mathcal{O}_X^{\mathrm{an}})$ の元を $f_{i_0, i_1, \cdots, i_q}^{\mathrm{an}}$ と記すと $\{f_{i_0, i_1, \cdots, i_q}^{\mathrm{an}}\}$ は $C^q(\mathcal{U}^{\mathrm{an}}, \mathcal{F}^{\mathrm{an}})$ の元を定め自然な加群の準同型写像

$$a_q : C^q(\mathcal{U}, \mathcal{F}) \longrightarrow C^q(\mathcal{U}^{\mathrm{an}}, \mathcal{F}^{\mathrm{an}})$$

が定義でき $\delta^{q, \mathrm{an}} \circ a_q = a_{q+1} \circ \delta^q$ が成立し，したがって自然な準同型写像

$$\check{\varepsilon}_q : \check{H}^q(X, \mathcal{F}) \longrightarrow \check{H}^q(X^{\mathrm{an}}, \mathcal{F}^{\mathrm{an}})$$

ができる．これより自然なコホモロジーの準同型写像

$$\varepsilon_q : H^q(X, \mathcal{F}) \longrightarrow H^q(X^{\mathrm{an}}, \mathcal{F}^{\mathrm{an}})$$

ができる．(実際は系 6.16 より $\check{H}^q(X, \mathcal{F}) \simeq H^q(X, \mathcal{F})$ が成立し，Stein 解析空間の理論と Leray の定理(定理 6.15)より $\check{H}^q(X^{\mathrm{an}}, \mathcal{F}^{\mathrm{an}}) \simeq H^q(X^{\mathrm{an}}, \mathcal{F}^{\mathrm{an}})$ が成立している．) このとき次の定理が成立する．

定理 9.1 $\mathbb{C}$ 上固有な代数的スキーム X 上の任意の連接層 $\mathcal{F}$ に対して自然な準同型写像

$$\varepsilon_q : H^q(X, \mathcal{F}) \longrightarrow H^q(X^{\mathrm{an}}, \mathcal{F}^{\mathrm{an}})$$

はすべての $q \geq 0$ に対して同型写像である． □

さらに次の重要な定理が成立する．

定理 9.2 $\mathbb{C}$ 上固有な代数的スキーム X 上の任意の連接層 $\mathcal{F}, \mathcal{G}$ に対して自然な準同型写像

$$\mathrm{Hom}_{\mathcal{O}_X}(\mathcal{F}, \mathcal{G}) \longrightarrow \mathrm{Hom}_{\mathcal{O}_X^{\mathrm{an}}}(\mathcal{F}^{\mathrm{an}}, \mathcal{G}^{\mathrm{an}})$$

は同型写像である．また，X^{an} 上の任意の解析的連接層 $\mathcal{M}$ に対して $\mathcal{F}^{\mathrm{an}} \simeq \mathcal{M}$ であるスキーム X 上の連接層 $\mathcal{F}$ が同型を除いて一意的に存在する．換言すれば，スキーム X 上で連接層の同型類のなす圏 (Coh/X) とコンパクト解析空間 X^{an} 上の解析的連接層の同型類のなす圏 $(\mathrm{An.Coh}/X^{\mathrm{an}})$ とは関手

$\mathcal{F} \mapsto \mathcal{F}^{\mathrm{an}}$ によって圏として同値になる. □

以上の 2 つの定理は Serre によって射影的スキームのときはじめて証明された. 彼の論文の題名(Géométrie algébrique et géométrie analytique)の頭文字をとって **GAGA** と呼ばれることが多い. $\mathbb{C}$ 上固有な代数的スキーム X の場合への拡張は Chow の補題を使うことによって Grothendieck によってなされた.

紙数の関係でこの 2 つの定理の証明を述べることができないのは残念である. 射影的スキームの場合, 証明の方針は簡明であるので記しておこう.

射影的スキーム X の連接層 $\mathcal{F}$ は X が $\mathbb{P}_{\mathbb{C}}^n$ の閉部分スキームのとき閉移入 $\iota \colon X \to \mathbb{P}_{\mathbb{C}}^n$ によって $\iota_* \mathcal{F}$ が $\mathbb{P}_{\mathbb{C}}^n$ 上の連接層となり, すべての議論を $\mathbb{P}_{\mathbb{C}}^n$ 上で行なうことができる. したがって定理の証明には $X = \mathbb{P}_{\mathbb{C}}^n$ と仮定してよい. このとき(6.57)より層の完全列

$$(9.1) \qquad \longrightarrow \bigoplus_{i=1}^{L} \mathcal{O}_X(l_i) \longrightarrow \bigoplus_{j=1}^{M} \mathcal{O}_X(m_j) \longrightarrow \mathcal{F} \longrightarrow 0$$

が存在する. これより解析的連接層に関しても完全列

$$(9.2) \qquad \longrightarrow \bigoplus_{i=1}^{L} \mathcal{O}_X^{\mathrm{an}}(l_i) \longrightarrow \bigoplus_{j=1}^{M} \mathcal{O}_X^{\mathrm{an}}(m_j) \longrightarrow \mathcal{F}^{\mathrm{an}} \longrightarrow 0$$

が存在する. したがって定理 9.1 の証明は同型 $H^q(X, \mathcal{O}_X(m)) \simeq H^q(X^{\mathrm{an}}, \mathcal{O}_X^{\mathrm{an}}(m))$ に帰着される. この同型は直接 Čech のコホモロジー群を定理 6.19 と同様に計算することによって示される.

定理 9.2 の証明の鍵は $\mathcal{O}_{X,x}^{\mathrm{an}}$ は $\mathcal{O}_{X,x}$ 上忠実平坦であるという事実である. 射影的スキーム X の連接層 $\mathcal{F}, \mathcal{G}$ に対して $\mathcal{H} = \underline{\mathrm{Hom}}_{\mathcal{O}_X}(\mathcal{F}, \mathcal{G})$ とおくと点 $x \in X$ に対して $\mathcal{H}_x = \mathrm{Hom}_{\mathcal{O}_{X,x}}(\mathcal{F}_x, \mathcal{G}_x)$ が成立する. 一方, $\mathcal{O}_{X,x}^{\mathrm{an}}$ は $\mathcal{O}_{X,x}$ 上忠実平坦であるので同型 $\mathrm{Hom}_{\mathcal{O}_{X,x}}(\mathcal{F}_x, \mathcal{G}_x) \otimes_{\mathcal{O}_{X,x}} \mathcal{O}_{X,x}^{\mathrm{an}} \simeq \mathrm{Hom}_{\mathcal{O}_{X,x}^{\mathrm{an}}}(\mathcal{F}_x^{\mathrm{an}}, \mathcal{G}_x^{\mathrm{an}})$ が存在する. したがって $\mathcal{H}^{\mathrm{an}}$ と $\widetilde{\mathcal{H}} = \underline{\mathrm{Hom}}_{\mathcal{O}_X^{\mathrm{an}}}(\mathcal{F}^{\mathrm{an}}, \mathcal{G}^{\mathrm{an}})$ とは同型であることが分かる. すると定理 9.1 より

$$\begin{aligned}\mathrm{Hom}_{\mathcal{O}_X}(\mathcal{F}, \mathcal{G}) &= H^0(X, \mathcal{H}) \simeq H^0(X^{\mathrm{an}}, \mathcal{H}^{\mathrm{an}}) \\ &\simeq H^0(X^{\mathrm{an}}, \widetilde{\mathcal{H}}) = \mathrm{Hom}_{\mathcal{O}_X^{\mathrm{an}}}(\mathcal{F}^{\mathrm{an}}, \mathcal{G}^{\mathrm{an}})\end{aligned}$$

が成立し定理 9.2 の前半部分が証明された．

一方 X^{an} 上の解析的連接層 $\mathcal{M}$ に対しては(6.57)と類似の議論を複素多様体として考えた射影空間上で行なうことによって完全列

$$\longrightarrow \bigoplus_{i=1}^{L} \mathcal{O}_X^{\mathrm{an}}(l_i) \longrightarrow \bigoplus_{j=1}^{M} \mathcal{O}_X^{\mathrm{an}}(m_j) \xrightarrow{f} \mathcal{M}^{\mathrm{an}} \longrightarrow 0$$

を得る．このとき定理の前半部分より $f = h^{\mathrm{an}}$ となる

$$h \in \mathrm{Hom}_{\mathcal{O}_X}\left(\bigoplus_{i=1}^{L} \mathcal{O}_X(l_i), \bigoplus_{j=1}^{M} \mathcal{O}_X(m_j)\right)$$

が存在する．すると $\mathcal{F} = \mathrm{Coker}\, h$ が求める連接層であることが分かる．

Serre の GAGA は多くの応用を持つ．ここではそのいくつかを述べておこう．

系 9.3（Chow の定理） 複素射影空間 $\mathbb{P}_{\mathbb{C}}^n$ の解析的閉部分空間 Y, すなわち解析的連接的イデアル層 $\mathcal{J}$ で定まる部分解析空間は代数的である．すなわち $Z^{\mathrm{an}} = Y$ となる射影スキームとしての構造 Z を Y は持つ．しかもこの構造は同型を除いて一意的である． □

系 9.4 $\mathbb{C}$ 上固有な代数的スキーム X, Y に対して解析空間の射 $f: X^{\mathrm{an}} \to Y^{\mathrm{an}}$ は代数的である．すなわち $f = h^{\mathrm{an}}$ となるスキームの射 $h: X \to Y$ が同型を除いて一意的に存在する． □

系 9.5 $\mathbb{C}$ 上固有な代数的スキーム X に対して X^{an} 上の解析的ベクトル束 $\pi: V \to X^{\mathrm{an}}$ は代数的である．すなわち $h^{\mathrm{an}}: W^{\mathrm{an}} \to X^{\mathrm{an}}$ となるスキーム X 上のベクトル束 $h: W \to X$ が同型を除いて一意的に存在する． □

系 9.6 コンパクト複素解析空間 M は $X^{\mathrm{an}} = M$ となる代数的スキームとしての構造 X を同型を除いて高々 1 つしか持たない． □

$\mathbb{P}_{\mathbb{C}}^n$ 内にイデアル $I = (F_1, F_2, \cdots, F_m)$ で定義される射影的スキーム X を考える．複素数体 $\mathbb{C}$ の自己同型 σ に対して F_i の係数に σ を施して得られる多項式を F_i^σ と記す．$I^\sigma = (F_1^\sigma, F_2^\sigma, \cdots, F_m^\sigma)$ で定義される射影的スキームを X^σ と記す．X^σ の閉点の全体 $X^\sigma(\mathbb{C})$ は X の閉点 $X(\mathbb{C})$ のすべてに σ を施して得られる集合と一致する．

系 9.7 $\mathbb{C}$ 上の非特異射影多様体 X に対して複素数体 $\mathbb{C}$ の自己同型 σ を

施して得られる射影的スキーム X^σ は非特異であり，X と X^σ は多様体として同じ Betti 数を持つ．

[証明] コホモロジー群 $H^q(X^{\mathrm{an}}, \mathbb{C})$ の **Hodge 分解**(Hodge decomposition)

$$H^q(X^{\mathrm{an}}, \mathbb{C}) \simeq \bigoplus_{i=0}^{q} H^{q-i}(X^{\mathrm{an}}, \Omega^i_{X^{\mathrm{an}}})$$

により q 番目の Betti 数 $b_q(X^{\mathrm{an}})$ は $\sum_{i=0}^{q}(-1)^q \dim_{\mathbb{C}} H^{q-i}(X^{\mathrm{an}}, \Omega^i_{X^{\mathrm{an}}})$ と一致する．Serre の GAGA により $H^{q-i}(X^{\mathrm{an}}, \Omega^i_{X^{\mathrm{an}}}) \simeq H^{q-i}(X, \Omega^i_X)$ であり，かつ同型 $H^{q-i}(X, \Omega^i_X) \simeq H^{q-i}(X^\sigma, \Omega^i_{X^\sigma})$ が存在するので $b_q(X^{\mathrm{an}}) = b_q(X^{\sigma, \mathrm{an}})$ が成立することが分かる． ∎

X と X^σ とが必ずしも同相とは限らない例は Serre によって与えられた．

§9.2　小平の消滅定理

ここでは標数 0 の体 k 上の射影的多様体 X とその上の可逆層 $\mathcal{L}$ を考える．射影多様体の定義イデアルの生成元の係数を考えることによって射影的多様体 X は標数 0 の素体すなわち有理数体 $\mathbb{Q}$ 上有限生成の体上定義されていると考えることができる．さらに可逆層 $\mathcal{L}$ を考えることによって体を拡大する必要があるかもしれないが，有理数体 $\mathbb{Q}$ 上有限生成の体上 $\mathcal{L}$ も定義されていると考えることができる．したがって体 k は有理数体 $\mathbb{Q}$ 上有限生成であると仮定しても一般性を失わない．すると体 k は有理数体 $\mathbb{Q}$ の純超越的拡大体 $\mathbb{Q}(t_1, t_2, \cdots, t_m)$ 上の有限次拡大体である．そこで超越元 $t_1, t_2, \cdots, t_n$ を複素数体 $\mathbb{C}$ の代数的に独立な超越数 $a_1, a_2, \cdots, a_m$ に対応させることによって埋め込み(体の単射準同型写像) $\mathbb{Q}(t_1, t_2, \cdots, t_m) \subset \mathbb{C}$ を作ることができる．この埋め込みをさらに k 上に拡張することができ，体の埋め込み $\iota: k \hookrightarrow \mathbb{C}$ が存在する．この埋め込みは超越数 $a_1, a_2, \cdots, a_m$ のとり方によって無数に作ることができるが，2 つの埋め込み ι_1, ι_2 に対して $\iota_2 = \sigma \circ \iota_1$ となる複素数体 $\mathbb{C}$ の自己同型写像 σ が存在することが分かる．埋め込み $\iota: K \to \mathbb{C}$ が与えられたと

き $k' = \iota(k)$ とおくと体 k' 上定義された射影的スキーム X' と X' 上の可逆層 $\mathcal{L}'$ を $X, \mathcal{L}$ から構成することができ，同型写像 $\iota: k \xrightarrow{\sim} k'$ 上にコホモロジー群の同型写像
$$H^q(X, \mathcal{L}^{\otimes m}) \xrightarrow{\sim} H^q(X', \mathcal{L}'^{\otimes m})$$
が存在することが分かる．さらに $H^q(X', \mathcal{L}'^{\otimes m}) \otimes_{k'} \mathbb{C} \xrightarrow{\sim} H^q(X_\mathbb{C}, \mathcal{L}_\mathbb{C}^{\otimes m})$ であるのでコホモロジー群は複素数体上のコホモロジー群が分かれば本質的に分かる．この例が示すように標数 0 の体上の代数幾何学は複素数体とその部分体上の代数幾何学に帰着できることが知られている．これを **Lefschetz の原理** (Lefschetz's principle) という．

さて，この Lefschetz の原理を使って小平の消滅定理を証明しよう．

定理 9.8（小平の消滅定理） 標数 0 の体上定義された n 次元非特異射影多様体 X とその上の豊富な可逆層 $\mathcal{L}$ に対して
$$H^q(X, \mathcal{L}^{-1}) = 0, \quad q < n$$
が成立する．

[証明] まず可逆層 $\mathcal{L}$ が素因子 D によって $\mathcal{O}_X(D) = \mathcal{L}$ と書けており，さらに D が $n-1$ 次元非特異閉部分多様体である場合に定理の証明が帰着できることを示す．演習問題 7.3 により正整数 m を十分大きくとると $D = (s)$ が $n-1$ 次元非特異閉部分多様体であるような切断 $s \in H^0(X, \mathcal{L}^m)$ をとることができる．このとき $\mathcal{O}_X(D) = \mathcal{L}^m$ である．そこで例 7.53 により D で分岐した X の m 次巡回被覆 $\pi: Y \to X$ を構成する．このとき $\pi_* \mathcal{O}_Y = \mathcal{O}_X \oplus \mathcal{L}^{-1} \oplus \cdots \oplus \mathcal{L}^{m-1}$ であることが作り方よりただちに分かる．また，因子の引き戻しを考えると，$\pi^*(D) = mE$ となる Y の非特異部分多様体 E が存在する．さらに $\mathcal{O}_Y(E) = \pi^* \mathcal{L}$ であることも容易に分かるので
$$(9.3) \quad \pi_* \mathcal{O}_Y(-E) = \pi_* \pi^* \mathcal{L}^{-1} = \mathcal{O}_X \oplus \mathcal{L}^{-1} \oplus \mathcal{L}^{-2} \oplus \cdots \oplus \mathcal{L}^{-n+1}$$
が成立する．また π は有限射であるので
$$H^q(Y, \mathcal{O}_Y(-E)) \xrightarrow{\sim} H^q(X, \pi_* \mathcal{O}_Y(-E))$$
が成立する．したがって，もし $H^q(Y, \mathcal{O}_Y(-E)) = 0$ がいえれば (9.3) より $H^q(X, \mathcal{L}^{-1}) = 0$ であることがいえる．定理 6.26 より $\mathcal{L}$ が豊富な可逆層であれば $\pi^* \mathcal{L}$ も豊富な可逆層である．よって $n-1$ 次元非特異閉部分多様体 D

によって $\mathcal{L} = \mathcal{O}_X(D)$ と書けるとき $H^q(X, \mathcal{O}_X(-D)) = 0$, $q < n$ を示せばよい.このときさらに $k = \mathbb{C}$ と仮定しても一般性を失わない.また,切断 $t \in H^0(X, \mathcal{L}^{\times 2})$ を $B = (t)$ が非特異であるように選ぶことができる.この切断 t を使って B で分岐する 2 次巡回被覆 $\varphi: Y \to X$ を構成する.この 2 次被覆の Galois 群は φ の分岐点以外の X の点の各ファイバーの 2 点を入れ替える Y の自己同型 τ から生成される 2 次巡回群である.

さて,以下 Y, X をコンパクト複素多様体として考えるが,記号を簡単にするため X^{an} などのかわりに X などと略記することにする.考える位相もすべて通常の複素多様体としての位相である.まず

(9.4) $$\varphi_* \mathcal{O}_Y = \mathcal{O}_X \oplus \mathcal{L}^{-1}$$

であることに注意する.ここでも解析的連接層も代数的な連接層と同じ記号を用いることにする.Y の自己同型 τ は $\varphi_* \mathcal{O}_Y$ に作用し,τ で固定される部分が $\mathcal{O}_X$,τ が -1 で作用する部分が $\mathcal{L}^{-1}$ であることに注意する.(τ は位数が 2 であるのでその固有値は ± 1 である.) X, Y 上の $\mathbb{C}$ の定数層をそれぞれ $\mathbb{C}_X, \mathbb{C}_Y$ と記す.$\mathbb{C}_X$ は $\varphi_* \mathbb{C}_Y$ の部分層である.τ は層 $\varphi_* \mathbb{C}_Y$ にも作用し τ で固定される部分が $\mathbb{C}_Y$ である.一方 τ が -1 で作用する部分層 F が定義でき,

(9.5) $$\varphi_* \mathbb{C}_Y = \mathbb{C}_X \oplus F$$

が成立する.層 F の構造を調べてみよう.まず点 $x \in X \setminus B$ の小さな開近傍 U に対して $\varphi^{-1}(U)$ は Y の交わらない 2 つの開集合 U_1, U_2 となり $\varphi_* \mathbb{C}_Y(U) = \mathbb{C} \oplus \mathbb{C}$ である.τ は U_1 と U_2 を入れ替えるので $\varphi_* \mathbb{C}_Y(U) \simeq \mathbb{C}^{\oplus 2}$ への τ の作用は $\mathbb{C}^{\oplus 2}$ の 2 つの成分の入れ替えである.$(a_1, a_2) \in \mathbb{C}^{\oplus 2}$ に対して $a_1 + a_2$ が τ で固定され,$a_1 - a_2$ は $\tau(a_1 - a_2) = -(a_1 - a_2)$ が成り立つ.このことから F は U 上では直積 $U \times \mathbb{C}$ であり,$X \setminus B$ 上では階数 1 のベクトル束と考えることができることが分かる.しかも τ の $(Y \setminus \varphi^{-1}(B)) \times \mathbb{C}$ への作用を $\tau(y, a) = (\tau(y), -a)$ と定義すると $F | X \setminus B \simeq \{(Y \setminus \varphi^{-1}(B)) \times \mathbb{C}\} / \langle \tau \rangle$ であることが分かる.ただし $\langle \tau \rangle$ は τ が生成する位数 2 の巡回群を表わす.これはベクトル束 $F | X \setminus B$ が**局所系**(local system)である,すなわち基本群 $\pi_1(X \setminus b)$ の表現(今の場合は 1 次元表現)から得られるベクトル束であることを意味している.

一方,点 $x \in B$ の近傍 U と点 x を中心とする局所座標 $(z_1, z_2, \cdots, z_n)$ を B の局所定義方程式が $z_1 = 0$ であるように選ぶことができる.このとき $\varphi^{-1}(U)$ の局所座標として $(w_1, z_2, \cdots, z_n)$ を $\varphi((w_1, z_2, \cdots, z_n)) = (w_1^2, z_2, \cdots, z_n)$ が成り立つように選ぶことができる.このとき $\varphi^{-1}(U)$ は連結であり $\varphi_* \mathbb{C}_Y(U) = \mathbb{C}$ であり,τ の作用で固定される.したがって $F_x = 0$ である.また,このことより $F_0 = F | X \setminus B$ とおくと

$$j_* F_0 = F, \quad R^q j_* F_0 = 0, \quad q \geqq 2$$

であることが分かる.ここで,自然な写像 $X \setminus B \to X$ を j と記した.また

$$R^1 j_* F_0 = 0$$

も直接計算することによって容易に分かる.したがって,スペクトル系列

$$E_2^{p,q} = H^p(X, R^q j_* F_0) \Longrightarrow H^{p+q}(X, F)$$

より

(9.6) $\qquad H^p(X, F) \simeq H^p(X, j_* F_0) \simeq H^p(X \setminus B, F_0)$

が成立することが分かる.

さて自然な単射準同型写像 $\mathbb{C}_Y \to \mathcal{O}_Y$ から自然な準同型写像 $f_p: H^p(Y, \mathbb{C}) \to H^p(X, \mathcal{O}_Y)$ ができるが,Hodge の分解定理によりこの準同型写像は全射である.しかもこの準同型写像は τ の作用に関して同変写像である,すなわち $f_p(\tau(\alpha)) = \tau(f_p(\alpha))$ が成立する.(9.5) より

(9.7) $\qquad H^p(Y, \mathbb{C}_Y) = H^p(X, \mathbb{C}_X) \oplus H^p(X, F)$

であり,τ は $H^p(X, \mathbb{C}_X)$ 上には恒等写像で,$H^p(X, F)$ 上には -1 で作用する.また,(9.4) より

$$H^p(Y, \mathcal{O}_Y) = H^p(X, \mathcal{O}_X) \oplus H^p(X, \mathcal{L}^{-1})$$

が成り立ち,τ は $H^p(X, \mathcal{O}_X)$ 上には恒等写像で,$H^p(X, \mathcal{L}^{-1})$ 上には -1 で作用する.したがって準同型写像 $f_p: H^p(Y, \mathbb{C}_Y) \to H^p(Y, \mathcal{O}_Y)$ より全射準同型写像 $f_p^-: H^p(X, F) \to H^p(X, \mathcal{L}^{-1})$ が得られる.したがって $H^p(X, F) = 0$ であれば $H^p(X, \mathcal{L}^{-1}) = 0$ であることが分かる.

したがって小平の消滅定理を示すためには $q < n$ に対して $H^q(X, F) = 0$ をいえばよい.ところで,$X \setminus B$ は複素 n 次元のアフィン代数多様体であるので Morse 理論より $X \setminus B$ は実 n 次元の CW 複体のホモトピー型を持

つ(たとえば J. Milnor, *Morse theory*, 志賀浩二訳『モース理論』吉岡書店, 1968 年, 定理 7.2 を参照のこと). したがって $p>n$ であれば $H^p(X\setminus B, F_0)=0$ である. (9.6)より $H^q(X,F)\simeq H^q(X\setminus B, F_0)$ であるので $p>n$ のとき $H^q(X,F)=0$ である. 一方 Poincaré の双対定理により対写像

$$(\ ,\ ): H^{2n-p}(Y,\mathbb{C}_Y)\times H^p(Y,\mathbb{C})\longrightarrow H^{2n}(Y,\mathbb{C}_Y)\simeq\mathbb{C}$$

は完全である. しかも τ の作用に関して $(\tau(\alpha),\tau(\beta))=(\alpha,\tau)$ が成立する. したがって(9.7)より $\alpha\in H^{2n-p}(X,\mathbb{C}_X)\subset H^{2n-p}(Y,\mathbb{C}_Y)$, $\beta\in H^p(X,F)\subset H^p(Y,\mathbb{C}_Y)$ に対して $(\alpha,\beta)=(\tau(\alpha),\tau(\beta))=(\alpha,-\beta)=-(\alpha,\beta)$ が成り立ち, $(\alpha,\beta)=0$ であることが分かる. F_0 は $X\setminus B$ 上の局所系であるので, 対写像 $(\ ,\ )$ によって $H^{2n-p}(X,\mathbb{C}_X)$ と $H^p(X,F)$ とは互いに零化することが分かる. 同様に $H^{2n-p}(X,F)$ と $H^p(X,\mathbb{C}_X)$ とは互いに零化する. これより $(\ ,\ )$ を $H^{2n-p}(X,F)\times H^p(X,F)$ に制限したものは完全対写像であることが分かる. したがって $p>n$ のとき $H^p(X,F)=0$ であるので $q=2n-p<n$ のとき $H^q(X,F)=0$ であることが分かる. これで小平の消滅定理が証明されたことになる.

この定理は最初小平によって微分幾何学的手法を用いて証明された. ここで紹介した証明は J. Kollár によるものである. この定理は正標数では成立しないことが知られている. しかしながら, 正標数に代数多様体と可逆層を還元して Frobenius 射を使うことによって代数的に小平の消滅定理を証明することもできる. 詳しくは参考文献 Esnault–Viehweg[36]を参照されたい.

《 要 約 》

9.1 複素数体上の代数多様体には複素解析空間の構造を入れることができる. 代数多様体が完備であれば対応する複素解析空間はコンパクトである.

9.2 Serre の GAGA.

9.3 標数 0 の体上の代数幾何学は複素数体上の代数幾何学に帰着できる(Lefschetz の原理).

9.4 小平の消滅定理.

---------- 演習問題 ----------

9.1 標数 0 の体 k 上の完備非特異代数曲線 C の有理 1 次微分形式 τ に対して留数定理 8.17 を証明せよ．

現代数学への展望――文献案内を兼ねて

　本書で述べたスキームの理論は代数幾何学や数論で大切な言葉として活用される．代数幾何学は代数的に定義される図形の幾何学であり，スキームは代数的にきわめて一般的に図形を定義したものになっている．どうして局所環つき空間を図形と思うことができるのかという素朴な疑問は大切にしてもらいたいが，一方ではスキームによって図形として扱うことのできる対象が拡がり，幾何学的な考察ができる範囲が拡がったことを理解することも大切である．Weil 予想や Fermat 予想の解決ではスキームの理論が裏方として重要な役割を果たしている.

　また，数論と代数幾何学との融合を目指す数論的幾何学はまだ建設途上にあるといえるが，今後大きく発展していくことが期待される．そこでは，単に数論と代数幾何学とが融合するだけではなく，複素微分幾何学も重要な役割を果たしつつあり，理論が完成した暁には新しい幾何学の一分野が誕生することが期待される．

　以下，文献案内を兼ねて本書で述べることができなかったことのいくつかを補足することにする．

　本書の執筆に当たっては主として以下の本を参考にした.

[1] A. Grothendieck and J. Dieudonné, *Éléments de géométrie algébrique*, Publ. IHES, no. 4, 8, 11, 17, 20, 24, 28, 32, 1960–67 (通常 EGA として引用される). これらの巻は http://www.numdam.org/ から PDF ファイルをダウンロードすることができる.

[1′] A. Grothendieck and J. Dieudonné, *Éléments de géométrie algébrique I*, Springer, 1971 (これは[1]の最初の部分の改訂版である).

[2] R. Hartshorne, *Algebraic geometry*, Springer, 1977.

[3] D. Mumford, *The red book of varieties and schemes*, Lecture Notes

in Math. 1358, Springer, 1994.

［4］ 永田雅宜・宮西正宜・丸山正樹, 抽象代数幾何学, 共立出版, 1972.

また, 可換環論に関しては次の本を参考にした.

［5］ 堀田良之, 環と体 1, 岩波講座『現代数学の基礎』, 2001.

［6］ 松村英之, 可換環論, 共立出版, 1980, 復刊 2000.

［7］ M. F. Atiyah and I. G. Macdonald, *Introduction to commutative algebra*, Addison-Wesley, 1969.

[1]はスキーム理論の基礎から始めて, 代数幾何学の基礎を書き換え Weil 予想の証明を目指して書かれたものであるが, 未完に終わった. Grothendieck の考えを知るにはしたがって Bourbaki セミナーでの講演を集めた

［8］ *Fondements de la géométrie algébrique*（FGA として引用されることが多い）.

およびセミナーの報告書

［9］ *Séminaire de géométrie algébrique*（SGA として引用される）

SGA1(1960–61): Revêtements étales et groupe fondamental, Lecture Notes in Math. 224, Springer, 1971.

SGA2(1961–62): Cohomologie locale des faisceaux cohérents et théorèmes de Lefschetz locaux et globaux, North-Holland, 1968.

SGA3(1963–64): Schémas en groupes I, II, III, Lecture Notes in Math. 151, 152, 153, Springer, 1970.

SGA4(1964–65): Théorie des topos et cohomologie étale des schémas, Lecture Notes in Math. 269, 270, 305, Springer, 1972–73.

SGA5(1965–66): Cohomologie l-adique et fonctions L, Lecture Notes in Math. 589, Springer, 1977.

SGA6(1966–67): Théorie des intersections et théorème de Riemann-Roch, Lecture Notes in Math. 225, Springer, 1971.

SGA7(1967–69): Groupes de monodromie en géométrie algébrique, Lecture Notes in Math. 288, 340, Springer, 1972–73.

および

[10]　*Dix exposés sur la cohomologie des schémas*, North-Holland, 1968.

を繙く必要があろう．これらの本がすべて現在絶版になってしまっているのは残念なことである．ただ SGA1～7 の jpeg ファイルは，http://modular.fas.harvard.edu/sga/sga/index.html で見ることができる．

　代数幾何学の入門書として，またレファランスブックとしても[2]が引用されることが多いが，必ずしも推薦できない．演習問題が多いのはよいが，重要な結果が演習問題として出され，後に定理の証明に引用されるので，誰か近くに質問できる人がいないと困ることが生じよう．ただし多くの例が演習問題として取り入れられており，演習問題をきちんと解けば大変有益な本である．連接層のコホモロジー群に関しては Serre の双対定理の証明を含めて丁寧に書かれており，この点に関しては他に類書がない．コホモロジー群のところを中心に読むことも一つの読み方であろう．ただし，証明はすべて射影射の場合だけを取り扱っているが，実用上はそれほど問題はない．もっともコホモロジー群に関しては証明を読むよりは実際に使うことによって納得する方が大切である．

　可換環に関しては[6]が基本的な教科書であるが，[7]はたくさんの例が演習問題に取り上げられており，大変読みやすい．ただ，滑らかな射などの話題が触れられていないので，適宜[6]を参照されれば代数幾何学で必要な可換環の基礎を身につけるには十分であろう．

　さて，本書を読み終えられた読者には，本書第 7 章の応用の好個の例として

[11]　D. Mumford, Lectures on curves on an algebraic surfaces, *Ann. of Math. Stuidies* **59**, 1966.

[12]　D. Mumford, *Abelian varieties*, Oxford Univ. Press, 1974.

を読まれることをお勧めする．[11]は代数曲面上の曲線の族を考察の対象とし，本書で十分に説明することのできなかった代数曲面上の曲線の交点理論や Picard スキームをはじめとして，代数曲面上の代数曲線の族に関して様々の観点から論じたものである．スキーム論の初歩から解説がしてあるので本書の復習から本書で扱った理論の応用をこめてスキーム論の神髄の一部を

味わうことができるであろう．[12]はAbel多様体の本格的な入門書であり，スキーム理論がAbel多様体を調べる上でいかに重要な働きをするかを実感させてくれよう．

ところで，本書を執筆しながら，本書のような代数的な代数幾何学と可換環論を同時に学ぶだけでなく，複素数体上の代数幾何学，複素多様体論，多変数解析関数論を同時に学ぶことが代数幾何学を深く理解する早道であることを改めて考えさせられた．複素代数幾何学に関しては

    [13] P. A. Griffiths and J. Harris, *Principles of algebraic geometry*, John Wiley, 1978.

をまず挙げるべきであろう．ただ[13]の第1章はきわめて杜撰な書き方がしてあるので，自分できちんと証明の穴を埋めながら読むか(ただしこれはかなり大変である)，第1章の部分は他の本で勉強して第2章から，あるいは代数曲線を取り扱った第3章から読み始められることをお勧めする．また，代数幾何学より広く複素多様体の理論を学ばれるには

    [14] 小平邦彦，複素多様体論，岩波書店，1992.

がある．少し記述は簡単になるが，複素多様体の変形理論を中心にした

    [15] 小平邦彦，複素多様体の変形理論 I, II，東京大学数学教室セミナリーノート 19, 31, 1968, 74,

は名著である．

本書代数曲線論の項では代数曲線の理論もJacobi多様体についても少ししか論じることができなかった．複素数体上の理論に関しては[13]の第2章に優れた解説がある．また

    [16] D. Mumford, *Curves and their Jacobians*, The Univ. of Michigan Press, 1975.

はJacobi多様体を中心として代数曲線の幾何学に関して多くの示唆を与えてくれる名著である(現在は[3]の附録に収録されている)．Jacobi多様体の代数的な代数幾何学の理論はA. Weilによって始められた．

    [17] A. Weil, *Variétés abéliennes et courbes algébriques*, Hermann, 1948.

その後理論はChow達の努力によって整備された．

[18] W.-L. Chow, The Jacobian varieties of an algebraic curves, Amer. J. Math. **76**(1954), 453–476.

しかしながら本書§8.2(c)で述べたように Jacobi 多様体の構成法は簡単でないというよりも複雑であり，いまなお簡明な証明は知られていない．そのためか，教科書は書かれていない．次の本の第 7 章に Milne による現代的観点からの説明があるが，証明の一部に不十分な点がある．

[19] G. Carrell and J. H. Silverman, *Arithmetic geometry*, Springer, 1986.

ところで本書では完備非特異代数曲線の Jacobi 多様体のみを考えたが，特異点を持った曲線に対しても一般化された Jacobi 多様体(generalized Jacobian)を構成することができる．たとえば，1 点 P でのみ通常 2 重点を特異点として持ち他の点では非特異である代数的閉体 k 上で定義された完備代数曲線を考える．ここで点 P が通常 2 重点であるとは $\widehat{\mathcal{O}_{C,P}} \simeq k[[x,y]]/(xy)$ が成り立つことを意味する．このとき正規化写像 $\nu\colon \widetilde{C} \to C$ により $\widetilde{C}$ は完備非特異代数曲線であり，ν による点 P の逆像は 2 点 $\{P_+, P_-\}$ からなる．曲線 C 上の可逆層 $\mathcal{L}$ に対して $\nu^*\mathcal{L}$ は曲線 $\widetilde{C}$ 上の可逆層である．逆に曲線 $\widetilde{C}$ 上の可逆層 $\mathcal{M}$ に対して $\mathcal{M}_{P_+}$ と $\mathcal{M}_{P_-}$ とを同一視して張り合わせることによって C 上の可逆層を得る．この同一視は実質的には 1 次元ベクトル空間の同型写像を与えることに対応するから，$k^\times = k\setminus\{0\}$ だけの自由度がある．したがって可換群の完全列

$$0 \longrightarrow k^\times \longrightarrow \mathrm{Pic}\,C \longrightarrow \mathrm{Pic}\,\widetilde{C} \longrightarrow 0$$

が存在することが分かる．このことから，特異点を持つ曲線 C の一般化された Jacobi 多様体は非特異曲線 C の Jacobi 多様体 $J(C)$ の乗法群スキーム $\mathbb{G}_m$ による拡大と推察することができる．このことは正しいことが知られており，さらに一般にどのような特異点を持つ完備代数曲線に対しても一般化された Jacobi 多様体を構成することができることが知られている．この点に関しては代数関数論的な取り扱いではあるが Serre の優れた教科書がある．

[20] J.-P. Serre, *Algebraic groups and class field*, Springer, 1988(*Groupes algébriques et corps de classes*, Hermann, 1959 の英訳改訂版)．

またこの本では代数曲線のエタール Abel 被覆と一般化された Jacobi 多様体の関係が記され，1 変数代数関数体の類体論が述べられている．

ところで，代数的閉体 k 上の 2 次元非特異代数多様体(代数曲面と略称する) X 上に 2 本の既約完備代数曲線(非特異とは限らない) C_1, C_2 があれば交点 $P \in C_1 \cap C_2$ での局所交点数 $I_P(C_1, C_2)$ を $\dim_k \widehat{\mathcal{O}_{X,P}}/(f, g)$ と定義することができる．ここで (x, y) は点 P を中心とする局所パラメータ系，f, g は点 P の近傍での C_1, C_2 の定義式(イデアル層の生成元)とする．さらに C_1, C_2 の交点数を

$$C_1 \cdot C_2 = \sum_{P \in C_1 \cap C_2} \dim_k \widehat{\mathcal{O}_{X,P}}/(f, g)$$

と定義する．これが§6.2(c)の一般化になっていることは容易に示すことができる．一方 C_1, C_2 は 1 次元閉部分スキームとして Cartier 因子を定義し，したがって直線束 $[C_1], [C_2]$ を定義する．特に C_1 が非特異であるときは $C_1 \cdot C_2 = \deg[C_2]|C_1$ であることを証明することができる．また，C_1 が特異点を持つときは $\nu: \widetilde{C}_1 \to C_1$ を正規化射とすると $C_1 \cdot C_2 = \deg \nu^*[C_2]|\widetilde{C}_1$ が成り立つことが示される．交点数の定義から C_1 と C_2 の役割を入れ替えてもよいことが分かる．さらに，非特異代数曲面上の完備代数曲線 C に対して**自己交点数** C^2 を $\deg \nu^*[C]|\widetilde{C}$ と定義する．ここで $\nu: \widetilde{C} \to C$ は正規化射である．このように自己交点数を定義しても曲面上の交点理論が問題なく展開できることが知られている．

さて，X 上の閉点 P をブローアップして非特異代数曲面 $\widetilde{X}$ および射 $\pi: \widetilde{X} \to X$ を得たとすると，定理 7.94 より点 P 上のファイバー $E = \pi^{-1}(P)$ は $\mathbb{P}^1_k$ と同型であり，このとき $[E]|E$ に対応する可逆層は $\mathcal{O}_{\mathbb{P}^1_k}(-1)$ であるので $E^2 = -1$ が成り立つことが分かる．一般に，非特異代数曲面上の完備代数曲線が $\mathbb{P}^1_k$ と同型でありその自己交点数が -1 のとき，**第 1 種例外曲線**または -1 曲線という．非特異代数曲面 Y 上に第 1 種例外曲線 E があれば E をブローダウンすることができる，すなわち，非特異代数曲面 $\widehat{Y}$ と $\pi(E) = P$ となる固有射 $\pi: Y \to \widehat{Y}$ が存在することが知られている．このとき，Y は $\widehat{Y}$ を点 P でブローアップしたものと見ることができる．このように，第 1 種

例外曲線があればブローダウンすることができる．特に，完備非特異代数曲線の場合，第1種例外曲線を有限回ブローダウンすることによって第1種例外曲線を含まない完備非特異代数曲線を見出すことができる．このような曲面を**相対極小曲面**と呼ぶ．代数曲面はある完備非特異代数曲線と射影直線の直積 $C \times \mathbb{P}_k^1$ へ双有理写像が存在するとき**線織面**と呼ばれる．関数体の言葉を使えば，ある代数曲線 C の関数体 $k(C)$ の純超越拡大体 $k(C)(t)$ と代数曲面 X の関数体が同型であるとき X を線織面という．完備非特異代数曲面は線織面でなければ相対極小モデルはただ1個しか持たないことが分かる．このことが代数曲面の双有理幾何学の基本となっている．このような事実は3次元ではもはや成立しないが相対極小モデルの理論は構築することができる．

ところで，離散付値環 R 上の曲線の族 $\pi: X \to \operatorname{Spec} R$ は X が2次元正則スキーム，π が固有射であり，かつ $\operatorname{Spec} R$ の生成点上のファイバーが完備非特異代数曲線であるとき曲線の交点理論を展開することができ，閉ファイバーに含まれる第1種例外曲線はブローダウンすることができる．$\operatorname{Spec} R$ の閉点上のファイバーが第1種例外曲線を含まないとき代数曲線の退化という．どのような退化が起こるか，また生成ファイバーの Jacobi 多様体と退化ファイバーの一般化された Jacobi 多様体との関係がどのようになっているかは興味深い問題である．楕円曲線のときはこの問題は小平邦彦と Néron によってまったく独立に考察された．

[21] K. Kodaira, On compact analytic surfaces II-III, *Ann. of Math.* **77**(1963), 563–626, **78**(1963), 1–40.

[22] A. Néron, *Modèles minimaux des variétés abéliennes sur les corps locaux et globaux*, Publ. IHES, no. 21, 1964.

小平の手法は複素解析的，Néron は代数的である．Néron はさらに問題を高次元にして Abel 多様体とその退化に関しても考察し，今日 Néron モデルと呼ばれる理論を創始した．[22]は Weil の代数幾何学の用語を使って書かれているが，スキームの言葉を使って書き換えることは本書の読者にはそれほど困難ではないであろう．現代的な取り扱いは[19]の第8章に M. Artin による解説があり，さらに本格的な教科書として

[23]　S. Bosch, W. Lütkebohmert and M. Raynaud, *Néron models*, Springer, 1990.

がある.

本書では楕円曲線の族として楕円曲面の理論を通して曲面論への入門を書くつもりであったが紙数の関係で果たせなかった. 楕円曲面の複素解析的な理論は[23]が今なお多くの示唆を与えてくれる. 代数的な理論に関しては

[24]　桂利行, 正標数の楕円曲面, 上智大学数学講義録25, 1987.

がある. 楕円曲面は1変数代数関数体上の種数1の曲線の理論と解釈することもできる. こうした見方は楕円曲面の Mordell–Weil 格子の理論で重要になる. この点に関しては

[25]　塩田徹治, Mordell–Weil Lattice の理論とその応用, 東京大学数理科学セミナリーノート1, 1993.

を参照されたい.

Abel 多様体の理論に関しては真っ先に[12]を挙げるべきである. 複素解析的な取り扱いは

[26]　H. Lange and Ch. Birkenhake, *Complex abelian varieties*, Springer, 1992, 第2版 2004.

に詳しい. また Abel 多様体に密接に関係するテータ関数の理論に関しては

[27]　J. Igusa, *Theta functions*, Springer, 1972.

[28]　D. Mumford, *Tata lectures on theta I, II, III*, Progress in Math. 28, 43, 97, Birkhäuser, 1983, 84, 91.

[28]はテータ関数のソリトン理論への応用を含んでいる. 可積分系と代数幾何学の関係を知る上では優れた邦書として

[29]　田中俊一・伊達悦朗, KdV 方程式(紀伊國屋数学叢書16), 紀伊國屋書店, 1979.

をあげておく.

テータ関数と代数幾何学との興味深い関係を論じたものとして次の2冊をあげておく.

[30]　A. B. Coble, *Theta functions and algebraic geometry*, Amer. Math.

Soc., 1929.

[31] I. Dolgachev and D. Ortaland, *Point sets in projective spaces and theta functions*, Astérisque 165, 1988.

がある．Coble の問題提起はまだ完全には理解されていないように筆者には思われる．

群スキームの簡明な入門書として次の本がある．

[32] W. C. Waterhouse, *Introduction to affine group schemes*, Springer, 1979.

トーリック多様体に関しては紙数の関係で述べる余裕がなかった．トーリック多様体は種々の完備代数多様体を構成する際に威力を発揮する．射影的でない完備代数多様体もトーリック多様体を使うことによって簡単に構成できる．トーリック多様体に関しては優れた本が出されている．

[33] 小田忠雄, 凸体と代数幾何学, 紀伊國屋書店, 1985.

[34] G. Ewald, *Combinatorial convexity and algebraic geometry*, Springer, 1996.

[35] 石田正典, トーリック多様体入門, 朝倉書店, 2000.

[34] は Combinatorial Convexity と代数幾何学との対応表が巻末にあげられていて便利である．ただ，これらの本はスキームを表に出さずにトーリック多様体を定義しているので本書の読者にはかえって分かりにくいかもしれない．スキームの言葉に翻訳して読まれることをお勧めする．

最後の章で述べた小平の消滅定理は様々な形で拡張され，代数曲面論，3次元代数多様体の双有理幾何学に重要な役割を果たしている．小平の消滅定理とその拡張に関しては

[36] H. Esnault and E. Viehweg, *Lectures on vanishing theorems*, Birkhäuser, 1992.

に丁寧な解説がある．また，Riemann–Roch の定理に関しては

[37] F. Hirzebruch, *Topological method in algebraic geometry*, Springer, 1962.

が標準的な教科書である．Riemann–Roch の定理の一般化として指数定理が

ある．これについては次の優れた本が出版されている．

[38] 吉田朋好，ディラック作用素の指数定理，共立講座『21世紀の数学』22巻，共立出版，1998．

[39] 古田幹雄，指数定理 1, 2，岩波講座『現代数学の展開』，1999, 2002．

数論への応用と数論的代数幾何学に関しては

[40] G. Cornell, J. H. Silverman and G. Stevens, *Modular forms and Fermat's last theorem*, Springer, 1997.

をあげておこう．ただし，かなりの数学的素養を要求される．また，数理物理学，特に超弦理論と代数幾何学との関係については多くの論文や本が出されている．

共形場理論と代数幾何学に関しては

[41] 上野健爾・清水勇二，モジュライ理論 3，岩波講座『現代数学の展開』，1999．

超弦理論と代数幾何学に関しては

[42] C. Vafa, E. Zaslow 他編，Mirror Symmetry, AMS, 2003.

をあげておく．

以上の本や論文のほかに代数幾何学の建設に携わった数学者の論文集も参考になることが多いであろう．

[43] J.-P. Serre, *Collected papers*, 3 volumes, Springer, 1986.

[44] O. Zariski, *Collected papers*, 4 volumes, MIT Press, 1972–1979.

[45] A. Weil, *Œuvres Scientifiques*, 3 volumes, Springer, 1980.

[46] B. L. van der Waerden, *Zur algebraischen Geometrie*, Selected Papers, Springer, 1983.

問 解 答

第1章

問1 $k[x]$ の任意のイデアルは1個の元から生成されるので $I=(f(x))\neq(0)$ に対して
$$V(I)=\{a\in k\mid f(a)=0\}$$
は有限集合である.

問2 $\mathbb{R}[x]$ は単項イデアル環であり, $f(x)$ が既約であることとイデアル $I=(f(x))$ が極大イデアルであることとは同値である. $\mathbb{R}[x]$ の既約多項式は1次式, または2次式である.

問3 元 $x\in R$ が S 上整であるための必要十分条件は, S 上 x で生成される R の部分環 $S[x]$ が有限 S 加群であることに注意する. これは次のようにして示される. もし x が S 上整であれば $x^n+a_1x^{n-1}+\cdots+a_n=0$, $a_j\in S$ が成り立つ. よって $x^{n+r}=-a_1x^{n+r-1}-\cdots-a_nx^r$ と書くことができ, $S[x]$ の元はすべて $\alpha_0+\alpha_1x+\cdots+\alpha_nx^n$, $\alpha_j\in S$ の形に表わすことができ $S[x]$ は有限 S 加群であることが分かる. 逆に $S[x]$ が有限 S 加群であれば $S[x]$ の任意の元は $z_1,\cdots,z_l\in S[x]$ の S 係数の1次結合で表わされる.
$$z_j=b_{j_0}+b_{j_1}x+\cdots+b_{j_{k_j}}x^{k_j},\quad j=1,\cdots,l$$
と表わし, $n=\max_j(k_j)+1$ とおくと x^n は $1,x,x^2,\cdots,x^{n-1}$ の S 係数の1次結合で表わせ, したがって S 上整である.

したがって $S[w_1]$ は有限 S 加群であり, $S[w_1,w_2]$ は有限 $S[w_1]$ 加群である. よって $S[w_1,w_2]$ は有限 S 加群である. 以下この論法を続けて $R=S[w_1,\cdots,w_l]$ は有限 S 加群である.

最後に任意の元 $x\in R=S[w_1,\cdots,w_l]$ は S 上整であることを示そう. R は S 加群として $s_1,s_2,\cdots,s_n$ で生成されているとする. すると
$$xs_i=\sum_{j=1}^n a_{ij}s_j,\quad a_{ij}\in S,\quad i=1,\cdots,n$$
が成り立ち,

$$\det(x\delta_{ij} - a_{ij}) = 0, \quad \delta_{ij} = \begin{cases} 0, & i \neq j \\ 1, & i = j \end{cases}$$

が成立することが分かり, x は S 上整である.

問 4 問 1 より明らか.

問 5 $f(x, y)$ に $f(x, x^2)$ を対応させる写像は可換環の同型写像 $k[x, y]/(y - x^2) \to k[x]$ を与える.

問 6 $k[\mathbb{A}^1] = k[t]$ とおくと $\varphi^{\#^{-1}}(t) = \emptyset$ である.

問 7 $z_j = x_j - a_j$, $j = 1, \cdots, m$, $h(z_1, \cdots, z_m) = f(a_1 + z_1, \cdots, a_m + z_m)$ とおくと $h(0, \cdots, 0) = f(a_1, \cdots, a_m)$. $h(z_1, \cdots, z_m) - h(0, \cdots, 0)$ は $z_1, \cdots, z_m$ の 1 次以上の項よりなるのでイデアル $(z_1, \cdots, z_m)$ に属する. これは $f(x_1, \cdots, x_m) - f(a_1, \cdots, a_m) \in (x_1 - a_1, \cdots, x_m - a_m)$ を意味する.

問 8 $a = (a_1, \cdots, a_n) \in V(J)$ であるための必要十分条件は $\mathfrak{m}_a = (x_1 - a_1, \cdots, x_n - a_n) \supset J$ であることから明らか.

問 9 $f \in I$ に対して $D(f) \subset D(I)$ が成り立つ. 一方 $\mathfrak{m} \in D(I)$ であれば $I \not\subset \mathfrak{m}$ であり, $f \notin \mathfrak{m}$ である $f \in I$ が存在する. よって $\mathfrak{m} \in D(f)$ であり, $D(I) \subset \bigcup_{f \in I} D(f)$ が成り立つことが分かる. また f_α, $\alpha \in A$ より生成されるイデアルを J とすると $\bigcup_{\alpha \in A} D(f_\alpha) = D(J)$ も同じ論法で示すことができる.

問 10 $z = x - \alpha_j$ とおく. 形式的べき級数環 $k[[z]]$ では
$$g = b_0 + b_1 z + b_2 z^2 + b_3 z^3 + \cdots$$
は $b_0 \neq 0$ のとき逆元が存在することに注意する. これは
$$h = c_0 + c_1 z + c_2 z^2 + c_3 z^3 + \cdots$$
とおいて, 条件
$$1 = gh = b_0 c_0 + (b_0 c_1 + b_1 c_0) z + (b_0 c_2 + b_1 c_1 + b_2 c_0) z^2 + \cdots$$
より, $c_0 = 1/b_0$, $c_1 = -(b_1 c_0)/b_0 = -b_1/(b_0)^2$, $\cdots$ と未定係数法で g の逆元 h を求めることができることから明らか. $f(\alpha_j + z) = z^{n_j} g(z)$, $g(0) \neq 0$ と書けるので $g(z)^{-1} \in k[[z]]$ となり, $(f(\alpha_j + z)) = (z^{n_j})$ を得る.

問 12 (1) 2 (2) 5 (3) $\alpha \neq 0$ のとき 2, $\alpha = 0$ のとき 3

問 14 $I = (f_1, \cdots, f_l)$ とし, f_i の斉次成分を $f_{i1}, \cdots, f_{in_i}$ と記すと $f_{ij} \in I$ であり, $I = (f_{11}, \cdots, f_{ln_l})$ であることが分かる. 逆に I が斉次多項式から生成されれば斉次イデアルであることは明らか.

問 15 $f \in \sqrt{I}$ の斉次成分への分解を $f_{d_1} + f_{d_2} + \cdots + f_{d_n}$ とする. $f^m \in I$ である正整数 m が存在するが f^m の最低次の斉次成分は $f_{d_1}^m$ であり, I は斉次イデアルであるので $f_{d_1}^m \in I$ である. よって $f_{d_1} \in \sqrt{I}$ である. したがって, $f - f_{d_1} = f_{d_2} + \cdots + f_{d_n} \in \sqrt{I}$. 今と同様の論法により, $f_{d_2} \in \sqrt{I}$. 以下, この論法を繰り返す.

問 16 $f \in I(V)$ を $f = f_d + f_{d+1} + \cdots + f_m$ と斉次式の和に書き表わす. $(a_0 : a_1 : \cdots : a_n) \in V$ と任意の $\beta \neq 0$ に対して $f(\beta a_0, \beta a_1, \cdots, \beta a_n) = 0$ であるが, これは
$$\beta^d f_d(a_0, \cdots, a_n) + \beta^{d+1} f_{d+1}(a_0, \cdots, a_n) + \cdots + \beta^m f_m(a_0, \cdots, a_n) = 0$$
を意味する. これより $f_d(a_0, \cdots, a_n) = 0, \cdots, f_m(a_0, \cdots, a_n) = 0$ を得, $f_d, f_{d+1}, \cdots, f_m \in I(V)$ であることが分かる.

問 17 命題 1.4 の証明中の多項式を斉次多項式にかえればよい.

問 18 簡単のため $i = 0$ の場合を考える. l 次多項式 $g(z_1, \cdots, z_n)$, m 次多項式 $h(z_1, \cdots, z_n)$ に対して
$$g\left(\frac{x_1}{x_0}, \cdots, \frac{x_n}{x_0}\right) h\left(\frac{x_1}{x_0}, \cdots, \frac{x_n}{x_0}\right) \in I_0$$
が成り立ったとすると,
$$G = x_0^l g\left(\frac{x_1}{x_0}, \cdots, \frac{x_n}{x_0}\right), \quad H = x_0^m h\left(\frac{x_1}{x_0}, \cdots, \frac{x_n}{x_0}\right)$$
とおくと, $GH \in I$ となり, $G \in I$ または $H \in I$ が成り立つ. これより, $g \in I_0$ または $h \in I_0$ が成り立つ.

問 20 $V(F)$ が既約であるための必要十分条件は $I(V(F))$ が素イデアルであることである. $I(V(F)) = \sqrt{(F)}$ であるので, F が 2 乗因子を含まないという仮定から $\sqrt{(F)} = (F)$ であることが分かる.

第 2 章

問 1 (1) 命題 2.1 より明らか.

(2) $D(f) = \emptyset$ であることは f はすべての素イデアルに含まれることと同値であるので, 下の (2.11) よりこれは $f \in \sqrt{0}$ と同値であることが分かる.

問 2 $g(x), h(x) \in \mathbb{Z}[x]$ が $g(x)h(x) \in (f(x))$ を満たせば, $g(x)h(x) = f(x)r(x)$ を満たす $r(x) \in \mathbb{Z}[x]$ が存在する. このとき, $f(x)$ は $\mathbb{Q}[x]$ で既約であり, $g(x), h(x)$ のいずれかを $\mathbb{Q}[x]$ で割り切るが, $f(x)$ はさらに原始的であるので $\mathbb{Z}[x]$ で割り切る.

問3 素イデアル $\mathfrak{p}$ に対しては $f^m \in \mathfrak{p}$ であることと $f \in \mathfrak{p}$ であることは同値である.

問4 $0 \in \mathfrak{p}$ であるので $0 \notin R \backslash \mathfrak{p}$. $s, t \in R \backslash \mathfrak{p}$ でもし $st \in \mathfrak{p}$ であれば $\mathfrak{p}$ は素イデアルではないので $st \in R \backslash \mathfrak{p}$ になる.

問6 $\varphi_S(r) = 0$ であれば $t \in S$ に対して $\dfrac{tr}{t} = 0$ が成り立つ. したがって, $utr = 0$ が成り立つような $u \in S$ が存在することが分かる. よって, $s = ut$ とおくと, $sr = 0$ が成り立つ. 逆に, $sr = 0$ となる $s \in S$ があれば $\varphi_S(r) = 0$ が成り立つことは明らか.

問7 自然な準同型写像 $\varphi_S : R \to R_S$ による R_S の極大イデアルの引き戻しは S の極大元である. 一方 S の極大元 $\mathfrak{a}$ に対して $\varphi_S(\mathfrak{a})$ の生成する R_S のイデアルを $\mathfrak{m}$ と記す. もし $\mathfrak{m}$ が R_S の極大イデアルでなければ $\mathfrak{m} \subsetneq \mathfrak{n}$ である極大イデアル $\mathfrak{n}$ が存在する. $\mathfrak{b} = \varphi_S^{-1}(\mathfrak{n})$ とおくと $\mathfrak{a} \subset \mathfrak{b}$ である. $\mathfrak{a}$ は S の極大元であるので $\mathfrak{a} = \mathfrak{b}$ または $\mathfrak{b} = R$ であるが, これはそれぞれ $\mathfrak{m} \subsetneq \mathfrak{n}$, $\mathfrak{n} \neq R_S$ に反する. よって $\mathfrak{m}$ は R_S の極大イデアルである.

問10 $\sqrt{\mathfrak{a}} \subset \bigcap_{\mathfrak{a} \subset \mathfrak{p} \in \operatorname{Spec} R} \mathfrak{p}$ は明らか. $h \in \bigcap_{\mathfrak{a} \subset \mathfrak{p} \in \operatorname{Spec} R} \mathfrak{p}$ が $h \notin \sqrt{\mathfrak{a}}$ であれば
$$\mathcal{S} = \{\mathfrak{b} \mid \mathfrak{b} \text{ は } R \text{ のイデアル}, \mathfrak{a} \subset \mathfrak{b}, h^m \notin \mathfrak{b}, m = 1, 2, \cdots\}$$
とおくと $\mathcal{S} \neq \emptyset$. $\mathcal{S}$ の極大元の 1 つを $\mathfrak{q}$ とすると $\mathfrak{q}$ は素イデアルである. すると $\mathfrak{a} \subset \mathfrak{q}$ であるので, h のとり方から $h \in \mathfrak{q}$ でなければならないが, 一方 $\mathcal{S}$ より $h \notin \mathfrak{q}$ であり矛盾. よって $h \in \sqrt{\mathfrak{a}}$.

問11 $f \in \mathcal{F}(U)$, $g \in \mathcal{F}(V)$ が定める点 y での芽を f_y, g_y と記す. $\tilde{f} = \rho_{U \cap V, U}(f)$, $\tilde{g} \in \rho_{U \cap V, V}(g)$ はそれぞれ芽 f_y, g_y を定める. そこで $f_y + g_y$ は $\tilde{f} + \tilde{g}$ の定める点 y での芽, $f_y g_y$ は $\tilde{f} \tilde{g}$ の定める点 y での芽と定義する.

問12 自然な準同型写像 $\varphi : R \to R_\mathfrak{p}$ は準同型写像 $\bar{\varphi} : R/\mathfrak{p} \to R_\mathfrak{p}/\mathfrak{p} R_\mathfrak{p}$ を引き起こす. $\bar{\varphi}$ が単射であることは容易に分かる. また $R/\mathfrak{p}$ は整域であり $R_\mathfrak{p}/\mathfrak{p} R_\mathfrak{p}$ は体であるので $\bar{\varphi}$ は $R/\mathfrak{p}$ の商体 $Q(R/\mathfrak{p})$ から $R_\mathfrak{p}/\mathfrak{p} R_\mathfrak{p}$ への体の単射準同型写像 $\tilde{\varphi}$ に拡張できる. $a = \dfrac{r}{s}$, $s \notin \mathfrak{p}$, が $\mathfrak{p} R_\mathfrak{p}$ に属さなければ $r \notin \mathfrak{p}$ であり, r, s の $R/\mathfrak{p}$ での剰余類を $\bar{r}, \bar{s}$ と記すと $\dfrac{\bar{r}}{\bar{s}} \in Q(R/\mathfrak{p})$ である. $\tilde{\varphi}\left(\dfrac{\bar{r}}{\bar{s}}\right) = a \pmod{\mathfrak{p} R_\mathfrak{p}}$ であるので, $\tilde{\varphi}$ は全射である.

問13 $s = \{s_\mathfrak{p}\} \in \prod_{\mathfrak{p} \in U} R_\mathfrak{p}$ に対して $s^{-1} = \{s_\mathfrak{p}^{-1}\}$ は $\Gamma(U, \mathcal{O}_X)$ の元を定める.

問14 R の乗法的に閉じた集合 S に対して R 加群の R 双線形写像
$$R_S \times M \longrightarrow M_S$$

$$\left(\frac{r}{s},a\right)\longmapsto \frac{ra}{s}$$

を考えると，テンソル積の普遍写像性により R 加群の準同型写像
$$\psi\colon R_S\otimes_R M \longrightarrow M_S$$
が存在する．ψ が全射であることは明らか．$R_S\otimes_R M$ では
$$\sum_{j=1}^{l}\frac{r_j}{s_j}\otimes a_j = \sum_{j=1}^{l}\frac{t_j r_j}{s}\otimes a_j = \sum_{j=1}^{l}\frac{1}{s}\otimes t_j r_j a_j = \frac{1}{s}\otimes m$$

と書くことができる．ここで $s_j\in S$, $r_j\in R$, $a_j\in M$ であり，$s=s_1 s_2\cdots s_l$, $t_j = s_1\cdots s_{j-1}s_{j+1}\cdots s_l$, $m=\sum_{j=1}^{l} t_j r_j a_j$ とおいた．すなわち $R_S\otimes M$ の元は $\dfrac{1}{s}\otimes m$, $s\in S$, $m\in M$ と表示できる．もし $\psi\left(\dfrac{1}{s}\otimes m\right)=\dfrac{m}{s}=0$ であれば $tm=0$ となる $t\in S$ が存在する．一方 R_S では $\dfrac{1}{s}=\dfrac{t}{st}$ であるので
$$\frac{1}{s}\otimes m = \frac{t}{st}\otimes m = \frac{1}{st}\otimes tm = \frac{1}{st}\otimes 0 = 0$$

となる．よって ψ は単射である．したがって ψ は同型写像である．

問 15
$$\Gamma(U,\widetilde{M}) = \left\{\{m_{\mathfrak{p}}\}\in \prod_{\mathfrak{p}\in U}M_{\mathfrak{p}}\ \middle|\ \begin{array}{l} U\text{の開被覆}\{X_{f_\beta}\}_{\beta\in B}\ \text{と}\ m_\beta\in M_{f_\beta},\ \beta \\ \in B \text{ をうまくとり，} \mathfrak{p}\in X_{f_\beta}\ \text{のとき}\ m_\beta \\ \text{の定める点}\ \mathfrak{p}\ \text{での芽が}\ m_{\mathfrak{p}}\ \text{と一致する}\end{array}\right\}$$

問 16 命題 2.1 および例題 2.2 の証明と同様にできる．

問 17 $f(x_0,\cdots,x_n)$ が d 次斉次式であれば $f(a_0,\cdots,a_n)\in S_d$ である．したがって $g\in \mathrm{Ker}\,\varphi$ に対して $g=g_d+g_{d+1}+\cdots+g_m$ と斉次式の和に表わすと $g(a_0,\cdots,a_n)=g_d(a_0,\cdots,a_n)+g_{d+1}(a_0,\cdots,a_n)+\cdots+g_m(a_0,\cdots,a_n)=0$ は $g_d(a_0,\cdots,a_n)=0$, $g_{d+1}(a_0,\cdots,a_n)=0$, $\cdots$, $g_m(a_0,\cdots,a_n)=0$ を意味し，$g_d,g_{d+1},\cdots,g_m\in \mathrm{Ker}\,\varphi$ となる．

問 18 $f\in S_d$ に対して $S_f^{(0)}$ は R 代数であるので $\mathrm{Spec}\,S_f^{(0)}\to \mathrm{Spec}\,R$ が定まる．$\mathrm{Proj}\,S$ は $\mathrm{Spec}\,S_f^{(0)}$ を張り合わせて得られるのでこの射を張り合わせることによってスキームの射が得られる．

問 19 $\Gamma(U,\mathcal{O}_X)$ がべき零元 f を持てば $x\in U$ での芽 f_x は $\mathcal{O}_{X,x}$ のべき零元である．逆に $\mathcal{O}_{X,x}$ がべき零元 f_x を持ち，$f_x^m=0$ であれば，x のある近傍 V で $f\in \Gamma(V,\mathcal{O}_X)$ で芽 f_x を与える f が存在し，かつ $f^m=0$ が成り立つものが存在する．よって，$\Gamma(V,\mathcal{O}_X)$ はべき零元を持つ．

問 20
$$X = \bigcup_{\lambda=1}^{n} U_\lambda, \quad U_\lambda = \operatorname{Spec} A_\lambda, \quad A_\lambda \text{ は Noether 環}$$

となる X の開被覆が存在する．$I(F_i \cap U_\lambda) = J_{\lambda,i}$ とおくと $V(J_{\lambda,i}) = F_i \cap U_\lambda$ であるのでイデアルの増大列

$$J_{\lambda,1} \subset J_{\lambda,2} \subset \cdots \subset J_{\lambda,i} \subset J_{\lambda,i+1} \subset \cdots$$

ができる．A_λ は Noether 環であるので

$$J_{\lambda,i_\lambda} = J_{\lambda,i_\lambda+1} = \cdots$$

となる i_λ が存在する．$m = \max_\lambda (i_\lambda)$ とおくとすべての λ に対して $J_{\lambda,m} = J_{\lambda,m+1} = \cdots$ が成り立つので

$$F_m = F_{m+1} = \cdots$$

が成り立つ．

第 3 章

問 2 $g_4(t) = t + \alpha t^2 + \beta t^3$, $h_4(t) = t + (\alpha+3)t^2 + (6\alpha+\beta+12)t^3$, α, β は任意の k の元，によって φ_4 を定めればよい．また $g_2(t) = t^2$, $h_2(t) = t$ のときは，$g_3(t) = t^2 + 2t^3$, $h_4(t) = t + \alpha t^3$, α は任意の k の元によって R_3 に値をとる点を定めればよい．

問 5 集合の直積 $X \times Y$ に対しては同型
$$\operatorname{Hom}(Z, X \times Y) \simeq \operatorname{Hom}(Z, X) \times \operatorname{Hom}(Z, Y)$$
が成り立つ．

問 6
$$\operatorname{Hom}_{(\mathrm{Set})}(W, X \times_Z Y)$$
$$= \{F \in \operatorname{Hom}_{(\mathrm{Set})}(W, X \times Y) \mid q_1 \circ p_1 \circ F = q_2 \circ p_2 \circ F\}$$
$$= \{(f, g) \in \operatorname{Hom}_{(\mathrm{Set})}(W, X) \times \operatorname{Hom}_{(\mathrm{Set})}(W, Y) \mid q_1 \circ f = q_2 \circ g\}$$

が成り立つ．

問 7 $T \in Ob(\mathcal{C})$ に対して (3.12) は
$$G(T) = \{(f, g) \in \operatorname{Hom}_\mathcal{C}(T, X) \times \operatorname{Hom}_\mathcal{C}(T, X) \mid q \circ f = g\}$$
と書くことができ $\operatorname{Hom}_\mathcal{C}(T, X)$ とつねに同型であり $G(T) \simeq h_X(T)$ が成り立つことが分かる．

問 8 $k[x_1, \cdots, x_m] \otimes_k k[y_1, \cdots, y_n]$ は体 k 上 $x_1 \otimes 1, x_2 \otimes 1, \cdots, x_m \otimes 1$ および $1 \otimes y_1$,

…, $1 \otimes y_n$ で生成され，多項式環 $k[z_1, \cdots, z_{m+n}]$ と同型である．Spec k は 1 点よりなり $\mathbb{A}_k^1 \times_{\text{Spec } k} \mathbb{A}_k^1$ の底空間は集合としては直積でない．変数 x, y を共に含む既約多項式 $f(x,y)$ が定める素イデアル $(f(x,y))$ の定める $\mathbb{A}_k^2$ の底空間の点は $\mathbb{A}_k^1$ の底空間 2 個の直積の点ではない．

問 9 Δ が閉集合であれば Δ^c は開集合．$a \neq b$ のとき $(a,b) \in \Delta^c$ であり，(a,b) の開近傍 W で Δ^c に含まれるものが存在する．さらに a, b の開近傍 U, V を十分小さくとって $U \times V \subset W$ とできる．$U \times V \cap \Delta = \emptyset$ であるが，これは $U \cap V = \emptyset$ を意味する．逆に $a \neq b$ のとき $U \cap V = \emptyset$ である a, b の開近傍 U, V がとれれば $U \times V \subset \Delta^c$ となる．

第 4 章

問 1 ${}^a\mathcal{G}$ が前層であることは容易に分かるので，定義 2.17 の (F1), (F2) の性質を持つことを示せばよい．まず，(F1) を示す．$s = \{s(x)\}_{x \in U} \in {}^a\mathcal{G}(U)$ が U の開被覆 $\{V_\lambda\}_{\lambda \in \Lambda}$ に対して $\rho_{V_\lambda, U}(s) = 0, \lambda \in \Lambda$ であれば，制限写像の定義より，任意の点 $x \in U$ に対して $s(x) = 0_x$ であることが分かる．ただし，0_x は $\mathcal{G}_x$ の零元である．したがって $s = 0$ であることが分かる．

次に U の開被覆 $\{V_\lambda\}_{\lambda \in \Lambda}$ に対して $s_\lambda = \{s_\lambda(y)\}_{y \in V_\lambda} \in {}^a\mathcal{G}(V_\lambda)$, $\lambda \in \Lambda$ が与えられて，$V_{\lambda\mu} = V_\lambda \cap V_\mu \neq \emptyset$ のとき $\rho_{V_{\lambda\mu}, V_\lambda}(s_\lambda) = \rho_{V_{\lambda\mu}, V_\mu}(s_\mu)$ が成立したと仮定する．これは $z \in V_{\lambda\mu}$ に対して $s_\lambda(z) = s_\mu(z) \in \mathcal{G}_z$ を意味する．そこで点 $x \in U$ に対して $x \in V_\lambda$ となる V_λ を 1 つ選び，U から $\bigcup_{x \in U} \mathcal{G}_x$ への写像 s を $s(x) = s_\lambda(x)$ と定義する．$x \in V_\mu$ であれば $s_\lambda(x) = s_\mu(x)$ であるので，s はきちんと定義できる．$s_\lambda \in {}^a\mathcal{G}(V_\lambda)$ であるので，x を含む開集合 $W \subset V_\lambda$ と $t \in \mathcal{G}(W)$ で，$s_\lambda(y) = t_y, y \in W$ がつねに成り立つように選ぶことができる．$W \subset U$ でもあるので，これは $s \in {}^a\mathcal{G}(U)$ を意味する．また，s の作り方から $\rho_{V_\lambda, U}(s) = s_\lambda$ であることが分かる．

問 2 $\widetilde{\mathcal{G}} = \prod_{x \in X} \mathcal{G}_x$ の位相は，X の開集合 U に対して $\{t_x\}_{x \in U}, t \in \mathcal{G}(U)$ を開集合の基底とすることによって定まる．これより ${}^a\mathcal{G}(U)$ は $\widetilde{\mathcal{G}}(U)$ と同一視できることが分かる．

問 4 例 2.32 より

$$R_j = k\left[\frac{x_0}{x_j}, \cdots, \frac{x_{j-1}}{x_j}, \frac{x_{j+1}}{x_j}, \cdots, \frac{x_n}{x_j}\right], \quad U_j = \text{Spec } R_j$$

とおくと，$\mathbb{P}_k^n = \bigcup_{j=0}^n U_j$ である．$f \in \Gamma(\mathbb{P}_k^n, \mathcal{O}_{\mathbb{P}_k^n})$ の U_j への制限を F_j と記すとこれ

は R_j の元である. $i \neq j$ のとき

$$U_{ij} = U_i \cap U_j = \operatorname{Spec} k\left[\frac{x_0}{x_i}, \cdots, \frac{x_{i-1}}{x_i}, \frac{x_{i+1}}{x_i}, \cdots, \frac{x_n}{x_i}, \frac{x_i}{x_j}\right]$$

であることから F_j は x_j/x_i を含む項を持たないことが分かる. これより F_j は k の元でなければならないことが分かる.

問 5 問題の可換図式より加群の準同型写像 $\varphi\colon \varinjlim_{\lambda \in \Lambda} L_\lambda \to \varinjlim_{\lambda \in \Lambda} M_\lambda$, $\psi\colon \varinjlim_{\lambda \in \Lambda} M_\lambda \to \varinjlim_{\lambda \in \Lambda} N_\lambda$ が存在することが分かる. まず φ が単射であることを示そう. 記号を簡略化するために $L = \varinjlim_{\lambda \in \Lambda} L_\lambda$ などと略記する. $a \in L$ に対して $\varphi(a) = 0$ であると仮定する. a はある $l_\lambda \in L_\lambda$ の定める L の元であるとする. すると $\varphi(a) = 0$ であることは $m_\lambda = \varphi_\lambda(l_\lambda) \in M_\lambda$ が M で 0 を定めることを意味し, これは $\mu > \lambda$ を適当にとると $g_{\mu\lambda}(m_\lambda) = 0$ となることを意味する. 一方 $\varphi_\mu(f_{\mu\lambda}(l_\lambda)) = g_{\mu\lambda}(\varphi_\lambda(l_\lambda))$ が成り立つので $\varphi_\mu f_{\mu\lambda}(l_\lambda) = 0$ である. φ_μ は単射であるので $f_{\mu\lambda}(l_\lambda) = 0$ である. これは $a = 0$ を意味する. 次に $b \in M$ が $\psi(b) = 0$ であるとする. b は $m_\nu \in M_\nu$ の定める M の元であるとする. $n_\nu = \psi_\nu(m_\nu)$ とおくと, n_ν は N で 0 を定める. したがって ξ を適当にとると $h_{\xi\nu}(n_\nu) = 0$ が成り立つ. 一方 $0 = h_{\xi\nu}(\psi_\nu(m_\nu)) = \psi_\xi(g_{\xi\nu}(m_\nu))$ であるので ξ に対する加群の完全列より $\varphi_\xi(l_\xi) = g_{\xi\nu}(m_\nu)$ となる $l_\xi \in L_\xi$ が存在する. l_ξ が定める L の元を a と記すと, これは $\varphi(a) = b$ を意味する. 以上によって $\operatorname{Ker}\psi = \operatorname{Im}\varphi$ がいえた. 最後に ψ は全射であることを示す. $c \in N$ を定める $n_\lambda \in N_\lambda$ を1つ選ぶ. ψ_λ は全射であるので, $\psi_\lambda(m_\lambda) = n_\lambda$ となる $m_\lambda \in M_\lambda$ が存在する. m_λ が定める M の元を b と記すと $c = \psi(b)$ が成り立つ. よって ψ は全射である.

問 6 φ_U が単射であることは $0 = (\operatorname{Ker}\varphi)(U) = \operatorname{Ker}\{\varphi_U\colon \mathcal{F}(U) \to \mathcal{G}(U)\}$ より明らか. φ_U が全射であることを示そう. U の任意の点 $x \in U$ に対して $\varphi_x\colon \mathcal{F}_x \to \mathcal{G}_x$ は同型写像である. したがって $t \in \mathcal{G}(U)$ に対して $\varphi_x(s_x) = t_x$ となる $s_x \in \mathcal{F}_x$ が唯ひとつ定まる. これから U の開被覆 $\{U_j\}_{j\in J}$ と $s_j \in \mathcal{F}(U_j)$ を $\varphi_{U_j}(s_j) = \rho_{U_j,U}(t)$ であるように選ぶことができる. φ_{U_j} は単射であることより, このような s_j は唯ひとつ定まる. さらに $U_{jk} = U_j \cap U_k \neq \emptyset$ のとき $\varphi_{U_{jk}}$ は単射であるので $\rho_{U_{jk},U_j}(s_j) = \rho_{U_{jk},U_k}(s_k)$ が成り立つことが分かる. したがって $\rho_{U_j,U}(s) = s_j$ となる $s \in \mathcal{F}(U)$ が存在する. $\rho_{U_j,U}(\varphi_U(s)) = \varphi_{U_j}(\rho_{U_j,U}(s)) = \varphi_{U_j}(s_j) = \rho_{U_j,U}(t)$ より $\varphi_U(s) = t$ であることが分かる.

問 7 $a \in \Gamma(X, \mathcal{O}_X)$, $\varphi \in \operatorname{Hom}_{\mathcal{O}_X}(\mathcal{F}, \mathcal{G})$ に対して $\mathcal{O}_X$ 準同型写像 $a\varphi$ は, 各開集合 U に対して

$$(a\varphi)(s) = \rho_{U,X}(a)\varphi_U(s), \quad s \in \mathcal{F}(U)$$

と定義することができる．また$\varphi, \psi \in \operatorname{Hom}_{\mathcal{O}_X}(\mathcal{F}, \mathcal{G})$ に対して $(\varphi+\psi)_U = \varphi_U + \psi_U$ と定義することによって $\varphi+\psi \in \operatorname{Hom}_{\mathcal{O}_X}(\mathcal{F}, \mathcal{G})$ であることも容易に分かる．

問 8 $\varphi \in \operatorname{Hom}_{\mathcal{O}_X|U}(\mathcal{O}_X|U, \mathcal{F})$ は $1_U \in \mathcal{O}_X(U)$ の行き先 $\varphi_U(1_U) = a \in \mathcal{F}(U)$ から一意的に定まる．なぜならば，開集合 $V \subset U$ に対して $\varphi_V(1_V) = \varphi_V(\rho_{V,U}(1_U)) = \rho_{V,U}(\varphi_U(1_U)) = \rho_{V,U}(a)$ が成立し，任意の元 $\alpha \in \mathcal{O}_X(V)$ に対して $\varphi_V(\alpha) = \alpha\varphi_V(1_U) = \alpha\rho_{V,U}(a)$ となるからである．逆に $a \in \mathcal{F}(U)$ を任意に与えれば，$\alpha \in \mathcal{O}_X(V)$, $V \subset U$ に対して $\varphi_V(\alpha) = \alpha\rho_{V,U}(a)$ と定義すれば $\{\varphi_U\}$ は $\operatorname{Hom}_{\mathcal{O}_X|U}(\mathcal{O}_X|U, \mathcal{F})$ の元である．この対応が加群の同型であることは容易に分かる．

問 9 開集合 U に対して $\mathcal{O}_X(U)$ 加群の同型

$$\operatorname{Hom}_{\mathcal{O}_X(U)}(\mathcal{F}(U) \oplus \mathcal{G}(U), \mathcal{H}(U)) \simeq$$
$$\operatorname{Hom}_{\mathcal{O}_X(U)}(\mathcal{F}(U), \mathcal{H}(U)) \oplus \operatorname{Hom}_{\mathcal{O}_X(U)}(\mathcal{G}(U), \mathcal{H}(U))$$

が成り立つことから最初の同型が成立することが分かる．2番目の同型も同様に示される．

問 10 R 加群の準同型写像の完全列 $L \xrightarrow{\varphi} M \xrightarrow{\psi} N$ に対して $L_\mathfrak{p} \xrightarrow{\varphi_\mathfrak{p}} M_\mathfrak{p} \xrightarrow{\psi_\mathfrak{p}} N_\mathfrak{p}$ が完全列であることを示せばよい．$\frac{m}{s} \in M_\mathfrak{p}, m \in M, s \in R \setminus \mathfrak{p}$ が $\psi_\mathfrak{p}\left(\frac{m}{s}\right) = 0$ を満たしたとする．$\psi_\mathfrak{p}\left(\frac{m}{s}\right) = \frac{\psi(m)}{s}$ であるので，$t\psi(m) = 0$ を満足する元 $t \in R \setminus \mathfrak{p}$ が存在する．$0 = t\psi(m) = \psi(tm)$ であり，$\operatorname{Ker} \psi = \operatorname{Im} \varphi$ であるので $\varphi(l) = tm$ となる元 $l \in L$ が存在する．$st \in R \setminus \mathfrak{p}$ であるので $\frac{l}{st} \in L_\mathfrak{p}$ であり，$\varphi_\mathfrak{p}\left(\frac{l}{st}\right) = \frac{\varphi(l)}{st} = \frac{tm}{st} = \frac{m}{s}$ が成り立つ．よって $\operatorname{Ker} \psi_\mathfrak{p} \subset \operatorname{Im} \varphi_\mathfrak{p}$ が示された．一方 $\psi \circ \varphi = 0$ より $\operatorname{Im} \varphi_\mathfrak{p} \subset \operatorname{Ker} \psi_\mathfrak{p}$ が成り立つことは容易に分かるので，$\operatorname{Ker} \psi_\mathfrak{p} = \operatorname{Im} \varphi_\mathfrak{p}$ であることが示された．

問 11 $m \in M, n \in N$ および正整数 a, b に対して R_f 加群として $M_f \otimes_{R_f} N_f$ では $\frac{m}{f^a} \otimes \frac{n}{f^b} = \frac{m}{f^{a+b}} \otimes \frac{n}{1} = \frac{1}{f^{a+b}}\left(\frac{m}{1} \otimes \frac{n}{1}\right)$ が成立する．これより R_f 準同型写像 $\varphi: M_f \otimes_{R_f} N_f \to (M \otimes_R N)_f$ を $\varphi\left(\frac{m}{f^a} \otimes \frac{n}{f^b}\right) = \frac{m \otimes n}{f^{a+b}}$ が成り立つように定義することができる．また R_f 準同型写像 $\psi: (M \otimes_R N)_f \to M_f \otimes_{R_f} N_f$ を $\psi\left(\frac{m \otimes n}{f^a}\right) = \frac{m}{f^a} \otimes \frac{n}{1}$ が成り立つように定義できる．$\psi \circ \varphi = id, \varphi \circ \psi = id$ が成り立つので φ は同型写像である．

問 12 $\mathcal{O}_X$ 加群の完全列
$$\mathcal{F} \xrightarrow{\varphi} \mathcal{G} \xrightarrow{\psi} \mathcal{H}$$
に対して加群の列
$$L = \Gamma(X, \mathcal{F}) \xrightarrow{\varphi_X} M = \Gamma(X, \mathcal{G}) \xrightarrow{\psi_X} N = \Gamma(X, \mathcal{H})$$
が完全であることを示せばよい. $\psi_X \circ \varphi_X = 0$ であるので
$$\mathrm{Coker}\,\varphi_X \xrightarrow{\eta} N$$
が導かれる. η が単射であることと $\mathrm{Im}\,\varphi_X = \mathrm{Ker}\,\psi_X$ であることは同値である. 写像 η より完全列
$$0 \longrightarrow \mathrm{Ker}\,\eta \longrightarrow \mathrm{Coker}\,\varphi_X \longrightarrow \mathrm{Im}\,\eta \longrightarrow 0$$
が得られる. これらの加群から定まる $\mathcal{O}_X$ 加群では
$$\widetilde{\mathrm{Coker}\,\varphi_X} = \mathrm{Coker}\,\varphi, \quad \widetilde{\mathrm{Im}\,\eta} = \mathrm{Im}\,\psi$$
が成り立つ. 一方, $\mathrm{Im}\,\varphi = \mathrm{Ker}\,\psi$ より $\mathcal{O}_X$ 加群の準同型写像
$$\widetilde{\eta}: \widetilde{\mathrm{Coker}\,\varphi_X} \longrightarrow \widetilde{N} = \Gamma(X, \mathcal{H})$$
は単射であり, これより $\mathrm{Ker}\,\widetilde{\eta} = 0$ であることが分かる. これは $\mathrm{Ker}\,\eta = 0$ であることを意味し, η は単射であることが分かる.

問 13 $\mathcal{F} \oplus \mathcal{G}$ が有限生成 $\mathcal{O}_X$ 加群であることは明らか. X の開集合 U に対して $\mathcal{O}_U$ 準同型写像 $\varphi: \mathcal{O}_U^{\oplus n} \to (\mathcal{F} \oplus \mathcal{G})|U$ を考える. $(\mathcal{F} \oplus \mathcal{G})|U = \mathcal{F}|U \oplus \mathcal{G}|U$ の $\mathcal{F}|U, \mathcal{G}|U$ への射影をそれぞれ p, q とおくと $\mathrm{Ker}(p \circ \varphi), \mathrm{Ker}(q \circ \varphi)$ は有限生成 $\mathcal{O}_U$ 加群である. $\mathrm{Ker}\,\varphi$ は $\mathcal{O}_U$ 加群として $\mathrm{Ker}(p \circ \varphi)$ と $\mathrm{Ker}(q \circ \varphi)$ とで生成されるので $\mathrm{Ker}\,\varphi$ も有限 $\mathcal{O}_U$ 加群である.

問 14 すべての $j \in J$ で $\mathcal{F}|U_j$ が有限生成 $\mathcal{O}_{U_j}$ 加群であれば有限生成 $\mathcal{O}_X$ 加群である. また X の開集合 V と $\mathcal{O}_V$ 準同型写像
$$\xi: \mathcal{O}_V^{\oplus l} \longrightarrow \mathcal{F}|V$$
が与えられると, $V_j = V \cap U_j \neq \varnothing$ のとき $\mathcal{O}_{V_j}$ 準同型写像
$$\xi_j: \mathcal{O}_{V_j}^{\oplus l} \longrightarrow \mathcal{F}|V_j$$
が定まり $\mathrm{Ker}\,\xi_j = \mathrm{Ker}\,\xi|V_j$ が成り立つ. $\mathcal{F}|U_j$ は連接層であるので $\mathrm{Ker}\,\xi_j$ は有限生成 $\mathcal{O}_{V_j}$ 加群である. したがって $\mathrm{Ker}\,\xi$ は有限生成 $\mathcal{O}_V$ 加群である. よって $\mathcal{F}$ は連接層である.

問 15 X の開集合 V に対して $f(V) \subset U$ である Y の開集合 U をとると完全列
$$0 \longrightarrow \mathcal{F}_1(U) \longrightarrow \mathcal{F}_2(U) \longrightarrow \mathcal{F}_3(U)$$

を得る．よって(4.14)より前層の列
$$0 \longrightarrow \mathcal{F}_1^{\bullet}(U) \longrightarrow \mathcal{F}_2^{\bullet}(U) \longrightarrow \mathcal{F}_3^{\bullet}(U)$$
を得るので，層の写像の列
$$0 \longrightarrow f^{-1}\mathcal{F}_1 \longrightarrow f^{-1}\mathcal{F}_2 \longrightarrow f^{-1}\mathcal{F}_3$$
を得る．点 $x \in X$ に対して $f(x) = y$ とおくと(4.15)より $(f^{-1}\mathcal{F}_j)_x = \mathcal{F}_{j,y}$, $j = 1,2,3$ を得，
$$0 \longrightarrow \mathcal{F}_{1,y} \longrightarrow \mathcal{F}_{2,y} \longrightarrow \mathcal{F}_{3,y} \longrightarrow 0$$
は完全列であるので
$$0 \longrightarrow (f^{-1}\mathcal{F}_1)_x \longrightarrow (f^{-1}\mathcal{F}_2)_x \longrightarrow (f^{-1}\mathcal{F}_3)_x \longrightarrow 0$$
も完全列である．よって逆像の完全列が得られる．

問 16 補題 4.37 で $\mathcal{G} = f_*\mathcal{F}$ とおいて $f_*\mathcal{F}$ から自分自身への恒等写像に対応する準同型写像 $\eta_{\mathcal{F}}$ をとればよい．

問 17 Y の開集合 U に対して完全列
$$0 \longrightarrow \mathcal{F}_1(f^{-1}(U)) \longrightarrow \mathcal{F}_2(f^{-1}(U)) \longrightarrow \mathcal{F}_3(f^{-1}(U))$$
が得られるので，順像に関する完全列が得られる．一方，逆像に関しては問 14 により完全列
$$0 \longrightarrow f^{-1}\mathcal{G}_1 \longrightarrow f^{-1}\mathcal{G}_2 \longrightarrow f^{-1}\mathcal{G}_3 \longrightarrow 0$$
を得る．この完全列に $f^{-1}\mathcal{O}_Y$ 上で $\mathcal{O}_X$ とのテンソル積をとると $\mathcal{O}_X$ 加群の完全列
$$f^*\mathcal{G}_1 \longrightarrow f^*\mathcal{G}_2 \longrightarrow f^*\mathcal{G}_3 \longrightarrow 0$$
を得る．

問 18 Y のアフィン開被覆 $\{U_j\}_{j \in J}$ を $f^{-1}(U_j)$ がアフィン開集合であるように選んでおく．U のアフィン開被覆 $\{V_i\}_{i \in I}$ を $V_i \subset U_{j_i}$, $j_i \in J$ かつ $V_i = D(g_i)$, $g_i \in \Gamma(U_{j_i}, \mathcal{O}_Y)$ であるように選ぶ．各 i に対して $f^{-1}(V_i)$ がアフィン開集合であることを示せばよいので，$f^{-1}(U_{j_i}) \to U_{j_i}$ で考えれば十分である．そこで $A_i = \Gamma(f^{-1}(U_{j_i}), \mathcal{O}_X)$, $B_i = \Gamma(U_{j_i}, \mathcal{O}_Y)$ とおくと，$f_i: \operatorname{Spec} A_i \to \operatorname{Spec} B_i$ による $V = D(g)$, $g \in B_i$ の逆像がアフィン開集合であることを示せばよいが，$f_i^{-1}(D(g)) = D(\varphi(g)) \subset \operatorname{Spec} A_i$ であるのでこれは明らかである．ただし，ここで $\varphi: B_i \to A_i$ は射 f_i から定まる可換環の準同型写像である．

問 19 Z, Y がアフィンスキームのときに示せばよい．一般の場合はアフィンスキームの場合の張り合わせで得られる．$Z = \operatorname{Spec} C$, $Y = \operatorname{Spec} B$, $A = \Gamma(Y, \mathcal{A})$ とおくと，$\mathcal{A} = \widetilde{A}$ である．また $g^*\mathcal{A}$ は $A \otimes_B C$ から定まる $\operatorname{Spec} C$ 上の $\mathcal{O}_C$ 可換代数である．$\operatorname{Spec} \mathcal{A} = \operatorname{Spec} A \to \operatorname{Spec} B$, $\operatorname{Spec} g^*\mathcal{A} = \operatorname{Spec} A \otimes_B C \to \operatorname{Spec} C =$

$\operatorname{Spec} A \times_{\operatorname{Spec} B} \operatorname{Spec} C \to \operatorname{Spec} C$ であるので $\operatorname{Spec} g^*\mathcal{A} \to Z$ は $\operatorname{Spec} \mathcal{A} \to Y$ の g による基底変換である.

第5章

問1 射 $h: W \to Z$ による基底変換 $f_W: X \times_Z W \to Y \times_Z W$, $g_W: Y \times_Z W \to W$ に対して $g_W \circ f_W = (g \circ f)_W$ は絶対閉射である. また f_W の定める底空間の写像は全射である. なぜならば, $Y \times_Z W$ の点 (y, w) は $g(f(y)) = h(w) = z$ を満足する点 $y \in Y$, $w \in W$ に他ならないが, 仮定より $f(x) = y$ となる点 $x \in X$ が存在するので, $(x, w) \in X \times_Z W$ であり $f_W((x, w)) = (y, w)$ であるからである. $Y \times_Z W$ の閉集合 F に対して $f_W^{-1}(F)$ は $X \times_Z W$ の閉集合であり, 仮定より $(g \circ f)_W(f_W^{-1}(F))$ は W の閉集合であるが, これは $g_W(F)$ と一致する. よって g_W は閉射である.

問2 M の R 加群としての生成元を $m_1, m_2, \cdots, m_l$ とすると, 仮定より
$$m_i = \sum_{j=1}^{l} a_{ij} m_j, \quad a_{ij} \in I, \quad i = 1, 2, \cdots, l$$
が成立する. したがって Kronecker のデルタ δ_{ij} を使うと
$$\sum_{j=1}^{l} (\delta_{ij} - a_{ij}) m_j = 0, \quad i = 1, 2, \cdots, l$$
が成立する. $f = \det(\delta_{ij} - a_{ij})$ とおくと $f \in 1 + I$ となり, この方程式を解くことによって $f m_i = 0$, $i = 1, 2, \cdots, l$ が成り立つことが分かる.

問3 $x, y \in R$ であれば (V2) より $v(x+y) \geq \min\{v(x), v(y)\} \geq 0$ であるので $x + y \in R$ である. また $v(xy) = v(x) + v(y) \geq 0$ であるので $xy \in R$ である. $R \subset K$ であるので R は可換環である. $a, b \in R$, $x, y \in \mathfrak{m}$ であれば $v(ax+by) \geq \min\{v(ax), v(by)\} = \min\{v(a) + v(x), v(b) + v(y)\} > 0$ であるので $ax + by \in \mathfrak{m}$ である. よって $\mathfrak{m}$ は R のイデアルである. また $a \in R \setminus \mathfrak{m}$ であれば $v(a) = 0$. $0 = v(1) = v(a \cdot a^{-1}) = v(a) + v(a^{-1})$ より $v(a^{-1}) = -v(a) = 0$ であるので $a^{-1} \in R$ である. したがって $\mathfrak{m}$ は R の極大イデアルである.

$x \in K$, $x \neq 0$ であれば $v(x) \geq 0$ または $v(x) < 0$ が成り立つ. $v(x) \geq 0$ のときは $x \in R$ であり, $v(x) < 0$ であれば $v(x^{-1}) = -v(x) > 0$ より $x^{-1} \in R$ である. これより R の商体は K と一致することが分かる. さらに $\mathfrak{A}$ を R のイデアルとする. $a \in \mathfrak{A}$ に対して $v(a) \geq 0$. もし $v(a) = 0$ であれば $a^{-1} \in R$ であるので $1 = a^{-1} \cdot a \in \mathfrak{A}$ となる. よって $\mathfrak{A} \neq R$ であれば, $\mathfrak{A}$ の任意の元 a に対して $v(a) > 0$ が成り立ち

$\mathfrak{A} \subset \mathfrak{m}$ であることが分かる．よって $(R, \mathfrak{m})$ は局所環である．

問 4 R が K の付値 v の付値環であれば $x \neq 0$ のとき $v(x) \geqq 0$ または $v(x^{-1}) \geqq 0$ が成立するので $x \in R$ または $x^{-1} \in R$ が成り立つ．

逆に K が問の性質を持つと仮定する．$K^* = K \setminus \{0\}$, $E = \{x \in K^* \mid x \in R, \ x^{-1} \in R\}$ とおくと両者は積に関して Abel 群となる．商群 K^*/E を加群と見たものを Γ と記す．$x, y \in K^*$ に対して $xy^{-1} \in R$ のとき $x \geqq y$ と記すと，これは Γ に全順序加群の構造を定義する．$x \in K^*$ が定める Γ の元を $v(x)$ と記すと，v は K の付値である．

問 5 $\mathfrak{m}$ の元 a で $v(a)$ が最小の d になるものを π と記す．$\mathfrak{m}$ の任意の元 b に対して $v(b) = md + e$, $0 \leqq e < d$ と記す．もし $e > 0$ であれば $v(\pi^{-m}b) = e > 0$ より，$\pi^{-m}b \in \mathfrak{m}$ となり d のとり方に反する．よって $e = 0$ であり $v(\pi^{-m}b) = 0$ となり $\alpha = \pi^{-m}b$ とおくと $\alpha \in R$, $\alpha^{-1} \in R$ であり，$b = \alpha\pi^m$ と書ける．したがって $\mathfrak{m} = (\pi)$ である．$v(\beta) = 0$ であれば $\beta\pi$ も素元であることを注意しておく．

さて R のイデアル $\mathfrak{A}$ に対して $d_1 = \min_{a \in \mathfrak{A}} v(a)$ とおく．$v(a) = d_1$ のとき $d_1 = nd + e_1$, $0 \leqq e_1 < d$ と記すと，上と同様に $\pi^{-n}a \in \mathfrak{m}$ となり $e_1 = 0$ でなければならないことが分かる．よって $a = \alpha\pi^n$, $v(\alpha) = 0$ と書ける．再び，上と同様の論法により $\mathfrak{A} = (\pi^n)$ であることが分かる．

問 6 X が整スキームであれば被約かつ既約でなければならない．逆に X が被約であれば $\Gamma(U, \mathcal{O}_X)$ はべき零元を持たず，既約であれば $\Gamma(U, \mathcal{O}_X)$ は零因子を持たない．したがって X は整スキームである．X のアフィン開集合 $U = \mathrm{Spec}\, A$ を 1 つ選ぶ．A は整域であり，イデアル (0) に対応する U の点を x と記すと，x は開点である．もし x が X の生成点でない，すなわち $\{x\}$ の閉包 $Z = \overline{\{x\}}$ が X と異なるとすると，Z と $F = X \setminus U$ は共に X の真部分閉集合であり $X = F \cup Z$ となる．これは X が可約であることを意味し，X が整スキームであることに反する．よって $Z = X$ であり，x は X の生成点である．

一方 $\mathcal{O}_{X,x}$ は A の商体 K と一致する．また U の任意の点 y は A の素イデアル $\mathfrak{p}$ に対応するが，$\mathcal{O}_{X,y} = A_\mathfrak{p}$ であり，A が整域であるので $A_\mathfrak{p} \subset K$ である．さらにスキーム X の任意の点 y に対して y を含むアフィンスキーム $V = \mathrm{Spec}\, B$ が存在し，$x \in V$ であることから K は B の商体でもある．したがって $\mathcal{O}_{X,y} \subset K = \mathcal{O}_{X,x}$ が成り立つ．

問 7 $F = \overline{\{x\}}$ は x を含む $X = \mathrm{Spec}\, A$ の最小の閉集合である．したがって F

の補集合 $F^c = X \setminus F$ は x を含まない最大の開集合である．よって $F^c = \bigcup_{f \in \mathfrak{p}} D(f)$ と書くことができる．A の素イデアル $\mathfrak{q}$ が $\mathfrak{q} \notin D(f)$ であることは $f \in \mathfrak{q}$ を意味する．よって $\mathfrak{q} \notin F^c$ は $\mathfrak{p}$ の任意の元 f に対して $f \in \mathfrak{q}$ を意味し，$\mathfrak{p} \subset \mathfrak{q}$ である．逆に $\mathfrak{p} \subset \mathfrak{q}$ であれば $\mathfrak{q} \notin F^c$ であり $\mathfrak{q} \in F$ が成り立つ．$\operatorname{Spec} A/\mathfrak{p}$ は $\mathfrak{p}$ を含む A の素イデアルの全体と 1 対 1 に対応する．

問 8 $D_+(a)$，a は S_+ の斉次元，は $X = \operatorname{Proj} S$ の開被覆である．$D_+(a) = \operatorname{Spec} S_{(a)}$ であり，$D_+(a) \cap D_+(b) = D_+(ab) = \operatorname{Spec} S_{(ab)}$ となる．自然の準同型写像

$$\lambda_{ab,a}: S_{(a)} \longrightarrow S_{(ab)} \qquad \lambda_{ab,b}: S_{(b)} \longrightarrow S_{(ab)}$$
$$\frac{c}{a^m} \longmapsto \frac{cb^m}{(ab)^m} \qquad\qquad \frac{d}{b^n} \longmapsto \frac{da^n}{(ab)^n}$$

より準同型写像

$$\psi_{ab}: S_{(a)} \otimes_R S_{(b)} \longrightarrow S_{(ab)}$$
$$\alpha \otimes \beta \longmapsto \lambda_{ab,a}(\alpha)\lambda_{ab,b}(\beta)$$

が定義できるが，これは全射準同型写像であることが容易に分かる．よって

$$\Delta_{ab}: D_+(ab) \to D_+(a) \times_{\operatorname{Spec} R} D_+(b)$$

は閉移入である．

問 9 Noether 環 S_0 上の有限生成代数が Noether 環であることはよく知られている．S が Noether 環のときを考える．$\mathfrak{A}_1 \subset \mathfrak{A}_2 \subset \mathfrak{A}_3 \subset \cdots$ を S_0 のイデアルの列とするとき，$\mathfrak{A}_j$ と $S_+ = \bigoplus_{m=1}^{\infty} S_m$ で生成される S のイデアルを $\widetilde{\mathfrak{A}}_j$ と記すと，$\widetilde{\mathfrak{A}}_j \cap S_0 = \mathfrak{A}_j$ が成り立つ．$\widetilde{\mathfrak{A}}_j$ の作り方から $\widetilde{\mathfrak{A}}_1 \subset \widetilde{\mathfrak{A}}_2 \subset \widetilde{\mathfrak{A}}_3 \subset \cdots$ が成り立つが，S は Noether 環であるので $\widetilde{\mathfrak{A}}_n = \widetilde{\mathfrak{A}}_{n+1} = \cdots$ が成り立つような正整数 n が存在する．これは $\mathfrak{A}_n = \mathfrak{A}_{n+1} = \cdots$ を意味するので S_0 は Noether 環である．また S が S_0 代数として有限生成でなければ，生成元の一部を $x_1, x_2, x_3, \ldots$ と番号づけると，イデアルの無限列 $(x_1) \subsetneq (x_1, x_2) \subsetneq (x_1, x_2, x_3) \subsetneq \cdots$ ができ，S が Noether 環であることに反する．

問 10 もし $\sqrt{J} \supset S_+$ であれば $\mathfrak{p} \in \operatorname{Proj} S$ に対して $\mathfrak{p} \not\supset J$ である．このとき任意の $\lambda \in \Lambda$ に対して $f_\lambda \in \mathfrak{p}$ であれば $\mathfrak{p} \supset J$ となるので，$f_\mu \notin \mathfrak{p}$ なる元が存在する．よって $\mathfrak{p} \in D_+(f_\mu)$ である．逆に $\{D_+(f_\lambda)\}_{\lambda \in \Lambda}$ が $\operatorname{Proj} S$ の開被覆であると仮定する．もし $\sqrt{J} \not\supset S_+$ であれば $\sqrt{J}$ を含み S_+ を含まない S の斉次イデアル $\mathfrak{p}$ が存

在する．たとえば斉次元 $g \in S_d$, $d \geq 1$ で $g \notin \sqrt{J}$ であるものをとり，局所化 S_g を考え，S_g で $\sqrt{J}$ の生成するイデアルを含む極大斉次イデアル $\mathfrak{p}'$ をとり，自然な準同型写像 $S \to S_g$ による $\mathfrak{p}'$ の逆像 $\mathfrak{p}$ をとるとよい．構成法より $g \notin \mathfrak{p}$ であり，かつ $\mathfrak{p}$ は素イデアルである．$f_\lambda \in \mathfrak{p}$, $\lambda \in \Lambda$ より $\mathfrak{p} \notin \bigcup_{\lambda \in \Lambda} D_+(f_\lambda)$ となり，$\{D_+(f_\lambda)\}_{\lambda \in \Lambda}$ が $\mathrm{Proj}\, S$ の開被覆であることに反する．

問 11 $L' = \bigoplus_{n \geq n_0} L_n$ などと記すと $\widetilde{L'} = \widetilde{L}$, $\widetilde{M'} = \widetilde{M}$, $\widetilde{N'} = \widetilde{N}$ であり，仮定より $0 \to \widetilde{L'} \to \widetilde{M'} \to \widetilde{N'} \to 0$ が完全列である．

問 12 $\varphi: R \to A$ より次数環の次数 0 の準同型写像 $\psi: S \to T$ が定義される．$\psi(S_+)$ は T_+ を生成するので，$G(\psi) = \mathrm{Proj}\, T$ であり，スキームの射 $\psi^a: \mathrm{Proj}\, T \to \mathrm{Proj}\, S$ が定義できる．斉次元 $f \in S_d$ に対して $g = \psi(f)$ とおくと $T_{(g)} \simeq S_{(f)} \otimes_R A$ であることが容易に分かる．よって，$D_+(g) = \mathrm{Spec}\, T_{(g)} = \mathrm{Spec}\, S_{(f)} \times_{\mathrm{Spec}\, R} \mathrm{Spec}\, A = D_+(f) \times_{\mathrm{Spec}\, R} \mathrm{Spec}\, A$ が成り立つ．したがって $\mathrm{Proj}\, T = \mathrm{Proj}\, S \times_{\mathrm{Spec}\, R} \mathrm{Spec}\, A$ が成り立つ．

問 13 (1) X のアフィン開集合 $U = \mathrm{Spec}\, R$ のときに考えれば $f|U \in \Gamma(U, \mathcal{S})$ に対して，$\pi^{-1}(U)$ の開集合 $D_+(f|U)$ が定まる．X のアフィン開被覆 $\{U_\lambda\}_{\lambda \in \Lambda}$ を考え，$D_+(f|U_\lambda)$ を張り合わせることによって Z_f が定義される．(2)は $\pi^{-1}(U)$ に制限して考えれば明らか．

問 14 $f: X' = \mathrm{Spec}\, R' \to X = \mathrm{Spec}\, R$ のときを考えれば十分である．このときは問 11 より明らか．

問 15 X のアフィン開集合 U を $\mathcal{L}|U = \mathcal{O}_X|U$ であるように選ぶと $\mathbb{S}(\mathcal{E})|U \simeq \mathbb{S}(\mathcal{E} \otimes \mathcal{L})|U$ になる．したがって $\mathbb{P}(\mathcal{E})$ の U 上への制限（すなわち構造射 $\pi: \mathbb{P}(\mathcal{E}) \to X$ から定まる $\pi^{-1}(U) \to U$）を $\mathbb{P}(\mathcal{E})|U$，$\mathbb{P}(\mathcal{E} \otimes \mathcal{L})$ の U 上への制限を $\mathbb{P}(\mathcal{E} \otimes \mathcal{L})|U$ と記すと U 上のスキームの同型 $\mathbb{P}(\mathcal{E})|U \simeq \mathbb{P}(\mathcal{E} \otimes \mathcal{L})|U)$ が得られる．アフィン開集合 $V \subset U$ に対して同型 $\mathbb{P}(\mathcal{E})|V \simeq \mathbb{P}(\mathcal{E} \otimes \mathcal{L})|V$ は U 上の同型を V 上に制限したものと一致するので，X のアフィン開被覆を考えることによって X 上の同型 $\mathbb{P}(\mathcal{E}) \simeq \mathbb{P}(\mathcal{E} \otimes \mathcal{L})$ が得られる．

問 16 例題 5.38 で $\mathcal{L}_1 = \mathcal{L}_2 = \mathcal{L}$ ととれば $\mathcal{L}^{\otimes 2}$ は非常に豊富である．したがって $\mathcal{L}^{\otimes 2} \otimes \mathcal{L} = \mathcal{L}^{\otimes 3}$ も非常に豊富である．以下，帰納法による．

第 6 章

問 1 完全列を

$$0 \longrightarrow \mathcal{F}_1 \xrightarrow{f_1} \mathcal{F}_2 \longrightarrow \operatorname{Coker} f_1 \longrightarrow 0$$
$$0 \longrightarrow \operatorname{Coker} f_1 \longrightarrow \mathcal{F}_2 \longrightarrow \operatorname{Im} f_2 \longrightarrow 0$$
$$0 \longrightarrow \operatorname{Im} f_2 \longrightarrow \mathcal{F}_3 \longrightarrow \operatorname{Coker} f_2 \longrightarrow 0$$

と短完全列に分解して補題 6.4 を適用する.

問 2 X の開集合 U に対して $\Gamma(U, \iota_*\mathcal{G}) = \Gamma(U \cap Y, \mathcal{G})$ が成り立つ. また $\Gamma(X, \iota_*\mathcal{G}) = \Gamma(Y, \mathcal{G})$ である. $\mathcal{G}$ は脆弱層であるので $\Gamma(Y, \mathcal{G}) \to \Gamma(U \cap Y, \mathcal{G})$ は全射である. したがって $\Gamma(X, \iota_*\mathcal{G}) \to \Gamma(U, \iota_*\mathcal{G})$ も全射である.

問 3
$$0 \longrightarrow \mathcal{F} \longrightarrow \mathcal{G}^0 \longrightarrow \mathcal{G}^1 \longrightarrow \mathcal{G}^2 \longrightarrow \cdots$$
を Y 上の層 $\mathcal{F}$ の脆弱分解とする. このとき
$$0 \longrightarrow \iota_*\mathcal{F} \longrightarrow \iota_*\mathcal{G}^0 \longrightarrow \iota_*\mathcal{G}^1 \longrightarrow \iota_*\mathcal{G}^2 \longrightarrow \cdots$$
は $\iota_*\mathcal{F}$ の脆弱分解である. これは問 2 と Y 上の層 $\mathcal{H}$ と点 $x \in X$ に対して

$$(\iota_*\mathcal{H})_x = \begin{cases} \mathcal{H}_x, & x \in Y \text{ のとき} \\ 0, & x \notin Y \text{ のとき} \end{cases}$$

が成り立つことにより上の列は完全列であることより従う. さらに $\Gamma(Y, \mathcal{G}^j) \simeq \Gamma(X, \iota_*\mathcal{G}^j)$ であるのでコホモロジー群の同型が示される.

問 4 堀田[5]定理 6.4 または松村[6]定理 8.5 の証明を参照のこと.

問 5 $p = 0$ のときを考える. $\xi = \{f_i\}$, $(\delta^0 \xi)_{ij} = \xi_j - \xi_i$, $(\delta^1 \{\delta^0 \xi\})_{ijk} = (\delta^0 \xi)_{jk} - (\delta^0 \xi)_{ik} + (\delta^0 \xi)_{ij} = (\xi_k - \xi_j) - (\xi_k - \xi_i) + (\xi_j - \xi_i) = 0$ であり $\delta^1 \circ \delta^0 = 0$ が成立する. 一般の p に対しても類似の証明が適用できる.

問 6
$$\xi = \{f_{i_0 \cdots i_p}\}, \quad \eta = \{g_{i_0 \cdots i_q}\}, \quad h_{i_0 i_1 \cdots i_{p+q}} = f_{i_0 \cdots i_p} \otimes g_{i_p \cdots i_{p+q}} \mid U_{i_0 i_1 \cdots i_{p+q}}$$

とおく. $\xi = \{h_{i_0 i_1 \cdots i_{p+q}}\}$ は一般に交代コチェインではない. $\delta^p \xi = 0$, $\delta^q \eta = 0$ であれば $\delta^{p+q} \xi = 0$ であることを示す.

$(\delta^{p+q} \xi)_{j_0 j_1 \cdots j_{p+q+1}}$
$$= \sum_{k=0}^{p} (-1)^k \xi_{j_0 j_1 \cdots \check{j}_k \cdots j_{p+q+1}} + \sum_{k=p+1}^{p+q+1} (-1)^k \xi_{j_0 j_1 \cdots \check{j}_k \cdots j_{p+q+1}}$$
$$= \sum_{k=0}^{p} (-1)^k f_{j_0 \cdots \check{j}_k \cdots j_{p+1}} \otimes g_{j_{p+1} \cdots j_{p+q+1}} + \sum_{k=p+1}^{p+q+1} (-1)^k f_{j_0 \cdots j_p} \otimes g_{j_p \cdots \check{j}_k \cdots j_{p+q+1}}$$
$$= -(-1)^{p+1} f_{j_0 \cdots j_p} \otimes g_{j_{p+1} \cdots j_{p+q+1}} - (-1)^p f_{j_0 \cdots j_p} \otimes g_{j_{p+1} \cdots j_{p+q+1}} = 0$$

より $\delta^{p+q}\xi=0$ である．ξ が $\text{Im}\,\delta^{p-1}$ の元のとき $\{h_{i_0\cdots i_{p+q}}\}$ が $\text{Im}\,\delta^{p+q-1}$ の元になることも同様に示される．

問 7 $f_{i_0 i_1 \cdots i_p} \in S_{m+r(p+1)}$ と考えれば証明はそのまま通用する．

問 8 体 k 上のベクトル空間の完全列
$$0 \longrightarrow U \longrightarrow V \longrightarrow W \longrightarrow 0$$
に対しては $W \simeq V/U$ であるので $\dim_k W = \dim_k V - \dim_k U$ が成立する．したがって $\dim_k U - \dim_k V + \dim_k W = 0$ が成立する．問題の完全列より
$$0 \to V_0 \to V_1 \to \text{Im}\,f_1 \to 0$$
$$0 \to \text{Im}\,f_1 \to V_2 \to \text{Im}\,f_2 \to 0$$
$$\cdots\cdots$$
$$0 \to \text{Im}\,f_{m-3} \to V_{m-2} \to \text{Im}\,f_{m-2} \to 0$$
$$0 \to \text{Im}\,f_{m-2} \to V_{m-1} \to V_m \to 0$$
が得られる．ここで $\text{Im}\,f_j = \text{Ker}\,f_{j+1}$, $j=0,1,2,\cdots,m-2$ を使った．こられの完全列より
$$\dim_k V_1 = \dim_k V_0 + \dim_k \text{Im}\,f_1$$
$$\dim_k V_j = \dim_k \text{Im}\,f_{j-1} + \dim_k \text{Im}\,f_j, \quad 2 \leqq j \leqq m-2$$
$$\dim_k V_{m-1} = \dim_k V_m + \dim_k \text{Im}\,f_{m-2}$$
を得る．したがって
$$\sum_{j=2}^{m-2}(-1)^j \dim_k V_j = \sum_{j=2}^{m-2}(-1)^j(\dim_k \text{Im}\,f_{j-1} + \dim_k \text{Im}\,f_j)$$
$$= \dim_k \text{Im}\,f_1 + (-1)^{m-2}\dim_k \text{Im}\,f_{m-2}$$
$$= \dim_k V_1 - \dim_k V_0 + (-1)^{m-1}(\dim_k V_{m-1} - \dim_k V_m)$$
を得，$\sum_{j=2}^{m}(-1)^j \dim_k V_j = 0$ であることが分かる．

問 9 系 6.20 より $m \geqq 0$ のとき $H^q(X, \mathcal{O}_X(m)) = 0$, $q \geqq 1$ であり $\dim_k H^0(X, \mathcal{O}_X(m)) = \binom{m+n}{n}$ である．一方 $m \leqq -n-1$ のときは $H^q(X, \mathcal{O}_X(m)) = 0$, $q \leqq n-1$ であり，$\dim_k H^n(X, \mathcal{O}_X(m)) = \binom{-m-1}{n}$ が成立する．これ以外の m に対してはすべての q に対して $H^q(X, \mathcal{O}_X(m)) = 0$ である．

問 10 Y の任意のアフィン開集合 U に対して $\iota^{-1}(U)$ は X のアフィン開集合である．したがって $H^p(\iota^{-1}(U), \mathcal{F}) = 0$, $p \geqq 1$ が成り立ち，これより $R^p f_* \mathcal{F} = 0$ が成立する．

問 11 Y の有限アフィン開被覆 $\{U_i\}_{i=1}^l$, $U_i = \text{Spec}\,R_i$ をとり，

$$f_i = f \mid f^{-1}(U_i) \colon X_i = f^{-1}(U_i) \to U_i$$

を考えると，これはすべて射影射である．また $\mathcal{L}^{\otimes n}$ が f に関して非常に豊富であるように正整数 n を選ぶことができる（定理 5.41）．すると定理 5.39 と定理 6.21 より，$k \geq k_0^{(i)}$ のとき，$p \geq 1$ であれば
$$H^p(X_i, \mathcal{F} \otimes \mathcal{L}^{\otimes n}) = 0,\ H^p(X_i, \mathcal{F}(1) \otimes \mathcal{L}^{\otimes n}) = 0,\ \cdots,\ H^p(X_i, \mathcal{F}(n-1) \otimes \mathcal{L}^{\otimes n}) = 0$$
が成立するように $k_0^{(i)}$ を選ぶことができる．$k_0 = \max_i k_0^{(i)}$, $m_0 = k_0 n$ とおくと，すべての i に対して $m \geq m_0$ のとき $H^p(X_i, \mathcal{F}(m)) = 0$, $p \geq 1$ が成立する．よって $R^p f_* \mathcal{F}(m) = 0$, $p \geq 1$, $m \geq m_0$ が成立する．

第 7 章

問 1 $\{D_m(f)\}_{f \in R}$ を開集合の基底とし，F を $\operatorname{Spm} R$ の閉集合とすると，F の補集合 F^c は $F^c = \bigcup_{\lambda \in \Lambda} D_m(f_\lambda)$ と書くことができる．$\{f_\lambda\}_{\lambda \in \Lambda}$ が生成する R のイデアルを J と記すと，$F = \{\mathfrak{m} \in \operatorname{Spm} R \mid f_\lambda \in \mathfrak{m},\ \lambda \in \Lambda\} = V_m(J)$ となる．逆に $f \in R$ の生成するイデアル (f) に対して $V_m((f))$ の補集合は $\operatorname{Spm} R$ の開集合であり，この補集合は $D_m(f)$ と一致する．また R のイデアル J が $\{f_\lambda\}_{\lambda \in \Lambda}$ で生成されているとすると，閉集合 $V_m(J)$ の補集合は $V_m(J)^c = \bigcup_{\lambda \in \Lambda} D_m(f_\lambda)$ と書くことができる．したがって $\{D_m(f)\}_{f \in R}$ は $\operatorname{Spm} R$ の開集合の基底である．

問 2 k 上のアフィン代数多様体は有限生成 k 代数 R によって $(\operatorname{Spm} R, \mathcal{O}_{\operatorname{Spm} R})$ と書け，対応するアフィンスキームは $(\operatorname{Spec} R, \mathcal{O}_{\operatorname{Spec} R})$ であり，これは k 上有限型である．また k 上の代数多様体は有限個のアフィン代数多様体の張り合わせで得られるので，対応するスキームは k 上有限型である．逆に k 上有限型スキーム $(X, \mathcal{O}_X)$ は有限個の k 上有限型アフィンスキーム $(V_i, \mathcal{O}_{V_i})$ の張り合わせで得られる．このとき，代数多様体 $(V_i(k), \mathcal{O}_{V_i} \mid V_i(k))$ を張り合わせて k 上の代数多様体 $(V, \mathcal{O}_V)$ が得られる．作り方より $t((V, \mathcal{O}_V)) = (X, \mathcal{O}_X)$ である．

問 3 $f(x) = x^q - x - a$ に対して $f'(x) = qx^{q-1} - 1 = 0$ は $q-1$ 個の相異なる根を持つ．これらの根 α で ψ は不分岐でないことを示そう．$\beta = \alpha^q - \alpha$ とおくと $x^q - x - \beta$ は α を重根として持つ．したがって $x^q - x - \beta = x^q - x - (\alpha^q - \alpha) = (x - \alpha)^2 k(x)$ と書け，$\mathfrak{m}_y \mathcal{O}_{X, \alpha} = (x^q - x - (\alpha^q - \alpha)) \mathcal{O}_{X, \alpha} = (x - \alpha)^2 \mathcal{O}_{X, \alpha} \neq \mathfrak{m}_x$ となる．

問 4 (1) $\Longrightarrow$ (2) α は $x^n + a_1 x^{n-1} + \cdots + a_n$, $a_j \in R$ の根であるとすると $\alpha^n = -a_1 \alpha^{n-1} - \cdots - a_n$ が成立する．したがって $R[\alpha] = R + R\alpha + R\alpha^2 + \cdots + R\alpha^{n-1}$ となり有限 R 加群である．

(2) $\Longrightarrow$ (3) $R' = R[\alpha]$ は有限 R 加群かつ S の R 部分代数であり $\alpha \in R'$ でもある.

(3) $\Longrightarrow$ (1) $R' = Rb_1 + Rb_2 + \cdots + Rb_m$ とすると $\alpha b_i = \sum_{j=1}^{m} a_{ij} b_j$, $a_{ij} \in R$ と書ける. 行列 $A = (a_{ij})$ に対して $f(x) = \det(xI_m - A)$ とおくと, これは R 係数のモニック多項式であり, かつ $f(\alpha) = 0$ を満足する. よって α は R 上整である.

問 5 問 4 より $R[a], R[b]$ は有限 R 加群である. したがって $R[a,b]$ も有限 R 加群であることが分かる. $a \pm b, ab \in R[a,b]$ であるので問 4(3) より $a \pm b, ab$ は R 上整である.

問 6 $t \in T$ は S 上整であるので $t^n + s_1 t^{n-1} + \cdots + s_n = 0$ となる $s_1, s_2, \cdots, s_n \in S$ が存在する. また $R[s_1, \cdots, s_n, t]$ は有限 $R[s_1, \cdots, s_n]$ 加群である. $s_1, \cdots, s_n$ は R 上整であるので $R[s_1, \cdots, s_n]$ は有限 R 加群である. よって問 4(3) によって t は R 上整である.

問 7 S の元 $s \neq 0$ は $s^n + a_1 s^{n-1} + \cdots + a_n = 0$, $a_i \in R$ を満足する. $a_n \neq 0$ と仮定してよい. もし $a_n = 0$ であれば $s^{n-1} + a_1 s^{n-2} + \cdots + a_{n-1} = 0$ となるからである. R が体であれば $1 = -a_n^{-1}(s^{n-1} + a_1 s^{n-2} + \cdots + a_{n-1}) \cdot s$ と書くことができ, s は S 内に逆元を持つ. したがって S は体である. 逆に S が体であれば $r \in R \subset S$ に対して $r^{-1} \in S$ である. r^{-1} は R 上整であるので $(r^{-1})^m + b_1 (r^{-1})^{m-1} + \cdots + b_m = 0$, $b_i \in R$ が成り立つ. 両辺に r^{m-1} を掛けることによって $r^{-1} = -(b_1 + b_2 r + \cdots + b_m r^{m-1}) \in R$ になる. よって R は体である.

問 8 X の既約閉集合の増大列
$$Z_0 \subsetneq Z_1 \subsetneq \cdots \subsetneq Z_n$$
を考えると, Z_n は X の既約成分の 1 つ X_i に含まれており, この増大列は X_i の既約閉集合の増大列と考えることができる.

問 9 $\Gamma(U_0, \mathbb{L}) = \{s: U_0 \to \mathbb{L} \mid s \text{ は } \pi \circ s = id_{U_0} \text{ を満足する射}\}$ とおくと, s は準同型写像 $\varphi: k[x,y] \to k[x]$ で自然な単射準同型写像 $\iota: k[x] \to k[x,y]$ との合成 $\varphi \circ \iota$ が恒等写像となるものと 1 対 1 に対応する. このような φ は $\varphi(y) \in k[x]$ によって一意的に定まるので $\Gamma(U_0, \mathbb{L}) \simeq k[x]$ であることが分かる. 同様に $\Gamma(U_1, \mathbb{L}) \simeq k[u]$ である. そこで $\Gamma(U_0, \mathbb{L}) = k[x]$, $\Gamma(U_1, \mathbb{L}) = k[u]$ と考える. (7.27) により $\Gamma(U_0, \mathbb{L})$ の l 次式 $g_0(x)$ は $\Gamma(U_1, \mathbb{L})$ 準同型写像 $\varphi: k[x,y] \to k[x]$, $\varphi(x) = x$, $\varphi(y) = g_0(x)$ に対応しており, (7.27) より $\psi: k[u,v] \to k[u]$, $\psi(u) = u$, $\psi(v) = g_1(u)$ との対応は $g_1(u) = u^m g_0\left(\dfrac{1}{u}\right)$ であることが分かる. これは $S = k[x_0, x_1]$ に対して

$S(m)$ を U_0, U_1 に制限してできる $\Gamma(U_0, \mathcal{O}_{U_0}), \Gamma(U_1, \mathcal{O}_{U_1})$ 加群と同型である．よって $\mathbb{L}$ の局所切断のなす層は $\mathcal{O}_P(m) = \widetilde{S(m)}$ と同型である．

問 10 付値の定義(V1), (V2)(§5.1(c))より明らか．

問 11 $\mathbb{P}_k^n$ の余次元 1 の閉部分整スキームは $k[x_0, x_1, \cdots, x_n]$ の既約斉次式 F を用いて $V_+(F)$ と表示できる．$\mathbb{P}_k^n$ の Weil 因子 $D = \sum_{i=1}^N n_i D_i$ が与えられたとき，$D_i = V(F_i)$, F_i は d_i 次斉次式，と表示する．H を $\mathbb{P}_k^n$ の $x_0 = 0$ で定義される超平面とすると H は $\mathbb{P}_k^n$ の素因子であり，$F_i(x_0, \cdots, x_n)/x_0^{d_i}$ は $\mathbb{P}_k^n$ の有理関数であるので $D_i \sim d_i H$ であることが分かる．したがって $D \sim \left(\sum_{i=1}^N n_i d_i\right) H$ となる．これは $\sum_{i=1}^N n_i d_i = 0$ のときに限り D は主因子であることを意味し，$\mathrm{Cl}(\mathbb{P}_k^n) \simeq \mathbb{Z}$ であることが分かる．

問 12 開被覆 $\{U_j\}_{j \in J}$, $\{V_i\}_{i \in I}$ の細分 $\{W_k\}_{k \in K}$ と写像 $\lambda: K \to J$, $\mu: K \to I$ を $W_k \subset U_{\lambda(k)}$, $W_k \subset V_{\mu(k)}$ が成立するように選び，$f_{\lambda(k)}, g_{\mu(k)}$ の W_k への制限を同じ記号で記すとき，すべての k に対して $g_{\mu(k)} = h_k f_{\lambda(k)}$, $h_k \in \Gamma(W_k, \mathcal{O}_X^\times)$ を選ぶことができることが必要十分条件である．

問 13 Weil 因子 D に Cartier 因子 $\mathcal{D} = \{(f_x, U_x)\}_{x \in X}$ を対応させるとき $D \geqq 0$ であれば $f_x \in \mathcal{O}_{X,x}$ にとれるので $f_x \in \Gamma(U_x, \mathcal{O}_X)$ であるように開集合 U_x を選ぶことができる．

問 14 $D = \sum_{i}^N n_i D_i$ に対して $(f) + D \geqq 0$ であることは $v_{D_i}(f) \geqq n_i$ がつねに成立することと同値である．したがって $f, g \in \mathbb{L}(D)$ であれば $v_{D_i}(f) \geqq n_i$, $v_{D_i}(g) \geqq n_i$ であり $v_{D_i}(f+g) = \min\{v_{D_i}(f), v_{D_i}(g)\} \geqq n_i$ であるので $f + g \in \mathbb{L}(D)$ である．また $D = E + (h)$ であれば $f \in \mathbb{L}(D)$ に対して $fh \in \mathbb{L}(E)$ であり，$g \in \mathbb{L}(E)$ に対して $(g/h) \in \mathbb{L}(D)$ が成立し，対応 $f \mapsto fh$ が同型を与える．

問 15 命題 7.47(iii) によって R 加群の完全列
$$0 \longrightarrow I_1 \cap I_2 \longrightarrow R \longrightarrow R/I_1 \oplus R/I_2$$
から S 加群の完全列
$$0 \longrightarrow (I_1 \cap I_2)S \longrightarrow S \longrightarrow S/I_1 S \oplus S/I_2 S$$
を得る．したがって $(I_1 \cap I_2)S = I_1 S \cap I_2 S$ が成立する．

問 16 $f(x) \in k[x]$ の次数が $2m$ のときを考える．$C = \mathbb{P}_k^1$ の無限遠点を ∞ と記し $\mathcal{L} = \mathcal{O}_C(m\infty)$ とおくと $f(x)$ は $H^0(C, \mathcal{L}^{\otimes 2})$ の元 $\tilde{f}$ を与えると考えることができる．$\mathbb{P}_k^1 = U_0 \cup U_1$, $U_0 = \mathrm{Spec}\, k[x]$, $U_1 = \mathrm{Spec}\, k[u]$, $U_0 \cap U_1$ 上で $x = 1/u$ と表示すると U_0 上で $f(x)$, U_1 上で $g(u) = u^{2m} f(1/u)$ ととると $\tilde{f} = \{f(x), g(u)\}$ であ

る．$\mathcal{F} = \mathcal{O}_C \oplus \mathcal{L}^{-1}$ に $\tilde{f}$ を使って $\mathcal{O}_C$ 代数の構造を入れる．これは U_0 上では $R_0 = k[x,y]/(y^2-f(x))$, U_1 上では $R_1 = k[u,v]/(v^2-g(u))$ となり $\operatorname{Spec} R_0 \cup \operatorname{Spec} R_1$ が求める超楕円曲線である．これは $\operatorname{Spec} \mathcal{F}$ に他ならない．$f(x)$ の次数が $2m-1$ のときも，$g(u) = u^{2m} f\left(\dfrac{1}{z}\right)$ とおいて $\tilde{f} = \{f(x), g(u)\} \in H^0(C, \mathcal{L}^{\otimes 2})$ と考えれば上とまったく同様の議論が適用できる．

問 17 C の k 有理点の 1 つを P とする．$\mathbb{P}_k^2$ 内に k 上定義された直線 l をとり，l 上の点 R と P の点を結ぶ直線 $\overline{PR}$ と C との交点を考える．Bézout の定理により $\overline{PR}$ と C との交点数は 2 であるので $\overline{PR} \cap C = \{P, Q\}$ と書ける．($\overline{PR}$ が C に点 P で接するときは $Q = P$ である．) 点 R が l の K 有理点であれば Q も C の K 有理点である．対応 $R \mapsto Q$ より体 k 上で定義された射 $h: l \to C$ が定義でき，これが求める同型射である．

座標を使った具体的な計算例をあげておく．$C: x_0^2 - x_1^2 - x_2^2 = 0$, $P = (1:-1:0)$, $l: x_0 - x_1 = 0$ にとる．同型射 $\mathbb{P}_k^1 \simeq l$ を $(t_0:t_1) \mapsto (t_0:t_0:2t_1)$ で定める．点 P と点 $R = (t_0:t_0:2t_1)$ を結ぶ直線 $\overline{PR}$ は $t_0 x_2 - t_1(x_0 + x_1) = 0$ で与えられ，$\overline{PR}$ と C との交点は $(1:-1:0)$ と $(t_0^2 + t_1^2 : t_0^2 - t_1^2 : 2t_0 t_1)$ であり，したがって同型射 $l \simeq C$ は $(t_0:t_0:2t_1) \mapsto (t_0^2 + t_1^2 : t_0^2 - t_1^2 : 2t_0 t_1)$ で与えられる．以上の計算では $\operatorname{char} k \neq 2$ を仮定している．$x = x_1/x_0$, $y = x_2/x_0$, $t = t_1/t_0$ を使うと以上の計算は次のように図示できる．

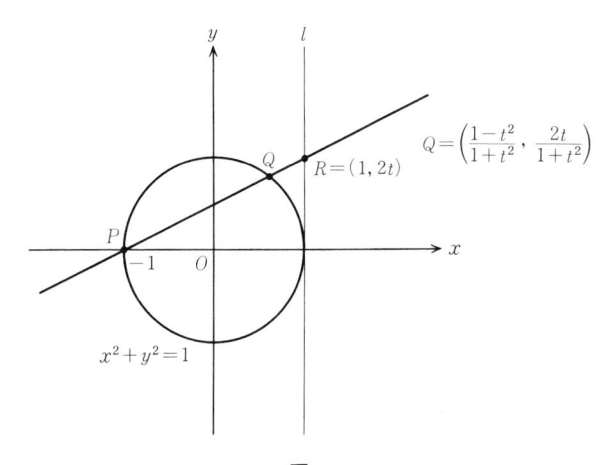

図 1

問 18

$$\lambda_1 : B \longrightarrow B \otimes_A B$$
$$b \longmapsto b \otimes 1$$

は B 加群としての単射準同型写像である. B と $\lambda_1(B)$ とを同一視する. $b_1, b_2 \in B$ に対して $b_1 \otimes b_2 = b_1 b_2 \otimes 1 + b_1(1 \otimes b_2 - b_2 \otimes 1)$ が成立する. これより $C = B \otimes_A B \simeq B \oplus I$ であることが分かり $C/I^2 \simeq B \oplus I/I^2$ が成立する.

問 19 (7.53) の完全列を $A = k$, $B = k(t_1, \cdots, t_n)$, $C = K$ に対して適用すると例 7.74(iii) より $\Omega^1_{C/B} = 0$ であることが分かり $\Omega^1_{B/A} \otimes C \to \Omega^1_{C/A}$ は全射であることが分かる. この写像の $C = K$ 上の双対をとると $\mathrm{Der}_k(C) \to \mathrm{Der}_k(B, C)$ ができるが, これも全射であることも分かり $\Omega^1_{B/A} \otimes C \simeq \Omega^1_{C/A}$ が成立する. したがって $\Omega^1_{B/A}$ を考えれば十分である. 補題 7.73 より $\Omega^1_{B/A} = \Omega^1_{R/k} \otimes B$, $R = k[t_1, \cdots, t_n]$ であることが分かり $\dim_B \Omega^1_{B/A} = n$ であることが分かる.

問 20 次数 d の斉次多項式 $F(t) \in R[t_1, t_2, \cdots, t_r]$ に対して $F(a_1, a_2, \cdots, a_r) \in I^{d+1} R[t_1, t_2, \cdots, t_r]$ であれば $F \in IR[t_1, t_2, \cdots, t_r]$ が成り立つことを示せばよい. そのためには d 次斉次式 $F(t) \in R[t_1, t_2, \cdots, t_r]$ が $F(a) = 0$ であれば F の係数はすべて I の元であることを示せばよい. この主張を R に関する帰納法で示す. $r = 1$ のときは自明である. $r (\geq 1)$ まで主張が正しいと仮定する. $F(t) = G(t_1, t_2, \cdots, t_{r-1}) + a_r H(t_1, t_2, \cdots, t_{r-1})$ とおくと $a_1, a_2, \cdots, a_r$ が正則列であることより $F(a) = 0$ から $G(a) = 0$, $H(a) = 0$ が成立する. 帰納法に関する仮定より $G(t_1, \cdots, t_{r-1})$ の係数は I に属する. $H(t)$ は $(d-1)$ 次斉次多項式であるので次数に関する帰納法を使うことによって, $H(t)$ の係数もすべて I に属することが示される.

第8章

問 1 これらの微分形式はアフィン曲線 $y^2 = f(x)$ 上では正則である. さらに点 P_∞, Q_∞ ($n = 2m$ のとき), または点 P_∞ ($n = 2m-1$ のとき) で正則であることは例題 8.6 と同様の計算で示される. $\dim_k H^0(C, \Omega^1_{C/k}) = g(\widetilde{X}) = m - 1$ であるので, これらの微分形式が基底をなすことが分かる.

問 2 もし 0 でない切断 $s \in H^0(C, \mathcal{O}_C(D))$ が存在すれば s が定める C 上の因子 s に対して $\deg(s) \geq 0$ である. 一方 $(s) \sim D$ であるので $\deg D = \deg(s) \geq 0$ となり仮定に矛盾する.

問 3 $\mathcal{L} = \mathcal{O}_C(D)$ とすれば s の定義する因子 (s) が $\sum n_i Q_i$ の形であることは s が Q_i で n_i の零点を持つことを意味するので, s の零点の個数の和は $\deg(s)$ に一致する. $(s) \sim D$ であるので $\deg \mathcal{L} = \deg D = \deg(s)$ が成立する.

問 4 $\mathcal{C} = \{v_P \mid v_P \text{ は } k(C) \text{ の正規化された離散付値}\}$ の各元を点と呼び, $\mathcal{C}$ の開集合を $\mathcal{C} \setminus \{\text{有限個の点}\}$ または空集合と定義すると $\mathcal{C}$ に位相が入る. $\mathcal{C}$ の点 P に対して P が定める付値環を R_P と記す. $\mathcal{C}$ の開集合 U に対して $k(C)$ 内で $\mathcal{O}_C(U) = \bigcap_{P \in U} R_P$ と定義する. 開集合 U に $\mathcal{O}_C(U)$ を対応させることによって $\mathcal{C}$ 上の可換環の層 $\mathcal{O}_C$ ができ $(\mathcal{C}, \mathcal{O}_C)$ が局所環つき空間となる. これは定義 7.4 の意味での代数多様体であり(極大スペクトルしか考えていないので), 対応するスキーム C が完備非特異代数曲線である.

問 5 $p \in f^{-1}(Q)$ に対して $\mathcal{O}_{X_Q, P} \simeq k[t]/(t^{e_P})$ が成立する. したがって, $\sum_{P \in f^{-1}(Q)} e_P = n$ であることが補題 8.15 の証明より分かる.

問 6 f は純非分離的射と分離的(separable)射に分解でき, 純非分離的射では曲線の種数は変わらないので, f が分離的射のとき考えれば十分である. 公式 (8.9) より $g(Y) \geqq 0$ であれば $g(X) \geqq g(Y)$ がただちに分かる. $g(Y) = 0$ のときは $g(X) \geqq 0$ であるので不等式は自明である. 次に $\deg f > 1$, $g(Y) \geqq 1$ のとき $g(X) = g(Y)$ が成立したと仮定する. もし $g(Y) \geqq 2$ であれば公式 (8.11) より $\deg f$ のとき $2g(X) - 2 > 2g(Y) - 2$ となり仮定に反する. したがって $g(Y) = 1$ である. $g(Y) = 1$ であれば $g(X) = 1$ となるのは $\deg R = 0$ のときで, これは f が分岐点を持たないことを意味する.

問 7 例 8.20 より $\left\{\dfrac{y}{x}\right\} \in H^1(E, \mathcal{O}_E)$ に対して $F^*\left\{\dfrac{y}{x}\right\} = 3\left\{\dfrac{y}{x}\right\}$ が成立する. $b^6 = \dfrac{1}{3}$ となる $\mathbb{F}_7$ の拡大体の元 b を 1 つとり $a = b\left\{\dfrac{y}{x}\right\}$ とおくと $F^*(a) = a$ が成立する. すると例 8.20 と同様の計算により

$$\left(b\frac{y}{x}\right)^7 = b\frac{y}{x} + b^7 x^2 y + b^7(u^5 v + 3u^2 v)$$

が成立する. したがって U_0 上では

$$z_0^p - z_0 - b^7 x^2 y = 0$$

U_1 上では

$$z_1^p - z_1 + b^7(u^5 v + 3u^2 v) = 0$$

で 7 次のエタール被覆が定義される. ただし $U_0 \cap U_1$ 上で

$$z_0 = b\frac{y}{x} + z_1 = b\frac{v}{u} + z_1$$

で2つの曲線を張り合わせる.

問8 C の標準直線束 K_C は体 k 上定義されており,ω_C^{-1} もしたがって体 k 上定義されている.$\deg \omega_C^{-1} = 2 > 2g(C)+1 = 1$ であるので定理 8.8 より,ω_C^{-1} は非常に豊富な可逆層である.$H^0(C, \omega_C^{-1})$ は3次元 k ベクトル空間であり,その基底 $\{\varphi_0, \varphi_1, \varphi_2\}$ を使った C の $\mathbb{P}_k^2$ への埋め込みは2次曲線である.C が体 k 上有理点 P を持てば Riemann–Roch の定理により $\dim_k H^0(C, \mathcal{O}_C(P)) = 2$ となり $H^0(C, \mathcal{O}_C(P))$ の基底 $\{\varphi_0, \varphi_1\}$ より定まる有理写像

$$\psi: C \longrightarrow \mathbb{P}_k^1$$
$$z \longmapsto (\varphi_0(z), \varphi_1(z))$$

は $\deg \psi = 1$ となり同型射である.

問9 (8.22)の場合 $\operatorname{char} k \neq 2, 3$ である.$F = x_0 x_2^2 - (x_1^3 + a_4 x_0^2 x_1 + a_6 x_0^3)$ とおくと $F_{x_0} = x_2^2 - 2a_4 x_0 x_1 - 3a_6 x_0^2$,$F_{x_1} = -3x_1^2 - a_4 x_0^2$,$F_{x_2} = 2x_0 x_2$ である.曲線 $C_0 = V_+(F)$ が特異点を持つための必要十分条件は $F_{x_0} = 0$,$F_{x_1} = 0$,$F_{x_2} = 0$ が $(x_0, x_1, x_2) = (0, 0, 0)$ 以外の解を $\bar{k}$ で持つことである.$F_{x_2} = 0$ より $x_0 x_1 = 0$ である.もし $x_0 = 0$ であれば $F_{x_1} = 0$ より $x_1 = 0$,$F_{x_0} = 0$ より $x_2 = 0$ となり解は $(0, 0, 0)$ しかない.したがって $x_0 \neq 0$,$x_2 = 0$ と仮定してよい.このとき $F_{x_0} = -2a_4 x_0 x_1 - 3a_6 x_0^2 = 0$,$F_{x_1} = -3x_1^2 - a_4 x_0^2 = 0$ が成立する.$x_0 \neq 0$ であるので $-2a_4 x_1 = 3a_6 x_0$ が成立し $4a_4^2 x_1^2 = 9a_6^2 x_0^2$ となる.この式に $F_{x_1} = 0$ より得られる $x_1^2 = -\frac{a_4}{3}x_0^2$ を代入すると,$-\frac{4}{3}a_4^3 x_0^2 = 9a_6^2 x_0^2$ を得る.$x_0 \neq 0$ であるので $\Delta = 4a_4^3 + 27a_6^2 = 0$ が成立する.逆に $\Delta = 0$ であれば $x_2 = 0$,$-2a_4 x_0 x_1 - 3a_6 x_0^2 = 0$,$-3x_1^2 - a_4 x_0^2 = 0$ は $x_0 \neq 0$ となる共通解を持ち,曲線は特異点を持つ.

問10 直線 $\overline{PP_0}$ はアフィン座標 (x, y) では $x = \alpha$ で表わされる.これは $\alpha x_0 - x_1 = 0$ が点 $(1:\alpha:\beta)$,$(0:0:1)$ を通ることからも明らかである.$\beta^2 = \alpha^3 + a_4 \alpha + a_6$ であるので $(\alpha, -\beta) \in C_0(\bar{k})$ である.よって $\overline{PP_0} \cap C_0 = \{P_0, P, (\alpha, -\beta)\}$ であるので $-P = (\alpha, -\beta)$ である.点 (α, β),(α', β') を通る直線は $y = \dfrac{\beta - \beta'}{\alpha - \alpha'}(x - \alpha) + \beta$ で表わされる.この式を C_0 の定義方程式に代入すると

$$x^3 + a_4 x + a_6 - \left\{\frac{\beta - \beta'}{\alpha - \alpha'}(x - \alpha) + \beta\right\}^2 = 0$$

を得る．この 3 次式の x^2 の係数は $-\dfrac{(\beta-\beta')^2}{(\alpha-\alpha')^2}$ である．一方直線 $\overline{PQ}$ は C_0 と点 P,Q および $-R=(\alpha'',-\beta'')$ で交わる．したがって $\alpha+\alpha'+\alpha''=\dfrac{(\beta-\beta')^2}{(\alpha-\alpha')^2}$ が成立し，これより $\alpha''=-(\alpha+\alpha')+\dfrac{(\beta-\beta')^2}{(\alpha-\alpha')^2}$ を得る．すると $-\beta''=\dfrac{\beta-\beta'}{\alpha-\alpha'}(\alpha''-\alpha)+\beta$ となるので求める式を得る．

問 11 φ の分岐点は (8.35) の 6 個の $k\setminus\{0,1\}$ の元のいくつかが一致するところか $\lambda=0,1,\infty$ である．$\varphi(0)=\varphi(1)=\varphi(\infty)=\infty$ である．群 G は φ の各ファイバーに推移的に作用しているので $\lambda=\dfrac{1}{\lambda}$, $\lambda=1-\lambda$, $\lambda=\dfrac{1}{1-\lambda}$, $\lambda=\dfrac{\lambda}{\lambda-1}$, $\lambda=\dfrac{\lambda-1}{\lambda}$ となる λ に対する $j(\lambda)$ の値が分岐点 (branch point) である．$\lambda\neq 0,1$ であるので $\lambda=\dfrac{1}{\lambda}$ から $\lambda=-1$, $\lambda=1-\lambda$ から $\lambda=\dfrac{1}{2}$, $\lambda=\dfrac{1}{1-\lambda}$ から λ は $-\rho,-\rho^2$ のいずれか，$\lambda=\dfrac{\lambda}{\lambda-1}$ から $\lambda=2$, $\lambda=\dfrac{\lambda-1}{\lambda}$ から λ は $-\rho,-\rho^2$ のいずれかを得る．$j(-1)=j(2)=j\left(\dfrac{1}{2}\right)=1728$, $j(-\rho)=j(-\rho^2)=0$ を得るので，φ の分岐点 (branch point) は ∞ 以外では $0,1728$ である．$j=0$ は $(\lambda^2-\lambda+1)^3=(\lambda+\rho)^3(\lambda+\rho^2)^3$ であるので $\lambda=-\rho,-\rho^2$ での分岐指数は 3 である．$j=1728$ のときは $2^8(\lambda^2-\lambda+1)^3-1728\lambda^2(\lambda-1)^2=2^6(2\lambda-1)^2(\lambda+1)^2(\lambda-2)^2$ となり $\lambda=\dfrac{1}{2},-1,2$ での φ の分岐指数は 2 である．

問 12 群 G の位数を m とするとき $A=\underbrace{k\oplus k\oplus\cdots\oplus k}_{m}$ とおき，各成分の和と積によって可換環の構造を入れる．Spec A の底空間は m 個の点よりなる離散位相空間であるので Spec $A=G$ と考えることによって群スキームの構造を入れることができる．

演習問題解答

第1章

1.1 （1） $\varphi(\mathbb{A}_k^1) \subset V((x^3-y^2, y^2-z))$ は明らか．$(a,b,c) \in V((x^3-y^2, y^2-z))$ とすると $a^3 = b^2$, $b^2 = c$ が成り立つ．$a = 0$ であれば $b = 0$, $c = 0$ となり $\varphi(0) = (0,0,0)$ となり φ の像に含まれることが分かる．$a \neq 0$ のときは $a = (b/a)^2$ と書けるので $t = b/a$ とおくと $a = t^2$, $b = at = t^3$, $c = b^2 = t^6$ となり，$(a,b,c) = \varphi(b/a)$ となることが分かり，$\varphi(\mathbb{A}_k^1) = V((x^3-y^2, y^2-z))$ が分かる．また $t \neq t'$ のとき $\varphi(t) \neq \varphi(t')$ であるので φ は集合として全単射写像である．一方，φ より可換環の準同型写像

$$\varphi^\# : \quad k[x,y,z]/(x^3-y^2, y^2-z) \longrightarrow k[t]$$
$$f(x,y,z) \pmod{(x^3-y^2, y^2-z)} \longmapsto f(t^2, t^3, t^6)$$

が引き起こされるが，${\varphi^\#}^{-1}(t) = \emptyset$ であるので $\varphi^\#$ は同型写像ではない．

（2） （1）と同様．

1.2 $P_1 = (a_0 : a_1)$, $P_2 = (b_0 : b_1)$, $P_3(c_0 : c_1)$ は相異なる3点であるので
$$b_0 = \alpha a_0 + \beta c_0$$
$$b_1 = \alpha a_1 + \beta c_1$$
を満足するように $\alpha, \beta \in k$ を選ぶことができる．このとき，射影変換
$$\varphi_P : (x_0, x_1) \longmapsto (\alpha a_0 x_0 + \beta c_0 x_1 : \alpha a_1 x_0 + \beta c_1 x_1)$$
は $\varphi_P((1:0)) = P_1$, $\varphi_P((1:1)) = P_2$, $\varphi_P((0:1)) = P_3$ となる．同様に Q_1, Q_2, Q_3 から $\varphi_Q((1:0)) = Q_1$, $\varphi_Q((1:1)) = Q_2$, $\varphi_Q((0:1)) = Q_3$ となる射影変換が存在する．$\psi = \varphi_Q \circ \varphi_P^{-1}$ が求める射影変換である．

1.3 （1） 行列式
$$\begin{vmatrix} a_0 & a_1 & a_2 \\ a_0 & a_1 & a_2 \\ b_0 & b_1 & b_2 \end{vmatrix} = 0, \quad \begin{vmatrix} b_0 & b_1 & b_2 \\ a_0 & a_1 & a_2 \\ b_0 & b_1 & b_2 \end{vmatrix} = 0$$

より明らか．

（2） 上の結果より直線の方程式は

$$\begin{vmatrix} x_0 & x_1 & x_2 \\ a_0 & a_1 & a_2 \\ b_0 & b_1 & b_2 \end{vmatrix} = 0$$

で与えられる.

1.4 射影変換によって直線 L の定義方程式は $x_2 = 0$ であると仮定しても一般性を失わない. このとき, 仮定から $F(x_0, x_1, x_2)$ は x_2 で割り切れない. したがって, $F(x_0, x_1, 0)$ は n 次斉次式であり, これは重複度をこめて n 個の解を持つ.

1.5 $\varphi(\mathbb{P}_k^1) \subset V((x_0 x_2 - x_1^2))$ は明らか. $(b_0 : b_1 : b_2) \in V((x_0 x_2 - x_1^2))$ とすると $b_0 b_2 - b_1^2 = 0$ となる. もし $b_0 \neq 0$ であれば, $\frac{b_2}{b_0} = \left(\frac{b_1}{b_0}\right)^2$ となり, $(b_0 : b_1 : b_2) = \left(1 : \frac{b_1}{b_0} : \frac{b_2}{b_0}\right) = \varphi\left(\left(1 : \frac{b_1}{b_0}\right)\right)$ であることが分かる. もし $b_2 \neq 0$ であれば $\frac{b_0}{b_2} = \left(\frac{b_1}{b_2}\right)^2$ となり, $(b_0 : b_1 : b_2) = \left(\frac{b_0}{b_2} : \frac{b_1}{b_2} : 1\right) = \varphi\left(\left(\frac{b_1}{b_2} : 1\right)\right)$ となる. $b_0 = b_2 = 0$ であれば $b_1 = 0$ となり, これは射影平面の点であることに反する. よって $\varphi(\mathbb{P}_k^1) = V((x_0 x_2 - x_1^2))$ が成り立ち, φ は全射である. また $((a_0)^2 : a_0 a_1 : (a_1)^2) = ((c_0)^2 : c_0 c_1 : (c_1)^2)$ であれば $(a_0 : a_1) = (c_0 : c_1)$ であることは容易に示すことができ, φ は単射であることが分かる.

1.6 1.5 と同様の議論を行なえばよい.

第 2 章

2.1 $f \in R$ がべき零元でないとすると f を含まない素イデアル $\mathfrak{p}$ が存在する. もし $f \in \sqrt{\mathfrak{a}}$ であれば $\mathfrak{p} \notin V(\mathfrak{a})$ である. 一方 $\sqrt{\mathfrak{a}}$ は R の可逆元は含まない. よって $\sqrt{\mathfrak{a}}$ は R のべき零元のみを含む. ところで, 定義より $\mathfrak{N}(R) = \sqrt{(0)}$ であるので $\mathfrak{N}(R) = \sqrt{(0)} \subset \sqrt{\mathfrak{a}} \subset \mathfrak{N}(R)$ が成り立ち, $\mathfrak{N}(R) = \sqrt{\mathfrak{a}}$ である.

2.3
$$U = \bigcup_{j=1}^n D(x_j)$$

が成り立つ. $f \in \Gamma(U, \mathcal{O}_{\mathbb{A}^n})$ を $D(x_j)$ で $f = f_j / x_j^{m_j}$, $f_j \in R$ と表わすと $D(x_i) \cup D(x_j)$ 上で一致することから $x_i^{m_i} f_j = x_j^{m_j} f_i$ が成立する. これより, f_i は $x_i^{m_i}$ で割り切れなければいけないことが分かる. したがって, f は多項式でなければならない.

2.4 p が連続であることを示せばあとは明らか. X の開集合 U に対して

$p^{-1}(U)$ の任意の点 s_x $(x\in U)$ をとると x を含む開集合 V および x での芽が s_x になる切断 $s\in\varGamma(V,\mathcal{F})$ が存在する．このとき $V(s)\subset p^{-1}(U)$ となる．$p^{-1}(U)$ の各点の適当な開近傍が再び $p^{-1}(U)$ に含まれるので，$p^{-1}(U)$ は開集合である．したがって p は連続写像である．

(1) $\mathbb{F}$ の開集合 $V(c),c\in\varGamma(V,\mathcal{F})$ に対して $a_+^{-1}(V(c))$ が開集合であることを示せば a_+ は連続になる．

$(a_x,b_x)\in a_+^{-1}(V(c))$，$x\in V$ であれば $a_x+b_x=c_x$ を意味する．このとき x を含む V の開集合 W，$a,b\in\varGamma(W,\mathcal{F})$ を a,b の x での芽が a_x,b_x であるようにとることができる．すると $a+b$ の x での芽が c_x と一致するが，これは芽の定義より，x の開近傍 $W_0\subset W$ で $a+b|_{W_0}=c|_{W_0}$ (W_0 への切断の制限をこう略記する) が成立することを意味する．$W_0(a),W_0(b)$ は $\mathbb{F}$ の開集合であり，$W_0(a)\times_{W_0}W_0(b)$ は $\mathbb{F}\times_X\mathbb{F}$ の開集合である．上の議論より $W_0(a)\times_{W_0}W_0(b)\subset a_+^{-1}(V(c))$ が成り立ち $a_+^{-1}(V(c))$ が開集合であることが分かり，a_+ は連続写像であることが示された．

$a_-,0,m$ に関しても同様にして示すことができる．

(2) $s\in\varGamma(U,\mathbb{F})$，$x\in U$ に対して x の開近傍 V_x と $a^{(x)}\in\varGamma(V_x,\mathcal{F})$ を適当にとると $a^{(x)}$ の x での芽が $s(x)$ と一致するようにできる．必要であれば V_x を十分小さくとることによって $V_x\subset U$，任意の $y\in V_x$ に対して $a^{(x)}$ の y での芽が $s(y)$ と一致するようにできる．したがって $\{V_x,x\in U\}$ は U の開被覆であり，$a^{(x)}\in\varGamma(V_x,\mathcal{F})$ は $V_x\cap V_y\neq\emptyset$ のとき $a^{(x)}|_{V_x\cap V_y}=a^{(y)}|_{V_x\cap V_y}$ が成り立つ．よって層の定義により $a\in\varGamma(U,\mathcal{F})$，$a|_{V_x}=a^{(x)}$ となる切断 a が存在し，$a_x=s(x)$ がすべての $x\in U$ で成立する．対応 $s\to a$ によって $\varGamma(U,\mathbb{F})$ と $\varGamma(U,\mathcal{F})$ とを同一視することができる．

2.5 $\widetilde{\mathcal{G}}$ が (F1), (F2) を満たすことを示す．$\widetilde{\mathcal{G}}$ の制限写像 $\rho_{V,U}:\widetilde{\mathcal{G}}(U)\to\widetilde{\mathcal{G}}(V)$ は写像の制限によって得られる．さて $U=\bigcup_{\lambda\in\varLambda}U_\lambda$，$s\in\widetilde{\mathcal{G}}(U)$ が $\rho_{U_\lambda,U}(s)=0$ を満足したとすると，任意の点 $x\in U$ に対して $s(x)\in\mathcal{G}_x$ は 0 である．これは $s=0$ を意味する．これで (F1) が示された．一方 $s_\lambda\in\widetilde{\mathcal{G}}(U_\lambda)$ が $U_\lambda\cap U_\mu\neq\emptyset$ のとき $\rho_{U_\lambda\cap U_\mu,U_\lambda}(s_\lambda)=\rho_{U_\lambda\cap U_\mu,U_\mu}(s_\mu)$ を満足したとすると $x\in U_\lambda\cap U_\mu$ で $s_\lambda(x)=s_\mu(x)$ を満足する．したがって $s_\lambda:U_\lambda\to\widetilde{\mathbb{G}}$，$\lambda\in\varLambda$ は $s:U\to\widetilde{\mathbb{G}}$ を定め，$s\in\widetilde{\mathcal{G}}(U)$，$s_\lambda=\rho_{U_\lambda,U}(s)$ が成立する．これで (F2) が成立することがいえた．

第3章

3.1 $\psi\colon \mathrm{Hom}_{\mathcal{C}}(X,Y) \to \mathrm{Hom}(h_X, h_Y)$ を次のように定義する. $f \in \mathrm{Hom}_{\mathcal{C}}(X,Y)$ が与えられたとき, $W \in Ob(\mathcal{C})$ と $m \in h_X(W)$ に対して $f \circ m \in h_Y(W)$ である. そこで $\eta(W)(m) = f \circ m$ と定義する. 射 $g \in \mathrm{Hom}_{\mathcal{C}}(Z,W)$ に対して図式

$$
\begin{array}{ccc}
h_X(W) & \xrightarrow{\eta(W)} & h_Y(W) \\
{\scriptstyle m \;\mapsto\; f\circ m} & & \\
h_X(g) \Big\downarrow & & \Big\downarrow h_Y(g) \\
{\scriptstyle m\circ g \;\mapsto\; f\circ m\circ g} & & \\
h_X(Z) & \xrightarrow[\eta(Z)]{} & h_Y(Z)
\end{array}
$$

は可換である. したがって η は h_X から h_Y への射を定める. $\psi(f) = \eta$ とおくことによって写像 ψ が定義できる. 写像 $\psi \circ \varphi$ を考える. $\eta \in \mathrm{Hom}(h_X, h_Y)$ に対して $\varphi(\eta) = \eta(X)(id_X)$ を f と記すと, $m \in h_X(W)$ に対して可換図式

$$
\begin{array}{ccc}
h_X(X) & \xrightarrow{\eta(X)} & h_Y(X) \\
{\scriptstyle id_X \;\mapsto\; f} & & \\
h_X(m) \Big\downarrow & & \Big\downarrow h_Y(m) \\
{\scriptstyle m \;\mapsto\; f\circ m} & & \\
h_X(W) & \xrightarrow[\eta(W)]{} & h_Y(W)
\end{array}
$$

ができ, $\eta(W)(m) = f \circ m$ であることが分かる. これより $\psi(f) = \eta$ であることが分かり $\psi \circ \varphi(\eta) = \eta$ となり $\psi \circ \varphi$ は恒等写像であることが分かる. 同様に $\varphi \circ \psi$ も恒等写像であることが分かり, φ は全単射であることが示された.

3.2 モニック多項式 $f(x) \in K[x]$ によって $L = K[x]/(f(x))$ と考えることができる. $\overline{K}$ では $f(x) = \prod_{i=1}^{n}(x-\alpha_i)$, $\alpha_i \in \overline{K}$, $n = [L:K]$ と分解できる. このとき可換環の同型写像

$$L \otimes_K \overline{K} = \overline{K}[x]/(f(x)) \simeq \prod_{i=1}^{n} \overline{K}[x]/(x-\alpha_i) \simeq \prod_{i=1}^{n} \overline{K}$$

が存在する. したがって, 例 2.33 より

$$X \times_Z Y = \mathrm{Spec}(L \otimes_K \overline{K}) \simeq \mathrm{Spec}\left(\prod_{i=1}^{n} \overline{K}\right)$$

は n 個の $\mathrm{Spec}\,\overline{K}$ の直和となる．

3.3 (1) $R = \mathbb{R}[x,y]/(x^2+y^2)$ は整域である．

(2) $\mathbb{C}[x,y]/(x^2+y^2) \simeq \mathbb{C}[x,y]/((x+\sqrt{-1}y)(x-\sqrt{-1}y))$ であるので，$X_0 \times_\mathbb{R} \mathbb{C}$ は被約ではあるが既約でない．

(3) $\mathbb{R}$ に値をとる点は $\mathbb{R}$ 準同型写像
$$\varphi \colon R = \mathbb{R}[x,y]/(x^2+y^2) \longrightarrow \mathbb{R}$$
と 1 対 1 に対応する．x, y の環 R での剰余類を $\overline{x}, \overline{y}$ と記し，$\varphi(\overline{x}) = a$, $\varphi(\overline{y}) = b$ とおくと $a^2 + b^2 = 0$ でなければならない．$a, b \in \mathbb{R}$ であるので $a = b = 0$ でなければならず，φ は一意的に定まる．一方，$\mathbb{C}$ に値をとる点は $\mathbb{R}$ 準同型写像 $\psi \colon R \to \mathbb{C}$ と 1 対 1 に対応するが，$\psi(\overline{x}) = a$, $\psi(\overline{y}) = b$ とおくと $a^2 + b^2 = 0$ が成り立たねばならない．これより $b = \pm a\sqrt{-1}$ となる．逆に $a \in \mathbb{C}$ に対して $\psi_a(\overline{x}) = a$, $\psi_a(\overline{y}) = a\sqrt{-1}$ を満足する $\mathbb{R}$ 準同型写像 $\psi_a \colon R \to \mathbb{C}$ が存在するので $\mathbb{C}$ に値をとる点は無限個ある．

3.4 Noether 局所環 R の極大イデアルを M と記す．$f \colon \mathrm{Spec}\,R \to X$ に対して $f(M) = x \in X$ とおくと，スキームの射の定義から局所準同型写像 $g \colon \mathcal{O}_{X,x} \to R$ が得られる．逆に (x, y) が与えられたとき，x を含むアフィン開集合 $\mathrm{Spec}\,A$ が存在する．$x = \mathfrak{p} \in \mathrm{Spec}\,A$ とおくと，$\mathcal{O}_{X,x} = A_\mathfrak{p}$ であり，$g \colon A_\mathfrak{p} \to R$ と自然な準同型写像 $A \to A_\mathfrak{p}$ の合成により準同型写像 $\widetilde{g} \colon A \to R$ を得る．これはスキームの射 $\mathrm{Spec}\,R \to \mathrm{Spec}\,A \subset X$ を定め，R に値をとる点を定める．

3.5 簡単のため k 有理点は $U_0 = \mathrm{Spec}\,k\left[\dfrac{x_1}{x_0}, \cdots, \dfrac{x_n}{x_0}\right]$ に含まれていたと仮定する．このとき k 有理点は $(b_1, b_2, \cdots, b_n) \in \mathbb{A}^n_k$ で表わされ，これは極大イデアル $\left(\dfrac{x_1}{x_0} - b_1, \dfrac{x_2}{x_0} - b_2, \cdots, \dfrac{x_n}{x_0} - b_n\right)$ に対応する．このイデアルに対応する $k[x_0, x_1, \cdots, x_n]$ の斉次イデアルは $\mathfrak{p} = (x_1 - b_1 x_0, x_2 - b_2 x_0, \cdots, x_n - b_n x_0)$ である．$(a_0 : a_1 : \cdots : a_n) = (1 : b_1 : \cdots : b_n)$ のとき，このイデアルは $(a_i x_j - a_j x_i, \ 0 \leqq i, j \leqq n)$ と一致する．

第 4 章

4.1 $y \in \mathrm{supp}\,\mathcal{F}$ の近傍 U を適当に小さくとると，$s_1, s_2, \cdots, s_l \in \mathcal{F}(U)$ を

$$\mathcal{O}_U^{\oplus l} \longrightarrow \mathcal{F}$$
$$(a_1, \cdots, a_l) \longmapsto \Sigma a_j s_j$$

が全射であるようにとることができる.仮定より $\mathcal{F}_y = 0$ である.したがって $s_{j,y} = 0$, $j = 1, 2, \cdots, l$ が成り立つ.すると,y の開近傍 $V \subset U$ を十分小さくとると,すべての点 $x \in V$ で $s_{j,x} = 0$ となり,$\mathcal{F}_x = 0$ となることが分かる.これより $X \setminus \mathrm{supp}\,\mathcal{F}$ は開集合であることが分かる.

4.2 $\mathcal{F} = \widetilde{M}$, M は R 加群,と表わすことができ,$\Gamma(D(f), \mathcal{F}) = M_f$ と見ることができる.したがって $t = \dfrac{m}{f^n}$, $m \in M$ と表示でき,$f^n t = m \in M = \Gamma(X, \mathcal{F})$ が成立する.

4.3 (1) $X = \mathrm{Spec}\, R$ のとき $N = \sqrt{(0)}$ とおくと $\mathcal{N} = \widetilde{N}$ であることを示す.$f \in R$ に対して $t \in \Gamma(D(f), \mathcal{O}_X)$ がべき零元であれば $t = \dfrac{a}{f^l}$, $a \in R$ と表わすと $f^n a^m = 0$ となる正整数 m, n を見出すことができる.したがって $b = f^n a \in N$ となり $t \in N_f$ であることが分かる.これより $\mathcal{N} = \widetilde{N}$ であることが分かる.したがって,一般のスキーム X に対しても $\mathcal{N}$ は準連接的イデアル層である.

(2) (1) より X_{red} は X の閉部分スキームである.アフィンスキーム $X = \mathrm{Spec}\, R$ のとき R のすべての素イデアルは N を含むので X と X_{red} の底空間は一致する.これより一般のスキームでも同じことが成立する.また $\widetilde{R} = R / \sqrt{(0)}$ はべき零元を持たないので,$\widetilde{R}$ の任意の素イデアル $\mathfrak{p}$ に対して $\widetilde{R}_{\mathfrak{p}}$ はべき零元を持たない.

(3) Y の開集合 U に対して準同型写像 $\theta_U : \mathcal{O}_Y(U) \to f_* \mathcal{O}_X(U) = \mathcal{O}_X(f^{-1}(U))$ による $\mathcal{O}_Y(U)$ のべき零元の像はべき零元である.したがって θ_U は $\mathcal{O}_Y / \mathcal{N}_Y(U)$ から $\mathcal{O}_X / \mathcal{N}_X(f^{-1}(U))$ への準同型写像を引き起こす.よってスキームの射 $f_{\mathrm{red}} : X_{\mathrm{red}} \to Y_{\mathrm{red}}$ が定まる.また $\Delta_{X/Y} : X \to X \times_Y X$ が閉移入であれば $\Delta_{X_{\mathrm{red}}/Y_{\mathrm{red}}} \to X_{\mathrm{red}} \times_{Y_{\mathrm{red}}} X_{\mathrm{red}}$ も閉移入であることも同様に示すことができる.

4.4 (1) X の任意の点 x に対して
$$\mathcal{A}^{\oplus n} | U \longrightarrow \mathcal{B} | U$$
が全射 $\mathcal{A}|U$ 準同型写像になるように n と x の開近傍 U をとることができる.さらに仮定より $f|U : \mathcal{B}|U \to \mathcal{E}|U$ も全射 $\mathcal{A}|U$ 準同型写像であり,この両者を合成して,全射 $\mathcal{A}|U$ 準同型写像
$$\mathcal{A}^{\oplus n} | U \longrightarrow \mathcal{E} | U$$
を得る.

(2) (1) より $\mathrm{Im}\,g$ は有限生成 $\mathcal{A}$ 加群である．また X の任意の開集合 U に対して $\mathcal{A}|U$ 準同型写像
$$\varphi\colon \mathcal{A}^{\oplus m}|U \longrightarrow \mathrm{Im}\,g\,|\,U$$
を考える．自然な単射 $\iota\colon \mathrm{Im}\,g \to \mathcal{E}$ と φ との合成を考えると $\mathrm{Ker}\,\varphi = \mathrm{Ker}\,\iota\circ\varphi$ が成り立つ．$\mathcal{E}$ が連接的であるので $\mathrm{Ker}\,\iota\circ\varphi$ は有限生成 $\mathcal{A}|U$ 加群であり，したがって $\mathrm{Ker}\,\varphi$ も有限生成 $\mathcal{A}|U$ 加群である．よって $\mathrm{Im}\,g$ は連接的である．

(3) X の任意の点 x に対して $f\colon \mathcal{A}^{\oplus n}|U \to \mathcal{G}|U$ が全射 $\mathcal{A}|U$ 準同型写像であるように x の開近傍 U と正整数 n を選ぶ．すると $\psi\circ f\colon \mathcal{A}^{\oplus n}|U \to \mathcal{H}|U$ は全射であり，$\mathrm{Ker}(\psi\circ f) \to \mathrm{Ker}\,\psi|U = \mathcal{F}|U$ は全射 $\mathcal{A}|U$ 準同型写像である．$\mathcal{H}$ は連接層であるので，$\mathrm{Ker}(\psi\circ f)$ は有限生成 $\mathcal{A}|U$ 加群であり，したがって (1) より $\mathcal{F}|U$ も有限生成 $\mathcal{A}|U$ 加群である．$\mathcal{F}$ と $\mathrm{Im}\,\varphi$ は同型であるので (2) より $\mathcal{F}$ は連接層である．

(4) (1) より $\mathcal{H}$ は有限生成 $\mathcal{A}$ 加群である．X の開集合 U 上の $\mathcal{A}_U$ 加群の準同型写像 $h\colon \mathcal{A}_U^{\oplus n} \to \mathcal{H}|U$ が与えられたとして，$a_j = h((0,\cdots,0,\overset{j}{1},0,\cdots,0)) \in \mathcal{H}(U)$ とおく．$\mathrm{Ker}\,h$ が有限生成 $\mathcal{A}_U$ 加群であることを示す．そのために必要であれば U を十分小さくとって，$\psi(b_j) = a_j$，$j=1,2,\cdots,n$ となる $b_j \in \mathcal{G}(U)$ が存在すると仮定してよい．また必要ならば U をさらに小さくとって全射 $\mathcal{A}_U$ 準同型写像 $j\colon \mathcal{A}_U^{\oplus l} \to \mathcal{F}|U$ が存在すると仮定してよい．そこで

$$\widetilde{h}\colon \mathcal{A}_U^{\oplus l} \oplus \mathcal{A}_U^{\oplus n} \longrightarrow \mathcal{G}|U$$
$$(\alpha,\beta) \longmapsto j(\alpha) + \sum \beta_j b_j,\ \beta=(\beta_1,\cdots,\beta_n)$$

を考えると，$\mathcal{G}$ は連接的なので $\mathrm{Ker}\,\widetilde{h}$ は有限生成 $\mathcal{A}_U$ 加群である．$\widetilde{h}$ の定義より全射 $\mathcal{A}_U$ 準同型写像 $\mathrm{Ker}\,\widetilde{h} \to \mathrm{Ker}\,h$ があり，(1) より $\mathrm{Ker}\,h$ は有限生成 $\mathcal{A}_U$ 加群である．したがって $\mathcal{H}$ は連接的である．

(5) 点 $x \in X$ の近傍 U を $h\colon \mathcal{A}_U^{\oplus l} \to \mathcal{F}|U$，$g\colon \mathcal{A}_U^{\oplus m} \to \mathcal{H}|U$ が全射 $\mathcal{A}_U$ 準同型写像であるように選ぶ．$a_j = g((0,\cdots,0,\overset{j}{1},0,\cdots,0)) \in \mathcal{H}(U)$ に対して，U を十分小さくとって $\psi(b_j) = a_j$ となる $b_j \in \mathcal{G}(U)$ が存在すると仮定してよい．このとき

$$\mathcal{A}_U^{\oplus l} \oplus \mathcal{A}_U^{\oplus m} \longrightarrow \mathcal{G}|U$$
$$(\alpha_1,\cdots,\alpha_l,\beta_1,\cdots,\beta_m) \longmapsto -\varphi(h(\alpha_1,\cdots,\alpha_l)) + \sum \beta_j b_j$$

は全射 $\mathcal{A}_U$ 準同型であるので $\mathcal{G}$ は有限生成 $\mathcal{A}_U$ 加群である．

(6) $\mathcal{A}_U$ 準同型写像 $h: \mathcal{A}_U^{\oplus n} \to \mathcal{G}|U$ を考える．$\mathrm{Ker}(\psi|U \circ h)$ は有限生成 $\mathcal{A}_U$ 加群である．$x \in U$ の開近傍 V を十分小さくとると全射 $\mathcal{A}_V$ 準同型写像 $g: \mathcal{A}_V^{\oplus m} \to \mathrm{Ker}(\psi|U \circ h)|V$ が存在する．$a_i = g((0, \cdots, 0, \overset{j}{1}, 0, \cdots, 0)) \in \mathcal{A}_U^{\oplus n}(V)$, $b_i = h(a_i) \in \mathcal{G}(V)$ とおく．$\psi_V(b_i) = 0$ であるので $\varphi(c_i) = b_i$ となる $c_i \in \mathcal{F}(V)$ が唯ひとつ存在する．したがって $\mathcal{A}_V$ 準同型写像

$$\widetilde{h}: \quad \mathcal{A}_V^{\oplus m} \quad \longrightarrow \quad \mathcal{F}|V$$
$$(\gamma_1, \cdots, \gamma_m) \quad \longmapsto \quad \sum_{j=1}^{m} \gamma_j c_j$$

が定まる．$\mathcal{F}$ は連接的であるので $\mathrm{Ker}\,\widetilde{h}$ は有限生成 $\mathcal{A}_V$ 加群である．$\widetilde{h}$ の定義より全射 $\mathcal{A}_V$ 準同型写像 $\mathrm{Ker}\,\widetilde{h} \to \mathrm{Ker}\,h$ が存在する．よって $\mathrm{Ker}\,h$ も有限生成 $\mathcal{A}_V$ 加群である．

4.5 (1) R 線形写像 $\varphi: E \to A$ に対して $a_1 \otimes \cdots \otimes a_n \in T^n(E)$ の定める $\mathbb{S}(E)$ の元を $[a_1 \otimes \cdots \otimes a_n]$ と記すと

$$f([a_1 \otimes \cdots \otimes a_n]) = \varphi(a_1)\varphi(a_2)\cdots\varphi(a_n)$$

と定義することによって R 準同型写像

$$f: \mathbb{S}(E) \longrightarrow A$$

が定義できる．$\mathbb{S}(E)$ は $\sigma(E)$ から R 代数として生成されるので，このような f は一意的に定まる．もし R 可換代数 B と R 線形写像 $\widetilde{\sigma}: E \to B$ が同様の性質を持てば $\sigma: E \to \mathbb{S}(E)$ は

$$E \xrightarrow{\widetilde{\sigma}} B \xrightarrow{\widetilde{f}} \mathbb{S}(E)$$

と分解でき，また $\widetilde{\sigma}: E \to B$ は

$$E \xrightarrow{\sigma} \mathbb{S}(E) \xrightarrow{\widetilde{g}} B$$

と分解できる．$\widetilde{f}, \widetilde{g}$ の一意性より，

$$\widetilde{f} \circ \widetilde{g} = id, \quad \widetilde{g} \circ \widetilde{f} = id$$

を容易に導くことができる．

(2) 可換図式

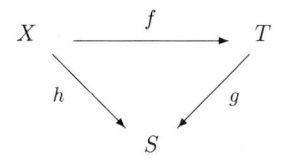

$$\begin{array}{ccc} X & \xrightarrow{f} & T \\ {\scriptstyle h} \searrow & & \swarrow {\scriptstyle g} \\ & S & \end{array}$$

に対して $f^*\mathcal{E}_{(T)} = f^*(g^*\mathcal{E}) = h^*\mathcal{E} = \mathcal{E}_{(W)}$, $f^*\mathcal{O}_T = \mathcal{O}_W$ であるので, 射 f より加群の準同型写像
$$f^* \colon F_\mathcal{E}(T) = \mathrm{Hom}_{\mathcal{O}_T}(\mathcal{E}_{(T)}, \mathcal{O}_T) \longrightarrow F_\mathcal{E}(W) \longrightarrow \mathrm{Hom}_{\mathcal{O}_W}(\mathcal{E}_{(W)}, \mathcal{O}_W)$$
が定まり, これより $F_\mathcal{E}$ が反変関手であることを示すことができる.

(3) 定理 4.40 よりアフィン射 $g \colon T \to S$ に対して同型
$$\mathrm{Hom}_S(T, \mathbb{V}(\mathcal{E})) \simeq \mathrm{Hom}_{\mathcal{O}_S\text{-Alg}}(\mathbb{S}(\mathcal{E}), g_*\mathcal{O}_T)$$
が成り立つ. さらに命題 3.4 を使うと, $f \colon \mathbb{V}(\mathcal{E}) \to S$ はアフィン射であることよりこの同型は任意の S 上のスキーム $g \colon T \to S$ に対して成立することが分かる. 一方, 同型写像 $\mathrm{Hom}_R(E, A) \simeq \mathrm{Hom}_{R\text{-Alg}}(\mathbb{S}(E), A)$ より
$$\mathrm{Hom}_{\mathcal{O}_S\text{-Alg}}(\mathbb{S}(\mathcal{E}), g_*\mathcal{O}_T) \simeq \mathrm{Hom}_{\mathcal{O}_S}(\mathcal{E}, g_*\mathcal{O}_T)$$
が成り立つことが分かり, さらに補題 4.37 より
$$\mathrm{Hom}_{\mathcal{O}_S}(\mathcal{E}, g_*\mathcal{O}_T) \simeq \mathrm{Hom}_{\mathcal{O}_T}(g^*\mathcal{E}, \mathcal{O}_T) = \mathrm{Hom}_{\mathcal{O}_T}(\mathcal{E}_{(T)}, \mathcal{O}_T) = F_\mathcal{E}(T)$$
が成り立つことが分かり,
$$F_\mathcal{E}(T) \simeq \mathrm{Hom}_S(T, \mathbb{V}(\mathcal{E}))$$
が成り立つ.

第 5 章

5.1 自然な単射 $\mathcal{I} \to \mathcal{S}$ から単射 $\widetilde{\mathcal{I}} \to \mathcal{O}_Z$ が定まる. この像が $\mathcal{J}$ であることを示せばよい. $\mathcal{J}$ の定義より可換図式
$$\begin{array}{ccc} \mathcal{J} & \longrightarrow & \mathcal{S} \\ \alpha' \downarrow & & \downarrow \alpha \\ \varGamma_*(\mathcal{J}) & \longrightarrow & \varGamma_*(\mathcal{O}_Z) \end{array}$$
を得る. $\widetilde{\mathcal{S}} = \mathcal{O}_Z$ であり, $\beta \colon \widetilde{\varGamma_*(\mathcal{O}_Z)} \to \mathcal{O}_Z$ は同型であるので $\widetilde{\alpha} \colon \widetilde{\mathcal{S}} \to \widetilde{\varGamma_*(\mathcal{O}_Z)}$ も同型である. したがって $\widetilde{\alpha'} \colon \widetilde{\mathcal{I}} \to \widetilde{\varGamma_*(\mathcal{J})}$ は単射である. 一方 $\mathcal{A} = \alpha(\mathcal{S}) \subset \varGamma_*(\mathcal{O}_Z)$, $\mathcal{I}' = \mathcal{A} \cap \varGamma_*(\mathcal{J})$ とおくと, $\widetilde{\alpha}$ が同型であることより $\widetilde{\mathcal{A}} = \widetilde{\varGamma_*(\mathcal{O}_Z)}$ が成り立ち, したがって $\widetilde{\mathcal{I}'} = \widetilde{\varGamma_*(\mathcal{J})}$ が成立する. $\alpha'(\mathcal{I}) = \mathcal{I}'$ であるので $\widetilde{\alpha'}$ は同型であることが分かる. また $\beta_\mathcal{J} \colon \widetilde{\varGamma_*(\mathcal{J})} \to \mathcal{J}$ は同型であるので, $\beta_\mathcal{J} \circ \widetilde{\alpha'} \colon \widetilde{\mathcal{I}} \to \mathcal{J}$ は同型である.

5.2 (1) m 次斉次式 $F(x_0, x_1, \cdots, x_n)$ に対して, $\varphi_{\alpha A}(F(x_0, x_1, \cdots, x_n)) = \alpha^m \varphi_A(F(x_0, x_1, \cdots, x_n))$ が成り立つので R の斉次イデアル I に対して $\varphi_A(I) = \varphi_{\alpha A}(I)$ が成立する. したがって R の斉次イデアル J に対して $\varphi_A^{-1}(J) = \varphi_{\alpha A}^{-1}(J)$

となり, $f_A = f_{\alpha A}$ が成り立つ.

(2) 点 $(a_0:a_1:\cdots:a_n)$ の定義イデアル I は行列 $\begin{pmatrix} a_0 & a_1 & \cdots & a_n \\ x_0 & x_1 & \cdots & x_n \end{pmatrix}$ の 2 次の小行列式全体から生成される. したがって $\varphi_A(I)$ は行列

$$\begin{pmatrix} a_0 & a_1 & \cdots & a_n \\ \varphi_A(x_0) & \varphi_A(x_1) & \cdots & \varphi_A(x_n) \end{pmatrix}$$

の 2 次の小行列式全体から生成されるイデアルである. $(b_0, b_1, \cdots, b_n) = (a_0, a_1, \cdots, a_n){}^t A^{-1}$ とおき点 $(b_0:b_1:\cdots:b_n)$ の定義イデアルを J と記す. このとき

$$\begin{pmatrix} a_0 & a_1 & \cdots & a_n \\ \varphi_A(x_0) & \varphi_A(x_1) & \cdots & \varphi_A(x_n) \end{pmatrix} = \begin{pmatrix} b_0 & b_1 & \cdots & b_n \\ x_0 & x_1 & \cdots & x_n \end{pmatrix}{}^t A$$

が成立するので $\varphi_A(I) = J$ となり, $J = \varphi_A^{-1}(I)$ が成り立つ. これは $f_A((a_0:a_1:\cdots:a_n)) = (b_0:b_1:\cdots:b_n)$ を意味する.

(3) $P_1 = (a_0:a_1)$, $P_2 = (b_0:b_1)$, $P_3 = (c_0:c_1)$ に対して
$$\alpha a_0 + \beta b_0 = c_0$$
$$\alpha a_1 + \beta b_1 = c_1$$

が成り立つように α, β を定め $A = \begin{pmatrix} \alpha a_0 & \beta b_0 \\ \alpha a_1 & \beta b_1 \end{pmatrix}$ とおくと, $f_{A^{-1}}((1:0)) = P_1$, $f_{A^{-1}}((0:1)) = P_2$, $f_{A^{-1}}((1:1)) = P_3$ となる. 他に射影変換 g も $g((1:0)) = P_1$, $g((0:1)) = P_2$, $g((1:1)) = P_3$ を満足するとすると, $f = f_{A^{-1}}$ に対して $f \circ g^{-1}$ は $(1:0), (0:1), (1:1)$ を自分自身へ写す射影変換である. しかしこのような射影変換は恒等写像しかないことが容易に分かる. 上と同様に $h((1:0)) = Q_1$, $h((0:1)) = Q_2$, $h((1:1)) = Q_3$ となる射影変換 h が唯ひとつ存在する, $h \circ f_{A^{-1}}$ が求める射影変換である.

5.3 (1)
$$l_1 : a_0 x_0 + a_1 x_1 + a_2 x_2 = 0$$
$$l_2 : b_0 x_0 + b_1 x_1 + b_2 x_2 = 0$$

に対して 3×3 行列

$$\begin{pmatrix} a_0 & a_1 & a_2 \\ b_0 & b_1 & b_2 \\ c_0 & c_1 & c_2 \end{pmatrix}$$

が正則行列になるように c_0, c_1, c_2 を選び, この行列の逆行列を A とする. このとき $\varphi_{A^{-1}}(x_0) = a_0 x_0 + a_1 x_1 + a_2 x_2$, $\varphi_{A^{-1}}(x_1) = b_0 x_0 + b_1 x_1 + b_2 x_2$ が成立するので求める射影変換は f_A である.

また $Q_1 = (a_0 : a_1 : a_2)$, $Q_2 = (b_0 : b_1 : b_2)$, $Q_3 = (c_0 : c_1 : c_2)$, $Q_4 = (d_0 : d_1 : d_2)$ に対して

$$\begin{pmatrix} a_0 & a_1 & a_2 \\ b_0 & b_1 & b_2 \\ c_0 & c_1 & c_2 \end{pmatrix} \begin{pmatrix} \alpha \\ \beta \\ \gamma \end{pmatrix} = \begin{pmatrix} d_0 \\ d_1 \\ d_2 \end{pmatrix}$$

が成り立つように (α, β, γ) を選ぶ.

$$A^{-1} = \begin{pmatrix} \alpha a_0 & \beta b_0 & \gamma c_0 \\ \alpha a_1 & \beta b_1 & \gamma c_1 \\ \alpha a_2 & \beta b_2 & \gamma c_2 \end{pmatrix}$$

とおくと $f_A((1:0:0)) = Q_1$, $f_A((0:1:0)) = Q_2$, $f_A((0:0:1)) = Q_3$, $f_A((1:1:1)) = Q_4$ が成り立つ. あとは 5.2(3) と同様に考えることができる.

(2) 求める直線を $\alpha x_0 + \beta x_1 + \gamma x_2 = 0$ とすると連立方程式

$$a_0 \alpha + a_1 \beta + a_2 \gamma = 0$$
$$b_0 \alpha + b_1 \beta + b_2 \gamma = 0$$

を解いて $\alpha : \beta : \gamma$ を求めればよい.

(3) 連立方程式

$$a_0 x_0 + a_1 x_1 + a_2 x_2 = 0$$
$$b_0 x_0 + b_1 x_1 + b_2 x_2 = 0$$

を解いて $x_0 : x_1 : x_2$ を求めればよい.

(4) この定理の主張は射影変換を施すことによって変わらないので, 必要であれば射影変換を施すことによって $A_1 = (0:1:0)$, $A_2 = (0:0:1)$, $B_1 = (1:0:0)$, $B_2 = (1:1:1)$ と仮定しても一般性を失わない. このとき

$$l_1 = \overline{A_1 A_2} : x_0 = 0, \quad l_2 = \overline{B_1 B_2} : x_1 - x_2 = 0$$

であり, $P = (1:0:1)$ である. $A_3 = (0:a_1:a_2)$, $B_3 = (b_0:b_1:b_1)$ とおくと

$$\overline{A_1 B_3} : b_1 x_0 - b_0 x_2 = 0$$
$$\overline{A_3 B_1} : a_1 x_2 - a_2 x_1 = 0$$

と書け, $Q = (a_2 b_0 : a_1 b_1 : a_2 b_1)$ となる. また

$$\overline{A_3 B_2} : (a_1 - a_2) x_0 + a_2 x_1 - a_1 x_2 = 0$$
$$\overline{A_2 B_3} : b_1 x_0 - b_0 x_1 = 0$$

より $R = (a_1 b_0 : a_1 b_1 : a_1 b_0 - (b_0 - b_1) a_2)$ となる. このとき P, Q, R は直線

$$a_1 b_1 x_0 + a_2 (b_1 - b_0) x_1 - a_1 b_1 x_1 = 0$$

上にある.

(5) 図 5.2 を参照のこと.

5.4 (1) X は既約かつ被約スキームである. もし $S(X)$ が整域でなければ X は可約であるか, 被約ではないことが容易に分かる. S' の商体を K と記し, $f \in \Gamma(X, \mathcal{O}_X(l))$, $g \in \Gamma(X, \mathcal{O}_X(m))$, $g \neq 0$ に対して $\dfrac{f}{g} \in K$ の次数を $l-m$ と定義する. もし $\dfrac{f}{g}$ が方程式
$$X^s + a_1 X^{s-1} + \cdots + a_s = 0, \quad a_i \in \Gamma(X, \mathcal{O}_X(m_i))$$
を満足すれば
$$f^s + a_1 f^{s-1} g + a_2 f^{s-2} g^2 + \cdots + a_s g^s = 0$$
が成立し, 次数を比較することによって $sl = sm + m_s$ が成立することが分かり, $l - m \geq 0$ であることが分かる. X の各点 x に対して $\mathcal{O}_{X,x}$ は正規環であるので $\left(\dfrac{f}{g}\right)_x \in \mathcal{O}_{X,x}(l-m)$ であることが分かる. これは $\dfrac{f}{g} \in \Gamma(X, \mathcal{O}_X(l-m))$ を意味し, S' は正規環である.

(2) 定理 5.21 より $\alpha: S \to S'$ は単射である. 次数 k 代数の完全列
$$0 \longrightarrow S \longrightarrow S' \longrightarrow T \longrightarrow 0$$
を考えると, これに対応して X 上の $\mathcal{O}_X$ 代数層の完全列
$$0 \longrightarrow \widetilde{S} \longrightarrow \widetilde{S'} \longrightarrow \widetilde{T} \longrightarrow 0$$
を得る. $\widetilde{S} = \mathcal{O}_X$ であり定理 5.21 より $\widetilde{S'} = \mathcal{O}_X$ であるので $\widetilde{T} = 0$ である. これは d が十分大きければ $T_d = 0$ を意味し, したがって $S_d = S'_d$ が成り立つ.

(3) (1), (2) より明らか.

5.5 (1) $\mathcal{S}$ は $\mathcal{S}_1 = \mathcal{J}$ から $\mathcal{O}_X$ 代数として生成されているので可逆層 $\mathcal{O}_{\widetilde{X}}(1)$ が定義できる. X の任意のアフィン開集合 V に対して, $\pi^{-1}(V) = \operatorname{Proj} \mathcal{S}(V)$ 上では $\mathcal{O}_{\widetilde{X}}(1)$ は次数 $\mathcal{S}(V)$ 加群 $\mathcal{S}(V)(1) = \bigoplus_{n=-1}^{\infty} \mathcal{S}_{n+1}(V)$ から定義される層であるが, これは例題 5.23 より $\bigoplus_{n=0}^{\infty} \mathcal{S}_{n+1}(V)$ から定義される層と見ることができる. $\mathcal{S}_{n+1}(V) = \mathcal{J}(V)^{n+1} = \mathcal{J}(V) \cdot \mathcal{J}(V)^n = \mathcal{J}(V) \mathcal{S}_n(V)$ であるので $\bigoplus_{n=0}^{\infty} \mathcal{S}_{n+1}(V) = \mathcal{J}(V) \mathcal{S}(V)$ が成り立つ. よって $\widetilde{\mathcal{J}} = \mathcal{O}_{\widetilde{X}}(1)$ となり, $\widetilde{\mathcal{J}}$ は可逆層である.

(2) $\mathcal{J}|U = \mathcal{O}_U$ であり $\mathcal{S}|U \simeq \mathcal{O}_U[T]$ であるので, $\pi^{-1}(U) \simeq \operatorname{Proj} \mathcal{O}_U[T] \simeq U$ が成り立つ.

(3) 主張は X に関して局所的であるので, $X = \operatorname{Spec} R$, $\mathcal{J}$ は R のイデアル J から定義される層, であると仮定しても一般性を失わない. $S = \bigoplus_{n=0}^{\infty} J^n$ とおくと

$\widetilde{X} = \operatorname{Proj} S$ である. $J = (a_0, a_1, \cdots, a_m)$ のとき次数 0 の R 準同型写像

$$\varphi\colon \begin{array}{ccc} R[x_0, x_1, \cdots, x_m] & \longrightarrow & S \\ f(x_0, x_1, \cdots, x_m) & \longmapsto & f(a_0, a_1, \cdots, a_m) \end{array}$$

は全射である. したがって φ は閉移入 ${}^a\varphi\colon \widetilde{X} = \operatorname{Proj} S \to \mathbb{P}^n_R$ を定め, $\widetilde{X}$ は $\mathbb{P}^n_R$ の閉部分スキームと見ることができる. $\operatorname{Ker} \varphi$ は $R[x_0, x_1, \cdots, x_n]$ の斉次イデアルである.

J は $a_0, a_1, \cdots, a_m$ から生成されていたので $\mathcal{J}$ も $\mathcal{O}_X$ 加群として $a_j \in \Gamma(X, \mathcal{J})$, $j = 0, 1, \cdots, m$ から生成される. したがって $\mathcal{L} = f^{-1}\mathcal{J} \cdot \mathcal{O}_Z$ も a_j に対応する $s_j \in \Gamma(Z, \mathcal{L})$, $j = 0, 1, \cdots, m$ から $\mathcal{O}_Z$ 加群として生成される. よって定理 5.32 より $g^*\mathcal{O}_{\mathbb{P}^n_R}(1) \simeq \mathcal{L}$ となる射 $g\colon Z \to \mathbb{P}^n_R$ が一意的に定まる. n 次斉次多項式 $F \in \operatorname{Ker} \varphi$ に対して $F(a_0, a_1, \cdots, a_m) = 0$ であるので, $\Gamma(Z, \mathcal{L}^{\otimes n})$ で $F(s_0, s_1, \cdots, s_m) = 0$ が成立する. よって $g\colon Z \to \mathbb{P}^n_R$ の像は $\widetilde{X}$ に含まれ, 射 $g\colon Z \to \widetilde{X}$ が定義できる. このとき $g^*\mathcal{O}_{\widetilde{X}}(1) \simeq \mathcal{L}$ である.

第6章

6.1 (1) $\Longrightarrow$ (2) は定理 6.10 に他ならない. (3) は (2) の特別の場合である. (3) $\Longrightarrow$ (1) を示す. X の閉点 x のアフィン開近傍 U をとり, $Y = X \setminus U$ とおく. $\mathcal{J}_Y, \mathcal{J}_{Y \cup \{x\}}$ をそれぞれ $Y, Y \cup \{x\}$ の定義イデアルとする. また $A = \Gamma(X, \mathcal{O}_X)$ おく. このとき $\mathcal{O}_X$ 加群の完全列

$$0 \longrightarrow \mathcal{J}_{Y \cup \{x\}} \longrightarrow \mathcal{J}_Y \longrightarrow k(x) \longrightarrow 0$$

が存在する. ただし $k(x) = \mathcal{O}_{X,x}/\mathfrak{m}_x$, $\mathfrak{m}_x$ は $\mathcal{O}_{X,x}$ の極大イデアルである. この完全列より完全列

$$\Gamma(X, \mathcal{J}_Y) \longrightarrow k(x) \longrightarrow H^1(X, \mathcal{J}_{Y \cup \{x\}}) = 0$$

を得る. したがって $f \in \Gamma(X, \mathcal{J}_Y)$ で $f(x) = 1$ となるものが存在する. $\Gamma(X, \mathcal{J}_Y) \subset \Gamma(X, \mathcal{O}_X) = A$ と考えることができるので $f \in A$ と考える. $X_f = \{y \in X \mid f(y) \neq 0\}$ とおくと, これは X の開集合であり, $x \in X_f \subset U$ が成り立つ. f は Y 上で 0 となるからである. f の $\Gamma(U, \mathcal{O}_U)$ への像を $\bar{f}$ と記すと, $X_f = U_{\bar{f}}$ となり, X_f はアフィン開集合であることが分かる. したがって X は X_f の形のアフィン開集合で覆うことができる. X は Noether 的であるのでアフィン開集合 $X_{f_1}, X_{f_2}, \cdots,$ X_{f_n} で X は覆われると仮定してよい. $\mathcal{O}_X$ 加群の準同型写像

$$\alpha: \mathcal{O}_X^{\oplus n} \longrightarrow \mathcal{O}_X$$
$$(a_1, \cdots, a_n) \longmapsto \sum_{i=1}^n a_i f_i$$

を考えると，$\{X_{f_i}\}_{i=1}^n$ が X の開被覆であることより α は全射であることが分かる．$\mathcal{F} = \operatorname{Ker}\alpha$ とおいて完全列

$$0 \longrightarrow \mathcal{F} \longrightarrow \mathcal{O}_X^{\oplus n} \xrightarrow{\alpha} \mathcal{O}_X \longrightarrow 0$$

を考える．自然な単射 $\mathcal{O}_X \subset \mathcal{O}_X^{\oplus 2} \subset \cdots \subset \mathcal{O}_X^{\oplus (n-1)} \subset \mathcal{O}_X^{\oplus n}$ より

$$\mathcal{F} = \mathcal{F} \cap \mathcal{O}_X^{\oplus n} \supset \mathcal{F} \cap \mathcal{O}_X^{\oplus(n-1)} \supset \cdots \supset \mathcal{F} \cap \mathcal{O}_X$$

を得，$\mathcal{F}_r = \mathcal{F} \cap \mathcal{O}_X^{\oplus r}$ とおくと $\mathcal{F}_r/\mathcal{F}_{r-1}$ は連接的 $\mathcal{O}_X$ イデアル層である．仮定より $H^1(X, \mathcal{F}_r/\mathcal{F}_{r-1}) = 0$ となり，これより $H^1(X, \mathcal{F}) = 0$ を導くことができる．したがって

$$A^{\oplus n} = \Gamma(X, \mathcal{O}_X^{\oplus n}) \longrightarrow A = \Gamma(X, \mathcal{O}_X)$$

は全射であり，$f_1, f_2, \cdots, f_n$ の生成する A のイデアルは A と一致する．したがって $\operatorname{Spec} A = \bigcup_{i=1}^n \operatorname{Spec} A_{f_i}$ が成り立つ．一方上の議論より同型射

$$\varphi_i: X_{f_i} \simeq \operatorname{Spec} A_{f_i}$$

が存在し，φ_i と φ_j の $X_{f_i} \cap X_{f_j}$ 上への制限は一致する．よって φ_i を張り合わせることによって同型射 $\varphi: X \simeq \operatorname{Spec} A$ を得る．

6.2 例 6.24 より

$$\dim_k H^1(C, \mathcal{O}_C) = \binom{n-1}{2} = \frac{(n-1)(n-2)}{2}.$$

6.3 可逆層 $\mathcal{L}$ に対して $\varphi_i: \mathcal{L}|U_i \simeq \mathcal{O}_{U_i}$，$i \in I$ が成り立つような X の開被覆 $\mathcal{U} = \{U_i\}_{i \in I}$ を見出すことができる．このとき，U_{ij} 上で $\varphi_{ij} = \varphi_i \circ \varphi_j^{-1}|U_{ij}: \mathcal{O}_{U_{ij}} \to \mathcal{O}_{U_{ij}}$ は $f_{ij} = \varphi_{ij}(1) \in \Gamma(U_{ij}, \mathcal{O}_{U_{ij}})$ により一意的に決まる．φ_{ij} は同型であるので $f_{ij} \in \Gamma(U_{ij}, \mathcal{O}_{U_{ij}}^*)$ でなければならない．また，U_{ijk} 上では $\varphi_{ik} = \varphi_{ij} \circ \varphi_{jk}$ が成立するので $f_{ik} = f_{ij} f_{jk}$ が成立し，$\{f_{ij}\}$ は $\check{H}^1(\mathcal{U}, \mathcal{O}_X^*)$ の元を，したがって $\check{H}^1(X, \mathcal{O}_X^*)$ の元を定義する．また，もし可逆層の同型 $\Phi: \mathcal{L} \simeq \mathcal{M}$ があれば，X の開被覆 $\mathcal{U} = \{U_i\}_{i \in I}$ を同型 $\varphi_i: \mathcal{L}|U_i \simeq \mathcal{O}_{U_i}$，$\psi_i: \mathcal{M}|U_i \simeq \mathcal{O}_{U_i}$ が成り立つようにとる．$\{f_{ij}\}$，$\{g_{ij}\}$ をそれぞれ $\mathcal{L}, \mathcal{M}$ が上のように定める $\check{H}^1(\mathcal{U}, \mathcal{O}_X^*)$ の元とする．このとき，$\Phi_i = \psi_i \circ \varphi_i^{-1}: \mathcal{O}_{U_i} \to \mathcal{O}_{U_i}$，$h_i = \Phi_i(1)$ とおくと $h_i \in \Gamma(U_i, \mathcal{O}_{U_i}^*)$ であり，かつ $h_i^{-1} f_{ij} h_j = g_{ij}$ が成立する．これは $\{f_{ij}\}$ と g_{ij} が同じコホモロジー類を定めることを意味する．

また，逆に $\check{H}^1(X, \mathcal{O}_X^*)$ の元 ξ が与えられたとき，この元は X のある開被覆 $\mathcal{U}$

に関するコホモロジー類 $\{f_{ij}\} \in \check{H}^1(\mathcal{U}, \mathcal{O}_X^*)$ の帰納的極限である．$\{f_{ij}\}$ を使って U_{ij} 上で $\mathcal{O}_{U_i}$ と $\mathcal{O}_{U_j}$ とを張り合わせることによって可逆層 $\mathcal{L}$ を構成することができる．この可逆層はコホモロジー類 $\{f_{ij}\}$ を与える．

第7章

7.1 (1) $\{\mathcal{F}_\alpha\}_{\alpha \in A}$ を脆弱層の帰納系とする．2つの開集合 $V \subset U$ に対して $\mathcal{F}_\alpha(U) \to \mathcal{F}_\alpha(V)$ は全射である．帰納的極限は完全関手であるので $\varinjlim \mathcal{F}_\alpha(U) \to \varinjlim \mathcal{F}_\alpha(V)$ も全射である．よって $\varinjlim \mathcal{F}_\alpha$ も脆弱層である．

(2) 自然な準同型写像 $\mathcal{F}_\alpha \to \varinjlim \mathcal{F}_\alpha$ より準同型写像 $u_i\colon \varinjlim H^i(X, \mathcal{F}_\alpha) \to H^i(X, \varinjlim \mathcal{F}_\alpha)$ が定義される．$0 \to \mathcal{F}_\alpha \to \mathcal{G}_\alpha^\bullet$ を $\mathcal{F}_\alpha$ の脆弱層による分解とすると(1)より $0 \to \varinjlim \mathcal{F}_\alpha \to \varinjlim \mathcal{G}_\alpha^\bullet$ は $\varinjlim \mathcal{F}_\alpha$ の脆弱層による分解である．$\Gamma(X, \varinjlim \mathcal{G}_\alpha^i) = \varinjlim \Gamma(X, \mathcal{G}_\alpha^i)$ であるので u_i は同型である．

(3) $0 \to \mathcal{F} \to \mathcal{G}^\bullet$ が $\mathcal{F}$ の脆弱層による分解であれば $0 \to j_*\mathcal{F} \to j_*\mathcal{G}^\bullet$ は $j_*\mathcal{F}$ の脆弱層による分解である．

(4) $x \in U$ のとき $\mathcal{F}_{U,x} = \mathcal{F}_x$, $\mathcal{F}_{Y,x} = 0$ であり，$x \in Y$ のとき $\mathcal{F}_{U,x} = 0$, $\mathcal{F}_{Y,x} = \mathcal{F}_x$ であるので明らか．

(5) Y を X の既約成分の1つとし $U = X \setminus Y$ とおくと(4)より
$$0 \longrightarrow \mathcal{F}_U \longrightarrow \mathcal{F} \longrightarrow \mathcal{F}_Y \longrightarrow 0$$
が成立する．帰納法の仮定により $i > n$ のとき $H^i(X, \mathcal{F}_U) = H^i(U, \mathcal{F}_U) = 0$, $H^i(X, \mathcal{F}_Y) = H^i(Y, \mathcal{F}_Y) = 0$ であるので $H^i(X, \mathcal{F}) = 0$ を得る．

(6) X の開集合は X と空集合のみである．したがって X 上の加群の層 $\mathcal{F}$ に加群 $\Gamma(X, \mathcal{F})$ を対応させる関手は X 上の加群の層のなす圏と加群のなす圏との同値を与える．したがって $\mathcal{F}$ に $\Gamma(X, \mathcal{F})$ を対応させる関手は完全関手であり，$i > 0$ のとき $H^i(X, \mathcal{F}) = 0$ である．

(7) A は包含関係に関して有向集合である．$s \in \mathcal{F}(U)$ であれば $\{s\} \in A$ であるので，自然な準同型写像 $\varinjlim \mathcal{F}_\alpha \to \mathcal{F}$ は全射である．$\mathcal{F}$ が層であることよりこの準同型写像は単射である．

(8) (2), (7)より明らか．

(9) $\mathcal{F}$ は $s \in \mathcal{F}(U)$ より生成されるので 1 に s を対応させることによって準同型写像 $\mathbb{Z}_U \to \mathcal{F} \to 0$ ができる．この核を $\mathcal{R}$ とおけばよい．また $\mathcal{R}_x \neq 0$ であれば $\mathcal{R}_x \subset \mathbb{Z}_{U,x} = \mathbb{Z}$ であるので $m \in \mathcal{R}_x$ となる最小の正整数 m が存在する．m は x の

ある近傍 V での $\mathcal{R}$ の切断の芽と考えられるので必要ならば V をさらに小さくとることにより $\mathbb{Z}_V = \mathcal{R}_V$ が成立する.

(10) (5)より X は既約と仮定してよい. また $\mathcal{F}$ は $s \in \mathcal{F}(U)$ から生成されていると仮定してよい. このとき(9)の完全列ができ $i > n$ のとき $H^i(X, \mathcal{R}) = 0$, $H^i(X, \mathbb{Z}_U) = 0$ を示せばよい. さらに(9)より完全列
$$0 \longrightarrow \mathbb{Z}_V \longrightarrow \mathcal{R} \longrightarrow \mathcal{R}/\mathbb{Z}_V \longrightarrow 0$$
が存在する. $Y = \mathrm{Supp}\, \mathcal{R}/\mathbb{Z}_V \subset \overline{U \setminus V}$ であるので $\dim Y < n$ である. したがって帰納法の仮定により $H^i(X, \mathcal{R}/\mathbb{Z}_V) = 0$ が $i \geqq n$ で成立する. よって X の任意の開集合 U に対して $H^i(X, \mathbb{Z}_U) = 0$ が $i > n$ のとき成立することを示せばよい. $Y = X \setminus U$ とおくと $\dim Y < n$ であり, 帰納法の仮定により $H^i(X, \mathbb{Z}_Y) = 0$ が $i \geqq n$ で成立する. 一方 X は既約であったので X の任意の開集合 V も既約でありしたがって $\mathbb{Z}(V) = \mathbb{Z}$ が成立する. よって $\mathbb{Z}$ は脆弱層である. したがって $i > 0$ であれば $H^i(X, \mathbb{Z}) = 0$ が成立する.

7.2 (i) φ が閉移入であれば X と $\varphi(X) \in \mathbb{P}$ とを同一視することによって $\mathcal{L} = \mathcal{O}_X(1)$ であり V は $x_0, \cdots, x_n \in \Gamma(\mathbb{P}, \mathcal{O}_{\mathbb{P}}(1))$ の $\Gamma(X, \mathcal{L})$ への像を基底とする k 上のベクトル空間である. 閉点 $x, y \in X$ に対して x を通り y を通らない $\mathbb{P}$ の超平面 $\sum_{j=1}^{n} a_j x_j = 0$ が存在する. $\sum_{j=1}^{n} a_j x_j$ の定める V の元を s と記すと $s \in \mathfrak{m}_x \mathcal{L}_x$, $s \notin \mathfrak{m}_y \mathcal{L}_y$ である. 同様の議論を x と y を取り替えて行なうことにより(i)が示される.

次に(ii)を示す. 射影変換を施すことにより $x = (1:0:0:\cdots:0)$ と仮定しても一般性を失わない. $z_i = x_i/x_0$ とおくと $\mathbb{P}$ で $U_0 = D_+(x_0) = \mathrm{Spec}\, k[z_1, \cdots, z_n]$ であり $\mathfrak{m}_x/\mathfrak{m}_x^2$ は $z_1, \cdots, z_n$ の像によって生成される. $\mathcal{L}$ は U_0 上で自明な可逆層であるので $z_j \in \mathfrak{m}_x \mathcal{L}_x$ と考えることができ(ii)が成立する.

逆に(i), (ii)が成立したと仮定する. (i)より φ は $X(k)$ 上で単射である. また $\mathbb{P}$ は k 上分離的であるので命題5.3(v)より φ は固有射である. したがって $\varphi(X)$ は $\mathbb{P}$ の閉集合である. よって $\mathcal{O}_{\mathbb{P}} \to \varphi_* \mathcal{O}_X$ が全射であることが示されれば φ は閉移入である. それには X の閉点 x に対して $u_x : A = \mathcal{O}_{\mathbb{P}, \varphi(x)} \to B = \mathcal{O}_{X,x}$ が全射であることを示せばよい. 局所環 A, B の極大イデアルをそれぞれ $\mathfrak{m}_A, \mathfrak{m}_B$ と記す. $A/\mathfrak{m}_A = k \simeq k = B/\mathfrak{m}_B$ であり, また(ii)より $\mathfrak{m}_A \to \mathfrak{m}_B/\mathfrak{m}_B^2$ は全射である. u_x により B は有限 A 代数と見ることができるので中山の補題により $\mathfrak{m}_A B = \mathfrak{m}_B$ が成立する. これより u_x は全射であることが分かる.

7.3 $V = H^0(\mathbb{P}_k^n, \mathcal{O}_{\mathbb{P}_k^n}(1))$ は n 変数1次斉次式の全体であり $\dim_k V = n+1$ で

ある．X の閉点 x に対して $f_0(x) \neq 0$ となる $f_0 \in V$ を 1 つ選びベクトル空間の k 線形写像

$$\varphi_x \colon V \longrightarrow \mathcal{O}_{X,x}/\mathfrak{m}_x^2$$
$$f \longmapsto f/f_0 \pmod{\mathfrak{m}_x^2}$$

を考える．超平面 $H = V(f)$ に関して $x \in H \cap X$ かつ x が $H \cap X$ の特異点であるための必要十分条件は $\varphi_x(f) = 0$ が成立することである．φ_x は全射であり，$\dim X = r$ のとき $\dim_k \mathcal{O}_{X,x}/\mathfrak{m}_x^2 = r+1$ であるので $\dim_k \operatorname{Ker} \varphi_x = n-r$ である．

$$B_x = \{H \in |H| \mid x \in H \cap X,\ x \text{ は } H \cap X \text{ の特異点}\}$$

とおくと集合として $B_x \simeq \operatorname{Ker} \varphi_x \setminus \{0\}/k^\times = \mathbb{P}_k^{n-r-1}$ が成立する．$|H| = \mathbb{P}_k^n$ と見ることができ，以下 $B_x = \mathbb{P}_k^{n-r-1}$ と考える．$X \times |H| = X \times \mathbb{P}_k^n$ 内で

$$B = \{(x, H) \in X \times |H| \mid x \in H,\ H \in B_x\}$$

とおくとこれは $X \times \mathbb{P}_k^n$ の閉集合であり，以下被約スキームの構造を入れて考える．$X \times |H|$ の第 1 成分への射影から定まる射 $p_1 \colon B \to X$ は全射であり，X の閉点 x に対して $p_1^{-1}(x) = B_x = \mathbb{P}_k^{n-r-1}$ であるので $\dim B = r+n-r-1 = n-1$ が成立する．B は射影スキームであり，$X \times |H|$ の第 2 成分への射影から定まる射 $p_2 \colon B \to |H| = \mathbb{P}_k^n$ は固有射となり $p_2(B)$ は $\mathbb{P}_k^n$ の閉集合である．$\dim p_2(B) \leq \dim B = n-1$ が成立するので，$|H| \setminus p_2(B)$ は $|H|$ で稠密である．B の定義より $H \in |H| \setminus p_2(B)$ に対して $H \cap X$ は正則スキームである．

さて $Y = H \cap X$ が正則スキーム，かつ $r = \dim X \geq 2$ と仮定する．完全列

$$0 \longrightarrow \mathcal{O}_X(-mY) \longrightarrow \mathcal{O}_X \longrightarrow \mathcal{O}_{mY} \longrightarrow 0$$

を考える．ただし mY はスキーム $(Y, \mathcal{O}_X/\mathcal{O}_X(-mY))$ を表わす．Y は非常に豊富な因子であるので Serre の双対定理により m が十分大きければ

$$\dim_k H^1(X, \mathcal{O}_X(-mY)) = \dim_k H^{r-1}(X, \omega_X(mY)) = 0$$

が成立し，完全列

$$k = H^0(X, \mathcal{O}_X) \longrightarrow H^0(mY, \mathcal{O}_{mY}) \longrightarrow 0$$

が成り立つ．よって $\dim_k H^0(mY, \mathcal{O}_{mY}) = 1$ が成立する．自然な全射 $H^0(mY, \mathcal{O}_{mY}) \to H^0(Y, \mathcal{O}_Y)$ があるので $\dim_k H^0(Y, \mathcal{O}_Y) = 1$ が成り立ち，Y は連結である．Y は非特異であるので既約である．

第8章

8.1 $|K_C|$ が底点 P を持ったとすると $\dim|K_C-P|=\dim|K_C|=\dim_k H^0(C,\mathcal{O}_C(K))-1=g-1$ が成立する．したがって $\dim_k H^0(C,\mathcal{O}_C(K_C-P))=g$ となる．Riemann–Roch の定理により

$$\dim_k H^0(C,\mathcal{O}_C(P))-\dim_k H^1(C,\mathcal{O}_C(P))=2-g$$

が成立する．よって Serre の双対定理より

$$\dim_k H^0(C,\mathcal{O}_C(P)) = \dim_k H^1(C,\mathcal{O}_C(P))+2-g$$
$$= \dim H^0(C,\mathcal{O}_C(K_C-P))+2-g = 2$$

が成立する．これは C が $\mathbb{P}_k^1$ と同型であることを意味し，仮定に矛盾する．

8.2 $k(C)$ 内で $A(P)=\bigcup_{m=1}^{\infty} H^0(C,\mathcal{O}_C(mP))$ と考えられる．

$$H^0(C,\mathcal{O}_C(mP))\times H^0(C,\mathcal{O}_C(nP)) \longrightarrow H^0(C,\mathcal{O}_C((n+m)P))$$
$$(f,g) \longmapsto fg$$

によって $A(P)$ に積の構造が入り，$A(P)$ は k 代数となる．点 P を中心とする局所パラメータを t とおく．$m\geqq 2g$, $g=g(C)$ であれば Riemann–Roch の定理より $l((m-1)P)=m-g$, $l(mP)=m+1-g$ が成り立つことより，点 P でちょうど m 位の極を持つ有理関数 $f_m\in H^0(C,\mathcal{O}_C(mP))$ が存在する．さらに点 P で

$$f_m = \frac{1}{t^m}+\frac{a}{t^{m-1}}+\cdots$$

と仮定することができる．そこで正整数 $d\geqq 2g$ を1つ選んで $D=dP$ とおく．完全列

$$0\longrightarrow \mathcal{O}_C((n-1)P)\longrightarrow \mathcal{O}_C(nP)\longrightarrow \bigoplus_{j=(n-1)d+1}^{nd} kt^{-j}\longrightarrow 0$$

が存在する．ただし $\bigoplus_{j=(n-1)d+1}^{nd} kt^{-j}$ は点 P 上で $\bigoplus_{j=(n-1)d+1}^{nd} kt^{-j}$，他の点で0である層である．これより完全列

(1) $$0\longrightarrow H^0(C,\mathcal{O}_C((n-1)P))\longrightarrow H^0(C,\mathcal{O}_C(nP))$$
$$\xrightarrow{r} \bigoplus_{j=(n-1)d+1}^{nd} kt^{-j}\longrightarrow 0$$

を得る．上の準同型写像 r は $f\in H^0(C,\mathcal{O}_C(nP))$ を点 P でパラメータ t に関して展開して $1/t^{(n-1)d+1}$ 以下の項のみを取り出す操作に対応する．完全列(1)を使って写像

$$\psi\colon H^0(C,\mathcal{O}_C(D))\times H^0(C,\mathcal{O}_C((n-1)D)) \longrightarrow H^0(C,\mathcal{O}_C(nD))$$
$$(f,\varphi) \longmapsto f\varphi$$

が $n\geqq 3$ のとき全射であることを示そう．(1)を n のかわりに $n-1$ のときに適用して $j=1,2,\cdots,d$ に対して $\varphi_j\equiv 1/t^{(n-2)d+j} \pmod{t^{-(n-2)d}}$ となる $\varphi_j\in H^0(C,\mathcal{O}_C((n-1)D))$ が存在することが分かる．すると $f_d\varphi_j\in H^0(C,\mathcal{O}_C(nD))$ でありかつ

$$r(f_d\varphi_j)=\frac{1}{t^{(n-1)d+j}}+\frac{\alpha_1}{t^{(n-1)d+j-1}}+\cdots+\frac{\alpha_{j-1}}{t^{(n-1)d+1}},\quad j=1,2,\cdots,d$$

となる．したがって写像 ψ は全射である．また $A(P)=\bigcup_{n=1}^{\infty}H^0(C,\mathcal{O}_C(nD))$ と考えることができ，$H^0(C,\mathcal{O}_C(D))\subset H^0(C,\mathcal{O}_C(2D))$ であるので $A(P)$ は k 代数として $H^0(C,\mathcal{O}_C(2D))$ から生成される．$H^0(C,\mathcal{O}_C(2D))$ は有限次元であるので $A(P)$ は k 上有限生成である．

8.3 問題の条件より $X=\mathrm{Spec}\,A$ と仮定できる．$G=\mathrm{Spec}\,R$ と記し，余乗法 $\Delta\colon R\to R\otimes_k R$，余単位元 $\varepsilon\colon R\to k$，余逆元 $i\colon R\to R$ と記す．射 μ に対応して k 上の準同型写像 $\mu^*\colon A\to R\otimes_k A$ ができる．そこで
$$B=A^G=\{a\in A\mid \mu^*(a)=1\otimes a\}$$
とおく．可換環 R は体 k 上の有限次元ベクトル空間であるのでノルム写像 $\mathrm{Nm}_A\colon R\otimes_k A\to A$ が定義できる．すなわち $r_1,r_2,\cdots,r_m$ が R の体 k 上の基底であるとき $r\otimes a\in R\otimes_k A$ に対して
$$r\otimes a\cdot r_i\otimes 1=\sum_{j=1}^{m}a_{ij}r_j\otimes 1$$
のとき $\mathrm{Nm}_A(r\otimes a)=\det(a_{ij})$ である．さらに $N\colon A\to A$ を $N(a)=\mathrm{Nm}_A(\mu^*(a))$, $a\in A$ で定める．このとき $\alpha\in k$ に対して $N(\alpha a)=\alpha^m N(a)$ が成立する．このとき $N(A)\subset B$ であることを示そう．そのためには $a\in A$ に対して $\mu^*(N(a))=1\otimes N(a)$ であることを示す必要がある．k 代数の準同型写像 $\phi\colon A\to R\otimes_k A$, $\Psi\colon R\otimes_k R\otimes_k A\to R\otimes_k R\otimes_k A$ をそれぞれ $\phi(a)=1\otimes a$, $\psi(r\otimes s\otimes a)=(\Delta(r)\otimes 1)(1\otimes s\otimes a)$ と定義する．さて，一般に k 代数 C に対してノルム写像 $R\otimes_k C\to C$ を上と同様に定義し Nm_C と記す．すると k 代数の準同型写像 $f\colon B\to C$ に対して $\mathrm{Nm}_C\circ(id_R\otimes f)=f\circ\mathrm{Nm}_B$ が成立する．よって
$$\mu^*\circ N=\mu^*\circ\mathrm{Nm}_A\circ\mu^*=\mathrm{Nm}_{R\otimes_k A}\circ(id_R\otimes\mu^*)\circ\mu^*$$

$$= \mathrm{Nm}_{R\otimes_k A} \circ (\varDelta \otimes id_A) \circ \mu^* = \mathrm{Nm}_{R\otimes_k A} \circ \psi \circ (id_R \otimes \phi) \circ \mu^*$$

また，準同型写像 $r\otimes a \mapsto 1\otimes r\otimes r$ によって $R\otimes_k R\otimes_k A$ を $R\otimes A$ 代数と考えると ψ は $R\otimes A$ 代数の同型写像である．したがって

$$\mu^* \circ N = \mathrm{Nm}_{R\otimes_k A} \circ (\varDelta \otimes id_A) \circ \mu^* = \mathrm{Nm}_{R\otimes_k A} \circ (id_R \otimes \phi) \circ \mu^* \mathrm{Nm}_{R\otimes_k A}$$
$$= \phi \circ \mathrm{Nm}_A \circ \mu^* = \phi \circ N$$

であることが分かる．これは $N(A) \subset B$ を意味する．

さて $a \in A$ に対して $\mu^*(a)$ の掛け算が定める $R\otimes_k A$ の写像の特性多項式を $\chi_a(t) = t^m + a_1 t^{m-1} + \cdots + a_m$ とおこう．一方 G が $\mathbb{A}^1_k$ に自明に作用するとして G を $X \times \mathbb{A}^1_k$ に作用させたとき上と同様にして写像 $N: A[t] \to A[t]$ が定義できるが，$\chi_a(t) = N(t-a)$ であることが容易に分かる．ところで $\varepsilon \otimes 1: R\otimes_k A \to A$ は全射であり $\varepsilon \otimes 1(\mu^*(a)) = a$ であるので $\mu^*(a) - a$ は A を $\varepsilon \otimes 1$ によって $R\otimes_k A$ の商環と考えたとき A 上で零写像である．これは $\chi_a(a) = 0$ を意味する．したがって A は B 上整である．A は体 K 上有限生成であるので B も体 K 上有限生成であり，A は有限 B 加群である．したがって $Y = \mathrm{Spec}\, B$ とおくと $\pi: X = \mathrm{Spec}\, A \to Y = \mathrm{Spec}\, B$ は全射かつ有限射である．さらに π が異なる G 軌道は異なる点に写すことも分かる．また，定義より π は G 不変であることも容易に分かる．したがって特に $\mathcal{O}_Y \subset (\pi_*\mathcal{O}_X)^G$ であることが分かる．$\varGamma(Y, \mathcal{O}_Y) = G = A^G = \varGamma(Y, (\pi_*\mathcal{O}_X)^G)$ が成立する．さらに $(\pi_*\mathcal{O}_X)^G$ は Y 上の連接層であり，$h: \pi_*\mathcal{O}_X \to \pi_*\mathcal{O}_X \otimes_k R$ を $h(a) = \mu^*(a) - a\otimes 1$ で定義すると $\mathrm{Ker}\, h = \mathcal{O}_Y$ であることが分かり，$\mathcal{O}_Y = (\pi_*\mathcal{O}_X)^G$ となる．

(Y, π) の普遍性は以上の構成法から明らかである．

8.4 $\dfrac{y^p}{x^p} = \dfrac{y^{p-1}}{x^{p-1}} \cdot \dfrac{y}{x}$ より y^{p-1} の x^{p-1} の係数が分かればよい．

$$y^{p-1} = (y^2)^{\frac{p-1}{2}} = x^{\frac{p-1}{2}}(x-1)^{\frac{p-1}{2}}(x-\lambda)^{\frac{p-1}{2}}$$

$$= \sum_{i=0}^{\frac{p-1}{2}} \binom{\frac{p-1}{2}}{i} (-1)^{\frac{p-1}{2}-i} x^i \binom{\frac{p-1}{2}}{\frac{p-1}{2}-i} x^{\frac{p-1}{2}-i}(-1)^i \lambda^i$$

$$= (-1)^{\frac{p-1}{2}} \left\{ \sum_{i=0}^{\frac{p-1}{2}} \binom{\frac{p-1}{2}}{i}^2 \lambda^i \right\} x^{\frac{p-1}{2}}$$

となるので求める結果を得る．

第9章

9.1 $k=\mathbb{C}$ と仮定してよい．したがって $R=C^{\mathrm{an}}$ はコンパクト Riemann 面と考えることができる．R 上の点 P を τ の極以外の点とし点 P を中心とする局所座標を z とする．点 P の近傍で τ は正則であるので十分小さい $\varepsilon>0$ に対して

$$\int_{|z|=\varepsilon} \tau = 0$$

が成立する．Riemann 面 R は閉じているのでこの積分は $|z|<\varepsilon$ の外側の部分の境界に沿った積分と考えることもできる．すると

$$\int_{|z|=\varepsilon} = -2\pi\sqrt{-1} \sum_{j=1}^{m} \mathrm{Res}_{P_j} \tau$$

となる．ただし τ は点 $P_1,\cdots,P_m$ で極を持ち，他の点では正則とする．以上によって $\sum_{j=1}^{m} \mathrm{Res}_{P_j} \tau = 0$ が成立する．

欧文索引

2-torsion point *519*
4 pointed projective line *414*
A-derivation *428*
abelian étale covering *507*
abelian variety *532*
absolutely integral scheme *347*
absolutely irreducible *347*
affine algebraic set *2*
affine algebraic variety *14, 23*
affine hypersurface *15*
affine line *15*
affine morphism *212*
affine open set *85*
affine plane *15*
affine scheme *84*
affine space *2*
Albanese variety *539*
algebraic funciton field of one variable *487*
algebraic scheme *346*
algebraic set *2*
algebraizable *469*
alternating cochain *308*
ample invertible sheaf *275*
analytic coherent sheaf *546*
analytic space *546*
analytic subset *546*
Artin-Schreier morphism *350*
associated point to $\mathcal{F}$ *406*
augmentation *529*
base change *153*
base points *394*

birational mapping *394*
birational morphism *394, 420*
blowing down *414*
blowing up *258*
branch point *377, 489*
canonical divisor *440*
canonical flabby resolution *288*
canonical line bundle *440*
canonical projection *142*
canonical sheaf *440*
Cartier dual *530*
category *119*
category theory *119*
Čech cohomology group *309*
Chern class *324*
closed immersion *114*
closed morphism *220*
closed set *13*
closed subscheme *114*
cocycle *169*
codimension *363*
coherent *195*
coherent sheaf *195*
cohomology *283*
cohomology group *291*
coinverse *530*
cokernel *171*
commutative diagram *122*
commutative group scheme *527*
complete algebraic variety *348*
complete intersection *361*
complete linear system *394*

complete local ring   468
complete variety   278
completion with respect to I 466
complex   291
composition   120
comultiplication   529
connected   105
conormal sheaf   440
contravariant functor   122
coordinate ring   15
cotangent bundle   439
counit   529
covariant functor   122
cyclic covering   402
degeneration   418
depth   448
diagonal morphism   154
diagram   121
differential module   429
direct image   93
direct product   136
direct sum   181
directed set   67
discrete valuation   228
discrete valuation ring   228
divisor   380
divisor class group   382
dominate   228
double complex   295
dual abelian variety   539
dual bundle   439
dual category   123
dual sheaf   218
duality principle   281
effective divisor   381
elliptic curve   373, 509

elliptic modular function   526
étale   457
etale cohomology   128
étale covering   504
étale morphism   349
Euler characteristics   323
Euler-Poincaré characteristics   323
exact   173
exact sequence   173
exceptional variety   451
f-ample   275
f-very ample   270
faithfully flat   396
fiber product   136
field of definition   347
final object   132
finite group scheme   530
finite morphism   112
finitely generated   188
finitely presented R-module   187
fixed component   394
flabby resolution   286
flabby sheaf   284
flat homomorphism   398
flat morphism   349
flat over Y at x 399
flatness   396
formal completion of X along Y 469
formal scheme   469
formally étale   461
formally smooth   461
formally unramified   461
free module   181
fully faithful   344
functor   122

fundamental group   505
GAGA   549
generic point   53
genus   479
geometric point   128
geometrically integral   152
geometrically integral scheme   347
geometrically irreducible   152, 347
geometrically reduced   152
geometrically regular scheme   457
germ   69
graded ring   102
graded S-module   241
Grothendieck topology   128
group scheme   509, 527
Hausdorff axiom of separation   14
height   353
Hilbert polynomial   424
Hilbert's basis theorem   3
Hilbert's Nullstellensatz   11
Hodge decomposition   551
holomorphic function   471
homogeneous component of degree d 102
homogeneous coordinate ring   36, 38
homogeneous ideal   37, 99
homogeneous polynomial   37
homogeneous prime spectrum   103
homomorphism of degree 0   238
hyperplane section   454
hypersurface   255
I-adic completion   466
ideal sheaf   209
identity morphism   120
identity point morphism   528

image   169
immersion   270
inductive limit   67
inflection point   512
initial object   132
injective R-module   302
injective resolution   303
integral   10, 105
integral closure   355
integral extension   354
integral over R 354
integrally closed   281, 355
integrally closed domain   355
invariants   521
inverse image   201
inverse morphism   528
invertible sheaf   181
irreducible   14, 105
irreducible subscheme   55
irrelevant ideal   236
isomorphism   20
j-invariant   523
Jacobian variety   534
k-linear Frobenius morphism   352
K-rational point   132
Kähler differential   429
kernel   167
Koszul complex   450
Krull dimension   353
Krull's altitude theorem   363
Lefschetz's principle   552
line at infinity   40
line bundle   182
linearly equivalent   382
local group scheme   531
local intersection multiplicity   31

local ringed space 95
local system 553
localization 63
locally factorial 386
locally free $\mathcal{O}_X$-module 181
locally free resolution 322
locally Noetherian 109
locally of finite type 112
long exact sequence 298
M-regular 448
maximal spectrum 21
Mittag-Leffler condition 465
moduli 521
monoidal transformation 282
morphism 16, 119
multiplication morphism 527
multiplicatively closed subset 62
Nakayama's lemma 226
natural transformation 123
nilpotent 504
nilpotent ideal sheaf 216
nilradical 62
Noether's normalization theorem 357
Noetherian 109
non-singular 368
normal bundle 440
normal ring 282, 355
normal scheme 282
normal sheaf 440
normalization 355
object 119
of finite type 112
open immersion 113
open set 13
open subscheme 113

orbit 542
order 67
ordinary elliptic curve 503
$\mathcal{O}_X$-flat sheaf 187
$\mathcal{O}_Y$-algebra 212
p-rank 533
pairing 313
perfect field 351
perfect pairing 314
Picard group 186
point at infinity 29, 40
prescheme 154
presheaf 79
prime divisor 381
prime element 228
prime ideal 14
prime spectrum 50
principal divisor 382
principally polarized abelian variety 539
product 139
profinite completion 505
projective 276
projective geometry 41
projective line 29, 35
projective morphism 276
projective plane 35
projective scheme 104
projective set 37
projective space 29, 34
projective transformation 40, 280
projective variety 38
projectively normal 282
proper mapping theorem 334, 421
proper morphism 223
purely inseparable 491

和文索引

ointed curve 415
*5
morphism 132
sheaf 84
  167
ular 504
lar elliptic curve 502
  210
c algebra over E 217
c product of degree n 535
local parameters with center 447
parameters 445
489
undle 439
gebra over E 217
of formal function 471
  13
sform 393
dered module 226
on 539
504
384
g space 95
ctorization domain 384
al variety 500

universal flat family 419
universal mapping property 65
universally closed morphism 220
unramified 349, 457, 489
unramified covering 402
unramified morphism 349
upper semi-continuous 423
valuation 227
valuation ring 227
valuative criterion 226
valuative criterion of properness 231
valuative criterion of separatedness 234
vector bundle 181
vector fiber space 218
very ample divisor 482
weak Hilbert's Nullstellensatz 7
weight 239
weighted projective space 239
Weil divisor 381
wild 489
Zariski cotangent space 133
Zariski tangent space 133
Zariski topology 13

和文索引

ール 457
か 457
岐 457
428
428
有理2重点 417

Abel 多様体 532
Albanese 多様体 539
Artin–Rees の補題 308
Artin–Schreier 射 350
Bertini の定理 395
Bézout の定理 43

quasi-coherent 188
quasi-coherent ideal sheaf 209
quasi-coherent sheaf 188
quasi compact 60
quasi-compact morphism 207
quasi-projective 275
quasi-projective morphism 275
quotient field 177
quotient sheaf 173
quotient singularity 388
R-flat module 187
R-valued point 128
radical 5
ramification index 489
ramification point 489
ramify 489
rank 181
rational double point of type A_2 417
rational mapping 394
rational n-form 447
rational p-form 448
rational variety 500
reduced 105, 216
reduced ideal 12
reducible 14, 105
refinement 310
regular function 19
regular in codimension one 381
regular local ring 368
regular n-form 447
regular p-form 448
regular point 368
regular scheme 368
regular sequence 448
regular system of parameters 445

relati
relati
residu
residu
restri
restri
Riema
ring o
ringed
S-hom
S-valu
schem
section
Segre
semi-si
separa
separa
separat
separat
separat
sequen
Serre d
sheaf
sheaf of
sheaf of
sheaf of 436
sheaf of
sheafific
short ex
simply
singular
singular
skyscrap
smooth
specializ

stable 4
stalk
structure
structure
subsheaf
supersing
supersing
support
symmetr
symmetr
system o
   x
system o
tame
tangent
tensor a
theorem
topology
total tra
totally c
translati
trivial
UFD
underly
unique
uniratio

A 上エ
A 上滑
A 上不
A 導分
A 微分
A_2 型の

和文索引 —— 619

Cartier 因子　385
Cartier 双対　530
Čech コホモロジー群　309, 310
Chern 類　324
Chow の定理　550
Chow の補題　420
Cohen–Macaulay 加群　448
Cohen–Macaulay 局所環　449
Cousin の問題　177
Cousin 分布　177
Euler 標数　323
Euler–Poincaré 標数　323
f に関して非常に豊富　270
f に関して豊富　275
$\mathcal{F}$ に伴う点　406
f 豊富　275
Frobenius 射　496
G 同変射　542
Grothendieck 位相　128
Hausdorff の分離公理　14
Hilbert スキーム　418
Hilbert 多項式　424
Hilbert の基底定理　3
Hilbert の零点定理　11
　弱い形の――　7
Hodge 分解　551
Hurwitz の公式　492
I 進完備化　466
j 不変量　523
Jacobi 多様体　534
Jacobi 判定法　370, 461
k 線形 Frobenius 射　352, 497
K 有理点　132
Kähler 微分　429
Koszul 複体　450
Krull 次元　353

Krull の標高定理　363
Lefschetz の原理　552
Leray の定理　312
Lüroth の定理　499
m 次正則微分形式のなす層　440
M 正則　448
M 正則列　448
Mittag-Leffler 条件　465
n 次対称積　535
N 点付射影直線　414
Noether 的　109
Noether の正規化定理　357
$\mathcal{O}_X$ 加群　91
　――の準同型写像　91, 180
$\mathcal{O}_X$ 加群 $\mathcal{F}$ の Y に沿っての完備化　469
$\mathcal{O}_X$ 自由加群　181
$\mathcal{O}_X$ 準同型写像　180
$\mathcal{O}_X$ 平坦層　187
$\mathcal{O}_Y$ 可換代数　212
$\mathcal{O}_Y$ 代数　212
p 階数　533
p 進整数環　467
Pappus の定理　281
Picard 群　186
Picard 多様体　539
Poincaré 可逆層　534
R 加群
　――のテンソル積　92
R 上整　354
R に値をとる点　128
R 平坦加群　187
Riemann–Roch の定理　324, 479
S に値をとる点　128
Segre 射　270
Serre の双対定理　456

Stein 分解　472
Weil 因子　381
X に伴う点　407
X の Y に沿っての形式的完備化
　469
Y 上平坦　399
Zariski 位相　13, 27, 51, 103
Zariski 接空間　133
Zariski の主定理　471
Zariski 余接空間　133

ア 行

アフィン開集合　85
アフィン空間　2, 87
アフィン群スキーム　529
アフィン射　212
アフィンスキーム　84
アフィン代数多様体　14, 23, 25, 340
アフィン代数的集合　2
アフィン多様体　23
アフィン超曲面　15
アフィン直線　15, 86
アフィン平面　15, 87
安定 4 点付曲線　415
位数　530
位相　13
一意分解整域　384
1 変数代数関数体　487
イデアル I による完備化　466
イデアル層　209
イデアル類群　384
移入　270
移入的 R 加群　302
移入的分解　303
因子　380, 388
因子類群　382

エタール　457, 462
エタール Abel 被覆　507
エタールコホモロジー　128
エタール射　349
エタール被覆　504
横断的に交わる　452
岡の定理　546
おだやかである　489

カ 行

開移入　113
開集合　13
階数　181
解析空間　546
解析的集合　546
解析的連接層　546
開部分スキーム　113
可換群スキーム　527
可換図式　122
可逆層　181
核　167
荷重　239
荷重射影空間　239
カテゴリー　119
可約　14, 105
関手　122
関数体　365
完全　173
完全交叉形　361
完全体　351
完全対写像　314
完全列　173
環つき空間　26, 95
完備 1 次系　394
完備局所環　468
完備代数多様体　348

完備多様体　278
幾何学的整スキーム　347
幾何学的正則スキーム　457
幾何学的点　128
幾何学的に既約　152, 347
幾何学的に整　152
幾何学的に被約　152
基底変換　153
軌道　542
帰納系　68
帰納的極限　67, 68
基本群　504
既約　14, 105
逆元射　528
逆像　201, 205
既約な部分スキーム　55
共変関手　122
局所 Noether 的　109
局所化　30, 62, 65
局所環つき空間　95
　　――の射　340
局所群スキーム　531
局所系　553
局所交点数　31
局所座標　447
局所自由 $\mathcal{O}_X$ 加群　181
局所自由層　181
　　――による分解　322
局所切断のなす層　183
局所素元分解的　386
局所的　96
局所パラメータ系　447
局所有限型　112
極大スペクトル　21
茎　85, 86
群スキーム　509, 527

形式的関数に関する定理　471
形式的スキーム　469
形式的にエタール　461
形式的に滑らか　461
形式的に不分岐　461
圏　119
圏論　119
高次順像　331
合成　120
構造射　132, 236
構造層　84, 97
交代コチェイン　308
恒等関手　123
恒等射　120
コサイクル　169
小平の消滅定理　552
固定成分　394
コホモロジー　169, 283, 291
コホモロジー群　291
固有射　223
固有写像定理　334, 421
固有射定理　421
根基　5

サ 行

細分　310
座標環　15
次元　353, 395
自己交点数　562
次数　383, 478, 484, 488
次数 n の S 準同型写像　243
次数 S 加群　240
次数環　102
次数 0 の準同型写像　238
自然変換　123
始対象　132

支配する　228
自明な　504
射　16, 119, 123
射影幾何学　41
射影空間　29, 34
射影系　70
射影射　276
射影スキーム　104, 257
射影多様体　278
射影直線　29, 35
射影的　276
射影的極限　70
射影的集合　37
射影的多様体　38
射影的に正規　282
射影平面　35
射影変換　40, 280
主因子　382
終対象　132
十分に忠実　344
種数　479
主偏極 Abel 多様体　539
巡回被覆　402
準コンパクト　60
準コンパクト射　207
準射影射　275
準射影的　275
順序　67
順像　93
準同型写像　91, 163
純非分離的　491
準連接層　188
準連接的　188
準連接的イデアル層　209
商層　173
商体　177

商特異点　388
上半連続　423
乗法射　527
乗法的に閉じた集合　62
剰余体　131, 150
スキーム　97
　環 R 上の——　133
　体 k 上の——　133
図式　121
整　10, 105
正因子　381
整拡大　354
正規化　355, 357, 379
正規化射　379
正規環　282, 355
正規スキーム　282, 366
制限　89, 96
制限写像　66
斉次イデアル　37, 99, 103
斉次座標環　36, 38, 281
斉次式　37
斉次成分　102
斉次素イデアル　103
斉次素スペクトル　103
脆弱層　284
　——による分解　286
生成点　53
正則 n 次形式　447
正則 p 次形式　448
正則環　369
正則関数　471
正則局所環　368
正則スキーム　368
正則点　368
正則な関数　19
正則パラメータ系　445

正則列　　*448*
整閉　　*281, 355*
整閉整域　　*355*
整閉包　　*355*
積　　*139*
積閉集合　　*62*
接束　　*439*
絶対既約　　*347*
絶対整スキーム　　*347*
絶対閉　　*220*
絶対閉射　　*220*
切断　　*80, 87, 182*
線形同値　　*382*
全射　　*173, 394*
全順序加群　　*226*
全商環　　*177*
全商環層　　*177*
線織面　　*563*
前スキーム　　*154*
前層　　*79*
全引き戻し　　*393*
素イデアル　　*14*
素因子　　*381*
層　　*29, 79, 81*
　　——の準同型写像　　*89*
像　　*169*
層化　　*117, 166*
層空間　　*81, 116*
相対1次微分形式の層　　*436*
相対極小曲面　　*563*
双対圏　　*123*
相対次元　　*364*
相対接層　　*439*
相対微分の層　　*436*
双対Abel多様体　　*539*
双対原理　　*281*

双対層　　*218*
双対束　　*439*
双有理射　　*394, 420*
双有理写像　　*394*
族　　*415*
素元　　*228*
素元分解整域　　*384*
素スペクトル　　*50*

タ 行

台　　*210*
体 k 上で定義されている　　*347*
第1種例外曲線　　*562*
退化　　*418*
対角射　　*154*
対象　　*119*
対称代数　　*217*
代数化できる　　*469*
代数関数論　　*487*
代数多様体　　*344*
代数的集合　　*2*
代数的スキーム　　*346*
楕円曲線　　*373, 509*
楕円モジュラー関数　　*526*
高さ　　*353*
単位元射　　*528*
短完全列　　*174*
単項変換　　*282*
単射　　*173*
単射的 R 加群　　*302*
単有理多様体　　*500*
単連結　　*504*
忠実平坦　　*396*
長完全列　　*298*
超曲面　　*255*
超楕円曲線　　*373, 377*

超特異楕円曲線　502
超平面切断　454, 475
直積　136
直線　280
直線束　182
直和　181
対写像　313
通常　503
　――の楕円曲線　503
定義域　394
定義体　347, 507
底空間　95, 97
底点　394
点 x で Y 上平坦　399
点 x での X の次元　404
点 x を中心とする局所パラメータ系　447
テンソル積　184
テンソル代数　217
同型　20, 121, 123, 164
同型射　20
同型写像　164
同次イデアル　99
同値な圏　124
特異　504
特異点　368
特殊化　229

ナ 行

中山の補題　226
滑らか　462
滑らかな　457
二重複体　295
2 等分点　519

ハ 行

パラメータ系　445
半単純　503
反変関手　122
反変同値な圏　124
非常に特異　504
非常に豊富な因子　482
非特異　368
非特異代数多様体　437
微分加群　429
被約　105, 216
被約イデアル　12
表現可能である　138
表現される　138
標準因子　440
標準形　515
標準射影　142
標準脆弱分解　288
標準層　440
標準直線束　440
ファイバー　150
ファイバー積　136, 142
深さ　448
付環空間　26, 95
複素解析空間　546
複体　291
副有限完備化　505
付値　227
付値環　227
付値判定法　226
　固有性の――　231
　分離射の――　234
不分岐　349, 457, 462, 489
不分岐射　349
不分岐被覆　402

和文索引

部分群スキーム　529
部分層　167
普遍写像性　65
普遍平坦族　419
不変量　521
ブローアップ　258, 282, 414, 450
ブローダウン　414
分岐　351
分岐指数　489
分岐する　489
分岐点　377, 489
分離射　154
分離スキーム　154
分離的　154, 488
分離的射　488
閉移入　114, 211
平行移動　539
閉射　220
閉集合　13
平坦　396
平坦 R 加群　396
平坦射　349, 399
平坦準同型写像　398
平坦性　396
閉部分スキーム　114, 210
べき零　504
べき零元根基　62
べき零根基イデアル層　216
ベクトル束　181
ベクトル束空間　218
変曲点　512
法層　440
法束　440
豊富な可逆層　275

マ 行

無縁イデアル　236
無限遠直線　40
無限遠点　29, 40
芽　69, 86
モジュライ　521

ヤ 行

野性的　489
有限型　112
有限群スキーム　530
有限射　112
有限生成　188, 272, 275
有限表示　244, 259
有限表示 R 加群　187
有効因子　381
有向集合　67
有理 n 次形式　447
有理 p 次形式　448
有理写像　394
有理多様体　500
余核　171
余逆元　530
余次元　363
余次元 1 で正則　381
余乗法　529
余接束　439
余単位元　529
余法層　440
4 点付射影直線　414

ラ 行

離散付値　228
離散付値環　228
留数　495

留数定理　　495
例外多様体　　451
0で拡張した層　　212
列　　173

連結　　105
連接層　　195
連接的　　195

上野健爾

1945 年生まれ
1968 年東京大学理学部数学科卒業
現在　京都大学名誉教授
専攻　複素多様体論

代数幾何

2005 年 10 月 6 日　第 1 刷発行
2024 年 7 月 16 日　第 7 刷発行

著　者　上野健爾
　　　　(うえの けんじ)

発行者　坂本政謙

発行所　株式会社 岩波書店
〒101-8002 東京都千代田区一ツ橋 2-5-5
電話案内 03-5210-4000
https://www.iwanami.co.jp/

印刷・大日本印刷　カバー・半七印刷　製本・松岳社

Ⓒ Kenji Ueno 2005
ISBN978-4-00-005649-6　Printed in Japan

松坂和夫
数学入門シリーズ（全6巻）

松坂和夫著　菊判並製

高校数学を学んでいれば，このシリーズで大学数学の基礎が体系的に自習できる．わかりやすい解説で定評あるロングセラーの新装版．

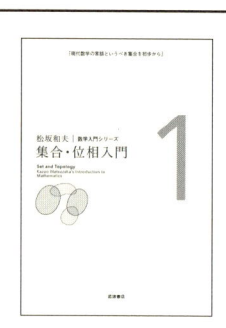

1	集合・位相入門 現代数学の言語というべき集合を初歩から	340頁	定価2860円
2	線型代数入門 純粋・応用数学の基盤をなす線型代数を初歩から	458頁	定価3850円
3	代数系入門 群・環・体・ベクトル空間を初歩から	386頁	定価3740円
4	解析入門 上	416頁	定価3850円
5	解析入門 中	402頁	本体3850円
6	解析入門 下 微積分入門からルベーグ積分まで自習できる	444頁	定価3850円

―― 岩波書店刊 ――
定価は消費税10%込です
2024年7月現在

新装版 数学読本（全6巻）

松坂和夫著　菊判並製

中学・高校の全範囲をあつかいながら，大学数学の入り口まで独習できるように構成．深く豊かな内容を一貫した流れで解説する．

1	自然数・整数・有理数や無理数・実数などの諸性質，式の計算，方程式の解き方などを解説．	226 頁	定価 2310 円
2	簡単な関数から始め，座標を用いた基本的図形を調べたあと，指数関数・対数関数・三角関数に入る．	238 頁	定価 2640 円
3	ベクトル，複素数を学んでから，空間図形の性質，2次式で表される図形へと進み，数列に入る．	236 頁	定価 2750 円
4	数列，級数の諸性質など中等数学の足がためをしたのち，順列と組合せ，確率の初歩，微分法へと進む．	280 頁	定価 2970 円
5	前巻にひきつづき微積分法の計算と理論の初歩を解説するが，学校の教科書には見られない豊富な内容をあつかう．	292 頁	定価 2970 円
6	行列と1次変換など，線形代数の初歩をあつかい，さらに数論の初歩，集合・論理などの現代数学の基礎概念へ．	228 頁	定価 2530 円

―――― 岩波書店刊 ――――

定価は消費税 10% 込です
2024 年 7 月現在

戸田盛和・広田良吾・和達三樹 編
理工系の数学入門コース
A5判並製（全8冊） ［新装版］

学生・教員から長年支持されてきた教科書シリーズの新装版．理工系のどの分野に進む人にとっても必要な数学の基礎をていねいに解説．詳しい解答のついた例題・問題に取り組むことで，計算力・応用力が身につく．

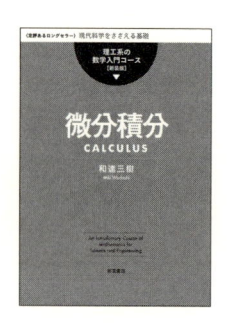

微分積分	和達三樹	270頁	定価 2970円
線形代数	戸田盛和 浅野功義	192頁	定価 2860円
ベクトル解析	戸田盛和	252頁	定価 2860円
常微分方程式	矢嶋信男	244頁	定価 2970円
複素関数	表　実	180頁	定価 2750円
フーリエ解析	大石進一	234頁	定価 2860円
確率・統計	薩摩順吉	236頁	定価 2750円
数値計算	川上一郎	218頁	定価 3080円

戸田盛和・和達三樹 編
理工系の数学入門コース／演習［新装版］
A5判並製（全5冊）

微分積分演習	和達三樹 十河　清	292頁	定価 3850円
線形代数演習	浅野功義 大関清太	180頁	定価 3300円
ベクトル解析演習	戸田盛和 渡辺慎介	194頁	定価 3080円
微分方程式演習	和達三樹 矢嶋　徹	238頁	定価 3520円
複素関数演習	表　実 迫田誠治	210頁	定価 3410円

―― 岩波書店刊 ――
定価は消費税10％込です
2024年7月現在

現代数学への入門 （全16冊〈新装版＝第1回7冊〉）

高校程度の入門から説き起こし，大学2〜3年生までの数学を体系的に説明します．理論の方法や意味だけでなく，それが生まれた背景や必然性についても述べることで，生きた数学の面白さが存分に味わえるように工夫しました．

微分と積分1——初等関数を中心に	青本和彦	新装版 214頁 定価2640円
微分と積分2——多変数への広がり	高橋陽一郎	新装版 206頁 定価2640円
現代解析学への誘い	俣野 博	新装版 218頁 定価2860円
複素関数入門	神保道夫	A5判上製 184頁 定価2640円
力学と微分方程式	高橋陽一郎	新装版 222頁 定価3080円
熱・波動と微分方程式	俣野博・神保道夫	新装版 260頁 定価3300円
代数入門	上野健爾	岩波オンデマンドブックス 384頁 定価5720円
数論入門	山本芳彦	新装版 386頁 定価4840円
行列と行列式	砂田利一	品切
幾何入門	砂田利一	品切
曲面の幾何	砂田利一	品切
双曲幾何	深谷賢治	新装版 180頁 定価3520円
電磁場とベクトル解析	深谷賢治	A5判上製 204頁 定価2970円
解析力学と微分形式	深谷賢治	品切
現代数学の流れ1	上野・砂田・深谷・神保	品切
現代数学の流れ2	青本・加藤・上野・高橋・神保・難波	岩波オンデマンドブックス 192頁 定価2970円

——— 岩波書店刊 ———

定価は消費税10%込です
2024年7月現在

解析入門（原書第3版）	A5判・544頁	定価 5170 円
S. ラング，松坂和夫・片山孝次 訳		
続 解析入門（原書第2版）	A5判・466頁	定価 5720 円
S. ラング，松坂和夫・片山孝次 訳		
確率・統計入門	A5判・312頁	定価 3520 円
小針晛宏		
トポロジー入門	A5判・316頁 オンデマンド版	定価 8800 円
松本幸夫		
定本 解析概論	B5変型判・540頁	定価 3520 円
高木貞治		
軽装版 解析入門 I・II	I；A5判・258頁	定価 3300 円
小平邦彦	II；A5判・268頁	定価 3520 円

———— 岩波書店刊 ————

定価は消費税 10% 込です
2024 年 7 月現在